KB143831

CONVERSION FACTORS[*]

MASS

$1\ lb_m = 0.4536$ kg
$1\ slug = 14.5939$ kg

LENGTH

1 inch = 0.0254 m
1 ft $= 0.3048$ m
1 km $= 1000$ m $= 1 \times 10^3$ m
1 cm $= 0.01$ m $= 0.3937$ in. $= 0.0328$ ft
1 mm $= 0.001$ m $= 1 \times 10^{-3}$ m
$1\ \mu m = 0.000001$ m $= 1 \times 10^{-6}$ m
1 nm $= 0.000000001$ m $= 1 \times 10^{-9}$ m
1 mi $= 5280$ ft $= 1.6093$ km
1 l.y. $= 9.4605 \times 10^{15}$ m

AREA

$1\ ft^2 = 0.0929\ m^2$
$1\ cm^2 = 1 \times 10^{-4}\ m^2 = 0.155\ in.^2$

VOLUME

1 L $= 1000\ cm^3 = 0.2642$ gal $= 1 \times 10^{-3}\ m^3$
1 gal $= 231.0\ in.^3 = 0.1337\ ft^3$
1 gal $= 3.7854$ L $= 0.003785\ m^3$
$1\ ft^3 = 28.3168$ L $= 0.0283\ m^3$

TIME

1 min = 60 s
1 h $= 60$ min $= 3600$ s
1 day $= 8.6400 \times 10^4$ s

FORCE

1 N $= 1\ kg\text{-}m/s^2 = 1 \times 10^5$ dynes
1 lb $= 4.4482$ N
$1\ kg_f = 9.80665$ N

PRESSURE OR STRESS

1 Pa $= 1\ N/m^2$
$1\ lb/in^2 = 6894.757$ Pa
1 atm $= 14.6959\ lb/in.^2 = 760$ Torr
$= 101,325$ Pa
1 bar $= 14.5038\ lb/in.^2 = 1 \times 10^5$ Pa
$= 750$ Torr
$1\ dyn/cm^2 = 0.10$ Pa
1 inch Hg $= 3386.38\ N/m^2$
1 inch $H_2O = 2.54\ cm\ H_2O = 249.089$ Pa
$= 0.0361\ lb/in.^2$
1 Torr $= 1$ mm Hg $= 133.322$ Pa
$1\ \mu strain = 10^{-6}\ m/m = 10^{-6}$ in/in

TEMPERATURE

K $= °C + 273.15$
$1°C = 1.8°F = 1$ K
$°F = 1.8°C + 32$
$°R = °F + 459.67$

VOLUME FLOW RATE

1 gal/min $= 0.00223\ ft^3/s = 0.06309$ L/s
$1\ m^3/min = 35.315\ ft^3/min = 1 \times 10^6\ cm^3/min$

ANGLE

$1° = 0.01745$ rad
$1' = 2.909 \times 10^{-4}$ rad
1 revolution $= 2\pi$ rad

ROTATION

1 rev/s $= 2\pi$ rad/s $= 6.2832$ rad/s
1 rpm $= 1$ rev/min $= 0.1047$ rad/s

FREQUENCY

1 Hz $= 2\pi$ rad/s

[*]Many of these conversion factors have been rounded off.

MOMENT OR TORQUE

1 lb-ft = 1.3558 N-m

POWER

1 W $\quad$ = 1.0 J/s = 860.42 cal/hr
1 hp $\quad$ = 550.0 ft-lb/s = 745.6999 W
1 kW $\quad$ = 1×10^3 W
1 Btu/hr = 778.1692 ft-lb/hr = 0.2931 W

ENERGY

1 J $\quad$ = 1.0 N-m = 1×10^7 ergs
1 erg = 1 dyne-cm
1 cal = 4.1868 J
1 ft-lb = 1.3558 J
1 Btu = 1055.0558 J

VISCOSITY

1 lb-s/ft^2 $\quad$ = 47.880 N-s/m^2
1 centipoise = 0.01 dyne-s/cm^2 = 0.001 Pa-s

SPECIFIC HEAT

1 Btu/lb$_m$-°F = 4.1868 kJ/kg-°C

GAS CONSTANT

1 ft-lb/lb$_m$-°R = 5.380 J/kg-K

THERMAL CONDUCTIVITY

1 Btu/hr-ft-°F = 1.7307 W/m-°C

HEAT TRANSFER COEFFICIENT

1 Btu/hr-ft^2-°F = 5.6786 W/m^2-°C

BULK MODULUS

1×10^6 psi = 6.895×10^9 Pa

PHYSICAL CONSTANTS

Standard Acceleration of Gravity
$\quad$ g = 9.80665 m/s^2 = 32.1742 ft/s^2

Speed of Light
$\quad$ c = 2.998×10^8 m/s

Planck's Constant
$\quad$ h_p = 6.6261×10^{-34} J-s

Stefan-Boltzmann Constant
$\quad$ σ = 5.6704×10^{-8} W/m^2-K^4
$\quad$ = 0.1712×10^{-8} Btu/h-ft^2-°R^4

Universal Gas Constant
$\quad$ **R** = 8.3143 J/gmole-K
$\quad$ = 1.9859 Btu/lbmole-°R

제 7 판

기계계측공학

제7판

기계계측공학

Richard S. Figliola, Donald E. Beasley 저
강보선, 곽문규, 박익근, 박희재, 송명호, 정상화 역

Σ 시그마프레스

기계계측공학, 제7판

발행일 | 2023년 3월 10일 1쇄 발행

저 자 | Richard S. Figliola, Donald E. Beasley
역 자 | 강보선, 곽문규, 김태욱, 박익근, 박희재, 송명호
발행인 | 강학경
발행처 | (주)시그마프레스
디자인 | 차인선, 우주연, 김은경
편 집 | 김은실, 이호선, 윤원진
마케팅 | 문정현, 송치헌, 김인수, 김미래, 김성옥

등록번호 | 제10-2642호
주소 | 서울특별시 영등포구 양평로 22길 21 선유도코오롱디지털타워 A401~402호
전자우편 | sigma@spress.co.kr
홈페이지 | http://www.sigmapress.co.kr
전화 | (02)323-4845, (02)2062-5184~8
팩스 | (02)323-4197

ISBN | 979-11-6226-418-8

International Adaptation
Theory and Design for Mechanical Measurements, 7th Edition

* 책값은 책 뒤표지에 있습니다.

역자 서문

공학을 전공하는 사람이라면 누구나 한 번쯤은 이걸 어떻게 계측하지? 어떤 계측장비를 선택할까? 이 계측 장비로부터 얻은 결과는 과연 얼마나 믿을 수 있지? 등의 의문을 가져본 경험이 있을 것이다. 이 책은 이런 의문에 대한 방법론과 해결책을 제시하고 동시에 공학도로서 갖추어야 할 계측과 계측시스템에 대한 기본 개념을 체계적으로 습득할 수 있도록 이론과 실제에 대하여 알기 쉽게 설명하고 있다.

　기계공학 분야에 있어서 각종 해석 결과의 검증, 설계의 검증, 가공 결과의 검증, 기계장치의 자동화 등에 있어서 적절한 계측장치의 선택과 계측 결과의 정확한 분석은 매우 중요하다. 이와 같은 중요성은 최근 산업 분야의 고부가가치화와 기계장치의 고성능화, 기계와 컴퓨터가 결합한 시스템으로 변화함에 따라 더욱 고조되고 있으며, 산업 기반 기술로서의 인식이 확대되어 가고 있다. 또한 디지털 기술은 영상 계측 및 처리 분야에서 눈부시게 발전하여 최근에는 다양한 산업 분야에서 활용되고 있다. 따라서 기계공학도라면 누구나 기계 계측에 대한 기본적인 소양을 갖고 있어야 할 것으로 예상된다.

　최근에 알 수 있듯이 아날로그로 기술로부터 디지털 기술로 모든 공학 요소들이 변화되어 가고 있다. 이와 같은 전자 기술의 발달로 인해 계측 기술도 눈부시게 발전을 거듭하고 있다. 그러나 우리나라의 고등교육 과정에서 이런 공학 계측 분야를 충분히 다루지 못하고 있으며, 적절한 교재 또한 마땅치 않은 것이 사실이다. 지금까지의 계측 공학 관련 교재들을 살펴보면 대부분 단편적인 기술의 소개에 그치는 경우가 많아 엔지니어가 필요할 때 참고 자료로 활용하기에는 효과적이지만 시스템 설계 개념에 근거한 체계적인 교육을 위한 교재로는 불충분한 부분이 많이 있었다. 즉, 계측 방법과 데이터 분석법을 제외한 계측시스템의 설계 측면에서의 접근이 부족하였다. 이와 같은 문제를 해결하기 위해 본 역자들은 *Theory and Design for Mechanical Measurement*(R. S. Figliola & D. E. Beasley저, John Wiley & Sons 출판)가 대학 교재로서 적합하다고 판단하여 이를 번역 출간하였다. 이 책은 현재 7판이 나올 정도로 책의 내용이 최근 기술에 맞추어 계속 바뀌고 있고, 역자진도 새 내용을 다시 번역하여 7판을 출간하게 되었다.

　이 책은 전통적인 계측 기술은 물론 불확실도 평가와 이에 기초한 계측시스템의 설계 개념을 철저하게 다루고 있으며 최신의 계측 기술에 관한 내용을 담고 있어서 보다 체계적이고 이해가 쉽게 편성되어 있는 것으로 생각되기 때문에 대학 학부 과정은 물론 대학원 과정에서도 다룰 수 있는 교재라고 생각한다. 한편, 본 번역서의 집필진은 단순히 원문을 번역함으로써 발생하는 의미 파악의 애매함을 피하기 위해 원문의 내용에 충실하되 가능한 의미의 정확한 전달이 되도록 최선의 노력을 기울였다. 하지만 의미전달이 아직 미진한 부분이 있을 줄로 안다. 독자 여러분의 많은 지도편달을 부탁하는 바이다.

　끝으로 이 책의 출판에 있어서 공역자를 대신하여 (주)시그마프레스 강학경 사장님과 임직원 여러분의 노고에 감사드리며 원고 정리에 도움을 준 대학원생들에게 감사의 뜻을 표한다.

2023. 2
역자 씀

저자 서문

*Theroy and Design for Mechanical Measurements*의 개정 7판은 공학 계측의 이론과 실제에 있어서 탄탄하고 기본적인 배경지식을 계속 제공하고 있다. 다른 개정판과 마찬가지로, 통계학과 불확도 해석의 역할에 대한 강조와 함께, 계측시스템과 계측 테스트 계획의 설계를 통해서 공학 계측 수행을 위해 필요한 요소들을 융합하였다. 이 책은 공과대학의 학부와 대학원 수준에 적합하지만, 전문 연구자를 위한 참고자료로서도 적절하도록 상급 수준과 깊이를 가지고 있다. 주제별 정보 원천만을 제공하기보다는, 계측기의 현명한 선택과 계측시스템의 설계를 가능하게 하는 충분한 배경자료를 제공했다. 교육적 접근 방법으로 독립적인 학습이나 계측기와 계측의 이해가 요구되는 관련 분야에서 활용할 수 있다.

이 책의 각 개정판의 구성은 테스트 계획 설계, 신호 해석 및 복원, 계측시스템 응답 같은 계측의 특정 측면이 일반화될 수 있다는 시각으로부터 발전된다. 통계학과 불확도 해석 같은 주제는 원리에 대한 기본 전개가 필요하지만, 그 이후에는 전체 본문에 걸쳐서 이 주제를 융합시킴으로써 가장 잘 설명될 수 있다. 다른 측면들은 변형률이나 온도와 같은 특정 물리량의 계측에 관한 부분에서 더 잘 다루어졌다.

학습을 돕는 교육적 도구

이 책에서 이전 개정판의 특별한 장점은 그대로 유지했다.

- 각 장은 **학습 성과**를 정의하면서 시작한다.
- 교재는 테스트 시스템 모델링, 테스트 계획 설계, 불확도 해석 등에 초점을 두면서 계측 개념의 **직관적 이해**를 발달시킨다.
- 각 장에는 이전 내용을 기반으로 새로운 내용이나 문제를 보여 주는 주의 깊게 만들어진 **예제 문제**가 있다. 적절한 사례 연구나 삽화는 계측 이론이나 설계가 현재 어떻게 응용되는지를 보여 준다.

- 예제 문제는 답을 구하기 위한 체계적인 도움의 방편으로 **알려진 값**, **구할 값**, **풀이**와 같은 단계적 접근법을 사용한다. 문제의 답을 위한 이러한 접근법은 새로운 학습자가 용어와 개념을 기호와 식과 연결하는 것을 도와준다. 많은 문제에는 해답을 확장하는 **참고사항**이 있는데, 원리의 응용을 위한 적절한 내용과 설계 응용에 대한 통찰력을 제공한다.
- 새로운 개념을 연습하기 위하여 각 장마다 **연습문제**가 있다.
  - 연습문제는 개념 형성에 초점을 둔 문제부터 개방형 설계 응용을 위한 상급 기술 형성을 위한 문제까지 걸쳐 있다. 일부 문제는 특별한 응용이나 계측 기술을 위한 독립적인 탐구를 요구하기도 한다.
  - 각 장마다 새로운 문제를 추가했으며, 이전 판의 약간 오래된 문제를 제거하였다.
  - 이 책을 교재로 채택하고 Wiley에 등록한 강사들을 위해 문제 해답은 온라인으로 접근할 수 있도록 제공된다.
- 문제를 해결할 때 소프트웨어의 사용은 심도 있는 탐색을 도와주며, 사용하지 않을 경우 엄청난 시간 소비가 될 수 있다. 이 책은 National Instruments의 LabView®나 Matlab® 같은 소프트웨어를 기반으로 하는 핵심 예제의 **대화형 소프트웨어**에 대한 온라인 접근이 가능하다. LabView 프로그램은 단독 실행 가능한 형태로 제공되므로 LabView 승인 없이 바로 실행해 볼 수 있다. 소프트웨어는 학생과 강사 모두 사용할 수 있다.

이 판의 새로운 내용

7판에서 다음 내용이 새롭게 변경되었다.

- 교정, 계통 및 무작위 오차, 데이터 획득 시스템 구성 요소, 압력 기준 기기, 각속도 및 힘 측정에서의 센서와 활용 등과 같은 여러 주제에 대해 내용을 수정하고 확장하였다.
- 계측시스템의 부하 효과와 응용에 관한 새로운 내용.
- 오래된 문제를 삭제하고 새로운 문제를 추가하여 각 장의 연습문제를 새롭게 하였다. 교재의 30% 이상의 문제를 교체하였다.
- 이 책의 본문, 예제, 연습문제에서 SI 단위의 사용을 완전히 새롭게 하였다.
- 강의나 평가에 도움이 되는 해답이 포함된 강사 전용문제를 따로 두었다. 이 자료는 Wiley에 등록한 강사만 볼 수 있다.
- 이 책의 지원 자료는 www.wiley.com을 방문해 보라. 자료들은 제품(product) 페이지에 있는 관련 리소스(Related Resources) 링크를 통해 사용할 수 있다.

교과목 범위에 대한 제안(6판 내용)

교과목 준비를 돕기 위하여 1~5장까지는 통계학, 불확도 분석과 함께 계측 이론을 소개하고 있다. 6, 7장은 아날로그, 디지털 신호추출 방법을 폭넓게 다루고 있으며 8~12장까지는 계측 기기에 초점을 두고 있다.

많은 사용자가 자신들의 교과목 구조와 다르다고 하며, 이로 인해 선호하는 주제의 순서를 결정하는 것이 기대보다는 매우 어렵다. 이를 보완하기 위해 강사가 강의 순서를 취향에 맞게 수정할 수 있도록 작성하였다. 비록 4, 5장의 내용은 책 전체에 걸쳐서 융합되어 있으며 순서대로 강의해야 하지만, 다른 장들은 독립적인 내용이다. 책 내용은 유연하므로 학부와 대학원 수준의 다양한 교과목 구조에서 사용될 수 있다.

완전한 계측 교과목에서는 1~7장까지의 학습과 나머지 장을 적절하게 사용할 것을 추천한다. 실험 교과목에서는 실험 활동과 가장 관련이 있는 장들을 사용하면서 교과 과정에 있는 몇 개의 실험 교과목을 통해 전체 내용이 일반적으로 포함될 수 있도록 구성할 것을 추천한다. 이 책의 방식은 실험만 진행되는 교과목에서 강의를 최소화하면서 관련 자료의 충분한 참고자료가 될 수 있다. 우리는 수년 동안 이 책을 여러 포럼뿐만 아니라 전문능력 개발과정에서도 사용하였으며, 책 내용과 강조점을 수강자와 목적에 적합하도록 단순하게 재배열하였다.

이 책의 이전 판을 사용해 온 학생, 교수, 엔지니어에게 진심으로 감사를 드린다. 우리에게 건설적인 조언과 용기를 준 많은 분께도 감사드린다. 상세한 피드백과 제안을 해 준 Kathy Hays-Stang(University of Texas-Arlington)과 Todd Schweisinger(Clemson University)에게도 특별한 감사를 드린다.

Richard S. Figliola

Donald E. Beasley

Clemson, South Carolina

차례

제 1 장

계측 방법의 기본 개념

1.1 서론

우리는 일상생활 중에 수많은 계측을 하고 있다. 그날 입을 적절한 옷을 선택하기 위해 습관적으로 온도계의 온도를 읽고, 자동차 연료탱크에 정확히 20리터의 연료를 주입하며, 적절한 자동차 타이어 압력을 조절하기 위해 타이어 압력계를 사용하고, 몸무게를 관찰하기도 한다. 그러나 대부분은 일상적인 이러한 계측에서 어떠한 계측기를 사용할 것인지는 별로 깊이 생각하지 않는다. 왜냐하면 사용하는 계측기와 계측 기술이 일상적이며 익숙하고, 측정 정보를 즉시 사용하는 것이 명확하며, 측정값이 충분히 정확하다고 가정하기 때문이다. 하지만 계측의 중요성과 복잡성이 높아지면 적절한 계측기와 계측 기술의 선택, 계측 결과의 질에 매우 신중해야 한다. 단순하게 자동차 엔진이 명시된 설계 규격을 만족하는지를 검증하기 위해 필요한 다양한 계측과 테스트 종류를 생각해 보라.

계측의 목적은 질문에 답하기 위해 변수에 수치를 부여하는 것이다. 획득된 정보는 사용한 계측 기기나 시스템의 결과를 기반으로 하고 있다. 이 정보는 제조 공정을 올바르게 진행하거나 결함이 있는 부품을 진단하며, 계산이나 결정을 위해 필요한 수치를 제공하고 공정 변수를 조절하기 위하여 사용된다. 계측 기기의 출력이 측정 변수의 참값을 신뢰성 있게 나타낸다는 것을 보장하기 위하여 강조되어야 할 중요한 주제들이 있다. 추가로 다음과 같은 중요한 질문도 강조되어야 한다.

1. 계측을 통해 구하고자 하는 정확한 정보를 얻기 위해 계측이나 테스트 계획을 어떻게 고안할 수 있을 것인가?

2. 엔지니어가 측정값을 쉽게 해석하고 그 의미에 대한 확신을 가질 수 있도록 계측시스템을 어떻게 활용할 수 있을 것인가?

이러한 계측 관련 질문을 처리하는 절차가 있다.

먼저, 이 책의 주제는 실생활 지향적이라는 점을 강조하고 싶다. 계측시스템과 계측 절차를 구체적으로 결정하는 것은 해답이 유일하지 않은 설계 문제임을 의미한다. 즉, 계측 도전과제를 해결하는 다양한 접근 방법이 존재할 수 있고, 일부 방법은 다른 방법보다 더 좋을 수도 있다. 이 책은 장비, 방법론, 데이터 분석의 선택을 돕기 위하여, 계측 도전과제를 해석하기 위한 수용된 절차를 강조한다.

이 장의 학습을 통해, 학생들은 다음의 능력을 갖출 수 있을 것이다.

- 일반적인 계측시스템의 주요 구성 요소를 구별할 수 있고 각각의 기능을 말할 수 있다.
- 실험 테스트 계획을 수립할 수 있다.
- 무작위 오차와 계측 오차를 구별할 수 있다.
- 단위 표준의 계층 구조, 테스트 표준과 규격의 존재와 활용에 익숙해질 수 있다.
- 국제 단위 시스템과 실제 자주 접하게 되는 다른 단위 시스템을 이해할 수 있다.
- 유효 숫자를 이해하고 사용할 수 있다.

1.2 일반적 계측시스템

계측[1]이란 물리적 변수에 특정한 수치를 부여하는 것이며, 그러한 물리적 변수가 곧 **측정값**이 된다. 계측시스템은 측정 변수의 정량화에 사용되는 도구이다. 인간의 감각 능력은 거칠기, 길이, 소리, 색, 냄새 등의 다른 정도를 감지하고 인식할 수 있음에도 불구하고, 한계가 있고 상대적이며, 감지된 변수에 특정한 수치를 부여하는 데 매우 능숙하지 않다. 따라서 계측시스템은 이러한 제한된 인간의 감각 능력을 확장시키는 데 사용된다.

시스템은 특정 목적을 달성하기 위하여 함께 작동하는 요소로 구성되어 있다. 우선 특정 예제를 사용하여 계측시스템을 구성하는 요소를 설명한 다음에 일반적 계측시스템 모델로 일반화할 것이다.

센서와 변환기

센서는 측정해야 할 변수를 감지하기 위해 자연적 현상을 이용하는 물리적 요소이다. 이 개념을 설명하기 위하여 표면의 윤곽을 나노미터 크기로 측정하고 싶다고 가정하자. 표면에 근접한 매우 작은 외팔보가 원자 간 힘에 의해 편향되는 것을 알고 있으며, 지금 당장은 이 힘이 반발력이라고 가정하자. 외팔보가 표면 위를 움직임에 따라 외팔보는 표면의 변화하는 높이에 반응하면서 편향될 것이다. 이 개념이 그림 1.1에 나타나 있으며, 이 기기가 원자힘 현미경(atomic force microscope, AFM)이다. 여기서 외팔보가 바로 센서이며, 외팔보는 표면 높이의 변화에 반응하는 힘에 의해 편향된다.

---

1 고딕체 단어들은 이 책 끝부분의 용어 해설을 참조하기 바란다.

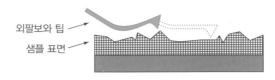

그림 1.1 원자힘 현미경의 센서 단계

변환기는 감지된 정보를 검출 가능한 신호로 바꿔 주며, 신호는 기계적, 전기적, 광학적 또는 의미 있게 정량화할 수 있는 기타 형태일 수 있다. 이전 예에서 센서 운동을 정량화할 수 있는 무언가로 바꿀 수 있는 방법이 필요하다. 외팔보의 상면이 반사적이라 가정하고 그림 1.2처럼 레이저를 상면에 비추면 외팔보의 이동은 레이저를 반사시킬 것이다. 많은 광센서(photodiode)를 사용하여 반사되는 빛의 변화가 시간에 따라 변화하는 전류 신호로 측정될 수 있으며, 전류 세기가 바로 표면 높이에 해당하게 된다. 레이저와 광센서가 계측시스템의 변환기 요소가 된다.

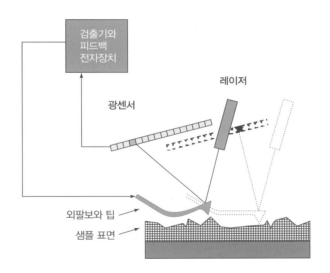

그림 1.2 원자힘 현미경의 센서와 변환기 단계

완전한 계측시스템의 익숙한 예가 수은온도계이다. 그림 1.3과 같은 수은온도계의 벌브 안에 들어 있는 액체는 주변과 열적 평형을 이룰 때까지 에너지를 교환하고, 열적 평형 시점에서 같은 온도가 된다. 이러한 에너지 교환이 이 계측시스템으로의 입력 신호이다. 액체의 열팽창 현상은 액체가 모세관을 상승, 하강하게 하고, 이것이 온도를 결정할 수 있는 출력 신호가 된다. 벌브 안의 액체가 센서로서 작용한 것이고, 모세관에서 액체를 강제로 확장시킴으로써 이 계측시스템은 열적 정보를 기계적 변위로 변환시킨다. 따라서 온도계의 내부 모세관이 변환기 역할을 한다.

그림 1.3 센서, 변환기, 출력 단계에 해당하는 수은온도계의 구성 요소

센서 출력 신호가 계측 목적을 정확히 반영하는 것을 보장하기 위하여 센서 선정, 부착 위치, 설치는 특히 중요하다. 결국, 시스템에 의해 표시되는 정보의 해석은 센서에 의해 실제로 감지된 것에 의존하기 때문이다. 그림 1.4는 센서에 의해 감지된 정보를 신호로 변환하는 과정에서의 변환기의 역할을 보여주고 있다.

그림 1.4 변환기의 역할

변환기는 다음과 같은 두 형태로 크게 분류될 수 있다.

1. **능동 변환기.** 다른 이름은 자가전원 방식 변환기이다. 이 형식의 변환기는 자신만의 전압이나 전류를 만든다. 출력 신호를 만들기 위해 필요한 에너지는 탐구하는 물리적 현상으로부터 추출된다. 능동 변환기의 예는 광전지, 압전기기, 열전대, 써모파일 등이다.
2. **수동 변환기.** 외부 전원의 변환기가 수동 변환기이다. 에너지 변환에 필요한 동력이 외부 동력원으로부터 변환기로 공급된다. 하지만 변환기는 연구하는 물리적 현상으로부터 일부의 에너지를 흡수할 수 있다. 수동 변환기의 예는 저항 온도계와 써미스터, 전위차 장치, 차동 변압기, 광방출 셀 등이다.

신호 처리 단계

신호 처리 단계는 변환기 신호를 받아서 원하는 크기나 형태로 바꿔 준다. 이 단계는 증폭을 통한 신호 크기 증대, 필터링을 통한 신호의 부분적 제거에 사용될 수 있으며, 변환기와 출력 단계 사이의 기계적 또는 광학적 연결을 제공한다. 온도계 벌브 체적(그림 1.3)에 대한 모세관 지름은 온도 상승에 따라 액체가 얼마나 올라갈 것인지를 결정한다.

출력 단계

계측시스템의 목적은 감지된 정보를 쉽게 정량화할 수 있는 형태로 변화시키는 것이다. 출력 단계는 계측값을 표시하거나 기록한다. 출력 장비는 단순한 표시 장치, 눈금, 차후에 접속하여 분석할 수 있는 컴퓨터 메모리와 같은 기록 장치일 수도 있다. 그림 1.3에서 수은온도계의 눈금이 출력 단계이다.

　부가적으로 '변환기'는 위에서 설명한 센서, 변환기 요소, 심지어는 신호 처리 요소까지를 한 장치에 포함하는 집적된 계측 장치를 참조하는 용어로도 흔히 사용된다. 이런 경우에는 계측시스템 각 단계로서 역할하는 기능을 나타내는 '변환기'와는 다르다. 두 의미의 용어 사용이 모두 옳으며 이 책에서 모두 사용할 것이지만, 하나는 감지된 신호가 어떻게 다른 형태로 변화하는지를 나타내고, 다른 하나는 집적된 장치를 나타낸다는 것을 구별하기 바란다. 용어가 사용된 문맥을 살펴보면 용어의 모호성은 없어질 것이다.

계측시스템의 일반 구조

그림 1.5는 계측시스템의 일반적인 구조를 보여 준다. 본질적으로 계측시스템은 이전에 설명한 (1) 센서-변환기 단계, (2) 신호 처리 단계, (3) 출력 단계의 일부분 또는 전부로 구성된다. 이런 단계들은 계측시스템으로의 입

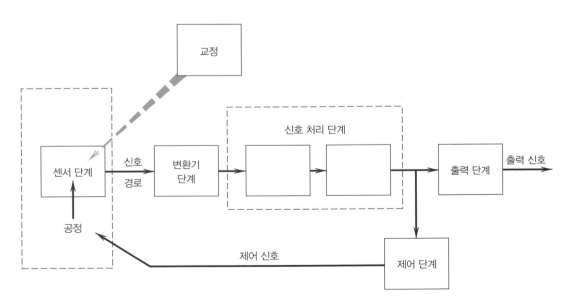

그림 1.5 일반적 계측시스템의 구성 요소

력과 측정해야 할 물리 변수의 값을 추정하는 데 사용되는 양인 출력 사이의 연결 역할을 구성한다. 센서에 의해 획득된 입력 정보와 표시되는 출력 신호 사이의 관계가 어떻게 교정에 의해서 설정되는지는 나중에 논의하겠다.

일부 시스템은 그림 1.5에 나타난 추가적인 단계인 궤환(feedback)-제어 단계를 사용할 수도 있다. 공정 제어에 사용되는 전형적인 계측시스템의 궤환-제어 단계는 측정 신호를 기준값과 비교하고 공정 제어에 필요한 조치를 결정하는 제어기를 포함하고 있다. 간단한 제어기에서 이 결정은 신호 크기가 시스템 운영자가 설정한 값을 초과하는지, 즉 높은지 낮은지 여부에 따라 결정된다. 예를 들면, 가정용 히터의 온도조절기는 센서에 의해 결정되는 온도가 설정값보다 낮으면 히터를 작동시킨다. 자동차의 크루즈 속도 제어기도 거의 동일한 방식으로 작동한다. PLC(programmable logic controller)는 많은 변수를 동시에 측정하고 프로그램된 지시에 따라 적절한 시정 조치를 취하기 위하여 사용되는 견고한 산업용 등급의 컴퓨터이자 데이터 획득 장치이다. 제어시스템의 특성은 12장에서 자세하게 논의된다.

1.3 실험 테스트 계획

질문에 답하기 위한 측정을 하기 위해 실험 테스트를 계획한다. 따라서 테스트는 오직 그 질문에 대한 답을 하기 위해 계획되고 실행되어야 한다. 예를 들어 보자.

"내 새 차의 연료 사용량이 얼마일까?"라는 질문에 답하기 위해서 테스트 계획을 세우고 싶다. 테스트 계획을 세울 때 측정할 변수를 확인하겠지만, 또한 결과에 영향을 미칠 수 있는 다른 변수들도 세밀히 고려할 필요가 있다. 측정해야 할 두 중요한 변수는 거리와 연료 소모량이다. 주행계와 주유소 연료펌프의 정확도는 두 측정에 영향을 미친다. 연료탱크를 채울 때 일관성 있게 최종 체적을 채우는 것은 사용된 연료를 예측하는 데 영향을 미친다. 영점 오차로 분류될 수 있는 이 영향은 사실 매우 중요하다. 이 예제에서 알 수 있듯이, 일관된 계측 기법이 테스트 계획의 일부분이 되어야 한다는 것을 추측할 수 있다.

다른 어떤 변수들이 결과에 영향을 미칠 수 있을 것인가? 고속도로, 도심, 시골길, 혼합된 주행 도로가 결과에 영향을 미치며 독립 변수이다. 운전자도 운전 습관이 다르므로 독립 변수가 된다. 결국 어떻게 측정 데이터를 해석할 것인지는 주요 측정값에 더하여 다른 변수의 영향을 받는다. 만일 테스트 목적이 자동차 렌트회사에서 사용하는 한 차 모델에 대한 군집 차량 평균 연료 사용량을 설정하는 것이라면, 테스트는 어떻게 변경되어야 할 것인지를 생각해 보라.

모든 테스트 계획에서, 요구되는 답이 얼마나 정확해야 할지를 고려해야 한다. 정확도가 100 km당 2리터이면 충분한가? 만일 그 정도의 정확도를 달성할 수 없다면, 테스트는 다른 전략으로 수립되어야 한다. 마지막으로 병행 점검같이 테스트 결과가 타당한지를 점검하기 위한 방법, 즉 미묘한 실수를 피하기 위한 온전한 점검 방법이 있는가? 이 예는 흥미롭게도 모든 복잡한 테스트가 가지고 있는 동일한 요소를 포함하고 있다. 만일 이 테스트에 영향을 미치는 요인과 그것을 가지고 어떻게 계획을 세울 수 있을지를 개념화할 수 있다면, 거의 모든 다른 테스트도 충분히 처리할 수 있을 것이다.

실험 설계는 계측 테스트 계획의 수립과 연관된다. 테스트 계획은 다음과 같이 3단계로 세울 수 있다.[2]

1. **파라미터 설계 계획.** 테스트의 목적, 프로세스 변수와 파라미터의 결정, 그들을 제어하기 위한 수단을 결정한다. 질문 : "해답을 얻고자 하는 질문이 무엇인가? 무엇을 측정해야 하는가?", "결과에 영향을 미치는 변수는 무엇인가?"

2. **시스템과 공차 설계 계획.** 계측 기술, 기기, 오차의 사전 공차 한계에 근거한 테스트 절차를 선택한다.[3] 질문 : "어떻게 측정할 수 있을 것인가? 질문에 답하기 위하여 결과는 어느 정도 정확해야 하는가?"

3. **데이터 정리 설계 계획.** 데이터를 어떻게 분석, 발표, 활용할 것인지 계획을 세운다. 질문 : "어떻게 결과 데이터를 해석할 것인가? 질문에 답하기 위하여 어떻게 데이터를 적용할 것인가? 답은 얼마나 정확한가?

측정하기 전에 테스트 계획의 3단계를 모두 거쳐 보는 것은 엔지니어로서 성공할 수 있는 좋은 습관이 될 것이다. 흔히 3단계는 1단계와 2단계를 다시 고려하게 만든다. 앞으로 각 단계를 해결하는 데 도움이 되는 방법을 제시할 것이다.

변수

변수는 테스트 결과에 영향을 미치는 물리량이다. 변수는 본질적으로 연속이거나 이산적이다. 연속 변수는 범위 안에서 어느 값이든 될 수 있으나 이산 변수는 오직 특정한 값이다.

기능에 따라 변수는 종속적, 독립적, 외래적으로 분류될 수 있다. 다른 하나 또는 그 이상의 변수에 영향을 받는 변수는 종속 변수이며, 서로 영향을 미치지 않는 변수는 독립 변수이다. 종속 변수는 독립 변수의 함수이다. 테스트 결과는 독립 변수의 값에 의해 결정되는 종속 변수이다. 예를 들면, 하중이 작용하는 외팔보의 변형(종속 변수)은 인가된 하중(독립 변수)으로부터 결정된다.

독립 변수는 종속 변수에 미치는 영향을 파악하기 위해 테스트 과정 동안 의도적으로 변화되거나 고정된다. 제어 변수는 일정한 값으로 유지된다. 테스트 파라미터는 측정되는 프로세스의 거동을 설정하는 제어 변수나 변수 그룹을 말한다. 하중이 작용하는 외팔보에서 보의 치수와 물성치가 파라미터이다. 프로세스 거동을 바꾸고 싶을 때 파라미터를 변화시킨다.

공학에서 관성 모멘트나 레이놀즈(Reynolds) 수와 같은 변수 그룹도 이들이 특정 시스템 거동과 관계가 있을 때는 파라미터로 불린다. 예를 들면, 자동차 현가시스템의 감쇠비는 입력 조건을 변경시킴에 따라 변위 속도가 어떻게 변화할 것인가에 영향을 미친다. 즉 이 파라미터는 조향과 승차감 같은 차량 거동을 측정하는 변수에 영향을 미친다. 이 책의 통계학 내용에서는, 진평균이나 분산과 같이 측정 변수 모집단의 거동을 서술하는 양을 파라미터라고 부른다.

계측 중에 의도적으로 조작되거나 제어되지 않으면서 테스트 결과에 영향을 미치는 변수를 외래 변수라고 부른다. 종속 변수는 외래 변수의 영향을 받는다. 테스트 계획에서 적절하게 다뤄지지 않으면, 외래 변수는 잘못

---

2 3단계 전략은 공학시스템 설계에서 사용되는 특정한 설계 기법의 기본과 유사하다(참고문헌 1).

3 이 책의 공차 설계 계획 전략은 불확도 해석(감도 해석의 확장)을 도입시킨다. 감도 해석법은 설계 최적화에서 흔한 방법이다.

된 경향을 야기하거나 측정 변수 거동에 변화를 야기한다. 이러한 영향은 원인과 결과 사이의 명확한 관계를 혼동시킬 수 있다.

'제어'를 다른 용도로도 사용한다. 실험에서의 제어는 측정 중에 특정 신뢰 수준 내에서 독립 변수를 규정값으로 얼마나 잘 유지할 수 있는가를 설명한다. 예를 들어 굽힘보 테스트에서 적용 하중을 103 kN으로 설정했다면, 이 하중이 전체 측정 과정 동안 정확히 고정된 값으로 유지될 수 있을 것인가, 아니면 반복되는 측정마다 약간씩 변할 것인가? 서로 다른 분야마다 이 용어의 용도에 차이가 있다. 통계에서 제어 그룹은 조사 대상과는 떨어져 있는 것을 나타내지만, 무언가 고정되게 유지한다는 미묘한 차이는 유지하고 있다.

예제 1.1

상변화 현상을 보여 주는 열역학 과목의 실험을 생각해 보자. 비등점을 측정하기 위해 비커의 물이 가열되고 어느 시간 동안 물의 온도가 측정된다. 그림 1.6은 같은 실험 장치와 방법을 사용하여 서로 다른 날에 다른 학생 그룹에 의해 측정된 개별 3회 측정 결과이다. 외견상 동일한 세 실험의 데이터가 왜 이렇게 다른 결과를 나타내는가?

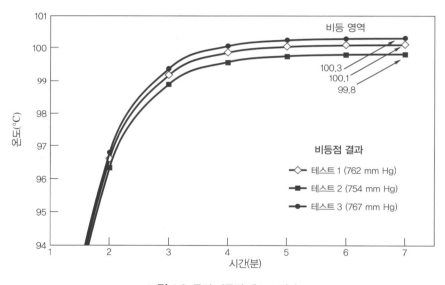

그림 1.6 물의 비등점 테스트 결과

알려진 값   서로 다른 3일에 수행된 3회 테스트에 의한 온도-시간 측정 결과

구할 값   물의 비등점

풀이

각 그룹의 학생들은 정확히 100.0°C를 기대했다. 개별적으로 각 테스트 결과는 근접하지만, 비교해 보면 3회의

테스트 결과 중에서 임의의 두 결과 사이에는 확실한 차이가 있다. 계측시스템 정확도와 자연적인 우연에 의해 테스트 사이에 오직 0.1℃ 불일치가 있을 것으로 가정해 본다면, 무언가 다른 일이 일어나고 있는 것이다. 그럴 듯한 기여 요인은 외부 변수의 영향일 것이다.

다행히, 각 테스트 동안에 실험보조자는 지역 대기압을 기록해 두었다. 비등점(포화온도)은 압력의 함수이다. 각 테스트는 지역 대기압이 제어되지 않았기(테스트 사이에 고정되지 않았기) 때문에 부분적으로 다른 결과들을 보여 준다.

참고사항 여기서 압력 영향을 제어하는 한 방법은 테스트를 대기압 압력실에서 수행하는 것이다. 테스트에서 모든 변수를 직접 제어하는 것은 항상 가능한 것은 아니다. 따라서 외래 변수를 다루는 다른 방법은 특별한 전략을 적용하는 것이다. 테스트를 각 대기압에서 측정된 단일 데이터 그룹으로 간주해 보자. 그리고 3개의 테스트 데이터 그룹을 통합해 보라. 이와 같은 방법으로 측정된 대기압이 독립 변수인 것처럼 취급될 수 있으며, 그 영향이 전체 데이터 집합에 통합될 수 있다. 다시 말하면, 압력의 차이를 실제 이용하여 비등점에 미치는 압력의 영향을 연구할 수 있다. 이것이 이 장의 후반부에서 논의하는 절차인 무작위화라고 불리는 의미 있는 제어 취급 방식이다. 중요한 변수를 잘 파악하고 제어하지 않으면 퍼즐을 푸는 것과 같은 혼란을 각오해야 한다.

예제 1.2 | **사례 연구**

미국 내 골프카 산업은 매년 거의 10억 달러 매출을 기록하고 있다. 특정 모델 골프카 제작사는 운전대 지지대의 원하지 않는 진동을 감소시킬 수 있는 해결책을 찾았다(그림 1.7). 엔지니어가 진동의 원인을 가스 구동 엔진으로 찾아냈으며 엔진을 특정 속도(분당 회전수, rpm)에서 운전할 때 일관되게 나타났다. 회사 경영진은 비용이 많이 드는 현가장치의 개선은 배제했기 때문에, 엔지니어는 운전대에서의 진동을 감소시킬 수 있는 저비용의 의견을 모색해 보았다.

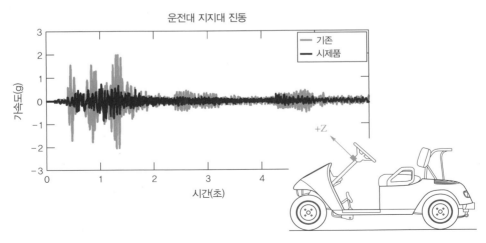

그림 1.7 엔진 구동실험 동안 운전대에서의 시간에 따른 *z*축 가속도 신호 : 기존 신호와 감소된 시제품(제안된 해결책) 신호

 테스트 표준 ANSI S2.70-2006(참고문헌 19)을 센서 설치와 결과 해석의 가이드로 활용하여, 가속도계(12장에서 논의)를 운전대 지지대, 엔진, 현가장치, 차체에 설치했다. 계측시스템 구성은 그림 1.5를 따랐다. 가속도계 센서-변환기로부터의 신호는 신호 처리 전하 증폭기(6장)를 거쳐서 노트북 기반 데이터 획득 시스템(DAS, 7장)에 전달된다. 증폭기는 변환기 신호를 데이터 획득 시스템 입력범위에 적합하도록 0~5 V 신호로 바꿔 준다. 데이터 획득 시스템은 전압계, 출력 표시, 시간에 따른 기록계 역할을 한다.

 측정 결과는 운전대에서의 치명적 진동이 지지대의 자연주파수(20 Hz)에서 발생했다. 이 진동은 엔진의 정상 운전 속도(1,000~2,200 rpm)에 해당하는 17~37 Hz의 가진 함수 주파수에서 강화되었다. 조향 장치에 대한 집중 파라미터 모델(3장)로부터, 약간 무거운 운전대 지지대를 쓰면 자연주파수를 엔진의 공회전 속도 아래로 낮출 수 있으며, 따라서 높은 엔진 속도에서 강화되는 진동의 진폭(3장)을 감소시킬 수 있겠다고 결정했다. 분석은 검증되었고, 테스트 결과에 근거해서 장치는 개선되었다. 엔진 구동 기간 측정된 진동 신호를 기존 경우와 제안된 개선이 반영된 시제품에 대해 그림 1.7에 비교하였다. 진동의 최대 진폭이 제안되어 검증된 해결책에 의해 안락한 수준으로 감소되었음을 보여 주고 있다. 제작사는 저비용의 개선책을 추진하였다.

참고사항 이 예제는 기계 테스트에 적용된 계측이 문제를 진단하고 수식화한 후, 제안된 해결책을 검증하기 위하여 어떻게 필요한 정보를 제공하는지를 보여 주고 있다.

___

잡음과 간섭

외래 변수가 측정 데이터에 어떻게 영향을 미치는지는 잡음과 간섭으로 나타낼 수 있다. 잡음(noise)은 측정 신호의 불규칙적인 변화로 데이터의 산포를 증가시킨다. 건물의 진동, 주변 조건의 변화, 도체를 통과하는 전자의

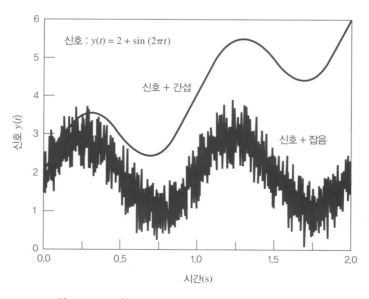

그림 1.8 신호 $y(t) = 2 + \sin 2\pi t$에 중첩된 잡음과 간섭의 효과

불규칙한 열적 잡음 등이 측정 신호에서 나타나는 불규칙적 변화의 흔한 외래 근원의 보기이다.

간섭(interference)은 측정 신호에 바람직하지 않은 특정 경향을 부가한다. 전기 기기에 흔한 간섭이 교류 전원에 기인하며, 측정 신호에 중첩된 사인파로 나타난다. 대중 음향 장치의 윙윙거리는 소리나 음향 궤환은 얻고자 하는 신호에 중첩된 간섭 효과의 대표적 예이다. 때때로 간섭은 명백하지만, 만약 간섭 주기가 측정 주기보다 길게 되면, 잘못되게 중첩된 경향을 찾지 못할 수도 있다. 따라서 목적은 간섭의 근원을 제어하거나 간섭의 경향을 분해하든지 해야 한다.

예를 들어, 신호 $y(t) = 2 + \sin 2\pi t$에 대한 잡음과 간섭의 효과를 보자. 그림 1.8에 보이듯이, 잡음은 신호의 산포를 증가시킨다. 하지만 통계적 기법이나 다른 방법을 이용하여 불투명함 속에서도 선별하여 원하는 신호 정보를 추출할 수 있다. 반면 간섭은 신호에 잘못된 경향을 부가시킨다. 테스트 계획은 이러한 경향을 분해하여 데이터에 불규칙적인 변화로만 나타나도록 고안되어야 한다. 비록 이 방법이 데이터 측정값의 산포를 증가시키지만, 잡음은 신호의 결정적 측면을 감출 수 있으나 변화시키지는 못한다. 따라서 데이터의 잘못된 경향을 제거하는 것이 무엇보다 중요하다.

예제 1.1에서 무작위적이지만 서로 다른 대기압에서의 3회 테스트를 데이터 집합 하나로 결합함으로써, 특정한 한 테스트에서는 결과에 나타날 수밖에 없는 차이를 분해하면서, 제어할 수 없는 압력 영향을 비등점 결과에 포함할 수 있었다. 이러한 접근 방법은 다른 제어하기 어려운 변수들에 대한 제어 방법을 제시해 준다.

신호 대 잡음비

전기, 전자 회로에서 잡음은 관심이 있는 전류, 전압과는 관계가 없는 허위의 전류, 전압이며, 가치 있는 정보가 없다. 이것은 관심이 있는 신호에 중첩된 원하지 않는 신호이며 출력이 의도한 값에서 벗어나게 한다. 신호 대 잡음비는 원하지 않는 신호에 대한 희망하는 신호의 비율이다. 모든 측정 방법에서 이 비율은 높아야 한다. 그림 1.9는 증폭기의 블록선도이며, 출력에서 잡음의 중첩을 보여 준다.

무작위화

공학 테스트는 종속 변수에 미치는 영향을 결정하기 위해 하나 또는 그 이상의 독립 변수를 의도적으로 변화시킨다. 무작위화는 독립 변수의 변화를 불규칙 순서로 놓는 테스트 전략이며, 그 의도는 테스트 계획에서 설명할 수 없는 영향을 무효화하는 것이다.

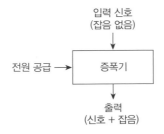

그림 1.9 출력의 잡음 신호를 보여 주는 증폭기의 블록선도

종속 변수 y가 여러 독립 변수 x_a, x_b, …의 함수인 일반적 상황을 검토해 보자. 독립 변수에 대한 y의 의존성을 찾기 위하여 독립 변수는 정해진 방식으로 변화된다. 그러나 y의 측정은 몇 개의 외래 변수 $z_j(j = 1, 2, …)$의 영향을 받으므로 $y = f(x_a, x_b, …; z_j)$이다. z_j 변수가 테스트에 미치는 영향을 제거할 수는 없지만, y값에 잘못된 경향을 초래하는 가능성은 무작위화 전략을 사용함으로써 최소화시킬 수 있다. 한 가지 접근 방법은 독립 변수를 조정하는 순서를 무작위화하는 것이며, 이 방법은 연속적인 외래 변수에 잘 작동한다.

예제 1.3

그림 1.10의 압력 교정 시스템에서 알고 있는 압력 p가 압력변환기에 작용한다. 압력 증가는 장치의 탄성판 센서를 변형시켜 기계적 변위로 감지된다. 변환기는 변위를 전압계로 측정할 수 있도록 전압으로 바꾼다. 테스트 접근 방법은 피스톤-실린더 안에 있는 기체를 압축하는 데 사용되는 피스톤의 변위를 측정하여 가해진 압력을 제어하는 것이다. 기체는 이상기체법칙을 따른다. 그러면 피스톤 변위 x는 실린더 체적 $\forall = (x \times 면적)$을 결정하게 되고, 실린더 압력과 쉽게 연관된다. 따라서 알고 있는 실린더 압력이 변환기 출력 신호와 연결될 수 있다. 이 교정에서 독립 변수와 종속 변수, 가능한 외래 변수를 결정하라.

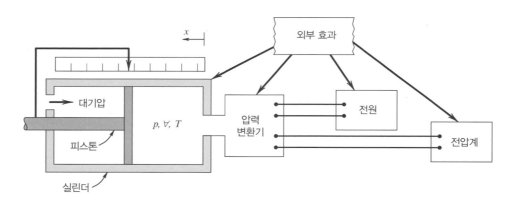

그림 1.10 압력 교정 시스템

알려진 값   그림 1.10의 압력 교정 시스템

구할 값   독립 변수, 종속 변수, 외래 변수

풀이

센서는 실린더 기체 압력에 노출된다. 압력변환기 출력 신호는 실린더 압력에 따라 변할 것이다. 따라서 종속 변수는 실린더 기체 압력이며 또한 변환기에 작용하는 압력이다. 이 교정의 독립 변수는 피스톤 변위이며 체적을 결정한다. 이 문제의 파라미터는 이상기체 상태방정식 $p\forall/T = 일정[T는 기체 온도, \forall = (x \times 면적)]$에서 정해질 수 있다. 이 파라미터는 기체 압력이 온도에 의존함을 보여 주고 있으며, 따라서 기체 온도도 독립 변수이다. 피스톤 변위를 변화시켜 체적은 변화하지만 온도는 실린더 기체를 일정하게 유지시킬 수 있는 장치만 있다

면 제어될 수 있다. 하지만 T와 $\forall$는 본질적으로 독립적이지 않다. 실린더 체적은 온도의 함수이며 $p = f(\forall, T)$ [여기서 $\forall = f_1(x, T)$]이다. 만일 실린더 온도가 일정하게 유지되면, 체적에 적용된 변화만이 압력에 영향을 미치는 변수, 즉 희망한 대로 $p = f(\forall, T)$가 될 것이다.

　만일 기체 온도가 제어되지 못하거나, 주위 환경 영향이 실린더와 변환기 온도를 제어하지 못하여 변하게 되면, 온도는 외래 변수 z_1이 된다. 즉,

$$p = f(\forall, z_1), \quad \text{여기서} \quad \forall = f_1(x, T)$$

참고사항　크지는 않지만, 전원 전압의 변화와 전기적 간섭 z_2가 전원 공급 장치부터 변환기까지 구동 전압에 영향을 미치거나 전압계 성능에 영향을 미칠 수 있다. 이러한 목록은 대략적인 것이다.

예제 1.4

예제 1.3에서 논의된 제어할 수 없는 온도 영향 때문에 생기는 간섭을 최소화할 수 있는 테스트 계획을 세워 보라.

알려진 값　제어 변수 $\forall$를 변위 x를 통하여 변화시키며 종속 변수 p를 계측한다.

구할 값　제어할 수 없는 실린더 체적의 열적 팽창이 측정 압력에 미칠 수 있는 가능한 영향을 무작위화하라.

풀이

테스트 전략의 일부분은 체적을 변화시키고 압력을 측정하는 것이다. 만일 제어되지 않은 온도 변화가 실린더 체적과 연관된다면, 즉 $\forall = f(T)$이면 이것이 간섭 효과가 될 수 있다. 이 효과는 체적 $\forall$를 적용하는 순서를 뒤섞는 무작위 테스트를 사용하여 무작위화할 수 있다. 체적이 증가하는 순으로 6개의 체적 $\forall_1$, $\forall_2$, $\forall_3$, $\forall_4$, $\forall_5$, $\forall_6$이 있다고 하자. 체적은 변위와 면적에 의해서 결정되며 어떠한 순서라도 괜찮을 것이다. 가능한 순서의 예는

$$\forall_2 \, \forall_5 \, \forall_1 \, \forall_4 \, \forall_6 \, \forall_3$$

　테스트 파라미터로부터 고정된 기체 온도에서 압력은 체적 $\forall$에 따라 선형적으로 변화할 것이 기대된다. 계측을 무작위 순서로 하면 z_1에 의한 간섭 경향은 분해될 것이다. 이러한 접근 방법은 변환기, 구동 전압, 전압계에 영향을 미치는 주변 여건 효과로부터 발생하는 간섭 경향을 분해하는 데도 역시 기여한다.

　다른 검사자, 기기, 테스트 조건을 사용하는 것이 계측 결과에 영향을 줄 수 있는 이산적 외래 변수의 예이다. 이산적 영향을 최소화하기 위해 테스트 계획을 무작위화하는 것은, 무작위 블록을 이용한 실험 설계 기법을 사용하여 효과적으로 수행할 수 있다. 데이터 집합을 구성하는 한 블록은 외래 변수는 고정된 상태에서 독립 변수

를 변화시키면서 측정된 변수(종속 변수)로 구성된다. 외래 변수는 블록 사이에서 변한다. 이렇게 함으로써 무작위화를 통해 이산적 외래 변수에 대한 약간의 현장 제어가 가능해진다.

앞에서 논의한 차 연료 사용 예에서 다른 운전자(외래 변수)가 비슷한 도로를 주행하여 해당 차에 대한 연료 사용량을 평균하는 블록으로 구성되는 여러 블록을 고려할 수 있다. 예제 1.1에서 단일 테스트에서 발견되는 간섭 효과를 분해하기 위하여, 다른 대기압에서 수행된 다수의 테스트(블록)를 사용하는 전략을 적용하였다. 데이터 분석을 위한 발전된 통계적 방법이 존재하듯이, 무작위 블록에 대한 많은 전략이 존재한다(참고문헌 2~5).

예제 1.5

특수한 복합재료의 제조 과정에서 젤(gel)을 생산하기 위해 수지와 결합재를 무게비로 혼합해야 한다. 이 젤은 레이업(lay-up)이라는 수동 공정에서 복합재료를 만들기 위해 섬유를 주입하는 데 사용된다. 완료된 재료의 강도 σ는 젤의 결합재 비율에 의존하지만 레이업 작업자에게도 의존한다. 재료 강도와 결합재 혼합비의 관계를 설정할 수 있는 테스트 행렬을 세워 보라.

알려진 값 $\sigma = f$ (결합재, 작업자)

가정 재료 강도는 결합재와 작업자에 의해서만 영향을 받는다.

구할 값 작업자의 영향을 무작위화하기 위한 테스트 행렬

풀이

종속 변수 σ는 독립 변수인 결합재 혼합비에 대해서 시험된다. 실제 제조에서 작업자는 외래 변수이다. 간단한 테스트로 세 혼합비 A, B, C에 대한 재료 강도를 측정할 수 있다. 또한 세 작업자 (z_1, z_2, z_3)가 세 혼합비에 대해 각각 N개의 시험 샘플을 만들어 세 블록의 테스트 패턴을 얻을 수 있다.

블록				
1	z_1:	A	B	C
2	z_2:	A	B	C
3	z_3:	A	B	C

테스트 결과를 분석할 때는 모든 데이터를 합친다. 각 블록의 결과에는 각 작업자의 영향이 나타날 것이다. 각 블록 안에서의 작업 순서는 중요하지 않다고 가정한다. 그러나 만약 한 작업자의 데이터만 고려된다면, 결과는 그 작업자의 레이업 기술과 일치하는 경향을 나타낼 것이다. 따라서 위에서 보인 테스트 행렬은 어느 한 작업자가 재료 강도 시험 결과에 미치는 영향을 여러 작업자의 영향을 도입함으로써 무작위화시킬 것이다.

예제 1.6

레이업 공정 후 예제 1.5의 복합재료는 제어되는 고온에서 경화된다고 하자. 결합재 혼합비, 경화 온도, 재료 강

도 사이의 관계를 만들고 싶다. 적절한 테스트 행렬을 만들어 보라.

알려진 값 $\sigma = f$(결합재, 온도, 작업자)

가정   재료 강도는 결합재, 온도, 작업자에 의해서만 영향을 받는다.

구할 값   작업자의 영향을 무작위화하기 위한 테스트 행렬

풀이

독립 변수인 결합재 혼합비, 경화 온도에 대한 복합재 강도의 의존성을 시험하기 위한 간단한 행렬을 만들고자 한다. 예제 1.5와 같이, 혼합비의 세 그룹과 온도의 세 그룹, 총 18번의 테스트를 만들 수 있다. 다른 방법으로 세 혼합비 A, B, C와 세 작업자 z_1, z_2, z_3에 대하여, 세 온도 T_1, T_2, T_3를 선정하여 단일 무작위화시킨 블록을 나타내는 3×3 테스트 행렬을 만들 수도 있다. 어느 작업자도 동일한 테스트 조합을 1회 이상 수행하지 않도록 블록을 구성하면, 어느 한 작업자의 특정 혼합비와 온도에 대한 영향을 무작위화할 수 있다.

	z_1	z_2	z_3
A	T_1	T_2	T_3
B	T_2	T_3	T_1
C	T_3	T_1	T_2

참고사항   제안된 테스트 행렬은 외래 변수를 무작위화시킬 뿐만 아니라, 혼합비와 온도에 대해 세 블록을 직접 사용하는 경우와 비교하여 테스트 횟수를 반으로 줄였다. 하지만 어느 방법이라도 무방하다. 위 행렬이 라틴 사각형(Latin sqaure)이다(참고문헌 2~5).

복제와 반복

일반적으로 측정 변수의 추정값은 측정 횟수에 비례해서 개선된다. 단일 테스트나 배치에서 같은 변수에 대하여 되풀이하여 이루어지는 측정을 반복(repetition)이라 한다. 반복은 테스트 조건에서의 측정 변수의 변동을 정량화할 수 있다. 예를 들어 베어링 제조회사의 경우, 몇 개의 베어링만을 측정하는 것보다는 많은 베어링을 측정함으로써 수천 개 베어링 한 배치의 평균 직경과 분산에 대한 더 좋은 추정값을 얻을 수 있다.

일련의 계측이나 테스트를 독립적으로 복사한 것을 복제(replication)라 한다. 복제는 비슷한 조건에서 수행된 복사된 테스트 사이에서 발생하는 측정 변수의 변동을 정량화할 수 있다. 만일 베어링 제조회사가 베어링의 평균 지름이 특정 기계나 검사자에 의해 작업 개시와 종료 시 얼마나 밀접하게 제어될 수 있는지에 관심이 있다면, 서로 다른 날에 수행되는 복제된 테스트가 필요할 것이다.

만일 베어링 제조회사가 다른 기계나 작업자에 의해 생산된 베어링의 평균 지름이 얼마나 밀접하게 제어될 수 있는지에 관심이 있다면, 이런 다른 요소들을 사용한 복제 테스트가 답이 될 것이다. 여기서 복제는 다른 베어링 기계나 작업자에 의한 간섭 효과를 무작위화하는 방법이 된다.

예제 1.7

실내 히터의 온도조절기를 생각해 보자. 특정 온도를 설정한 후 실내 온도를 반복 측정하여, 특정 설정 온도에서의 실내 온도의 평균과 변화량을 알 수 있다. 반복은 설정 조건을 평가할 수 있고 얼마나 잘 유지할 수 있는지를 알 수 있다.

이제 설정 온도를 다른 임의값으로 바꾸었다가 얼마 후 원래 설정값으로 바꾸고, 복제 측정한다. 두 테스트 데이터는 서로 복제이다. 두 번째 테스트의 평균 온도가 처음 테스트의 평균 온도와 다를 수도 있다. 달라진 평균값은 방의 온도를 설정하고 제어하는 능력에 대해 무언가 제시하고 있다. 즉, 복제는 측정 조건을 얼마나 잘 재현할 수 있는지를 평가할 수 있는 정보를 제공한다.

병행 방법

측정은 잘되고 있는가? 측정에서 어떤 결괏값을 기대해야 하는가? 이런 질문에 대한 답을 도울 수 있는 좋은 전략이 측정 계획에서 **병행 방법**(concomitant methods)을 도입하는 것이다. 목적은 각각 다른 방법에 근거한 둘 또는 그 이상의 결과에 대한 추정값을 구하는 것이고, 서로 일치하는지 확인을 위해 비교할 수 있다. 이것은 추가적인 변수를 측정해야 할 필요가 있는 것처럼 실험 계획에 영향을 줄 수 있다. 또는 다른 방법은 측정에서의 기댓값을 추정하는 해석이 될 수도 있다. 한 방법이 다른 방법이 합리적인지를 점검하는 데 사용되기 때문에 두 방법이 동일한 정확도를 가질 필요는 없다. 예를 들어, 알고 있는 재료로 만들어진 원통형 막대의 체적을 구하고자 할 때 첫째, 막대의 지름과 길이를 측정하는 방법과 둘째, 막대 무게를 측정하여 재료의 비중으로부터 체적을 계산하는 방법이 있다. 두 번째 방법은 첫 번째 방법을 보완하며, 첫 번째 추정값이 적절한지에 대한 중요한 점검 수단이 될 수 있다.

실험의 설계

실험은 기계시스템의 작동을 이해하는 것을 도와준다. 우리는 영향력 있는 요인을 체계적으로 변화시켜 얻어진 데이터를 사용하여 잠재해 있는 현상을 정량적으로 특성화할 수 있다.

모든 실험의 목적은 가능한 잘 설계된 최소한의 실험으로 시스템에 대한 최대한의 정보를 얻는 것이다. 실험 프로그램은 실험 결과에 영향을 미치는 주요한 요인을 파악한다. 실험 결과에 영향을 미칠 수 있는 모든 변수를 조사함으로써 그 요인을 설정할 수 있다. 이들 중 가장 중요한 변수는 몇 가지 탐색적 실험, 사전 지식, 이론이나 가설에 의해 설정될 수 있다. 다음 단계는 각 변수에 대해 단계의 개수를 결정하는 것이며, 이 값에 대한 데이터는 단계를 유지하는 실험을 통해 수집될 것이다.

실험 도중 장치 내부에서 유지되는 압력이 연구 중인 현상에 영향을 미치는 것을 알고 있는 예를 고려해 보자. 우리의 경험, 변형을 견디는 장치의 능력, 다른 요인을 바탕으로 가장 작거나 가장 큰 가능한 압력을 결정할 수 있다. 이 임계값 사이에서 압력이 연속적으로 변할 수 있음에도 불구하고 이것은 거의 필요하지 않다. 파악된 압력 분포 내에서 몇 개의 이산값을 선택할 수 있다. 그 결과로 단계가 암시될 것이다.

　모든 변수에 대해서 동일한 단계 세트로 복사되는 실험을 복제 실험이라고 한다. 이러한 복제된 데이터는 결과의 통계적 유효성과 결과의 반복성을 높인다.

1.4 교정

교정이란 시스템 출력을 관찰할 목적으로 알고 있는 값을 계측시스템에 입력시키는 것이다. 교정은 입력과 출력과의 관계를 설정한다. 교정에 사용되는 알고 있는 값을 **표준**이라 한다.

정적 교정

교정의 가장 일반적인 유형은 정적 교정이다. 이 과정에서 시스템에 값을 입력하고 시스템 출력을 기록한다. 입력한 표준값은 허용 가능한 수준으로 알려져 있다. '정적'이란 용어는 입력값이 시간과 공간에 따라 변하지 않거나 평균값이 사용된다는 것을 의미한다.

　일정 범위의 알고 있는 값을 입력하고 출력값을 관찰함으로써, 계측시스템에 대한 교정 곡선을 구할 수 있다. 교정 곡선은 그림 1.11과 같이 입력 x를 가로축에, 출력 y를 세로축에 그린다. 교정에서 입력값은 독립 변수이고, 측정 출력값은 종속 변수이다.

　정적 교정 곡선은 계측시스템의 정적 입력-출력 관계를 설명하며, 실제 측정에서 표시되는 출력을 해석하는 논리를 제공한다. 예를 들면, 교정 곡선은 그림 1.3에 나타낸 바와 같이 계측시스템의 출력을 표시하는 눈금을 결정하는 기초가 된다. 또한 교정 곡선은 입력과 출력 사이의 상관식으로 알려진 함수 관계를 구하는 데 일부분 사용될 수 있다. 상관식은 $y = f(x)$의 형태이며 물리적 의미를 적용하고 교정 곡선을 곡선 맞춤하여 결정

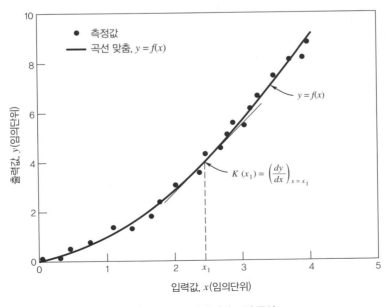

그림 1.11 대표적인 정적 교정 곡선

된다. 그러면 상관식은 나중에 계측시스템에 표시된 출력값으로부터 미지의 입력값을 알아내는 데 사용할 수 있다.

동적 교정

관심 변수가 시간(또는 공간) 의존이고 시간에 따른 변화 정보가 요구될 때 동적 정보가 필요하다. 넓은 의미에서 동적 변수는 크기와 주파수 성분 모두 시간(또는 공간)에 의존한다. 동적 교정은 동적 거동을 알고 있는 입력과 출력 사이의 관계를 결정한다. 예를 들면, 시간과 공간에서 출력 신호가 정확히 입력값을 따라가는가, 지연은 있지 않은가, 출력값이 입력 주파수에 의존하지 않는가? 대개 이러한 교정은 알고 있는 진폭과 주파수의 삼각함수 신호나 계단 함수 신호를 입력 신호로 적용한다. 계측시스템의 동적 응답은 3장에서 자세히 설명한다.

정적 감도

정적 교정 곡선의 기울기를 계측시스템의 **정적 감도**[4]라 한다. 그림 1.11의 교정 곡선에서 나타내었듯이 어느 특정 정적 입력값 x_1에서의 정적 감도 K는 다음과 같다.

$$K = K(x_1) = \left(\frac{dy}{dx}\right)_{x=x_1} \tag{1.1}$$

여기서 K는 입력값 x의 함수이다. 정적 감도는 정적 입력의 주어진 변화에 대응하는 출력 지시값의 변화를 관계 맺는 수단이다.

범위와 전폭

교정은 계측시스템이 사용되는 최솟값부터 최댓값 사이의 알고 있는 입력값을 적용하는 것이다. 이 한계를 시스템의 작동 범위(range)라고 한다. 입력 전 작동 범위(full scale operating range, FSO)는 x_{min}에서 x_{max}까지로 정의된다. **전폭**(span)은 범위 한계의 차이값이다. 예를 들면, 범위가 0에서 100 N인 변환기의 전폭은 100 N이다. 입력 전폭은 다음과 같이 표현된다.

$$r_i = x_{max} - x_{min} \tag{1.2}$$

출력 전 작동 범위는 y_{min}에서 y_{max}까지이다. 전 작동 범위의 출력 전폭은 다음과 같이 표현된다.

$$r_o = y_{max} - y_{min} \tag{1.3}$$

분해능

분해능은 분별할 수 있는 측정값의 최소 증가량을 나타낸다. 계측시스템 측면에서 분해능은 최소 눈금 증가량

---

[4] 일부 교재에서는 정적 이득이라고도 한다.

또는 출력 계기판의 최소 카운트(최소 유효 자리)에 의해 정량화된다.

정확성과 오차

변수의 정확한 값이 **참값**이다. 계측시스템에 표시된 변숫값이 **측정값**이다. 계측의 **정확성**은 참값과 측정값이 얼마나 가깝게 일치하는지를 나타낸다. 그러나 공학 현장에서 참값은 결코 정확히 알 수 없으며, 오차로 불리는 다양한 요인이 영향을 미친다. 이것은 계측의 정확성이라는 개념이 정성적 개념이라는 것을 의미한다.

대신하여 일치 정도를 나타내는 적절한 접근법은 측정 오차를 파악하여 연관된 불확도로 정량화하는 것이다. 불확도는 오차의 추정 범위이다. 오차 e는 측정값과 참값의 차이이다. 즉

$$e = 측정값 - 참값 \tag{1.4}$$

오차의 정확한 값은 알 수 없으므로 식 (1.4)는 단지 정의의 기준이 되는 역할만 한다. 오차는 존재하며 식 (1.4)로 주어지는 크기를 가지고 있다. 때때로 출력값 수정이 근사적임에도 불구하고, 추정되는 오차를 반영하기 위해 출력값을 수정할 수 있다. 이 개념을 다음에 논의하고 5장에서 폭넓게 확대할 것이다.

흔히 오차의 추정은 기기의 교정 중에 참값 대신에 사용된 기준값을 근거로 한다. 이 기준값에 근거한 상대 오차는 다음과 같이 추정된다.

$$A = \frac{|e|}{기준값} \times 100 \tag{1.5}$$

일부 공급회사에서는 이 용어를 '상대 정확성'이라고 부르고 있다.

정밀도

정밀도는 특정한 정확도 내에서 특정 측정값 세트를 복제할 수 있는 기기의 능력으로 특징된다. 예를 들면, 특정 변환기가 정확히 알려진 입력에 노출되어 반복된 측정값이 1% 이내에 있다고 하면, 기기의 정밀도 또는 정밀도 오차는 1%로 보고될 것이다. 측정이 수없이 반복될 때, 매우 정확한 기기는 동일한 입력 정보에 대해 동일한 출력 정보를 생성한다.

기기의 반복성은 실제적으로 정밀도에 기반을 둔다. 반복성은 이전에 설명한 바와 같이, 동일 관찰자가 동일 기기를 사용하여 동일 조건에서 수행한 동일 측정량에 대한 측정 그룹을 복제할 수 있는 기기의 능력으로 특징될 수 있다. 반복에서의 변화나 측정값의 차이는 무작위나 의도하지 않은 오차에 의해서 야기된다. 결과적으로 기기의 정밀도는 동시적이거나 의도하지 않은 오차에 방아쇠를 당기는 요인에 의해 결정된다. 통계적 해석은 무작위 오차의 크기나 아니면 측정 그룹의 정확도를 정량화하는 데 사용될 수 있다. 그림 1.12가 정밀도를 이해하는 데 도움이 될 것이다.

(a) 우수한 정밀도,   (b) 우수한 정밀도,   (c) 열등한 정밀도,
    우수한 정확성   열등한 정확성   열등한 정확성

그림 1.12 보기를 통해 설명된 정확성

예제 1.8

150 Ω, 정밀도 1%의 저항이 있다. 0~600 Ω 범위의 디지털 멀티미터(DMM)가 ±(표시값의 0.9%＋2 카운트) 정확도로 저항을 측정한다. 예측되는 측정 결과는 어떻게 될 것인가?

알려진 값   150 Ω, 정밀도 1%의 저항, 0~600 Ω, ±(표시값의 0.9%＋2 카운트) 정확도 DMM

구할 값   예측 측정 결과

풀이

저항의 공칭값은 150 Ω이다. 저항의 정밀도가 1%이므로 최솟값은 148.5 Ω(R_l), 최댓값 $R_m = 151.5$ Ω이다. R_l 을 저항의 실제값으로 하면

$$R_l = 148.5\,\Omega \qquad R_l \text{의 } 0.9\% = 1.3\,\Omega$$

카운트 오차는 0.2 Ω이므로 표시값은 147.0 Ω 또는 150.0 Ω.

다음에 R_m을 저항의 실제값으로 하면

$$R_m = 151.5\,\Omega \qquad R_m \text{의 } 0.9\% = 1.4\,\Omega$$

카운트 오차는 0.2 Ω이므로 표시값은 149.9 Ω 또는 153.1 Ω.

따라서 저항의 표시값의 범위는 147.0~153.1 Ω이다.

예제 1.9

풍동에서 베인형 풍속계로 바람 속도를 측정한다. 공칭속도 10 m/s의 정상 공기유동이 유지된다. 측정장비의 정밀도는 0.01 m/s, 정확도는 ±(표시값의 3%＋0.20) m/s이다. 바람 속도 측정에서의 오차는 얼마인가?

알려진 값   공칭 바람 속도 $V = 10$ m/s

정밀도 ＝ 0.01 m/s, 정확도 ＝ ±(표시값의 3%＋0.20) m/s

구할 값 오차

풀이

10.00 m/s를 풍속계의 표시값이라 하면, 불확도는 아래와 같이 계산된다.

표시값의 3% $= 3 \times \dfrac{10.00}{100} = 0.3$ m/s

총불확도 $= 0.3$ m/s $+ 0.2$ m/s $= 0.5$ m/s

따라서 측정 속도 $V = (10 \pm 0.5)$ m/s

그러므로 바람 속도의 불확도 % $= \pm 5\%$.

무작위 및 계통 오차와 불확도

오차로 인해 측정값은 참값과 다르게 된다. 무작위 오차(random error)는 변수의 반복된 측정에서 발견되는 측정값의 무작위적 변동을 야기하는 반면에, 계통 오차(systematic error)는 데이터의 평균값과 참값 사이의 치우침을 야기한다. 무작위 오차와 계통 오차 둘 다 시스템의 정확성에 영향을 미친다.

　정확성의 개념과 기기와 계측시스템의 계통 오차, 무작위 오차의 효과를 다트 던지기로 설명할 수 있다. 그림 1.13의 다트판을 생각하자. 목적은 화살을 중심 과녁 안으로 맞추는 것이다. 중심 과녁은 참값, 각 투척은 측정값을 비유한다고 생각할 수 있다. 투척의 오차는 중심 과녁과 꽂힌 지점 사이의 거리로 계산할 수 있다. 그림 1.13(a)에서 투척자는 매번 화살이 표적의 동일한 위치에 반복하여 꽂히는 우수한 반복성(즉, 낮은 무작위 오차)을 보여 주지만, 매번 중심 과녁을 빗나가서 정확하지는 않다. 오차의 평균이 계통 오차의 추정이 된다. 무작위 오차는 각 투척 간 변동의 평균이며 그림 1.13(a)에서는 거의 0이다. 무작위 오차가 적은 것이 투척자의 정확성을 나타내는 완전한 지표는 아니라는 것을 알 수 있다. 이 투척자는 과녁 좌측으로의 치우침, 계통 오차를 가지고 있는데, 이 계통 오차 효과만 줄일 수 있다면 이 투척자의 정확성은 개선될 것이다. 그림 1.13(b)의 투척자는 던질 때마다 중심을 맞추었으므로 높은 정확성을 나타낸다. 산포와 치우침도 거의 0이다. 높은 정확성은 이처럼 낮은 무작위 오차와 계통 오차와 관련되어야 한다. 그림 1.13(c)의 투척자는 판 여기저기 꽂혀 좋지 않은 정확성을 보여 주고 있다. 던질 때마다 오차의 크기가 다르다. 계통 오차의 추정은 투척에서 나타난 오차의 평균인 반

(a) 우수한 반복성은 낮은 무작위 오차를 나타내지만, 정확하다고는 할 수 없다.

(b) 높은 정확성은 낮은 무작위 오차와 계통 오차를 의미한다.

(c) 계통 오차와 무작위 오차는 좋지 않은 정확성을 초래한다.

그림 1.13 다트 던지기 : 무작위 오차, 계통 오차, 정확성의 예시

면, 무작위 오차의 추정은 각 투척에서 나타나는 오차의 변동 정도와 관계되며 통계적 방법에 의해서 추정된다. 투척자의 무작위 오차와 계통 오차는 4장에서 논의되는 통계적 방법과 5장에서 논의되는 비교 방법을 사용하여 계산한다.

교정과 같이 값이 일정하게 유지되면서 거의 정확히 알고 있는 변수를 측정하는 계측시스템을 가정해 보자. 예를 들어, 독립적인 10회 계측으로 그림 1.14와 같은 결과를 얻었다. 측정값의 변동, 즉 데이터의 산포는 변수 측정에 연관된 무작위 오차와 관계된다. 이러한 산포는 주로 (1) 계측시스템과 계측 방법, (2) 측정 변수에 나타나는 자연스러운 변동, (3) 변수의 제어되지 못하는 변동에 기인한다. 그러나 측정값의 겉보기 평균값과 참값 사이의 차이는 이 계측시스템에서 예측되는 계통 오차에 대한 척도를 제공해 준다.

불확도

불확도(uncertainty)는 변수의 표시값에서 오차의 가능한 범위에 대한 수치적 추정값이다. 계측에서는 참값을 전혀 모르기 때문에 오차를 정확히 알 수 없다. 하지만 가능한 정보에 근거하여 측정자는 오차가 표시값의 상하 일정 범위 내에 있음을 확신할 수 있는데 이 범위가 불확도이다. 불확도는 계측시스템 교정, 데이터 집합의 통계 처리, 계측 기술에 존재하는 각각의 오차에서 발생한다. 개별 오차는 기기, 테스트 방법, 분석, 계측시스템의 특성이며, 불확도는 테스트 결과의 특성이다. 그림 1.14에서 데이터의 산포를 기반으로 무작위 오차, 즉 무작위 불확도를 추정할 수 있음을 알 수 있다. 계통 불확도는 병행 방법에 의해 구한 값과의 비교를 기반으로 한 차이로부터 추정할 수 있다. 알려진 모든 오차의 추정에 근거한 불확도는 표시된 결과에 나타낸다. 측정 결과에서 모든 불확도 평가 방법은 5장에서 자세히 다룰 것이다.

기기나 계측시스템 사양의 불확도는 대부분 계측시스템, 교정 절차, 알고 있는 값으로 제공되는 표준 등에 본질적으로 존재하는 다양하면서도 상호작용하는 무작위 오차, 계통 오차의 결과이다. 대표적인 압력변환기에 영

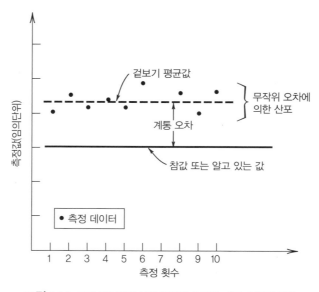

그림 1.14 교정 데이터에서의 무작위 오차와 계통 오차의 영향

표 1.1 대표적인 압력변환기에 대한 제조회사의 사양

작동	
입력 범위	0~1,000 cm H$_2$O
전원	±15 V DC
출력 범위	0~5 V
온도 범위	0~50℃
성능	
선형성 오차	FSO의 ±0.5%
히스테리시스 오차	FSO의 ±0.15% 이내
감도 오차	측정값의 ±0.25%
열적 감도 오차	측정값의 ±0.02%/℃
열적 0점 오차	FSO의 ±0.02%/℃

FSO, 전 작동 범위

향을 미치는 일부 알려진 교정 오차의 보기를 표 1.1에 나타내었다. 각각 표시된 오차가 불확도이다.

순차적 테스트

순차적 테스트는 바라는 입력범위에 걸쳐서 입력값을 순차적으로 변화시키는 것이다. 전 입력범위에 걸쳐서 입력값을 증가(상승 방향)시키거나 감소(하강 방향)시키면서 수행할 수 있으며 출력값이 측정값이다.

히스테리시스

히스테리시스(hysterisis) 오차란 순차적 테스트에 의해 값을 증가시키면서 측정한 결과와 감소시키면서 측정한 결과 사이의 차이를 말한다. 순차적 테스트는 계측시스템에서 히스테리시스 오차를 규명하고 정량화하는 효과적인 분석 기법이다. 그림 1.15(a)는 순차적 테스트에 의한 교정 곡선에서 나타나는 히스테리시스 효과를 보여준다. 시스템의 히스테리시스 오차는 불확도 $u_h = (y)_{상승} - (y)_{하강}$으로 추정된다. 계측시스템의 히스테리시스는 표 1.1과 같이 최대 히스테리시스 오차의 출력 전폭 r_o에 대한 백분율에 근거한 불확도로 대부분 나타낸다.

$$\%u_{h_{max}} = \frac{u_{h_{max}}}{r_o} \times 100 \tag{1.6}$$

히스테리시스는 계측시스템의 출력이 이전 표시된 값에 의존할 때 발생한다. 이런 의존성은 움직이는 부분의 마찰이나 점성 감쇄, 전기 장치에서의 잔류 전하 등과 같은 시스템 한계 때문에 발생할 수 있다. 시스템에서 일부 히스테리시스는 정상적이며 시스템 반복성에 영향을 미친다.

무작위 테스트

무작위 테스트는 의도한 교정 범위에 걸쳐서 입력값을 무작위로 선택하여 적용하는 것이다. 무작위로 입력을 적

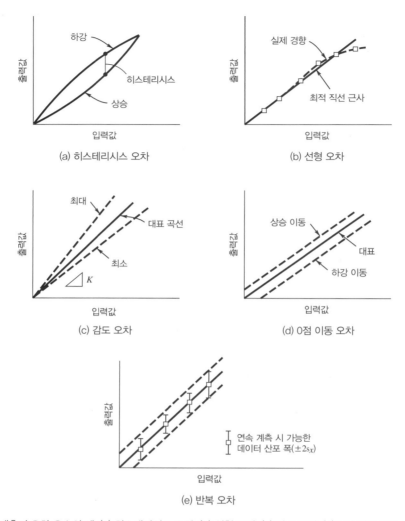

그림 1.15 계측기 오차 요소의 예. (a) 히스테리시스 오차, (b) 선형 오차, (c) 감도 오차, (d) 0점 이동 오차, (e) 반복 오차

용하면 간섭의 영향을 감소시키며, 히스테리시스 효과와 관찰 오차를 없애 주면서 입력값이 이전 값과 무관할 수 있게 해 준다. 따라서 교정 계통 오차를 무작위 오차로 바꾸면서 계통 오차를 감소시킨다. 일반적으로 이런 입력값의 무작위적 변동은 실제 계측 상황을 더욱 잘 반영할 것이다.

무작위 테스트는 일련의 무작위 교정 테스트 데이터를 기초로 하여, 여러 계측시스템 성능 특성을 묘사할 수 있는 중요한 분석 수단을 제공한다. 특히, 그림 1.15(b)~(e)에 예를 든 것처럼 선형 오차, 감도 오차, 0점 오차, 기기 반복 오차 등은 정적 무작위 교정 테스트로부터 정량화될 수 있다.

선형 오차

많은 계측기는 정적 입력과 이에 대한 출력이 선형적인 관계를 갖도록 설계된다. 이러한 선형 정적 교정 곡선은 일반적으로 다음 식과 같이 표현된다.

$$y_L(x) = a_0 + a_1 x \tag{1.7}$$

여기서 곡선 맞춤 $y_L(x)$는 x와 y 사이의 선형 관계에 기초하여 예측되는 출력값을 제공한다. 선형 관계가 얼마나 잘 이루어지는지를 알 수 있는 지표로 계측 장치 사양서는 대개 기기의 정적 교정 곡선의 예측되는 선형성에 대하여 나타내고 있다. $y_L(x)$와 측정값 $y(x)$ 사이의 관계는 시스템의 비선형적 거동을 나타내는 지표이다.

$$u_L(x) = y(x) - y_L(x) \tag{1.8}$$

여기서 불확도 $u_L(x)$는 실제 시스템 거동을 식 (1.7)로 기술할 때 생기는 선형 오차이다. 이러한 거동은 그림 1.15(b)에 예시되어 있는데, 교정 데이터를 직선으로 근사시켰다. 본질적으로 선형적 거동을 하는 계측시스템에 대하여, 계측 기기의 가능한 비선형성의 범위는 예상 선형 오차 최댓값의 출력 전폭 r_o에 대한 백분율로 흔히 표시한다.

$$\%u_{L_{\max}} = \frac{u_{L_{\max}}}{r_o} \times 100 \tag{1.9}$$

표 1.1의 압력변환기의 선형 오차도 이렇게 구해졌다. 근사 곡선에 대한 데이터 산포를 정량화하는 통계적인 방법은 4장에서 논의된다.

감도 오차와 0점 오차

교정 중에 측정된 데이터의 산포는 교정 곡선 기울기를 추정하는 과정의 정밀성에 영향을 미친다. 그림 1.15(c)의 선형 교정 곡선에서와 같이 0점이 고정되면 교정 곡선에 대한 데이터의 분산이 무작위 오차를 나타낸다. 불확도 u_K로 표시되는 감도 오차는 교정 곡선의 기울기를 구할 때 무작위 오차의 통계적인 지표이다(통계적 추정은 4장에서 더 논의). 표 1.1에서 감도 오차는 일정한 기준 공기 온도에서의 교정 결과를 나타내며, 열적 감도 오차는 다른 온도에서의 교정에 의해 구한 것이다.

0점의 이동은 그림 1.15(d)와 같이 교정 곡선의 수직 이동을 가져오며 이를 불확도 u_z의 0점 오차라 한다. 0점 오차는 입력이 없는 상태에서 계측시스템의 출력을 정기적으로 조절함으로써 대부분 줄일 수 있다. 그러나 약간의 불규칙한 0점의 변화는 흔한 일이며, 외부 잡음과 온도 변화 여건에서 사용되는 전자, 디지털 기기에서는 특히 그렇다(예 : 표 1.1의 열적 0점 오차). 0점 오차는 많은 계측에서 주요한 불확도 원인이 된다.

편향

결함이 있거나 제대로 교정되지 않은 기기는 계통 오차나 편향을 유발한다. 신중하게 기기를 선택하고 교정함으로써 이들은 최소화하거나 제거할 수 있다. 편향은 때때로 통계적 방법을 사용하여 특정 원인으로 역추적되어 정량화될 수 있으며, 이때 편향을 제거하거나 최소화하기 위해 교정이 사용될 수 있다. 계산의 정확성은 편향으로 표시되며 데이터가 덜 편향되면 될수록 데이터는 더 신뢰할 만하다.

임계값

기기의 임계값은 입력이 0부터 꾸준히 증가할 때, 출력 변화가 관찰되지 않는 가장 낮은 값이다. 결과적으로 임계값은 출력이 0부터 감지 가능한 변화를 생성하는 데 필요한 최소 입력값을 지정한다. 디지털 기기에서 임계값은 출력 표시의 최하위 숫자 하나를 변경하는 데 필요한 입력 신호이다. 백래시(backlash)나 내부 잡음이 임계값을 유발할 수 있다.

눈금 가독성

아날로그 기기에서는 눈금 가독성이 흔히 사용되는데 아날로그 기기의 눈금을 쉽게 읽을 수 있는지를 나타낸다. 가독성은 다음과 같은 많은 요인에 따라 달라진다.

1. 눈금의 수
2. 눈금 간의 간격
3. 지시침의 크기
4. 시차 효과
5. 판독자의 식별력

그러면 유효 숫자는 논리적으로 눈금 가독성을 의미한다. 유효 숫자가 많을수록 기기 눈금의 가독성이 높아진다. 유효 숫자와 아날로그 판독 장치에 대한 적용은 1.6절에서 논의된다.

계측기 반복성

계측기 반복성은 같은 값을 독립적으로 반복하여 입력하였을 때 같은 값을 표시하는 능력을 나타낸다. 반복성은 지정 실험실의 특정 실험 장치에서 수행된 다수의 교정 실험(복제)을 근거로 한다. 그림 1.15(e)에 나타낸 반복성은 입력에 대한 출력의 변동을 나타내는 통계적 지표(4장에서 논의)인 표준편차 s_x에 기초하고 있으며, 최대 예상 오차의 출력 전폭 r_o에 대한 백분율로 표시한다.

$$\%u_{R_{\max}} = \frac{2s_x}{r_o} \times 100 \tag{1.10}$$

계측기 반복성은 제어되는 교정 조건하에서 찾아진 변동만을 반영한다.

재현성

계측기 사양에 나오는 '재현성'은 비슷한 측정 조건하에 실행된 복제 테스트 결과가 얼마나 잘 일치하는지를 나타낸다. 반복성과 마찬가지로 이 불확도는 통계적 지표에 근거하고 있다. 재현성에 대한 제조회사의 주장은 단일 실험 장치나 계측기 모델로 서로 다른 실험실에서 수행된 다수의 테스트(복제)를 기반으로 해야 한다.

계측기 정밀도

계측기 사양에 나오는 '계측기 정밀도'는 별개의 반복 테스트 결과에 근거하는 무작위 불확도를 나타낸다. 계측기 정밀도에 대한 제조회사의 주장은 동일 모델로 다른 실험 장치에서 수행된 다수의 테스트(복제)를 기반으로 해야 하는데, 복제 실험은 동일 실험실(동일 실험실 정밀도)에서 수행하거나 가능하면 서로 다른 실험실(실험실 간 정밀도)에서 수행할 수 있다.

총계측기 오차와 계측기 불확도

총계측기 오차의 추정은 파악된 모든 계측기 오차의 불확도 추정을 합쳐서 만들어지는데 이를 계측기 불확도라 한다. 이 값은 모든 알려진 불확도의 제곱합의 제곱근으로 계산된다. M개의 알려진 오차에 대해, 총계측기 불확도 u_c는 다음과 같이 계산된다.

$$u_c = \left[u_1^2 + u_2^2 + \cdots + u_M^2 \right]^{1/2} \tag{1.11}$$

예를 들어, 계측기가 히스테리시스, 선형성, 감도 오차를 가지고 있으면 계측기 불확도는 다음 식에 의해 구해진다.

$$u_c = \left[u_h^2 + u_L^2 + u_K^2 \right]^{1/2} \tag{1.12}$$

식 (1.11)의 가정은 각 오차가 u_c에 균일하게 기여한다는 것이다. 만일 그렇지 않으면 5장에서 설명하듯이 감도 지표가 사용된다.

확인과 검증

확인(verification)은 의도한 모델을 올바르게 수행하고 있음을 나타낸다. 테스트나 계측시스템에서 확인은 계측시스템과 각 구성 요소들이 올바르게 기능하고 있음을 의미한다. 한 가지 접근법은 계측시스템을 출력을 예측할 수 있는 상태(시스템 수준의 교정)로 두는 것이다. 받아들일 수 없는 차이는 시스템 어딘가에 문제가 있음을 나타내며, 이것이 결함을 고치는 도구이다. 매우 비슷한 비유는 프로그램 실수를 찾기 위해서 컴퓨터 프로그램을 점검하는 것이다.

검증(validation)은 사용하는 실험 모델이 근본적으로 올바른 것인지를 확실히 하는 것이다. 이를 위해 테스트 결과를 같은 조건에서 다른 신뢰할 만한 방법을 사용하여 구한 결과와 비교한다. 예를 들면, 자동차의 풍동 테스트 결과를 도로주행 테스트 결과와 비교할 수 있다. 총 차이는 한 방법 또는 두 방법 모두의 결함을 나타낸다. 비슷한 비유는 컴퓨터 모델에서 프로그램한 알고리즘이 의도한 실제 과정을 잘 모사하는지 여부를 결정하는 것이다. 확인과 검증은 의미 있는 결과를 보장하기 위하여 항상 테스트 계획의 일부분으로 포함되어야 한다.

정확도 수준 요구 사항

우리는 교정 과정을 설명하는 데 많은 시간과 노력을 기울였다. 교정은 어떤 계측 응용이든 매우 중요한 부분이기 때문에, 그 자체가 목적이 아니라는 점에 유의하는 것이 중요하다. 목적은 무엇이든 측정하는 것이다. 앞서 교정이 오차의 편향 부분을 제거한다고 했을 때, 우리는 단지 교정이 수행된 조건만을 언급하고 있었다. 실험 장치의 기기를 사용할 때, 세심하게 통제된 여건을 유지할 수 있는 경우는 드물다. 이를 위해서는 계측 오차(편향과 부정확) 및 측정 조건과 교정 조건 사이의 가능한 최대의 차이를 재평가하는 것이 필요하다.

계측 환경이 실험실 표준 교정만큼 잘 조절되는 경우가 거의 없기 때문에, 일반적으로 재평가는 교정만큼 간단하지 않다. 사실, 판단력이 항상 필요하고 과학적 계산보다는 과거의 경험이 필요하다. 한 가지 사항은 오차의 편향 부분이 현재 영이 아니라는 것이다.

1.5 표준

교정 시에 계측시스템의 표시값은 입력 신호로 가해진 기준 또는 알고 있는 값과 직접 비교된다. 이 기준값이 표준이며 비교의 기본이 된다. 다음에 논의할 기본 표준은 정확하지만 일상적인 교정에서는 사용할 수가 없다. 따라서 그 대신에 사용되는 표준은 기본 표준을 직접 추종할 수 있는 정밀한 복제품이거나 신뢰할 만한 기기 또는 믿을 만한 값을 얻을 수 있다고 알려진 기법으로부터의 출력을 근거로 할 수 있다. 물론 교정의 정확도는 사용한 표준의 정확도로 제한된다. 이어서 특정 표준이 어떻게 모든 측정의 기본이 되는지, 다른 표준이 어떻게 그것으로부터 파생되는지에 대해 알아볼 것이다.

기본 단위 표준

차원은 물리적 시스템의 특성을 표현하는 데 사용되는 물리적 변수로 정의된다. 단위는 차원의 정량적 지표로 정의된다. 예를 들어, 질량, 길이, 시간은 킬로그램, 미터, 초라는 단위와 연관되는 기본적인 차원을 나타낸다. 기본 표준은 단위의 정확한 값을 정의하며, 전 세계적으로 통용되는 유일한 값을 사용하여 단위를 표현하는 수단을 제공한다. 1960년에 열린 국제 도량형 총회(General Conference on Weights and Measures, CGPM, 일정하고 정확한 계측 표준 관리를 책임지는 국제기구)에서, 국제단위계(International System of Units, SI)를 단위의 국제 표준으로 공식 채택하였다(참고문헌 6). SI 단위계는 전 세계적으로 채택되었으며 7개의 기본 단위를 가지고 있다. 2019년부터 이 기본 단위는 빛의 속도, 플랑크(Planck) 상수 및 아보가드로(Avogadro) 수와 같은 고정된 자연 물리적 상수의 정확한 정의로부터 정의된다. 모든 다른 단위는 이 7개로부터 유도되었다.

다른 단위계도 소비자 시장에서 흔히 사용되고 있어 소개할 필요가 있다. 예를 들면, 미국에서 사용되는 inch-pound(I-P) 단위계, 대부분의 세계에서 통용되는 중력 mks(meter-kg-second) 단위계 등이 있다. 이 시스템들에서 사용되는 단위는 환산 계수를 통하여 SI 단위와 직접적으로 관련되어 있다. 비록 SI 단위계가 단위 시스템을 정확하게 정의하고 있지만, 실제적인 단위가 때때로 우리의 관습에 더 적합하다. 예를 들면 일상생활에서 온도의 단위로 켈빈(K)보다는 섭씨(Celsius)와 화씨(Fahrenheit)를 사용한다.

단위에 부여된 수치가 실제적으로 꽤 임의적이기 때문에 기본 단위 표준은 필요하다. 예를 들면 4,500년 전에 이집트 큐빗(cubit)이 길이 표준으로 사용되었는데, 이것은 손가락 끝에서 팔까지의 길이를 기초로 하였다. 이것은 나중에 작은 눈금이 새겨진 길이 52 cm의 대리석 막대로 바뀌었으며, 수 세기 동안 잘 사용되었다.

그래서 오늘날 길이의 표준 단위인 미터를 정의할 때 왕의 팔 길이로 할 것인지, 아주 짧은 시간 빛이 이동한 거리로 할 것인지는 우리가 어떻게 정의하고 싶은지에 달려 있다. 상충을 피하기 위해 기본 표준 단위는 국제 협약에 의해 정의된다. 일단 협약이 되면, 기본 표준은 나중에 다시 협약되기 전까지는 단위의 정확한 정의가 된다. 모든 표준이 추구해야 할 중요한 특성에는 범용성, 지속적 신뢰성, 외부 환경 요인에 가급적 둔감함을 갖춘 안정성 등이 있다. 다음에 차원과 이들을 표현하기 위해 사용되는 단위에 대한 정의를 구성하는 기본 표준에 대해 알아보자(참고문헌 6, 7).

기본 차원과 단위

질량

질량의 기본 단위는 킬로그램(kg)이다. kg은 플랑크 상수 h의 값을 정확히 $6.62607015 \times 10^{-34}$ kg-m^2/s로 취함으로써 정의된다. 표준 질량은 키블 저울(참고문헌 9)을 사용하여 실현될 수 있다. 이 저울의 지시침은 전기동력에 의해 전자기력을 발생하며, 이를 테스트 질량과 비교하는 기준으로 사용한다. 추가적인 장점은 1 kg 미만의 질량도 실현할 수 있다는 것이다. 이 정의에 따르면 질량은 약 20 µg/kg의 불확도로 결정될 수 있으며 아마도 향후 더 개선될 것이다(참고문헌 10). 1889년 이전에는 kg은 실내 온도에서 물 1리터의 질량으로 정의되었다. 1889년과 2018년 사이에는, 1 kg은 국제도량형국(International Bureau of Weights and Measures, BIPM)에 보관되고 있는 특별한 백금-이리듐 원형 막대의 질량과 정확히 같다고 정의했다(참고문헌 6~10).

미국에서는 I-P 단위계(U.S. customary 단위라고도 함)가 널리 사용되고 있다. I-P 단위계에서는 질량이 pound-mass(lb$_m$)로 정의되며, kg의 정의로부터 직접 유도된다.

$$1 \text{ lb}_m = 0.4535924 \text{ kg} \tag{1.13}$$

전 세계적으로 kg에 대한 동급의 표준과 다른 표준 단위들은 국가 연구실에 의해 유지된다. 미국에서는 매릴랜드 주, 게이더스버그에 위치한 미국국립표준기술연구원(National Institute of Standards and Technology, NIST)이 관리하고 있다.

예제 1.10   **변하는 kg**

2019년까지 kg은 독특한 물리적 실체로 정의되는 유일한 기본 단위로 남아 있었다. 그것은 국제 kg 원기(International Prototype Kilogram, IPK)로 알려졌으며 1889년에 정의되었다. 물리적 실체를 사용할 때의 문제는 시간이 지나면서 변할 수 있다는 것이다. 예를 들면 공기 오염물은 질량을 더하고, 주기적인 청소는 금속 분자를 제거할 수 있어 질량을 줄인다. 이 표준 국제 kg 원기는 정확한 공식 복제물과 비교하기 위하여 지난 세기

에 여러 번 보호된 저장 공간에서 나와야 했다(참고문헌 8). 1989년까지 모든 공식적 질량 물체 사이에 차이가 존재했다. 이 차이는 약 50 μg이었으며 시간이 흐름에 따라 더 커질 것으로 예측되었다. 이러한 불안정성은 기본 표준으로서는 우려스러운 일이었다. 이에 대한 대응으로, 2018년 11월에 국제 도량형 총회는 투표를 통해 플랑크 상수의 정확한 정의를 기반으로 한 표준으로 변경했다(참고문헌 9, 10). 플랑크 상수를 사용하면 미터와 초와 같은 단위를 정의하는 상수들이 또한 필요하지만, 이 방법은 국제 kg 원기보다는 더 정확하며 시간에 따른 변동이 없을 것이다. 이러한 변화는 기본 단위를 자연의 고정된 상수를 이용하여 정의하고자 하는 국제적 움직임과도 일관성이 있다.

시간과 주파수

시간의 기본 단위는 초(s)이다. 1초는 세슘-133 원자의 두 여기 준위 사이에서 방사되는 복사파의 9,192,631,770 주기에 해당하는 시간으로 정의된다. 비록 겉보기는 이상한 정의이지만, 이 기본 표준은 적절한 장비를 갖춘 세계의 어느 실험실에서도 10조 분의 2 이내로 신뢰성 있게 재현시킬 수 있다.

파리에 있는 국제 시보국(Bureau Internationale de l'Heure, BIH)은 시계 시각을 위한 기본 표준을 관리하고 있다. 주기적으로 시각을 동시화하기 위해 전 세계의 시계를 BIH의 시계에 맞추고 있다.

주파수의 표준은 시간 표준에서 유도된 단위이다. 표준 단위는 hertz(1 Hz = 1 cycle/s)이다. 주파수는 원 주파수(radians/s)와 다음과 같은 관계가 있다.

$$1\text{ Hz} = 1\text{ cycle/s} = \frac{2\pi\text{ rad}}{1\text{ s}} \tag{1.14}$$

길이

길이의 표준 단위는 미터(m)이다. 1982년에 미터 단위를 정의하기 위한 새로운 기본 표준이 국제 도량형 총회에서 제정되었다. 1 m는 빛이 1/299,792,458초(진공에서의 빛의 속도 299,792,458 m/s에서 유도됨) 동안 이동한 거리로 정의된다.

미국 I-P 단위계에서의 인치(inch)와 풋(foot)은 미터에서 다음과 같이 유도된다.

$$\begin{aligned} 1\text{ ft} &= 0.3048\text{ m} \\ 1\text{ in.} &= 0.0254\text{ m} \end{aligned} \tag{1.15}$$

온도

온도의 기본 단위는 켈빈(K)이다. 켈빈의 크기는 1.380649×10^{-23} J/K로 정확히 정의되는 볼츠만(Boltzmann) 상수 k로부터 결정된다. 이 고정 상수는 에너지와 온도 사이의 근본적인 관계를 형성한다. 2019년 이전에 켈빈은 열역학적 온도인 물의 삼중점의 1/273.16으로 정의되었다.

온도 눈금은 William Thomson, Lord Kelvin(1824~1907)에 의해 고안되었으며, 평형 상태 수소의 삼중점(13.81 K)부터 순금의 응고점(1337.58 K)까지, 일상적인 수많은 순수 물질의 평형 상변화점 사이를 다항식 보간한 것에 근거를 두고 있다. 1337.58 K 이상에서는 복사 방출에 대한 플랑크 법칙에 기초를 둔다. 표준 눈금의 세부 내용은 오랫동안 수정되어 왔지만 국제 온도 단위(International Temperature Scale)-1990을 따르고 있다 (참고문헌 11).

미국 I-P 단위계에서는 랜킨(R)이란 단위를 사용한다. 이것과 미터 단위계에서 사용되는 섭씨(°C)와 화씨(°F) 는 켈빈(K) 단위와 다음과 같이 관계된다.

$$(°C) = (K) - 273.15$$
$$(°F) = (R) - 459.67 \tag{1.16}$$
$$(°F) = 1.8 \times (°C) + 32.0$$

전류

전류에 대한 기본 단위는 암페어(A)이다. A는 전자 e의 기본 전하값을 정확히 $1.602176634 \times 10^{-19} \, A \cdot s$로 취 하면 구해진다.

물질의 단위

물질량의 기본 단위는 몰(mol)이다. 1 mole은 정확히 $6.02214076 \times 10^{23}$개의 기본 입자를 포함하고 있다. 이 숫 자는 mol^{-1} 단위로 표시된 아보가드로 상수 N이다. 기본 입자는 원자, 분자, 이온, 전자 또는 특정 입자일 수 있 다. 2019년 이전에는 몰은 탄소-12, 0.012 kg에 있는 원자의 수로 정의되었다. 현재의 정의는 질량 측정에 대한 연결을 제거한다.

광도

빛의 세기에 대한 기본 단위는 칸델라(cd)이다. 1 cd는 주파수가 540×10^{12} Hz인 단색광의 발광 효율을 683 lumens/watt로 취함으로써 정의된다. 와트는 동력의 유도 단위이다.

유도 단위

다른 차원과 그것과 관련된 단위들은 기본 차원과 단위를 이용하여 정의되고 유도된다(참고문헌 7).

힘

뉴턴 법칙에 의해 힘은 질량과 가속도의 곱이다. 힘은 질량, 길이, 시간의 기본 단위에서 유도된 뉴턴(N)으로 정 의된다.

$$1 \, N = 1 \frac{kg\text{-}m}{s^2} \tag{1.17}$$

1 N은 1 kg 질량에 작용하여 1 m/s²의 가속도를 갖게 하는 힘으로 정의된다.

단위 시스템 내에서나 단위 시스템 간 작업할 때는 힘을 다음과 같이 정의하는 것이 도움이 된다.

$$힘 = \frac{질량 \times 가속도}{g_c}$$

Richard Figliola

그림 1.16 글로벌 시장의 다양한 소비자 기호를 맞추기 위하여 3개의 다른 단위 시스템으로 표시된 자전거 타이어 압력

여기서 g_c는 힘과 질량 단위 사이에서 일관성을 유지하기 위해서 사용되는 비례 상수이다. 따라서 SI 시스템에서 g_c는 $1.0\,kg\text{-}m/s^2\text{-}N$이어야 한다. g_c가 명시적으로 적힐 필요는 없으나, 힘과 질량 단위 사이의 관계는 유효하다.

그러나 미국 I-P 단위계에서는 힘과 질량 단위는 정의에 의해 연관되어 있다. $1\,lb_m$는 표준 지구 중력장에서 1 lb의 힘을 받는다. 이 정의에 의해

$$1\,lb = \frac{(1\,lb_m)(32.1740\,ft/s^2)}{g_c} \tag{1.18}$$

이며, g_c는 $32.1740\,lb_m\text{-}ft/s^2\text{-}lb$이어야 한다.

비슷하게 kg_f를 사용하는 중력장 mks(미터) 시스템에서

$$1\,kg_f = \frac{(1\,kg)(9.80665\,m/s^2)}{g_c} \tag{1.19}$$

이며, g_c는 정확히 $9.80665\,kg\text{-}m/s^2\text{-}kg_f$이다.

많은 엔지니어는 SI 단위계가 아닌 시스템에서 질량과 힘 단위 사이의 구별에 어려움을 느끼지만, 실제로는 같은 식에 힘과 질량이 나올 때마다 뉴턴 법칙에 따라 g_c를 사용하여 관계시키면 된다.

$$g_c = \frac{mg}{F} = 1\,\frac{kg\text{-}m/s^2}{N} = 32.1740\,\frac{lb_m\text{-}ft/s^2}{lb} = 9.80665\,\frac{kg\text{-}m/s^2}{kg_f} \tag{1.20}$$

그림 1.16은 세계의 서로 다른 지역에서 판매되기 위하여 소비자 제품에 찍힌 다양한 단위 시스템의 흔한 예를 보여 주고 있다. 권장 타이어 압력이 미국 I-P 단위계, 미터 단위, SI 단위($1\,kPa = 1{,}000\,N/m^2$)로 나타난 자전거 타이어이다.

기타 유도 차원과 단위

에너지는 힘 × 거리로 정의되며, 기본 단위에서 유도된 줄(J)을 사용한다.

표 1.2 차원과 단위*

단위	차원	
	SI	I-P
기본		
길이	meter (m)	inch (in.)
질량	kilogram (kg)	pound-mass (lb_m)
시간	second (s)	second (s)
온도	kelvin (K)	rankine (R)
전류	ampere (A)	ampere (A)
물질	mole (mol)	mole (mol)
빛의 세기	candela (cd)	candela (cd)
유도		
힘	newton (N)	pound-force (lb)
전압	volt (V)	volt (V)
저항	ohm (Ω)	ohm (Ω)
정전용량	farad (F)	farad (F)
인덕턴스	henry (H)	henry (H)
압력, 응력	pascal (Pa)	pound-force/inch^2 (psi)
에너지	joule (J)	foot pound-force (ft-lb)
동력	watt (W)	foot pound-force/second (ft/lb/s)

* SI 차원과 단위는 국제 표준이며, I-P 단위는 편의상 나타내었다.

$$1 \text{ J} = 1\frac{\text{kg-m}^2}{\text{s}^2} = 1 \text{ N} - \text{m} \tag{1.21}$$

동력은 단위 시간당 에너지로 정의되며, 기본 단위에서 유도된 와트(W)로 나타낸다.

$$1 \text{ W} = 1\frac{\text{kg-m}^2}{\text{s}^3} = 1\frac{\text{J}}{\text{s}} \tag{1.22}$$

응력과 압력은 단위 면적당 힘으로 정의되며, 기본 단위에서 유도된 파스칼(Pa)로 나타낸다.

$$1 \text{ Pa} = 1\frac{\text{kg}}{\text{m} - \text{s}^2} = 1 \text{ N/m}^2 \tag{1.23}$$

전기적 차원

전기 전위, 저항, 전하, 정전 용량과 같은 차원의 단위는 각각 볼트(V), 옴(Ω), 쿨롬(C), 패럿(F)의 정의에 기반을 두고 있다. 암페어(A)에서 유도된 1 Ω은 273.15 K에서 길이 1.063 m, 질량 0.0144521 kg의 수은 막대의 전류 흐름에 대한 저항의 0.9995배로 정의된다. 볼트는 전력과 전류 단위에서 1 V = 1 N-m/s-A = 1 W/A로 유도된다. 옴은 전위와 전류 단위에서 1 Ω = 1 kg-m²/s³-A² = 1 V/A로 유도된다. 쿨롬은 전류와 시간 단위에서 1 C = 1 A-s로 유도된다. 1 V는 도체의 두 점 사이에 1 A의 전류가 흐르며 1 W의 전력을 소모할 때 두 점 사이의 전위차이다. 패럿은 전하와 전류 단위에서 1 F = 1 C/V로 유도되는 정전 용량의 표준 단위이다.

실제적으로 저항과 정전 용량의 사용 표준은 공인된 표준 저항체와 콘덴서 또는 저항 박스의 형태이며, 저항 측정 장치를 교정할 때 비교를 위한 표준으로 사용된다. 실용적인 전압 표준은 황산카드뮴의 포화 용액으로 구성된 표준 전지를 이용한다. 이 용액 내에서 두 전극 사이의 전압차는 293 K에서 1.0183 V이다. 이 표준 전지는 수 분 이상 100 μA를 초과하는 전류 유출만 지속되지 않으면, 매우 오랜 시간 일정한 기전력을 유지한다. 표준 전지는 전압 측정 장치의 비교를 위한 표준으로 일반적으로 사용된다.

단위 사이의 변환을 위한 표가 책 표지 안쪽에 있으며, 표 1.2는 SI 단위계에서 사용되는 기본 표준과 유도 단위와 이에 상응하는 I-P 단위계와 중력 미터 단위계에서의 단위를 열거한 것이다.

예제 1.11 단위 환산 논점

1999년에 영구적인 화성 궤도에 화성 기후 궤도 탐사선을 위치시키기 위한 작업 중에 통신이 두절되었다. 결함은 탐사선을 제어하기 위해서 순서적으로 사용된 지상-기반 소프트웨어와 탐사선-기반 소프트웨어 사이에 단위 변환이 맞지 않은 것으로 밝혀졌다(참고문헌 12). 문제의 근원은 시스템과 소프트웨어가 각각 다른 업체에 의해서 개발되었다는 것이다. 한쪽 지시사항에서는 추진 맥동 프로그램이 탐사선 추진력을 N 단위로 작용하도록 작성되었고, 다른 쪽에서는 추진력을 lbf 단위로 작용하도록 작성되었다. 실행된 추진력은 의도한 것보다 훨씬 낮은 궤도에 탐사선을 놓이게 했고, 추측하건대 대기권에서 타 버렸다. 이 예제는 시스템 수준에서의 엄밀한 확인의 가치를 보여 주고 있다.

1983년에 캐나다 항공의 143편이 비행 중에 연료가 떨어져서 매니토바 주의 김리에 비상착륙하였다. 캐나다는 최근에 미터 표기법으로 전환하는 프로그램을 시행하고 있었으며 보잉 767 비행기는 미터 단위 항공기였지만, 많은 항공기와 작업이 아직도 영국 단위(파운드와 갤런)를 기반으로 하고 있었다. 지상에서 연료를 주입하는 작업자가 일련의 환산 실수로 지정된 22,300 kg을 주입한 것이 아니라 22,300 lb를 주입하였다. 복합된 요인으로 연료 컴퓨터가 오작동하여 비행기의 연료 게이지가 작동 불능이 되었다. 다행히도 조종사는 비행기를 41,000 ft 상공에서부터 활공하여 복잡했지만 안전하게 착륙할 수 있었으며, 비행기는 'Gimli Glider'라는 별명을 얻게 되었다(참고문헌 13).

표준의 계층 구조

교정 시 입력되는 알고 있는 값이나 기준값이 교정이 기반으로 하는 표준이 된다. 그렇다면 어떻게 이 표준을 선택할 것이며 그 표준은 어느 정도 좋을 필요가 있는가? 명백히 실제의 기본 표준은 일반 교정에서는 사용할 수 없지만, 정확성에 대한 기준 역할을 한다. 이런 실용상의 이유로 기본 표준을 모방하기 위해 사용되는 계층

표 1.3 표준의 계층구조*

기본 표준	절대적 단위 표준으로 유지됨
기준 표준	국가 연구실에서 사용되는 기본 표준의 복제
전달 표준	지역 표준 교정에 사용됨
지역 표준	작업 표준 교정에 사용됨
작업 표준	계측기 교정에 사용됨
교정 표준	교정에 사용되는 기준값

* 각 계층 수준 사이에 추가의 중간 단계 표준이 있을 수도 있다.

적인 2차 표준이 존재한다. 절대적 정확성을 지닌 기본 표준의 바로 아래 단계에는 전 세계에 걸쳐 지정된 표준 실험실에서 관리하는 국가 기준 표준이 있다. 이들은 기본 표준의 합리적인 모방이며, 매우 정확한 표준에 대해 전 세계적으로 쉽게 접근할 수 있도록 해 준다. 다음으로는 전달 표준이다. 이들은 한 국가 안의 여러 교정기관 에서 사용될 수 있는 개별 연구실 표준을 교정하기 위하여 사용된다. 연구실 표준은 작업 표준을 교정하기 위해 활용되며, 작업 표준은 제조 회사와 연구 기관에서 사용되는 일상의 기기들을 교정하는 데 사용된다. 미국의 경 우 NIST가 기본 표준, 국가 기준, 전달 표준을 관리하며 계측시스템의 교정에 대한 표준 절차를 추천하고 있다.

각 계층의 다음 단계 수준은 이전 상위 수준에서의 표준에 대한 교정에서 구해진다. 표 1.3은 국가 표준 연구 실에서 관리하는 기본 또는 기준 표준에서부터 일반 연구실, 제조 현장에서 일상의 기기를 교정하기 위해 사용 하는 작업 표준에 이르기까지 표준 계층 구조의 한 보기를 보여 주고 있다. 만일 현장에서 지역(연구실 또는 작 업) 표준을 관리하고 있지 않으면, 기기를 외부로 보내 다른 장소에서 교정해야 한다. 이런 경우에는 교정에 사 용된 표준 계층 구조와 교정에서의 불확도를 상세하게 보여 주는 해당 기기에 대한 표준 추적 인증서가 발행된 다. 추적 가능한 정확도가 필요하지 않는 측정에서는 신뢰할 수 있는 값이 다른 기기를 교정하는 데 사용될 수 있다.

계층 구조에 의해 아래로 내려갈수록, 기본 표준을 얼마나 잘 근사하는지를 나타내는 정확성 정도는 나빠지

표 1.4 온도 표준 추적의 예

수준	표준 방법	불확도[K][a]
기본	고정 열역학 상태점	0
전달	백금 저항온도계	±0.005
지역	백금 저항온도계	±0.05
작업	열전대	±0.5

[a] 전형적인 기기의 계통, 무작위 불확도

게 된다. 즉, 한 계층 수준에서 하위 수준으로 내려갈수록 오차의 크기는 증가하게 된다. 흔한 예로, 회사 내의 각 실험실에서 사용하는 측정 기기를 교정하기 위해 회사 자체의 작업 표준을 관리할 수 있다. 주기적인 작업 표준의 교정은 회사가 잘 관리하고 있는 지역 표준에 대해서 수행될 것이다. 지역 표준은 NIST(또는 적절한 국가 표준 연구실) 전달 표준에 대해서 교정하기 위해 주기적으로 외부에 보낼 것이며 추적 인증서도 발행된다. NIST는 주기적으로 자체의 전달 표준을 기준 또는 기본 표준에 대해 교정할 것이다. 이러한 개념을 표 1.4에 있는 온도 표준 추적 계층이 보여 주고 있다. 계층의 아래로 내려갈수록 알고 있는 값의 근사화에 의한 불확도는 증가하므로, 교정의 정확성은 사용한 표준의 정확성에 의해 제한되게 된다. 그러나 만약 일반적인 작업 표준에 오차가 있다면 어떻게 정확성을 결정할 수 있는가? 기껏해야 정확성은 교정에서 알려진 불확도의 추정에 의해서 정량화될 뿐이다.

테스트 표준과 규격

'표준'이란 용어는 공학에서 다른 방법으로 적용될 수도 있다. 테스트 표준이란 규칙, 가이드라인, 행동의 방법이나 특성, 그 결과 등을 제공하는 문서이며 합의에 의해 설정된다. 또한 시장에서 사용되는 것처럼 특정 용어의 적절한 사용에 관하여 정의한다. 테스트 표준의 목적은 테스트 시편에 대한 어떤 형태의 측정을 수행할 때나 보고할 때, 다른 시설 또는 제조회사 사이의 일관성을 제공하기 위한 것이다. 비슷하게 테스트 규격은 기기의 제작, 설치, 교정, 성능 규격, 안전한 작동 등을 위한 절차를 말한다.

테스트 표준과 규격의 다양한 예는 미국 기계공학회(American Society of Mechanical Engineers, ASME), 미국 재료시험학회(American Society of Testing and Materials, ASTM), 국제 표준기구(International Standards Organization, ISO) 같은 전문가 학회에서 쉽게 입수할 수 있는 문서(참고문헌14~19)에서 찾을 수 있다. 예를 들면, ASME Power Test Code 19.5는 유량계의 설계와 작동 절차를 자세히 제공하며, ANSI S2.70-2006은 작동 기계에서 손으로 전달되는 진동에 대한 인체 노출을 평가하고 보고하기 위하여 센서 위치와 데이터 처리 방법 등을 자세하게 설명하고 있다.

공학 표준과 규격은 제조업체 간 기기 성능을 비교하기 위하여 또는 일관되고 안전한 작동을 위하여 공통된 기준을 설정하는 데 관심이 있는 당사자들에 의해 합의된 문서이다. 이것은 정부기관에서와 같이 특정하여 채택되거나 구현되지 않는 한, 법률적인 문서들을 묶어 놓은 것은 아니다. 하지만 여전히 가장 좋은 사례에 대한 설득력 있는 논의를 제공한다.

1.6 데이터 표시

데이터 표시는 변수 간 관계에 대하여 의미 있는 정보를 전달한다. 고품격의 그래프를 그릴 수 있도록 도와주는 소프트웨어를 쉽게 사용할 수 있으며, 그래프용지를 이용하여 손으로 직접 그릴 수도 있다. 몇 가지 그래프 형식을 다음에서 논의한다.

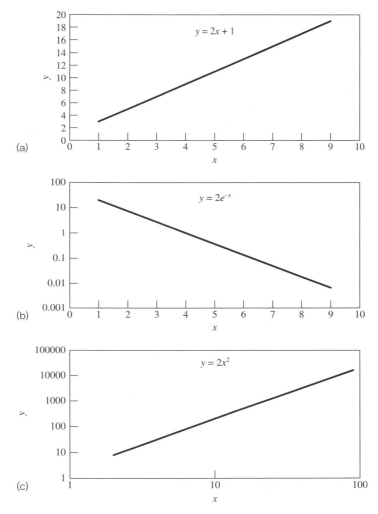

그림 1.17 그래프 형식 : (a) 직교, (b) 반 로그, (c) 완전 로그

직교 좌표 형식

그림 1.17(a)와 같은 직교 좌표 형식에서는 가로와 세로가 등 간격으로 나뉘어 선형 눈금을 제공한다. 이 형식은 독립 변수와 종속 변수 사이의 관계를 설정하는 데 가장 흔히 사용되는 형식이다.

반로그 좌표 형식

이 형식의 한 좌표는 선형 눈금이고 다른 좌표는 로그 눈금이다. 로그 눈금으로 값을 그린다는 것은 그 값에 로그를 취하는 것과 같다. 예를 들면, 로그 x축에 $y = f(x)$를 그리는 것은 직교축에 $y = \log f(x)$를 그리는 것과 같다. 로그 눈금을 사용하는 것은 변수 중의 하나가 한 자리 이상의 범위를 가질 때 유리하다. 데이터가 그림 1.17(b)와 같이 $y = ae^x$ 또는 $y = a10^x$와 같은 관계를 가질 때 선형 직선이 얻어진다. 두 로그 형식은 $\ln y = 2.3 \log y$처럼 관계되어 있다.

완전 로그 좌표 형식

완전 로그 또는 로그-로그 형식(그림 1.17(c))은 양 축에 로그 눈금을 사용하며, 직교축에서 $\log y$와 $\log x$를 그리는 것과 같다. 이 형식은 두 변수 모두 한 자리 이상의 범위를 가질 때 선호된다. 그림 1.17(c)와 같이 $y = ax^n$ 경향을 따르는 데이터의 경우 선형 직선이 얻어진다.

유효 숫자

숫자를 보고할 때 어느 자리까지 해야 할 것인가? 이 숫자는 신뢰 수준과 그것이 나타내는 정보의 관련성 수준을 반영해야 한다. 여기서는 어떻게 유효 숫자를 확인하고, 유효 숫자의 적절한 자리까지 반올림하는지를 논의하면서, 계산값에 유효 숫자를 부여하는 데 필요한 제안을 주고자 한다. 이 책의 제안에도 불구하고, 보고하는 유효 숫자는 물론 실용적인 의미를 반영해야 한다.

숫자(digit)는 0과 9 사이의 한 숫자이다. 각 숫자의 위치 또는 자릿값은 크기 순서를 알려 준다. 유효 숫자는 수치에 희망하는 근사를 나타내기 위하여 자릿값과 함께 사용되는 숫자이다. 적힌 숫자에서 가장 왼쪽에 있는 0이 아닌 숫자가 최상위 숫자이며, 가장 오른쪽에 있는 숫자가 최하위 숫자이다. 선행 0은 0이 첫 숫자의 가장 왼쪽에 있는 0을 나타내며, 후행 0은 0이 아닌 숫자 다음에 오는 가장 오른쪽에 있는 0을 나타낸다.

모든 0이 아닌 숫자는 의미가 있다. 0은 다음 가이드라인과 같이 특별한 주의를 요구한다. (1) 모든 선행 0은 소수점 이전, 이후에 있든지 상관없이 의미가 없다. 왜냐하면 이들은 값이 아니라 크기 순서만을 설정하는 데 기여하기 때문이다. (2) 0이 아닌 숫자 사이에 있는 0은 의미가 있다. (3) 소수점 어느 쪽에 있든지 후행 0은 의미가 있다. (4) 정확한 카운트에서 0은 의미가 있다. 이 가이드라인은 ASTM E29-유효 숫자 사용을 위한 업무 표준(참고문헌 18)과 일관되는 내용이다.

과학적 표기법을 사용하여 숫자를 적는 것은 의미가 있는 숫자와 의미가 없이 자리만을 나타내기 위해서 사용되는 0을 구별하기 위하여 편리한 방법이다. 예를 들어, 0.0042는 4.2×10^{-3}으로 적을 수 있다. 위의 가이드라인에 따라 이 수의 유효 숫자는 2자리이며, 2개의 0이 아닌 숫자에 의해 나타나 있다. 이 예에서 선행 0은 크기 순서를 위한 자리만을 나타내기 위하여 사용되고 있으며, 과학적 표기법으로 쓸 때 명백해진다(즉, 10^{-3}).

숫자가 소수점이 없으면, 후행 0은 문제가 될 수 있다. 만일 0이 의미가 있다면 소수점을 사용하라. 그렇지 않으면 의미가 없는 것으로 가정된다. 모호성을 피하기 위하여 과학적 표기법을 사용하라. 예를 들면, 150,000 Pa을 1.5×10^4 Pa로 적으면 유효 숫자가 2자리라는 것을 확실하게 나타낸다.

근사

근사(rounding)는 숫자를 감소시켜 남아 있는 가장 최하위 숫자를 적절하게 조정하는 과정이다. 숫자를 감소시킬 때 (1) 버릴 자리의 숫자가 5보다 작으면, 그 앞자리 숫자는 변하지 않는다. (2) 버릴 자리의 숫자가 5로 시작하며, 그 아래의 최소한 한 자리 숫자가 0보다 크면 5 앞자리 숫자에 1을 증가시킨다. (3) 버릴 자리의 숫자가 5로 시작하며 그 아래 숫자가 모두 0이면 5 앞자리 숫자가 짝수이면 그대로 두고 홀수이면 1을 증가시킨다. 그 결과가 적합성에 대한 사양 한계를 만족해야 할 경우, 사양을 맞추기 위해 근사해서는 안 된다.

수치 연산

다음은 일반적인 수치 연산 후의 결과에 대한 유효 숫자 조정을 위한 제안이다.

1. 덧셈, 뺄셈에서는 보고하는 결과의 소수점 아래 숫자의 수는 사용한 어느 데이터의 소수점 아래 가장 작은 숫자 수보다 커서는 안 된다.
2. 다른 연산에서는 결과의 유효 숫자는 사용한 어느 데이터의 가장 작은 유효 숫자보다 커서는 안 된다.
3. 보고할 유효 숫자를 설정할 때, 정확한 카운트는 유효 숫자를 고려하지 않는다.
4. 최종 결과를 근사하지만, 중간 계산 결과는 근사하지 않는다.

소프트웨어, 휴대용 계산기, 스프레드시트에서의 계산은 검증할 수 있는 것보다 훨씬 더 많은 숫자가 연관된다. 그러나 중간 계산 결과를 근사하면 새로운 근사 오차가 유입되므로 가장 좋은 방법은 단지 최종 결과만을 근사하는 것이다.

예제 1.12 **근사 결정**

근사는 선택 과정이며 실용적인 감각이 우선한다. 예를 들면, 수치 연산의 결과 가장 의미 있는 유효 숫자가 사용한 모든 데이터에 대하여 증가하였을 때, 여분의 유효 숫자를 유지하는 것이 의미가 있다. $5 \times 3 = 15$를 보자. 15를 그대로 유지할 것인가 아니면 가이드라인의 제안대로 유효 숫자 1자리를 유지하기 위하여 20으로 근사하겠는가? $5.1 \times 2.1 = 10.71$을 보자. 근사한 결과는 11보다는 10.7이 더 잘 나타냈다고 볼 수 있다. 이론적 근거는 5.1의 최대 근사 오차는 $0.05/5.1 = 0.94\%$, 2.1은 $0.05/2.1 = 2.4\%$, 11은 $0.5/11 = 4.5\%$, 10.7은 $0.05/10.7 = 0.46\%$이다. 11로 근사하면 데이터에 있는 정보를 버리지만, 10.7로 하면 정보를 더하게 된다. 근사에 있어 알려진 정보의 질을 유지하면서 결과를 의도대로 사용하는 관점에서(참고문헌 7), 엔지니어는 알려진 정보를 제거하는 것과 보장되지 않는 정보를 더하는 것 사이에서 선택을 해야 한다. 요약하면, 올바른 접근은 엔지니어의 신중한 재량에 달려 있다.

응용

측정값을 기록할 때 몇 자리의 유효 숫자를 유지해야 할 것인가? 아날로그 출력 장치(예 : 다이얼 지시계)를 사용하는 직접적인 측정에서는 기록되는 유효 숫자의 수는 정확하게 알려진 모든 숫자를 포함해야 하며, 가능하다면 보간에 의한 한 자리를 추가해야 한다. 그림에서 취해지는 데이터도 마찬가지이다. 디지털 출력 장치에서 직접 측정하면 알려진 모든 숫자를 기록하라. 표에서는 필요하다면 보간을 하지만, 표에 사용된 숫자 수를 유지하라. 컴퓨터 기반 데이터 획득 방법을 사용하여 데이터를 기록할 때는 가능하면 많은 숫자를 유지하고 최종 결과에서 적절한 숫자로 근사하라.

예제 1.13

다음 숫자들을 유효 숫자 3자리로 근사하고 과학적 표기법으로 나타내라.

37.0749는	37.1	또는	3.71×10^1
0.0036351은	0.00364	또는	3.64×10^{-3}
0.0041250은	0.00412	또는	4.12×10^{-3}

예제 1.14

휴대용 전기 장치가 2.36 kW의 동력을 소비한다. 동일한 장치 2개(정확한 카운트 $N = 2$)는 $2.36\,\text{kW} \times 2 = 4.72\,\text{kW}$의 동력을 소비한다. 정확한 카운트는 결과의 유효 숫자에 영향을 미치지 않는다.

예제 1.15

많은 환산 계수는 정확한 카운트로 취급될 수 있으며 참고문헌 7은 그 목록이다. 예를 들면, 1시간을 초로 바꾸면 그 결과는 정확히 3,600 s이다. 비슷하게, 1 ft는 정확히 0.3048 m이다. 그렇지 않은 경우는 신중하게 근사 제안을 적용하라.

1.7 부하 효과

신호를 감지하여 나타내고, 전송하고, 찾아내는 데 사용되는 요소는 이상적인 조건에서는 원래 신호를 변경/왜곡하지 않아야 한다. 계산된 파라미터를 변경시키는 것을 피하기 위해, 센서는 에너지를 사용하지 않거나 공정으로부터 최소한의 전력을 취해야 한다. 그러나 실제적인 측면에서 시스템에 변수가 개입되면 시스템으로부터의 에너지 사용이 왜곡된다는 것을 관찰하였다. 이것은 감쇠, 파형의 왜곡, 위상 변화 등의 형태를 취할 수 있으며 결과적으로 이상적인 측정이 어렵다. 입력 신호를 정확하게 계산하지 못하는 시스템의 실패를 부하 효과라고 하며, 이로 인해 부하 오차가 발생한다.

부하 효과는 꼭 검출기-변환기 단계에서만이 아니라 측정 시스템의 신호 처리 및 신호 표시 단계에서도 생성된다. 부하 문제는 기본 요소에 직접적으로 발생된다. 전기적, 기계적 요소 둘 다 부하 효과를 유발할 수 있으며, 또한 장치 전체에 연결된 여러 요소의 임피던스로 인해서도 발생할 수 있다. 전기 임피던스와 유사하게 기계적 임피던스도 다루어질 수 있다. 앞서 언급한 대로 부하 효과는 측정량으로부터 에너지 추출로 인해 발생한다. 에너지 전달은 다음 두 변수의 구체화가 필요하다. 모든 동적 시스템에서 에너지 흐름을 결정하는 물리적 변수는 쓰루(through) 변수와 어크로스(across) 변수로 분류할 수 있다.

1. **쓰루 변수.** 플로우(flow), 퍼(per) 변수라고도 불리며 공간의 한 지점에서 명시되고 측정될 수 있다. 이들은 이 의미에서 크기 변수(extensive variables)이며 그 크기가 에너지 전달에 참여하는 시스템의 범위에 의존한다.

2. **어크로스 변수.** 에포트(effort), 트랜스(trans) 변수라고도 한다. 공간의 두 지점에 의해 명시될 수 있으며, 대개 한 점은 기준점이다. 이들은 세기 변수(intensive variables)이며, 그 크기가 고려되는 매체와 무관하다.

계측시스템의 모든 개체나 모든 동적 시스템은 계측량 또는 쓰루 변수와 어크로스 변수 사이의 정의된 관계와 연관된다.

일반화된 정적 강성

일부 기기에서는 입력 신호가 정적 조건에서 적용될 때, 출력 신호가 입력 신호를 충실하게 나타낸다. 그러나 이러한 기기가 한 정상 상태에서 다른 정상 상태로 가는 것과 같은 동적 조건에 놓이면, 이러한 작동을 수행하는 데 에너지가 필요하기 때문에 부하 효과가 발생한다. 이러한 조건에서, 임피던스와 어드미턴스의 개념 대신에 정적 강성과 정적 컴플라이언스의 개념이 필요하다. 임피던스와 어드미턴스가 전력 배출과 관련이 있다면, 강성과 컴플라이언스는 에너지 배출과 관련이 있다.

기계적 강성은 일반적으로 다음과 같이 정의된다.

$$K_g = \frac{\text{어크로스 변수}}{(\text{쓰루 변수})dt}$$

(1.24)

여기서 dt는 시간 차이이다.

어드미턴스가 임피던스의 역수이듯이, 컴플라이언스는 강성의 역수로 정의되며 다음과 같다.

$$C_g = \frac{1}{K_g}$$

(1.25)

일반화된 입력 임피던스

일반화된 계측시스템에서 감지 요소는 작은 에너지를 추출하며 변수의 조건, 상태, 값을 감지한 다음, 측정 변수의 조건 또는 값을 나타내는 출력을 처리한다. 이 에너지 추출로 인해 측정량은 측정 행위에 의해 항상 방해를 받고 결과적으로 완벽한 측정이 이론적으로 불가능하다.

시스템의 상호 작용을 부하 효과라고 하며, 부하는 일반 전기 시스템에 적용될 때 임피던스 부하라고 한다. 기기를 설계하는 동안, 시스템 상호 작용으로 인한 변경이 최소화되도록 노력해야 한다. 변환기 요소에 대한 기록계의 부하 효과는 그림 1.18에 나타나 있다.

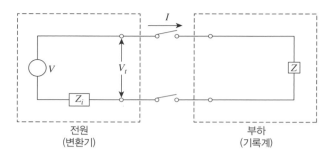

그림 1.18 변환기 요소에 대한 기록계의 부하 효과

예제 1.16

알 수 없는 저항이 매우 작은 내부 저항의 저전류계와 직렬로 연결된다. 내부 저항 125 kΩ의 전압계가 미지의 저항에 병렬로 연결된다. 다음과 같은 경우 부하 오차를 결정하라.

a. 전압계와 저전류계의 값은 180 V와 6 mA이다.

b. 동일한 전압계와 저전류계이며 다른 저항의 경우, 값은 60 V 및 1.2 A이다.

알려진 값 전압계의 내부 저항 R_V = 125 kΩ

구할 값 부하 오차

풀이

그림 1.19는 이 예제의 회로도이다. 두 경우의 전압계, 전류계 값은

a. 180 V, 6 mA

b. 60 V, 1.2 A

그림 1.19 예제 1.16의 회로도

회로의 총저항 R_T는

$$R_T = \frac{V}{I}$$

저전류계의 저항은 무시할 수 있으므로, 총저항은 저항의 겉보기 저항 R_{appt}와 같다.

a. 겉보기 저항은

$$R_{\mathrm{appt}} = \frac{V}{I} = \frac{180\ \mathrm{V}}{6\ \mathrm{mA}} = 30\ \mathrm{k\Omega}$$

저항의 실제값 R_{act}는 전압계가 저항과 병렬 연결된 조건으로부터 구한다.

$$\frac{1}{R_T} = \frac{1}{R_{\mathrm{act}}} + \frac{1}{R_V}$$

$$\frac{1}{R_{\mathrm{act}}} = \frac{1}{R_T} - \frac{1}{R_V} = \frac{R_V - R_T}{R_T \times R_V} = \frac{125 - 30}{125 \times 30}$$

$$R_{\mathrm{act}} = \frac{3750}{95} = 39.474\ \mathrm{k\Omega}$$

부하 오차 % $= \dfrac{R_{\mathrm{act}} - R_{\mathrm{appt}}}{R_{\mathrm{act}}} \times 100 = \dfrac{39.474 - 30}{39.474} \times 100 = 24\%$

b. 총저항은

$$R_T = \frac{60\ \mathrm{V}}{1.2\ \mathrm{A}} = 50\ \Omega$$

즉 $R_{\mathrm{appt}} = 50\ \Omega$

$$\frac{1}{R_{\mathrm{act}}} = \frac{R_v - R_T}{R_T \times R_v}$$
$$R_{\mathrm{act}} = \frac{50 \times 125}{125 - (50/1000)} = 50.02\ \Omega$$

부하 오차 % $= \dfrac{50.02 - 50}{50} = 0.04\%$

1.8 계측시스템의 응용

기기와 계측시스템은 다음과 같은 방식으로 다양한 응용에 사용된다.

프로세스 및 작동 모니터링

이러한 응용 분야의 측정 기기는 탐구 중인 파라미터의 값 또는 상태를 명확하게 결정하며, 제어 기능에는 사용되지 않는다. 예는 다음과 같다.

1. 가정용 수도 및 전력 계량기
2. 전류계나 전압계로 표시되는 특정 시간에 측정되는 전류 또는 응력값

프로세스 및 작동 제어

측정과 제어 사이에는 강한 연관성이 있다. 기기는 또한 자동 제어 시스템에서 매우 유용하게 응용된다. 온도조절장치를 사용하는 전형적인 냉각시스템이 흔한 예이다. 온도 센서(흔히 바이메탈 요소)가 실내 온도를 감지하여 제어시스템이 적절한 조건에서 작동하도록 필요한 정보를 제공한다.

실험적 해석

실생활 문제는 이론적 방법뿐만 아니라 실험적 방법으로도 해결할 수 있다. 여러 응용에서는 두 방법 모두 사용하는 것이 필요하다. 다음은 실험적 공학 해석의 일부 용도이다.

1. 시스템 파라미터를 결정하기 위하여
2. 적절한 이론적 뒷받침이 없는 경우, 일반화된 경험적 관계를 수식화하기 위하여
3. 이론적 예측의 타당성을 테스트하기 위하여
4. 유추의 도움으로 수학적 관계를 해결하기 위하여

컴퓨터 지원 기계 및 프로세스

수많은 센서로부터의 데이터를 측정, 분석, 전송, 저장하는 응용에서 컴퓨터 지원 프로세스를 사용하는 것이 도움이 된다. 현재의 마이크로컴퓨터나 PC는 상당히 다재다능하며, 많은 양의 데이터를 저장해야 하는 수많은 센서가 연관된 실험 장치와도 연결될 수 있다. 또한 데이터는 먼 거리에 걸쳐 또는 PC에서 다른 미니 또는 메인프레임 컴퓨터로 전송될 수 있다.

컴퓨터에는 디지털 형식의 데이터가 입력되고 출력 데이터도 같은 형식이다. 수많은 변환기가 아날로그 형식이므로 센서와 컴퓨터 사이에 AD 변환기가 사용되어야 한다. 또한 데이터 전송 및 통신 하드웨어는 호환성을 허용하기 위하여 표준 형식이어야 한다. 데이터는 이를 기반으로 직렬 또는 병렬 모드로 전송되며, 버스 구성은 표준화되었다.

평균화, 푸리에 변환 결정 등과 같은 수많은 해석 작업을 컴퓨터에 저장된 데이터를 사용하여 수행할 수 있다. 컴퓨터를 제어 목적으로 사용하는 경우, 저장된 디지털 데이터는 DA 변환기에 의해 아날로그 형태로 변환되고 신호는 시스템의 최종 제어 요소에 인가되며, 이 신호는 본질적으로 아날로그 유형이다.

요약

입력 신호는 계측 중에는 알 수 없으며 계측시스템의 출력 신호로부터 추정된다. 측정된 입력값과 계측시스템의 출력값을 관계시키는 도구인 교정 과정과 이 과정에서의 표준의 역할에 대해 논의하였다. 계측시스템 설계

에서 중요한 단계는 실제 계측 중에 입력되는 신호 형태를 비슷하게 모사할 수 있는 재현 가능한 교정 방법을 포함하는 것이다. 테스트는 '문제를 질문'하는 과정이고, 테스트 계획은 그 질문에 대한 답을 만들어 가는 것이다. 그러나 측정된 출력 신호는 변동과 경향을 유발해서 대답을 혼동시키는 많은 변수에 의해 영향을 받으므로, 그러한 영향을 감소시키기 위해 주의 깊은 테스트 계획이 필요하다. 무작위화를 포함하여 많은 테스트 계획 전략이 만들어져 있다. 친숙한 용어 '정확성'은 보다 더 유용한 개념인 무작위 오차, 계통 오차, 무작위 불확도, 계통 불확도와 그들이 측정값에 미치는 영향 등을 사용하여 설명하였다. 시스템이 입력 신호를 정확하게 계산하지 못하는 것을 부하 효과라 한다. 그 결과 부하 오차가 발생하며 이들을 예를 통해 설명했다. 계측시스템의 응용도 논의되었다. 또한 실제적으로 우리 주변에서 볼 수 있는 모든 제품에 영향을 주는 법률적 문서인 테스트 표준과 공학 규정 개념을 살펴보았다.

참고문헌

[1] Peace, G. S., *Taguchi Methods*, Addison-Wesley, Reading, MA, 1993.

[2] Lipsen, C., and N. J. Sheth, *Statistical Designand Analysis of Engineering Experimentation*, McGraw-Hill, New York, 1973.

[3] Peterson, R. G., *Design and Analysis of Experiments*, Marcel-Dekker, New York, 1985.

[4] Mead, R., *The Design of Experiments: Statistical Principles for Practical Application*, Cambridge Press, New York, 1988.

[5] Montgomery, D., *Design and Analysis of Experiments*, 7th ed., Wiley, New York, 2009.

[6] Bureau International des Poids et Mesures, *The International System of Units (SI)*, 8t hed., Organisation Intergouvernementale de la Convention du Mètre, Paris, 2006.

[7] Taylor, B., and A. Thompson, Guide for the Use of the International System of Units, NIST Special Publication 811, 2008. http://physics.nist.gov/cuu/pdf/sp811.pdf

[8] Davis, R., "The SI unit of mass," *Metrologia* 40 299 – 305, 2003.

[9] Robinson, I. A., Schlamminger, S., "The Watt or Kibble Balance: A Technique for Implementing the New SI Definitio of the Unit of Mass," *Metrologia* 53(5): A46, 2016.

[10] Richard, P., et al., "Foundation for the redefinitio of the kilogram," *Metrologia* 53(5), A6, 2016.

[11] Committee Report, International Temperature Scale—1990 *Metrologia* 27(1): 3 – 10, 1990.

[12] Stephenson, A. (Chairman), "Mars Climate Orbiter Mishap Investigation Board Phase I Report," NASA, Washington, DC, November 1999.

[13] Nelson, Wade, "The Gimli Glider," Soaring Magazine, October 1997, 19 – 22.

[14] *ASME Power Test Codes*, American Society of Mechanical Engineers, New York.

[15] *ASHRAE Handbook of Fundamentals*, American Society of Heating, Refrigeration and Air Conditioning Engineers, New York, 2009.

[16] *ANSI Standard*, American National Standards Institute, New York, 2009.

[17] *Annual Book of ASTM Standards*, American Society for Testing and Materials, Philadelphia, 2010.

[18] *Standard Practice for Using Significant Digits, ASTM E29-13*, American Society for Testing and Materials, Philadelphia, 2013.

[19] *Guide for the Measurement and Evaluation of Human Exposure to Vibration Transmitted to the Hand, ANSI S2.70-2006*, American National Standards Institute, New York, 2006.

기호

e	절대 오차	u_R	반복 불확도, 반복 오차에 해당하는 불확도
p	압력$(ml^{-1}t^{-2})$	u_z	0점 불확도, 0점 오차에 해당하는 불확도
r_i	입력 전폭	x	독립 변수, 입력값, 측정값
r_o	출력 전폭	y	종속 변수, 출력값
s_x	x의 표준편차	y_L	선형 다항식
u_c	장비 불확도	A	상대 오차, 상대 정확도
u_h	히스테리시스 불확도, 히스테리시스 오차에 해당하는 불확도	K	정적 감도
u_K	감도 불확도, 감도 오차에 해당하는 불확도	T	온도(°C)
u_L	선형 불확도, 선형 오차에 해당하는 불확도	$\forall$	체적(l^3)

연습문제

1.1 다음 시스템에 대해 그림 1.5에 나타낸 각 계측시스템 구성 단계에 해당하는 구성 요소를 찾아라.

    a. 마이크로폰/증폭기/스피커 시스템

    b. 실내 난방 온도조절장치

    c. 휴대용 마이크로미터

    d. 타이어 압력 게이지(연필형)

1.2 전자식 자동차 속도 제어 시스템(크루즈 제어)을 고려해 보자. 완전한 속도 계측시스템의 작동을 설명하라.

    a. 그림 1.5에 나와 있는 모든 단계를 포함하여 전자식 순항 제어 장치의 작동을 탐구하라.

    b. 이 계측시스템의 단계를 파악하고 설명하라.

1.3 레이저 거리 측정기는 군대에서 골프에 이르기까지 다양한 응용 분야에서 정확한 거리 측정을 제공한다. 이 시스템의 작동을 설명하라.

    a. 그림 1.5에 나와 있는 모든 단계를 포함하여 이 시스템의 작동을 탐구하라.

    b. 이 계측시스템의 단계를 파악하고 설명하라.

1.4 자동차 주차 보조 시스템은 평행 주차를 용이하게 한다. 이 시스템의 작동을 설명하라.

    a. 그림 1.5에 나와 있는 모든 단계를 포함하여 이 시스템의 작동을 탐구하라.

    b. 이 계측시스템의 단계를 파악하고 설명하라.

1.5 다이얼 온도 게이지는 비용 효율적인 온도 측정 수단을 제공한다. 이 시스템의 작동을 설명하라.

    a. 그림 1.5에 나와 있는 모든 단계를 포함하여 이 시스템의 작동을 탐구하라.

　　b. 이 계측시스템의 단계를 파악하고 설명하라.

1.6 전도형(tipping bucket) 우량계는 강우량을 정확히 측정한다. 이 시스템의 작동을 설명하라.

　　a. 그림 1.5에 나와 있는 모든 단계를 포함하여 이 시스템의 작동을 탐구하라.

　　b. 이 계측시스템의 단계를 파악하고 설명하라.

1.7 다음이 연속형 변수인지 이산형 변수인지 명시하라.

　　a. 나이

　　b. 몸무게

　　c. 국가의 인구 수

　　d. 키

1.8 연속 변수와 이산 변수의 예를 각각 3개씩 제시하라.

1.9 재고창고에서 다이얼 온도계를 찾았다고 하자. 얼마나 정확한지 말할 수 있는가? 온도계의 무작위 오차와 계통 오차를 평가할 수 있는 방법에 대해 논의하라.

1.10 계측기의 히스테리시스는 불확도에 어떤 영향을 미치는가? 무작위 및 계통 오차의 관점에서 설명하라.

1.11 수은온도계가 집 창밖에 걸려 있다. 실제 외부 온도와 온도계의 표시 온도와의 차이에 영향을 미치는 외래 변수에 대하여 논의하라.

1.12 동기 전동기의 시험대는 입력 전압이나 출력축 부하를 가변시킬 수 있고, 그에 따른 모터의 효율, 결선 온도, 입력 전류를 측정할 수 있다. 이와 같은 전동기 시험에 있어서 독립 변수, 종속 변수, 외래 변수에 대해 논의하라.

1.13 표 1.1에 명시된 압력변환기가 500 cm H_2O의 공칭 압력을 측정하기 위해 선택되었다. 실험하는 동안 주위 온도는 18~25°C 사이에서 변할 것으로 예상된다. 측정 압력에 영향을 미치는 각 요소 오차의 범위(크기)를 구하라.

1.14 힘 계측시스템(무게 저울)이 다음과 같은 사양을 갖는다.

범위	0~500 N
선형 오차	FSO의 0.10%
히스테리시스 오차	FSO의 0.10%
감도 오차	FSO의 0.15%
0점 오차	FSO의 0.20%

　　가능한 정보에 근거하여 이 시스템의 계측기 총불확도를 구하라. 계산에서 FSO에 대하여 가능한 최대 출력값을 사용하라.

1.15 테스트 중에 무작위화 방법을 사용하는 목적에 대해 설명하라. 주장을 설명할 수 있는 예를 들라.

1.16 실제 경험을 바탕으로 테스트 계획에서의 복제와 반복의 예를 제시하라.

1.17 난방으로 유지되는 실내의 평균 온도를 히터 온도조절기의 설정값의 함수로 추정할 수 있는 테스트 계획을 세워 보라.

1.18 엔지니어는 테스트 계획을 숙고하면서 다음과 같이 생각한다. "시간 경과에 따른 측정 변수의 변화를 추정하기 위하여 어떤 전략을 포함해야 할까? 테스트 중에 독립 변수에 대한 제어를 추정하려면 어떤 전략을 포함해야 할까?" 이 엔지니어의 의도는 무엇인가?

1.19 경주용 엔진 공장에서 동일한 설계로 두 엔진 제작을 마쳤다. (a) 시험대에서의 데이터(엔진 동력계), (b) 경주 트랙에서의 데이터를 기반으로 하여 팀 엔지니어인 여러분이 다가오는 경주에서 어느 엔진이 더 좋을지를 어떻게 결정하겠는가? 유용할 것으로 생각되는 몇 가지 가능한 측정과 어떻게 그 정보를 사용할 수 있을지를 설명하라. 두 테스트의 가능한 차이점과 이들이 어떻게 결과 해석에 영향을 미칠지를 논의하라.

1.20 테스트 결과가 테스트 작동 조건을 제어하는 능력에 의존하는 것으로 의심된다면, 이 효과를 평가하기 위해 어떤 전략이 테스트 계획에 포함되어야 하는가?

1.21 개별 골퍼를 위한 최적의 드라이버 로프트를 결정하기 위한 테스트 계획을 작성하라. 골퍼가 비거리 또는 총거리를 최적화하고 싶다면, 테스트 계획은 어떻게 달라지는가? 참고 : 일부 조사나 골퍼와의 대화가 도움이 될 수 있다.

1.22 열역학 모델은 특정 기체가 이상기체로 거동한다고 가정한다. 압력은 직접적으로 온도, 밀도와 관련되어 있다. 가정한 모델이 맞다고(검증) 어떻게 결정할 수 있겠는가?

1.23 화성 기후 궤도 탐사선 예제에서, 발사 전 확인 테스트가 재앙적인 탐사선 실패에 이르게 된 소프트웨어 단위 문제를 어떻게 파악할 수 있었겠는지를 논의하라. 확인 테스트의 목적을 설명하라.

1.24 세심하게 가공되는 한 배치의 기계축을 12명의 기술자 중 한 명이, 4대의 선반 중 하나를 이용해 생산할 수 있다. 이때 생산 배치에서 허용할 수 있는 공차를 추정하기 위한 테스트 계획을 작성하고, 그 이유에 대해 설명하라.

1.25 계측시스템의 선형 오차와 히스테리시스 오차를 추정할 수 있는 방법을 제안하라.

1.26 동일 크기, 하중, 속도 등급을 가진 4개의 다른 상표의 승용차용 타이어의 마모 성능을 동일 회사의 8대 군집 차량으로 수행하기 위한 테스트 계획을 세워 보라. 만약 승용차가 같은 회사의 제품이 아니라면 무엇이 달라지겠는가?

1.27 오리피스 유량계가 삽입되어 있는 면적 A인 파이프라인(그림 P1.27)에서 유량 Q와 압력 강하 Δp와의 관계는 $Q = CA\sqrt{2\Delta p/\rho}$($\rho$는 밀도, C는 계수)로 주어진다. 파이프의 지름이 1 m이고, 20°C 물의 유량 범위가 2~10 m³/min, $C = 0.75$일 때, 주어진 유량 범위에서 유량과 압력 강하 사이의 예상되는 교정 곡선의 형태를 그려라. 정적 감도는 일정한가? 참고로 이 장치와 테스트 방법은 ANSI/ASME 테스트 표준 PTC

19.5와 ISO 5167에 설명되어 있다.

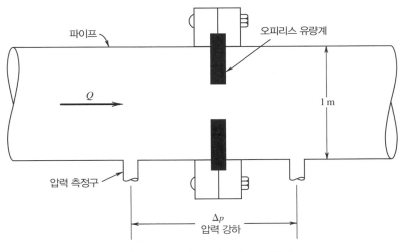

그림 P1.27 문제 1.27의 오리피스 유량계

1.28 자동차 연료 판매는 세계 경제에서 핵심적인 사업이다. 법은 소매에서 판매되는 연료의 양이 0.5% 이내로 정확할 것을 요구하고 있다. (a) 95 L가 주입되었을 때, 최대 허용 오차를 결정하라. (b) 240,000 km를 주행했을 때, 최대 허용 오차에서의 소비자의 잠재적 비용을 평균 연료소비량 7.8 L/100 km에 근거하여 추정하라. (c) 현명한 소비자로서 부정확한 펌프를 찾아낼 수 있는 몇 가지 방법을 설명하라.

1.29 ASME 19.5나 ISO 5167 테스트 표준을 사용하여 벤투리 유량계를 사용하는 방법을 설명하라. 실제 상황에서 독립 변수와 종속 변수가 무엇인지 설명하라.

1.30 피스톤 엔진 제조업체는 4개의 다른 하청업체를 사용하여 피스톤을 도금한다. 도금 두께는 품질 관리(성능 및 부품 수명)에서 중요하다. 제조업체가 현재 시스템에서 도금을 얼마나 잘 제어할 수 있는지를 평가하기 위한 테스트 계획을 세워 보라.

1.31 열전대의 기준 온도를 아는 것이 미지의 온도를 찾는 데 도움이 될 수 있음을 예를 들어 보라.

1.32 선형 가변 변위 변환기(Linear Variable Displacement Transducer, LVDT)는 변위를 감지하여 이에 대해 선형적인 전압을 출력한다. 그림 P1.32는 정적 교정에 사용되는 LVDT 장치이다. 알고 있는 변위를 적용하기 위한 마이크로미터와 출력을 측정하기 위한 전압계를 사용한다. 잘 조절된 직류 전압이 변환기에 공급된다. 이 교정에서 종속 변수, 독립 변수는 무엇인가? 실제 사용할 때는 이것이 바뀌겠는가?

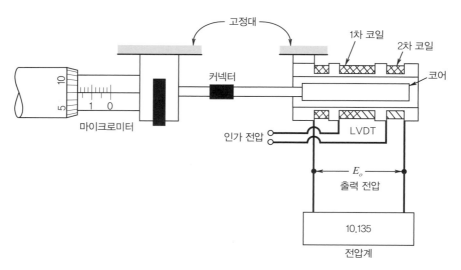

그림 P1.32 문제 1.32의 LVDT 교정 장치

1.33 문제 1.32의 LVDT 교정에서 기기의 반복성을 결정하는 데 무엇이 관여하는가? 재현성은 어떠한가? 두 테스트에서 어떤 영향이 서로 다른지 설명하라.

1.34 어느 생산자가 생산 자동차의 예측 평균 연료소비량을 정량화하고 싶다. 이를 구하기 위해 원하는 속도와 부하로 바퀴를 구동할 수 있는 섀시 동력계에서 차량을 시험하거나, 운전자가 선택된 코스를 주행하도록 결정하였다. (a) 변수의 제어를 고려하고 외래 변수를 찾아가며 두 접근 방법의 장점을 논의하라. (b) 무언가 다른 테스트가 다른 질문에 대한 답을 제시할 수 있을 것이라는 것을 알 수 있는가? 예를 들면, 동력계에서 자동차를 작동시키는 것과 그것을 주행 코스의 한 운전자와 비교함으로써 나오는 결과로부터 찾아지는 의미의 차이점을 논의하라. 다른 예를 들어 보라. (c) 이 두 테스트 방법은 병행 방법의 보기가 될 수 있는가?

1.35 배구공의 반발 계수는 공을 알고 있는 높이 H에서 떨어뜨려 튀어 오르는 높이 h를 측정하여 찾을 수 있다. 반발 계수는 $C_R = \sqrt{h/H}$로 계산된다. 대학 수준 배구경기에서 예상되는 조건 범위를 포함하여 C_R을 측정하는 테스트 계획을 수립하라.

1.36 이전 문제에서 설명했듯이, 배구공의 반발 계수 $C_R = \sqrt{h/H}$이 충돌 속도 범위에서 결정되었다. 충돌 속도는 $v_i = \sqrt{2gH}$이며, 알고 있는 높이 H에서 떨어뜨려서 조절된다. 충돌 직후의 속도는 $v_f = \sqrt{2gh}$이며 h는 측정하는 튀어오르는 높이이다. 독립 변수, 종속 변수, 파라미터, 측정 변수를 나열하라.

1.37 빛 개폐기(light gate)가 활에서 쏜 화살과 같은 발사체의 속도를 측정하기 위해 사용될 수 있다. 1400년대에 상록수로 만든 큰 영국 활의 발사 속도는 60 m/s이다. 빛 개폐기 사이의 거리와 빛 개폐기가 화살의 존재를 감지하는 순간을 감지하는 데 필요한 정확도 사이의 관계를 결정하라.

1.38 다음을 교정하기 위한 계획을 세우라.

a. 기상청의 표준 우량계

b. 전도형 우량계

c. 거리 측정 바퀴

1.39 알고 있는 거리를 주행하는 데 사용된 연료 부피를 비교함으로써, 차의 연료 사용량을 추정하라. 같은 모델의 차를 운전하는 형제가 그의 경험을 바탕으로 당신의 결과에 이의를 제기한다. 차이점을 정당화할 수 있는 이유를 제안하라. 각 이유를 정당화하기 위하여 어떻게 테스트를 할 수 있는가?

1.40 병행 방법을 설명하면서, 원통형 막대 체적을 추정하는 예를 사용하였다. 원통형 막대 체적을 추정하기 위해 사용한 첫 번째 테스트 접근법이 잘 맞는지 확인하기 위하여 사용할 수 있는 다른 병행 방법을 찾아보라.

1.41 스트레인 게이지를 단축 인장시키면 저항은 부과된 변형률에 따라 변한다. 저항 브리지 회로는 저항 변화를 전압으로 바꾸는 데 사용된다. 알고 있는 인장 하중이 그림 P1.41에 나타낸 시스템의 시편에 가해진다. 이 교정에서 종속 변수, 독립 변수는 무엇인가? 이것들은 실제 테스트에서는 어떻게 바뀌는가?

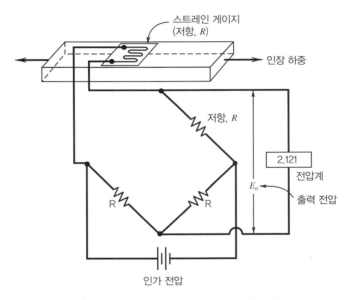

그림 P1.41 문제 1.41의 스트레인 게이지 측정 장치

1.42 다음 수에는 몇 개의 유효 숫자가 있는가? 각각을 과학적 표기법으로 바꾸라.

a. 23.232

b. 0.0057

c. 8700

d. 087.04

e. 0.23×10^{-3}

f. $428 \, kg/m^3$

g. 인구 412,000

h. 0.000008 g

1.43 다음의 테스트 표준과 규격을 연구해 보라. 규격의 의도와 내용에 관해 간단한 요약을 작성하라.

    a. ANSI Z21.86 (가스 점화 공간 난방 장치)

    b. ISO 10770-1 (유압 조절 밸브의 테스트 방법)

    c. ANSI/ASME PTC19.1 (계측 불확도)

    d. ISO 7401 (도로 자동차 : 횡반응 테스트 방법)

    e. ISO 5167 Parts 1-4

1.44 미국에 본부를 둔 호텔 체인이 수많은 직립 진공청소기를 구입하기 위해 유럽 진공청소기 제조회사와 계약을 했다. 제품 배달 후 호텔은 청소기가 미국 표준인 ASTM 558을 만족하도록 테스트를 받아야 했다고 진공청소기 성능 하자를 제기한다. 제조회사는 광고된 성능은 유럽 기준인 IEC 60312를 기반으로 하며 두 테스트 규격이 정확하지 않다면 비슷한 결과라도 낼 것이라고 주장한다. 두 테스트 규격을 조사하여 비슷한 점과 차이점을 설명하라. 여기에 법률적 주장이 존재하는가?

1.45 ASTM 558-13 테스트 규격은 명기된 조건에서 시험되는 진공청소기에서 사용할 수 있는 최대 잠재적 공기 동력을 비교할 수 있다. 테스트는 무작위로 구한 각 회사/모델 최소한 3개의 장치를 필요로 한다. 이 요구를 만족하기 위한 합리적인 방법이 무엇인지 설명하라. 이 요구의 가능한 이유를 설명하라.

1.46 다음 숫자를 유효 숫자 3개로 근사하라.

    a. 17.987   e. 27.650

    b. 1321 kPa   f. 0.02471

    c. 0.00725   g. 2.42511221

    d. 35.850   h. 2.2450×10^{-4}

1.47 마이크로소프트 엑셀 같은 스프레드시트 소프트웨어를 사용하여 100과 999 사이에서 무작위로 선택한 1,000개의 수를 만들어라. 각 수를 10으로 나누어서 소수점 아래 자리를 만들어라. 이것이 열 1이 되고, 열 1의 각 수는 유효 숫자 3개를 가지고 있다. 열 2에는 각 수를 기본 ROUND 함수를 사용하여 유효 숫자 2개로 근사하라. 열 3에는 열 1의 각 수에 대해 ASTM E29(예 : *(=IF(MOD(A1, 1)=0.5, MROUND(A1, 2), ROUND(A1, 0))*)에 의해 근사하라. 각 열의 합을 구하고 비교하라. 각 연산과 결과의 의미를 논의하고 근사 오차에 의한 차이를 설명하라.

1.48 다음 수에는 몇 개의 유효 숫자가 있는가? 각각을 과학적 표기법으로 바꾸라.

    a. 20.020   e. 0.2×10^{-3}

    b. 0.00044   f. 899 kg/m^3

    c. 3500   g. 인구 252,000

    d. 052.02   h. 0.000002 g

1.49 다음 숫자를 유효 숫자 3개로 근사하라.

a. 16.963

b. 1231 kPa

c. 0.00415

d. 31.750

e. 31.650

f. 0.04451

g. 2.82512314

h. 2.2350×10^{-4}

1.50 적절한 유효 숫자로 근사하여 결과를 나타내라.

a. $\sin(nx) =$; $n = 0.020 \, \mathrm{m}^{-1}$, $x = 6.73 \, \mathrm{m}$

b. $e^{0.20} =$

c. $\ln(0.30) =$

d. $xy/z =$; $x = 312. \, \mathrm{J}$, $y = 33.42 \, \mathrm{J}$, $z = 10.32$

e. $(0.31^2 + 0.421^2 + 0.221^2)/3 =$

f. $107^2 + 6542 =$

g. $32.1^{1/2} =$

h. $(32.3 + 26.634) \times 60 =$

1.51 다음에서 어느 정도의 오차를 수용할 수 있는지를 설명하라. (1) 한 책꽂이 위에 다른 책꽂이가 놓일 때 책꽂이의 길이, (2) 동일 자동차 타이어 압력의 차이, (3) 자동차 타이어 압력, (4) 자동차 속도계, (e) 부엌 오븐 온도조절장치

1.52 0을 포함하고 있는 다음 숫자에 대해 가이드라인을 적용하여 유효 숫자 개수를 결정하라. 2개의 유효 숫자를 사용하여 과학적 표기법으로 표시하라.

a. 0.058   b. 51.0370   c. 345.   d. 738,000

1.53 1 mm 간격 눈금이 있는 줄자를 사용하여 엔지니어가 물체를 측정한 결과, 그 길이가 42 mm보다는 길고 1.43 mm보다는 짧았다. 적절한 유효 숫자 개수를 사용하여 이 측정 길이에 대한 적절한 표현은 어떻게 되는가?

1.54 표 P1.54의 교정 데이터를 직교 좌표와 로그-로그 눈금에 그려라. 각 표시 방법의 외형상 장점을 논의하라.

표 P1.54 교정 데이터

X [cm]	Y [V]	X [cm]	Y [V]
0.5	0.4	10.0	15.8
1.0	1.0	20.0	36.4
2.0	2.3	50.0	110.1
5.0	6.9	100.0	253.2

1.55 표 P1.54의 교정 데이터에 대하여, (a) $X = 6$, (b) $X = 10$, (c) $X = 30$에서의 정적 감도를 구하라. 이 시스템은 어떤 입력값에서 더 민감한가? 이것이 추정과 추정 실수에 관해 의미하는 바를 명확히 설명하라.

1.56 표 P1.56의 전압계 교정 데이터를 적당한 그래프 형식으로 그려라. 전 작동 범위에 대한 최대 히스테리시스 오차 백분율을 구하라. 입력값 X는 0.05 mV보다 더 정확한 표준에 근거하고 있다.

표 P1.56 전압계 교정 데이터

입력 증가 [mV]		입력 감소 [mV]	
X	Y	X	Y
0.0	0.1	5.0	5.0
1.0	1.1	4.0	4.2
2.0	2.1	3.0	3.2
3.0	3.0	2.0	2.2
4.0	4.1	1.0	1.2
5.0	5.0	0.0	0.2

1.57 적절한 축 눈금을 선택하면 다음 식은 x-y 그래프에서 직선으로 표시될 수 있다. 각각을 그리고 어떠한 과정이 직선을 만드는지 설명하라. 변수 y의 단위는 V이고 x의 단위는 m이다(x의 범위는 $0.01 < x < 10.0$).

a. $y = 4x^{-0.24}$　　　　　　　　　　　c. $y = 4e^{-0.4x}$

b. $y = (0.4)(10^{-2x})$　　　　　　　　　d. $y = 3/x$

1.58 $y = 20e^{-5x}$ V를 반로그 형식으로 그려라(3 사이클 사용). $x = 0$, $x = 2$, $x = 20$에서의 식의 기울기를 구하라.

1.59 다음 데이터는 $y = ax^b$의 형태를 갖는다. 계수 a와 b를 구하기 위하여 데이터를 적절한 형식으로 그려라. 각 X값에 대한 정적 감도 K를 구하라. K는 X에 의해 어떻게 영향을 받는가?

Y [cm]	X [m]
0.5	0.54
2.0	2.16
5.0	5.40
10.0	10.80

1.60 주어진 교정 데이터에 대해 적당한 축 형식으로 교정 곡선을 그려라. 각 X에 대한 시스템의 정적 감도 K를 구하고 K를 X에 대해 그려라. 이 시스템의 정적 입력의 크기에 따른 정적감도의 거동을 논의하라.

X [psi]	K
0.04	−5.20
0.2	−6.10
0.6	−9.11
1.5	−22.4

1.61 그림 P1.61에서 $R_1 = R_2 = R_3 = R_4 = R_5 = 100\,\Omega$이고 $R_m = 1,000\,\Omega$일 때, R_5의 전압 측정에서의 오차 %
는 얼마인가? 만일 $R_m = 10,000\,\Omega$일 때는 얼마인가?

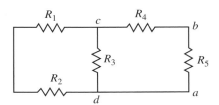

그림 P1.61 문제 1.61의 회로

제 2 장

신호의 정적·동적 특성

2.1 서론

계측시스템은 입력을 받아 다이얼 계기 지시침의 움직임, 디지털 표시 장치의 표시값 등과 같이, 관찰 또는 기록될 수 있는 출력으로 변환시킨다. 이 장에서는 계측시스템으로의 입력 신호와 그 결과 얻어지는 출력 신호의 특성을 논의한다. 신호의 모양과 형태를 흔히 파형이라 한다. 파형은 입력의 크기를 나타내는 진폭과, 신호의 시간에 따른 변화율을 나타내는 주파수에 대한 정보를 가지고 있다. 계측시스템의 선택과 측정 신호의 해석을 위해서는 파형에 대한 이해가 필요하다.

2.2 입력/출력 신호의 개념

엔지니어가 물리적 변수를 측정하면서 직면하는 중요한 두 과제는 (1) 계측시스템의 선택, (2) 계측시스템의 출력에 대한 해석이다. 계측시스템 선택에 대한 단순한 일례로, 그림 2.1과 같은 자전거, 자동차 타이어의 공기압을 측정하는 타이어 게이지의 선택을 들 수 있다. 자동차 타이어용 게이지는 275 kPa까지의 압력을 나타낼 수 있어야 하지만, 자전거 타이어용 게이지는 아마도 더 높은 700 kPa까지의 압력을 나타낼 수 있어야 한다. 이와 같은 측정 상한과 하한을 나타내는 계측기 범위에 대한 개념은 모든 계측시스템에 있어 기본적인 것이며, 특정 응용에 맞는 계측시스템을 평가하고 선택하는 데 있어서, 입력 신호의 본질(이 예에서는 크기)에 대한 기본적인 이해는 필수적이다.

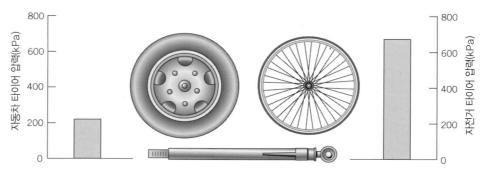

그림 2.1 입력 신호 범위에 따른 계측시스템의 선택

　입력 신호의 시간, 공간 거동을 모를 때, 계측시스템의 출력에 대한 평가는 훨씬 더 힘든 작업이다. 타이어 압력은 측정 중에 변하지 않지만, 자동차 엔진 실린더의 압력을 측정하고 싶다면 어떻게 할 것인가? 타이어 게이지 또는 자체 작동 원리에 기반한 다른 게이지가 사용될 수 있을 것인가? 실린더 압력은 시간에 따라 변하는 것을 알고 있다. 시간에 따라 변하는 압력을 결정하기 위한 계측시스템을 선정해야 한다면, 실린더 압력 변화에 대한 정보가 필요할 것이다. 열역학과 엔진의 속도 범위로부터, 예상되는 압력 크기와 압력 변화율을 구하는 것은 가능하므로, 그것으로부터 적절한 계측시스템을 선택할 수 있다. 이를 위해서는 변수의 크기와 그 변화율에 대한 개념을 표현하는 수단이 강구되어야 한다.

　이 장의 학습을 통해, 학생들은 다음의 능력을 갖출 수 있을 것이다.

- 기기의 범위를 정의할 수 있다.
- 신호를 아날로그, 이산 시간, 디지털로 구분할 수 있다.
- 시간에 따라 변하는 신호의 평균과 rms값을 계산할 수 있다.
- 주파수 영역에서 신호의 특성을 규정할 수 있다.

일반화된 거동

많은 계측시스템은 다양한 조건에서 유사한 응답을 나타내는데, 이는 계측시스템의 성능과 능력이 일반적인 방법으로 기술될 수 있음을 나타낸다. 계측시스템의 일반적인 거동을 더 살펴보기 위해 입출력 신호의 가능한 형태를 우선 살펴본다. '신호'라는 용어는 '정보의 전달'과 연관 지을 것이다. 신호는 공정과 계측시스템 사이, 계측시스템의 각 단계 사이에 전달되거나 계측시스템으로부터의 출력인 측정 변수에 대한 물리적 정보이다.

파형의 분류

신호는 아날로그, 이산 시간, 디지털 신호로 분류할 수 있다. 아날로그 신호는 시간적으로 연속인 신호를 나타낸다. 물리적 변수는 연속인 경향이 있기 때문에, 아날로그 신호는 변수의 시간 의존 거동을 즉각 표현한다. 또한 신호의 크기는 연속적이어서 작동 범위 내에서 어떤 값이라도 가질 수 있다. 그림 2.2(a)는 아날로그 신호를 보

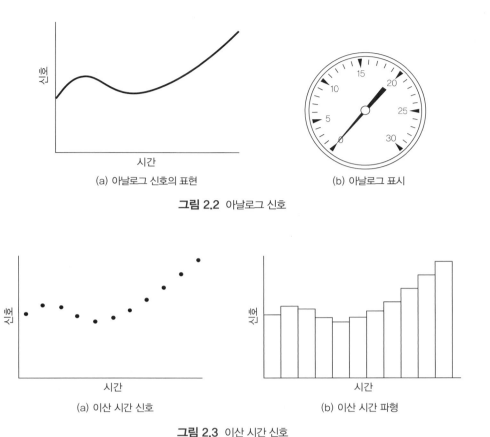

(a) 아날로그 신호의 표현   (b) 아날로그 표시

그림 2.2 아날로그 신호

(a) 이산 시간 신호   (b) 이산 시간 파형

그림 2.3 이산 시간 신호

여 주며, 유사한 연속 신호가 그림 2.2(b)와 같은 출력 표시장치에서 시간에 따른 지시침의 회전을 기록하여도 구해진다. 이 연속 신호와 그림 2.3(a)의 신호를 대조해 보라. 이 신호를 이산 시간 신호라 하며, 신호 크기에 대한 정보는 오직 이산 시간에서만 알 수 있다. 이산 시간 신호는 보통 연속적인 변수를 일정 시간 간격으로 수집할 때 발생한다. 그림 2.3(a)의 신호에 대한 정보는 이산 시간에서만 알 수 있기 때문에, 정보가 없는 시간 동안에는 계측 변수의 거동에 대한 가정이 있어야 한다. 한 방법은 샘플 사이에서 신호는 일정하다고 가정하는 것이며(수집과 유지 방법), 결과 파형이 그림 2.3(b)에 나타나 있다. 샘플 사이의 시간 간격이 줄어들면, 이산 신호와 연속 신호 사이의 차이는 확실히 줄어든다.

디지털 신호는 정보를 디지털 형식으로 처리하는 장치인 컴퓨터를 이용하여 데이터를 획득하고 처리할 때 특히 유용하다. 디지털 신호에는 중요한 특성 두 가지가 있다. 첫째, 디지털 신호는 이산 시간 신호와 같이 시간에 대해 이산값으로 존재한다. 둘째, 디지털 신호의 크기는 이산적이며 이산 시간에서 양자화(quantization)라는 과정으로 결정된다. 양자화는 연속적인 신호의 일정 크기 범위에 대해 값 하나가 주어진다. 양자화의 예로서 시간을 시와 분으로 표시하는 디지털 시계를 생각해 보자. 1분이 지속되는 동안, 그다음 이산 시간 간격으로 변하기 전까지는 단일 숫자가 표시된다. 이런 식으로 연속 물리적 변수인 시간이 디지털 표시로 변환되면서 양자화

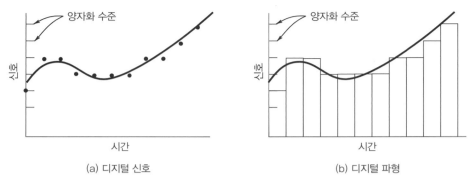

(a) 디지털 신호

(b) 디지털 파형

그림 2.4 디지털 신호의 표현과 파형. 실선은 아날로그 신호

된다.

그림 2.4(a)는 같은 신호를 디지털과 아날로그 형태로 나타낸 것이며, 디지털 신호의 크기는 특정한 이산값만을 가질 수 있다. 따라서 디지털 신호는 이산 시간에서 양자화된 크기를 갖는다. 그림 2.4(b)는 샘플 시간 사이의 신호는 일정하다고 가정하여 얻은 파형이다.

디지털 신호를 얻기 위한 아날로그 신호의 수집은 아날로그 전압 신호를 2진수 표현으로 바꾸는 전기장치인 아날로그-디지털 변환기(A/D)[1]를 사용하면 가능하다. 전압 범위에 상응하는 2진수의 제한된 분해능은 양자화 수준과 범위를 결정한다.

예를 들어, 디지털 음악 기록 기술은 마이크로폰으로부터의 전압 신호와 같은 연속 신호를 MP3 파일과 같은 디지털 형태로 변환하는 기술을 기반으로 한다. 그러나 헤드폰과 인간의 귀는 아날로그 장치이기 때문에, 디지털 정보는 재생을 위해 연속적인 전압 신호로 다시 바뀐다. 디지털 신호 방송에 의해 가정에서는 고화질 텔레비전, 자동차에서는 위성 라디오가 가능하게 됐다.

신호 파형

신호를 아날로그, 이산 시간, 디지털 신호로 구분하는 것에 더하여, 신호와 관련된 파형의 설명이 도움이 된다. 함수 $y(t)$로 표현되는 신호는 정적 또는 동적으로 특징지을 수 있다. 참고로, 시간에 따라 변하는 신호가 논의되겠지만, $y(x)$와 같이 공간에서 변하는 신호도 유사하게 분류될 수 있음을 인식해야 한다. **정적 신호**는 시간(또는 공간)에서 변하지 않는다. 신호가 시간(또는 공간)에서 일정하다는 것에 추가하여, 많은 물리적 변수는 서로 영향을 미치는 과정과 비교할 때 충분히 느리게 변하므로, 실제적 목적으로 정적인 것으로 간주된다. 예를 들어, 실외 온도계를 사용하여 온도를 측정한다. 실외 온도는 수 분 동안에는 크게 변하지 않기 때문에, 관심이 있는 더 긴 시간 주기, 예를 들면 1시간과 비교했을 때, 이런 입력 신호는 정적이라고 간주할 수 있다. 정적 신호의 수학적 표현은 표 2.1에 나타내었듯이 상수로 주어진다. 반면에, 우리는 측정 변수가 시간에 따라 어떻게 변하는

---

1   A/D 변환에 사용되는 절차와 장치는 7장에서 상세하게 설명된다.

표 2.1 파형의 분류

I	정적 신호	$y(t) = A_0$
II	동적 신호	
	주기 파형	
	단순 주기 파형	$y(t) = A_0 + C\sin(\omega t + \phi)$
	복합 주기 파형	$y(t) = A_0 + \displaystyle\sum_{n=1}^{\infty} C_n \sin(n\omega t + \phi_n)$
	비주기 파형	
	계단[a]	$\begin{aligned} y(t) &= A_0 U(t) \\ &= A_0 \quad (t > 0) \end{aligned}$
	램프	$y(t) = A_0 t \quad (0 < t < t_f)$
	펄스[b]	$y(t) = A_0 U(t) - A_0 U(t - t_1)$
III	비확정 파형[c]	

[a] $U(t)$는 단위 계단 함수를 나타낸다. 즉 $t < 0$일 때 $U(t) = 0$, $t \geq 0$일 때 $U(t) = 1$이다.

[b] t_1은 펄스폭을 의미한다.

[c] 비확정 파형은 통계 정보를 사용해서만 근사될 수 있다.

지에 흔히 관심이 있기 때문에 시간에 따라 변화하는 신호를 더 살펴보도록 하자.

동적 신호는 시간에 따라 변하는 신호, 즉 시간 의존적인 신호로 정의된다. 일반적으로 동적 신호 파형 $y(t)$는 표 2.1과 같이 구분될 수 있다. 확정 신호는 그림 2.5의 사인 파형, 계단 함수, 램프 함수와 같이 시간에 대해 예측할 수 있는 방식으로 변화한다. 정상 주기적 신호란 사인파와 같이 신호 진폭의 변동이 일정한 시간 간격으로 반복되는 신호이다. 정상 주기적 거동의 예는 이상적인 진자 운동, 정상 운전 조건의 내연기관 실린더 온도의 변동 등을 들 수 있다. 주기적 파형은 단순과 복합으로 구분할 수 있다. 단순 주기 파형은 단일 주파수 ω와 진폭 C만을 가지고 있다. 더 일반적이고 복잡한 복합 주기 파형은 여러 단순 주기 파형의 중첩으로 표현된다. 주기적 신호는 대응되는 주기와 함께 기본 주파수(가장 낮은 주파수 성분)를 가지고 있다. 신호가 단순이든 복잡이든,

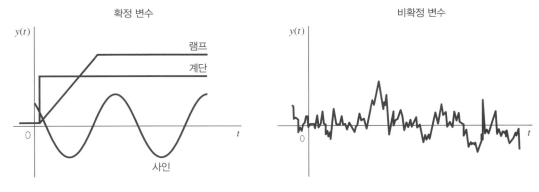

그림 2.5 동적 신호의 예

주기적 신호는 주기마다 반복된다. 비주기 신호는 일회 발생하는 계단 함수나 램프 함수와 같이 일정 간격으로 반복되지 않는 확정 신호를 나타낼 때 사용된다.

그림 2.5에 나타낸 비확정 신호는 구별 가능한 반복 패턴이 없는 신호이다. 비확정 신호는 신호의 일부 특성은 미리 알 수 있지만, 신호가 발생하기 전에는 표현할 수 없다. 예를 들어 컴퓨터 간 데이터 파일의 전송을 생각해 보자. 이 시스템의 모든 신호에 대해서 데이터 전송 속도나 신호 진폭의 가능한 범위와 같은 신호 특성은 알고 있다. 그러나 알고 있는 신호의 정보를 기반으로 하여 미래의 신호 특성을 예측하는 것은 불가능하다. 이런 신호는 대개 비확정 신호로 분류되며 일반적으로 통계적 특성 또는 실제 신호의 통계를 나타내는 모델 신호에 의해 표현된다.

2.3 신호 해석

이 절에서는 신호의 특성과 관계된 개념을 다룬다. 계측시스템은 아날로그, 이산 시간, 디지털 신호를 만들어 낸다. 아날로그 신호는 시간에 대해 연속적이며, 측정하는 물리적 변수의 크기와 유사한 크기를 갖는다. 그림 2.6(a)에 나타낸, t_1에서 t_2까지의 기록 시간에 연속인 아날로그 신호를 생각하자. 이 신호의 평균값(mean, average)[2]은 다음과 같이 주어진다.

$$y \equiv \frac{\int_{t_1}^{t_2} y(t)\,dt}{\int_{t_1}^{t_2} dt} \tag{2.1}$$

식 (2.1)에 정의된 평균값은 t_1에서 t_2까지의 시간 동안 신호의 정적 성분을 나타내는 지표이다. 변동하는 신호의 평균값은 신호의 **직류 성분**, 직류 오프셋(offset)이라고도 한다.

평균값은 신호의 동적 성분의 변동량에 대해서는 아무것도 나타내지 못한다. 신호의 동적 성분, 즉 교류 성분의 특성은 교류 전류가 흐르는 전기 저항에서의 평균 소비 전력을 생각하면 설명될 수 있을 것이다. 전류 흐름에 의해 저항에서 소비되는 전력은 다음 식과 같다.

$$P = I^2 R$$

1. P = 소비 전력 = 에너지 소비율
2. I = 전류
3. R = 저항

만약 전류가 시간에 따라 변하면 시간 t_1부터 t_2 사이에 저항에서 소비된 총전기에너지는 다음과 같다.

---

2 엄밀히 이야기하면 연속 신호에서 mean 값과 average 값은 일치한다. 이산 시간 신호에서는 그렇지 않다.

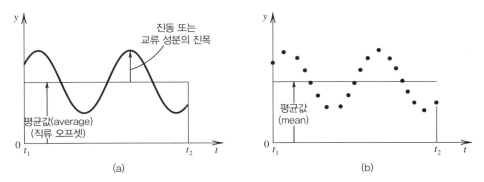

그림 2.6 동적 신호의 아날로그와 이산 표현

$$\int_{t_1}^{t_2} Pdt = \int_{t_1}^{t_2} [I(t)]^2 Rdt \tag{2.2}$$

일반적으로 전류 $I(t)$는 정적 직류 성분과 변하는 교류 성분을 함께 갖는다.

신호의 제곱 평균 제곱근

시간 t_1부터 t_2 사이에 시간에 따라 변하는 전류 $I(t)$에 의한 저항에서의 소비 전력과, 동일한 소비 전력을 갖는 일정한 등가 전류 I_e를 찾아보자. 저항 R이 일정하면, 이 전류는 식 (2.2)가 $(I_e)^2 R(t_2 - t_1)$과 같다고 놓으면 다음과 같다.

$$I_e = \sqrt{\frac{1}{t_2 - t_1} \int_{t_1}^{t_2} [I(t)]^2 dt} \tag{2.3}$$

이 값을 전류의 제곱 평균 제곱근(root-mean-square, rms)이라 부른다. 같은 방법으로, 어떤 연속 아날로그 변수 $y(t)$의 $t_2 - t_1$ 시간 동안의 rms값은 다음과 같이 표현된다.

$$y_{\text{rms}} = \sqrt{\frac{1}{t_2 - t_1} \int_{t_1}^{t_2} [y(t)]^2 dt} \tag{2.4}$$

이산 시간 또는 디지털 신호

시간 의존인 아날로그 신호 $y(t)$는 다음 변환에 의해 시간 t_1부터 t_2 사이에서 N개의 이산 세트로 나타낼 수 있다.

$$y(t) \rightarrow \{y(r\delta t)\} \quad r = 0, 1, \ldots, (N-1)$$

여기서 사용되는 샘플링 합성은 다음과 같다.

$$\{y(r\delta t)\} = y(t)\delta(t - r\delta t) = \{y_i\} \quad i = 0, 1, 2, \ldots, (N-1)$$

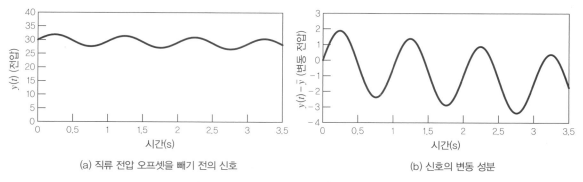

(a) 직류 전압 오프셋을 빼기 전의 신호   (b) 신호의 변동 성분

그림 2.7 동적 신호에서 직류 오프셋을 제거한 효과

여기서 $\delta(t - r\delta t)$는 이동된 단위 임펄스 함수, δt는 신호추출 시간 간격, $N\delta t = t_2 - t_1$은 $y(t)$를 측정한 총신호 추출 시간이다. 그림 2.6(b)는 원래의 아날로그 신호에 대한 이산 신호추출의 효과를 보여 주는데, 아날로그 신호는 $\{y(r\delta t)\}$로 대체되면서 $y(t)$를 나타내는 N개의 이산 시간 신호로 바뀌었다.

이산 시간 신호 또는 디지털 신호의 평균값은 식 (2.1)의 이산 표현인 다음과 같이 계산된다.

$$\bar{y} = \frac{1}{N} \sum_{i=0}^{N-1} y_i \tag{2.5}$$

각 y_i는 데이터 세트 $\{y(r\delta t)\}$의 이산값이다. 평균은 t_1부터 t_2 사이의 시간 동안에 신호의 정적 성분을 근사적으로 나타낸다. rms값은 식 (2.4)의 이산 표현인 다음과 같이 계산된다.

$$y_{\text{rms}} = \sqrt{\frac{1}{N} \sum_{i=0}^{N-1} y_i^2} \tag{2.6}$$

rms값은 신호에 직류 성분이 없거나 신호에서 직류 성분이 제거된 경우에, 추가적인 물리적 중요성을 갖는다. 특별한 경우로 평균값이 0 또는 평균이 제거된 신호의 rms값은 신호 변동의 크기에 대한 통계적 지표이며, 표준편차라고 한다.

직류 오프셋

신호의 교류 성분이 주된 관심일 때 직류 성분은 제거될 수 있다. 이 과정은 흔히 계기판이나 신호 그래프에서 스케일이 바뀌어, 직류 신호의 작은 부분이었던 변동 성분을 큰 직류 성분의 중첩 없이 훨씬 분명하게 나타낼 수 있다. 그림 2.7은 평균값을 제거함으로써 변동 성분을 확대시킨 것을 나타낸다.

그림 2.7(a)는 전압 신호의 정적 부분(DC)과 동적 부분(AC) 모두로 구성된 전체 복합 파형이다. 직류 성분이 제거되면, 그림 2.7(b)처럼 신호의 동적 성분의 특성이 그대로 나타난다. 신호의 변동 성분의 통계는 특정 응용에서 중요한 정보를 포함하고 있다.

예제 2.1

저항을 통해 흐르는 전류가 다음과 같다.

$$I(t) = 5 \cos 2t$$

I는 시간 의존인 전류(A)이며, t는 시간(s)이다. t_f가 $3\pi/2$, 2π인 경우에, 0에서 t_f에 걸쳐 전류의 평균과 rms값을 구하라. 구해진 값이 저항의 소비 전력과 어떤 관계가 있는가?

알려진 값 $I(t) = 5 \cos 2t$

구할 값 $\bar{I}$와 I_{rms}, $t_f = 3\pi/2$, 2π초

풀이

0에서 t_f 동안의 평균은 식 (2.1)에 의해 다음과 같이 구해진다.

$$\bar{I} = \frac{\displaystyle\int_0^{t_f} I(t)\,dt}{\displaystyle\int_0^{t_f} dt} = \frac{\displaystyle\int_0^{t_f} 5\cos 2t\,dt}{t_f}$$

적분을 하면

$$\bar{I} = \frac{5}{2t_f}\left[\sin 2t\right]_0^{t_f}$$

따라서 $t_f = 3\pi/2$일 때, 평균 $\bar{I}$는 0, $t_f = 2\pi$일 때도 적분에 의한 평균은 0이다.

0에서 t_f 동안의 rms값은 식 (2.4)에 의해 다음과 같이 구해진다.

$$I_{\text{rms}} = \sqrt{\frac{1}{t_f}\int_0^{t_f} I(t)^2\,dt} = \sqrt{\frac{1}{t_f}\int_0^{t_f} (5\cos 2t)^2\,dt}$$

적분을 하면

$$I_{\text{rms}} = \sqrt{\frac{25}{t_f}\left[\frac{t}{2} + \frac{1}{8}\sin 4t\right]_0^{t_f}}$$

따라서 $t_f = \frac{3\pi}{2}$일 때, rms값은 $\sqrt{\frac{25}{2}}$, $t_f = 2\pi$일 때도 역시 $\sqrt{\frac{25}{2}}$가 된다.

참고사항   시간 2π 동안의 평균값은 0이지만, 저항의 소비 전력은 코사인 함수의 양과 음의 반사이클에서 같아야 한다. 따라서 전류의 rms값은 시간 $3\pi/2$와 2π 동안에 같으며, 이는 소비된 전력을 나타낸다.

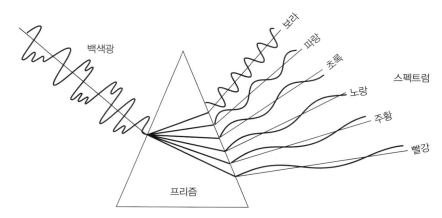

그림 2.8 백색광의 색 스펙트럼 분리. 색은 특정 주파수 또는 파장과 관계되며 빛의 세기는 변화하는 진폭과 관계된다.

2.4 신호 크기와 주파수

계측시스템의 거동에서 중요한 인자가 시스템에 대한 입력 신호의 본질이다. 입력 신호와 이에 따른 출력 신호의 파형을 크기와 주파수에 대해 구분하기 위한 방법이 필요하다. 계측시스템의 거동이 한정된 수와 형태의 입력 신호에 대한 응답으로 정의될 수 있다면 매우 도움이 될 것이다. 실제 정확히 그렇게 할 수 있는데, 신호를 삼각함수의 급수로 표현하는 방법을 푸리에 해석이라 부른다.

우리는 자연에서 복잡한 신호를 수많은 단순 주기 함수의 합으로 표현할 수 있다는 개념을 뒷받침하는 현상을 경험할 수 있다. 예를 들면, 수많은 서로 다른 순수 음색을 조합하여 풍부한 음색을 만들 수 있다. 푸리에 해석의 훌륭한 물리적 상사가 프리즘에 의한 백색광의 분광이다. 그림 2.8은 백색광으로 표현된 복잡한 신호가 스펙트럼의 여러 색으로 표현된 단순 주기 요소들로 변환되는 것을 보여 준다. 이 예에서 스펙트럼의 여러 색은 합쳐져 백색광이 되는 단순 주기 함수를 나타낸다. 푸리에 해석은 대략 프리즘의 수학적 동급이라 할 수 있으며, 복잡한 신호를 단순 주기 함수로 나타낼 수 있게 한다.

복잡한 비확정 파형을 단순 주기 함수로 표현할 수 있게 되면, 단순 주기 파형과 같은 몇 개의 특정 입력 파형에 대한 출력을 조사함으로써 계측시스템의 응답을 잘 정의할 수 있게 된다. 표 2.1에 나타내었듯이, 단순 주기 파형은 잘 정의된 단일 진폭과 단일 주파수를 갖는다. 계측시스템의 일반적 응답을 결정할 수 있기 전에, 복잡한 신호를 단순한 함수 형태로 표현하는 방법에 대한 이해가 필요하다.

주기적 신호

주파수와 진폭의 기본 개념은 주기 운동에 대한 관찰과 해석을 통해 이해될 수 있다. 비록 삼각함수는 정의상 직각삼각형의 변의 길이와 관련된 기하학적 양이지만, 우리의 목적을 위해서 시스템의 특정한 물리적 거동을 표현하는 수학 함수로 생각할 수 있다. 이러한 거동은 삼각함수가 해가 되는 미분방정식으로 표현된다. 예로서 그림 2.9처럼 선형 스프링에 매달린 질량의 기계적 진동을 생각해 보자. 선형 스프링에서는 스프링 힘 F와 변위

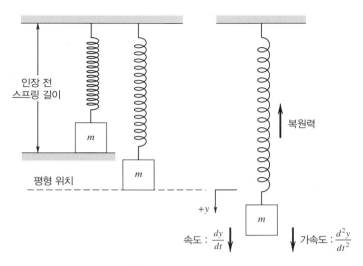

그림 2.9 스프링-질량 시스템

y의 관계가 $F = ky$로 표시되며, k는 스프링 상수로 알려진 비례 상수이다. 뉴턴의 제2법칙을 적용하면 시간 t의 함수인 변위 y에 대한 지배방정식은 다음과 같다.

$$m\frac{d^2y}{dt^2} + ky = 0 \tag{2.7}$$

이 상수 계수의 선형 이차 미분방정식은 외력이 없는 이상적인 스프링-질량 시스템의 거동을 나타낸다. 이 방정식 해의 일반적 형식은

$$y = A\cos\omega t + B\sin\omega t \tag{2.8}$$

이며, 진동 주파수 $\omega = \sqrt{k/m}$이다. 만일 질량이 평형 위치에서 이동되어 놓이면, 질량은 평형 위치를 중심으로 진동 운동을 한다는 것을 물리적으로 알고 있다. 질량이 한 사이클을 완전히 마치는 데 걸리는 시간이 주기이며 일반적으로 기호 T로 표시한다.

주기와 관련되는 **주파수** f는 단위시간당 사이클 횟수로 정의되며, 1초당 사이클 횟수로 측정된다(Hz, 1 cycle/s = 1 Hz). ω도 주파수지만 단위가 1초당 사이클 횟수가 아니라 1초당 radian이다. 이 주파수 ω는 그림 2.10처럼 단위원에서의 사이클과 직접 관련이 있기 때문에 원 주파수(circular frequency)라고 부른다.

ω, f, 주기 T 사이의 관계는 다음과 같다.

$$T = \frac{2\pi}{\omega} = \frac{1}{f} \tag{2.9}$$

식 (2.8)에서 위상각이 도입되면, 사인과 코사인 항을 다음과 같이 묶을 수 있다.

$$y = C\cos(\omega t - \phi) \tag{2.10a}$$

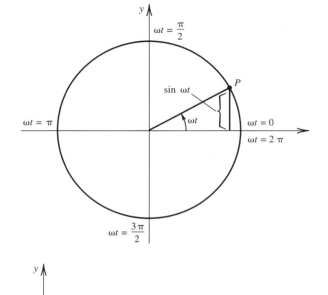

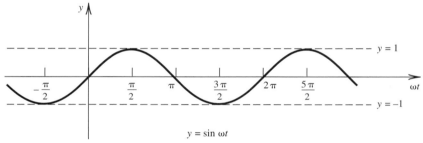

그림 2.10 단위원의 사이클과 원 주파수의 관계

또는

$$y = C\sin(\omega t + \phi^*) \tag{2.10b}$$

C, ϕ, ϕ^*값은 다음의 삼각함수 관계식에서 구한다.

$$
\begin{aligned}
&A\cos\omega t + B\sin\omega t = \sqrt{A^2 + B^2}\cos(\omega t - \phi)\\
&A\cos\omega t + B\sin\omega t = \sqrt{A^2 + B^2}\sin(\omega t + \phi^*)\\
&C = \sqrt{A^2 + B^2}\\
&\phi = \tan^{-1}\frac{B}{A} \quad \phi^* = \tan^{-1}\frac{A}{B} \quad \phi^* = \frac{\pi}{2} - \phi
\end{aligned}
\tag{2.11}
$$

평형 위치부터의 최대 · 최소 변위인 C값은 진동의 **진폭**이다. 시간 의존 신호의 표현에 있어서 진폭과 주파수 개념은 핵심이라 할 수 있다.

주파수 해석

동적 변수의 측정에서 얻은 많은 신호는 본질적으로 비확정적이며, 연속적으로 변하는 변화율을 가진다. 복합 파형의 이런 신호는 계측시스템의 선택과 출력 신호의 해석을 어렵게 한다. 그러나 복잡한 신호를 비롯한 모든 신호는 다수의 삼각함수로 분리할 수 있다. 다시 말하면, 어떤 복잡한 신호라도 서로 다른 주기와 진폭을 가진 삼각 함수로 구성되어 있다고 간주할 수 있으며, 이들이 더해져 삼각급수 형태로 된다. 신호가 주기 함수의 급수로 분리되면, 각 주파수의 중요도가 쉽게 결정될 수 있다. 이러한 주파수 성분에 대한 정보는 적절한 계측시스템의 선택과 출력 신호의 정확한 해석을 가능하게 한다.

이론적으로 푸리에 해석은 실제적 관심이 있는 모든 수학 함수를 삼각함수의 무한급수로 표현할 수 있게 한다.[3]

다음은 푸리에 해석과 관련된 정의이다.

1. 만일 어떤 양수 T에 의해 다음 식이 성립되면, 함수 $y(t)$는 주기 함수이다.

$$y(t + T) = y(t)$$

$y(t)$의 주기는 T이다. 만일 $y_1(t)$와 $y_2(t)$의 주기가 T이면,

$$ay_1(t) + by_2(t)$$

의 주기도 T이다(a, b는 상수).

2. 삼각급수는

$$A_0 + A_1 \cos t + B_1 \sin t + A_2 \cos 2t + B_2 \sin 2t + \ldots$$

로 주어지며, A_n과 B_n은 급수의 계수이다.

예제 2.2

신호의 주파수 성분에 관한 물리적(수학적 대신)인 예로서 기타나 바이올린 같은 현악기를 생각하자. 줄을 뜯거나 활로 켬으로써 줄이 진동할 때 나는 소리는, 줄의 운동과 악기의 공진에 의한 결과이다(공진의 개념은 3장에서 설명된다). 이런 악기의 음악적 피치는 줄 진동의 가장 낮은 주파수이다. 우리는 악기의 차이점을 소리에 존재하는 기본 주파수의 정수배가 되는 더 높은 주파수를 통하여 인식한다. 이러한 높은 주파수를 **조화 성분**이라 한다.

진동하는 줄의 운동은 음색을 만들어 내는 몇 가지 기본 운동으로 구성되었다고 생각할 수 있다. 그림 2.11은

---

3 주기 함수는 함수가 적분 구간 내에서 부분별 연속적이고, 구간 내 각 점에서 좌접근 미분과 우접근 미분이 존재하면 푸리에 급수로 표현된다. 결과로 얻어지는 급수의 합은 함수가 불연속적인 점을 제외하고 구간 내의 각 점에서의 함수값과 같다.

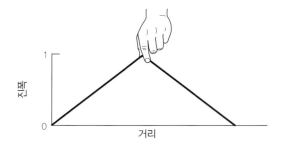

기본 주파수

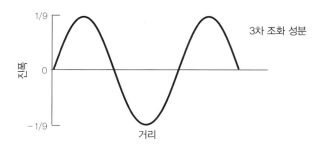

3차 조화 성분

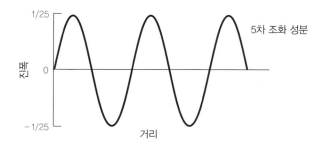

5차 조화 성분

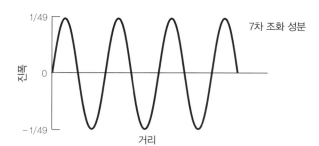

7차 조화 성분

그림 2.11 줄의 가운데를 뜯을 때의 진동 모드

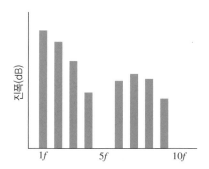

그림 2.12 고정 끝단에서 1/5 지점의 줄을 뜯을 때의 진폭-주파수 스펙트럼

줄의 가운데를 뜯는 경우에 대한 진동 모드를 보여 준다. 줄은 기본 주파수와 이것과 특정 위상 관계를 갖는 홀수 차수의 조화 성분으로 진동한다. 각 조화 성분의 상대적인 세기는 그림 2.11에서 진폭을 통해 설명된다. 그림 2.12는 고정 끝단에서 1/5 지점을 뜯을 때의 주파수를 보여 준다. 최종 소리에서 5차 조화 성분은 없음을 주목하라.

진동하는 줄에서 나는 음악 소리는 적은 또는 많은 주파수 성분을 가지는 계측시스템의 입력 또는 출력 신호와 유사하다. 푸리에 해석은 그러한 시간 기반의 신호를 진폭, 신호 파워, 위상 대 주파수로 표현하는 방법이다. 이러한 정보에 대한 결과 그래프를 대개 **주파수 스펙트럼**이라 하지만, 그림 2.12와 같이 수직 좌푯값이 진폭이면 구체적으로 **진폭 스펙트럼**이라고 한다. 따라서 시간 기반의 신호는 이 정보를 시간 함수로 중첩하지만, 주파수 스펙트럼은 주파수 함수로 이 정보를 나타낸다. 푸리에 해석은 신호를 단순 파형의 조합으로 분해하는 데 직관적이면서도 실제적인 방법을 제공한다. 다음은 신호의 주파수와 진폭 해석을 살펴보자.

LabView®[4] 프로그램인 *Sound from Microphone*은 컴퓨터의 마이크로폰과 사운드 보드를 이용하여 주변 소리를 샘플링하고 그 소리를 진폭-주파수 성분으로 분해한다(허밍을 시도해 보라).

푸리에 급수와 계수

푸리에 급수는 기본 주파수의 정수배인 삼각함수의 무한 합으로 표현된 주기 함수의 확장이다. 주기 T인 주기 함수 $y(t)$는 시간 t에 대하여 다음과 같은 삼각급수 형태로 표현된다.

$$y(t) = A_0 + \sum_{n=1}^{\infty} A_n \cos\left(\frac{2\pi nt}{T}\right) + B_n \sin\left(\frac{2\pi nt}{T}\right) \tag{2.12}$$

알고 있는 신호 $y(t)$로부터 계수 A_n과 B_n이 결정된다.

$y(t)$에 해당하는 삼각급수를 $y(t)$의 푸리에 급수라 하며, 계수 A_n과 B_n은 $y(t)$의 푸리에 계수라 한다. $n = 0$일 때,

---

4 LabView®는 National Instruments의 등록상표이다.

계수는 급수의 평균값을 나타낸다. 푸리에 급수에서 $n = 1$에 해당하는 항을 기본 성분이라 부르고, 급수에서 가장 낮은 주파수를 가지며 기본 주파수라고 한다. $n = 2, 3, 4, \cdots$에 해당하는 주파수는 조화 성분이라 부르는데, 예를 들어 $n = 2$이면 2차 조화 성분이다.

푸리에 계수

임의 주기 T를 갖는 함수를 나타내는 삼각급수의 계수는 다음과 같으며

$$A_0 = \frac{1}{T} \int_{-T/2}^{T/2} y(t)\, dt$$

$$A_n = \frac{2}{T} \int_{-T/2}^{T/2} y(t) \cos\left(\frac{2\pi nt}{T}\right) dt \tag{2.13}$$

$$B_n = \frac{2}{T} \int_{-T/2}^{T/2} y(t) \sin\left(\frac{2\pi nt}{T}\right) dt$$

$n = 1, 2, 3, \cdots$, $T = 2\pi/\omega$는 $y(t)$의 주기이다. 이 계수로부터 구해지는 삼각급수가 푸리에 급수이며 다음과 같이 표현된다.

$$y(t) = A_0 + \sum_{n=1}^{\infty} A_n \cos\left(\frac{2\pi nt}{T}\right) + B_n \sin\left(\frac{2\pi nt}{T}\right) \tag{2.14}$$

사인과 코사인 급수는 위상각을 이용하여 사인 또는 코사인 어느 한쪽 급수로 표현할 수 있다. 따라서 식 (2.14)의 푸리에 급수는 다음과 같이 표현될 수 있다.

$$y(t) = A_0 + \sum_{n=1}^{\infty} C_n \cos\left(\frac{2\pi nt}{T} - \phi_n\right) \tag{2.15}$$

또는

$$y(t) = A_0 + \sum_{n=1}^{\infty} C_n \sin\left(\frac{2\pi nt}{T} + \phi_n^*\right) \tag{2.16}$$

여기서 C_n은 진폭, ϕ_n은 위상각이며 다음 식으로 구한다.

$$C_n = \sqrt{A_n^2 + B_n^2}$$

$$\tan\phi_n = \frac{B_n}{A_n} \;\; 그리고 \;\; \tan\phi_n^* = \frac{A_n}{B_n} \tag{2.17}$$

특수한 경우 : $T = 2\pi$인 함수

주기가 2π인 $y(t)$ 함수의 경우에는 고전적인 수학 결과가 얻어진다. 이 경우에는 $y(t)$를 나타내는 삼각급수의 계수가 오일러 식으로 주어진다.

$$y(t) = A_0 + \sum_{n=1}^{\infty} A_n \cos nt + B_n \sin nt$$

$$A_0 = \frac{1}{2\pi} \int_{-\pi}^{\pi} y(t)\,dt$$

$$A_n = \frac{1}{\pi} \int_{-\pi}^{\pi} y(t) \cos nt\,dt \tag{2.18}$$

$$B_n = \frac{1}{\pi} \int_{-\pi}^{\pi} y(t) \sin nt\,dt$$

우함수와 기함수

함수 $g(t)$가 모든 t에 대해 수직축 대칭이면 우함수이다.

$$g(-t) = g(t)$$

함수 $h(t)$가 모든 t에 대해 다음과 같으면 기함수이다.

$$h(-t) = -h(t)$$

예를 들어 $\cos nt$는 우함수이고, $\sin nt$는 기함수이다. 특정 함수나 파형은 우함수, 기함수이거나 또는 우함수도 기함수도 아닐 수 있다.

푸리에 코사인 급수

$y(t)$가 우함수이면, 푸리에 급수는 단지 코사인 항만이 있다.

$$y(t) = \sum_{n=0}^{\infty} A_n \cos\left(\frac{2\pi nt}{T}\right) = \sum_{n=0}^{\infty} A_n \cos n\omega t \tag{2.19}$$

푸리에 사인 급수

$y(t)$가 기함수이면, 푸리에 급수는 단지 사인 항만이 있다.

$$y(t) = \sum_{n=1}^{\infty} B_n \sin\left(\frac{2\pi nt}{T}\right) = \sum_{n=1}^{\infty} B_n \sin n\omega t \tag{2.20}$$

참고 : 기함수도 우함수도 아닌 함수는 푸리에 급수에서 사인과 코사인 양쪽 항이 모두 있다.

예제 2.3

그림 2.13의 함수에 대해 주기는 2π로 가정하고 푸리에 급수를 구하라.

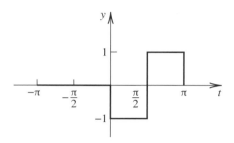

그림 2.13 예제 2.3에서 푸리에 급수로 나타낸 함수

알려진 값 그래프에서 함수는 다음과 같다.

$$y(t) = 0 \qquad -\pi \leq t \leq 0$$
$$y(t) = -1 \quad 0 \leq t \leq \pi/2$$
$$y(t) = 1 \qquad \pi/2 \leq t \leq \pi$$

구할 값 함수의 주기가 2π인 $y(t)$의 푸리에 급수

풀이

그림 2.13의 함수는 우함수도 기함수도 아니므로, 푸리에 급수는 사인 항과 코사인 항 모두 있게 되며 다음과 같다.

$$A_0 = \frac{1}{T}\int_{-T/2}^{T/2} y(t)dt = \frac{1}{2\pi}\int_{-\pi}^{\pi} y(t)dt$$
$$= \frac{1}{2\pi}\left[\int_{-\pi}^{0} 0\,dt + \int_{0}^{\pi/2} -1\,dt + \int_{\pi/2}^{\pi} 1\,dt\right]$$
$$= \frac{1}{2\pi}[(-\pi/2 - 0) + (\pi - \pi/2)] = 0$$

$-\pi$에서 0까지의 적분은 0이기 때문에 생략되었다.

$$A_n = \frac{2}{2\pi}\left[\int_{0}^{\pi/2} -\cos\frac{2n\pi t}{T}dt + \int_{\pi/2}^{\pi} \cos\frac{2n\pi t}{T}dt\right]$$
$$= \frac{1}{\pi}\left\{\left[\frac{-1}{n}\sin nt\right]_{0}^{\pi/2} + \left[\frac{1}{n}\sin nt\right]_{\pi/2}^{\pi}\right\}$$
$$= \frac{-2}{\pi n}\sin\left(\frac{n\pi}{2}\right)$$

$$B_n = \frac{2}{2\pi}\left[\int_0^{\pi/2} -\sin\frac{2\pi nt}{T}dt + \int_{\pi/2}^{\pi}\sin\frac{2\pi nt}{T}dt\right]$$

$$= \frac{1}{n\pi}\left\{[\cos nt]_0^{\pi/2} + [-\cos nt]_{\pi/2}^{\pi}\right\}$$

$$= \frac{1}{n\pi}[-\cos(0) - \cos(n\pi)]$$

n이 짝수일 때 A_n은 0이고, n이 홀수일 때 B_n이 0이므로, 최종 푸리에 급수는 다음과 같다.

$$y(t) = \frac{2}{\pi}\left[-\cos t - \frac{1}{2}\sin 2t + \frac{1}{3}\cos 3t - \frac{1}{4}\sin 4t - \frac{1}{5}\cos 5t - \frac{1}{6}\sin 6t + \frac{1}{7}\cos 7t - \ldots\right]$$

참고사항   다음 함수를 생각해 보자.

$$y(t) = -1 \qquad 0 < t < \frac{\pi}{2}$$

주어진 범위(0 ~ π/2까지)를 넘어 확장한다면, 이 함수를 우함수 확장 또는 기함수 확장한 푸리에 급수에 의해 $y(t)$를 표현할 수 있다(왜냐하면 주어진 범위 $0 < t < \pi/2$에 대한 함수를 푸리에 급수로 나타내면 되므로, 주어진 범위 밖에서는 푸리에 급수의 계수를 구하기 쉽도록 어떠한 조건을 주어도 상관없다). $y(t)$의 기함수로 확장하기로 한다면, 그림 2.13의 함수와 일치한다.

예제 2.4

다음 함수 $y(t)$의 푸리에 급수를 결정하라.

$$y(t) = t \qquad\qquad 0 < t < 1$$
$$y(t) = 2 - t \qquad\quad 1 < t < 2$$

주기적으로 만들기 위하여 함수를 확장한 선택을 명확하게 설명하라.

알려진 값   구간 0에서 2까지의 함수 $y(t)$

$$y(t) = \begin{cases} t & 0 < t < 1 \\ 2 - t & 1 < t < 2 \end{cases}$$

구할 값 $y(t)$의 푸리에 급수

가정 $y(t)$의 기함수 확장을 이용하라.

풀이

함수는 그림 2.14와 같이 주기 4의 함수로 확장된다.

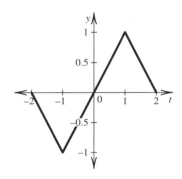

그림 2.14 예제 2.4에서 주어진 함수 $y(t)$의 푸리에 급수

기함수의 푸리에 급수는 사인 항만이 있으므로, 다음과 같이 쓸 수 있으며

$$y(t) = \sum_{n=1}^{\infty} B_n \sin\left(\frac{2n\pi t}{T}\right) = \sum_{n=1}^{\infty} B_n \sin n\omega t$$

여기서

$$B_n = \int_{-T/2}^{T/2} y(t) \sin\left(\frac{2n\pi t}{T}\right) dt$$

함수 $y(t)$의 기함수 확장에서, 적분은 세 적분의 합으로 표시된다.

$$B_n = \int_{-2}^{-1} -(2+t) \sin\left(\frac{2n\pi t}{4}\right) dt + \int_{-1}^{1} t \sin\left(\frac{2n\pi t}{4}\right) dt + \int_{1}^{2} (2-t) \sin\left(\frac{2n\pi t}{4}\right) dt$$

적분을 계산하고 간단히 하면 다음과 같은 B_n을 구할 수 있다.

$$B_n = 4\left(\frac{-\sin(n\pi) + 2\sin\left(\frac{n\pi}{2}\right)}{n^2\pi^2}\right)$$

$\sin(n\pi)$는 0이고, $\sin(n\pi/2)$는 n이 짝수일 때 0이므로, 푸리에 급수는 다음과 같이 쓸 수 있다.

$$y(t) = \frac{8}{\pi^2}\left[\sin\left(\frac{\pi t}{2}\right) - \frac{1}{9}\sin\left(\frac{3\pi t}{2}\right) + \frac{1}{25}\sin\left(\frac{5\pi t}{2}\right) - \frac{1}{49}\sin\left(\frac{7\pi t}{2}\right) + -...\right]$$

그림 2.15는 이 급수의 첫 4항까지의 부분합을 보여 준다.

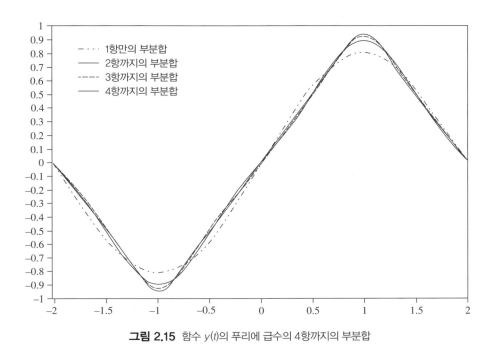

그림 2.15 함수 $y(t)$의 푸리에 급수의 4항까지의 부분합

참고사항   부분합의 항의 수가 증가함에 따라 삼각 파동 함수에 대한 푸리에 급수 근사는 더욱더 좋아지고 있다. 급수의 항을 증가시킬 때, 반주기 안의 가장자리의 선명도는 부분합에 포함된 항의 개수에 따라 좋아진다.

첨부된 소프트웨어의 Matlab®[5] 프로그램 *FourSeries*는 여러 파형의 부분합의 거동을 보여 준다. LabView 프로그램인 *Waveform-Generation*은 여러 가지 선택된 삼각급수로부터 신호를 생성한다.

예제 2.5

주어진 신호의 주파수 성분을 해석하는 예로서, 정류기에서 나오는 출력 전압을 생각해 보자. 정류기는 교류 전류의 음전류 부분을 양전류로 대칭시켜 그림 2.16과 같은 신호를 만드는 기능을 한다. 교류 신호에서 전압은 다음과 같다.

$$E(t) = |120 \sin 20\pi t|$$

$E(t)$의 단위는 V이고 t의 단위는 초이다. 신호의 주기는 1/60초, 주파수는 60 Hz이다.

---

5   Matlab®은 Mathworks, Inc.의 등록상표이다.

알려진 값 정류된 신호는 다음과 같이 나타낼 수 있다.

$$E(t) = |120 \sin 120\pi t|$$

구할 값 푸리에 급수 해석으로 결정되는 신호의 주파수 성분

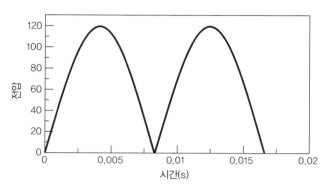

그림 2.16 정류된 사인 파형

풀이

이 신호의 주파수 성분은 푸리에 급수를 전개해서 결정할 수 있다. 계수는 오일러 식을 이용해서 결정할 수 있는데, 정류된 사인파는 우함수임에 유의해야 한다. 계수 A_0는 다음 식에 의해 결정된다.

$$A_0 = 2\left[\frac{1}{T}\int_0^{T/2} y(t)dt\right] = \frac{2}{1/60}\int_0^{1/120} 120\sin 120\pi t dt$$

그 결과

$$A_0 = \frac{2 \times 60 \times 2}{\pi} = 76.4$$

푸리에 급수의 나머지 계수들은 다음과 같이 나타낼 수 있다.

$$A_n = \frac{4}{T}\int_0^{T/2} y(t)\cos\left(\frac{2n\pi t}{T}\right)dt$$

$$= \frac{4}{1/60}\int_0^{1/120} 120\sin 120\pi t \cos n\pi t dt$$

n이 홀수일 때 계수 A_n은 0이다. n이 짝수이면 그 결과는 다음과 같다.

$$A_n = \frac{120}{\pi}\left(\frac{-2}{n-1} + \frac{2}{n+1}\right)$$

함수 $|120 \sin 120\pi t|$의 푸리에 급수는 다음과 같다.

$$76.4 - 50.93 \cos 240\pi t - 10.10 \cos 480\pi t - 4.37 \cos 720\pi t \dots$$

그림 2.17은 푸리에 급수 전개에 의해 결정된 정류 신호의 주파수 성분과 진폭을 보여 주고 있다.

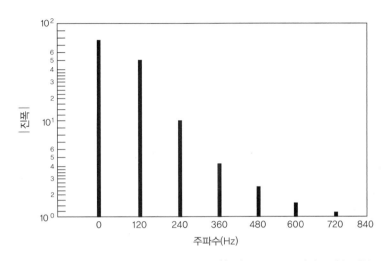

그림 2.17 진폭 스펙트럼으로 표시된 함수 $y(t) = |120 \sin 120\pi t|$의 주파수 성분

참고사항 신호의 주파수 특성은 신호에 존재하는 여러 가지 주파수 성분의 진폭을 조사하면 결정된다. 수학적인 주기 함수에서 이러한 주파수 분포는 푸리에 급수로 함수를 전개하고 각 사인 및 코사인 항들의 크기를 그려서 나타낼 수 있다.

 LabView 프로그램인 *Waveform-Generation*은 예제 2.4와 2.5를 보여 주며, 다수의 신호에 대한 진폭 스펙트럼을 제공한다. 여러 Matlab 프로그램(예 : *FourSeries*, *FunSpect*, *DataSpect*)은 복잡한 신호를 만들기 위하여 단순 주기 신호들을 중첩하는 개념을 탐구할 수 있다. *DataSpect*은 자신의 파일을 넣거나 제공되는 파일을 사용하여 그 함수의 주파수와 진폭 성분 등을 구해 볼 수 있다.

2.5 푸리에 변환과 주파수 스펙트럼

이전 푸리에 해석에 대한 논의는 이미 알고 있는 임의 함수를 푸리에 급수로 알려진 삼각함수의 급수로 나타낼 수 있다는 것을 보여 준다. 푸리에 급수의 계수는 특정 주파수를 갖는 삼각함수의 진폭에 해당한다. 불행히도 대부분의 실제 계측에 있어서 입력 신호는 함수 형태로 알 수 없다. 또한 대부분의 측정 신호는 정확한 주기적 신호가 아니다. 측정된 동적 신호를 주파수와 진폭으로 분해할 수 있는 일반적 기법을 이제 소개한다. 이 기법은 비주기적 신호에 적용된다. 주기가 매우 커지는 것을 고려함으로써, 주기적 신호와 비주기적 신호를 구별하는 것으로부터 시작한다. 한정된 측정 시간의 모든 측정 신호에 이 방법을 적용할 수 있다.

측정 데이터를 해석하는 데 필요한 기법을 개발하기 위해 필요한 기본적인 수학은 신호의 주기가 무한대로 접근하는 것처럼 푸리에 급수의 극한을 취하는 것이다. 주기 T가 무한대로 접근하면 푸리에 급수는 적분이 되며 주파수 성분 사이의 간격은 아주 작아진다. 이것은 계수 A_n과 B_n이 주파수에 대해 연속 함수가 되며, 다음과 같이 $A(\omega)$와 $B(\omega)$로 나타낼 수 있다는 것을 의미한다.

$$A(\omega) = \int_{-\infty}^{\infty} y(t)\cos\omega t\, dt$$
$$B(\omega) = \int_{-\infty}^{\infty} y(t)\sin\omega t\, dt \tag{2.21}$$

푸리에 계수 $A(\omega)$와 $B(\omega)$는 $y(t)$의 푸리에 변환 성분으로 알려져 있다.

푸리에 변환을 더 발전시키기 위해, 다음과 같이 정의된 복소수를 생각하자.

$$Y(\omega) \equiv A(\omega) - iB(\omega) \tag{2.22}$$

여기서 $i = \sqrt{-1}$이다. 그러면 식 (2.21)로부터 다음 식이 유도된다.

$$Y(\omega) \equiv \int_{-\infty}^{\infty} y(t)(\cos\omega t - i\,\sin\omega t)\, dt \tag{2.23}$$

다음 관계를 이용하면,

$$e^{-i\theta} = \cos\theta - i\sin\theta$$

최종적으로 다음 식이 된다.

$$Y(\omega) \equiv \int_{-\infty}^{\infty} y(t)e^{i\omega t}\, dt \tag{2.24}$$

또는 식 (2.9)에서 주파수 f(Hz)는 원 주파수, 주기와 다음 관계가 있으므로

$$f = \frac{\omega}{2\pi} = \frac{1}{T}$$

식 (2.24)를 $\omega = 2\pi f$를 사용하여 f의 항으로 다음과 같이 다시 쓸 수 있다.

$$Y(f) \equiv \int_{-\infty}^{\infty} y(t)e^{-i2\pi ft}\, dt \tag{2.25}$$

식 (2.24)와 (2.25)가 $y(t)$의 양방향 푸리에 변환이다. 만약 $y(t)$를 안다면, 그것의 푸리에 변환은 시간 형태에서는 외형상 즉각 나타나지 않는 신호의 진폭-주파수 특성을 제공한다. 우리는 푸리에 변환이 $y(t)$를 진폭-주파수 정보로 분해하는 것으로 생각할 수 있다. 이러한 특성은 그림 2.8에서 프리즘이 보여 주는 광학적 특성과 유사하다.

만약 $Y(f)$를 알고 있거나 측정할 수 있다면, 신호 $y(t)$를 다음 식으로 복원할 수 있다.

$$y(t) = \int_{-\infty}^{\infty} Y(f)e^{i2\pi ft}df \tag{2.26}$$

식 (2.26)은 $Y(f)$의 푸리에 역변환이다. 이는 신호의 진폭-주파수 특성이 주어지면, 원래 신호 $y(t)$를 구성할 수 있다는 것을 의미한다.

푸리에 변환은 복소수이므로 크기와 위상을 가진다.

$$Y(f) = |Y(f)|e^{i\phi(f)} = A(f) - iB(f) \tag{2.27}$$

$Y(f)$의 크기는 모듈러스(modulus)라고도 부르며

$$|Y(f)| = \sqrt{\mathrm{Re}[Y(f)]^2 + \mathrm{Im}[Y(f)]^2} \tag{2.28}$$

로 주어지고, 위상은 다음과 같다.

$$\phi(f) = \tan^{-1}\frac{\mathrm{Im}[Y(f)]}{\mathrm{Re}[Y(f)]} \tag{2.29}$$

앞에서 파악한 바와 같이 푸리에 계수는 삼각함수 항과 관련이 있으며 각 항들은 특정 주파수에 대한 진폭과 위상 정보를 알려 준다. 이 정보의 일반적인 형식을 주파수 스펙트럼이라고 부른다. 진폭이 주파수로 표현되면, 주파수 스펙트럼을 진폭 스펙트럼이라고 하며 다음과 같이 주어진다.

$$C(f) = \sqrt{A(f)^2 + B(f)^2} \tag{2.30}$$

$A(f)$, $B(f)$값과 무관하게, $C(f)$값은 양수이다. 위상각이 주파수로 표현되면, 주파수 스펙트럼을 위상 스펙트럼이라고 하며 다음과 같이 주어진다.

$$\phi(f) = \tan^{-1}\frac{B(f)}{A(f)} \tag{2.31}$$

따라서 푸리에 변환의 도입은 측정 신호 $y(t)$를 진폭, 위상, 주파수 성분으로 분해하는 수단을 제공한다. 나중에 이 방법이 얼마나 중요한지, 특히 아날로그 신호를 측정하고 해석하기 위하여 디지털 샘플링이 사용될 때 알

게 될 것이다.

주파수 스펙트럼의 다른 변형이 파워 스펙트럼이며, 수직축이 $C(f)^2/2$이다. 푸리에 변환과 스펙트럼 함수의 성질에 관한 자세한 내용은 Bracewell(참고문헌 1)과 Champeney(참고문헌 2)에서 찾을 수 있다. 폭넓은 적용에 관한 훌륭한 역사적 설명과 논의에 대해서는 Bracewell(참고문헌 3)을 참고하라.

이산 푸리에 변환

실제적으로 $y(t)$를 측정하고 기록할 경우에 이산 시간 시리즈나 디지털 행렬 형태로 저장된다. 컴퓨터 기반 데이터 획득 시스템은 이런 형태로 데이터를 측정하고 기록하는 가장 흔한 방법이다. 데이터는 수학적으로는 편리한 무한 시간 동안 기록할 수 없으며, 유한한 시간 동안 획득된다. 0에서 t_f 시간 동안의 N개의 이산 데이터는 측정 시간이 적절히 정해지고 충분히 길면 신호를 정확히 나타낼 수 있다. 이런 시간 간격의 선택에 대한 자세한 내용은 7장의 신호추출 개념에 대한 논의에서 다루게 된다. 지금까지의 해석은 이산 시리즈에 적합하도록 이제 확장된다.

동일한 시간 간격 δt로 N번 측정된 시간 의존 신호 $y(t)$를 생각하자. 이 경우 연속 신호 $y(t)$는 $y(r\delta t)$, $r = 0$, $1, \cdots, (N-1)$로 주어지는 이산 시간 신호로 치환된다. 사실 $y(t)$와 $\{y(r\delta t)\}$의 관계는 각 시간 간격 $r\delta t$에서 $y(t)$의 값에 의해 결정되는 진폭을 갖는 임펄스의 세트로 설명된다. 이런 연속 시간 신호에서 이산 시간 신호로의 변환은 다음 식으로 표현된다.

$$\{y(r\delta t)\} = y(t)\delta(t - r\delta t) \quad r = 0, 1, 2, \ldots, N-1 \tag{2.32}$$

여기서 $\delta(t - r\delta t)$는 이동된 단위 임펄스 함수이고 $\{y(r\delta t)\}$는 $y(r\delta t)$, $r = 0$, 1, 2, $\cdots$, $N-1$로 주어지는 이산 데이터를 나타낸다.

이산 데이터에서 사용하기 위한 식 (2.25)의 푸리에 변환 적분에 대한 근사식이 이산 푸리에 변환(discrete Fourier transform, DFT)이며, 다음 식으로 주어진다.

$$
\begin{aligned}
Y(f_k) &= \frac{2}{N}\sum_{r=0}^{N-1} y(r\delta t)e^{-i2\pi rk/N} & k &= 1, 2, \ldots, \left(\frac{N}{2}-1\right) \\
Y(f_0) &= \frac{1}{N}\sum_{r=0}^{N-1} y(r\delta t) & k &= 0 \\
f_k &= k\delta f & k &= 0, 1, 2, \ldots, \left(\frac{N}{2}-1\right) \\
\delta f &= 1/N\delta t
\end{aligned}
\tag{2.33}
$$

δf는 각 $Y(f_k)$ 값이 δf의 주파수 간격으로 떨어진 DFT의 주파수 분해능이다. 식 (2.25)에서 식 (2.33)을 유도할 때 t는 $r\delta t$로, f는 $k/N\delta t$로 치환되었다. 인자 $2/N$는 유한한 데이터에서 얻어진 변환의 크기를 조정한다($k = 0$일 때만 $1/N$이 사용된다). $k = 0$나 주파수가 0인 $Y(f_0)$는 $y(r\delta t)$의 평균값과 같으며, 식 (2.5)와 비교할 수 있을 것이다.

식 (2.33)으로 표현된 DFT는 $\{y(r\delta t)\}$의 푸리에 변환인 $N/2$개의 이산값을 만든다. 이것이 소위 단일 방향 또는 반구간 변환으로, 데이터가 0에서 t_f까지 한 방향만 존재한다는 가정에 의해 오직 양의 주파수만을 돌려준다. 더 자세한 설명은 Bracewell(참고문헌 1)과 Champeney(참고문헌 2)를 참고하라.

식 (2.33)은 푸리에 적분에서 요구되는 수치 적분을 수행한다. 식 (2.30), (2.31), (2.33)은 이산 데이터 $y(r\delta t)$에 DFT를 적용하면 이산 데이터를 주파수와 진폭으로 분해할 수 있다는 것을 보여 준다. 따라서 이 방법을 사용하여 모르는 함수 형태로 측정된 이산 신호를 푸리에 변환 기술을 사용하여 푸리에 급수로 재구성할 수 있다.

이산 신호의 푸리에 변환을 계산하는 프로그램이 첨부된 소프트웨어와 Matlab®, Excel®과 같은 패키지에 포함되어 있다. 이 절에서 설명한 DFT 알고리즘을 직접 계산하는 데 필요한 시간은 N^2에 비례하여 증가하기 때문에, N이 큰 데이터에 사용하기에는 비효율적이다. DFT를 계산하기 위한 빠른 알고리즘인 고속 푸리에 변환 (fast Fourier transform, FFT)이 Cooley와 Tukey(참고문헌 4)에 의해 개발되었다. 이 방법은 쉽게 구할 수 있으며, Matlab®과 같은 대부분의 푸리에 해석 소프트웨어 패키지의 기본이다. FFT 알고리즘은 신호 해석에 관한 대부분의 전문 교재(참고문헌 5, 6)에서 다루고 있다. 이산 푸리에 해석의 정확성은 $y(t)$의 주파수 성분[6]과 푸리에 변환의 주파수 분해능에 달려 있다. 이것과 상호 관련된 파라미터에 대한 폭넓은 논의는 7장에서 다루어진다.

예제 2.6

신호 $y(t) = 1 + 3\cos 4\pi t + \sin 8\pi t$ [V]에 대해 기본 주파수의 정확히 3주기가 포함되도록 64개 데이터를 사용하여 이산 데이터를 만들어라.

알려진 값 $A_0 = 1\text{ V}$ $A_1 = 3\text{ V}$ $B_2 = 1\text{ V}$ $f_1 = 2\text{ Hz}$ $f_2 = 4\text{ Hz}$

구할 값 3주기의 64개 이산 시리즈

풀이

$f_1 = 2\text{ Hz}$이고 3주기가 필요하다. $\delta t = m/Nf_1 = 3/64 \times 2\text{ Hz} = 0.023438$초 간격으로 $N = 64$개 데이터의 이산 시리즈를 만든다. 표 2.2에 이산 시리즈의 첫 10개가 나타나 있다. 모든 64개 데이터는 그림 2.18에 그려져 있다.

---

6 $1/\delta t$의 값이 $y(t)$에 포함된 가장 높은 주파수보다 2배 이상 커야 한다.

표 2.2 $1 + 3 \cos 4\pi t + \sin 8\pi t$의 이산 데이터

r	t	$y\{r\delta t\}$
0	0	4
1	0.023438	4.426391
2	0.046875	4.418288
3	0.070313	3.883965
4	0.09375	2.855157
5	0.117188	1.489142
6	0.140625	0.032046
7	0.164063	-1.24566
8	0.1875	-2.12132
9	0.210938	-2.47723

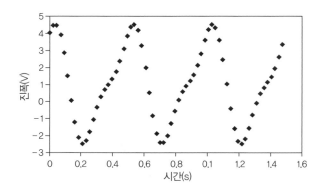

그림 2.18 단순 주기 함수의 이산 신호로의 표현

예제 2.7

연속 신호 $y(t) = 10 \sin 2\pi t$ [V]를 시간 간격 0.125초를 사용하여 8개의 이산 데이터로 변환하라.

알려진 값   신호는 $y(t) = C_1 \sin 2\pi f_1 t$이다.

$$f_1 = \omega_1/2\pi = 1 \text{ Hz}$$

$$C(f_1 = 1 \text{ Hz}) = 10 \text{ V}$$

$$\phi(f_1) = 0$$
$$\delta t = 0.125 \text{ 초}$$
$$N = 8$$

구할 값　$\{y(r\delta t)\}$

0.125초 시간 간격으로 1초 동안 $y(t)$를 측정한 이산 데이터 세트 $\{y(r\delta t)\}$는 표 2.3에 주어진다. 측정 신호는 1주기에 해당하며, 신호 지속 시간 $N\delta t = 1$초이다. 그림 2.19는 원래 신호와 신호의 이산 표현을 시간 영역에서의 임펄스로 나타내었다. 일반적인 프로그램을 이용하여 어떻게 이산 데이터를 만드는지는 예제 2.8을 보라.

표 2.3 $y(t) = 10 \sin 2\pi t$의 이산 데이터

r	$y(r\delta t)$	r	$y(r\delta t)$
0	0.000	4	0.000
1	7.071	5	−7.071
2	10.000	6	−10.000
3	7.071	7	−7.071

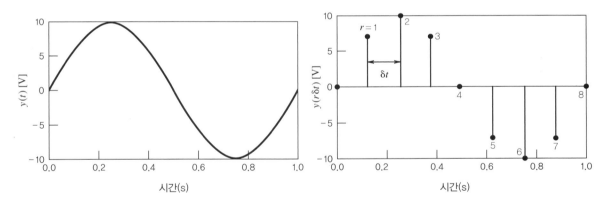

그림 2.19 단순 주기 함수의 이산 신호로의 표현

예제 2.8

예제 2.7의 이산 데이터에 대해 진폭 스펙트럼을 구하라.

알려진 값　표 2.3의 이산 데이터 $\{y(r\delta t)\}$

$$\delta t = 0.125초$$
$$N = 8$$

구할 값 $C(f)$

풀이

$C(f)$를 찾기 위해 첨부된 프로그램 또는 스프레드시트 프로그램을 사용할 수 있다(자세한 내용은 다음 참고사항 참조). $N = 8$에 대해 반구간 푸리에 변환 알고리즘은 $C(f)$에 대한 $N/2$개의 값, 즉 $1/N\delta t = 1$ Hz 주파수 간격마다에 해당하는 진폭을 구해 줄 것이다. 그림 2.20은 진폭 스펙트럼이며 1 Hz에서 10 V의 스파이크가 나타나 있다.

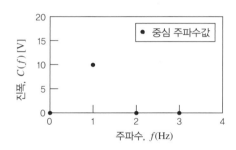

그림 2.20 $10 \sin 2\pi t$의 이산 신호에 대해 이산 푸리에 변환 알고리즘으로 구해진 주파수 함수의 진폭

참고사항 이산 데이터와 진폭 스펙트럼은 Matlab 프로그램 파일인 *FunSpect*, *Signal*, *DataSpect*, LabView 프로그램인 *Waveform-Generation*, 스프레드시트 프로그램을 사용하면 쉽게 구할 수 있다.

다음에 논의하는 스프레드시트 프로그램을 이용한 푸리에 해석은 Microsoft® Excel[7]의 특정 절차와 명령어를 사용하며, 비슷한 함수가 다른 공학 해석 프로그램에도 존재한다. 스프레드시트를 사용하면, $N = 8$개의 데이터 $\{y(r\delta t)\}$가 3열에 만들어진다. Data/Data Analysis 메뉴에서 Fourier Analysis를 선택하라. 프롬트에서 $\{y(r\delta t)\}$가 있는 N개의 셀을 지정하고, 출력 셀(4열)을 지정하라. 그러면 FFT 알고리즘을 이용하여 식 (2.33)의 DFT가 수행되며, 식 (2.27)의 푸리에 계수 $Y(f)$인 N개의 복소수가 4열에 출력된다. 해석은 양방향 변환을 수행하지만 우리는 4열에 있는 처음 $N/2$개의 푸리에 계수에만 관심이 있다(두 번째 $N/2$개의 계수는 처음 $N/2$개 계수의 거울값이다). 식 (2.28)에 의한 계수의 크기 $C(f)$를 구하기 위하여, 처음 $N/2$개의 계수 각각에 대해 Excel 함수 IMABS($= \sqrt{A^2 + B^2}$)를 사용한다. 그리고 식 (2.33)에 나타난 것처럼, $k = 1$에서 $(N/2 - 1)$까지는 $N/2$으로 나누고, $k = 0$이면 N으로 나누어 각 계수 크기를 조정한다. $N/2$개의 계수(5열)가 $f = 0$에서 $(N/2 - 1)/N\delta t$ Hz까지 $1/N\delta t$ 주파수 간격으로 $N/2$개의 이산 주파수(6열)에 해당하는 이산 진폭을 나타낸다.

---

7 Microsoft®와 Excel은 미국과 기타 국가에서 Microsoft Co.의 등록 상표이거나 상표이다.

열					
1	**2**	**3**	**4**	**5**	**6**
r	$t(s)$	$y(r\delta t)$	$Y(f) = A - Bi$	$C(f)$	f(Hz)
0	0	0	0	0	0
1	0.125	7.07	$-40i$	10	1
2	0.25	10	0	0	2
3	0.375	7.07	0	0	3
4	0.5	0	0		
5	0.625	-7.07	0		
6	0.75	-10	0		
7	0.875	-7.07	$40i$		

Matlab을 이용하여 동일한 동작을 다음과 같이 수행한다.

$t = 1/8 : 1/8 : 1$	시간을 0.125초에서 1초까지 0.125초 간격으로 정의
$y = 10 * \sin(2 * pi * t)$	$N = 8$개인 이산 시간 데이터를 생성
ycoef $=$ fft(y)	푸리에 해석 수행, N개의 계수가 구해짐
$c = coef/4$	$N/2$으로 나누고 크기를 결정

이산 신호로 바꾸기 전에 신호의 주파수 성분을 미리 알고 있지 않으면, 신호를 모호하지 않게 나타내기 위하여 주파수 분해능의 파라미터인 N과 δt를 사용하여 시험해 볼 필요가 있다. 이러한 기술은 7장에서 논의한다.

주파수 공간에서의 신호 해석

푸리에 해석은 신호에 존재하는 주파수에 대한 상세한 정보를 알아낼 수 있는 도구이다. 주파수 해석은 진동 해석과 내진, 베어링 상태의 결정, 광범위한 음향 응용 분야에서 일상적으로 사용되고 있다. 음향학의 보기가 다음과 같다.

예제 2.9

대표적인 금관악기와 목관악기의 특징적인 소리가 왜 그렇게 쉽게 구별되는지를 설명하기 위하여 스펙트럼을 조사해 보라.

알려진 값 그림 2.21과 2.22는 리드를 가지고 있는 목관악기인 클라리넷과 금관악기의 대표적인 진폭 스펙트럼이다.

논의 그림 2.21는 B♭을 연주하는 클라리넷의 진폭 스펙트럼이다. 기본 톤 주파수 f_0는 231 Hz이며, 조화 성분은 $3f_0$, $5f_0$ 등이다. 이와 대조적으로 그림 2.22는 Aaron Copland의 '보통 사람을 위한 팡파레(Fanfare for the Common Man)'의 처음 수 초 동안의 진폭 스펙트럼이며, 기본 주파수가 약 700 Hz인 프렌치 호른 같은 금관악기 앙상블로 연주되었다. 이 스펙트럼은 $2f_0$, $3f_0$, $4f_0$ 등과 같은 조화 성분 주파수를 가지고 있다.

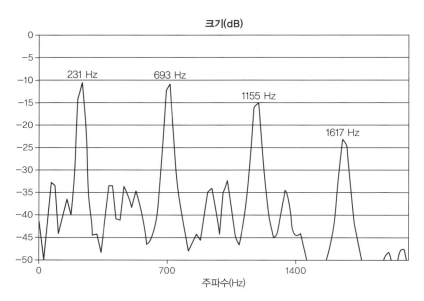

그림 2.21 중간 C 아래의 전체 음조를 연주하는 클라리넷의 진폭 스펙트럼(Campbell, D. M., Nonlinear Dynamics of Musical Reed and Brass Wind Instruments, *Contemporary Physics*, 40(6): 415 – 431, November 1999.에서 인용)

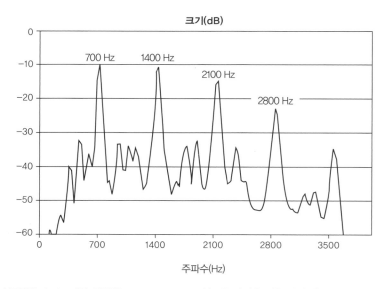

그림 2.22 오케스트라 금관악기 파트에서 연주한 Aaron Copland의 '보통 사람을 위한 팡파레(Fanfare for the CommonMan)'의 처음 3초 동안의 진폭 스펙트럼

참고사항 푸리에 해석과 신호의 주파수 성분에 대한 분석은 수없이 많이 응용된다. 이 예제에서 주파수 해석을

통해서 클라리넷과 트럼펫의 소리가 왜 그렇게 다른지에 대한 명확한 이유를 제시할 수 있었다. 홀수 조화 성분만이 있는 경우 또는 짝수, 홀수 조화 성분 모두가 있는 경우가 매우 인지 가능한 차이이며, 인간의 귀가 쉽게 감지할 수 있다.

예제 2.10   **주파수 스펙트럼의 응용**

주파수 스펙트럼(진폭, 위상, 파워 스펙트럼)은 다양한 공학적 응용에 사용될 수 있다. 과거에 엔지니어는 베어링 같은 부품을 포함하는 기계 장치의 신뢰성 있는 작동을 보장하기 위하여, 일정에 의한 주기적인 유지관리를 해 왔다. 이제는 베어링의 작동 상태 또는 '정상성'은 음향 또는 진동 신호의 측정과 주파수 해석에 의해서 관찰되고 있다. 베어링 레이스나 롤러의 결함은 특정 주파수와 연관된다. 따라서 베어링은 필요한 경우에만 교체된다.

그림 2.23은 타원 트랙을 질주하는 경주용 자동차에서 측정한 파워 스펙트럼(즉, $C^2(f)/2$)이다. 30~37 Hz 사이의 주파수는 다른 주파수 데이터의 경향과 비교해서 증가된 파워를 보여 준다. 이 경주용 자동차의 표준 타이어 둘레는 225 cm이다. 따라서 1초에 30, 37회전 속도는 242, 298 km/h이다. 이러한 비정상은 타이어 회전 주파수에 해당되며, 이 타이어가 브레이크 작동 시 미끄러짐에 의해 생긴 미세 구멍일 가능성이 높은 결함을 가지고 있다는 것을 나타낸다.

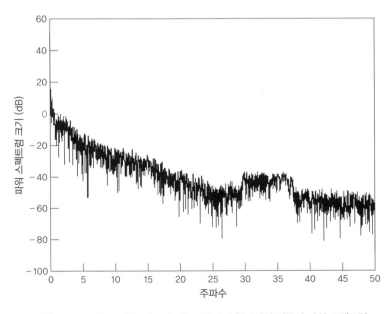

그림 2.23 타원 트랙을 도는 경주용 자동차의 현가장치 진동의 파워 스펙트럼

요약

이 장에서는 신호의 표현 방식에 대한 기본 내용을 다루었다. 계측시스템의 성능은 입력 신호의 특성을 알고 있을 때만 적절히 규명할 수 있다. 입력 신호의 일반적 종류에 대해서는 3장에서 소개할 것이며, 이러한 분류가 계측시스템의 동적 거동에 대한 일반적인 표현을 가능하게 한다.

어떤 신호라도 정적 상수와 변화하는 주파수와 진폭의 합으로 표현할 수 있다. 따라서 계측시스템의 선택과 설계에서는 계측하려는 입력 신호의 주파수 성분을 고려해야 한다. 푸리에 해석은 특정 신호의 여러 가지 주파수 성분 중에서 주파수와 위상 관계를 정확하게 정의하기 위해서 소개되었다. 7장에서 이것이 이산 신호의 정확한 해석의 도구로 사용되는 것을 보게 될 것이다.

신호의 특성은 계측시스템의 선택과 계측시스템 출력을 해석하기 위한 중요한 기초를 형성한다. 3장에서 이러한 개념은 일반화된 계측시스템의 거동에 대한 개념과 결합된다. 즉, 일반화된 계측시스템의 거동과 입력 파형에 대한 일반화된 표현의 결합을 통해 광범위한 기기와 계측시스템을 이해할 수 있다.

참고문헌

[1]   Bracewell, R. N., *The Fourier Transform and Its Applications*, 3rd ed., rev., McGraw Hill, New York, 1999.
[2]   Champeney, D. C., *Fourier Transforms and Their Physical Applications*, Academic, London, 1973.
[3]   Bracewell, R. N., The Fourier Transform, *Scientifi American*, 260(6): 86, 1989.
[4]   Cooley, J. W., and J. W. Tukey, An Algorithm for the Machine Calculation of Complex Fourier Series, *Mathematics of Computation* 19: 207, April 1965 (see also Special Issue on the fast Fourier transform, *IEEE Transactions on Audio and Electroacoustics* AU-2, June 1967).
[5]   Bendat, J. S., and A. G. Piersol, *Random Data: Analysis and Measurement Procedures*, 3rd ed., Wiley, New York, 2000 (see also Bendat, J. S., and A. G. Piersol, *Engineering Applications of Correlation and Spectral Analysis*, 2nd ed., Wiley, New York, 1993).
[6]   Cochran, W. T., et al. What Is the Fast Fourier Transform?, *Proceedings of the IEEE* 55(10): 1664, 1967.

추천도서

[1]   Halliday, D., Resnick, R., and Walker J., *Fundamentals of Physics*, 10th ed., Wiley, New York, 2013.
[2]   Kreyszig, E., *Advanced Engineering Mathematics*, 10th ed., Wiley, New York, 2011.

기호

f	주파수(Hz)(t^{-1})	t	시간(t)
k	스프링 상수(mt^{-2})	y	종속 변수
m	질량(m)	y_m	이산 데이터

A	진폭	Y	y의 푸리에 변환
B	진폭	α	각도(rad)
C	진폭	β	각도(rad)
F	힘(mlt^{-2})	δf	주파수 분해능(t^{-1})
N	이산 데이터의 개수, 정수	δt	추출 시간 간격(t)
T	주기(t)	ϕ	위상각(rad)
U	단위 계단 함수	ω	원 주파수(rad/s)(t^{-1})

연습문제

2.1 계측시스템과 관련하여 신호라는 용어를 정의하라. 입력과 출력 디지털 신호의 중요한 특징을 열거하고, 각각을 설명하라.

2.2 아날로그, 이산 시간, 디지털 신호의 특징과 차이점을 설명하라. 시간 기반(아날로그) 신호와 신호의 이산 시간 시리즈의 중요한 차이점은 무엇인가?

2.3 평균값과 rms값은 모두 신호의 중요한 정보를 설명한다. 두 통계값이 무엇을 측정하고 어떻게 다른지를 설명하라.

2.4 아날로그 전화 통화에서와 같이 음성 데이터 전송에서 다중화와 데이터 압축의 중요성을 탐구하고 설명하라.

2.5 이미지 파일의 저장과 전송에서 데이터 압축의 중요성을 탐구하고 설명하라.

2.6 다음 함수의 평균과 rms값을 아래 시간 구간에 대하여 구하라.

$$y(t) = 10 + 5\sin 4\pi t$$

a. $0 \leq t \leq 0.5$초

b. $0 \leq t \leq 1/8$초

c. $0 \leq t \leq 10$초

2.7 다음 함수의 평균과 rms값을 구하라.

a. $y(t) = 5t\,[V] \qquad 0 \leq t \leq T \qquad T = 3$초

b. $y(t) = \begin{cases} 2.5t\,[V] & 0 \leq t \leq T/2 \\ \\ 0 \quad [V] & T/2 \leq t \leq T \end{cases} \qquad T = 4$초

2.8 $y(t) = 2\sin 4\pi t$의 평균과 rms값을 아래 시간 구간에 대하여 구하라.

a. $0 \sim 0.2$초

b. 0~0.25초

c. 0~0.5초

d. 0~10초

2.9 다음 값들은 시간에 따라 변하는 2개의 신호를 0.4초마다 추출하여 얻은 것이다.

t	$y_1(t)$	$y_2(t)$	t	$y_1(t)$	$y_2(t)$
0	0	0			
0.4	11.76	15.29	2.4	−11.76	−15.29
0.8	19.02	24.73	2.8	−19.02	−24.73
1.2	19.02	24.73	3.2	−19.02	−24.73
1.6	11.76	15.29	3.6	−11.76	−15.29
2.0	0	0	4.0	0	0

이 이산 데이터의 평균과 rms값을 구하라. 이 신호들을 구별하는 데 있어서 rms값의 중요성에 대해 설명하라.

2.10 이동 평균은 아날로그, 이산 시간, 디지털 신호에 적용될 수 있는 평균 기법이다. 이동 평균은 그림 P2.10(a)처럼 윈도 개념에 기초를 두고 있다. 윈도 내부에 있는 신호의 평균을 구하게 되며, 윈도가 신호에 걸쳐 이동하면서 얻어지는 평균값을 시간의 함수로 표시한다. 그림 P2.10(a)의 신호에 대하여 10점의 이동 평균을 그림 P2.10(b)에 나타내었다.

a. 그림 P2.10(a)의 신호에 대해 이동 평균을 적용한 효과에 대해 논의하라.

b. 이동 평균을 계산하는 컴퓨터 알고리즘을 만들고, 평균 윈도의 폭이 다음 신호에 미치는 영향을 결정하라.

$$y(t) = \sin 5t + \cos 11t$$

이 신호는 동일 시간 간격으로 함숫값을 계산함으로써 이산화된 시간 신호로 표현되어야 한다. 적절한 시간 간격은 0.05초이다. 4점과 30점 평균 윈도로 신호를 조사하라.

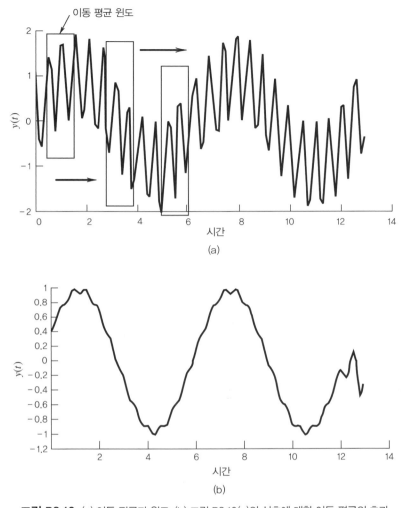

그림 P2.10 (a) 이동 평균과 윈도, (b) 그림 P2.10(a)의 신호에 대한 이동 평균의 효과

2.11 데이터 파일 *noisy.txt*는 무작위 잡음을 포함하는 이산 시간 신호이다. 이 데이터에 2, 3, 4점 이동 평균(문제 2.10 참조)을 적용하고 결과를 그려라. 이동 평균이 어떻게 데이터에 있는 잡음에 영향을 미치는가? 그 이유는 무엇인가?

2.12 질량 4 kg을 가진 스프링-질량 시스템이 6초마다 1번의 완전한 진동 사이클을 완성할 때 스프링 상수의 값을 결정하라. 이 시스템의 고유 진동수(rad/s)는 얼마인가?

2.13 $k = 6,500$ N/cm인 스프링이 5 kg의 질량을 지지하고 있다. 이 시스템의 고유 진동수를 rad/s와 Hz로 구하라.

2.14 다음 삼각함수의 주기(초), 주파수(Hz), 원 주파수(rad/s)를 구하라(t는 초 단위의 시간이다).

a. $\sin 3\pi t$

b. $5 \cos 2t$

c. $\sin 6n\pi t$, $n = 1$에서 ∞

2.15 다음 함수를 코사인이나 사인 항만으로 또는 사인, 코사인 항 모두 사용하여 표시하라.

a. $y(t) = 4 \sin 2\pi t + 3 \cos 2\pi t$

b. $y(t) = \sqrt{2}\sin(5t + 45°)$

c. $y(t) = 2 \cos 3t + 5 \sin 3t$

2.16 다음 함수를 사인, 코사인 항 모두 사용하여 표시하라.

a. $y(t) = 2 \sin(6t + 60°)$

b. $y(t) = 2 \cos(6t - 60°)$

2.17 다음 푸리에 급수를 코사인 항만으로 표시하라.

$$y(t) = \sum_{n=0}^{\infty} \frac{5}{\pi} \left[\frac{1}{5n+1} \sin(3n+1)t \right]$$

2.18 푸리에 급수의 n항까지의 부분합이 다음과 같이 정의된다.

$$A_0 + A_1 \cos\omega_1 t + B_1 \sin\omega_1 t + \cdots + A_n \cos\omega_n t + B_n \sin\omega_n t$$

다음과 같은 푸리에 급수의 3항까지의 부분합에 대하여

$$y(t) = \sum_{n=0}^{\infty} \frac{3n}{2} \sin nt + \frac{5n}{3} \cos nt$$

a. 기본 주파수와 주기는 얼마인가?

b. 이 부분합을 코사인 항만으로 표현하라.

2.19 함수 $y(t) = \sin t$의 푸리에 계수를 확인하기 위하여 적분 관계를 적용해 보라.

2.20 음악과 같이 인간의 귀에 의한 소리의 지각은 강도(loudness), 음높이(pitch), 음색(timbre)으로 나눌 수 있다.

a. 소리를 구별하는 측면에서 이러한 특성의 의미를 조사하라.

b. 현악기의 스트로크에 의한 소리나 피아노의 한 건반을 두드리는 소리와 같은 순수한 단일 주파수 사인 파의 소리를 무엇이 구별하는지를 설명하라. 이 차이로 인해 각각 다른 소리가 나는 이유를 설명하라.

2.21 $y(t) = t^2 (-\pi < t < \pi)$, $y(t + 2\pi) = y(t)$가 다음의 푸리에 급수로 표현됨을 보여라.

$$y(t) = \frac{\pi^3}{3} - 4 \left(\cos t - \frac{1}{4} \cos 2t + \frac{1}{9} \cos 3t - + \cdots \right)$$

위 급수에서 $t = \pi$로 놓으면, 다음과 같이 오일러에 의해 처음 발견된 π를 근사시키는 급수가 됨을 보여라.

$$\sum_{n=1}^{\infty} \frac{1}{n^2} = 1 + \frac{1}{4} + \frac{1}{9} + \frac{1}{16} + \cdots = \frac{\pi^2}{6}$$

2.22 그림 P2.22의 파형에 대한 푸리에 급수를 구하라.

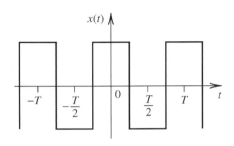

그림 P2.22 문제 2.22에서 푸리에 급수로 전개하고자 하는 함수

2.23 다음 함수 $y(t)$의 푸리에 급수를 구하라.

$$y(t) = t \qquad (0 < t < 1)$$
$$y(t) = 2 - t \quad (1 < t < 3)$$

이 함수를 주기 함수로 확장하기 위한 선택을 명확하게 설명하라.

2.24 그림 P2.24의 파형에 대한 푸리에 급수를 구하라.

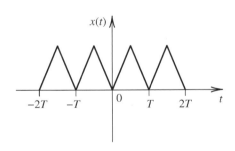

그림 P2.24 문제 2.24에서 푸리에 급수로 전개하고자 하는 함수

2.25 다음 시스템이 정적인지, 동적인지를 결정하라.

    a. $y(n) = x(n)x(n-1)$

    b. $y(n) = x^2(n)x(n)$

    c. $y(n) = x(2n)$

    d. $y(n) = x^2(n)$

2.26 한 입자가 $x = 0$ 근처에서 선형 조화 운동을 하고 있다. 시간이 0일 때 입자는 $x = 0$인 위치에 있고 10 cm/s 의 속도를 갖고 있다. 운동의 주파수는 1 Hz일 때 다음을 결정하라.

    a. 주기

    b. 운동의 진폭

    c. 시간 함수인 변위

2.27 다음 신호가 주기적인지 아닌지를 결정하라. 만일 주기적이면, 기본 주기를 구하라.

    a. $x(n) = e^{j6\pi n}$

    b. $x(n) = e^{j\frac{3}{5}\left(n+\frac{1}{2}\right)}$

    c. $x(n) = \cos\left(\frac{2\pi}{3}n\right)$

    d. $x(n) = \cos\left(\frac{\pi}{3}n\right) + \sin\left(\frac{3\pi}{4}n\right)$

    e. $x(n) = \sin\left(\frac{\pi n}{4}\right)$

2.28 $y(t) = t,\ -5 < t < 5$에 대한 푸리에 급수는 다음과 같다.

$$y(t) = \frac{20}{\pi}\sin\left(\frac{2\pi t}{20}\right) - \frac{20}{2\pi}\sin\left(\frac{4\pi t}{20}\right) + \frac{20}{3\pi}\sin\left(\frac{6\pi t}{20}\right) - \ldots$$

푸리에 급수에 대한 진폭 스펙트럼을 그려라.

2.29 다음 신호의 대표적인 파형을 그리고, (가능하다면) 수학적 함수로 나타내라.

    a. 냉장고의 온도조절장치에서 나오는 출력 신호

    b. 자동차 엔진의 스파크 플러그로 보내는 전기 신호

    c. 자동차의 크루즈 제어에 대한 입력

    d. 순수한 음악 음조(예 : 440 Hz는 A이다)

    e. 기타 줄에 의해 만들어진 음조

    f. AM/FM 라디오 신호

2.30 다음 주기 함수의 푸리에 계수를 구하라.

$$\begin{aligned} y(t) &= -3 &(-\pi < t < 0) \\ y(t) &= +3 &(0 < t < \pi) \\ y(t + 2\pi) &= y(t) \end{aligned}$$

구해진 푸리에 급수의 첫 4항까지의 부분합을 그려라.

2.31 $y(t) = 5\sin \pi t$ [V]의 연속 신호를 시간 증분 0.5초를 사용하여 9개의 이산 데이터로 변환하라.

2.32 신호 $x(t) = \sin 7t + \sin 10t$를 $0 \le t \le 2$ 간격에서 그려라. 신호를 추출 주기 T는 0.2초로 추출하고 이산 시간 신호를 그려라.

2.33 다음 신호들을 가능한 완벽하게 구별하라.

    a. 지시침을 가진 시계

    b. 모스 부호

    c. 음악가에 대한 입력으로서의 악보

    d. 반짝이는 네온사인

    e. 전화 통화

    f. 팩스 전송

2.34 신호의 직류 성분은 푸리에 해석의 0번째 주파수 성분으로 알려진다. 예로서,

$$y(t) = A_0 + C_1 \sin (2\pi f_1 t), \; A_0 = 1 \text{ V}, \; C_1 = 10 \text{ V}, \; f_1 = 1 \text{ Hz}$$

    a. 3주기에 걸쳐서 이 단순 주기 함수의 256개 이산 데이터를 만들어라.

    b. 평균 또는 직류 성분을 가질 때, 데이터의 푸리에 해석 결과를 조사하라.

    c. 직류 성분이 없이 푸리에 해석을 반복하라. 신호의 직류 성분이 어떻게 스펙트럼의 다른 푸리에 계수에 영향을 미치는가?

2.35 다음 함수를 $1/N$의 시간 간격으로 분리된 $N = 128$개의 이산 신호 데이터로 표현하라.

$$e(t) = 5 \sin 31.4t + 2 \sin 44t$$

이 데이터에 대하여 적절한 알고리즘을 사용하여 진폭 스펙트럼을 구하라. (힌트 : 스프레드시트, Matlab 프로그램, *DataSpect* 프로그램이 사용 가능할 것이다.)

2.36 다음 함수를 $1/N$과 $1/2N$의 시간 간격으로 분리된 $N = 256$개의 이산 신호 데이터로 표현하라.

$$e(t) = 5 \sin 31.4t + 2 \sin 44t$$

이 데이터에 대하여 적절한 알고리즘을 사용하여 진폭 스펙트럼을 구하라. (힌트 : 스프레드시트, Matlab 프로그램, *DataSpect* 프로그램이 사용 가능할 것이다.)

다음 펄스 트레인(Pulse train) 신호에 대한 질문들에 대해, 아래 내용을 사용하라.

펄스 트레인은 그림 P2.36에 나타내었듯이 높고 낮은 진폭이 다른 시간 간격을 가진 사각 파형 신호이다. 이 신호는 공정의 온/오프 사이클을 제어하는 데 흔히 사용된다. 주기 $-T/2 \leq t \leq T/2$에서 신호는 k 시간 동안만 크기 A이며, 나머지에서는 크기가 0이다. 즉,

$$\begin{array}{ll} y(t) = A & -k/2 \leq t \leq k/2 \\ y(t) = 0 & \text{나머지} \end{array}$$

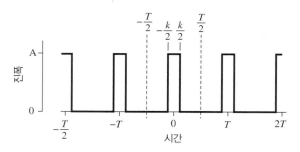

그림 P2.36 펄스 트레인 신호

펄스 트레인의 부하율 r은 전체 주기에 대해 신호가 높은 시간의 비이며, 즉 $r = k/T$이다.

2.37 그림 P2.37의 파형에 대해 푸리에 급수를 구하라.

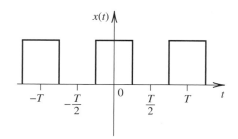

그림 P2.37 문제 2.37에서 푸리에 급수로 전개하고자 하는 함수

2.38 부하율이 0.2, 주파수가 1 Hz, 진폭이 1 V인 펄스 트레인의 푸리에 계수를 결정하라. (a) 기본 주파수 ($n = 1$), 다음 9개 조화 성분 주파수(즉, $n = 1, 2, \cdots, 10$)와 관련된 진폭을 구하라. (b) 이 계수들을 사용하여 2주기(0~2T) 동안의 신호를 그려라. 계수의 개수와 원래 펄스 트레인에 대한 충실도를 활용하여 찾아낸 내용을 설명하라.

2.39 부하율이 1, 진폭이 2 V, 주기가 1초인 펄스 트레인에 대한 계수를 결정하라. 기본 주파수, 다음 6개 조화 성분 주파수(즉, $n = 1, 2, \cdots, 7$)의 진폭을 구하라.

2.40 *heartbeat.xls* 파일은 Glenn 수술 직전에 자기공명영상(MRI)을 이용하여 찍은 유아의 심장 박동 동안 대동맥 내 혈류의 기록이다. 평균값은 직류 성분이다. 심장 박동률은 1분당 박동 수로 나타낸 기본 주파수이다. 유량은 리터/분 대 시간(초)으로 주어진다. (a) 푸리에 해석을 사용하여 이 신호의 유량의 평균값, 기본 주파수, 심장 박동률을 결정하라. (b) 푸리에 해석으로부터 알 수 있는 다른 중요한 정보에 대해 설명하라.

2.41 $y(t) = 2At/T$, $-T/2 < t < T/2$로 주어지는 톱니 함수가 있다. 주기 $T = 2$초이고 진폭 $A = 1$ V이다. 1주기나 다수 주기에 걸쳐, 128개의 데이터로 구성된 이산 시간 데이터를 만들어라. 이산 푸리에 변환을 적용하여 푸리에 계수의 진폭 C_n을 구하라. 다음과 같은 푸리에 해석에서 직접 구한 계수와 비교하라.

$$B_n = \frac{-2A}{n\pi}(-1)^n \quad A_n = 0$$

2.42 힘 측정 시스템과 관련되는 동적 교정을 위해 알고 있는 크기의 힘이 센서에 가해진다. 힘은 10 rad/s의 주파수로 150~200 N 사이에서 변한다. 입력 신호의 평균값(정적 성분), 진폭, 주파수를 구하라. 신호가 단순 주기 파형으로 표현된다고 가정하고, 신호를 1항의 푸리에 급수로 표현하라.

2.43 그림 P2.43은 원관 내의 물과 공기의 상승 유동을 나타낸다. 만일 물과 공기의 유량이 특정 범위에 있으면, 액체 슬러그와 큰 기포가 함께 위로 흐르는 유동이 존재한다. 이러한 유동을 슬러그 유동이라 한다. 첨부 소프트웨어의 *gas_liquid_data.txt* 파일에 공기와 물이 흐르는 관 벽에서 측정한 압력 데이터가 있다. 데이터는 300 Hz의 추출 주파수로 획득되었다. 공기와 물의 평균 유동 속도는 1 m/s이다.

a. 데이터로부터 진폭 스펙트럼을 그리고 지배적인 주파수를 구하라.

b. (a)의 주파수 정보를 사용하여 그림 P2.43의 길이 L을 구하라. 지배적 주파수는 기포와 슬러그가 압력 센서를 통과하는 것과 관련이 된다고 가정하라.

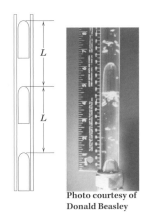

Photo courtesy of
Donald Beasley

그림 P2.43 상승 기체-액체 유동 : 슬러그 유동 패턴

2.44 *sunspot.txt* 파일에 1746년 1월부터 2005년 9월까지 태양 흑점 활동의 월간 관찰 데이터가 있다. 숫자들은 태양 흑점 활동의 상대적 측정값이다.

a. 첨부 소프트웨어 프로그램인 *Data-spect*을 이용해서 데이터를 그리고 진폭 스펙트럼을 구하라.

b. 스펙트럼에서 태양 흑점 활동에 존재하는 사이클을 찾아보고 주기를 구하라.

c. 돌턴 극소기(Dalton minimum)는 약 1790년부터 1830년까지의 태양 흑점 활동이 낮았던 기간이며 데이터 그림에 명확할 것이다. 돌턴 극소기는 거의 소빙하기(Little Ice Age) 말에 발생했으며 지구의 평균 온도보다 낮은 기간과 일치한다. '여름이 없었던 해'와 돌턴 극소기와의 관계에 대해 탐구하라.

2.45 그림 P2.45의 정류된 사인 파형에 대해 푸리에 급수를 구하라.

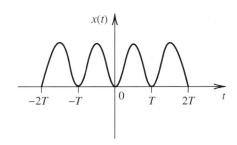

그림 P2.45 문제 2.45에서 푸리에 급수로 전개하고자 하는 함수

2.46 다음과 같이 정의된 우함수인 삼각 파형이 있다.

$$y(t) = (4C/T)t + C \qquad (-T/2 \le t \le 0)$$
$$y(t) = (-4C/T)t + C \qquad (0 \le t \le T/2)$$

C는 진폭이고 T는 주기이다.

a. 이 신호를 다음과 같은 푸리에 급수로 나타낼 수 있음을 보여라.

$$y(t) = \sum_{n=1}^{\infty} \frac{4C(1 - \cos n\pi)}{(\pi n)^2} \cos \frac{2\pi nt}{T}$$

b. 급수의 0이 아닌 첫 3항까지 전개하라. 기본 주파수 항과 조화 항을 구분하라.

c. 첫 3항을 각각 분리하여 다른 그래프에 그린 후, 3항의 합을 그려라. $C = 1$ V, $T = 1$초이다.

   참고 : *FourCoef* 프로그램이나 *Waveform Generation*이 도움이 될 것이다.

d. 이 급수의 첫 3항에 대한 진폭 스펙트럼을 그려라. 먼저 각 항을 분리하여 그리고, 이를 다시 결합하여 그려라.

2.47 *Sound.vi* 프로그램은 노트북 컴퓨터의 마이크로폰과 사운드 카드를 이용하여 실내의 소리를 샘플링하고 소리의 진폭 스펙트럼을 보여 준다. 다른 소리(손뼉치기, 휘파람, 대화, 허밍)를 실험해 보고, 어떤 관찰을 할 수 있었는지 설명하라.

제3장

계측시스템의 거동

3.1 서론

이 장은 수학적인 모델링을 통한 계측시스템의 거동을 모사하는 개념을 소개한다. 모델링을 통해 계측시스템의 설계가 입력 신호에 대한 응답에 어떻게 영향을 주는지에 대해 상세하게 알 수 있다. 개개의 계측시스템은 여러 종류의 입력 신호와 이들 신호의 동적 성분에 대하여 다르게 반응한다. 만일 반응이 충분하지 않다면 출력 신호는 입력 신호를 제대로 반영하지 않게 된다. 그래서 특정 시스템은 어떤 신호를 계측하는 데 적합하지 않을 수 있다. 적어도 몇몇 신호의 특정 부분에 대해서 적합하지 않을 수 있다. 이 개념을 탐색하기 위해 이 장에서 특정 입력 신호에 대한 시스템 응답 거동을 토론한다.

이 장을 통해 '계측시스템'이라는 용어를 기본 개념을 위하여 사용하게 될 것이다. 계측시스템의 응답을 토론하게 될 때에는 전체적인 계측시스템의 응답이나 시스템을 꾸미는 부품이나 계기의 응답을 칭하게 될 때 사용할 것이다. 두 가지 모두 중요하여 비슷한 방법으로 설명될 것이다. 계측시스템 각각은 부분별로 주어진 입력에 대하여 자체적인 응답을 가지게 되며 전체적인 시스템 응답은 전체 시스템을 구성하는 각각의 부분별 응답에 의해 좌우된다.

이 장의 학습을 통해, 학생들은 다음의 능력을 갖출 수 있을 것이다.

- 일반화된 계측시스템 모델을 동적 응답에 연결
- 0차, 1차, 2차의 계측시스템을 묘사하고 해석하며, 그들의 일반적인 거동을 예측
- 시스템과 입력 파형의 범위에 대한 정적 민감도, 크기 비율, 위상 변이의 계산

- 신호 변형을 방지하기 위한 위상 선형성의 중요성을 기술
- 복잡한 입력 파형에 대한 계측시스템의 응답을 해석
- 연성된 계측시스템의 응답을 결정

3.2 계측시스템에 대한 일반적인 모델

2장에서 지적했듯이 모든 입력과 출력 신호는 총괄하여 정적, 동적 또는 둘의 조합인 형태로 분류된다. 정적 신호의 경우 출력 신호에 근거하여 입력 신호를 재구성할 때 오직 신호의 크기만 필요하게 된다. 자를 이용하여 판의 길이를 계측하는 경우를 고려해 보자. 자의 위치를 잡은 후 길이 크기의 지표(출력)는 계측하는 동안 판의 길이가 변화하지 않기 때문에 즉시 표시된다. 그래서 판의 길이는 정적 입력 신호를 나타내는데 이것은 자의 출력으로 정적 크기를 통하여 설명된다. 그러나 모터의 진동 변위를 계측하는 것을 고려해 보자. 진동 신호는 시간에 따라 다양한 주파수 성분을 가지고 변위가 변한다. 이들 신호는 계측 장비에 동적 입력 신호로 인식된다. 그러나 정적 정보를 계측하는 의도로 만들어진 장비는 동적인 정보를 결정하는 데 유효하지 않으므로 시간에 따라 변하는 신호를 충실하게 따라가는 다른 종류의 장비가 필요하다.

동적 계측

동적 신호는 시간에 따라 변하기 때문에 계측시스템이 입력 신호와 보조를 맞춰 신속하게 응답할 수 있어야 한다. 동적 신호를 따라가는 계측시스템의 능력은 계측시스템 부품의 설계 특성이다. 체온을 재는 동안의 전구 형태 체온계의 시간 응답을 고려해 보자. 초기에 상온 상태에 놓여 있던 체온계를 혀 밑에 놓았다. 그러나 수 초후 체온계가 체온의 예상값을 표시해 주지 않고 값이 지속적으로 변화하고 있다면 어떤 일이 벌어지는가? 체온은 짧은 시간에는 변하지 않으므로 만약 수 초 후에 출력 신호의 크기를 사용한다면 어떤 사람의 건강 상태에 대하여 오진할 수 있다. 우리는 경험상 수 분 후 체온계가 정확한 체온을 표시해 준다는 것을 알고 있으므로 체온계를 사용하는 경우에 기다린다. 또한 경험상 정확한 정보를 보다 빠르게 알고 싶다면 다른 형태의 온도 센서가 필요하다는 것도 안다. 의학에서 사용하는 전자 온도계는 정확한 체온을 10초 내에 알려준다. 이와 같은 예에서 알 수 있듯이 체온은 계측할 동안에 일정하지만 체온계의 입력은 상온에서 체온으로 급격하게 변화한다. 수학적으로는 적용된 파형이 한 온도에서 다른 온도로의 계단 변화이다. 이와 같은 변화는 체온계(계측시스템)가 겪게 되는 동적인 사건이다. 체온계는 열평형에 도달하기 위해 새로운 환경으로부터 에너지를 흡수해야 하므로 어느 정도의 시간이 걸린다.

이제 자동차의 현가장치의 승차감을 판별하는 작업을 고려해 보자. 바퀴가 하나인 시스템을 간단하게 보여주는 것이 그림 3.1이다. 타이어가 길을 따라 주행하는 경우 도로 표면이 시간에 따라 변화하는 신호 $F(t)$를 접촉점을 통해 현가장치에 전달된다. 승객에 의해 감지되는 운동 $y(t)$는 승차감을 결정하는 기반이며 파형으로 표현된다. 이 파형은 도로의 입력과 현가장치의 동적 특성에 의해 결정된다. 엔지니어는 입력 신호를 예측하여 추구하는 출력 신호를 낼 수 있는 현가장치를 설계해야 한다.

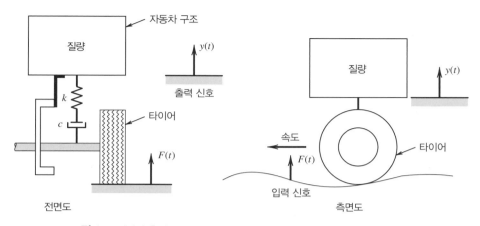

그림 3.1 입력과 출력 신호를 보여 주는 자동차 현가장치의 집중 파라미터 모델

계측시스템은 승차감을 기록하는 데 있어 중요한 역할을 한다. 그러나 도로와 자동차가 상호작용하여 승차감을 제공하는 것처럼 입력 신호와 계측시스템이 출력 신호를 형성하기 위하여 상호작용한다. 실제 계측에 있어서 출력 신호와 계측시스템의 특성으로부터 입력 신호를 유도해야 한다. 그러므로 계측시스템이 여러 형태의 입력 신호에 대하여 어떻게 응답하는가를 이해하는 것이 중요하다.

앞에서 토의한 바를 염두에 두고 계측시스템의 주요 임무는 입력 신호를 감지하고 정보를 번역하여 우리가 쉽게 이해할 수 있는 정량적인 출력 형태로 만들어 주는 것이라는 것이라고 말할 수 있다. 그러니까 감지된 입력에 대하여 계측시스템이 어떤 수학적인 과정을 거쳐 우리에게 정보를 전달한다고 생각할 수 있다. 사실상 입력 신호에 대하여 일반적인 계측시스템의 특성은 입력과 출력 간의 관계식인 미분 방정식으로 나타나게 된다. 계측시스템이 입력 신호를 운용하여 출력 신호를 만들어내는 것에 대한 개념도가 그림 3.2이다. 이 그림에서 계측시스템이 겪게 되는 수학적인 운용이 박스로 표현되고 있다. 그림과 같이 계측시스템은 입력 신호 $F(t)$에 대하여 출력 신호 $y(t)$가 나오도록 어떤 과정을 거치게 된다. 따라서 $F(t)$를 알기 위해서는 $y(t)$를 사용해야 한다. 계측시스템에 대해 일반적인 수학 모델을 제안해 보자. 이 수학 모델 방정식을 사용하면 특정한 입력 신호에 대해 계측시스템이 어떻게 거동하는가를 연구할 수 있다. 본질적으로 시스템 교정과 같은 해석적인 연구를 수행해야 하는데, 이 정보는 어떤 입력 신호가 주어질 경우 이 신호에 가장 적합한 계측시스템이 무엇인지 결정하는 데 사용된다.

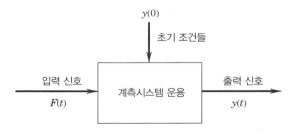

그림 3.2 입력 신호 $F(t)$에 대한 계측시스템 운용과 출력 신호 $y(t)$

계측시스템 모델

이 절에서 계측시스템에 대해서 집중화된 파라미터 모델링을 적용한다. 집중화된 파라미터 모델링에서는 시스템의 공간적으로 분포된 물리적인 특성이 이산화 요소로서 모델링된다. 앞에서 예시한 그림 3.1의 자동차의 현가장치는 집중화된 파라미터 모델이다. 실제 현가장치에서 코일 스프링의 질량, 강성, 댐핑은 길이를 따라 분포되어 있는 성질이지만 이산화된 질량, 스프링, 댐퍼 요소로 대체되었다. 이렇게 하는 이점은 모델에 대한 지배 방정식이 편미분(시간과 공간에 의존하는) 방정식에서 상미분 방정식(시간만 의존)으로 축소될 수 있다는 것이다.

이제 기진력 함수 $F(t)$로 표시되는 일반 입력의 영향을 받으며 변수 $y(t)$로 표현되는 일반 출력에 관한 n차의 일반 선형 상미분 방정식으로 구성되는 다음과 같은 계측시스템 모델을 고려해 보자.

$$a_n \frac{d^n y}{dt^n} + a_{n-1} \frac{d^{n-1} y}{dt^{n-1}} + \cdots + a_1 \frac{dy}{dt} + a_0 y = F(t) \tag{3.1}$$

여기서

$$F(t) = b_m \frac{d^m x}{dt^m} + b_{m-1} \frac{d^{m-1} x}{dt^{m-1}} + \cdots + b_1 \frac{dx}{dt} + b_0 x \quad m \leq n$$

계수 a_0, a_1, a_2, $\cdots$, a_n와 b_0, b_1, $\cdots$, b_m은 물리적인 시스템 파라미터를 나타내는데 그 성질과 값은 계측시스템 자체의 지배를 받는다. 실제 계측시스템은 지배적인 시스템 방정식을 고려하여 이와 같이 모델화할 수 있다. 이들 방정식은 관련된 기본적인 물리 자연법칙을 계측시스템에 적용하여 생성된다. 우리의 토의는 계측시스템의 개념에 국한시킬 것이지만 시스템에 관한 일반적인 취급은 이 주제와 관련된 교과서(참고문헌 1~3)에서 쉽게 발견할 수 있다.

예제 3.1

예로서 그림 3.3(a)에 보이는 지진 가속도계를 고려해 보자. 이와 같은 계측 장비의 여러 형태가 지진과 진동 공학에서 가속도계가 부착된 물체의 운동을 결정하는 데 사용된다. 기본적으로 가속도계의 작은 질량이 운동에 반응하면서 압전소자에 압축과 인장력이 작용하게 되는데 이것은 다시 소자에 표면 전하를 발생시킨다. 이 전하는 운동에 비례한다. 큰 물체가 운동함에 따라 가속도계의 질량은 관성 응답 형태로 움직이게 된다. 스프링 상수 k는 가속도계의 질량을 평형 상태로 되돌리는 복원력을 제공하며 내부 마찰감쇠 c는 평형 상태로부터 멀어져 가는 것에 저항한다. 이처럼 이상화된 강성, 질량, 감쇠로 이루어진 계측 장비의 모델이 그림 3.3(b)에 주어졌으며 이와 관련된 자유 물체도는 그림 3.3(c)에 나타나 있다.

y를 가속도계 내의 작은 질량의 위치로 표시하고 x를 물체의 변위로 나타내 보자. 자유 물체도에 대하여 뉴턴 제2법칙을 적용하면 2차의 선형 상미분 방정식이 유도된다. 이 방정식에서 변위 x로 인한 가속도의 출력이 변

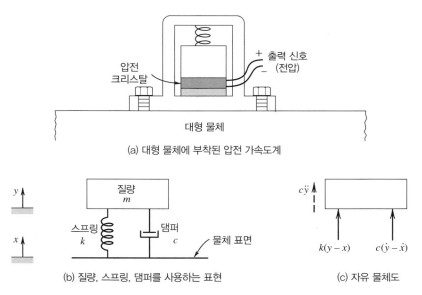

(a) 대형 물체에 부착된 압전 가속도계

(b) 질량, 스프링, 댐퍼를 사용하는 표현

(c) 자유 물체도

그림 3.3 예제 3.1의 가속도계에 대한 집중파라미터 모델

위 y로 표현된다. 변위 y가 변위 x로 인한 가속도계의 출력이므로 방정식이 y에 관한 모든 출력 항을 왼편에 나타내었고, 입력 신호와 관련된 다른 모든 항은 오른편에 놓았다. 식 (3.1)로 주어진 이차 방정식($n = 2$, $m = 1$)의 일반적인 경우와 비교해 보기 바란다.

$$a_2 \frac{d^2 y}{dt^2} + a_1 \frac{dy}{dt} + a_0 y = b_1 \frac{dx}{dt} + b_0 x$$

$a_2 = m$, $a_1 = b_1 = c$, $a_0 = b_0 = k$인 것을 알 수 있다. 물체의 속도와 변위에 의하여 발생한 힘이 가속도계에 입력되었음도 관찰할 수 있다. 만일 x를 파형 형태, 예를 들면 $x(t) = x_0 \sin \omega t$로 예상한다면 $y(t)$에 관한 방정식을 풀어 계측시스템의 응답을 예측할 수 있다.

다행히도 많은 계측시스템이 0차, 1차 또는 2차의 선형 상미분 방정식으로 모델화할 수 있다. 좀 더 복잡한 시스템은 대부분의 경우에 저차의 모델로 간략화할 수 있다. 여기서 우리가 추구하고자 하는 것은 시스템이 어떻게 반응하며 그 응답이 계측시스템의 설계 특성과 어떻게 밀접하게 관련되어 있는가를 이해하는 것이지 정확히 시스템의 반응을 모사하는 것은 아니다. 정확한 입력-출력 관계식은 교정 과정에서 찾을 수 있다. 그러나 모델링은 신호에 대한 시스템 응답을 예측해 특정한 장비와 계측 방법을 선택할 수 있게 해 주고 교정 형태, 범위, 사양 등을 결정하는 데 있어 지침을 준다. 다음으로 식 (3.1)의 특수한 경우를 조사하여 계측시스템의 거동에 관한 가장 중요한 개념을 조사해 보자.

3.3 일반 시스템 모델의 특수한 경우

0차의 시스템

계측시스템 중 가장 간단하고 정적 신호를 계측하는 데 사용되는 계측시스템 모델은 0차의 시스템 모델이다. 이 시스템 모델은 계측시스템 모델 중 가장 간단한 모델이며 다음과 같은 0차의 미분 방정식으로 표현된다.

$$a_0 y = F(t)$$

a_0로 나누면 다음과 같다.

$$y(t) = KF(t) \tag{3.2}$$

여기서 $K = 1/a_0$이고, K는 시스템의 정적 감도(static sensitivity) 또는 정상 이득(steady gain)이라 불린다. 이와 같은 시스템 성질은 1장에서 입력상의 변화와 관련된 정적 출력의 변화로 이미 소개하였다. 0차 모델의 경우 시스템 출력은 입력 신호에 대하여 신속하게 반응하는 것으로 고려된다. 크기 $F(t) = A$의 입력 신호가 적용된다면 장비는 식 (3.2)로 정의되듯이 KA를 표시하게 된다. 계측 장비의 눈금이 직접 A를 표시하도록 교정하면 된다.

실제 시스템에 대하여 0차 시스템 개념은 정적 입력에 대한 시간에 따라 변하지 않는 계측시스템의 응답을 모델화하는 데 사용된다. 사실상 0차 개념은 정적 교정 동안 어떤 시스템이라도 적절하게 모델화할 수 있는 개념이다. 동적 입력 신호가 개입되어 있다면 출력 신호는 정적 평형 상태에 있는 경우에만 타당하다. 실제 계측시스템은 관성 또는 저장 능력을 지니고 있어 동적 입력 신호로 인한 시간응답을 정확하게 모델화하기 위해서는 고차 미분 방정식을 사용해야 한다.

K의 결정 방법

정적 감도는 계측시스템의 정적 교정을 통해 결정된다. K 값은 위치 x에서의 교정 곡선의 기울기, 즉 $K = dy/dx$이다.

예제 3.2

타이어 압력을 계측하는 데 일반적으로 사용되는 연필 형태의 압력 게이지 모델은 게이지 감지기의 힘의 정적 평형에 관한 것인데, 실린더 내에서 위아래로 움직이는 피스톤의 위치에 관한 것이다. 실제 게이지의 분해도가 그림 3.4(c)이다. 그림 3.4(a)에서 피스톤의 운동[1]은 강성 k의 내부 스프링에 의하여 구속되는데, 그래서 정적 평형 상태에서 절대 압력에 의한 힘 F는 스프링에 의하여 피스톤에 작용하는 힘 F_s와 기압에 의한 힘 F_{atm}의 합으로 균형을 이루게 된다. 이와 같은 방식으로 압력이 변위로 바뀌게 된다. 피스톤 질량을 작게 만들면 관성을 무시할 수 있다. 그림 3.4(b)에 보이는 바와 같이 정적 평형 상태에서의 피스톤의 자유 물체도를 고려하고 힘의 정

---

[1] 일반적 게이지에서는 그림에서 보이는 기계적인 스프링이거나 아닐 수도 있다.

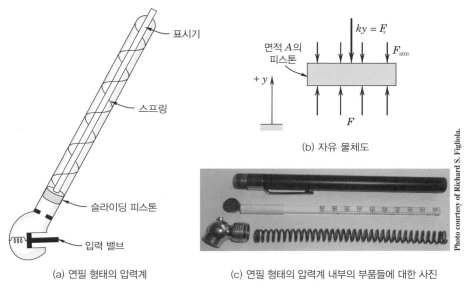

(b) 자유 물체도

(a) 연필 형태의 압력계

(c) 연필 형태의 압력계 내부의 부품들에 대한 사진

그림 3.4 예제 3.2의 압력계의 집중 파라미터 모델

적 평형식 $\sum F = 0$을 적용하면 다음이 유도된다.

$$ky = F - F_{atm}$$

여기서 y는 출력창에서 0으로 표시된 정적 기준 위치에 대하여 계측된 상대 변위이다. 압력은 단순히 피스톤의 표면적 A에 안으로부터 작용하는 힘을 곱한 양이다. 그래서 면적으로 나누면 출력 변위와 입력 압력 사이의 0차 응답 방정식이 얻어진다.

$$y = (A/k)(p - p_{atm})$$

$(p - p_{atm})$항은 대기압에 대한 상대 압력을 나타낸다. 이 압력이 게이지에 의해 표시되는 압력이다. 식 (3.2)와 직접 비교해 보면 입력 압력은 정적 감도, $K = A/k$를 통해 변위로 번역되는 것을 알 수 있다. 시스템은 압력에 의해 작동하며 그래서 피스톤의 상대 변위를 만든다. 그리고 그 크기는 압력을 표시하는 데 사용된다. 스프링 강성과 피스톤 면적은 변위의 크기를 결정하게 되므로 설계 시 이 요소들을 고려해야 한다. 정확한 정적 입출력 관계식은 게이지의 교정 과정에서 발견된다. 피스톤의 관성이나 마찰 손실 등이 고려되지 않았기 때문에 이 모델은 피스톤의 동적 응답을 연구하는 데는 적합하지 않다.

1차 시스템

저장 요소를 포함하고 있는 계측시스템은 입력 변화에 즉각적으로 대응할 수 없다. 3.2절의 온도계가 그 좋은 예이다. 유리관의 구 형태 부분은 체온계와 주위 온도가 동일하게 될 때까지 에너지를 교환하며 교환 시 에너지를 저장하거나 방출한다. 구 형태 감지기의 온도는 이와 같은 평형이 이루어질 때까지 시간에 따라 변화하는데 응답의 물리적인 시간 지연을 설명한다. 온도의 시간 변화율은 1차 도함수로 모델화할 수 있으며 따라서 체온계의 거동은 1차 방정식으로 모델화된다. 일반적으로 관성력은 무시할 수 있으나 저장이나 방출 능력을 지니고 있는 시스템은 다음과 같은 형태의 1차 미분 방정식으로 모델링할 수 있다.

$$a_1 \dot{y} + a_0 y = F(t) \tag{3.3}$$

여기서 $\dot{y} = dy/dt$이다. a_0로 나누면 다음 식이 유도된다.

$$\tau \dot{y} + y = KF(t) \tag{3.4}$$

여기서 $\tau = a_1/a_0$이며 τ는 시스템의 시간 상수(time constant)로 불린다. a_0와 a_1의 물리적인 차원에 상관없이 이들의 비는 항상 시간의 차원을 가지게 된다. 시간 상수는 시스템 응답의 신속성에 관한 척도를 제공하기 때문에 동적 입력 신호를 계측하는 데 있어 중요한 사양이다. 이 개념을 좀 더 자세히 조사하기 위하여 계단 함수(step function)와 단순 주기 함수 두 형태의 입력 신호에 대한 일반 1차 시스템의 응답을 고려해 보자.

계단 함수 입력

계단 함수 $AU(t)$는 다음과 같이 정의된다.

$$AU(t) = 0 \qquad t \leq 0^-$$
$$AU(t) = A \qquad t \geq 0^+$$

여기서 A는 계단 함수의 진폭을 나타내며, $U(t)$는 단위 계단 함수로서 그림 3.5에 정의된 바와 같다. 물리적으로 이 함수는 일정한 크기의 상숫값에서 다른 크기의 상숫값으로 갑자기 입력 신호가 변하는 것을 나타낸다. 이와 같은 변화는 온도, 압력, 하중의 급격한 변화와 같은 것이다. 계단 함수 입력을 계측시스템에 적용하면 입력

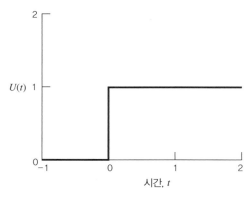

그림 3.5 단위 계단 함수, $U(t)$

신호의 급격한 변화에 시스템이 얼마나 빨리 응답하는지에 관한 정보를 알 수 있다. 예를 들어 계단 함수를 일반 1차 시스템에 입력해 보자. 식 (3.4)에서 $F(t) = AU(t)$로 하면 다음이 유도된다.

$$\tau\dot{y} + y = KAU(t) = KF(t)$$

초기 조건을 임의로 $y(0) = y_0$로 놓으면 이 미분 방정식의 해는 $t \geq 0^+$에 대하여 다음과 같이 유도된다.

$$\underbrace{y(t)}_{\text{시간 응답}} = \underbrace{KA}_{\text{정상 응답}} + \underbrace{(y_0 - KA)e^{-t/\tau}}_{\text{순간 응답}} \tag{3.5}$$

미분 방정식의 해 $y(t)$는 시스템의 시간 응답(time response) 또는 간략하게 응답이라고 불린다. 식 (3.5)는 입력값에 계단 형태의 변화가 있는 경우에 대한 시스템의 거동을 나타낸다. 이것은 $y(t)$ 값은 사실상 시스템의 표시 상태에 의해 나타난 출력값이라는 것을 의미한다. 만일 실제로 계단 형태의 변화가 시스템에 일어난다면 계측 시스템의 출력 표시의 시간 변화는 이와 같아야 한다. 이와 같은 응답을 모사하기 위해 수학을 사용하였다.

식 (3.5)는 두 부분으로 이루어져 있다. 첫 번째 항은 $t \to \infty$됨에 따라 $y(t)$의 응답이 정상값에 접근하기 때문에 정상 응답으로 알려져 있다. 정상 응답(steady response)은 순간 응답이 0으로 소멸한 후에도 남아 있는 출력 신호 부분이다. 식 (3.5)의 오른편에 있는 두 번째 항은 $t \to \infty$됨에 따라 이 항의 크기가 궁극적으로 0으로 수렴하기 때문에 $y(t)$의 순간 응답(transient response)으로 알려져 있다.

간단한 예로서 응답이 그림 3.6에 보이는 바와 같이 되도록 $y_0 < A$를 선택해 보자. 시간이 지남에 따라 표시된 출력값은 입력에 즉각적인 변화가 있은 직후부터 초깃값에서부터 증가하여 궁극적인 상숫값 $y_\infty = KA$, 즉 정상 응답에 도달하게 된다. 이와 같은 일반적인 시간 응답을 앞에서 토의했던 구 형태의 체온계의 거동과 비교해 보면, 정성적인 유사성을 발견할 수 있을 것이다. 사실상 체온계를 이용하여 체온을 측정하는 경우, 1차 계측계로 볼 수 있는 체온계에 계단 함수 형태의 입력을 가한 것과 같다.

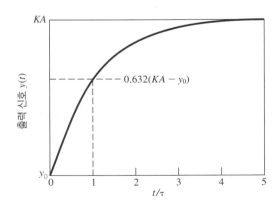

그림 3.6 계단 함수 입력에 대한 1차 시스템의 시간 응답 : 시간 응답, $y(t)$

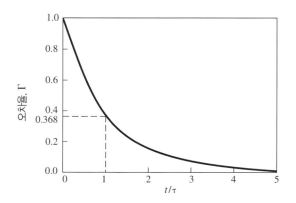

그림 3.7 계단 함수 입력에 대한 1차 시스템의 시간 응답 : 오차율, Γ

식 (3.5)를 다음과 같은 형태로 다시 써 보자.

$$\Gamma(t) = \frac{y(t) - y_\infty}{y_0 - y_\infty} = e^{-t/\tau} \tag{3.6}$$

여기서 $\Gamma(t)$ 항은 출력 신호의 오차율(error fraction)이다. 그림 3.7에 식 (3.6)이 그려져 있는데 시간축은 시간 상수에 의해 무차원화되어 있다. 그림에서 알 수 있듯이 오차율은 t/τ가 증가함에 따라 1로부터 감소하여 0에 접근한다. 입력에 갑작스런 계단 형태의 변화가 일어난 순간, $\Gamma = 1$이 되며 계측시스템에 나타난 출력의 오차는 100%이다. 이것은 시스템이 입력 변화에 0% 응답했다는 의미와 같다. 즉, 변하지 않았다는 의미이다. 그림 3.7로부터 시간이 진행됨에 따라 오차가 감소된다는 것을 확실히 알 수 있다. 계단 형태의 입력 변화에 대한 시스템의 퍼센트 응답을 $(1 - \Gamma) \times 100$으로 정의하자. 그러면 $t = \tau$일 때 $\Gamma = 0.368$이 되며 시스템은 계단 변화의 63.2% 반응했다는 말이 된다. 더 나아가서 $t = 2.3\tau$일 때 시스템은 계단 변화의 90% $(\Gamma = 0.10)$까지 반응하고, $\tau = 5\tau$일 때 99.3%까지 반응한다. 퍼센트 응답의 값과 이와 관련된 오차를 t/τ로 요약한 것이 표 3.1이다. 계단 입력 $y_\infty - y_0$의 90%까지 응답하기에 걸린 시간은 장비의 사양이며 시스템의 **상승 시간**(rise time)으로 불린다.

이와 같은 거동을 바탕으로 우리는 입력값의 변화에 대한 1차 계측시스템의 반응 속도에 관한 척도로 시간 상수를 사용할 수 있음을 쉽게 알 수 있다. 시간 상수가 작을수록 입력이 가해진 시점과 시스템이 정상 출력 상태에 도달할 때까지 걸린 시간이 짧아진다. 시간 상수는 1차 시스템이 계단 변화 크기, $y_\infty - y_0$의 63.2%에 도달하기까지 걸린 시간으로 정의된다. 시간 상수는 시스템의 성질이다.

τ의 결정
위에서 논의한 바와 같이 1차 계측시스템의 시간 상수는 크기를 알고 있는 계단 함수를 입력하여 시스템의 응답을 기록하면 실험적으로 결정할 수 있다. 실제에 있어서는 응답을 $t = 0$부터 정상 응답을 얻을 때까지 기록하는 것이 바람직하다. 그리고 시간에 따른 오차율을 그림 3.8과 같이 준로그 곡선으로 그리면 데이터를 추출할 수

표 **3.1** 1차 시스템의 응답과 오차율

t/τ	% 응답	Γ	% 오차
0	0.0	1.0	100.0
1	63.2	0.368	36.8
2	86.5	0.135	13.5
2.3	90.0	0.100	10.0
3	95.0	0.050	5.0
5	99.3	0.007	0.7
∞	100.0	0.0	0.0

있다. 이런 종류의 그림은 다음과 같은 변환과 동일하다.

$$\ln \Gamma = 2.3 \log \Gamma = -(1/\tau)t \tag{3.7}$$

이것은 $Y = mX + B$와 같은 선형 형태이다(여기서 $Y = \ln \Gamma$, $m = -(1/\tau)$, $X = t$, $B = 0$). 따라서 데이터를 직선에 맞춤하면 최종 직선으로부터 기울기 m에 대한 좋은 근삿값을 얻을 수 있다. 식 (3.7)로부터 $m = -(1/\tau)$을 알고 있는데 이 식을 사용하면 τ에 대한 정확한 근삿값을 얻을 수 있다.

위에서 사용한 방법은 계단 변화 크기의 63.2%를 얻는 데 필요한 시간으로부터 τ를 직접 계산하는 것보다 여러모로 장점을 가지고 있다. 첫 번째는 실제 시스템이 완전한 1차 거동과는 약간 다르게 거동한다는 것이다. 준로그선도(그림 3.8)에서는 그런 차이가 직선으로부터 멀어져 가는 경향으로 확실하게 나타난다. 약간의 차이는 문제가 되지 않지만 많은 차이를 보이면 시스템이 예상된 거동을 하지 않고 있다는 것을 가리킨다. 따라서 계단 함수 실험 운용이나 시스템 모델의 근사 형태를 좀 더 조사해 보아야 한다. 두 번째로 계단 함수 실험 동안에 데이터 수집은 각각의 데이터 점에 대해 약간의 오차(정밀 오차)가 있을 수 있지만 자료를 곡선에 맞춰 τ를 결정하

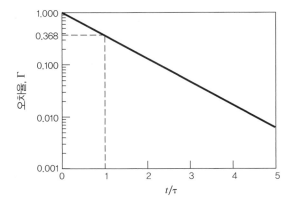

그림 3.8 준로그 좌표계에 그려진 오차율

는 과정에서 개개 데이터 점에서의 오차의 영향을 최소화하는 방향으로 모든 데이터를 사용한다는 것이다. 세 번째로 이 방법이 $\Gamma = 1.0$과 0.368이 되는 점을 정확하게 결정할 필요성을 없앴다는 것이다. 이 지점을 찾아내는 방법은 실제로 적용하기 어렵기도 하고 시스템 오류가 있으면 정확하지도 않다.

예제 3.3

구 형태의 온도계가 초기에 20°C를 가리키고 있는데 37°C의 액체에 갑자기 노출되었다고 가정하자. 온도계의 출력 응답을 모사하는 단순 모델을 유도하라.

알려진 값

$$T(0) = 20°C$$

$$T_\infty = 37°C$$

$$F(t) = [T_\infty - T(0)]U(t)$$

가정 문제를 단순화하기 위하여 다음을 가정한다. 설치 영향은 없다(전도와 방사 효과를 무시한다). 감지기 질량은 오직 구 내의 액체 질량이다. 구 내에서의 온도는 일정하다(집중 질량). 온도계의 눈금은 온도를 나타내도록 교정되어 있다.

구할 값 $T(t)$

풀이

그림 3.9에서 유도한 에너지 평형을 고려해 보자. 열역학 제1법칙에 의하면 감지기와 주변 사이에 대류를 통한 에너지 교환율 $\dot{Q}$은 온도계 내의 에너지 저장량 dE/dt에 의해 평형을 이루어야만 한다. 이 에너지 보존은 다음과 같이 기술된다.

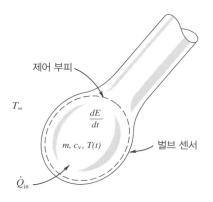

그림 3.9 온도계의 집중 파라미터 모델과 예제 3.3에 대한 에너지 평형

$$\frac{dE}{dt} = \dot{Q}$$

구 내에 저장된 에너지는 구의 온도 변화에 의하여 증명되기 때문에 일정한 질량의 구에 대하여 $dE(t)/dt = mc_v dT(t)/dt$가 성립된다. $T(t)$ 온도인 구와 T_∞온도의 환경 사이의 대류에 의한 에너지 교환은 $\dot{Q} = hA_s\Delta T$의 형태를 갖는다. 제1법칙은 다음과 같이 쓸 수 있다.

$$mc_v \frac{dT(t)}{dt} = hA_s[T_\infty - T(t)]$$

이 식은 다음과 같은 형태로 다시 쓸 수 있다.

$$mc_v \frac{dT(t)}{dt} + hA_s[T(t) - T(0)] = hA_s F(t) = hA_s[T_\infty - T(0)]U(t)$$

초기 조건은 $T(0)$이고, 여기에서

　$m =$ 온도계 내의 액체의 질량

　$c_v =$ 온도계 내의 액체의 비열

　$h =$ 구와 환경 사이의 대류 열전달 계수

　$A_s =$ 온도계의 표면적

항 hA_s는 액체와 물체 사이의 에너지 전달률을 제어하는 데 전기적인 전도율과 유사하다. 식 (3.3)과 비교해 보면 $a_0 = hA_s$, $a_1 = mc_v$, $b_0 = hA_s$가 됨을 알 수 있다. $t \geq 0^+$에 대하여 식을 다시 쓰고 단순화하면 다음 결과를 얻는다.

$$\frac{mc_v}{hA_s} \frac{dT(t)}{dt} + T(t) = T_\infty$$

식 (3.4)로부터 이 식이 다음과 같은 시간 상수를 결정하고, 정적 감도는 다음과 같이 됨을 알 수 있다.

$$\tau = \frac{mc_v}{hA_s} \qquad K = \frac{hA_s}{hA_s} = 1$$

식 (3.5)와 직접 비교하면 다음과 같은 온도계의 응답을 얻는다.

$$T(t) = T_\infty + [T(0) - T_\infty]e^{-t/\tau}$$
$$= 37 - 17e^{-t/\tau}[°C]$$

참고사항 온도계 문제에 관한 2개의 예제(예제 3.3~3.5)는 온라인 보조 자료를 사용해 제공하고 있다. *FirstOrd* 라는 프로그램에서 사용자는 입력 함수를 선택해 시스템 응답을 볼 수 있다. LabView 프로그램 *Temperature_ response*에서는 사용자가 온도의 계단 변화를 직접 적용해 온도 센서의 1차 시스템 응답을 공부할 수 있다.

온도계의 시간 상수 τ는 그것의 면적당 질량비 감소 또는 *h*를 증가시켜(예 : 센서 주위의 액체 유동 증가) 확실히 감소시킬 수 있다. 이런 정보는 모델링 없이는 성공 보장 없는 시행 착오, 시간 소비, 비싼 대가를 치러야만 얻을 수 있다. 또한 이 경우에 있어 온도 계측시스템의 응답이 *h*를 조종하는 계측 시의 환경 상태의 지배를 받는다는 것을 발견한 것도 중요한데 왜냐하면 *h*의 크기가 τ의 크기에 영향을 미치기 때문이다. 만일 응답 시험 시 *h*가 제어되지 못하면(예 : 관계가 없는 변수라면) 모호한 결과가 나올 수 있다. 예를 들면 그림 3.8의 곡선은 비선형이 되고 동일한 τ값에 대해 같은 값이 나오지 않게 된다.

이 예제를 살펴보면 만일 계측 상태가 교정 단계 시의 상태와 다르다면 아무리 단계별 교정을 잘 수행했다 하더라도 그 결과가 계측 동안 장비의 성능을 나타내는 지표로 사용될 수 없다는 것이다. 시험 계획을 주의 깊게 세웠을 경우 이런 차이를 최소화할 수 있다.

예제 3.4

예제 3.3의 온도계에 대하여 입력에 계단 형태의 변화가 있을 경우의 90% 상승 시간을 t/τ의 식으로 계산하라.

알려진 값   예제 3.3과 같다.

가정   예제 3.3과 같다.

구할 값   90% 상승 시간에 도달하는 t/τ의 값

풀이

시스템의 퍼센트 응답은 $(1-\Gamma)\times100$으로 표현된다. 여기서 오차율은 식 (3.6)으로 정의된다. 식 (3.5)로부터 $t=\tau$일 때 온도는 $T(t)=30.75°C$를 나타내게 될 것임을 알 수 있다. 이것은 20~37°C로의 계단 변화의 63.2%를 나타낸다. 90% 상승 시간은 Γ가 0.10으로 떨어질 때까지 걸린 시간을 나타낸다. 따라서

$$\Gamma = 0.10 = e^{-t/\tau}$$

또는 $t/\tau=2.3$이 된다.

참고사항   일반적으로 1차 시스템에 적용된 계단 입력의 90%를 성취하기 위해서는 2.3τ와 동등한 시간이 필요하다.

예제 3.5

예제 3.3과 같이 어떤 온도계가 시간 상수를 결정하기 위한 실험에서 계단 변화에 접하고 있다. 온도 데이터가 그림 3.10에 보이는 것처럼 시간에 따라 기록되어 나타나 있다. 이 온도계에 대한 시간 상수를 결정하라. 실험에서 열전달 계수 h는 공학 핸드북에서 6 W/m²-°C인 것으로 평가되었다.

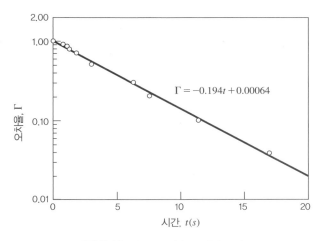

그림 3.10 예제 3.5의 온도-시간 그래프

알려진 값　그림 3.10의 데이터

$$h = 6\,\mathrm{W/m^2\text{-}°C}$$

가정　예제 3.3의 모델을 사용한 1차 거동, 일정한 성질

구할 값　τ

풀이

식 (3.7)에 의하면 시간 상수는 그림 3.10의 데이터를 연결하여 그린 곡선의 기울기의 역이 되어야만 한다. 첫 시작의 몇몇 데이터 점을 제외하고 데이터는 선형 성향을 보이고 있으므로 1차 거동을 나타낸다고 말할 수 있어 우리가 가정한 모델이 타당하다고 말할 수 있다. 데이터를 일차 방정식에 맞추면 다음 식과 같다.

$$2.3 \log \Gamma = (-0.194)t + 0.00064$$

$m = -0.194 = -1/\tau$를 구하면 시간 상수는 $\tau = 5.15$초로 계산된다.

참고사항　만일 실험 데이터가 1차 거동으로부터 벗어난다면 우리가 세운 가정이 실제 문제의 물리와 맞지 않거나 시험 과정에서 제어나 실행 문제가 있다는 것을 의미한다.

단수 주기적인 함수 입력

주기적인 신호는 공학 문제의 처리 과정에서 흔히 접하게 된다. 그 예로는 진동 구조물, 차량의 현가장치, 생물학적인 순환, 펌프의 왕복 유동 등이다. 주기적인 입력이 1차 시스템에 가해지면 입력 신호의 주기는 계측 장비의 시간 응답에 중요한 영향을 미치고 출력 신호에 영향을 준다. 시스템에 단순 주기 파형을 입력으로 적용하면 이와 같은 거동을 효과적으로 연구할 수 있다. 단순 주기 함수 $F(t) = A \sin \omega t$가 $t \geq 0^+$에 대하여 입력으로 1차 계측시스템에 작용하는 경우를 고려해 보자.

$$\tau \dot{y} + y = KA \sin \omega t$$

여기서 초기 조건은 $y(0) = y_0$이다. $\omega[\text{rad/s}] = 2\pi f$, $f[\text{Hz}]$임을 주의하라. 이와 같은 미분 방정식의 일반해는 다음과 같은 계측시스템의 출력 신호, 즉 작용한 입력에 대한 시간 응답 $y(t)$로 나타난다.

$$y(t) = Ce^{-t/\tau} + \frac{KA}{\sqrt{1 + (\tau\omega)^2}} \sin(\omega t - \tan^{-1} \tau\omega) \tag{3.8}$$

여기서 C값은 초깃값에 의해 결정된다.

그러면 무슨 일이 일어났는지 살펴보자. 식 (3.8)의 출력 신호 $y(t)$는 순간 응답과 정상 응답으로 이루어져 있다. 오른편의 첫 번째 항은 순간 응답이다. t가 증가함에 따라 이 항은 0으로 소멸하고 출력 신호에 더 이상 영향을 미치지 못한다. 순간 응답은 새로운 입력이 적용된 초기 시간에만 중요하다. 우리는 이미 계단 함수를 연구할 때 시스템의 순간 응답에 관한 정보를 얻었기 때문에 두 번째 항, 즉 정상 응답에 관심을 가져 보자. 정상 응답은 시간에 따라 변하지만 주기적으로 그 형태를 반복한다. 이 항은 주기적인 입력이 작용하는 동안에 지속적으로 나타난다. 식 (3.8)로부터 정상 응답의 주파수는 입력 신호의 주파수와 동일하게 남아 있지만 정상 응답의 진폭은 적용된 주파수 ω에 의해 결정된다는 것을 알 수 있다. 또한 주기 함수의 위상각도 주파수에 따라 변한다.

식 (3.8)은 다음과 같은 일반적인 형태로 다시 쓸 수 있다.

$$y(t) = Ce^{-t/\tau} + B(\omega) \sin(\omega t + \Phi)$$

$$B(\omega) = \frac{KA}{\sqrt{1 + (\tau\omega)^2}}$$

$$\Phi(\omega) = -\tan^{-1}(\tau\omega) \tag{3.9}$$

여기서 $B(\omega)$는 정상 응답의 진폭을 나타내며 각도 $\Phi(\omega)$는 위상각으로 알려져 있다. 입력 신호와 시스템 출력 응답 사이의 상대적인 비교가 임의의 주파수와 시스템 시간 상수에 대하여 그림 3.11에 주어져 있다. 식 (3.9)로부터 B와 Φ가 주파수에 의존하고 있음을 알 수 있다. 그래서 출력 응답의 정확한 형태는 입력 신호의 주파수 값에 의해 결정된다. 주파수 ω를 가지는 주기적인 입력에 대한 시스템의 정상 응답은 그 시스템의 **주파수 응답**(frequency response)으로 알려져 있다. 주파수는 진폭 B에 영향을 주며 시간 지연도 일으킨다. 이 시간 지연 β_1

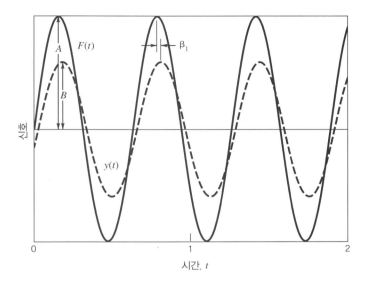

그림 3.11 삼각함수 입력과 출력 진폭, 주파수와 시간 지연 사이의 관계

는 정상 응답의 위상각 $\Phi(\omega)$로 나타난다. 라디안으로 주어진 위상각에 대하여 시간으로 주어지는 시간 지연은 다음과 같다.

$$\beta_1 = \frac{\Phi}{\omega}$$

따라서 다음과 같이 쓸 수 있다.

$$\sin(\omega t + \Phi) = \sin\left[\omega\left(t + \frac{\Phi}{\omega}\right)\right] = \sin[\omega(t + \beta_1)]$$

β_1에 대한 값은 출력과 입력 신호 사이의 시간 지연을 나타내는 음숫값이 된다. 식 (3.9)가 모든 1차 계측시스템에 대하여 적용되기 때문에 출력 신호가 입력 신호로부터 크기와 위상차가 얼마나 다른지를 예측할 수 있다.

$M(\omega)$를 입력 신호의 진폭에 대한 출력 신호의 진폭비 $M(\omega)$는 $M(\omega) = B/KA$로 정의했다. 단순 주기 입력에 대한 1차 시스템에 대한 진폭비는 다음과 같다.

$$M(\omega) = \frac{B}{KA} = \frac{1}{\sqrt{1 + (\tau\omega)^2}} \tag{3.10}$$

1차 시스템에 대한 진폭비가 그림 3.12에 그려져 있으며 이와 관련된 위상각이 그림 3.13에 그려져 있다. 주파수 응답에 대한 시스템 시간 상수와 입력 신호 주파수의 영향은 두 그림에서 명확하게 나타난다. 이와 같은 거동은 다음과 같은 방식으로 해석된다. 시스템이 1과 가까운 $M(\omega)$값으로 반응하는 $\tau\omega$의 값에 대하여 계측시스

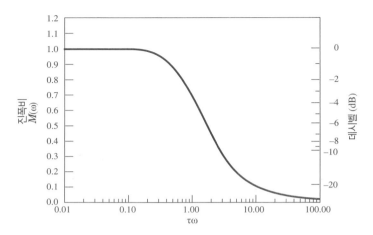

그림 3.12 1차 시스템 주파수 응답 : 진폭비

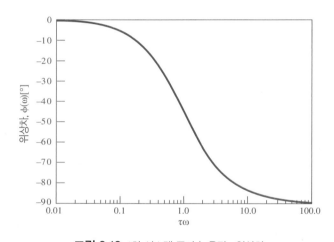

그림 3.13 1차 시스템 주파수 응답 : 위상차

템은 입력 신호의 진폭을 전부 또는 거의 비슷한 값을 출력으로 전달하며 시간 지연은 거의 없다. 따라서 B는 진폭에 있어 KA에 가까우며 $\Phi(\omega)$는 거의 0도에 가깝게 된다. $\tau\omega$가 커지면 계측시스템은 입력 신호의 주파수 정보를 걸러 내어 아주 작은 진폭으로 반응한다. 그래서 $M(\omega)$가 작아지고 β_1이 계속 증가하는 것으로 알 수 있듯이 시간 지연이 커진다.

ω와 τ의 어떤 조합도 결과는 같다. 만일 고주파수를 포함하는 계측 신호를 측정하기 원한다면 작은 τ를 가지는 시스템이 필요하다. 반면에 큰 τ를 가지는 시스템은 저주파수 성분의 신호를 계측하는 경우에 적합하다. 가끔은 기술과 비용 사이의 적당한 균형이 필요하다.

시스템의 동적 오차(dynamic error) $\delta(\omega)$는 $\delta(\omega) = M(\omega) - 1$로 정의되며, 특정 입력 주파수에 대하여 입력 신호의 진폭을 적합하게 재구성할 수 없는 무능력 지표를 나타낸다. 보통은 $\delta(\omega)$를 최소화하기 위해 장비가 입력 신호의 예상 주파수 대역에 걸쳐 진폭비가 거의 1을 유지하는 것을 원한다. 입력 신호의 완벽한 재생산은 불가능하기 때문에 약간의 동적 오차는 피할 수 없다. 이런 것을 다른 방식으로 설명하면 다음과 같다. 1차 시스템에 대하여 $M(\omega) \geq 0.707$에 속한 주파수 대역을 주파수 대역폭(frequency bandwidth)으로 정의한다. 여기서 숫자는 데시벨(decibel) 단위이며 다음으로 정의된다.

$$dB = 20 \log M(\omega) \tag{3.11}$$

이 대역은 $M(\omega)$는 $-3\,dB$ 이상으로 남아 있는 대역을 말한다. 즉, $-3\,dB \leq M(\omega) \leq 0\,dB$이다.

함수 $M(\omega)$와 $\Phi(\omega)$는 주기적인 입력에 대한 계측시스템의 주파수 응답을 나타낸다. 이들 방정식과 곡선은 계측시스템과 시스템 부품의 선택을 위한 지침으로 사용되어야 한다.

주파수 응답의 결정 계측시스템의 주파수 응답은 동적 교정에 의하여 발견된다. 이 경우 교정은 알고 있는 진폭과 주파수를 가지는 단순 주기 파형을 시스템 감지면에 적용하고 이와 관련된 출력창의 진폭과 위상각을 계측하여 수행된다. 그러나 실제로는 물리적인 변수 형태의 주기적인 입력 신호를 생산하는 방법을 개발하는 것은 재치와 노력을 요한다. 따라서 많은 경우에 공학도들은 시스템 주파수 응답 거동을 예측하는 모델에 의존하게 된다. 만일 시스템의 시간 상수와 정적 감도 그리고 입력 주파수의 범위를 모두 알고 있다면 동적 거동을 예측할 수 있다.

예제 3.6

온도 감지기가 반응로 안의 온도를 계측하기 위하여 선택되었다. 온도는 주파수가 1~5 Hz 사이에 있는 단순 주기 파형으로 거동하는 것으로 예측되었다. 그리고 시간 상수를 알고 있는 몇 가지 크기의 감지기를 사용할 수 있다. 시간 상수를 토대로 동적 오차 ±2%의 허용 오차를 가정하여 적합한 감지기를 선택하라.

알려진 값 $1 \leq f \leq 5\,Hz$

$$|\delta(\omega)| \leq 0.02$$

가정 1차 시스템

$$F(t) = A \sin \omega t$$

구할 값 시간 상수 τ

풀이

$|\delta(\omega)| \leq 0.02$는 $0.98 \leq M \leq 1$ 사이에 놓여 있는 진폭비를 찾아야 됨을 의미한다. 따라서

$$0.98 \leq M(\omega) = \frac{1}{\sqrt{1 + (\omega\tau)^2}} \leq 1$$

그림 3.12로부터 이 제약 조건은 $0 \leq \omega\tau \leq 0.2$의 영역에 걸쳐 유지된다. 이 그림에서 알 수 있듯이 고정된 시간 상수를 갖는 시스템에 대하여 $M(\omega)$의 가장 작은 값은 가장 큰 주파수에서 발생하는 것을 알 수 있다. 그러므로 $\omega = 2\pi f = 2\pi(5)\,\text{rad/s}$라 놓고 $M(\omega) = 0.98$에 대해 풀면 $\tau \leq 6.4\,\text{ms}$를 얻는다. 따라서 시간 상수가 6.4 ms 이하인 감지기를 선택하는 것이 바람직하다.

램프 함수 입력

램프 함수, $AR(t)$는 다음과 같이 정의된다.

$$AR(t) = 0 \quad t \leq 0^-$$

$$AR(t) = At \quad t \geq 0^+$$

1차 시스템의 특성방정식임을 기억한다면 다음과 같이 쓸 수 있다.

$$\tau \frac{dy}{dt} + y = KAt$$

이 미분방정식의 해는 다음과 같이 주어진다.

$$y = KA[t - \tau\{1 - \exp(t/\tau)\}]$$

계측 오차는 다음과 같이 된다.

$$
\begin{aligned}
e_m = x - y/K &= At - A[t - \tau\{1 - \exp(t/\tau)\}] \\
&= A\tau\{1 - \exp(t/\tau)\} \\
&= -A\tau\exp(t/\tau) + A\tau
\end{aligned}
$$

계단 응답처럼 정상 상태 오차는 τ에 의해 결정되며 따라서 작은 τ를 가지는 장비가 바람직하다. 흥미로운 사실

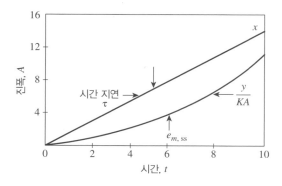

그림 3.14 1차 시스템의 램프 응답

은 계기에서 읽히는 값이 실제 값보다 지연되어 나타난다는 것인데 마치 장비가 τ초 이전의 입력값을 보여 주는 것처럼 보인다. 그림 3.14는 1차 시스템의 램프 응답을 보여 준다.

예제 3.7

일차의 온도계 ($\tau = 10$ s)를 달고 있는 풍선이 10 m/s의 속도로 상승하면서 지상으로 온도와 고도 계측값을 무선으로 송신하고 있다. 3500 m 위치에서 온도가 섭씨 0도라고 알려 왔는데 만일 고도에 따른 온도 변화율이 30 m당 섭씨 15도이면 섭씨 0도가 되는 실제 고도는 얼마일까?

알려진 값 $\tau = 10$ s

$A = 10$ m/s

가정   (i) 고도계의 시간 지연은 없다.

(ii) 무선 통신의 시간 지연은 무시할 수 있을 정도로 작다.

(iii) 온도계에는 시간 지연이 있다.

구할 값   실제 고도

풀이

이 문제는 램프 응답의 경우에 속한다.

램프 상수, $A = 10$ m/s이다.

그래서 어느 순간에 온도계가 어떤 값을 송신하면 그 값은 $A\tau$ 만큼의 이전 위치에서 일어난 값이다.

다른 말로 거리의 지연은 (10×10) m $= 100$ m이다.

그래서 섭씨 0도가 되는 실제 고도는 $(3500 - 100)$ m $= 3400$ m가 된다.

충격 함수 입력

Dirac δ 함수와 관련 있는 충격 함수는 다음과 같이 정의된다.

$$f(t) = A\delta(t)$$

여기서

$$\delta(t) = \lim_{\varepsilon \to 0} \frac{1}{\varepsilon} \qquad 0 < t < \varepsilon$$

$$\delta(t) = 0 \qquad\qquad t > \varepsilon$$

1차 시스템의 특성 방정식을 이용하면 다음과 같이 쓸 수 있다.

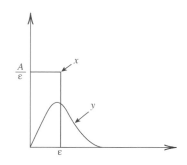

그림 3.15 1차 시스템의 충격 응답

$$\tau \frac{dy}{dt} + y = \frac{KA}{\varepsilon}$$

이 미분방정식의 해는 다음과 같다.

$$y = \frac{KA}{\tau}\exp\left(-\frac{t}{\tau}\right)$$

여기서 하나 주의할 점은 충격 입력의 구현은 실제 시스템에서는 불가능하다는 것이다. 그런 입력은 $t = 0$에서 무한대의 기울기를 가지고 $t = \varepsilon$일 때는 0으로 내려와야 하기 때문이다. 여기서 $\varepsilon \to 0$으로 0과 아주 가까운 값이다. 1차 시스템의 충격 응답은 그림 3.15와 같다.

이런 입력에 반응하는 실제 시스템은 무한 비율로 에너지를 전달해야 하는데 이는 현실적이지 않다. 그러나 계단 함수의 도함수는 충격 응답이 된다. 그런 상황은 계단 입력을 축전지에 가할 때 관찰된다.

예제 3.8

200 N의 충격력이 수평면에 놓여 있는 10 kg의 질량에 가해졌다. 0.01초 동안의 수평면의 점성마찰계수 $B = 20$ Ns/m이다. 질량이 정지할 때까지 움직인 거리를 계산하라. 그리고 속도가 초기 속도의 1% 이내로 줄어들기까지 걸린 시간을 결정하라.

알려진 값 $F = 200$ N, $m = 10$ kg, $B = 20$ N-s/m, $t = 0.01$ s

구할 값 x, T

풀이

그림 3.16은 10 kg에 작동하는 200 N의 힘을 함축해서 보여 준다.

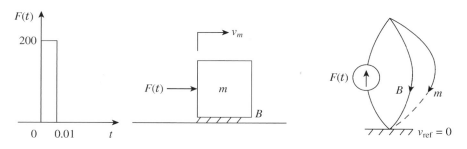

그림 3.16 예제 3.8에 대한 10 kg에 200 N 힘이 작용하는 그림

외력이 작용하는 경우의 질량의 속도와 관련된 미분방정식은 다음과 같다.

$$\frac{m}{B}\frac{dv_m}{dt} + v_m = \frac{1}{B}F_{in}(t)$$

시스템의 시간 상수, $\tau = m/B = 10/20 = 0.5$ s이다.

   힘이 작용하는 시간 ($t = 0.01$ s)는 시간 상수 ($\tau = 0.5$ s)보다 엄청 작다. 그러므로 입력을 충격량 (그림상의 면적) $200 \times 0.01 = 2$ N-s로 간주할 수 있다.

시스템의 충격 응답은 다음과 같다.

$$v_m(t) = \frac{1}{m}e^{-Bt/m}$$

만일 $u(t) = 2\delta(t)$ N-s이면 응답은 다음과 같다.

$$v_m(t) = 0.2e^{-2t}$$

적도를 적분해서 움직인 거리를 얻을 수 있다.

$$x = \int_0^\infty 0.2e^{-2t}\,dt = 0.1\,\text{m}$$

만일 T가 속도가 초기 속도의 1%가 되기까지 걸린 시간이라고 한다면 T는 다음과 같이 계산된다.

$$\frac{v_m(T)}{v_m(0)} = 0.01 = e^{-2T} \quad T = 2.303\,\text{s}$$

2차 시스템

관성을 포함하고 있는 시스템은 모델 방정식에 2차 미분항을 포함하고 있다(예제 3.1 참조). 2차 미분 방정식으로 모델되는 시스템을 2차 시스템이라고 부른다. 2차 장비의 예로는 가속도계와 막 형태의 압력 변환기(마이크로폰, 스피커를 포함)가 있다.

일반적으로 임의의 입력 $F(t)$의 작용을 받는 2차 계측시스템은 다음과 같은 형태의 방정식으로 표현된다.

$$a_2\ddot{y} + a_1\dot{y} + a_0y = F(t) \tag{3.12}$$

여기서 a_0, a_1과 a_2는 시스템을 묘사하는 데 사용하는 물리적인 파라미터이며 $\ddot{y} = d^2y/dt^2$이다. 이 식은 다음과 같이 다시 쓸 수 있다.

$$\frac{1}{\omega_n^2}\ddot{y} + \frac{2\zeta}{\omega_n}\dot{y} + y = KF(t) \tag{3.13}$$

여기서

$$\omega_n = \sqrt{\frac{a_0}{a_2}} = \text{시스템의 고유 진동수}$$

$$\zeta = \frac{a_1}{2\sqrt{a_0a_2}} = \text{시스템의 감쇠비}$$

식 (3.13)의 순수해를 고려해 보자. 그 형태는 식 (3.13)의 특성 방정식의 근의 지배를 받는다.

$$\frac{1}{\omega_n^2}\lambda^2 + \frac{2\zeta}{\omega_n}\lambda + 1 = 0$$

이와 같은 2차 방정식은 다음과 같은 두 근을 가지고 있다.

$$\lambda_{1,2} = -\zeta\omega_n \pm \omega_n\sqrt{\zeta^2 - 1}$$

ζ 값에 따라 순수 해는 다음과 같은 세 가지 형태를 가질 수 있다.

$0 < \zeta < 1$(부족 감쇠계의 해)

$$y_h(t) = Ce^{-\zeta\omega_n t}\sin(\omega_n\sqrt{1 - \zeta^2}t + \Theta) \tag{3.14a}$$

$\zeta = 1$(임계 감쇠계의 해)

$$y_h(t) = C_1e^{\lambda_1 t} + C_2e^{\lambda_2 t} \tag{3.14b}$$

$\zeta > 1$(과감쇠계의 해)

$$y_h(t) = C_1 e^{\lambda_1 t} + C_2 e^{\lambda_2 t} \tag{3.14c}$$

순수해는 시스템의 순간 응답을 결정한다. 감쇠비 ζ는 시스템 감쇠를 재는 척도이며 에너지를 내부적으로 방출하는 시스템의 성질을 나타낸다. $0 \leq \zeta \leq 1$인 시스템에 대하여 순간 응답은 왕복 운동을 하게 되는 반면에 $\zeta \geq 1$인 경우에는 순간 응답이 왕복하지 않는다. $\zeta = 1$인 임계 감쇠계의 해는 순간 운동에 있어 왕복과 비왕복 운동 사이의 임계를 나타낸다.

계단 함수 입력

여기서 다시 계단 함수 입력을 적용하여 시스템이 입력의 변화에 어떻게 응답하는지 그 일반적인 거동과 속력을 결정해 보자. $F(t) = AU(t)$인 계단 함수에 대한 2차 계측시스템의 응답은 식 (3.13)의 해로부터 발견된다.

$$y(t) = KA - KAe^{-\zeta\omega_n t}\left[\frac{\zeta}{\sqrt{1-\zeta^2}}\sin(\omega_n t\sqrt{1-\zeta^2}) + \cos(\omega_n t\sqrt{1-\zeta^2})\right] \quad 0 \leq \zeta < 1 \tag{3.15a}$$

$$y(t) = KA - KA(1 + \omega_n t)e^{-\omega_n t} \quad \zeta = 1 \tag{3.15b}$$

$$y(t) = KA - KA\left[\frac{\zeta + \sqrt{\zeta^2-1}}{2\sqrt{\zeta^2-1}}e^{(-\zeta+\sqrt{\zeta^2-1})\omega_n t} - \frac{\zeta + \sqrt{\zeta^2-1}}{2\sqrt{\zeta^2-1}}e^{(-\zeta-\sqrt{\zeta^2-1})\omega_n t}\right] \quad \zeta > 1 \tag{3.15c}$$

여기서 초기 조건 $y(0)$와 $\dot{y}(0)$는 편의상 0으로 놓았다.

그림 3.17에 식 (3.15a~c)가 ζ의 여러 값에 대하여 선도로 나타나 있다. 흥미로운 것은 순간 응답이다. 부족감쇠계에 대하여 순간 응답은 정상값에 대하여 진동하며 다음 주기를 갖는다.

$$T_d = \frac{2\pi}{\omega_d} = \frac{1}{f_d} \tag{3.16}$$

$$\omega_d = \omega_n\sqrt{1-\zeta^2} \tag{3.17}$$

여기서 ω_d는 감쇠 주파수(damped natural frequency or ringing frequency)이다. 장비에 있어서 이 왕복 운동은 'ringing'이라고 불린다. 감쇠 현상과 이와 관련된 감쇠 주파수는 계측시스템의 성질이며 입력 신호와는 무관하다. 이는 평형 상태에 대하여 진동하는 시스템의 자유 진동수를 나타낸다.

순간 응답이 유지되는 시간은 $\zeta\omega_n$항에 의하여 좌우된다. 사실상, 그것의 영향은 1차 시스템에서 우리가 2차 시간 상수를 $\tau = 1/\zeta\omega_n$로 정의하는 것과 유사하다. 시스템은 $\zeta\omega_n$이 큰 경우 (즉 τ가 작아지면) KA로 빨리 수렴하지만 $\zeta > 0$인 시스템 모두에 대하여 응답은 궁극적으로 $t \to \infty$ 따라 $y_\infty = KA$로 수렴하게 된다.

2차 시스템의 응답이 계단 입력의 90%값, 즉 $(KA - y_0)$의 90%를 성취하기까지 걸린 첫 번째 시간을 **상승 시간** (rise time)이라고 정의한다. 상승 시간은 감쇠비를 감소시키면 그림 3.17에서 보이는 것처럼 감소된다. 그러나

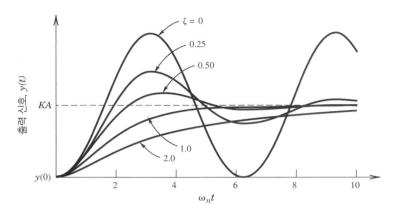

그림 3.17 계단 함수 입력에 대한 2차 시스템의 시간 응답

아주 감쇠가 작은 시스템과 관련 있는 심각한 ringing이 정상값을 성취하는 시간을 방해하는데 그래서 감쇠가 큰 시스템과 달리 지연된다. 이는 그림 3.17에서 ζ = 0.25인 경우의 응답과 ζ = 1인 경우의 응답을 비교하면 쉽게 알 수 있다. 이것을 염두에 두고 정상값 *KA*의 10% 내에 계측시스템의 응답이 들어올 때까지 걸린 시간을 정착 시간(settling time)이라 정의한다. 정착 시간은 정상 응답에 대한 시간을 재는 근사적인 척도로 사용된다. 0.7의 감쇠비가 ringing과 정착 시간 사이를 적절히 조절하는 값으로 보여진다. 약간의 % 오차율(Γ)이 받아들일 만하다면 ζ = 0.7을 갖는 시스템은 ζ = 1을 갖는 시스템에 비해 반 시간 만에 정상값에 도달할 것이다. 이런 이유로 입력 신호의 급작스런 변화를 계측하기 위해 제작된 대부분의 계측시스템은 a_0, a_1과 a_2 파라미터를 조절하여 감쇠비가 0.6~0.8 사이에 놓여 있도록 만든다.

감쇠 주파수와 상승 시간, 정착 시간의 결정

부족 감쇠계와 관련 있는 감쇠 주파수의 실험적인 결정은 계단 입력을 2차 계측시스템에 적용하고 시간 응답을 기록하여 수행된다. 이런 형태의 교정은 시스템의 정상 응답으로의 시간에 관련된 정보를 산출하게 되는데 이 정보에는 상승 시간과 정착 시간이 포함되어 있다. 예제 3.10은 그런 시험을 묘사한다. 전형적으로 동적 신호의 계측에 합당한 계측시스템은 90% 상승 시간과 정착 시간을 포함하는 사양을 가지고 있다. *Adjust Second Order Parameters.vi*을 이용하면 시스템 값들과 응답을 볼 수 있다.

고유 진동수와 감쇠비의 결정

계단 함수에 대한 부족 감쇠계의 응답 실험으로부터, 감쇠비와 고유 진동수를 추출할 수 있다. 그림 3.17에서 진폭이 시간에 따라 지수적으로 감소해 정상 상태값에 접근하는 것을 볼 수 있다. y_{max}를 각 주기마다의 최대 진폭을 나타낸다고 하면 2개의 연속적인 정점의 값은 $y_1 = (y_{max})_1 - y_\infty$와 $y_2 = (y_{max})_2 - y_\infty$가 된다. 감쇠비는 다음식으로 결정된다.

$$\zeta = \frac{1}{\sqrt{1 + (2\pi/\ln(y_1/y_2))^2}}$$

(3.18)

식 (3.16)을 사용해 감쇠 진동수를 계산하고, 식 (3.17)를 이용해 고유 진동수를 계산할 수 있다. 또 다른 방법으로는 $y(0) = KA$와 $y_\infty = 0$로 해서 계단 함수 실험을 수행할 수도 있는데 이 경우도 같은 해석 방법을 사용한다.

예제 3.9

예제 3.1의 가속도계에 대하여 고유 진동수와 감쇠비에 영향을 미치는 물리적인 파라미터값을 결정하라.

알려진 값 그림 3.3에 보이는 가속도계

가정 예제 3.1에서 모델에 대한 2차 시스템

구할 값 ω_n과 ζ

풀이

예제 3.1의 가속도계에 대한 지배 방정식을 식 (3.13)과 비교해 보면 다음을 알 수 있다.

$$\omega_n = \sqrt{\frac{k}{m}} \quad \zeta = \frac{c}{2\sqrt{km}}$$

따라서 질량, 스프링 강성, 마찰 감쇠의 물리적인 파라미터가 계측시스템의 고유 진동수와 감쇠비를 결정한다.

예제 3.10

그림 3.18에 주어진 곡선은 박막 형태의 압력 변환기의 입력에 계단 변화를 가했을 경우에 나타난 전압 신호를 기록한 것이다. 표준 압력을 사용하여 정적 교정을 하는 동안에는 압력과 전압 사이의 관계식이 1~4기압 사이에서는 선형임을 알 수 있었고, 계측시스템의 정적 감도는 1 V/atm임을 알았다. 계단 시험에 대하여 초기 압력은 대기 압력 p_a이고, 최종 압력은 $2p_a$으로 만들었다. 계측시스템의 상승 시간, 정착 시간, 감쇠 주파수를 계산하라.

알려진 값 $p(0) = 1$ atm

$\qquad\qquad p_\infty = 2$ atm

$\qquad\qquad K = 1$ V/atm

가정 2차 시스템 거동

구할 값 상승 시간과 정착 시간, ω_d

풀이

시스템의 감쇠 거동은 변환기가 2차 거동을 가지는 것으로 가정할 수 있음을 보여 준다. 주어진 정보로부터 다

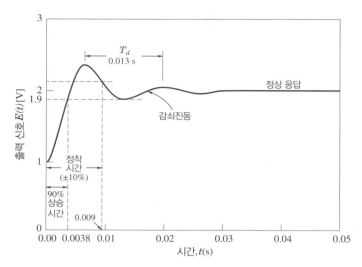

그림 3.18 예제 3.10의 압력 변환기의 계단 입력에 대한 시간 응답

음과 같이 쓸 수 있다.

$$E(0) = Kp(0) = 1 \text{ V}$$

$$E_\infty = Kp_\infty = 2 \text{ V}$$

추적에 의하여 관찰된 계단 변화는 1 V의 크기로 나타나야만 한다. 90% 상승 시간은 출력이 1.9 V에 처음 도달할 때 일어나며, 90% 정착 시간은 출력이 1.9 V < $E(t)$ < 2.1 V 사이에 정착하게 되는 경우에 일어난다. 그림 3.18로부터 상승 시간은 약 4 ms에 일어나며, 정착 시간은 약 9 ms에 일어나는 것을 볼 수 있다. 감쇠 거동의 주기 T_d는 약 13 ms로, 따라서 $\omega_d \approx 485$ rad/s로 판단된다.

단순 주기 함수

$F(t) = A \sin \omega t$와 같은 단수 주기 함수 입력에 대한 2차 시스템의 응답은 다음과 같이 주어진다.

$$y(t) = y_h + \frac{KA \sin[\omega t + \Phi(\omega)]}{\left\{ \left[1 - (\omega/\omega_n)^2 \right]^2 + \left[2\zeta\omega/\omega_n \right]^2 \right\}^{1/2}} \tag{3.19}$$

주파수의 지배를 받는 위상각 변화는 다음과 같다.

$$\Phi(\omega) = \tan^{-1}\left(-\frac{2\zeta\omega/\omega_n}{1 - (\omega/\omega_n)^2} \right) \tag{3.20}$$

y_h에 대한 정확한 형태는 식 (3.14a~c)로부터 발견되며 ζ 값의 지배를 받는다. 오른편 두 번째 항인 정상 응답은 다음과 같은 일반적인 형태를 가진다.

$$y_{\text{steady}}(t) = y(t \to \infty) = B(\omega)\sin[\omega t + \Phi(\omega)] \tag{3.21}$$

여기서 진폭은 $B(\omega)$이다. 식 (3.19)와 (3.21)을 비교해 보면 사인 형태의 입력이 가해진 2차 시스템의 정상 응답의 진폭 또한 ω값에 따라 달라짐을 알 수 있다. 그래서 2차 시스템으로부터의 출력 신호의 진폭은 주파수의 지배를 받는다. 일반적으로 2차 시스템에 대한 진폭비 $M(\omega)$를 다음과 같이 정의할 수 있다.

$$M(\omega) = \frac{B(\omega)}{KA} = \frac{1}{\left\{\left[1 - (\omega/\omega_n)^2\right]^2 + \left[2\zeta\omega/\omega_n\right]^2\right\}^{1/2}} \tag{3.22}$$

2차 시스템의 주파수 응답이 식 (3.20)과 (3.22)로 주어져 있고 이를 그림 3.19과 3.20에 나타내었다. 그림 3.19에 2차 시스템에 대한 진폭비가 여러 가지 감쇠비에 대하여 그려져 있고, 입력 주파수와 감쇠비에 대한 위상각 변화 선도가 그림 3.20에 그려져 있다. 이상적인 계측시스템의 경우, 모든 주파수값에 대하여 $M(\omega)$는 1과 같게 되며 $\Phi(\omega)$는 0이 된다. 그러나 실제 시스템은 주파수 곡선의 일정 부분에서만 거의 이상적으로 거동하고 ω/ω_n이 커지게 됨에 따라 $M(\omega)$는 0으로 접근하고 $\Phi(\omega)$는 $-\pi$로 접근하게 된다. ω_n은 계측시스템의 성질인 반면에 ω는 입력 신호의 성질임을 기억하라.

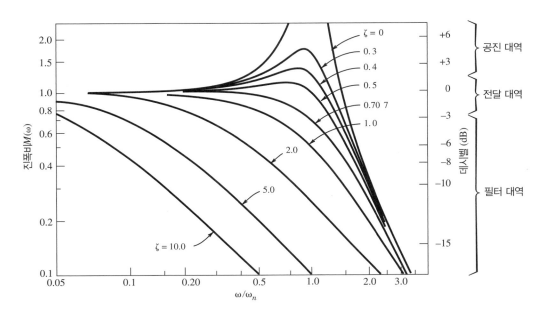

그림 3.19 2차 시스템의 주파수 응답 : 진폭비

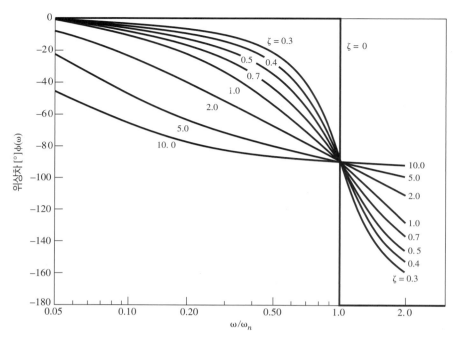

그림 3.20 2차 시스템의 주파수 응답 : 위상차

시스템 특성

몇 가지 경향이 그림 3.19와 3.20에서 확실히 보인다. 감쇠가 없는 경우, 즉 $\zeta = 0$인 경우 $\omega = \omega_n$ 근처에서 $M(\omega)$는 무한대로 접근하고 $\Phi(\omega)$는 $-\pi$로 도약하게 한다. 이와 같은 거동은 시스템 공진의 특성인데, 실제 시스템은 약간의 감쇠를 지니고 있어 공진 시의 급격함과 진폭을 완화시킨다. 그러나 부족 감쇠계에서 공진은 계속 존재한다. 그림 3.19와 3.20에서 $\omega = \omega_n$ 근처 영역을 시스템의 **공진 대역**(resonance band)이라고 부른다. 이는 시스템의 $M(\omega) > 1$이 되는 주파수 대역을 의미한다. 부족 감쇠계에서 최고점은 다음과 같은 **공진 주파수**에서 일어난다.

$$\omega_R = \omega_n \sqrt{1 - 2\zeta^2} \tag{3.23}$$

공진 주파수는 계측시스템의 성질이다. 공진은 주기적인 입력 신호 주파수에 의하여 가진된다. 공진 주파수는 자유 진동과 관련이 있는 감쇠 주파수와 다르다. 공진 거동은 위상 변이를 발생시킨다. 대부분의 적용에서 공진 대역에 속한 주파수를 운용하면 혼란을 일으킬 수 있고 민감한 센서를 손상할 수도 있다. 공진 거동은 비선형이며 신호에 변형을 가져온다. 그러나 $\zeta > 0.707$인 시스템의 경우 공진이 일어나지 않는다.

ω/ω_n의 값이 작은 경우 $M(\omega)$은 1 근처에 남아 있고, $\Phi(\omega)$는 0 근처에 머물러 있다. 이것은 주파수 ω의 입력 신호에 관련된 정보가 진폭과 위상 변화가 거의 없는 상태로 출력 신호에 전달될 수 있음을 의미한다. 이런 특성을 갖는 주파수 응답 곡선상의 영역을 **전달 대역**(transmission band)이라고 부른다. 이득이 거의 1인 주

파수 대역의 실제 영역은 시스템의 감쇠비에 의해 결정된다. 시스템의 전달 대역은 2차 시스템에 대해서는 $-3\text{ dB} \geq M(\omega) \leq 3\text{ dB}$으로 정의되는 주파수 대역폭으로 정의되거나 별도로 정의되기도 한다. 입력 신호의 동적 내용을 정확하게 계측하려는 경우에는 계측시스템의 전달 대역 내에서 운용하는 것이 필요하다.

ω/ω_n의 값이 큰 경우 $M(\omega)$는 0으로 접근한다. 이 영역에서 계측시스템은 입력 신호의 진폭 정보를 감소시킨다. 또한 위상차가 크게 바뀐 상태에 있게 된다. 이 영역을 필터 대역(filter band)이라 부르며, $M(\omega) \leq -3\text{ dB}$인 주파수 영역으로 정의된다. 독자들이 알고 있듯이 필터의 역할은 원하지 않는 부분을 제거하는 것이다. 필터 대역에 속한 주파수와 연관된 입력 신호의 진폭은 축소되거나 완벽하게 차단된다. 즉 필터링 된다는 것이다. 그래서 계측 장비의 특성을 계측하려는 신호에 맞추어야 한다. 아니면 얻고자 하는 신호 정보가 필터될 수 있다.

예제 3.11

감쇠비가 0.5이고 감쇠 주파수(계단 시험으로부터 구한)가 1,200 Hz인 압력 변환기의 주파수 응답을 결정하라.

알려진 값 $\zeta = 0.5$

$$\omega_d = 2\pi(1200\text{ Hz}) = 7540\text{ rad/s}$$

가정   2차 시스템 거동

구할 값 $M(\omega)$와 $\Phi(\omega)$

풀이

계측시스템의 주파수 응답은 식 (3.20)과 (3.18)에서 정의한 것처럼 $M(\omega)$와 $\Phi(\omega)$로 주어진다. $\omega_d = \omega_n\sqrt{1-\zeta^2}$이기 때문에 압력 변환기의 고유 진동수는 $\omega_n = 8706\text{ rad/s}$임을 알 수 있다. 선택한 주파수에서의 주파수 응답은 식 (3.20)과 (3.22)로부터 다음과 같이 계산된다.

ω(rad/s)	$M(\omega)$	$\Phi(\omega)$ [°]
500	1.00	−3.3
2,600	1.04	−18.2
3,500	1.07	−25.6
6,155	1.15	−54.7
7,540	1.11	−73.9
8,706	1.00	−90.0
50,000	0.05	−170.2

참고사항   변환기 응답에서 공진 거동은 $\omega_R = 6155\text{ rad/s}$에서 정점을 갖는다. 대체로 공진의 영향은 계측시스템을 시스템의 고유 진동수의 30%보다 작은 입력 주파수에 대하여 사용하면 최소화할 수 있다. 2차 시스템의 시간과 주파수 응답은 첨부된 프로그램을 사용하면 쉽게 이해할 수 있다. Matlab 프로그램인 *SecondOrd.m*과 LabView 프로그램 *Second_order.vi*를 사용해 보기 바란다.

예제 3.12

시간에 따라 변하는 운동을 계측하기 위하여 가속도계를 사용하려고 한다. 특별히 100 Hz 이하의 주파수를 가지는 입력 신호가 주관심이다. 동적 오차율을 ±5%로 가정하고 이 장비의 적절한 파라미터 사양을 결정하라.

알려진 값 $f \leq 100$ Hz(예 : $\omega \leq 628$ rad/s)

가정 2차 시스템

동적 오차율 ±5%

구할 값 ω_n과 ζ

풀이

동적 오차율 ±5%의 제약 조건을 만족하기 위해서 주파수 영역 $0 \leq \omega \leq 628$ rad/s에 대하여 $0.95 \leq M(\omega) \leq 1.05$가 되도록 만들어야 한다. 이 문제는 여러 가지 다른 ω_n이 똑같은 일을 할 수 있기 때문에 답이 유일하지는 못하다. 그래서 $\zeta = 0.7$로 하고 식 (3.22)를 사용하여 ω_n에 대한 한 가지 해를 구해 보자.

$$0.95 \leq M(\omega) = \frac{1}{\left\{ \left[1 - (\omega/\omega_n)^2 \right]^2 + \left[2\zeta\omega/\omega_n \right]^2 \right\}^{1/2}} \leq 1.05$$

$\omega = 628$ rad/s라면 $\omega_n \geq 1047$ rad/s라는 조건을 얻는다. 또한, 식 (3.22)를 $\zeta = 0.7$에 대한 그려보면 그림 3.21과 같다. 그림 3.21에서 $0.95 \leq M(\omega) \leq 1.05$의 주파수 영역에 대해 $0 \leq \omega/\omega_n \leq 0.6$임을 알 수 있다. 따라서 $\omega_n \geq 1047$ rad/s가 만족됨을 알 수 있다. 그래서 $\zeta = 0.7$이고, $\omega_n \geq 1047$ rad/s의 값을 가지는 장비를 이 문제의 제한 조건을 만족하는 한 해법으로 제안할 수 있다.

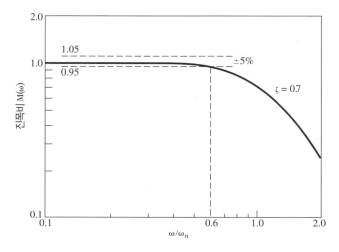

그림 3.21 예제 3.12에서 $\zeta = 0.7$이 가지는 2차 시스템의 진폭비

예제 3.13   **계측 방진 테이블**

진동 제어의 최신 기술과 건물 진동에 민감한 계측을 수행하는 통상적인 방법은 시험 장비를 방진 테이블 위에 놓는 것이다. 이 방법은 민감한 마이크로폰, 인터페로미터, 정밀 장비와 평형추 등을 사용할 때 적절한 방법이다. 방진 테이블은 각각의 다리에 부착된 공압 지지부(질량-스프링-댐퍼) 시스템을 이용해 바닥의 진동이 테이블 표면으로 최소로 전달되도록 하는 시스템이다. 방진 테이블이 효과적으로 사용되기 위해서는 지지 시스템이 아주 낮은 공진 주파수를 가져서 예상되는 가진 진동수에 대해 시스템 응답이 필터 대역 주파수 내에서 운용될 수 있도록 설계되어야 한다. 상업적으로 제공되는 테이블의 주파수 응답 곡선이 그림 3.22와 같다. 공진 진동수는 1 Hz 근처이므로 2 Hz가 넘어가는 바닥의 진동은 방진 테이블 표면에서 거의 사라진다.

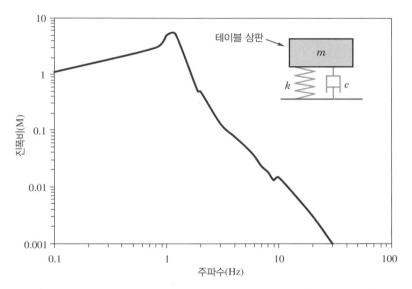

그림 3.22 지반 수직 가진에 의한 방진 테이블의 주파수 응답. 단축 방진 시스템의 경우

참고사항   예제 1.2에서 논의된 바와 같이 엔지니어들은 골프 카트의 조타축에 더 많은 질량 m을 추가했다. 조타축의 고유 진동수는 $\omega_n = \sqrt{k/m}$ 으로 표현되는데 질량을 더하면 고유 진동수는 내려간다. 이런 방법으로 엔지니어들은 엔진의 속력과 관련된 가진 진동수에 대한 조타축의 응답을 필터 대역으로 옮겨 운전자가 느끼는 진동을 감소시킬 수 있었다.

램프 함수 입력

2차 시스템에 램프 입력이 가해지는 경우에 대한 특성 방정식은 다음과 같이 표현된다.

$$\left(\frac{D^2}{\omega_n^2} + \frac{2\zeta D}{\omega_n} + 1 \right) y = KAt$$

여기서 시간 $t = 0$일 때 $y = dy/dt = 0$이다.

ζ 값에 따라 세 가지 형태의 해가 가능하다.

$0 < \zeta < 1$(부족감쇠계 해)

$$\frac{y}{K} = At - \frac{2\zeta A}{\omega_n} \left[1 - \frac{e^{-\zeta \omega_n t}}{2\zeta \sqrt{1 - \zeta^2}} \sin \left(\sqrt{1 - \zeta^2} \omega_n t + \Phi \right) \right]$$

여기서

$$\Phi = \tan^{-1} \left(\frac{2\zeta \sqrt{1 - \zeta^2}}{2\zeta^2 - 1} \right)$$

$\zeta = 1$(임계감쇠계 해)

$$\frac{y}{K} = At - \frac{2A}{\omega_n} \left[1 - e^{-\omega_n t [1 + (\omega_n t/2)]} \right]$$

$\zeta > 1$(과감쇠계 해)

$$\frac{y}{K} = At - \frac{2\zeta A}{\omega_n} \left[1 + \frac{2\zeta^2 - 1 - 2\zeta \sqrt{\zeta^2 - 1}}{4\zeta \sqrt{\zeta^2 - 1}} e^{(-\zeta + \sqrt{\zeta^2 - 1})\omega_n t} + \frac{-2\zeta^2 + 1 - 2\zeta \sqrt{\zeta^2 - 1}}{4\zeta \sqrt{\zeta^2 - 1}} e^{(-\zeta - \sqrt{\zeta^2 - 1})\omega_n t} \right]$$

2차 시스템의 램프 응답은 그림 3.23과 같이 나타난다.

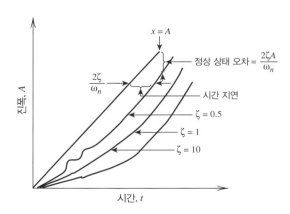

그림 3.23 램프 함수 입력에 대한 2차 시스템의 시간 응답

예제 3.14

로봇이 램프 입력과 유사한 형태의 예정된 궤적을 따라 용접을 시도하도록 프로그램되었다. 플랜트의 피어드 포워드 전달함수는 다음으로 주어진다.

$$G(s) = \frac{400(s + 2)}{s(s + 10)(s + 14)} \qquad H(s) = 1$$

정상 상태 오차를 계산하라.

알려진 값 $G(s) = \dfrac{400(s + 2)}{s(s + 10)(s + 14)}$, $H(s) = 1$

구할값 정상 상태 오차

풀이

폐루프 응답은 다음과 같이 주어진다.

$$\frac{C(s)}{R(s)} = \frac{G}{1 + G}$$

1에서 양편을 빼면 다음식을 얻는다.

$$1 - \frac{C(s)}{R(s)} = 1 - \frac{G}{1 + G}$$

$$\frac{R(s) - C(s)}{R(s)} = \frac{1 + G - G}{1 + G}$$

램프 입력에 대해, $R(s) = \dfrac{1}{s^2}$이다.

기준값과 출력 신호 간의 차이가 오차이기 때문에 다음을 얻을 수 있다.

$$E(s) = R(s)\frac{1}{1 + G} = \frac{1}{s^2\left[1 + 400(s + 2)/s(s + 10)(s + 14)\right]}$$

단순화하면

$$E(s) = \frac{(s + 10)(s + 14)}{s[s(s + 10)(s + 14) + 400(s + 2)]}$$

최종값 정리를 적용하면 정상 상태 오차는 다음과 같이 계산된다.

$$\underset{s\to 0}{sE(s)}\frac{(s + 10)(s + 14)}{s(s + 10)(s + 14) + 400(s + 2)} = 0.175$$

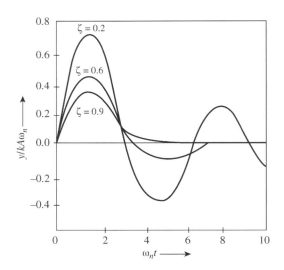

그림 3.24 충격 함수 입력에 대한 2차 시스템의 시간응답

충격 함수 입력

여기서는 중요한 문제인 임계감쇠계와 부족감쇠계를 고려할 것이다.

임계감쇠계

임계감쇠계에 대한 응답 함수는 다음과 같다.

$$\frac{y}{K} = A\omega_n^2 t e^{-\omega_n t}$$

부족감쇠계

부족감쇠계에 대한 응답 함수는 다음과 같이 쓸 수 있다.

$$\frac{y}{K} = A \frac{\omega_n e^{-\zeta\omega_n t}}{\sqrt{1-\zeta^2}} \sin\left(\sqrt{1-\zeta^2}\,\omega_n t\right)$$

응답 함수를 무차원형태로 그린 것이 그림 3.24와 같다.

예제 3.15

2차 계측시스템을 주파수를 바꿔가면서 사인파 입력을 이용해 시험했다. 1.2 r/s의 주파수에 대해 위상차는 110도이고 0.8 r/s의 주파수에 대해서는 60도인 것을 알 수 있었다. 시스템의 ζ와 ω_n을 계산하라. $\omega = \omega_n$일 경우 동적 오차(%)는 얼마인가? 전압계라고 할 경우 입력 전압의 크기가 3 V이면 출력은 얼마인가?

알고 있는 값 $f = 1.2$ r/s일 때 $\varphi = 110$도, $f = 0.8$ r/s일 때 60도, 입력 전압의 크기는 3 V

구할 값 ζ, ω_n 동적 오차(%), 출력 전압

풀이

φ가 110도일 때

$$2.74 = \frac{2\xi}{\left(\dfrac{1.2}{\omega_n} - \dfrac{\omega_n}{1.2}\right)}$$

φ가 60도일 때

$$-1.73 = \frac{2\xi}{\left(\dfrac{0.8}{\omega_n} - \dfrac{\omega_n}{0.8}\right)}$$

ζ와 ω_n에 대해 풀면, $\zeta = 0.443$, $\omega_n = 1.025$ r/s를 얻는다.

그래서 $\left.\dfrac{y}{kx_s}\right|_{\omega=\omega_n} = \dfrac{1}{2\xi} = 1.15$는 퍼센트 동적 오차 $= (1 - 1.15) \times 100 = -15\%$를 준다.

그러므로 출력 전압은 3.45 V가 된다.

응답은 그림 3.25와 같지만 스케일은 무시되었다.

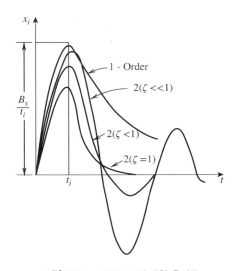

그림 3.25   예제 3.15에 대한 응답들

참고 사항   실질적인 목적을 위해 단순한 입력들이 고려되었다. 그러나 3차, 4차, 또는 그 이상의 차수를 가지는 미분방정식으로 표현되는 장비들을 만날 수 있다. 그리고 입력 또한 아주 복잡할 수 있다. 그러나 그런 입력이 주기적이라면 그리고 Dirichlet 조건에 의해 단일 유한값을 가지면서 유한 개의 불연속과 최댓값/최솟값을 가지

고 있다면 다음과 같은 푸리에 급수로 대체할 수 있다.

$$x = x_0 + \frac{1}{n}\left[\sum_{m=1}^{\infty} a_m \cos\frac{m\pi t}{n} + \sum_{m=1}^{\infty} b_m \sin\frac{m\pi t}{n}\right]$$

근사해석을 위해 급수 표현식에서 적당한 개수를 취하고 중첩의 원리를 적용해 주파수응답을 구할 수 있다. 고차 시스템의 경우 수치해석이 선호되며 응답을 디지털 프로세서나 컴퓨터를 이용해 아주 쉽게 구할 수 있다.

3.4 전달 함수

그림 3.26에 나타난 개략도를 고려해 보자. 계측시스템은 입력 신호 $F(t)$에 대하여 어떤 함수 $G(s)$로 작용하여 출력 신호 $y(t)$를 산출하도록 되어 있다. 이 과정은 미분 방정식 (3.4)의 양편에 라플라스 변환을 취하여 얻어지는데, 일반적인 1차 계측시스템을 묘사하고 있다. 그래서 다음과 같은 식을 얻는다.

$$Y(s) = \frac{1}{\tau s + 1}KF(s) + \frac{y_0}{\tau s + 1}$$

여기서 $y_0 = y(0)$이다. 이 식을 다시 표현하면

$$Y(s) = G(s)KF(s) + G(s)Q(s) \tag{3.24}$$

여기서 $G(s)$는 다음으로 주어지는 1차 시스템의 전달 함수이다.

$$G(s) = \frac{1}{\tau s + 1} \tag{3.25}$$

그리고 $Q(s)$는 시스템 초기 상태 함수이다. 시스템 초기 상태 함수가 $KF(s)$를 포함하고 있기 때문에 식 (3.24)의 오른편 첫 번째 항은 입력 신호에 대한 계측시스템의 정상 응답을 묘사하는 정보를 포함하고 있다. 반면에 두 번째 항은 순간 응답을 묘사하는 정보를 포함하고 있다. 그래서 전달 함수 $G(s)$는 계측시스템의 시간 응답을 완벽하게 묘사하는 것으로 볼 수 있다. 그림 3.26이 의미하듯이 전달 함수(transfer function)는 입력 $F(t)$에 대하여

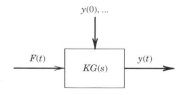

그림 3.26 전달 함수의 운용. 그림 3.2와 비교해 보기

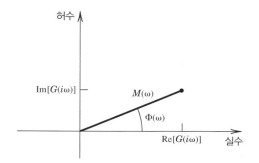

그림 3.27 주파수 응답을 복소수 평면으로 해석하는 방법

시스템의 시간 응답(출력 신호)을 산출하는 수학 과정을 정의한다. 상미분 방정식의 해를 구하는 데 흔히 사용하는 라플라스 변환표를 웹사이트에서 제공하고 있다.

$M(\omega)$와 $\Phi(\omega)$로 주어지는 시스템 주파수 응답은 $G(s)$에 $s = i\omega$를 대입하여 얻을 수 있다. 이를 수행하면 다음과 같은 복소수 식을 얻는다.

$$G(s = i\omega) = G(i\omega) = \frac{1}{\tau i\omega + 1} = M(\omega)e^{i\Phi(\omega)} \tag{3.26}$$

여기서 $G(i\omega)$는 그림 3.27에서 알 수 있듯이 실수축에 대해 크기 $M(\omega)$와 경사각 $\Phi(\omega)$를 갖는 실수-허수 평면상의 벡터이다. 1차 시스템에 대하여 $G(i\omega)$의 크기는 단순히 식 (3.10)으로 주어지는 $M(\omega)$이며, 위상 변동각 $\Phi(\omega)$는 식 (3.9)로 주어지는 $\varphi(\omega)$이다.

2차 또는 고차 시스템이라도 접근법은 같다. 2차 시스템에 대하여 지배 방정식은 식 (3.13)으로 정의되며 초기 조건은 $y(0) = y_0$와 $\dot{y}(0) = \dot{y}_0$이다. 라플라스 변환을 취하면 다음과 같이 된다.

$$Y(s) = \frac{1}{(1/\omega_n^2)s^2 + (2\zeta/\omega_n)s + 1}KF(s) + \frac{s\dot{y}_0 + y_0}{(1/\omega_n^2)s^2 + (2\zeta/\omega_n)s + 1} \tag{3.27}$$

이 식은 다시 다음과 같이 표현될 수 있다.

$$Y(s) = G(s)KF(s) + G(s)Q(s) \tag{3.28}$$

직관적으로 전달 함수는 다음과 같이 됨을 알 수 있다.

$$G(s) = \frac{1}{(1/\omega_n^2)s^2 + (2\zeta/\omega_n)s + 1} \tag{3.29}$$

$G(s)$에 $s = i\omega$를 대입하면 2차 시스템에 대하여 다음을 얻는다.

$$G(s = i\omega) = \frac{1}{(i\omega)^2/\omega_n^2 + 2\zeta i\omega/\omega_n + 1} = M(\omega)e^{i\Phi(\omega)} \tag{3.30}$$

이 식은 식 (3.20)과 (3.22)로 주어진 진폭비와 위상각과 동일함을 알 수 있다.

3.5 위상각의 선형성

그림 3.19와 3.20으로부터 0.7 근처의 감쇠비를 가지는 시스템은 넓은 주파수 대역에 걸쳐 $M(\omega)$가 거의 1에 머물러 있으며 위상각은 주파수 변화에 선형적으로 변하는 것을 알 수 있다. 위상 변화가 없는 계측시스템을 설계하는 것은 거의 불가능하기 때문에 최소한 주파수 변화에 위상각이 선형적으로 변하는 시스템이 바람직하다. 왜냐하면 비선형 위상 변이로 인해 출력 신호의 파형의 주요 변형이 수반되기 때문이다. 변형(distortion)이라는 것은 단순한 진폭 변화나 상대 위상각 지연이 아니고 원래 파형 자체에 변형이 일어나는 것을 의미한다. 변형을 최소화하기 위하여 대부분의 계측시스템은 $0.6 \leq \zeta \leq 0.8$ 사이 값을 갖도록 설계된다.

신호 변형은 일반 함수 $u(t)$로 표현되는 복잡한 특정 파형을 고려하여 예를 보일 수 있다.

$$u(t) = \sum_{n=1}^{\infty} \sin n\omega t = \sin \omega t + \sin 2\omega t + \cdots \tag{3.31}$$

계측 동안 이 신호의 위상 변동이 일어나는데, 위상 변동이 주파수에 선형적으로 비례하다고 가정하자. 그러면 계측된 신호 $v(t)$는 다음으로 표현된다.

$$v(t) = \sin(\omega t - \Phi) + \sin(2\omega t - 2\Phi) + \cdots \tag{3.32}$$

또는 다음과 같이 놓아

$$\theta = (\omega t - \Phi) \tag{3.33}$$

다음과 같이 쓸 수 있다.

$$v(t) = \sin \theta + \sin 2\theta + \cdots \tag{3.34}$$

식 (3.22)의 $v(t)$를 살펴보면 원래의 신호 $u(t)$와 동등한 것을 알 수 있다. 만일 위상각 변동이 주파수에 선형적으로 변하지 않는다면 출력 신호는 입력 신호와 전혀 달라질 것이다. 예제 3.16에서 이 문제를 다루게 된다.

예제 3.16

다음 함수로 정의되는 신호를 조사하여 주파수에 따른 위상각의 변동이 계측 신호에 미치는 영향을 조사해 보자.

$$u(t) = \sin t + \sin 5t$$

이 신호가 다음 형태와 같이 위상각이 주파수에 선형적으로 비례하는 방식으로 계측되었다고 가정해 보자.

$$v(t) = \sin(t - 0.35) + \sin[5t - 5(0.35)]$$

두 신호 $u(t)$와 $v(t)$가 그림 3.28에 그려져 있는데 두 파형이 $v(t)$가 $u(t)$에 대하여 시간 지연이 있는 것을 제외하고는 동일함을 알 수 있다.

이제 이 신호가 비선형의 위상변위와 진동수 사이의 관계와 같은 방식으로 계측되었다고 하면, 예를 들어 다음과 같이 된다고 한다면

$$w(t) = \sin(t - 0.35) + \sin(5t - 5)$$

$w(t)$ 신호는 그림 3.28에 나타나는 것처럼 $u(t)$와는 전혀 다른 파형을 산출하게 되는 것을 알 수 있다. 이와 같은 것이 신호 변형이다. $u(t)$, $v(t)$, $w(t)$를 비교해 보면 위상 변이와 주파수 간의 비선형성이 신호 변형으로 나타남이 명백해 보인다. 이것은 바람직하지 못하다.

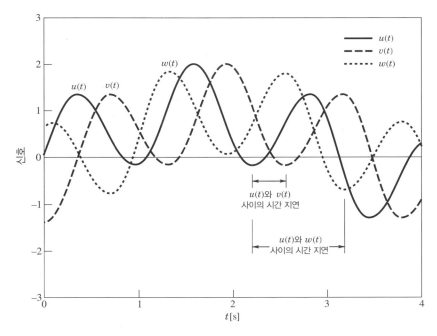

그림 3.28 예제 3.16의 파형들

3.6 다중 함수 입력

지금까지 오직 하나의 주파수를 갖는 신호에 대한 계측시스템의 응답을 토의해 왔다. 만일 여러 개의 주파수를 포함하는 신호에 대해서는 어떻게 될까? 또는 진동하는 보로부터 나오는 주기적인 변형률 신호와 같이 정적 신호와 동적 신호가 섞여 있는 입력 신호에 대해서는 어떻게 될까? 입력이 종속 변수의 선형 조합인 선형 상미분 방정식으로 표현되는 모델의 경우 해를 구하는 데 있어 **중첩의 원리**(principle of superposition)가 적용된다. 중첩의 원리는 선형 계측시스템에 적용된 입력 신호를 선형 조합으로 표현하는 경우 출력 신호 또한 개개의 입력 성분에 대한 출력의 조합으로 이루어진다는 것을 의미한다. 순간 응답의 형태는 입력 함수에 의하여 영향을 받지 않기 때문에 정상 응답만을 생각해 보자. 일반적으로 외력 함수가 다음과 같은 형태를 가지고 적용되었다고 한다면

$$F(t) = A_0 + \sum_{k=1}^{\infty} A_k \sin \omega_k t \tag{3.35}$$

결합된 정상 응답은 다음과 같은 형태로 표현된다.

$$y_{\text{steady}}(t) = KA_0 + \sum_{k=1}^{\infty} B(\omega_k) \sin \left[\omega_k t + \Phi(\omega_k) \right] \tag{3.36}$$

여기서 $B(\omega_k) = KA_k M(\omega_k)$이다. 중첩의 원리는 동역학 기본 교과서에서 발견된다(참고문헌 4).

예제 3.17

$K = 1$ unit/unit, $\zeta = 2$, $\omega_n = 628$ rad/s를 가지는 2차 계측 장비를 사용하여 다음과 같은 형태의 정상 상태 신호를 계측하고자 한다. 출력 신호를 예측해 보라.

$$F(t) = 5 + 10 \sin 25t + 20 \sin 400t$$

알려진 값 2차 시스템
     $K = 1$ unit/unit, $\zeta = 2.0$, $\omega_n = 628$ rad/s
     $F(t) = 5 + 10 \sin 25t + 20 \sin 400t$

가정 선형 시스템(중첩의 원리를 사용할 수 있다.)

구할 값 $y(t)$

풀이

$F(t)$가 여러 개의 입력 함수의 선형 조합으로 이루어져 있기 때문에 정상 응답 신호는 $y_{\text{steady}}(t) = KF(t)$의 식 (3.33)의 형태 또는 다음의 형태를 가지게 된다. 따라서 다음과 같이 표현된다.

$$y(t) = 5K + 10KM(25 \text{ rad/s})\sin\left[25t + \Phi(25 \text{ rad/s})\right]$$
$$+20KM(400 \text{ rad/s})\sin\left[400t + \Phi(400 \text{ rad/s})\right]$$

$\omega_n = 628$ rad/s와 $\zeta = 2.0$ 값에 대하여 식 (3.20)과 (3.22) 또는 그림 3.19와 3.20을 사용하면 다음을 계산할 수 있다.

$$M(25 \text{ rad/s}) = 0.99 \quad \Phi(25 \text{ rad/s}) = -9.1°$$
$$M(400 \text{ rad/s}) = 0.39 \quad \Phi(400 \text{ rad/s}) = -77°$$

그래서 정상 출력 신호는 다음과 같은 형태를 가지게 된다.

$$y(t) = 5 + 9.9\sin(25t - 9.1°) + 7.8\sin(400t - 77°)$$

그림 3.29에 입력 신호에 대한 출력 신호가 그려져 있는데 입력 신호와 출력 신호에 대한 진폭 스펙트럼이 그림 3.30에 나타나 있다. 첨부된 프로그램 *FunSpect.m*과 *DataSpect.m*을 이용해 신호로부터 스펙트럼을 생성할 수 있다.

참고사항 입력 신호의 25 rad/s 성분의 정적 크기와 변위가 출력 신호에 밀접하게 전달된다. 그러나 입력 신호의 400 rad/s에 해당하는 진폭 정보는 출력 신호에서 심각하게 줄어든다(61% 감소). 이것은 계측시스템의 주파수 응답에 의한 필터링 효과이다.

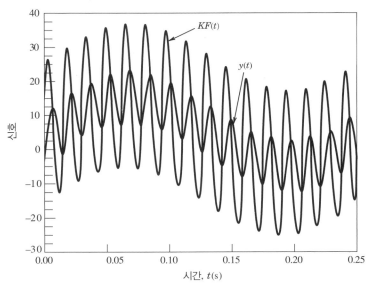

그림 3.29 예제 3.17의 입력 신호와 출력 신호

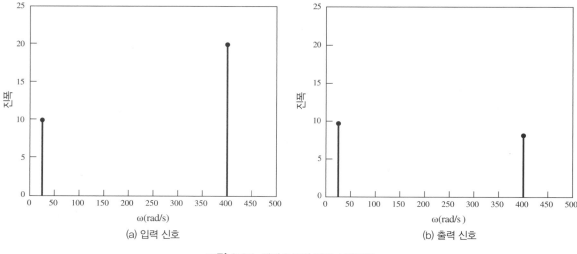

그림 3.30 예제 3.17의 진폭 스펙트럼

3.7 연성계

각 단계에서 계측을 위한 장비들이 연결되면 (변환기, 신호처리기, 출력장치 등) 한 단계에서의 출력이 연결된 다음 단계의 장비에게는 입력이 된다. 전체 계측시스템은 초기의 입력 신호에 대해 연성된 출력 응답을 가지게 되는데 이는 입력에 대한 개개의 응답들이 조합된 결과이다(참고문헌 5). 그러나 앞에서 다루었던 0차, 1차, 2차 시스템의 개념들은 연성된 시스템의 각 경우에 대해 동일하게 사용된다.

이 개념은 1차 감지기가 2차 출력 장비에 연결되어 있는 것을 예로 들어 이해될 수 있다. 감지기로의 입력은 단순 주기 파형 $F_1(t) = A \sin \omega t$로 가정하자. 변환기는 식 (3.8)과 같은 형태의 출력 신호로 반응한다.

$$y_t(t) = Ce^{-t/\tau} + \frac{K_t A}{\sqrt{1 + (\tau\omega)^2}} \sin(\omega t + \Phi_t)$$

$$\Phi_t = -\tan^{-1} \tau\omega \tag{3.37}$$

여기서 아래 첨자 t는 변환기를 의미한다. 그러나 변환기 출력 신호는 이제 입력 신호가 된다. 즉, $F_2(t) = y_t$는 다음 장비인 2차 시스템의 입력이 된다. 2차 장비의 출력 $y_s(t)$는 입력 $F_2(t)$의 입력에 대한 2차 응답인데 다음과 같다.

$$y_s(t) = y_h(t) + \frac{K_t K_s A \sin\left[\omega t + \Phi_t + \Phi_s\right]}{\left[1 + (\omega\tau^2)\right]^{1/2} \left\{\left[1 - (\omega/\omega_n)^2\right]^2 + \left[2\zeta\omega/\omega_n\right]^2\right\}^{1/2}}$$

$$\Phi_s = -\tan^{-1} \frac{2\zeta\omega/\omega}{1 - (\omega/\omega_n)^2} \tag{3.38}$$

여기서 아래 첨자 s는 스트립 기록계를 의미하고 $y_h(t)$는 순간 응답을 나타낸다. 기록계에 나타난 출력, $y_s(t)$는 변환기로 입력된 원래의 신호 $F_1(t) = A \sin \omega t$에 대한 계측시스템의 응답이다. 기록계 출력 신호의 정상 진폭은 1차와 2차 시스템의 정적 감도와 진폭비의 곱으로 나타난다. 위상각 변동은 두 시스템의 위상각 변동의 합이 된다.

식 (3.28)에 근거하여 일반적인 관찰을 할 수 있는데, 그림 3.31에 나타난 개략도를 고려해 보자. 그림 3.31은 H개의 서로 연결된 장비 $j = 1, 2, \cdots, H$로 구성된 계측시스템을 묘사하고 있는데 각각의 장비는 선형 시스템 모델로 간주된다. 결합된 시스템의 전체 전달 함수 $G(s)$는 개개 장비의 전달 함수 $G_j(s)$의 곱이 되므로 다음과 같이 된다.

$$KG(s) = K_1 G_1(s) K_2 G_2(s) \ldots K_H G_H(s) \tag{3.39}$$

$s = i\omega$에서 식 (3.39)는 다음과 같이 된다.

$$KG(i\omega) = (K_1 K_2 \ldots K_H) \times \left[M_1(\omega) M_2(\omega) \ldots M_H(\omega) \right] e^{i\left[\Phi_1(\omega) + \Phi_2(\omega) + \cdots + \Phi_H(\omega) \right]} \tag{3.40}$$

식 (3.40)에 의하면 장비 1에 가해진 입력 신호가 주어진 경우 장비 H에서의 시스템의 정상 응답 신호는 시스템 주파수 응답 $G(i\omega) = M(\omega) e^{i\Phi(\omega)}$로 표현되고 전체 정적 감도는 다음과 같이 표현된다.

$$K = K_1 K_2 \ldots K_H \tag{3.41}$$

전체 시스템 진폭비는 다음과 같은 곱이 된다.

$$M(\omega) = M_1(\omega) M_2(\omega) \ldots M_H(\omega) \tag{3.42}$$

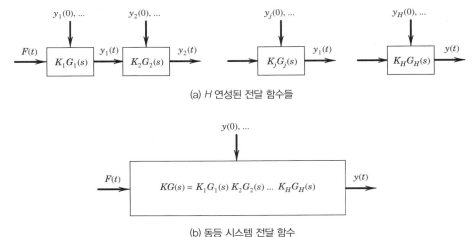

(a) H 연성된 전달 함수들

(b) 동등 시스템 전달 함수

그림 3.31 연성계 : 시스템의 전달 함수로 묘사됨

전체 위상각 변동은 다음과 같은 합으로 된다.

$$\Phi(\omega) = \Phi_1(\omega) + \Phi_2(\omega) + \cdots + \Phi_H(\omega) \tag{3.43}$$

6장에서 토의한 상황처럼 하중의 영향이 심각하지 않다면 이 식은 타당하다.

요약

시간에 따라 변동하는 입력에 대해 계측시스템이 어떻게 응답하는가는 신호의 성분과 특정 시스템의 주파수 응답에 의해 좌우된다. 모델링은 이와 같은 개념을 구체화할 수 있도록 도와주는데, 시스템 응답에 영향을 미치는 시스템 설계 파라미터는 모델링을 통해 드러나며, 장비를 선택하는 데 있어 지침이 된다. 모델링은 또한 시간 상수, 응답 시간, 주파수 응답, 감쇠비, 공진 주파수와 같은 계측시스템의 사양을 해석적 또는 실험적으로 결정할 수 있는 방법을 제시해 준다. 시스템의 성질과 이들이 시스템 성능에 미치는 영향을 해석하는 방법을 공부했다.

입력 변화에 대한 시스템의 응답 반응 속도는 계단 함수 입력을 이용하여 평가된다. 1차 시스템의 시간 상수, 2차 시스템의 고유 진동수, 감쇠비와 같은 시스템 파라미터들은 시스템의 응답을 결정하는 지표로 사용된다. 진폭비와 위상각 변동은 시스템의 주파수 응답을 나타내며 그 시스템에 주기적인 파형의 입력 신호를 적용해 찾아낼 수 있다. 그림 3.12, 3.13, 3.19, 3.20은 각각 1차와 2차 시스템에 대한 일반적인 주파수 응답 곡선을 나타낸다. 이들 곡선은 대부분의 공학 요람과 수학 요람에서 발견되며 1차 또는 2차 시스템에 적용할 수 있다.

참고문헌

[1] Close, C.M., D.K. Frederick, J. Newell, *Modeling and Analysis of Dynamic Systems*, 3rd ed. Wiley, Boston, 2001.

[2] Doebelin, E. O., *Measurement Systems: Applications and Design*, McGraw-Hill, New York, 2003.

[3] Ogata, K., *System Dynamics*, 4th ed., Prentice-Hall, Englewood Cliffs, NJ, 2003.

[4] Palm, W. J., III, *Modeling, Analysis and Control of Dynamic Systems*, 2nd ed., Wiley, New York, 2000.

[5] Burgess, J. C., A quick estimation of damping from free damped oscillograms, *Wright Air Development Center*, *WADC TR 59-676*, March 1961, pp. 457-460.

기호

$a_0, a_1, \cdots, a_n$	물리적 계수	k	스프링 상수 또는 강성 (mt^{-2})
$b_0, b_1, \cdots, b_n$	물리적 계수	m	질량 (m)
c	감쇠 계수 (mt^{-1})	$p(t)$	압력 ($ml^{-1} t^{-2}$)
f	주파수 ($f = \omega/2\pi$) (Hz)	t	시간 (t)

$x(t)$	독립 변수	$U(t)$	단위 계단 함수
$y(t)$	종속 변수	β_1	시간 지연 (t)
y^n	$y(t)$의 n차 도함수	$\delta(\omega)$	동적 오차
$y^n(0)$	y^n의 초기 조건	τ	시간 상수 (t)
A	입력 신호의 진폭	$\Phi(\omega)$	위상각 변동
$B(\omega)$	출력 신호의 진폭	ω	원 진동수 (t^{-1})
C	상수	ω_n	고유 진동수 (t^{-1})
$E(t)$	전압(V) 또는 에너지	ω_d	감쇠 진동수 (t^{-1})
F	힘 (mlt^{-2})	ω_R	공진 진동수 (t^{-1})
$F(t)$	기진력 함수	ζ	감쇠비
$G(s)$	전달 함수	Γ	오차율
K	정적 감도	**아래 첨자**	
$M(\omega)$	진폭비, B/KA	0	초깃값
$T(t)$	온도 (°)	∞	최종값 또는 정상값
T_d	감쇠 주기 (t)	h	순수 해

연습문제

참고사항 : 반드시 요구되지는 않지만 주어진 대부분의 문제를 해결하는 데 첨부된 프로그램을 사용할 수 있다. 독자들이 소프트웨어를 사용하기 바란다.

3.1 아래에 주어진 시스템에 대해 75%, 90%, 95% 응답 시간을 결정하라. (초기 조건은 0으로 가정한다.)

　　a. $2\ddot{P} + 8\dot{P} + 8P = 2U(t)$

　　b. $5\dot{y} + 5y = U(t)$

3.2 특별한 감지기가 액체-기체 혼합기의 기체 함유량을 감지하도록 설계되었다. 정적 교정 시 감지기가 100% 액체와 접촉하고 있을 경우 80을 나타내었으며, 100% 기체일 경우 0, 50 : 50% 혼합인 경우 40을 나타내었다. 감지기의 정적 감도를 결정하라.

3.3 시스템이 다음과 같은 모델을 갖는다. 초기에는 출력 신호가 75 V로 정상 상태에 있었다. 입력 신호가 갑자기 100 V로 증가되었을 경우에 대하여

　　a. 응답 방정식을 결정하라.

　　b. 같은 그래프에 $t = 0$초로부터 정상 응답을 얻을 때까지 입력 신호와 시스템 시간 응답을 그려라.

3.4 $\ddot{y} + 2\dot{y} + 4y = U(t)$으로 주어진 시스템에 대해 75%, 90%, 95% 응답 시간을 결정하라. (초기 조건은 0으로 가정한다.)

3.5 시간 상수 3 s를 가지고 있는 온도 센서를 이용해 0℃부터 42℃의 계단 변화를 계측하였다. 센서의 시간 응답 $T(t)$를 구하고 85% 상승 시간을 결정하라.

3.6 한 학생이 온도계를 뜨거운 물에 넣었다가 꺼내서 다시 차가운 물에 넣어 온도 센서의 시간 상수를 결정 하였다. 다른 학생들도 비슷한 센서에 대해 동일한 시험을 수행하였다. 그 결과 각각의 학생이 구한 시간 상수가 1.2배 정도 차이가 나면서 서로 다른 것을 발견하였다. 왜 다른 결과를 얻게 되는지 설명하라. (힌 트 : 이런 실험을 직접 해 보고 시험 환경의 제어에 대해 생각해 보라.)

3.7 시간에 따라 변동하는 온도를 계측하는 데 적합한 센서는 다음 중 무엇인가? 작은 지름의 구형 방울 형태 의 온도 센서(예 : 열전대) 또는 큰 지름의 구형 방울 형태의 온도 센서

3.8 온도 센서를 전도율 91 W/m-K, 질량밀도 8900 kg/m³, 비열 444 J/kg-K를 가지는 원구로 모델화 하려고 한다. 열전달계수 100 W/m²-K의 환경에 이 센서를 배치할 경우 유체 온도 T_∞의 계단 변화 90% 응답이 다음과 같을 때의 원구의 최대 직경을 구하라.

a. 10초

b. 1초

c. 0.01초

3.9 온도 센서를 전도율 150 W/m-K, 질량밀도 7200 kg/m³, 비열 350 J/kg-K를 가지는 원구로 모델화하였 다. 만일 구의 직경이 3 mm라고 한다면 전도 환경의 온도에서 계단 변화의 85% 응답하는 데 걸린 시간을 결정하라. 열전달계수는 900 W/m²-K이다.

3.10 직경 1 cm의 구리로 된 원구가 온도 25℃의 물통의 물에 잠겨 평형 상태에 있다. 물통의 히터가 켜지면서 다음 식으로 주어지는 시간의 선형 함수로 상승하기 시작했다.

$$T_\infty(t) = 0.065t + 25$$

여기서 T_∞는 섭씨의 단위를 가지고 있으며 t는 초의 단위를 가진다. 열전달계수 값, h는 1000 W/m²-K 이다. 집중화된 온도 용량을 가정하고 구리 원구의 온도에 대한 지배방정식을 유도하라. 그리고 이 미분 방정식을 풀어 원구의 온도를 시간의 함수로 나타내라.

3.11 서미스터(thermistor)는 반도체를 소결시켜 만든 온도 센서인데 작은 온도 변화에도 저항이 크게 변한다. 어떤 서미스터가 $R(T) = 0.5e^{-10/T}\Omega$로 주어지는 교정 곡선을 가지고 있다고 가정하자. 여기서 T는 절대 온도를 나타낸다. 다음 온도에서 정적 감도 [Ω/°]는 얼마인가?

a. 283 K

b. 350 K

3.12 RC 저주파 통과 필터가 1차 장비로 반응한다. 시간 상수는 RC 곱으로 정해진다. 이 필터의 시간 상수는 2 ms이다. 정상값의 99.3%에 도달하기까지 걸리는 시간을 계산하라.

3.13 인간 전신 순환에 대한 집중 모델은 전신 혈관 저항과 전신 혈관 컴플라이언스(compliance)를 포함한다.

컴플라이언스는 기계적인 강성의 역이며 $C = \Delta\forall/\Delta p$로 평가된다. 따라서 컴플라이언스는 부피 변화를 수용하기에 충분한 압력 변화와 관련이 있다. 각 심장 박동의 일반적인 스트로크 부피는 80 mm Hg의 확장말기 압력이 최대 수축말기 압력인 120 mm Hg로 상승하는 동안 80 mL의 피를 동맥으로 분출한다. 이와 비슷하게 6 L/min의 혈류에 대한 저항은 이를 구동하기 위해 박동 주기에 걸친 평균 압력, 약 100 mm Hg를 필요로 한다. 전신 혈관 컴플라이언스와 저항에 대한 집중 파라미터값을 평가하라. 참고로 이것과 같은 관계들이 압력 계측시스템의 물리적인 성질을 묘사하는 데도 사용된다.

3.14 시간 상수 2 s를 가지는 온도 계측시스템이 350°C에서 300°C 사이를 20 s 주기로 삼각함수처럼 변하는 가열 시스템의 온도를 계측하는 데 사용된다. 온도의 최대 최솟값을 구하라. 입력과 출력 신호 간의 시간 지연은 얼마인가?

3.15 프로세스 온도가 0.2 Hz의 주파수를 가지고 요동하는 것으로 알려졌다. 엔지니어는 열전대를 가지고 프로세스를 관찰하는데 3% 이내의 진폭 감소를 희망한다. 필요한 시간 상수는 얼마인가?

3.16 정상 상태 응답은 조화 입력이 일정 기간 주어지고 순간 응답이 0으로 수렴한 후의 계측시스템의 응답을 말한다. 1차 시스템에 있어 정상 응답이 1% 이내에 들어올 때까지 걸리는 시간을 결정하라.

3.17 시간 상수 10 ms인 계측기에 대하여 주파수 응답 $[M(\omega)$와 $\Phi(\omega)]$를 결정하라. 동적 오차가 10% 이하가 되는 주파수 영역을 결정하라.

3.18 시간 상수가 3 s인 1차 장비를 사용하여 주기적인 입력을 계측하고자 한다. 만일 동적 오차 ±5%가 허용된다면 계측할 수 있는 주기적인 입력의 최대 주파수는 얼마인가?

3.19 온도 계측 장비가 시간 상수 0.15 s를 가지고 있으며 온도에 비례한 전압을 출력하고 있다. $T(t) = 115 + 12\sin 2t\,°C$ 형태의 입력 신호를 계측하는 경우에 대하여 장비가 1차 거동을 한다고 가정하고 정적 감도는 5 mV/°C라고 가정하여 입력 신호와 예상되는 출력 신호를 그려라. 또한 동적 오차와 정상 응답의 시간 지연을 결정하라. 단, $T(0) = 115°C$이다.

3.20 1차 장비가 반응기의 온도를 계측하기 위하여 부착되었다. 100°C 이상의 급작스러운 온도 변화가 일어나는 경우에는 100°C에 도달한 후 5 s 이내에 반응기의 작동을 멈추어야 할 필요가 있다. 이 장비에 대한 최대 허용 시간 상수를 결정하라.

3.21 어떤 시스템의 동적 교정을 하는 중 이 시스템에 $F(t) = 8\sin 50t$ mV의 신호를 가하면 $y(t) = 5\sin 50t$의 응답을 보여 주었다. $K = 2$ mV/mV라면 50 rad/s에서 시스템의 동적 오차(%)는 얼마인가?

3.22 온도 시스템이 주파수 20 Hz로 진폭이 30~40°C 사이를 변화하는 온도의 정상 응답이나 시간에 따라 변화하는 신호를 표시한다. 출력 신호를 파형 방정식 $y(t)$로 표현하라. 만일 동적 오차가 5% 미만이 되려면 시스템 시간 상수는 얼마인가?

3.23 $3/2\pi$ Hz의 주기를 가지는 신호가 시간 상수 $RC = 10$ s를 가지는 1차 저주파 통과 RC 필터를 통과했다. 예상되는 위상 지연은 얼마인가?

3.24 시간 상수 0.10 s를 가지는 1차 온도 센서에 삼각 함수 형태의 온도 변동 $T(t) = 20 \sin \omega t°C$가 주어질 경우의 주파수 대역, 저주파 차단 주파수, 고주파 차단 주파수를 Hz 단위로 결정하라.

3.25 계측시스템의 고유 진동수는 0.5 rad/s이며, 감쇠비는 0.5이고, 정적 감도는 0.5 m/V이다. $F(t) = 2U(t)$와 초기 조건이 0인 경우를 고려하여 다음 시스템의 90% 상승 시간과 정착 시간을 결정하라. 또한 응답 $y(t)$를 그리고 순간 응답과 정상 응답을 표시하라.

3.26 입력 신호가 12 V와 24 V 사이를 120 Hz의 주파수로 삼각함수 형태로 진동한다. 이 신호를 감쇠비 0.7, 감쇠 진동수 1000 Hz, 정적 감도 1 V/V를 가지는 장비를 사용해 계측한다. 정상 응답의 출력 신호의 변위 스펙트럼을 구하라.

3.27 감쇠비 0.6을 갖는 장비의 ω/ω_n에 대한 주파수 응답 곡선, $M(\omega)$, $\Phi(\omega)$를 그려라. 또한 동적 오차가 5% 내에 머물 수 있는 주파수 영역을 결정하고 선도상에 표시하라. 감쇠비가 0.9와 2.0인 경우에 대하여 반복하라.

3.28 정착 시간 98%는 2차 시스템이 정상 응답의 2% 이내로 반응할 때까지 걸린 시간이다. 이 시간을 계산하는 근사식은 $t_{98} = 4/\zeta\omega_n$이다. $\zeta = 0.707$과 $\omega_n = 1$ rad/s에 대한 t_{98}를 결정하고 이 근사 계산이 적절함을 증명하라.

3.29 일차의 온도계가 100°C로 온도 조절이 유지되는 물통에 삽입되었는데 다음과 같은 시간-온도 데이터를 얻었다. 정상 상태 오차를 계산하라.

시간(s)	0.0	3.0	8.0	11.0	15.0	18.0
온도(°C)	20	60	90	95	98	90

3.30 변환기에 계단 입력 시험을 수행하였는데 정상 상태 값으로 감소하는 감쇠 진동의 신호를 보여 준다. 진동 주기가 0.55 ms이면 변환기의 감쇠 진동수는 얼마인가?

3.31 압력 변동이 250 Hz의 사인파형으로 나타나는데 동적 오차 2% 이하로 계측하고자 한다. 판매업자들의 카탈로그를 살펴본 바 원하는 변환기가 고유 진동수는 600 Hz로 고정되어 있고 감쇠비는 0.5~1.5까지 0.05 간격으로 변화하는 것을 발견할 수 있었다. 합당한 변환기를 결정하라.

3.32 힘 변환 시스템을 이용해 삼각 함수 신호를 계측할 필요가 있다. 진폭의 지수 감소 시험으로부터 시스템이 감쇠비 0.6과 고유 진동수 1500 Hz임을 알 수 있었다. 이 시스템의 주파수 대역을 결정하고 $M(f)$를 그려라. 상위 차단 주파수는 얼마인가?

3.33 그림 P3.33은 최소 0.9 kg에서 최대 1.1 kg 사이의 하중을 계측하는 데 사용되는 생산라인 장비를 보여 준다. 플랫폼의 질량은 0.2 kg이다.

   a. 저울의 변형이 하중 범위에 대해 10 mm 이하로 만들려면 스프링 강성이 얼마가 되어야 하는가?

   b. 감쇠비를 0.7로 하려면 중간 하중 값에서 감쇠계수가 얼마가 되어야 하는가?

c. 이 감쇠계수에 대해 최소와 최대 하중에 대한 감쇠비는 얼마인가?

d. 최소 하중과 최대 하중을 갑자기 플랫폼에 가했을 때 퍼센트 오버슈트는 얼마인가?

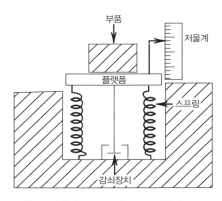

그림 P3.33 문제 3.33을 위한 생산 라인 장치

3.34 70°C에 있던 온도계를 300°C의 유체에 갑자기 담갔는데 3초 후 온도계가 200°C를 가리키는 것을 알 수 있었다. 몇 초 후에 온도계가 실제값의 1% 내로 신뢰할 만한 값을 줄 수 있을까?

3.35 1차 온도계가 매 5분마다 한 번씩 공기 사이클링의 온도를 계측하는 데 사용된다. 온도계의 시간 상수는 20 s이다. 표시되는 온도계의 감소율을 퍼센트로 계산하라. 온도가 20°C의 사인파 형태의 변동이 있는 경우 온도의 표시값 변동을 계산하라.

3.36 스트레인 게이지 계측시스템을 사용하여 비행기 날개의 진동과 돌풍이 부는 경우의 변형률을 계측하고자 한다. 변형률 시스템은 100 ms의 90% 상승 시간을 가지고 있으며, 감쇠 주파수는 1200 Hz, 감쇠비는 0.8이다. 1 Hz 진동을 계측하는 데 있어 동적 오차를 계산하라. 그리고 시간 지연을 계산하고 이 정보의 의미를 기술하라.

3.37 가속도계는 자연적으로 2차인데 100 Hz 이하의 주파수를 가지는 사인파 형태의 신호를 계측하는 데 사용한다. ±6% 이내의 동적 오차를 허용한다면 감쇠비 0.6의 센서를 선택하라.

3.38 주파수 100 rad/s까지 동적 오차 ±10% 이하로 계측할 수 있는 2차 장비의 감쇠비와 고유 진동수를 갖는 모델을 다음 중에서 결정하라. 카탈로그에는 감쇠비 0.4, 1, 2, 고유 진동수 200, 500 rad/s인 모델들을 소개하고 있다. 선택한 이유를 설명하라.

3.39 시간 상수 25 ms와 $K = 1$ V/N를 가지는 1차 계측시스템을 가지고 $F(t) = \sin 2\pi t + 0.8 \sin 6\pi t$ N 형태의 신호를 계측하고자 한다. 시스템의 정상 응답(정상 출력 신호)를 결정하라. 출력 신호 진폭 스펙트럼을 그려라. 입력에서 출력으로의 정보 전달을 토론하라. 출력 신호를 근거로 입력 신호를 분해할 수 있는가?

3.40 2차 시스템($\omega_n = 100$ rad/s, $\zeta = 0.4$)에 계단 함수 입력 $U(t)$를 가하고 진폭 지수 감소율로부터 감쇠비와 고유 진동수를 결정할 수 있음을 입증하라. $y(0) = 0$, $F(t) = KAU(t)$ 또는 $y(0) = KA$, $F(t) = -KAU(t)$를 가

지고도 가능함을 입증하라. $K = 1\text{ mV/mV}$, $A = 600\text{ mV}$를 사용하라. 이 기법이 실제에서 왜 유용한가?

3.41 가속도계의 감쇠비는 0.42이고 고유 진동수는 15,000 Hz다. 가속도계를 보에 부착하여 상대 변위를 감지하고자 한다. 보에 가한 충격으로 보가 4500 Hz로 진동하는 경우에 가속도계의 출력에 발생하는 동적 오차와 위상각 변동을 계산하고 공진 주파수를 결정하라.

3.42 예제 3.1의 지진 가속도계의 진폭비와 위상각에 대한 방정식을 유도하라. 이 응답은 이 장에서 설명된 전형적인 2차 응답과 다르게 나타난다. 어떤 형태의 계측에 이 같은 장비가 가장 합당한가?

3.43 계측시스템은 $M(\omega)$으로 정의된 주파수 응답을 가진다. 이 시스템의 감쇠비가 0.6이고 고유 진동수는 1385 Hz이다. 주파수에 따라 어떻게 $M(\omega)$가 바뀌는지 보여라. $M(\omega)$가 어떤 주파수에서 최대가 되는가?

3.44 압력 센서가 용기의 압력을 계측하기 위해 선택되었다. 압력 변동은 1에서 4 Hz 사이의 사인파 형태의 신호로 간주되었다. 시간 상수를 알고 있는 여러 개의 센서를 사용할 수 있다. 동적 허용 오차 ±1%를 가지는 센서를 선택하라.

3.45 비행기에 장착할 1차 동적 압력 센서가 시간 상수 $\tau = 5.23\text{ ms}$를 가지고 있다. 이 센서는 고도 2000 m 까지 동적 압력을 계측하는 데 사용할 수 있다. 이 고도까지 압력 변화는 10 Pa/m의 감소율로 선형적으로 변한다. 해수면의 압력은 100 kPa이다. 만일 해수면과 거의 같은 높이에 있는 공항에서 비행기가 30도 각도로 속력 300 km/h로 이륙한다면

  a. 고도 2000 m까지 올라갈 때까지의 압력 정상 상태 오차는 얼마인가?

  b. 이륙 후 20초 후의 표시 압력은 얼마인가?

  c. 이 순간의 정확한 고도는 얼마인가?

3.46 1차 변환기의 출력은 2차 표시 장비에 연결되어 있다. 변환기의 시간 상수는 1.5 ms, 정적 감도는 3 V/°C, 표시 장비는 감도, 감쇠비, 고유 진동수가 각각 1 V/V, 0.9, 5000 Hz이다. 입력 신호가 $T(t) = 5 + 40\sin 628t\,°\text{C}$인 경우에 대한 이 계측시스템의 정상 응답을 계산하라.

3.47 $y(t) = 8\sin 1000t\text{ mV}$의 형태를 가지는 신호를 시간 상수 80 ms, $K = 1\text{ V/V}$를 가지는 1차 장비를 가지고 계측한다. 1차 장비의 출력은 $K = 100\text{ V/V}$, 고유 진동수 15,000 Hz, 감쇠비 0.8을 가지는 2차 앰프에 전달된다. 출력 신호 $y(t)$의 예상되는 형태는 무엇인가? 출력단에서의 동적 오차와 위상 지연을 계산하라. 여기서 선택한 장비는 적절한가? 아니면 다른 제안이 있는가?

3.48 강체의 변위는 지진계(2차 시스템)에 의해 청취되고 있는데 그 출력 신호는 기록계(2차 시스템)에 표시되고 있다. 변위가 2~5 mm 사이를 85 Hz의 사인파 형태로 변화되고 있다면 동적 오차 5% 이내로 만들 수 있는 계측시스템의 설계 사양을 결정하라(즉, 각각의 장비에 대하여 합당한 고유 진동수와 감쇠비를 결정하라).

3.49 질량을 무시할 수 있는 스프링 저울의 전달함수를 유도하라. 램프 입력에 대한 정상 상태 시간 지연이 질량이 0이거나 아닐 경우에 똑같음을 입증하라.

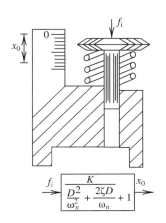

그림 P3.49 문제 3.49에 대한 그림

3.50 현재 사용하고 있는 전형적인 DC 오디오 앰프는 20,000 Hz ±1 dB의 주파수 대역을 가지고 있다. 이를 연구해서 이 사양의 의미와 음악 재생산과의 연관성을 설명하라.

3.51 궤도 차량이 궤도를 따라 진행하는 경우에 발생하는 뼈대의 변위를 계측하고자 변환기($K = 5$ mV/mm, $\omega_n = 5000$ rad/s, $\zeta = 0.3$)와 기록계($K = 2$ mm/mV, $\omega_n = 500$ rad/s, $\zeta = 0.5$)를 사용한다. 최종적인 출력 신호의 진폭 스펙트럼은 3 Hz에서 60 mm의 튀어 오름이 있고, 20 Hz에서 80 mm의 튀어 오름을 보여 준다. 계측시스템의 사양은 이와 같은 변위를 계측하기에 합당한가?(만일 아니라면 다른 방안을 제시하라.) 뼈대의 실제 변위를 계산하라. 사용된 가정을 설명하라.

3.52 코리올리스 질량 유동 미터에서 사용하는 진동하는 U자 형태의 튜브에서 시간에 따라 변하는 변위에 대한 진폭 스펙트럼은 85, 147, 220, 452 Hz에서 튀어오르는 것을 보여 준다. 각각의 튀어 오름은 진동자의 진동 모드와 관련이 있다. 이와 같은 변위를 계측하기 위한 변위 변환기는 고유 진동수가 500~1000 Hz 사이에 있어야 하며, 감쇠비는 0.5로 고정되어 있어야 한다. 변환기의 출력은 DFT에 근거한 스펙트럼 계측 장비를 사용하여 계측하는데 이 장비의 주파수 대역은 0.1 Hz부터 250 kHz이다. 주어진 범위에서 가장 합당한 센서를 선택하라.

3.53 외팔보에 부착된 센서는 시간에 따른 보의 진동을 감지한다. 보에 변형이 가해진 다음 놓여졌을 때(즉 계단 함수 형태를 가진) 감지기의 신호는 보가 감쇠 주파수 10 rad/s의 부족 감쇠 2차계로 거동함을 보여 준다. 1번째, 16번째, 32번째 주기에 계측된 최대 진폭은 각각 17, 9, 5 mV로 나타났다. 이와 같은 진폭 계측을 근거로 보의 고유 진동수와 감쇠비를 계산하라. 단, $K = 1$ mm/mV이다.

3.54 Burgess(참고문헌 5)는 충격 실험에 대한 시스템 응답으로부터 감쇠 진동 진폭이 정상값의 1% 내까지 들어오기까지의 주기 수 n을 계측해 감쇠비를 근사식 $\zeta = 4.6/2\pi n$을 이용해 산정할 수 있다고 보고하였다. n을 정수가 아닌 실숫값을 사용하는 경우 더 정확하게 계산할 수 있다. 계단 함수 입력에 대한 2차 시스템에 대해 이 근사식의 정밀도를 조사하고 그 결과를 토론하라.

3.55 DC 모터의 초기 일시적인 거동은 그림 P3.55에 보이는 것처럼 저항과 인덕터를 직렬로 연결한 *RL* 회로로 모델화할 수 있다. $R = 4\,\Omega$, $L = 0.1\,\text{H}$, $t(0) = 0$에서 $E_i = 50\,\text{V}$로 설정하고 $t > 0^+$에 대한 전류값을 계산하라.

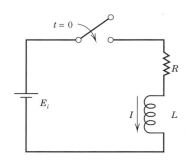

그림 P3.55 문제 3.55에 대한 그림

3.56 카메라의 플래시 라이트는 축전지에 저장된 에너지에 의해 구동된다. 플래시가 6 V 건전지로 운용된다고 가정하고 축전지에 최고 에너지($= 1/2\,CE_B^2$)의 90%에 도달하기까지 걸리는 시간을 결정하라. 이 시스템을 *RC* 회로(그림 P3.56)로 모델화하라. 플래시에 대해서 $C = 1000\,\mu\text{F}$, $R = 1\,\text{k}\Omega$, $E_c(0) = 0$으로 설정하라.

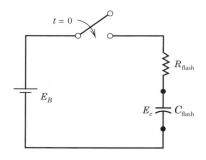

그림 P3.56 문제 3.56에 대한 그림

3.57 프로그램 *Temperature Response.vi*을 실행하라. 이 프로그램에서 사용자들은 시간 상수 τ와 신호 크기를 바꿀 수 있다. 계단 변화를 인가하기 위해 입력값을 올렸다 내렸다 해 보자. 새로운 계단 변화에 대한 정상 신호를 얻기까지 걸리는 시간에 대한 시간 상수의 영향을 토론하라.

제**4**장

확률과 통계

4.1 서론

큰 상자 안에 비슷한 크기를 가진 수천 개의 베어링 구슬이 들어 있다고 하자. 베어링 구슬의 크기를 어림잡기 위해 몇십 개 정도를 골라 측정해 볼 수 있다. 그 결과 얻은 지름값은 자료 집합을 구성하며, 우리는 이 자료 집합을 이용하여 상자에 들어 있는 전체 구슬 모집단에 대한 정보, 예를 들어 지름의 평균이나 편차의 크기 등을 짐작한다. 그러면 이렇게 일부 측정값들로 구성된 자료 집합을 이용하여 결정한 예측값은 상자에 들어 있는 전체 구슬의 진정한 평균값이나 편차에 얼마나 접근하겠는가? 만약 다른 자료 집합을 선택해도 동일한 예측값을 기대할 것인가? 이런 종류의 의문이 공학 측정에서 발생한다. 통상 측정이 먼저 수행되고, 그 결과를 이용하여 측정 변수에 관련한 사항이 추론된다. 유한한 측정의 결과에 근거한 변수의 평균값은 무엇이며, 이 값은 모집단의 평균을 얼마나 잘 대표하는가? 추론된 편차로 전체 모집단이 허용 오차 조건을 만족하는지 보장할 수 있는가? 예측 결과는 얼마나 상황을 잘 대표하는가? 이런 의문에 대한 답은 확률과 통계를 통해 찾을 수 있다.

주어진 측정값의 집합 각각에 대해 우리는 (1) 측정된 자료 집합의 평균값을 가장 잘 규정하는 단일 대푯값, (2) 측정된 자료 집합의 편차가 얼마나 큰가를 나타내는 대푯값, (3) 이 자료 집합의 평균이 측정 변수 모집단의 진정한 평균값을 얼마나 잘 대변하는지를 정량화하고 싶다. (1)항의 평균은 자료 집합의 선택이 반복되며 달라짐에 따라 변하며, 자료 집합의 평균과 전체 모집단의 평균과의 차이는 무작위 오차의 속성을 갖는다. 또, (3)항은 모집단 평균의 참값이 포함되리라고 기대되는 대푯값의 구간을 설정함으로써 달성된다. 이 구간은 해당 무작위 오차의 개연적인 범위를 정량화하며 무작위 불확도라 부른다.

이 장에서는 대부분의 공학적 판단에 필요한 정보를 제공하기에 충분한 수준의 확률과 통계의 개념이 소개된다. 이런 개념은 원래의 자료를 가공하여 결과를 도출하는 것을 가능케 한다. 공학에 친숙한 용어들이 사용될 것이지만, 정상적인 추론 통계 학습을 대체할 의도는 없음을 밝혀둔다.

이 장의 학습을 통해, 학생들은 다음의 능력을 갖출 수 있을 것이다.

- 자료 집합의 통계적 특성을 측정 변수 전체 모집단과 연관하여 정량화한다.
- 변수의 거동을 기술하기 위해 확률 밀도 함수를 설명하고 활용한다.
- 측정된 평균값의 신뢰 구간을 주어진 확률로 정량화하고, 공학 측정의 거동에 대한 가설 검증에 적용한다.
- 자료 집합에 대한 회귀 분석을 수행하고, 그 결과 얻어지는 곡선 적합 및 반응 표면의 인자에 대한 신뢰 구간을 정량화한다.
- 어떤 결과를 계산하는 과정에서 연관된 변수의 변동으로 인해 발생하는 예상 거동을 몬테카를로 모사를 수행하여 예측한다.

4.2 통계적 측정 이론

표본 추출(sampling)이란 고정된 작업 조건하에서 변수의 반복 측정을 통해 자료의 집합을 얻는 것이다. 이때 측정된 변수를 측정 변수 또는 통계 용어로 **피측정값**(measurand)이라고 한다. 표본 추출의 대상은 측정 변수의 모든 가능한 값을 가진 모집단이다. 실제 공학의 응용 분야에서 작업 조건을 엄격하게 고정시키는 것은 매우 어려우므로 '고정된 작업 조건'이라는 용어는 작업 조건이 가능한 한 일정하게 유지된다는 의미로 사용되며, 이 조건으로부터 벗어남이 자료 집합의 편차로 나타나게 된다.

이 장에서는 무작위 오차의 영향과 그 정량화를 학습할 것이다. 무작위 오차는 자료의 산포에 기인하여, 유한한 표본 추출로 모집단의 거동을 예측하는 통계적 한계로 인해 발생함을 기억하자. 당분간 측정에 따르는 계통 오차는 무시할 수 있다고 가정하자.[1] 1장의 내용으로부터 이러한 경우 자료 집합의 평균 오차는 0이 됨을 상기하라. 이제 변수 x의 반복 측정을 통해 얻은 정보로부터 참값 x'을 추정하는 다음의 측정 문제로부터 논의를 시작해 보자. 계통 오차가 없다면 x의 참값이란 모든 가능한 x값의 평균값이다. 이 값이 바로 우리가 측정값으로부터 추정하려는 대상이다. 잘 제어된 고정 운전 조건하에서 추출된 변수 x의 표본은 유한개의 자료점을 구성한다. 우리는 이 자료로부터 얻은 표본의 평균값 $\bar{x}$을 사용하여 x'을 짐작한다. 만약 자료점의 개수 N이 매우 적다면, 이 자료로부터 구한 x'의 추정값은 어느 한 자료점의 값에 의해 심하게 영향을 받을 수 있음을 예지할 수 있다. 한 자료점이 다른 자료점에 비하여 x'으로부터 큰 편차를 보인다면 추정값 역시 큰 오차를 보일 수 있다. 만약 자료 집합이 크다면 어느 한 자료점의 영향은 다른 자료점의 압도적인 영향에 의해 상쇄될 것이다. $N \to \infty$에 따라, 즉 표본의 수가 모집단 전체의 수에 가까워질수록 x의 모든 가능한 변동은 자료 집합에 포함될 것이다. 그러나 실제로는 유한한 크기의 자료 집합만이 가능할 것이고, 이때 측정된 자료는 참값에 대한 추정값만 제공

---

1 계통 오차는 측정의 반복에 따라 변하지 않으므로 측정의 통계 처리에는 영향을 주지 않는다. 계통 오차는 5장에서 다루어진다.

할 수 있다.

자료 집합의 통계 분석과 이 자료에 영향을 주는 오차의 원인 분석으로부터 우리는 다음과 같이 x'을 추정할
수 있다.

$$x' = \bar{x} \pm u_{\bar{x}} \quad (P\%) \tag{4.1}$$

여기서 $\bar{x}$는 구할 수 있는 자료에 근거한 x'의 최적 추정값(most probable estimate)을 나타내며 $\pm u_{\bar{x}}$는 어떤 확
률 수준 $P\%$에서 추정값의 불확도 구간을 나타낸다. 불확도는 오차가 미치는 영향의 가능한 범위를 수치로 정량화
한 것이다. 불확도 구간은 x'이 존재할 것으로 기대되는 $\bar{x}$ 주변의 범위이다. 불확도 구간은 x의 측정에 따른 무
작위 오차와 계통 오차의 추정값을 결합한 것이다.[2] 이 장에서는 무작위 불확도, 즉 무작위 오차로 인하여 발생
하는 불확도를 추정하는 방법에 관하여 논의한다. 5장에서 계통 오차에 관해 그리고 어떻게 무작위 오차와 계통
오차의 불확도를 식 (4.1)의 불확도 구간에 결합하는가에 대해 논의한다.

확률 밀도 함수

아무리 조심하여 동일한 조건을 이루고, 그 조건하에서 독립적인 측정을 통해 자료 집합을 얻는다 해도 자료값
의 무작위 산포가 일어나는 것이 상례이다. 이런 연유로 측정된 변수는 무작위 변수(random variable)로 거동한
다. 무작위 변수는 그 값이 무작위 확률로 결정되는 변수이다. 전동기의 회전수와 같이 변수가 시간이나 공간적
으로 연속적이면 이것을 연속 무작위 변수라 한다. 4.1절에서 다룬 개별 베어링 구슬의 지름과 같이 이산값으로
구성된 변수를 이산 무작위 변수라 한다. 고정된 작업 조건하에서 반복하여 변수를 측정한 뒤 전체 자료를 비교
해 보면, 각 자료점이 어떤 특정한 값에 근접하거나 이 값 주위의 구간에 놓이게 되는 경우가 흔하다. 이렇게 다
른 값들이 한 중앙값 주위에 산포하는 경향을 무작위 변수의 중심성향(central tendency)이라 한다.[3] 확률은 특
정한 변수의 값이 다른 값에 대하여 어떤 상대적인 빈도로 측정될 것인가 하는 개념을 다룬다.

중앙값과 이 값의 주위에 산포되는 값을 측정된 변수의 확률 밀도로부터 결정할 수 있다. 측정된 변수가 특정
한 값이나 값의 구간에 놓이는 빈도를 그 변수의 확률 밀도라 한다. 표 4.1에 나타낸 x의 표본을 생각하자. 표본
은 N개의 개별적인 측정값 x_i (i = 1, 2, $\cdots$, N)로 이루어졌고, 각각의 측정은 무작위적이나 동일한 시험 운전 조
건하에서 이루어졌다. 이 변수의 측정값들이 그림 4.1의 단일 축상에 작도되어 있다.

그림 4.1에는 자료점이 응집하는 축상의 구간이 존재하며, 이 구간은 중앙값을 포함한다. 이것은 공학 분야에
서 측정된 변수가 취하는 전형적인 거동이다. 변수 x의 참평균값이 응집 구간 내의 어디엔가 있으리라 기대할
수 있을 것이다.

변수 x에 대한 이러한 설명은 더욱 확장된다. 표 4.1의 자료를 재구성해 보자. 횡축은 x의 최대 및 최소 측정

---

2 계통 오차를 완전히 무시한 통계학 기술에서는 이 불확도 구간을 '신뢰 구간'이라고 한다.

3 모든 무작위 변수가 중심성향을 나타내는 것은 아니다. 예를 들어, 주사위를 던지는 경우 1에서 6까지의 수가 같은 확률인 1/6로
　나타난다. 그러나 주사위 2개를 던지는 경우 나타나는 수의 합은 7의 값에 대하여 중심성향을 보인다.

표 4.1 무작위 변수 x의 표본

i	x_i	i	x_i
1	0.98	11	1.02
2	1.07	12	1.26
3	0.86	13	1.08
4	1.16	14	1.02
5	0.96	15	0.94
6	0.68	16	1.11
7	1.34	17	0.99
8	1.04	18	0.78
9	1.21	19	1.06
10	0.86	20	0.96

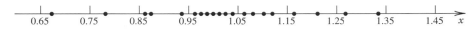

그림 4.1 측정 변수에 대한 밀도 개념(예제 4.1)

값 사이에서 K개의 소구간으로 분할될 것이다. 종축에는 측정값이 $x - \delta x \le x \le x + \delta x$로 정의되는 구간 내의 값을 취하는 횟수 n_j를 도시하자. 이렇게 x에 대한 n_j의 변화를 도시한 결과를 그 변수의 히스토그램(histogram) 이라 한다(참고문헌 1). 히스토그램은 단지 변수의 경향과 확률 밀도를 동시에 보여 주는 한 방법일 뿐이다. $f_j = n_j/N$과 같이 횡축을 무차원화하면, 히스토그램으로부터 변수의 빈도 분포를 얻게 된다.

작은 N에 대하여 구간 수 K값은 편의에 따라 선택해야 하겠으나 적어도 한 구간에서는 $n_j \ge 5$를 만족하도록 하여야 한다. 필요한 최소의 구간 수 K에 대한 관계식은 Bendat and Piersol(참고문헌 2)에 의해 다음과 같이 제 안되었다.

$$K = 1.87(N - 1)^{0.40} + 1 \tag{4.2}$$

N이 매우 커짐에 따라 $K \approx N^{1/2}$를 사용하여 계산해도 제법 비슷한 결과에 이른다(참고문헌 1, 2). 히스토그램의 개념이 예제 4.1에 예시되어 있다.

예제 4.1

표 4.1의 자료에 대한 히스토그램과 빈도 분포를 산출하라.

알려진 값 표 4.1의 자료

$\qquad N = 20$

가정　고정 운영 조건

구할 값　히스토그램과 빈도 분포

풀이

히스토그램을 그리기 위해 자료 집합에 합당한 구간의 수를 계산하자. $N = 20$에 대하여 식 (4.2)로부터 K의 편의적인 측정값을 구하면

$$K = 1.87(N - 1)^{0.40} + 1 = 7$$

다음 자료 집합의 최댓값 및 최솟값을 결정하고 이 범위를 K개의 구간으로 나눈다. 최솟값 0.68, 최댓값 1.34이므로 $\delta x = 0.05$가 선택된다. 구간값은 다음과 같다.

j	구간	n_j	$f_j = n_j/N$
1	$0.65 \leq x_i < 0.75$	1	0.05
2	$0.75 \leq x_i < 0.85$	1	0.05
3	$0.85 \leq x_i < 0.95$	3	0.15
4	$0.95 \leq x_i < 1.05$	7	0.35
5	$1.05 \leq x_i < 1.15$	4	0.20
6	$1.15 \leq x_i < 1.25$	2	0.10
7	$1.25 \leq x_i < 1.35$	2	0.10

결과는 그림 4.2에 나타나 있다. 선도는 구간 0.95~1.05 내의 최대 빈도에서 중심성향을 명확하게 보여 준다.

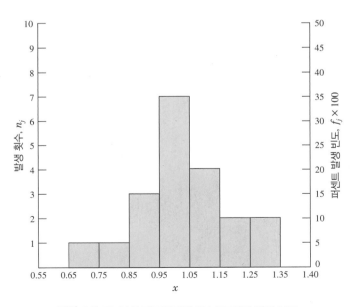

그림 4.2 표 4.1의 자료에 대한 히스토그램과 빈도 분포

참고사항 측정 횟수 N은 발생 횟수의 합과 같다.

$$N = \sum_{j=1}^{K} n_j$$

분율 빈도 분포 곡선 아래의 면적은 전체 발생 빈도인 100%와 항상 같아야 한다. 즉,

$$100 \times \sum_{j=1}^{K} f_j = 100\%$$

프로그램 *Probability-density.vi*와 *Running-histogram.vi*는 자료의 수와 구간의 수가 히스토그램에 미치는 영향을 보여 준다.

$N \rightarrow \infty$에 따라 변수 x의 모집단이 갖는 확률 밀도 함수 $p(x)$는 발달한다. $\delta x \rightarrow 0$으로 작아지는 극한의 경우

$$p(x) = \lim_{\delta x \rightarrow 0} \frac{n_j}{N(2\delta x)} \tag{4.3}$$

확률 밀도 함수는 변수 모집단의 통계적 모델로서, 임의의 개별 측정에서 측정된 변수가 어떤 특정한 값을 가질 확률을 정의한다. 확률 밀도 함수는 변수의 중심성향과 분산도 보여 준다. 이 중심성향은 참평균값의 최적 추정값을 제공하는 바람직한 대푯값이다.

확률 밀도 함수가 취하는 실제 형상은 그것이 나타내는 변수의 특성과 변수가 관계된 과정의 주변 여건에 의해 좌우된다. 변수의 분포를 제시하는 많은 표준 분포 유형이 존재한다. 공학 분야에서 일반적인 몇 가지 예들이 표 4.2에 나타나 있다. 일반적인 변수의 구체적인 값이나 분포의 폭은 실제 과정에 의해 좌우될 것이나 전반적인 형상은 어떤 표준 형상에 들어맞을 공산이 크다. 자주 실험을 통해 얻어진 히스토그램을 사용하여 가장 개연성이 높은 $p(x)$의 모델을 결정하곤 한다. 물론 표 4.2의 항목들은 모든 가능성을 포괄하지는 않으며 이 주제에 관한 보다 확장된 설명은 참고문헌 3~5를 참고하기 바란다.

변수가 취하는 분포의 유형에 관계없이 중심성향을 보이는 변수는 평균값과 분산을 통해 기술되고 정량화될 수 있다. 계통 오차가 없는 경우 시간과 공간에 대해 연속이고 확률 밀도 함수 $p(x)$를 가진 무작위 변수 $x(t)$의 **참평균값** 또는 중심성향은 다음 인자로 주어진다.

$$x' = \lim_{T \rightarrow \infty} \frac{1}{T} \int_0^T x(t) dt \tag{4.4a}$$

임의의 연속 무작위 변수 x에 대하여 위 식은 다음과 동일하다.

$$x' = \int_{-\infty}^{\infty} x p(x) dx \tag{4.4b}$$

표 4.2 표준 통계 분포와 측정의 관계

분포	응용	밀도 함수	모양
정규	시간이나 공간상에서 연속이거나 구획적이고 무작위 오차에 의한 분산을 갖는 대부분의 통계적인 물리적 성질	$p(x) = \dfrac{1}{\sigma(2\pi)^{1/2}} \exp\left[-\dfrac{1}{2}\dfrac{(x-x')^2}{\sigma^2}\right]$	
로그 정규	고장 또는 내구성 예측 : 사건의 발생이 분포의 한끝을 향하여 변형되는 경우	$p(x) = \dfrac{1}{x\sigma(2\pi)^{1/2}} \exp\left[-\dfrac{1}{2}\dfrac{((\ln x)-x')^2}{\sigma^2}\right]$	
직사각형 (균일)	가능한 결과가 최솟값 a와 최댓값 b의 범위에서 균일한 확률로 일어나는 과정	$p(x) = \dfrac{1}{b-a}$ 여기에서 $a \le x \le b$, 그 외에는 $p(x) = 0$	

표 4.2 표준 통계 분포와 측정의 관계(계속)

분포	응용	밀도 함수	모양
삼각형	가능한 결과 x가 하한 a와 상한 b의 사이에서 최대 확률을 모두 최빈값 c를 갖는 과정, 모집단의 정보가 희박한 경우 사용	$p(x) = \dfrac{2(x-a)}{(b-a)(c-a)} \qquad a \le x \le c$ $\quad\ = \dfrac{2(b-x)}{(b-a)(b-c)} \qquad c < x \le b$	
무아송	시간상 무작위로 발생하는 사건, $p(x)$는 시간 t 동안에 x회의 사건을 관찰할 확률이며, λ는 x'를 의미한다.	$p(x) = \dfrac{e^{-\lambda}\lambda^x}{x!}$	
이항	임의의 결과가 나올 확률이 P로 모두 동일한 독립 시행 N번 중 특정한 결과가 n회 일어나는 상황	$p(n) = \left[\dfrac{N!}{(N-n)!n!}\right]P^n(1-P)^{N-n}$	

만일 측정된 변수가 불연속적인 자료이면 측정된 변수 $x_i(i = 1, 2, \cdots, N)$의 평균값은 다음과 같다.

$$x' = \lim_{N \to \infty} \frac{1}{N} \sum_{i=1}^{N} x_i \tag{4.5}$$

실제로 밀도 함수의 폭은 자료의 변동을 반영한다. 연속 무작위 함수에 대하여 참분산은

$$\sigma^2 = \lim_{T \to \infty} \frac{1}{T} \int_0^T [x(t) - x']^2 dt \tag{4.6a}$$

이며, 이것은

$$\sigma^2 = \int_{-\infty}^{\infty} (x - x')^2 p(x) dx \tag{4.6b}$$

와 동일하고, 불연속 자료에 대한 분산은 다음과 같다.

$$\sigma^2 = \lim_{N \to \infty} \frac{1}{N} \sum_{i=1}^{N} (x_i - x')^2 \tag{4.7}$$

흔히 사용되는 통계 인자인 **표준편차** σ는 분산의 제곱근, 즉 $\sigma = \sqrt{\sigma^2}$으로 정의된다.

식 (4.3)~(4.7)을 사용함에 있어서 근본적인 어려움은 그 값을 변수의 전체 모집단으로부터 구한다는 가정에 기인한다. 만일 자료 집합이 모집단의 유한한 일부만을 대표한다면 어떻게 되겠는가? 이들의 관계가 달라질 것인가? 다음 절은 변수 전체 모집단의 거동을 확률과 통계의 관계로 기술한다. 그리고는 유한 자료 집합을 가지고 통계에 근거하여 모집단의 거동을 기술하는 시도에 관심을 돌려 보자.

4.3 모집단 거동의 기술

이 절에서는 확률과 통계의 관계를 다룬다. 이를 위해 변수 x의 모집단이 갖는 거동을 특징짓는 $p(x)$의 특정한 분포를 가정한다. 표 4.2는 활용 가능한 많은 분포 중 몇 가지를 나열하고 있으며, 우리가 사용할 관계식은 **정규**(또는 가우스, Gaussian) 분포이다.[4] 다수의 현존하는 통계 이론은 이 분포를 사용하여 개발되었다. 표준 분포는 공학 분야의 측정에서 흔히 마주치는 연속 무작위 변수의 거동을 기술하기에 특히 적절하다. 정규 분포는 측정된 자료 집합의 산포가 어떤 중심성향에 대하여 대칭으로 분포될 것으로 예측한다. 정규 분포의 형상은 표 4.2에 보인 바와 같이 낯익은 종 모양의 곡선이다.

정규 분포를 따르는 무작위 변수 x의 확률 밀도 함수는 다음과 같이 정의된다.

---

4 사실 이 분포는 18세기 Gauss, Laplace와 DeMoivre에 의하여 각각 독립적으로 제안되었으나 Gauss가 그의 이름을 따르는 명예를 안게 되었다.

$$p(x) = \frac{1}{\sigma\sqrt{2\pi}} \exp\left[-\frac{1}{2}\frac{(x-x')^2}{\sigma^2}\right] \tag{4.8}$$

여기서 x'은 x의 참평균, σ^2은 x의 참분산으로 정의한다. 이렇게 $p(x)$의 정확한 형상은 특정한 x'과 σ^2 값에 따라 달라진다. $p(x)$의 최댓값은 $x = x'$, 즉 참평균에서 일어난다. 이 사실은 계통 오차가 없을 때 정규 분포를 갖는 무작위 변수의 중심성향은 참평균과 일치한다는 것을 나타낸다. 임의의 단일 측정에서 가장 기대되는 값, 다시 말해 최대 확률을 가진 값은 참평균이라는 점이다. 분산은 $p(x)$의 폭 또는 변동의 범위를 반영한다.

$p(x)$가 주어진다면 미래에 수행할 측정의 결과가 어떤 구간 내에 놓일 확률은 어떻게 예측할 수 있을까? x가 구간 $x' \pm \delta x$ 내의 값을 취할 확률은 곡선 $p(x)$ 아래의 면적으로 주어진다. 이 면적은 구간에 걸쳐 적분을 수행하여 구하며, 이 확률은 다음과 같이 쓴다.

$$P(x' - \delta x \le x \le x' + \delta x) = \int_{x'-\delta_x}^{x'+\delta_x} p(x)\,dx \tag{4.9}$$

다음의 변환을 이용하면 식 (4.9)의 적분이 보다 용이하다. 먼저 주어진 x에 대응하는 **표준화된 정규 변량** $\beta = (x - x')/\sigma$ 항과 $p(x)$상의 구간을 특정화하는 변수를 정의하자.

$$z_1 = \frac{(x_1 - x')}{\sigma} \tag{4.10}$$

자명하게 $dx = \sigma d\beta$이며 식 (4.9)는 다음과 같이 된다.

$$P(-z_1 \le \beta \le z_1) = \frac{1}{\sqrt{2\pi}} \int_{-z_1}^{z_1} e^{-\beta^2/2}\,d\beta \tag{4.11}$$

정규 분포일 경우 $p(x)$는 x'에 대하여 대칭이므로, 다음과 같이 쓸 수 있다.

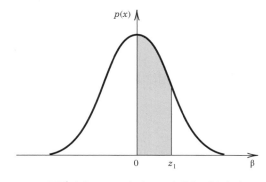

그림 4.3 표 4.3의 정규 오차 함수 적분 술어

$$\frac{1}{\sqrt{2\pi}} \int_{-z_1}^{z_1} e^{-\beta^2/2} d\beta = 2 \times \left[\frac{1}{\sqrt{2\pi}} \int_{0}^{z_1} e^{-\beta^2/2} d\beta \right] \tag{4.12}$$

식 (4.12)의 대괄호 안의 값은 정규 오차 함수라 알려져 있다. $P(z_1) = \frac{1}{\sqrt{2\pi}} \int_{0}^{z_1} e^{-\beta^2/2} d\beta$ 의 값이 그림 4.3에서 z_1 으로 정의된 구간에 대하여 도표화되어 표 4.3에 나타나 있다. 적분은 편측(즉 0과 z_1 사이의 구간)에 대해 평가 되어 표로 구성되어 있으므로 정규 오차 함수는 식 (4.11)로 표현되는 확률의 절반값을 갖는다.

군이 보간 계산을 수행하지 않더라도, 통계 문헌과 평판 좋은 인터넷 사이트로부터 확률 값을 제공하는 알고

표 4.3 정규 오차 함수의 확률값 $P(z_1) = \frac{1}{\sqrt{2\pi}} \int_{0}^{z_1} e^{-\beta^2/2} d\beta$ 의 편측 적분해

$z_1 = \dfrac{x_1 - x'}{\sigma}$	0.00	0.01	0.02	0.03	0.04	0.05	0.06	0.07	0.08	0.09
0.0	0.0000	0.0040	0.0080	0.0120	0.0160	0.0199	0.0239	0.0279	0.0319	0.0359
0.1	0.0398	0.0438	0.0478	0.0517	0.0557	0.0596	0.0636	0.0675	0.0714	0.0753
0.2	0.0793	0.0832	0.0871	0.0910	0.0948	0.0987	0.1026	0.1064	0.1103	0.1141
0.3	0.1179	0.1217	0.1255	0.1293	0.1331	0.1368	0.1406	0.1443	0.1480	0.1517
0.4	0.1554	0.1591	0.1628	0.1664	0.1700	0.1736	0.1772	0.1809	0.1844	0.1879
0.5	0.1915	0.1950	0.1985	0.2019	0.2054	0.2088	0.2123	0.2157	0.2190	0.2224
0.6	0.2257	0.2291	0.2324	0.2357	0.2389	0.2422	0.2454	0.2486	0.2517	0.2549
0.7	0.2580	0.2611	0.2642	0.2673	0.2794	0.2734	0.2764	0.2794	0.2823	0.2852
0.8	0.2881	0.2910	0.2939	0.2967	0.2995	0.3023	0.3051	0.3078	0.3106	0.3133
0.9	0.3159	0.3186	0.3212	0.3238	0.3264	0.3289	0.3315	0.3340	0.3365	0.3389
1.0	0.3413	0.3438	0.3461	0.3485	0.3508	0.3531	0.3554	0.3577	0.3599	0.3621
1.1	0.3643	0.3665	0.3686	0.3708	0.3729	0.3749	0.3770	0.3790	0.3810	0.3830
1.2	0.3849	0.3869	0.3888	0.3907	0.3925	0.3944	0.3962	0.3980	0.3997	0.4015
1.3	0.4032	0.4049	0.4066	0.4082	0.4099	0.4115	0.4131	0.4147	0.4162	0.4177
1.4	0.4192	0.4207	0.4222	0.4236	0.4251	0.4265	0.4279	0.4292	0.4306	0.4319
1.5	0.4332	0.4345	0.4357	0.4370	0.4382	0.4394	0.4406	0.4418	0.4429	0.4441
1.6	0.4452	0.4463	0.4474	0.4484	0.4495	0.4505	0.4515	0.4525	0.4535	0.4545
1.7	0.4554	0.4564	0.4573	0.4582	0.4591	0.4599	0.4608	0.4616	0.4625	0.4633
1.8	0.4641	0.4649	0.4656	0.4664	0.4671	0.4678	0.4686	0.4693	0.4699	0.4706
1.9	0.4713	0.4719	0.4726	0.4732	0.4738	0.4744	0.4750	0.4756	0.4761	0.4767
2.0	0.4772	0.4778	0.4783	0.4788	0.4793	0.4799	0.4803	0.4808	0.4812	0.4817
2.1	0.4821	0.4826	0.4830	0.4834	0.4838	0.4842	0.4846	0.4850	0.4854	0.4857
2.2	0.4861	0.4864	0.4868	0.4871	0.4875	0.4878	0.4881	0.4884	0.4887	0.4890
2.3	0.4893	0.4896	0.4898	0.4901	0.4904	0.4906	0.4909	0.4911	0.4913	0.4916
2.4	0.4918	0.4920	0.4922	0.4925	0.4927	0.4929	0.4931	0.4932	0.4934	0.4936
2.5	0.4938	0.4940	0.4941	0.4943	0.4945	0.4946	0.4948	0.4949	0.4951	0.4952
2.6	0.4953	0.4955	0.4956	0.4957	0.4959	0.4960	0.4961	0.4962	0.4963	0.4964
2.7	0.4965	0.4966	0.4967	0.4968	0.4969	0.4970	0.4971	0.4972	0.4973	0.4974
2.8	0.4974	0.4975	0.4976	0.4977	0.4977	0.4978	0.4979	0.4979	0.4980	0.4981
2.9	0.4981	0.4982	0.4982	0.4983	0.4984	0.4984	0.4985	0.4985	0.4986	0.4986
3.0	0.49865	0.4987	0.4987	0.4988	0.4988	0.4988	0.4989	0.4989	0.4989	0.4990

리듬들을 널리 구하거나 (엑셀, 매트랩 등) 스프레드시트와 방정식 솔버의 내장함수를 사용하여 손쉽게 계산할 수 있음을 주목하자.

식 (4.4)~(4.7)로 정의되는 인자들은 모집단의 확률에 대한 기술이다. 확률 밀도 함수 곡선 $p(x)$ 아랫부분 중 구간 $x' - z_1\sigma \leq x \leq x' + z_1\sigma$에 해당하는 면적은 측정값이 그 구간 내의 값을 취할 확률과 같다. 정규 분포 곡선 $p(x)$를 두 극한 $x' \pm z_1\sigma$와 $z_1 = 1$ 사이에서 직접 적분하면 곡선 $p(x)$의 아래 면적 중 68.26%에 해당한다. 이 것은 x의 측정값이 구간 $x' \pm 1\sigma$ 내의 값을 가질 확률이 68.26%라는 것을 의미한다. z_1에 의해 정의되는 구간의 크기가 증가하면 발생 확률이 증가한다.

$z_1 = 1$에 대하여, $p(x)$의 아래 면적 중 68.26%가 x'의 주변 $\pm z_1\sigma$에 해당한다.

$z_1 = 2$에 대하여, $p(x)$의 아래 면적 중 95.45%가 x'의 주변 $\pm z_1\sigma$에 해당한다.

$z_1 = 3$에 대하여, $p(x)$의 아래 면적 중 99.73%가 x'의 주변 $\pm z_1\sigma$에 해당한다.

이 개념이 그림 4.4에 예시되어 있다.

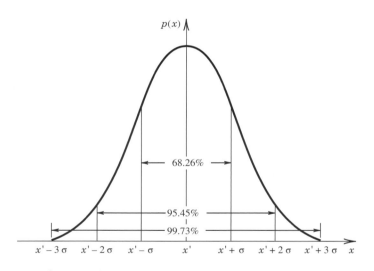

그림 4.4 정규(가우스) 분포의 확률 밀도 함수와 통계 인자 x'과 σ의 관계

측정된 자료 집합의 분산을 특징짓는 대푯값은 표준편차라는 사실은 앞 논의의 직접적인 결론이다. 변수 x의 i번째 측정값이 $x' \pm z_1\delta$ 사이의 값을 가질 확률은 $2 \times P(z_1) \times 100 = P\%$이다. 식으로 쓰면

$$x_i = x' \pm z_1\sigma \ (P\%) \tag{4.13}$$

이렇게 간단한 통계 분석을 이용하면 측정된 변수를 확률의 개념으로 유용하게 정량화할 수 있다. 그러므로 이러한 접근법은 변수 측정의 결과를 예측하거나 규정하여야 하는 공학의 응용 분야에서 유용하다. 예제 4.2와 4.3을 통하여 설명해 보자.

예제 4.2

표 4.3의 확률값을 이용하여 측정값이 $x' \pm \sigma$ 내의 값을 가질 확률은 0.6826 또는 68.26%임을 보여라.

알려진 값   표 4.3

$$z_1 = 1$$

가정   자료는 정규 분포를 따른다.

구할 값 $P(x' - \sigma \le x \le x' + \sigma)$

풀이

단일 측정의 결과가 어떤 구간 내의 값을 가질 확률을 추정하기 위하여 다음의 적분을 z_1으로 정의되는 구간에 대하여 풀어야 한다.

$$\frac{1}{\sqrt{2\pi}} \int_0^{z_1=1} e^{-\beta^2/2} d\beta$$

이 적분의 해는 표 4.3에서 찾아 쓴다. 표 4.3에 의하면 $z_1 = 1$에 대하여 $P(z_1) = 0.3413$이다. $z_1 = (x_1 - x')/\sigma$ 이므로 x의 임의의 측정 결과가 구간 $0 \le x \le x' + \sigma$ 내의 값을 가질 확률은 34.13%이다. 정규 분포는 x'에 대하여 대칭이므로 $z_1 = 1$에 해당하는 $-z_1\delta$와 $+z_1\delta$의 사이로 정의되는 구간의 값을 x가 가질 확률은 $2 \times 0.3413 = 0.6826$ 또는 68.26%이다. 따라서 x를 측정하면 측정 장치에 표시되는 값이 구간 $x' - \sigma \le x \le x' + \sigma$에 놓일 확률은 68.26%이다.

참고사항   마찬가지로 $z_1 = 1.96$에 대한 확률은 95.0%이다.

예제 4.3

어느 배터리 제조업자가 생산하는 특정 배터리의 사용 수명이 갖는 모집단 평균은 50 h이고 표준편차는 5 h이다. 임의의 배터리의 사용 수명이 44 h과 54 h 사이의 값을 가질 확률을 계산하라.

알려진 값 $x' = 50 \, \text{h}$; $\sigma = 5 \, \text{h}$

구할 값 $P(44 < x < 54)$

가정   가우스(정규) 분포

풀이

x를 배터리의 사용 수명이라 하자. 그러면,

$$P(44 \le x \le 54) = P(50 \le x \le 54) - P(44 \le x \le 50)$$

변수 z는 모집단 평균에 대한 상대적인 확률을 제공한다. 먼저 구간 끝점들의 z-값 (또는 z-점수)을 계산하자.

$$z = \frac{x - x'}{\sigma} = \frac{54 - 50}{5} = 0.80$$

$$z = \frac{x - x'}{\sigma} = \frac{44 - 50}{5} = -1.20$$

그러면,

$$P(0.800) = 0.2881$$
$$P(-1.20) = 0.3849$$

구간 끝점들은 서로 평균값의 반대편에 있으므로, 사용 수명이 해당 구간 내의 값을 갖는 표본을 선택할 확률은 단순히 이들 값의 합이다(좌측 끝점과 평균, -1.20과 0, 사이의 확률함수 곡선의 하부 면적과 평균과 우측 끝점, 0과 0.80, 사이의 확률함수 곡선의 하부 면적의 합). 결국,

$$P(44 \le x \le 54) = P(-1.20) - P(0.80) = |(-0.3849) - 0.2881| = 0.673 \text{ or } 67.3\%$$

4.4 유한 통계

이제 유한개의 무작위 표본으로부터 얻은 지식에 근거하여 변수 x 모집단의 거동을 예측하도록 시도한다. 예를 들어, 4.1절에서 논의되었던 베어링 상자를 다시 생각해 보면, 수천 개의 모집단 구슬 중에서 각각 무작위로 추출된 몇십 개를 측정하였다. 확률 이론에 의한 제한 조건을 감수하고 모집단의 확률 밀도 함수를 가정한다면 표본의 통곗값으로부터 모든 베어링으로 구성된 모집단의 참평균과 참분산을 추정하는 것이 가능하다. 작은 크기의 표본으로부터 전체 모집단의 거동 특성을 결정하는 배경에는 **추론 통계**라는 과학이 있다.

어떤 무작위 변수 x에 대하여 N회의 반복 측정을 수행하는 경우를 생각하자. 각 측정치는 $x_i(i = 1, 2, \cdots, N)$로 대표되며 N은 유한하다. N이 전체 모집단의 수를 대표하지 않는다면 유한개의 자료 집합으로부터 얻어진 통곗값은 전체 피측정값의 통곗값에 대한 추정값으로 간주되어야 한다. 이러한 통계를 유한 통계라 한다. 요점 : 변수의 진정한 거동은 무한 통계에 의하여 기술되는 데 반하여, 유한 통계는 오직 유한개 자료 집합의 거동만을 기술하고, 그것을 이용하여 모집단의 거동을 추론하는 것이다.

유한한 크기를 가진 자료 집합은 다음과 같이 정의되는 **표본 평균값**($\bar{x}$), **표본 분산**(s_x^2) 그리고 그로부터 계산되는 **표본 표준편차**(s_x)의 통계적 추정값을 제공한다.

$$\bar{x} = \frac{1}{N} \sum_{i=1}^{N} x_i \tag{4.14a}$$

$$s_x^2 = \frac{1}{N-1} \sum_{i=1}^{N} (x_i - \bar{x})^2 \qquad (4.14b)$$

$$s_x = \sqrt{s_x^2} = \left(\frac{1}{N-1} \sum_{i=1}^{N} (x_i - \bar{x})^2 \right)^{1/2} \qquad (4.14c)$$

여기서 $(x_i - \bar{x})$를 x_i의 편차라 한다. 어떤 경우에는 다음의 식을 직접 적용하여 표본 표준편차를 보다 쉽게 계산할 수 있다.

$$s_x = \sqrt{\frac{\sum_{i=1}^{N} x_i^2 - N_x^{-2}}{N-1}} \qquad (4.14d)$$

표본 평균은 참평균 x'의 적절한 추정값이다. 표본 분산은 자료 집합이 가진 분산의 크기를 나타내는 적절한 측도를 제공한다. 통계적 추정에서 자유도 ν를 계산하려면 자료점의 수로부터 이미 계산되고 추정 과정에서 사용된 통계 인자의 수를 뺀다. 예를 들어 표본 분산의 자유도는 식 (4.14b), 식 (4.14c), 식 (4.14d)의 분모에서 보듯이 $\nu = N-1$이다. 이 식은 피측정값의 확률 밀도 함수의 형태에 관계없이 신빙성이 있고 합리적인 통계 추정값을 제공한다.

이상에서 개발한 확률과 통계의 관계는 약간의 수정을 통하여 표본의 크기가 유한한 자료 집합의 경우에도 확장될 수 있다. 표본의 크기가 유한할 때 무한 통계에서 기술되었던 변수 z는 실제 확률의 신뢰성 있는 가중 추정값을 제공하지 못한다. 대신 스튜던트 t 분포(Student's t distribution)를 도입하면 된다. 어떤 표본 평균값 $\bar{x}$ 주위의 x의 정규 분포에 대해 통계 이론에 의하여 다음과 같이 말할 수 있다.

$$x_i = \bar{x} \pm t_{\nu,P} s_x \quad (P\%) \qquad (4.15)$$

여기서 변수 $t_{\nu,P}$는 z 변수를 대신하며 유한한 자료 집합에 사용되는 포함 비율을 제공한다. 스튜던트 t 변수는 다음과 같이 정의된다.

$$t = \frac{\bar{x} - x'}{s_x / \sqrt{N}} \qquad (4.16)$$

구간 $\pm t_{\nu,P} s_x$는 측정값이 그 구간 내에 놓일 확률이 $P\%$인 정밀 구간이다.

z 변수의 사용과 마찬가지로 t 추정자의 값은 확률 P의 함수이고 자유도 $\nu = N-1$을 갖는 포함 비율을 제공하며 표 4.4로부터 구한다. 이 표는 William S. Gosset(1876~1937)[5]에 의해 제안된 스튜던트의 t 분포(Student's t distribution)를 나타낸 것이다. Gosset은 s_x를 s로 대체하여 변수 z를 사용하면 자유도가 작은 경우 정밀 구간

---

5 그 당시, Gosset은 아일랜드의 잘 알려진 양조장의 기술자였으며 통계 담당자로 고용되어 있었다. 잠시 그의 다채로운 기여를 회상하여도 좋겠다.

표 4.4 스튜던트의 t 분포

ν	t_{50}	t_{90}	t_{95}	t_{99}
1	1.000	6.314	12.706	63.657
2	0.816	2.920	4.303	9.925
3	0.765	2.353	3.182	5.841
4	0.741	2.132	2.770	4.604
5	0.727	2.015	2.571	4.032
6	0.718	1.943	2.447	3.707
7	0.711	1.895	2.365	3.499
8	0.706	1.860	2.306	3.355
9	0.703	1.833	2.262	3.250
10	0.700	1.812	2.228	3.169
11	0.697	1.796	2.201	3.106
12	0.695	1.782	2.179	3.055
13	0.694	1.771	2.160	3.012
14	0.692	1.761	2.145	2.977
15	0.691	1.753	2.131	2.947
16	0.690	1.746	2.120	2.921
17	0.689	1.740	2.110	2.898
18	0.688	1.734	2.101	2.878
19	0.688	1.729	2.093	2.861
20	0.687	1.725	2.086	2.845
21	0.686	1.721	2.080	2.831
30	0.683	1.697	2.042	2.750
40	0.681	1.684	2.021	2.704
50	0.680	1.679	2.010	2.679
60	0.679	1.671	2.000	2.660
∞	0.674	1.645	1.960	2.576

의 정확한 추정값을 산출하지 못함을 알았다. 표 4.4를 자세히 관찰해 보면 주어진 확률 $P\%$를 얻기 위한 구간의 크기가 절상되었음을 알 수 있다. 즉, 유한한 N에 대하여 $t_{\nu,P}s_x$의 크기는 $z_1\sigma(P\%)$에 비하여 크다. 그러나 N이 증가함에 따라 s_x가 σ에 접근하여야 하는 것과 똑같이 t도 z 변수에 의해 주어진 값에 접근한다.

스튜던트 t 확률 밀도 함수의 거동을 그림 4.5(a)와 (b)에 나타내었다. 그림 4.5(a)에서 보듯이 분포는 종(bell) 모양이고 $x = 0$[즉, 식 (4.16)에서 $\bar{x} - x' = 0$]에 대하여 대칭이며, 자유도, ν에 따라 폭이 변한다. 자유도가 작은 값을 가질 때는 넓은 폭을 (z 변수에 비하여 넓은 꼬리를) 가지지만 자유도가 $\nu \to \infty$로 증가할수록 정규분포의 형상에 접근한다. 자유도의 크기와 상관없이 양쪽꼬리 곡선 하부의 면적은 1이다. 그림 4.5(b)는 확률과 확률 분포 함수의 관계는 정규분포의 경우와 마찬가지로 곡선의 하부 면적에 연관됨을 예시한다. 여기서 자유도가 $\nu = 10$인 경우, 면적의 95%는 $-t_{10,95}$와 $+t_{10,95}$ 사이의 구간에 해당하고 면적의 2.5%는 $+t_{10,95}$의 오른쪽에 면적의 2.5%는 $-t_{10,95}$의 왼쪽에 해당한다.

아주 작은 표본 크기($N \leq 10$)에 대하여 표본 통계는 현저하게 틀린 정보를 주기도 한다는 것을 명심하기 바란다. 그럴 경우 추가 측정과 같은 측정에 대한 부가적인 자료가 필요할 수 있다.

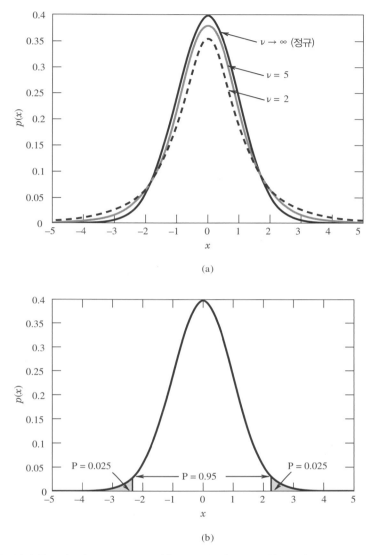

그림 4.5 스튜던트 t 추정자의 확률 밀도 함수가 갖는 거동. (a) t 추정자의 확률 밀도 함수와 자유도, ν. $\nu \to \infty$로 증가할수록 $p(x)$는 정규 분포에 접근한다. (b) $\nu = 10$인 경우 t_{95} 구간을 보여 주는 양쪽꼬리 t 분포의 모양

평균의 표준편차

만약 4.1절에서 논의되었던 베어링을 몇십 개 더 뽑아 두 번째 표본을 만들고 각 베어링의 지름을 측정하였다 하자. 무작위적으로 선택된 베어링의 새 표본으로부터 얻은 통계치가 처음의 표본과 어느 정도 다를 것을 기대할 것이다. 이것은 제조자의 허용 오차(즉, 무작위 우연)에 기인한 개별 베어링 지름의 분산 때문이다. 어느 한 자료 집합의 평균 지름과 전체 박스의 평균 지름의 차이는 작은 자료 집합을 사용하여 전체 모집단의 통계를 추론하여 발생하는 무작위 오차이다. 따라서 이것이 예상된 거동이라면 표본의 평균이 참평균의 얼마나 좋은 추정값인가를 어떻게 정량화할 것인가? 이 절에서는 그 방법을 설명할 것이다.

　　우리가 고정된 운영 조건하에서 큰 모집단을 갖는 변수 x를 N회 측정한다고 생각하자. 이 과정을 M번 반복한다면 자료 집합 각각으로부터 조금씩 다른 표본 평균과 표본 분산의 추정값을 얻을 수 있다. 왜? 어떤 유한 크기의 표본에서도 사건의 확률 발생은 각 자료 집합의 표본 분산에 영향을 줄 것이며 이를 예시하는 것은 간단하다. N회 측정을 M번 반복하면 어떤 중앙값 주위에 그들 자체가 정규적으로 분포되어 있는 평균값의 집합을 얻게 된다. 사실 $p(x)$의 형태에 대한 가정과 상관없이 모든 가능한 무작위 표본으로부터 얻은 평균값의 분포는 정규 분포 $p(\bar{x})$를 따른다.[6] 이 과정이 그림 4.6에 가시화되어 있다. 표본 평균의 가능한 변동의 크기는 표본 분산 s_x^2과 표본의 크기 N 가지에 의해 달라질 수 있다. 그 차이는 분산에 따라 증가하고 $N^{1/2}$에 따라 감소하는 경향이 있다.

　　각 자료 집합으로부터 수집된 표본 통계치 변동의 특징은 표본의 평균이 참평균에 대한 정규 분포라는 점이다. 평균의 분포에 대한 변동은 **평균의 표준편차** $s_{\bar{x}}$이며 어느 1개의 유한 자료 집합으로부터 추정할 수 있다.

$$s_{\bar{x}} = \frac{s_x}{\sqrt{N}} \cdot \tag{4.17}$$

　　자료 집합의 표준편차와 평균의 표준편차 사이의 관계는 그림 4.7에 예시되어 있다. **평균의 표준편차는 유한 자료 집합의 성질이다.** 그것은 표본의 평균값이 참평균의 주위에 어떻게 분포하는가 하는 추정을 반영한다. 표본 자료 집합의 정보에 근거하여 확률 수준 P로 참평균값의 존재 가능한 구간을 구하면

$$\bar{x} \pm t_{v,P} s_{\bar{x}} \quad (P\%) \tag{4.18}$$

이며, 여기서 $\pm t_{v,P} s_{\bar{x}}$는 주어진 확률 $P\%$와 포함 비율 t에 대해 평균값을 중심으로 하는 신뢰 구간을 나타낸다. 이 신뢰 구간은 변수 x의 참값 추정값이 갖는 무작위 오차의 정량화된 측도이다. $s_{\bar{x}}$는 평균값의 무작위 표준 불

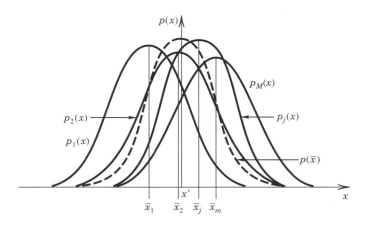

그림 4.6 계통 오차가 없는 경우 표본 평균의 참평균에 대한 정규 분포 경향

6　이것은 중앙 한계 이론의 결과이다(참고문헌 3, 4).

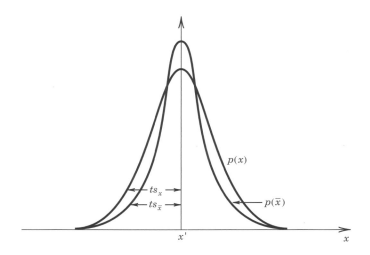

그림 4.7 s_x와 x의 분포 그리고 $s_{\bar{x}}$와 참평균 x' 사이의 관계

확도를 나타내고 $t_{v,P}s_{\bar{x}}$는 측정된 자료 집합의 분산으로 인한 평균값의 무작위 불확도를 $P\%$ 수준으로 나타낸다. 측정 과정에서 계통 오차가 없다면 신뢰 구간은 표본 평균값을 중심으로 한 참평균의 존재 가능 구간을 나타낸다. 유한 자료 집합으로부터 구한 참평균의 추정값은 다음과 같다.

$$x' = \bar{x} \pm t_{v,P}s_{\bar{x}} \quad (P\%) \tag{4.19}$$

식 (4.19)는 공학 계측에서 중요하고 강력하게 사용되는 식이다.

예제 4.4

상당히 큰 자료 집합에 대하여, 변수 x의 표준편차는 10 단위이고 평균은 192 단위임을 알았다. 모집단 x 값의 90%가 포함될 것으로 기대되는 구간을 결정하라. 단, x는 정규 분포를 갖는다고 가정한다.

알려진 값 $y' = 192.0$ 단위; $\sigma_y = 10$ 단위

구할 값 $Q = 90\%$에 해당하는 $(y' - z_1\sigma \leq x \leq y' + z_1\sigma)$

가정 측정값이므로 정규 분포

풀이

모집단 y의 통계적 특성에 따라

$$y' - z_1\sigma \leq x_1 \leq y' + z_1\sigma$$

달리 표현하면

$$Q(-z_1 \leq \beta \leq z_1) = 2 \times Q(z_1)$$

여기서, $Q(z_1)$은 표 4.3에서 보인 바와 같이 편측 적분이다.

$$Q(z_1) = \frac{1}{(2\pi)^{1/2}} \int_0^{Z_1} e^{-\beta^2/2} d\beta$$

결국, $Q(-z_1 \leq \beta \leq z_1) = 0.90$은 $Q(z_1) = 0.45$와 동일하다.
표 4.3으로부터

$$Q(1.645) = 0.45, \ z_1 = 1.645$$

이므로, 다음의 구간에 x_i 값의 90%가 포함될 것으로 예측한다.

$$192.0 - 16.45 \leq x_i \leq 192.0 + 16.45 = 175.6 \leq x \leq 208.5 \ \text{units} \ (90\%)$$

참고사항 표 4.4로부터도 표본의 수 N이 매우 크다면 z_1으로 주어지는 t 분포의 해당 구간 값도 1.645에 근접함을 확인할 수 있다. 이로부터 방대한 정보를 수집한다면 측정의 경향은 어차피 전반적인 모집단 값을 따른다는 사실을 입증한다.

중복 검정과 합동 자료

중복 검정은 동일한 측정 변수에 대해 독립적인 측정으로 구성되는 별도의 자료 집합을 제공한다. 이들 자료는 단일 표본으로부터 얻는 측정 변수의 추정값보다 우수한 추정값을 제공하도록 별개의 자료 표본들로 조합될 수 있다. 여기서 중요한 제약 조건은 각각의 검정을 위한 표본이 같은 모집단으로부터 추출된다는 것이다. 그렇지 않은 경우, 다른 통계 분석이 필요할 수 있다(참고문헌 4, 6).

변수 x의 측정에 대하여 독립적인 자료 집합 M개를 제공하는 M회의 중복 검정을 생각하자. 각각의 검정은 하첨자 j로 표기되고 N_j 회의 반복 측정으로 구성된다. 전체 측정 횟수에 대한 각 검증의 측정 횟수 N_j의 비율을 가중하면서 다음과 같이 각 표본의 평균값을 조합하여 합동 평균값을 산출한다.

$$\langle \bar{x} \rangle = \frac{\sum_{j=1}^{M} N_j \bar{x}_j}{\sum_{j=1}^{M} N_j} = \frac{N_1 \bar{x}_1 + N_2 \bar{x}_2 + \cdots + N_M \bar{x}_M}{N_1 + N_2 + \cdots + N_M} \tag{4.20}$$

마찬가지로 각 검정의 자유도를 가중하면서 다음과 같이 각 표본의 분산을 조합하여 합동 분산을 산출한다.

$$\langle s_x \rangle^2 = \frac{\sum_{j=1}^{M} \nu_j s_{x_j}^2}{\sum_{j=1}^{M} \nu_j} = \frac{\nu_1 s_{x_1}^2 + \nu_2 s_{x_2}^2 + \cdots + \nu_M s_{x_M}^2}{\nu_1 + \nu_2 + \cdots + \nu_M} \tag{4.21}$$

여기서, $\nu_j = N_j - 1$이다. 합동 표준편차는 합동 분산의 제곱근이다.

$$\langle s_x \rangle = \sqrt{\frac{\sum_{j=1}^{M} \nu_j s_{x_j}^2}{\sum_{j=1}^{M} \nu_j}} \tag{4.22}$$

평균의 합동 표준 분산(혹은 합동 표준오차)은 다음과 같이 산출한다.

$$\langle s_{\bar{x}} \rangle = \langle s_x \rangle \sqrt{\sum_{j=1}^{M} \frac{1}{N_j}} \tag{4.23}$$

표본 평균 간 분산의 정도를 가늠하는 척도로 사용하는 통계량은 평균-제곱 값이다.

$$\langle s_x \rangle_B^2 = \frac{1}{(M-1)} \sum_{j=1}^{M} N_j (\bar{x}_j - \langle \bar{x} \rangle)^2 \tag{4.24}$$

다음 절에 소개되는 귀무가설과 관련하여 모집단 평균의 동일성 가정을 보장하기 위해, (F 통계량이라 불리는) 비율 $F = \langle s_x \rangle_B^2 / \langle s_x \rangle^2$가 검정 통계량으로 사용된다. 반복 검정에서 2개의 평균값의 등가 여부를 비교하는 검정 통계량은 다음과 같다.

$$t = \frac{(\bar{x}_1 - \bar{x}_2)}{\langle s_p \rangle \sqrt{\frac{1}{N_1} + \frac{1}{N_2}}} \tag{4.25}$$

t 통계량의 추가 사용에 대한 논의 역시 다음 절에서 이루어진다. 중복 검정으로부터 얻은 합동 자료의 추가 분석과 복수의 표본 평균을 분석하는 분산 분석(Analysis of Variance, ANOVA)에 관한 상세한 논의는 초급 통계 교과서에서 찾을 수 있다(예를 들어 참고문헌 4, 6, 7).

4.5 가설 검정

가설이란 참이라고 믿는 서술이다. 가설 검정은 통계적 도구를 사용하여 가설을 검정하는 것이다. 귀무가설 (null hypothesis, H_0)은 모집단의 관찰된(측정된) 어떤 거동과 가정된 거동의 차이가 충분히 작아서 그 차이가 무작위 변동(즉, 우연) 때문만인 것으로 생각된다는 형식을 가진다. 대립가설(alternative hypothesis, H_a)은 그 차이가 무작위 변동 외에 시스템의 영향같이 다른 무엇인가의 결과라는 것이다. 그래서 우리는 표본 자료 집합

간의 측정된 차이가 단지 변동에 기인한 것인지 혹은 무엇인가가 자료 집합 간의 변화를 야기한 것인지 조사할 것이다. 가설 검정은 대립가설이 지지되어 귀무가설이 기각될 것인지를 결정하는 데 사용된다.

자료 집합에서 관찰되는 산포에 관한 정보를 가정된 모집단의 분포와 비교하여 측정된 표본 평균이 모집단 평균을 합리적으로 대변하는지 검정하고 싶다고 하자. 이 검정을 위한 귀무가설은 $H_0: x' = x_0$로 표현되면 여기서 x_0은 수치이다. 이제 대립가설은 가설 검정의 정확한 의도에 따라 달라진다. 표본 평균 $\bar{x}$이 모집단 평균과 다른지 여부를 결정하고 싶다면 대립가설은 $H_a: x' \neq x_0$로 표현된다. 이 검증은 $x' < x_0$이거나 $x' > x_0$인 경우 모두 대립가설 H_a가 참이므로 양쪽꼬리 검정(two-tailed test)이라 한다. 표본 자료가 귀무가설과 불일치하면 대립가설을 지지하여 기각하고, 그 외에는 귀무가설을 기각하지 않는다. 또 다른 경우 만약 $x' < x_0$의 진실 대립가설 여부에 관심이 있다면 대립가설은 $H_a: x' < x_0$이다. 만약 $x' > x_0$의 진실 대립가설 여부에 관심이 있다면 대립가설은 $H_a: x' > x_0$이다. 이들 경우를 한쪽꼬리 검정(single-tailed test)이라 한다. 위의 각 검정에서 $p(\bar{x})$는 정규분포를 갖는 것으로 가정하였다.

z-검정

모집단의 편차 σ가 알려진 경우 z-검정을 사용한다. 제조 과정에서 품질 관리를 위해 편차의 크기를 설정하였거나 모집단의 분포가 이미 알려진 경우와 같이 σ의 크기가 특정된 경우가 이에 해당한다. 검정 통계량은 z 변수로 주어진다. $x' = x_0$에 대한 관찰된 z 변수는 다음과 같다.

$$z_0 = \frac{\bar{x} - x_0}{\sigma/\sqrt{N}} \tag{4.26}$$

통계량은 $p(z) \equiv 1 - \alpha$로 정의되는 희망 유의 수준 α에서 z의 기각값을 기준으로 평가된다. 검정 통계량의 값이 정의된 합격 영역 내에 있으면 귀무가설은 기각되지 않는다. 양쪽꼬리 검정에서 합격 영역은 구간 $P(-z_{\alpha/2} \leq z_0 \leq z_{\alpha/2})$로 정의되고 여기서 $\pm z_{\alpha/2}$는 기각값이다. 마찬가지로 한쪽꼬리 검정의 합격 영역은 $P(-z_\alpha \leq z_0)$ 또는 $P(z_0 \leq z_\alpha)$로 정의된다. 기각 영역이라 불리는 합격 영역 밖에 값이 속하는 경우 귀무가설은 기각된다. 그림 4.8에 표 4.5에 열거한 통상적인 기각값과 함께 이 개념이 도시되어 있다. 대부분의 공학적 상황에 대한 가설 검정에서는 유의 수준 0.05의 양쪽꼬리 검정이 적절하다.

표 4.5 z-검정에 사용되는 기각값

유의 수준, α	0.10	0.05	0.01
z 검정의 기각값 한쪽꼬리 검정	−1.28 또는 1.28	−1.645 또는 1.645	−2.33 또는 2.33
z 검정의 기각값 양쪽꼬리 검정	−1.645 그리고 1.645	−1.96 그리고 1.96	−2.58 그리고 2.58

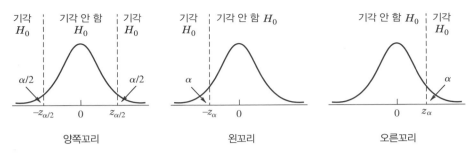

그림 4.8 유의 수준 α 가설 검정의 기각값

t 검정

t 검정은 σ가 알려지지 않은 경우 사용한다. 검정 통계량은 t 변수로 주어진다. $x' = x_0$에 대해 관찰된 t 변수는 다음과 같다.

$$t_0 = \frac{\bar{x} - x_0}{s_x / \sqrt{N}} \tag{4.27}$$

통계량은 희망 유의 수준 α에서 t의 기각값을 기준으로 평가된다. 양쪽꼬리 검정에서 합격 영역은 구간 $P(-t_{\alpha/2} \le t_0 \le t_{\alpha/2})$로 정의되고 여기서 $\pm t_{\alpha/2}$는 기각값이다. 마찬가지로 한쪽꼬리 검정의 합격 영역은 $P(-t_\alpha \le t_0)$ 또는 $P(t_0 \le t_\alpha)$로 정의된다. 이 개념 역시 그림 4.8에 나타나 있다.

p 값

p 값은 두 값의 차이가 무작위 우연에만 기인하는 확률을 보고한다. 이것은 관찰된 유의 수준이다. p 값이 매우 작다면 무작위 우연 이외의 인자가 표본의 변동에 영향을 미치고 있다는 표시이다. p 값은 귀무가설이 참이라 가정하고 검정 통계에 해당하는 관찰된 유의 수준의 값을 계산한다. 만일 p의 값이 α보다 작다면 H_0을 기각하고 아니면 H_0를 기각하지 않는다.

가설 검정

(1) H_0: $x' = x_0$와 같은 귀무가설을 설정한다. 여기서 x_0은 모집단 또는 목푯값이다. 그리고 적절한 대립가설 H_a을 설정한다. (2) 기각값을 결정하기 위해 유의 수준을 할당하면 기각 영역이 설정된다. (3) 검정 통계량의 관측값을 계산한다. (4) 관측 검정 통계량과 기각값을 비교한다. 관측 통계량이 기각 영역에 속한다면 기각하고 아니면 기각하지 아니한다.

예제 4.5

베어링 구슬의 제작자는 경험에 의해 공칭 크기가 2.00 mm인 롤러 베어링을 표준편차 0.061 mm로 생산할 수 있음을 안다. 품질 보증 프로그램의 일환으로 엔지니어가 납품 이전에 베어링 구슬 박스에서 표본을 추출하여 크기를 측정한다. 어느 날 25개의 베어링 표본을 추출하여 측정한 결과 $\bar{x} = 2.03$ mm였다. 이 측정은 유의 수준 5%($\alpha = 0.05$, 즉 신뢰 수준 95%)에서 전체 박스에 대해 $x' = 2.00$ mm의 가설을 지지하는가?

알려진 값 $\bar{x} = 2.03$ mm, $x_0 = 2.00$ mm, $\sigma = 0.061$ mm, $N = 25$

구할 값 $\alpha = 0.05$에서 가설 검정을 수행하라.

풀이

가설 검정의 4단계를 사용한다. (1) 귀무가설은 H_0: $x' = x_0 = 2.00$ mm이고, 대립가설은 H_a: $x' \neq 2.00$ mm이다. (2) $\alpha = 0.05$에서 합격 영역은 확률 곡선 $P(-z_{0.025} \leq z_0 \leq z_{0.025}) = 1 - \alpha = 0.95$의 하부 면적이다. 베어링 구슬 모집단이 정규 분포를 갖는다고 가정하면 $P(-z_{0.025} \leq z \leq z_{0.025}) = 2P(0 \leq z \leq z_{0.025}) = 0.475$라 쓸 수 있다. 그리고 표 4.3을 사용하여 확률 $P(z = 1.960) = 0.475$에 부합하는 z를 찾는다. 표 4.5에도 표시된 바와 같이 양쪽꼬리 기각값은 $|\pm z_c| = 1.96$이다. (3) $x_0 = 2.00$ mm, $\bar{x} = 2.03$ mm, $N = 25$와 $\sigma = 0.061$ mm이므로 $z_0 = (\bar{x} - x_0)/\sigma/\sqrt{N} = 2.459$이다. (4) $z_0 > z_c$이므로 z_0은 합격 영역 밖에 속하므로 유의 수준 5%에서 H_0은 기각한다. 표본의 평균과 목표 모집단 평균의 차이가 우연에 의한 결과로 보기에는 너무 크다. 결론 : 이 베어링 구슬의 회분은 제조 공정의 결함이 있다.

참고사항 작은 표본의 무작위 변동은 표본 평균을 모집단 평균과 다르게 만들 수 있다. 여기서 그 차이는 $P(z) \equiv 1 - \alpha$에서 $\alpha = 0.05$, 즉 확률 신뢰 수준 95%에서 무작위 변동 단독으로 설명될 수 있는 크기보다 크다. 계통 오차가 베어링 지름의 평균에 영향을 미칠 가능성이 크다. p 값도 계산이 가능하다. 관찰된 양쪽꼬리 유의 수준 $p = 0.0138$에 해당하는 값은 $z_0 = 2.459$이다. 즉, 표 4.3에서 $2P(2.459) = 0.9862$이므로 $p = 1 - 0.9862 = 0.0138$이다. $p < \alpha$이므로 H_0을 기각한다.

예제 4.6

무쇠 바이런이라 불리는 로봇 스윙 장치를 사용하여 골프 채와 공의 성능을 시험하였다. 어느 프로 골프 선수가 6번 골프채를 사용하여 머리 속도 38 m/s로 골프공을 가격했을 때 평균 비거리가 164.5 m가 되도록 제작을 요청하였다. 정확도가 중요하므로 골프채는 공의 착지가 164.5 m의 길고 짧은 양쪽 4.5 m 이내인 조건을 만족하여야 한다. 회사 소속 엔지니어가 선택된 골프채를 전문가용 골프공을 사용하여 시험하였다. 여섯 번의 시험으로 비거리 평균은 167 m이고 표본의 표준편차는 2.5 m를 얻었다. 이 엔지니어는 유의 수준 5%에서 골프채가 프로 선수의 요구 사양을 충족한다고 인증하여야 하는가?

알려진 값 $\bar{x} = 167$ m, $x_0 = 164.5$ m, $s_x = 2.5$ m, $N = 6$

구할 값 $\alpha = 0.05$에서 가설 검정을 수행하라.

풀이

(1) 귀무가설 H_0: $x' = x_0 = 164.5$ m를 대립가설 H_a: $x' \neq 164.5$에 대하여 검정한다. (2) 양쪽꼬리 t 검정 $\alpha = 0.05$에 대하여 $P = 1 - \alpha = 0.95$이다. $N = 6$, $\nu = N - 1 = 5$이므로 기각값(표 4.4)은 $|\pm t_{5,95}| = |\pm t_c| = 2.571$이다. (3) 검정 통계량은 $t_0 = (\bar{x} - x_0)/s_x/\sqrt{N} = (167 - 164.5)/2.5/\sqrt{6} = 2.449$이다. (4) 관찰된 검정 통계량 t_0은 $\pm t_c$로 정의된 구간에 해당하는 확률 곡선 구간 아래의 면적인 합격 영역에 속한다. 유의 구간 5%에서 귀무가설은 기각되지 않는다. 자료가 이 골프채가 38 m/s로 공을 가격하는 경우 비거리가 164.5 m와 다르다는 결론을 내리도록 충분한 증거를 제공하지 않는다. 결론 : 골프채는 요구사양을 만족한다.

참고사항   보다 확장된 표(예 : 참고문헌 4)를 사용하면 $\nu = 5$에서 $t = 2.449$인 양쪽꼬리 통곗값을 계산하고 이는 $p = 0.0580$에 해당한다. $p > \alpha$이므로 H_0를 기각하지 않는다.

4.6 카이제곱 분포

각각 N개의 자료점을 갖는 여러 개의 자료 집합이 갖는 표본 표준편차를 도시하면, 확률 밀도 함수 $p(\chi^2)$를 생성하게 된다. $p(\chi^2)$는 그림 4.9에 묘사된 소위 카이제곱(χ^2) 분포를 따른다.

정규 분포에 대해 통계량 χ^2은 다음과 같으며(참고문헌 1, 3, 4) 자유도는 $\nu = N - 1$이다.

$$\chi^2 = \nu s_x^2/\sigma^2 \tag{4.28}$$

이로부터 s_x^2이 σ^2을 얼마나 잘 예측하는지 검정할 수 있다.

표본 분산의 정밀 구간

표본 분산의 정밀 구간을 확률로 표시되도록 공식화하면

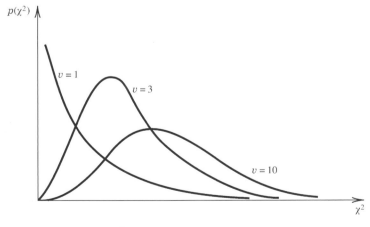

그림 4.9 자유도 변화에 따른 χ^2 분포

$$P\left(\chi^2_{1-\alpha/2} \leq \chi^2 \leq \chi^2_{\alpha/2}\right) = 1 - \alpha \tag{4.29}$$

이며, 확률 $P(\chi^2) = 1 - \alpha$이다. 식 (4.28)을 식 (4.29)와 조합하면

$$P\left(\nu s_x^2/\chi^2_{\alpha/2} \leq \sigma^2 \leq \nu s_x^2/\chi^2_{1-\alpha/2}\right) = 1 - \alpha \tag{4.30}$$

이 된다. 예를 들어 s_x^2로 σ^2를 추정하는 95%의 정밀 구간은 다음과 같다.

$$\nu s_x^2/\chi^2_{0.025} \leq \sigma^2 \leq \nu s_x^2/\chi^2_{0.975} \quad (95\%) \tag{4.31}$$

이 구간의 경계가 2.5%와 97.5%의 유의 수준임을 주목하라(95% 포함에 해당함).

χ^2 분포는 무작위 우연으로 인한 불일치를 추정한다. 표 4.6에는 χ^2_α 값이 자유도의 함수로 도표화되어 있다. 그림 4.10에 나타낸 바와 같이 $P(\chi^2)$의 값은 곡선 $P(\chi^2)$ 아래의 면적을 왼쪽으로부터 측정한 것이고, α는 오른쪽으로부터 측정한 것이다. 곡선 $P(\chi^2)$ 아래의 전체 면적은 1(unity)이다.

표 4.6 χ^2_α의 값

ν	$\chi^2_{0.99}$	$\chi^2_{0.975}$	$\chi^2_{0.95}$	$\chi^2_{0.90}$	$\chi^2_{0.50}$	$\chi^2_{0.05}$	$\chi^2_{0.025}$	$\chi^2_{0.01}$
1	0.000	0.000	0.000	0.016	0.455	3.84	5.02	6.63
2	0.020	0.051	0.103	0.211	1.39	5.99	7.38	9.21
3	0.115	0.216	0.352	0.584	2.37	7.81	9.35	11.3
4	0.297	0.484	0.711	1.06	3.36	9.49	11.1	13.3
5	0.554	0.831	1.15	1.61	4.35	11.1	12.8	15.1
6	0.872	1.24	1.64	2.20	5.35	12.6	14.4	16.8
7	1.24	1.69	2.17	2.83	6.35	14.1	16.0	18.5
8	1.65	2.18	2.73	3.49	7.34	15.5	17.5	20.1
9	2.09	2.70	3.33	4.17	8.34	16.9	19.0	21.7
10	2.56	3.25	3.94	4.78	9.34	18.3	20.5	23.2
11	3.05	3.82	4.57	5.58	10.3	19.7	21.9	24.7
12	3.57	4.40	5.23	6.30	11.3	21.0	23.3	26.2
13	4.11	5.01	5.89	7.04	12.3	22.4	24.7	27.7
14	4.66	5.63	6.57	7.79	13.3	23.7	26.1	29.1
15	5.23	6.26	7.26	8.55	14.3	25.0	27.5	30.6
16	5.81	6.91	7.96	9.31	15.3	26.3	28.8	32.0
17	6.41	7.56	8.67	10.1	16.3	27.6	30.2	33.4
18	7.01	8.23	9.39	10.9	17.3	28.9	31.5	34.8
19	7.63	8.91	10.1	11.7	18.3	30.1	32.9	36.2
20	8.26	9.59	10.9	12.4	19.3	31.4	34.2	37.6
30	15.0	16.8	18.5	20.6	29.3	43.8	47.0	50.9
60	37.5	40.5	43.2	46.5	59.3	79.1	83.3	88.4

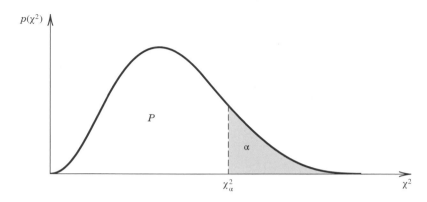

그림 4.10 확률 P와 유의 수준 $\alpha(=1-P)$를 연관시키는 χ^2 분포

예제 4.7

어느 컴퓨터 제작업체는 각 컴퓨터의 배터리가 완전히 충전된 상태에서 8시간 운전가능하고 표준편차는 20분이라고 주장하였다. 무작위로 선택한 7개의 배터리 표본의 표준 분산이 29분임을 알았다. 예상되는 유의 수준과 측정으로 구체화된 자료를 근사하는 카이제곱 값을 결정하라.

알려진 값 $N = 7$; $s_x = 29 \min$; $\sigma_x = 20 \min$

구할 값 χ^2, α

풀이

카이제곱 통계량을 계산하면,

$$\chi^2 = \nu s_x^2 / \sigma^2$$

주어진 값을 대입하면 다음을 얻는다.

$$\chi^2 = (7 - 1)(29)^2 / 20^2 = 12.61$$

이때 자유도는 $N - 1$이다. 표 4.6으로부터 카이제곱 통계량에 해당하는 유의 수준은 0.05이다.

참고사항 검정을 반복하여 수행하면 표준 분산이 29분보다 작을 확률은 95%($P = 1 - \alpha$)이다. 즉, 새로운 검증에서 표준 분산이 29분을 초과할 확률은 5%($\alpha = -0.05$)이다.

적합도 검정

일련의 측정값이 가정된 분포 함수를 얼마나 잘 따르겠는가? 예제 4.4에서 우리는 단지 거친 형태의 히스토그램(그림 4.2)에 근거하여 표 4.1의 자료가 정규 분포를 따르리라 가정하였다. 좀 더 엄밀한 평가는 카이제곱 분포를 이용하여 카이제곱 검정을 적용하는 것이다. 카이제곱 검정은 측정된 자료 집합의 분산과 가정된 밀도 함수가 예측한 분산의 불일치를 나타내는 측도를 제공한다.

먼저, N개의 측정으로 구성된 자료 집합으로 K개의 구간을 가진 히스토그램을 만든다. 이렇게 j번째 구간에 측정값이 속하는 발생 횟수 n_j를 구한다. 그리고 분산의 자유도 $\nu = N - m$을 계산한다. 여기서 m은 부여된 제한 조건의 개수이다. ν를 이용하여 분포 함수로부터 기대되는 예상 발생 빈도 횟수 n_j'를 추정한다. 이 검정에서 χ^2 값은 전체 히스토그램으로부터 다음 식을 이용하여 구한다.

$$\chi^2 = \frac{\sum_{j=1}^{K}(n_j - n_j')}{n_j'} \quad j = 1, 2, \ldots, K \tag{4.32}$$

적합도 검정은 자료가 가정된 분포로 잘 기술된다는 귀무가설을 자료가 가정된 분포로부터 추출된 것이 아니라는 대립가설에 대비하여 평가한다. 주어진 자유도에 대하여 자료 집합이 가정 분포 함수에 잘 부합하면 할수록 χ^2값은 작을(표 4.6의 왼쪽) 것이다. 반면에 χ^2값이 클수록(표 4.6의 오른쪽) 적합은 더욱 의심스러운 것이다.

예제 4.8

귀무가설 $H_0: x' = x_0$에 대한 양쪽꼬리 t 검정을 수행한다. 자유도는 20이고 t 통계량은 $t_0 = 2.3201$이다. 각각의 유의 수준 1%, 5%, 10%에 대해 결과는 통계적으로 유의한가? 귀무가설은 이들 수준에서 기각되는가 채택되는가?

알려진 값 $t_0 = 2.3201$

구할 값 $t_c < t_0$?

가정   가우스(정규) 분포

풀이

가설 검정의 결과는 $t_c < t_0$인 경우는 통계적으로 유의하고(H_0은 기각된다) $t_c > t_0$인 경우는 통계적으로 유의하지 않다(H_0은 채택된다).
10% 유의 수준에서

$$\alpha = 0.10; \quad t_c(20, 90\%) = 1.725; \quad t_c < t_0$$

결과는 통계적으로 유의하다. H_0은 기각된다. x'와 x_0 사이에는 유의한 차이가 있다.
5% 유의 수준에서

$$\alpha = 0.05; \quad t_c(20, 95\%) = 2.086; \quad t_c < t_0$$

결과는 통계적으로 유의하다. H_0은 기각된다. x'와 x_0 사이에는 유의한 차이가 있다.

1% 유의 수준에서

$$\alpha = 0.01;\ t_c(20,99\%) = 2.845;\quad t_c > t_0$$

결과는 통계적으로 유의하지 않다. H_0은 받아들여진다. x'와 x_0 사이에는 유의한 차이가 없다.

4.7 회귀 분석

측정 변수는 흔히 1개 또는 그 이상의 독립 변수의 함수이다. 회귀 분석은 종속 변수와 독립 변수 사이의 함수 관계를 정립하기 위하여 사용된다. 회귀 분석은 종속 측정 변수의 변화가 각 고정된 독립 변수의 값에 대하여 정규 분포를 따른다고 가정한다. 이러한 거동은 n개의 독립 변수 값 $x_j(j = 1, 2, \cdots, n)$ 각각에 대하여 N개의 종속 변수 $y_{i,j}(i = 1, 2, \cdots, N)$를 고려하여 그림 4.11에 예시되어 있다. 이러한 형태의 거동은 교정 과정이나 독립 변수 y가 수집되는 동안 x 값이 고정(제어)되는 많은 경우에 발생한다. y의 반복 측정 결과 평균값 $\bar{y}(x_j)$와 분산 $s_y^2(x_j)$를 갖는 정규 분포를 얻는다.

　대부분의 스프레드 시트와 공학 소프트웨어 패키지는 자료 집합에 대한 회귀 분석을 수행할 수 있다. 다음의 논의에서 특정한 형식을 갖는 회귀 분석의 개념, 의미와 한계를 기술한다. 다변수 회귀를 포함한 회귀 분석에 대한 정보는 기존 문헌에서 찾을 수 있다(참고문헌 4, 6).

최소 제곱 회귀 분석

$y = f(x)$ 형식을 갖는 단일 변수 함수에 대한 회귀 분석의 결과는 다음의 형태를 가진 m차 다항식으로 주어진다.

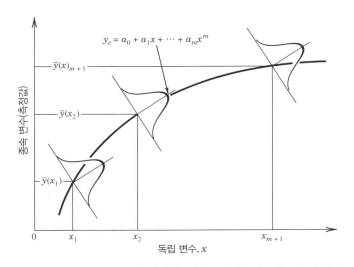

그림 4.11 각각의 고정된 독립 변수 x 대한 측정값 y의 분포. 곡선 y_c는 가능한 함수 관계를 나타낸다.

$$y_c = a_0 + a_1x + a_2x^2 + \cdots + a_mx^m \tag{4.33}$$

여기서 y_c는 주어진 x값에 대하여 다항식을 사용하여 예측되는 y의 값을 말한다. 분석에 포함되는 n개의 다른 독립 변수의 값에 대하여 결정 가능한 다항식의 최고 차수 m는 $m \leq n - 1$로 제한된다. m개의 계수 a_0, a_1, $\cdots$, a_m의 값이 분석에 의하여 결정되는 것이다. 공학적 응용 분야에서 가장 보편적인 회귀 분석의 형태는 최소 제곱법이다. **최소 제곱법**은 필요한 계수를 조정하여 실제 자료와 주어진 차수의 다항 근사식 간의 편차의 제곱의 합을 최소가 되도록 한다.

x_i 및 $y_i(i = 1, 2, \cdots, N)$라 불리는 N개의 x 및 y값이 존재하는 경우를 생각하자. x와 y가 각각 독립 및 종속 변수이고 (x, y)의 형태를 가진 N개의 자료점 집합에 대하여 m차 다항 근사식을 찾으려 한다. 식 (4.31)의 다항식에서 a_0, a_1, $\cdots$, a_m 등 $m + 1$개의 계수를 찾아야 한다. 자료점 (x_i, y_i)에서 평가된 다항식의 값을 y_{c_i}라 할 때, 임의의 종속 변수 y_i와 다항식의 편차를 $y_i - y_{c_i}$로 정의한다. 모든 $y_i(i = 1, 2, \cdots, N)$의 값에 대한 이 편차의 제곱의 합은 다음과 같다.

$$D = \sum_{i=1}^{N} (y_i - y_{c_i})^2 \tag{4.34}$$

최소 제곱법의 목적은 주어진 차수의 다항식에 대하여 D를 최소화하는 것이다. 식 (4.33)을 식 (4.34)에 대입하고 D의 전미분을 0으로 놓으면 된다(예 : $dD = 0$). 이렇게 얻은 $m + 1$개의 식을 연립하여 풀어서 미지의 회귀 계수 a_0, a_1, $\cdots$, a_m을 구한다. 이 계수를 다시 y_c에 관한 식 (4.33)에 적용한다. 중급 난이도의 설명을 교재 웹사이트 또는 기존의 문헌에서 찾을 수 있다(참고문헌 1, 3, 4, 6).

일반적으로 회귀 분석을 통해 구한 다항식이 모든 자료점 (x_i, y_i)를 정확히 통과하지는 않으므로 주어진 자료점의 집합에 대한 어떤 차수의 다항 곡선 근사식이라도 자료점과 다항식 사이에 편차 $y_i - y_{c_i}$가 존재한다. 이 차이로부터 다음과 같이 표준편차를 구한다.

$$s_{yx} = \sqrt{\frac{\sum_{i=1}^{N} (y_i - y_{c_i})^2}{v}} \tag{4.35}$$

여기서 v은 근사식의 자유도이며, $v = N - (m + 1)$로 주어진다. s_{yx}는 근사식의 **표준 오차**라 하며, 다항식이 자료 집합에 얼마나 근접하는가를 나타내는 측도이다.

특정한 자료 집합을 근사하는 다항식의 가장 바람직한 차수는 s_{yx}를 허용값까지 감소시키면서 종속 독립 변수 사이의 물리적 의미를 유지하는 가장 낮은 차수의 근사식이다. 이 점은 중요하다. 만약 문제의 내재된 물리적 이론이 독립 변수 및 종속 변수 사이에 특정한 차수의 관계가 존재함을 암시한다면, 억지로 높은 차수의 다항식에 자료를 근사시키려 할 필요가 없다. 최소 제곱법은 편차의 제곱의 합을 최소로 하려 하기 때문에 비현실적인 곡선의 굴곡을 초래한다. 결국 고차항을 가진 근사식이 작은 s_{yx}를 갖는 것은 일반적이지만 반드시 자료 집합의 거동을 잘 반영하는 것은 아니다. 어떤 경우라도 다항식 차수당 적어도 2개의 자료점을 갖도록 차수를 결정하는 것이 좋다. 즉, 1차 근사식은 적어도 2개, 2차 근사식은 적어도 4개의 방식으로 차수를 정한다.

독립 변수 및 종속 변수의 변동을 모두 고려한다면 임의의 x값에서 근사 곡선을 중심으로 자료의 무작위 산포에 기인한 무작위 불확도는 세페의 밴드(Scheffe's band, 참고문헌 10)로 알려진 다음 식으로 계산된다(참고문헌 1, 4).

$$t_{v,P} s_{yx} \left[\frac{1}{N} + \frac{(x - \overline{x})^2}{\sum_{i=1}^{N} (x_i - \overline{x})^2} \right]^{1/2} \quad (P\%) \tag{4.36}$$

여기서

$$\overline{x} = \sum_{i=1}^{N} x_i / N$$

이며, x는 식 (4.33)의 y_c를 추정하기 위해 사용한 값이다. 그러므로 신뢰 구간을 포함한 곡선의 근사식은 다음과 같이 쓸 수 있다.

$$y_c(x) \pm t_{v,P} s_{yx} \left[\frac{1}{N} + \frac{(x - \overline{x})^2}{\sum_{i=1}^{N} (x_i - \overline{x})^2} \right]^{1/2} \quad (P\%) \tag{4.37}$$

식 (4.36) 또는 식 (4.37)의 대괄호 속 두 번째 항의 영향으로 다항식의 양쪽 한계를 향하여 신뢰 구간이 넓어진다.

곡선 근사식과 관련된 무작위 불확도로 인해 발생하는 오차는 공학 검정의 전체 오차를 구성하는 여러 가지 요소 중 하나일 뿐이며, 불확도의 크기를 지배하는 근원은 아니다. 흔히 공학 계측에서는 독립 변수는 잘 제어되는 값이고 근사 곡선에 대한 변동 발생의 주요 요인은 종속(측정) 변수의 무작위 오차에 기인한다. 이런 경우, 회귀 분석으로 인한 불확도를 대표하는 단일 값을 결정하고 싶을 것이다. 곡선 근사식으로 인한 무작위 표준 불확도를 단순화하면 다음과 같다.

$$\frac{s_{yx}}{\sqrt{N}} \tag{4.38}$$

이것은 중간부인 $x = \bar{x}$에서 샤페(Scheffe) 밴드의 값이다. 이 근사방식은 다음과 적절한 신뢰 수준으로 가중될 수 있다.

$$t_{v,P} \frac{s_{yx}}{\sqrt{N}} \tag{4.39}$$

이 표현은 심각한 단순화임에도 불구하고 제5장의 지난한 불확도 분석 계산을 대신하는 간편한 대푯값을 제공한다. 해당 가정은 구간으로 표현되는 값을 1개의 값으로 줄인다. 식 (4.38)의 단순화는 전체 불확도 분석에서 곡선 근사식의 불확도가 차지하는 비중이 지배적이지 않은 경우에 국한하여 사용하여야 한다. 즉, 식 (4.36)과 식 (4.39)의 차이가 검정의 결과를 보고하는 데 심각한 차이를 유발하지 않아야 한다.

$y = f(x_{1_i}, x_{2_i}, \cdots)$과 같은 형태의 다변수 함수가 포함된 다변수 회귀 분석도 가능하다. 이 책에서 다루지는 않았지만, 단일 변수 분석에서 생성된 개념은 다변수 분석으로 확장 적용되며, 관심 있는 독자들은 참고문헌 3, 4, 6을 참조하기 바란다.

Labview의 부록 프로그램 *Polynomial_Fit*은 최소 제곱법 분석을 수행한다. 자료는 사용자가 수동으로 입력하거나 프로그램이 파일로부터 읽어들인다. 이 방식은 다른 소프트웨어 패키지도 마찬가지로 가능하다.

예제 4.9

다음의 자료는 선형 관계를 따르리라 추측된다. 적절한 형태의 1차 식을 찾아라.

x(cm)	y(V)
1.0	1.2
2.0	1.9
3.0	3.2
4.0	4.1
5.0	5.3

알려진 값   독립 변수 x

종속 측정 변수 y

$N = 5$

구할 값 $y_c = a_0 + a_1 x$

풀이

우리는 $D = \sum_{i=1}^{N} (y_i - y_{c_i})^2$을 최소로 하는 $y_c = a_0 + a_1 x$ 형태의 다항식을 찾는다. $dD = \frac{\partial D}{\partial a_0} da_0 + \frac{\partial D}{\partial a_1} da_1$로 표현되는 전미분으로부터 각 편미분 계수를 0으로 놓으면

$$\frac{\partial D}{\partial a_0} = 0 = -2 \left\{ \sum_{i=1}^{N} \left[y_i - (a_0 + a_1 x_i) \right] \right\}$$

$$\frac{\partial D}{\partial a_1} = 0 = -2 \left\{ \sum_{i=1}^{N} \left[y_i - (a_0 + a_1 x_i) \right] \right\}$$

이므로 $dD = 0$가 된다. 계수 a_0과 a_1에 대해 연립식을 풀면

$$a_0 = \frac{\sum x_i \sum x_i y_i - \sum x_i^2 \sum y_i}{\left(\sum x_i\right)^2 - N\sum x_i^2}$$

$$a_1 = \frac{\sum x_i \sum y_i - N\sum x_i y_i}{\left(\sum x_i\right)^2 - N\sum x_i^2}$$

(4.40)

자료 집합과 식 (4.40)으로부터 $a_0 = 0.02$, $a_1 = 1.04$이므로 다음 식을 얻는다.

$$y_c = 0.02 + 1.04x \ \text{V}$$

선형 다항식

선형 다항식의 상관 계수 r는 다음과 같이 주어진다.

$$r = \frac{N\sum_{i=1}^{N} x_i y_i - \sum_{i=1}^{N} x_i \sum_{i=1}^{N} y_i}{\sqrt{N\sum_{i=1}^{N} x_i^2 - \left(\sum_{i=1}^{N} x_i\right)^2}\sqrt{N\sum_{i=1}^{N} y_i^2 - \left(\sum_{i=1}^{N} y_i\right)^2}}$$

(4.41)

상관 계수는 x와 y 사이의 관계에 대한 정량적 측도이다. 완전 상관을 나타내는 ± 1은 취할 수 있는 값의 한계이며, 부호는 x의 증감에 따른 y의 증감의 방향을 나타낸다. 계숫값 $\pm 0.9 < r \le \pm 1$에 대하여 선형 회귀는 x와 y 사이의 믿을 만한 관계식으로 사려된다. 다르게는 (결정 계수라 불리는) r^2의 값을 쓸 때도 있으며, 이것은 y의 분산을 근사식이 얼마나 잘 고려하는가를 나타낸다. 그것은 선형 근사식으로 가정된 분산의 실제 측정된 자료의 분산에 대한 비이다. 상관계수는 단지 x와 y가 관계를 갖는다는 가설의 지표일 뿐이다. r과 r^2값은 y_c의 무작위 오차에 대한 효율적인 추정자가 아니며, 대신에 이 목적으로는 s_{xy}가 사용된다.

근사식의 기울기 $t_{v,P}s_{a1}$에 대한 정밀 추정값은 표준 오차로부터 다음과 같이 계산한다.

$$s_{a1} = s_{yx}\sqrt{\frac{1}{\sum_{i=1}^{N}(x_i - x)}}$$

(4.42)

절편이 0인 경우의 정밀 추정값은 표준 오차로부터 다음과 같다.

$$s_{a0} = s_{yx}\sqrt{\frac{\sum_{i=1}^{N} x_i^2}{\left[N\sum_{i=1}^{N}(x_i - x)\right]}}$$

(4.43)

a_0의 오차는 교정 곡선의 y절편을 보상한다. 식 (4.41)~(4.43)의 유도와 자세한 논의는 참고문헌 1, 3, 4, 6을 참조하기 바란다.

예제 4.10

예제 4.9의 자료에 대한 상관 계수와 근사식의 표준 오차를 계산하라. 근사식에 대한 무작위 불확도를 추정하라. 또 95%의 신뢰도를 가지고 상관 계수를 기술하라.

알려진 값 $y_c = 0.02 + 1.04x$ V

가정 계통 오차는 무시한다.

구할 값 r과 s_{yx}

풀이

식 (4.41)을 자료 집합에 직접 적용하면 상관 계수 $r = 0.997$을 얻는다. 동등한 추정값으로 r^2이 있다. 이때 $r^2 = 0.99$이며, y의 분산 중 99%는 근사식으로 고려됨을 나타낸다. 이 값들은 선형 근사식이 x와 y의 관계를 신뢰성 있게 재현함을 의미한다.

자료와 근사식 사이의 무작위 불확도는 다음과 같다.

$$t_{3,95}s_{yx}\left[\frac{1}{N} + \frac{(x - \overline{x})^2}{\sum_{i=1}^{N}(x_i - \overline{x})^2}\right]^{1/2}$$

식 (4.35)를 사용하여 근사식의 표준 오차 s_{yx}를 계산하면

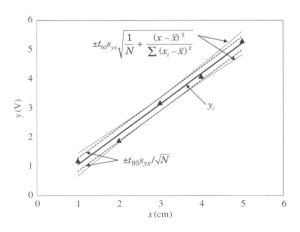

그림 4.12 예제 4.10의 회귀 분석 결과

$$s_{yx} = \sqrt{\dfrac{\sum_{i=1}^{N}(y_i - y_{ci})^2}{v}} = 0.16$$

이고, 자유도는 $v = N - (m + 1) = 3$이다. t 추정량, $t_{3,95} = 3.18$이다.

이 곡선이 그림 4.12에 식 (4.37)과 (4.39)를 사용하여 작도되어 있다. 식 (4.39)를 적용하면 $t_{3,95}\, s_{yx}/\sqrt{N}$ $= 0.23$으로 결정된다. 식 (4.37)을 사용하여 95%의 신뢰 구간을 구하면 식 (4.39)에 비해 근소하게 넓은 불확도 범위를 얻게 되며 $x = 1$과 $x = 5$에서 불확도의 값은 ± 0.39이고 중간부 ($x = \bar{x}$)에서는 $t_{3,95}\, s_{yx}/\sqrt{N} = 0.23$으로 줄어든다.

4.8 특이 자료의 탐지

측정된 자료 집합에서 기대되는 경향과 관계되지 않은 듯한 오자료가 발견되는 경우가 흔히 있다. 정규 분산의 범주에서 벗어난 자료는 표본 평균의 추정값을 편향시키고 무작위 오차의 추정값을 증가시키며 최소 제곱 상관 계수에 영향을 준다. 통계적 기술을 사용하여 이런 자료들을 탐지할 수 있으며, 이 자료점을 특이점(outlier)이라 부른다. 특이점은 운영 조건의 무작위 이상처럼 단순한 측정의 결함일 수도 있고, 검정 과정에서 변수 제어의 보다 근본적인 문제를 반영한 것일 수도 있다. 다음은 특이점을 탐지하는 도구에 대해 논의한다. 일단 탐지되면 자료의 집합에서 자료점의 제거 여부를 신중하게 결정한다. 특이 자료가 자료 집합으로부터 제외되면 자료의 통곗값은 나머지 자료를 이용하여 다시 계산되어야 한다. 특이점 검정은 해당 자료 집합에 대해 오직 한 번 수행한다.

특이점을 탐지하는 한 방법으로 발생 확률이 $1/2N$ 이하인 자료를 특이점으로 규정하는 쇼브네트의 기준 (Chauvenet's criterion)이 있다. 이 기준을 적용하기 위해 검정 통계량을 $z_0 = |x_i - \bar{x}|/s_x$로 하자. 여기서 x_i는 N 개의 값을 갖는 자료 집합 중 특이점으로 의심되는 자료이다. 표 4.3의 확률값으로 계산하여 다음 조건을 만족하면 해당 자료점은 잠재적 특이점이다.

$$(1 - 2 \times P(z_0)) < \frac{1}{2N} \tag{4.44}$$

자료 집합이 큰 경우는 다른 삼편차(tri-sigma) 검정[7]을 사용한다. 이 경우 발생 확률 99.73%의 범위 $\bar{x} \pm t_{v,99.7}s_x$에 속하지 않는 자료점을 잠재적 특이점으로 규정한다. 어느 방법을 사용하든지 표본 집합이 정규 분포를 갖는 것으로 가정하지만 사실은 그렇지 않을 수도 있다. 그 밖의 특이점 탐지 방법은 기존의 문헌을 참조하기 바란다(참고문헌 3, 8).

---

7 이름의 유래는 $v \to \infty$에 따라 확률 99.7%에 대한 t 값이 3으로 접근하는 데서 비롯되었다.

예제 4.11

자유단에 하중을 받고 있는 외팔보의 변형을 계산한다. 10회 반복 측정하여 얻은 기본 결과는 다음과 같다(단위는 cm).

$$5.75 \quad 5.81 \quad 5.64 \quad 6.09 \quad 5.45 \quad 4.33 \quad 5.26 \quad 6.77 \quad 5.73 \quad 5.30$$

쇼브네트 기준을 사용하여 특이점을 검정하라. 주어진 자료 집합에 대해 표준편차와 평균의 정확한 추정치의 정확한 값을 재산출하라. 자유단 변형의 전체 모집단 중 50%가 놓이는 구간을 결정하라.

알려진 값 10개의 자유단 변형 값 자료 집합

구할 값 10회 반복 외팔보 하중 시험에 대해 잠재 특이점 검사를 수행하고, 필요하다면 $\bar{x}$, s_x와 $\bar{x} \pm ts_{\bar{x}}$를 다시 계산하라. 단 자유단 변형의 단위는 cm이다.

풀이

표본의 통계량을 구하면

$$\bar{x} = \frac{1}{N} \sum_{i=1}^{N} x_i = 5.61 \text{ cm}$$

$$s_x = \sqrt{s_x^2} = \left(\frac{1}{N-1} \sum_{i=1}^{N} \left(x_i - \bar{x} \right)^2 \right)^{1/2} = 0.627 \text{ cm}$$

특이점 검정:

$x = 4.33$인 경우 최대 편차는 $(5.61 - 4.33) = 1.28$

$$z_0 = |x_i - \bar{x}/s_x| = 2.048$$

표 4.3으로부터 $P(2.048) \sim 0.4796$

쇼브네트 기준에 의하면 발생 확률이 $1/2N = 0.05$보다 작으면 잠재 특이점으로 적시된다.

$$(1 - 2 \times P(z_0)) < \frac{1}{2N}$$

$$(1 - 2 \times 0.4796) < 0.05$$

그래서 이 자료점은 잠재 특이점이다.

다음, $x = 6.77$인 경우 편차는 $(5.61 - 6.77) = -1.157$

$$z_0 = |x_i - \bar{x}/s_x| = 1.845$$

표 4.3으로부터 $P(1.845) \sim 0.4674$

$$(1 - 2 \times P(z_0)) < \frac{1}{2N}$$

$$(1 - 2 \times 0.4674) \not< 0.05$$

그래서 이 자료점은 잠재 특이점이 아니며 더 이상의 잠재 특이점은 없다.

이제 9개의 자료점에 대해 통계량을 다시 계산하자.

$$\bar{x} = \frac{1}{N} \sum_{i=1}^{N} x_i = 5.76 \text{ cm}$$

$$s_x = \left(\frac{1}{N-1} \sum_{i=1}^{N} \left(x_i - \bar{x} \right)^2 \right)^{1/2} = 0.462 \text{ cm}$$

$$s_{\bar{x}} = \frac{s_x}{\sqrt{N}} = 0.146 \text{ cm}$$

이때 $t_{8,95} = 2.306$이고 $t_{8,50} = 0.706$이므로 다음의 구간을 얻는다.

$$x' = \bar{x} \pm t s_{\bar{x}} = 5.76 \pm 0.337 \text{ cm} \qquad (95\%)$$
$$x_i = \bar{x} \pm t_{8,50} s_x = 5.76 \pm 0.326 \text{ cm} \qquad (50\%)$$

4.9 필요한 측정의 횟수

이상의 논의는 검정을 설계하거나 계획하는 데 도움을 주도록 사용할 수 있다. 예를 들어 자료 집합의 분산에 의한 무작위 오차를 허용 수준 이하로 감소시키기 위해 필요한 측정 횟수 N은 몇 번인가? 이 질문에 답하기 위해 식 (4.19)로부터 시작하자.

$$x' = \bar{x} \pm t_{v,P} s_{\bar{x}} \quad (P\%) \tag{4.19}$$

식 (4.18)의 신뢰 구간을 CI라 하며, 다음과 같이 쓴다.

$$\text{CI} = \pm t_{v,P} s_{\bar{x}} = \pm t_{v,P} \frac{s_x}{\sqrt{N}} \quad (P\%) \tag{4.45}$$

이 구간은 평균의 양편에 $-t_{v,P} \frac{s_x}{\sqrt{N}}$에서 $+t_{v,P} \frac{s_x}{\sqrt{N}}$까지의 범위로 정의된다. 정밀값 d를 도입하면

$$d = \frac{\text{CI}}{2} = t_{v,P} \frac{s_x}{\sqrt{N}} \tag{4.46}$$

이다. 예를 들어 신뢰 구간이 ±1단위이면 구간의 폭은 2단위이고, $d = 1$단위이다. 그러면 필요한 측정 횟수는

$$N \approx \left(\frac{t_{v,P}s_x}{d}\right)^2 \quad (P\%) \tag{4.47}$$

로 추정된다. t의 자유도가 N에 따라 변하므로, 식 (4.47)은 반복 계산으로 풀어야 한다. 이 경우 식 (4.47)은 필요한 측정 횟수를 추정하는 초깃값으로 사용된다. 무작위 오차의 범위를 제한 조건에 얼마나 가깝게 감소시키는가는 가정한 s_x의 값이 모집단의 편차 σ를 얼마나 잘 근사하는가에 달려 있다.

이 방법의 단점은 s_x의 추정값이 필요하다는 것이다. 어떤 경우에는 경험에 근거하여 모집단의 σ가 알려져 있지만, 그렇지 않다면 작은 횟수 N_1의 예비 측정을 하여 s_1의 표본 추정값을 구한다. 그리고 이 s_1 값을 사용하여 필요한 측정의 횟수를 추정한다. 측정의 총횟수 N_T는 다음과 같이 추정한다.

$$N_T \approx \left(\frac{t_{N-1,95}s_1}{d}\right)^2 \quad (95\%) \tag{4.48}$$

이렇게 부가적인 측정의 횟수 $N_T - N_1$를 알게 된다.

예제 4.12

모집단의 분산이 64단위로 추정될 때, 변수 평균값의 95% 신뢰 구간을 ±1 단위 이내로 줄이는 데 필요한 측정 횟수를 결정하라.

알려진 값 CI = ±1단위 = 2단위 $P = 95\%$
$\qquad\qquad$ $d = 1$ $\qquad\qquad\qquad$ $\sigma^2 = 64$단위

구할 값 필요한 N

풀이
식 (4.47)은 2개의 미지수 N과 t가 있다.

$$N \approx \left(\frac{t_{v,95}s_x}{d}\right)^2 \quad (95\%)$$

시행착오 방법을 사용하여 수렴할 때까지 반복 계산을 수행한다. $N = 61$로 추측하여 이에 해당하는 $t_{v,95} = 2.00$으로 시작한다고 가정하자. 식 (4.47)을 풀면 $t_{v,95} = 2.00$, $s_x = 8$단위이므로 $N = 256$이 된다. 이제 $N = 256$을 사용하면 자유도는 $v = 255$이므로 $t_{v,95} = 1.96$이다. 새로운 추정값은 $N = 245$이므로 다시 반복하여 $v = 244$와 $t_{v,95} = 1.96$을 얻는다. 이로부터 같은 값 $N = 245$를 다시 얻으므로, 측정 횟수는 245회로 수렴하였다. 245회의 측정 결과를 점검하여 분산의 수준이 실제 모집단을 잘 대표하는지 확인한다.

참고사항   신뢰 구간이 작아지는 것은 $N^{1/2}$에 비례하므로, N을 증가시켜 신뢰 구간의 폭을 작게 만드는 것은 N이 커지면서 돌아오는 이익이 점차로 줄어든다.

예제 4.13

어느 용기의 압력이 816 kPa를 초과하는 경우 압력을 표시하기 위해 압력센서를 사용한다. 시스템의 작동을 20회 반복 시험하여, 압력의 표준편차 20.1 kPa과 평균값 823 kPa를 얻었다. 압력 센서의 신뢰도를 유의 수준 $\alpha = 0.05$에서 결정하라.

알려진 값 $\bar{x} = 823\,\text{kPa}$, $N = 20$, $s_x = 20.1\,\text{kPa}$; 주장 $x' = 816\,\text{kPa}$

구할 값   유의 수준 $\alpha = 0.05$에서 가설 $x' = 8.16\,\text{bar}$를 검정하라.

풀이

압력 센서의 감지 수준이 816 kPa이라는 귀무가설을 검정한다.

$$H_0: x' = x_0 = 816$$

감지 압력이 8.16 기압보다 높거나 낮다는 대립가설을 검정한다.

$$H_a: x' \neq 816 \qquad \alpha = 0.05$$

양쪽꼬리 t-검정의 임곗값은 $|\pm t_{19,95}| = 2.093$이다.
$\bar{x} = 823\,\text{kPa}$, $N = 20$, $s_x = 20.1\,\text{kPa}$으로부터

$$t_0 = (\bar{x} - x_0)/s_x/\sqrt{N} = 1.565$$

관찰된 검정 통계량은 임곗값보다 작다($1.565 < 2.093$).

참고사항   귀무가설은 기각되지 않는다. 정보는 센서가 건전하지 않다는 사실을 추천하지 않는다. 결론적으로, 센서는 믿을 수 있다. $H_a: x' < x_0$와 같은 다른 귀무가설도 검정할 수 있으며 이는 독자의 몫으로 남겨 놓는다.

4.10 몬테카를로 모사

하나 또는 그 이상의 독립 무작위 변수로부터 연산 결과를 산출하는 경우, 각 독립 변수의 변동은 결과에 직접 영향을 미친다. 몬테카를로 모사(Monte Carlo simulation)는 독립 변수의 변동을 반영하여 결과의 거동을 예측하는 한 방법을 제공한다. 모사의 산출물은 예측된 확률 밀도 함수 $p(R)$ 및 이에 관련된 통계량이다. 이 산출물

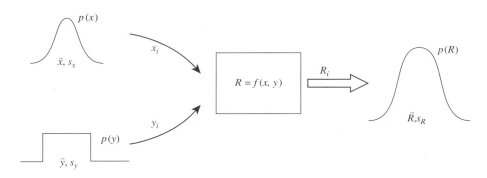

그림 4.13 $R = f(x, y, \cdots)$에 대한 몬테카를로 모사의 요소

은 매우 유용한 표본 추출법이기도 하다.

몬테카를로 모사를 예시하기 위해 그림 4.13과 같이 관계식 $R = f(x, y)$를 통해 두 변수의 알려진 함수로 주어지는 연산 결과 R을 생각하자. 각 변수는 개별적인 확률 밀도 함수 $p(x)$ 및 $p(y)$로 정의된다. 몬테카를로 모사의 각 반복 과정에서 개별 밀도 함수를 사용하여 적절한 $x = x_i$ 및 $y = y_i$ 값을 무작위로 뽑아서 $R = R_i$ 값을 계산한다. 이 반복 과정은 R의 예측된 표준편차가 점근값으로 수렴할 때까지 R의 자료 집합을 지속적으로 갱신한다(참고문헌 9). 수렴한 s_R 값은 모집단의 σ_R을 대표한다고 가정한다. 우수한 수렴의 정도를 얻으려면 모사의 비용을 감수하여야 하지만, 많은 응용 예에서 1~5% 정도면 충분하다.

몬테카를로 모사는 변수의 가정된 분포에 근거하므로 그 자체가 근사치이다. 그러나 가정한 분포가 합리적이면 근사의 결과는 매우 만족스러울 것이다. 단점은 통상적으로 필요한 반복 과정의 횟수가 $10^4 \sim 10^6$ 정도로 크다는 것이다. 반복 과정의 수는 개선된 표본 추출 기술을 사용하여 감소시킬 수 있다(참고문헌 10).

모사는 밀도 함수로부터 용이하게 표본 추출을 할 수 있는 기능을 내장한 스프레드시트, Matlab 또는 이와 유사한 프로그램을 사용하여 수행할 수 있다. 예를 들어, 스프레드시트의 RAND 함수는 직사각형 분포로 표본을 추출하여 0과 1 사이의 무작위 수를 발생하여 모집단의 범위로 확대할 수 있도록 한다. NORMINV 함수는 정규 분포로 표본을 추출한다. Matlab은 각각 RAND 및 NORMRAND 함수를 사용하여 이 기능을 수행한다.

이 책과 함께 배포되는 온라인 파일에는 부속 스프레드시트인 *MCsim.xla*(참고문헌 11)와 MATLAB m파일인 *MC.m*이 몬테카를로 분석의 코딩을 위한 구성요소로 포함되어 있다.

예제 4.14

저항 회로판에 작은 전류를 통과시켜 특정한 응용을 위한 설정 전압을 얻는다. 제작자는 경험으로부터 어느 회로판의 평균 저항은 1,000 Ω이고 표준편차는 100 Ω이며, 모집단은 정규 분포로 가장 잘 기술되는 것을 알고 있다. 회로를 통과하는 전류는 정격 100 mA이고 5 mA 이내에서 직사각형 분포를 갖는다. 모든 회로판이 허용치 관리를 위해 검사된다. 몬테카를로 모사를 사용하여 이 전압 시험의 예상되는 결과 모집단을 모델링하라.

알려진 값 $\overline{\Re} = 1000\ \Omega;$ $s_{\Re} = 100\ \Omega$ 정규분포

$\bar{I} = 0.100\ A;$ $I_{max} = 0.105\ A;$ $I_{min} = 0.095$ 직사각형 분포

풀이

파라미터 모델은 옴의 법칙으로 주어진다.

$$E = f(I,\ \Re) = I\Re$$

여기서 E가 결과이고 $\Re$은 저항을 나타낸다. 모사를 시작하기 위해 I와 $\Re$의 개별 밀도 함수로 표본을 추출하여 무작위값을 발생시킨다. 이 과정은 모사 전 과정을 통해 반복된다.

직사각형 함수에 대한 표본 추출은 I_{max}와 I_{min} 사이에 설정된 난수 발생기를 사용한다. 직사각형 분포의 표준 편차는 $\sqrt{(I_{max} - I_{min})}/\sqrt{12}$이다. 스프레드시트에서 전류의 i번째 무작위 표본은 다음과 같다.

$$I_i = I_{min} + RAND(\ ) * (I_{max} - I_{min})$$

이때 RAND 함수의 결과를 $(I_{max} - I_{min})$의 비율을 곱하여 모집단을 구성한다. 마찬가지로 저항은 정규 분포로부터 표본을 추출하여 결정한다. 스프레드시트의 NORMINV 함수를 사용한다. 저항의 i번째 무작위 표본은 다음과 같다.

$$\Re_i = NORMINV(RAND(\ ),\ \overline{\Re},\ s_{\Re})$$

I와 $\Re$의 새 값이 발생되었으므로 새 전압을 다음 식으로 계산한다.

$$E_i = I_i\Re_i$$

이렇게 전압의 모집단을 구축한다. 그림 4.14에 보인 바와 같이 100,000 시행의 결과는 다음의 통계량을 가진 정규 분포이다.

변수 x	$\overline{x}$	s_x
E [V]	100.003	10.411
I [A]	0.100	0.0029
$\Re$ [Ω]	999.890	99.940

결국, 전압의 검정 모집단은 평균이 100.003 V이고, 표준편차가 10.411 V인 정규 분포이다.

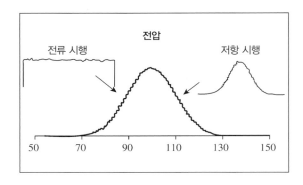

그림 4.14 전류와 저항의 분포를 가정하고 예측한 전압(V)의 히스토그램. 예제 4.14의 몬테카를로 100,000 시행의 결과

요약

무작위 변수의 거동은 고유한 확률 분포 함수로 규정되며, 이 함수는 평균값과 변동성에 관한 정확한 정보를 제공한다. 측정의 목적은 얻어진 유한한 자료 집합으로부터 이 확률 함수의 인자를 추론하기 위함이다. 자료가 어떤 중앙 평균값의 주변에 정규적으로 산포하는 것은 다수의 원인이 있다. 여기에는 명목상으로는 고정된 운영

표 4.7 N개의 자료점을 갖는 표본에 대한 요약표

표본 평균	$\bar{x} = \dfrac{1}{N} \sum_{i=1}^{N} x_i$
표본 표준편차	$s_x = \sqrt{\dfrac{1}{N-1} \sum_{i=1}^{N} (x_i - \bar{x})^2}$
평균의 표준편차[a]	$s_{\bar{x}} = \dfrac{s_x}{\sqrt{N}}$
단일 자료점 x_i의 정밀 구간	$\pm t_{v,P} s_x \quad (P\%)$
평균값 $\bar{x}$의 신뢰 구간[b,c]	$\pm t_{v,P} s_{\bar{x}} \quad (P\%)$
곡선 근사식 $y = f(x)$의 신뢰 구간[b,d]	$\pm t_{v,P} s_{yx} \left[\dfrac{1}{N} + \dfrac{(x - \bar{x})^2}{\sum_{i=1}^{N} (x_i - \bar{x})^2} \right]^{\frac{1}{2}}$

[a] x의 무작위 표준 불확도의 측도

[b] 계통 오차가 없는 경우

[c] $\bar{x}$의 무작위 불확도의 측도

[d] 곡선 근사식의 무작위 불확도의 측도[식 (4.37~4.39)의 조건 참조]

조건하일지라도, 변수 자체가 갖는 변동뿐 아니라 측정 장치나 측정 과정의 무작위 오차에 의해서도 일어난다. 더구나 유한 횟수의 측정으로부터 피측정값의 참평균을 추정하는 작업에는 한계가 있다. 유한한 자료 집합으로 부터 추정값을 결정하는 것은 참값을 예측한 결과에 다른 무작위 오차를 유발함을 표본 통계의 설명을 통해 논의하였다.

통계는 자료를 해석하고 표현하는 강력한 수단이다. 이 장에서는 유한 자료 집합을 이해하고 정량화하는 가장 기본적인 방법을 개발하였다. 제한된 수의 자료점으로부터 참평균 및 추정값과 이들 결과가 갖는 무작위 불확도를 추정하는 방법을 자료의 곡선 근사식을 구하는 법과 함께 제시하였다. 이런 통계적 추정값의 요약을 표 4.7에 나타내었다. 독립 변수의 변동이 결과의 변동에 어떻게 영향을 미치는가를 예측하기 위한 다른 도구로 몬테카를로 방법이 제시되었다. 이 장 전체에서 자료 집합의 계통을 무시할 수 있는 것으로 가정하였다. 다음 장에서는 측정의 참값을 추정하는 과정에서 다른 오차를 포함할 것이다.

참고문헌

[1] Kendal, M. G., and A. Stuart, *Advanced Theory of Statistics*, Vol. 2, Griffin, London, 1961.

[2] Bendat, J., and A. Piersol, *Random Data Analysis*, Wiley, New York, 1971.

[3] Lipson, C., and N. J. Sheth, *Statistical Design and Analysis of Engineering Experiments*, McGraw-Hill, New York, 1973.

[4] Miller, I., and J. E. Freund, *Probability and Statistics for Engineers*, 3rd ed., Prentice Hall, Englewood Cliffs, NJ, 1985.

[5] Bury, K., *Statistical Distributions in Engineering*, Cambridge Press, Cambridge, UK, 1999.

[6] Vardeman, S. B., *Statistics for Engineering Problem Solving*, PWS Publishing Company, Boston, 1994.

[7] Scheffe, H., *The Analysis of Variance*, Wiley Classics Series, Wiley Interscience, New York, 1999.

[8] ASME/ANSI Power Test Codes, *Test Uncertainty PTC 19.1-2013*, American Society of Mechanical Engineers, New York, 2013.

[9] Joint Committee for Guides in Metrology (JCGM), *Propagation of Distributions Using the Monte Carlo Method*, JCGM 101: JCGM, Sevres Cedex, France, 2008.

[10] Devroye, L., *Non-Uniform Random Variate Generation*, Springer, New York, 1986.

[11] Barreto, H., and Howland, F., *Introductory Econometrics: Using Monte Carlo Simulation with Microsoft Excel*, Cambridge Press, New York, 2005.

기호

$a_0, a_1, \cdots, a_m$	다항식의 회귀 계수	$\langle \bar{x} \rangle$	x의 합동 표본 평균
f_j	변수의 발생 빈도	$p(x)$	x의 확률 밀도 함수
x	측정 변수, 피측정값	s_x	x의 표본 표준편차
x_i	자료 집합의 i번째 측정값	s_x^2	x의 표본 분산
x'	x 모집단의 참평균값	$s_{\bar{x}}$	x의 평균의 표본 표준편차
$\bar{x}$	x의 표본 평균값		$\bar{x}$의 표본 우연 불확도

$\langle s_x \rangle$	x의 합동 표본 표준편차	β	무차원화된 표준 변량
$\langle s_{\bar{x}} \rangle$	x의 평균의 합동 표준편차	σ	x 모집단의 참표준편차
$\langle s_x \rangle^2$	x의 합동 표본 분산	σ^2	x 모집단의 참분산
s_{yx}	y와 x 간 (곡선) 근사식의 표준 오차	χ^2	카이제곱값
t	스튜던트 t 변수	ν	자유도
z	z 변수		

연습문제

4.1 어떤 무작위 변수의 표준편차와 평균이 각각 2와 10이다. 이 변수의 분포가 정확히 정규분포인 경우 x가 구간 (11, 13.6)에 포함될 확률은 무엇인가?

4.2 어떤 배관의 나사산 피치가 평균이 0.4008 cm이고 표준편차가 0.0004 cm인 정규분포를 따른다. 설계 사양은 0.4000 ± 0.0010 cm이다. 제조 공정이 공칭 사양과 다른 평균값으로 운영되고 있다. 제품이 허용 오차를 만족하는 비율을 구하라.

4.3 어떤 학급에 속한 학생이 80명이고 이들 키의 평균은 173 cm이고 분산은 75.6 cm이다. 키가 183 cm 이상인 학생의 수를 확률로 결정하라.

4.4 보고에 따르면 인도에서 팔리는 소형 자동차의 경유 연비는 정규 분포를 갖는다. 분포의 표준편차와 평균은 각각 1.91 km/L와 10.84 km/L로 측정되었다. 경유 연비가 12.75 km/L 이상일 확률을 구하라.

4.5 정확히 정규분포를 따르는 변수 x를 생각하자. 평균이 10이고 $P(x > 12) = 0.1587$이라면, x가 9와 11 사이의 값을 가질 확률은 무엇인가?

4.6 어떤 지역의 연간 평균 강수량은 40.6 cm이고 표준편차는 10.2 cm이다. 특정 연도에 강수량이 50.8 cm와 61 cm 사이의 값을 가질 확률은 무엇인가?

4.7 정규분포를 갖는 어느 무작위 변수가 63보다 작을 확률은 89%이고 35보다 작을 확률은 7%이다. 표준편차와 평균을 구하라.

4.8 한 학생이 훈련 목적으로 중력 가속도 g, 산출 실험을 수행하여 표준편차 0.1로 9.5 m/s^{2}의 값을 얻었다. 이미 알려져 있듯이 그의 지도 상 위치나 고도에서의 중력 가속도는 9.8 m/s^{2}로 측정될 것이다. 위의 결과가 단지 무작위 우연(무작위 오차)으로 인해 얻어질 확률은 어느 정도인가? (그는 신중한 실험자이므로) 별다른 실수가 없었다면 이 결과를 초래할 만한 원인은 무엇이었을까?

문제 4.9~4.15는 표 4.9에 나타낸 세 측정 자료 집합에 관한 것이다. 자료는 고정 운영 조건하에서 동일한 과정을 세 번 반복하면서 기록한 것으로 가정하라.

표 4.9 운동 문제의 측정된 힘 자료

F (N) Set 1	F (N) Set 2	F (N) Set 3
51.9	51.9	51.1
51.0	48.7	50.1
50.3	51.1	51.4
49.6	51.7	50.5
51.0	49.9	49.7
50.0	48.8	51.6
48.9	52.5	51.0
50.5	51.7	49.5
50.9	51.3	52.4
52.4	52.6	49.5
51.3	49.4	51.6
50.7	50.3	49.4
52.0	50.3	50.8
49.4	50.2	50.8
49.7	50.9	50.2
50.5	52.1	50.1
50.7	49.3	52.3
49.4	50.7	48.9
49.9	50.5	50.4
49.2	49.7	51.5

4.9 첫째, 둘째, 셋째 칸에 나타난 3개의 자료 집합에 대한 히스토그램을 작도하라. 동일한 과정을 사용하였다면 왜 히스토그램이 다를까?

4.10 각 칸의 자료에 대하여 표본 평균, 표본 표준편차, 그리고 평균의 표준편차를 구하라. 이때 각각의 자유도를 밝혀라.

4.11 세 자료 집합 각각의 측정값의 범위, 히스토그램 및 표본 평균값을 비교하여 '중심성향'의 개념을 설명하라.

4.12 첫째 칸의 자료에 대하여 해당 작업 조건하에서 모든 가능한 측정값의 95%가 포함되리라 기대되는 범위를 추정하라. 둘째와 셋째 칸의 자료에 대하여 같은 추정을 반복하고, 그 결과에 대하여 유한 통계로부터 기대할 수 있는 사항들을 논의하라.

4.13 첫째 칸의 자료에 대하여 95%의 신뢰도로 평균값의 최적 추정값을 결정하라. 이 값은 문제 4.12의 추정값과 어떻게 다른가? 둘째와 셋째 칸의 자료에 대하여 같은 추정을 반복하라. 왜 각 자료 집합의 추정값이 다른가? 만일 동일한 과정을 통해 동일한 피측정값을 특정한 경우 그 결과에 대하여 유한 통계로부터 기대할 수 있는 사항들을 논의하라.

4.14 해당 과정에 대한 합동 표본 평균값을 계산하라. 이 자료 집합으로부터 95%의 확률로 힘의 최적 추정값의

범위를 기술하라.

4.15 첫째 칸의 자료에 대한 카이제곱 적합도 검사를 수행하여 정규 분포 가설을 검정하라.

4.16 압력 제어기의 19회 측정값으로부터 작동 압력의 평균이 6.25 kPa이고, 표준편차가 0.056 kPa임을 알았다. 향후 수행될 측정에서 측정값의 50%가 속할 압력의 범위를 추정하라.

4.17 압력 제어기를 19회 측정하여 작동 압력의 평균이 4.97 kPa이고 표준편차가 0.0461 kPa임을 알았다. 계통 오차를 무시하고 참평균 압력의 범위를 95% 신뢰도로 평가하라.

4.18 NCAA(전미대학체육협회) 학부 모임에서 충분히 많은 학생 모집단으로부터 5명의 남성 체조선수를 선발하였다. 그들의 키(cm)는 166.40, 183.64, 173.51, 170.31, 179.53이다.

   a. 이 자료 집합으로부터 표본의 평균, 표본의 표준편차와 표본 평균의 표준편차를 계산하라.

   b. 만약 각각의 선수가 운동화를 신고 키를 다시 측정하여 정확히 2 cm가 증가한 키를 다시 측정하였다면, (a) 문항의 통계량들은 왜 어떻게 변동하는가?

4.19 어떤 교과목의 분반들로부터 100개의 점수가 추출되었다. 결과는 (평점, 학생수) = {(A, 15), (B, 26), (C, 39), (D, 15), (F, 5)}이다. 4점 만점 기준으로: A = 4, B = 3, C = 2, D = 1, F = 0이다. 교과목 점수의 표본 평균과 표본 표준편차를 구하라. 점수 분포를 적절한 히스토그램으로 작도하라.

4.20 모집단의 인자들이 알려진 경우, 소규모 표본의 평균값 $\bar{x}$이 임의의 값을 가질 개연성은 $z = (\bar{x} - x')/\sigma\sqrt{N}$로 주어지는 z-변수로 예측 가능하다. 작용 하중의 참평균이 450 N이고 표준편차가 40 N으로 알려진 압인 과정을 생각하자. 작용 하중을 무작위로 골라 16회 측정했을 때 평균값이 430~470의 구간에 속할 확률은 얼마인가?

4.21 한 교수가 정규 곡선으로 학생의 성적을 평가한다. 수년간 개발한 과목 점수의 평균과 표준편차에 근거하여, 임의의 학점 x에 대하여 다음 식들이 적용된다.

$$A : x > \bar{x} + 1.6\sigma$$
$$B : \bar{x} + 0.4\sigma < x \leq \bar{x} + 1.6\sigma$$
$$C : \bar{x} - 0.4\sigma < x \leq \bar{x} + 0.4\sigma$$
$$D : \bar{x} - 1.6\sigma < x \leq \bar{x} - 0.4\sigma$$
$$F : x \leq \bar{x} - 1.6\sigma$$

학생 100명당 A, C, D 학점은 몇 명인가?

4.22 10,000명 그룹의 월수입은 정규분포를 따르며 평균과 표준편차는 각각 $750과 $50이다. 이 그룹의 95%가 $668 이상의 수입을 가지고 있는 반면, $832 이상의 수입을 가진 가구는 5%에 지나지 않음을 보이라. 수입 순위가 가장 큰 100가구 중 가장 작은 수입은 얼마인가?

4.23 어떤 전기 제작자가 수명의 평균이 800시간이고 표준편차가 40시간인 LED 등을 생산한다. 다음을 구하시오.

 a. LED 등의 수명이 834시간 이상일 확률

 b. LED 등의 수명이 778시간과 834시간 사이일 확률

4.24 전구 제작자가 자신의 제품 중 5%는 불량인 것을 알고 있다. 만일 그가 100개들이 박스로 전구를 판매하면서 박스당 불량 전구의 수는 4개 이하라고 약속하였다면 임의의 전구 박스가 그의 보장 조건을 만족하지 못하는 확률은 무엇인가?

4.25 전동기의 시험 도중, 전동기의 rpm(분당 회전수, revolutions per minute)이 일정한 시간 간격으로 측정되었다.

$$900 \quad 1{,}030 \quad 950 \quad 1{,}050 \quad 1{,}000 \quad 980$$

이 자료 집합의 평균값, 표준편차 및 참값의 최적 추정값을 계산하라. 전동기 속도 전체 모집단의 50%가 속하는 구간을 구하라. 특이점에 대해 자료 집합을 검정하라.

4.26 어떤 회사의 제품 중 2%가 불량품이라면, 200개의 제품 표본 중 정확히 10개가 불량일 확률은 무엇인가?

4.27 비슷한 공정 운영 조건에서 수집된 3개의 독립적인 자료 집합이 있다. 통계량은 다음과 같다.

$$N_1 = 16;\ \overline{x}_1 = 32;\ s_{x_1} = 3\ \text{units}$$
$$N_2 = 21;\ \overline{x}_1 = 30;\ s_{x_2} = 2\ \text{units}$$
$$N_3 = 9;\ \overline{x}_1 = 34;\ s_{x_3} = 6\ \text{units}$$

측정 자료 집합의 변동을 제외한 계통 오차와 무작위 오차를 무시하고, 이 변수의 합동 평균값의 추정값과 95%의 신뢰도를 가지고 참평균이 속하는 범위를 계산하라.

4.28 다음의 자료는 고정 조건에서 비임의 작은 면적에 작용하는 힘의 반복 측정을 통해 수집된 것이다.

	출력(N)		출력(N)
1	923	6	916
2	932	7	927
3	908	8	931
4	932	9	926
5	919	10	923

이 자료점 중에서 격리 자료로 취급될 자료가 있는지를 결정하고, 있다면 그 자료를 제외하라. 자료 집합의 변동에 의한 오차만 있다는 가정하에서 이 자료로부터 자료 집합의 참평균을 추정하라.

문제 4.29~4.38의 풀이를 위해 Polynomial_fit, MATLAB 또는 스프레드시트 등과 같은 최소 제곱법 소프트웨어 패키지를 사용하는 것이 도움이 될 것이다.

4.29 재료의 휨 강도와 입도 사이에는 다음의 관계가 성립한다.

휨 강도, x (MPa) 65 63 67 64 68 62 70 66 68 67 69 71

입도, y (nm) 68 66 68 65 69 66 68 65 71 67 68 70

직선 관계식을 도시하고 근사식의 표준 오차를 추정하라.

4.30 모델식이 $y = bx^m$로 표현될 수 있는 물리 시스템으로부터 실험을 통한 측정이 수행된다. 실험 자료가 (1.020, 3.270), (1.990, 12.35), (3.000, 28.03), (4.010, 50.04), (4.990, 77.47)이다. 최소 제곱법을 사용하여 근사 모델식의 계수를 구하고 근사식의 표준 오차를 계산하라.

4.31 자료 집합: $(x, y) = \{(1.0, 1.2), (2.0, 1.9), (3.0, 3.2), (4.0, 4.1), (5.0, 5.3)\}$에 대하여 최소 제곱법 계수 a_0, a_1, 그리고 통계량 s_{yx}, s_{a0}, s_{a1}를 구하라. 계산 결과를 Excel 또는 Matlab을 사용하여 분석한 결과와 비교하라.

4.32 하중 x (N)을 받고 있는 스프링의 변위 y (cm)를 측정하여 다음의 결과를 얻었다(파일 *spring.txt* 참조). $(x, y) = \{(0.0, 5.01), (0.2, 5.08), (0.4, 5.12), (0.6, 5.13), (0.8, 5.14), (1.0, 5.16), (1.2, 5.20), (1.4, 5.21), (1.6, 5.35), (1.8, 5.45), (2.0, 5.47), (2.2, 5.55), (2.4, 5.56), (2.6, 5.55), (2.8, 5.61), (3.0, 5.59), (3.2, 5.61), (3.4, 5.70), (3.6, 5.75), (3.8, 5.92)\}$

a. 해당 자료에 대한 최고 제곱법 1차 근사식의 표준 오차를 추정하라.

b. 자료를 얻기 위해 스프링에 하중을 가한다면 최소 제곱법 근사식 계수들의 물리적 의미는 무엇인가?

c. 95% 신뢰도로 스프링 계수를 추정하라.

d. 95% 신뢰도로 스프링의 자유(무하중) 길이를 추정하라.

4.33 하중 x (N)을 받고 있는 스프링의 변위 y (cm)를 측정하여 다음의 결과를 얻었다(파일 *spring.txt* 참조). $(x, y) = \{(0.0, 5.01), (0.2, 5.08), (0.4, 5.12), (0.6, 5.13), (0.8, 5.14), (1.0, 5.16), (1.2, 5.20), (1.4, 5.21), (1.6, 5.35), (1.8, 5.45), (2.0, 5.47), (2.2, 5.55), (2.4, 5.56), (2.6, 5.55), (2.8, 5.61), (3.0, 5.59), (3.2, 5.61), (3.4, 5.70), (3.6, 5.75), (3.8, 5.92)\}$

해당 자료에 대한 최고 제곱법 1차 근사식을 95% 신뢰도를 갖는 세페 밴드와 함께 도시하되 풀이 과정을 보여라.

4.34 모델식이 $y = mx + b$로 표현될 수 있는 물리 시스템으로부터 실험을 통한 측정이 수행된다. 실험 자료가 (1.00, 2.10), (2.00, 2.91), (3.00, 3.89), (4.00, 5.12), (5.00, 6.09)이다. 최소 제곱법을 사용하여 근사 모델식의 계수를 구하고, 근사식의 표준 오차와 (세페 밴드) 곡선 근사식의 95% 신뢰 밴드를 계산하라.

4.35 한 학생이 공학 실험 훈련으로 회로판 저항 양단의 전위차를 독립적으로 10회 측정하였다.

0.86, 0.83, 0.82, 0.84, 0.95, 0.87, 0.88, 0.89, 0.83, 0.85

어느 값이 쇼베네트의 기준에 의하여 제외되겠는가?

4.36 4개의 자료쌍 (1, 12), (2, 13), (3, 18), (4, 19)를 근사하는 1차 직선 $y = a_0 + a_1 x$를 구하라. 근사식의 표

준 오차를 추정하라. 곡선 근사식의 자유도는 몇인가? 근사식의 불확도 밴드를 보여라.

4.37 한 학생이 세 시간에 걸쳐 매시간 붕괴율 R을 측정하여 방사 붕괴율을 결정하려 한다. 붕괴율은 $R = R_0 e^{-t/\tau}$의 식으로 모델링되며 여기서 τ는 붕괴율의 시간 상수이다. 측정값은 $(0, 13.8)$, $(1, 7.9)$, $(2, 6.1)$, $(3, 2.9)$이다. 붕괴 상수 τ의 추정값을 얻기 위해 자료에 최소 제곱 회귀를 적용하라.

4.38 어떤 선풍기의 성능 검사 결과 (Q, h)의 자료쌍을 다음과 같이 얻었다. $(2000, 5.56)$, $(6000, 5.87)$, $(10000, 4.95)$, $(14000, 4.95)$, $(18000, 3.52)$, $(22000, 1.08)$. Q는 유량이고 단위는 m^3/s, h는 정압 수두로 단위는 $cm\text{-}H_2O$이다. 자료를 가장 잘 근사하는 최저 차수 다항식 $h = f(Q)$를 찾고, 그 이유를 설명하라. 주 : 물리적으로 2차 다항식 정도가 적절하다.

4.39 자유도 16을 갖는 카이제곱 분포에서 단측 95%에 해당하는 값을 그림 4.9와 표 4.6을 참고하여 결정하라.

4.40 전기 퓨즈 제작업자가 퓨즈의 연결이 10%의 전기 과부하 상태에서 12.72분 이내로 끊어질 것으로 주장하였다. 10개의 퓨즈를 무작위 표본 추출하여 독립적으로 검사한 결과 퓨즈가 끊어지는 시간의 평균은 11.32분이고, 표준편차는 2.11분이었다. 표본이 제작자의 주장을 합리화하는가? 가설을 검정하라.

4.41 한 과학자는 인간의 통상 식생활에 포함된 화학 오염물질을 추적하기 위해 50명의 성인을 무작위로 선택하였다. 일일 평균 유제품 섭취량의 평균은 756그램이고 표준편차는 35그램임을 알았다. 이 표본의 정보를 사용하여 성인의 일일 유제품 섭취량의 평균을 95% 신뢰 수준으로 추정하라.

4.42 시간 종속 전기 신호를 51회 측정하여 표준편차 1.52 V를 얻었다. 신뢰 수준 95%로 참평균이 속하는 구간을 구하라. 신뢰 수준 95%에서 참평균이 속하는 구간이 ±0.28 V 이내로 되게 하려면 몇 회의 추가 측정이 필요한가?

4.43 오랜 기간 축적된 자료에 의하면 한 공장에서 연간 평균 4회의 사고가 일어난다. 특정 연도에 4회 미만의 사고가 일어날 확률을 구하라.

4.44 공장의 제조 공정에서 발생하는 불량품의 평균 개수는 10%이다. 10개의 표본을 무작위로 추출하였을 때 이 중 정확히 3개의 제품이 불량품일 확률을 푸아송 분포를 사용하여 구하라($e^{-1} = 0.36788$).

4.45 어떤 무선기기가 평균 25개소의 용접부를 갖는다. 500개소의 용접부당 하나의 불량이 발생한다. 무선기기 6,000개를 납품한다면 불량이 없는 기기는 몇 개일까? 푸아송 분포를 가정하라.

4.46 복잡한 교차로에서 어떤 사람이 사고를 당할 확률은 $P = 0.01$이다. 그러나 어느 특정한 시간대에 1000대의 차량이 교차로를 통과하였다면, 이 기간 동안 2회 이상의 사고가 발생하였을 확률을 계산하라.

4.47 보험회사에 따르면 개인이 일 년간 특정한 사건에 연루되는 확률은 인구의 0.005%이다. 어떤 해에 전체 인구 중 무작위로 선택된 2,000명의 가입자 중에서 2명 이하로 해당 사고를 당할 확률은 무엇인가? 푸아송 분포를 가정하라.

4.48 다음 표는 특정 타이어의 압력을 저가의 소형 압력계를 사용하여 10회 반복 측정한 결과이다. 쇼브네트 기준을 사용하여 특이점을 검정하라.

i	1	2	3	4	5	6	7	8	9	10
x_i (kpa)	193	214	186	193	200	165	200	193	124	186

4.49 두 재료 사이의 정지 마찰 계수(μ)를 측정하여 소규모($N = 7$) 표본을 다음과 같이 얻었다.

$$0.0043 \quad 0.0050 \quad 0.0053 \quad 0.0047 \quad 0.0031 \quad 0.0051 \quad 0.0049$$

특이점을 검정하고, 평균값과 신뢰도를 구하라.

4.50 항공기 제작을 위해 2024-T4 알루미늄 박판을 제조하는 업체가 있다. 박판 모집단의 두께는 평균이 0.0889 cm이고 표준편차는 0.00381 cm이다. 엔지니어가 생산라인에서 한 장을 뽑아 측정한 두께는 0.09144 cm이었다. 이 측정의 z 변수 값을 구하라.

4.51 특정 제조업체에서 생산되는 2,000개의 전구를 검사한 결과 평균 수명 2,040시간과 표준 분산 60시간을 갖는 정규분포를 따름을 알았다. 다수의 수명 조건을 만족하는 전구의 수를 구하라.

a. 1,950시간 미만

b. 1,920시간 초과 2,160시간 이하

4.52 롤러 베어링 제작자는 경험으로부터 베어링 크기의 분산이 3.15 μm^2임을 알고 있다. 베어링을 폐기하는 것은 단가를 증가시킴에도 불구하고, 20개의 표본을 추출하여 측정한 분산이 5.00 μm^2를 초과하면 해당 회분의 베어링은 모두 폐기된다. 정규분포를 가정하고 어떤 회분의 분산이 허용 최댓값인 5.00 μm^2 보다 작음에도 폐기될 확률을 구하라.

4.53 분산이 같다고 가정할 수 있는 두 집합의 평균 $\bar{x}$와 $\bar{y}$를 비교하는 것은 두 집합의 동등성 검정으로 가능하다. 합동 분산은

$$s_p^2 = \frac{(N_x - 1)s_x^2 + (N_y - 1)s_y^2}{N_x + N_y - 2}$$

이고, 합동 t 변수는

$$t = \frac{\bar{x} - \bar{y}}{s_p \sqrt{1/N_x + 1/N_y}}$$

이다. 강의 합금 성분을 결정하기 위한 두 가지 방식이 개발되었다고 생각하자. 5개의 표본에서 한가지 방식으로 측정된 평균 합금 백분율은 $\bar{x} = 3.16$이고 표준편차는 $s_x = 0.42$이다. 또다른 7개의 표본에서 다른 방식으로 측정된 평균 합금 백분율은 $\bar{y} = 3.24$이고 표준편차는 $s_y = 0.048$이다. 유의수준 $\alpha = 0.05$에서 다른 방식으로 측정된 평균이 다르다고 결론지을 수 있는가?

4.54 과자 회사에서 광고에 게시한 대로 봉지당 평균 질량 454.0 g으로 포장을 한다. 품질관리 엔지니어가 정

기적으로 표본을 추출하여 검사를 수행한다. 엔지니어는 경험으로부터 기계가 정상 작동하는 동안 모집단의 표준편차를 7.8 g으로 예상한다. 한 검사에서 무작위 표본 25봉지가 갖는 평균 질량은 450.0 g이었다. 5% 유의 수준에서 기계의 작동에 문제가 있는가? 기계의 작동이 정상 범위 내에 있으려면 표본의 평균 질량과 목푯값 사이의 최대 차이는 얼마인가?

4.55 어떤 변수의 21개 초기 측정값의 집합이 갖는 표준편차가 165 단위이었다. 평균값의 95% 신뢰구간을 ±30 단위로 제한하여야 한다면 필요한 측정 횟수를 구하라.

4.56 한 엔지니어가 수중 산도를 측정하기 위해 애팔래치안 산맥의 15개 호수에서 표본을 채집한다. pH가 6을 넘으면 호수는 평균적으로 산성이 아니다. 엔지니어가 계산한 평균이 pH 6.3이고, 표본의 표준편차는 0.672였다. 5% 유의 수준으로 호수가 산성이 아니라고 결론지을 수 있는가? 당신의 답을 정당화하는 한쪽꼬리 가설 검정을 수행하라. (주 : $\alpha = 0.05$에서 한쪽꼬리 검정의 임곗값은 1.761이다.)

4.57 큰 회분으로부터 51개의 항공기용 리벳을 무작위 추출하여 전단 강도를 시험한다. 평균값은 921.2 lbs이고, $s_x = 18.1$이다. 전체 회분의 평균 강도는 925 lbs로 알려져 있다. 이 회분의 평균 전단 강도를 신뢰 수준 95%로 925 lbs라 할 수 있는가?

4.58 $N = 20$과 $t = 2.096$에 해당하는 p 값을 추정하라(필요하다면 이 책의 표들과 보간법을 사용하라. 혹은 다른 통계 문헌이나 온라인 사이트를 활용하라).

4.59 나디르를 사용하여 팔면체 금형이 편심되었는지 여부를 판단한다. 측정 결과는 다음 표와 같다.

점수	1	2	3	4	5	6	7	8
빈도	7	10	11	9	12	10	14	7

금형이 정상이라는 가설을 검정하라.

4.60 영국에서 개인의 텔레비전 소유 현황을 조사한 자료를 다음 표에 나타내었다. 값은 기대 백분율로 표시되어 있다.

TV수	백분율
0	15
1	16
2	60
3	12
4+	9

서부 영국에서 가구별 텔레비전 소유 현황을 조사한 자료를 다음 표에 나타내었다. 값은 빈도로 표시되어 있다.

TV수	빈도
0	60
1	120
2	350
3	65
4+	25
	총 620대

1% 유의수준에서 서부 영국에서 텔레비전 수의 분포는 모집단인 전체 영국과 다른가?

4.61 진공 청소기의 유동 성능 시험 방법은 ASTM F558로 기술된다. 성능을 측정하려면 특정 모델에서 최소 3개의 청소기가 필요하며 각 청소기는 시험을 3회 반복한다. 만일 시험 결과 최댓값과 최솟값의 차이가 최댓값의 6%(재현성 한계)를 초과하면 그 청소기는 재시험 대상이 된다. 다음과 같이 시험 결과가 기록되었다. 각 청소기의 평균과 표준편차를 구하고 재현 한계를 충족하는지 검사하라. 성능 표시의 단위는 공기 동력(유량과 흡입 압력의 곱)이다.

공기 동력(W)	청소기 1	청소기 2	청소기 3
시험 1	293.5	274.6	301.4
시험 2	290.7	273.6	296.8
시험 3	276.1	281.8	296.1

4.62 문제 4.61의 정보에 따라, ASTM F558은 각 시험 대상 청소기에 대해 90% 신뢰 구간을 계산하도록 요구하고 있다. 만일 어느 청소기의 평균값이 신뢰 구간을 평균의 5% 이상 벗어난다면 시험 결과를 폐기하고 새 청소기를 선택하여 재시험하여야 한다. 앞의 문제의 표본 집합으로부터 추가의 청소기를 시험하여야 하는가? 그렇지 않다면 모델의 합동 평균을 보고하라.

4.63 10회의 동전 던지기에서 앞면이 나올 예상 빈도를 제시하기 위해, 반복 시도(1시도 =10회 던지기)를 수행하여 자료를 생성한다. 예상 빈도가 수렴할 때까지 시도를 계속하며 히스토그램을 작도한다. 몬테카를로 모사를 수행하기 위해 스프레드시트나 Matlab을 사용하여도 좋다. 1회 던지기에서 동전의 앞면 또는 뒷면이 나오는 결과는 동일한 확률을 갖는 무작위 사상이다.

4.64 몬테카를로 모사를 수행하여 비행기 날개 모형의 양력 계수 $C_D = D/(0.5\rho U^2 A)$를 측정하는 계획된 시험의 통계적 결과를 예측한다. 경험으로부터 항력 D, 밀도 ρ는 정규 분포를 따르며 속도 U와 면적 A는 직사각형 분포를 따른다. 다음에 예상값이 주어졌다. 평균, 표준편차 및 수렴을 위한 반복 시행의 수를 결정하고 C_D의 히스토그램을 작도하라.

$$\overline{D} = 5 \text{ N} \qquad \overline{U} = 10 \text{ m/s} \qquad \overline{\rho} = 1.225 \text{ kg/m}^3$$
$$A = 0.50 \text{ m}^2$$
$$s_D = 0.5 \text{ N} \qquad 9 \leq U \leq 10 \text{ m/s} \qquad s_\rho = 0.012 \text{ kg/m}^3$$
$$0.48 \leq A \leq 0.52 \text{ m}^2$$

4.65 *Finite Population* 프로그램을 수행하라. N의 증가에 따른 측정값 히스토그램의 변화를 설명하라. 통곗값이 계속 변하는 이유는 무엇인가? 이 값의 변화경향이 존재하는가?

4.66 *Running Histogram* 프로그램을 수행하라. 자료점과 구간의 수가 히스토그램의 형상과 각 구간의 크기에 미치는 영향을 학습하라. 몇 개의 값이 범위를 벗어나는 이유를 기술하라.

4.67 *Probability Density* 프로그램을 수행하라. 밀도 함수를 생성시키기 위해 사용되는 표본의 크기와 구간의 수를 변화시키며, 각각의 새 자료 집합에 대하여 함수의 형상이 변하는 이유를 설명하라.

4.68 결정계수의 산출과 사용을 훈련하기 위해 다음 상황을 고려하자. 파일 *aortic_flow.txt*의 내용에는 심장 결함이 있는 유아의 시간에 따른 호흡 유량 자료 집합 두 가지가 포함되어 있다. 한 가지 자료는 임상으로 측정한 유량(ao_clinical)이며 다른 자료는 실험을 통한 자료(ao_exp)이다. 모조 회로를 사용하여 서로 다른 외과적 방법을 학습하는 것이 목적이다. 두 유량 곡선의 동등성을 비교하기 위해 결정계수(r^2)가 사용된다. 연동되는 각 시점에서 ao_clinical vs. ao_exp(즉, x vs. y)의 선형 회귀를 계산하고 선형 근사식의 r^2을 계산한다. 계산 결과 얻어진 회귀 곡선으로부터 주어진 자료 집합에 대한 r^2 값을 계산하라.

제 **5** 장

불확도 분석

5.1 서론

시험을 계획하거나 시험 후 성적서를 작성할 때, 우리는 그 시험 결과의 질적 수준을 알고 싶을 것이다. 불확도 분석은 시험 결과로부터 그 질을 평가하는 체계적인 방법을 제공한다. 이 장에서는 시험 결과에서 '±얼마나?' 를 어떻게 추정해 낼 것인지에 대해 초점을 맞추겠다.

1장에 등장했던 뛰어난 다트 선수가 연습을 위해 다트를 몇 게임 던졌다고 하자. 표적지에 꼽힌 결과로부터 그 선수의 경향성을 알 수 있다. 같은 선수가 다트를 한 게임 더 던졌을 때, 표적지를 보지 않고도 그 꼽힌 결과를 추측할 수 있을까? 계통 오차와 무작위 오차를 가지는 시험 측정은 이와 비슷하다. 우리는 측정 시스템이 동작하는 방식과 그 정확도를 파악하기 위해 그 시스템을 교정할 수 있다. 하지만 그 교정을 통해서는 교정 후 측정한 결과값들이 참값을 얼마나 잘 따를지 추정할 수 있을 뿐이다.

오차(error)는 측정의 속성 중 하나이다. 측정은 변수의 모집단에서 샘플링을 해서 물리적 변수에 값을 부여하는 과정이다. 오차는 측정을 통해 부여된 값과 측정된 변수의 모집단의 참값 간의 차이를 일으킨다. 측정 오차는 여러 가지 요소로부터 발생하는데, 여기에는 각 장비의 교정, 유한한 크기의 데이터 세트에 대한 통계 처리, 적용된 측정 방법 등이 포함된다.

만약 오차의 정확한 값을 알고 있다면 그저 그 오차를 보정하면 되지만, 대부분의 경우 측정된 변수의 참값이 아닌 측정된 값만을 알고 있다. 그러므로 측정에 영향을 주는 오차의 정확한 값은 알 수 없다. 대신 우리가 아는 것들로부터 측정의 오차가 가질 수 있는 한계값의 범위를 추정해 낼 수는 있다. 이 오차의 한계에 대한 추정치가 불확도(uncertainty)라 불리는 할당된 값이다. 이 불확도는 참값이 특정 확률 수준으로 존재할 거라고 생각되는 측정값에 대한 범위로 이해될 수 있다. 불확도 분석(uncertainty analysis)은 시험 결과를 보고하는 과정에서 오차의 추정치들을 밝혀내고, 정량화하고, 결합하는 작업이다.

불확도는 결과가 가지는 속성 중 하나이다. 측정의 산출물을 결과라 한다면, 불확도는 그 결과의 질을 정량화한다. 불확도 분석은 서로 다른 측정 시스템을 비교하거나, 시험 계획을 수립하거나, 불확도를 보고하는 데 있어 강력한 도구로 활용된다. 이 장에서는 측정 오차의 추정치들을 밝혀내고, 정량화하고, 결합하는 체계적인 접근 방법을 설명한다. 이 장에서는 분석 방법에 중점을 두면서도, 그에 수반되는 분석적 사고와 전문적인 판단의 필요성 역시 강조하겠다. 불확도 분석의 질적 수준은 수행하는 엔지니어의 시험과 측정 변수, 측정 기기 및 측정 방법에 대한 지식에 의해 결정된다(참고문헌 1).

오차는 영향을 주는 것이고 불확도는 수치이다. 불확도 분석이라는 측면에서, 오차란 측정 결과값이 참값과 다르도록 하는 영향이다. 불확도는 부여되는 수치로, 오차의 가능한 한계를 정량화한다.

이 장에서는 시험 설계로부터 최종 데이터 분석까지 정보를 성장시키는 것을 불확도 분석으로 여기고 접근한다. 각 단계에서 분석 구조는 동일하게 유지되겠지만, 확인된 오차의 개수와 그 불확도 값은 점점 더 많은 정보를 얻음에 따라 바뀌어 갈 것이다. 사실, 더 많은 정보를 고려할수록 결과의 불확도 값은 커지는 경향이 있다. 분석 방법에 대한 정확한 해답은 없고, 단지 정직한 숫자와 타당한 접근 방법으로 얻은 결과 만이 있을 뿐인데, 이는 불확도 분석의 본질적인 면이다.

불확도 분석에 대해 다음 두 가지의 전문적으로 인정받은 문헌이 있다. 미국국가표준학회(The American National Standards Institute)/미국기계학회(American Society of Mechanical Engineers)의 Power Test Codes(PTC) 19.1 Test Uncertainty(참고문헌 2)는 미국 공학 시험 표준이고, 이 책의 접근 방식은 이 표준에 가깝게 따르고 있다. 국제 표준화 기구(International Organization on Standardization)의 '측정 불확도 표현 가이드' (ISO GUM)(참고문헌 1)는 측정에 대한 국제 표준 중 하나이다. 이 두 표준은 몇 가지 용어와 오차와 그 불확도를 제시하는 데 방법에 차이점이 있다. 예를 들어, PTC 19.1은 무작위 오차와 계통 오차에 대해 다루는데, 이는 각 오차가 어떤 식으로 측정에 영향을 주는가에 따라 분류한 것이다. 무작위와 계통 불확도는 각 오차에 연관된 수치가 된다. 오차가 어떤 식으로 측정에 영향을 미치는지 파악하는 것은 측정 결과에 대한 해석과 측정 방법의 향상에 대한 좋은 통찰력을 가져다준다. ISO GUM에서는 A형과 B형 불확도가 오차에 부여되는데, 여기서는 각 오차와 연관된 불확도가 어떻게 추정될 수 있는지만을 반영한다. 이러한 정보는 교정 보고서 작성에 있어 유용한 동시에, 엔지니어가 적용된 방법에 대해 주의를 기울이도록 한다. 두 문헌 간에는 이러한 실제적이고 의미가 있는 차이점이 존재하지만, 그 수치적인 결과에는 큰 영향을 주지 않는다. 이러한 분류 방식을 넘어서 보면, 이 두 방법론은 꽤 비슷하고 심지어 같이 적용될 수도 있다(참고문헌 2). 중요한 점은 어느 방법을 쓰든 그 불확도 분석의 최종적 산출물은 비슷한 수치적 결과를 가질 것이라는 점이다!

이 장을 마치고 나면, 독자들은 다음을 해낼 수 있을 것이다.

- 오차와 불확도의 관계를 설명할 수 있다.

- 가지고 있는 정보의 수준과 양에 맞춰 적절한 불확도 분석을 수행할 수 있다.
- 계통 오차와 무작위 오차의 차이점과 그 연관된 불확도를 어떻게 다룰지를 설명할 수 있다.
- 시험 시스템을 분석하고 시험 계획부터 결과 보고까지 불확도를 부여하고 전파시키는 작업을 할 수 있다.
- 시험의 최종 결과 보고에 있어 불확도의 영향을 이해하고 시험 전체에 걸쳐 불확도전파를 수행할 수 있다.

5.2 측정 오차

이어지는 논의에서는 오차가 어떻게 결과에 영향을 미치는지를 다룰 것이다. 이를 위하여, 오차를 계통 오차와 무작위 오차 두 가지 분류로 나누게 된다. 추가적으로 과대오차(gross error)가 있는데, 이는 실험 중 측정값을 읽을 때 부주의로 인한 것으로, 착오(blunder)라고도 부른다. 이러한 오차들의 검출은 어려운데, 이는 실험을 수행하는 측정자에 따라 변하기 때문이다. 오차에 영향을 주는 다른 요인들은 정보 기록에 있어 잘못된 방법의 사용, 문제 있는 장비와 기록된 정보의 오해석 등이 있다. 예를 들어, 한 학생이 U자관 압력계를 사용한 압력 측정에서 3.69 cm를 3.96 cm로 잘못 기록할 수 있다. 몇 종류의 기본 측정으로부터 측정값을 유도, 추산해 내야할 필요가 있을 경우, 과대오차를 줄이는 일은 더욱 중요해진다.

측정값이 같게 나올 것이라고 예상되는 상황에서 반복 측정을 수행한 경우를 생각해 보자. 모집단의 참값과 측정된 결과세트 간의 관계는 계통 오차와 무작위 오차를 함께 가지며 그림 5.1과 같이 나타낼 수 있다. 보기에는 같게 유지된 측정 환경에서 얻어진 이 결과세트의 총오차는 측정의 계통 오차와 무작위 오차로 나타낼 수 있다. 계통 오차는 표본평균이 참평균에서 특정 값만큼 떨어지게 만든다. 또한 무작위 오차는 여러 측정에서 샘플

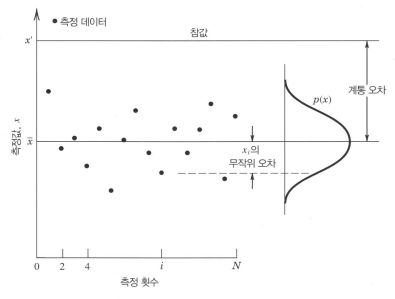

그림 5.1 반복된 측정에서 나타난 오차의 분포

표 5.1 유량계로 측정된 데이터

시간(s)	측정된 데이터(리터/분)
1	10.5
2	11.3
3	14.6
4	16.8
5	17.9
6	18.2
7	19.3
8	20.1
9	21.7
10	20.8

이 표본평균에 대한 측정값의 분포를 이루도록 한다. 정확하게 측정되었다고 하는 경우에도 계통 오차와 무작위 오차는 작은 수준 존재한다. 명확히 잘못된 결과를 가져올 과대오차나 착오의 영향은 고려하지 않는다. 그런 데이터는 그냥 버리도록 한다.

편차 제곱의 합은 제곱의 합 또는 간단히 SS 오차(SS error)라고 불리는데, 이는 평균과의 차이값을 제곱하여 더한 것을 의미한다. 이는 일련의 데이터 값들이 서로 얼마나 가깝게 관계하는가를 알고 싶을 때 사용된다. 한 무리의 값이 전부 같으면 SSE는 0이어야 한다.

유량계로부터 얻어진 측정 결과를 생각해 보자. 얻어진 결과값은 표 5.1에 있다.

하나의 시험이 가지는 모든 요소에서 측정 오차는 발생되고, 이는 원하는 정보, 즉 측정 대상 값의 참값을 알아내는 우리의 능력을 방해한다. 만약 결과값이 둘 이상의 측정값 또는 시험 매개변수로부터 얻어진다면, 각 값에 연관된 오차는 측정들을 통해 전파될 것이고 결과에 영향을 줄 것이다. 4장에서, 측정에서 추구하는 참값에 대한 최선의 추정치는 그 표본 평균값과 그 값의 불확도로 나타낼 수 있다고 명시되었다.

$$x' = \bar{x} \pm u_x \quad (P\%) \tag{4.1}$$

그림 5.2는 측정 데이터와 맞춤(fitting) 결과를 나타낸다. 데이터 곡선 맞춤과 관찰된 데이터에서, 오차의 제곱합(SSE)은 다음 식을 통해 구해질 수 있다.

$$\text{SSE} = \sum_{i=1}^{n} (y_i - \hat{y}_i)^2$$

여기서 y_i와 $\hat{y}_i$은 각각 유량의 측정된 값과 맞춤값을 나타낸다. 표 5.1에서 주어진 데이터의 경우, SSE의 값은 10.0423으로 구해질 수 있다.

식 (4.1)은 여전히 유효하지만, 4장에서는 u_x로 나타나는, 측정 결과에서 통계적 방법으로 계산된 무작위 불

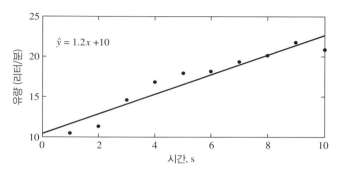

그림 5.2 유량계 데이터 맞춤

확도만이 고려되었다. 이 장에서는 계통과 무작위의 모든 알려진 오차와 연관된 불확도를 포함할 수 있도록 u_x 항을 확장할 것이다. 불확도 분석에는 다음 특정한 가정이 포함된다.

1. 시험 목표는 알려져 있고, 측정 자체는 잘 정의된 과정이다.
2. 알려져 있는 모든 계통 오차에 대한 보정이 데이터 세트에 대하여 이루어져 있다. 이 경우, 이 오차에 연관된 계통적 불확도는 보정의 불확도가 된다.
3. 별도로 명기된 경우 외에는, 오차의 정규분포와 불확도 보고를 가정한다.
4. 별도로 명기되지 않았다면, 또한 단순화를 위해, 오차들은 상호 독립적인 것(상관관계가 없는 것)으로 간주된다. 하지만 오차들은 자주 상관관계를 가지므로 5.9절에서 이를 어떻게 다룰 것인지 논의하겠다.
5. 측정 엔지니어는 각 시험 요소들에 대하여 어느 정도 '경험'이 있다.

3번 항목에서 일반적으로 오차의 모집단은 정규분포로 가장 잘 나타낼 수 있다고 가정되지만, 항상 그런 것은 아니다. 예를 들어 제조사의 제원표가 단지 '오차의 한계'만을 언급한다면, 오차 원인의 모집단은 직사각형분포로 더 잘 나타낼 수 있을 것이다. 이에 대해서는 5.7절에서 좀 더 다루도록 한다.

5번 항목에서 '경험'이란, 엔지니어가 값을 할당하기 위한 일련의 시험 또는 특정 측정에서 무엇을 기대할 수 있는가에 대한 과거의 경험에 기초하여 불확도 값을 부여하거나 또는 제조사의 제원이나 기술문헌 같은 믿을 만한 정보원을 활용할 수 있음을 의미한다.

우리는 공학 시험을 수행할 때, 아이디어와 몇 가지 목록을 가지고 시험 설계를 시작하여, 데이터를 얻고, 그 데이터를 분석한 뒤 끝내게 될 것이다. 설계 과정의 여느 부분과 같이, 불확도 분석도 측정 시스템과 측정 방식이 성숙할수록 더 발전하게 된다. 이어지는 여러 절에 걸쳐, 우리는 다음과 같은 측정 상황 하의 불확도 분석에 대해 논의할 것이다. (1) 시험을 계획하지만 정보가 부족한 설계 단계, (2) 공정 제어에 대한 추가적인 정보가 설계 단계의 불확도 추정을 향상시키게 되는, 일차 측정 분석이 수행된 보다 발전된 단계, (3) 여러 번의 측정 분석이 수행되어 유용한 모든 시험 데이터와 그 정보가 시험 결과의 불확도 평가를 위해 결합된 상황. 3번 상황에서 사용되는 방법들은 현 공학 표준을 따르게 된다.

일반 불확도 분석과 상세 불확도 분석 간의 비교

이 장에서는 오차의 개별적인 기여도에서 최종 결과의 불확도까지 어떻게 불확도가 전파되는지를 다룬다. 특히 각각의 오차가 최종 결과에 어떻게 영향을 주는지에 관심이 두어진다. 하지만 앞 단락의 측정 상황 (1)과 (2)에서 불확도 분석을 수행하는 경우, 무작위 오차와 계통 오차 사이의 구별을 두지 않는 '일반' 불확도 분석 (General Uncertainty Analysis)으로 시작하는 경우가 많다. 이러한 일반 분석에서, 우리는 단순히 u로 표시한 값에 불확도 값을 부여한다. 이는 각 불확도 값에 대한 근거 또는 그 실험 결과에 대한 영향에 대해 아는 바가 거의 없을 때 또는 앞으로 시험 수행에 대한 결정들을 위해 빠른 분석이 필요할 때 특히 유용하다.

전술한 상황(3) 또는 일부 상황(2)의 경우에서, 계통 오차와 무작위 오차를 구분해 낼 충분한 정보가 확보되어 개별 오차에 대해 불확도 값이 부여되고 따라서 '상세' 분석이 가능해질 수 있다. 상세 분석에서는 최종 결과가 계산될 때까지 계통 불확도와 무작위 불확도가 각각 b와 s로 나타내진다. 이는 제품의 성능 보장을 위한 시험 정보를 분석하거나 더 나은 결과를 얻기 위해 시험 방법을 개선하는 데 선호되는 접근 방식이다. 이러한 상세 접근 방식을 사용함으로써 어떻게 각 오차가 결과에 영향을 주는지 파악하여, 결과의 해석과 시험 개선 방법에 대한 이해를 높일 수 있는 부가적인 장점이 있다.

5.3 설계 단계 불확도 분석

설계 단계 불확도 분석은 시험을 준비하는 초기 단계에 적용되는 분석이다. 이는 활용 가능한 정보로부터 예상되는 최소 불확도를 빠르게 추산하는 것이 목적이다. 계획 단계에 활용 가능한 정보는 측정 방법에 따른 기기에 대한 정보나 과거에 수행한 비슷한 측정에 대한 경험 정도이다. 만약 이렇게 추산한 불확도가 너무 크다면 다른 방법을 찾아야 할 것이다. 그러므로 이는 측정 기기를 고르고 가능한 측정 기법 중 하나를 선택하는 데 유용하다. 이러한 예비 분석 단계에서 무작위 오차와 계통 오차를 분리하여 알아낼 필요는 없으므로, 일반 불확도 분석을 수행하고 분석의 각 불확도 값을 기호 u로 나타내기로 한다.

u_0는 시험 기기의 0차 불확도(zero-order uncertainty)로 측정값에 기대되는 분산도를 구하려는 시도이다. 이 분산도는 최소한 기기의 분해능(즉, 보간오차) 수준의 크기일 것이다. u_0에 아날로그 기기의 분해능[1]의 1/2이나 디지털 기기의 최소 표시 단위만큼의 수치를 할당한다. 이는 타당한 수준에서 측정값의 양측에 대한 95% 확률의 불확도 구간을 나타내며 다음과 같이 나타낼 수 있다.

$$u_0 = \frac{1}{2} \text{분해능} = 1 \text{ LSD} \tag{5.1}$$

여기서 LSD는 least significant digit으로 표시 값의 최소 유효 숫자를 나타낸다. 만약 유사한 측정에 대한 과거 경험과 같이 측정값의 분산도를 더 잘 예측할 수 있는 정보가 있다면 대신 사용할 수 있다.

---

1 분해능의 1/2과 다른 u_0의 값을 할당하는 것이 가능하다. 분리해서 사용해야 한다.

　일반적으로 구할 수 있는 다른 정보로는 제조사 설명서의 기기 오차에 대한 내용이 있다. 이 설명서에 나온 값을 기기 불확도(instrument uncertainty, u_c)로 할당할 수 있다. 만약 확률 수준에 대한 설명이 없다면, 95% 수준을 가정하는 것이 타당하다. 물론 기기 불확도를 더 잘 예측할 수 있는 추가 정보가 있다면 그를 활용한다. 경험 있는 사용자들은 측정 기기와 측정 기법에 대한 예전 경험으로부터 무엇을 기대할 수 있는지 잘 알고 있는 경우가 많고, 이에 기반한 값들은 설계 단계에서 활용되어야 한다. 개별 불확도 값들을 하나의 설계 단계 분석 추정치로 결합하는 방법을 이어서 알아보자.

요소 오차들을 결합하는 법 : RSS 방식

각 개별 측정오차는 다른 오차와 상호작용을 하여 종합적인 측정불확도에 영향을 준다. 이를 불확도 전파(uncertainty propagation)라 한다. 각 개별 오차는 요소 오차(elemental error)라 부른다. 오차는 종종 요소 항목으로 나뉘어 설명되며, 각 항목은 개별적인 기여 요인에 기인한다(표 1.1을 돌이켜보라). 한 예로 변환기의 감도 오차와 선형성오차는 2개의 요소 오차이며, 각각 연관된 불확도가 있다. 이들 개별 불확도는 반드시 어떤 합리적인 방법으로 결합되어야 한다. 불확도 결합에 허용되는 방법으로 RSS(root-sum-squares, 제곱합제곱근)법이 있다.

　x의 측정이 K개의 요소 오차와 각각의 불확도 $u_k(k = 1,\ 2, \cdots,\ K)$의 영향을 받는 경우를 생각해 보자. 만약 (1) 각 오차는 다른 요소 오차에 대해 독립적이고, (2) 측정값은 각 요소 오차에 같은 수준으로 영향을 받는다고 할 경우, 이들 요소 오차에 의한 측정값 u_x의 불확도는 다음과 같이 RSS법을 사용하여 계산될 수 있다.

$$u_x = \sqrt{u_1^2 + u_2^2 + \cdots + u_k^2}$$
$$= \sqrt{\sum_{k=1}^{K} u_k^2} \quad (P\%) \tag{5.2}$$

　불확도를 결합하기 위한 RSS법은 불확도의 제곱은 오차에 대한 분산(즉, s^2)의 척도라는 가정을 바탕으로 한다. 그리고 이들 분산의 전파는 전체 불확도에 대한 개연성 있는 추측값을 나타낸다. 식 (5.2)에서 각 불확도의 단위들은 반드시 일치되야 하는 점과 각 불확도 항의 확률 수준을 같게 유지해야 한다는 점을 기억하라.

　확률 수준이 표준편차 1배 사이($\pm 1\,\sigma$)의 확률과 같은 크기인 경우, 이 불확도를 '표준'불확도('standard' uncertainty)라 부른다(참고문헌 1, 2). 정규분포의 경우, 표준 불확도는 68% 확률 수준과 동일시된다. 공학 시험에서는 95% 확률 수준($P\% = 95\%$)으로 최종 불확도를 보고하는 것이 일반적이며, 이는 표준편차 2배 사이의 확률로 추정하는 것과 동일하다. 어떤 수준이 사용되든 일관성 있게 하는 것이 중요하다.

설계 단계 불확도

측정 기기나 측정 방법에 대한 설계 단계 불확도(design-stage uncertainty, u_d)는 0차 불확도와 기기 불확도를 결합하여 구한 구간이다.

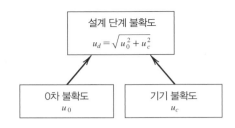

그림 5.3 불확도를 결합하는 설계 단계 불확도 절차

$$u_d = \sqrt{u_0^2 + u_c^2} \quad (P\%) \tag{5.3}$$

그림 5.3은 설계 단계 불확도를 추정하는 절차의 개요를 보이고 있다. 측정 시스템에 대한 설계 단계 불확도는 시스템 각 요소의 설계 단계 불확도에 단위와 신뢰 수준을 일치시키면서 RSS법을 적용하여 결합함으로써 구할 수 있다.

정보의 제약으로 인하여, 설계 단계 불확도에 대한 추정 결과는 시험이 수행되기 이전 측정 기기와 측정 방법에 대한 선정을 위한 지침으로만 활용되며, 절대로 시험 결과 보고에 사용되어서는 안 된다. 만약 다른 측정 오차에 대한 정보가 설계 단계에서 알려져 있는 경우, 그에 대한 불확도가 식 (5.3)에서 사용될 수 있고 또한 사용되어야만 한다. 그러므로 식 (5.3)은 불확도의 최솟값을 제공한다. 이 장의 뒷부분에서 우리는 좀 더 철저한 불확도 분석으로 옮겨가 보도록 한다.

예제 5.1

힘을 측정하는 기기에 2개의 기기 오차와 그 측정 범위에서 각 오차에 대한 95% 신뢰 수준 불확도를 기술한 교정 성적서가 함께 제공된다. 기기의 설계 단계 불확도를 추정하라. 기기의 표준 불확도는 얼마인가?

분해능 :	0.35 N
범위 :	0에서 300 N
선형 오차 :	범위에 대해 0.30 N 이내
히스테리시스 오차 :	범위에 대해 0.40 N 이내

알려진 값   제원표

가정   기기 불확도는 95% 수준, 정규 분포

구할 값 u_c, u_d

풀이

그림 5.3의 절차를 따른다. 기기 불확도에 대한 추정은 영향을 주는 선형 요소 오차(e_1)와 히스테리시스 요소 오차(e_2)에 대한 각각의 불확도에 의존하며, 그 값은 다음과 같이 할당되어 있다.

$$u_1 = 0.30 \text{ N} \quad (95\%); \quad u_2 = 0.40 \text{ N} \quad (95\%)$$

여기에 식 (5.2)를 $K = 2$ 조건에서 적용하면, 기기 불확도는 다음과 같이 구할 수 있다.

$$u_c = \sqrt{(0.30)^2 + (0.40)^2}$$
$$= 0.50 \text{ N}$$

기기의 분해능은 0.35 N이므로 $u_0 = 0.175$ N으로 볼 수 있다. 식 (5.3)에 따라 측정에 사용된 이 기기의 설계 단계 불확도는 다음과 같이 구할 수 있다.

$$u_d = \sqrt{u_0^2 + u_c^2} = \sqrt{(0.175)^2 + (0.50)^2}$$
$$= \pm 0.53 \text{ N} \quad (95\%)$$

제원 값에 대해 정규분포 표준편차 2배의 포함인자(coverage factor)를 반영하는 95% 신뢰구간을 가정한다. 이는 95% 범위는 표준편차의 1.96배 사이와 같고, 이는 2배로 반올림될 수 있다는 뜻이다. 표준 불확도는 표준편차 1배의 포함인자를 반영한다. 이를 바탕으로 68% 신뢰 수준의 기기 표준 불확도는 다음과 같이 계산될 수 있다.

$$u_c = 0.50/2 = 0.25 \text{ N} \quad (68\%)$$

예제 5.2

압력 변환기의 전기적 출력을 재기 위하여 전압계가 사용되었다. 공칭 압력은 1.5 파스칼(Pa) 정도로 예상된다. 이러한 상황에서 설계 단계의 불확도를 추산해 보라. 다음과 같은 정보가 주어져 있다.

전압계

해상도 : $\quad$ 10 μV

정확도(accuracy) : $\quad$ 지시값의 0.001% 이내

변환기

범위 : $\quad$ ±10 Pa

감도 :   1V/Pa

입력 전압 :   10 VDC ± 1%

출력 :   ±10 V

선형오차 :   측정 범위에 대해 2 mV/Pa 이내

감도오차 :   측정 범위에 대해 1.5 mV/Pa 이내

해상도 :   무시할 수 있는 수준

알려진 값   기기 제원표

가정   주어진 값들은 95% 확률 수준, 오차는 정규분포를 따른다.

구할 값   각 기기에 대한 u_c와 측정 시스템에 대한 u_d

풀이

그림 5.3의 절차가 각 기기의 설계 단계 불확도를 추정하기 위하여 적용된다. 계산된 불확도는 RSS법 근사를 바탕으로 결합되어 시스템의 u_d를 추산하게 된다.

설계 단계에서 전압계의 불확도는 식 (5.3)에 따라 다음과 같이 나타낼 수 있다.

$$(u_d)_E = \sqrt{(u_o)_E^2 + (u_c)_E^2}$$

가지고 있는 정보로부터,

$$(u_0)_E = 5 \ \mu V$$

공칭압력 1.5 Pa에 대해, 1.5 V 출력이 측정될 것이라 기대할 수 있다. 그러므로,

$$(u_c)_E = (1.5 \ V \times 1.0 \times 10^{-5}) = 15 \ \mu V$$

그러므로 전압계의 설계 단계 불확도는 다음과 같다.

$$(u_d)_E = 15.81 \ \mu V$$

압력 변환기의 출력에 대한 설계 단계 불확도 역시 식 (5.2)를 사용하여 구할 수 있다. 제원의 입력 범위 내에서 사용할 것이라 가정할 경우, 기기 출력의 불확도는 기기의 선형 요소 오차 e_1과 감도 요소 오차 e_2 각각의 불확도를 고려하여 추산될 수 있다.

$$\begin{aligned}(u_c)_p &= \sqrt{u_1^2 + u_2^2} \\ &= \sqrt{(2 \ mV/Pa \times 1.5 \ Pa)^2 + (1.5 \ mV/Pa \times 1.5 \ Pa)^2} \\ &= 3.75 \ mV\end{aligned}$$

$(u_0) \approx 0$ V/Pa이므로, 이 변환기의 표시 전압에서 설계 단계 불확도는 $(u_d)_p = 3.75$ mV이다.

최종적으로, 결합된 시스템의 u_d는 두 기기의 설계 단계 불확도에 RSS법을 적용하여 구할 수 있다. 이 측정 시스템에서 표시되는 압력의 설계 단계 불확도는 다음과 같이 추산될 수 있다.

$$u_d = \sqrt{(u_d)_E^2 + (u_d)_p^2}$$

$$= \sqrt{(0.015 \text{ mV})^2 + (3.75 \text{ mV})^2}$$

$$= 3.75 \text{ mV}$$

하지만 감도가 1 V/Pa이므로, 압력 측면에서 불확도는 다음과 같이 나타낼 수 있다.

$$u_d = \pm 0.000375 \text{ Pa} \quad (95\%)$$

참고사항 설계 단계 불확도 분석을 통해 이 시스템 구성에서 변환기가 불확도에 미치는 영향이 전압계보다 훨씬 큼을 알 수 있다!

5.4 오차 원인 파악

설계 단계 불확도는 시험의 불확도에 대한 초기 추산을 구해 보는 데 목적이 있으며, 측정 결과에 영향을 줄 수 있는 모든 가능하고도 알려진 오차를 명확하게 보여 주지는 않는다. 좀 더 자세한 분석에 대해 살펴보기 전에, 일반적인 오차를 파악하는 데 도움을 줄 수 있는 체크리스트를 알아보겠다. 반드시 여기서 하는 대로 오차 원인을 분류할 필요는 없지만 나름 유용한 작업이 될 것이다.

측정 과정을 교정, 데이터 획득(측정), 데이터 정리라는 3개의 뚜렷이 구분되는 단계로 나누도록 해 보자. 각각의 단계에서 유입되는 오차는 그 원인을 접두어로 하여 다음과 같이 부를 수 있다. (1) 교정 오차, (2) 데이터 획득 오차, (3) 데이터 정리 오차. 이 세 가지 오차 원인 그룹 각각에 대해 에러의 종류를 나열할 수 있다. 그러한 오차들은 측정의 요소 오차이다. 나중에는 각각에 오차에 대하여 불확도를 부여할 수 있을 것이다.

이렇게 그룹을 나누는 작업에 사로 잡히지는 말고, 참고로만 삼도록 한다. 어떤 오차를 다른 그룹에 넣는다고 해서 잘못되는 것은 아니다. 중요한 것은 각 요소 오차가 존재한다는 것을 알고 있는 것과 그 잠재적인 불확도를 고려에 넣고 있는 것이다. 어느 그룹에 넣었든지 최종 불확도에는 영향을 주지 않는다!

교정 오차

교정은 시스템의 오차를 없애 주지는 않지만 사용되는 사용된 특정 장비의 불확도를 정량화하는 방법을 제공한다. 측정 시스템에 대한 교정 작업 중 유입되는 교정 오차는 이들 요소 오차에 할당된다. 교정 오차는 세 가지

표 5.2 교정 오차 원인 그룹 : 공통적인 오차

	오차 원인 요소[a]
1	표준 또는 기준 값 오차
2	기기 또는 시스템 오차
3	교정 절차 오차
4	교정 곡선 맞춤(또는 표 5.4 참조)

[a] 각 요소의 계통 또는 무작위 오차

원인으로부터 유입되는 경향이 있다. (1) 교정에 사용된 표준 또는 기준값, (2) 교정을 받는 기기 또는 시스템, (3) 교정 절차. 예를 들어, 교정에 사용된 실험실 표준은 어느 수준 내재적인 불확도를 가지며, 이는 교정받은 기기에도 흘러 들어가게 된다. 선형성, 반복정밀도, 히스테리시스 같은 측정 시스템의 오차들은 기기의 전체 불확도에 영향을 준다. 교정 정보에 대한 곡선 맞춤은 불확도를 포함하게 된다(4.6절). 이 모든 영향은 교정 데이터에 들어간다. 표 5.2는 흔히 이 오차 그룹에 영향을 주는 공통적인 요소 오차에 대한 리스트이다. 한 가지 말해두고 싶은 것은 각 요소 오차에 붙인 번호에 중요도나 다른 의미는 없다는 점이다.

데이터 획득 오차

데이터를 얻는 과정 중 발생하는 오차를 데이터 획득 오차로 분류한다. 이 오차들은 교정으로는 설명되지 않는 센서 및 기기 오차, 측정 시스템 동작 조건에 대한 변경 또는 미지의 사항과 같이 제어되지 않는 부분, 측정변수에 대한 센서 설치에 의한 영향 등을 포함한다. 여기에 더하여, 획득된 값에 대한 추론통계와 데이터 산포에 기여하는 다른 시공간적 변동 등이 모두 불확도에 영향을 준다. 표 5.3은 이로부터 기인하는 몇 가지 공통적인 요

표 5.3 데이터 획득 오차 원인 그룹 : 공통적인 오차

	오차 원인 요소[a]
1	측정 시스템의 동작 조건
2	센서-변환기 단계(기기 오차)
3	신호 처리 단계(기기 오차)
4	출력 단계(기기 오차)
5	공정 동작 조건
6	센서 설치 영향
7	환경적 영향
8	공간적 변동 오차
9	시간적 변동 오차
기타	

[a] 각 요소의 계통 또는 무작위 오차

주 : 측정 시스템 전체 입력-출력 간 교정은 이 원인 그룹에서 요소 2, 3, 4 그리고 경우에 따라 1을 결합하게 된다.

표 5.4 데이터 정리 오차 원인 그룹 : 공통적인 오차

	오차 원인 요소[a]
1	곡선 맞춤 오차
2	절단 오차
3	모델링 오차
기타	

[a] 각 요소의 계통 또는 무작위 오차

소 오차를 나열하고 있다.

데이터 정리 오차

곡선 맞춤과 데이터의 상관관계(4.6절)는 시험 결과에 데이터 정리 오차를 가져온다. 또한 절단 오차, 보간 오차, 가정에 기반한 모델 및 기능 관계는 결과의 질적인 면에 영향을 미친다. 표 5.4는 이 원인 그룹에서 자주 보이는 요소 오차 몇 가지를 보여 주고 있다.

드리프트

또 다른 오차 원인으로 기기 드리프트(drift)가 있다. 기기 드리프트는 작동 환경의 변화, 화학적 불균형, 기기의 장시간 동작 등으로 인해 일어난다. 드리프트는 (i) 감도 드리프트와 (ii) 영점 드리프트의 두 가지 종류가 있다. 영점 드리프트는 편향(bias)이라고도 알려져 있다. 무게를 재기 위한 스프링 저울을 생각해 보자. 저울이 며칠간 사용된 뒤, 무게가 걸리지 않은 상황에서 0이 아닌 0.5 kg를 나타내고 있다면, 50 kg의 무게를 잴 때는 50.5 kg을 표시할 것이다. 만약 이 드리프트가 온도 변화로 인한 것이라면, 드리프트 계수는 단위/°C로 정의될 수 있다. 그림 5.4는 유량계의 영점 드리프트, 감도 드리프트, 영점-감도 드리프트의 전형적인 특성을 보여 주고 있다. 그림 5.4에서 보듯이 영점 드리프트는 편향 오차를 발생시키며, 이는 편향된 값만큼 더하거나 빼 줌으로써 해결될 수 있다. 반면에 감도 드리프트는 기기의 감도 변화로부터 기인한다. 영점-감도 드리프트의 경우는 편향과 감도 오차 둘 다 나타난다.

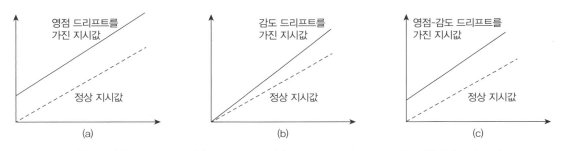

그림 5.4 (a) 영점 드리프트, (b) 감도 드리프트, (c) 영점-감도 드리프트가 나타난 전형적인 유량 특성

예제 5.3

압력계가 25°C에서 교정되어 있다. 같은 매개변수 조건으로 25°C와 50°C에서 이 압력계를 사용해 데이터를 얻었다. 얻은 데이터는 다음과 같다.

온도	측정된 압력(kPa)								
25°C	10.5	20.7	30.8	40.2	50.6	60.7	70.4	80.8	90.6
50°C	10.9	21.1	31.2	40.6	51.0	61.1	70.8	81.2	91.0

동작 온도가 25°C에서 50°C로 변한 것으로 인한 드리프트와 드리프트 종류를 구하라. 드리프트 계수 값을 구하라.

알려진 값   25°C와 50°C에서 압력계로 얻은 데이터

구할 값   드리프트와 드리프트 계수

풀이

얻은 데이터로부터, 25°C에서 50°C의 온도 변화로 인하여 0.4 kPa의 압력 차이가 모든 데이터 세트에 발생한 것을 관찰할 수 있다. 그러므로 이 드리프트는 영점 또는 편향 드리프트이다.

영점 드리프트 계수는 $\frac{0.4}{25}$에서 0.016 kPa/°C로 구할 수 있다.

5.5 계통 및 무작위 오차와 표준 불확도

계통 오차

고정된 수행 조건에서 측정을 반복할 때, 계통 오차(systematic error)[2]는 일정하게 유지된다. 계통 오차는 측정 변수의 참값을 추정할 때 높거나 낮은 방향으로 일정한 차이(offset)를 일으킬 수 있다. 계통 오차는 측정 기기의 문제 있는 교정, 잘못된 영점 조정 같은 부주의한 측정 수행, 측정 데이터 값의 오독, 기기의 오차, 잘못된 측정 절차로 발생할 수 있다. 계통 오차가 가질 수 있는 범위의 추정치는 계통 불확도라 불리는 값에 할당된다. 계통 표준 불확도(systematic standard uncertainty)는 기호 b로 나타내며, 이는 정규분포에서 68% 확률 수준과 동등한 표준편차의 1배 사이의 신뢰 수준을 가지는 구간 $\pm b$ 상에 할당될 수 있다(비대칭적인 구간에 할당하는 방법에 대해서는 5.10절을 참고하라). 원하는 신뢰 수준에서 부여된 계통 불확도(systematic uncertainty)는 t_ν, P_b 또는 간단히 tb라 주어진다. 95% 확률 수준으로 명시된 경우는 구간 $\pm B$로 정의되는데, 이때 B는 다음과 같고 이는 $t = 2$ 또는 표준편차의 2배를 할당한다.

---

2 1990년대 이전 공학문서에서는 '편향(bias)' 오차라 했다.

$$B = 2b \qquad (5.4)$$

부여된 계통 불확도에 높은 자유도를 가정하여 $t_{95} = 1.96$를 사용할 수 있고, 이는 편의상 2로 반올림되었다(참고문헌 2).

알려진 계통 오차에 대한 보정   만약 특정 계통 오차 값이 알려져 있으면 그를 고려하여 측정 데이터를 보정할 수 있다. 보정된 측정 결과에 할당되는 계통 표준 불확도 값은 적용된 보정의 불확도가 된다. 독자들이 일반적인 측정을 수행하면서 계통 오차를 경험한 일이 있을 것이다. 예를 들어 금속 줄자의 끝부분 고리쇠[3]를 잘못 사용하면 측정 결과에 일정한 차이, 즉 계통 오차를 가져온다. 계기나 기기를 사용하기 전에 정확하게 영점을 맞출 수 없는 경우 그 측정값은 편향된다. 계기의 영점을 맞추는 작업은 알려진 계통 오차를 보정하는 작업이며 이에 대한 불확도는 얼마나 정확하게 영점을 맞출 수 있는가에 달려 있다.

집에서 쓰는 체중계로 몸무게를 잴 때를 생각해 보자. 표시값이 계통 오차를 포함하고 있는가? 표시된 체중값에 계통 불확도를 어떻게 부여할 수 있는가? 측정된 체중이 병원이나 체육관에서 잰 값과 다르다는 점에 주목할 수 있다. 그 표시값들을 비교하여(일종의 실험실 간 비교법이 된다) 가능한 계통 오차의 한계값을 추정할 수도 있다. 또는 교정된 표준 질량을 가지고 그 지역의 중력 가속도를 적용하여 체중계를 교정해 보고, 그 결과값을 보정할 수도 있다. 그렇게 함으로써 해당 측정의 계통 오차를 추산하고 그 값에 불확도를 부여할 수 있다(이는 지역 표준을 사용한 직접적인 교정이 된다). 다른 방법으로 물속에서 체적 변위를 조심스럽게 측정한 뒤 그 결과를 비교하여 차이를 추산할 수 있다(공변법). 또 다른 방법으로 제조사가 제공한 제원(경험)을 사용할 수도 있다. 만약 이 중 어떤 방법도 가능하지 않다면, 어떤 값을 할당해야 하는가? 계통 오차가 있을지 의심해 볼 수나 있는가?

하지만 이는 계통 오차의 은밀한 특징이 드러난 것이라 생각할 수 있다 — 계통 오차는 일정한 차이로 나타나므로 알아채기 어렵고, 측정을 반복하더라도 변하지 않는다. 어째서 계통 오차를 의심해 봐야 할까? 경험에서 배울 수 있는 건, 계통 오차는 항상 어느 수준 존재하기 때문에 매 측정을 조심스럽게 다뤄야 한다는 점이다. 계통 오차는 비교를 통하지 않고는 찾아내기 어려우므로, 좋은 시험 설계는 이를 추정해 낼 수 있는 방법을 가지고 있어야 한다. 여기에 여러 방법이 활용될 수 있다. (1) 교정, (2) 공변법, (3) 실험실 간 비교법, (4) 판단/경험. 교정은 기기의 계통 오차를 찾아내고 줄일 수 있으며 관련된 불확도에 값을 부여하는 데 도움을 준다. 공변법은 같은 대상을 추정하는 데 여러 방법을 적용하여 그 결과들을 비교할 수 있도록 한다(참고문헌 3 참조). 마지막으로 실험실 간 비교법은 매우 좋은 재현 방법인데, 시험기기, 설비, 또는 작업자를 서로 다르게 하고 그 이외 실험 절차는 동일하게 적용하는 방법이다. 여러 설비 간의 시험 결과 차이는 계통 불확도에 대한 통계적 추정을 가능케 한다(참고문헌 2).

상기 방법들 대신에, 과거의 경험에 기반한 판정값을 사용할 수도 있다. 판정값은 보통 95% 신뢰 수준으로 설정된 것으로 본다. 예를 들어 위의 체중계 예에서 처음 생각한 값도 95% 구간 안에 걸쳐 있을 것이다.

0.01°C 이내의 정확도로 교정된 National Institute of Standards and Technology(NIST, 미국 국립표준기술

---

3   고리쇠는 줄자 끝에 리벳으로 느슨하게 부착된 고리 부분을 말한다.

연구소) 표준을 가지고 온도 변환기를 교정하는 경우를 생각해 보자. 만약 교정 데이터에서 그 변환기 출력이 표준 대비 0.2℃의 상대적 차이를 보인다고 하면, 그 변환기에서 얻은 모든 값들을 0.2℃ 보정해 주면 될 것이다. 아주 간단하게 보정된 것이다! 하지만 그 표준 자체는 여전히 본질적인 0.01℃ 계통 불확도를 가지고 있고, 이 불확도와 보정 중 가해진 모든 불확도의 합이 교정된 변환기에 남아 있다.

계통 오차는 주기적이고 적절한 교정, 측정 기기에 대한 주의 깊은 검사, 올바른 측정 절차의 선택, 교정에 따른 측정 환경의 제어 등을 통해 줄어들 수 있다.

무작위 오차

고정된 수행 조건에서 측정을 반복할 때, 무작위 오차(random error)는 측정 데이터의 산포 형태로 모습을 드러낸다. 그러므로 그 오차의 영향은 쉽게 관찰될 수 있다. 무작위 오차[4]는 측정 시스템 부품, 교정, 측정 절차 및 기법의 반복정밀도를 통해 도입되고, 측정 변수 자체가 가지는 가변성을 표본을 통한 통계적 분석으로 추정한 결과나 측정이 수행되는 공정 및 환경 조건의 변동에서 유입된다.

무작위 오차의 확률적 범위에 대한 추정을 무작위 불확도 부른다. 무작위 **표준 불확도**(random standard uncertainty)는 기호 $s_{\bar{x}}$로 나타낸다. 이는 $\pm s_{\bar{x}}$ 범위에서 정의되며, 자유도 $v = N - 1$과 정규분포인 오차를 가정한 상황에서 다음과 같이 나타낼 수 있다.[5]

$$s_{\bar{x}} = s_x / \sqrt{N} \tag{5.5}$$

이 범위는 표준편차의 1배 사이의 신뢰 수준을 가지고 있으며, 이는 정규분포를 따르는 x의 모집단에 대한 68% 확률과 동등하다. 원하는 신뢰 수준의 무작위 불확도(random uncertainty)는 $t_{v,p}s_{\bar{x}}$ 또는 줄여서 ts로 나타내며, t는 표 4.4에서 찾을 수 있다.

무작위 오차가 있는 측정의 통계적 분석

실험에서 한 기기를 통해 측정된 데이터가 항상 똑같지는 않을 것이다. 기록되는 데이터는 매번 읽을 때마다 변하며, 이는 무작위 오차를 가져온다. 통계학을 사용하여 기록된 데이터를 분석함으로써 무작위 오차를 이해하고 줄일 수 있다. 여기서 몇 가지 통계학 표준 용어에 대해 빠르게 살펴보면 도움이 될 수 있을 것이다.

측정에서 기록된 데이터 $x_1, x_2, x_3, \dots x_n$에 대해 생각해 보자. 이 데이터 집합의 **평균**(mean)은 다음과 같이 구할 수 있다.

$$\bar{x} = \frac{1}{n}\sum_{i=1}^{n} x_i$$

하나의 데이터 집합에서, **최대 분포**(maximum spread)는 $\bar{x} - x_{\min}$ 또는 $x_{\max} - \bar{x}$ 중 큰 값으로 구할 수 있다. 최종적으로, **표준편차**(standard deviation)는 최대 분포의 3분의 2 크기로 잡을 수 있다.

---

4 1990년대 이전 공학 문서에서는 '정밀도(precision)' 오차라 했다.

5 직사각형 분포(1)에서 추산된 표준 불확도는 5.7절에서 논의된다.

i번째 데이터의 평균으로부터 편차는 다음과 같이 구할 수 있다.

$$d_i = x_i - \bar{x}$$

편차(deviation) d_i는 양 또는 음의 값을 가질 수 있지만, 한 집합의 평균 편차(average deviation) 값은 0이다.

$$\overline{d_i} = \frac{1}{n}\sum_{i=1}^{n} d_i = \frac{1}{n}\sum_{i=1}^{n}(x_i - \bar{x}) = \bar{x} - \frac{1}{n}\sum_{i=1}^{n} n\bar{x} = 0$$

다음과 같이 구할 수 있는 편차의 절댓값의 평균(absolute value deviation)은 0이 아니다.

$$|\overline{d_i}| = \frac{1}{n}\sum_{i=1}^{n} |d_i| = \frac{1}{n}\sum_{i=1}^{n} |x_i - \bar{x}|$$

분산(variance)은 다음과 같이 정의된다.

$$\sigma^2 = \frac{1}{n}\sum_{i=1}^{n}(x_i - \bar{x})^2$$

제곱평균제곱근편차(root mean square deviation) 또는 표준편차는 큰 데이터 집합과 작은 데이터 집합에 대해 각각 다음과 같이 편향적 및 비편향적으로 정의된다.

$$\sigma = \left[\frac{1}{n}\sum_{i=1}^{n}(x_i - \bar{x})^2\right]^{1/2} \quad \text{또는} \quad \sigma = \left[\frac{1}{n-1}\sum_{i=1}^{n}(x_i - \bar{x})^2\right]^{1/2}$$

예제 5.4

다음 표는 유량 측정 결과 데이터 세트이다.

시간(s)	측정된 데이터(리터/분)
1	10.5
2	11.3
3	14.6
4	16.8
5	17.9
6	18.2
7	19.3
8	20.1
9	21.7
10	20.8

해당 데이터 집합의 표준편차를 구하라.

알려진 값   유량 측정 결과 데이터

구할 값   표준편차

풀이

해당 데이터 집합의 표준편차는 다음 식을 사용하여 구할 수 있다.

$$\sigma = \left[\frac{1}{n-1} \sum_{i=1}^{n} (x_i - \bar{x})^2 \right]^{1/2}$$

주어진 데이터 세트에서 $n = 10$이다. 데이터 집합의 평균은 다음과 같이 구할 수 있다.

$$\bar{x} = \frac{1}{n} \sum_{i=1}^{n} x_i$$

$$\bar{x} = \frac{1}{10}(10.5 + 11.3 + 14.6 + 16.8 + 17.9 + 18.2 + 19.3 + 20.1 + 21.7 + 20.8) = 17.12$$

시간(s)	측정된 데이터(리터/분)	편차$(x_i - \bar{x})$	편차의 제곱$(x_i - \bar{x})^2$
1	10.5	−6.62	43.82
2	11.3	−5.82	33.87
3	14.6	−2.52	6.3504
4	16.8	−0.32	0.10
5	17.9	0.78	0.61
6	18.2	1.08	1.17
7	19.3	2.18	4.75
8	20.1	2.98	8.88
9	21.7	4.58	20.98
10	20.8	3.68	13.54
			$\sum (x_i - \bar{x})^2 = 134.07$

값을 대입하면 다음 결과를 얻을 수 있다.

$$\sigma = \left[\frac{1}{10-1} \times 134.07 \right]^{1/2} = 3.86$$

그러므로 주어진 데이터 집합의 표준편차는 3.86이다.

도식 분석(Graphical Analysis) - 도수 분포(Frequency Distribution)

도표를 사용하는 접근 방법은 무작위 측정 오차를 분석하는 또 다른 길이다. 가장 단순한 무작위 오차의 도식 분석 방법은 측정 범위를 일정한 대역으로 나눠 히스토그램를 그려 보는 것이다. 히스토그램의 최적 대역(막대) 수를 구하는 법칙, 즉 스터지스 법칙(Sturges rule)은 다음과 같이 주어진다.

$$대역 수, \; k = 1 + 3.3 \log_{10} n$$

여기서 n는 측정값의 개수이다.

표 5.5의 21개 측정 데이터 결과점을 가진 온도 측정 결과를 생각해 보자. 히스토그램을 그리기 위한 데이터 대역 개수를 $1 + 3.3 \log_{10}(21) = 5.3$으로 계산할 수 있고, 반올림을 통해 5개 대역으로 정할 수 있다. 측정 범위를 5개 대역으로 나누면 각 대역은 2°C 폭이 된다. 101도에서 103도 대역에는 1개의 데이터 점만이 존재한다. 103도에서 105도 대역에는 6개, 105도에서 107도 대역에는 7개, 107도에서 109도 대역에는 6개, 109도에서 111도 대역에는 1개의 데이터 점이 존재한다.

많은 수의 데이터 집합으로 그려진 히스토그램은 평균값에 대해 대칭 형태일 것으로 기대할 수 있지만, 작은 수의 데이터 집합의 경우는 대칭이 아닐 수도 있다. 그림 5.5는 편차의 대역을 같게 하여 그린 히스토그램이다.

표 5.5 21개의 데이터 점을 가진 온도 측정 데이터 집합

데이터 점	측정된 값(°C)
1	104.2
2	106.5
3	102.5
4	106.1
5	105.3
6	104.6
7	107.7
8	104.7
9	107.3
10	107.9
11	104.1
12	107.2
13	103.2
14	108.1
15	105.5
16	108.2
17	106.4
18	104.3
19	106.1
20	105.2
21	109.5

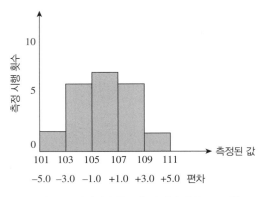

그림 5.5 일반적인 온도 측정 데이터 히스토그램

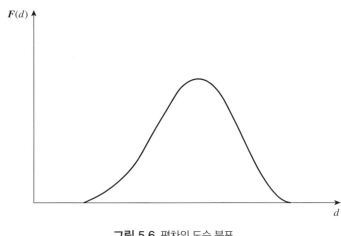

그림 5.6 편차의 도수 분포

편차로 그린 히스토그램의 형상은 원본 데이터로 그린 히스토그램의 형상과 같다. 원본 데이터를 나타내는 축이 데이터의 편차로 대체된 점이 다를 뿐이다. 데이터 집합이 커질수록, 더 작은 대역으로 히스토그램을 다시 그릴 수 있는데, 이는 데이터 집합이 커질수록 대역 개수가 커지기 때문이다. 히스토그램의 전체 형상은 같게 유지되지만 형상의 계단이 작아지고 더 많아져 더 부드러운 모양이 된다. 측정 횟수를 무한대로 증가시키면 히스토그램은 매끄러운 형상이 되고 이를 도수 분포라고 부른다. 그림 5.6은 각 편차에 대한 값 $f(d)$를 세로 좌표로 가지고 편차의 크기 d를 가로 좌표로 가진 도수 분포 곡선을 나타내고 있다.

오차와 불확도를 분류하기 위해 사용되는 다른 방법들

ISO GUM(참고문헌 1)에서는, 데이터 집합에 대한 통계적 분석을 통해 할당된 불확도를 'A 타입' 불확도라 부른다. 모든 통계적이지 않은 방법으로 할당된 불확도는 'B 타입' 불확도라 부른다. 이는 최종적인 사용자에게 그 값이 할당될 때 사용된 방법에 대해 알려주려는 의도이다. ISO GUM은 추적할 수 있도록 할당된 불확도에

'A'나 'B'라 꼬리표를 붙이도록 권장하고 있다. 이러한 지정은 특히 제조자 교정 및 기기 제원을 대상으로 하고 있는데, 사용자에게 명확한 교정 상세 내역이 전달되도록 하기 위함이다.

계통 오차와 무작위 오차라는 용어는 확인된 오차가 시험 결과에 어떻게 영향을 미치는지를 나타내고 있다. ASME PTC 19.1(참고문헌 2)에서, 계통 불확도와 무작위 불확도는 이들 오차에 할당된 값이다. ISO GUM은 이러한 불확도 용어를 사용하지 않는다. A 타입이나 B 타입으로 분류된 불확도 값이 부여된 오차는 시험 결과에 계통이나 무작위 어느 쪽 영향도 줄 수 있다(참고문헌 1, 2). 이러한 서로 다른 용어들 사이에 직접적인 상관관계는 없기 때문에 두 가지 방법을 동시에 사용하는 것이 가능해진다(참고문헌 2). 한 예로, 얻은 데이터에 대한 통계적 분석으로 데이터 집합 내의 평균적인 차이 값을 추산해 냈을 때, 이 값을 계통 표준 불확도 b로 사용하는 동시에 A 타입 불확도로 분류할 수 있다.

전산 관련 분야에서는 그 분야 모형에서 오차와 불확도를 나타내기 위한 용어를 만들어 냈다. 우연적 불확도(aleatory uncertainty)는 시스템이나 매개변수의 자연적인 변동성으로 인함을 나타낸다. 인식론적 불확도(epistemic uncertainty)는 지식의 부족, 즉 사용된 모델의 결함이나 간략화로 인해 발생함을 나타낸다. 인식론적 오차는 매개변수 변형과 감도 분석, 확률 모델이나 다른 방법으로 수량화된다. 여기 설명되었던 다른 용어들과 직접적인 상관관계는 없다.

각각 접근 방법은 자신만의 용도가 있다(참고문헌 2). 기기 교정 성적서에서 타입 A나 타입 B같이 분류된 불확도는 제원을 이해하는 데 있어 모호함을 없애 준다. 시험 성적서에서 무작위적인 영향과 계통적 영향을 나눠 보고하는 것은 결과를 해석하는 데 있어 큰 도움이 되는 동시에 사용된 시험 방법을 개선하는 데 모범 사례를 제공한다.

5.6 불확도 분석 : 다변수 오차 전파

정원에서 사용하는 호스로 작은 수영장에 물을 채우는 데 얼마나 오래 걸릴지 알고 싶다고 하자. 한 가지 방법으로, 용량을 알고 있는 양동이를 채우는 데 드는 시간을 측정하여 호스에서 나오는 물의 유량을 계산하는 방법이 있다. 수영장의 부피를 측정하고 나면 물을 채우는 데 드는 시간을 계산할 수 있다. 호스에서 나오는 유량 계산의 작은 오차가 수영장을 채우는 데 드는 시간의 계산에 큰 차이를 일으킬 것이 분명하다! 여기서는 유량과 부피 같은 측정된 값이 수영장을 채우는 시간이라는 결과값을 추산하는 데 사용되었다.

측정된 값의 함수적 관계에 따라 결과가 결정되는 일은 공학에서 매우 자주 벌어진다. 예를 들어, 앞의 예에서 유량은 시간 t와 양동이 부피 $\forall$를 측정하여 $Q = f(t, \forall) = \forall / t$로 계산되었다. 여기서 각 측정된 값의 불확도는 유량의 불확도에 어떻게 영향을 주는가? Q가 가지는 불확도는 부피와 시간 중 어느 불확도에 더 민감한가? 좀 더 일반적으로, 각 변수의 불확도는 어떻게 계산된 결과에 전파되는가? 이제 이들 질문에 대해 살펴본다.

오차의 전파

그림 5.7은 종속 변수 y와 측정된 값 x 간의 일반적인 관계, 즉 $y = f(x)$를 보여 주고 있다. 표본 평균값과 불확도

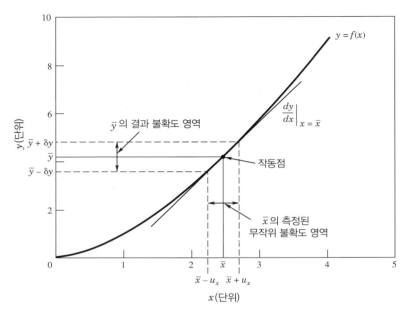

그림 5.7 측정된 변수와 그 변수값을 사용하여 계산된 결과 간의 관계

u_x를 알아내기 위해 어떤 동작 조건에서 x를 몇 차례 측정했다고 하자. 이는 x의 참값이 $\bar{x} \pm u_x$ 구간 안 어딘가에 놓여 있다는 것을 암시한다. x의 측정값으로부터 결정되는 y가 다음과 같이 정의되는 구간 안에 참값을 가진다고 가정하는 것은 타당하다.

$$\bar{y} \pm \delta y = f(\bar{x} \pm u_x) \tag{5.6}$$

이를 테일러급수 전개하면 다음과 같다.

$$\bar{y} \pm \delta y = f(\bar{x}) \pm \left[\left(\frac{dy}{dx} \right)_{x=\bar{x}} u_x + \frac{1}{2} \left(\frac{d^2 y}{dx^2} \right)_{x=\bar{x}} (u_x)^2 + \cdots \right] \tag{5.7}$$

이를 살펴보면, y의 평균값은 반드시 $f(\bar{x})$이므로 대괄호 안의 항들이 $\pm \delta y$임을 추정할 수 있다. 식 (5.7)의 u_x의 크기가 작아 고차항을 무시할 수 있으면 δy를 다음과 같이 선형근사할 수 있다.

$$\delta y \approx \left(\frac{dy}{dx} \right)_{x=\bar{x}} u_{\bar{x}} \tag{5.8}$$

미분항 $(dy/dx)_{x=\bar{x}}$은 $\bar{x}$로 지정되는 점을 통과하는 직선의 기울기를 나타낸다. $\bar{x}$ 값 근처에서, 이 기울기로부터 u_x와 δy 사이의 근사적인 관계를 충분히 예측할 수 있다. 이 미분항은 x의 변화에 대한 y의 감도에 대한 척도가 된다. $\pm \delta y$에 해당하는, $\pm u_x$로 정의되는 구간의 폭 안에 y의 참값이 놓여 있을 것으로 예상할 수 있다. 그러므로 x로 인한 y의 불확도는 $u_y = \delta y$가 된다.

그림 5.7은 독립 변수의 오차들이 예측 가능한 방식으로 결과변수에 전파되어 들어간다는 개념을 보여주고 있다. 일반적으로 x의 불확도는 결과 y의 불확도에 다음과 같이 영향을 미친다.

$$u_y = \left(\frac{dy}{dx}\right)_{x=\bar{x}} u_x \tag{5.9}$$

식 (5.8)과 (5.9), 그리고 그림 5.7 사이의 유사점을 비교해보라.

이러한 발상은 다변수 관계로 확장될 수 있다. 결과 R이 독립 변수 x_1, x_2, ..., x_L과 다음과 같은 함수적 관계로 결정되는 경우를 생각해보자.

$$R = f_1\{x_1, x_2, ..., x_L\} \tag{5.10}$$

여기서 L은 관련된 독립 변수의 개수이다. 각 변수는 결과에 영향을 주는 불확도를 어느 수준 포함하고 있다. 참평균값 R'에 대한 최선의 추정은 다음과 같이 나타낼 수 있다.

$$R' = \bar{R} \pm u_R \quad (P\%) \tag{5.11}$$

여기서 표본평균 R은 다음과 같이 구할 수 있다.

$$\bar{R} = f_1\{\bar{x}_1, \bar{x}_2, ..., \bar{x}_L\} \tag{5.12}$$

그리고 $\bar{R}$의 불확도는 다음과 같이 구할 수 있다.

$$u_R = f_1\{u_{\bar{x}_1}, u_{\bar{x}_2}, ..., u_{\bar{x}_L}\} \tag{5.13}$$

식 (5.13)에서, $u_{\bar{x}_i}$, $i = 1, 2, ..., L$은 x_1에서 x_L까지 최선의 추정에 기반한 불확도를 나타낸다. u_R 값에는 결과까지 전파된 각 개별 불확도의 기여분이 반영되어 있다.

θ_i는 일반 민감도 지수로 식 (5.9)의 테일러급수 전개와 식 (5.10)의 함수 관계에서 다음과 같이 구할 수 있다.

$$\theta_i = \frac{\partial R}{\partial x_i}_{x=\bar{x}} \quad i = 1, 2, ..., L \tag{5.14}$$

각각의 민감도 지수는 대응되는 x_i의 변화로부터 R이 어떻게 영향을 받는가에 연관되어 있다. 각각은 측정의 평균값에서 구해지거나, 이러한 추정값이 없는 경우 해당 변수의 기댓값에서 평가된다. 식 (5.14)는 유한차분법 (참고문헌 5)을 통해서 수치해석적으로 추산될 수도 있으며, 이는 차후에 다뤄질 것이다.

x의 불확도가 결과 R에 미치는 영향은 $\theta_i u_{\bar{x}_i}$ 항을 통해 추정될 수 있다. u_R에 대한 가장 적절한 추정은 제곱의 합의 제곱근(RSS)인 제곱멱관계(second power relation)로 구한 값으로 여겨진다(참고문헌 4). 결과에 대한 변수들의 불확도 전파는 다음과 같이 주어진다.

$$u_R = \left[\sum_{i=1}^{L} (\theta_i u_{\bar{x}_i})^2 \right]^{1/2} \tag{5.15}$$

민감도 지수 근사화

직접 미분하는 것 이외에도 민감도 지수를 추정하는 방법들이 있다. 유용한 수치해석적 접근 방법 한 가지는 디더링(dithering)이다. 함수 모델의 입력 변수 중 하나에 작은 섭동이 가해지고, 출력 변수 값에 변화가 감지된 경우를 보자. 입력 값의 변화에 대한 출력 값의 변화에서 민감도를 추정할 수 있다. 이 방법에서는 유한차분법을 사용하여 도함수를 근사해 낸다. 디더링은 함수적 정보가 수치적 또는 실험적 모델이나 스프레트시트 안에 포함되어 있는 경우 같이 해석적 방법을 적용하기 복잡한 경우 특히 유용하다.

$y = f(x)$에 대해서, $x = x_0$에서, $y^+ = f(x + \delta x)$이고 $y^- = f(x - \delta x)$이라 두면 다음과 같이 나타낼 수 있다.

$$\left. \frac{\partial y}{\partial x} \right| x = x_0 = \frac{y^+ - y^-}{2\delta x} \tag{5.16}$$

민감도 지수를 정확하게 추정하기 위하여, $\partial y / \partial x$ 값이 허용가능한 오차 내로 들어온 하나의 답으로 수렴할 때까지 δx 값을 순차적으로 줄이게 된다.

예제 5.5

$y = x^3 + 2x^2 + 2x + 1$로 주어진 교정 모델을 가정하자. 식으로부터 $\partial y / \partial x = 3x^2 + 4x + 2$임을 알 수 있다. 디더링을 사용하여 $x = 4$에서 민감도 지수 $\theta = \partial y / \partial x$를 구하라.

풀이

해석적인 방법으로 임의의 x에 대해서 $y = f(x)$를 다음 표와 같은 식으로 구할 수 있다.

x	0.000	2.000	4.000	6.000	8.000	10.00
y	1.00	21.00	105.0	301.0	657.0	1221.0
$\theta = \partial y / \partial x\|_{x_0}$	2.00	22.00	66.00	134.00	226.00	342.00

하지만 디더링을 사용해서도 임의의 x 위치에 대한 민감도계수를 근사적으로 얻을 수 있다. 이는 x 값을 δx만큼 순차적으로 바꾸면서 식 (5.16)을 사용하여 유한 차분 도함수를 계산함으로써 구할 수 있다. 설명을 위해 $x = 4.000$ 위치에서 계산하면 다음과 같다.

δx	0.4000	0.2000	0.1000	0.0500	0.0100
y^+	133.704	118.768	111.741	108.3351	105.6614
y^-	80.776	92.352	98.539	101.7349	104.3414
$\theta = \partial y / \partial x\|_{x_0}$	66.16	66.04	66.01	66.00	66.00

계산된 해는 $\delta x \leq 0.05$에서 수렴한다. 디더링으로 찾은 근사값인 $\theta = \partial y/\partial x|_{x=4} = 66.00$는 해석적으로 미분한 값과 일치한다.

참고사항 이미 알고 있는 결과를 사용하여 시험 절차 중 수치 처리 부분을 검증할 수 있다.

$R = f_1\{x_1, x_2, \ldots, x_L\}$와 같은 다변수 관계에 있어, 결과는 측정된 변수와 시험 매개변수의 변화에 민감하다. 각 개별 민감도는 독립 변수와 시험 매개변수를 한 번에 하나씩, 다른 변수들은 고정시킨 상태에서 디더링 해 봄으로써 구할 수 있다.

예제 5.6

$R = Kx^3$를 따르는 측정 모델이 있다. 여기서 x는 측정되는 변수이고 K는 계수이다. 감도와 결과로 전파된 불확도를 구하라. 조건은 $K = 2.201\ \text{kg/mV}$, $u_k = 0.0220\ \text{kg/mV}$; $x = 1.234\ \text{mV}$, $u_k = 0.0100\ \text{mV}$이다.

알려진 값

$$R = kx^3$$

$$\bar{x} = 1.234\ \text{mV} \qquad u_{\bar{x}} = 0.0100\ \text{mV} \qquad (95\%)$$

$$K = 2.201\ \text{kg/mV} \qquad u_K = 0.0220\ \text{kg/mV} \qquad (95\%)$$

풀이

결과의 평균과 그 불확도를 다음 식과 같이 정리할 수 있다.

$$\bar{R} = f(\bar{x}, K) = K\bar{x}^3 = 4.136\ \text{kg} \quad \text{그리고} \quad u_R = f(u_x, u_K) = \left[\left(\frac{\partial R}{\partial x} u_x \right)^2 + \left(\frac{\partial R}{\partial K} u_K \right)^2 \right]^{1/2}$$

디더링을 통해 감도 $\theta_x = \partial R/\partial x$와 $\theta_K = \partial R/\partial K$를 $\bar{x} = 1.234\ \text{mV}$와 $K = 2.201\ \text{kg/mV}$ 조건에서 구하면 다음과 같다.

δx	0.100	0.010	0.001	δK		0.100	0.022	0.002
δx^+	5.2250	4.2372	4.1459	δK^+		4.3238	4.1772	4.1396
δx^-	3.2097	4.0361	4.1258	δK^-		3.9479	4.0945	4.1321
$\theta_x = \partial R/\partial x\|_{\bar{x},K}$	10.077	10.055	10.055	$\theta_K = \partial R/\partial K\|_{\bar{x},K}$		1.8791	1.8791	1.8791

즉, $\partial R/\partial x = 10.055\ \text{kg/mV}$와 $\partial R/\partial K = 1.8791\ \text{mV}$에서 다음과 같이 계산될 수 있다.

$$u_R = 0.1087\ \text{kg}$$

$$R' = 4.136 \pm 0.1087\ \text{kg} \qquad (95\%)$$

참고사항   우리는 디더링을 할 때 제시된 불확도 값보다 한 단위 위와 아래의 값을 사용하였다. 대안으로, 변수 값의 1%값에서 시작하는 것도 좋다. 매우 비선형적인 경우에는 수렴시키기 위해 더 작은 섭동 값이 필요할 수도 있다.

민감도 지수는 표로 작성된 데이터나 그래프(그림 5.7과 같은)와 같이 두 변수 간의 함수적 관계를 나타내는 모든 정보로부터 유한차분법을 사용하여 구해질 수도 있다. 다음 $y = f(x)$ 경우와 같은 표나 그래프 형태의 함수적 정보를 가지고 있다고 가정해 보자.

	x_1	x_2	x_3
y	$y(x_1)$	$y(x_2)$	$y(x_3)$

이때 $x_1 < x_2 < x_3$이다. 여기에 $y(x_2)$점에 대한 민감도를 찾기 위해서, 도함수를 위한 중앙 유한 차분 근사를 적용해 볼 수 있다.

$$\theta = \frac{\partial y}{\partial x}\bigg|x = x_2 = \frac{y(x_3) - y(x_1)}{x_3 - x_1} \tag{5.17}$$

비슷한 방식으로 전방 또는 후방 차분 근사를 적용할 수도 있다.

실험 장치에서 민감도는 입력이나 시험 매개변수를 설정값 위아래로 조금씩 변화시키면서 출력값의 변화를 관찰함으로써 물리적으로 구해질 수 있다.

순차 섭동

유사한 수치해석적 방법으로 결과로 전달되는 불확도전파를 직접적으로 구할 수 있다. 이는 순차 섭동(sequential perturbation)이라 불린다(참고문헌 6). 이 방법은 유한차분법을 사용하여 도함수를 근사한다.

1. 어떤 고정된 동작 조건에서 독립 변수들에 대한 측정을 바탕으로, 결과 R_o를 계산한다. 이때 $R_o = f(x_1, x_2, ..., x_L)$이다. 이 값이 수치적 근사를 위한 동작점을 정하게 된다. (예로 그림 5.7 참조)

2. 독립 변수들을 각자의 불확도만큼 증가시키고 결과를 이 새로운 값들을 기반으로 재계산한다. 이들 값을 R_i^+라고 부르고 다음과 같이 나타낼 수 있다.

$$\begin{aligned} R_1^+ &= f(x_1 + u_{x1},\ x_2,\ ...,\ x_L), \\ R_2^+ &= f(x_1,\ x_2 + u_{x2},\ ...,\ x_L),\ ... \\ R_L^+ &= f(x_1,\ x_2,\ ...,\ x_L + u_{xL}), \end{aligned} \tag{5.18}$$

3. 비슷한 방식으로, 독립 변수를 각자의 불확도만큼 감소시키고 이 새로운 값들을 기반으로 결과를 재계산

한다. 이 값을 R_i^-라 부른다.

4. 차이값인 δR_i^+과 δR_i^-를 $i = 1, 2, \ldots, L$에 대해 계산한다.

$$\delta R_i^+ = R_i^+ - R_o$$
$$\delta R_i^- = R_i^- - R_o \tag{5.19}$$

5. 각 변수의 불확도 기여도에 대한 근사치를 구한다.

$$\delta R_i = \frac{\delta R_i^+ - \delta R_i^-}{2} \approx \theta_i u_i \tag{5.20}$$

이로부터 결과의 불확도는 다음과 같이 구할 수 있다.

$$u_R = \left[\sum_{i=1}^{L} (\delta R_i)^2 \right]^{1/2} \tag{5.21}$$

식 (5.15)와 (5.21)은 결과에 대한 불확도 전파를 추정하는 두 가지 방법을 나타낸다. 대부분의 경우 각 방정식은 거의 동일한 결과를 내므로 어느 방법을 선택할지는 사용자에게 달려 있다. 각 방법은 식 (5.14)의 민감도 계수 만을 구하는 경우에도 사용될 수 있다(참고문헌 2).

종종 이들 방법들로 계산한 u_R이 지나친 값으로 나오는 경우가 있다. 이런 상황에서는 큰 값의 불확도 u_{x_i}와 결부되어 있는 독립 변수 x_i의 작은 변화에 민감도 계수가 크게 변하는 것이 원인으로 밝혀질 수 있다. 이는 동작점이 함수적 관계의 변곡점에 가깝게 있는 경우 일어난다. 이러한 경우, 그 원인과 민감도 지수의 변화의 정도를 다시 고려하거나 민감도에 대해 좀 더 정확한 근사, 즉 후방 또는 전방 차분이나 식 (5.7)의 테일러급수의 고차항 사용을 시도한다. 이어지는 절에서는 주어진 정보로부터 불확도 값을 구하는 방법들을 발전시켜 본다.

예제 5.7

$y = KE$의 교정 곡선을 가지는 변위 변환기에 $E = 10.00$ V가 주어졌을 때, 변위 y의 불확도를 구하라. 조건은 $K = 15.10$ mm/V이고 95% 신뢰 구간에서 $u_K = \pm 0.15$ mm/V, $u_E = \pm 0.02$ V이다.

알려진 값 $y = KE$

$E = 10.00$ V; $u_E = 0.02$ V

$K = 15.10$ mm/V; $u_K = 0.15$ mm/V

구할 값 u_y

풀이

식 (5.12)와 (5.13)에서, 다음과 같이 각각 나타낼 수 있다.

$$y = f(E, K) \quad \text{and} \quad u_y = f(u_E, u_K)$$

식 (5.15)에서, $y = KE$에서 변위 의 불확도는 다음과 같이 나타낼 수 있다.

$$u_y = \left[(\theta_E u_E)^2 + (\theta_K u_K)^2\right]^{1/2}$$

이때 식 (5.14)로 구해진 민감도 지수들은 다음과 같다.

$$\theta_E = \frac{\partial y}{\partial E} = K \quad \text{and} \quad \theta_K = \frac{\partial y}{\partial K} = E$$

또는, 식 (5.15)에 의해 다음과 같이 쓸 수도 있다.

$$u_y = \left[(K u_E)^2 + (E u_K)^2\right]^{1/2}$$

동작점은 명목 또는 평균 값으로 $E = 10.00$ V, $y = 151.00$ mm 위치에 나타난다. $E = 10.00$ V와 $K = 15.10$ mm/V, u_E와 u_k를 대입하면 동작점에서 u_y를 다음과 같이 구할 수 있다.

$$u_y|_{y=151} = \left[(0.30)^2 + (1.50)^2\right]^{1/2} = 1.53 \text{ mm}$$

이 대신에 순차섭동을 써 볼 수도 있다. 섭동에 대한 동작점은 마찬가지로 $y = R_o = 151$ mm이다. 식 (5.16)에서 (5.18)까지를 사용하면 다음을 얻을 수 있다.

i	x_i	R_i^+	R_i^-	δR_i^+	δR_i^-	δR_i
1	E	151.30	150.70	0.30	0.30	0.30
2	K	152.50	149.50	1.50	−1.50	1.50

그리고 식 (5.21)을 사용하면 다음을 얻는다.

$$u_y|_{y=151} = \left[(0.30)^2 + (1.50)^2\right]^{1/2} = 1.53 \text{ mm}$$

두 가지 방법은 동일한 결과를 낳았다. 계산된 변위를 식 (5.11)의 형태로 다음과 같이 나타낼 수 있다.

$$y' = 151.00 \pm 1.50 \text{ mm} \quad (95\%)$$

몬테카를로법

몬테카를로 시뮬레이션은 다음을 구하는 데 있어 효과적인 또 다른 방법을 제공한다. (1) 결과 불확도를 향한 독립 변수 불확도의 전파, (2) 또 다른 변수에 대한 결과의 민감도

불확도 추정　4장에서 보인 바와 같이, 수렴된 몬테카를로 시뮬레이션의 통계적 결과는 결과 R의 예상되는 모집단의 매개 변수들로 생각할 수 있다. (즉, $\overline{R} \rightarrow R'$이고 $s_R \rightarrow \sigma_R$이다.) 따라서 결과의 표준 불확도는 시뮬레이션의 모집단 표준편차인 s_R값과 같은 값으로 설정된다. 일반적으로 몬테카를로 시뮬레이션의 수렴 여부는 계산된 표준편차의 변동이 1%에서 5% 수준 이하가 될 때를 기준으로 하지만, 참고문헌 7에 설명되어 있는 보다 엄격한 시험들도 있다.

민감도 추정　어떤 동작점에서 한 변수에 대한 결과민감도인 $\partial R/\partial x|_{x_0}$는, 몬테카를로 시뮬레이션을 사용하여 $\partial R/\partial x|_{x_0} \approx s_R/s_x$와 같은 식으로, 결과의 모집단 표준편차를 그 변수의 모집단 표준편차로 나눠 찾아낼 수 있다.

　몬테카를로 시뮬레이션은 스프레드시트, 매트랩 또는 통계분석기능이 있는 다른 수치해석 패키지를 사용하여 쉽게 코딩될 수 있다. 인터넷에 첨부한 스프레드시트 추가 기능인 ***MCsim.xla***(참고문헌 14)과 매트랩 m파일 ***MC.m***은 몬테카를로 분석을 코딩할 때 구성요소로 사용할 수 있을 것이다.

5.7　심화 단계 불확도 분석

측정 시스템을 설계할 때, 측정 기법이나 측정 기기의 특정한 변경이 측정 결과에 어떻게 영향을 미칠지에 대해 질문을 던지게 된다. 설계 단계 불확도 분석에서는 측정 시스템의 분해능과 추정되는 기기 교정에 의한 오차들만이 고려된다. 그러나 만약 추가적인 정보가 있다면, 측정 불확도에 대해 더 좋은 판단을 내릴 수 있다. 그러므로 심화 단계 불확도 분석은 측정에 영향을 미치는 절차 및 시험 제어 오차를 고려함으로써 설계 단계 불확도를 좀 더 발전시킨다. 이는 데이터 집합이 크지 않을 때 철저한 불확도 분석을 수행하는 방법으로 고려될 수 있으며, 이는 시험 계획의 초기 단계 또는 반복적인 측정이 가능하지 않은 시험의 경우에 적용될 수 있다. 이러한 심화 단계 불확도 분석, 또는 단일 측정 불확도 분석(single-measurement uncertainty analysis)(참고문헌 3, 6)은 다음과 같은 상황에서 사용될 수 있다. (1) 초기 설계 단계의 추정보다 더 발전된, 시험의 심화 설계 단계의 기대 불확도를 구할 때, (2) 하나 이상의 매개 변수 범위에 대한 측정을 포함하지만, 각 시험 조건에서 관련 변수의 반복 측정을 안 했거나 상대적으로 적은 횟수로 수행된 시험 계획의 결과를 보고할 때. 본질적으로, 이 방법은 여러 가지 집중된 검증 시험들을 통해 잠재적인 오차를 정량화하여 주된 시험의 다양한 측면들을 평가한다.

　이 절에서는 측정값 x 또는 일반적 결과 R에 영향을 미치는 각 인자의 불확도를 추정하여 x나 R에 대한 불확도를 구하는 것에 목표로 둔다. 오차에 연관된 불확도를 밝혀내고 추정하는 단계적 접근 기법을 제시한다. 매 단계마다 추정치들이 결합된 값을 조사하게 된다.

이러한 논의에서 오차들은 정규분포를 따른다고 가정되었다. 하지만 몇몇 오차는 다른 분포에 의해 더 잘 설명되고 적용될 수 있다. 예를 들어, 오차의 한계값만을 명시한 교정 오차는 직사각형 분포로 잘 모델링될 수 있다. 직사각형 분포의 표준 불확도는 구간$(m - n)$으로 정의되며 다음 식으로 나타낼 수 있다. 여기서 m은 구간의 최댓값이고 n은 최솟값이다(표 4.2 참조).

$$u_x = (m - n)/\sqrt{12} \tag{5.22}$$

이는 표준편차의 1배 폭이다(또는 58% 신뢰 수준이다). 여기에 2를 곱하면 표준편차의 2배 폭이 제공된다. 만약 오차가 정규 분포를 따르는 결과로 전파된다고 가정하면, 값이 2인 포함인자는 일관성을 위해 95% 신뢰 수준으로 근사된다.

0차 불확도

0차 불확도에서는 물리적인 관찰 행위 그 자체만을 제외하고, 시간을 포함한 측정 결과에 영향을 주는 모든 변수와 매개 변수들이 변하지 않는다고 가정된다. 예를 들어 어떤 조건 아래에 있는 측정기 지시값을 사진으로 찍고, 그 사진을 기술적인 능력이 있는 20명에게 보여 준 다음 그 지시값을 읽은 결과값을 각각 기록했다고 하자. 그 20개의 결과값이 보이는 산포는 기기 분해능만으로 인한 보간 오차의 결과이며, 그 값은 u_0으로 표시된다. u_0는 보간 오차를 제외한 모든 영향을 주는 효과가 제어될 때 측정값에서 예상되는 변동의 정도에 대한 추산 값이며, 식 (5.1)을 사용하여 계산될 수 있다. 이전 내용에서 u_0 값에는 기기 분해능의 1/2 또는 최하위 자리, 또는 재량에 따라 할당한 값을 배치했었다. 0차 불확도만으로는 시험 결과의 불확도를 보고하는 데 부족하다는 점에 주의해야 한다.

고차 불확도

고차 불확도 추정은 시험작동 조건의 제어 가능성과 모든 측정 변수의 변동성을 고려한다. 예를 들어, 1차 수준에서는 측정의 외재 변수로서 시간의 영향이 고려될 수 있다. 이는 시험을 개시하고, 동작 조건을 맞추고, 가만히 기다리면서 관찰했을 때 무슨 일이 일어났는가 하는 것이다. 만약 측정값에 변화가 관찰된다면 시간은 시험의 한 가지 인자인 것이고, 이는 아마도 공정 제어에 영향을 주는 어떠한 외부 요인 또는 단순히 측정 대상 변수 거동의 고유한 특징 때문일 것이다.

실제 실험을 수행할 때에는, 시험 시설을 실제 시험에서 사용되는 조건 중 몇 가지 단일 동작 조건에 맞춰 작동시켜, 각각의 측정 변수에 대한 이 첫 번째 수준의 불확도를 구할 수 있다. 한 데이터 집합이 어떤 동작 조건 하에서 얻어졌다고 하자(이때 N이 30 이상이라 하자). 측정값의 참값을 추정하기 위한 우리의 능력의 1차 불확도는 다음과 같이 구해질 수 있다.

$$u_1 = t_{v,P} s_{\bar{x}} \tag{5.23}$$

u_1에서 불확도는 분해능의 영향, 즉 u_0를 포함하고 있다. 그러므로 $u_1 = u_0$인 경우에 한해, 시간은 시험의 인자

가 아닌 것이다. 본질적으로 1차 불확도는 시험결과 보고에 사용하기에는 불충분하다.

측정값에 영향을 주는 것으로 밝혀진 또 다른 인자가 분석에 등장하여 차수가 올라감에 따라, 더 크지만 좀 더 현실적인 불확도 추정치를 구할 수 있다. 예를 들어, 한 점의 측정값을 더 큰 부피값에 적용하는 경우와 같이, 결과에 영향을 미치는 공간적인 변화는 2차 수준으로 평가하는 것이 적합할 수 있다. 이는 인과관계를 검토, 평가하기 위해 수행되는 일련의 검증 시험들이다.

N차 불확도

N차 추정에서는 기기 교정 특성들이 기기 불확도 u_c를 통하여 분석 체계에 유입된다. N차 불확도 u_N의 실제적인 추정치는 다음과 같이 주어진다.

$$u_N = \left[u_c^2 + \left(\sum_{i=1}^{N-1} u_i^2 \right) \right]^{1/2} \quad (P\%) \tag{5.24}$$

N차 불확도 추정을 통해 서로 다른 기기가 사용되거나 서로 다른 시험 시설에서 이루어진 유사한 시험의 결과를 직접 비교할 수 있다. 그림 5.8은 단일 측정 분석을 위한 절차를 보여 주고 있다.

최소한 주의해야 할 점은, 설계 단계 분석이 u_0와 u_c의 결과로서 발견된 영향만을 포함한다는 것이다. 이들 N차 불확도에 의해 측정 절차와 제어 효과가 불확도 분석 체계에 고려되고 포함될 수 있다. 주의 깊게 수행된다면, N차 불확도 추정을 통해 심화 설계 단계 또는 단일 측정 분석(단발성 또는 특별 시험)에서 찾고자 하는 수준의 불확도를 추정할 수 있다.

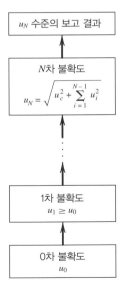

그림 5.8 불확도 결합을 통한 심화 단계 및 단일 측정 불확도 분석 절차

예제 5.8

연습의 일환으로 저렴한 요리용 다이얼 온도계를 구해서 분석해 보라. 이 온도계로 오븐 온도를 재는 데 있어 0차 및 1차 불확도를 어떻게 평가하겠는가?

알려진 값   다이얼 온도계

구할 값   오븐 온도의 u_0와 u_1을 구하라.

풀이

0차 불확도는 측정 시스템의 분해능 오차만에 기인한 것이다. 예를 들어, 대부분의 이런 형태의 게이지는 10°C 의 분해능을 가지고 있다. 그러므로 식 (5.1)로부터 다음과 같이 구할 수 있다.

$$u_0 = 5°C$$

1차 수준에서, 불확도는 측정값(온도)의 시간에 대한 변동과 동작 조건의 변화로부터 영향을 받는다. 만약 온도 계를 오븐 가운데에 두고, 오븐 온도를 설정한 뒤, 온도가 안정될 때까지 예열되도록 했다고 하자. 그리고 무작 위한 간격으로 온도계에 표시된 온도를 기록하기 시작했다고 하자. 이를 통해 오븐의 온도 제어 능력을 추정해 낼 수 있다. 이 온도계와 앞에 제시된 방법으로 J번 측정을 하여 구한 오븐의 평균 온도에 대한 1차 불확도는 다 음과 같을 것이다(식 5.23).

$$u_1 = t_{J-1,95} s_{\overline{T}}$$

예제 5.9

스톱워치를 사용하여 어떤 사건의 시작과 끝 사이의 소요시간을 구한다. 사건의 지속시간은 수 초에서 10분 사 이이다. 이 수동 스톱워치가 한 달에 1분의 정확도(95%)와 0.01초의 분해능을 가졌을 때, 추정된 소요시간의 불 확도를 추정하라.

알려진 값 $u_0 = 0.005$ s(95%)

$u_c = 60$초/1개월(95%를 가정)

구할 값 u_d, u_N

풀이

설계 단계 불확도는 측정에 사용되는 기기가 적합한지에 대한 추정을 제공한다. 1개월당 60초의 정확도는, 동 작시간 10분 동안 0.01초의 기기 정확도로 나타난다. 이로부터 10분간 지속된 사건에 대한 설계 단계 불확도는 다음과 같이 주어진다.

$$u_d = (u_o^2 + u_c^2)^{1/2} = 0.01 \text{ s} \quad (95\%)$$

반면, 10초간 지속된 사건의 경우는 ±0.005 s(95%)로 계산될 것이다. 긴 시간 측정하는 경우 기기 교정 오차가, 짧은 시간 측정하는 경우 기기 분해능이 더 큰 영향을 미치는 데 주목하라.

하지만 기기 분해능과 교정 오차가 정말로 이 측정에 있어 불확도의 주요 원인이라 할 수 있는가? 이 설계 단계 분석은 사건의 발생에 맞춰 물리적으로 시계를 동작시키는 행위와 관련된 데이터 획득 오차를 포함하고 있지 않다. 시계를 사용하여 사건의 소요시간을 측정하는 행위를 통해 유입되는 불확실성을 추정하기 위해 1차 분석이 수행될 수 있다. 평범하게 스톱워치를 시작하고 멈추는 동작을 30회 반복했을 때, 사건의 지속시간 결정에 대한 불확도를 다음과 같은 수준으로 나타날 수 있다고 가정하자.

$$u_1 = t_{v,P}s_{\overline{x}} = 0.05 \text{ s}$$

여기에 식 (5.24)의 N차 불확도를 사용하여 사건의 지속시간 측정에 대한 불확도를 보다 나은 수준으로 추정할 수 있다.

$$u_N = (u_1^2 + u_c^2)^{1/2} = 0.05 \text{ s} \quad (95\%)$$

이러한 추정은 2시간 수준의 측정 시간까지 적용될 수 있다. 측정 행위로 인한 불확도가 시계로 인한 것보다 큰 것은 분명하다. 이 불확도 추정은 작업자가 시계의 동작과 특정 사건의 시작과 끝을 얼마나 잘 동기시킬 수 있는지를 고려함으로써 더욱 향상될 수 있다.

참고사항 2014년 올림픽에서 경기 결과가 각 종목 연맹에 의해 결정에 따라 0.01초 또는 0.001초로 측정되는 것에 대해 많은 논의가 있었다. 어느 경우에도 시간 측정 장비는 설계 단계에서 10^{-7}초 이내의 정확도를 가졌다. 하지만 각 측정에서 종합적인 불확도는 그 측정 절차와 각 종목에서 사용된 시간 측정 방법의 독자적 특성에 의한 결과로 나타나며, 이때 기기 정확도는 단지 한 부분만을 차지한다.

예제 5.10

유량계에 이미 알고 있는 유량을 흘려 넣고 그 출력값을 측정하는 방식으로 유량계를 교정할 수 있다. 유량 측정에 대한 교정 방법으로, 소요시간을 측정하고 그 시간 동안 측정기를 통과한 유체를 수조에 받아 부피를 측정함으로써 부피/시간으로 유량을 계산할 수 있다. 이 알고 있어야 하는 유량 $Q(\text{m}^3/\text{min}$ 등)를 산정하기 위해 사용할 수 있는 두 가지 방법이 있다.

1. 정해진 시간 t 동안 받은 유체의 부피 $\forall$를 측정할 수 있다. 임의로 $t = 6$ s로 설정하고 사용할 설비가 부피를 N차 수준에서 0.002 m^3까지 산정할 수 있다고 하자. 수조에 받을 수 있는 유체의 양에 따라 소요 시간

이 정해진다는 데 주의하라.

2. 1 m^{3}의 유체를 받는 데 걸리는 시간 t를 측정할 수도 있다.

시간에 대한 N차 불확도가 0.15초로 산정되었다고 하자. 두 방법 모두 같은 측정 기기를 사용한다. 이러한 예비 추정치들을 바탕으로 주어진 유량 범위에서 불확도를 최소화하는 데 어느 방법이 더 나을지 선택하라.

알려진 값

$$u_\forall = 0.002 \text{ m}^3$$
$$u_t = 0.15 \text{ s}$$
$$Q = f(\forall, t) = \forall/t$$

가정 유체의 흐름은 순간적으로 제어될 수 있다. 95% 신뢰 수준

구할 값 더 나은 방법

풀이

주어진 정보로부터 결과값 Q에 대해 가능한 불확도 전파는 식 (5.15)를 사용하여 추정될 수 있다.

$$u_Q = \left[\left(\frac{\partial Q}{\partial \forall} u_\forall \right)^2 + \left(\frac{\partial Q}{\partial t} u_t \right)^2 \right]^{1/2}$$

이를 Q로 나눠서, 유량의 상대(분수 백분율) 불확도 u_Q/Q를 구할 수 있다.

$$\frac{u_Q}{Q} = \left[\left(\frac{u_\forall}{\forall} \right)^2 + \left(\frac{u_t}{t} \right)^2 \right]^{1/2}$$

Q의 대푯값에서 이 관계를 풀어 보자. 다음 표는 2, 20, 200 m^3/min의 유량 대푯값에서 두 가지 방법을 각각 사용하여 얻은 결과이다.

Q (m^3/min)	t (s)	$\forall$ (m^3)	$u_\forall/\forall$	u_t/t	$\pm u_Q/Q$
방법 1					
2	6	0.2	0.01	0.025	0.027
20	6	2.0	0.001	0.025	0.025
200	6	20.0	0.0001	0.025	0.025
방법 2					
2	60.0	1.0	0.002	0.003	0.003
20	6.0	1.0	0.002	0.025	0.025
200	0.6	1.0	0.002	0.250	0.250

유체의 흐름이 순간적으로 제어될 수 있다는 가정하에, 방법 1에서는 시간의 불확도가 Q의 불확도 대부분을

차지하는 것이 분명하다. 그러나 방법 2에서 시간과 부피의 불확도 중 어느 쪽이 Q의 불확도에 더 많이 기여하는가는 소요 시간 길이에 따른다. 그림 5.9는 두 방법의 결과를 비교하여 나타내고 있다. 이렇게 선택된 조건과 산정된 불확도 값으로 볼 때, 방법 2가 20 m³/min까지의 유량을 재는 데 더 나은 방법일 것이고, 더 높은 유량에서는 방법 1이 더 좋을 것이다. 그러나 방법 1의 최소 불확도는 2.5%를 한계로 내려가지 않고 있다. 측정기술자는 시간 측정 방법을 개선함으로써 이 불확도 값을 줄일 수도 있을 것이다.

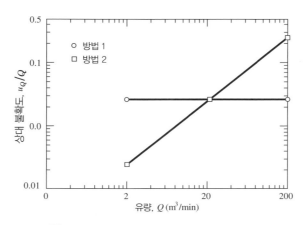

그림 5.9 예제 5.10의 설계 분석을 위한 불확도 도표

참고사항 이들 결과는 실험 절차에 들어 있는 다른 요소 오차들을 고려하지 않았다. 예를 들어 유체의 흐름 제어는 순간적으로 수행될 수 없다. 수조로 또는 수조로부터 흐름의 방향을 바꾸는 데 필요한 시간으로 인해 유량에 추가된 불확도를 구하기 위해 1차 불확도 추정이 사용될 수 있다. 만약 작업자의 영향이 한 가지 인자가 된다면, 실제 시험에서는 무작위화되어야 한다. 따라서 앞에서 수행한 계산들은 시험 절차의 선택에 있어 하나의 지침으로써만 사용되어야 한다.

예제 5.11

$\forall = 2$ m³와 $t = 6$ s의 조건에서 순차 섭동을 사용하여 예제 5.10를 반복해 보라.

풀이

동작점은 $R_o = Q = \forall/t = 0.3334$ m³/s이다. 여기에 식 (5.16)에서 (5.18)를 적용하면 다음 결과를 얻는다.

i	x_i	R_i^+	R_i^-	δR_i^+	δR_i^+	δR_i
1	$\forall$	0.3336	0.3332	0.0003332	−0.0003332	0.0003332
2	t	0.1626	0.1709	−0.00407	0.00423	0.00415

식 (5.21)를 적용하여 구한 이 동작점(2 m^3, 6 s)에서 불확도 구간은 다음과 같다.

$$u_Q = \left[0.00415^2 + 0.0003332^2\right]^{1/2} = \pm 4.16 \times 10^{-3} \text{ m}^3/\text{s} \quad (95\%)$$

또는 상대 불확도 형태로 다음 구간으로 나타낼 수 있다.

$$u_Q/Q = \pm 0.125 \quad (95\%)$$

참고사항   계산할 때 반올림으로 인한 사소한 차이를 제외하면, 이들 두 예제는 불확도에 대한 유사한 결과를 제공한다.

예제 5.12

온도 센서에 제공되는 제조사 제원에, 동작 조건 내에서 $\pm 1.5°C$의 오차 한계라고만 적혀 있다. 기기 표준 불확도 값을 설정하라.

풀이

모호한 제조사 제원에 마주쳤을 때, 측정기술자는 몇 가지 가정을 해 봐야 한다. 기기 오차에 대한 한계에 대한 제원은 가능한 극한값을 의미한다. 따라서 그 한계 범위 안에 있는 모든 오차 값들은 동등한 확률을 가진다(직사각형 분포). 직사각형 분포에 대한 표준 불확도는 $(m - n)/\sqrt{12}$이다[식 (5.22) 참조]. 여기서 분포의 경계값으로 $m = 1.5°C$와 $n = -1.5°C$를 대입하면, 기기 표준 불확도 값은 다음과 같이 구해진다.

$$u_c = \frac{[1.5 - (-1.5)]}{\sqrt{12}} = \frac{3.0}{2\sqrt{3}} = 0.87°C \quad \text{(표준편차의 1배)}$$

5.8 다중 측정 불확도 분석

이 절에서는 고정된 동작 조건 아래 수행된 일련의 측정을 기반으로 변수에 부여된 값의 불확도를 추산하는 방법을 전개한다. 이 방법은 미국 전문 학회에서 승인한 불확도 표준(참고문헌 2, 7)과 일치하며 국제 지침(참고문헌 1)에 준한다. 여기서 달리 언급이 없으면 오차가 정규 확률 분포를 따르는 것으로 보지만, 정규 분포에서 벗어나는 경우에도 그 추산 과정은 실제 별 영향을 받지 않는다(참고문헌 5).

요소 오차의 전파

다중 측정 불확도 분석 절차는 다음 단계로 이루어진다.

- 해당 측정의 요소 오차를 확인한다. 이때 교정, 데이터 획득, 데이터 정리의 3개 원인 그룹과 각 그룹에 포함된 오차 리스트를 활용한다.
- 각 요소 오차의 계통 및 무작위 오차의 크기를 추산한다.
- 결과에 대한 불확도 추정값을 계산한다.

요소 오차를 확인해 내는 데 표 5.1에서 5.3을 활용하는 것이 상당한 도움이 될 수 있다. 다중 측정 분석에서, 요소 오차에 대한 추정을 무작위와 계통 불확도로 나누는 것이 가능하다.

변수 x를 측정할 때, 이 변수 x가 각각의 무작위 표준 불확도$(s_x)_k$에 의해 추정된 요소 무작위 오차와 각각의 계통 표준 불확도$(b_x)_k$에 의해 추정된 계통 오차의 영향을 받는 경우를 생각해 보자. $k = 1, 2, ..., K$인 아래 첨자 k가 오차 e_k의 최대 K개의 요소 각각을 지칭하도록 하자. 이제 각 요소 무작위 오차와 요소 계통 오차의 불확도를 가지고 x의 불확도를 추정하는 방법을 설명한다. 그림 5.10은 이 방법의 개요를 보여 주고 있다.

x를 측정하는 데 있어 K개의 무작위 오차로 인한 요소 무작위 불확도의 전파(propagation of elemental random uncertainties)는, 식 (5.2)의 RSS 방법을 적용하여 구한 측정 무작위 표준 불확도 $s_{\bar{x}}$로 주어진다.

$$s_{\bar{x}} = \left[(s_{\bar{x}})_1^2 + (s_{\bar{x}})_2^2 + \cdots + (s_{\bar{x}})_K^2 \right]^{1/2} \tag{5.25}$$

여기서 각 $(s_{\bar{x}})_k$는 다음과 같다.

$$(s_{\bar{x}})_k = s_{x_k} / \sqrt{N_k} \tag{5.26}$$

측정 무작위 표준 불확도(measurement random standard uncertainty)는 표준편차 1배의 신뢰 수준에서 변수 x의 변화에 영향을 주는 알려진 요소 오차들에 의한 불확도의 기본 척도를 나타낸다. 이 표준 무작위 불확도의 자유도 v는 Welch – Satterthwaite 공식을 써서 구할 수 있다(참고문헌 2).

$$v = \frac{\left(\sum_{k=1}^{K} (s_{\bar{x}}^2)_k \right)^2}{\sum_{k=1}^{K} (s_{\bar{x}}^4)_k / v_k} \tag{5.27}$$

이때 k는 각 요소 오차를 지칭하며, 각 요소 오차의 자유도는 $v_k = N_k - 1$이다.

x 측정의 K개 계통 오차로 인한 요소 계통 불확도의 전파(propagation of elemental systematic uncertainties)도 비슷한 방식으로 다뤄질 수 있다. 측정 계통 표준 불확도 $b_{\bar{x}}$는 다음과 같이 주어진다.

$$b_{\bar{x}} = \left[(b_{\bar{x}})_1^2 + (b_{\bar{x}})_2^2 + \cdots + (b_{\bar{x}})_K^2 \right]^{1/2} \tag{5.28}$$

측정 계통 표준 불확도(measurement systematic standard uncertainty) $b_{\bar{x}}$는 표준편차 1배의 신뢰 수준에서 변수 x의 변화에 영향을 주는 알려진 요소 계통 오차들에 의한 불확도의 기본 척도를 나타낸다.

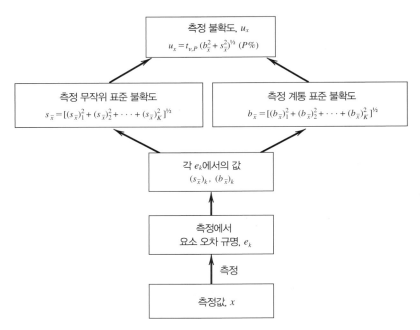

그림 5.10 불확도 결합을 위한 다중 측정 불확도 분석 절차

x의 결합 표준 불확도(combined standard uncertainty in x)는 표준편차 1배의 신뢰 수준에서 x의 계통 표준 불확도와 무작위 표준 불확도의 결합으로 표현된다.

$$u_x = (b_{\bar{x}}^2 + s_{\bar{x}}^2)^{1/2} \tag{5.29}$$

정규분포에서, 이 신뢰구간은 68% 확률 수준과 동일하다. 이 방정식의 보다 일반적인 형태는 적절한 t값을 사용함으로써 다른 신뢰 수준에서 불확도를 모두 다루도록 확장된다. 이를 확장 불확도(expanded uncertainty)(참고문헌 1, 2)라고 부르며, 상응하는 $P\%$의 신뢰 수준에 대하여 다음과 같이 구할 수 있다.

$$u_x = t_{v,P} \left(b_{\bar{x}}^2 + s_{\bar{x}}^2 \right)^{1/2} \quad (P\%) \tag{5.30}$$

이에 상응하는 식 (5.30)의 자유도는 다음과 같이 구할 수 있다(참고문헌 2).

$$v = \frac{\left(\sum_{k=1}^{K} (s_{\bar{x}}^2)_k + (b_{\bar{x}}^2)_k \right)^2}{\sum_{k=1}^{K} (s_{\bar{x}}^4)_k / v_k + \sum_{k=1}^{K} (b_{\bar{x}}^4)_k / v_k} \tag{5.31}$$

불확도에 대한 자유도는 측정이나 사전 정보로부터 계산될 수 있다. 여의치 못한 경우, 자유도는 충분히 크다고 가정된다(표 4.4의 $v > 30$ 경우). 참고문헌 1은 불확도 추정의 판단과 관련하여 v 값을 할당하는 법에 대한 지침을 제공하고 있다. 판단이나 과거 경험에 의해서 계통 불확도의 자유도가 크게 할당된 경우, 식 (5.31)의 분모의 2번째 항은 무시할 만하거나 본질적으로 0의 값을 가진다.

큰 자유도의 95% 신뢰 수준에서 식 (5.30)의 t의 값은 1.96이 할당된다. 이 값은 편의상 $t = 2$로 반올림될 수 있다(즉, 표준편차의 2배이다)(참고문헌 2).

참고문헌 1은 불확도를 나타낼 때 확률 수준보다는, 앞에서 사용한 방식과 같이 표준편차의 1배, 2배, 3배 값에 연관시키려 한다. 이는 확장된 불확도 구간에서 다양한 분포 함수와 그들 각각의 확률 범위를 수용한다. 이러한 점은 두 가지 표준(참고문헌 1과 2) 사이의 차이점을 나타내고 있지만, 어느 방법이든 적용에는 문제가 없다.

예제 5.13

고정된 측정 조건에서 예제 5.1의 측정기기를 사용하여 힘 F를 열 번 반복 측정했다. 그 결과는 아래 표에 나타나 있다. 이 제한된 데이터 집합을 가지고 힘의 참평균값을 추정하는 데 있어 요소 오차로 인한 무작위 표준 불확도를 추정하라.

N	F [N]	N	F [N]
1	123.2	6	119.8
2	115.6	7	117.5
3	117.1	8	120.6
4	125.7	9	118.8
5	121.1	10	121.9

알려진 값 측정된 데이터 집합 $N = 10$

구할 값 $s_{\overline{F}}$를 추정하기

풀이

이 데이터 집합에서 힘의 평균값을 계산하면 $\overline{F} = 120.13$ N이다. 무작위 오차는 이 작은 데이터 집합의 표본 평균 값을 힘의 참값으로 할당하는 데 관련이 있다. 이 오차는 데이터 획득(표 5.3)을 통해 측정에 유입된다. 이 요소 오차의 무작위 표준 불확도는 식 (5.5)의 평균의 표준편차를 통해 계산된다.

$$s_{\overline{F}} = \frac{s_F}{\sqrt{N}} = \frac{3.04}{\sqrt{10}} = 0.96 \text{ N}, \quad v = 9$$

참고사항 이때 데이터의 산포에 의한 불확도는 A 타입이고, 표 5.3의 시간적 변동 오차로 분류될 수 있다(고정된 조건에서 시간에 따른 변화). 예제 5.1에서 할당된 0차 불확도 u_0에 의해 구해진 분해능 오차는 단지 측정에

서 예상되는 변동의 초기 추정치일 뿐이다. 이제 실제 측정에서 시간에 따른 변화에 대한 정보가 있으니, 적절한 신뢰 수준에서 u_0를 새로운 정보로 대체할 것이다. 예를 들어, 예제 5.1에서 $u_0 = 0.175$ N(95%)이었으나, 새로운 추정치는 $t_{9,95}s_{\bar{F}} = 2.17$ N(95%)로 증가하였다.

예제 5.14

예제 5.1의 힘 계측 기기가 예제 5.13의 데이터 세트를 구하는 데 사용되었다. 이 측정 기기의 계통 불확도를 추정하라.

알려진 값 $B_1 = 0.30$ N
$$B_2 = 0.40 \text{ N} \qquad (95\%)$$

가정 제조사 제원은 95% 확률로 신뢰할 수 있다.

구할 값 $B(95\%)$

풀이

e_1과 e_2 두 요소 오차에 대한 불확도 값을 구하는 데 사용된 정보를 알지 못하므로, 그들을 B 타입 불확도로 간주한다. 또한, 이 불확도를 95% 신뢰 수준으로 명시된 계통 불확도 값으로 분류한다. 계통 표준 불확도들은 식 (5.4)에서 $b = B/2$로 하여 구할 수 있다.

$$b_1 = B_1/2 = 0.15 \text{ N} \quad b_2 = B_2/2 = 0.20 \text{ N}$$

변환기의 계통 표준 불확도는 표준편차의 1배 신뢰도에서 다음과 같다.

$$b = (b_1^2 + b_2^2)^{1/2} = 0.25 \text{ N}$$

$t_{v,\,95} = 2$에서 95% 신뢰 수준의 확장 계통 불확도는 다음과 같다.

$$B = 2(b_1^2 + b_2^2)^{1/2} = 0.50 \text{ N}$$

기기로 인한 요소오차들은 데이터 획득 원인 오차(표 5.3)로 간주될 수 있다. 만약 그 오차들이 최종 사용자의 교정 중에 발견되었다면, 교정 원인 오차로 분류될 것이다. 결국 각 오차들이 제대로 고려되는 한, 어떤 원인 그룹으로 분류되었는 가는 중요하지 않다.

예제 5.15

실험실 온도 표준을 사용하여 자동 온도 측정 장비를 센서에서 출력 표시값까지 교정하였다. 측정 장비의 센서는 표준 센서와 완전히 동일한 환경에 설치되었다. 6개의 설정 온도 각각에서 두 센서의 출력 표시값을 여러 번 읽고 비교하였다. 이 온도 측정 시스템의 계통 표준 불확도 값을 추정하라.

설정 온도(℃)	0.00	20.0	40.0	60.0	80.0	100.0
표시값의 평균(℃)	0.046	20.067	40.072	60.133	80.057	100.116
옵셋(offset)(℃)	0.046	0.067	0.072	0.133	0.057	0.116

알려진 값 여러 다른 온도에서 시스템 수준의 교정

구할 값 온도 측정 장비의 계통 표준 불확도

풀이

표에 나타나 있는 옵셋은 적용된 '알고 있는' 설정온도와 장비에 표시된 온도 간의 차이값이고, 측정 장치 내부 변환 오차로 인한 계통 오차이다. 전체 온도 범위에 대해 구한 옵셋의 평균은 $<\bar{b}> = \sum_{i=1}^{6} \bar{b}_i = 0.082℃$이고, 표준편차 SD는 $SD = \sqrt{\sum_{i=1}^{6}(\bar{b}_i - <\bar{b}>)^2 / 5} = 0.034℃$이다. 각 설정 온도에서 읽은 온도값을 이 평균 옵셋을 통해 보정할 수 있다. 이는 평균 계통 오차를 줄여 주지만, 보정된 값에도 여전히 불확도는 남아 있다. 보정된 값의 계통 표준 불확도는 $b = SD/\sqrt{6} = 0.014$ 또는 다음과 같이 나타낼 수 있다.

$$b = 0.014℃ \qquad (68\%) \qquad \text{(A 타입)}$$

참고사항 각 평균 설정 온도에 영향을 주는 무작위 성분이 존재한다. 이 무작위 성분은 옵셋 보정에 영향을 받지 않는다.

예제 5.16

예제 4.9와 4.10에서 일련의 측정 데이터를 사용하여 변수 x와 y 사이의 다항 곡선 맞춤식을 만들었다. 시험을 수행하는 동안, 변수 x를 측정하고, y는 다항식을 사용하여 계산했다면, 이때 $x = 3$ cm에서 곡선 맞춤 중 데이터 축소로 인한 무작위 표준 불확도를 추정하라.

알려진 값 예제 4.8의 데이터 세트($N = 5$)

예제 4.9의 1차 다항식 맞춤

가정 $y = 1.04x + 0.02$

구할 값 곡선 맞춤의 $x = 3$ cm에서 무작위 표준 불확도

풀이

곡선 맞춤이 $y = 1.04x + 0.02$로 구해졌을 때 그 맞춤의 표준 오차는 $s_{yx} = 0.16$이다. $x = 3\,cm$에서 $x = \bar{x}$이다. 이때 곡선 맞춤으로 인한 무작위 표준 불확도는 다음과 같이 주어진다.

$$s_{\bar{x}} = s_{yx} \sqrt{\frac{1}{N} + \frac{(x - \bar{x})^2}{\sum_{i=1}^{5} (x_i - \bar{x})^2}} = s_{yx}/\sqrt{N} = 0.072 \text{ V}, \quad v = 3$$

이는 A 타입 불확도이다.

예제 5.17

x의 측정은 데이터 획득 단계에서 세 가지 요소 무작위 오차를 가지고 있다. 각 요소 오차는 통계적 분석으로 구해지며(즉, A 타입이다), 다음과 같은 무작위 표준 불확도가 할당되어 있다.

$$(s_{\bar{x}})_1 = 0.70 \text{ units}, \, v_1 = 25$$
$$(s_{\bar{x}})_2 = 0.90 \text{ units}, \, v_2 = 7$$
$$(s_{\bar{x}})_3 = 1.20 \text{ units}, \, v_3 = 15$$

이들 데이터 획득 오차로 인한 무작위 표준 불확도를 구하여 할당하라.

알려진 값 $k = 1, 2, 3$에서 $(s_{\bar{x}})_k$

구할 값 $s_{\bar{x}}$

풀이

데이터 획득 오차에 의한 무작위 표준 불확도는 표준편차의 1배 신뢰 수준에서 다음과 같다.

$$s_{\bar{x}} = \left[(s_{\bar{x}})_1^2 + (s_{\bar{x}})_2^2 + (s_{\bar{x}})_3^2 \right]^{1/2} = (0.70^2 + 0.90^2 + 1.20^2)^{1/2} = 1.65 \text{ units}$$

이는 A 타입 불확도이고 그 자유도는 다음과 같다.

$$v = \frac{\left(\sum_{k=1}^{3} (s_{\bar{x}})_k^2 \right)^2}{\sum_{k=1}^{3} (s_{\bar{x}})_k^4 / v_k} = \frac{(0.7^2 + 0.9^2 + 1.2^2)^2}{(0.7^4/25) + (0.9^4/7) + (1.2^4/15)} = 31.07 \approx 31$$

예제 5.18

하중이 걸린 보의 응력을 측정하는 실험의 결과 보고서 작업 중, 불확도 분석을 통해 응력 측정의 세 가지 요소 오차를 다음 각 불확도 값들과 함께 밝혀냈다.

$$(b_{\bar{\sigma}})_1 = 0.7 \text{ N/cm}^2 \qquad (b_{\bar{\sigma}})_2 = 1.1 \text{ N/cm}^2 \qquad (b_{\bar{\sigma}})_3 = 0 \text{ N/cm}^2$$

$$(s_{\bar{\sigma}})_1 = 5.5 \text{ N/cm}^2, \, \nu_1 = 16 \quad (s_{\bar{\sigma}})_2 = 11.2 \text{ N/cm}^2, \, \nu_2 = 35 \quad (s_{\bar{\sigma}})_3 = 1.5 \text{ N/cm}^2, \, \nu_3 = 9$$

여기서 계통 불확도의 자유도는 매우 크다. 측정된 응력의 평균값이 $\bar{\sigma} = 223.4 \text{ N/cm}^2$이라고 할 때, 모든 오차를 고려한 응력의 최선의 추정치를 95% 신뢰 수준에서 구하라.

알려진 값 실험으로 구한 오차들과 각 할당된 불확도

가정 모든 요소 오차($K = 3$)이 포함되어 있다.

구할 값 $\bar{\sigma} \pm u_\sigma (95\%)$

풀이

$\sigma' = \bar{\sigma} \pm u_\sigma (95\%)$ 를 구해야 하고, 이때 $\bar{\sigma} = 223.4 \text{ N/cm}^2$이다. 측정 무작위 표준 불확도는 다음과 같다.

$$s_{\bar{\sigma}} = \left[(s_{\bar{\sigma}})_1^2 + (s_{\bar{\sigma}})_2^2 + (s_{\bar{\sigma}})_3^2 \right]^{1/2} = 12.56 \text{ N/cm}^2$$

측정 계통 표준 불확도는 다음과 같다.

$$b_{\bar{\sigma}} = \left[(b_{\bar{\sigma}})_1^2 + (b_{\bar{\sigma}})_2^2 + (b_{\bar{\sigma}})_3^2 \right]^{1/2} = 1.30 \text{ N/cm}^2$$

결합된 표준 불확도는 다음과 같다.

$$u_\sigma = (b_{\bar{\sigma}}^2 + s_{\bar{\sigma}}^2)^{1/2} = 12.62 \text{ N/cm}^2$$

확장된 불확도를 구하려면 결합된 자유도값이 필요하다. 자유도는 다음과 같이 계산될 수 있다.

$$\nu = \frac{\left(\sum_{k=1}^{K} (s_{\bar{x}}^2)_k + (b_{\bar{x}}^2)_k \right)^2}{\sum_{k=1}^{K} (s_{\bar{x}}^4)_k / \nu_k + \sum_{k=1}^{K} (b_{\bar{x}}^4)_k / \nu_k} = 49$$

여기서 계통 불확도의 자유도는 매우 크다고 가정되므로 분모의 두 번째 항은 사실상 0이다. 그러므로 $t_{49,\,95} \sim 2$ 이고 확장 불확도는 다음과 같다.

$$u_\sigma = 2\left[b_{\overline{\sigma}}^2 + s_{\overline{\sigma}}^2\right]^{1/2} = 2\left[(1.3 \text{ N/cm}^2)^2 + (12.62 \text{ N/cm}^2)^2\right]^{1/2}$$
$$= 25.37 \text{ N/cm}^2 \quad (95\%)$$

스트레스 측정값에 대한 최선의 추정은 다음과 같다.

$$\sigma' = 223.4 \pm 25.37 \text{ N/cm}^2 \quad (95\%)$$

결과에 대한 불확도 전파

이제 결과 R를 생각해 보자. 결과 R은 식 (5.10)에 정의된 대로 측정된 독립 변수 $x_i(i = 1, 2, .., L)$ 간의 함수적 관계로 정의된다. 이전 경우와 같이 L은 관계된 독립 변수의 개수이고, 각 x_i는 식 (5.28)을 기반으로 결정된 측정 계통 표준 불확도 b_x와 식 (5.25)를 기반으로 결정된 측정 무작위 표준 불확도 $s_{\overline{x}}$를 가진다. 참값 R'에 대한 최선의 추정값은 다음과 같이 주어진다.

$$R' = \overline{R} \pm u_R \quad (P\%) \tag{5.32}$$

이 때 결과의 평균값은 다음과 같이 구할 수 있다.

$$\overline{R} = f(\overline{x}_1, \overline{x}_2, ..., \overline{x}_L) \tag{5.33}$$

또한 결과의 불확도 u_R은 다음과 같이 주어진다.

$$u_R = f(b_{\overline{x}_1}, b_{\overline{x}_2}, ..., b_{\overline{x}_L}; s_{\overline{x}_1}, s_{\overline{x}_2} ..., s_{\overline{x}_L}) \tag{5.34}$$

이때 아래 첨자 x_1에서 x_L는 이들 L개 변수 각각의 측정 계통 불확도와 측정 무작위 불확도에 적용된다.

결과에 대한 변수들의 무작위 불확도의 전파에서 결과의 무작위 표준 불확도를 구할 수 있다.

$$s_R = \left(\sum_{i=1}^{L} [\theta_i s_{\overline{x}_i}]^2\right)^{1/2} \tag{5.35}$$

여기서 θ_i는 식 (5.14)에서 정의된 감도 지수이다.

무작위 불확도에서 자유도는 Welch - Satterthwaite 공식을 사용하여 추정될 수 있다.

$$\nu_s = \frac{\left\{\sum_{i=1}^{L} (\theta_i s_{\overline{x}_i})^2\right\}^2}{\sum_{i=1}^{L} \left\{(\theta_i s_{\overline{x}_i})^4 / \nu_{\overline{x}_i}\right\}} \tag{5.36}$$

변수가 가진 계통 표준 불확도의 전파에 의한 결과의 계통 표준 불확도는 다음과 같이 구할 수 있다.

$$s_R = \left(\sum_{i=1}^{L} [\theta_i b_{x_i}]^2 \right)^{1/2} \tag{5.37}$$

$\theta_i s_{\bar{x}_i}$와 $\theta_i b_{\bar{x}_i}$ 항은 i번째 변수가 R의 불확도에 끼치는 개별 기여도를 나타낸다. 각 개별 기여도의 크기를 비교하여 결과에 대한 불확도 항들의 상대적 중요도를 알아볼 수 있다.

결과의 결합 표준 불확도(combined standard uncertainty in the result)는 u_R로 쓰고, 표준편차의 1배의 신뢰 수준에서 다음과 같이 나타낼 수 있다.

$$u_R = \left[b_R^2 + s_R^2 \right]^{1/2} \tag{5.38}$$

결과의 확장 불확도(expanded uncertainty)는 다음과 같이 주어진다.

$$u_R = t_{v,P} \left[b_R^2 + s_R^2 \right]^{1/2} \quad (P\%) \tag{5.39}$$

t값은 목표 신뢰 수준을 달성하기 위해 무작위 불확도로 정의된 구간 크기에 적절한 가중치를 주는 데 사용된다. 만약 각 변수의 자유도가 크다면($N \geq 30$), $t_{v,95}$의 적절한 근사값은 2이다. 만약 변수 x_i 각각의 자유도가 같지 않다면, Welch – Satterthwaite 공식을 사용하여 결과의 자유도를 다음과 같이 추정할 수 있다.

$$v_R = \frac{\left(\sum_{i=1}^{L} (\theta_i s_{\bar{x}_i})^2 + (\theta_i b_{\bar{x}_i})^2 \right)^2}{\sum_{i=1}^{L} (\theta_i s_{\bar{x}_i}^4 / v_{s_i}) + \sum_{i=1}^{L} (\theta_i b_{\bar{x}}^4 / v_{b_i})} \tag{5.40}$$

종종 있는 일이지만, 각각의 계통 불확도의 개별 자유도가 매우 큰 경우, 분모의 두 번째 항은 0으로 볼 수 있다.

예제 5.19

기체의 밀도 ρ는 이상기체 상태 방정식 $\rho = p/RT$를 따르며, 압력 p와 온도 T에 대한 독립된 측정을 통해 추정될 수 있다. 이 기체는 단단하고 불침투성인 용기 안에 담겨 있다. 딸려온 문서에 따르면 압력 측정 장비의 기기 불확도는 지시값의 $\pm 1\%(95\%)$ 이내이고, 온도 측정 장비의 불확도는 $\pm 0.5°K(95\%)$이다. 스무 번의 압력 측정($N_p = 20$)과 열 번의 온도 측정($N_T = 10$)을 수행하여, 다음과 같은 통계적 결과를 얻었다.

$$\bar{p} = 2150 \text{ kPa} \quad s_p = 161 \text{ kPa}$$
$$\bar{T} = 500°K \qquad s_T = 2°K$$

이 기체의 밀도의 최선의 추정값을 구하라. 기체 상수는 $R = 287.0 \, \text{J/kg} \cdot {}^\circ\text{K}$이다.

알려진 값 $\bar{p}, s_p, \bar{T}, s_T$

$\rho = p/RT; \, R = 287.0 \, \text{J/kg} \cdot {}^\circ\text{K}$

가정   기체는 이상 기체처럼 거동한다.

구할 값 $\rho' = \bar{\rho} \pm u_\rho$ (95%)

풀이

측정의 목적은 온도와 압력 측정을 통해 이 이상 기체의 밀도를 결정하는 것이다. 독립 변수와 종속 변수 간의 관계는 이상 기체 방정식, $\rho = p/RT$를 통해 정의된다. 밀도의 평균값은 다음과 같이 구할 수 있다.

$$\bar{\rho} = \frac{\bar{p}}{R\bar{T}} = 1.2041 \, \text{kg/m}^3$$

이제 다음 단계는 오차들을 찾아내고 추정하여, 그 오차들이 밀도 평균값의 불확도에 미치는 영향을 알아내야 한다. 교정이 수행되지 않았고, 완전한 이상 기체의 거동을 가정하였으므로, 압력과 온도의 측정값들은 오직 데이터 획득 원인 그룹(표 5.3)에 속한 요소 오차들, 즉 기기 오차와 시간적 변동 오차에만 노출되었을 것이다.

주어진 기체 상수의 값에도 오차는 존재한다. 하지만 이렇게 주어진 값이 가질 수 있는 오차에 대한 추정은 쉽지 않다. 참고문헌 8의 Kestin에 따르면, 가스 상수의 계통 불확도는 $\pm(0.33 \, \text{J/kg-K})/$(기체 분자량) 수준이다. 이는 적절한 기체 분자량에서 작은 값이 기대되므로, 여기서는 기체 상수의 계통 오차를 0으로 가정하겠다.

이번엔 압력 측정을 보자. 시간적 변동 오차(데이터 산포)에 연관된 불확도는 고정된 동작 조건을 기대하고 얻은 측정 데이터의 변화에 기인한다. 기기 오차에는 제조사 문서를 기반으로 한 계통 불확도가 95% 신뢰도의 가정하에 부여되었다.

$$(b_{\bar{p}})_1 = (B_{\bar{p}}/2)_1 = 10.75 \, \text{kPa} \quad (s_{\bar{p}})_1 = 0$$

여기서 아래 첨자는 오차의 동일성 추적을 위하여 붙었다. 시간적 변동은 압력의 평균값을 구하는 데 무작위 불확도를 불러일으키고, 이는 다음과 같이 계산될 수 있다.

$$(s_{\bar{p}})_2 = s_{\bar{p}} = \frac{s_p}{\sqrt{N}} = \frac{161 \, \text{kPa}}{\sqrt{20}} = 36 \, \text{kPa} \quad v_{s_p} = 19$$

이 오차에 계통 불확도를 할당하지 않으면 다음과 같다.

$$(b_{\bar{p}})_2 = 0$$

비슷한 방식으로, 온도의 데이터 획득 원인 오차에 불확도를 부여할 수 있다. 기기 오차는 계통적으로만 고려되므로, 다음과 같이 제조사 문서를 기반으로 계통 불확도를 부여할 수 있다.

$$(b_{\overline{T}})_1 = (b_{\overline{T}})_1/2 = 0.25°\text{K} \quad (s_{\overline{T}})_1 = 0$$

시간적 변동은 온도의 평균값을 구하는 데 무작위 불확도를 일으키며, 이는 다음과 같이 계산될 수 있다.

$$(s_{\overline{T}})_2 = s_{\overline{T}} = \frac{s_T}{\sqrt{N}} = \frac{2.0°\text{K}}{\sqrt{10}} = 0.6°\text{K} \quad v_{s_T} = 9$$
$$(b_{\overline{T}})_2 = 0$$

데이터 획득 원인 오차로 인한 압력과 온도의 불확도들은 RSS법을 사용하여 결합될 수 있다.

$$b_{\overline{p}} = \left[(10.75)^2 + (0)^2\right]^{1/2} = 10.75 \text{ kPa}$$
$$s_{\overline{p}} = \left[(0)^2 + (36)^2\right]^{1/2} = 36 \text{ kPa}$$

마찬가지로,

$$b_{\overline{T}} = 0.25°\text{K}$$
$$s_{\overline{T}} = 0.6°\text{K}$$

이때 무작위 표준 불확도의 자유도는 다음과 같다.

$$(v)_{s_p} = N_p - 1 = 19$$
$$(v)_{s_T} = 9$$

계통 표준 불확도 v_{b_T}와 v_{b_p}의 자유도는 크다고 가정된다.

　계통 및 무작위 표준 불확도는 결과로 전파되고, 온도와 압력의 평균값으로 설정된 작동점에서 계산된다. 이는 다음과 같다.

$$s_{\overline{\rho}} = \left[\left(\frac{\partial \rho}{\partial T}s_{\overline{T}}\right)^2 + \left(\frac{\partial \rho}{\partial p}s_{\overline{p}}\right)^2\right]^{1/2}$$
$$= \left[(2.4 \times 10^{-3} \times 0.6)^2 + (5.6 \times 10^{-4} \times 36)^2\right]^{1/2}$$
$$= 0.02 \text{ kPa}$$

그리고

$$b_{\overline{\rho}} = \left[\left(\frac{\partial \rho}{\partial T} b_{\overline{T}} \right)^2 + \left(\frac{\partial \rho}{\partial p} b_{\overline{p}} \right)^2 \right]^{1/2}$$

$$= [(2.4 \times 10^{-3} \times 0.25)^2 + (5.6 \times 10^{-4} \times 10.75)^2]^{1/2}$$

$$= 0.006 \text{ kPa}$$

밀도 계산의 자유도는 다음과 같이 구해진다.

$$\nu = \frac{\left[\left(\frac{\partial \rho}{\partial T} s_{\overline{T}} \right)^2 + \left(\frac{\partial \rho}{\partial p} s_{\overline{p}} \right)^2 + \left(\frac{\partial \rho}{\partial T} b_{\overline{T}} \right)^2 + \left(\frac{\partial \rho}{\partial T} b_{\overline{p}} \right)^2 \right]^2}{\left[\left(\frac{\partial \rho}{\partial p} s_{\overline{p}} \right)^4 / \nu_{s_p} + \left(\frac{\partial \rho}{\partial T} s_{\overline{T}} \right)^4 / \nu_{s_T} \right] + \left[\left(\frac{\partial \rho}{\partial T} b_{\overline{T}} \right)^4 / \nu_{b_T} + \left(\frac{\partial \rho}{\partial p} b_{\overline{p}} \right)^4 / \nu_{b_p} \right]} = 22$$

밀도 평균값의 확장 불확도는 $t_{22,\,95} = 2.06$을 사용하여 다음과 같이 구해진다.

$$u_{\rho} = t_{22,95}[b_{\overline{\rho}}^2 + s_{\overline{\rho}}^2]^{1/2} = 2.06 \times [0.0006^2 + 0.02^2]^{1/2}$$

$$= 0.043 \text{ kg/m}^3 \quad (95\%)$$

밀도에 대한 최선의 추정치는 다음과 같이 보고될 수 있다.

$$\rho' = 1.2041 \pm 0.043 \text{ kg/m}^3 \quad (95\%)$$

이 밀도 측정은 약 3.4%의 불확도를 가지고 있다.

참고사항 (1) 여기에는 이상 기체 거동에 대한 가정에 대한 불확도, 즉 잠재적인 모델링 오류는 고려되지 않았다(표 5.4 참조). (2) 어떻게 압력이 온도보다 표준 불확도에 더 큰 영향을 주는지에 주목하고, 계통 불확도가 무작위 불확도보다 작다는 점에 주의하라. 밀도의 불확도를 줄이는 데는 압력 측정에 있어 무작위 오차의 영향을 줄이는 것이 가장 효과적이다.

예제 5.20 **변하는 값들 : 책에 적힌 물성치의 불확도**

핸드북이나 교재 부록에 물성치 표가 실려 있는 경우가 많다. 공학 계산에 있어 이 물성치는 마치 사실인 것처럼 사용된다. 하지만 이들 속성 데이터도 측정의 결과이므로, 측정의 한계에 노출되어 있다. 그러므로 다음과 같은 점을 고려해야 한다.

  속성 참조 표준은 새로운 기기의 정확도와 기존 장비의 재현성을 확인하는 역할을 한다. 예를 들어 톨루엔은 매우 높은 순도로 얻을 수 있으므로 전기 절연 액체의 물성치를 측정하는 기기를 교정하는데 참조 표준으로 선택되어 사용될 수 있다.

그림 5.11은 지난 세기 동안 공식적으로 보고된 액체 톨루엔의 열전도도 k를 보여 주고 있다. 톨루엔이 변화한 것인가? 물론 그렇지는 않다. 하지만 측정된 속성 값들은 측정 방법의 개선을 통해 시간이 지남에 따라 달라진다. 1960년대 중반까지는 이 측정을 위해 열적 정상상태 방법이 사용되었다. 이 방법은 특히 대류 및 복사 열 전달로 인한 여러 계통 오차에 노출되어, 계산된 전도도가 큰 옵셋값을 가지는 등의 영향을 받기 쉬웠다. 현재는 과도 기법이 사용되고 있고 이는 잔류 오차를 더 수월하게 줄이고 보정한다. 이러한 식으로 보고된 물성치 데이터의 불확도는 세월의 흐름에 따라 작아져 왔다. 1970년대 이후로는 이 열전도도의 보고된 평균값이 0.07% 이내로 안정적으로 유지되었다. 2000년에는 $k(298.15\,K,\ 0.10\,MPa) = 0.13088 \pm 0.00085\,W/m\text{-}K(95\%)$의 값이 인정되었다. 정확한 속성값은 동작 온도에 따라 달라지고 그 불확도는 사용 가능한 전체 온도 범위에서 0.6%에서 2%까지 변동된다. 정확도가 중요한 경우, 시험 계획에 반드시 정보의 출처를 분석하는 단계를 넣도록 한다.

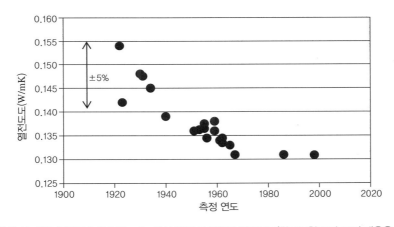

그림 5.11 298.15 K와 0.10 MPa abs에서 액체 톨루엔의 열전도도(참고문헌 11과 12의 내용을 편집)

5.9 상관된 오차의 수정

지금까지는 시험 속 오차의 요소들 모두가 서로 독립적이라고 가정했다. 하지만 만약 두 오차가 독립적이지 않다면 그들은 '상관관계'가 있다.

예를 들어 한 기기를 여러 다른 변수들을 측정하는 데 사용했다고 하자. 이들 변수의 기기 오차는 상관관계가 있다. 만약 몇 가지 다른 스트레인 게이지 구성의 브리지 변형 전압을 측정하는 데 같은 전압계를 사용하였다면, 그 전압계의 기기 오차가 이들 변형률 측정에 상관관계를 준다고 할 수 있다. 또는 하나의 표준을 사용하여 여러 기기를 교정하였다면, 그 표준의 불확도는 각 기기에 전부 전달되었고, 그들 오차는 상관관계를 가질 것이다. 상관관계를 가지는 오차의 불확도에 대한 수치적 영향은 각 변수와 상관관계를 가지는 요소 오차의 크기 간의 함수적 관계에 달려 있다. 이제 상관관계를 가지는 오차를 다루는 수정 방법을 소개한다.

측정된 독립 변수 $x_i (i = 1, 2, \cdots, L)$ 간의 함수적 관계로 결정되는 결과 R을 생각하자. 이때 L은 관련된 독립 변수와 매개 변수의 개수다. 각 x_i는 표준 불확도 b_k를 가진 요소 계통 오차들에 노출되어 있다. 이때 $k = 1, 2, \cdots, K$는 최대 K개의 오차 요소를 나타낸다. 이제 이들 K 요소 오차 중 H개가 변수 간의 상관관계를 가졌다고 하자. 상관된 오차가 포함되었을 때, 결과의 계통 표준 불확도는 다음과 같이 추정될 수 있다.

$$b_R = \left[\sum_{i=1}^{L} (\theta_i b_{\bar{x}_i})^2 + 2 \sum_{i=1}^{L-1} \sum_{j=i+1}^{L} \theta_i \theta_j \delta_{ij} b_{\bar{x}_i \bar{x}_j} \right]^{1/2} \tag{5.41}$$

여기서 j는 계수를 위한 것으로 $i + 1$와 동등하다. θ_i는 다음과 같다.

$$\theta_i = \frac{\partial R}{\partial x_i}_{x = \bar{x}} \tag{5.14}$$

식 (5.42)에서 상관 오차를 설명하기 위해 공분산 $b_{\bar{x}_i \bar{x}_j}$이 도입된다.

$$b_{\bar{x}_i \bar{x}_j} = \sum_{h=1}^{H} (b_{\bar{x}_i})_h (b_{\bar{x}_j})_h \tag{5.42}$$

여기서 H는 변수 x_i와 x_j 사이에 상관된 요소 오차의 개수이고, h는 각 상관 오차들을 세는 역할이다. δ_{ij} 값은 공분산 계수로 0(상관없음)에서 1(상관됨)까지의 값을 가진다. 보통 이 값은 0이나 1이지만 그 사이 값이 할당될 수도 있다. 상관된 오차가 없다면(즉, $H = 0$이거나 $\delta_{ij} = 0$이면) 식 (5.41)은 식 (5.37) 형태로 간략화된다는 점에 주목하라. 참고문헌 2와 9는 상관된 계통 오차를 다루는 법을 더 상세히 다루고 있다.

무작위 오차들이 상관관계를 가지는 상황도 있다(참고문헌 10). 이러한 경우에는 결과의 무작위 표준 불확도 가 다음과 같이 추정될 수 있다.

$$s_R = \left[\sum_{i=1}^{L} (\theta_i s_{\bar{x}_i})^2 + 2 \sum_{i=1}^{L-1} \sum_{j=i+1}^{L} \theta_i \theta_j r_{\bar{x}_i \bar{x}_j} s_{\bar{x}_i \bar{x}_j} \right]^{1/2} \tag{5.43}$$

여기서 $r_{\bar{x}_i \bar{x}_j}$는 식 (4.41)과 다음 식으로 주어지는 x_i와 x_j 사이의 상관계수이다.

$$s_{\bar{x}_i \bar{x}_j} = \sum_{h=1}^{H} (s_{\bar{x}_i})_h (s_{\bar{x}_j})_h \tag{5.44}$$

일반적인 분석에서 상관 오차는 일반적인 표준 불확도 방정식으로 다뤄진다.

$$u_R = \left[\sum_{i=1}^{L} (\theta_i u_{\bar{x}_i})^2 + 2 \sum_{i=1}^{L-1} \sum_{j=i+1}^{L} \theta_i \theta_j \delta_{ij} u_{\bar{x}_i} u_{\bar{x}_j} \right]^{1/2} \tag{5.45}$$

이때, δ_{ij}는 0에서 1 사이의 값이 할당된다.

예제 5.21

어떤 결과가 x_1, x_2, x_3의 세 변수의 함수형태라고 가정하자. x_1와 x_2는 4개의 계통 오차, x_3은 5개의 계통 오차와 연관되어 있다. x_2와 x_3와 연관되어 있는 첫 번째와 두 번째 계통 요소 오차만이 상관되어 있음이 밝혀졌다. 이는 이 오차들이 같은 원인으로 인한 것이기 때문이다. 결과의 계통 표준 불확도를 나타내고 공분산 항을 찾아라.

풀이

이 경우 식 (5.41)을 다음과 같이 풀어 쓸 수 있다.

$$b_R = [(\theta_1 b_{\bar{x}_1})^2 + (\theta_2 b_{\bar{x}_2})^2 + (\theta_3 b_{\bar{x}_3})^2 + 2\theta_1\theta_2\delta_{12}b_{\bar{x}_1\bar{x}_2} + 2\theta_1\theta_3\delta_{13}b_{\bar{x}_1\bar{x}_3} + 2\theta_2\theta_3\delta_{23}b_{\bar{x}_2\bar{x}_3}]^{1/2}$$

변수 2와 3($i=2$, $j=3$)에 연관된 2개의 상관된 오차($H=2$, $\delta_{12}=\delta_{13}=0$, $\delta_{23}=1$)를 가지고, 결과의 계통불확도를 다음과 같이 줄여 쓸 수 있다.

$$b_R = [(\theta_1 b_{\bar{x}_1})^2 + (\theta_2 b_{\bar{x}_2})^2 + (\theta_3 b_{\bar{x}_3})^2 + 2\theta_2\theta_3\delta_{23}b_{\bar{x}_2\bar{x}_3}]^{1/2}$$

이 때 공분산 항은 다음과 같다.

$$b_{\bar{x}_2\bar{x}_3} = \sum_{h=1}^{2}(b_{\bar{x}_2})_h(b_{\bar{x}_3})_h = (b_{\bar{x}_2})_1(b_{\bar{x}_3})_1 + (b_{\bar{x}_2})_2(b_{\bar{x}_3})_2$$

아래 첨자 $h=1$과 $h=2$는 관련 요소 오차를 나타낸다.

예제 5.22

결과 R은 X, Y 두 변수의 함수로 $R = X + Y$로 나타낼 수 있으며, 각 변수는 하나의 요소 오차를 가지고 있다. $\overline{X} = 11.2\,\text{V}$, $b_{\bar{x}} = 1.3\,\text{V}$이고 $\overline{Y} = 13.3\,\text{V}$, $b_{\bar{y}} = 0.9\,\text{V}$일 때 결과의 계통 표준 불확도를 (1) 계통 오차에 상관관계가 없는 경우, (2) 상관관계가 있는 경우 각각 추정하라.

풀이

주어진 정보로부터, $\overline{R} = 11.2 + 13.3 = 24.5\,\text{V}$이다. 상관관계가 없는 경우($\delta_{XY} = 0$)에 계통 표준 불확도는 다음과 같이 추정될 수 있다.

$$b_{R_{\text{unc}}} = \left[(\theta_X b_{\overline{X}})^2 + (\theta_Y b_{\overline{Y}})^2 \right]^{1/2} = \left[(1 \times 1.3)^2 + (1 \times 0.9)^2 \right]^{1/2} = 1.58 \text{ V}$$

상관관계가 있는 경우($\delta_{XY} = 1$), 주어진 조건에서 $H = 1$이고 $L = 2$이고, 불확도는 다음과 같이 추정될 수 있다.

$$\begin{aligned} b_{R_{\text{cor}}} &= \left[(\theta_X b_{\overline{X}})^2 + (\theta_Y b_{\overline{Y}})^2 + 2\theta_X \theta_Y \delta_{XY} b_{\overline{XY}} \right]^{1/2} \\ &= \left[(1 \times 1.3)^2 + (1 \times 0.9)^2 + 2(1)(1)(1)(1.3)(0.9) \right]^{1/2} = 2.2 \text{ V} \end{aligned}$$

이는 표준편차의 1배 신뢰 수준에서 나타낸 것이고, $b_{\overline{XY}}$는 다음과 같다.

$$b_{\overline{XY}} = \sum_{h=1}^{1} (b_{\overline{X}})_1 (b_{\overline{Y}})_1 = b_{\overline{X}} b_{\overline{Y}}$$

참고사항 이 예제의 경우에서, 상관된 계통 오차는 계통 불확도에 큰 영향을 주었다. 이는 함수관계 자체에 달린 것이므로 항상 이렇게 큰 영향을 주는 것은 아니다. 만약 $R = X/Y$의 관계라면, 이 문제의 공분산 항이 결과의 계통 표준 불확도에 주는 영향은 작을 것인데, 이는 독자가 직접 확인해 볼 수 있을 것이다.

5.10 비대칭적인 계통 불확도 구간

오차가 한 방향으로 제한되어 있거나 측정 평균값에 대해 비스듬하게 걸쳐 있어, 비대칭적 구간이 계통 불확도를 더 잘 나타내는 상황이 있을 수 있다. 이러한 상황을 전개하기 위하여, 가능한 계통 오차의 한계값들과 측정된 데이터 집합의 평균인 $\bar{x}$가 알려져 있다고 가정한다. $\bar{x} + B_{\bar{x}}^{+}$와 $\bar{x} - B_{\bar{x}}^{-}$가 측정된 평균값에 대한 계통 불확도의 상한과 하한이라고 하자(그림 5.12). 이때 $B_{\bar{x}}^{-} = 2b_{\bar{x}}^{-}$이고 $B_{\bar{x}}^{+} = 2b_{\bar{x}}^{+}$이며, $b_{\bar{x}}^{-}$와 $b_{\bar{x}}^{+}$는 계통 표준 불확도의 하한값과 상한값이다. 이 모델링 방법은 오차가 오차 분포의 어떤 평균값에 대해서는 대칭적이지만, 측정 평균값에 대해서는 비대칭이라고 가정한다.

만약 오차 분포를 정규 분포로 모델링한다면, $B_{\bar{x}}^{-}$와 $B_{\bar{x}}^{+}$로 설정된 한계값이 오차 분포의 95%를 포함한다고 가정할 수 있다. 이 오차 분포의 평균값과 측정의 평균값 사이의 간격을 다음과 같이 정의할 수 있다.

$$q = \frac{(\bar{x} + B_{\bar{x}}^{+}) + (\bar{x} + B_{\bar{x}}^{-})}{2} - \bar{x} = \frac{B_{\bar{x}}^{+} - B_{\bar{x}}^{-}}{2} = b_{\bar{x}}^{+} - b_{\bar{x}}^{-} \tag{5.46}$$

계통 표준 불확도는 다음과 같은 평균 폭을 가진다.

$$b_{\bar{x}} = \frac{(\bar{x} + B_{\bar{x}}^{+}) - (\bar{x} - B_{\bar{x}}^{-})}{4} = \frac{(\bar{x} + b_{\bar{x}}^{+}) - (\bar{x} + b_{\bar{x}}^{-})}{2} \tag{5.47}$$

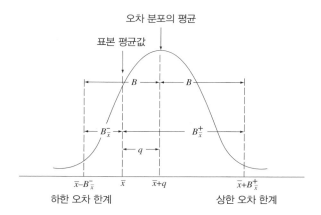

그림 5.12 측정된 평균 값과 오차 분포의 평균값 그리고 비대칭적인 불확도를 다루는 계통 불확도 간의 관계

참값을 나타내기 위해, 다음의 결합된 표준 불확도를 사용하여 근사된 신뢰구간 $q \pm t_{v,p} u_x$를 얻는다.

$$u_x = \sqrt{b_{\bar{x}}^2 + s_{\bar{x}}^2} \tag{5.48}$$

자유도가 큰 경우, 이는 다음과 같이 나타낼 수 있다.

$$x' = \bar{x} + q - t_{v,P} u_x, \; \bar{x} + q + t_{v,P} u_x \tag{5.49}$$

여기에 95% 신뢰도일 때 $t = 2$와 같이 적절한 t값을 선택하여 대입할 수 있다.

만약 직사각형 분포로 오차 분포를 모델링한 경우, $B_{\bar{x}}^-$와 $B_{\bar{x}}^+$로 정의한 한계값들이 분포의 한계를 나타낸다고 가정할 수 있다. 이 경우 계통 표준 불확도는 식 (5.22)로부터 다음과 같이 나타낼 수 있다.

$$b_{\bar{x}} = \frac{(\bar{x} + B_{\bar{x}}^+) - (\bar{x} - B_{\bar{x}}^-)}{\sqrt{12}} \tag{5.50}$$

이는 식 (5.47)과 (5.48)에 적용될 수 있다. 가정한 계통 오차 분포에 관계없이, 불확도들은 정상적으로 전파된다고 가정한다.

비대칭 계통 불확도를 다루는 데 있어 정규 또는 직사각형 분포가 항상 적합한 방법인 것은 아니다. 참고문헌 1과 2는 비대칭적인 불확도를 다루는 데 있어 다른 오차 분포를 포함한 몇 가지 안을 제시한다. 한 가지 예로, 참고문헌 13에서 Monsch 등은 유도 항력이 0보다 작을 수 없는 비행기 날개에서 유도 항력의 비대칭적 계통 불확도 추정하기 위해 앞에 설명한 방식을 적용했다.

요약

불확도 분석은 시험 결과나 제안된 시험 계획의 예상 결과에 '±얼마'를 제공한다. 이 장에서는 다양한 오차가 측정에 유입되는 방식과 특히 그 오차가 시험 결과에 미치는 영향에 대해 논의했다. 무작위 오차와 계통 오차가 모두 다뤄졌다. 무작위 오차는 반복 측정에 따라 다르고, 데이터 분산를 야기하며, 통계적인 방법으로 정량화될 수 있다. 계통 오차는 반복 측정에서 일정하게 유지된다. 오차는 불확도로 정량화된다. 불확도 분석 절차는 측정 내 불확도 전파를 추정하는 도구인 동시에, 함수적 관계를 통한 결과 결정에 사용되는 독립 측정 변수들 간의 불확도 전파를 위해 도입되었다. 측정 기기 및 절차의 선정을 포함하는 측정 시스템 설계 및 측정 결과의 해석을 위한 불확도 분석의 역할과 활용법이 논의되었다. 시험의 다양한 단계에서 불확도를 추정하는 절차가 다뤄졌다. 그 절차들은 측정에서 기대되는 불확도에 대한 적절한 추정을 제공한다.

본질적으로 시험 불확도를 정확한 값으로 구하기는 어렵다는 점을 독자들에게 알린다. 하지만 측정 기술자가 제시된 방법론을 바르고 공정한 판단 아래 사용할 경우 합리적인 추정치를 구할 수 있다. 중요한 것은 명시된 결과의 평가를 위한 시험 완료 단계뿐 아니라 설계 및 개발 단계에서도 불확도 분석이 수행되어야 한다는 점이다. 그렇게 해야만, 측정 기술자는 적절한 자신감과 전문적이고 윤리적인 책임감을 가지고 측정 결과를 사용할 수 있다.

참고문헌

[1]   International Organization for Standardization (ISO), *Guide to the Expression of Uncertainty in Measurement*, Geneva, Switzerland, 1993.

[2]   ANSI/ASMEPower Test Codes-PTC 19.1, *Test Uncertainty*, American Society of Mechanical Engineers, New York, 2005.

[3]   Smith, R. E., and S. Wenhofer, From Measurement Uncertainty to Measurement Communications, Credibility and Cost Control in Propulsion Ground Test Facilities, *Journal of Fluids Engineering* 107: 165 – 172, 1985.

[4]   Kline, S. J., and F. A. McClintock, Describing Uncertainties in Single Sample Experiments, *Mechanical Engineering* 75: 3 – 8, 1953.

[5]   Epperson, J. F., *An Introduction to Numerical Methods and Analysis*, Wiley-Interscience, New York, 2007.

[6]   Moffat, R. J., Uncertainty Analysis in the Planning of an Experiment, *Journal of Fluids Engineering* 107: 173 – 181, 1985.

[7]   Taylor, B. N., and C. Kuyatt, *Guidelines for Evaluating and Expressing the Uncertainty of NIST Measurement Results*, NIST Technical Note 1297, Gaithersburg, MD, 1994.

[8]   Kestin, J., *A Course in Thermodynamics*, revised printing, Hemisphere, New York, 1979.

[9]   Coleman, H., and W. G. Steele, *Experimentation and Uncertainty Analysis for Engineers*, 2nd ed., Wiley-Interscience, New York, 1999.

[10]   Dieck, R., *Measurement Uncertainty: Methods and Applications*, 3rd ed., Instrumentation, Systems and Automation Society (ISA), Research Triangle Park, NC, 2002.

[11]   Ramires, M., C. Nieto de Castro, R. Perkins, Y. Nagasaka, A. Nagashima, M. Assael, and W. Wakeham, Standard Reference Data for Thermal Conductivity of Liquids, *J. Phys. Chem. Ref. Data*, 29(2): 133 – 139, 2000.

[12]   Nieto de Castro, C., S. Li, A. Nagashima, R. Trengrove, and W. Wakeham, Standard Reference Data for Thermal

Conductivity of Liquids, *J. Phys. Chem. Ref. Data*, 15(3): 1073 – 1086, 1986.

[13] Monsch, S., R. S. Figliola, E. Thompson, and J. Camberos, Induced Drag for 3D Wing with Volume Integral (Trefftz Plane) Technique, AIAA Paper 2007-1079, AIAA, New York, 2007.

[14] Barreto, H., and F. Howland, *Introductory Econometrics: Using Monte Carlo Simulation with Microsoft Excel*, Cambridge Press, New York, 2005.

기호

a	하한	B	계통 불확도(95%에서 또는 2σ 확률)
b	계통 표준 불확도	$(P\%)$	신뢰 수준
$b_{\bar{x}}$	x의 계통 표준 불확도	Q	유량($l^3\,t^{-1}$)
e_k	k번째 요소 오차	T	온도(°)
$f(\,)$	일반 함수 관계	$\forall$	부피(l^{-3})
p	압력($ml^{-1}\,t^{-2}$)	t	시간(t), student 분포에서 t 변수
q	오프셋 인자	u_x	측정 변수의 불확도
s_x	x의 표본 표준편차	u_d	설계 단계 불확도
$s_{\bar{x}}$	x의 무작위 표준 불확도 평균의 표본 표준편차	u_c	기기 보정 불확도
		u_0	0차 불확도
s_{yx}	곡선 맞춤에서 표준편차	u_i	i차 불확도
$t_{v,95}$	t 변수(95% 확률에서)	δ_{ij}	공분산(covariance) 계수
u_N	N차 불확도	θ_i	감도 지표
x	측정 변수	ρ	가스 밀도[ml^{-3}]
x'	x의 모집단 참(평균)값	σ	응력($ml^{-1}\,t^{-2}$), 모집단 표준편차
$\bar{x}$	x의 표본 평균값	ν	자유도
R	결과 또는 결괏값	$\langle\,\rangle$	연합 통계
P	확률		

연습문제

5.1 오차와 불확도 간의 차이는 무엇인가? 측정값에 대한 불확도를 추산할 방법에 대하여 논하라.

5.2 '참값', '최선의 추정치', '평균값', '불확도' 및 '신뢰구간'이라는 각 용어가 의미하는 바를 설명하라.

5.3 일반적인 타이어 압력계를 생각해 보자. 측정되는 압력의 불확도를 설계 단계에서 추산하고, 이어서 N차로 추산해 볼 수 있는가? 두 추정치는 서로 다를 것인가? 설명해 보라.

5.4 10 rpm(revolutions-per-minute) 단위로 눈금이 매겨진 아날로그 계기판을 가진 타코메터(회전속도계)가 있다. 사용설명서에는 지시값 1%의 정확도라 적혀 있다. 100, 600, 6,000 rpm의 지시값에서 설계 단계 불확도를 추산하라.

5.5 결과 보고에 사용된 유효숫자의 개수는 그 결과의 불확도와 일관되어야 한다. 다른 정보가 없는 상황에서는, 불확도는 제시된 결과값의 ½ LSD에서 1LSD 범위 안에 있을 것으로 기대될 수 있다. 다음 각각의 결과값들에 대해 불확도의 명목값을 부여하라. 유효숫자의 개수를 제시하고, 그 제시된 결과가 가진 명백한 문제점에 대해 논하라.

    a. 5.02×10^6

    b. 0.025 mm

    c. 5850 N/m^2

    d. 53.2°C

5.6 한 엔지니어가 측정 결과를 321.5332 ± 2.3 kg(95%)으로 보고하였다. 이 결과 보고의 유효숫자 적절성에 대한 견해를 밝히고 의견을 제시하라.

5.7 한 학생 엔지니어가 수은기압계 기둥의 높이를 749.5 mm Hg로 읽었다. 버니어 눈금의 분해능은 0.1 mm이다. 그러나 수은 기둥 윗면이 곡선으로 보이기 때문에 실제 분해능은 1 mm Hg 수준인 것을 알아차렸다. 이 기압계의 0차 불확도 값을 제시하라. 이 불확도를 A 타입과 B 타입 중 어느 쪽으로 할당하겠는가? 무작위와 계통 불확도 중에는 어느 쪽으로 할당하겠는가?

5.8 실린더의 부피는 그 반지름 r과 높이 h를 측정함으로써 결정된다. 설계 단계 분석에서, 두 가지 측정 모두 0.100 mm의 불확도 수준(표준편차의 1배 기준)으로 수행될 수 있음을 알았다. r은 15.00 mm이고 h는 25.00 mm인 경우, 최종 결과를 나타내라. 각 측정이 종합 불확도에 어떻게 기여하는지 논하라. 모든 오차는 상관되어 있지 않다고 가정한다.

5.9 센서와 아날로그 표시 장치로 이루어진 온도 측정 시스템이 있다. 표시 장치는 0.1°C 분해능과 0.7°C의 정확도를 가지는 것으로 알려져 있다. 센서는 기성제품으로 0.4°C의 오차 한계를 가진다는 제조사 증명서를 가지고 있다. 이 조합으로 표시되는 온도의 설계 단계 불확도를 추산하라.

5.10 750 Ω의 등가 저항을 가지도록 두 저항을 연결해야 한다. 이들 저항은 몇 년에 걸쳐 쌓아 놓은 재고에서 꺼내 올 것이다. 쉽게 찾을 수 있는 것으로 375 ± 35 Ω로 매겨진 2개의 같은 저항과 1,500 Ω ± 5%로 매겨진 2개의 같은 저항이 있다. 저항을 직렬 또는 병렬 중 어떻게 연결하는 것이 750 Ω의 등가 저항에서 더 작은 불확도를 나타낼 것인가? 저항값 오차는 상관관계가 없는 것으로 가정한다. 참고사항 : 직렬로 연결된 두 저항의 등가저항은 $R_{eq} = R_1 + R_2$이고, 병렬로 연결된 경우 $R_{eq} = R_1 R_2/(R_1 + R_2)$이다.

5.11 어떤 장비 카탈로그에서 3½ 자리(예 : 39.99) 또는 4½ 자리(예 : 39.999) 표시기를 가진 압력 변환기 시스템을 선전하고 있다. 4½ 자리 모델이 큰 폭으로 더 비싸다. 그 외의 면에서 두 장비는 동일하다. 제원에서는 다음과 같이 세 가지 요소 오차에 대한 불확도를 나열하고 있다.

선형 오차 :	0.15% FSO
히스테리시스 오차 :	0.20% FSO
감도 오차 :	0.25% FSO

최대눈금출력(full-scale output, FSO)이 40 kPa일 때, 적절한 불확도 계산에 기반하여 표시기를 선택하고, 그 이유를 설명하라.

5.12 어떤 합금의 전단탄성계수 G는 그 합금으로 만든 원통 막대에 토크(회전력)를 가한 뒤 비틀린 각도 θ를 측정하여 구할 수 있다. 반지름이 R인 막대에 고정된 끝으로부터 길이 L 위치에 토크를 가했을 때, 탄성계수는 $G = 2LT/pR^4\theta$으로 주어진다. 전단탄성계수를 이루는 각 측정된 변수의 상대적인 불확도가 주는 효과를 평가하라. 만약 시험 계획 중에 각 변수의 불확도가 모두 2%라고 추산되었다면, G가 가지는 불확도는 얼마인가?

5.13 어떤 엔지니어가 목공용 줄자로 두 탁자의 길이를 재고 있다. 길이는 각각 1,440 mm와 1,822 mm로 측정되었다. 줄자는 2 mm의 분해능을 가지고 있다. 제조사에 따르면 이 줄자는 그 분해능 불확도인 ± 2 mm(계통 불확도) 이내까지 정확하다고 한다. 두 탁자를 붙여 놓는다고 가정해 보자. 붙여서 만들어진 새로운 테이블의 길이를 불확도와 함께 추산해보라. 언급된 정확도 불확도 값은 표준 불확도 값이라고 가정하라.

5.14 순환으로 동작하는 이상적인 열기관이 온도 T_h인 고온의 열저장고에서 오는 열전달과 온도 T_c인 방열판으로의 열방출을 통해 일하고 있다. 이러한 이상적인 순환은 카르노 순환이라 불리며, 그 효율은 다음과 같다.

$$\eta = 1 - (T_c/T_h)$$

효율의 불확도가 1%가 되기 위해 필요한 온도 측정의 불확도를 구하라. 오차들은 상관관계가 없다고 가정하고, T_h = 323 K와 T_c = 303 K를 사용하라.

5.15 항공기 설계에 있어, 압력 계수 C_p는 보통 구조적 하중 및 양력과 항력을 예측하기 위한 항공기 부품의 풍동 시험 중에 측정된다. $C_p = (p - p_\infty)/\frac{1}{2}\rho U_\infty^2$이고 이때 압력 p_∞, 유체 밀도 ρ와 시험 시 공기 속도 U_∞를 사용한다. 압력차 $p - p_\infty$는 직접적으로 측정되는데, p는 시험 부품의 표면의 한 점에서 측정된다. 다음 조건에서 C_p의 불확도를 추산하라. $\Delta p = p - p_\infty$ = 1,200 N/m², $u_{\Delta p}$ = 20 N/m², ρ = 1.5 kg/m³, u_ρ = 0.01 kg/m³, U_∞ = 60.0 m/s, u_{U_∞} = 0.31 m/s. 주어진 값에 대해 95% 신뢰 수준을 가정하라.

5.16 설계 단계 불확도 분석과 심화 단계 불확도 분석 간의 주요한 차이점을 설명하라.

5.17 ASME PTC 19.1 시험 표준의 시험 불확도(test uncertainty)(참고문헌 2)는 오차를 무작위와 계통으로 분류한다. 이러한 명칭을 사용하는 목적은 무엇인가? 무작위 오차는 계통 오차와 어떻게 다른가? 무작위 불확도는 계통 불확도와 어떻게 다른가?

5.18 국제 표준화 기구 측정 불확도 가이드(참고문헌 1)는 불확도를 A 타입이나 B 타입으로 분류한다. 이러한 명칭을 사용하는 목적은 무엇인가? A 타입 불확도와 B 타입 불확도는 어떻게 다른가?

5.19 변위 변환기가 다음 제원을 가지고 있다.

선형 오차 :	지시값의 ±0.25%
드리프트 :	지시값의 ±0.05%/°C
감도 오차 :	지시값의 ±0.25%
구동 :	10 – 25 V dc
출력 :	0 – 5 V dc
범위 :	0 – 5 cm

변환기 출력은 지시값 ±0.1%로 명시된 정확도와 10 µV의 분해능을 가진 전압계에 표시된다. 이 시스템은 ±10°C 수준으로 변동되는 실온에서 사용하도록 되어 있다. 2 cm의 공칭 변위에 대한 설계 단계 불확도를 추산하라. 95% 신뢰 수준을 가정하라.

5.20 문제 5.19의 변위 변환기가 질량에 의한 충격을 받은 물체의 변위를 측정하는 데 사용되었다. 측정은 20회 수행되었고, 다음 결과를 얻었다.

$$\bar{x} = 17.20 \, \text{mm} \qquad s_x = 1.70 \, \text{mm}$$

주어진 모든 정보에 기반하여 95% 확률에서 변위의 최선의 추정치를 구하라.

5.21 원의 반지름이 6.21 cm로 측정된다. 경험을 바탕으로, 엔지니어는 이 측정이 0.02 cm 이내의 불확도로 이루어졌다고 판단한다. 원의 둘레와 단면적을 95% 신뢰 수준으로 추산하라.

5.22 두 실험실 그룹이 같은 기기를 사용하여 같은 실험을 서로 다른 날 수행했다. 실험의 목적은 어떤 질량이 수직으로 1 m 떨어지는 낙하시간을 측정하는 것이었다. 각 그룹은 여섯 번 시도(여섯 번의 시험)을 수행하여 다음 결과를 얻었다.

$$\text{그룹 1 :} \quad N = 8 \quad \bar{t} = 0.579 \, \text{s} \quad s_t = 0.0534 \, \text{s}$$
$$\text{그룹 2 :} \quad N = 8 \quad \bar{t} = 0.551 \, \text{s} \quad s_t = 0.1226 \, \text{s}$$

공기저항을 무시할 때 표준 중력에서 이론적인 결과값은 $t = 0.568$ s이다. 각 그룹에 대해, 측정된 샘플들의 무작위 표준 불확도를 계산하라. 합동 평균값을 계산하라. 그룹 간 결과의 차이점에 대해서, 그리고 이러한 결과가 타당해 보이는가에 대하여 논평하라.

5.23 지름 D인 막대가 어떤 유체에 잠겨 있을 때 열전달은 너셀 수(Nusselt Number) $Nu = hD/k$로 나타낼 수 있다. 여기서 h는 열전달계수이고, k는 유체의 열전도도이다. h가 ±7%(95%) 이내로 측정될 수 있고 $h = 150 \, \text{W/m}^2\text{-K}$의 공칭값을 가질 때, 너셀 수 Nu의 불확도를 구하라. $D = 20 \pm 0.5$ mm, $k = 0.6 \pm 2\%$

W/m-K로 둔다.

5.24 식염수-글리세린 혈액 대체제가 동맥 운동을 시뮬레이션하기 위해 유연한 튜브 속을 흐르고 있다. 유량을 재기 위해, $10.0 \pm 0.20\,s$의 시간 동안 이 튜브에 흐르는 유체를 양동이로 받았다. 비어 있는 양동이는 $201.1 \pm 2.0\,g$의 질량을 나타냈고, 받아낸 뒤에는 $403.2 \pm 2.0\,g$의 질량을 가졌다. 질량 유량은 해당 시간 간격 동안 받아낸 질량(무게를 잼으로써)으로 결정된다. 두 질량 불확도가 각 $2.0\,g$의 불확도 중 $1.5\,g$를 설명하는 계통 오차(0점 조정)를 포함하고 이들 오차는 완전히 상관되었다고 생각하자. 모든 불확도는 표준 불확도라고 가정한다. 일반 불확도 분석을 통해 질량 유량과 그 불확도를 추산하라.

5.25 합금 시험 시편의 질량이 $m = 575.6\,g$으로 측정되었다. 측정 절차는 $1.5\,g$의 표준 불확도를 가지고 있다. 시편의 부피는 $0.1\,mL$의 추산된 표준 불확도에서 $\forall = 243.6\,mL$로 측정되었다. 시편의 밀도와 그 불확도를 구하라.

5.26 실린더의 높이 h가 3% 이내의 표준 불확도로 측정될 수 있고, 반지름 R은 1.5% 이내의 표준 불확도로 측정될 수 있을 때, 계산된 이 실린더 부피의 상대 불확도를 구하라.

5.27 선형 스프링의 스프링 상수를 결정하는 일을 생각해 보자. 이때 F의 힘이 가해지고, 그 결과 신장 또는 변위 x가 발생하였을 때 이는 $F = Ky$ 형태로 관계되고 여기서 k가 스프링 상수이다. (a) 무게를 스프링 끝에 매달고 발생하는 변위를 측정하는 방식으로 스프링 상수를 측정한다고 가정하자. $65\,N/m$의 공칭 스프링 상수에 대해, 측정된 스프링 상수의 퍼센트 불확도를 그려 보라. 이때 불확도는 10에서 $100\,g$범위의 스프링에 매단 질량에 대한 함수로서 표현된다. 질량의 표준 불확도는 $0.5\,g$이고 스프링 신장의 표준 불확도는 $0.02\,cm$이다. (b) 아래 정보는 어느 특정 스프링에 대한 결과이다. 스프링 상수와 그 불확도를 구하라.

질량(g)	10.0	20.0	30.0	40.0	50.0	60.0
신장(cm)	0.140	0.295	0.442	0.593	0.725	0.880

5.28 신선하고 순수한 물의 동적 점성도가 아래 표와 같이 온도의 함수로 나타난다. 온도가 $20.20 \pm 0.20°C$로 알려졌을 때 물의 점도와 그 점도를 정하는 데 있어 불확도를 구하라.

T (°C)	20.00	20.10	20.20	20.30	20.40	20.50
ν (m²/s) × 10^6	1.00374	1.00131	0.99888	0.99646	0.99405	0.99165

5.29 작은 형체에 대한 항력 D는 주어진 정보에 $D = C_D \Delta p A$를 적용하여 구해진다. 여기서 C_D는 항력 계수이고 A는 정면에서 본 면적이다. 동적 압력의 양은 $\Delta p = \frac{1}{2}\rho U^2$로 나타나고 피토 정압관과 차압 변환기를 사용하여 측정된다. 항력과 그 불확도를 이 정보에 기반한 일반 분석을 사용하여 구하라. $\Delta p = 102.5 \pm 1.845\,mm\,H_2O$, $A = 0.1826 \pm 0.00006\,m^2$, $C_D = 1.500 \pm 0.138$이다. 모든 값에 대하여 95% 신뢰 수준을 가정하라.

5.30 원형 단면을 가진 특수 외팔보 빔의 굽힘 응력을 측정하는 실험이 항공 드론 부품 응용 개발의 일환으로 개발되었다. 목표는 계산된 응력 σ의 불확도가 6% 미만으로 유지되도록 하는 것이다. 예상되는 하중 P는 400 N에 달할 것이다. 가능 여부에 대한 일차 추정을 위해, 학생 엔지니어가 불확도 2%인 길이 8 m와 불확도 3%인 지름 0.15 m를 가진 빔을 설계하였다. 하중은 1.5% 이내의 불확도로 가해질 수 있다고 할 때, 이 설계는 목표를 만족할 것인가? $\sigma = 32PL/\pi d^3$임을 참고하라.

5.31 어떤 엔지니어가 스톱워치를 사용하여 사건의 지속시간을 측정하고 있다. 디지털 스톱워치 지시값은 0.77 초를 나타내고 있다. (a) 달리 알고 있는 내용이 없는 상황에서, 지시값 그 자체로부터 암시되는 불확도는 얼마인가? (b) 스톱워치 제조사의 제원에 지시값 1%까지의 오차가 명기되어 있다고 하자. 이 지시값의 불확도 값은 얼마라 할 수 있는가? (c) 엔지니어의 반응시간으로 인해 0.05초의 불확도가 더해진다고 하자. 이 지시값의 불확도는 얼마라 할 수 있는가?

5.32 이상기체법칙은 건조 공기의 속성을 설명하는 데 흔히 적용되는 모델이다. 공기의 밀도 $\rho = P/RT$가 가진 불확도를 이 모델에 기반하여 찾아라. 이때 p는 절대 압력이고 T는 절대 온도이며, R은 기체 상수이다. $p = 101{,}320 \pm 67$ Pa abs, $T = 297 \pm 0.5$ K, $R = 287.058$ J/kg-K의 값들과 95%의 신뢰 수준을 가정한다. R의 불확도는 고려하지 않을 수 있다.

5.33 정전용량센서는 겹쳐진 두 판과 그 사이의 작은 틈을 진공 또는 유전체로 채운 구조로 되어 있다. 정전용 량은 $C = c\varepsilon A/t$로 구해지고, 겹쳐진 면적 A 또는 틈의 두께 t를 변화시켜 바꿀 수 있다. 700 ± 0.4 mm^{2}의 면적과 0.40 ± 0.02 mm의 틈의 간격을 가진 경우에 대하여, 정전용량의 불확도를 추산하라. $c\varepsilon = 9.35 \times 10^{-15}$ F/mm이고 이 값의 불확도는 무시할 수 있다고 가정하자. 모든 값들에 대해 95%의 신뢰 수준을 가정하고 상관된 오차는 없는 것으로 한다.

5.34 레이놀즈수는 지름 d의 관을 지나는 유체의 체적 유량 Q에 대한 공학 매개 변수이다. 이 수는 $\mathrm{Re}_d = 4Q/\pi v d$로 나타나고, v는 유체 동점도이다. $d = 50.4 \pm 0.1$ mm, $Q = 0.213 \pm 0.005$ m^3/s, $v = 0.999 \times 10^{-6} \pm 0.005 \times 10^{-6}$ m^2/s으로 각각 주어졌을 때, 레이놀즈수와 그 불확도를 일반적인 분석을 통해 구하라. 어느 변수가 전체 불확도에 가장 큰 영향을 주는가? 각 불확도는 95% 신뢰 수준으로 표시되었다고 가정한다.

5.35 아음속 비행기는 피토관(동압관)과 정압공을 사용하고, $U = \sqrt{\dfrac{2\Delta p}{\rho_{\text{air}}}} = \sqrt{\dfrac{2\rho_{\text{Hg}}gH}{\rho_{\text{air}}}}$ 을 적용하여 비행기 대기 속도를 구한다. 이때 $H = \Delta p/\rho_{Hg}g$는 inches Hg나 mm Hg로 표시된 차압이다. H 값은 1% (95%) 불확도 이내로 측정될 수 있다. 측정된 H가 20 mm Hg일 때 H로 인한 해수면에서 대기속도와 그 불확도를 구하라. 15°C와 101,320 Pa abs의 국제표준대기(International Standard Atmosphere, ISA) 조건을 사용하라. 밀도에 대해서는 ρ_{Hg}(kg/m^3) $= 13595 - 2.5T(°C) \pm 0.1$를 사용하고 건조 공기는 이상 기체처럼 다뤄서 ρ_{air}(kg/m^3) $= 3.4837 \times 10^{-3}p$(Pa abs)$/T$(K) ± 0.001를 적용하라. 분석에 있어 두 밀도의 불확도는 무시하라.

5.36 지름 D와 벽 두께 t의 얇은 벽을 가진 압력 용기에 초기 압력 p가 가해져 있을 때, 접선 응력은 $\sigma = pD/2t$

로 주어진다. 한 번의 실험에서, 압력을 10회 쟀을 때 8,920 N/m²의 평균과 304.1 N/m²의 표준편차를 얻었다. 실린더의 치수는 10회 측정한 결과로부터 $\bar{D} = 0.15$ m와 $s_D = 0.004$ m, $\bar{t} = 0.006$ m와 $s_t = 0.002$ m로 구해졌다. 응력의 표준 불확도에 대한 자유도를 추산하라. 응력에 대한 최선의 추정값을 95% 신뢰 수준으로 구하라. 압력 측정값과 치수값은 95% 신뢰 수준에서 지시값의 1%의 계통 불확도를 가지고 있는 것으로 추정한다.

5.37 측정된 수직 응력이 그 교정에 있어 다음 세 가지 요소 무작위 오차를 포함하고 있다고 가정하자.

$$(s_{\bar{x}})_1 = 1.2 \text{ N/m}^2 \quad (s_{\bar{x}})_2 = 1.5 \text{ N/m}^2 \quad (s_{\bar{x}})_3 = 0.07 \text{ N/m}^2$$
$$\nu_1 = 23 \quad \nu_2 = 8 \quad \nu_3 = 12$$

이들 교정 오차로 인한 무작위 표준 불확도를 그 자유도와 함께 추산하라.

5.38 어떤 부재 위의 한 점에 가해지는 힘을 구하기 위한 실험이 아래 나열된 3개의 요소 오차와 그에 따르는 표준 불확도를 가지고 있다고 한다.

$$(b_{\bar{x}})_1 = 1.2 \text{ N} \quad (b_{\bar{x}})_2 = 3.15 \text{ N} \quad (b_{\bar{x}})_3 = 1.6 \text{ N}$$
$$(s_{\bar{x}})_1 = 0 \quad (s_{\bar{x}})_2 = 7.2 \text{ N} \quad (s_{\bar{x}})_3 = 5.5 \text{ N}$$
$$\nu_2 = 19 \quad \nu_3 = 21$$

여기서 명시된 자유도는 무작위 표준 불확도에 연관되어 있다. 힘의 평균값이 300 N으로 추산되었을 때, 그 평균값의 불확도를 95% 신뢰 수준에서 구하라. 계통 표준 불확도의 자유도는 매우 크다고 가정한다.

5.39 응력 측정을 23회 수행한 결과 $\bar{\sigma} = 1,061$ kPa과 $s_\sigma = 22$ kPa를 얻었을 때, 이 응력 측정값의 무작위 표준 불확도를 추산하라. 68% 신뢰 수준 또는 표준편차의 1배에서 응력의 최선의 추정치를 보고하라. 정규분포를 가정하고 계통 오차는 무시하라.

5.40 GPS 거리계의 한 가지 용도는 골프 코스 상의 고정된 위치와 선수 사이의 거리를 추정하는 것이다. 일반적인 거리계는 1%의 기기 계통 오차와 0.5%의 무작위 불확도를 가지고 있다. 200 m에서 이 기기의 전체 불확도를 추산하라. 주어진 값들이 95% 신뢰 수준이라고 가정하라.

5.41 압력에 비례한 전압을 출력하는 압력 측정 시스템이 있다. 이 시스템은 변환기 표준(공인된 오차 : ±0.5 Pa 이내)을 가지고 0~100 Pa 범위에서 아래 표 결과와 같이 교정되었다. 전압은 전압계(기기 오차 : ±10 μV 이내, 분해능: 1 μV)로 측정되었다. 이 시스템을 사용하려는 엔지니어는 설치 효과로 인해 표시되는 압력에 추가적으로 ±0.5 Pa의 차이가 발생할 것으로 추정한다. 알려진 정보에 기반하여 이 시스템을 37 Pa의 공칭압력을 측정하는 데 사용할 때 95% 신뢰 수준에서 확장 불확도를 추정하라.

E [mV]:	0.004	0.399	0.771	1.624	2.147	4.121
p [Pa]:	0.1	10.2	19.5	40.5	51.2	99.6

5.42 95% 신뢰 수준에서 ±0.05°C의 불확도를 가진 것으로 공인된 표준 센서 시스템을 가지고 온도 측정 시스템을 교정하였다. 온도 측정 시스템의 센서를 표준 센서와 함께 항온조에 담갔고, 둘 사이에는 10 mm 정도 간격을 두었다. 항온조의 온도 균일도는 5°C/m 수준으로 추정된다. 온도 측정 시스템 센서는 온도를 전압으로 표시하는 지시기에 연결되어 있다. 아래 표는 표준 시스템에 표시된 온도와 표시된 전압 측정값이다.

$T[°C]$	$E[mV]$	$T[°C]$	$E[mV]$
2.0	0.050	40.5	2.07
10.0	0.495	51.0	2.595
21.0	0.105	71.0	3.65

a. $T = f(E)$에 대한 곡선 맞춤을 계산하고 그 교정 곡선 맞춤을 그 95% 신뢰대(confidence bands)와 함께 그려라. 32.6°C에서 무작위 표준 불확도를 추산하라.

b. 32.6°C에서 온도 측정 시스템의 출력을 사용할 때 그 불확도를 추산하라.

5.43 직류 스트립 히터의 사용 전력은 두 가지 방법으로 구해질 수 있다. (1) 히터 저항과 전압 강하가 동시에 측정되어 그 전력이 계산될 수 있다. (2) 히터 전압 강하와 전류가 동시에 측정되어 전력이 계산될 수 있다. 기기 제조사 제원이 아래 나타나 있다. (95% 신뢰 수준을 가정하라.)

기기	분해능	불확도 지지정확도(%)
전기저항계	1 Ω	0.5%
전류계	0.5 A	1%
전압계	1 V	0.5%

10 W, 1 kW, 10 kW 부하의 각 경우에 대해 적절한 불확도 분석을 바탕으로 최선의 전력 계산 방법을 선택하라. 저항, 전류, 전압에 대해 필요한 공칭값을 가정하라. $E = IR$이고 $P = EI = E^2/R$임을 기억하라.

5.44 공기의 비습도는 1 kg의 건조 공기에 대해 존재하는 수증기의 양을 나타낸 것이다. 습공기 선도를 사용하여(열역학 교과서, 참고 핸드북, 온라인 계산기 등에서 찾을 수 있다), $T = 20°C$와 상대습도 50%에 대한 조건에서 온도 T에 대한 공기 비습도 γ의 감도를 구하라. 참고 : 온라인 특성 계산기가 표보다 더 나은 분해능을 제공하지만, 확인을 위해 물리적인 표와 비교하는 작업을 통해 통찰하는 능력을 기를 수 있다.

5.45 어느 특정한 공정에서 힘의 출력 결과는 다음과 같은 변위의 함수이다.

$F(kN) = x^{-1} + 2x$, x는 cm 단위

1 cm의 변위에 대한 힘의 감도를 디더링으로 구하라. 이를 편미분에 기반한 해석적 결과와 비교하라.

5.46 감도는 유한 차분 근사를 적용하여 표에서 직접 근사할 수 있다. 0°C 기준 온도에 대해 20°C에서 센서 온도에 대한 J형 열전대 전압의 감도를 추산하라. 온도에 대한 열전대 전압[mV]를 제공하는 표 8.6을 참조

하라.

5.47 감도는 유한 차분 근사를 적용하여 표에서 직접 근사할 수 있다. 300 K에서 온도에 대한 공기 밀도의 민감도를 추산하라(속성은 표 A.4 참조).

5.48 신호의 시간에 따른 변동은 그 평균 값을 구하기 위해 신호를 자주 측정해야만 하도록 만든다. 신호를 50회 측정하여 예비 샘플을 얻었다. 이 샘플에 대한 통계는 2.112 V의 평균값과 0.387 V의 표준편차를 보였다. 계통 오차는 무시할 만하다. 만약 데이터 변동으로 인한 평균값의 무작위 불확도를 95% 신뢰 수준에서 0.100 V 내로 유지하려면, 이 신호를 몇 번이나 측정해야 하는가?

5.49 금속의 영률(Young's modulus) E는 아래 표의 구리 합금(C83600)의 경우에서 보듯 온도의 함수이다. 온도가 260 ± 50°C 사이에서 변하는 것으로 알려진 경우, 영률과 그 불확도를 결정하라.

온도(°C)	149	204	260	316	371
E (GPa)	92.390	91.011	88.943	86.185	82.738

5.50 대형 용기 내부 압력이 일련의 시험을 위해 특정 설정 압력으로 유지되어야 한다. 압축기는 설정 압력이 되면 닫히도록 되어 있는 압력 제어 밸브를 통해 공기를 공급한다. 다이얼 게이지(분해능 : 0.1 Pa, 불확도 : 0.6 Pa)를 사용해 용기 안의 압력을 모니터링한다. 60 Pa의 설정 압력까지 용기를 30회 가압해 봄으로써 압력 제어 가능성을 평가하였고, 3 Pa의 설정 압력 표준편차를 구했다. 용기의 설정 압력에 대해 기대되는 불확도를 추산하라. 평균 설정 압력을 추산할 때 불확도와 비교하라.

5.51 특정 순금속에 대해 핸드북에 실려 있는 열 팽창 계수값이 $\alpha = 16.52 \times 10^{-6}$°C^{-1}이고 이 값이 가질 수 있는 오차는 0.4×10^{-6}°C^{-1}를 넘지 않는다고 나와 있다. α에 대한 모집단이 직사각형 분포를 따른다고 가정했을 때, 할당될 표준 불확도를 추산하라.

5.52 어떤 일반적인 측정 기기가 25°C 온도에서 교정되었다. 25°C와 60°C에서 전압으로 측정된 센서 출력 신호는 다음과 같다. 이때 온도 변화에 따른 공정 매개 변수 변화는 없다는 점을 고려한다.

센서 입력(리터/분)	25°C에서 기록된 센서 출력 (V)	60°C에서 기록된 센서 출력 (V)
0	0	0.5
1	2	3.5
2	4	6.5
3	6	9.5
4	8	12.5
5	10	15.5

드리프트와 드리프트 계수를 구하라.

5.53 J형 열전대로 배관 속을 흐르는 공기의 온도를 모니터링하고 있다. 이 신호는 온도조절 장치로 측정되고 있다. 온도조절 장치가 제어하는 전기 히터가 공기 온도를 일정하게 유지하고 있다. 제어 시스템을 시험하기 위하여, 정상 작동 중 온도를 적절한 시간에 걸쳐 20번 측정하였다. 이를 3번 반복한 결과는 다음과 같다.

시행	N	$\overline{T}$ [°C]	s_T [°C]
1	20	181.0	3.01
2	20	183.1	2.84
3	20	182.1	3.08

열전대 자체는 기기 오차를 가지고 있고, 그 불확도는 $v = 30$에서 $\pm 1°C(95\%)$이다. 90% 상승시간은 20 ms이다. 열전대 삽입 오차는 $\pm 1.2°C(95\%)$로 추정된다. 반복 수행으로 인해 찾을 수 있는 정보는 무엇인가? 이 시스템의 공기 온도 제어에 영향을 주는 요소 오차를 찾아보라. 설정 온도의 불확도는 얼마인가?

5.54 공압 이송에서 밀가루나 석탄과 같은 고체 입자는 움직이는 기류에 의해 배관을 통해 운반된다. 빔의 강도 I_o를 알고 있는 레이저 빔을 배관을 가로질러 비추고 그 반대편에서 빔의 강도를 재서, 배관 특정 위치의 고체 밀도를 측정할 수 있다. 투과율은 다음과 같이 구할 수 있다.

$$T = I/I_o = e^{-KEW} \quad 0 \leq T \leq 1$$

여기서 W는 배관의 폭이고, K는 고체 밀도이며, E는 회전타원체에 대해 $2.0 \pm 0.04(95\%)$으로 적용하는 인수이다. u_K/K가 다른 변수의 상대 불확도에 어떻게 연관되어 있는지 구하라. 만약 투과율과 배관 폭을 $\pm 1\%$로 측정할 수 있다면, 고체 밀도는 5% 이내로 측정될 수 있는가? 아니면 10%은 어떤가? 투과율이 0에서 1까지의 값을 가진다는 점에 유념하면서, 자신의 대답에 대해 논하라.

5.55 수평에 대해 각도 α로 기울어진 평면을 따라 내려가는 수레의 가속도는 경사면을 따라 거리 s만큼 떨어진 두 지점에서 수레의 속력 변화를 측정함으로써 구할 수 있다. 2개의 광전지 센서가 경사면의 두 점에 배치되어 있다고 하자. 각 센서는 길이가 L인 수레가 지나간 시각을 측정한다. $L = 5 \pm 0.5$ cm, $s = 100 \pm 0.2$ cm, $t_1 = 0.054 \pm 0.001$ s, $t_2 = 0.031 \pm 0.001$ s이고 전부 95% 신뢰 수준인 경우, 다음 식으로 주어지는 가속도의 불확도를 추산하라.

$$a = \frac{L^2}{2s}\left(\frac{1}{t_2^2} - \frac{1}{t_1^2}\right)$$

부수적인 확인 차원으로, $\alpha = 30°$ 및 90°에서 $a = g\sin\alpha$ 공식과 비교해 보라. 이쪽이 더 나은 방법이라 하려면, α의 불확도는 얼마여야 하는가?

5.56 어떤 반응에서 열유속이 $\dot{Q} = 5(T_1 - T_2)$ kJ/s로 추산된다. 2개의 열전대로 T_1과 T_2를 측정하였다. 각 열전대는 0.2℃(95%)의 계통 불확도를 가지고 있다. 대규모 측정 샘플을 바탕으로 $\overline{T}_1 = 180℃$, $\overline{T}_2 = 90℃$이고, 각 온도 측정의 무작위 표준 불확도는 0.1℃이다. 자유도는 크다고 가정한다. 열전대의 계통 오차가 (a) 상관관계가 없을 때, (b) 상관되어 있을 때 열유속의 불확도를 비교하라. 두 계산 간 차이가 생기는 이유를 설명하라.

5.57 $R = p_2/p_1$ 관계를 사용하는 비교시험에서 압력 p_2는 54.7 MPa, 압력 p_1은 42.0 MPa으로 측정되었다. 각 압력 측정은 0.5 MPa의 단일한 계통 오차를 가지고 있다. 이들 오차가 (a) 상관되어 있을 때, (b) 상관관계가 없을 때 R의 계통 불확도를 비교하고, 비교 결과에 대해 설명하라.

5.58 글러브 박스 안에 민감성 재료를 넣어야 한다. 규정에 따라 글러브 박스의 벽은 8 m/s로 낙하하는 22 kg의 질량의 충격을 견디는 투명 패널로 되어 있어야 한다. 22 kg 질량을 알려진 가변적인 높이에서 패널에 떨어트리는 시험이 수행되었다. 질량의 움직임을 광전지 센서들로 측정하여 충돌 속도를 추산하였다. 61회의 파손에서, 파손 시 평균 운동 에너지는 717 N-m, 이때 표준편차는 60.7 N-m였다. 질량의 계통 불확도는 0.001 kg(95%)이다. 충돌 시 속도는 8 m/s이고 속도의 계통 불확도는 0.27 m/s(95%)로 추산되었다. 파손 시 운동에너지에 대한 95% 신뢰 수준의 결합 준불확도와 확장 불확도를 추산하라. 각 오차는 정규분포라 가정한다.

5.59 어느 특정한 공정에서 힘의 출력 결과는 다음과 같은 변위의 함수이다.

$$F(kN) = x^{-1} + 2x, \ x는 \ cm \ 단위$$

1 cm의 변위에 대한 힘의 감도를 몬테카를로 시뮬레이션으로 구하라. 변위는 밴드가 0.2인 직사각형 분포를 따른다고 가정한다. 이를 편미분에 기반한 해석적 결과와 비교하라. 참고 : 감도는 몬테카를로 시뮬레이션에서 결과의 표준편차를 변수의 표준편차로 나눈 값으로 계산된다.

5.60 어느 특정한 공정에서 힘의 출력 결과는 다음과 같은 변위의 함수이다.

$$F(kN) = x^{-1} + 2x, \ x는 \ cm \ 단위$$

1 cm의 변위에 대한 힘의 감도를 몬테카를로 시뮬레이션으로 구하라. 그 결과는 가정한 분포와 무관함을 보여라. $\bar{x} = 1.0$ cm, band = 0.2 cm인 직사각형 분포를 적용해 본 뒤, $\bar{x} = 1.0$ cm, $\sigma = 0.058$ cm인 정규분포로 다시 구해 보라. 참고 : 감도는 몬테카를로 시뮬레이션에서 결과의 표준편차를 변수의 표준편차로 나눈 값으로 계산된다.

5.61 저속의 공정에서, 이동 거리는 측정된 속력에 측정된 경과 시간을 곱하여 측정된다. 공정의 속력 평균은 1 mm/s이고, 이때 0.005 mm/s 또는 0.5%의 직사각형 밴드를 가진다. 시간은 120초 동안 측정되고, 0.06초 또는 0.05%의 직사각형 밴드를 가진다. 두 분포가 모두 직사각형이라고 가정한다. 몬테카를로 시뮬레이션을 사용하여 공정 속력에 대한 계산된 거리의 민감도를 추산하라.

5.62 저속의 공정에서, 이동 거리는 측정된 속력에 측정된 경과 시간을 곱하여 측정된다. 공정의 속력 평균은 1 mm/s이고, 이때 0.005 mm/s 또는 0.5%의 표준불확도를 가진다. 시간은 120초 동안 측정되고, 0.06초

또는 0.05%의 표준 불확도를 가진다. 속력와 시간에 대한 모집단은 표준편차가 명시된 표준 불확도와 같은 정규분포를 따른다고 가정하자. 몬테카를로 시뮬레이션을 사용하여 공정 속력에 대한 계산된 거리의 불확도를 추산하라.

5.63 평평하고 직사각형인 토지 구획의 면적은 인접한 두 변, X 및 Y의 길이를 측정하여 계산된다. 측정은 표시 길이에 대해 0.5%(95%) 이내의 정확도를 가진 눈금이 있는 띠를 사용하여 이루어진다. 양 변을 여러 번 측정하여 다음 결과를 얻었다.

$$\overline{X} = 556 \text{ m} \qquad \overline{Y} = 222 \text{ m}$$
$$s_x = 5.3 \text{ m} \qquad s_y = 2.1 \text{ m}$$
$$v = 8 \qquad v = 7$$

토지의 면적을 추산하고, 이 측정의 95% 신뢰 구간을 명시하라.

5.64 항공기 날개의 항력 계수를 추산하기 위해 계획된 시험의 불확도를 몬테카를로 시뮬레이션의 예측에 따라 95% 신뢰 수준에서 추정하라. 시뮬레이션에서는 무작위 불확도만을 고려하라. 항력 계수는 $C_D = D/(0.5\rho U^2 A)$로 주어지며, 이때 항력 D는 주어진 밀도 ρ, 속도 U 및 위에서 바라본 면적 A에 대해 측정된다. 경험에 따르면 항력과 밀도는 정규 분포를 따르는 반면, 속도와 면적은 직사각형 분포를 따른다. 예상되는 값은 다음과 같다.

$$\overline{D} = 5 \text{ N} \qquad \overline{U} = 10 \text{ m/s} \qquad \overline{\rho} = 1.225 \text{ kg/m}^3$$
$$A = 0.50 \text{ m}^2$$
$$s_D = 0.5 \text{ N} \qquad 9 \leq U \leq 10 \text{ m/s} \qquad S\rho = 0.012 \text{ kg/m}^3$$
$$0.48 \leq A \leq 0.52 \text{ m}^2$$

5.65 두 저항을 1,000 Ω의 등가 저항을 가지도록 연결해야 한다. 이들 저항은 전문 제조사로 발주될 것이다. 2개의 500 ± 50 Ω으로 매겨진 손으로 감은 저항과, 2개의 2,000 Ω ± 5%으로 매겨진 손으로 감은 저항을 구할 수 있다. 제조사에 따르면 모든 저항은 공통적인 교정 방식에 기반했다고 한다. 저항을 직렬 또는 병렬 중 어떻게 연결하는 것이 1,000 Ω의 등가 저항에서 더 작은 불확도를 나타낼 것인가? 불확도는 상관된 계통 오차와 연관되어 있다고 가정한다. 참고사항 : 직렬로 연결된 두 저항의 등가저항은 $R_{eq} = R_1 + R_2$이고, 병렬로 연결된 경우 $R_{eq} = R_1 R_2/(R_1 + R_2)$이다.

제6장

아날로그 전기 장비와 측정

6.1 서론

이 장에서는 아날로그 신호를 다루거나 신호를 아날로그 형태로 표시하는 기본적인 전기 아날로그 장비에 대하여 소개한다. 측정 시스템의 각 단계 사이의 정보는 종종 아날로그 전기 신호로 전달된다. 일반적으로 이 신호는 근본적인 전자기 또는 전기적 현상을 응용한 물리적 변수의 측정에서 비롯하여, 측정 시스템의 각 단계를 따라 전파된다(그림 1.1 참조). 따라서 신호 처리와 출력 방법에 대한 논의가 필요하게 된다.

비록 많은 분야에서 아날로그 장비들이 같은 기능을 가진 디지털 장비로 대체되어 왔지만, 여전히 다양한 산업용 장비에서 필수적인 위치를 차지하고 널리 사용되고 있다. 아날로그 기술은 휴대폰의 전원 관리나 최신 심장 모니터링 장비의 기반 기술인 동시에, 평면 디스플레이의 필수 기술이기도 하다. 또한 아날로그 출력 방식은 자동차 속도계나 손목 시계에서 볼 수 있듯이 인체공학적으로도 우수한 경우가 많다. 연속적인 신호 처리에 있어 디지털과 아날로그 전자 장비들이 함께 사용되는 경우가 흔한데, 이 경우 전문적인 신호 처리가 필요하게 된다. 아날로그 장비의 동작에 대한 이해를 통해, 같은 기능을 하는 디지털 장비의 장단점에 대한 통찰력과 장비가 어떻게 발전해 왔는지에 대한 기준점을 가질 수 있다. 이러한 내용들이 이 장에서 다루어질 것이다.

이 장을 끝까지 마침으로써, 독자는 다음과 같은 내용을 배울 수 있다.

- 자주 볼 수 있는 아날로그 전압 및 전류 측정 장비 원리의 이해
- 평형 및 불평형 저항 브리지 회로에 대한 이해
- 부하 오차를 정의하고, 밝혀내고, 최소화하는 법

- 신호 처리에 관한 기본 원리, 특히 필터와 증폭에 대한 이해
- 측정 기기간 연결에 있어 적합한 접지와 차폐를 하는 법

6.2 아날로그 장비 : 전류 측정

직류

전류가 흐르는 도체가 자기장 속에 놓여 있을 때, 그 도체에 가해지는 힘을 측정하는 아날로그 장비를 사용하여 직류(DC) 전류를 측정할 수 있다. 전류는 움직이는 전하의 집합이므로, 자기장은 전류가 흐르는 도체에 힘을 가하게 된다. 이 힘이 눈금에 지시되는 값을 움직임으로써 도체에 흐르는 전류가 측정될 수 있다.

그림 6.1에 보인 것과 같이, 자기장에 놓인 전류 루프가 자기장에 정렬되어 있지 않다면 회전력(torque)[1]를 받게 된다. N번 감은 루프가 받는 회전력은 다음 식으로 주어진다.

$$T_\mu = NIAB \sin \alpha \tag{6.1}$$

여기서 각 변수의 의미는 다음과 같다.

A = 전류 루프의 둘레로 정의된 단면적

B = 자기장의 강도(크기)

I = 전류

α = 전류 루프 단면에 대한 법선과 자기장 사이의 각도

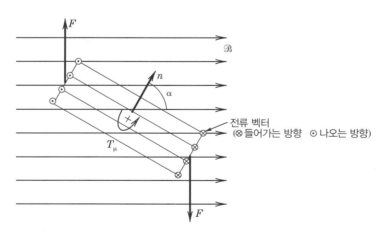

그림 6.1 자기장에 놓인 전류 루프가 받는 힘과 그로 인한 회전력

---

1 벡터 형태로 나타낼 때, 전류 루프에 가해지는 회전력은 $\mathbf{T}_\mu = \mu \times \mathbf{B}$로 쓸 수 있다. 이때 μ는 자기쌍극자모멘트이다.

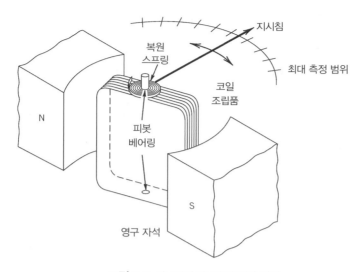

그림 6.2 기본적인 다르송발 계량 계기

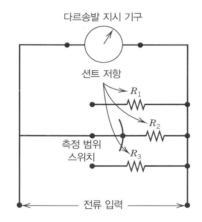

그림 6.3 D형 접점 선택기를 가진 간단한 다중 범위 전류계. 션트(shunt) 저항이 표시 범위를 결정한다.

그림 6.2의 다르송발 계기(D'Arsonval movement)는 전류를 측정하기 위해 널리 사용되는 방법이다. 여기서 균일한 방사상 자기장과 비틀림 스프링 구조는, 코일이 그 흐르는 전류에 비례하는 각도만큼 회전한 위치에 있도록 만들어 준다. 코일과 고정 영구자석은 전류 루프에 수직 방향으로, 즉 α = 90도가 되도록 배열된다. 만약 아날로그 눈금판과 지침으로 된 기기가 전류나 전압 또는 저항값을 나타낸다면, 이러한 구조를 가지고 있을 가능성이 높다.

다르송발 계기를 사용한 대부분의 기기는 지침의 위치가 가해진 전류 크기에 따라 움직이는 구조를 가지고 있다. 이런 동작 방식을 편위 방식(deflection mode)이라 부른다. 그림 6.3은 아날로그 방식으로 전류를 재는 일반적인 회로, 즉 전류계를 보여 주고 있다. 여기서 지침이 편위된 정도가 전류 흐름의 크기를 나타낸다.

예제 6.1 사례연구 : 갈바노미터 회전 구동기

다르송발 계기의 동작 원리를 활용하여 갈바노미터, 또는 '갈바노'라 불리는 고정도, 고성능 회전 구동기를 만들 수 있다. 이 구동기는 주로 레이저 광선을 원하는 방향으로 반사 시키기 위해 고속, 고정밀도로 거울 위치를 제어하는 데 사용된다. 이는 가동 자석 기술을 바탕으로 한 모터와 그에 결합된 고정밀도 위치 센서로 이루어져 있다. 레이저 주사(scanning)를 위한 거울 회전은 100마이크로초 수준의 구동 단계로 이루어진다. 이러한 레이저 주사는 각인, 안과용 의료 기기, 레이저 쇼 등에 활용된다. 그림 6.4는 레이저 주사를 위한 거울을 포함한 갈바노미터 구동기를 보여 주고 있다.

Courtesy of SCANLAB AG-Puchheim Germany

그림 6.4 거울을 포함한 주사용 갈바노미터

참고사항 이 예제에서 갈바노미터는 구동기를 의미했다. 갈바노미터가 센서를 의미하는 경우에 대해서는 이후 설명하겠다.

앞선 예제에서, 갈바노미터라 불리는 구동기에 대해 논의하였다. 그러나 같은 명칭으로 불리는 센서가 있다. 이 경우, 갈바노미터는 회로에 흐르는 전류를 검출하는 측정기기이다. 이는 0인 전류값에 대해 교정된 매우 민감한 다르송발 계기이다. 그 지침은 평상시 0을 가리키지만, 양 또는 음의 방향으로 편위될 수 있다. 이를 사용하여 회로에 전류가 흐르지 않도록 조정할 수 있다. 이러한 동작 방식을 영위 방식(null mode)이라 부른다. 기계식 지침을 사용하는 상용 갈바노미터에서 볼 수 있는 가장 높은 감도는 대략 눈금당 0.1 μA이다.

다르송발 계기에 내재된 오차는, 지침과 베어링 사이의 움직임의 기계적 마찰로 인한 히스테리시스와 반복도 오차와 힘의 평형을 위한 스프링에서 오는 선형성 오차가 있다. 또한 회전력을 발생하는 데 있어 다르송발 계기는 측정되는 전류로부터 에너지를 가져오게 된다. 이렇게 측정되는 신호로부터 에너지를 흡수함으로써 측정되는 신호 자체를 바꾸게 되는데, 이러한 효과를 부하 오차(loading error)라고 한다. 부하 오차는 지침의 편위를 사용하는 모든 기기에서 발생한다. 부하 오차에 대한 정량적 분석은 뒤에 다룰 것이다.

예제 6.2

길이 l이고 반지름이 r이며 균일한 자속 밀도 **B**의 자기장에 수직으로 놓인 코어에 도체를 N바퀴를 감아서 만든 갈바노미터가 있다. 전위차 $E_i(t)$가 가해져서 직류 전류가 도체를 흐르고 있다. 그림 6.5에 보인대로, 이 기기의 출력은 코어와 지침의 회전, θ이다. 지침의 회전과 전류에 대한 집중 매개 변수 모델을 만들어 보라.

구할 값 θ와 I에 대한 동적 모델

풀이

이 갈바노미터는 자유롭게 편위될 수 있는 비틀림 스프링, 지침, 코어로 이루어진 회전 시스템이다. 이 회전은 마찰로 인한 감쇠에 노출되어 있다. 이 기기의 기계적 부분은 관성모멘트 J를 가진 코일과 마찰로 인한 감쇠 계수 c가 존재하는 베어링, 강성 k를 가진 비틀림 스프링으로 이루어져 있다. 이 기기의 전기적 부분은 전체 유도 계수 L_g와 저항 R_g를 가진 코일로 이루어져 있다.

그림 6.5a의 기계적 자유물체도에 뉴턴의 제2법칙을 적용하면 다음과 같다.

$$J\frac{d^2\theta}{dt^2} + c\frac{d\theta}{dt} + k\theta = T_\mu \tag{6.2}$$

전류가 코일에 흐르므로 힘이 발생하고, 이 힘은 코일에 회전력을 발생시킨다.

$$T_\mu = 2NBlrI \tag{6.3}$$

코일을 회전시키려는 이 회전력은 홀 효과로 인해 기전력 E_m과 상대하며, E_i로 생성된 전류의 반대 방향으로 전류를 만들게 된다.

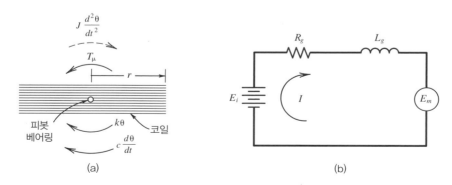

그림 6.5 예제 6.2의 회로와 자유물체도

$$E_m = \left(r\frac{d\theta}{dt} \times \mathbf{B} \right) i\hat{\mathbf{k}} = 2NBr\frac{d\theta}{dt} \tag{6.4}$$

그림 6.5b의 전기적 자유물체도에 키르히호프 법칙을 적용시키면 다음과 같은 결론을 얻는다.

$$L_g\frac{dI}{dt} + R_g I = E_i - E_m \tag{6.5}$$

식 (6.3)과 (6.4)는 기계적인 식 (6.2)와 전기적인 식 (6.5) 사이의 결합관계를 정의한다. 이로부터 알 수 있는 것은, 전위차 E로 인한 전류가 갈바노미터의 지침을 움직이는 회전력 T_μ를 생성하고, 이 움직임은 스프링의 기계적 복원력과 생성된 반대방향 전위 E_m에 의해 저지된다는 것이다. 이 시스템이 가진 감쇠는 지침이 평형 위치에서 안정될 수 있도록 한다.

참고사항 이 경우 시스템의 출력은 지침의 움직임인데, 이는 3장에서 설명한 2차 시스템 응답의 지배를 받는다. 이때 기계 시스템에 가해지는 회전력은 시스템의 전기적 응답과 함수 관계이다. 이 측정 시스템에서 입력 신호는 가해진 전압이고, 이는 기계적 회전력으로 변환되어 측정될 수 있는 지침의 편위 출력으로 나타난다.

교류

교류 전류는 여러 가지 방법으로 측정될 수 있다. 다이오드를 사용, 정류기를 구성하여 시간에 종속되어 있는 교류 전류를 직류 전류로 바꾸는 것은 편위 방식 전류계에서 흔히 볼 수 있는 한 가지 방법이다. 정류된 전류는 앞에서 다룬 교정된 다르송발 계기로 측정될 수 있다. 이는 콘센트에서 나오는 교류 전원의 전류를 지정된 전압의 직류 전류로 바꿔 전자 기기에 전원을 공급하는, 흔히 볼 수 있는 소형변압기에서 사용되는 기술과 같다. 근본적으로 **전력계**(electrodynamometer)는 다르송발 계기의 영구자석을 전류가 흐르는 코일과 직렬로 연결된 전자석으로 대체하여, 교류 전류에서 사용할 수 있게 만든 것이다. 이러한 교류 계량기는 제대로 잴 수 있는 교류 주파수의 상한이 있다. 대부분의 경우 표준 공급 주파수(60 Hz)용으로 교정되어 있다.

홀 효과 프로브는 큰 교류전류를 정확하게 측정하는 해결책이다. 이 프루브는 전류가 흐르는 전선(도체) 위로 죄도록 하여 전류값을 측정한다. 이를 설명하기 위하여 두 가지 현상을 언급한다. 첫 번째 현상은 **홀 효과**(hall effect)이다. 이는 자기장에 수직으로 놓인 전류가 흐르는 도체에서 발생하는 전압에 대한 것이다. 알고 있는 전류값에서, 이 전압은 자기장의 크기에 직접적으로 영향을 받는다. 두 번째는 전선을 흐르는 전류는 자기장을 발생시킨다는 점이다. 그러므로 홀 효과 프로브는 이 두 가지 현상을 동시에 결합함으로써 실현될 수 있다. 측정 대상인 전류가 전선에 흐를 때 생성되는 자기장이 홀 효과 센서에 측정 가능한 전압을 발생시키는 것이다.

홀 효과 센서는 얇은 전도성 있는 반도체 웨이퍼에 알고 있는 전류를 흘려 동작한다. 이 전류는 측정 대상인 전류와는 분리되어 있으며, 건전지 등의 별도의 전원에서 공급된다. 홀 효과 프로브는 측정 대상 전류가 흐르는 전선 주위에 놓인 원형 철심 구조를 가진다. 이 원형 철심은 자기장을 집중시키기 위하여 사용되며, 홀 효과 센서는 이 철심에 부착되어 측정 대상 전류가 흐르는 전선에 평행하도록 조정된다.

6.3 아날로그 장비 : 전압 측정

정적 또는 동적인 전압 신호를 측정해야 하는 경우는 많다. 전압원에 따라, 이러한 신호의 크기는 측정 신호 처리 경로 중에 수십, 수백 배 수준에 걸쳐 나타날 수 있다. 동적 전압 신호의 주파수 성분 역시 종종 관심의 대상이 된다. 따라서 정적 또는 동적 전압 신호 측정을 위하여 다양한 측정 시스템이 개발되어 왔다. 이 절에서는 측정 시스템에서 전압을 표시하는 몇 가지 편리하고 자주 쓰이는 방법에 대해 논하여 본다.

아날로그 전압 측정기

직류 전압은 그림 6.6에 묘사된 대로, 다르송발 계기와 저항이 직렬로 연결된 아날로그 회로로 측정될 수 있다. 다르송발 계기는 기본적으로 전류에 반응하지만, 값을 알고 있는 저항과 옴의 법칙을 활용하여 측정된 전류를 전압으로 변환할 수 있다. 이 기초적인 회로는 아날로그 다이얼 전압계와 전압저항계(volt-ohmmeters, VOMs)를 구성하는 데 사용된다. 이들 계기는 전류, 전압, 저항 측정에 있어 오랫동안 기본 측정 기기로 사용되어 왔다.

　교류 전압은 정류를 시키거나, 전자석을 활용한 전기동력계나 가동 철제 날개판을 사용하여 측정될 수 있다. 이러한 기기들은 단순 주기를 가진 교류 전류의 rms(root-mean-square)값에 반응하도록 되어 있고, 션트 저항 (shunt resistor)을 사용하여 적절한 배율로 전압에 맞춰 교정될 수 있다. 정류하여 입력시킬 경우, 그림 6.6의 회로로 교류 전압도 측정할 수 있다. 일정한 출력 지시값을 얻기 위해서는 정류기를 통해 나오는 파형 출력에 대해서도 고려해야 한다. 교류 계량기는 단순 주기를 가진 경우에만 제대로 된 rms 값을 표시할 수 있으나, true rms 교류 전압계는 신호처리 단계에서 정확하게 rms 값을 재기 위하여 신호를 적분하며(식 2.4) 파형에 관계없이 제대로 된 rms 값을 표시한다.

오실로스코프

오실로스코프(oscilloscope)는 측정된 신호를 아날로그 형태로 보여 줄 수 있는 실용적인 그래픽 디스플레이 장치이다. 이 장비는 시간에 대한 전압 크기의 변화를 직접적으로 보여 주고 측정하는 데 쓰인다. 이때 측정되는 동적 신호는 메가헤르쯔(MHz) 범위 수준에서 시작하여 몇몇 오실로스코프 모델에서는 30 GHz 또는 그 이상의 신호 대역폭을 가질 수 있다(참고문헌 1, 2). 유용한 진단 도구로서 오실로스코프는 직류와 교류 성분에 대한 신호 크기, 주파수, 왜곡, 형상의 시각적 표시를 제공한다. 이러한 영상은 측정된 신호에서 잡음과 간섭의 중첩

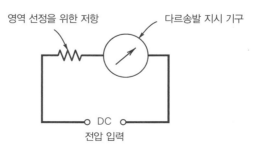

그림 6.6 직류 전압계 회로

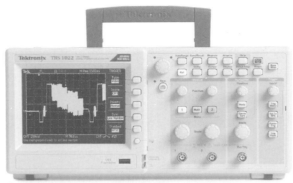

그림 6.7 신호를 표시 중인 디지털 오실로스코프

을 찾아내는 직접적인 수단이 되는데, 이런 점은 다른 비시각적인 계측 장비들이 할 수 없는 일이다. 단순한 시간에 대한 신호 표시에 더해, 일반적인 오실로스코프는 두 가지 이상의 신호[$X(t)$와 $Y(t)$]를 표시하고, 두 신호를 더하거나 뺄 수 있으며($X + Y$, $X - Y$), 두 신호의 크기(XY)를 좌표로 하여 표시하는 등의 기능을 가지고 있다. 몇몇 디지털 오실로스코프는 꽤 큰 내부 저장 공간을 가지고 있어서 신호 데이터 기록기 기능을 수행할 수도 있으며, FFT(고속 푸리에 변환) 기능을 내장하여 실시간으로 신호의 스펙트럼 분석을 수행할 수도 있다(2장 참조).

그림 6.7과 같은 디지털 오실로스코프는 측정 신호에 대한 아날로그 표시를 제공한다. 하지만 이를 위해서 먼저 신호를 샘플링하고 디지털 형태로 바꾸게 되며, 그 후 화면에 아날로그 형태로 신호를 재구축하여 표시하게 된다. 즉, 디지털 오실로스코프는 디지털 방식으로 신호를 측정하고 저장하지만, 그 일련의 측정값들은 그림 6.7과 같이 화면에 아날로그 형태로 표시된다. 실험실에서 흔하게 볼 수 있는 이 장비는 작고 휴대하기 쉬운 패키지로 제공되거나, 또는 12비트에서 18비트의 ADC(analog-to-digital converter)를 가진 데이터 획득 장비의 가상 소프트웨어로 공급된다. 최상급 장비들은 특정 용도에 맞춘 신호 분석 소프트웨어를 갖추고 있으며, 어떤 장비는 타사의 프로그램을 설치 가능한 경우도 있다. 전압을 측정하기 위한 아날로그-디지털 변환 샘플링 기법은 7장에서 다룰 것이다.

*Oscilloscope*라는 이름의 LabView 상호작용 프로그램(가상 장비)이 제휴 소프트웨어로 제공된다. 이는 기본적인 2채널 오실로스코프 기능을 갖추고 있다. 사용자는 두 가지 내장된 신호(사인파와 구형파)와 능동 신호 트리거를 사용하여 표시되는 채널과 시간 스윕 및 이득을 변경할 수 있다.

예제 6.3

오실로스코프에 대한 요구 조건은 측정하려는 신호에 맞춰서 정해진다. 예를 들어, USB 1.1 데이터 전송에서, 12 Mbps 속도로 직렬로 전송되는 한 프레임의 데이터는 1 ms 동안 지속된다. 즉, 이 신호의 측정을 위해서는 12 MHz의 구형파를 1 ms 동안 오실로스코프 화면에 표시할 수 있어야 한다.

2장의 논의에서, 구형파를 적절한 충실도로 재구축하기 위해서는 최소 5개의 고조파가 필요하다는 것을 알고 있다. 그러므로 12 MHz 구형파의 재구축에 필요한 샘플링 속도는 기초 주파수의 5배, 즉 최소 60 MHz(초당 60×10^6 샘플)이다. 이 값이 오실로스코프의 최소 속도값이 된다. 한 프레임의 USB 데이터 신호를 저장하기 위해 필요한 디지털 오실로 스코프의 저장 용량은 초당 60×10^6 샘플 × 0.001초, 또는 60 MHz로 60,000 샘플이다. 추가적으로 고려해 본다면, 더 흔하게 볼 수 있는 USB 2.0은 480 Mbps 속도로 통신하며, 2013년 발표된 USB 3.1의 경우 수퍼스피드+라고 불리며 10 Gbit/s 속도까지 사용한다. 단자 색상과 SS 표시가 이 표준에 따른 하드웨어 호환성을 나타낸다.

전위차계

전위차계(potentiometer)[2]는 직류전압을 마이크로볼트에서 밀리볼트 수준으로 재기 위한 기기이다. 천칭과 유사하게, 전위차계는 측정해야 하는 입력 전압과 알고 있는 내부 전압 사이의 평형이 이루어질 때까지 균형을 잡는다. 부하 오차가 근본적으로 0이 되도록 만든다는 점에서 전위치계는 영위 균형(null balance) 기기이다. 전위차계는 디지털 전압계로 대체되어 왔다. 디지털 전압계는 편위 모드 기기지만, 매우 높은 입력 저항을 가지고 있어 작은 전압에서도 부하 오차가 작게 유지될 수 있다.

전압 분배기 회로

전위차계에는 범용 회로인 전압 분배기 회로(voltage divider circuit)가 들어 있다(그림 6.8). 그림 6.8에서 점 A는 미끄럼 접점으로, 저항 R에 전기적으로 연결된다. 회로에서 점 A에서 점 B까지의 저항은 A에서 B까지의 거리의 선형 함수가 된다. 이때 측정기에서 검출된 출력 전압은 다음과 같이 주어진다.

$$E_o = \frac{L_x}{L_T}E_i = \frac{R_x}{R_T}E_i \tag{6.6}$$

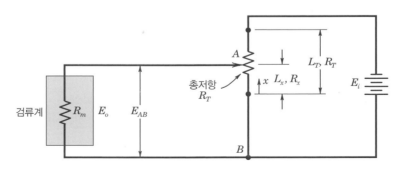

그림 6.8 전압 분배기 회로

---

2 '전위차계'라는 이름은 다음과 같이 몇 가지 다른 의미로 사용된다. 미끄럼 접촉 정밀 가변 저항, 그림 6.9의 분배기 회로, 전압 측정기기로 사용되는 고정밀도 회로

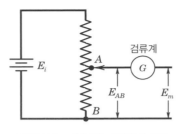

그림 6.9 기본적인 전위차계 회로

이는 측정기의 내부 저항 R_m이 R_T에 비해 매우 크다면 계속 유효하다.

전위차계 기기

전압 분배기 회로를 활용하여 그림 6.9의 간단한 전위차계 기반 측정 기기를 만들 수 있다. 이 구조에서는 갈바노미터 같은 전류 검출 장치로 전류의 흐름을 감지한다. 갈바노미터 G에 흐르는 전류는 측정 대상 전압 E_m과 점 A와 점 B 사이 전압 E_{AB} 간의 불평형으로 인한 것이다. 전압 E_{AB}는 미끄럼 접점 A를 움직여서 조정될 수 있다. 만약 알고 있는 공급전압값 E_i에 대해 미끄럼접점이 교정되어 있다면, 갈바노미터로 흐르는 전류가 0이 되도록 평형을 맞추는 방법으로 전압을 측정할 수 있다. G를 통해 흐르는 전류가 0이 되는 영위 균형은 $E_m = E_{AB}$ 조건에서만 달성될 수 있다. 식 (6.6)이 나타내는 바와 같이, 값을 알고 있고 지속적으로 공급되는 전압 E_i를 사용하여 A의 위치가 바로 E_m을 나타내도록 교정할 수 있다.

실제 사용되는 전위차계는 공급전압 E_i를 조정하는 기능을 가지고 있다. 저렴하고 갈아 끼울 수 있는 건전지의 출력을 분리된 분배기 회로에 적용하여, 고정되고 알고 있는 표준 전압 전지 출력 값과 맞춰놓는 것은 한 가지 방법이다. 이러한 방법으로 갈아끼울 수 있는 건전지로 후속 측정을 수행할 수 있다. 전위차계 기기들은 $1\,\mu V$ 미만의 계통 불확도와 $0.2\,\mu V$ 미만의 무작위 불확도를 가질 수 있다.

6.4 아날로그 장비 : 저항 측정

저항 측정이란 간단한 단선 확인에서부터, 10^{-5}에서 $10^{15}\,\Omega$ 범위의 절대 저항값을 결정하기 위한 $10^{-6}\,\Omega$ 수준의 저항 변화 검출까지 포함할 수 있다. 실제 응용 분야에서 겪게 되는 매우 넓은 범위의 저항값을 다루기 위하여, 특정한 저항이나 저항변화 범위에 알맞은 수많은 측정 기법이 개발되었다. 몇몇 측정 시스템과 회로는 섬세한 장비에 필요한 보호를 제공하고, 주위 환경 변화에 대한 보상이 가능하며, 변환기 기준점의 변화에 대해 적응할 수 있다. 또한 많은 변환기의 작동원리는 측정 변수의 변화가 저항의 변화를 가져오는 것에 기반하고 있다. 옴의 법칙과 함께 전압 및 전류 측정의 기본 기술들을 사용하여 저항을 측정하는 법을 논해 보도록 한다.

전기저항계 회로

저항을 측정하는 간단한 방법으로, 미지의 저항에 전압을 걸고 흐르는 전류를 측정한 뒤 $R = E/I$를 적용하는 방

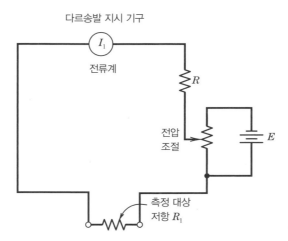

그림 6.10 기본적인 아날로그 저항계(단자가 단락 되었을 때 최대 표시값이 나오도록 전압을 조정한다.)

법이 있다. 의심할 여지없이, 옴의 법칙을 사용하여 그림 6.10과 같은 회로에서 저항값을 구할 수가 있다. 이는 일반적인 아날로그 저항계의 기초가 된다. 실제 사용되는 아날로그 저항계는 그림 6.11과 비슷한 회로를 사용한다. 여기서는 션트 저항과 다르송발 계기를 사용하여, 계기 동작을 위한 전류는 제한하면서 넓은 범위의 저항을 측정할 수 있도록 한다. 이 기법에서 측정되는 저항 R_1의 하한은 그 저항을 통과하는 전류의 상한, 즉 I_1에 의해 결정된다. 저항을 통과할 수 있는 최대 전류의 실제 한계는 전류로 인한 발열(I^2R 발열)을 내보내는 저항체의 능력에 달려 있다. 예를 들어, 얇은 금속 도체가 열을 내보내는 능력의 한계는 곧 퓨즈의 동작 원리이기도 하다. 너무 큰 I_1가 흐르면 저항체는 녹아 내린다. 섬세한 소형 저항 센서에서도 같은 일이 벌어진다!

브리지 회로

많은 종류의 브리지 회로들이 정전용량, 유도용량, 그리고 무엇보다도 저항을 재기 위해 고안되었다. **휘트스톤 브리지**(Wheatstone bridge)라 불리는 저항만으로만 구성된 브리지는 저항을 정확하게 측정하고 저항의 아주 작은 변화를 감지하는 방법을 제공한다. 그림 6.12는 브리지 회로의 기본적인 구성을 보여 주고 있다. 여기서 R_1은 특정 물리적 변수의 변화에 따라 저항의 변화을 보이는 센서이다. 직류 전압이 단자 A와 D 사이에 입력으로 가해지면, 브리지는 이 두 단자 사이의 병렬 회로 배열을 형성하게 된다. R_1에서 R_4의 저항에 흐르는 전류는 각각 I_1에서 I_4이다. 갈바노미터 I_g에 흐르는 전류가 0일 때, 브리지는 균형 상태에 있다. (이때 갈바노미터 대신 전류 측정 모드의 디지털 전압계를 사용할 수 있다.) 균형 상태에서, 브리지를 이루는 저항들 간에 특정한 관계가 성립한다. 이 관계를 찾기 위해 $I_g = 0$으로 두자. 균형 상태에서는 B와 C 사이에는 전압강하가 없다. 그러므로 다음이 성립한다.

$$I_1 R_1 - I_3 R_3 = 0$$
$$I_2 R_2 - I_4 R_4 = 0$$

(6.7)

간단한 직렬 저항계 회로

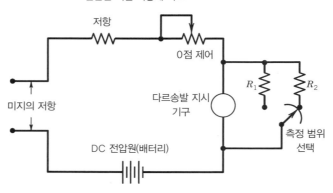

그림 6.11 다중 측정 범위를 가지는 저항계 회로들

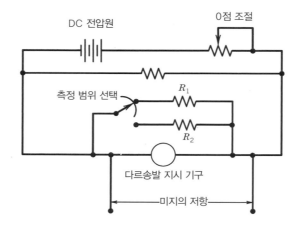

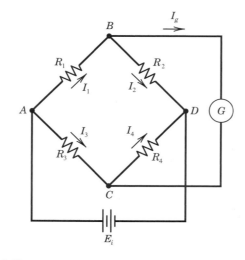

그림 6.12 기본적인 전류 감지 휘트스톤 브리지 회로(G는 갈바노미터)

　　균형상태에서, 갈바노미터를 통과하는 전류는 0이고, 브리지의 팔 부분을 통과하는 전류는 다음과 같이 동일하다.

$$I_1 = I_2 \text{이고} \quad I_3 = I_4 \tag{6.8}$$

식 (6.7)을 식 (6.8)의 조건에 따라 풀면, 균형 상태인 브리지의 저항들 간에 요구되는 관계식을 다음과 같이 구할 수 있다.

$$\frac{R_2}{R_1} = \frac{R_4}{R_3} \tag{6.9}$$

저항과 저항의 변화는 이 브리지 회로를 사용한 두 가지 방법 중 하나를 사용하여 측정될 수 있다. 만약 저항 R_1이 측정 대상 물리 변수의 변화에 따라 달라진다면, 브리지의 다른 팔의 저항은 회로를 영점으로 맞추고 저항값이 결정되도록 조정될 수 있다. 또 다른 방법은 전압 측정 기기를 사용하여 브리지 안의 전압 불균형을 측정하여 저항값이 변화했음을 알아낼 수도 있다. 두 방법 모두 분석해 보도록 한다.

영위법

R_2가 조정할 수 있는 가변저항인 경우인 그림 6.12의 회로를 생각해 보자. 만약 측정 변수의 변화에 따라 저항 R_1이 변화한다면, 저항 R_2는 이를 보상하도록 조정될 수 있고, 브리지는 다시금 균형을 찾을 것이다. 이 영위법 동작에 있어 저항 R_2는 이 R_2에 대한 조정이 직접적으로 R_1값을 나타내도록 교정된 가변저항이어야만 한다. 균형을 잡는 작업은 수동 또는 폐회로 제어회로를 사용하여 자동으로 이루어질 수 있다. 영위법의 장점 중 하나는 가해진 입력 전압을 반드시 알 필요가 없다는 점과 입력 전압의 변화가 측정의 정확도에 영향을 주지 않는다는 점이다. 또한 전류 검출기나 제어기는 전류가 흐르는지 검출하는 데만 필요하고, 그 값을 잴 필요는 없다.

편위법

균형이 맞지 않는 상황에서, 브리지 회로의 계기 분에서 나타난 전류 또는 전압 강하의 크기는 하나 또는 그 이상의 브리지의 팔에서 일어난 저항 변화를 직접적으로 나타낸다. 그림 6.13과 같이 기본 브리지에서 단자 B에서 단자 C 사이의 전압 강하가 무한대의 내부 저항을 가진 계기로 측정되어, 그 계기를 통해 흐르는 전류는 없는 경우를 먼저 생각해 보자. 식 (6.8)에 주어진 평형 브리지의 조건을 알 때, I_1은 I_2와 같아야 하므로, B에서 C 사이의 전압 강하, E_m 또는 E_0을 다음과 같이 구할 수 있다.

$$E_o = I_1 R_1 - I_3 R_3 \tag{6.10}$$

이들 조건에서, 식 (6.7)에서 (6.9)를 식 (6.10)에 대입하면 다음 결과를 얻는다.

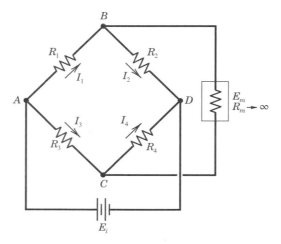

그림 6.13 전압 감지 휘트스톤 브리지

$$E_o = E_i \left(\frac{R_1}{R_1 + R_2} - \frac{R_3}{R_3 + R_4} \right) \tag{6.11}$$

브리지는 일반적으로 어떤 기준 조건에서 초기 평형을 이루고 있다. 측정 변수의 변화로 인한 변환기 저항의 모든 변화는 브리지 전압이 평형 상태에서 멀어지도록 편위를 일으킨다. $E_o = 0$의 초기 평형 상태에서, R_1이 새로운 값인 $R_1' = R_1 + \delta R$으로 변화한 경우를 생각해 보자. 브리지의 출력은 다음과 같이 될 것이다.

$$E_o + \delta E_o = E_i \left(\frac{R_1'}{R_1' + R_2} - \frac{R_3}{R_3 + R_4} \right) = E_i \frac{R_1' R_4 - R_3 R_2}{(R_1' + R_2)(R_3 + R_4)} \tag{6.12}$$

많은 설계에서, 브리지 저항들의 초깃값은 서로 같다. $R_1 = R_2 = R_3 = R_4 = R$로 두면 식 (6.12)는 다음과 같이 간략화된다.

$$\frac{\delta E_o}{E_i} = \frac{\delta R / R}{4 + 2(\delta R / R)} \tag{6.13}$$

휘트스톤 브리지를 영위법으로 동작시키는 경우와는 대조적으로, 편위된 브리지는 출력 전압을 정확히 나타낼 수 있는 측정기와 안정적이고 값을 알고 있는 입력 전압이 필요하다. 그러나 브리지 출력은 어떠한 저항 변화나 검출기 주파수 한계 내의 어떤 입력 주파수도 추종할 수 있다. 그러므로 편위법은 시간에 따라 변화하는 신호를 측정하는 데 자주 사용된다.

만약 그림 6.13의 높은 임피던스를 가진 전압 측정 기기가 상대적으로 낮은 임피던스를 가진 전류 측정 기기로 대체되고 브리지가 불평형 상태에서 동작한다면, 전류 감지 브리지 회로가 된다. R_g의 저항을 가진 전류 감지 기기의 휘트스톤 브리지 회로에 적용된 키르히호프 법칙을 고려해 보자. 입력 전압은 브리지의 각 팔의 전압 강하와 같다.

$$E_i = I_1 R_1 + I_2 R_2 \tag{6.14}$$

하지만 $I_2 = I_1 - I_g$이므로 다음 결과를 얻는다.

$$E_i = I_1(R_1 + R_2) - I_g R_2 \tag{6.15}$$

만약 R_1, R_g, R_3의 경로를 따른 전압 강하를 고려하면, 전체 전압 강하는 반드시 0이어야 한다.

$$I_1 R_1 + I_g R_g - I_3 R_3 = 0 \tag{6.16}$$

R_g, R_4, R_2로 만들어진 회로에 대해서,

$$I_g R_g + I_4 R_4 - I_2 R_2 = 0 \tag{6.17}$$

또는 $I_2 = I_1 - I_g$이고 $I_4 = I_3 + I_g$이므로,

$$I_g R_g + (I_3 + I_g) R_4 - (I_1 - I_g) R_2 = 0 \tag{6.18}$$

식 (6.16)에서 (6.18)까지는 3개의 미지수 I_1, I_g, I_3에 대한 3개의 연립방정식 세트가 된다. 이 세 방정식을 I_g에 대해 풀면 다음의 결과를 얻는다.

$$I_g = \frac{E_i(R_1 R_4 - R_2 R_3)}{R_1 R_4(R_2 + R_3) + R_2 R_3(R_1 + R_4) + R_g(R_1 + R_2)(R_3 + R_4)} \tag{6.19}$$

그리고 $E_o = I_g R_g$이다. 그러면, 저항 R_1의 변화는 브리지 편위 전압 E_o에 대해 다음과 같이 구해질 수 있다.

$$\frac{\delta R}{R_1} = \frac{(R_3/R_1)[E_o/E_i + R_2/(R_2 + R_4)]}{1 - E_o/E_i - R_2/(R_2 + R_4)} - 1 \tag{6.20}$$

브리지의 모든 저항들의 초깃값이 R이고, 이후에 R_1이 δR만큼 변하는 경우를 생각해 보자. 측정기를 흐르는 전류는 다음과 같이 주어진다.

$$I_g = E_i \frac{\delta R/R}{4(R + R_g)} \tag{6.21}$$

출력 전압은 $E_o = I_g R_g$에서 다음과 같이 구할 수 있다.

$$E_o = E_i \frac{\delta R/R}{4(1 + R/R_g)} \tag{6.22}$$

브리지 임피던스는 내부저항 R_s를 가지는 정전압 전원의 출력에 영향을 줄 수 있다. 테브난 등가 회로 분석에 의한 유효 브리지 저항은 다음과 같이 주어진다.

$$R_B = \frac{R_1 R_3}{R_1 + R_3} + \frac{R_2 R_4}{R_2 + R_4} \tag{6.23}$$

전압 E_s의 전원에 대해, 다음이 성립한다.

$$E_i = \frac{E_s R_B}{R_s + R_B} \tag{6.24}$$

이와 비슷한 방식으로, 브리지 임피던스는 전압 측정 기기가 나타내는 전압에 영향을 줄 수 있다. 내부저항 R_g를 가지는 전압 측정 기기에서, 표시된 전압 E_m에 대한 실제 브리지 편위 전압은 다음과 같다.

$$E_o = \frac{E_m}{R_g} \left(\frac{R_1 R_2}{R_1 + R_2} + \frac{R_3 R_4}{R_3 + R_4} + R_g \right) \tag{6.25}$$

측정된 전압 E_m과 실제 전압 E_o 간의 차이가 부하 오차이며, 이 경우는 브리지 임피던스 부하로 인한 것이다. 부하 오차는 이어서 논의될 것이다.

예제 6.4

다음 식에 따라 온도에 의한 전기 저항 변화를 나타내는 온도 센서가 있다.

$$R = R_o \left[1 + \alpha(T - T_o) \right] \tag{6.26}$$

여기서

R = 센서 저항(Ω)

R_o = 기준 온도 T_o에서 센서 저항(Ω)

T = 온도($°C$)

T_o = 기준온도($°C$)

α = 저항의 온도계수 $0.00395°C^{-1}$

온도 센서는 그림 6.12 같은 휘트스톤 브리지에 연결되어 있다. 이때 센서는 R_1 위치에 있고, R_2에는 교정된 가변 저항이 있다. 브리지는 영위법을 사용하여 동작하고 있다. 고정 저항인 R_3과 R_4는 각각 500 Ω이다. 만약 온도 센서가 0°C에서 200 Ω의 저항값을 가졌다면, 0°C 브리지를 평형으로 만들 수 있는 R_2값을 구하라.

알려진 값 $R_1 = 200\,\Omega$.

$$R_3 = R_4 = 500\,\Omega$$

구할 값   영위 평형 조건에서 R_2값

풀이

식 (6.9)로부터 이 브리지의 평형조건은 $R_2 = R_1 R_4/R_3$ 또는 $R_2 = 200\,\Omega$일 때 달성된다. 유용한 회로가 되려면, R_2는 조정 가능하고, 현재 저항값이 얼마인지 알 수 있도록 구성되어야 한다.

예제 6.5

모든 4개의 팔이 $200\,\Omega$의 초깃값을 가지고, R_1 위치에 예제 6.4의 온도 센서가 있는 변위 브리지를 생각해 보자. 브리지의 입력, 즉 공급 전압은 $20\,V$이다. 만약 R_1의 온도가 브리지 출력이 $0.569\,V$가 되도록 바뀌었다면, 센서의 온도 T_1는 얼마인가? 센서로 유입되는 전류 I_1와 방출되어야 하는 일률(전력) P_1은 얼마인가?

알려진 값 $E_i = 20\,V$

   초기(기준) 상태 : $R_1 = R_2 = R_3 = R_4 = 200\,\Omega$

$$E_0 = 0\,V$$

   편위 상태 : $\delta E_o = 0.569\,V$

가정   전압계의 입력 임피던스는 무한대이고, 전압원은 무시할 수준의 임피던스를 가지고 있다. $(E_s = E_i)$

구할 값 $T_1,\ I_1,\ P_1$

풀이

센서 저항의 변화는 식 (6.13)을 사용하여 다음과 같이 구할 수 있다.

$$\frac{\delta E_o}{E_i} = \frac{\delta R/R}{4 + 2(\delta R/R)} \Rightarrow \frac{0.569}{20} = \frac{\delta R}{800 + 2\delta R}$$
$$\delta R = 24.13\,\Omega$$

이 결과에서 전체 센서 저항은 $R_1 + \delta R = 224.13\,\Omega$임을 알 수 있고, 이는 센서 온도 $T_1 = 30.54\,°C$에 해당한다.

   센서에 흐르는 전류를 알아내기 위해, 먼저 모든 저항이 $200\,\Omega$인 평형 상태를 고려한다. 등가 브리지 저항 R_B는 당연히 $200\,\Omega$이고, 전원에서 나오는 총 전류는 $E_i/R_B = 100\,mA$이다. 그러므로 초기 평형 상태에서, 브리지의 각 팔과 센서에 흐르는 전류는 $50\,mA$이다. 만약 센서 저항이 $224.13\,\Omega$으로 변하면, 전류는 줄어들 것이다. 만약 계측기로 흐르는 전류를 무시할 수 있는 고 임피던스 기기로 출력 전압을 측정한다면, 센서에 흐르는 전류는 다음과 같이 주어진다.

$$I_1 = E_i \frac{1}{(R_1 + \delta R) + R_2} \tag{6.27}$$

이 전류값은 47.15 mA이다.

센서로부터 방출되어야 하는 일률 $P_1 = I_1^2(R_1 + \delta R)$는 0.50 W이다. 이는 표면 면적과 국부적인 열전달 조건에 의존하므로 센서 온도는 변할 수 있다.

참고사항 센서에 흐르는 전류로 인한 I^2R 발열에 의해, 센서 온도는 전류가 흐르지 않는 상태에 비해 더 높게 나타날 수 있다. 이는 표시되는 온도가 일정 수준 편향되도록 하는, 계통 오차를 발생시킨다. 감도 dE_o/dR_1의 향상과 이에 따른 E_1에 의한 전류 증가는 서로 상충되는 관계에 있고, 입력 전압은 주어진 목적에 적합하게 선택되어야 한다.

6.5 부하 오차와 임피던스 매칭

이상적으로는 측정 기기나 측정 시스템 자체가 측정되는 변수에 영향을 미쳐서는 안된다. 변수를 변하게 하는 모든 영향은 측정 시스템이 측정 변수에 미치는 '부하'로 고려되어야 한다. 부하 오차(loading error)는 측정량의 값과 측정 행위를 통해 구해진 표시 값 사이의 차이이다. 부하 효과는 기계, 전자 또는 광학 등의 모든 형태를 포함한다. 어떤 공정에 센서를 집어넣자 측정되고 있는 물리적 변수에 변화가 있었다면, 이는 부하 오차이다. 부하 오차는 측정 시스템 신호 경로의 모든 곳에서 발생할 수 있다. 특정 시스템 단계의 출력이 후속 단계의 영향을 받는다면, 이 신호는 단계 간 부하 오차의 영향을 받았다고 한다. 좋은 측정 시스템 설계란 모든 부하 오차를 최소화하는 것이다.

이러한 개념을 이해하기 위해 액체 유리 온도계를 사용하여 고온의 액체 온도를 측정하는 경우를 생각해 보자. 열평형을 이루려면 고온의 액체로부터 온도계로 약간의 에너지가 흘러 들어가야 한다. (즉, 온도계는 액체를 냉각시키거나 가열해야 한다.) 에너지 이동의 결과로 액체의 온도는 변화하였고, 측정된 값은 구하려 했던 액체의 초기 온도와 일치하지 않는다. 이 측정에는 부하 오차가 발생했다.

전압 분배기의 부하 오차

R_m이 유한한 경우에 대한 그림 6.8의 전압 분배기 회로를 생각해 보자. 이러한 조건에서 이 회로는 그림 6.14의 등가회로로 나타낼 수 있다. A점의 미끄럼 접점이 움직임에 따라, 전체 편향 저항 R이 $R_1 + R_2 = R_T$인 R_1과 R_2로 나눠진다. 저항 R_m과 R_1은 병렬 루프를 이루고 다음과 같은 등가 저항 R_L을 나타낸다.

$$R_L = \frac{R_1 R_m}{R_1 + R_m} \tag{6.28}$$

전압원에서 본 전체 회로의 등가 저항은 R_{eq}로 다음과 같이 나타낼 수 있다.

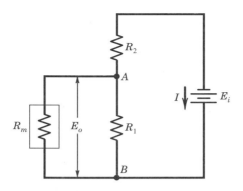

그림 6.14 신호 경로에 병렬로 연결된 기기가 등가 전압 분배기를 형성한다.

$$R_{\text{eq}} = R_2 + R_L = R_2 + \frac{R_1 R_m}{R_1 + R_m} \tag{6.29}$$

이때 전압원으로부터 전류는 다음과 같다.

$$I = \frac{E_i}{R_{\text{eq}}} = \frac{E_i}{R_2 + R_1 R_m/(R_1 + R_m)} \tag{6.30}$$

출력 전압은 다음과 같이 주어진다.

$$E_o = E_i - IR_2 \tag{6.31}$$

이 결과는 다음과 같이 나타낼 수 있다.

$$\frac{E_o}{E_i} = \frac{1}{1 + (R_2/R_1)(R_1/R_m + 1)} \tag{6.32}$$

R_m을 무한대로 보내면 이 식은 다음과 같이 나타낼 수 있다.

$$\frac{E_o}{E_i} = \frac{R_1}{R_1 + R_2} \tag{6.33}$$

이는 식 (6.6)과 같다. 또한 R_2가 0에 가까워지면, 예상대로 출력 전압은 공급 전압과 같아진다. 식 (6.6)에서 구한 값을 참값 $(E_o/E_i)'$으로 나타내면, 부하 오차 e_l은 다음과 같이 주어질 수 있다.

$$e_l = E_i \left[\left(\frac{E_o}{E_i} \right) - \left(\frac{E_o}{E_i} \right)' \right] \tag{6.34}$$

R_m이 무한대로 감에 따라 부하 오차는 0에 접근한다. 그러므로 전압 측정에 있어, 측정기의 저항이 클수록 부하 오차는 줄어든다.

단계 간 부하 오차

측정 작업에서 흔히 볼 수 있는, 한 시스템의 전압 출력이 다음 장치의 입력 신호가 되는 경우를 생각해 보자. 이 다음 장치는 측정 기기 또는 신호 처리기와 같은 단계 간 기기가 될 수 있다. 1번 기기의 출력 단자에는 등가 임피던스 Z_1와 함께 개방 회로 전압 E_1이 나타난다. 2번 기기는 이 단자에 연결된다. 그림 6.15에 나타낸 것처럼 테브난 등가 회로는 내부 직렬 저항 Z_1과 전압 E_1으로 이루어져 있다. 2번 기기를 1번 기기의 단자를 통해 연결하는 것은 임피던스 Z_m을 단자에 배치하는 것과 같다. 이는 두 단자 사이의 루프에 흐르는 전류 I를 발생시키며, Z_m은 첫 번째 기기에 부하로 작용한다. 2번 기기에 검출된 전압은 다음과 같다.

$$E_m = IZ_m = E_1 \frac{1}{1 + Z_1/Z_m} \tag{6.35}$$

결과적으로, 2번 기기에서 감지한 전압은 단계간 연결로 인하여 원래 전압과 다르다. 이는 $e_l = E_m - E_1$ 크기를 가지는 부하 오차로 다음과 같이 나타낼 수 있다.

$$e_l = E_1 \left(\frac{1}{1 + Z_1/Z_m} - 1 \right) \tag{6.36}$$

단계 간 전압 전위를 최대로 하기 위해서는, $Z_m \gg Z_1$으로 하여 $e_l \to 0$으로 할 필요가 있다. 단계 간 또는 측정 기기는 부하 오차를 최소화하기 위해 높은 입력 전압을 가져야 한다.

4-20 mA 전류 루프와 같이 전류로 구동되는 신호의 경우, 1번 기기와 2번 기기 간의 전류 전달이 최대화될 필요가 있다. 그림 6.16의 회로를 생각해 보자. I_m은 2번 장치로 표시된 루프를 통한 전류를 나타낸다. 2번 기기가 회로에 없을 경우에는 I'인 단락전류를 가진다. 즉,

$$L_m = \frac{E_1}{Z_1 + Z_m}, \quad L' = \frac{E_1}{Z_1} \tag{6.37}$$

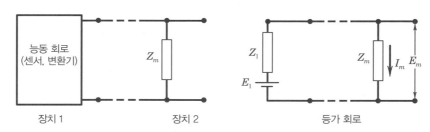

그림 6.15 병렬 연결을 통해 만들어진 등가 회로

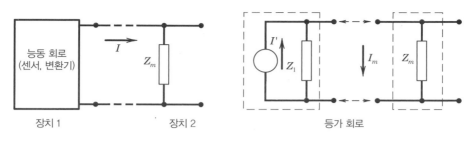

그림 6.16 직렬 연결된 기기들과 그 신호 경로

여기서 Z_m은 1번 기기에 2번 기기가 가하는 총 부하를 나타낸다. 부하 오차 $e_l = I_m - I'$는 다음과 같이 나타낼 수 있다.

$$e_l = E_1 \frac{-Z_m}{Z_1^2 + Z_1 Z_m} \tag{6.38}$$

식 (6.38) 또는 (6.37)로부터, 전류 구동에서 부하 오차를 줄이려면 $e_l \to 0$이 되도록 $Z_m \gg Z_1$이어야 함을 알 수 있다.

4-20 mA 전류 루프로 신호를 전달할 때, 임피던스 Z_m을 가지는 저항이 출력 단자와 측정되는 전압 간에 배치되는 경우가 종종 있다. 측정된 전압 E_m은 다음과 같이 나타난다.

$$E_m = I' Z_m \left(\frac{Z_1}{Z_1 + Z_m} \right) \tag{6.39}$$

식 (6.39) 괄호 안의 항은 부하의 영향을 나타내고, $Z_m \ll Z_1$ 조건에서 최소화될 수 있다.

예제 6.6

그림 6.17의 휘트스톤 브리지에서, 네 저항이 다음과 같이 변할 때, 개방 회로 전압(즉, $R_m \to \infty$일 때)을 구하라.

$$\delta R_1 = +60\,\Omega \quad \delta R_2 = -60\,\Omega \quad \delta R_3 = +60\,\Omega \quad \delta R_4 = -60\,\Omega$$

알려진 값 측정 기기의 저항 R_m

가정 $R_m \to \infty$, 무시할 수 있는 전원 임피던스

구할 값 E_o

풀이

식 (6.11)에서

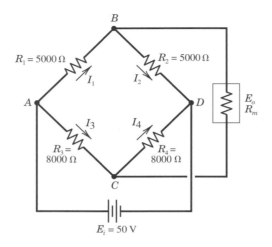

그림 6.17 예제 6.6의 브리지 회로

$$E_o = E_i \left(\frac{R_1}{R_1 + R_2} - \frac{R_3}{R_3 + R_4} \right)$$

$$= 50 \text{ V} \left(\frac{5060 \text{ }\Omega}{5060 \text{ }\Omega + 4940 \text{ }\Omega} - \frac{8060 \text{ }\Omega}{8060 \text{ }\Omega + 7940 \text{ }\Omega} \right) = +0.1125 \text{ V}$$

예제 6.7

예제 6.6에서 측정기가 내부 저항 $R_m = 200 \text{ k}\Omega$을 가진 경우를 가정한다. 이 특정한 측정기를 회로에 사용했을 때, 출력 전압은 얼마인가? 부하 오차를 추산하라.

알려진 값 $R_m = 200{,}000 \text{ }\Omega$

구할 값 E_o, e_l

풀이

출력 전압 E_o는 $I_m R_m$과 같고, I_m은 식 (6.19)에서 구할 수 있으므로,

$$E_o = R_g I_m = \frac{E_i R_m (R_1 R_4 - R_2 R_3)}{R_1 R_4 (R_2 + R_3) + R_2 R_3 (R_1 + R_4) + R_m (R_1 + R_2)(R_3 + R_4)}$$

여기서 R_m은 $200{,}000 \text{ }\Omega$을 대입하면 $E_o = 0.0726 \text{ V}$를 얻는다.

부하 오차 e_l은 측정기 임피던스가 무한대일 때(예제 6.6) 출력 전압과 유한한 측정기 임피던스일 때 출력 전압 간의 차이다. 이는 $e_l = 0.0726 - 0.0750 = -2.4 \text{ mV}$로 구해지며, 이때 음수 기호는 부하가 있을 때 측정값

이 더 낮게 나옴을 의미한다.

　브리지 출력은 $R_m \to \infty$일 때 출력 전압 E_o'와 유한한 측정기 저항일 때 출력 전압 E_o와의 비로 나타낼 수도 있다.

$$\frac{E_o}{E_o'} = \frac{1}{1 + R_e/R_g}$$

여기서 $R_e = \dfrac{R_1 R_2}{R_1 + R_2} + \dfrac{R_3 R_4}{R_3 + R_4}$ 이고, 주어진 예에서는 다음과 같이 나타난다.

$$\frac{E_o}{E_o'} = \frac{1}{1 + 6500/200{,}000} = 0.969$$

부하 오차를 퍼센트로 나타내면 $100 \times \left(\dfrac{E_o}{E_o'} - 1 \right)$, -3.1%이다.

6.6　아날로그 신호 처리 : 증폭기

증폭기는 아날로그 입력 신호의 크기를 다음 관계에 따라 키우는 기기이다.

$$E_o(t) = h\{E_i(t)\}$$

여기서 $h\{E_i(t)\}$는 수학적 함수를 나타낸다. 가장 간단한 증폭기는 선형 스케일링 증폭기로 다음과 같이 나타낼 수 있다.

$$h\{E_i(t)\} = G E_i(t) \tag{6.40}$$

여기서 이득 G는 양 또는 음의 값의 상수로서 어떤 값도 가질 수 있다. 가능한 여러 다른 작동 방식 중, 다음과 같이 x를 밑으로 하는 대수 증폭기가 있다.

$$h\{E_i(t)\} = G \log_x(E_i(t)) \tag{6.41}$$

증폭기는 유한한 주파수 응답과 제한된 입력 전압 범위를 가진다.

　가장 널리 쓰이는 증폭기는 반도체 연산 증폭기(solid-state operational amplifier)이다. 이 기기는 높은 입력 임피던스($Z_i > 10^7\,\Omega$)와 낮은 출력 임피던스($Z_o < 100\,\Omega$), 그리고 높은 내부 이득($A_o \approx 10^5$에서 10^6)을 특징으로 한다. 그림 6.18a의 일반적인 도해 예에서 볼 수 있듯이, 연산 증폭기는 비반전과 반전의 2개의 입력 단자와 하나의 출력 단자를 가진다. 출력 단자의 신호는 비반전 입력단자를 통과한 신호와 위상이 같지만, 반전 입력 단자를 통과한 신호와는 위상이 180도 다르다. 이 증폭기는 $\pm5\,\mathrm{V}$에서 $\pm15\,\mathrm{V}$ 범위의 이중 극성 DC 여자

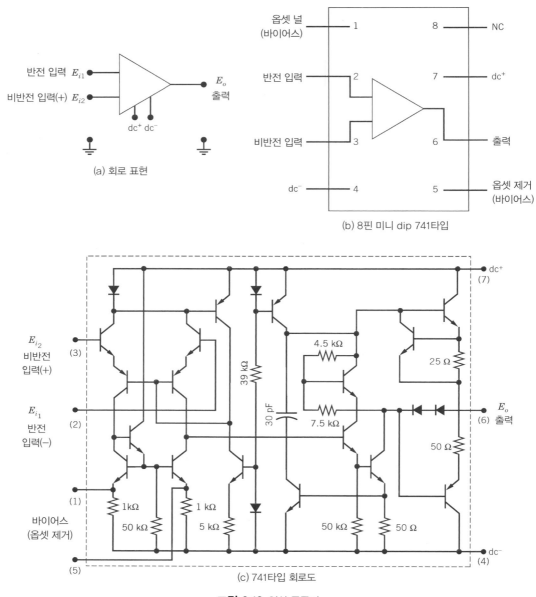

그림 6.18 연산 증폭기

전원을 필요로 한다. 이에 더하여, 두 DC 전압 옵셋 제거(바이어스) 입력 단자는 입력이 0인 상태에서 나타나는 출력의 치우침(옵셋)을 제거할 방법을 제공한다. 일반적으로 이를 위해 입력에 $10 \text{ k}\Omega$ 가변 저항이 배치되어 있다.

그림 6.18b는 많이 사용되는 741타입 연산 증폭기의 핀배선도 예를 보여 주고 있다. 이 연산 증폭기는 8핀 이

중 직렬(dual-in-line) 세라믹 패키지 형태로 제공된다. 이는 전자회로기판에서 쉽게 볼 수 있는 검은색 직사각형 IC 패키지이다. 숫자가 매겨진 각 핀 단자의 기능이 나타나 있다. 그림 6.18c는 내부 개략도를 각 핀 연결에 대한 레이블과 함께 보여 주고 있다. 여기 나타난 대로 각 입력 단자(즉, 2와 3번 핀)은 npn 트랜지스터의 베이스에 연결되어 있다.

연산 증폭기의 높은 내부 개루프 이득, A_o는 다음과 같이 주어진다.

$$E_o = A_o(E_{i_2}(t) - E_{i_1}(t)) \qquad (6.42)$$

A_o의 크기는 저주파에서는 평탄하게 유지되고 고주파 영역에서는 급하게 작아지지만, 이러한 고유 이득 곡선의 특성은 회로 이득 G와 회로 응답을 설정하는 피드백 저항과 외부 입력을 사용하여 극복될 수 있다. 그림 6.19는 연산 증폭기를 사용한 증폭기 구성 예를 보여 주고 있다.

이 증폭기는 매우 높은 내부 이득과 무시할 만한 전류 소모를 가지므로, 저항 R_1과 R_2를 사용하여 되먹임 루프를 구성하고 전체 증폭기 회로 이득, 즉 폐루프 이득(closed loop gain) G를 제어할 수 있다. 그림 6.19a의 비반전 선형 스케일링 증폭기는 다음과 같은 폐루프 이득을 가진다.

$$G = \frac{E_o(t)}{E_i(t)} = \frac{R_1 + R_2}{R_2} \qquad (6.43)$$

저항 R_s는 이득에 영향을 미치지는 않으나, 작은 전류에서 전위 변화 문제를 잡기 위하여 사용된다. 그 값은 $R_s \approx R_1 R_2/(R_1 + R_2)$로 선정할 수 있다. 그림 6.19b의 반전 선형 스케일링 증폭기 회로는 다음과 같은 이득 값을 가진다.

$$G = \frac{E_o(t)}{E_i(t)} = \frac{R_2}{R_1} \qquad (6.44)$$

두 입력을 모두 사용함으로써, 그림 6.19c의 차동 증폭기를 구성할 수 있다. 이때 출력은 다음과 같다.

$$E_o(t) = (E_{i_2}(t) - E_{i_1}(t))(R_2/R_1) \qquad (6.45)$$

차동 증폭기 회로는 많은 장비 구성에서 전압 비교기로 사용될 수 있다(6.7절 참조).

전압 팔로워 회로는, 고출력 임피던스 변환기에서 필요로 하는 경우와 같이, 임피던스 부하를 측정 시스템의 다른 단계로부터 절연시키기 위해 자주 사용된다. 그림 6.19d는 전압 팔로워 회로의 개략도를 보여 주고 있다. 되먹임 신호가 반전 단자에 직접 연결되어 있는 것에 주목하라. 이러한 회로의 출력은 식 (6.42)를 사용하여 다음과 같이 나타낼 수 있다.

$$E_o(t) = A_o(E_i(t) - E_o(t))$$

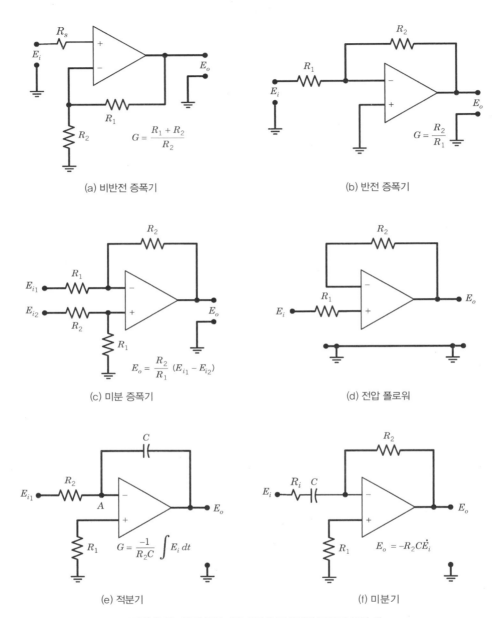

그림 6.19 연산 증폭기를 사용한 통상적인 증폭기 구성 예

또는 회로 이득 $G = E_o(t)/E_i(t)$을 사용하여 다음과 같이 적을 수 있다.

$$G = \frac{A_o}{1 + A_o} \approx 1 \tag{6.46}$$

키르히호프의 법칙을 비반전 입력 루프에 적용하면 다음을 얻는다.

$$I_i(t)R_1 + E_o(t) = E_i(t)$$

회로 입력 저항 R_i는 다음과 같이 구할 수 있다.

$$R_i = \frac{E_i(t)}{I_i(t)} = \frac{E_i(t)R_1}{E_i(t) - E_o(t)} \tag{6.47}$$

비슷한 방식으로 출력 저항 역시 구할 수 있다.

$$R_o = \frac{R_2}{1 + A_o} \tag{6.48}$$

식 (6.46)에서 (6.48)은 큰 A_o로 인하여 저항 형태로 나타난 전압 팔로워의 입력 임피던스는 크고 그 출력 임피던스는 작으며, 회로의 이득은 단위 이득에 가깝게 나타날 것임을 보여 준다. 안정적인 동작을 유지하기 위하여 10에서 100 kΩ 범위에 R_1와 R_2의 값을 둘 수 있다.

연산 증폭기 회로를 사용하여 입력 신호의 적분과 미분을 수행할 수 있다. 그림 6.19e의 적분기 회로에서, R_2와 C를 통과하는 전류는 다음과 같이 주어진다.

$$I_{R_2}(t) = \frac{E_i(t) - E_A(t)}{R_2}$$
$$I_C(t) = C\frac{d}{dt}(E_o(t) - E_A(t))$$

접속점 A의 전류를 합해서 다음과 같이 적분기 회로의 동작을 나타낼 수 있다.

$$E_o(t) = -\frac{1}{R_2C}\int E_i(t)dt \tag{6.49}$$

특별한 경우로서, 만약 입력 전압이 일정한 양의 DC 전압인 경우, 출력 신호는 $E_o = -E_i t/RC$의 음의 선형 램프(경사)로 나타난다. 이때 t의 단위는 초이다. 이는 램프 변환기 및 디지털 적분 전압계에서 활용된다(7장의 7.5절 참조). 적분을 통해 잡음이 평균화되므로, 적분기 회로는 상대적으로 고주파 잡음에 강하다.

비슷한 방식으로 분석하면, 그림 6.19f의 미분기 회로가 다음과 같은 동작을 수행함을 알 수 있다.

$$E_o(t) = -R_2C\frac{dE_i(t)}{dt} \tag{6.50}$$

미분기 회로는 실제 신호가 가려지는 수준까지 신호가 가진 고주파 잡음을 증폭한다. 저항 R_i를 추가하여 고주파 이득을 $f_c = 1/2\pi R_i C$의 -3 dB 차단 주파수 기준으로 제한할 수 있다. 잡음이 많은 환경에서는 수동 RC 미분기가 더 적합할 수 있다.

6.7   아날로그 신호 처리 : 특수한 목적의 회로들

아날로그 전압 비교기

전압 비교기는 두 입력 전압의 차이에 비례하는 출력을 제공한다. 그림 6.20a의 기본형 비교기는 고이득 차동 방식으로 동작하는 연산 증폭기로 구성되어 있다. 이 경우, 입력 E_{i_1}과 E_{i_2} 사이의 어떤 차이도 큰 값을 가진 개루프 이득 A_o으로 증폭된다. 그 결과, $E_{i_1} - E_{i_2}$가 음이나 양의 방향으로 작은 크기만 가져도 비교기의 출력은 설정된 문턱 전압 E_T로 포화되어 버린다. 이 포화 출력 값 E_{sat}는 동급 전압 E_s와 거의 같다. 예를 들어 ±15 V로 동작하는 741 연산 증폭기는 ±13.5 V로 포화될 것이다. E_T 값은 증폭기 바이어스 (옵셋 조정) 전압 E_{bias}으로 조정될 수 있다. 비교기 출력은 다음과 같이 주어진다.

$$
\begin{aligned}
E_o &= A_o(E_{i_1} - E_{i_2}) & |E_{i_1} - E_{i_2}| &\leq E_T \text{인 경우} \\
&= +E_{sat} & E_{i_1} - E_{i_2} &> E_T \text{인 경우} \\
&= -E_{sat} & E_{i_1} - E_{i_2} &< -E_T \text{인 경우}
\end{aligned}
\tag{6.51}
$$

이 입력-출력 간 관계는 그림 6.20b에 나타나 있다. ±15 V 전원과 200,000의 이득값을 가진 이 비교기는 ~68 μV의 전압 차이면 포화될 것이다.

E_{i_2}는 값을 알고 있는 기준 전압인 경우가 많다. 즉, 제어 회로에서 비교기 출력을 사용해 E_{i_1}와 E_{i_2} 중 어느 값이 더 큰지 비교할 수 있다. 두 입력의 차이 값이 양이면 양의 출력이 나오는 것이다. 아날로그-디지털 변환기에서는 비교기가 자주 사용된다(7장 참조). +입력과 출력 사이를 연결한 제너 다이오드는 디지털 시스템 용도로 TTL(transistor-transistor logic)과 호환되는 출력을 제공한다.

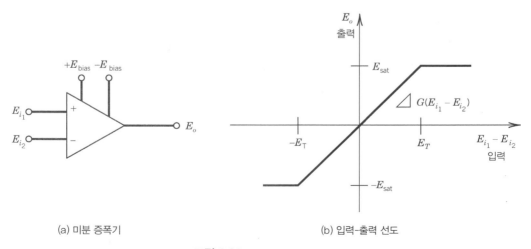

(a) 미분 증폭기   (b) 입력-출력 선도

그림 6.20 아날로그 전압 비교기

샘플 및 홀드 회로

샘플 및 홀드 회로(sample-and-hold circuit, SHC)는 시간에 따라 변화하는 신호의 협대역 측정을 수행하고 재설정될 때까지 그 측정값을 유지(홀드)하는 데 사용된다. 이는 아날로그-디지털 변환기를 사용하는 데이터 획득 시스템에서 널리 사용된다. 이 회로는 측정하는 동안 신호를 추적하다가 트리거가 되면 고정값으로 유지한다. 그림 6.21a는 이러한 동작을 나타내고 있다. 여기서 추적 및 홀드 로직은 적절한 트리거 신호를 제공한다.

그림 6.21b는 기본적인 샘플 및 홀드 회로를 나타낸다. 스위치 S_1은 고속 아날로그 기기이다. 스위치가 닫혔을 때, '홀드' 축전기 C는 공급 저항 R_s를 통해 충전된다. 축전기가 충전되면 스위치는 열리게 된다. 증폭기는 매우 높은 입력 임피던스와 매우 낮은 전류 흐름을 가지므로, 여기에 매우 누설이 적은 축전기를 더하면 충분히 긴 유지 시간을 가질 수 있다. 일반적인 SHC는 비반전이고 단위 이득($G = 1$)을 가진다.

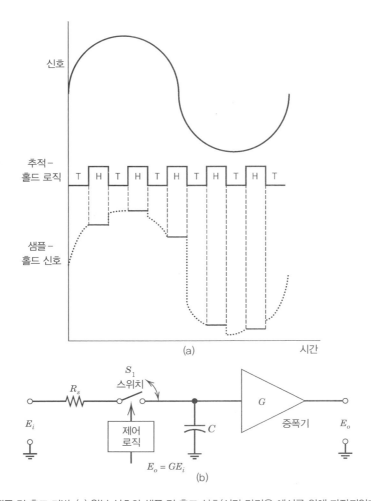

그림 6.21 샘플 및 홀드 기법. (a) 원본 신호와 샘플 및 홀드 신호(시간 간격은 예시를 위해 과장되었다.), (b) 그 회로

전하 증폭기

전하 증폭기(charge amplifier)는 고 임피던스 전하 q를 출력 전압 E_o로 바꾸는 데 사용된다. 이 회로는 그림 6.22의 예와 같이 고이득 반전 전압 연산 증폭기를 사용한다. 이들 회로는 흔히 압전 결정이나 정전식 센서를 사용하는 변환기와 함께 쓰인다. 압전 결정은 변화하는 기계적 하중을 받을 때 시간 종속적인 표면 전하를 발생시킨다.

회로의 출력 전압은 다음과 같이 결정된다.

$$E_o = -q[C_r + (C_T/A_o)] \tag{6.52}$$

여기서 $C_T = C_t + C_c + C_r$이고 C_t, C_c, C_r은 각각 변환기, 케이블, 되먹임 정전용량을 나타낸다. R_c는 케이블과 변환기의 저항이고, A_o는 증폭기의 개루프 이득이다. 연산 증폭기의 개루프 이득은 매우 크기 때문에, 식 (6.52)는 보통 다음과 같이 간략화 된다.

$$E_o \approx -q/C_r \tag{6.53}$$

가변저항 R_τ와 고정값 되먹임 축전기를 사용하여 신호의 저주파 흔들림을 평활화할 수 있다.

4-20 mA 전류 루프

100 mV 수준 미만의 작은 크기의 전압은 잡음에 상당히 취약하다. 이러한 낮은 크기의 신호를 가진 변환기로 스트레인 게이지, 압력 게이지, 열전대 등이 있다. 이러한 신호를 멀리 송신하기 위한 한 가지 방법은 증폭을 통해 신호를 키우는 것이지만, 증폭은 잡음 역시 키운다. 산업 환경에 적합하고 실용적인 대안은 4-20 mA 전류 루프(current loop)이다('4 to 20'라 읽는다). 이 방법에서는 작은 크기의 전압을 4에서 20 mA 사이의 표준 전류 루프 신호로 변환한다. 낮은 값이 최소 전압에 높은 값이 최대 전압에 대응한다. 이 4-20 mA 전류 루프는 신호의 저하 없이 수백 미터 이상 신호를 보낼 수 있다. 4-20 mA 출력은 변환기에서 흔히 볼 수 있는 사양이다.

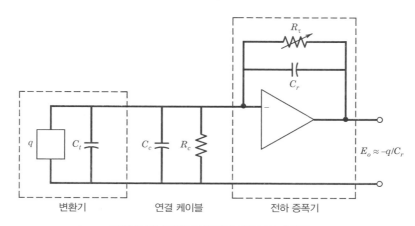

그림 6.22 변환기에 연결된 전하 증폭기 회로

출력단에서, 수신기는 전류를 다시 작은 크기의 전압으로 변환한다. 이 변환은 루프에 직렬로 연결된 저항 하나로도 가능하다. 예를 들어 루프 종단에 $250\,\Omega$ 저항을 달고 4-20 mA 신호를 흘려보내면 이는 1-5 V 전압 신호로 변환되는 것이다.

멀티바이브레이터와 플립플롭 회로

멀티바이브레이터(multivibrator)와 플립플롭(flip-flop) 회로는 디지털 신호의 근간을 이루는 아날로그 회로이다. 이 회로들은 시스템 제어와 이벤트 시작 트리거에 유용하다. 비안정 멀티바이브레이터(astable multivibrator)는 가해진 시간종속인 입력 전압에 따라 고전압과 저전압 상태 사이를 계속해서 오가는 스위칭 회로이다. 이는 신속하게 구형파를 생성하는 데 쓰인다. 일반적으로 그 진폭은 0 V(low)에서 5 V(high)을 오가며, 이는 TTL 신호(TTL signal)로 알려진 방식이다. 이 회로는 계속해서 high와 low 상태를 전환하므로 비안정하다고 한다. 그림 6.23의 이 회로의 중심부는 두개의 트랜지스터 T_1과 T_2로, 이들은 번갈아가면서 통전되며, 회로는 트랜지스터들에 대해 대칭으로 구성되어 있다. 이 회로는 고정된 주기와 그림 6.24a의 출력 파형을 갖는 구형파 신호를 발생시킨다. 동작 방식은 복잡하지 않다. 두 트랜지스터는 축전기 C_1과 C_2를 흐르는 전류가 가해진 입력에 의해 증가하고 감소함에 따라 그 상태가 변화한다. 예를 들어 T_2가 켜지고 그 콜렉터가 V_c에서 0으로 바뀌면, T_1의 베이스에는 음의 전압이 걸리고, T_1은 꺼진다. C_2가 방전되는 동안 C_1은 충전된다. C_1에 걸린 전압이 증가함에 따라, 흐르는 전류는 감소한다. 하지만 C_1에 흐르는 전류가 충분히 크게 유지되는 동안은 T_2는 켜진 채로 있다가, 어느 수준 이하로 떨어지면 결국 T_2는 꺼진다. 이는 C_2가 충전되도록 하고, T_1이 켜지게 된다. 그 결과 만들어지는 구형파의 주기는 $R_1 C_1$에 비례한다.

멀티바이브레이터 회로의 유용한 변형으로 단안정 회로(monostable)가 있다. 이 구성에서, T_2는 양의 외부 펄스나 전압의 변화가 입력에 가해질 때까지는 켜진 상태를 유지한다. 입력이 가해진 순간, T_2는 짧은 시간 동안 꺼져서 출력에 빠른 움직임이 나타나도록 한다. 단안정 회로는 그림 6.24b와 같이 한 사이클만 동작하고, 그다

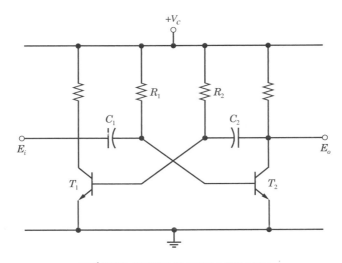

그림 6.23 기본적인 멀티바이브레이터 회로

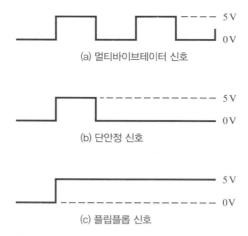

(a) 멀티바이브테이터 신호

(b) 단안정 신호

(c) 플립플롭 신호

그림 6.24 가해진 입력 신호에 따른 회로의 출력 반응

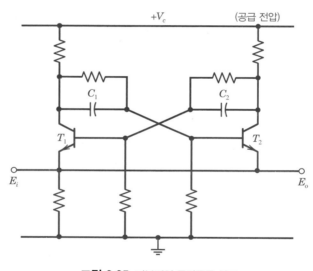

그림 6.25 기본적인 플립플롭 회로

음 펄스가 오기를 기다린다. 따라서 이 회로는 종종 원샷(one-shot)이라고 불린다. 한 번 동작하고 스스로 리셋이 되는 특성 때문에, 단안정회로는 트리거로 사용하기 적합하다.

　이 회로에는 그림 6.25와 같은 플립플롭 또는 쌍안정 멀티바이브레이터(bistable multivibrator)라 불리는 또 다른 변형이 있다. 이 회로는 유용한 전기적 스위치이다. 이 회로는 전등 스위치와 유사하게, 켜짐(high) 또는 꺼짐(low) 상태로 동작한다. 실사용에 있어, 트랜지스터 T_1과 T_2는 펄스가 가해질 때마다 상태를 바꾼다. 만약 T_2가 꺼짐에 따라 T_1이 켜지면, 펄스가 T_2를 끄고 T_1을 켠 것이다. 이는 그림 6.24c의 출력을 발생시킨다. 그러므로 플립플롭 출력은 명령이 들어올 때 low에서 high 또는 high에서 low 전압으로 바뀐다. 또한 이 플립플롭은

언제든지 1비트의 정보(high 또는 low 상태로)를 유지할 수 있으므로, 컴퓨터 메모리 칩의 기본 회로가 되기도 한다.

6.8 아날로그 신호처리 : 필터

필터(filter)는 동적 신호에서 원하지 않는 주파수 정보를 제거하는 데 사용된다. 필터는 통과 대역(passband)이라 알려진, 정해진 주파수 밴드(대역)의 신호 정보를 통과시키고, 저지대역(stopband)으로 알려진 주파수 밴드의 신호 정보를 차단한다. 필터는 **통과대역**과 저지대역 간의 경계를 정하는 차단 주파수 f_c를 중심으로 설계된다. 필터는 대략적으로 저역통과필터, 고역통과 필터, 밴드패스 필터, 노치 필터로 나눌 수 있다. 이러한 필터들의 이상적인 이득 특성은 그림 6.26과 같이 크기비로 그려질 수 있고, 다음과 같이 설명될 수 있다. 저역통과 필터(low-pass filter)는 미리 정해진 차단 주파수 f_c 아래의 주파수들이 통과하도록 하고 차단 주파수 위의 주파수 정보는 차단한다. 이와 비슷하게, 고역통과 필터(high-pass filter)는 차단 주파수 위의 주파수 정보만을 통과시킨다. 밴드패스 필터(bandpass filter)는 저역통과 필터와 고역통과 필터의 기능을 합쳐놓은 것이다. 이 필터는 통과할 수 있는 주파수대역을 정의하는 저역차단 주파수 f_{c_1}과 고역차단 주파수 f_{c_2}로 나타낸다. 노치 필터(notch filter)는 좁은 주파수 대역을 제외한 모든 주파수 정보의 통과를 허용한다. 아날로그와 디지털신호를 위한 필터를 집중적으로 다루는 많은 전문 교재를 참고할 수 있다(참고문헌 3-8).

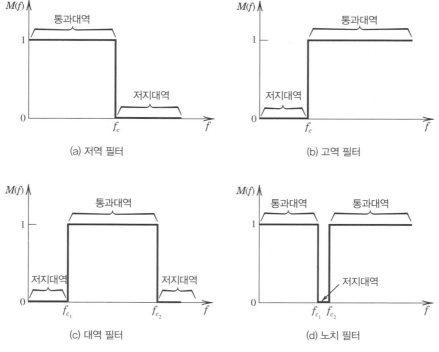

그림 6.26 이상적인 필터 특성

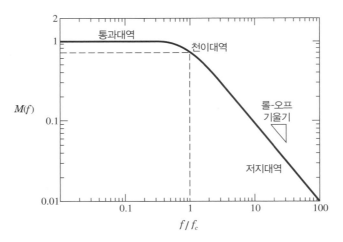

그림 6.27 저역통과 버터워스 필터의 크기비 그래프

　필터는 전달 함수에 따라 입력 신호에 대한 잘 정의된 수학적 처리를 통해 동작한다. 전달 함수는 필터 설계에서 요소의 위치와 그 값으로 정의된다. 수동 아날로그 필터 회로(passive analog filter circuits)는 저항, 축전기, 유도자의 조합으로 이루어져 있다. 능동 필터(active filters)는 회로에 연산 증폭기를 포함하고 있다.

　현실의 필터는 이상적 필터와 같은 날카로운 차단은 가능하지 않다. 그림 6.27은 실제 저역통과 필터의 크기비 그래프를 한 예로 보여 주고 있다. 모든 필터 응답 곡선은 통과대역에서 저지대역까지, 주파수에 따라 크기비가 줄어드는 천이대역을 가지고 있다. 이 천이 속도는 필터의 **롤오프**(roll-off)라고 부르며, 보통 dB/디케이드 단위로 나타낸다. 추가적으로, 이 필터는 입력과 출력 신호 사이에 위상변이를 가져온다.

　실제 필터 설계는 목표로 하는 응답에 맞추는 데 집중한다. 실제 필터의 크기와 위상 특성은 다음 중 하나를 맞추는 데 최적화될 수 있다. (1) 통과대역의 크기 특성이 최대한 일정하도록 함, (2) 통과대역의 위상 응답이 선형적으로 나타나도록 함, (3) 가파른 롤오프를 가지고 통과대역에서 저지대역까지 빠르게 천이되도록 함. 어떤 단일 필터도 이 세 특성을 전부 만족할 수는 없지만, 특성 중 하나를 만족하게는 만들 수 있다.

　예를 들어, 버터워스(Butterworth) 필터의 응답 특성은 크기비가 통과대역에 걸쳐 상대적으로 일정하고, 초기 롤오프가 적절히 가파르며, 괜찮은 수준의 위상 응답을 나타낸다. 다른 한편, 베셀(Bessel) 필터의 응답의 경우 통과대역에서 매우 선형적인 위상변이를 보이나, 상대적으로 초기 롤오프가 완만한 특성을 가진다.

　저역통과, 밴드패스, 고역통과 필터의 주파수 의존적 경향은 LabView 프로그램 *Butterworth filters*와 *Bessel filters*에서 확인해 볼 수 있다.

버터워스 필터 설계

버터워스 필터는 통과대역에 걸쳐 최대한 크기비가 일정하도록 하는 데 최적화되어 있다. 간단한 저역통과 버터워스 필터를 그림 6.28의 저항과 축전기(RC) 회로를 사용해 만들 수 있다. 키르히호프 법칙을 입력 루프에 적용해서, 입력 전압 E_i와 출력 전압 E_o에 대한 모델을 이끌어 낼 수 있다.

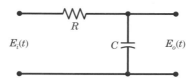

그림 6.28 간단한 1차 저역통과 저항-축전기(RC) 버터워스 필터 회로

$$RC\dot{E}_o(t) + E_o(t) = E_i(t) \tag{6.54}$$

이 실제 필터 모델은 하나의 반응성 부품(축전기)를 가지는 1차 시스템이다. 그 크기와 위상 응답은 $\tau = RC$와 $\omega = 2\pi f$을 가지고 식 (3.9)와 (3.10)에서 이미 제시된 바와 같다. 그림 6.27은 그 크기 응답을 보여 주고 있고, 그 롤오프 기울기는 20 dB/디케이드이다.

필터는 그 차단 주파수 f_c를 중심으로 설계된다. 차단 주파수는 신호의 파워가 절반으로 주는 주파수이고, 이는 크기비가 0.707로 되는 것과 같다. 데시벨로 나타내면 다음 식에서 f_c는 -3 dB에서 나타난다. 즉, 이 주파수에서 신호가 3 dB만큼 감쇠된다.

$$dB = 20 \log M(f) \tag{3.11}$$

그림 6.28의 필터에서는 이를 위해 $\tau = RC = 1/(2\pi f_c)$의 조건이 필요하다.

향상된 버터워스 필터 설계

그 단순함으로 인해 RC 필터는 차단 주파수 꽤 이전부터 롤오프되기 시작한다. 롤오프가 매우 날카롭지는 않으며, 위상변이 응답(그림 3.13을 돌이켜 보라)은 선형적이지 않아, 잠재적인 신호 왜곡의 가능성이 있다. 하지만 여러 개의 필터를 직렬로 놓음으로써 통과대역의 평탄함이 확장될 수 있고 필터의 롤오프 기울기가 향상될 수 있다. 이를 캐스케이딩 필터(cascading filters)라 한다. 이는 유도자(L)과 축전기(C)와 같은 반응성 소자를 회로에 추가함으로써 완성할 수 있는데, 그림 6.29는 제작된 사다리형 LC 회로를 보여 주고 있다. 저항 R_s와 R_L은 각각 회로 소스 임피던스와 부하 임피던스를 지칭한다. k차 또는 k단 필터는 k개의 반응성 소자를 가지고 있다. k단 저역통과 버터워스 필터의 크기비와 위상변이는 다음과 같이 주어진다.

$$M(f) = \frac{1}{\left[1 + (f/f_c)^{2k}\right]^{1/2}} \tag{6.55a}$$

$$\Phi(f) = \sum_{i=1}^{k} \Phi_i(k) \tag{6.55b}$$

여기서 f/f_c는 정규화된 주파수이다. 그림 6.30에서 k단 버터워스 필터의 일반적인 정규화된 크기 응답 곡선을 볼 수 있다. 롤오프 기울기는 $20 \times k$(dB/디케이드) 또는 $6 \times k$(dB/옥타브)가 된다. 주파수 종속적인 신호 감쇠

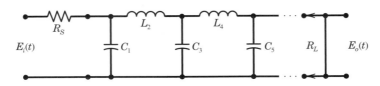

그림 6.29 고차 응답을 얻기 위한 다단(캐스케이딩) 저역통과 LC 필터의 사다리형 회로

는 동적 오차 $\delta(f)$에서 찾아내거나 다음과 같은 식으로 직접 데시벨 값으로 구할 수 있다.

$$A(f/f_c) = 감쇠(dB) = 10 \log[1 + (f/f_c)^{2k}] \tag{6.56}$$

식 (6.56)은 필요로 하는 응답 수준에 맞춰 필터의 차수를 정하는데 유용하다. 그림 6.31은 정규화된 주파수에 대해 차수가 어떻게 감쇠에 영향을 주는지 강조해서 보여 주고 있다.

필터 설계에 사용된 특정 요소의 값은 어떤 개별적인 용도에도 적용되도록 정규화 된다. $R_L = R_S$인 경우에 대한 버터워스 필터 응답을 얻기 위해, 그림 6.29의 사다리형 회로는 다음 방식으로 구한 회로 요소 값들을 사용한다.

$$C_i = 2 \sin \left[\frac{(2i-1)\pi}{2k} \right] \qquad 여기서 \ i = 홀수 \tag{6.57a}$$

$$L_i = 2 \sin \left[\frac{(2i-1)\pi}{2k} \right] \qquad 여기서 \ i = 짝수 \tag{6.57b}$$

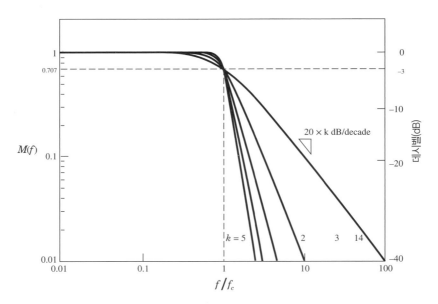

그림 6.30 여러 가지 차수의 버터워스 저역통과 필터의 크기 특성

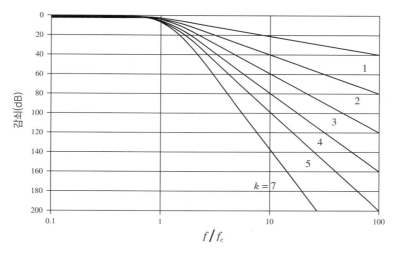

그림 6.31 여러 차수에서 버터워스 필터의 감쇠 특성

여기서 $i = 1, 2, \ldots, k$이다. 그림 6.29의 버터워스 필터에 대한 2단에서 5단까지의 C_i와 L_i 요소 값이 표 6.1에 주어져 있다(참고문헌 3, 8). 첫 반응성 요소는 축전기인 것으로 가정되어 있는데, 이를 유도자로 바꿀 경우(L_i가 홀수인 경우) C와 L에 할당된 표의 값들을 서로 바꿔야 한다. 표 6.1의 값들은 $R_S = R_L = 1\ \Omega$과 $\omega_c = 2\pi f_c = 1\ \text{rad/s}$ 조건에서 정규화되어 있다. 다른 조건에서는 L_i와 C_i는 다음 식과 같이 확대 및 축소될 수 있다.

$$L = L_i R / 2\pi f_c \tag{6.58a}$$

$$C = C_i / (R 2\pi f_c) \tag{6.58b}$$

$R_L \neq R_s$일 때에도 임피던스는 적절하게 조정될 수 있으나 독자는 이를 미리 계산된 표를 참고하여 수행해야 한다. 참고문헌 8은 이러한 경우를 다루고 있다. 버터워스 필터는 매우 흔하고 오디오 장비 같은 일반 소비자용 제품에도 사용된다. 평탄한 통과대역 특성으로 인해 데이터 획득 시스템의 안티 앨리어싱 필터에도 적용된다.

표 6.1 저역통과 LC 버터워스 필터의 정규화된 요소 값들[a](참고문헌 8)

k	C_1	L_2	C_3	L_4	C_5
2	1.414	1.414			
3	1.000	2.000	1.000		
4	0.765	1.848	1.848	0.765	
5	0.618	1.618	2.000	1.618	0.618

[a] C_i는 패럿단위, L_i는 헨리단위이며, 이 값들은 $R_s = R_L = 1\ \Omega$과 $\omega_c = 1\ \text{rad/s}$를 기반으로 한다. 적절한 스케일링에 대한 설명을 참조하라. $k = 1$일 때 $C_1 = 1\ \text{F}$ 또는 $L_1 = 1\ \text{H}$을 사용하라.

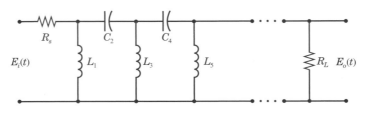

그림 6.32 다단 고역통과 LC필터의 사다리형 회로

그림 6.32는 버터워스 고역통과 필터를 보여 주고 있다. 그림 6.29와 비교할 때, 축전기와 유도자의 위치가 바뀌어 있음을 볼 수 있다. 식 (6.32)의 고역통과 필터 값을 추산하기 위해, $(L_i)_{HP} = (1/C_i)_{LP}$이고 $(C_i)_{HP} = (1/L_i)_{LP}$라 하자. 이때 아래 첨자 LP는 표 6.1의 저역통과 경우의 값임을 뜻하고, HP는 그림 6.32 경우에 적용될 고역통과 필터 경우의 값을 의미한다. 이러한 점을 반영하여, 고역 필터에서 확대 및 축소를 위한 스케일링 값은 다음과 같이 구할 수 있다.

$$L = R/2\pi f_c C_i \tag{6.59a}$$

$$C = 1/2\pi f_c R L_i \tag{6.59b}$$

고역통과필터의 크기비는 다음과 같이 주어진다.

$$M(f) = \frac{1}{\left[1 + \left(f_c/f\right)^{2k}\right]^{1/2}} \tag{6.60}$$

여기에는 식 (6.55b)에 설명된 위상 변이 속성이 적용된다.

예제 6.8

200 Hz의 -3 dB 차단 주파수를 가진 1단 버터워스 RC 저역통과 필터를 설계하라. 소스와 부하 임피던스는 100 Ω이다. 만들어진 필터에 기대되는 동적 오차와 192 Hz에서의 감쇠를 계산하라.

알려진 값 $f_c = 200$ Hz, $k = 1$

구할 값 C와 δ

풀이

1단 저역통과 버터워스 RC 필터 회로는 그림 6.28의 시상수 $\tau = RC$를 가진 1차 시스템과 유사할 것이다. $\omega = 2\pi f$의 관계에서 이 회로의 크기비는 다음과 같이 주어진다.

$$M(f) = \frac{1}{[1 + (\omega\tau)^2]^{1/2}} = \frac{1}{[1 + (2\pi f\tau)^2]^{1/2}} = \frac{1}{[1 + (f/f_c)^2]^{1/2}}$$

$f = f_c = 200\,\text{Hz}$에서 $M(f) = 0.707 = -3\,\text{dB}$이므로 다음 결과를 얻는다.

$$\tau = 1/2\pi f_c = RC = 0.0008\,\text{s}$$

이때 $R = 100\,\Omega$이면, 축전지의 용량은 $C = 8\,\mu\text{F}$이 필요하다.

또는 $k = 1$일 때 그림 6.29와 표 6.1을 사용할 수도 있다. 이때 정규화된 $C_1 = 1\,\text{F}$이다. 이 값을 $R = 100\,\Omega$ 과 $f_c = 200\,\text{Hz}$으로 스케일하면 다음과 같은 결과를 얻는다.

$$C = C_1/(R2\pi f_c) = (1\text{F})/(100\,\Omega)(2\pi)(200\,\text{Hz}) = 8\,\mu\text{F}$$

상용적으로 구할 수 있는 축전기 용량은 $10\,\mu\text{F}$이다. 이 용량을 구현된 회로에 적용하면, 차단 주파수는 $160\,\text{Hz}$로 이동한다. 이제 $f_c = 160\,\text{Hz}$를 사용한다.

$f = 192\,\text{Hz}$에서 동적 오차 $\delta(f) = M(f) - 1$는 다음과 같다.

$$\delta(192\,\text{Hz}) = M(192\,\text{Hz}) - 1 = -0.36$$

이는 $192\,\text{Hz}$의 입력 신호 성분이 36% 줄어든다는 것이다. 식 (6.56)을 사용해서 이 정규화된 주파수 $f/f_c = 1.2$에서의 감쇠를 구하면 다음과 같다.

$$A(1.2) = 10\log[1 + (1.2)^2] = 3.9\,\text{dB}$$

예제 6.9

$3.5\,\text{kHz}$의 차단 주파수를 가진 저역통과 버터워스 필터가 $35\,\text{kHz}$에서 적어도 $60\,\text{dB}$의 감쇠를 시키려면 몇 단 구성이어야 하는가? $R_s = R_L = 100\,\Omega$에서 필터 요소의 값들을 구하여라.

알려진 값 $f_c = 3.5\,\text{kHz}$; $f = 35\,\text{kHz}$

구할 값 $35\,\text{kHz}$에서 $A \geq 60\,\text{dB}$를 달성하기 위한 k

풀이

정규화된 주파수는 $f/f_c = 35{,}000/3500 = 10$이다.

$$A(f/f_c = 10) = A(10) = 10\log[1 + (f/f_c)^{2k}]$$

문제의 조건에서 $A(10) = 60$ dB이므로, 여기서 직접 $k = 3$을 구할 수 있다. 또는 그림 6.31의 정보를 사용하여, $k \geq 3$일 때 $A(10) \geq 60$ dB임을 찾을 수도 있다.

그림 6.29의 사다리형 회로를 $R_s = R_L = 1\ \Omega$와 $\omega_c = 2\pi f_c = 1$ rad/s 조건에서 사용하면, 표 6.1에서 $C_1 = C_3 = 1$ F와 $L_2 = 2$ H를 구할 수 있다. 이를 $f_c = 3.5$ kHz와 $R_s = R_L = 100\ \Omega$로 스케일링하면 다음과 같은 요소 값들을 얻는다.

$$L = L_2 R / 2\pi f_c = 9.1 \text{ mH}$$
$$C = C_1 / (R 2\pi f_c) = C_3 / (R 2\pi f_c) = 0.45 \ \mu\text{F}$$

예제 6.10

2 스피커(투웨이) 시스템에서 저역통과회로는 저주파 신호 대역만을 우퍼로 보내고 고역통과회로는 고주파 대역을 광대역 스피커로 보낸다.

린퀴즈-라일리(Linkwitz-Riley) 고역통과 또는 저역통과 필터는 라우드 스피커 설계에 있어 버터워스 필터의 실제적인 적용 예를 보여 준다. 24 dB/옥타브 기울기를 가진 4차($k = 4$) 설계는 많은 지지를 받는 표준적 회로이다. 아래 나열된 부품 설계치들과 그림 6.33의 회로에서 보듯, 이 4차 설계는 각 2개의 유도자와 축전기를 라우드 스피커 드라이버의 자체 임피던스와 함께 사용하여 고역통과 또는 저역통과 구조를 이루거나, 이 두 구조를 함께 하여 밴드패스 필터를 구성할 수도 있다.

고역통과 회로[a]	저역통과 회로[a]
$C_1 (\text{F}) = 0.0844 / (R_{L_H} \times f_c)$	$C_2 (\text{F}) = 0.2533 / (R_{L_L} \times f_c)$
$C_3 (\text{F}) = 0.1688 / (R_{L_H} \times f_c)$	$C_4 (\text{F}) = 0.0563 / (R_{L_L} \times f_c)$
$L_2 (\text{H}) = 0.1000 \times R_{L_H} / f_c$	$L_1 (\text{H}) = 0.3000 \times R_{L_L} / f_c$
$L_4 (\text{H}) = 0.04501 \times R_{L_H} / f_c$	$L_3 (\text{H}) = 0.1500 \times R_{L_L} / f_c$

[a] f_c는 특정 회로에서 차단 주파수를 의미한다. R_{L_H}와 R_{L_L}은 각각 고역과 저역 스피커의 임피던스를 의미한다.

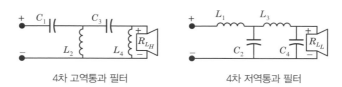

　　4차 고역통과 필터　　　　　　　　　4차 저역통과 필터

그림 6.33 린퀴즈-라일리 4차 버터워스 필터

하나의 우퍼와 하나의 광대역 스피커를 가진 스피커 시스템에 사용할 120 Hz 차단 주파수를 가진 필터를 설계

하라. 스피커 드라이버는 8 Ω인 경우를 가정하라.

알려진 값　$f_c = 120\,\text{Hz}$; $R_{L_H} = 8\,\Omega$; $R_{L_L} = 8\,\Omega$

구할 값　이 회로의 C와 L 값

풀이

두 필터 회로는 같은 f_c로 설계될 때 동일한 품질을 가지므로, 각 드라이버의 출력은 f_c에서 절반으로 된다. 그러므로 크로스오버 주파수에서 두 드라이버 각각의 출력의 합은 0 dB 근처로 유지된다. 이는 가청 주파수 대역에 걸쳐 필요로 하는 거의 평탄한 필터 응답을 제공한다. 이 정보를 $f_c = 120\,\text{Hz}$에서 적용하면 다음을 얻는다.

고역통과 회로	저역통과 회로
$C_1(\mu\text{F}) = 87.9$	$C_2(\mu\text{F}) = 263.9$
$C_3(\mu\text{F}) = 175.8$	$C_4(\mu\text{F}) = 58.7$
$L_2(\text{mH}) = 6.7$	$L_1(\text{mH}) = 20.0$
$L_4(\text{mH}) = 30.0$	$L_3(\text{mH}) = 10.0$

120 Hz에 가까운 차단 주파수를 얻으려면, 회로의 각 요소에 대해 이들 계산 결과에 가까우면서도 상용적으로 구할 수 있는 요소값이 적용되어야 한다.

베셀 필터 설계

베셀 필터는 점진적인 초기 롤오프와 통과대역에 걸친 평탄한 이득을 희생하여, 통과대역 부분에 대한 선형 위상 응답을 최대화한다. 선형 위상 응답은 시간 지연과 매우 유사하여 왜곡을 줄인다. 그러므로 베셀 필터의 매력은 왜곡을 최소화한 채 넓은 대역의 신호를 통과시키는 능력이라 할 수 있다. 이 필터는 여러 분야에서 널리 쓰이는데, 여기에는 크로스오버 위상변이가 음질에 영향을 줄 수 있는 오디오 설계 분야도 포함된다.

k단 저역통과 베셀 필터는 다음의 전달함수를 가진다.

$$KG(s) = \frac{a_o}{a_o + a_1 s + \cdots + a_k s^k} \tag{6.61}$$

설계 목적을 위해 이를 다음과 같이 쓸 수 있다.

$$KG(s) = \frac{a_o}{D_k(s)} \tag{6.62}$$

여기서 $D_k(s) = (2k-1)\,D_{k-1}(s) + s^2 D_{k-2}(s)$, $D_o(s) = 1$이고 $D_1(s) = s+1$이다.

k단 LC 저역통과 베셀 필터는 그림 6.29의 필터 회로를 기반으로 설계될 수 있다. 표 6.2에는 $R_s = R_L = 1\,\Omega$에서 $\omega_c = 1\,\text{rad}$에 대응하는 2에서 5단 베셀 필터를 만들기 위한 L_i와 C_i 요소의 정규화된 값이 나열되어 있다(참

표 6.2 저역통과 LC 베셀 필터를 위한 정규화된 요소값들[a](참고문헌 8)

k	C_1	L_2	C_3	L_4	C_5
2	0.576	2.148			
3	0.337	0.971	2.203		
4	0.233	0.673	1.082	2.240	
5	0.174	0.507	0.804	1.111	2.258

[a] C_i는 패럿단위, L_i는 헨리단위이며, 이 값들은 $R_s = R_L = 1\ \Omega$과 $\omega_c = 1\ \text{rad/s}$를 기반으로 한다. 적절한 스케일링에 대한 설명을 참조하라. $k = 1$일 때 $C_1 = 2\ \text{F}$ 또는 $L_1 = 2\ \text{H}$를 사용하라.

고문헌 6, 7). 다른 값의 경우, 식 (6.58a)와 (6.58b)를 사용하여 L_i와 C_i를 찾을 수 있다. 마찬가지로 그림 6.32와 비슷한 베셀 특성과 배치를 가진 고역통과 필터는 표 6.2 및 식 (6.59a)와 (6.59b)에서 찾을 수 있는 값을 사용하여 스케일 될 수 있다.

능동 필터

능동 필터는 효과적인 아날로그 필터를 구성하기 위해 연산 증폭기의 고주파 이득 특성을 이용한다. 그림 6.34a는 741타입 연산 증폭기를 사용한 저역통과 능동 필터를 보여 주고 있다. 이는 1차, 반전 1단, 저역통과 버터워스 필터이다. 이때 저역통과 차단 주파수는 다음과 같이 주어진다.

$$f_c = \frac{1}{2\pi R_2 C_2} \tag{6.63}$$

필터의 정적 감도(또는 정적 이득)는 $K = R_2/R_1$으로 주어진다. 이 필터는 식 (6.58a)로 설명되는 버터워스 특성을 유지한다.

그림 6.34b는 741 연산 증폭기를 사용한 1차, 반전 1단, 고역통과 버터워스 능동 필터를 보여 주고 있다. 이 필터는 다음과 같은 고역통과 차단 주파수를 가진다.

$$f_c = \frac{1}{2\pi R_1 C_1} \tag{6.64}$$

이때 필터의 정적감도(또는 정적 이득)는 $K = R_2/R_1$이다. 크기비는 다음과 같이 주어진다.

$$M(f) = \frac{1}{[1 + (f/f_c)^{2k}]^{1/2}} \tag{6.65}$$

능동 반전 밴드패스 필터는 전술한 고역통과와 저역통과 필터를 합해서 구현할 수 있으며, 그림 6.34c에 나타나있다. 저역 차단 주파수 f_{c_1}은 식 (6.63)으로, 고역 차단 주파수 f_{c_2}는 식 (6.64)로 주어진다. 이 간단한 회로는 그 밴드패스 대역폭에 제약이 있다. 좁은 밴드패스를 구현하기 위해서는 이보다 더 고차의 필터가 필요하다. 첨

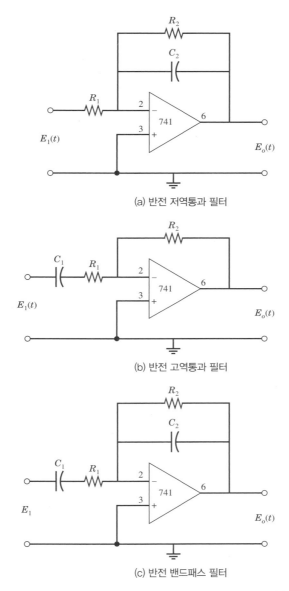

그림 6.34 일반적인 기본 능동 필터. (a) 반전 저역통과, (b) 반전 고역통과, (c) 반전 밴드패스

부된 LabView 프로그램 *Lowpass Butterworth Active Filter*를 사용하여 능동 필터 설계를 학습할 수 있다.

　그림 6.35a는 통상적으로 사용되는 2차 저역통과 필터인 단위이득 셀런-키 구조(Sallen-Key topology)를 나타내고 있다. 그 일반 전달 함수는 다음과 같다.

$$G(s) = \frac{1}{1 + as + bs^2} \tag{6.66}$$

표 6.3 2차 셀런-키 필터 설계를 위한 매개변수들

매개변수	베셀	버터워스
a	1.3617	1.4142
b	0.618	1
Q	$1/\sqrt{3}$	$1/\sqrt{2}$

여기서 $a = \omega_c C_1(R_1 - R_2)$이고 $b = \omega_c^2 C_1 C_2 R_1 R_2$이며 이때 $\omega_c = 2\pi f_c$이다. 표 6.3에 버터워스 또는 베셀 필터 특성을 가지게 하는 a와 b의 값들이 나열되어 있다. 축전기는 저항대비 구매할 수 있는 용량의 종류가 한정되어 있으므로, 보통 $C_2 = nC_1$ 조건에서 축전기 용량을 먼저 선정한다. 이때 n은 $C_2 \geq 4bC_1/a^2$가 되도록 하는 계수이다. 이어서 저항은 다음 과 같이 선정할 수 있다.

$$R_{1,2} = \frac{aC_2 \mp \sqrt{(aC_2)^2 - 4bC_1C_2}}{4\pi f_c C_1 C_2} \tag{6.67}$$

필터 차단 주파수는 다음과 같이 설정된다.

$$f_c = \frac{1}{2\pi\sqrt{R_1 R_2 C_1 C_2}} \tag{6.68}$$

그림 6.35b는 단위이득 셀런-키 고역통과 필터를 보여 주고 있다. 이 설계는 저역통과 필터에서 저항과 축전기 위치를 바꾼 것이다. 고역통과 필터의 경우, $C_1 = C_2 = C$로 설정하고 설계를 단순화할 수 있다. 고역통과 필

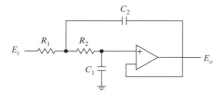

(a) 저역통과 필터

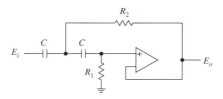

(b) 고역통과 필터

그림 6.35 셀런-키 단위 이득 필터. (a) 저역통과, (b) 고역통과

터의 전달함수는 다음과 같다.

$$G(s) = \frac{1}{1 + a/s + b/s^2} \tag{6.69}$$

여기서 $a = 2/\omega_c CR_1$이고 $b = 1/\omega_c^2 C^2 R_1 R_2$이다. 버터워스 또는 베셀 필터 특성에 맞는 a와 b의 값은 표 6.3에 주어져 있다. 이때 저항값은 $R_1 = 1/\pi f_c aC$와 $R_2 = a/4\pi f_c bC$로 설정된다.

　특정 주파수에서는 필터의 반응성 요소들이 공진하여, 응답 특성에 피크가 나타날 수 있다. 이는 역감쇠비와 유사한 매개변수인 Q인자에 의해 예측되는 동작이다. $Q = 1/2$에서 응답은 임계감쇠를 나타내고, $Q < 1/2$의 경우 과감쇠를, $Q > 1/2$에서 저감쇠를 나타낸다. 일반적으로 더 높은 Q인자는 더 날카로운 롤오프를 가질 수 있게 하고, 설계할 때 더 많은 단수를 넣는 대신 적용된다. 기계적 상사구조의 경우와 같이($Q = \sqrt{mk}/\zeta$), 저감쇠 필터의 경우 링잉(ringing)이 나타나고 공진 현상을 보일 수 있다. 버터워스와 베셀 필터의 Q인자는 표 6.3에 나타나 있고 이때 Q는 다음과 같다.

$$Q = \sqrt{b}/a \tag{6.70}$$

6.9 접지, 차폐, 연결 전선

전기 장치 간의 연결에 사용되는 연결 전선의 종류는 신호의 잡음 수준에 큰 영향을 준다. $<100\,\text{mV}$의 작은 크기의 신호의 경우 잡음으로 인한 오차에 민감하다. 몇 가지 간단한 원칙이 잡음을 작게 유지하는 데 도움을 줄 것이다. (1) 연결 전선은 최대한 짧게 하라, (2) 잡음원으로부터 신호선을 멀리하라, (3) 선을 차폐하고 적절하게 접지하라, (4) 길이방향으로 전선을 쌍으로 꼬아라.

접지와 접지 루프

땅에 깊게 묻힌 막대에 연결된 전선의 끝에서 나타나는 전압은 아마도 대지와 같은 전압 수준 — 영점(zero) 또는 대지 접지(earth ground)라 불리는 기준 — 을 가질 것이다. 접지(ground)는 간단히 말해 대지로의 귀환경로이다. 이제 이 막대에서 외함을 지나 여러 건물 배선을 거친 후 콘센트의 접지 단자까지 전기적으로 연결되어 있는 경우를 생각해 보자. 이 콘센트의 접지 전위는 여전히 0일 것인가? 아마도 아닐 것이다. 대지로의 귀환 경로를 형성하는 전선망은 안테나처럼 동작하고 대지 접지에 대해 약간의 전압 전위를 가질 것이다. 이 콘센트를 통해 접지된 모든 기기는 대지 접지가 아닌 이 전압 전위를 기준으로 잡게 될 것이다. 중요한 점은 전기적 접지는 어떤 절댓값을 가지지 않는다는 것이다. 접지값은 접지점에 따라 변한다. 이는 각 접지의 대지까지 귀환 경로는 각각 다른 기기 또는 다른 건물 배선을 거치기 때문이다. 그러므로 한 신호가 2곳에서 접지되어 있다면, 예를 들어 전원그라운드와 대지그라운드에서 접지되어 있다면, 두 접지는 서로 다른 전압 수준을 가질 것이다. 두 접지점 전압 간의 이러한 차이는 공통모드전압(common-mode voltage, cmv)라 불린다. 이는 다음에 논의되는 것과 같은 문제를 일으킬 수가 있다.

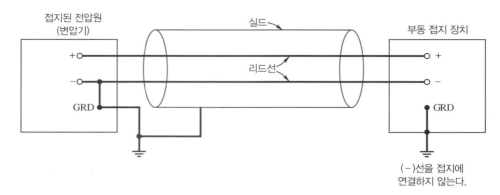

그림 6.36 신호의 접지 배열 : 실드를 이용하여 접지된 신호원과 측정 장치의 부동 신호. 오직 하나의 끝단에서 실드를 접지하는 것이 중요하다.

접지 루프(ground loops)는 신호 회로를 다른 전위를 가지는 2개나 그 이상의 접지에 연결할 때 발생한다. 일반적으로 접지선은 유한한 저항값을 가지고 약간의 전류가 흐르는데, 이때 전위차가 발생한다. 그러므로 2개의 나눠지고 서로 다른 접지는, 비록 서로 가까이 있다고 할지라도, 서로 다른 전위 수준을 가질 수 있다. 그러므로 이들 접지점이 하나의 회로에 연결되면, 이 전위차는 바람직하지 않은 작은 크기의 전류가 흐르도록 만든다. 그 결과 접지 루프가 생성된다. 이는 신호에 중첩된 전기적 간섭이다. 접지 루프는 정현파 신호나 단순한 옵셋 전압과 같은 여러 가지 형태로 스스로를 드러낸다.

하나의 시스템에서는 그 센서와 모든 전기적 요소를 포함하여 하나의 접지점만을 가지도록 한다. 그림 6.36은 변환기와 같이 접지된 신호원과 측정 기기 사이에 적절한 연결 방법 예를 보여 주고 있다. 이 경우 변환기 쪽에 접지가 되어 있다. 신호원 쪽이 접지되어 있으므로, 측정 기기의 공통 단자(-)는 접지되어 있지 않음에 주목하라. 이를 절연된 또는 부동접지된 기기라 한다. 다른 방법으로 신호원이 아닌 측정기기 쪽을 접지할 수 있다. 중요한 점은 회로와 모든 기기를 오직 한 점, 공통 접지점에 접지해야 한다는 것이다. 고정된 장치의 경우 공통 접지점으로 쓰기 위해 도체 막대를 대지에 잘 박음으로써 훌륭하게 접지할 수 있다. 여러 장비들이 의도치 않게 콘센트의 접지단자를 통해 접지되는 경우가 있다. 각 회로가 기기의 전원으로부터 절연되어 있는 경우가 아니라면, 이는 다른 회로의 접지에 대한 접지 루프를 만들 수 있다. 부동 접지를 만들려면 이 위치에서 접지 연결을 끊어야 한다.

차폐

긴 전선은 안테나와 같이 근처 전기장에서 새나가는 신호를 유입시킬 수 있다. 가장 흔한 문제는 교류 전원 노이즈이다. 전기적 차폐는 이러한 잡음에 대해 효과적이다. 차폐(shield)는 신호선을 둘러싼 금속 호일이나 엮은 전선으로 접지에 연결된다. 이 차폐는 외부의 전기장을 가로채서 접지로 보낸다. 차폐로 인한 접지루프는 차폐를 한 점에서만 접지함으로써 막을 수 있다. 보통 변환기 측에 신호 접지를 둔다. 그림 6.36은 접지된 전압원이 부동접지 측정 기기에 연결된 경우 차폐-접지 방식을 나타내고 있다.

AC전원의 변압기는 흔한 전기장 발생원이다. 60 또는 50 Hz 전원선과 신호선 사이의 용량성 결합이 일어난다. 한 예로, 1 pF의 정전용량은 1 mV 신호에 40 mV의 간섭을 중첩시킬 수 있다.

자기장은 또 다른 잡음원이다. 리드선이 자기장속을 움직일 때, 신호 경로에 전압이 유도된다. 동작 중인 모터 곁에 있는 리드선은 같은 효과를 겪는다. 이를 막는 가장 좋은 방법은 신호 리드선을 이러한 잡음원에서 분리하는 것이다. 또한 두 리드선을 함께 꼬아두면, 각각 흐르는 전류 방향이 반대이므로, 유도되는 전압을 상쇄될 수 있다. 단위 길이당 많이 꼬을수록 더 효과가 좋다. 마지막 수단으로 강자성 투자율이 높은 물질로 만든 자기적 차폐가 있다.

연결 전선

몇 가지 종류의 전선이 사용될 수 있다. 단일 케이블(single cable)은 단일 길이의 일반적인 전선 또는 연선을 의미한다. 도체는 전기 절연물로 코팅되어 있다. 이 전선은 쉽게 구할 수 있고 저렴하지만 낮은 크기의 신호(밀리볼트 수준) 연결이나 몇 가닥 이상의 연결에는 사용되지 말아야 한다. 플랫 케이블은 여러 개의 도체를 평행하게 배열했다는 점에서 다르며, 보통 4, 9 또는 25가닥이 묶여 제공된다. 플랫 케이블은 가까이 놓인 전기 기판 간의 짧은 연결에 많이 사용되지만, 이때 신호는 1 V 이상 또는 TTL 수준일 필요가 있다. 이 두 가지 타입의 배선은 어떠한 차폐도 제공하지 않는다.

트위스티드 페어(twisted pairs)는 2가닥의 전기적으로 절연된 도체가 길이 방향으로 서로 꼬여 있는 것이다. 트위스티드 페어는 변환기와 장비 사이의 연결에 널리 사용된다. 이 전선들의 얽힘은 잡음에 대한 내성을 어느 수준 제공하며, 단위 길이당 꼬인 수에 비례하여 그 효과가 증가한다. 트위스티드 페어가 여럿 들어 있는 케이블도 구할 수 있다. 한 예로 CAT5 네트워크 케이블(인터넷 케이블 같은)은 4개의 트위스티드 페어로 이루어져 있다. 차폐된 트위스티드 페어는 금속 포일 차폐로 트위스티드 페어를 감싼 것이다. CAT6 네트워크 케이블은 실드로 나뉘어진 4개의 트위스티드 페어로 이루어져 있다. 차폐된 트위스티드 페어는 낮은 크기의 신호나 빠른 데이터 전송 속도가 필요로 하는 응용분야에서 최적의 선택이다.

동축케이블(coaxial cable)은 전기적으로 절연된 내측 도체를, 꼬인 전선과 금속 호일 차폐로 이루어진 외측 도체가 감싸고 있는 구조이다. 일반적으로 내측 전선과 외측 전선의 전류 흐름은 서로 반대이다. 발생하는 전자기장은 모두 상쇄된다. 동축 케이블은 낮은 크기와 높은 주파수를 가지는 신호에 자주 사용된다. 먼 거리를 낮은 손실로 전송할 수 있다. 동축 케이블의 한 가지 변형으로, 2개의 내측 도체를 가진 3축 케이블(triaxial cable)이 있다. 이는 트위스티드 페어와 같은 분야에 사용되지만 더 잡음에 대해 더 우수한 내성을 제공한다.

광학케이블(optical cable)은 낮은 크기의 신호를 먼 거리로 전송하는 데 널리 사용된다. 이 케이블은 폴리스티렌 껍데기 안에 하나 또는 그 이상의 광섬유 리본이 들어 있다. 송신기는 낮은 크기의 전압을 적외선으로 바꾼다. 이 빛은 케이블을 통해 수신기로 보내진 후, 다시 낮은 크기의 전압 신호로 바꾼다. 이 케이블은 자기장이나 주위 환경으로 인한 잡음의 영향이 거의 없고, 금속 전선들에 비해 매우 가볍고 가늘다.

요약

이 장에서는 고전적이지만 기본적인 아날로그 전기 측정 및 신호 처리 기기에 중점을 두었다. 전류, 저항, 전압을 감지하는 기기들을 다루었다. 증폭기, 전류 루프, 필터를 포함하는 신호를 조정하고 관리하는 신호처리 기기들 역시 소개되었다. 이 모든 기기들은 서로 함께 또는 더 복잡한 회로에 가려진 부분에서 널리 사용되고 있기 때문에, 독자는 각각의 작동하는 방법에 익숙해지도록 노력해야 한다.

부하 오차라는 중요한 문제도 제시되었다. 측정 행위 또는 센서의 존재로 인한 부하 오차는 적절한 센서와 기법의 선택을 통해서만 최소화될 수 있다. 측정 시스템의 연결 단계 간에 발생하는 부하 오차는 적합한 임피던스 매칭을 통해 최소화될 수 있다. 그러한 목적으로 다목적 전압 팔로워 회로를 사용하는 것을 포함하여 임피던스 매칭에 대하여 논의하였다.

참고문헌

[1] Hickman, I., *Oscilloscopes*, 5th ed., Newnes, Oxford, UK, 2000.
[2] Bleuler, E., and R. O. Haxby, *Methods of Experimental Physics*, 2nd ed., Vol. 2, Academic, New York, NY, 1975.
[3] Lacanette, K., *A Basic Introduction to Filters: Active, Passive, and Switched-Capacitor Application Note 779*, National Semiconductor, Santa Clara, CA, 1991.
[4] Stanley, W. D., G. R. Dougherty, and R. Dougherty, *Digital Signal Processing*, 2nd ed., Reston (a Prentice Hall company), Reston, VA, 1984.
[5] DeFatta, D. J., J. Lucas, and W. Hodgkiss, *Digital Signal Processing*, Wiley, New York, 1988.
[6] Lam, H. Y., *Analog and Digital Filters: Design and Realization*, Prentice-Hall, Englewood Cliffs, NJ, 1979.
[7] Niewizdomski, S., *Filter Handbook—A Practical Design Guide*, CRC Press, Boca Raton, FL, 1989.
[8] Bowick, C., C. Ajluni, and J. Blyler, *RF Circuit Design*, 2nd ed., Newnes, Oxford, UK, 2007.

기호

c	감쇠 계수	m	질량(m)
e	오차	$\hat{n}$	전류 루프에 수직인 단위 벡터
f	주파수(t^{-1})	q	전하(C)
f_c	필터 차단 주파수(t^{-1})	r	반지름, 벡터(l)
f_m	최대 아날로그 신호 주파수(t^{-1})	t	시간(t)
$h\{E_i(t)\}$	함수	u_R	저항 R의 불확도(Ω)
k	캐스케이드 필터의 단 수	A	전류 루프의 단면적, 감쇠
k	스프링 상수(mr^{-2})	A_o	연산 증폭기의 개루프 이득
$\hat{k}$	전류 방향의 단위 벡터	E	전압(V)
l	길이(l)	E_1	개회로 전위(V)

E_i	입력 전압(V)	R	저항(Ω)
E_m	출력 지시 전압(V)	R_B	실효 브리지 저항(Ω)
E_o	출력 전압(V)	R_g	검류계 저항(Ω)
F	힘(mlt^{-2})	R_{eq}	등가 저항(Ω)
G	증폭기 폐회로 이득	R_m	계기 저항(Ω)
$G(s)$	전달 함수	δR	저항 변화량(Ω)
I	전류($C - t^{-1}$)	T_μ	자기장 내의 전류 루프에 걸리는
I_e	실효 전류($C - t^{-1}$)		토크(ml^2t^{-2})
I_g	검류계 전류($C - t^{-1}$)	α	각
K	정적 감도	τ	시간 상수(t)
L	인덕턴스(H)	$\Phi(f)$	주파수 f에서의 위상 이동
$M(f)$	주파수 f에서의 진폭비	θ	각
N	전류 루프 수		

연습문제

6.1 감은 수가 20회, 단면적이 6.45×10^{-4} m²인 전류 루프에 20 mA의 전류가 흐르고 있을 때 최대 회전력을 구하라. 자기장의 세기는 0.4 Wb/m²이다.

6.2 감은 수가 50회, 단면적이 5 cm²인 전류 루프에 70 mA의 전류가 흐르고 있을 때 최대 회전력을 구하라. 자기장의 세기는 0.5 Wb/m²이다.

6.3 다음 조건에서 전류 루프에 가해지는 회전력을 전류 루프의 단면적에 대한 법선과 자기장 사이의 각도에 대한 함수의 그래프로 그려라.

$$N = 100$$
$$A = 2 \times 10^{-4} \text{ m}^2$$
$$I = 75 \text{ mA}$$
$$B = 0.5 \text{ Wb/m}^2$$

6.4 그림 6.12의 휘트스톤 브리지에 10 V 전압을 가해서 가변저항센서 R_1의 값을 측정하려 한다. 팔(arm) 2와 4의 저항은 $R_2 = R_4 = 350\ \Omega$로 고정되어 있다. 팔 3의 가변 저항을 $R_3 = 200\ \Omega$으로 조정하여 갈바노미터를 통과하는 전류가 없도록 했다. 이때 R_1의 값은 얼마인가? 부하 오차에 대해 고려해야 하는가? 설명하거나 값을 구해 보라.

6.5 $R_T = R_1 + R_2$이고 $R_1 = kR_T$일 때, 그림 6.14 전압분배회로 출력에 대해 백분율로 부하 오차를 구해 보라. 해당 회로의 매개 변수는 다음과 같다.

$$R_T = 700 \ \Omega \quad E_i = 20 \ V \quad R_m = 10,000 \ \Omega \quad k = 0.5$$

정격 출력의 백분율로 표시한 부하오차는 얼마인가? 부하오차에 대한 이 두 가지 답을 전압으로 나타내면 동일함을 보이라.

6.6 그림 6.12의 휘트스톤 브리지를 생각해 보자. 다음과 같은 조건을 가정한다.

$$R_3 = R_4 = 400 \ \Omega$$
$$R_2 = 교정된 \ 가변저항$$
$$R_1 = 변환기 \ 저항 = 40x + 200$$

a. $x = 0$일 때, 브리지의 균형을 맞추기 위해 필요한 R_2 값은 얼마인가?

b. 브리지가 x를 측정하기 위해 균형 조건에서 동작할 때, R_2와 x 간의 관계를 구하라.

6.7 휘트스톤 브리지의 한 팔에 RTD가 그림 P6.7과 같이 설치되어 있다. 이 RTD는 균형모드에서 동작하는 브리지로 일정한 온도를 측정하는 데 사용된다. 이 RTD는 0°C 온도에서 150 Ω의 저항을 가지고 있다. RTD의 저항은 $R = R_0[1 + \alpha(T - T_0)]$로 주어지고, 이때 $\alpha = 0.003925°C^{-1}$이다. RTD의 온도가 100°C일 때, 브리지 회로가 균형을 이루기 위해 필요한 가변저항 R_1의 값은 얼마인가?

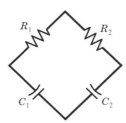

그림 P6.7 문제 6.7을 위한 브리지 회로

6.8 그림 6.14의 전압분배회로에 있어, 부하 오차와 $r = R_1/(R_1 + R_2)$ 간의 관계를 $(R_1 + R_2)/R_m$의 함수로 나타내기 위한 일련의 해를 구하고 그래프로 그려라. 개방회로전위 E_o 측정 시 부하 오차가 입력 전압의 7% 미만이 되기 위한 조건은 무엇인가?

6.9 그림 6.12의 휘트스톤 브리지에서, 센서의 저항 R_1은 측정 변수 x에 대해 $R_1 = 35x^2$를 따른다고 하자. 만약 $R_3 = R_4 = 50 \ \Omega$이고 $R_2 = 76 \ \Omega$에서 브리지가 균형을 이루었다면, x 값을 구하라.

6.10 힘 센서가 저항의 변화로 출력을 내보낸다. 이 센서가 기본적인 휘트스톤 브리지의 R_1에 배치되어 있다. 힘이 걸리지 않았을 때 센서저항은 700 Ω이고, 그 정적 감도는 0.5 Ω/N이다. 브리지 각 팔의 초기 저항은 500 Ω이다.

a. 150, 250, 400 N의 힘이 가해졌을 때 브리지 출력을 구하라. 브리지는 10 V의 입력전압에서 편위법으

로 동작된다.

   b. 센서를 통해 흐르는 전류를 구하라.

   c. $R_m = 10\,k\Omega$와 $R_s = 600\,\Omega$ 조건에서 위 (a), (b)를 다시 구해 보라.

6.11 그림 6.13과 같은 편위법에 의한 브리지 구성을 생각해 보라. 브리지의 각 팔의 초깃값은 넷 모두 $120\,\Omega$이다. 저항 R_1은 입력에 따라 저항 값이 바뀌는 센서이다. 브리지에 가해진 전압은 DC 9 V이다. 저항 R_1 값이 바뀌어서 0.5 V의 브리지 출력이 발생했을 때, R_1값과 R_1을 통해 흐르는 전류를 구하라.

6.12 반응저항(리액턴스) 브리지는 휘트스톤 브리지의 저항을 축전기나 유도자로 대체하여 구성된다. 이러한 반응저항 브리지는 교류전압으로 여기된다. 그림 P6.12의 브리지 구성에서, 이 브리지의 균형을 이루는 조건이 $C_2 = C_1 R_1 / R_2$으로 주어짐을 보여라.

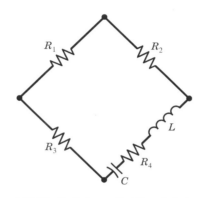

그림 P6.12 문제 6.12에 대한 브리지 회로

6.13 $R_1 = 300\,\Omega$, $R_2 = 450\,\Omega$, $R_3 = 700\,\Omega$, $R_4 = 650\,\Omega$의 초기 저항값을 가진 휘트스톤 브리지가 있다. 이 조건에서 5 V의 입력 전압을 가하면 출력 전압은 어떻게 되겠는가? 만약 R_1이 $350\,\Omega$으로 바뀌면 브리지 출력은 얼마인가?

6.14 모든 저항의 초깃값이 $500\,\Omega$으로 같은 휘트스톤 브리지에 10 V 입력 전압이 가해지고 있다. 다음 각 경우에 대해 전압 출력의 그래프를 그려라.

   a. R_1이 $500{\sim}1{,}000\,\Omega$ 범위로 변화할 때

   b. R_1과 R_2가 $500{\sim}600\,\Omega$ 범위에서 같은 크기로, 그러나 서로 반대 방향으로 변화할 때

   c. R_1과 R_3가 $500{\sim}600\,\Omega$ 범위에서 같은 크기와 방향으로 변화할 때

     하나 또는 여러 변환기를 브리지의 팔(저항)로 배치하여 측정하는 데 브리지 회로를 사용하는 상황을 가정할 때 이들 그래프가 의미하는 바에 대해 논하라.

6.15 모든 저항값이 $250\,\Omega$로 동일한 휘트스톤 브리지 회로를 생각하자. 브리지의 한 팔로 배치된 센서의 전력 방출 한계가 0.30 W이다. 이 브리지에 사용할 수 있는 E_i의 최댓값은 얼마인가?

6.16 모든 저항값이 250 Ω로 동일한 휘트스톤 브리지 회로를 생각하자. 20 V의 전압이 가해졌을 때, 각 저항에서 방출되는 전력은 얼마인가?

6.17 그림 6.8을 바탕으로 그림 6.9의 간단한 전위차계 회로에 대해 생각해 보자. 설계 단계 불확도 분석을 통해 전압 측정의 최소 불확도를 구하라. 이 회로에 대해 다음 정보가 주어져 있다. (95% 신뢰 구간을 가정하라.)

$$E_i = 10 \pm 0.1\ \text{V} \qquad R_T = 100 \pm 1\ \Omega$$
$$R_g = 100\ \Omega \qquad R_x = \text{지시값} \pm 2\%$$

여기서 R_g는 갈바노미터의 내부 저항이다. 갈바노비터의 영위조건은 무시할 수 있는 오차를 가졌다고 가정될 수 있다. R_x에 대한 불확도는 미끄럼 접점의 위치에서 얻은 지시값과 연관되어 있다. 2 V와 8 V의 명목값에서 측정된 전압값의 불확도를 추정하라.

6.18 예제 6.4의 온도 센서가 $R_3 = R_4 = 100\ \Omega$인 휘트스톤 브리지에 연결되어 있다. 이 센서는 절대압력 1기압에서 끓는 물에 담겨져 있다. 브리지의 균형을 맞추기 위한 균형용 저항 R_2의 값은 얼마인가? $R_{\text{sensor}}\,(0°\text{C}) = 250\ \Omega$이다.

6.19 그림 P6.19의 차압 변환기가 4-20 mA 전류루프를 사용하여 신호를 내보내고 있다. 단락 출력 임피던스는 2 MΩ이다. 입력 압력 범위는 0에서 20 kPa이다. 이 전류를 측정하기 위해 루프 종단에 250 Ω의 션트 저항을 달았다. 따라서 션트 저항 양단의 전압은 압력의 변화에 따라 1에서 5 V 범위로 변한다. 측정되는 전압에 대한 션트 저항의 부하 효과를 추산하라. 연결 케이블이 부하 임피던스를 250 Ω 증가시키는 경우, 부하 효과를 재계산하라.

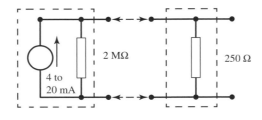

그림 P6.19 문제 6.19의 회로선도

문제 6.20에서 6.23까지는 두 사인파 입력을 이중궤적 오실로스코프를 사용하여 비교하는 내용을 다루고 있다. 측정 시스템의 개략도는 그림 P6.20에 나와 있으며, 이때 신호 중 하나는 알려진 주파수와 진폭을 갖는 기준 표준 신호로 가정된다. 오실로스코프에 표시되는 이 궤적은 리사주 다이어그램이라 불린다. 이들 문제는 실험실에서 진행할 수도 있다.

6.20 같은 진폭을 가진 두 사인파 입력이 다음의 위상 관계를 가졌을 때, 그 리사주 다이어그램의 특징적인 모

양을 각각 그려 보라.

a. 동위상(in phase)

b. ±90도의 위상차

c. 180도의 위상차

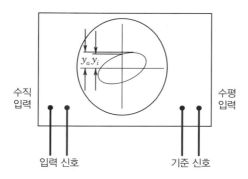

그림 P6.20 리사주 다이어그램을 사용하여 신호 특성을 측정하기 위한 이중궤적 오실로스코프

6.21 전자회로의 위상지연을 구하기 위한 측정 시스템의 개요도를 그려라. 그 개요도는 기준 신호, 대상 전자회로, 이중궤적 오실로스코프를 포함해야 한다. 예상되는 결과와 위상지연을 정량적으로 추정하는 방법에 대하여 논하라.

6.22 다음과 같은 수평신호 대 수직신호 주파수 비를 가지도록 이중궤적 오실로스코프에 사인파들이 입력되었을 때 리사주 다이어그램을 그려라. (a) 1:1 (b) 1:2 (c) 2:1 (d) 1:3 (e) 2:3 (f) 5:2

이들 도표는 스프레드시트 소프트웨어를 사용하여 각 입력 신호에 대한 충분한 수의 주기에 대해 그림으로써 쉽게 만들어 볼 수 있다.

6.23 RC 버터워스 필터를 데이터 획득을 위한 안티앨리어싱 필터로 사용하려 한다. 이때 차단 주파수는 100 Hz이고 1단 구성이다. 필터를 거친 아날로그 신호의 감쇠를 10, 50, 75, 200 Hz에서 구하라.

6.24 1단 구성으로 된 RC 버터워스 필터를 250 Hz의 차단 주파수를 가지도록 설계하였다. 필터를 거친 아날로그 신호의 감쇠를 100 Hz와 500 Hz에서 구하라.

6.25 $f_c = 100$ Hz인 3단 LC 베셀 필터가 아날로그 신호에 적용되었다. 필터를 거친 아날로그 신호의 감쇠를 10, 50, 75, 200 Hz에서 구하라.

6.26 캐스케이드 구성의 LC 저역통과 필터가 최대한 평탄하게 크기 응답을 가지도록 설계하라. 0에서 5 kHz의 통과대역과 5 kHz의 차단 주파수를 사용하고 10 kHz 이상의 모든 주파수가 적어도 30 dB 이상 감쇠하도록 필터링해야 한다. $R_s = R_L = 50\,\Omega$을 사용하라.

6.27 전기 변위 변환기가 $Z = 300\,\Omega$의 출력 임피던스를 가지고 있다. 그 전압은 $Z = 250$ kΩ의 입력 임피던스를 가진 전압 측정 기기에 입력된다. 전압의 참값과 측정기기로 잰 전압값 사이의 비율을 추산하라.

6.28 전압 측정 기기에 연결된 변환기를 생각해 보자. 변환기의 출력 임피던스와 측정 기기의 입력 임피던스 간의 비율이 $1:1$에서 $1:10,000$까지 변화할 때, 비율 E_m/E_1를 그려라(각 크기 단계 별로 살펴보면 된다.) 입력 임피던스가 전압 측정에 주는 효과에 대해 논하라. 고품질 기기에서 입력 임피던스 값은 어느 정도여야 하는가?

6.29 그림 P6.29의 pH미터는 전극이 쌍으로 들어 있는 유리로 된 변환기로 구성된다. 이 변환기는 최대 $10^9\,\Omega$의 내부 출력 임피던스를 가지고 최대 $1\,V$의 전압 전위를 발생시킬 수 있다. 신호가 조정되어야 하는 경우, 그림의 OP앰프 대해 부하 오차를 0.1% 미만으로 유지하기 위해 요구되는 최소 입력 임피던스를 추산하라.

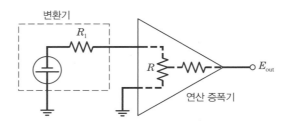

그림 P6.29 문제 6.29를 위한 pH미터 회로

6.30 그림 P6.30의 회로를 생각해 보자. 이는 $32\,dB$의 이득을 제공하는 앰프와 목표 주파수에서 $12\,dB$의 감쇠를 일으키는 필터, 그리고 이와 연결된 전압분배기로 이루어져 있다. $60\,\Omega$ 저항에서 E_o/E_i를 구하라.

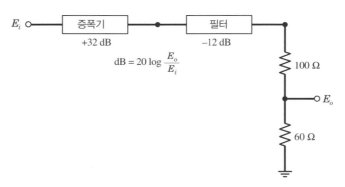

그림 P6.30 문제 6.30의 다단 신호 경로

6.31 그림 6.12의 브리지 회로에서 브리지 저항이 다음과 같이 변동되었을 때, 부하 오차가 1% 미만이기 위해 필요한 내부 임피던스를 구하라.

$$\delta R_1 = +40\,\Omega \qquad \delta R_2 = -40\,\Omega \qquad \delta R_3 = +40\,\Omega \qquad \delta R_4 = -40\,\Omega$$

6.32 서브우퍼 스피커로 들어가는 입력은 차단 주파수 100 Hz의 수동 저역통과 버터워스 필터를 거친다. 다음 사양을 만족하는 필터를 설계해 보라. 50 Hz에서 신호 크기비는 최소 0.95여야 한다. 200 Hz에서 크기비는 0.01 이하이어야 한다. 센서 저항과 부하 저항은 10 Ω이다. 짝수 단계의 개수와 각 부품의 값을 지정해야 한다.

6.33 문제 6.32의 예를 린퀴즈-라일리 구성을 사용하고 20 Ω 스피커용 4차 저역통과 및 고역통과 필터에서 반응성요소의 값을 지정하여 설계해 보라.

6.34 5,000 Hz의 차단 주파수를 가진 고역통과 버터워스 필터를 고역대 라우드스피커용 크로스오버로 사용하려 한다. 2,500 Hz에서 최소한 −20 dB의 감쇠를 가지는 필터를 설계하라. 소스 저항과 부하 저항은 10 Ω이다. 필터 단계 개수와 각 부품값을 지정해야 한다.

6.35 20 kHz의 차단 주파수와 30의 통과대역 이득을 가지는 능동 RC 저역통과 1차 버터워스 필터를 설계하라. 741 OP앰프와 0.1 μF 축전기를 설계에 사용하라. *Lowpass Butterworth Active Filter* 프로그램을 써볼 수 있다.

6.36 20 kHz의 차단 주파수와 10의 통과대역 이득을 가지는 능동 RC 1차 고역통과 필터를 설계하라. 741 OP앰프를 사용하라.

6.37 LabView 프로그램 *Oscilloscope*를 사용하여 실제 오실로스코프의 동작방식을 살펴보자. 채널 A와 B를 옮겨가면서 해 본다.

  a. 각 신호를 파형(삼각파, 구형파, 사인파 등)에 따라 특징지어 보라. 각 신호의 진폭과 주기를 구하라.

  b. 신호 이득(수직축 눈금, volts/division)을 바꿔 보라. 신호 표시에 미치는 영향을 설명하라.

  c. 시간축(time base, ms/div)을 바꿔 보라. 신호 표시에 미치는 영향을 설명하라.

  d. 채널 B가 활성화되어 있음을 확인하라. 채널 B로 트리거 입력을 설정하고 트리거 레벨을 조정해 보라. 트리거 레벨 기능에 대해 설명하라. 트리거 설정값에 따라 파형 표시가 사라지거나 하는 이유는 무엇인가?

  e. c를 반복하면서 트리거 기울기를 조정하라. 신호에 대한 영향을 설명하라.

6.38 LabView 프로그램 *Butterworth_Filters*를 사용하여, 평탄한 진폭을 가진 통과대역을 특징으로 하는 저역통과, 대역통과, 고역통과 버터워스 필터의 거동을 살펴보라. 이 프로그램에서 $y(t) = 2 \sin 2\pi f t$의 신호가 필터를 통과하며, 결과로 나오는 신호인 $y*(t) = B \sin [2\pi f t + \varphi (f)]$가 표시된다. 이 단일 톤 결과는 입력 주파수 f에서의 효과를 보여 준다. 진폭 스펙트럼 결과는 목표 주파수 대역 전체에 걸쳐 그 효과를 보여 준다. 단일 입력 주파수가 증가함에 따라 필터를 거친 신호의 진폭이 나타내는 거동이 어떻게 되는지 설명하라. 필터 차단 주파수 근처의 거동에 대해 특히 주의를 기울여라. 여기서는 300과 500 Hz로 설정되어 있다.

6.39 LabView 프로그램 *Bessel_Filters*를 사용하여, 저역통과, 대역통과, 고역통과 베셀 필터의 거동을 살펴보라. 문제 6.32의 정보를 사용하여 단일 입력 주파수가 1에서 1,000 Hz까지 증가할 때 필터를 거친 신호의

진폭 거동이 어떻게 되는지 설명하라.

6.40 *Filtering_Noise* 프로그램은 고주파 잡음을 가진 신호를 다룰 때 저역통과 버터워스 필터를 사용한 효과를 보여 주고 있다. 신호 주파수를 5 Hz로, 차단 주파수를 10 Hz로 맞춰라. 필터의 단계 수를 올림에 따라 변화하는 필터 거동에 대해 논하라. 그런 다음 차단 주파수를 점진적으로 줄여가며 그 거동의 변화에 대해 논의하라. 이러한 논의를 필터 롤오프에 다시 연관시켜 본다. 차단 주파수가 신호주파수보다 작다면 어떤 일이 벌어지는가? 그 이유는 무엇인가?

6.41 *Monostable Circuit* 프로그램으로 555 타입 OP 앰프 기반 단안정한 IC 회로를 시뮬레이션할 수 있다. 트리거로 시뮬레이션을 제어한다. 사용자는 '켜짐'시간과 R과 C값을 바꿀 수 있다. 시뮬레이션의 출력 대 시간 결과에 대하여 논하라. R과 C를 조정하여 1초 주기 구형파를 만들어 보라.

6.42 *741 Op amp* 프로그램은 OP 앰프 이득 특성을 시뮬레이션한다. 그것이 비반전인지 또는 반전인지 판단하고 설명하라. 1 V의 입력 전압에서, 5의 이득을 가지는 저항 조합을 찾아라. 이 OP 앰프의 최대 출력은 얼마인가? 이를 0.5 이득에 대해 반복 수행하라.

6.43 그림 P6.43의 브리지 회로를 생각하자. 이 회로는 빈 브리지 회로(Wien Bridge Circuit)라고 하며 주파수를 측정하는 데 사용할 수 있다. 균형 조건에서 그 주파수는 다음 식(Hz 단위)으로 주어짐을 보여라.

$$f = \frac{1}{2\pi\sqrt{R_1 R_2 C_1 C_2}}$$

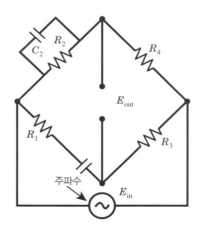

그림 P6.43 문제 6.43의 빈 브리지 회로

제 7 장

신호추출, 디지털 장치와 데이터 획득

7.1 서론

아날로그 방식의 변환기에 디지털 데이터 획득 시스템을 결합하면 값싼 시스템을 구현할 수 있다. 디지털 마이크로프로세서는 현재 대부분의 제어기와 데이터 획득 시스템(Data Acquisition System, 약자로 **DAS**)의 중심이 되고 있다. 디지털로 데이터를 획득하고 제어하는 것은 많은 장점을 가지고 있는데, 취급이 용이하고 많은 양의 데이터를 신속하게 처리할 수 있으며 인공지능 기법까지 사용할 수 있다. 그러나 아날로그와 디지털 시스템 사이에는 근본적인 차이점이 있는데 엔지니어가 반드시 알아야 할 몇 가지 제약이 있다. 2장에서 지적했듯이 가장 중요한 차이점은 아날로그 신호는 진폭과 시간에 있어 연속적인 반면에 디지털 신호는 진폭과 시간이 이산(비연속적)적이라는 것이다. 연속적인 숫자인 디지털 신호가 아날로그 프로세스 변수의 연속적인 거동을 표현하는 데 어떻게 쓰일 수 있는지가 명확하지 않을 수 있다.

이 장은 **신호추출**(sampling)의 기본을 소개하는데 신호추출은 연속적인 신호를 이산적으로 만드는 과정을 가리킨다. 주요 장단점이 토의될 것이다. 신호추출 과정 시 분실되거나 변형되는 신호 정보에 대한 기준이 토의될 것이며, 이산화된 데이터가 연속적인 신호의 정보를 모두 포함하거나 적어도 충분한 근삿값이 포함되도록 만드는 방법을 토의할 것이다.

더 나아가서 아날로그와 디지털 시스템에 포함된 장비에 관한 토의를 할 것이다. 아날로그 장비는 아날로그 디지털 변환기(analog-to-digital converter, ADC)를 통하여 디지털 장비에 신호를 전달하며 디지털 장비의 디지털 신호는 디지털 아날로그 변환기(digital-to-analog converter, DAC)를 통하여 아날로그 장비에 신호를 전달한다. 디지털 장비와 디지털 장비 간의 인터페이스는 디지털 입출력(I/O) 포트를 통해 이루어진다. 이들 장비는 컴퓨터를 바탕으로 한 데이터 획득 시스템(DAS)의 주요 부품이다. 이들 시스템을 위하여 필요한 부품과 기본 설정이 소개될 것이며 디지털 장비 간의 통신을 위한 표준 방법도 소개될 것이다. 제품의 질을 조사하는 것부터 고속 영상 처리까지 다양한 응용 분야에 걸쳐 디지털 영상 획득과 처리 방법의 중요성이 높아지고 있기 때문에 이에 대해서도 소개한다.

　이 장의 학습을 통해, 학생들은 다음의 능력을 갖출 수 있을 것이다.

- 아날로그, 이산 시간, 디지털 신호를 묘사하는 능력
- 변종(aliasing)을 방지하기 위해 데이터 획득 시 유효한 신호추출률을 결정하는 능력
- A/D와 D/A 변환기의 기능을 명확하게 구분하는 능력
- 양자화(quantization) 오차를 정의하고 계산하는 능력
- 장비가 데이터 획득 시스템과 어떻게 인터페이스되는지를 이해하는 능력
- 디지털 영상을 영상 처리하는 기초 능력

7.2 신호추출 개념

그림 7.1로 주어진 아날로그 신호와 이산화된 형태를 고려해 보자. 아날로그 신호와 이산화된 형태에 각각 포함된 정보에는 큰 차이가 날 수 있다. 그러나 진폭과 주파수에 관련된 아날로그 신호의 정보는 이산화된 형태에도 잘 나타난다. 그리고 얼마나 잘 나타나는가는 다음에 의해 결정된다.

- 계측된 아날로그 신호의 주파수 성분
- 개개의 이산화된 숫자 사이의 시간 증분량

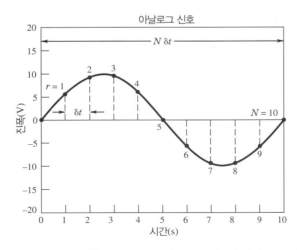

그림 7.1 시간에 따라 변하는 신호의 아날로그 표현과 이산화 표현

- 계측의 전체 신호추출 주기

2장에서 연속적인 동적 신호가 어떻게 푸리에 급수로 표현되는지에 대하여 토의하였다. 이산 푸리에 변환 (DFT)이 이산화된 데이터로부터 동적 신호를 재구성하는 데 사용될 수 있는 방법으로 소개되었다. DFT는 이산화된 시간 급수 데이터를 연속적인 동적 신호의 푸리에 급수로 재구성하는 데 필요한 모든 정보를 전달한다. 그래서 푸리에 해석은 연속 데이터를 추출하는 데 필요한 몇 가지 지침을 제공한다. 이 절에서는 연속적인 아날로그 신호를 등가의 이산화된 시간 급수로 변환하는 개념을 조사할 것이며 신호 해석에 관한 좀 더 깊이 있는 논의는 다른 책(참고문헌 1~3)을 참조하기 바란다.

신호추출률

시간에 따라 변하는 신호를 얼마나 자주 계측해야만 주파수 성분을 결정할 수 있을까? 주파수 10 Hz의 사인파가 주기 t_f에 걸쳐 시간에 따라 그려진 그림 7.2(a)를 고려해 보자. 이 사인파형이 연속적인 신호추출 시간량 δt마다 연속적으로 계측되었다고 가정해 보자. 이것은 신호를 신호추출 주파수 또는 신호추출 속도(sample rate),

$$f_s = 1/\delta t \tag{7.1}$$

로 신호를 계측하였다는 것과 동일하다. 토의를 위하여 신호 계측이 일정한 신호추출 속도로 계측되었다고 가정할 것이다. 각각의 계측 시 사인파의 진폭은 숫자로 변환된다. 비교를 위하여 그림 7.2(b)~(d)에 몇 가지 신호추출 속도를 가지고 계측한 결과를 표시한다. (b) 0.010 s($f_s = 100$ Hz), (c) 0.037 s($f_s = 27$ Hz), (d) 0.083 s($f_s = 12$ Hz). 그림에서 명확히 나타나듯이 신호추출 속도는 시간상의 연속적인 아날로그 신호를 인지하고 재구성하는 데 큰 영향이 있다. 신호추출 속도가 늦어짐에 따라 신호를 표현하는 단위 시간당 정보의 양도 줄어든다. 그림 7.2(b)와 (c)에서 원래 신호의 10 Hz의 주파수 성분이 살아 있음을 볼 수 있다. 그러나 그림 7.2(d)에서 보이는 것처럼 신호추출 속도가 아주 느려지는 경우에 흥미로운 일이 발생한다. 원래의 사인파의 주파수가 낮아지는 것처럼 나타난다.

신호추출 시간 증분 또는 이와 관련된 신호추출 속도는 신호의 주파수 특성을 표현하는 데 있어 매우 중요한 역할을 하고 있다고 결론을 내릴 수 있다. 신호추출 정리(sampling theorem)는 계측 신호의 주파수 성분을 정확하게 재구성하기 위해서는 신호추출 속도가 계측 신호에 포함된 최고 주파수의 두 배 이상이 되어야 함을 말해 준다.

아날로그 신호의 최고 주파수를 f_m으로 표현하면 신호추출 정리는 다음과 같이 표현된다.

$$f_s > 2f_m \tag{7.2}$$

또는 신호추출 시간 증분에 관해 다음과 같이 표현된다.

$$\delta t < \frac{1}{2f_m} \tag{7.3}$$

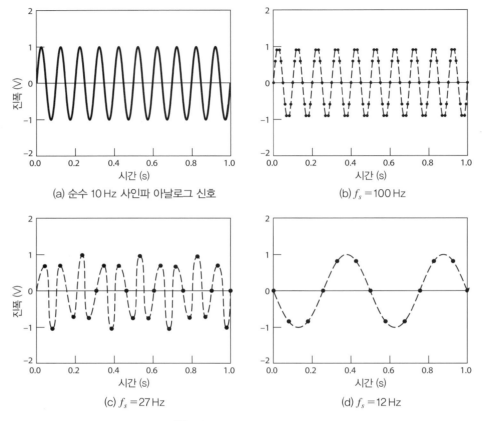

그림 7.2 신호의 주파수와 진폭 해석

신호의 주파수 성분이 중요한 경우 식 (7.2)와 (7.3)을 사용하면 연속적인 데이터를 이산 형태의 데이터로 전환하는 데 있어 요구되는 최소 신호추출 속도나 최대 신호추출 시간 간격을 계산할 수 있다. 신호추출 정리가 만족된다면 최종적인 이산 급수의 DFT에 의해 정의되는 주파수는 신호추출 속도에 상관없이 원래의 신호 주파수의 정확한 표현을 제공하게 된다.

변종 주파수

신호가 $2f_m$보다 작은 속도로 추출된다면 아날로그 신호의 고주파수 성분은 최종적인 이산 급수에서 낮은 주파수로 잘못 인식하게 된다. 이 현상이 그림 7.2(d)에 보여지고 있는데, 여기서 $f_s < 2f_m$이기 때문에 10 Hz의 아날로그 신호는 2 Hz의 신호로 잘못 인식되고 있다. 원래 신호의 주파수 성분이 잘못 번역되는 결과가 나왔는데 이와 같은 잘못 인식된 주파수를 변종 주파수(alias frequency)라고 부른다.

변종 현상은 이산 신호추출 과정에 필연적으로 포함되는 현상이다. 예로 다음과 같은 단순한 주기적인 신호를 고려해 보자.

$$y(t) = C \sin[2\pi f t + \phi(f)] \tag{7.4}$$

$y(t)$가 신호추출 시간 간격 δt로 계측되었다고 가정하자. 이 경우 이산 시간 신호는 다음과 같이 주어진다.

$$\{y(r\delta t)\} = C \sin[2\pi f r\delta t + \phi(f)] \quad r = 0, 1, \ldots, N-1 \tag{7.5}$$

등식, $\sin x = \sin(x + 2\pi q)$을 사용하면 $\{y(r\delta t)\}$를 다음과 같이 쓸 수 있다. 여기서 q는 정수이다.

$$\begin{aligned} C \sin[2\pi f r\delta t + \phi(f)] &= C \sin[2\pi f r\delta t + 2\pi q + \phi(f)] \\ &= C \sin\left[2\pi\left(f + \frac{m}{\delta t}\right)r\delta t + \phi(f)\right] \end{aligned} \tag{7.6}$$

여기서 $m = 0, 1, 2, \cdots,$ 이다(따라서 $mr = q$는 정수이다). 이 식은 δt의 어떤 값에 대해서도 f와 $f + m/\delta t$의 주파수가 구별되어야 함을 의미한다. 그래서 $f + m/\delta t$로 주어진 모든 주파수는 f의 변종 주파수이다. 그러나 식 (7.2) 또는 식 (7.3)의 신호추출 정리 기준에 근거하여 $m \geq 1$인 모든 항은 추출된 신호로부터 없어지게 된다. 그래서 주파수 간의 모호함은 피하게 된다.

이와 같은 토의는 모든 시간에 따라 바뀌는 파형에 동일하게 적용된다. 이런 형태의 파형을 표현하는 일반 푸리에 급수를 고려하면 쉽게 확인할 수 있다. 다음과 같은 이산급수를 고려해 보자.

$$\{y(r\delta t)\} = \sum_{n=1}^{\infty} C_n \sin[2\pi n f r\delta t + \phi_n(f)] \tag{7.7}$$

$r = 0, 1, \cdots, N-1$에 대하여 이 식은 다음과 같이 다시 쓸 수 있다.

$$\{y(r\delta t)\} = \sum_{n=1}^{\infty} C_n \sin\left[2\pi\left(nf + \frac{nm}{\delta t}\right)r\delta t + \phi_n(f)\right] \tag{7.8}$$

이 식은 식 (7.6)에 보이는 것과 같은 변종 현상이 나타남을 보여 주고 있다.

일반적으로 나이퀴스트(Nyquist) 주파수는 다음과 같이 정의된다.

$$f_N = \frac{f_s}{2} = \frac{1}{2\delta t} \tag{7.9}$$

이 식은 변종 현상에 대하여 접히는 점을 나타낸다. 아날로그 신호에 포함된 f_N 이상의 주파수 대역에 속한 모든 실제 주파수는 f_N 미만의 변종 주파수로 나타나게 된다. 따라서 그런 주파수는 접혀서 낮은 주파수로 신호에 포개지게 된다. 변종주파수는 공간 샘플링에서도 나타난다. 즉, 샘플링 간격 δx를 가지고 계측하는 $y(x)$에서도 나타나며 위에서 토의한 내용이 동일하게 적용된다.

변종 주파수 f_a는 그림 7.3의 접힌 선도로부터 계산될 수 있다. 여기서 원래의 신호축은 f_N의 접힌 점에서 접히게 되며 그 조화 성분은 mf_N이 된다. 여기서 $m = 1, 2, \cdots$ 이다. 예를 들면 그림 7.3에서 관찰되듯이 $f = 0.5f_N$,

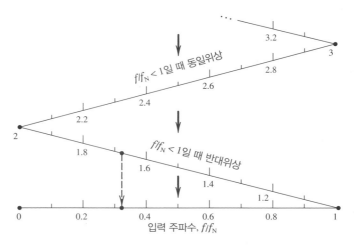

그림 7.3 변종 주파수에서의 접힘 다이아그램

$1.5f_N$, $2.5f_N$, ⋯ 의 주파수들은 이산 급수 $y(r\delta t)$에서 $0.5f_N$으로 나타나게 된다. 예제 7.1에 접힌 선도를 사용하는 예제가 주어져 있다.

주파수 성분이 알려져 있지 않은 경우에 신호추출 시 변종 현상을 어떻게 피할 수 있을까? 효과적인 선택은 식 (7.2)의 조건을 유지하면서 신호를 추출하기 전에 신호를 저주파 통과 필터를 통과시키면서 관심 영역의 최대 주파수에 근거해 신호추출률을 선택하는 것이다. 식 (7.9)에 근거하면 필터는 f_N 이상의 신호 성분을 제거하게끔 설정되어야 한다. 이런 형태의 필터는 변종 방지 필터(anti-aliasing filter)라고 부른다. 다른 선택은 아주 빠른 신호추출률을 선택해서 계측한 신호가 f_N 이상의 주요 진폭 성분을 갖지 않게 하는 것이다. 이렇게 하면, 충분히 높은 f_s를 f_N 이상의 주파수 성분의 진폭이 f_N 아래의 성분보다 작게 할 수 있다. 이런 선택 사항을 가지고 변종의 영향을 최소화할 수 있지만 아주 없앨 수는 없다.

예제 7.1

15 Hz 사인파형이 20 Hz의 신호추출 속도로 추출되고 있다. 최종적인 이산 신호에서 표현될 수 있는 최고 주파수를 계산하라. 또한 변종 주파수를 계산하라.

알려진 값 $f = 15$ Hz

$\qquad\qquad f_s = 20$ Hz

가정 일정한 신호추출 속도

구할 값 f_N과 f_a

풀이

나이퀴스트 주파수 f_N은 최종적인 데이터 집합에서 표현될 수 있는 최고 주파수를 나타낸다. 식 (7.9)와

$f_s = 20\,\text{Hz}$를 사용하면 나이퀴스트 주파수 $f_N = 10\,\text{Hz}$임을 알 수 있다. 이 주파수는 신호를 정확하게 추출하기 위한 최고 주파수이다.

아날로그 신호에 포함된 f_N 이상의 모든 주파수 성분은 0과 f_N 사이에서 변종 주파수 f_a로 나타나게 된다. $f/f_N = 1.5$이기 때문에 f가 접히게 되고 0과 f_N 사이의 주파수로 나타나게 된다. 그림 7.3에서 $f = 1.5f_N$는 $0.5f_N$ 바로 위에 위치해있다. 그래서 f는 접히고 $f_a = 0.5f_N$ 또는 5 Hz로 나타나게 된다. 이렇게 접힌 결과가 그림 7.3에 점선으로 나타나 있다. 결과적으로 15 Hz로 신호추출된 20 Hz 사인파형은 이산 신호 급수에서 20 Hz로 신호추출된 5 Hz의 사인파형으로 전혀 다른 형태로 인식 불가능하게 된다. 15 Hz 신호는 5 Hz 신호로 취급되며, 이런 것을 변종이라 한다.

참고사항 *Sampling.m*과 *Aliasing.vi* 프로그램을 실행시키면 신호추출률과 신호추출 주기가 최종 신호에 미치는 영향을 공부할 수 있고 최종 이산 신호에서 나타낼수 있는 최대 주파수를 계산할 수도 있다. *Aliasing.vi*는 접히는 다이어그램 개념을 보여 준다.

예제 7.2

다음과 같이 복잡한 주기적인 신호를 고려해 보자.

$$y(t) = A_1 \sin 2\pi(50)t + A_2 \sin 2\pi(150)t + A_3 \sin 2\pi(250)t$$

신호가 200 Hz로 추출되는 경우에 대하여 최종적인 이산 급수의 주파수 성분을 결정하라.

알려진 값 $f_s = 200\,\text{Hz}$

$\qquad\qquad f_1 = 50\,\text{Hz}\ \ f_2 = 150\,\text{Hz}\ \ f_3 = 250\,\text{Hz}$

가정 일정한 신호추출 속도

구할 값 $\{y(r\delta t)\}$에 포함된 변종 주파수, $f_{a_1}, f_{a_2}, f_{a_3}$

풀이

신호추출 속도 200 Hz에 대한 식 (7.9)로부터 나이퀴스트 주파수는 100 Hz이다. 아날로그 신호에 포함된 f_N 이상의 모든 주파수 성분은 추출된 데이터 급수에 있어 0과 f_N 사이의 변종 주파수로 나타나게 된다. $f_1 = 0.5f_N$, $f_2 = 1.5f_N$와 $f_3 = 2.5f_N$와 그림 7.3을 사용하면 다음과 같은 변종 주파수를 결정할 수 있다.

i	f_i	f_{a_i}
1	50 Hz	50 Hz
2	150 Hz	50 Hz
3	250 Hz	50 Hz

그래서 최종적인 급수에서 $f_{a_1} = f_{a_2} = f_{a_3} = 50\,Hz$이다. 변종에 의하여 $150\,Hz$와 $250\,Hz$ 성분은 $50\,Hz$ 성분과 구별이 되지 않는다. 이산급수는 다음과 같이 표현된다.

$$y(r\delta t) = (B_1 + B_2 + B_3)\sin 2\pi(50)\,r\delta f \quad r = 0,\ 1,\ 2,\ \ldots$$

여기서 $B_1 = A_1$, $B_2 = -A_2$, $B_3 = A_3$이다. 그림 7.3으로부터 원래의 아날로그 신호가 변종 주파수를 가지고 반대 위상, 즉 관련 진폭이 음의 값을 가지게 되었음을 알 수 있다.

참고사항 예제 7.2는 추출 속도가 적절하지 않은 경우에 신호가 어떻게 왜곡될 수 있는지를 보여 준다. 그리고 최종 이산 급수의 주파수 성분이 어떻게 계산되는지도 보여 준다. 더 나아가서 변종주파수는 그림 7.3에서 $f_1 = 0.5f_N$, $f_2 = 1.5f_N$, $f_3 = 2.5f_N$으로 표현된다.

주파수 성분이 계측 전에 알려져 있지 않다면 다음 조건에 근거하여 신호추출 속도를 증가시켜야 한다.

- 추출 시간 한도를 고정하고 추출 속도를 증가시켜 입력 신호를 추출한 다음 각각의 신호에 대하여 시간 선도를 조사한다. 파형의 변화가 있는지 주목한다(그림 7.2).
- 개개의 신호에 대하여 진폭 스펙트럼을 계산하고 최종적인 주파수 성분을 비교한다.
- 나이퀴스트 주파수에 맞추어진 변종 방지 아날로그 필터(antialiasing analog filter)를 항상 사용한다.

진폭의 모호성

단순하거나 복잡한 주기 파형에 대하여 추출된 이산 시간 신호의 이산 푸리에 변환은 (1) 총추출 시간이 계측된 연속 파형의 기본 주기 T_1의 정수배인 경우, 즉 $mT_1 = N\delta t$인 경우이다. 여기서 m은 정수이다. (2) 신호추출 시간 증분이 신호추출 정리의 제약 조건을 만족하는 경우라면 총추출 시간 $N\delta t$에 관계없이 변하지 않는다. 두 조건이 모두 만족된다면 주기적인 신호에 있어 개개의 주파수와 관련이 있는 진폭으로서 진폭 스펙트럼은 DFT에 의하여 정확하게 표현된다. 이것은 원래의 주기적인 파형이 신호추출 증분에 상관없이 이산 시간 급수로부터 완벽하게 재구성될 수 있음을 의미한다. 총신호추출 주기는 DFT의 주파수 분해능을 결정하게 된다.

$$\delta f = \frac{1}{N\delta t} = \frac{f_s}{N} \tag{7.10}$$

주파수 분해능은 다음에서 알 수 있듯이 신호 진폭을 재구성하는 데 있어 매우 중요한 역할을 한다.

$N\delta t$가 $y(t)$의 기본 주기의 정수배가 아닌 경우에 중대한 문제가 발생한다. 최종적인 DFT는 추출된 연속 파형의 진폭 스펙트럼을 정확하게 표현할 수 없다. 신호의 주기가 끝나기 전에 신호의 추출이 끝나고 또한 기본 주파수와 조화 성분이 DFT의 중심 주파수와 일치하지 않기 때문에 문제가 발생한다(그림 7.4). 그러나 이 문제는 $N\delta t$를 T_1의 정수배에 가깝게 일치시키거나 f_s를 f_m에 비해 크게 만들면 해소된다.

이와 같은 상황이 그림 7.4에 나타나 있는데 여기서 신호 $y(t) = 10\cos 628t$를 여러 가지 신호추출 주기를 사용하여 추출한 진폭 스펙트럼을 비교하여 보여 주고 있다. 두 주기 0.0256과 0.1024 s가 δt = 0.1 ms와 같이 사용되었으며 세 번째 신호추출 주기 0.08 s는 δt = 0.3125 ms와 같이 사용되었다.[1] 이들 신호추출 주기에 대하여 DFT 주파수 분해능 δf는 각각 39, 9.8, 12.5 Hz가 된다.

유출

그림 7.4(a)와 (b)에 보이는 2개의 스펙트럼은 정확히 100 Hz에서 주변의 잡음 주파수와는 구별되게 치솟고 있음을 보여 준다. 잡음 주파수들은 주변 주파수로의 유출(leakage)로 알려져 있다. 원래의 신호, y(t)는 이들 스펙트럼으로부터 재구성될 수 없다. 그림 7.4(c)의 스펙트럼은 그림 7.4(a)와 7.4(b)의 시간 증분보다 신호추출 시간 증분을 좀 더 길게 하여 구성되었다. 따라서 그림 7.4(b)의 스펙트럼보다 데이터점이 적다. 그럼에도 불구하고 그림 7.4(c)의 스펙트럼은 정확한 y(t)를 표현하고 있다. 그 이유는 N과 δt의 조합이 유출이 0이 되도록 만들기 때문에 100 Hz에서 진폭이 최대로 되고 있다. 신호추출 주기는 정확히 y(t)의 8주기에 해당하며, 100 Hz 주파수는 DFT의 여덟 번째 주파수 간격의 중심 주파수와 일치한다. 그림 7.4에서 보이듯이 DFT 표현식의 정확도의 손실은 주변 주파수로의 진폭 '유출'로 나타나게 된다. DFT에 대하여 추출된 신호의 잘려진 부분은 비주기 신호로 나타나게 된다. 따라서 DFT는 주기와 비주기 신호 성분에 대한 정확한 진폭 스펙트럼을 되돌려 주게 된다. 그러나 결과적으로 잘린 부분에 대한 진폭 스펙트럼이 정확한 주파수 성분에 근접한 스펙트럼의 부분에 겹쳐지게 된다. 유출의 영향이 그림 7.2(c)의 시간 신호에도 명확하게 나타남을 주목하기 바란다. 신호추출 주기나 그와 동등한 DFT 분해능을 변화시켜 유출을 최소화할 수 있고 진폭 스펙트럼의 정확도를 제어할 수 있다.

　주기적인 아날로그 파형의 주파수와 성분 모두 정확하게 이산 표현하기 위해서는 앞에서 토의했던 식 (7.2)와 (7.10)의 조건에 근거하여 데이터점과 신호추출률을 결정하여야만 한다. 식 (7.2)는 δt의 최댓값 (또는 최소 f_s 값)에 대한 기준을 설정하고 식 (7.10)은 데이터 수 N이 결정된 경우에 대하여 총신호추출 시간 Nδt에 대한 기준을 설정한다.

　추출된 신호가 주기적일 경우에도 엔지니어는 정확히 정수 주기로 신호를 추출할 수 없다는 것, 즉 실질적이지 못함을 강조해야 한다. 그러나 이 토의는 왜 유출이 일어나며 추출된 정보에 어떻게 영향을 주는지 보여 준다.

　만일 y(t)의 비주기적이거나 불확정적 파형이라면 기본 주기가 있을 수 없다. 이런 경우에 유출을 최소화하기 위하여 DFT 분해능 δf를 조절하여 진폭 스펙트럼의 정확도를 제어할 수 있다. δf가 0으로 가면 유출은 줄어든다.

　신호가 주기적이거나 비주기적이건 간에 유출은 윈도우 함수를 적용해 제어할 수 있다. 이 방법은 추출된 신호를 하나씩 곱하는 것인데 추출된 신호의 시작과 끝에서 신호의 진폭을 감소시키도록 설계된 함수를 곱하는 것이다. 추출된 신호의 시작과 끝이 잘려 나가기 때문에 신호의 중간에서 주기성을 유지하면서 잘려 나간 부분의 영향을 최소화하는 아이디어이다. 윈도우 함수는 참고문헌 1부터 3에 잘 소개되어 있다.

1　많은 DFT(FFT를 포함) 알고리즘은 N = 2^M을 요구한다. 여기서 M은 정수이고 δt에 영향을 준다.

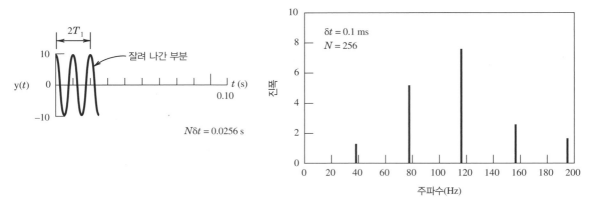

(a) $N = 256$, $\delta f = 39$ Hz

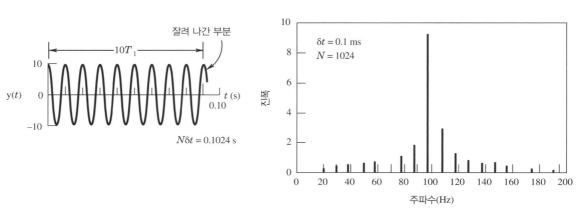

(b) $N = 1024$, $\delta f = 9.8$ Hz

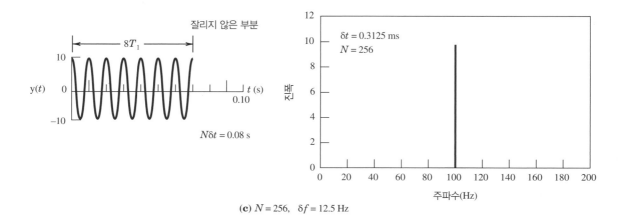

(c) $N = 256$, $\delta f = 12.5$ Hz

그림 7.4 $y(t)$의 진폭 스펙트럼, (a) $\delta f = 39$ Hz, (b) $\delta f = 9.8$ Hz, (c) $\delta f = 12.5$ Hz

요약하면 이산 신호로부터 계측 파형의 재구성 여부는 신호추출 속도와 DFT 분해능에 의해 좌우된다. 신호추출 정리에 근거하여 계측 신호와 최종적인 스펙트럼의 주파수 성분을 제어할 수 있다. δf를 변화시켜 진폭 스펙트럼 표현식의 정확도를 제어할 수 있다.

프로그램 *Sampling.m*, *Aliasing.vi*, 그리고 *Aliasing frequency domain.vi*를 사용하면 신호추출률과 진폭의 모호성에 대한 개념을 배울 수 있다. 프로그램 *Leakage.2.vi*를 실행하면 사용자가 신호추출률과 데이터 개수를 바꿀 수 있으므로 이를 바탕으로 그림 7.4의 내용을 토론할 수 있다. 프로그램 *DataSpec.m*을 사용하여 프로그램을 실행시키면 사용자가 생성한 데이터에 대해 신호추출의 개념을 공부할 수 있다. *Signal generation.vi*를 실행하면 다양한 파형에 대한 샘플추출율의 영향을 공부할 수 있다.

파형의 충실도

신호추출 정리에 의해 신호추출 주파수를 선택하면 주파수 성분과 관련해 변종이 없을 것이라는 것을 확신할 수 있지만 그렇다고 파형의 '형태'를 보장하는 것은 아니다. 만일 신호추출이 정확할 수 없다면 어느 정도가 충분하다고 말할 수 있을까? 예를 들어 음악 레코딩을 위한 원본 콤팩트디스크를 고려해 보자. 그 당시(약 1980년도)의 기술에 의해 신호추출률이 제약을 받는데 사람의 청음 주파수 대역인 ~20 kHz까지의 주파수가 변종되지 않도록 신호추출률 44.1 kHz가 선택되었다.

f_s = 44.1 kHz라면 22 kHz의 음정에 대해서는 어떤 의미일까? 필연적으로 이것은 아주 높은 주파수에서 2개의 이산점으로 삼각파를 나타냄을 의미한다. 그래서 음악의 고주파수 대역에서 음이 찌그러진다는 비평과 지적이 많았다. 1980년 이후 기술이 현저히 발달했다. 디지털 레코딩의 고주파수 정보는 수많은 데이터 점에 의해 나타낼 수 있기 때문에 레코딩에서의 변형은 들리지 않는다.

일반적으로 파형의 충실도는 응용 분야에 따라 $f_s \geq 5f_m \sim 10f_m$이면 받아들일 수 있다.

7.3 디지털 장치 : 비트와 워드

계산을 위한 하드웨어의 역사는 기계적인 하드웨어와 진공관 기반의 하드웨어 형태로 제2차 세계대전 즈음에 시작되었다(참고문헌 4). 녹음 장치 방식으로는 종이 카드나 종이테이프에 구멍을 뚫어 사용하였다. 한 예로 역사적으로 유명한 자동으로 연주되는 피아노의 두루마리를 들 수 있다. 1970년에는 컴퓨터 프로그램이 메인 프레임 컴퓨터와 통신하기 위해 펀치 카드를 사용하였는데 각각의 문자나 숫자는 카드의 각 열에 적합하게 뚫린 구멍으로 표현되었다. 디지털 계산에 있어 가장 중요한 개념은 요구되는 모든 정보를 적절하게 배열된 2진수 배열, 즉 0이나 1의 배열로 나타낼 수 있다는 것이다. 종이테이프의 뚫린 구멍을 예로 들면 오직 2개의 가능성, 즉 구멍이 있거나 또는 없거나이다. 이런 표현 방식이 2진수 시스템과 관련이 있다.

디지털 시스템은 신호 정보를 표현하거나 전달하는 데 있어 변형화된 2진법 시스템을 사용한다. 2진법 시스템은 이진 숫자나 비트(bit)를 정보의 최소 단위로 사용한다. 비트는 오직 하나의 자릿수, 즉 1이나 0으로 구성되어 있다. 비트는 전기 스위치와 같아서 논리나 숫자 정보를 전달하는 데 사용한다. 논리 관점에서 보면 1이나 0

은 스위치를 켜거나 끄는 것과 같다. 적당한 작동으로 비트는 on이나 off 위치로 조정될 수 있어 제어나 논리 연산을 수행할 수 있고, 비트를 조합하여 1이나 0보다 큰 정수를 정의할 수 있다. 수치 관점의 워드(word)는 비트를 순차적으로 배열한 것인데, 바이트(byte)는 항상 8 bit로 구성된 특정 순열을 나타낸다. 컴퓨터 메모리는 바이트로 된 주소를 가지고 있다. 수치 정보를 가지고 있는 메모리의 위치는 레지스터(register)로 불린다. 각각의 레지스터에는 구분된 주소(address)가 할당된다.

M개의 비트를 조합해 2^M개의 서로 다른 워드를 만들 수 있다. 예를 들면 2 bit 조합은 2^2개, 즉 4개의 비트 조합, 즉 00, 01, 10, 11을 만들어 낸다. 이와 같은 2 bit 조합을 사용해 기저가 10인 정수들인 0, 1, 2, 3을 각각 나타낼 수 있다. 그래서 8 bit 워드는 0~255까지의 숫자를 나타낼 수 있고, 16 bit 워드는 0~65,535까지 숫자를 나타낸다.

워드에 대한 숫자값은 비트를 오른쪽부터 왼쪽으로 옮겨 가면서 계산된다. 오른편으로부터 개개의 연속되는 비트는 비트가 on 위치(1값)에 있다면 워드의 값을 한 단위, 2개, 4개 등으로 2^M까지 값을 증가시킨다. 아니면 특별한 비트가 워드를 0만큼 증가시키기도 한다. M bit 워드의 가중 방법은 다음과 같다.

Bit $M-1$	...	Bit 3	Bit 2	Bit 1	Bit 0
2^{M-1}	...	2^3	2^2	2^1	2^0
10진수 값	...	8	4	2	1

이 방법을 사용하면 비트 $M-1$이 워드의 숫자값에 대한 기여도가 다른 비트에 비하여 가장 크기 때문에 가장 중요한 비트(MSB)로 칭한다. 반대로 비트 0은 가장 중요하지 않은 비트(LSB)로 칭한다. 16진수에서는 4개의 비트를 하나의 디지트로 표현한다. 그래서 2^4의 다른 디지트(0부터 9 그리고 A부터 F)로 워드를 구성한다.

몇 가지 2진수 코드가 일반적으로 사용된다. 일렬 2진수 코드는 가장 간단하다. 4 bit의 워드를 고려해 보자. 4 bit 일렬 2진수는 0000이 아날로그 0에 해당하고 1111이 15에 해당한다. 모든 숫자가 같은 부호이기 때문에 일렬 2진수는 한축 코드(unipolar code)로 간주한다. 양축 코드(bipolar code)는 부호 변화가 있는 코드인데 치우친 2진수(offset binary)는 양축 코드에 있어 0000은 −7과 같고 1111은 +7인 경우이다. 이들 2개의 코드와 다른 코드 간의 비교가 표 7.1에 주어져 있다. 치우친 2진수에 있어 2개의 0값이 존재하는데, 실제 0은 그들 사이에 존재한다. MSB가 양축 코드에 있어 어떻게 부호로 사용되는지 주목하기 바란다.

1개와 2개의 보수 2진수 코드가 표 7.1에 보이는데 둘 다 양축이다. 둘의 차이는 0의 위치인데 2의 보수(주어진 값의 음수를 표시하는 데 사용되는 수) 코드가 양수(+7)보다 하나 많은 음수(−8)를 사용한다. 2의 보수 코드가 디지털 컴퓨터에서 주로 사용된다. 많이 사용되고 있는 또 다른 코드는 양축 절댓값과 부호 코드(absolute-value-plus-sign code, AVPS)인데 MSB를 부호 비트로 사용하고 나머지 비트들은 일렬 2진수로 사용한다. 예를 들면 0100과 1100은 각각 −4와 +4를 나타낸다.

디지털 소수점 표시와 디지털 장비 간의 통신을 위하여 가끔 사용되는 코드는 2진수로 코드된 소수점(binary coded decimal) 또는 BCD로 알려져 있다. 이 코드에서는 소수의 개개 디지트가 일렬 2진수에서 동등값으로 분

표 7.1 이진수 코드(예제 : 4비트 워드)

비트값	직렬 16진수	오프셋	2개의 보수	1개의 보수	절댓값과 부호 코드[a]
0000	0	−7	+0	+0	−0
0001	1	−6	+1	+1	−1
0010	2	−5	+2	+2	−2
0011	3	−4	+3	+3	−3
0100	4	−3	+4	+4	−4
0101	5	−2	+5	+5	−5
0110	6	−1	+6	+6	−6
0111	7	−0	+7	+7	−7
1000	8	+0	−8	−7	+0
1001	9	+1	−7	−6	+1
1010	A	+2	−6	−5	+2
1011	B	+3	−5	−4	+3
1100	C	+4	−4	−3	+4
1101	D	+5	−3	−2	+5
1110	E	+6	−2	−1	+6
1111	F	+7	−1	−0	+7

[a] AVPS(absolute-value plus-sign code)

리되어 표현된다. 예를 들면 기저 10의 숫자 53210는 BCD 숫자 0101 0011 0010(즉, 2진수 5, 2진수 3, 2진수 2)로 표현된다. 이 코드에서는 개개의 2진 숫자가 10씩 벌어져 있는데 0~9까지이다. 그래서 디지털 표시기에서 아래 숫자가 10을 초과하는 경우에 단순히 다음의 열로 코드가 진행된다.

예제 7.3

4 bit 레지스터의 성분은 2진수 워드로 1010이다. 2진수 코드로 가정하고, 이 값을 동등한 10진수 값으로 변환하라.

알려진 값   4 bit 레지스터

구할 값   10진수 값으로 변환

가정   일렬 2진수 코드

풀이

4 bit 레지스터의 성분은 2진수 워드로 1010이다. 이 값은 다음과 같이 표현된다.

$$1 \times 2^3 + 0 \times 2^2 + 1 \times 2^1 + 0 \times 2^0 = 10$$

그래서 0101에 해당하는 10진수는 10이 된다.

7.4 디지털 수의 전달 : 높은 신호와 낮은 신호

전기 장비는 다른 전압값을 사용하여 2진수를 표시한다. 비트가 1이나 0의 값을 가질 수 있기 때문에 특별한 전압값(HIGH라고 부르자)이 교차점에 나타나면 1 bit 값을 나타낸다고 할 수 있고, 다른 전압값(LOW)은 0을 나타낸다고 말할 수 있다. 좀 더 단순하게 말하면 이 전압은 그림 7.5(a)에 보이는 것처럼 플립플롭(6장)을 사용한 열린 스위치나 닫힌 스위치의 사용에 의해 영향을 받는다.

예를 들면 컴퓨터에서 일반적으로 사용하는 방법은 +5 V 형태의 TTL(true transistor logic)인데

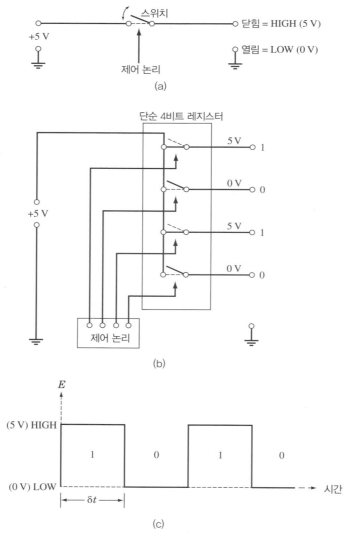

그림 7.5 디지털 정보를 전달하는 방법. (a) 단순 on/off(1 또는 0) 스위치, (b) 1010을 병렬로 전달하는 4비트 레지스터, (c) 1010의 직렬 전달

+5 V HIGH/0 V LOW 방식을 비트값을 표현하는 데 사용한다. 전압 변동에 의한 오작동을 방지하고 확실한 동작을 보장하기 위하여 정확한 전압값보다는 전압 영역으로 표시하여 HIGH 신호와 LOW 신호를 구분한다. TTL에서 +2 V에서 +5.5 V 사이의 전압값은 HIGH로 간주되어 1 bit 값을 가지는 반면에, −0.6 V에서 +0.8 V 사이의 전압값은 LOW로 간주되어 0 bit 값을 가지게 된다. 그러나 이러한 방식이 유일한 것은 아니다.

2진수는 HIGH와 LOW 전압의 조합으로 형성된다. 몇 개의 스위치는 레지스터를 구성하기 위해 병렬로 그룹화된다. 그런 M bit 레지스터는 M개의 출력선상의 전압값에 근거하여 숫자를 형성한다. 그림 7.5(b)는 숫자 1010을 형성하는 4 bit 레지스터에 대한 그림이다. 그래서 비트값은 출력선에 연결되어 있는 스위치를 열거나 닫거나 하여 바뀌게 된다. 이러한 형태는 워드를 형성하는 데 필요한 모든 비트가 동시에 제공되는 병렬(parallel) 형태를 정의한다. 또 다른 형태는 직렬(serial) 형태인데 비트가 HIGH/LOW 펄스의 시간 연결로 분리되어 있다. 개개의 펄스는 오직 미리 정해진 시간 간격 δt에서만 존재한다. 그림 7.5(c)가 펄스의 연속을 보여 주고 있는데 역시 1010 숫자를 형성하고 있다.

7.5 전압 측정

디지털 계측장비는 디지털 장비와 아날로그 세계와 접하게 하는 몇 가지 부품들로 이루어진다(참고문헌 5). 특히 디지털 아날로그 변환기(DAC)와 아날로그 디지털 변환기(ADC)를 다음에서 토의해 보자. 이들은 디지털 전압계와 데이터 획득 시스템에서 주요한 부품이다.

디지털 아날로그 변환기

디지털 아날로그 변환기는 M bit의 디지털 장비인데 디지털 2진수 워드를 아날로그 전압으로 변환하는 장비이다(참고문헌 5). 가능한 방식은 그림 7.6에서 보이는 것처럼 가중값이 부여된 저항 네트워크와 OP 증폭기를 M bit 레지스터와 같이 사용하는 것이다. 이 전자 회로는 공통으로 합쳐지는 점을 갖는 M개의 2진수 가중 저항으로 이루어진다. 레지스터 MSB와 관련된 레지스터는 R값을 가진다. 각각의 연속되는 비트에서 저항값은 두 배로 된다. 그래서 LSB와 관련된 레지스터는 $(2^{M-1} R)$값을 가지게 된다. 회로 출력은 다음으로 주어지는 전류 I이다.

$$I = E_{\text{ref}} \sum_{m=1}^{M} \frac{c_m}{2^{m-1}R} \tag{7.11}$$

c_m에 대한 값은 스위치 상태를 제어하는 m번째 레지스터의 비트값에 좌우되는 0이나 1이다. 증폭기의 출력 전압은 다음과 같다.

$$E_o = IR_r \tag{7.12}$$

이 식은 M bit D/A 변환기가 레지스터에 실제 입력 2진수 X값을 가능한 최대수 2^M과 비교되는 동작과 동일하

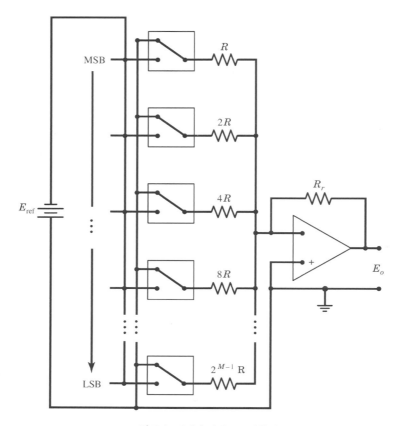

그림 7.6 디지털 아날로그 변환기

다. 이 비가 E_o를 결정하게 된다.

$$E_o = \frac{X}{2^M} \tag{7.13}$$

D/A 변환기는 디지털과 아날로그 사양을 모두 가지고 있다. 후자는 가능한 아날로그 전압 구간 E_{FSR}로 표시된다. E_{FSR}에 대한 전형적인 값은 0 V에서 10V(단극)와 ±5 V(쌍극)이고, M에 대해서는 8, 12, 16, 18 bit이다.

아날로그 디지털 변환기

아날로그 디지털 변환기는 아날로그 전압값을 양자화(quantization)라고 부르는 과정을 통하여 2진수로 바꾸는 변환기이다. 변환은 이산적이며 한 번에 한 숫자씩 처리한다.

A/D 변환기는 아날로그와 디지털 측면을 모두 가지고 있는 복합 장비이다. 아날로그 측면은 총전압 구간 E_{FSR}로 정의한다. E_{FSR}은 장비가 운영되는 전압 구간을 정의한다. 디지털 측면은 레지스터의 비트 수로 정의된다. M bit A/D 변환기는 M bit 2진수를 출력한다. 따라서 변환기는 2^M개의 서로 다른 2진수를 표현할 수 있

다. 예를 들면 $E_{FSR} = 10$ V를 가지고 있는 전형적인 8 bit A/D 변환기는 $2^8 = 256$개의 다른 2진수값을 가지고 0~10 V의 단극성에 대하여 아날로그 전압을 표현할 수 있거나 ±5 V 사이의 양극성 전압을 표현할 수 있다. A/D 변환기를 선택하는 데 있어 특별히 고려해야 할 사항은 분해능, 전압 구간, 변환 속도(참고문헌 5)이다.

분해능

A/D 변환기의 분해능은 비트 변화를 초래하는 가장 작은 전압 증분에 의하여 정의된다. 분해능은 전압으로 정의되는데 다음 식에 의해 결정된다.

$$Q = E_{FSR}/2^M \tag{7.14}$$

A/D 변환기에 오차를 발생시킬 수 있는 주요한 원인은 분해능과 관련 양자화 오차, 갈라짐 오차 그리고 변환 오차이다.

양자화 오차

A/D 변환기는 유한한 분해능을 가지고 있다. 그래서 2개의 인접하는 출력 코드 사이에 놓이는 입력 전압값에 대해서 오차가 발생하는데, 이 오차를 양자화 오차 e_Q라고 칭한다. 이 오차는 디지털 신호에 부여된 잡음같이 거동한다.

그림 7.7에 나타난 것과 같이 0~4 V, 2 bit A/D 변환기에 대한 아날로그 입력과 디지털 출력 간의 관계식을 고려해 보자. 이 방식이 디지털 표시 장비에 널리 쓰이고 있다. 식 (7.14)로부터 이 장비의 분해능은 $Q = 1$ V/bit 이다. 이 변환기에 대하여 0.0 V의 입력 전압은 00의 2진수값을 출력할 것인데 0.9 V에 대해서도 마찬가지이다. 그러나 1.1 V를 입력하게 되면 출력은 0.1이 된다. 명백히 출력 오차가 직접적으로 분해능과 관련이 있음을 알

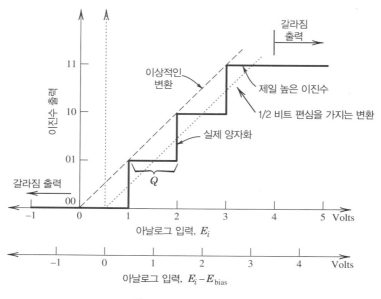

그림 7.7 이진 양자화와 갈라짐

표 7.2 변환 분해능

Bits	Q^a	SNR
M	(V/bit)	(dB)
2	2.50	12
4	0.625	24
8	0.0390	48
12	0.00244	72
16	0.153 (10^{-3})	96
18	0.0381 (10^{-3})	108

^{a} $E_{FSR} = 10$ V로 가정

수 있다. 이렇게 인코딩하는 방법에는 e_Q는 E_i 위의 0과 1 LSB 사이에 국한되어 있다. 따라서 $e_Q = Q$로 평가할 수 있다.

이제 상업적인 데이터 획득 장치(DAS)의 A/D 변환기에 주로 사용되는 방법을 고려해 보자. 분해능이 바뀌지 않지만, 이 방식은 양자화 오차를 입력 신호에 대하여 대칭으로 만든다. 이렇게 하도록 아날로그 전압을 1/2 LSB에 해당하는 편심 전압 E_{bias}만큼 A/D 변환기 내에서 내부적으로 이동시킨다. 이 변화는 사용자에게는 보이지 않는다. 이런 이동의 영향은 그림 7.7의 두 번째 아래 축에 보이는데 e_Q가 E_i에 대하여 6 LSB로 한정되어 있으므로 $e_Q = \pm 1/2Q$가 된다. 사용한 방법에 상관없이 양자화 오차의 크기는 1 LSB로 남으며 그 영향은 낮은 전압에서 중요하다. 불확실도 해석에서 분해능의 불확도는 $u_Q = e_Q$로 설정한다.

A/D 변환기의 분해능은 가끔 신호 대 잡음비(signal-to-noise ratio, SNR)로 정의되기도 한다. SNR은 옴의 법칙에 의한 E^2/R로 주어지는 신호의 파워를 $E^2/(R \times 2^M)$으로 주어지는 양자화에 의해 분해될 수 있는 파워를 연결한다. SNR은 이들 값의 비이며, 데시벨[dB]로 정의하면 다음과 같다.

$$SNR(\text{dB}) = 20 \log 2^M \tag{7.15}$$

분해능과 SNR에 대한 비트 수의 영향은 표 7.2에 주어져 있다. 프로그램 *Bits of Resolution.vi*를 이용하면 M, E_{FSR}, Q의 조합이 계측 신호에 미치는 영향을 조사할 수 있다.

갈라짐 오차

A/D 변환기는 변환할 수 있는 최소, 최대 아날로그 전압에 의해 제한된다. 극한이 초과되면 A/D 변환기의 출력은 전압을 정확한 디지털 형태로 나타낼 수 없게 된다. 그 대신 A/D 변환기의 출력은 갈라져서 입력값이 증가되어도 더 이상 변하지 않는다. 그림 7.7에서 볼 수 있듯이 0~4 V의 2 bit A/D 변환기에 4 V 이상을 입력하면 출력은 11이 되고, 0 V 미만을 입력하면 00이 된다. 갈라짐 오차는 입력 아날로그 신호값과 A/D 변환기에 의해 할당된 디지털값 사이의 차에 의해 정의된다. 갈라짐 오차는 A/D 변환기의 한계 전압 내에 신호가 오게끔 만들면 피할 수 있다.

변환 오차

A/D 변환기가 변환 과정에서 발생할 수 있는 기초적인 변환 오차를 포함하고 있어 입력값을 오해할 수 있는 소지가 있다. 따라서 어떤 장비라도 A/D 변환기의 변환 오차가 히스테리시스, 선형성, 감도, 0점, 반복 오차로 나타나게 되는데, 이런 오차의 크기는 아날로그 디지털 변환기의 특정 방법에 의해 좌우된다. 변환오차에 기여하는 인자는 A/D 변환기의 안정화 시간, 아날로그 신호추출 시의 신호 잡음, 온도 영향, 파워 동요 등이다(참고문헌 5).

선형성 오차는 M-bit A/D 변환기가 Q 폭의 단계와 같이 2^{M-1}에 아날로그 입력 범위로 분해된다는 이상적인 가정에서 비롯된다. 실제로는 단계가 정확하지 않을 수 있다. 이것은 그림 7.7에 그려진 이상적인 변환에 비선형성을 야기할 수 있다. 이러한 오차는 비트로 상술된다.

예제 7.4

10 bit와 12 bit A/D 변환기를 사용하는 경우에 100 mV와 1 V의 아날로그 신호의 양자화에서 양자화 오차 (e_Q/E_i)의 상대 영향을 계산하라. 두 변환기 모두 0~10 V의 전압 구간을 갖는다.

알려진 값 $E_i = 100\,\mathrm{mV}$와 1 V

$M = 10$과 12

$E_\mathrm{FSR} = 0\sim10\,\mathrm{V}$

구할 값 e_Q/E_i, 여기서 e_Q는 양자화 오차이다.

풀이

10 bit와 12 bit 변환기의 분해능은 식 (7.14)로부터 계산할 수 있는데 다음과 같다.

$$Q_{10} = \frac{E_\mathrm{FSR}}{2^{10}} = \frac{10}{1024} = 9.76\,\mathrm{mV}$$

$$Q_{12} = \frac{E_\mathrm{FSR}}{2^{12}} = \frac{10}{4096} = 2.4\,\mathrm{mV}$$

A/D 변환기가 절대 양자화 오차 $\pm\frac{1}{2}Q$로 주어지도록 설계되었다고 가정하라. 양자화 오차의 상대 영향은 e_Q/E_i에 의하여 계산되는데 그 결과는 다음과 같다.

E_i	M	$e_Q = \pm\frac{1}{2}Q$	$100 \times e_Q/E_i$
100 mV	10	±4.88 mV	±4.88%
100 mV	12	±1.22 mV	1.22%
1 V	10	±4.88 mV	±0.488%
1 V	12	±1.22 mV	0.122%

상대적인 관점(즉 퍼센트)에서 보면 전압을 변환하는 과정에서 발생한 오차는 전압이 낮은 경우에 영향력이 커진다.

예제 7.5

다음 사양을 갖는 A/D 변환기를 사용하여 온도 ±10°C 내의 변화를 계측하고자 한다. 변환기를 사용하여 아날로그 전압을 디지털로 표시하는 과정에서 발생하는 변환 오차와 양자화 오차를 계산하라.

	A/D 변환기
E_{FSR}	0~10 V
M	10 bits
선형성 오차	±3 bits
온도 표류 오차	1 bit/5°C

알려진 값   10 bit 분해능(예제 7.4 참조)

구할 값   측정값$(u_c)_E$

풀이

장비의 설계 단계의 불확도를 양자화 오차 u_Q와 변환 오차 u_c에 의한 불확도의 조합으로 생각할 수 있다. 따라서 다음 식을 얻는다.

$$(u_d)_E = \sqrt{u_o^2 + u_c^2}$$

0~10 V, 10 bit A/D 변환기의 분해능 $Q = 9.76\,\text{mV}$(예제 7.4)이다. 그래서 양자화 오차는 영차의 불확도에 대한 다음 값을 제공한다.

$$u_o = \frac{1}{2}Q = 4.88\,\text{mV}$$

변환 오차는 두 요소의 영향을 받는다.

$$\text{선형성 불확실도} = u_2 = 3\,\text{bits} \times 9.76\,\text{mV}$$
$$= 29.28\,\text{mV}$$

$$\text{온도 불확실도} = u_3 = \frac{1\,\text{bit}}{5°\text{C}} \times 10°\text{C} \times 9.76\,\text{mV}$$
$$= 19.52\,\text{mV}$$

RSS 방법을 사용하면 변환 오차에 의한 불확실도 결과가 다음과 같이 계산된다.

$$u_c = \sqrt{u_2^2 + u_3^2} = \sqrt{(29.28\,\text{mV})^2 + (19.52\,\text{mV})^2} = 35.19\,\text{mV}$$

아날로그값을 디지털로 표현하는 데 있어, 이들 2개의 오차에 의한 불확실도는 다음으로 표현된 구간이다.

$$(u_d)_E = \sqrt{(4.88 \text{ mV})^2 + (35.19 \text{ mV})^2}$$
$$= \pm 35.52 \text{ mV (95\% assumed)}$$

변환 오차가 불확실도를 가장 많이 포함하고 있음을 주목하기 바란다. 계획한 시스템에 대해 사용할 것인지 그만둘 것인지에 대해서 이 결과를 가지고 결정할 수 있다.

연속 근사 변환기

아날로그를 디지털로 변환하는 여러 가지 방법이 있는데(참고문헌 5) 전압 신호를 2진수 워드로 변환하는 가장 일반적인 방법을 토의해 보자.

　A/D 변환기의 가장 일반적인 형태는 연속 근사(successive approximation) 기법을 사용한다. 이 기법은 입력 전압을 변환하는 것에 대해 시행착오 방법을 사용한다. 근본적으로 연속 근사 A/D 변환기는 입력 전압에 대하여 적당한 2진수 표현을 얻을 때까지 연속적으로 2진수를 추정한다. 그림 7.8에서 보이는 것처럼 이 A/D 변환기는 M bit 레지스터를 사용하여 초기 2진수를 생성하고 D/A 변환기가 레지스터의 내용을 다시 아날로그 전압으로 변환한 다음, 전압 비교기(6장의 6.7절)를 사용하여 입력 전압과 내부적으로 생성된 전압을 비교한다. 변환 단계는 다음과 같다.

1. MSB를 1로 하고, 다른 모든 비트들은 0으로 만든다. 이렇게 하면 A/D 변환기의 출력에서의 E^*를 레지스터 조정값과 동등하게 만들 수 있다. 만일 $E^* > E_i$라면 비교기는 LOW가 되어 MSB가 다시 0으로 초기화된다. 만일 $E^* < E_i$가 되면 MSB는 1로 HIGH를 유지하게 된다.
2. 다음 제일 위의 비트(MSB-1)를 1로 설정한다. 다시 $E^* > E_i$이면 0으로 초기화하고 아니면 1로 놓아둔다.
3. 이 과정을 LSB에 도달할 때까지 반복한다. 그러면 마지막 레지스터의 값이 E_i의 양자화 값을 나타내게 된다.

이 과정은 비트당 한 클록 시간(one clock tick per bit)을 요구한다.

　이 연속 과정에 대한 예가 $E_i = 10.1$ V의 입력 전압에 대하여 그림 7.8의 0~15 V, 4 bit 연속 근사 A/D 변환기를 사용한 결과를 표 7.3에 나타냈다. 이 경우 변환기는 0.9375 V의 분해능을 가지고 있다. 마지막 레지스터의 내용은 1010이나 9.375 V가 되는데 이는 A/D 변환기의 출력값이 된다. 이 값은 양자화 오차에 의해 실제 입력 전압값인 10.1 V와 차이가 난다. 이 오차는 레지스터의 비트 크기를 증가시키면 감소시킬 수 있다.

　연속 근사 변환기는 일반적으로 비용 대비 변환 속도가 중요한 경우에 사용된다. 변환을 수행하는 데 필요한 단계 수는 A/D 변환기의 레지스터의 비트 수와 동일하다. 한 단계에 대한 한 시간 이동을 가지고, 12 bit A/D 변환기는 일반적으로 1 MHz 시계로 작동하는데, 한 변환에 대하여 최대 12 μs의 시간을 요구하게 된다. 그러나 양자화 오차를 줄이기 위해 비트 수를 증가시키면 변환 시간이 오래 걸리기 때문에 타협점을 찾아야 한다. 시계

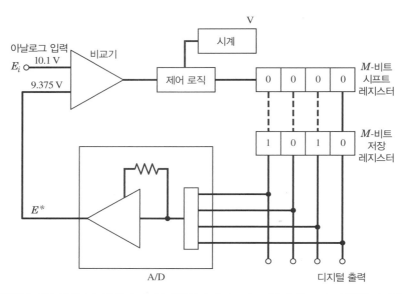

그림 7.8 연속 근사 A/D 변환기. 레지스터값 1010과 $E_i = 10.1$ V를 가지는 4비트 방법을 나타낸다.

가 빠르면 신호추출을 빠르게 할 수 있다. 일반적인 최대 신호추출률은 12, 16, 24 bit를 사용하는 100 kHz에서 1 MHz의 정도이다.

변환 오차의 원인은 D/A 변환기와 비교기의 정확도에 기인한다. 잡음은 특히 고차 비트에서 정밀도에 영향을 미치기 때문에 이런 형태의 변환기의 약점이 된다. 연속 근사 과정은 전압이 변환 과정에서 일정하게 유지된다는 가정하에 수행될 수 있다. 이런 이유로 6장에서 소개한 추출 유지 회로(SHC)를 계측하고자 하는 변환기의 입력 전에 사용하여 변환 과정에서 전압값을 일정하게 유지할 수 있도록 만든다. 따라서 SHC가 변환 과정에서 소음의 영향을 최소화한다고 말할 수 있다.

표 7.3 4 bit 변환기의 연속 근사 적분 순서

순서	레지스터	E^*	E_i	비교기
초기 상태	0000	0	10.1	
MSB를 1로 설정	1000	7.5	10.1	High
1로 놔두기	1000	7.5		
다음 최고 비트를 1로 설정	1100	11.25		Low
0으로 초기화	1000	7.5	10.1	
다음 최고 비트를 1로 설정	1010	9.375		High
1로 놔두기	1010	9.375		
LSB를 1로 설정	1011	10.3125	10.1	Low
0으로 초기화	1010	9.375		

Ramp (적분) 변환기

저전압 신호(< 1 mV) 계측은 저잡음 특성을 가지고 있는 ramp 변환을 자주 사용한다. 이들 적분 변환기들은 입력 아날로그 신호의 전압값을 구별하기 위하여 선형 기준 ramp 신호의 전압값을 사용하여 2진수로 변환하는 것이다. 주요 부품은 그림 7.9에 보이는 바와 같은데 아날로그 비교기, ramp 함수 발생기, 카운터, M bit 레지스터로 이루어져 있다. 기준 신호는 초기에 0으로 만들고, 시간 증분당 증가시켜 ramp값을 입력 전압값과 비교한다. 이 비교가 2개의 값이 일치할 때까지 지속된다.

ramp 신호를 생성하는 일반적인 방법은 고정 축전기 C를 사용하는 것인데, 일정한 전류원 I를 사용하여 축전한다. 전하는 전류와 시간에 관한 다음 식으로 표현한다.

$$q = \int_0^t I dt \tag{7.16}$$

기준 ramp 전압은 다음 식에 의하여 선형적으로 경과 시간에 연결되어 있다.

$$E_{\text{ref}} = \frac{q}{C} = \text{상수} \times t \tag{7.17}$$

시간은 각각의 시간 증분마다 레지스터값을 증가시키는 카운터에 의하여 적분된다. 시간 증분은 2^M 값에 의하여 좌우된다. 입력 전압과 ramp 전압의 크기가 시간 증분 동안에 서로 교차되는 경우에 비교기의 출력은 플립플롭을 플립으로 만들어 0으로 만들고 과정을 중단하게 된다. 그리고 레지스터의 카운터값은 입력 전압에 해당하는 디지털 2진수값을 표시하게 된다.

이와 같은 단일 ramp 작동의 정확도는 시계와 정전기의 정확한 값과 일정값의 유지성, 전하 전류값의 제약을 받는다. 정확도를 올리려면 가끔 이중 경사적 분기로 불리는 이중 ramp 변환기를 사용하면 된다. 이 경우 계측은 두 단계를 거치게 되는데 그림 7.10에 과정이 묘사되어 있다. 첫 단계에서 입력 전압 E_i는 고정 시간 주기 t_1에 대하여 적분기에 적용된다. 적분기의 출력 전압은 시간에 따라 증가하는데 경사는 입력 전압값에 비례한다.

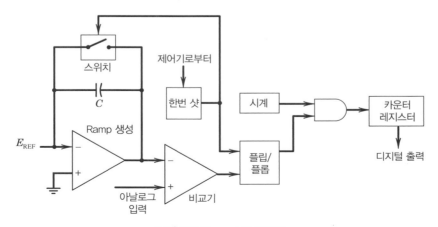

그림 7.9 Ramp A/D 변환기

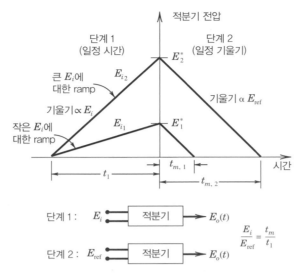

그림 7.10 이중 ramp 아날로그 전압의 디지털 변환

시간 증분의 마지막에 적분기의 출력은 E^*에 도달하게 된다. 두 번째 단계에서 고정 기준 전압 E_{ref}를 적분기에 적용하는데, 이 과정은 첫 단계의 마지막 부분에서 시작하게 된다. 기준 전압은 입력 전압에 대하여 부호가 반대인데 이렇게 되면 적분기의 값을 알려진 비율로 감소시키게 된다. 출력이 0으로 되는 데까지 걸린 시간인 입력 전압의 계측값이 된다. 시간 구간은 디지털 카운터를 사용하여 계측하는데, 디지털 카운터는 안정적인 진동자의 펄스를 축적하는 기능을 가지고 있다. 입력 전압은 다음의 관계식에 의해 결정된다.

$$E_i/E_{ref} = t_m/t_1 \qquad (7.18)$$

여기서 t_m은 두 단계를 수행하는 데 걸린 시간이다. 이중 ramp 변환기의 정확도는 변환 과정에 있는 카운터의 안정성에 의해 좌우되는데 아주 정확한 기준 전압을 필요로 한다.

ramp 변환기는 비싸지는 않지만 상대적으로 느린 장비이다. 그러나 적분 과정이 입력 신호의 소음을 줄이는 경향이 있다. 이런 특성은 특히 값이 낮은 신호를 계측하는 데 매력적이다. ramp 변환기를 사용하는 데 있어 최대 변환 속도는 다음과 같이 계산된다.

$$최대\ 변환\ 속도 = 2^M/시계\ 속도 \qquad (7.19)$$

이중 ramp 변환기에 대하여 이 시간은 두 배가 된다. 만일 입력값이 전 구간에 걸쳐 정상 분포로 되어 있다면 평균 변환 시간은 최댓값의 반이 될 수 있다. 12 bit 레지스터와 총 2^{12}개의 펄스를 세는 데 필요한 1 MHz 시계를 사용하면 이중 ramp 변환기는 8 ms의 변환 시간을 필요로 하게 되는데 125 Hz의 샘플 추출율에 해당된다.

병렬 변환기

가장 빠른 A/D 변환기는 그림 7.11에 묘사된 병렬(parallel) 또는 급속(flash) 변환기이다. 이 변환기는 고가의

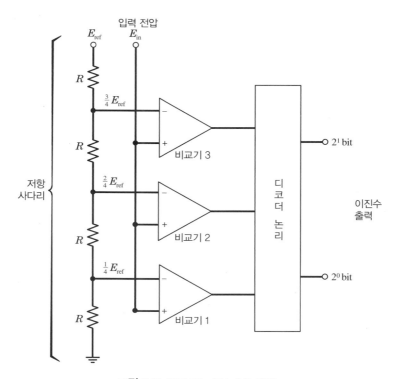

그림 7.11 병렬 또는 급속 A/D 변환

디지털 오실로스코프나 주파수 분석기에 일반적으로 사용된다. M bit의 병렬 변환기는 2^{M-1}개의 분리된 전압 비교기를 사용하여 기준 전압을 입력 전압과 비교한다. 그림 7.11에 묘사되어 있는 것처럼 기준 전압은 개개의 연속 비교기에 적용되며 전압을 나누는 레지스터를 이용하여 1 LSB만큼 증가된다. 만일 입력 전압값이 기준 전 압값보다 낮으면 비교기는 LOW로 되거나 아니면 HIGH로 된다.

그림 7.11에 보이는 2 bit 변환기를 고려해 보자. 만일 $E_{in} \geq \frac{1}{2}E_{ref}$이지만 $E_{in} < \frac{3}{4}E_{ref}$이면 비교기 1과 2는 HIGH로 되고, 비교기 3은 LOW로 된다. 이런 방식 때문에 표 7.4에 보이는 것처럼 $2^2 - 1$개의 비교기로부터 오직 $2^M = 2^2$개의 서로 다른 HIGH/LOW 조합이 있게 된다. 표 7.4는 이들 조합이 2 bit 2진수 출력의 2^2개의

표 7.4 2 bit 병렬 A/D 변환기의 로직 방법

비교기			
1	2	3	이진수 출력
HIGH	HIGH	HIGH	11
LOW	HIGH	HIGH	10
LOW	LOW	HIGH	01
LOW	LOW	LOW	00

가능한 값과 어떻게 일치되는지를 보여 준다. 논리 회로는 이들 정보를 레지스터에 전달한다.

모든 비교기가 동시에 작동하기 때문에 변환은 하나의 시간 카운트 내에서 일어난다. 그래서 이 변환기의 매력은 그 속력에 있는데 보통 신호추출 속도가 8 비트에서 150 MHz 이상이다. 단점은 $2^M - 1$개의 비교기와 관련 논리 회로를 사용하여야 하는 비용이다. 예를 들면 8 비트 변환기는 255개의 비교기를 필요로 한다.

디지털 전압계

디지털 전압계는 아날로그 입력 신호를 디지털 출력으로 변환해야 한다. 이 변환은 몇 가지 기본적인 방법을 사용하여 수행할 수 있는데 디지털 미터기에서 사용하는 가장 보편적인 방법은 2개의 ramp 변환기를 사용하는 것이다. 디지털 전압계의 성능을 제한하는 것이 아날로그 미터보다 많을 수 있다. 높은 입력 임피던스로 인해 포텐셔미터와 같은 평형 장치만큼 작은 전압에 대한 부하 오차가 아주 작다. 디지털 전압계는 낮은 전압에서의 부하 오차를 줄이기 위해 입력 임피던스가 높다. 이들 전압계의 분해능(1 LSB)은 정확도보다 높을 수 있기 때문에 출력의 불확실도에 주의해야 한다. 이들 장비는 DC와 실제 rms AC 구조에 대해 적분을 수행할 수 있다.

예제 7.6

0~12 V 3 디지트 디지털 전압계(DVM)를 제작하였는데, 12 bit 단일 ramp A/D 변환를 장착했다. 그리고 100 kHz 시계를 사용한다. 8.272 V의 입력 전압이 가해졌을 경우 DVM의 출력값은 얼마인가? 변환 과정은 얼마나 걸리는가?

알려진 값 $E_{FSR} = 12$ V, $M = 12$

시계 속도 $= 100$ kHz

3개의 유효 숫자 자릿수 표시(x.xx)

입력 전압 $E_i = 8.272$ V

구할 값   디지털 출력 표시값

변환 시간

풀이

A/D 변환기의 분해능은 다음과 같다.

$$Q = E_{FSR}/2^M = 12 \text{ V}/4096 = 2.93 \text{ mV/bit}$$

각각의 ramp 단계에서 카운터 값을 1비트씩 증가시키기 때문에 ramp 변환기는 다음의 기울기를 가지게 된다.

$$기울기 = Q \times 1 \text{ bit/step} = 2.93 \text{ mV/step}$$

변환에 필요한 단계 개수는 다음과 같다.

$$요구되는 단계 = \frac{E_i}{\text{Slope}} = \frac{8.272\ \text{V}}{0.00293\ \text{V/step}} = 2823.21\ \text{또는 } 2823\ \text{steps}$$

그래서 출력 전압 표시값은 다음과 같이 된다.

$$E_0 = 기울기 \times 단계\ 수$$
$$= 2.93\ \text{mV/step} \times 2823\ \text{steps} = 8.2713\ \text{V} \approx 8.27\ \text{V}$$

3개 디지트 표시 E_0는 8.27 V로 된다. 입력 출력값의 차이는 양자화 오차에 기인한다. 100 kHz의 시계 속도는 각 ramp 단계가 10 μs/step 요구하게 되어 변환 시간 = 2823 steps × 10 μs/step = 28230 μs이다.

참고사항   단일 이중 ramp 변환기를 사용하면 단계 수와 변환 시간이 두 배로 된다.

7.6 데이터 획득 시스템

데이터 획득 시스템(data acquisition system, DAS)은 데이터를 획득하여 저장하는 계측시스템의 일부이다. 엔지니어가 변환기의 다이얼을 읽어 다이얼 위치에 따른 숫자를 파악하고, 이 숫자를 실험실 기록책에 기록하는 작업을 수행하는데, 이 작업들은 데이터 획득 시스템 (DAS)과 관련이 있다.

이 절에서는 마이크로컴퓨터에 근거한 DAS에 대해 토의하고자 한다. 이 장비는 공학시험에 있어서 자동화된 데이터 정량화와 저장 작업을 수행하는 데 사용된다. 필요한 마이크로프로세서 기술은 많은 장비에서 발견되는 데 특화된 제어 보드로부터 개인 휴대용 장비, 랩톱, 데스크톱, 전용 컴퓨터까지 포함한다. 이들 장비를 통칭해 원초적인 용어 컴퓨터를 사용할 것이다.

그림 7.12는 DAS가 아날로그 계측과 이후 이어지는 데이터 정리 사이의 일반 계측 방법에 어떻게 부합되는가를 보여 준다. 여러 개의 아날로그 신호를 단일 마이크로프로세서를 장착한 DAS로 신호가 어떻게 흘러가는지를 그림 7.13에서 보여 주고 있다.

전용 마이크로프로세서 장치는 아무런 간섭 없이 계측, 저장, 번역, 프로세스 제어에 관한 프로그래밍 인스트럭션을 수행할 수 있다. 그런 마이크로프로세서는 계측과 제어를 I/O 포트를 통해 다른 장비와 통신한다. 프로그래밍을 통해 어느 센서를 계측에 사용할 것인지 언제 얼마나 자주 사용할 것인지 데이터를 어떻게 추출할 것

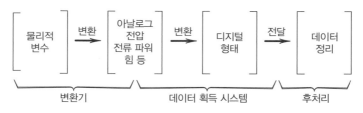

그림 7.12 전형적인 신호와 계측 방법

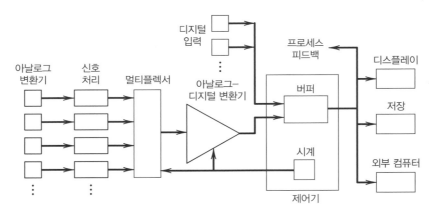

그림 7.13 자동 데이터 획득 시스템을 사용하는 아날로그 신호 흐름도

인지 결정할 수 있다. 프로그래밍을 통해 의사 결정과 프로세스 변수를 궤환 제어하는 것도 가능하다. 가성비 있는 마이크로프로세서 시스템으로 프로그램할 수 있는 논리 제어기(programmable logic controller, PLC)를 들 수 있다.

　컴퓨터 기반 실험실 DAS는 데이터 획득 모듈과 마이크로프로세서, 그리고 컴퓨터의 인터페이스 기능을 결합한 시스템이다. 외부 장비와 컴퓨터의 인터페이스는 전용 모듈을 통해 이루어지는데, 컴퓨터와 외부 버스 단자, 입출력(I/O) 보드 또는 무선 단자를 연결한다. 또한 컴퓨터는 인터넷으로 접속을 가능하게 해 서로 떨어져 있는 지점 간의 데이터 송수신도 가능하게 한다.

7.7 데이터 획득 시스템 부품들

아날로그 신호 안정화 : 필터와 증폭기

아날로그 신호는 항상 디지털 시스템과의 합당한 인터페이스를 위하여 신호 안정화가 필요한데, 필터와 증폭기가 주로 사용되는 부품들이다.

필터

아날로그 필터는 추출된 신호의 주파수 성분을 제어하는 데 사용되며, 이에 대해서는 6장에서 다루었다. 신호추출 전에 변종 방지 아날로그 필터를 사용해 나이퀴스트 주파수 이상의 신호 정보를 제거한다. 모든 데이터 획득 보드가 아날로그 필터를 내장하고 있는 것이 아니어서 이 필수 불가결한 부품을 추가할 필요가 있다.

　디지털 필터는 디지털 신호 분석에 유용하다. 그러나 변종을 방지하는 데 사용되지는 않는다. 전형적인 디지털 필터링 방법은 추출한 신호의 푸리에 변환을 취한 다음, 주파수 영역에서의 신호 진폭을 원하는 주파수 응답(즉, 필터의 형태나 원하는 필터의 설정)을 곱하고 이를 다시 역푸리에 변환을 이용해 시간 영역으로 변환하는 방법이다(참고문헌 1, 2).

간단한 디지털 필터는 변동 평균(moving average) 또는 매끄럽게 만드는(smoothing) 필터인데 넓은 영역의 잡음을 제거하거나 또는 이산 정보의 경향을 보여 주는 데 사용한다. 근본적으로 이 필터는 현재의 데이터점에서의 값을 여러 개의 데이터값의 평균으로 대체하는 필터이다. 가운데 중점 변동 평균 방법은 다음과 같은 형태를 취한다.

$$y_i^* = (y_{i-n} + \cdots + y_{i-1} + y_i + y_{i+1} + \cdots + y_{i+n})/(2n + 1) \tag{7.20}$$

여기서 y_i^*는 위 공식을 이용해 계산된 값으로 y_i를 대체한다. $(2n + 1)$은 평균값 산출에 사용된 총데이터 개수와 동일하다. 예를 들면 $y_4 = 3$, $y_5 = 4$, $y_6 = 2$이면 y_5의 세 항을 이용한 평균값 $y_5^* = 3$이 된다.

비슷한 방법으로 전진 평균을 이용하여 매끄럽게 하는 필터는 다음의 형태를 취한다.

$$y_i^* = (y_i + y_{i+1} + \cdots + y_{i+n})/(n + 1) \tag{7.21}$$

그리고 역진 평균을 이용하여 매끄럽게 하는 필터는 다음의 형태를 취한다.

$$y_i^* = (y_{i-n} + \cdots + y_{i-1} + y_i)/(n + 1) \tag{7.22}$$

필터링을 가볍게 하는 경우에는 세 항을 사용하지만 필터링을 강하게 하는 경우에는 10개 이상의 항을 사용한다. 이 필터링 기법은 스프레드시트나 프로그래밍 패키지에서 쉽게 구현된다.

증폭기

모든 자동 데이터 획득 시스템은 입력의 범위가 제한되어 있다. 그래서 해독할 수 있는 신호의 최솟값이 있고, 포화 직전의 최댓값이 있다. 이는 A/D 변환기에 존재하는 사양이어서 많은 변환기 신호의 증폭 또는 감폭을 변환 전에 수행하여야 한다. 대부분의 데이터 획득 시스템은 내장 장비 증폭기를 포함하고 있다. 비용 면에서 시스템의 멀티플렉서에 바로 붙어 있는 단일 증폭기를 내장한 일반적인 도면이 그림 7.13에 나타나 있다. 이렇게 하면, 단일 범용 계기 증폭기를 사용하게 되어 필요한 증폭기 수를 줄일 수 있으나 계기 증폭기의 이득과 주파수 범위는 제한되는 경향이 있다. 이득을 바꾸려면 저항의 점퍼를 수동적으로 바꾸거나 논리 스위치를 소프트웨어로 제어하여 바꾸면, 효과적으로 증폭 앰프의 저항 비율을 바꿀 수 있다. 6장의 6.6절에서 증폭기를 다룬다.

계기 증폭기가 출력 임피던스 특성을 좋게 만들기는 하지만 전압 분할기를 사용하여 A/D 변환기의 입력 범위보다 큰 전압을 낮출 수도 있다. 그림 7.14의 전압 분할 회로의 출력 전압값은 다음과 같다.

$$E_o = E_i \frac{R_2}{R_1 + R_2} \tag{7.23}$$

예를 들면 0~50 V 신호를 $R_1 = 40\ \text{k}\Omega$과 $R_2 = 10\ \text{k}\Omega$을 사용하면 0~10 V A/D 변환기를 사용하여 계측할 수 있다.

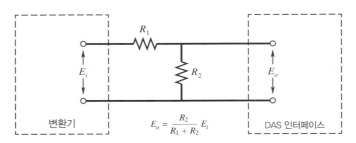

그림 7.14 신호 진폭 감소를 위한 전압분할기

시간에 따라 변하는 신호의 동적 성분만이 중요한 경우, 증폭은 다른 전략을 필요로 한다. 예를 들면 다음 식과 같이 5 Hz 신호를 가지고 전압 신호의 평균값은 크지만 동적 성분은 작다고 가정해 보자.

$$y(t) = 2 + 0.1\sin 10\pi t (V) \qquad (7.24)$$

성분의 분해능을 개선하기 위해 증폭기의 이득을 $G = 2.5$ 이상으로 만들면 $\pm5V$ A/D 변환기를 포화되게 만들 수 있다. 그런 상황에서 증폭 전에 신호의 평균 성분을 제거할 필요가 있는데, (1) 다음에서 토의하는 것처럼 평균값을 영으로 만들기 위해 오프셋 제거 회로를 사용하거나, (2) 이 예제에서처럼 $-2\,V$를 더하는 것처럼 신호에 반대되는 부호의 평균 전압값을 더하거나, (3) 매우 낮은 주파수를 갖는 저역 필터(*AC Coupling*으로 알려진)를 사용한다.

분로 저항 회로

A/D 변환기는 입력으로 전압 신호를 받아들인다. 따라서 전류 신호를 분로 저항을 이용하여 전압 신호로 변환하여야 한다. 그림 7.15의 회로는 신호 전류 I에 대하여 다음과 같은 전압 계산식을 제공한다.

$$E_o = IR_{\text{shunt}} \qquad (7.25)$$

보통 4~20 mA의 전류 루프를 사용하는 변환기에 대하여 250 Ω의 분로 저항이 이 전류를 1~5 V로 변환한다.

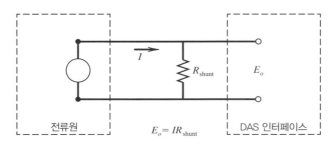

그림 7.15 간단한 분로 저항 회로

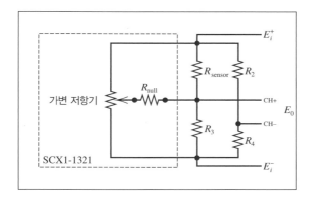

그림 7.16 오프셋 영점 전압을 적용하는 회로 (National Instruments)

오프셋 영점 조정 회로

오프셋 영점 조정은 신호에서 작은 일정량의 전압을 차감해서 변환기 출력의 영점을 조정하는 데 사용된다. 그래서 하중 오차를 최소화하면서 영차의 오차로부터 발생하는 불확실도를 제거하는 중요한 도구이다. 이 기법은 그림 7.16에 보이는 바와 같이 브리지 회로와 연결해 회로에 영점 조정 전압 E_{null}을 만들고 적용하기 위해 가변 저항(R_{null})을 사용한다. 사용 가능한 제어 전압은 다음 식으로 표현된다.

$$E_{\text{null}} = \pm \left[\frac{E_i}{2} - \frac{E_i R_3 (R_{\text{null}} + R_{\text{sensor}})}{R_{\text{null}} R_{\text{sensor}} + R_3 (R_{\text{null}} + R_{\text{sensor}})} \right] \tag{7.26}$$

수정된 신호 전압은 $E_0 = E_i - E_{\text{null}}$이다. 이 기법은 기계적인 제충계의 출력 표시기의 영점 조정과 유사하다.

데이터 획득을 위한 부품

멀티플렉서

여러 개의 입력 신호선이 공통의 출력선에 연결되고 하나의 A/D 변환기에 연결되어 있을 때 연결선을 A/D 변환기에 한 번에 하나씩 번갈아 가면서 연결하는 데 멀티플렉서를 사용한다. 이 기법은 상용화된 데이터 획득 모듈에 있어 아주 흔하게 사용되는 기법이다. 이렇게 하는 방법이 그림 7.17에 묘사된 멀티플렉서로 잘 보여 주고 있는데 개개의 통로를 순차적으로 개폐하기 위해 병렬로 연결된 플립플롭(6장 참조)을 사용한다. 스위칭 속도는 변환 시간 제어 논리 회로에 의해 결정된다.

A/D 변환기

고속의 데이터 획득 모듈은 통상적으로 100 kHz에서 10 MHz 사이의 변환 속도를 갖는 연속 근사 A/D 변환기나 10 GHz 이상의 병렬 A/D 변환기를 사용한다. 낮은 전압값을 계측하는 경우에 이중 ramp A/D 변환기를 사용하여 잡음을 제거할 필요가 있다. 이 경우 최대 변환 속도 100 Hz 정도에 만족하여야 한다.

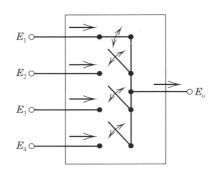

그림 7.17 멀티플렉서(4채널)

D/A 변환기

디지털 아날로그(D/A) 변환기는 데이터 획득 시스템이 디지털 숫자를 전압으로 바꿀 수 있도록 만드는 데 프로세스 제어, 즉 프로세스 변수를 바꾸거나 장치를 구동하거나, 감지기의 위치 모터를 구동하는 경우에도 사용한다. D/A 신호는 소프트웨어나 제어기로 착수된다.

디지털 입출력

디지털 신호는 high 또는 low로 표현되는 이산 상태로 구성되어 있다. 디지털 입출력(I/O) 연결 라인은 장비 간의 통신(7.9절 참조), 제어 릴레이(동력 장치를 켜거나 끄는 제어) 장비의 상태를 표시하는 데 사용할 수 있다. 디지털 정보를 전달하는 일반적인 방법은 5 V TTL 신호를 사용하는 것이다(그림 7.5 참조).

디지털 입출력 신호는 단일 상태(HIGH 또는 LOW, 5 V 또는 0 V)가 될 수도 있고 HIGH/LOW의 펄스 집합이 될 수도 있다. 단일 상태의 신호는 스위치나 릴레이를 제어하거나 경고 신호를 보내는 데 사용한다. 일련의 연속 펄스는 일련의 데이터를 전송한다. 게이트(Gate) 펄스 계수(counting)는 일정 시간 동안의 펄스 개수를 세는 것이다. 이를 이용하면 주파수를 결정(단위 시간 내의 펄스 수)할 수 있고 계수 또는 타이밍(timing) 응용에 사용할 수 있다. 펄스 개수를 연속해서 정해진 만큼 보내는 펄스 스테핑 방법은 스테핑 모터나 서보를 구동하는 데 사용된다. 여러 개의 I/O 단자들은 병렬 신호 정보를 보내기 위해 집단화되기도 한다.

폐루프 제어기

폐루프 제어에 있어 제어기는 계측된 변숫값을 통해 결정해 처리 과정의 상태를 주어진 조건값과 비교하고 이들 두 값의 차이를 줄이기 위해 적절한 조치를 취하는 데 사용된다. 값의 차이를 오차 신호라고 부른다. 이 오차는 처리 과정의 동역학의 일부로 바뀌는데 이로 인해 계측값이 바뀐다. 아니면 주어진 조건 자체가 바뀌기 때문에 오차가 바뀔 수도 있다. 제어 동작은 이 오차를 원하는 범위 내에 머무르고 있도록 처리 과정을 조정하는 것이다.

데이터 획득 시스템과 결합하는 경우 제어 처리는 다음과 같은 순서로 구성된다. 신호추출, 비교, 결정, 수정이다. 디지털 제어 루프의 예가 그림 7.18에 묘사되어 있다. 여기서 제어기는 계측값을 감시하는 센서로부터 처리 과정에 대한 입력 정보를 받는다. 제어기는 A/D 변환기나 디지털 입력 장치를 통해 센서 신호를 계측한다.

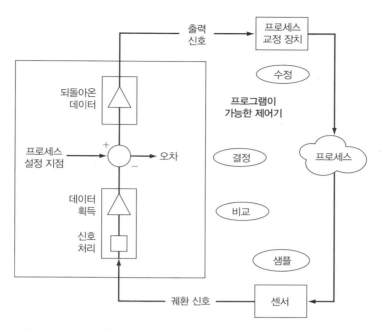

그림 7.18 데이터 획득에 기반한 프로그램 가능한 제어기에 구성된 궤환 제어 개념

제어기는 계측값과 기준값을 비교하고 오차 신호를 계산한다. 그리고 필요한 수정 조치를 결정하기 위해 제어 알고리즘을 통해 계산을 수행한다. 그다음 처리 과정을 수정하기 위한 행동에 들어간다. 이 예로부터 수정 요소는 아날로그 기반일 것으로 예상한다. 그래서 제어기는 적절한 수정 조치에 대해 D/A 변환기를 통해 필요한 신호를 보낸다. 제어기는 이 과정을 각 주기마다 반복한다. 궤환 제어에 대한 보다 자세한 설명은 12장에서 다룬다.

데이터 획득 시스템 회로

데이터 획득은 계측값의 실제 상태나 변하는 정도를 조사해 컴퓨터로 제어할 수 있는 수치값으로 만들어 전달하는 방법이다. 프레임 틀을 얻는 보편적인 정보는 부호가 합쳐진 개별 센서들, 정보 교환, 정보 준비, 멀티플렉싱, 송신관련 정보, 정보 비축, 프레임워크 표시로 구성된다. 실행 방법, 한계 인식, 비용과 관련된 프레임워크의 질을 개선하기 위해 중요한 부 프레임워크를 결합시킬 수 있다. 단순한 데이터 획득 시스템은 계측, 송신, 표시와 저장과 같은 개선된 구조로 변형할 수 있다. 그림 7.19는 일반 데이터 획득 회로를 보여 준다. 4개의 변환기, 4개의 신호처리기와 이를 상호 결합하는 멀리플렉서로 구성되어 있다. 아날로그 데이터는 A/D 변환기를 이용해 디지털 형태로 변환된다. 1개 이상의 원천으로부터 단순 데이터를 변경하기 위해서 추가로 변환기를 사용하거나 멀티플렉서를 사용한다. 데이터를 정확하게 빨리 변경하기 위해서 홀드 회로를 사용한다. (가끔 신호 폭이 클 경우에는 로그 변환을 사용하기도 한다.)

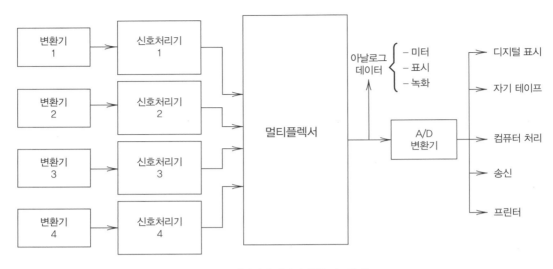

그림 7.19 일반적인 데이터 획득 시스템 회로

7.8 아날로그 입출력 통신

데이터 획득 모듈

데이터 획득 시스템(DAS)은 아날로그와 디지털 외부 변환기와 장치와의 접점을 지원하는 모듈과 과정을 제어하고 기억 장치에 정보를 저장하거나 추출하는 마이크로프로세서 또는 컴퓨터로 이루어졌다. 제일 일반적인 배치는 버스 선을 이용해 태블릿, 휴대 장비, 랩톱 또는 고정 컴퓨터와 연결된 외부 모듈을 사용하는 것이다. 플러그인 보드도 많이 사용되는데, 특히 산업 환경에서 많이 사용한다. 모든 것이 완비된 독립 모듈은 보드에 마이크로프로세서와 메모리를 가지고 있고, 또 다른 모듈은 블루투스나 무선 네트워크와 같은 무선 통신 기술을 사용해 다른 장치들과 연결된다. 필요시 무선 또는 유선 인터넷 연결을 통해 데이터를 획득해 전송하거나 정보를 다른 곳에 보낼 수도 있다.

그림 7.20에 보이는 데이터 획득 시스템의 기본적인 배치를 고려해 보자. 변환기 또는 다른 외부 장비로부터 나오거나 들어가는 현장의 배선은 대부분 DAS 모듈에 직간접으로 부착된 기계적인 스크루 터미널을 통해 이루어진다. 모듈은 다채널의 아날로그, 디지털 입출력을 지원한다. 배치도는 다양한 모듈 부품을 통하는 신호 궤적을 보여 주는데 이들은 모듈의 내부 버스를 통과한다. 모듈은 여기서는 연결자(connector)로 불리는 다양한 통신 인터페이스(예 : USB 단자 또는 블루투스 연결)를 통해 제어 컴퓨터 버스와 연결된다. 독립 시스템들은 DAS 버스를 내장된 마이크로프로세서 버스를 연결한다.

상업적으로 제공되는 다채널 고속 데이터 획득 모듈을 그림 7.21이 보여 준다. 이 장치는 16채널의 멀티플렉서와 8개의 차등(differential) 또는 16개의 단일(single-ended) 아날로그 입력 채널을 갖는 장치 앰프를 사용한

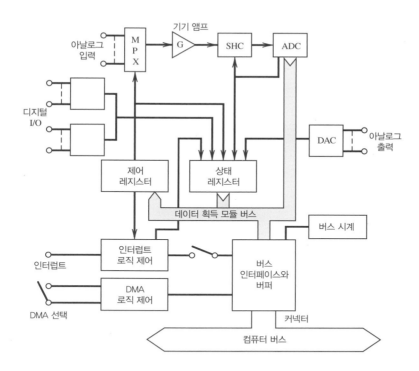

그림 7.20 컴퓨터와 접속된 원초적인 다목적 데이터 획득 모듈

다. 입력 임피던스는 10 GΩ을 넘는다. 16 bit 연속 근사 A/D 변환기는 250 kHz까지 신호추출 속도를 가질 수 있다. 입력 신호는 단극(unipolar)(예 : 0~10 V) 또는 양극(bipolar)(예 : ±5 V)으로 될 수 있다. 그림의 보드는 $Q = 152.6\,\mu\text{V/bit}$의 단위 이득 입력 분해능($E_{\text{FSR}} = 10\,\text{V}$)을 가진다. 앰프에 내장된 이득을 확장하면 아날로그 입력 신호의 범위를 ±10 V에서 ±0.2 V로 낮출 수 있다. 이 모듈은 또한 디지털-아날로그 변환기로 구동되는 2개의 16 bit 아날로그 출력을 가지고 있다. 디지털 입출력 채널은 4개이고 장비 제어 적용과 외부 트리거링을 위해서 32 bit 카운터를 가지고 있다. 이와 같은 USB 구동 장비는 포켓 크기의 카메라와 크기가 비슷하지만 이 작은 크기에 변환기와 장비를 연결하기 위한 스크루 단자 터미널을 가지고 있다.

데이터 획득 기술은 급격하게 바뀌고 있어 시장에 새로운 기능을 가진 제품들이 계속 나오고 있다. 모든 것이 완비되고 자체적으로 구비된 DAS 모듈이 그림 7.22에 보이고 있다. 이 특정 시스템은 실시간 데이터 처리 및 제어를 자체적으로 프로그램화할 수 있는 운영 체제를 탑재한 보드상의 듀얼 코어 마이크로프로세서에 의해 구동된다. 데이터 획득 및 제어 기능은 다음과 같다. 10개의 단일 또는 차이 아날로그 입력, 6개의 아날로그 출력, 40개의 디지털 입출력, 3축 가속도계 그리고 입출력 연결 터미널을 가지고 있다. 이 장치는 태블릿이나 외부 컴퓨터와 같은 다른 장비들과 USB 단자 또는 보드상의 WiFi 통신으로 연결될 수 있다. 작은 크기로 인한 운반성을 고려하지 않더라도 컴퓨터나 전원 연결에 필요한 전선이 필요 없기 때문에 움직이는 대상(예 : 자동차, 로봇)의 데이터를 획득하는 데 있어 아주 적합한 설계라고 말할 수 있다.

Photograph of NI USB-621x; Courtesy of National Instruments.

그림 7.21 다용도 USB 기반 데이터 획득 모듈

Photograph of NI myRIO; Courtesy of National Instruments.

그림 7.22 내장 포터블 다용도 데이터 획득 시스템의 예

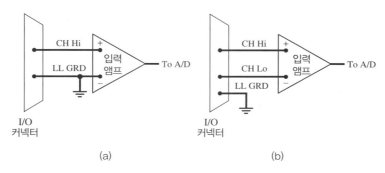

그림 7.23 (a) 단일 연결, (b) 차이 연결

단일 전위를 갖는 연결과 차이 전위를 갖는 연결

DAS 보드로의 아날로그 신호 입력은 단일 전위나 차이 전위가 될 수 있다. 단일 전위 연결(single-ended connections)은 그림 7.23에 보이는 바와 같이 접지(GRD)에 대하여 하나의 선(1 또는 HIGH)을 사용한다. 되돌아오는 선(− 또는 LOW)과 접지선은 같은 선이 된다. 공통의 외부 접지점이 있는데 항상 DAS 보드를 통한다. 다수의 단일 전위 연결을 이용하는 경우가 그림 7.24에 보이고 있다.

단일 전위 연결 전선은 EMI(electromagnetic interference) 잡음에 노출될 수 있기 때문에 길면(1 m 이상) 안된다. 특히 고속의 전달 속도를 필요로 할 경우에는 길면 안 된다. 잡음으로 인해 신호는 DAS 분해능과 비교해 커야 된다. 단일 전위 연결은 모든 아날로그 신호가 공통의 접지점에 대하여 이루어질 경우에 합당하다.

접지점이 중요한 이유는 무엇일까? 전기 접지는 모두 동일한 값이 아니다(6장의 접지와 접지 루프 참조). 그래서 만일 신호가 두 점, 예를 들면 신호원과 DAS 보드에서 접지되어 있다면 접지는 서로 다른 전압을 가지게 된다. 접지된 신호가 단일 전위로 연결되어 있는 경우, 신호원의 접지 전압과 보드의 접지 전압 사이의 전압차

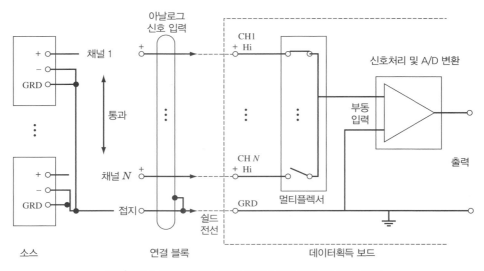

그림 7.24 데이터 획득 보드와 연결된 다중 단일 아날로그 연결

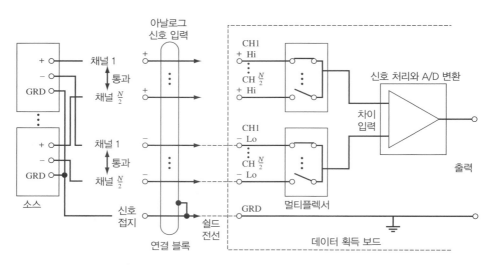

그림 7.25 데이터 획득 보드와 연결된 다중 차이 아날로그 연결

가 공통 모드 전압(common-mode voltage, CMV)을 유발한다. CMV는 입력 신호와 결합되고 신호에 간섭과 잡음을 일으킨다. 이런 영향을 접지 루프(ground loop)라고 칭하는데 계측된 신호는 신뢰할 수 없게 된다.

차이 전위 연결은 2개의 서로 다른 입력 신호 간의 전압차를 계측하는 것이다. 여기서 신호 입력(1 또는 HIGH)선은 신호가 되돌아오는 (− 또는 LOW)선과 한 쌍을 이루는데, 그림 7.23에 보이는 바와 같이 접지로부터 분리되어 있다. 한 쌍의 전선을 꼬아서 사용하면 잡음의 영향을 많이 감소시킬 수 있다. 그림 7.25에 DAS에 차이 전위 연결을 구성하는 것이 나타나 있다. 계측된 전압은 각 채널에 대해 이들 두 선(+와 −)의 전압차이다.

작은 크기의 신호를 계측할 경우에는 차이 전위 연결이 선호된다. 그러나 낮은 값을 계측하는 경우에는 10~100 kΩ 저항을 돌아오는 신호선(− 또는 LOW)과 보드의 접지(GRD) 사이에 연결해야 한다. 차이 전위 연결은 CMV 오차 발생 가능성이 적지만 계측한 전압이 보드의 공통 모드 전압 한도를 넘을 경우에는 보드를 손상시킬 수 있기 때문에 조심해야 한다.

특별한 신호 조절 모듈

신호 조절 모듈은 여러 가지 변환기 적용 문제에서 사용된다(참고문헌 5). 이들은 변환기와 데이터 획득 모듈 사이를 연결하는데, 예를 들면 저항 브리지 모듈은 그림 7.26에 보이는 것처럼 스트레인 게이지를 직접 연결하거나 또는 내장된 휘트스톤 브리지를 통해 다른 저항 센서를 연결하는 데 사용한다. 온도 모듈은 전기적인 열전대 냉합점을 보상하기 위해 사용하는데, 신호 선형화를 비교적 정확하게 이룩하여 온도를 정확(0.5 C까지 낮출 수 있다)하게 계측할 수 있다.

데이터 획득 트리거링

DAS 보드를 가지고 소프트웨어 명령, 외부 펄스 또는 내장된 시계를 이용해 데이터 획득이나 장비 제어를 트리거링할 수 있다. 동기화, 구동 또는 제어를 위해 소프트웨어로 제어되는 트리거를 사용하면 TTL 수준의 펄스를

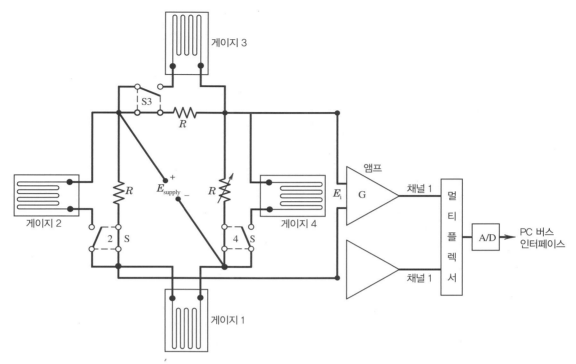

그림 7.26 스트레인게이지 인터페이스. 게이지들은 인터페이스에 전선으로 연결되어 있다.

외부 장비에 보낼 수 있다.

7.9 디지털 입력/출력 통신

디지털 장비 간에 디지털 정보가 통신을 이용하여 교환되는 경우에 어떤 표준이 존재한다. 시리얼 통신 방법은 데이터를 한 비트씩 전송하는 것이다. 병렬 통신 방법은 동시에 비트를 그룹으로 만들어, 예를 들어 한 바이트씩 데이터를 전송한다. 두 방법 모두 접촉 과정인 악수(handshake)를 사용한다. 이것은 장비 간의 TTL 수준 신호에 대한 초기화, 허용과 끝냄에 대한 연결 규약이다. 대부분의 실험실 장비는 적어도 한 가지 이상의 방법으로 데이터를 전송할 수 있도록 만들어져 있으며 서로 다른 제조회사의 장비 간의 통신이 이루어질 수 있도록 표준화되어 있다. 표준은 계속 변하고 있어 지금 논하고자 하는 것은 대표적인 표준의 개념과 적용에 초점을 맞추고자 한다.

데이터 통신

시리얼 통신은 정보를 연속적, 즉 한 번에 한 비트씩 보내는 것을 의미한다. 개개의 비트값은 아날로그 전압 펄스 1과 0으로 표현되는데, 1과 0은 3~25 V 범위에서 2개의 크기가 동일하고 극성이 반대인 전압으로 구별된다.

통신 속도는 보드율(baud rate)로 계측되는데 초당 펄스 신호 수로 계측된다.

전형적인 비동기 전송은 시작 비트와 7 bit 또는 8 bit의 데이터로 이루어진 10연속 비트 전송 방식이다. 데이터 비트에 극성 비트가 하나가 있거나 또는 없을 수도 있으며 데이터 비트의 끝은 1이나 2의 종료 비트로 이루어진다. 시작과 종료 비트는 각각의 데이터 바이트의 시작과 종료에서 시리얼 악수를 형성하게 된다. 비동기 전송(asynchronous transmission)은 정보가 일정치 않은 간격으로 전송됨을 의미한다. 그래서 시작과 종료 비트는 전송하고자 하는 바이트의 전송을 초기화하고 끝내는 데 사용하는 신호로 악수와 비슷하다고 한다. 시작 비트는 2개의 통신 장치의 시계를 동기화할 수 있다. 극성 비트는 제한된 오류 검색에 사용하는데, 극성(parity)은 한 바이트 내의 1이 몇 개나 있는지 세는 데 사용한다. 한 바이트의 데이터에 있어 값이 1인 짝수나 홀수 개의 비트 수가 존재하게 된다. 값이 1인 비트의 수를 짝수나 홀수 개로 만드는 개개의 바이트에 추가된 비트는 극성 비트로 불린다. 데이터를 받아들이는 장치는 미리 결정된 짝수 또는 홀수 개를 검색하여 전송되는 비트의 수를 계산한다. 동기 전송(synchronous transmission)에서 2개의 장치는 서로 통신을 초기화하고 동기시킨다. 전송할 데이터가 없어도 동기화를 위해 글자를 전송한다. 종료와 시작 비트는 필요하지 않아 데이터 전송 속도를 높일 수 있다.

데이터 버퍼를 사용하는 장치는 데이터를 잡고 있는 영역으로 사용되는 RAM 영역이 XON/XOFF 와 같은 소프트웨어적인 악수 조약(handshaking protocol)을 사용한다. 이것을 가지고 데이터를 받는 장치는 버퍼가 가득 차게 되면 XOFF 신호를 전송하여 전송을 중지시키고, 비어 있을 경우 데이터를 받을 준비가 되어 있다고 XON 신호를 전송한다.

통합 직렬 버스

통합 직렬 버스(Universal Serial Bus, USB)는 저속부터 고속까지의 데이터 전송 속도를 가지고 최대 127개의 주변 장치를 지원할 수 있다. 초기 USB(USB 1.0/1.1)는 1.5~12 Mbs까지의 전송 속도를 지원했으며, 고속 USB(USB 2.0)는 480 Mbs의 전송 속도를 지원한다. USB 3.x 표준은 데이터 전송속도를 10 Gbit/sec까지 올렸다. 특히 USB 3.0 장치는 끌어 쓸 수 있는 최대 전류가 900 mA가 되어 USB 2.0보다 80% 증가되었다. 이 버스는 USB 장비와 단일 호스트 컴퓨터를 USB 루트 허브를 통해 연결한다. USB의 실제 연결은 별 모양의 기하학적인 연결[그림 7.27(a)]이다. 이 구성에서 루트 허브는 하나에서 4개의 연결을 허용하는데, 이 연결은 USB 주변 장치의 조합 또는 추가 USB 허브가 될 수 있다. 각각의 연속적인 허브는 다시 4개의 장비 또는 허브를 지원할 수 있다. USB 2.0에서 장비와 허브 또는 허브 간의 전선의 길이는 5 m로 제한되어 있고, USB 3.0에서는 3 m로 제한되어 있다. 연결 전선[그림 7.27(b)]은 4개의 선으로 되어 있는데, 허브의 전원선, 2개의 신호선(+와 −), 접지(GRD)로 이루어져 있다.

블루투스 통신

블루투스는 중단거리 내에 있는 장비 간의 무선통신을 위한 표준화된 사양이다. 사양은 정보 전달에 라디오파를 사용하는 것에 기초하고 있어 신호가 울타리, 벽, 옷을 통과할 수 있다. 장비는 겨냥하는 위치와는 상관

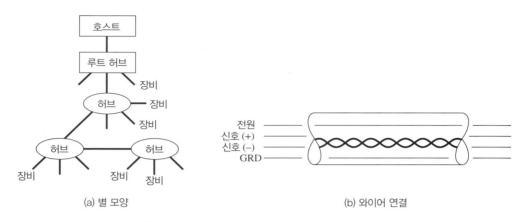

그림 7.27 25핀 커넥터에 할당된 범용 인터페이스 버스(GPIB)

없다. 그래서 이 사양은 일반적인 전자 리모콘에 사용되고 있는 적외선 단말 통신에 내재되어 있는 문제를 극복했다고 말할 수 있다. 적외선 단말 통신은 조준선이 일치해야만 작동한다. 그러나 블루투스는 IEEE 802.11과 같은 무선 LAN 네트워크 규약을 위해서 만들어지지 않았다. 그 대신 블루투스는 개인적인 공간 네트워크(PAN)를 설정해 자신만의 규약을 사용하는 주변 장치 간의 통신만을 허용한다. 최대 8개의 장비가 PAN 상의 2.402~2.480 GHz 라디오 스펙트럼을 통해 동시에 통신할 수 있다. 블루투스 5.0은 50 Mbps의 전송 속도로 데이터를 관리할 수 있다.

다른 시리얼 통신 : RS-232C

RS-232C 규약은 초기에 모뎀(modulator-demodulator)을 통한 전화선과 컴퓨터 간의 신호를 번역하기 위하여 만들어졌지만, 컴퓨터와 다른 시리얼 장비와의 통신을 위해서도 자주 사용되는 인터페이스로 남아 있다. 기본적으로 규약은 2개의 단일 전위 신호 (+)선을 사용하여 양방향 통신을 하도록 설정되어 있다. 2개의 단일 전위 신호는 TRANSMIT와 RECEIVE로 명명되어 있는데, 통신은 모뎀, 데이터 터미널 장비(DTE), 데이터 획득 장비 또는 컴퓨터와 같은 데이터 통신 장비(DCE) 간에 이루어진다. 이들 2개의 신호는 전화의 수화기와 송화기의 기능과 유사하다. 신호 GROUND 선은 신호가 되돌아오는 경로(−)가 된다. 많은 실험실 컴퓨터는 RS-232C 호환되는 I/O 단자를 가지고 있다. 이 인터페이스의 인기는 이를 사용하는 장비의 범위가 넓다는 것에서 유래된다. 9핀이나 25핀 커넥터가 사용된다.

병렬 연결

데이터 송신에서 병렬 통신은 여러 개의 이진 디지트를 동시에 송신 링크에 보내는 방법이다. 병렬 통신에서 한 개 이상의 전기 도체가 비트를 전달하기 위해 물리적인 레이어에 사용된다. 예를 들면 8비트 병렬 채널은 동시에 8개의 비트 (또는 1개의 바이트)를 전달한다. 반면에 직렬통신 채널은 한 번에 하나씩 8비트를 순차적으로 송신한다. 병렬 채널이 만일 같은 클록 속력으로 작동한다고 하면 8배 빠르다고 할 수 있다. 병렬 채널은 다른 신호들에 대해서는 별도의 지휘선을 사용한다. 예를 들어 데이터 흐름을 조절하기 위한 클록 신호가 이런 신호이다.

범용 인터페이스 버스(general purpose interface bus, GPIB)는 고속의 병렬 인터페이스의 고전적인 예이다. 원래 Hewlett-Packard에서 개발한 것이어서 HPIB로 불리기도 한다. GPIB는 IEEE-488 통신 표준을 따라 작동한다. 2004년도에 국제표준과 IEEE 표준이 결합되어 현재 표준은 IEC-60488-1로 칭해졌다. 이 8 bit의 병렬 연결 버스는 다른 장비를 중앙 제어기를 통해 제어할 수 있게 해 준다. 일반적으로 실험실 컴퓨터가 중앙 제어기가 되는데 제어기로 또는 제어기로부터 정보를 받거나 송신할 수 있게 해 준다. 이 표준은 컴퓨터, 프린터, 과학 장비 간의 통신 인터페이스를 잘 정의한다. GPIB를 위한 표준은 16개의 전선으로 이루어진 버스를 통해 운용된다. 25핀 커넥터는 표준이다. 8 Mbytes/s의 비트 병렬, 바이트 시리얼 통신 속도가 가능하다.

데이터 획득 감도

데이터 획득 감도는 센서를 이용해 실제 물리 현상이나 물성치를 계측하는 것을 포함한다. 계측하고자 하는 물리적인 특성(예를 들면 온도, 빛의 세기, 전기 등)과 상관없이 물리적인 상황은 결과들을 디지털 수치값으로 변환해 실제 물리적인 상태를 계측해야만 한다. 센서 시스템의 전기적인 감도는 외부 전류원을 가지고 최선단 아날로그 기기에 안정적인 전류를 공급해 계측해야 한다. 1.0 V의 입력 데이터 세트와 잡음 카운트가 ±4인 계측 장비를 고려해 보자. 만일 A/D 변환기의 분해능이 2^{12}이면 감도의 피크에서 피크 값이 ±4 카운트 × $(2 \div 4096)$ 또는 1.9 mV p-p가 된다. 이것은 1V에 대한 동등 계측값이 1000 유닛 또는 1 mV가 한 유닛과 같음을 의미한다. 그럼에도 불구하고 감도가 1.9 mV p-p이기 때문에 변화를 감지하기 위해서는 2 유닛이 되어야 한다. 끊어내는 주파수가 신호의 주파수 대역보다 크지 않는 한 큰 폭의 온도 잡음 필터링을 위해서는 주파수 대역을 좁히는 것이 바람직하다.

데이터 손실

악의적인 침입자들은 시스템에 위협이 된다. 그래서 귀중한 데이터를 사고로 잃어버릴 수 있다. 물리적인 파손이나 기계적인 고장으로 인해 잃어버릴 수도 있다. 정보 시스템은 백업과 재난 복구 장비를 갖추고 있으며 데이터 손실을 방지하거나 데이터 복구를 구현할 처리 방법도 갖추고 있다.

데이터 손실이 발생하는 주요 원인은 다음과 같다.

1. **하드웨어나 소프트웨어 오류** : CPU의 오작동, 디스크나 테이프의 재생 불가, 프로그램 오류
2. **사람으로 인한 오류** : 부정확한 데이터 입력, 불량 테이프나 디스크의 삽입, 오류 프로그램 실행, 디스크나 테이프의 분실 등
3. **자연재해** : 화재, 홍수, 지진, 전쟁, 폭동, 쥐가 테이프나 플로피 디스크의 갉아먹음으로 인한 손상 등

예제 7.7

변형률 변환기는 정적 감도가 2.5 V/unit strain(2.5 μV/με)이며 5 VDC의 전원을 필요로 한다. ±5 V, 12 bit, A/D 변환기를 가지고 있는 DAS에 연결하고 신호는 1,000 Hz로 계측한다. 그리고 이 변환기 신호를 증폭하고 필터링한다. 예상되는 1~500 με의 계측 범위에 대하여 증폭 이득, 필터 형태, 차단(cut-off) 주파수에 대하여 적절한 값을 결정하고 선 연결에 대하여 신호 흐름 선도를 그려라.

풀이

신호 흐름 선도는 그림 7.28에 나타나 있다. 전력은 데이터 획득 보드로부터 나와서 증폭기에 연결되고, 연결 블록에 보이는 바와 같이 변환기 신호 전선은 보호 처리되어 증폭기, 필터를 거쳐 데이터 획득 보드의 채널 0에 한 쌍씩 연결되어 있다. 보드의 차이 전위 연결은 잡음을 감소시킨다.

증폭기의 이득은 예상되는 최소와 최대 신호 크기와 DAS의 양자화 오차에 의하여 결정된다. 일반적인 신호의 크기는 2.5 μV에서 1.25 mV의 범위 내에 있으며 증폭 이득 $G = 1,000$은 이 신호를 2.5 mV와 1.25 V로 증폭시킬 것이다. 작은 값이 12 bit 변환기의 양자화 오차와 거의 같은 크기인데, $G = 3,000$의 이득은 양자화 잡음으로부터 신호의 낮은 값을 증가시키며 동시에 높은 값이 포화되는 것을 방지하게 된다. 이렇게 해서 7.5 mV부터 3.75 V까지의 입력 신호 범위를 얻게 된다.

$f_s = 1,000$ Hz의 신호추출 속도와, 변종 방지 필터, 12 dB/octave roll-off와 차단 주파수, $f_c = f_N = 500$ Hz인 저역 버터워스 필터를 사용하면 조건을 충족시킬 수 있다.

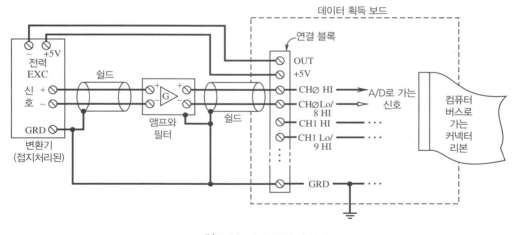

그림 7.28 예제 7.7의 선 연결

예제 7.8

아날로그 장치의 출력(정상 출력 임피던스는 600 Ω)은 데이터 획득 시스템의 12 bit A/D 변환기의 입력(정상 입력 임피던스 1 MΩ)으로 이어진다. 2 V 신호에 대하여 접촉 하중이 문제가 되겠는가?

알려진 값 $Z_1 = 600\ \Omega$

$Z_m = 1\ \text{M}\Omega$

$E_1 = 2\ \text{V}$

구할 값 e_L

풀이

하중 오차는 $e_l = E_m - E_1$으로 주어지며, 여기서 E_1는 참전압이고, E_m은 계측된 전압이다. 식 (6.39)로부터 다음이 계산된다.

$$e_l = E_1 \left(\frac{1}{1 + Z_1/Z_m} - 1 \right) = -1.2\ \text{mV}$$

2 V 입력 전압의 접촉 하중 오차가 실제로는 12 bit 장치의 양자화 ±2.4 mV 오차보다 작다.

예제 7.9

−10~10 V의 입력 범위를 갖는 12비트 A/D 변환기를 가지고 신호추출 속도 200 Hz로 아날로그 신호를 계측하고자 한다. 신호는 200 Hz 성분 f_1을 가지고 있으며 그 진폭은 100 mV이다. 200 Hz 성분을 A/D 변환기의 양자화 분해능 크기까지 내릴 수 있으며 양자화에 대하여 변종 방지 필터로 작용하는 LC필터를 설계하라.

알려진 값 $f_s = 200\ \text{Hz}$

$f_1 = 200\ \text{Hz}$

$A_1 = 100\ \text{mV}$

$E_{\text{FSR}} = 10\ \text{V}$

$M = 12$

구할 값   적합한 필터의 사양

풀이

$f_s = 200$ Hz, 나이퀴스트 주파수 $f_N = 100$ Hz가 된다. 그래서 이 조건을 만족하는 변종 방지 필터는 $f_c = 100$ Hz와 $M(100\ \text{Hz}) = -3$ dB의 성질을 가져야 하고 최대한 평평한 통과 대역(Butterworth)을 가져야 한다. A/D 변환기의 양자화 분해능 크기는 다음과 같다.

$$Q = \frac{E_{\text{FSR}}}{2^M} = \frac{20\ \text{V}}{4096} = 4.88\ \text{mV/bit}$$

200 Hz에서의 100 mV 신호에 대하여 다음과 같은 감쇠비를 가지는 k-단계 저역 버터워스 필터를 요구하게 된다.

$$M(200\ \text{HZ}) = \frac{4.88\ \text{mV}}{100\ \text{mV}} = 0.0488\ (\text{or} - 26\text{dB})$$

$$= \left[1 + (f/f_c)^{2k}\right]^{-1/2} = \left[1 + (200/100)^{2k}\right]^{-1/2}$$

그래서 $k = 4.3 \approx 5$가 된다. 적합한 L과 C 값을 표 6.1과 그림 6.30으로부터 정할 수 있다.

예제 7.10 **디지털 신호 처리기**

우리는 개인 모바일 장치에 오디오(예 : 음악, 책)를 저장하고 일상생활 중에 그 오디오를 다시 듣는다. 가끔은 A/D 변환기를 통해 아날로그 신호를 디지털 신호로 변환하고 그렇게 취득한 오디오 정보를 디지털 형태로 보관한다. 보통은 디지털 형태의 데이터 저장 공간을 최소화하기 위해 압축한 형태로 저장한다. 이런 파일 형태가 웹사이트에서 다운로드하는 파일 형태가 된다.

디지털 신호 처리 장치(DSP)는 디지털 정보(참고문헌 5)를 처리하는 장치이다. 정보를 빨리 처리하기 위해 단순한 수학 알고리즘을 사용한다. 일반적인 모바일 오디오 장치(그림 7.29의 개략도)는 DSP를 사용해 들어오는 디지털 정보, 예를 들어 다운로드한 정보를 해독해 오디오 장치의 저장 공간에 저장한다. 정보를 보관할 때 사용자는 사용자 인터페이스를 통해 파일 이름을 지정하거나 파일의 순서를 정리하면서 DSP와 직접 소통한다. 특정한 정보를 다시 듣기 위해 사용자는 다시 DSP와 소통해 DSP가 올바른 디지털 파일을 저장 공간으로부터 가져오게 한다. 그리고 이 데이터를 확장하고 D/A 변환기를 통해 원래의 아날로그 신호로 재생한다. 이 아날로

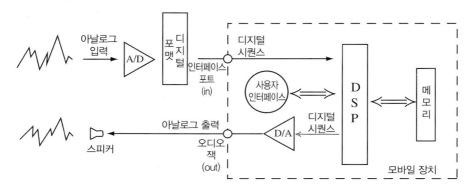

그림 7.29 내장 디지털 신호 처리 장치(DSP)는 디지털 데이터 처리, 조절, 관리를 위해 개인 모바일 장치에 흔히 사용된다.

그 신호는 증폭기를 거쳐 헤드셋 이어폰이나 외부 스피커로 전달된다.

DSP는 프로그램이 가능하고 디지털화된 어떤 형태의 물리적인 신호와도 작업이 가능하다. 우리는 점점 더 DSP를 인식하지 못하면서 DSP와 소통하고 있다. 예를 들어 휴대전화는 통화 중 발생하는 에코를 제거하기 위해 DSP를 사용하며, 텔레비전이나 비디오 플레이어는 가용 자원 절약을 위해 원래 신호로부터 압축된 영화의 다운로드 파일을 확대하기 위해 DSP를 사용한다. 더 나아가 감동적인 홈 시어터 7.1 음향을 창조하기 위해 영화의 오디오 포맷은 비디오 플레이어와 오디오 앰프 내에서 DSP를 이용해 해독된다.

7.10 디지털 영상 획득과 처리

디지털 영상은 검사, 의학 영상, 불량품 검사, 분류 등과 다양한 응용 분야에서 널리 사용되고 있다. 이 절에서는 디지털 영상을 획득하고 처리하는 것을 간략하게 소개한다.

영상 획득

그림 7.30과 같은 디지털 회색 톤 영상의 특징을 고려해 보자. 디지털 영상은 그림 7.31에 보이는 바와 같이 $m \times n$ 픽셀 행렬로 구성되어 있다. 이 그림은 그림 7.30의 동전 하나의 모서리 부분을 확대한 그림인데 이 영상이 여러 단계의 회색 톤 픽셀로 구성되어 있는 것을 볼 수 있다. 그림 7.30과 7.31의 회색 톤 그림은 8 bit 디지털 영상이다. 개개의 픽셀에는 0~256까지의 숫자가 할당된다. 여기서 0은 순수한 검정 색깔이다.

Donald Beasley

그림 7.30 디지털 회색 톤 영상의 특징들

Donald Beasley

그림 7.31 $m \times n$ 픽셀 행렬의 디지털 영상

디지털 영상화가 가능한 장치를 전하 결합 소자(Charge-coupled device, CCD)라고 부른다.[2] CCD 영상 센서는 기본적으로 빛에 노출된 정도에 따라 전하를 가지게 되는 축전지를 배열해 놓은 것이다. 각각의 축전지는 최종 디지털 영상의 1개의 픽셀을 나타낸다. 디지털 카메라는 기계적인 또는 전자적인 셔터를 가진다. 그러나 어느 경우에도 CCD 배열은 필름 카메라 기능과 동일한 노출 시간에 대해 활동적이다. 노출이 끝나면 CCD의 축적된 전하는 영상의 디지털값으로 변환된다. 그래서 영상의 해상도는 픽셀의 개수로 결정된다. 일반적인 카메라의 해상도는 0.3 million pixel(MP)에서 21 MP의 범위를 가지지만 더 고해상도의 카메라도 존재한다.

디지털 영상을 이용하는 많은 응용 분야에 있어 영상은 카메라에서 컴퓨터로 바로 전달된다. 이 경우 영상 획득 속도는 초당 200,000프레임까지 올라간다. 프레임그래버(framegrabber)라는 용어는 CCD 카메라에서 영상을 획득하는 컴퓨터 하드웨어를 의미한다. 대부분의 프레임그래버 하드웨어는 컴퓨터에 플러그인 보드 또는 외부 모듈 형태로 제공된다. 사진 기술과 마찬가지로 노출 시간이 짧아지면 고출력의 조명을 필요로 한다.

영상 처리

디지털 영상 처리의 기본과 응용을 대략적으로 다룬다고 해도 책 한 권이 필요할 것이다. 그래서 여기서는 디지털 영상 처리 장치의 영향을 예로 들어 기본적인 문제만 다루고자 한다. 5개의 동전을 보여 주는 그림 7.30을 다시 고려해 보자. 영상 처리 시스템이 해결해야 할 합당한 2개의 업무는 동전의 위치를 결정하고 그 동전의 지름을 결정하는 것이다. 이런 작업은 자동화된 제조 공정에서 사용되는 병렬 형태의 감지 작업이다.

이 작업 모두 동전의 바깥 모서리 위치를 파악하면 성취될 수 있다. 이론적으로는 픽셀의 변화가 급격한 곳에서 모서리가 발생한다. 그래서 변화도를 찾을 수 있는 수치 기법이 필요하게 된다. 이차원 영상에서 변화도는

---

2 CCD는 1969년 AT&T의 Bell 연구소의 Willard Boyle과 George Smith에 의해 발명됐다. *Bell System Technical Journal* 49(4), 1970. 2009년에 이들은 노벨물리학상을 공동수상했다.

크기와 방향을 가지게 된다. 회색 톤의 영상으로 구성되어 있는 이차원 행렬에 대해 x 방향과 y 방향으로 각각 2개의 경사도가 계산될 수 있다. 경사도에 대한 2개의 수치값을 사용하면 크기와 방향을 결정할 수 있다. 2개의 경사도에 근거한 방법을 공부해 보자. 그 방법은 *Sobel*과 *Canny*인데 매트랩으로 만들어져 있다. 이들 2개의 방

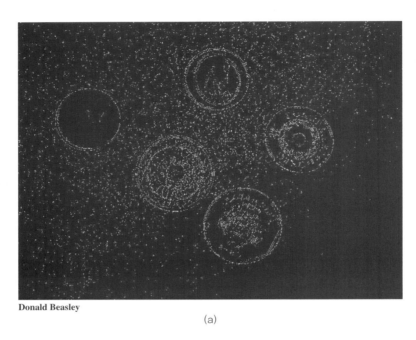

Donald Beasley

(a)

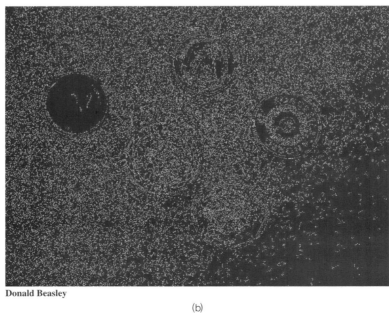

Donald Beasley

(b)

그림 7.32 모서리 탐지 방법들. (a) Sobel 방법, (b) Canny 방법

법 간의 기본적인 차이는 얼마나 매끄럽게 만들 수 있는 것과 모서리를 결정하는 기준이다. *Canny* 방법은 잡음을 제거하기 위해 영상을 매끄럽게 하고 모서리의 위치를 결정하는 데 있어 2개의 한곗값을 사용한다. 낮은 한곗값보다 낮은 경사도 값을 가지는 픽셀은 모서리가 아닌 픽셀로 할당된다. 경사도 값이 한곗값 상한보다 높은 값을 가지는 픽셀은 모서리 픽셀로 설정된다. 두 한곗값 사이의 경사도 값을 가지는 픽셀은 주변 픽셀이 모서리인지 확인한다. 그리고 만일 모서리 픽셀의 직접 통로이면 모서리에 포함한다.

매트랩에서의 모서리 탐색 작업은 회색 톤의 영상에 대해서는 대단히 간단한 문제이다. 함수 *imread*를 사용하면 $m \times n$의 회색 톤 값을 가지는 행렬을 생성할 수 있다. 함수 edge는 선택한 방법을 통해 모서리를 탐지한다. 그리고 함수 *imshow*는 영상을 보여 준다.

그림 7.32는 동전 영상에 대해 2개의 모서리 탐지 방법을 통한 결과를 보여 준다. 회색 톤의 영상 정보를 사용하면 2개의 방법 모두 동전과는 상관없는 많은 모서리를 탐지하게 됨을 확연하게 보여 준다. 동전의 모서리를 찾는 기회를 높이는 한 방법은 영상 데이터에 대해 먼저 한곗값을 두고 픽셀값이 이보다 크면 흰색, 이보다 작으면 검은색으로 처리하는 스레시홀드(thresholding)라는 처리 방법이다. 우리의 영상의 한곗값을 127로 놓고 처리하면 그림 7.33과 같은 영상이 산출된다. 회색 톤의 영상에 대해 사용한 동일한 모서리 탐지 방법을 적용하면 그림 7.34와 같다. 동전의 모서리와 그 지름을 결정할 수 있도록 한 단계가 개선되었음을 알 수 있다.

높이 매핑에 근거한 픽셀 강도

영상은 필연적으로 격자와 유사한 이차원 값을 표시한 결과이다. 대부분 각 채널에 대해 8개의 조각이 있다. 회색 스케일의 경우 각 픽셀에 대해 3바이트 그림을 만들고 셰이딩 그림(shading picture)의 경우에는 각 픽셀당

Donald Beasley

그림 7.33 잡음을 제거하기 위해 스레시홀드를 사용한 개선 결과

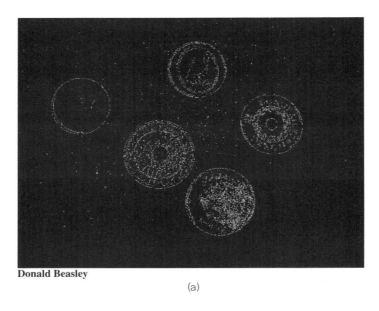

Donald Beasley

(a)

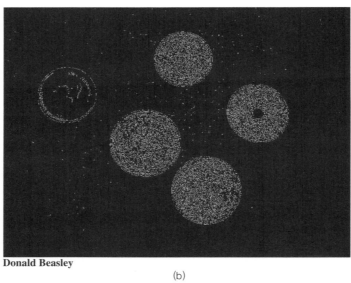

Donald Beasley

(b)

그림 7.34 회색 스케일 영상에 대해 스레시홀드를 적용한 결과. (a) Sobel 방법, (b) Canny 방법

5 바이트의 그림을 만든다. 그림의 화질을 올리려면 더 많은 조명이 필요하다. 그래서 10디지트 회색 스케일 그림에 대해서 0은 검정을 나타내고 255는 흰색을 나타낸다. 16진수를 사용하면 0x00과 0xFF가 된다. RGB 세이딩 그림은 0x000000이 검정이 되고 0xFFFFFF는 흰색이 된다.

예제 7.11 **사례 : 원격 감지에서의 데이터 획득**

멀리 떨어진 곳에서 탐지를 하는 경우 그림의 획득은 이 안건과 접촉하지 않고 현장 인식을 통해 이루어진다. 원격 탐지는 지구상의 땅의 면적을 발견하기 위해 다양한 영역에서 사용되고 있다. 비슷하게 보호, 인식, 상업, 배열, 그리고 동정 기반 적용에 사용되어 왔다.

그림에서 그림의 순서 계산을 통해 뚜렷하게 땅을 덮고 있는 형태를 분리할 수 있다. 예를 들면 각 픽셀에 밝은 부분과 어두운 부분 데이터가 포함되어 있다. 순서를 밟아 가면 정화된 특징들이 얻어진다. 구현된 지면을 덮고 있는 형태들의 특정 영역에 대해 확실하지 않은 밝은 것이 있으면 그림에서 제거한다. 이들 영역은 준비 영역으로 알려져 있다. 전체 그림의 각 픽셀을 상식적이지 않은 밝기에 얼마나 가까이 있는가를 가지고 등급을 정한다. 단독 순서에서는 PC 프로그램으로 상식적이지 않은 밝기에 근거해 그림에서 픽셀들을 뭉쳐 독립적인 그룹으로 만들고 개개의 그룹을 조사하는 사람이 지면을 덮고 있는 형태를 정한다(참고문헌 6).

예제 7.12 **사례 : 신체 내부의 영상 기반 진단**

의료 영상은 진료를 위해 신체의 내부 구조를 시각화하는 방법이다. 더 나아가서 내부 특정 장기나 조직의 상태를 시각화하는 것이다. CT(Computed Tomography)나 MRI(Magnetic Reverberation Imaging) 같은 컴퓨터를 사용한 진료 방법을 사용하면 병의 상태를 진단할 수 있다. CBMIR(Content Based Medical Image Retrieval) 혁명은 현재 진행형이며 진료 정보의 프레임워크가 계속 확대되고 있다. 진료 데이터 세트의 그룹화는 필요한 정보를 적절한 시간에 전달하는 힘이다. CBMIR 기반 그림 복구는 진료를 특별하게 만드는 광대한 영역이다(참고문헌 7).

요약

이 장은 신호추출 개념, 아날로그와 디지털 장비의 접합 문제, 데이터 획득 시스템에 초점을 맞추었다. 디지털 시스템의 장점에도 불구하고 아날로그 세계에서 존재하고 있어 아날로그와 디지털 신호 간의 상호 교환은 한계가 있다. 이를 염두에 두고 신호추출 속도를 결정하는 것과 이산 표현식으로부터 연속 과정 변수를 재구성하는 데 필요한 계측의 수에 관한 심도 있는 토의가 있었다. 식 (7.2)와 (7.10)은 주기적인 파형을 이산 시간 급수에 의하여 정확하게 표현하는 조건을 설명한다. 신호추출과 이산 표현이 합당하지 않음으로써 발생하는 제한은 대부분 변종, 유출, 진폭의 모호성 등이다.

실제로 어떤 전기 장비라도 데이터 획득 시스템과 접합될 수 있다는 사실이 중요하다. 아날로그 디지털 변환기와 디지털 아날로그 변환기의 작동 기능은 기본적으로 그런 아날로그 장비와 디지털 장비를 데이터 획득 시스템에 어떻게 접합하는가이다. 이들 장비의 분해능과 사용 범위로 인한 한계는 획득 전의 신호 이득과 걸러냄에 관한 신호 안정화를 요구한다. 그래서 앞에서 논의한 바와 같이 아날로그 증폭과 필터 장비를 필요로 한다. 디지털 장비 간의 통신은 점점 더 많이 사용되고 있다. 그러나 이렇게 급증한다는 것은 통신을 위한 표준이 반드시 설정되어야 함을 의미한다. 새로운 장치가 더 빠른 데이터 전송을 요구함에 따라 이들 표준이 재평가되고 대체되고 있다.

참고문헌

[1] Bendat, J., and A. Piersol, *Random Data: Analysis and Measurement Procedures*, 4th ed., Wiley, New York, 2010.

[2] Proakis, J. G., and D. K. Manolakis, Digital Signal Processing, 4th ed., Prentice-Hall, Pearson Eduction, Upper Saddle River, NJ, 2007.

[3] Lyons, R., *Understanding Digital Signal Processing*, 3rd ed., Prentice-Hall, Pearson Eduction, Upper Saddle River, NJ, 2010.

[4] Swedlin, E. G., and D. L. Ferro, *Computers: The Life Story of a Technology*, Johnse Hopkins University Press, Baltimore, MD, 2007.

[5] Di Paolo, M., *Data-Acquisition Systems: From Fundamentals to Applied Design*, Springer, New York, 2013.

[6] Khorram, s., Van der Wiele, C. F., Koch, F. H., Nelson, S. A., and Potts, M. D., *Principles of Applied Remote Sensing*, Springer, New York, 2016.

[7] Van Dijck, J., *The Transparent Body: A Cultural Analysis of Medical Imaging*, University of Washington Press, Seattle, WA, 2011.

기호

e	오차	E_o	출력 전압(V)
e_Q	양자화 오차	E_{FSR}	아날로그 전압 범위의 전 영역
f	주파수(t^{-1})	G	증폭기 이득
f_a	변종 주파수(t^{-1})	I	전류(A)
f_c	필터의 차단 주파수(t^{-1})	M	비트 크기
f_m	최대 아날로그 신호 주파수(t^{-1})	$M(f)$	주파수 f에서의 진폭비
f_N	나이퀴스트 주파수(t^{-1})	N	데이터 집합 크기
f_s	신호추출 주파수(t^{-1})	$N\delta t$	총디지털 신호추출 기간(t)
k	연결된 필터 번호	R	저항(Ω)
t	시간(t)	Q	A/D 변환기의 분해능(V)
$y(t)$	아날로그 신호 y_i	δf	DFT의 주파수 분해능(t^{-1})
$y(r\delta t)$	신호, $y(t)$의 이산값	δR	저항값의 변화(Ω)
$\{y(r\delta t)\}$	$y(t)$의 완전한 이산 시간 신호	δt	신호추출 시간 증분(t)
E	전압(V)	τ	시간 상수(t)
E_i	입력 전압(V)	$\phi(f)$	주파수 f에서의 위상차

연습문제

많은 문제 해결을 위해 만들어진 스프레드시트 소프트웨어나 첨부한 소프트웨어를 사용하면 해를 쉽게 구할 수 있다.

7.1 아날로그 전압, $E(t) = 2 \sin 4\pi t$ mV를 이산 신호로 변환하라. 다음과 같은 신호추출 시간 증분을 사용하고 128점의 데이터 세트를 사용하라.

    a. 1/8 s

    b. 1/5 s

    c. 1/3 s

    d. 1/21 s

각 급수를 시간의 함수로 4초 동안 그려라. 아날로그 신호의 이산 표현 간의 명백하게 드러나는 차이점을 논하라.

7.2 아날로그 전압, $E(t) = 2 \sin 4\pi t$ mV를 이산 신호로 변환하라. 다음과 같은 신호추출 시간 증분을 사용하고 각각에 대한 DFT를 계산하라.

    a. 1/8 s

    b. 1/5 s

    c. 1/3 s

    d. 1/21 s

128점의 데이터 세트를 사용하라. 명백하게 드러나는 차이점을 논하라.

7.3 추출속도 f_s로 f_1의 주파수 성분을 계측할 경우의 변종 주파수를 결정하라.

    a. $f_1 = 120$ Hz; $f_s = 180$ Hz

    b. $f_1 = 1.4$ kHz; $f_s = 2.2$ kHz

    c. $f_1 = 20$ Hz; $f_s = 12$ Hz

    d. $f_1 = 8$ Hz; $f_s = 4$ Hz

7.4 특정 구조물에 대해 고유 진동수를 실험 분석한 결과 주요 진동수가 200 Hz 이하에서 나타남을 확인하였다. 그러나 주파수 정보가 400, 550, 850 Hz에서도 존재함을 보여 준다. 만일 신호를 500 Hz로 신호추출하였다면 추출된 데이터에서 어떻게 변종 주파수의 정보가 나타나겠는가? 원하는 신호에 중첩된 정보를 어떻게 방지하겠는가?

7.5 신호 $y(t) = \sin 30\,\pi t + 2 \sin 40\,\pi t$를 샘플 추출률 f_s로 추출한다. 기록된 데이터의 변종 주파수를 결정하라.

    a. $f_s = 50$ Hz

    b. $f_s = 32$ Hz

    c. $f_s = 35$ Hz

7.6 신호 $y(t) = \sin 200 \pi t$를 샘플 추출률 $f_s = 120\,Hz$로 추출한다. 기록된 데이터에 변종 주파수가 있는지 아니면 없는지를 결정하라.

7.7 신호 $y(t) = \sin 160 \pi t$를 $f_s = 200\,Hz$로 추출한다. 그리고 절단주파수 100 Hz를 가지는 반변종 3차 버터워스 저주파통과 필터를 사용한다. 기록된 데이터에 변종 주파수가 있는지 아니면 없는지를 결정하라.

7.8 20-Hz 사인파를 18 Hz의 샘플 추출률로 추출한다. 이산 신호에 표현가능한 최대 주파수를 계산하라. 변종 주파수도 계산하라.

7.9 복잡한 주기 신호가 다음과 같은 형태를 가지고 있다.

$$y(t) = A_1 \sin 2\pi(25)t + A_2 \sin 2\pi(75)t + A_3 \sin 2\pi(125)t$$

만일 신호를 90 Hz로 추출한다면 이산 급수의 주파수 성분은 어떻게 되는가?

7.10 골프 카트 엔진은 1,000에서 3,000 rpm으로 운용된다. 엔진 진동은 이들 진동수가 주성분으로 카트 차체에 전달된다. 엔진이 3,000 rpm으로 작동하는 상태에서 가속도 계측을 수행하였다. 주파수 유출 현상을 최소화하면서 적어도 신호의 100 주기 이상을 획득하기 위해 필요한 신호의 크기와 신호추출 속도를 산정하라. 획득한 신호의 주파수 분석을 위해 필요한 주파수 분해능을 얼마인가? 나이퀴스트 주파수는 얼마인가? 최종 진폭 스펙트럼을 보여라(시간에 근거한 신호에 대해서 단위 진폭을 가정하라).

7.11 $y(t) = \sin 100 \pi t$이다. $f_s = 250\,Hz$와 200 Hz를 가지고 이 신호의 128 데이터점을 취득할 경우의 유출의 영향을 논하고 진폭 스펙트럼을 조사하라. 1단위의 진폭을 사용하라.

7.12 8비트 이진수 10010101의 10진수 값을 계산하라.

7.13 a. 1100111.1101(2진수)를 10진수로 변환하라.

　b. 6C3E를 직선 2진수로 변환하라.

　c. 252.312(10진수)를 직선 2진수로 변환하라.

7.14 기저 10의 소수를 2개의 보수 코드를 사용하여 양극 2진수로 변환하라.

　a. 160

　b. −80

　c. −241

　d. 943

7.15 다음의 2진수를 기저가 10인 양의 정수로 변환하라.

　a. 1010

　b. 11111

　c. 10111011

　d. 1100001

7.16 ±4 V의 전체 스케일을 가지는 M비트 A/D 변환기의 분해능과 SNR를 계산하라. M이 8, 10, 14, 16에 대해 계산하라.

7.17 16비트 양극 A/D 변환기의 신호대비 잡음비(SNR)를 계산하라.

7.18 10비트 A/D 변환기가 $E_{FSR} = 5$ V를 가지고 있으며, 0.02% FS(full scale)의 상대 정확도를 가지고 있다. 양자화 오차를 전압으로 나타내라. 예상되는 총오차를 전압으로 나타내라. 이 장치의 상대 불확실도값을 예측하라.

7.19 8 bit 단일 ramp A/D 변환기는 $E_{FSR} = 10$ V이며, 2.5 MHz 시계와 1 mV의 스레시홀드 전압을 사용한다. 변환기의 분해능을 계산하라. 입력 전압 $E = 6.000$ V인 경우와 $E = 6.035$ V인 경우의 2진수 출력을 결정하라. 6.000 V의 입력에 대한 실제의 변환 시간을 계산하고 최대 변환 시간과 평균 변환 시간을 계산하라.

7.20 직선 0100101001가 적용될 경우 10 비트 A/D 변환기가 4.68 V를 출력한다. 1010010100을 적용하면 출력 전압이 어떻게 되겠는가?

7.21 단일 기울기 A/D 변환기가 6비트 분해능과 0에서 10 V의 전체 스케일을 가지고 있다. 7.5 V가 적용될 경우 디지털 출력값을 표시하라.

7.22 90 mV의 양자화 과정에서 8비트를 사용하는 6-V 아날로그 신호, 12비트 A/D 변환기의 양자화 오차(e_Q/E_i)의 상대적인 영향을 계산하라. 전체 전압 범위는 0에서 10 V이다.

7.23 0에서 5 V의 범위를 가지는 12비트 양극 A/D 변환기의 변환 분해능을 찾아라.

7.24 시험하는 동안 계측된 로드셀의 출력이 아날로그 전압 3.150 V였다. 이 출력 신호는 0~5 V, 8 bit 순차 근사 A/D 변환기를 이용해 계측되었다. 최종적인 양자화된 값을 취득하기 위해 A/D 변환기에 의해 사용되는 비교기 변환 순서와 레지스터값을 비교하라. 실제로 계측된 전압값과 계측된 전압과 관련된 레지스터 값을 결정하라.

7.25 0~10 V, 4 bit 연속 근사 A/D 변환기를 사용하여 4.9 V의 입력 전압을 계측하고자 한다.

   a. 입력 신호의 2진수 표현과 아날로그 근삿값을 결정하고 결과를 A/D 변환기의 양자화 오차로 설명하라.

   b. 실제 입력 전압의 2.5 mV 이내로 아날로그 근삿값이 존재하도록 만들려면 A/D 변환기의 비트 수가 얼마가 되어야 하는가?

7.26 연속 근사 ramp 병렬 변환기에 대하여 분해능과 변환 속도 간의 장단점을 비교하라.

7.27 1 MHz 시계를 사용하는 8 bit 단일 ramp A/D 변환기가 173_{10}을 변환하는 데 걸리는 시간을 계산하라.

7.28 8비트 A/D 변환기가 0부터 10 V까지의 출력 범위를 가지고 있다. 전압을 계측했을 때 레지스터 값이 01100110이다. 계측 전압 값은 얼마인가?

7.29 압력 변환기는 ±100 mmHg의 범위와 50 μV/mm Hg/V(가진)의 감도를 가진다. 가진 전압은 10 VDC이다. 변환기 출력 신호를 양극 ±5 V, 16 bit 데이터 획득 시스템을 이용해 계측하기 전에 이득 G의 영교정

증폭기 회로를 통과시켰다. ±100 mmHg 사이를 오가는 동적 신호에 대해 적절한 이득값 G를 결정하고 DAS에 의해 계측되는 출력 전압의 범위를 산정하라. 계측된 압력(비트당)의 분해능은 얼마인가?

7.30 0~5 kg 스트레인 게이지 평형 저울의 출력은 0~3.5 mV 내에서 변화할 것으로 예상된다. 출력 신호를 0~10 V 범위를 갖는 16 비트 A/D 변환기를 사용하여 컴퓨터 화면상에 하중값이 기록되도록 하는 경우에 합당한 증폭기 이득을 계산하라.

7.31 비행기 날개가 돌풍에 의하여 2 Hz의 주파수로 진동하고 있다. 날개에 부착된 스트레인 게이지 감지기가 ±5 V, 12 bit A/D 변환기에 연결되어 있으며, 데이터 획득 시스템은 이를 계측하고 있다.

    a. 개개의 시험 데이터 블록은 10 s 주기로 추출되고 있다. 합당한 신호추출 속도를 제시하고 그 이유를 설명하라.

    b. 신호가 진폭 2 V로 진동하는 경우에 신호를 푸리에 급수로 표현하라.

    c. (a)와 (b)를 근거로 예상되는 진폭 스펙트럼을 그려라. 축상의 주파수 간격은 얼마이며 나이퀴스트 주파수는 얼마가 되는지 계산하라.

7.32 신호 $y(t) = 10 \sin 100\pi t + 1 \sin 384\pi t$ [V]를 계측한다. 신호를 절단주파수 100 Hz를 가지는 반변종 3차 버터워스 저주파통과 필터를 통과하게 만들었다. 우리는 저주파 신호 성분에만 관심이 있다. 실제 진폭의 15% 이하의 감소를 가지는 고주파 성분을 유지하기 위한 표본추출률을 제시하라. 어떤 주파수에서 새로운 진폭이 나타나는가?

7.33 컴퓨터는 정수 계산을 2의 보조 이진수 코드로 수행한다. 8비트 바이트에 대해 이 코드에서 나타낼 수 있는 최대 양의 이진수 값은 얼마인가? 이 값을 10진수 값으로 나타내면 얼마인가?

7.34 주기 2 s인 삼각 파형은 푸리에 급수로 다음과 같이 표현된다.

$$y(t) = \sum [2D_1(1 - \cos n\pi)/n\pi]\cos \pi nt \quad n = 1, 2, \ldots$$

최소한의 유출로 처음 7개 항을 획득하기 위한 적합한 신호추출 속도와 데이터 개수를 결정하라. 변종 방지 필터에 대한 차단 주파수를 결정하라.

7.35 푸리에 변환 소프트웨어(아니면 이와 동등한 소프트웨어)를 사용해 1 s의 주기를 가지는 사각파의 진폭 스펙트럼을 생성하라. 최소 5개 항의 푸리에 급수를 가지고 사각파를 근사적으로 표현해 보라.

7.36 푸리에 변환 소프트웨어(아니면 이와 동등한 소프트웨어)를 사용해 다음 푸리에 급수로 표현되는 2 s의 주기를 가지는 삼각파의 진폭 스펙트럼을 생성하라.

$$y(t) = \sum [2D_1(1 - \cos n\pi)/n\pi]\cos \pi nt \quad n = 1, 2, \ldots$$

적어도 처음 7개 항을 사용하고 $D_1 = 1$ V로 한다.

7.37 0~10 V, 3개의 디지트를 가지는 디지털 전압계(DVM)에 10비트 단일 ramp A/D 변환기가 사용된다. 120 kHz 클록을 사용한다. 입력 전압 7.372 V을 적용할 때 DVM의 출력 값은 얼마인가? 변환 처리 과정에 걸리는 시간은 얼마인가?

7.38 스트레인 게이지를 사용하는 저울이 0~5 kg의 입력 범위를 가지고 있고 이와 관련된 출력 범위는 0~3.5 mV를 가진다. 저울의 출력 신호는 ±5 V, 12 bit A/D 변환기를 사용해 계측되며 하중이 컴퓨터 모니터에 표시된다. 이 상황에 적합한 증폭 이득을 제시하라.

7.39 아날로그 신호에 포함된 500 Hz 성분을 제거하기 위한 저주파 통과 필터를 선발하라. 아날로그 신호는 10 V 범위와 200 Hz 추출률을 가지고 있는 8비트 A/D 변환기를 통과한다. A/D 변환기의 양자화 오차 내로 성분을 감소시켜라.

7.40 신호 $y(t) = 10 \sin 100 \pi t + 1 \sin 384 \pi t$ [V]를 200 Hz 추출률로 계측한다. 신호는 차단 주파수 100 Hz를 가지는 3차의 버터워스 저주파 반변종 필터를 통과한다. 우리는 저주파 신호 성분만 관심이 있다고 가정하자. 고주파 성분들이 원래 진폭의 15% 이내로 감소될 수 있는가? 어떤 주파수에서 새로운 변위가 나타나는가?

7.41 평균성분 1 V이며 약 0.1 V의 2 Hz의 요동하는 동적 성분을 갖는 신호를 계측하고자 한다. 신호를 모니터링하기 위해 0~5 V, 12비트 A/D 변환기를 사용한다. DC 성분을 최소화하면서 동적 성분의 분해능을 개선하기 위한 방법을 제시하라.

7.42 0℃를 기준으로 한 J 형태의 열전대를 사용하여 50~70℃를 계측하고자 한다. 출력 전압은 2.585~3.649 mV 내에서 선형적으로 변화한다.

    a. 열전대의 전압을 ±5 V 범위를 갖는 12 비트 A/D 변환기에 입력한다면 디지털값에 포함된 양자화 오차(%)는 얼마인가?

    b. 아날로그 신호를 증폭기 회로를 통과하게 만든다면 양자화 오차를 5% 이내로 줄이기 위해 필요한 증폭기 이득은 얼마인가?

    c. 아날로그 신호의 잡음 대 신호비(SNR)가 40 dB인 경우에 증폭 후의 잡음의 크기를 계산하고 이를 바탕으로 7.40b의 결과를 논하라.

7.43 다음의 신호를 디지털 급수로 변환하는 데 적합한 ±5 V, M bit A/D 변환기(8 비트 또는 12 비트), 신호추출 속도(100 Hz까지), 신호 안정화를 결정하고 결정된 시스템의 양자화 오차와 동적 오차를 계산하라.

    a. $E(t) = 2 \sin 20 \pi t$ V

    b. $E(t) = 1.5 \sin \pi t + 20 \sin 32 \pi t - 3 \sin(60 \pi t + \pi/4)$ V

    c. $P(t) = -10 \sin 4 \pi t + 5 \sin 8 \pi t$ psi $K = 0.4$ V/psi

7.44 아날로그 신호를 걸러 내기 위하여 $f_c = 100$ Hz인 1단 저역 RC 버터워스 필터를 사용하였다. 10, 50, 75, 200 Hz에서 걸러 낸 아날로그 신호에 대하여 감소 크기를 계산하라.

7.45 브리지 회로를 이용해 스트레인 게이지를 그림 7.16의 DAS에 연결한다. 만일 브리지 가진 전압이 3.333 V이며, 센서와 브리지 저항이 120 Ω이고 가변 저항이 39 kΩ에 맞추어져 있는 경우에 대해 0점 어 긋남의 범위를 산정하라.

7.46 아날로그 신호를 −10∼10 V, 12비트 A/D 변환기를 가지고 300 Hz의 추출속도를 가지고 계측한다. 신호 는 진폭 200 mV를 가지는 300 Hz 성분, f_1을 가지고 있다. 200 Hz 성분을 A/D 변환기 양자화 오차 이내 로 감소시키고 양자화에 대해 반변종 필터로 행동하는 적절한 LC 필터를 제시하라.

Wiley 홈페이지 Labview를 이용해 다음 문제들을 해결하라.

7.47 그림 7.4에 관련된 문제를 논의하는 과정에 신호추출률과 총표본 주기의 영향이 재구성된 시간 신호와 진 폭 스펙트럼에 미치는 영향을 지적하였다. *Leakage.2* 프로그램을 사용해 그림 7.4를 재생하라. 그리고 점 의 개수를 줄이고 신호추출 속도를 느리게 하였는데도 오히려 시간과 주파수 영역에서의 재구성이 좋아지 는 유사 예제(신호 주파수, 신호추출 속도, 신호추출 주기)를 개발하라. 하는 김에 신호추출 속도를 고정 하고 N을 증가시켜 가면서 획득한 파형의 누설이 0으로 감소되는 것을 관찰하라. 획득한 신호가 파형의 정확한 정수배 주기를 가지는 경우에 그런 결과가 나온다. N을 고정하고 신호추출 속도를 변화시켰을 경 우에도 같은 현상이 관찰될 것이다.

7.48 *Aliasing* 프로그램을 사용해 변종 주파수를 찾는 예제 7.1을 해결하라. 원래 신호와 획득한 신호 그리고 진폭 스펙트럼을 관찰하라. 한 번에 1 Hz씩 신호 주파수를 줄여서 변종이 안 생기는 영역까지 신호 주파 수를 감소시켜라. 관찰에 근거하여 획득한 시간 신호가 어떻게 변화하는지와 이것이 변종과 어떻게 관련 되어 있는지를 논하라.

7.49 *Aliasing* 프로그램을 사용해 그림 7.3의 접힌 선도를 이해하라. 20 Hz의 신호추출 속도에 대해 신호 주 파수를 전 영역에 걸쳐 변화시켜라. 그림 7.3의 f_N, $2f_N$, $3f_N$, $4f_N$에 해당하는 주파수를 결정하라. 또한 $1.6f_N$, $2.1f_N$, $2.6f_N$, $3.2f_N$에 해당하는 변종 주파수를 결정하라.

7.50 *Signal generation* 프로그램을 사용해 엄밀한 이산 표현이 불가능하며, 따라서 적어도 최대 신호 주파수 의 5∼10배 이상 되는 신호추출 속도를 사용해야 한다는 법칙을 조사하라. 2 Hz 사인파를 고려해 신호추 출 속도를 낮은 값부터 높은 값까지 증가시켜 가며 획득한 파형이 어떻게 변화하는지 논하라. 어떤 신호 추출 속도에서 획득한 신호가 사인파와 같아지는가? 진폭 스펙트럼으로부터의 관련 주파수와 진폭 성분 을 비교하라. 관찰과 결론에 대해 짧게 논하라.

7.51 *Leakage.2* 프로그램을 사용해 사용자가 정의한 신호추출 속도와 주기를 가지고 단일 주파수 신호를 획득 하라. 신호추출 주기가 어떻게 계측한 신호의 길이와 관련이 있는지 논하고, 이것이 어떻게 진폭 스펙트 럼의 누출에 영향을 주는지를 논하라. 또한 주파수 분해능이 문제가 되는지에 대해 답하라.

7.52 첨부한 소프트웨어와 같이 들어 있는 영상 파일 *coins.jpg*이 그림 7.30∼7.34까지 사용된 동전의 원 컬 러 사진이다. *graycoins.jpg* 영상 파일이 이와 관련된 회색 톤의 영상이다. Matlab 명령어 IMREAD,

IMSHOW, IM2BW, EDGE를 사용해 그림 7.30~7.34의 결과를 재생산하라.

7.53 인터넷에서 다운로드한 영상이나 카메라로 찍은 영상을 사용해 회색 톤의 영상을 만들고 모서리 탐지 방법을 이용해 영상을 처리하라. 경사도 스레시홀드가 모서리 탐지율에 미치는 영향을 조사하라. 2진수화된 영상을 만들어 동일한 방법을 적용하라.

제8장

온도 측정

8.1 서론

온도는 가장 흔히 사용되고 측정되는 공학 변수 중 하나이다. 우리 생활의 많은 부분이 주야간 혹은 계절 간의 주위 온도 변화에 영향을 받음에도 불구하고, 온도와 온도 측정의 척도에 관한 근본적이고 과학적인 정의에 대한 이해는 전반적으로 부족하다. 이 장에서는 실용 온도 체계와 보편화된 온도 측정 방법에 대하여 살펴본다. 덧붙여 온도 센서의 설계와 설치에 관련된 오차도 논의할 것이다.

이 장의 학습을 통해, 학생들은 다음의 능력을 갖출 수 있을 것이다.

- 온도 관련 주요 표준을 설명한다.
- 온도 표준을 수립함에 있어 고정점 교정의 역할과 보간법의 필요를 기술한다.
- 전기 저항 온도계의 근본 물리 이론을 기술한다.
- 저항 장치를 활용하여 온도를 결정하기 위해 표준 관계를 사용한다.
- 온도 측정을 위해 설계된 열전대 회로를 분석한다.
- 복사 온도 측정에 사용되는 이론을 기술한다.
- 부하 오차가 온도 측정에 미치는 영향을 평가한다.

역사적 배경

온도의 열역학적 본질에 관한 초기의 연구는 프랑스의 과학자 Guillaume Amontons(1663~1705)에 의해 이루어졌다. 그는 온도를 변화시키면서 일정한 체적을 가진 공기의 거동을 검사하였다. 현재 사용되는 유리구(球)형 액주 온도계의 효시는 관 내부 액체의 체적 변화를 상대적인 온도의 측정에 사용하려 시도했던 Galileo(1565~1642)로 거슬러 올라간다. 불행하게도 그의 장치는 개방관으로 설계되어 온도뿐 아니라 압력의 변화에도 반응하였다. 온도 측정 분야의 획기적인 진보는 겉보기에는 얼핏 관련이 없어 보이는 1630년의 사건으로 말미암아 야기되었는데 그것은 모세 유리관 제조 기술의 개발이었다. 모세관은 물, 알코올과 함께 구(球)형 온도계 부류의 온도 측정기에 사용되기 시작하였으며, 결국 실용적인 온도 측정기의 개발로 이어지게 되었다.

독일의 물리학자인 Gabriel D. Fahrenheit(1686~1736)가 1715년 제안한 온도 체계는 물의 빙점과 비등점 사이를 180개로 분할하고, 체온을 중앙값(median)으로 반영하였다. Fahrenheit는 또 수은을 구형 온도계의 내부 액체로 성공적으로 사용함으로써 Ismael Boulliau의 1659년 시도 이래 중대한 향상을 이룩하였다. 1742년 스웨덴의 천문학자 Anders Celsius[1](1701~1744)는 물의 빙점과 1기압에서 물의 비등점 사이를 100등분하는 온도 체계를 기술하였다. 이때 물의 비등점은 0, 물의 빙점은 100으로 고정하였다. Celsius의 사망 후 Carolus Linnaeus(1707~1778)는 눈금을 역전하여 0점이 1기압에서 물의 빙점과 일치하도록 하였다. 비록 이 체계가 Celsius(참고문헌 1)에 의해 창시되지는 않았지만, 1948년 공식적인 명칭이 백분도(centigrade)로부터 섭씨(Celsius) 온도로 변경되었다.

H. A. Klevin이『계측의 과학 : 역사적 고찰(The Science of Measurement: A Historical survey)』이라는 책에서 기술한 대로(참고문헌 2)

> 온도 계측 분야는 갈릴레오와 그 동시대 사람들의 온도경(thermoscope)에서 시작하여 교묘함과 정교함, 그리고 복잡함을 더해 가는 행로를 추구해 왔다. 하지만 온도라는 말에는 물질을 이루는 최소 단위이며 영원한 움직임을 계속하는 분자(또는 원자)의 평균 에너지라는 가장 심층적 본질이 포함되어 있다. 운동이 없는 물질은 생각할 수 없다. 온도는 바로 이 물질의 미소하고 끊임없는 내부 운동의 영향을 다루는 데 있어서 가장 의미 있는 물리적 변수인 것이다.

8.2 온도 표준

온도를 상대적인 개념으로 막연히 기술하면 어떤 대상의 뜨겁고 차가운 정도를 나타내는 양이라 할 수 있다. 열전달이 온도를 균일화한다는 사실, 보다 정확히 말하면 열교류가 있는 시스템은 결국 같은 온도가 될 것이라는 사실은 경험을 통해 알고 있다. 열역학 0법칙에 의하면, 제3의 시스템과 열적 평형을 이루고 있는 2개의 다른 시스템 사이에는 역시 열적 평형이 존재한다. 열적 평형은 시스템과 시스템 사이에 순(net) 열전달이 없다는 사실을 암시하며, 이는 다시 온도의 동일성을 의미한다. 열역학 0법칙은 온도의 동일성에 관한 정의를 본질적으로 설명하지만, 온도 체계의 정의에 관한 한 어떠한 방법도 제시하지 않는다.

온도 체계는 온도 측정의 세 가지 근본적인 측면을 규정한다. (1) 1°의 크기에 대한 정의, (2) 알려진 온도에 대응하는 고정 기준점, (3) 고정 온도점 간의 보간법. 이러한 규정은 1장에서 기술한 임의의 기준 체계를 위한

---

1 Celsius는 그의 온도계에 관한 업적 이외에도 북극광과 발틱해의 해수면 강하에 관한 중요한 논문을 저술한 점이 매우 흥미롭다.

요건과 일치한다.

고정점 온도와 보간법

먼저, 물의 삼중점을 Celsius 체계에서와 마찬가지로 0.01(0.01°C)이라는 값을 가진 점으로 정의하는 온도 체계를 생각하자. 이 점은 온도 체계를 위한 임의의 출발점 혹은 고정점, 구실을 한다. 사실, 이 온도에 배정되는 수치는 아무 값이라도 상관없다. 예를 들어, Fahrenheit 온도 체계에서는 동일한 온도점이 32에 근접한 값을 갖고 있다. 전형적으로 고정점은 순수 물질의 상변화 온도나 삼중점으로 정의된다. 1기압에서 순수한 물의 끓는점은 쉽게 재생할 수 있는 고정점이다. 이제 이 고정점에 수치 100을 의도적으로 배정하자.

다음 문제는 1°의 크기를 정하는 일이다. 새 온도 체계는 2개의 고정점을 갖고 있으므로 1°는 1기압하에서 물의 빙점과 비등점 간의 온도차의 100분의 1임을 알 수 있다.

이로써 개념적으로는 온도 측정을 위한 적용 체계가 정의된다. 그러나 우리는 두 고정점 사이를 어떻게 보간할 것인가에 대하여 아직 아무 규칙도 만들지 않았다.

보간법

온도 측정 장치의 교정을 위해서는 고정 온도점을 선택해야 할 뿐 아니라, 두 고정점 간의 임의의 온도도 표시할 수 있어야 한다. 액주 온도계의 작동 원리는 모세 유리관에 담겨 있는 수은 또는 알코올의 열팽창에 근거하며, 이때 수은의 높이를 온도의 표시로 읽는다. 온도계를 빙점의 물에 담그고, 그림 8.1에 나타난 바와 같이 수은 기둥의 높이에 해당하는 유리에 눈금을 긋고 0°C로 표시하였다고 생각하자. 다음은 끓는 물에 온도계를 담그고 눈금을 다시 표시한 뒤 이번에는 100°C로 표시하였다고 하자.

재현 가능한 고정 온도점을 사용하여 온도계를 두 점에서 교정하였다. 물론 이 두 고정점 이외의 온도도 측정할 수 있기를 원할 것이다. 그러면 어떻게, 예를 들어, 50°C를 표시할 적당한 위치를 온도계에 부여할 것인가?

고정점 교정을 통하지 않고 간접적으로 50°C 점을 선택하는 과정을 보간법(interpolation)이라 한다. 가장 간

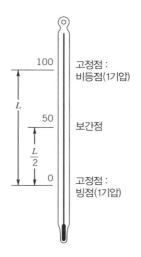

그림 8.1 액주 온도계의 교정과 보간

단한 방법은 온도계에서 0과 100을 나타내는 표시점 사이의 거리를 등간격으로 분할하는 것이다. 이로써 그림 8.1처럼 50℃의 위치가 결정된다. 보간법에 내재되어 있는 가정은 무엇인가? 우리가 온도계의 0과 100 사이의 구간을 도(°)로 적절히 분할하기에 충분한 정보를 갖고 있지 못하다는 것이 자명하다. 우리는 이 딜레마를 해결하기 위하여 온도계 내부의 수은의 거동에 관한 어떤 이론 또는 교정을 위한 많은 고정점을 필요로 한다.

18세기 말까지도 온도 체계의 고정점 사이를 보간하는 표준은 없었다. 그 결과 고정점에서 멀리 떨어진 온도들이 때로는 놀라울 만큼의 큰 오차로 온도계에 따라 서로 달랐다.

온도 체계와 표준

이 시점에서 임의의 온도 체계와 절대 온도라는 개념을 조화시켜 볼 필요가 있다. 열역학은 절대 기준을 가진 온도 체계와 절대 온도 0°를 정의한다. 예를 들어, 절대 온도는 이상기체의 에너지 상태를 결정하고, 이상기체 상태 방정식에 사용된다. 아주 낮은 압력에서 실제 기체의 거동은 온도의 표준으로 사용될 수 있으며, 이것이 열역학적 온도에 접근하는 온도를 정의할 수 있는 현실적인 방법이다. Celsius 온도 단위(℃)는 Kelvin 절대 온도 체계와 ℃ = K − 273.15로 환산되는 실용적인 체계이다.

온도 체계의 현대 공학적 정의는 1990년 국제온도체계(ITS-90)(참고문헌 3)에 의한 표준으로 주어진다. 이 표준은 온도 고정점과 고정점 사이의 구간에서의 보간에 대한 표준 과정 및 장치를 규정한다. 이 표준은 Kelvin(K)으로 온도의 기본 증가 단위를 구성한다. ITS-90에 의거한 온도는 열역학적 온도로부터 ITS-90이 채

표 8.1 ITS-90으로 정의된 고정점 온도

정의 상태	온도[a]	
	K	℃
수소의 삼중점	13.8033	−259.3467
25/76기압에서 수소의 액체/기체 평형	~17	~−256.15
1기압에서 수소의 액체/기체 평형	~20.3	~−252.87
네온의 삼중점	24.5561	−248.5939
산소의 삼중점	54.3584	−218.7916
아르곤의 삼중점	83.8058	−189.3442
물의 삼중점	273.16	0.01
1기압에서 갈륨의 고체/액체 평형	302.9146	29.7646
1기압에서 주석의 고체/액체 평형	505.078	231.928
1기압에서 아연의 고체/액체 평형	692.677	419.527
1기압에서 은의 고체/액체 평형	1,234.93	961.78
1기압에서 금의 고체/액체 평형	1,337.33	1,064.18
1기압에서 구리의 고체/액체 평형	1,357.77	1,084.62

[a] 표에 나타난 유효 자릿수는 ITS-90에 주어짐

택될 당시 열역학적 온도의 불확도 이상 벗어나지 않는다. ITS-90의 주요 고정점이 표 8.1에 표시되어 있다. 이 밖에 이차적으로 중요한 다른 고정점도 ITS-90에서 찾을 수 있다.

보간을 위한 표준

ITS-90(참고문헌 3)에 규정된 고정점과 함께, 이들 고정점 사이를 보간하는 표준이 필요하다. 온도계로서 받아들일 수 있는 표준과 보간 방정식 역시 ITS-90에 의하여 제공된다. 켈빈 13.8033 K와 1,234.93 K 사이의 온도에서 ITS-90은 백금 저항 온도계를 표준 보간 계기로 규정하고, 온도와 저항의 관계를 정하는 보간 방정식도 규정하고 있다. 켈빈 1,234.93 K 이상에서는 보간법을 위한 특정한 계기에 관한 언급 없이 흑체 복사를 이용하여 온도가 정의되어 있다.

요약하면, 온도 측정과 실용 온도 체계 및 고정점과 보간법의 표준은 근 200년간에 걸쳐 진보되어 왔다. 현재의 고정 온도점과 보간법의 표준은 실제적이고 정확한 온도 측정을 가능하게 한다. 미국 내에서는 국립표준기술연구소(NIST, 전 국립표준청)가 제공하는 방법에 의해 정확히 교정된 백금 저항 온도계를 이용하여 어떠한 실제적 불확도 요구 수준도 만족하는 온도 측정 장치의 교정도 가능하다.

8.3 열팽창을 이용한 온도계

대부분의 물질은 온도의 변화에 따라 그 크기가 변한다. 이 물리적 현상은 잘 정의되어 있고 재현될 수 있기 때문에 온도 측정에 이용된다. 액주 온도계와 바이메탈 온도계는 이 현상에 근거한 것이다.

액주 온도계

액주 온도계는 액체의 열팽창을 이용하여 온도를 측정한다. 그림 8.2에 액주 온도계의 구조가 나타나 있다. 액체는 유리구와 유리관으로 이루어진 공간에 담겨져 있다. 유리구는 저장소의 역할을 하며, 유리관 내부 액체 경계면의 등락이 감지되기에 충분할 만큼의 전체 체적을 갖는 액체를 공급한다. 유리관은 모세관을 둘러싸고 있으며, 모세관 내부 액면의 높이가 온도를 나타낸다. 액체와 유리의 열팽창 정도 차이가 유리 모세관 내부의 실제 액면 상승을 유도한다. 액주 온도계를 이용한 온도 측정의 이론과 실제가 문헌에 기술되어 있다(참고문헌 4).

교정 과정 중 액주 온도계는 다음의 세 가지 측정 환경 중 한 경우에 처하게 된다.

1. **완전 잠입식**(complete immersion) 온도계의 경우, 온도계 전체가 교정 온도 환경 또는 액체에 잠기게 된다.
2. **전체 잠입식**(total immersion) 온도계의 경우, 온도계가 모세관 내부 액면까지 교정 온도 환경에 잠기게 된다.
3. **부분 잠입식**(partial immersion) 온도계의 경우, 온도계가 사전에 정해진 높이까지 교정 환경에 잠긴다.

가장 정확히 온도를 측정하기 위해서는 온도계를 교정할 때와 똑같은 방식으로 액체에 잠입하여야 한다. 액주 온도계는 공학적 적용 측면에서는 한계가 있지만 신뢰성 있고 정확한 온도 측정이 가능하므로 다른 온도 센서를 교정하기 위한 국소 표준으로 사용할 수 있다.

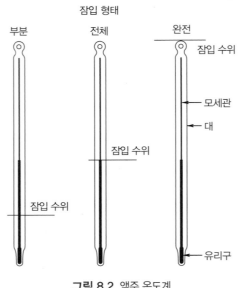

그림 8.2 액주 온도계

바이메탈 온도계

바이메탈 온도 센서에 응용되는 물리적 현상은 두 금속의 열팽창 차이이다. 그림 8.3에는 바이메탈 센서의 구조와 입력 신호에 대한 반응이 나타나 있다. 센서는 서로 다른 두 금속 띠, A와 B를 접합함으로써 만들어진다. 이렇게 만들어진 바이메탈 띠는 용도에 따라 다양한 모양을 가지고 있다. 그림 8.3에 나타낸 단순한 선형 구조를 생각하자. 조립 온도 T_1에서 바이메탈 띠는 곧은 모양이지만 T_1과 다른 온도에서는 곡률을 가진다. 곡률 반지름과 온도의 관계에 대한 물리적 기초식은 다음에 주어진다.

$$r_c \propto \frac{d}{[(C_\alpha)_A - (C_\alpha)_B]\,(T_2 - T_1)} \tag{8.1}$$

여기서, r_c는 곡률 반지름, C_α는 재료의 열팽창 계수, T는 온도, d는 바이메탈 띠의 두께이다.

　증가된 감도를 얻기 위하여 바이메탈 띠에는 한 종의 고열팽창 계수 재료와 한 종의 저열팽창 계수 재료가 쓰인다. 열팽창 계숫값이 약 2×10^{-5} 내지 20×10^{-5} m/m-°C 범위를 갖는 강 종류의 다른 금속과 비교할 때, $C_\alpha = 1.7 \times 10^{-8}$ m/m-°C의 열팽창 계수를 갖는 불변강(invar)은 저열팽창 계수 재료로 자주 쓰인다.

　바이메탈 센서는 대부분의 다이얼 온도계와 다수의 온도 제어 장치의 주요 부품이다. 그림 8.3에 나타낸 형상은 주어진 용도에 따라 띠형 바이메탈에 원하는 변형을 제공하도록 고안된 것이다. 바이메탈 센서를 이용한 다이얼 온도계는 대체로 ±1°C의 불확도를 갖고 있다.

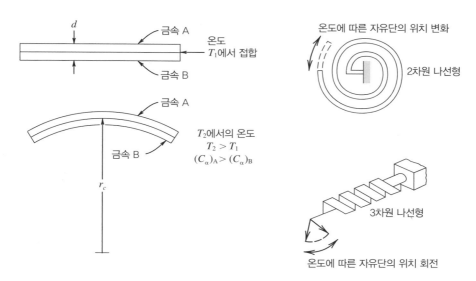

그림 8.3 바이메탈 재료를 이용한 팽창 온도계 : 띠형, 2차원 및 3차원 나선형

8.4 전기 저항 온도계

전기 전도의 물리적 본질의 결과로 도체나 반도체의 전기저항은 온도에 따라 변한다. 이러한 거동을 온도 측정의 근거로 사용하여 이론적으로 지극히 간단한 두 가지 종류의 저항 온도계를 만들 수 있다. 저항 측온기(도체)와 서미스터(반도체)가 그것이다. 저항 측온기(resistance temperature detector, RTD)는 온도에 따라 전기 저항이 변하는 고체 금속선으로 구성할 수 있다. 재료의 선택에 따라 전기 저항은 증가할 수도 감소할 수도 있다. 서미스터는 양의 온도 계수(Positive Temperature coefficient, PTC)를 가질 수도 음의 온도 계수(Negative Temperature coefficient, NTC)를 가질 수도 있다. 그림 8.4에 온도 측정에 쓰이는 다양한 도체 및 반도체의 저항을 온도의 함수로 도시하였다. 이 그림에는 초저온 영역이 포함되어 있다. 게르마늄은 저온 영역에서 우수한 온도 민감성을 나타내어 극저온의 측정에 탁월한 선택이 될 것이다.

저항 측온기

저항 측온기(즉 RTD)의 경우,[2] 기계적인 변형을 배제하기 위하여 금속선을 절연 지지 구조물에 설치하고, 부식과 같은 센서 외부의 영향에 의한 저항값의 변화를 막기 위하여 보호 구조로 선을 둘러싸서 센서를 만든다. 그림 8.5에 이러한 전형적인 RTD의 구조가 나타나 있다.

　기계적인 변형은 도체의 저항에 변화를 가져오므로 정확한 온도 측정을 위하여 반드시 제거되어야 한다. 변형을 측정하기 위한 센서로 금속선을 직접 사용하는 예에서 보듯이, 기계적 변형에 의한 전기 저항의 변화는

---

2 이런 맥락에서 RTD라는 용어는 PTC 금속 저항 센서를 말한다.

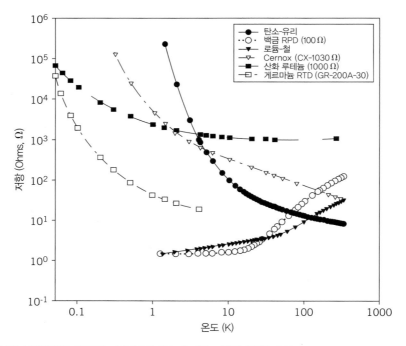

그림 8.4 온도 센서에 선택적으로 사용되는 물질들의 온도에 따른 저항의 변화(©2001, IEEE. Reprinted, with permission, from Yeager, C. J., and S. S. Courts, A Review of Cryogenic Thermometry and Common Temperature Sensors, *IEEE Sensors Journal*, 1(4), 2001.)

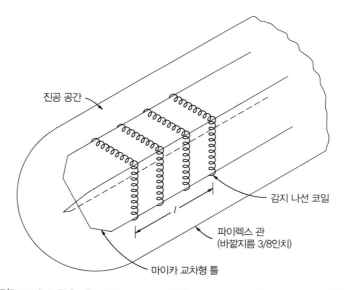

그림 8.5 백금 RTD의 구조(Benedict, R. P., *Fundamentals of Temperature, Pressure, and Flow Measurements*, 3rd ed. Copyright © 1984 by John Wiley and Sons, New York로부터 인용).

심각하며 중요한 인자이다. 이러한 기계적 응력과 그로 인한 변형은 열팽창에 의해 야기될 수 있다. 그러므로 RTD 제작 시 온도가 변하더라도 도체는 무변형 팽창을 할 수 있도록 준비해야 한다. RTD의 온도가 증가함에 따라 지지 구조물도 팽창하여 전체 구조는 무변형 차별 팽창을 하게 된다.

저항과 온도 사이의 관계에 대한 물리적 배경은 재료 저항도 ρ_e의 온도 의존도이다. 길이 l이고 단면적 A_c인 도체의 저항은 저항도 ρ_e를 이용하여 다음과 같이 쓴다.

$$R = \frac{\rho_e l}{A_c} \tag{8.2}$$

금속 도체의 저항과 온도와의 관계는 다음과 같이 다항식으로 전개할 수 있다.

$$R = R_0[1 + \alpha(T - T_0) + \beta(T - T_0)^2 + \cdots] \tag{8.3}$$

여기서 R_0은 기준 온도 T_0에서 측정한 기준 저항이다. 계수 α, β, $\cdots$ 는 재료에 따른 상수이다. 그림 8.6에 세 가지 대표적인 금속의 저항과 온도 간의 상대적인 관계가 나타나 있다. 이 그림은 온도 구간을 충분히 작게 설정하면 저항과 온도와의 관계가 선형임을 보여 준다. 이 근사식을 다음과 같이 쓸 때

$$R = R_0[1 + \alpha(T - T_0)] \tag{8.4}$$

여기서 α는 저항의 온도 계수이다. 예를 들어, 백금에 대하여 선형 가정은 0~200°C의 범위에서 ±0.3%, 200~800°C 범위에서 ±1.2%의 한도에서 정확하다. 표 8.2에는 여러 물질의 20°C에서 저항도 α의 온도 계수가 열거되어 있다.

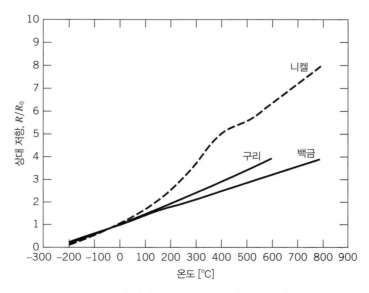

그림 8.6 세 가지 순수 금속의 상대 저항(0°C에서 R_0)

표 8.2 20℃에서 저항도의 온도 계수

물질	$\alpha(℃^{-1})$
알루미늄(Al)	0.00429
탄소(C)	−0.0007
구리(Cu)	0.0043
금(Au)	0.004
철(Fe)	0.00651
납(Pb)	0.0042
니켈(Ni)	0.0067
니크롬	0.00017
백금(Pt)	0.003927
텅스텐(W)	0.0048

백금 저항 온도계(RTD)

RTD의 재료로 가장 일반적으로 선택되는 물질은 백금이다. 작동 원리는 매우 간단하다. 온도 변화에 따른 백금의 전기 저항값 변화는 예측 가능하고 재현 가능하여 고도의 정확도로 교정될 수 있다. 온도와 저항의 관계에 대한 선형 가정은 넓은 온도 범위에 대하여 유효하고, 백금은 매우 안정하다. 백금 저항 온도계가 2차 온도 표준으로 사용되기에 적합하려면, α값이 $0.003925℃^{-1}$보다 작아야 한다. 이 최솟값은 백금의 순도를 반영한다. 일반적으로 RTD는 극저온으로부터 약 650℃의 온도 범위를 측정하는 데 사용된다. 잘 제작된 RTD를 사용하고 저항을 바르게 측정한다면 온도 측정에 있어 약 ±0.005℃의 불확도까지 가능하다. 바로 이런 낮은 불확도와 예측 가능하고 안정된 백금의 거동 때문에 국소 표준으로 백금 RTD가 널리 사용되고 있다.

RTD 저항 측정

RTD의 저항을 측정하는 방법은 여러 가지가 있으며 적합한 저항 측정 기기는 최종 온도 측정에서 요구되는 불확도를 고려하여 선택되어야 한다. 재래식 저항 측정기는 저항 측정 중에 작은 전류의 흐름이 불가피하고, RTD 내의 자체 가열이 유발된다. 이 전류에 의하여 센서의 온도에 상당한 변화가 야기되어 결과적으로 부하 오차를 일으킨다. 이 점은 RTD의 사용에 있어 간과되지 말아야 한다.

RTD의 저항값 측정에서 부하 저항을 극소화하여 측정된 저항값의 불확도를 낮추기 위하여 6장에서 설명한 것과 같은 R 브리지 회로를 사용한다. 휘트스톤(Wheatston) 브리지 회로는 이러한 측정을 위해 범용으로 사용되는 회로이다. 그러나 기본적인 휘트스톤 브리지 회로는 RTD의 저항 측정 시 전기 저항 온도계의 가장 큰 오차 원인인 리드선의 저항을 보상하지는 않는다. 보다 큰 정확도가 요구될 때는 삼선 또는 사선 브리지 회로를 사용한다. 그림 8.7(a)에 삼선 Callendar-Giffiths 브리지 회로가 나타나 있다. 숫자 1, 2, 3이 붙여진 리드선의 저항은 각각 r_1, r_2, r_3이다. 리드선의 영향을 무시한 평형 조건하에서,

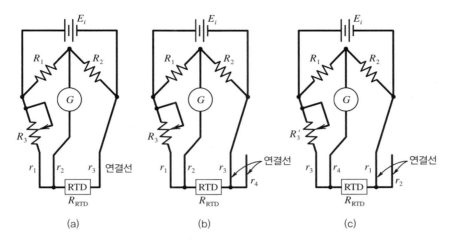

그림 8.7 브리지 회로. (a) Callendar-Grlffiths 삼선 브리지, (b)와 (c) Mueller 4선 브리지. (b)와 (c)의 측정을 평균하면 리드선 저항의 영향을 배제할 수 있다.

$$\frac{R_1}{R_2} = \frac{R_3}{R_{RTD}} \tag{8.5}$$

그러나 회로 분석에 리드선 저항을 포함하면,

$$\frac{R_1}{R_2} = \frac{R_3 + r_1}{R_{RTD} + r_3} \tag{8.6}$$

이며, $R_1 = R_2$이라면 RTD의 저항 RRTD는 다음과 같다.

$$R_{RTD} = R_3 + r_1 - r_3 \tag{8.7}$$

만일 $r_1 = r_3$이면, 이 브리지 회로를 이용한 RTD의 저항 측정에서 리드선의 영향이 배제된다. 검류계 G를 통하여 흐르는 전류가 없기 때문에 평형 조건하의 측정에서 2번 리드선은 어떠한 오차에도 기여하지 않는다는 점에 주목하라.

그림 8.7(b), (c)에 보인 사선 Mueller 브리지는 Callendar-Grlffiths 브리지에 비하여 향상된 리드선 저항 교정을 제공하며 사선 RTD에 사용된다. 사선 Mueller 브리지는 실험실 표준으로 RTD를 사용할 때와 같이 낮은 불확도가 요구될 경우 전형적으로 사용된다. 그림 8.7(b)와 같은 1차 측정 배치 상태의 브리지 회로를 회로 분석하면

$$R_{RTD} + r_3 = R_3 + r_1 \tag{8.8}$$

이며 그림 8.7(c)와 같은 2차 측정 배치에서는 다음을 얻는다,

$$R_{\text{RTD}} + r_1 = R'_3 + r_3 \tag{8.9}$$

여기서 R_3와 R'_3는 각각 1차와 2차 배치에서의 표시 저항값을 나타낸다. 식 (8.8)과 (8.9)를 더하면 RTD이 저항을 두 측정의 표시값으로 표현하는 식을 얻는다.

$$R_{\text{RTD}} = \frac{R_3 + R'_3}{2} \tag{8.10}$$

이상의 방법으로 리드선 저항 변화에 의한 영향을 최소화하게 된다.

예제 8.1

그림 8.8에 보인 바와 같이 RTD가 등지(equal-arm) 휘트스톤 브리지의 한 팔을 이루고 있다. 고정 저항 R_2와 R_3는 공히 20 Ω이다. 온도 0°C에서 저항값이 20 Ω인 RTD를 사용하여 시간에 따른 변화가 없는 온도를 측정하려 한다.

작은 온도 구간 내에서 RTD의 저항은 식 (8.4)와 같이 나타낼 수 있다.

$$R = R_{\text{RTD}} = R_0 \left[1 + \alpha(T - T_0) \right]$$

이 RTD의 저항 계수는 0.0045°C^{-1}라 생각하자. 온도 계측은 RTD를 측정 환경에 놓고 R_1을 조절하여 브리지를 평형으로 만듦으로써 수행한다. 브리지를 평형으로 만드는 R_1의 값이 35.28 Ω이라 할 때 RTD의 온도를 결정하라.

알려진 값　$R(0°C) = 20\,\Omega$

　　　　　　$\alpha = 0.0045°C^{-1}$

　　　　　　$R_1 = 35.28\,\Omega(\text{브리지가 평형일 때})$

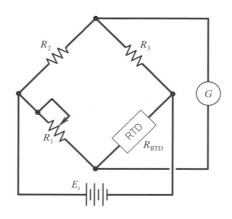

그림 8.8 RTD 휘트스톤 브리지 개략도

구할 값   RTD의 온도

풀이

RTD의 저항은 브리지의 평형 상태에서 측정한다. 평형 조건으로부터

$$R_{\text{RTD}} = R_1 \frac{R_3}{R_2}$$

RTD의 저항은 $35.28\ \Omega$이다. $T = 0°C$에서 $R_0 = 20\ \Omega$이고, $\alpha = 0.0045°C^{-1}$이므로, 식 (8.4)로부터

$$35.28\ \Omega = 20(1 + \alpha T)\Omega$$

RTD의 온도는 $170°C$이다.

예제 8.2

예제 8.1의 RTD와 브리지 회로를 생각하자. 이 예제의 RTD 저항을 측정하기 위한 브리지 회로를 선택하거나 설계하기 위해 요구되는 온도의 불확도가 규정되어야 한다. 만약 요구되는 온도 측정의 불확도가 $\leq 0.5°C$ 이하라면, 각 저항값의 전체 불확도가 1%인 브리지는 받아들여질 수 있겠는가? 이 예제에서 리드선 저항의 영향은 무시하라.

알려진 값   예제 8.1의 RTD와 브리지를 사용하여 측정하며 요구되는 온도의 불확도는 $\pm 0.5°C$이다.

구할 값   브리지 회로를 구성하는 각 저항의 전체 불확도는 1% 수준인 경우 온도 측정의 불확도

가정   모든 불확도는 95%의 신뢰 수준으로 평가되고 제공된 것이다.

풀이

설계 단계 불확도 분석을 수행하라. 설계 단계에서는 저항의 전체 불확도가 1%라고 가정하였으므로, 브리지 저항의 초깃값은 $20\ \Omega$으로부터 설계 단계의 불확도는 다음과 같다.

$$u_{R_1} = u_{R_2} = u_{R_3} = (0.01)(20) = 0.20\ \Omega$$

제곱 총합 제곱근(root sum square, RSS)의 법칙을 이용하여 각 저항의 불확도가 RTD 저항을 결정하는 불확도 u_{RTD}로 파급되는 크기를 계산하면

$$u_{\text{RTD}} = \sqrt{\left[\frac{\partial R}{\partial R_1}u_{R_1}\right]^2 + \left[\frac{\partial R}{\partial R_2}u_{R_2}\right]^2 \left[\frac{\partial R}{\partial R_3}u_{R_3}\right]^2}$$

여기서

$$R = R_{\text{RTD}} = \frac{R_1 R_3}{R_2}$$

이고, 각 불확도는 서로 무관하다고 가정한다. 그러면 RTD 저항의 설계 단계 불확도는

$$u_{\text{RTD}} = \sqrt{\left[\frac{R_3}{R_2} u_{R_1}\right]^2 + \left[\frac{-R_1 R_3}{R_2^2} u_{R_2}\right]^2 + \left[\frac{R_1}{R_2} u_{R_3}\right]^2}$$

$$u_{\text{RTD}} = \sqrt{(1 \times 0.20)^2 + (1 \times -0.20)^2 + (1 \times 0.20)^2} = 0.346\ \Omega$$

온도의 불확도를 계산하기 위하여 우리가 알고 있는 것은

$$R = R_{\text{RTD}} = R_0\left[1 + \alpha(T - T_0)\right]$$

그리고

$$u_T = \sqrt{\left(\frac{\partial T}{\partial R} u_{\text{RTD}}\right)^2}$$

$T_0 = 0°C$, $R_0 = 20\ \Omega$이라 놓고, T_0, α, R_0의 불확도를 무시하면

$$\frac{\partial T}{\partial R} = \frac{1}{\alpha R_0}$$

$$\frac{1}{\alpha R_0} = \frac{1}{(0.0045°C^{-1})(20\ \Omega)}$$

온도의 설계 단계 불확도는 다음과 같다.

$$u_T = u_{\text{RTD}}\left(\frac{\partial T}{\partial R}\right) = \frac{0.346\ \Omega}{0.09\ \Omega/°C} = 3.84°C$$

관련된 변수들이 갖는 수준의 불확도로는 원하는 온도 측정의 불확도를 만족시킬 수 없다.

참고사항 이 경우, 불확도 분석은 의미 없는 결과만을 가져다줄 측정의 수행을 방지하였을 것이다.

예제 8.3

예제 8.1의 브리지 저항값의 전체 불확도가 0.1%로 감소되었다고 생각하자. 원하는 온도 측정의 불확도가 이루어질까?

알려진 값 예제 8.1에서 온도 측정을 위한 브리지 회로의 각 저항이 가진 불확도가 ±0.1%이다.

구할 값 온도 측정의 불확도

풀이

이전 예제의 불확도 분석 방법을 각 저항의 불확도를 적절하게 감소시켜 직접 적용한다. 저항의 불확도가 0.2에서 0.02로 감소하므로

$$u_{\text{RTD}} = \sqrt{(1 \times 0.02)^2 + (1 \times -0.02)^2 + (1 \times 0.02)^2} = 0.0346 \; \Omega$$

이며, 결국 온도의 95% 불확도 구간은 ±0.384°C로서 설계 조건을 만족한다.

참고사항 결과를 보면 저항의 불확도가 미치는 영향이 온도의 불확도로 하여금 목적하는 값을 초과하게 하지 않는 것이 확실하다. 그러나 온도의 불확도는 측정 기기의 다른 여건에 따라 달라진다. 이 예제에서 다루어진 설계 단계 불확도 분석은 고려 중인 인자가 받아들일 수 없을 만큼의 큰 불확도를 유발하지 않는가를 확인하는 과정으로 간주되어야 할 것이다.

실제적인 고려 사항

전형적인 상용 RTD의 온도 변화에 대한 시간 응답은 다른 온도 센서에 비하여 전반적으로 상당히 느리며, 비정상 측정을 위하여 브리지 회로를 사용하려면 편향 모드에서 작동하거나 자동 밸런싱 회로를 사용하여야 한다. 이런 이유로 천이 온도 측정을 위해 RTD를 사용하는 것은 보편적인 경향이 아니다. 주목할 만한 예외는 극히 작은 백금선을 부식성이 없는 기체 유동 내의 온도 측정에 사용하는 것이다. 이 응용 예에서 10 μm 정도의 지름을 가진 선을 사용할 경우 지극히 작은 열용량으로 인하여 어떤 온도 센서보다도 빠른 주파수 응답을 갖게 된다. 물론 매우 작은 충격에도 이 센서는 파괴된다. 박막 형태의 다른 금속 저항 센서는 빠른 시간 응답을 가진 온도 측정을 가능하게 하며, 흔히 풍속계나 열속계의 역할도 병행하고 있다. 이런 백금 박막은 모재에 백금 막을 용착시키고 그 위에 기계적인 보호를 위하여 세라믹 유리를 피복하여 제작한다(참고문헌 5). 보통 박막의 두께는 1~2 μm이고, 보호 피복의 두께는 10 μm 정도이다. 이렇게 제작된 센서는 600°C의 온도에 연속 노출 상태로 작동이 가능하다. 실제 사용 예는 가열 장치나 조리 기구의 온도 조절 회로와 과열되기 쉬운 전자 부품의 표면 온도 감시 등이 있다. 불확도의 크기는 약 ±0.1~2°C의 범위에 있다.

실제 저항 브리지를 사용하여 RTD의 저항을 측정하는 대신 그림 8.9에 보인 전자회로를 사용하는 대안이 있다. 이 회로에서는 RTD를 통해 알려진 크기의 전류가 흐르고 RTD 양단의 전압 강하를 측정한다. 통상 신호 조정 단계에는 게인과 A/D(교류/직류) 변환이 포함되어 측정 시스템을 구성한다. 실제 브리지 회로와 마찬가지로 RTD를 통해 흐르는 전류로 인한 자체 발열의 결과 다소의 오차가 발생한다.

브리지 측정 관련하여 논의된 바와 같이 RTD의 저항을 측정하는 과정에서 연결선의 저항을 보상하는 것이 중요하다. 그림 8.10에 예시한 바와 같이 상응하는 두 전원과 기준 저항을 사용한다. 전류가 동일하다면 다음이

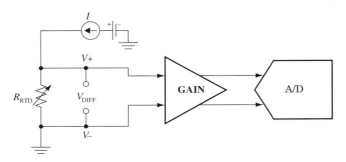

그림 8.9 RTD 저항 측정을 위한 전자회로(Texas Instruments SLAU 520A, 2013로부터 인용함)

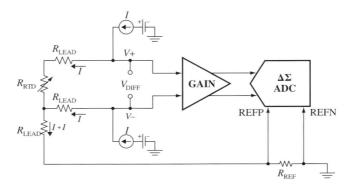

그림 8.10 RTD 저항 측정을 위한 전자회로(Texas Instruments SLAU 520A, 2013로부터 인용함)

성립한다.

$$R_{\text{RTD}} = V_{\text{DIFF}}/I$$

서미스터

서미스터(thermally sensitive resistor, 온도에 예민한 저항)는 세라믹계의 반도체 계기이다. 통상적인 서미스터 재질은 음의 온도 계수(NTC)를 갖는다. RTD의 저항이 온도에 따라 천천히 증가하는 반면, 전형적인 서미스터의 저항은 온도 증가에 따라 급격히 감소한다.

서미스터의 저항과 온도 사이의 정확한 기능적 관계식은 일반적으로 다음과 같은 형태로 나타낸다.

$$R = R_0 e^{\beta(1/T - 1/T_0)} \tag{8.11}$$

3,500~4,600 K의 값을 갖는 파라미터 β는 재료, 온도와 각 센서의 제작 방법에 의존하므로, 그 값은 서미스터 별로 결정되어야 한다. 그림 8.11은 전형적인 두 가지 서미스터 재료의 온도에 따른 저항의 변화를 나타낸다.

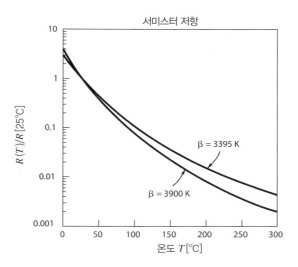

그림 8.11 온도에 따른 대표적인 서미스터의 저항 변화

수직축은 25°C에서의 저항값에 대한 저항비이다. 그림 8.6과 8.11을 비교하면 전형적인 **RTD**에 비교할 때 서미스터의 저항은 온도 변화에 따라 큰 폭으로 변한다. β를 온도의 함수로 생각하지 않으면, 넓은 온도 범위에서 식 (8.11)의 정확성을 기대하기 어렵다. 센서의 제작자에 의해 규정된 전형적인 β값은 한정된 온도 범위 내에서만 상수로 가정된다. 그림 8.12의 회로를 통해 예시된 바와 같이 β를 온도의 함수로 결정하기 위한 간단한 교정이 가능하다. β를 측정하는 다른 회로나 보다 자세한 논의는 전기산업협회 표준 서미스터 정의와 검사 방법(참고문헌 6)에서 찾을 수 있다.

일반적으로 서미스터는 고감도, 내구성 및 빠른 반응 속도가 요구되는 경우에 사용된다(참고문헌 7). 서미스터를 침식, 마모 환경에서 사용할 수 있도록 유리로 둘러싸는 일도 자주 있다. 반도체 재료의 저항 특성은 고온에서 변할 수 있고, 200°C 이상의 온도에서는 서미스터의 노화가 일어난다. RTD에 비해 큰 서미스터의 저항값으로 인해 리드선 저항 교정은 문제가 되지 않는다.

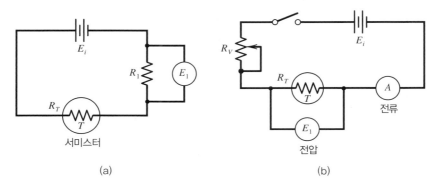

그림 8.12 서미스터의 β를 결정하는 회로. (a) 전압 분할법 : $R_T = R_1(E_i/E_1 - 1)$. (주) R_1과 E_i는 알려진 값이어야 한다. R_1값은 적정한 서미스터 전류값이 얻어지도록 변화될 수 있다. (b) 전압-전류계법. (주) 전압과 저항이 측정된다.

서미스터의 통상적인 사양에는 무전력 저항(zero-power resistance)과 소산 상수(dissipation constant)가 포함된다. 무전력 저항의 측정은 서미스터를 통해 흐르는 전류 감소의 결과로 저항의 변화가 0.1%를 초과하지 않는 상황에서 수행되어야 한다. 서미스터의 무전력 저항이란 전류가 흐르지 않는 상태에서 서미스터의 저항을 말한다. 주어진 주변 온도에서 서미스터의 소산 상수는 다음과 같이 정의된다.

$$\delta = \frac{P}{T - T_\infty} \tag{8.12}$$

여기서

δ = 소산 상수

P = 서미스터의 공급 전력

T, T_∞ = 서미스터 및 주변 온도

예제 8.4

서미스터의 출력은 온도 변화에 대해 매우 비선형으로 변하므로, 능동적이든 수동적이든 적절한 회로를 사용하여 출력을 선형화하는 것이 유리한 경우가 많다. 이 예제에서는 저항 중 하나가 서미스터이고 초기에 평형 상태를 갖는 브리지 회로의 출력을 살펴보려 한다. 그림 8.8의 휘트스톤 브리지 회로와 같지만 RTD가 서미스터로 대체되었고, 서미스터는 무전력 저항 $R_0 = 10,000\,\Omega$과 소산 상수 $\beta = 3,680\,\text{K}$를 갖는다. 두 가지 다른 온도 범위에 대해 회로의 출력을 검사한다. (a) 25~325°C, (b) 25~75°C.

알려진 값 주어진 휘트스톤 브리지의 저항 R_1은 서미스터이고 나머지 저항은 $R_2 = R_3 = R_4 = 10,000\,\Omega$이다.

구할 값 브리지 회로의 출력을 온도의 함수로 구할 것

풀이

휘트스톤 브리지의 저항값과 정규화된 출력 전압의 기본 관계식은 식 (6.11)로 주어지며,

$$\frac{E_o}{E_i} = \left(\frac{R_1}{R_1 + R_2} - \frac{R_3}{R_3 + R_4} \right) \tag{6.11}$$

서미스터의 저항은

$$R = R_o e^{\beta(1/T - 1/T_0)}$$

이므로, 식 (6.11)의 R_1에 위 식을 대입하면 다음을 얻는다.

$$\frac{E_o}{E_i} = \left(\frac{R_o e^{\beta(1/T - 1/T_0)}}{R_o e^{\beta(1/T - 1/T_0)} + R_2} - \frac{R_3}{R_3 + R_4} \right)$$

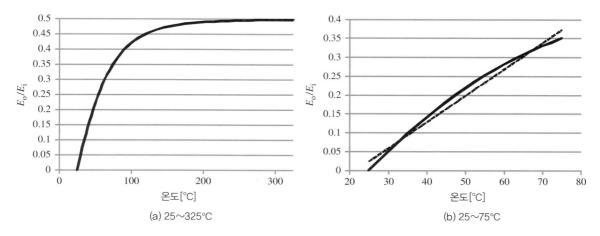

그림 8.13 서미스터를 온도 센서로 사용한 브리지 회로의 정규화된 출력의 온도에 따른 변화

그림 8.13(a)는 이 출력비를 온도 범위 25~325°C에 대해 도시한 것이다. 온도가 100°C를 지나 점차 증가하면서, 출력비는 값 0.5로 수렴하고 온도 변화에 대한 회로의 감도는 크게 감소한다. 그림 8.13(b)는 온도 범위 25~75°C에 대한 출력비의 거동을 도시한 것이다. 상대적으로 작은 온도 범위에 대해서는 선형 가정에 따른 오차가 허용된다는 조건하에서, 정규화된(normalized) 출력과 온도의 선형 관계 가정이 적절한 많은 응용 예를 찾을 수 있을 것이다.

예제 8.5

그림 8.12(a)에 나타난 회로를 이용하여 특정한 서미스터의 재료 상수 β를 결정하려 한다. 25°C에서 서미스터의 저항은 60 kΩ이다. 회로의 기준 저항인 R_1의 저항값은 130.5 kΩ이고 소산 상수 δ는 0.09 mW/°C이다. 측정에 사용된 전원은 1.564 Ω로 상수이고, 서미스터는 100~150°C의 온도 범위에서 사용될 것이다. β를 구하라.

알려진 값 관심을 끄는 온도 범위는 100~150°C이다.

$$R_0 = 60{,}000 \ \Omega, \quad T_0 = 25°C$$

$$E_i = 1.564 \ \text{V}, \quad \delta = 0.09 \ \text{mW/°C}, \quad R_1 = 130.5 \ \text{k}\Omega$$

구할 값 100~150°C의 온도 범위에서 β의 값

풀이

세 가지 알려진 서미스터 온도에 대하여 고정 저항 전후의 전압 강하를 측정한다. 서미스터의 온도는 실험실용 오븐을 사용하고, 오븐의 온도를 측정함으로써 제어, 결정한다. 기준 저항 전후의 각 전압 측정값에 대하여 서

미스터 저항은 다음 식을 이용하여 구한다.

$$R_T = R_1 \left(\frac{E_i}{E_1} - 1 \right)$$

이 측정과 계산의 결과는

온도(℃)	E_1 전압(V)	$R_T(\Omega)$
100	1.501	5,477.4
125	1.531	2,812.9
150	1.545	1,604.9

식 (8.11)은 선형식의 꼴로 다음과 같이 쓸 수 있다.

$$\ln \frac{R_T}{R_0} = \beta \left(\frac{1}{T} - \frac{1}{T_0} \right) \tag{8.13}$$

이 식에 측정된 자료와 $R_0 = 60,000 \ \Omega$을 적용하면, 위의 세 자료점은 다음 결과를 산출한다.

$\ln(R_T/R_0)$	$(1/T - 1/T_0)$ [K^{-1}]	β (K)
−2.394	-6.75×10^{-4}	3,546.7
−3.060	-8.43×10^{-4}	3,629.9
−3.621	-9.92×10^{-4}	3,650.2

참고사항 위의 결과는 상수 β에 대한 것이며, T_0으로부터 T 사이의 온도 범위에 대하여 식 (8.11)로 기술되는 거동에 근거한 것이다. 측정된 β값의 차이에 대하여는 보충 논의가 주어질 것이다.

예제 8.4에서 측정된 β값은 각 온도에서 다르다. 만일, β가 진정으로 온도에 무관한 상수이고 측정의 불확도가 무시될 정도로 작다면, β의 세 측정치는 모두 같아야 한다. β의 차이는 온도의 물리적 영향일 수도 있고 측정값의 불확도에 기인한 것일 수도 있다.

차이가 심각하다고 볼 수 있는가? 만약 그렇다면, 어떤 β값이 이 온도 범위에서 서미스터의 거동을 가장 적절히 대표하겠는가? 이에 필요한 불확도 분석을 수행하려면 측정 기기나 과정에 관한 추가 정보가 제공되어야만 한다.

측정된 β값에 대한 초기 결론은 이제 재검토되어야 한다. 표 8.3의 결과를 그림 8.14에 온도의 함수로 각 자료점에 대한 95% 불확도의 한계와 함께 도시하였다. 측정된 값이 온도의 변화에 따라 어떤 경향을 보인다는 가정을 할 수 있는 정당성은 분명히 없으며, β의 평균값을 그대로 사용하거나 선형 최소 제곱법을 이용하여 결정한 값을 사용하는 것 모두 적절한 것으로 판단된다.

표 8.3 β의 불확도

	불확도		
T [°C]	무작위 $s_{\bar{\beta}}$ [K]	계통 b_β [K]	전체 $\pm\, u_\beta\, 95\%$ [K]
100	13.3	37.4	79.4
125	10.6	53.9	109.9
150	8.8	78.4	157.8

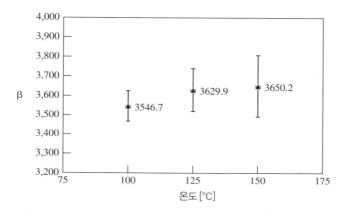

그림 8.14 각 온도에서 측정된 β값과 불확도. 각 자료점은 $\bar{\beta}\pm u_\beta$를 나타낸다.

8.5 열전 온도 측정

온도를 측정하고 제어하는 보편적인 방법은 열전대라 불리는 전기 회로를 이용하는 것이다. 열전대 (thermocouple)는 상이한 금속으로 만들어진 2개의 전기 도체로 이루어졌으며, 적어도 한곳에서 전기적으로 연결되어 있다. 이 전기적 연결부를 접점이라 한다. 열전대의 접점은 용접, 땜질 또는 선을 서로 꼬는 경우와 같이 양호한 전기적 접합을 제공하는 어떤 방법에 의해서도 만들 수 있다. 열전대의 출력은 전압이며, 전압과 열전대 회로를 구성하는 접점의 온도 사이에는 명확한 관계가 존재한다. 우리는 이 전압의 근원을 조사하고 열전대를 공학적인 온도 측정에 사용하는 기초 이론을 개발하려 한다.

그림 8.15에 나타낸 열전대 회로를 생각하자. 1번 접점의 온도는 T_1이고, 2번 접점의 온도는 T_2이다. 이 열전대 회로는 T_1과 T_2의 차이를 측정한다. 만약 T_1과 T_2가 다르다면 유한 크기의 개방 회로 전압 V_o이 측정될 것이다. 전위의 크기는 온도 차이와 열전대 회로에 사용되는 금속의 종류에 의하여 결정된다.

열전대 회로의 모든 전위차를 일으키는 전압의 근원은 열전대 접점에 있다. 그것이 열전대를 이용하여 온도를 측정하는 근거인 것이다. 그림 8.15에 보이는 회로는 온도 측정에 사용되는 열전대 회로의 가장 보편적인 형

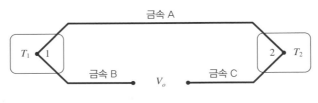

그림 8.15 기본 열전대 회로

태이다.

열전 현상의 근본과 열전대를 이용하여 온도를 측정하는 방법을 이해하는 것이 우리의 목표이다. 온도 구배를 경험하는 전기 도체의 내부에서는 열에너지와 전기의 이동이 동시에 일어난다. 이 두 현상은 모두 금속의 자유 전자의 거동과 밀접한 관계가 있다. 양질의 전기 전도체가 일반적으로 양질의 열 전도체인 것은 우연이 아니다. 상이한 금속으로 구성된 전기 회로 내의 자유 전자의 특별한 거동의 결과로 온도와 기전력 사이의 유용한 관계가 성립하는 것이다. 열전대 회로에서 일어날 수 있는 세 가지 기본 현상은 다음과 같다. (1) 제베크(Seebeck) 효과, (2) 펠티에(Peltier) 효과, (3) 톰슨(Thomson) 효과.

개방 회로 전압 V_o은 오직 제베크 효과에 의한 결과이다. 부하에 의한 오차가 없는 측정 조건하에서 측정된 전압이 개방 회로 전압(open circuit voltage)이다.

제베크 효과

Thomas Johann Seebeck(1770∼1831)의 이름에서 비롯된 제베크 효과는 회로 내 접점의 온도 차이에 기인하는 개방 열전대 회로에서 전압의 차이 발생을 일컫는다. 제베크 효과는 회로를 통한 전류의 흐름이 없는 경우에 사용한다. 전압과 접점의 온도 T_1과 T_2(그림 8.15) 사이에는 고정되고 재현할 수 있는 관계가 존재한다. 이 관계는 다음과 같이 정의된 제베크 계수 α_{AB}로 나타낸다.

$$\alpha_{AB} = \left[\frac{\partial (V)}{\partial T} \right]_{\text{open circuit}} \tag{8.14}$$

여기서 A와 B는 열전대를 이루는 두 금속을 가리킨다. 제베크 계수는 금속 A, B에 대하여 온도 변화에 따른 전압의 변화율이므로 열전대 개방 회로의 정적 감도와 같다.

펠티에 효과

전류가 흐르는 도체 내의 I^2R, 즉 줄열은 친숙한 개념이다. 그림 8.16에 보인 것과 같은 공통 접점을 가진 두 전도체를 생각하자. 외부로부터 부가된 전압에 의해 전류 I가 흐른다. 전도체 임의의 부분에 대하여 일정 온도를 유지하기 위한 에너지 제거율은 I^2R이다. R은 전류에 대한 저항으로 도체의 전도도와 형상에 의해 결정된다. 그러나 두 상이한 금속의 접점에서는 일정한 온도를 유지하기 위하여 제거되어야 할 에너지의 양이 I^2R과 다르다. I^2R과 전류가 접점을 통해 흐름으로써 발생하는 에너지의 차이가 펠티에 효과이다. 펠티에 효과는 전류가 접점

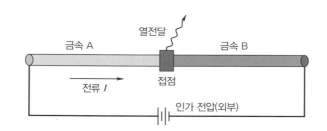

그림 8.16 상이한 금속의 접점을 통해 흐르는 전류에 의한 펠티에 효과

을 통해 흐르는 동안 열역학적으로 가역적인 에너지의 변환에 의한 것으로 I^2R 손실과 관련된 비가역적 에너지 소산과 대조적이다. 펠티에 열은 접점을 일정한 온도로 유지하기 위하여 접점으로부터 제거되어야 할 I^2R 이외의 열량이다. 이 에너지양은 접점을 통하여 흐르는 전류의 크기에 비례한다. 비례 상수를 펠티에 계수 π_{AB}라 하고 일정한 온도를 유지하기 위한 펠티에 효과만으로 인한 열 전달량은 다음과 같다.

$$Q_\pi = \pi_{AB}I \tag{8.15}$$

이 현상은 Jean Charles Athanase Peltier(1785~1845)가 제베크 열전대 실험을 하던 도중 발견하였다. 그는 그림 8.15에 나타난 바와 같은 두 접점을 가진 열전대 회로에 전류를 통하면 한 접점의 온도는 상승하고 다른 접점의 온도는 강하함을 관찰하였다. 이 효과를 이용한 장치가 작동 부분 없이 냉동을 제공하는 펠티에 냉각기이다. 열전 냉동 기술의 전망은 참고문헌 8에 평가되어 있다.

톰슨 효과

제베크와 펠티에 효과 이외에도 열전대 회로에서 일어나는 세 번째 현상이 있다. 그림 8.17에서처럼 길이 방향으로 온도 구배와 함께 전위차가 존재하여 전류와 열이 함께 흐르는 전도체를 생각하자. 다시 전도체의 온도를 일정하게 유지하기 위해서는 줄열 I^2R이 다른 양의 에너지가 전도체로부터 제거되어야 함을 발견할 것이다. 1851년 William Thomson(1824~1907, 1892년 이래 Kelvin경)에 의하여 처음 관찰된 이래, 이 에너지는 톰슨 계수 σ를 이용하여 다음과 같이 표현되었다.

$$Q_\sigma = \sigma I(T_1 - T_2) \tag{8.16}$$

열전대 회로에는 세 가지 효과가 모두 존재하여 회로의 전체 전압 차에 기여할 수 있다.

열전대의 기본 법칙

그림 8.18의 기본 열전대 회로는 두 온도 T_1과 T_2의 차이를 측정하는 데 쓸 수 있다. 실제 온도 측정을 위해 접점 중 하나는 기준 접점으로서 알고 있는 일정한 온도, 예를 들어 T_2로 유지된다. 다른 접점은 측정 접점으로서 임의의 온도 T_1에 대하여 회로 내에 존재하는 전압을 통해 측정 접점의 온도를 직접 표시한다.

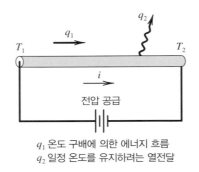

q_1 온도 구배에 의한 에너지 흐름
q_2 일정 온도를 유지하려는 열전달

그림 8.17 전류와 열의 동시 유동에 의한 톰슨 효과

열전대 회로를 온도 측정에 사용하려면 열전대 물질과 회로를 주의 깊게 선택하여, 관찰된 거동에 근거하여야 한다. 다음의 법칙은 열전대를 이용하여 온도를 측정하는 데 필요한 기초를 제공한다.

1. **균일 물질의 법칙** : 한 가지 균일 재료로 이루어진 회로는 단면적이 변화하더라도 열만을 가하여 열전 전류를 유발할 수 없다. 간단히 말해서, 온도 측정용 열전 회로를 구성하려면 적어도 두 재료가 필요하다는 것을 뜻한다. 재질이 균일하지 않은 선을 불균일하게 가열하면 전류가 발생하는 것은 흥미로운 사실이다. 그러나 이는 열전대의 응용에 유용하지 않고 바람직하지도 않다.

2. **중간 재료의 법칙** : 회로 전체가 균일한 온도에 놓여 있다면 몇 개의 상이한 물질로 이루어진 회로의 전압도 그 산술합은 0이 된다. 이 법칙에 의하여 열전대 재료 이외의 다른 물질이 회로의 전압 출력에 변화를 주지 않고 열전대 회로에 삽입되는 것이 가능하다. 예를 들어 그림 8.18과 같이 측정 기기의 접점이 구리로 되어 있고 재료 B는(순수한 구리가 아닌) 합금인 열전대 회로를 생각하자. 측정 기기와 열전대 회로 사이의 전기적 연결부가 또 다른 열전대 접점을 이룬다. 중간 재료의 법칙에 의하면, 이 경우 측정되는 기전력은 $T_3 = T_4$ 조건하에서 T_1과 T_2 사이의 온도 차이에 의해 발생하는 개방 회로 전압과 다르지 않다. 이 법칙의 또 다른 실용적 결론은 열전대의 기전력을 측정 기기까지 전달하기 위하여 구리선을 사용할 수 있다는 것이다. 열전대에 사용되는 대부분의 재료는 구리에 비해 상당히 고가이기 때문이다.

3. **연속 또는 중간 온도의 법칙** : 2개의 균일하지만 서로 상이한 재료가 온도 T_1과 T_2의 접점 사이에서 전압 V_1을 생성하였고, 온도 T_2와 T_3의 접점 사이에서 전압 V_2를 발생하였다면 온도 T_1과 T_3 사이에서 발생하는 전압은

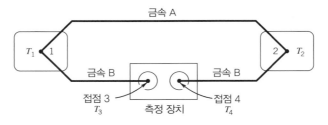

그림 8.18 전형적인 열전대 측정 회로

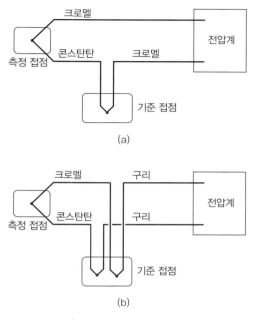

그림 8.19 열전대 온도 측정 회로

$V_1 + V_2$이다. 이 법칙에 의해, 한 기준 온도, 예를 들어 T_2에서 교정된 열전대를 다른 기준 온도, 예를 들어 T_3를 가지는 환경에서도 온도 T_1을 결정하는 데 사용할 수 있다.

열전대를 사용한 기본적인 온도 측정

먼저 역사적인 의미를 가진 온도 측정을 위한 열전대 회로를 살펴보자. 그림 8.19에는 크로멜-콘스탄탄 열전대와 기준 온도를 사용한 2개의 기본적인 열전대 온도 측정 장치가 나타나 있다. 그림 8.19(a)에서는 열전대 선이 기전력을 측정하는 전압계[3]에 직접 연결되어 있다. 그림 8.19(b)에서는 구리선을 사용하여 2개의 기준 접점을 생성하였다. 중간 재료의 법칙은 전압계의 두 연결 접점이 같은 온도이고 두 기준 접점이 같은 온도라면 전압계나 구리 연장선이 회로의 전압에 변화를 주지 않는다는 것을 보장한다. 이 회로를 사용하여 온도를 측정하기 위해서는 특정한 기준 온도에 대하여 출력 전압과 측정 접점의 온도 사이의 관계를 알면 된다. 이 관계를 결정하는 한 가지 방법은 열전대의 교정이다. 그러나 표준 재료와 과정을 사용하면 열전대는 교정을 거치지 않고도 적절한 수준의 온도 측정 불확도 내에서 정확한 온도 측정 장치임을 알게 될 것이다.

기준 접점

기준 접점의 필요 조건은 정확히 알려지고 안정하며, 재현하기 쉬운 온도를 제공해야 한다는 것이다. 빙점 0°C는 오래전부터 사용 가능했던 상대적으로 구현이 용이한 기준 접점 온도이다. 빙수조가 이 기준 접점 온도를 제

---

3 역사적으로 열전대의 전압을 측정하는 가장 정확한 방법은 전위차계(potentiometer)라 불리는 영점 균형 장치였다. 그러나 근래에는 나노 전압계가 본질적인 부하 오차 없이 정확한 전압 측정의 수단을 제공하여 전위차계를 대체하였다.

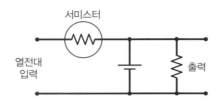

그림 8.20 열전대 기준 접점 교정을 위한 기본 서미스터 회로

공하였다. 빙수조를 만드는 일반적인 방법은 듀어(Dewar)라 불리는 진공 용기를 잘게 부순 얼음으로 채우고 적당량의 물을 넣어 투명한 혼합제를 만드는 것이다. 빙수조는 불확도 ±0.01℃ 이내로 기준 접점 온도를 유지하도록 만들 수 있다.

근래에는 전자 기준 접점 교정이라 불리는 전자적인 방법을 사용하여 기준 접점 온도를 발생시킨다. 전자 기준 접점 교정은 빙수조를 만들 필요 없이 온도를 측정하는 편리한 방법을 제공한다. 기준 접점 교정이 내장된 상업적인 온도 측정 기기가 수없이 많은 제조업자에 의해 생산되고 있으며, 각종 디지털 자료 수집 카드에는 기준 접점 보상 기능이 내장되어 있다. 그림 8.20에 보인 바와 같이, 전자적 방법은 기준 접점의 온도를 측정하기 위하여 일반적으로 서미스터, 온도 반응 집적회로 또는 RTD에 의존한다. 이 경우 기준 접점 온도의 불확도는 ±0.1℃ 대이다(전형적으로 ±0.5℃). 한발 더 나아가 데이터 획득 시스템은 표준 열전대 전압에 근거하여 측정된 전압을 직접 온도 출력으로 변환하는 마이크로프로세서를 내장하고 있다. 열전대, 기준 접점 교정과 마이크로프로세서가 조합되어 '스마트 센서'라 불리는 장치를 구성하는 것이다.

열전대 표준

미국 국립표준기술원(NIST)은 온도 측정을 위한 표준 열전대 회로의 재료와 제작에 관하여 규정하고 있다(참고 문헌 9). 열전대를 위하여 많은 종류의 물질 조합이 있다. 이 조합은 열전대의 형으로 구분되고 문자로 표시한다. 표 8.4는 각 형의 기본 응용 예와 함께 흔히 쓰이는 열전대의 문자 표시와 극성을 보여 준다. 열전대의 종류는 온도 범위, 특정한 측정 여건이 원하는 불확도 수준을 고려하여 결정한다.

표 8.4 열전대 명칭

형태	재료 조합		응용 범위
	양극	음극	
E	크로멜(+)	콘스탄탄(−)	최고의 감도(<1,000℃)
J	철(+)	콘스탄탄(−)	비산화 환경(<760℃)
K	크로멜(+)	알루멜(−)	고온용(<1,372℃)
S	백금/10% 로듐	백금(−)	고온에서 장기 안정성(<1,768℃)
T	구리(+)	콘스탄탄(−)	환원 또는 진공 환경(<400℃)

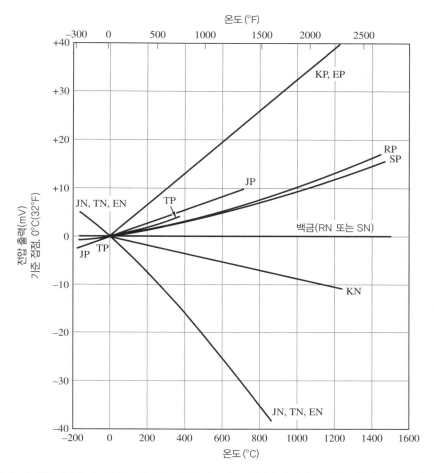

그림 8.21 백금-67에 대한 열전대 재료의 열 전압. (주) 예를 들어, JP는 J 열전대의 양각, 즉 철을 말한다. JN은 J 열전대의 음각, 즉 콘스탄탄을 말한다. 각 열전대의 종류에 따라 유사한 표기를 사용하였다. (R. P. Benedict, *Fundamentals of Temperature, Pressure and Flow Measurements*, 3rd ed., ⓒ 1984 by John Wiley and Sons, New York으로부터 승인받아 인용함)

특정한 물질 조합의 전압 출력을 결정하려면, 후보 소재와 표준 백금 합금으로 0°C 기준 온도를 가진 열전대를 만든다. 그림 8.21에는 백금-67과 다양한 소재의 출력을 도시하였다. 기호는 열전대의 형을 표시한다. 중간 온도의 법칙을 이용하면 백금 대비 출력 전압 관계가 알려진 임의의 두 물질의 출력 전압을 예측할 수 있다. 그림 8.22는 흔히 쓰이는 열전대 물질 조합의 전압을 온도의 함수로 도시한 것이다. 이 그림에서 곡선의 기울기는 열전대 측정 회로의 정적 감도에 대응한다.

열전대 표준 전압

표 8.5에는 열전대 재료의 표준 성분이 다양한 재료 조합에 대한 표준 오차 한계와 함께 표기되어 있다. 이 한계는 해당 열전대 재료로부터 기대되는 최대 오차를 규정한다. NIST는 두 특정 재료로 구성된 열전대의 전압 출력의 표준값을 얻기 위하여 고순도의 재료를 사용한다. 이 결과를 이용하여 출력 전압으로부터 측정 온도를 결

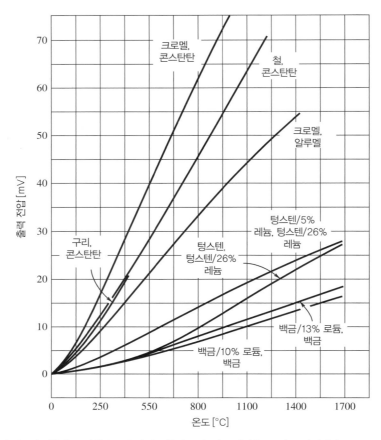

그림 8.22 상용 열전대 재료에 대한 온도의 함수로서 열전대 출력 전압. 기준 접점은 0℃ (32℉)이다. (R. P. Benedict, *Fundamentals of Temperature, Pressure and Flow Measurements*, 3rd ed., © 1984 by John Wiley and Sons, New York으로부터 승인받아 인용함)

정하는 표준 도표나 식을 만들게 된다(참고문헌 9). 통상 J형 열전대라 불리는 철/콘스탄탄 열전대에 대하여 표 8.6이 이 표준 도표의 예라 하겠다. 표 8.7에서는 표준 열전대의 출력 전압과 온도의 관계를 기술하는 다항식을 찾을 수 있다.

온도 측정의 요구는 광범위하므로 산업은 고품질 열전대 선을 공급할 정도로 성장하였다. 제작업체는 NIST 표준 전압과 비교할 때 ±1.0℃ 내지 ±0.1℃ 범위의 특수 허용 오차를 가진 열전대를 생산할 수 있다. 표준 열전대 선을 이용하여 열전대를 만들면 표 8.5에 나타낸 열전대 허용 오차 내의 정확도가 요구되는 온도 측정을 위해서는 교정을 필요로 하지 않는다.

표 8.5 열전대 표준 성분[a]

| 형태 | 선 | | 예상 계통 불확도[b] |
	양	음	
S	백금	백금/10% 로듐	±1.5°C 또는 0.25%
R	백금	백금/13% 로듐	±1.5°C
B	백금/30% 로듐	백금/6% 로듐	±0.5%
T	구리	콘스탄탄	±1.0°C 또는 0.75%
J	철	콘스탄탄	±2.2°C 또는 0.75%
K	크로멜	알루멜	±2.2°C 또는 0.75%
E	크로멜	콘스탄탄	±1.7°C 또는 0.5%

합금 표시

콘스탄탄 : 55% 구리, 45% 니켈

크로멜 : 90% 니켈, 10% 크롬

알루멜 : 94% 니켈, 3% 망간, 2% 알루미늄, 1% 실리콘

[a] ANSI PTC19.3-1974의 온도 측정 자료

[b] 더 큰 값을 사용할 것 설치 오차는 포함되지 않음

표 8.6 J형 열전대 기준표[a]

| | 온도(°C) | | | | | | | 출력 전압(mV) | | |
	0	−1	−2	−3	−4	−5	−6	−7	−8	−9
−210	−8.095									
−200	−7.890	−7.912	−7.934	−7.955	−7.976	−7.996	−8.017	−8.037	−8.057	−8.076
−190	−7.659	−7.683	−7.707	−7.731	−7.755	−7.778	−7.801	−7.824	−7.846	−7.868
−180	−7.403	−7.429	−7.456	−7.482	−7.508	−7.534	−7.559	−7.585	−7.610	−7.634
−170	−7.123	−7.152	−7.181	−7.209	−7.237	−7.265	−7.293	−7.321	−7.348	−7.376
−160	−6.821	−6.853	−6.883	−6.914	−6.944	−6.975	−7.005	−7.035	−7.064	−7.094
−150	−6.500	−6.533	−6.566	−6.598	−6.631	−6.663	−6.695	−6.727	−6.759	−6.790
−140	−6.159	−6.194	−6.229	−6.263	−6.298	−6.332	−6.366	−6.400	−6.433	−6.467
−130	−5.801	−5.838	−5.874	−5.910	−5.946	−5.982	−6.018	−6.054	−6.089	−6.124
−120	−5.426	−5.465	−5.503	−5.541	−5.578	−5.616	−5.653	−5.690	−5.727	−5.764
−110	−5.037	−5.076	−5.116	−5.155	−5.194	−5.233	−5.272	−5.311	−5.350	−5.388
−100	−4.633	−4.674	−4.714	−4.755	−4.796	−4.836	−4.877	−4.917	−4.957	−4.997
−90	−4.215	−4.257	−4.300	−4.342	−4.384	−4.425	−4.467	−4.509	−4.550	−4.591
−80	−3.786	−3.829	−3.872	−3.916	−3.959	−4.002	−4.045	−4.088	−4.130	−4.173
−70	−3.344	−3.389	−3.434	−3.478	−3.522	−3.566	−3.610	−3.654	−3.698	−3.742
−60	−2.893	−2.938	−2.984	−3.029	−3.075	−3.120	−3.165	−3.210	−3.255	−3.300
−50	−2.431	−2.478	−2.524	−2.571	−2.617	−2.663	−2.709	−2.755	−2.801	−2.847
−40	−1.961	−2.008	−2.055	−2.103	−2.150	−2.197	−2.244	−2.291	−2.338	−2.385
−30	−1.482	−1.530	−1.578	−1.626	−1.674	−1.722	−1.770	−1.818	−1.865	−1.913
−20	−0.995	−1.044	−1.093	−1.142	−1.190	−1.239	−1.288	−1.336	−1.385	−1.433
−10	−0.501	−0.550	−0.600	−0.650	−0.699	−0.749	−0.798	−0.847	−0.896	−0.946
0	0.000	−0.050	−0.101	−0.151	−0.201	−0.251	−0.301	−0.351	−0.401	−0.451

표 8.6 J형 열전대 기준표ª(계속)

	온도(°C)							출력 전압(mV)		
	0	**+1**	**+2**	**+3**	**+4**	**+5**	**+6**	**+7**	**+8**	**+9**
0	0.000	0.050	0.101	0.151	0.202	0.253	0.303	0.354	0.405	0.451
10	0.507	0.558	0.609	0.660	0.711	0.762	0.814	0.865	0.916	0.968
20	1.019	1.071	1.122	1.174	1.226	1.277	1.329	1.381	1.433	1.485
30	1.537	1.589	1.641	1.693	1.745	1.797	1.849	1.902	1.954	2.006
40	2.059	2.111	2.164	2.216	2.269	2.322	2.374	2.427	2.480	2.532
50	2.585	2.638	2.691	2.744	2.797	2.850	2.903	2.956	3.009	3.062
60	3.116	3.169	3.222	3.275	3.329	3.382	3.436	3.489	3.543	3.596
70	3.650	3.703	3.757	3.810	3.864	3.918	3.971	4.025	4.079	4.133
80	4.187	4.240	4.294	4.348	4.402	4.456	4.510	4.564	4.618	4.672
90	4.726	4.781	4.835	4.889	4.943	4.997	5.052	5.106	5.160	5.215
100	5.269	5.323	5.378	5.432	5.487	5.541	5.595	5.650	5.705	5.759
110	5.814	5.868	5.923	5.977	6.032	6.087	6.141	6.196	6.251	6.306
120	6.360	6.415	6.470	6.525	6.579	6.634	6.689	6.744	6.799	6.854
130	6.909	6.964	7.019	7.074	7.129	7.184	7.239	7.294	7.349	7.404
140	7.459	7.514	7.569	7.624	7.679	7.734	7.789	7.844	7.900	7.955
150	8.010	8.065	8.120	8.175	8.231	8.286	8.341	8.396	8.452	8.507
160	8.562	8.618	8.673	8.728	8.783	8.839	8.894	8.949	9.005	9.060
170	9.115	9.171	9.226	9.282	9.337	9.392	9.448	9.503	9.559	9.614
180	9.669	9.725	9.780	9.836	9.891	9.947	10.002	10.057	10.113	10.168
190	10.224	10.279	10.335	10.390	10.446	10.501	10.557	10.612	10.668	10.723
200	10.779	10.834	10.890	10.945	11.001	11.056	11.112	11.167	11.223	11.278
210	11.334	11.389	11.445	11.501	11.556	11.612	11.667	11.723	11.778	11.8.34
220	11.889	11.945	12.000	12.056	12.111	12.167	12.222	12.278	12.334	12.389
230	12.445	12.500	12.556	12.611	12.667	12.722	12.778	12.833	12.889	12.944
240	13.000	13.056	13.111	13.167	13.222	13.278	13.333	13.389	13.444	13.500
250	13.555	13.611	13.666	13.722	13.777	13.833	13.888	13.944	13.999	14.055
260	14.110	14.166	14.221	14.277	14.332	14.388	14.443	14.499	14.554	14.609
270	14.665	14.720	14.776	14.831	14.887	14.942	14.998	15.053	15.109	15.164
280	15.219	15.275	15.330	15.386	15.441	15.496	15.552	15.607	15.663	15.718
290	15.773	15.829	15.884	15.940	15.995	16.050	16.106	16.161	16.216	16.272
300	16.327	16.383	16.438	16.493	16.549	16.604	16.659	16.715	16.770	16.825
310	16.881	16.936	16.991	17.046	17.102	17.157	17.212	17.268	17.323	17.378
320	17.434	17.489	17.544	17.599	17.655	17.710	17.765	17.820	17.876	17.931
330	17.986	18.041	18.097	18.152	18.207	18.262	18.318	18.373	18.428	18.483
340	18.538	18.594	18.649	18.704	18.759	18.814	18.870	18.925	18.980	19.035
350	19.090	19.146	19.201	19.256	19.311	19.366	19.422	19.477	19.532	19.587
360	19.642	19.697	19.753	19.808	19.863	19.918	19.973	20.028	20.083	20.139
370	20.194	20.249	20.304	20.359	20.414	20.469	20.525	20.580	20.635	20.690
380	20.745	20.800	20.855	20.911	20.966	21.021	21.076	21.131	21.186	21.241

표 8.6 J형 열전대 기준표^a(계속)

	온도(°C)							출력 전압(mV)		
	0	**+1**	**+2**	**+3**	**+4**	**+5**	**+6**	**+7**	**+8**	**+9**
390	21.297	21.352	21.407	21.462	21.517	21.572	21.627	21.683	21.738	21.793
400	21.848	21.903	21.958	22.014	22.069	22.124	22.179	22.234	22.289	22.345
410	22.400	22.455	22.510	22.565	22.620	22.676	22.731	22.786	22.841	22.896
420	22.952	23.007	23.062	23.117	23.172	23.228	23.283	23.338	23.393	23.449
430	23.504	23.559	23.614	23.670	23.725	23.780	23.835	23.891	23.946	24.001
440	24.057	24.112	24.167	24.223	24.278	24.333	24.389	24.444	24.499	24.555
450	24.610	24.665	24.721	24.776	24.832	24.887	24.943	24.998	25.053	25.109
460	25.164	25.220	25.275	25.331	25.386	25.442	25.497	25.553	25.608	25.664
470	25.720	25.775	25.831	25.886	25.942	25.998	26.053	26.109	26.165	26.220
480	26.276	26.332	26.387	26.443	26.499	26.555	26.610	26.666	26.722	26.778
490	26.834	26.889	26.945	27.001	27.057	27.113	27.169	27.225	27.281	27.337
500	27.393	27.449	27.505	27.561	27.617	27.673	27.729	27.785	27.841	27.897
510	27.953	28.010	28.066	28.122	28.178	28.234	28.291	28.347	28.403	28.460
520	28.516	28.572	28.629	28.685	28.741	28.798	28.854	28.911	28.967	29.024
530	29.080	29.137	29.194	29.250	29.307	29.363	29.420	29.477	29.534	29.590
540	29.647	29.704	29.761	29.818	29.874	29.931	29.988	30.045	30.102	30.159
550	30.216	30.273	30.330	30.387	30.444	30.502	30.559	30.616	30.673	30.730
560	30.788	30.845	30.902	30.960	31.017	31.074	31.132	31.189	31.247	31.304
570	31.362	31.419	31.477	31.535	31.592	31.650	31.708	31.766	31.823	31.881
580	31.939	31.997	32.055	32.113	32.171	32.229	32.287	32.345	32.403	32.461
590	32.519	32.577	32.636	32.694	32.752	32.810	32.869	32.927	32.985	33.044
600	33.102	33.161	33.219	33.278	33.337	33.395	33.454	33.513	33.571	33.630
610	33.689	33.748	33.807	33.866	33.925	33.984	34.043	34.102	34.161	34.220
620	34.279	34.338	34.397	34.457	34.516	34.575	34.635	34.694	34.754	34.813
630	34.873	34.932	34.992	35.051	35.111	35.171	35.2.30	35.290	35.350	35.410
640	35.470	35.530	35.590	35.650	35.710	35.770	35.830	35.890	35.950	36.010
650	36.071	36.131	36.191	36.191	36.252	36.373	36.433	36.494	36.554	36.615
660	36.675	36.736	36.797	36.858	36.918	36.979	37.040	37.101	37.162	37.22.3
670	37.284	37.345	37.406	37.467	37.528	37.590	37.651	37.712	37.773	37.835
680	37.896	37.958	38.019	38.081	38.142	38.204	38.265	38.327	38.389	38.450
690	38.512	38.574	38.636	38.698	38.760	38.822	38.884	38.946	39.008	39.070
700	39.132	39.194	39.256	39.318	39.381	39.443	39.505	39.568	39.630	39.693
710	39.755	39.818	39.880	39.943	40.005	40.068	40.131	40.193	40.256	40.319
720	40.382	40.445	40.508	40.570	40.633	40.696	40.759	40.822	40.886	40.949
730	41.012	41.075	41.138	41.201	41.265	41.328	41.391	41.455	41.518	41.581
740	41.645	41.708	41.772	41.835	41.899	41.962	42.026	42.090	42.153	42.217
750	42.281	42.344	42.408	42.472	42.536	42.599	42.663	42.727	42.791	42.855
760	42.919	42.983	43.047	43.110	43.174	43.238	43.303	43.367	43.431	43.495

^{a} 기준 접점 온도 0°C

표 8.7 선택된 열전대의 기준 함수

온도와 출력 전압의 관계는 온도의 다항식 형태로 제공된다(참고문헌 9).

$$E = \sum_{i=0}^{n} c_i T^i$$

이때 T는 °C, E는 μV이며 계수는 다음과 같다.

열전대 형태	온도 범위	계수
J-형	−210~760°C	$c_0 = 0.000\ 000\ 000\ 0$
		$c_1 = 5.038\ 118\ 7815 \times 10^1$
		$c_2 = 3.047\ 583\ 693\ 0 \times 10^{-2}$
		$c_3 = -8.568\ 106\ 572\ 0 \times 10^{-5}$
		$c_4 = 1.322\ 819\ 529\ 5 \times 10^{-7}$
		$c_5 = -1.705\ 295\ 833\ 7 \times 10^{-10}$
		$c_6 = 2.094\ 809\ 069\ 7 \times 10^{-13}$
		$c_7 = -1.253\ 839\ 533\ 6 \times 10^{-16}$
		$c_8 = 1.563\ 172\ 569\ 7 \times 10^{-20}$
T-형	−270~0°C	$c_0 = 0.000\ 000\ 000\ 0$
		$c_1 = 3.874\ 810\ 6364 \times 10^1$
		$c_2 = 4.419\ 443\ 434\ 7 \times 10^{-2}$
		$c_3 = 1.184\ 432\ 310\ 5 \times 10^{-4}$
		$c_4 = 2.003\ 297\ 355\ 4 \times 10^{-5}$
		$c_5 = 9.013\ 801\ 955\ 9 \times 10^{-7}$
		$c_6 = 2.265\ 115\ 659\ 3 \times 10^{-8}$
		$c_7 = 3.607\ 115\ 420\ 5 \times 10^{-10}$
		$c_8 = 3.849\ 393\ 988\ 3 \times 10^{-12}$
		$c_9 = 2.821\ 352\ 192\ 5 \times 10^{-14}$
		$c_{10} = 1.425\ 159\ 477\ 9 \times 10^{-16}$
		$c_{11} = 4.876\ 866\ 228\ 6 \times 10^{-19}$
		$c_{12} = 1.079\ 553\ 927\ 0 \times 10^{-21}$
		$c_{13} = 1.394\ 502\ 706\ 2 \times 10^{-24}$
		$c_{14} = 7.979\ 515\ 392\ 7 \times 10^{-28}$
T-형	0~400°C	$c_0 = 0.000\ 000\ 000\ 0$
		$c_1 = 3.874\ 810\ 636\ 4 \times 10^1$
		$c_2 = 3.329\ 222\ 788\ 0 \times 10^{-2}$
		$c_3 = 2.061\ 824\ 340\ 4 \times 10^{-4}$
		$c_4 = -2.188\ 225\ 684\ 6 \times 10^{-6}$
		$c_5 = 1.099\ 688\ 092\ 8 \times 10^{-8}$
		$c_6 = -3.081\ 575\ 877\ 2 \times 10^{-11}$
		$c_7 = 4.547\ 913\ 529\ 0 \times 10^{-14}$
		$c_8 = -2.751\ 290\ 167\ 3 \times 10^{-17}$

열전대 전압 측정

열전대 회로의 제베크 전압은 회로에 전류가 없는 상태에서 측정된다. 톰슨과 펠티에 효과에서 다루었듯이 열전대 회로에 전류가 흐르면 개방 회로값에 비하여 약간은 출력 전압이 변할 것이다. 그러므로 열전대 전압을 측정하는 가장 좋은 방법은 전위차계와 같이 전류의 흐름을 최소화하는 기기이다. 전위차계는 여러 해에 걸쳐 열전대 회로의 전압 측정을 위한 실험실 표준이었다. 6장에서 기술한 전위차계의 경우 평형 조건에서는 부하에 의한 오차가 거의 없다. 그러나 디지털 전압계나 데이터 획득 카드 같은 최신 전압 측정 장비는 충분히 큰 입력 임피던스를 가지고 있으므로 부하 저항을 최소화할 수 있다. 이러한 장치들은 측정 기기에서 발생한 부하 오차가 특정한 용도에 부합하면 정적 또는 동적 측정 상황에 고루 사용할 수 있다. 이러한 필요에서 고임피던스 전압계가 상용 온도 표시기, 온도 제어기 그리고 디지털 DAS에 이용되어 왔다.

예제 8.6

그림 8.23의 열전대 회로는 온도 T_1을 측정한다. 2번으로 호칭되는 열전대 기준 접점은 0°C로 유지된다. 전압 출력을 측정하여 9.115 mV임을 알았다. T_1은 몇 도인가?

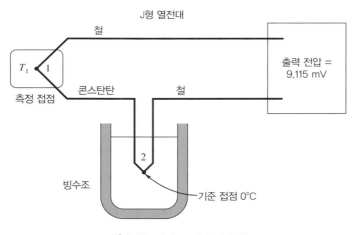

그림 8.23 예제 8.6의 열전대 회로

알려진 값 한 접점이 0°C이고, 다른 접점은 미지의 온도에 있는 열전대이다. 회로의 출력 전압은 9.115 mV 이다.

구할 값 온도 T_1

가정 열전대는 NIST 표준 출력 전압 거동을 따른다.

풀이

표 8.6과 같이 표준 열전대 표의 기준 온도는 0°C이다. 이 경우의 기준 접점 온도는 0°C이므로 출력 전압에 대

응하는 온도는 표 8.6을 이용하여 간단히 결정할 수 있으며, 이 경우는 170.0℃이다.

참고사항 중간 재료의 법칙으로 인하여 출력 전압에 생기는 접점은 열전대 회로의 측정 전압에 영향을 주지 않으며, 전압 출력은 접점 1과 2 사이의 온도차를 정확히 반영한다.

예제 8.7

예제 8.6의 열전대 회로에서 이번에는 2번 접점이 온도 40℃로 유지되고, 출력 전압 7.056 mV를 발생한다고 하자. 측정 접점의 온도는 몇 도인가?

알려진 값 T_2는 40℃, 출력 전압은 7.056 mV

가정 열전대는 NIST 표준 출력 전압 거동을 따른다.

구할 값 측정 접점의 온도

풀이

중간 온도의 법칙에 의하면 두 접점의 온도가 각각 0℃와 T_1인 열전대 회로의 출력 전압은 0과 40℃의 열전대 회로 전압과 40℃와 T_1 사이의 열전대 회로 전압의 합이다. 그러므로

$$V_{0-40} + V_{40-T_1} = V_{0-T_1}$$

이 관계식을 이용하여 표시값에 $V_{0-40} = 2.509$을 더하면 비표준 기준 온도로 측정된 전압값을 0℃ 기준 온도에서 측정한 값으로 변환할 수 있게 한다. 이렇게 하여 다음과 같이 0℃ 기준 온도에서의 등가 출력 전압으로 계산하면

$$2.059 + 7.056 = 9.115 \text{ mV}$$

분명히 열전대는 이전 예제에서와 같은 온도인 170℃를 감지하고 있는 것이다. 이 값은 표 8.6으로부터 결정되었다.

참고사항 기준 접점의 온도를 높이는 것은 열전대 회로의 출력 전압을 낮추는 효과가 있음을 주목하라. 표 8.4의 극성과 비교할 때, 음의 값을 가진 전압은 측정 온도가 기준 접점의 온도보다 낮은 것을 나타낸다.

예제 8.8

J형 온도계가 0℃ 기준 온도에서 120℃의 온도를 잰다. 열전대는 AWG 28(American Wire Gauge 28 또는 지름 0.321 mm인 선)이고 회로의 구성은 그림 8.19(a)에 나타난 바와 같다. 측정점과 빙수조 또는 전압계를 연결

하기 위하여 열전대 선의 길이는 12 m이다. 전압계의 분해능은 0.005 mV이다. 열전대 선의 단위 길이당 저항이 제조업체의 표시대로 0.832 Ω/m라면, 전압계의 입력 임피던스를 무한히 크다고 가정하고 이 열전대 회로의 잔류 전류를 추정하라.

알려진 값   분해능 0.005 mV의 전압계를 사용하여 길이 12 m의 J형 열전대의 출력 전압을 측정하려 한다.

구할 값   열전대 회로의 잔류 전류

풀이

길이 12 m인 열전대 회로의 전체 저항은 9.87 Ω이다. 옴의 법칙에 의하여 잔류 저항은 다음과 같다.

$$I = \frac{E}{R} = \frac{0.005 \text{ mV}}{9.87 \text{ Ω}} = 5.06 \times 10^{-7} \text{A}$$

참고사항   이 전류의 흐름에 의한 부하 오차는 ~0.005 mV/54.3 μV/°C ≈ 0.09°C이다.

예제 8.9

전압계의 입력 임피던스가 무한히 크다고 가정하는 대신 고임피던스 전압계를 사용한다고 생각하자. 무한히 큰 입력 임피던스와 같은 수준의 부하 오차를 갖기 위한 전압계의 최소한의 입력 임피던스를 결정하라.

알려진 값   부하 오차는 5.06×10^{-7} A 이하이다.

구할 값   예제 8.8과 같은 수준의 전류 또는 부하 오차를 일으키는 전압계의 입력 임피던스

풀이

0°C 기준 온도 J형 열전대는 120°C에서 제베크 전압 $E_s = 6.36$ mV를 갖는다. 이 온도에서 전류의 흐름을 5.06×10^{-7} A 이하로 하는 전압계의 임피던스를 옴의 법칙에 의하여 구하면

$$\frac{E_s}{I} = \frac{6.36 \times 10^{-3} \text{ V}}{5.06 \times 10^{-7} \text{ A}} = 12.6 \text{ kΩ}$$

참고사항   이 정도의 입력 임피던스는 그리 큰 것이 아니며, 이 전압계를 사용하는 것이 주어진 상황에서 합리적이라는 것을 표시한다. 언제나 허용 부하 오차는 온도 측정의 요구 불확도에 기준하여 결정되어야 한다.

다접점 열전대 회로

2개의 상이한 금속의 접점으로 만들어진 열전대 회로는 두 접점의 온도차와 관련된 개방 전압을 발생한다. 둘 이상의 접점을 가진 열전대 회로를 제작할 수 있으며 평균 온도차, 평균 온도 또는 열전대의 출력을 증폭하도록 회로를 구성할 수 있다.

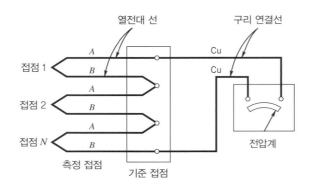

그림 8.24 서모파일의 구조 (R. P. Benedict, *Fundamentals of Temperature, Pressure and Flow Measurements*, 3rd ed., ©1984 by John Wiley and Sons, New York으로부터 승인받아 인용함)

서모파일

서모파일(thermopile)이란 회로의 출력을 증폭하기 위해 고안된 다접점 열전대 회로이다. 열전대의 출력 전압은 일반적으로 수밀리볼트 정도이기 때문에 출력 전압을 증가시키는 것은 온도 측정의 불확도를 감소시키는 열쇠이며, 또한 열전대 신호를 기록 장치까지 전달하기 위한 방편이기도 하다. 그림 8.24에 보인 것은 증폭된 출력 신호를 제공하는 서모파일이다. 회로가 가진 접점의 개수를 N이라 할 때, 이 경우의 출력 전압은 단일 열전대 출력의 N배이다. 평균 출력 전압은 N개의 접점에 의하여 감지되는 평균 온도 수준에 대응한다. 국부 온도의 측정이라면 단일 열전대에 비교한 서모파일의 물리적 크기를 고려하여야 한다. 비정상 온도 측정에서 서모파일은 증가된 열용량 때문에 단일 열전대에 비해 제한된 반응 속도를 가지고 있다. 서모파일은 측정 접점과 기준 접점 사이의 작은 온도 차이를 측정할 때 불확도를 줄이는 데 특히 유용하다. 이 원리는 우주선에서 소량의 동력을

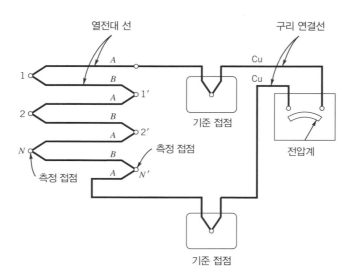

그림 8.25 온도차를 감지하기 위한 열전대의 배치 (R. P. Benedict, *Fundamentals of Temperature, Pressure and Flow Measurements*, 3rd ed., © 1984 by John Wiley and Sons, New York으로부터 승인받아 인용함)

발생시키거나 펠티에 효과를 이용한 열전 냉각기를 제공하는 데 이용되었다.

그림 8.25는 접점 간의 평균 온도 차이를 측정하기 위하여 고안된 열전대 접점의 직렬 연결을 보여 준다. 이 열전대 회로는 균일 온도를 원하는 상황에서 쓸 수 있다. 그런 경우 출력 전압은 두 열전대 접점 사이의 온도 차이를 표시한다. 다르게는 접점 1, 2, …, N의 위치가 어느 한 곳에 있고 접점 $1', 2', …, N'$의 위치는 또 다른 곳에 위치하도록 하는 것이다. 이러한 회로는 고체 내의 열유속 측정에 쓸 수 있다.

병렬 열전대

공간적으로 평균된 온도를 원할 때, 여러 개의 열전대 접점을 그림 8.26과 같이 배치할 수 있다. 이렇게 N개의 접점을 배치할 때 발생하는 전압의 평균은 다음과 같다.

$$\overline{V} = \frac{1}{N} \sum_{i-1}^{N} (V)_i \tag{8.17}$$

평균 전압은 평균 온도로 표시하면 다음과 같다.

$$\overline{T} = \frac{1}{N} \sum_{i-1}^{N} T_i \tag{8.18}$$

열전 온도 측정의 응용 : 열유속

열전대와 서모파일을 이용한 온도 측정을 이해하였다면, 이 장치의 중요한 응용 분야를 생각해 보자. 그림 8.27에 열유속 센서의 구조에 대한 개념이 도시되어 있다. 그림에 나타난 온도차로 인해 표면 1로부터 표면 2로 흐르는 열유속을 측정하고자 한다.

이 구조에서 서모파일의 접점은 때로는 장벽(barrier) 재료라 불리는 고체의 양쪽에 배치된다. 장벽 재료의 열전도도 k는 정확히 알려져 있다. 다음과 같이 장벽 재료를 통하여 흐르는 열유속의 평균을 계산한다.

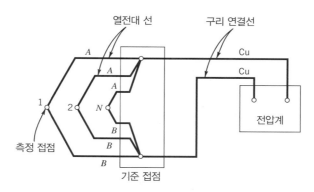

그림 8.26 측정 접점의 평균 온도를 감지하기 위한 열전대의 병렬 배치 (R. P. Benedict, *Fundamentals of Temperature, Pressure and Flow Measurements*, 3rd ed., © 1984 by John Wiley and Sons, New York으로부터 승인받아 인용함)

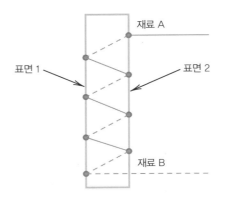

그림 8.27 열유속 센서의 구조

$$|\dot{q}| = k\frac{|T_1 - T_2|}{L} \tag{8.19}$$

여기서

$|\dot{q}|$ = 열유속의 절댓값(W/m²)

k = 장벽 재료의 열전도도(W/m-K)

L = 장벽 재료의 두께(m)

$[T_1 - T_2]$ = 장벽 재료 양측 온도 차이의 절댓값(K)

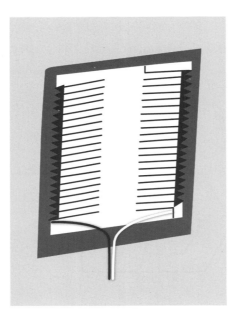

그림 8.28 박막 열유속 센서

이 개념의 실시 예는 그림 8.28에 예시된 박막 열유속 센서이다. 이 센서는 Kapton 같은 유연한 장벽 재료에 박막 열전대를 부착하여 만든다. 열유속 센서를 표면에 적절한 방법으로 설치하면 센서를 통과하는 열유속은 표면을 통과하는 열유속을 대변한다. 박막 열유속 센서의 통상적인 감도는 3 μV/(W/m²)이다.

주택의 내벽에 열유속 센서를 설치하여 벽을 통한 열유속을 측정하는 경우를 생각하자. 이 경우 내벽의 표면과 센서의 표면이 같은 특성을 가질 때 가장 정확한 열유속의 측정이 이루어진다. 예를 들어, 내벽과 센서 표면의 복사 열전달을 같게 하기 위해 내벽과 센서를 같은 도료로 피복할 수 있다.

예제 8.10

홑겹의 유리창을 통과하는 열유속을 결정하기 위해 서모파일을 사용하여 온도차를 측정하는 경우를 생각하자. 유리의 열전도도는 1.5 W/m-K이고, 두께는 7 mm이다. 서모파일은 J형 열전대이고 10개의 활동 접점이 있다. 서모파일의 출력 전압이 6.45 mV인 경우 열유속을 구하라.

알려진 값   서모파일은 J형, 접점의 수 $N = 10$, 출력 전압은 6.45 mV이다. 유리창은 $L = 0.007$ m, $k = 1.5$ W/m-K이다.

구할 값   유리를 통과하는 열유속 $\dot{q}$

풀이

열유속은 다음과 같이 구한다.

$$|q| = k \frac{|T_1 - T_2|}{L} \tag{8.19}$$

온도차는 서모파일의 출력과 표 8.6으로부터 구한다. 10개의 활동 접점이 있으므로 단일 접점에 해당하는 출력은 6.45 mV/10 = 0.645 mV이다. 상온에서 J형 열전대의 감도는 약 0.0512 mV/°C이므로 온도차는 다음과 같이 구한다.

$$T_2 - T_1 = 0.645 \text{ mV}/0.0512 \text{ mV}/°C = 12.6°C$$

결국 열유속은 다음과 같다.

$$|q| = k \frac{|T_1 - T_2|}{L} = (1.5 \text{ W/m-K}) \frac{12.6°C}{0.007 \text{ m}} = 2700 \text{ W/m}^2$$

참고사항   온도의 단위가 켈빈 온도든 섭씨 온도든 차이는 같으므로 변환할 필요는 없다.

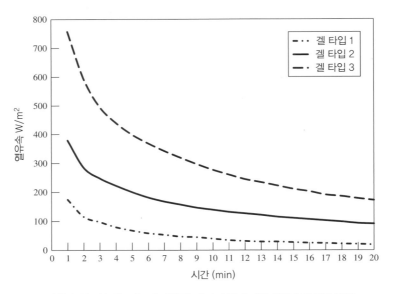

그림 8.29 폼 매트리스에 채택된 세 가지 겔에 대한 열유속의 시간 변화

예제 8.11   열유속 사례 연구

다양한 침구류에 온도를 보다 잘 제어하기 위해 겔 상태의 상변화 물질을 캡슐화한 구슬을 사용한다. 사람의 체온이 매트리스에 흡수되고 표면을 데우는 것이다. 그러나 수면자는 열이 충분히 전도되어 나가지 않아서 실상 단열에 가까운 정도가 되면 열적 불쾌감을 느낀다. 많은 수면자가 열적 불쾌감을 느껴온 폼 매트리스가 가장 보편적인 개선의 대상이다. 인체의 에너지를 겔에 보다 신속히 흡수시켜 시원한 감각을 좀 더 길게 유지하자는 발상이다. 폼이 갖는 추가 공기 틈새는 겔과 인체에 갇힌 에너지가 움직이도록 돕는다.

겔 캡슐이 갖는 매트리스의 냉각 효과를 정량화하기 위해, 의료 매트리스의 주요 공급 업체가 세 가지 다른 겔 재료를 사용한 실험을 수행하였다. 변의 길이가 약 0.4 m인 정사각형 매트리스 샘플을 사용하되, 매트리스의 상면에는 박막 열유속 센서가 장착되고 그 위에 매트리스 샘플과 같은 크기의 항온 열원이 하중을 부여하도록 설치되었다. 조건은 인체의 상반신을 모사하도록 고안되었고, 매트리스에 눕는 순간에 해당하도록 열원을 개시한다. 열유속 센서의 출력을 적절히 증폭하여 기록하였다. 그림 8.29는 세 가지 겔에 대한 실험의 결과를 나타낸다. 열유속이 클수록 냉각 효과가 증가하는 것이다. 겔 재료의 선택에 따라 초기와 정상 상태 모두에 대해 열유속의 차이가 현저함을 알 수 있다. 열유속의 크기는 10분 이내에 정상 상태의 값으로 수렴하고 수렴값은 샘플에 따라 다르다. 상변화 겔이 캡슐로 포함된 매트리스에 눕는 경험은 초기에는 상당히 시원하지만 짧은 시간 이후 냉각의 수준이 현저하게 감소하는 것이다. 특정한 설계는 냉각의 느낌이 오래 지속되고 안락한 수면을 도울 것을 실험의 결과는 보여 준다. 이런 종류의 실험은 예비 설계의 효과를 시험하여, 정보에 근거한 의사결정을 통해 개선이 이루어지도록 기획된다.

데이터 획득 장치 고려 사항

데이터 획득 장치에 연결된 열전대를 이용한 온도 측정 수행은 일상적인 작업이 되었다. 그러나 기준 접점 혹은 냉접점의 필요성 및 낮은 신호 전압 등 열전대의 특성들은 그 사용을 복잡하게 만든다. 그럼에도 조금만 신중하고 얻을 수 있는 정확도에 대한 현실적인 기대를 가진다면, 장치들은 대부분 모니터링의 목적 및 적절한 정확도를 요구하는 측정의 목적에 매우 적합하다.

일단 열전대의 형식이 결정되었다면 냉접점 보상 방식을 고려하여야 한다. 열전대로부터 시작된 연결선과 DAS가 만나는 두 점은 새로운 접점을 형성한다. 열전대와 데이터 획득 장치 사이에 외부 냉접점을 형성하여 해결할 수도 있지만, 보다 자주 사용되는 방식은 (외부 접점 없이) 열전대를 획득 장치에 직접 연결하고 내장된 전자식 냉접점으로 보상하는 방식이다. 이를 위하여 획득 장치에 내장된 별도의 서미스터를 이용하여 연결부 온도를 측정하고 냉접점 오차를 결정하며, 직접 아날로그 회로를 사용하거나 또는 소프트웨어를 사용하여 적절한 크기의 냉접점 전압 수정을 수행하는 것이다. 중요한 고려 사항은 계통 오차가 대체로 0.5~1.5°C 크기의 불확도를 수반하며, 오차는 그대로 측정값에 반영된다는 것이다.

이들 전산 기판은 측정 전압을 온도로 환산하기 위하여 내부 다항 함수를 이용한 보간법을 수행한다. 그렇지 않을 경우 표 8.7에 나타낸 정보 등을 이용한 자료 변환을 프로그램화할 수 있다. 어떠한 경우에도 '선형화' 오차가 유발되며, 그 크기는 열전대의 종류와 온도 범위의 함수로서 대체로 DAS 기판에 명기되어 있다.

열전대는 흔히 전자파 장해와 라디오 주파수(rf) 소음원이 강한 가혹한 산업 환경에서 사용된다. 열전대의 연결선은 잡음을 줄이기 위해 반드시 꼬아서 사용한다. 또 DAS 기판과 열전대의 연결에는 차동 단자(differential-end)가 선호된다. 그러나 이러한 구성에서 열전대는 고립 전원이 된다. 즉, 입력을 공통 모드 범위 내에 잡아 두는 접지와의 직접 연결이 더 이상 존재하지 않게 되어, 결과적으로 측정 전압이 지속적으로 변하거나 출력값이 갑자기 변하기도 한다. 이러한 이상 거동은 통상 저전압 입력 단자와 접지 사이에 10~100 kΩ 정도의 저항을 설치하여 제거한다.

대부분의 DAS 기판은 전체 ±5 V의 A/D 변환기를 사용하므로 증폭기를 사용하여 신호를 처리하여야 한다. 보통 증폭률의 범위 100~500 정도이면 충분하다. 정확한 측정을 위하여 증폭률이 크고 잡음이 작은 증폭기를 사용하는 것이 중요하다. 신호 조정 이득이 100이고 12 bit A/D 변환기를 사용하는 J형 열전대를 생각해 보자. 전체 입력 범위는 대부분의 측정에 적절한 범위인 100 mV 정도가 된다. 이때 A/D 변환의 분해능은 다음과 같다.

$$\frac{E_{\text{FSR}}}{(G)(2^M)} = \frac{10 \text{ V}}{(100)(1^{12})} = 24.4 \text{ μV/bit}$$

J형 열전대의 감도는 약 55 μV/°C이므로 측정 분해능은 다음과 같다.

$$(24.4 \text{ μV/bit}) / (55 \text{ μV/°C}) = 0.44°\text{C/bit}$$

열전대의 특성 시간은 일반 데이터 획득 장치의 통상적인 신호추출 속도에 비하여 길다. 측정된 온도의 시간 요동이 예상보다 크다면 고주파 신호추출에 의한 잡음이 원인일 가능성이 크다. 신호추출 속도를 늦추거나 평활 필터 회로를 사용하면 간단히 해결된다. 이때 평균 주기는 열전대의 시간 상수와 비슷한 크기여야 한다.

예제 8.12

PC를 이용한 제어 응용 분야에서 사용할 기성 온도 측정 장치를 만들려 한다. 제안된 온도 측정 장치는 그림 8.30에 나타나 있다. 온도 측정 기기의 구성은 다음과 같다.

- PC용 DAS는 데이터 획득 기판, 컴퓨터, 적절한 소프트웨어로 이루어져 아날로그 입력 전압 신호를 측정한다.
- J형 열전대와 기준 접점 보상기. 기준 접점 보상기는 열전대가 0°C의 기준 온도와 측정 접점 사이에 있었더라면 발생하였을 전압과 같은 출력 전압을 제공하도록 한다.
- J형 열전대는 교정되어 있을 필요는 없지만 NIST의 표준 오차 한계를 만족한다.

장치는 DAS의 신호추출 속도에 비해 시간적으로 천천히 변하는 온도를 측정하고 제어하도록 설계되어 있다. 공정은 명목적으로 185°C에서 운영된다.

다음의 사양이 측정 장치 구성 요소에 적용될 수 있다.

요소	특성	정확도 기준
데이터 획득판	아날로그 전압 입력 범위 : 0~0.1 V	12 bit A/D 변환기 정확도 : 측정값의 ±0.01%
기준 접점 보상기	J형 보상기 범위 0~50°C	20~36°C에서 ±0.5°C
열전대(J형)	스테인리스강 보호관, 비접촉 접점	정확도 : NIST 표준 오차 한계 ±1.0°C

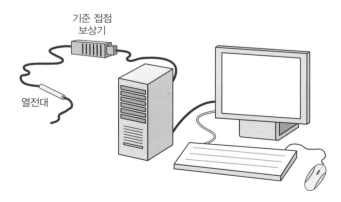

그림 8.30 개인용 컴퓨터(PC) 온도 측정 장치

측정 장치의 용도상 온도 측정에서 1.5°C 이하의 총불확도가 요구된다. 설계 단계 불확도 분석에 의하여 위 표의 측정 장치가 전반적인 정확도 조건을 만족시키는가?

풀이

이 측정 장치의 설계 단계 불확도는 각 구성 요소의 불확도를 그에 해당하는 온도의 불확도로 표현하고 이를 조합하여 결정한다.

12 bit A/D 변환기는 전체 전압 범위를 2^{12}개 또는 4,096개의 등간격 구간으로 나눈다. 그러므로 전압 측정의 A/D 분해능(양자화 오차)은 다음과 같다.

$$\frac{0.1\ V}{4096\ intervals} = 0.0244\ mV$$

DAS의 불확도는 표시값의 0.01%로 규정되어 있다. 열전대의 전압값이 명목상이라도 알려지거나 계산되어야 한다. 이번 경우 명목상 공정 온도는 185°C이므로 이에 해당하는 열전대 전압은 약 10 mV이다. 그러므로 DAS의 교정 불확도는 0.001 mV이다.

이제 온도 측정 장치의 전체 불확도 중에 DAS에 의한 기여를 결정할 수 있다. 먼저 분해능과 교정 불확도를 조합하면

$$u_{DAS} = \sqrt{(0.0244)^2 + (0.001)^2} = 0.0244\ mV$$

전압과 온도의 불확도 사이의 관계는 정적 감도로 표시되는바, 표 8.6으로부터 추정하면 185°C에서 0.055 mV/°C이다. 그러므로 0.0244 mV의 불확도는 다음의 온도 불확도에 해당한다.

$$\frac{0.0244\ mV}{0.055\ mV/°C} = 0.444°C$$

이제 이 불확도를 기준 접점의 불확도 및 열전대 오차의 표준 한계에 관한 불확도와 조합하면 다음과 같다.

$$u_T = \sqrt{(0.44)^2 + (1.0)^2 + (0.5)^2} = \pm1.2°C \quad (95\%)$$

참고사항　많은 경우에 NIST 표준 수준까지 교정할 수 있는 실험실 표준 RTD에 대하여 열전대의 교정을 수행하는 것이 적합하다. 교정되지 않은 상태의 불확도 ±1°C로부터 적절한 비용과 노력으로 ±0.1°C의 불확도 수준을 이룰 수 있다. 열전대를 교정하면 온도 측정의 전체 불확도는 ±0.68°C로 감소하며, 이때 열전대에 의한 불확도는 1/10로 감소하지만 전체 장치의 불확도는 1/2로 감소한다.

8.6 복사 온도 측정

열복사 탐지를 이용한 온도 측정은 고유한 장점을 가진다. 복사열 센서는 온도를 측정할 표면과 접촉될 필요가 없기 때문에 다양한 범주의 응용에서 매력적이다. 복사 온도계의 기본 작동은 온도계의 교정 과정에서 온도를 재려는 표면의 복사 특성을 알아야 한다. 복사를 이용한 온도 측정에서 파장별 특성에 관한 논의는 이 책의 범주를 벗어나며, 더욱 자세한 정보에 대한 우수한 출처로 Dewitt and Nutter(참고문헌 10)의 책을 참조하기 바란다.

복사 기본 이론

복사란 물체의 표면으로부터 방사되는 전자기파를 말한다. 이 복사는 파동과 입자의 특성을 모두 가지고 있으며, 따라서 복사는 광자(photon)로 이루어졌다고 기술한다. 일반적으로 광자는 방사점에서 다른 표면까지 직선으로 이동하여 흡수, 반사 또는 투과된다. 이 전자기 복사는 그림 8.31에 나타낸 것과 같이 X선, 자외선, 가시광선, 열복사 등을 포함하는 넓은 범위의 파장에 걸쳐 존재한다. 어떤 물체로부터 방사되는 열복사는 온도와 관계가 있으며 약 10^{-7}에서 10^{-3} m의 파장 범위를 갖고 있다. 온도 측정을 위해서는 복사 열전달의 두 가지 측면을 이해하는 것이 필요하다. 우선 물체로부터 방사되는 복사량은 온도의 네제곱에 비례한다는 사실이다. 이상적인 경우 다음과 같이 쓸 수 있다.

$$E_b = \sigma T^4 \tag{8.20}$$

여기서 E_b은 이상적인 표면으로부터 방사되는 에너지속, 즉 흑체 방사율이다. 어떤 물체의 방사율은 단위 면적당 단위 시간당 방사되는 에너지이다. '흑체'란 조사되는 모든 복사를 모두 흡수하는 표면을 말하며, 따라서 이상적인 방법으로 복사를 방사한다.

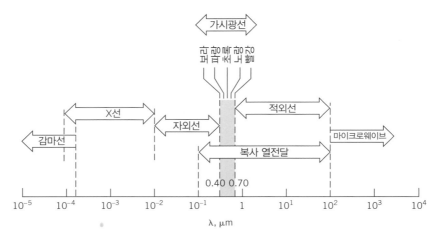

그림 8.31 전자기파 스펙트럼(Incropera F. P., and D. P. DeWitt, *Fundamentals of Heat and Mass Transfer*, 2nd ed. Copyright © 1985 by John Wiley & Sons, New York.로부터 승인하에 인용)

둘째로, 시간당 방사 에너지는 어떤 물체에서 방출되는 전체 복사량의 직접적인 측정이다. 이상적인 방사체로부터 방사되는 에너지는 전 파장 범위에 걸쳐 있으며, 주어진 온도에서 방사되는 에너지의 파장별 분포는 고유하다. Max Planck(1858~1947)는 복사의 파장에 따른 분포를 검사한 결과 1900년에 양자 역학의 기초가 되는 이론을 개발하였다. 그는 이상적인 또는 흑체 복사의 경우 파장 변화에 따른 열복사의 분포를 기술하기 위하여 다음의 식을 제안하였다.

$$E_{b\lambda} = \frac{2\pi h_p c^2}{\lambda^5 \left[\exp\left(h_p c/k_B \lambda T\right) - 1\right]} \tag{8.21}$$

여기서

$E_{b\lambda}$ = 파장 λ에서 전체 방사 에너지

λ = 파장

c = 진공에서의 빛의 속도 = 2.998×10^8 m/s

h_p = 플랑크 상수 = 6.6256×10^{-34} Js

k_B = 볼츠만 상수 = 1.3805×10^{-23} J/K

그림 8.32은 이 파장에 따른 분포를 다른 온도에 따라 작도한 것이다. 복사를 이용한 온도 측정을 위하여 최대 방사 에너지점이 온도가 증가할수록 짧은 파장 쪽으로 이동하는 것을 주목할 필요가 있다. 한 물체가 가열되는 동안 색의 변화를 관찰하면 이러한 거동을 경험적으로 확인한다.

전기 오븐에 사용되는 것과 같은 전기 가열 소자를 생각하자. 전류가 소자를 통하여 흐르지 않을 때, 실온에서의 색은 거의 검은색이다. 그러나 전류가 흐르기 시작하면 소자의 온도가 상승하기 시작하고, 색이 불그스레하게 또 점차 붉은 오렌지색으로 변하는 것처럼 보인다. 온도가 계속 상승하면 결국 희게 보일 것이다. 이 색의 변화가 복사 방출량의 최대점이 적외선으로부터 가시광선 영역으로 점차 짧은 파장으로 옮겨 가는 것을 나타낸다. 이때 온도 상승에 따른 전체 방사 에너지의 증가도 수반된다. 플랑크 분포는 색비교를 통한 온도 측정의 근거를 제공한다.

복사 감지기

복사에 의한 에너지의 흐름은 두 가지 기초 기술에 근거한 센서로 감지할 수 있다. 감지기의 종류는 온도를 측정하려는 방사 에너지원에 따라 결정한다. 첫 번째 기술은 그림 8.33에 나타난 바와 같이 흡수된 방사 에너지가 감지기의 온도를 올리는 열감지기를 이용한 것이다. 이 열감지기는 분명히 복사를 위한 최초의 센서일 것이며, 그 효시는 아마도 온도계와 프리즘을 이용하여 적외선의 존재를 증명하였던 William Herschel경에게서 찾을 수 있다. 감지기의 평형 온도는 흡수된 복사량의 직접적인 척도이다. 초래된 온도 상승을 측정하여야만 한다. 서모파일 감지기가 온도 변화에 의한 열전력을 표시할 것이고, 서미스터 역시 온도 변화에 따른 저항의 변화로 감지기로 사용될 수 있을 것이다.

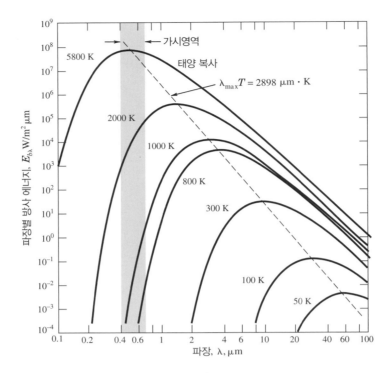

그림 8.32 흑체 방사 에너지를 파장의 함수로 나타낸 플랑크 분포 (Incropera F. P., and D. P. DeWitt, *Fundamentals of Heat and Mass Transfer*, 2nd ed. Copyright © 1985 by John Wiley & Sons, New York.로부터 승인하에 인용)

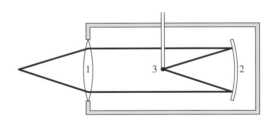

그림 8.33 기본 방사계의 개략도 : 1. 렌즈, 2. 초점 거울, 3. 감지기(서모파일 또는 서미스터)

감지기의 두 번째 기본형은 전자의 흐름(전류)으로 나타나는 광자와 전자의 상호작용에 의한다. 광배율기 (photomultiplier)는 방사된 전자를 가속시켜 증폭된 전류를 유도하여 이를 측정한다. 복사 감지기로 광전지를 사용할 수도 있다. 광전 효과는 반도체가 광자의 흐름에 노출되었을 때 p-n 접점에 걸쳐 전위가 발생하는 것을 이용한다. 조사된 광자의 에너지 수준이 충분한 크기를 가지면 전자-정공 쌍이 형성된다. 이 과정을 거쳐 복사 에너지가 직접 전기 에너지로 전환되며, 감지기로 사용될 경우 고감도와 빠른 반응 속도를 갖게 된다. 일반적으로 광자 감지기는 파장에 따라 선택적이기 때문에 측정되는 복사의 파장에 따라 상대 감지 감도가 변한다.

복사 측정을 위한 감지기를 선택할 때는 고려해야 할 사항이 많이 있다. 반응 속도가 문제라면 광자 감지기가 서모파일이나 서미스터 감지기에 비해 현저하게 빠르기 때문에 매우 넓은 주파수 응답 범위를 갖고 있다. 서모파일의 특성은 오랜 시간의 흐름에 따라 천천히 변할 수 있는 단점을 갖는 반면, 광감지기의 반응은 포화되는 단점을 갖는다. 어떤 장치는 들어오는 복사의 입사각에 따라 감도가 변하며, 이 요인은 태양 조사량 측정에 중요하다. 다른 고려 사항으로는 파장 감도, 비용, 허용 작동 온도 등이 있다.

복사계

아마도 가장 간단한 형태의 복사계는 서모파일 감지기의 출력 전압을 측정하여 복사원의 온도를 측정하는 형태일 것이다. 그러한 장치의 개략도가 그림 8.33에 나타나 있다. 서모파일의 온도 증가는 복사원 온도의 직접적인 표시이다. 이 원리를 이용한 것 중의 하나는 태양으로부터 표면에 조사되는 전 복사량의 측정이다. 그림 8.34에는 태양의 조사량을 측정하는 조사계의 개략도가 나타나 있다. 이 조사계는 반구형의 개방면을 가지고 있으며, 직접광(또는 평행광)과 산란광을 모두 측정한다. 복사의 산란과 평행 성분은 조사계를 태양의 직사로부터 그늘지게 하고 산란 성분을 측정하여 분리할 수 있다.

　　그림 8.35는 미세 가공과 첨단 반도체 공정을 활용하여 제작한 적외선 서모파일 센서의 부품 사진이다. 서모

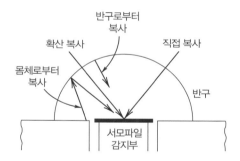

그림 8.34 조사계(pyranometer)의 구조

그림 8.35 산업용 적외선(IR) 서모파일 센서

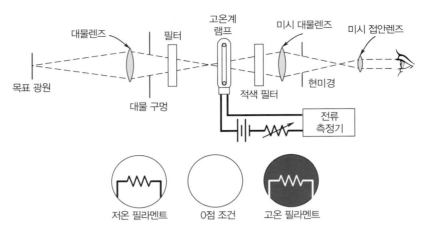

광고온계 접안렌즈에 보이는 필라멘트의 모습

그림 8.36 사라지는 필라멘트형 광고온계의 개략도

파일의 온접점은 적외선 필터의 하부에 설치하고 냉접점은 적외선 마스크 하부에 설치한 후, 미세 장치에 수백 개의 접점을 형성하는 제작 기법이 사용된다. 이 센서들은 체온계로부터 자동차의 자동 온도 제어 장치까지 다수의 실질적인 응용 예들의 기초 소자가 된다.

고온계

광고온계는 표면의 온도를 색으로, 좀 더 정확히 말하면 방출하는 복사의 색으로 측정한다. 그림 8.36은 광고온계의 개략도이다. 표준 광원은 필라멘트를 통하여 흐르는 전류가 제어되고 필라멘트 온도에 따라 맞추어지도록 교정되어 있다. 필라멘트의 색과 온도를 측정하려는 표면의 색이 광학적으로 비교되며, 비교는 사람의 눈으로도 할 수 있다. 측정의 불확도는 들어오는 빛을 적절히 걸러서 감소시킬 수 있다. 측정된 복사에 대하여 표면 방사율 수정을 하여야 하며, 불확도는 사용자의 기술에 의해 달라지나 대략 5℃ 정도이다. 사람의 눈 대신 다른 감지기를 사용하면 측정 온도 범위를 연장할 수 있고 무작위 불확도를 줄일 수 있다.

　광고온계의 가장 큰 장점은 고온을 원거리에서 측정할 수 있다는 것이다. 예를 들어 이 기기는 노(爐) 내부에 아무런 센서 없이 노의 온도를 측정할 수 있다. 많은 경우 광고온계는 안전하고 경제적인 고온 측정 방법을 제공한다.

광섬유 온도계

광섬유 온도계는 그림 8.37에 보인 바와 같이 광섬유 전달 장치(참고문헌 11, 12)와 광학적으로 연계된 이상적인 복사체가 근본이다. 이 장치의 온도 센서는 가는 단결정 알루미늄 산화물(사파이어) 섬유이다. 섬유 끝의 금속 코팅이 흑체 방사 공동을 형성하며, 사파이어 단결정 섬유를 따라서 직접 방사한다. 단결정 사파이어 섬유는 온도계를 고온에서 운영하기 위해 필요하며, 이 온도계의 작동 범위는 300~1,900℃이다. 신호의 전달은 표준

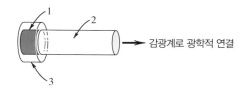

그림 8.37 광섬유 온도계 : 1. 흑체 공동(이리듐 막), 2. 사파이어 섬유(단결정), 3. 보호 코팅(Al_2O_3)

저온용 광섬유가 담당한다. 전달되는 복사의 특정한 파장대가 감지되고 측정되며, 이 자료가 처리되어 흑체 센서의 온도를 계산한다.

　센서의 신호가 전기와 관련이 없으므로 전자기파나 방송 전파의 간섭으로부터 탁월하게 보호되어 있다. 이 측정 장치는 반응 속도와 감도가 뛰어나서 연소 분야의 응용에 많이 사용되어 왔으며, 0.1 mK의 온도 분해능을 얻을 수 있다.

협대역 적외선 온도 측정

적외선 온도 측정은 비접촉 및 전면적 온도 측정을 가능하게 한다. 검출 기술과 광학 필터의 발전에 따라 경제적이고 진보된 적외선 온도계와 카메라가 합리적인 비용으로 개발 가능하게 되었다.

기본 이론

파장별 에너지의 분포가 식 (8.21)로 정의되는 흑체로부터 파장 범위 0.7~100 μm인 적외선 방사를 생각한다. 그림 8.38에 $T =$ 800과 2,000 K인 두 흑체의 방사 에너지 분포 곡선을 나타내었다. 파장 2 μm에서 2,000 K의

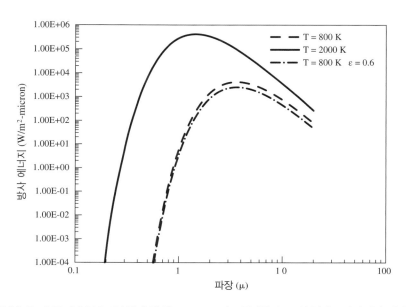

그림 8.38 $T =$ 800과 2,000 K인 두 흑체 및 $T =$ 800 K이고 방사율이 0.6인 회체 표면의 방사 에너지 분포

흑체는 3.29×10^5 W/m² μm의 강도로 복사 에너지를 방사하고 800 K의 흑체는 1.45×10^3 W/m² μm의 강도로 방사한다. 이론적으로, 임의의 파장에서 방사되는 복사 에너지의 강도를 측정하면 흑체의 온도를 측정할 수 있다. 실제로는 흑체를 모사하는 공동을 제작하여 적외선 온도계의 교정을 위한 표준으로 사용할 수 있다(참고문헌 13).

주어진 온도에서 흑체는 최대한의 복사 에너지를 방사하므로, 실제 표면은 흑체에 비해 적은 에너지를 방사한다. 실제 표면의 단순 모델인 회체(gray surface)는 흑체의 거동에 총반구 방사율이라 불리는 정률 척도를 곱하여 거동을 기술한다. 그림 8.38에 800 K 흑체 및 회체 표면의 방사 에너지 분포를 나타내었다. 회체 표면의 방사율은 $\varepsilon = 0.6$이다. 이렇게 실제 표면의 방사율을 알지 못하면, 온도 측정에서 방사율을 소거하는 방법을 개발해야 한다. 최근의 적외선 온도계는 표면 방사율을 사용자가 입력하면 이에따라 측정한 온도를 수정하여 표시한다.

적외선 온도계를 실제로 사용하여 온도를 측정하려면 측정이 수행되는 조건과 온도를 측정하려는 물체 표면의 특성에 대한 이해가 필요하다. 적외선 온도계로 피측정 표면으로부터 방사 및 반사되는 모든 복사가 수집된다. 그러므로 반사도가 큰 표면의 경우, 측정 온도는 주변 온도의 영향을 받는다. 측정 표면과 온도계 중간에 개입되는 매질의 복사 에너지 흡수도 온도 측정에 영향을 준다. 예를 들어, CO_2와 H_2O는 1.5 μm와 3 μm 사이에 파장 범위 내에 다수의 흡수 대역을 갖는다. 파장 대역의 선택은 예상되는 온도와 응용 사례에 따라 선택한다.

2색(two-color) 온도계

2색 적외선 온도계는 복사되는 방사 에너지를 2개의 서로 다른 파장 대역에서 측정하는 기술을 말한다. 파장 및 온도에 따른 반구 방사율의 변화를 고려하여 2개의 다른 파장에서 이론적인 방사도를 식 (8.22)에 나타내었다.

$$E_{\lambda_1} = \varepsilon(\lambda_1, T)\frac{2\pi h_p c^2}{\lambda_1^5[\exp(h_p c/k_B \lambda_1 T) - 1]}$$
$$E_{\lambda_2} = \varepsilon(\lambda_2, T)\frac{2\pi h_p c^2}{\lambda_2^5[\exp(h_p c/k_B \lambda_2 T) - 1]}$$

$$(8.22)$$

회체 표면 가정은 불투명 확산 표면의 방사율을 공학적으로 우수하게 모델링한다. 이 가정하에서 방사율은 파장이나 온도의 함수가 아니다. 그러므로 식 (8.22)의 두 식의 비를 취하면 방사율과 독립적인 결과가 나온다.

$$\frac{E_{\lambda_1}}{E_{\lambda_2}} = \frac{\lambda_2^5[\exp(h_p c/k_B \lambda_2 T) - 1]}{\lambda_1^5[\exp(h_p c/k_B \lambda_1 T) - 1]}$$

$$(8.23)$$

실제로는 2개의 서로 다른 파장 대역에서 방사 에너지의 측정이 독립적으로 수행되고 표면의 방사율을 모르는 상태에서 신호 강도의 비로부터 표면 온도를 직접 결정하게 된다. 그림 8.39에 2색 측정 방법을 수행하는 데 필요한 광학 소자와 감지 소자의 배치를 개념도 형식으로 표현하였다.

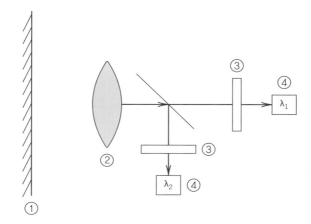

그림 8.39 2색 적외선 온도계의 개략도. ① 피측정 표면, ② 렌즈, ③ 협대역 광학 필터, ④ 감지 소자

전면적 적외선(IR) 화상 촬영

CCD 감지기와 마이크로프로세서 기술의 진보에 따라 산업 및 연구용으로 적외선 카메라의 용도가 확대되었다. 응용 분야에는 건물의 단열 효율 평가, 화재 희생자의 검색, 다양한 의료 목적의 체온 영상 등이 포함된다(참고문헌 14). 이 밖에도 보안과 군사 목적 및 야간 항해를 위한 야간 투시경에 사용된다.

예제 8.13　유동의 가시화를 위한 환경 수계의 적외선 화상 촬영

호수를 냉각수의 원천으로 사용하는 발전소 등과 같이, 온수를 환경 수계로 방류하는 상황을 모니터링해야 하는 다양한 경우가 존재한다. 그림 8.40은 3~5 μm 범위의 파장 대역에 반응하는 IR 카메라로 촬영한 적외선 영

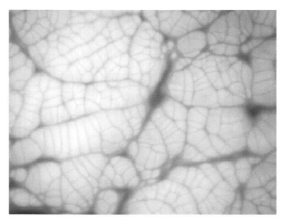

그림 8.40 정지된 공기로 증발이 진행되는 수면의 적외선 영상(Elsevier 출판사의 승인하에 Bower, S. M., and Saylor, J. R., "The effects of surfactant monolayers on free surface natural convection," *International Journal of Heat and Mass Transfer*, 54: 5348-5358, (2011)로부터 인용함)

상이다(참고문헌 15). 영상은 정지된 공기로 증발이 일어나는 더운 수면이 갖는 온도장의 특성을 보여 준다. 물과 공기의 계면에서 일어나는 증발로 계면의 물이 냉각되므로 물의 자연 대류 유동이 발생한다. 그림 8.40에서 화소의 어두운 색은 낮은 온도를 나타낸다. 이 영상에서 고온 및 저온 영역의 복잡한 형상은 계면의 찬 물과 하부의 더운 물의 온도 차이에 의한 부력으로 발생하는 유동의 형태를 보여 준다.

8.7 온도 측정의 물리적 오차

온도 측정의 오차는 일반적으로 두 가지 근본적인 원인으로부터 비롯된다. 첫 번째 오차의 원인은 센서 온도 자체의 불확실한 정보이다. 이러한 불확도는 무작위 보간 오차, 교정 계통 오차 또는 많은 다른 오차 원인으로 인해 발생한다. 센서의 온도에 관련된 기기 및 측정 과정의 불확도를 작게 하려면 교정을 잘하거나 측정 장치 및 기록 장치를 교환할 수 있다. 그러나 온도 측정의 오차는 센서의 온도를 정확히 측정하여도 발생한다. 이 경우 센서의 탐침이 측정하고자 하는 온도를 정확히 반영하지 못한 것이다.

　온도 센서의 사용에 관련된 전형적인 오차가 표 8.8에 열거되어 있다. 온도 측정의 무작위 오차는 측정과 기

표 8.8 온도 센서에 관련된 측정 오차

정밀 오차

1. 읽기 부정확
2. 시간 및 공간의 변화

계통 오차

1. 심기 오차, 접점의 가열 또는 냉각
   a. 전도 오차
   b. 복사 오차
   c. 회복 오차
2. 연결부와 연결선의 효과
   a. 연결부의 온도 불균일
   b. 부하 오차
3. 재료의 불균일과 측정 간 재료의 변질
   a. 교정 후의 변화
   b. 어닐링 효과
   c. 냉간 가공
4. 접지 경로
5. 자기장 효과
6. 갈바니 오차
7. 기준 접점의 부정확성

록의 분해능이 갖는 한계, 외부적 변수의 시간에 따른 변화 그리고 그 밖의 다른 무작위 오차에 의한 결과이다. 열전대는 연장 리드선이나 연결 부품의 영향과 같이 계통 오차와 무작위 오차 모두를 유발하는 몇 가지 특성을 가지고 있다. 열전대의 오차를 유발하는 다른 요인은 기준 접점의 정확도와 관계된다. 접지 루프는 특히 열전대 출력이 제어나 데이터 획득을 목적으로 증폭될 때, 그릇된 표시값을 얻게 할 수 있다. 어떤 측정 장치라도 그럴 듯이 할 수만 있다면 전체 측정 장치를 동시에 교정하는 것이 오차의 원인을 규명하고 측정 불확도를 허용 한계 까지 줄이는 가장 좋은 방법이다.

심기 오차

다음의 논의는 센서의 출력이 과연 측정하려고 의도하는 온도를 정확히 나타내는가에 초점을 둘 것이다. 예를 들어 외부 온도를 측정하고 싶다고 하자. 이 측정은 싸구려 다이얼식 온도계를 축구장이나 테니스장의 직사광 선하에 놓고, 그저 온도는 50°C 정도라고 하면 그만일 것이다. 그러나 이 온도계에 표시된 것은 무슨 온도인가? 분명히 온도계가 공기의 온도를 잰 것은 아니며, 축구장이나 테니스장 바닥의 온도를 측정한 것도 아니다. 이 온도계는 이제부터 설명하고 분석하려는 바로 그 오차의 원인에 의하여 영향을 받은 것이다. 온도계는 단순히 자 신의 온도를 표시하는 것이다.

이 보기에서 온도계의 온도는 태양으로부터의 복사 에너지, 공기와의 대류 열전달 그리고 온도계가 놓여 있 는 지표와의 전도 열전달의 결과인 열역학적 평형 온도이다. 온도계에는 일반적으로 유리 덮개가 있고 이 덮개 는 태양열 집열기로 작용하는 것을 감안할 때 온도계의 온도가 공기의 온도보다 상당히 높을 것이 예상된다.

탐침의 온도가 측정하려는 온도와 다른 값을 갖게 하는 물리적 기구에는 전도, 복사, 회복 오차가 있다. 실제 측정 장치에는 그것의 효과가 중첩되어 나타날 수 있으므로 독립적으로 고려하지 말아야 한다. 그러나 이하의 논의에서는 편의상 각 오차의 원인을 개별적으로 취급할 것이다. 우리의 목적은 오차의 추정일 뿐, 측정 온도를 얼마나 수정해야 하는지를 예측하는 기술을 제공하는 것이 아니기 때문이다. 측정 엔지니어의 목적은 온도 탐 침의 세심한 설치와 설계를 통해 이상의 오차들을 최소로 줄이는 것이다.

전도 오차

측정 환경과 주변 사이의 열전달로 유발되는 오차를 흔히 잠입(immersion) 오차라 한다. 그림 8.41의 온도 탐침 을 생각하자. 많은 경우 온도 탐침은 측정 환경으로부터 벽을 통해 표시장치 또는 기록 장치가 위치한 주변으로

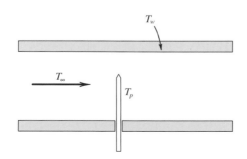

그림 8.41 측정 환경에 심어진 온도 탐침

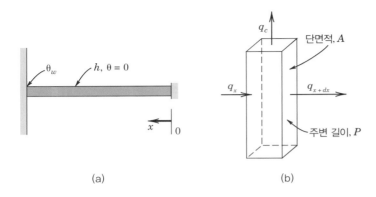

(a)   (b)   **그림 8.42** 온도 탐침의 1차원 핀 모델

연결되어 있다. 탐침과 리드선은 측정 환경으로부터 주변으로 에너지가 전도되는 통로를 형성한다. 전도로 인하여 측정 온도에 부가되는 오차의 본질이 그림 8.42에 예시되어 있다. 열전도에 관련된 잠입 오차의 기본 물리 이론은 온도 탐침을 핀(fin)으로 모델화하면 잘 구분이 된다. 우리가 측정하려는 온도가 주변의 온도보다 높다고 가정하자. 그림 8.42(b)에 나타난 핀의 차분 요소를 생각하면, 정상 상태에서 핀을 통해 전도되는 에너지와 표면에서 대류로 전달되는 에너지가 있다. 대류에 대한 면적은 P를 주변 또는 둘레의 길이라 할 때 Pdx이다. 이 차분 요소에 열역학 제1법칙을 적용하면

$$q_{x+dx} - q_x = hP\, dx\, [T(x) - T_\infty] \tag{8.24}$$

이고, 여기서 h는 대류 계수이다. 만일 q를 점 x에 대하여 Taylor 급수로 전개하여 다음의 치환을 하면

$$\theta = T - T_\infty; \quad q = -kA\frac{dt}{dx}; \quad m = \sqrt{\frac{hp}{kA}} \tag{8.25}$$

지배 차분 방정식은 다음과 같다.

$$\frac{d^2\theta}{dx^2} - m^2\theta = 0 \tag{8.26}$$

위 식에서 k는 탐침의 유효 열전도이다. 벽의 온도가 T_w 또는 무차원화하여 $\theta_w = T_w - T_\infty$라는 경계 조건과 핀의 끝은 표면적이 아주 작다는 경계 조건을 가정하면 차분 방정식의 해는

$$\frac{\theta(x)}{\theta_w} = \frac{\cosh mx}{\cosh mL} \tag{8.27}$$

이다. 온도가 측정된다고 가정하는 곳이 $x = 0$이므로, $x = 0$에서의 해를 구하면 다음과 같다.

$$\frac{\theta(0)}{\theta_w} = \frac{T(0) - T_\infty}{T_w - T_\infty} = \frac{1}{\cosh mL} \tag{8.28}$$

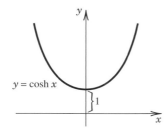

그림 8.43 쌍곡 코사인의 거동

이 분석으로부터 전도에 의한 오차 e_c를 추정할 수 있다. 이상적인 센서라면 유체의 온도 T_∞를 나타낼 것이므로 만일 센서 온도가 $T_p = T(0)$라면 전도에 의한 오차는 다음과 같다.

$$e_c = T_p - T_\infty = \frac{T_w - T_\infty}{\cosh mL} \tag{8.29}$$

보통 전도 오차에 의한 불확도는 $u = e_c$로 평가한다. 불확도 구간은 비대칭일 수 있다.

탐침의 설계

지금까지 분석의 목적은 (부정확한 오차를 수정하는 것이 아니라) 전도 오차를 최소화하는 방법에 대한 물리적 이해를 얻는 것이었다. 이 해에 따르면 이상적인 온도 탐침은 $T_p = T_\infty$ 또는 $\theta(0) = 0$의 값을 가지며, 이것은 $e_c = 0$임을 의미한다. 식 (8.29)에 의하면 $\theta(0) \neq 0$인 것은 θ_w가 0이 아니고 $\cosh mL$의 값이 유한하기 때문이다. 측정되는 유체 온도와 벽 온도의 차이는 될 수 있으면 작아야 한다. 온도차와 그로 인한 전도 오차를 최소화하려면 벽을 단열해야 한다는 의미가 확실하다.

'$\cosh mL$항'은 될수록 커야 한다. $\cosh mL$의 거동을 그림 8.43에 나타내었다. 쌍곡 코사인의 값은 mL의 값에 따라 단조 증가하므로 탐침 설계의 목적은 mL 또는 $(hP/kA)^{1/2}L$의 값을 극대화하는 것이다. 일반적으로 온도 탐침의 열전도도와 대류 계수는 설계 파라미터가 아니다. 그러므로 두 가지 중요한 결론은 탐침의 지름은 될수록 작아야 하고, 탐침은 측정 환경에 될수록 깊이 주위의 벽으로부터 멀리 L의 값을 크게 하여 심어야 한다는 것이다. 지름이 작으면 단면적 A에 대한 둘레 길이 P의 비가 증가한다. 둥근 단면적의 경우 지름을 D라 할 때, 이 비율은 $4/D$이다. 식 (8.29)에 근거한 경험의 법칙은 전도 오차를 무시할 정도로 작게 하려면 $L/D > 50$이어야 한다는 것이다.

비록 이상의 분석이 온도 측정에서 전도 오차의 근본적인 측면을 확연히 드러내었으나, 측정된 온도의 전도 오차를 수정할 능력을 제공하지는 않는다. 전도 오차는 온도 탐침의 적절한 설계와 설치로 최소화되어야 한다. 보통의 경우, 물리적인 상황이 너무 복잡하여 측정 오차를 수학적으로 정확히 기술하지 못한다. 전도 오차의 모델에 대한 더욱 자세한 정보는 참고문헌 16을 참조하라.

복사 오차

기체의 온도를 측정하기 위해 온도 탐침을 사용한다고 하자. 심각한 복사 열전달이 존재할 때, 온도 탐침의 평형 온도는 측정하려는 유체의 온도와 다를 것이다. 복사 열전달은 온도의 네제곱에 비례하므로 복사의 영향은 측정 환경의 절대 온도가 증가할수록 중요해진다. 복사에 의한 오차는 온도 센서에 대하여 정상 상태에서 열역학적 평형 조건을 고려하여 추정할 수 있다. 에너지가 대류를 통하여 센서와 환경 사이에서 교류되고, 복사를 통하여 센서와 다른 온도를 가진 물체 간에 교류되는 경우를 고려하자. 이 분석에서 전도는 무시한다. 탐침을 포함하는 시스템에 정상 조건의 제1법칙을 적용하면 다음과 같다.

$$q_c + q_r = 0 \tag{8.30}$$

여기서

  q_c = 대류 열전달

  q_r = 복사 열전달

각 열전달의 성분을 적절한 기본 관계식으로 표시하면 다음과 같다.

$$q_c = hA_s(T_\infty - T); \quad q_r = FA_s\varepsilon\sigma(T_w^4 - T^4) \tag{8.31}$$

주변을 흑체라 가정하면, 온도 탐침을 이루는 시스템에 대한 제1법칙은

$$hA_s(T_\infty - T_p) = FA_s\varepsilon\sigma(T_p^4 - T_w^4) \tag{8.32}$$

이다. 보편적으로 온도 탐침은 주변에 비해 작으므로 주변을 흑체로 다루는 가정은 정당화된다. 복사에 의한 오차 e_r는 다음과 같이 추정되며

$$e_r = (T_p - T_\infty) = \frac{F\varepsilon\sigma}{h}(T_w^4 - T_p^4) \tag{8.33}$$

여기서

  σ = 슈테판-볼츠만 상수($\sigma = 5.669 \times 10^{-8}\,\text{W/m}^2\text{K}^4$)

  ε = 센서의 방사율

  F = 복사 형상 계수

  T_p = 탐침 온도

  T_w = 주변 벽의 온도

  T_∞ = 측정될 유체의 온도

센서가 주변의 크기에 비해 작으면 센서로부터 주변의 형상 계수를 1로 취해도 좋다. 보통 복사 오차에 의한 불확도는 $u = e_r$로 평가한다. 불확도 구간이 비대칭이므로 0과 e_r의 경계를 갖는 균일(직사각형) 분포로 모델링하면 된다.

예제 8.14

복사가 중요해지는 전형적인 상황은 노의 온도를 측정할 때 발생한다. 그림 8.44는 전도 오차를 무시할 수 있는 작은 온도 탐침이 고온의 내부 공간에 설치되어 있는 상황을 보여 준다. 내부 공간을 둘러싼 벽의 온도는 T_w이고, 내부 유체의 온도는 T_∞이다.

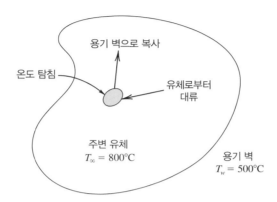

그림 8.44 복사와 대류 환경에 있는 온도 탐침의 분석

정상 상태에서 오직 대류와 복사가 열전달에 기여하는 성분이라고 가정한다. 탐침의 평형 온도를 표현하는 식을 개발하라. 그리고 $T_\infty = 800°C$, $T_w = 500°C$일 때 탐침의 평형 온도와 복사 오차를 구하라. 탐침의 방사율는 0.8이고, 대류 열전달 계수는 100 W/m²°C이다.

알려진 값   온도는 $T_\infty = 800°C$, $T_w = 500°C$로 주어지고 $h = 100$ W/m²°C이며 탐침의 방사율은 0.8이다.

구할 값   탐침의 평형 온도를 표현하는 식과 주어진 조건에서 탐침의 온도를 구하라.

가정   주위는 흑체로 취급하고 전도 열전달은 무시할 수 있다.

풀이

탐침을 둘러싸인 노의 내부에 있는 작은 구체로 생각한다. 탐침으로부터 노의 형상 계수는 1이다. 정상 상태에서 평형 온도를 에너지 균형으로부터 구한다. 온도 탐침으로 구성되는 시스템에 제1법칙을 적용하면 식 (8.32)로부터

$$h(T_\infty - T_p) + \sigma\varepsilon(T_w^4 - T_p^4) = 0 \tag{8.34}$$

이 된다. 탐침으로 T_∞를 측정하려는 의도이다. 식 (8.34)로부터 탐침의 평형 온도는 $T_p = 642.5°C$이다. 이 경우의 복사 오차는 [식 (8.33)으로부터] $-157.5°C$이다. 이 결과는 고온 측정에서 복사 열전달이 심각한 오차를 유발할 수 있음을 나타낸다.

참고사항   복사 오차는 표시 온도를 실제보다 작게 평가하므로 비대칭 오차의 예가 된다(5.10절 참조). 우리는

이 예측값을 복사의 영향으로 인한 불확도의 추정값으로 사용하거나, 표시 온도를 수정하고 수정항에 대해 평가된 불확도를 사용하여 불확도를 작게 할 수 있다.

복사 차폐

복사 열전달을 제어하는 핵심 개념은 복사 차폐이다. 복사의 차폐는 전도 열전달을 줄이기 위한 단열에 해당한다. 복사 차폐(radiation shield)는 온도 센서와 복사 주변 사이에 설치되어 전자기파의 교환을 줄이는 불투명 표면이다. 이론적으로 차폐는 주위 온도보다 유체 온도에 가까운 평형 온도를 얻도록 한다. 복사 차폐가 설치되면 더 이상 탐침이 주변을 볼 수 없기 때문에 탐침의 온도가 유체의 온도에 가까워진다. 온도 측정에서 복사 오차에 관한 자세한 정보는 참고문헌 16을 참조하라. 다음 예제는 복사 오차와 차폐의 효과를 예시한다.

예제 8.15

800°C로 유지되는 예제 8.14의 오븐을 다시 생각하자. 열손실로 인하여 오븐 벽의 온도는 더 낮은 500°C이다. 이번 경우 온도 탐침을 외부와의 열전도 경로가 없는 오븐 내의 작은 구체로 생각한다(모든 에너지 교환은 대류와 복사에 의한다). 이 조건하에서 탐침 온도는 예제 8.14에서 642.5°C로 결정되었다.

　　복사 차폐가 온도 탐침과 노의 벽 사이에 설치되어 복사 열전달의 경로를 차단한다고 생각하자. 복사 차폐의 탐침 온도에 대한 영향을 검사하라.

알려진 값　$T_\infty = 800$°C, $T_w = 500$°C의 환경에 놓여 있는 온도 탐침에 복사 차폐가 부가적으로 설치되었다.

구할 값　차폐가 있는 경우의 복사 오차

가정　복사 차폐는 탐침을 완전히 둘러싸고 있으며 주위는 흑체로 취급한다.

풀이

차폐의 평형 온도는 유체와의 대류에 의해 벽 온도보다 높다. 그 결과 탐침은 더 높은 표면 온도를 보게 되며, 탐침 온도는 유체 온도에 더 가깝고, 측정 오차는 줄어든다.

　　공간의 크기에 비해 작고 방사율 1을 가진 한 겹의 복사 차폐가 탐침을 완전히 둘러싸고 있을 때, 차폐의 평형 온도는 식 (8.32)로 결정될 수 있다. 차폐의 온도는 628°C이다. 센서는 이제 벽이 아닌 차폐를 '보기' 때문에 탐침에 의해 측정되는 온도 역시 식 (8.32)로부터 구하면 697°C이다.

　　방사율 1을 가진 한 겹의 차폐는 차폐가 없는 경우에 비해 향상된 결과를 가져오지만, 차폐 물질의 표면 특성을 적절히 선택하면 훨씬 나은 결과를 초래한다. 만일 차폐의 방사율이 0.1이면 차폐의 온도는 756°C로 오르고, 탐침의 온도는 771°C가 된다.

참고사항　차폐는 복사 열전달을 감소시켜 온도 측정을 향상시킨다. 이 온도 측정을 향상시킬 수 있는 다른 요소는 단열을 통한 벽 온도의 상승이다. 이상의 복사 차폐에 관한 논의에서는 복사 환경에서 온도 측정을 향상시키는 방법으로서 차폐의 유용성을 예시하였다. 전도 오차에 대한 논의 전개와 마찬가지로 측정 온도를 수정한다 기보다는 온도 센서를 설계하고 설치하는 지침으로 사용되어야 할 것이다.

온도 측정에서의 회복 오차

고속으로 움직이는 기체의 운동 에너지는 가역 단열 과정으로 한 점에서 유동을 정지시키면 감지될 수 있는 에너지로 변환될 수 있다. 이 과정의 결과로 얻어지는 온도를 정체(stagnation) 온도 또는 전(total)온도 T_t라 한다. 반면, 국소 유동 속도와 같은 속도로 움직이는 기기에 의해 측정되는 온도를 기체의 정(static)온도 T_∞라 한다. 분자의 관점에서 볼 때 정온도는 기체를 구성하는 분자의 무작위 운동 에너지의 크기를 나타내며, 정체 온도는 운동 에너지의 방향성과 무작위 성분을 모두 포함한다. 대체로 공학의 응용에서는 두 가지 중 하나를 알면 만족할 것이나 고속 기체 유동에서 측정되는 온도는 둘 중 어느 것도 아니다.

위치 에너지의 변화를 무시하고 열 및 물질의 전달이 없을 때, 유동의 방정식은 다음과 같으며

$$h_1 + \frac{U^2}{2} = h_2 \tag{8.35}$$

여기서 상태 2는 정체 조건, 상태 1은 유체가 속도 U로 흐르는 조건을 나타낸다. 이상기체로 가정하면 엔탈피 차 $h_2 - h_1$은 $c_p(T_2 - T_1)$로, 또 정온도 및 정체 온도로 표시하면 다음과 같다.

$$\frac{U^2}{2c_p} = T_t - T_\infty \tag{8.36}$$

$U^2/2c_p$ 항을 동(dynamic)온도라고 한다.

위의 식이 흐르고 있는 기체 내에서의 온도 측정에 관하여 암시하는 것은 무엇인가? 보통의 압력과 온도하에서 기체의 물리적 성질에 의하면 점성으로 인하여 고체 표면에서 기체의 속도는 0이 된다. 그래서 흐르고 있는 유체에 온도 탐침이 놓이면 탐침의 표면에서 유체는 정지하게 된다. 그러나 이 과정은 열역학적으로 가역적이지 않을 수도 있고 문제의 기체는 이상기체와 다른 거동을 보일 수도 있다. 탐침에 의한 유체의 감속은 유동이 가진 방향성 운동 에너지의 일부를 열에너지로 변환하여 탐침의 온도를 기체의 정온도 이상으로 높인다. 열에너지로 회복되는 운동 에너지의 비율을 회복 계수(recovery factor) r라 하고 다음과 같이 정의한다.

$$r \equiv \frac{T_p - T_\infty}{U^2/2c_p} \tag{8.37}$$

여기서 T_p는 (유동에 대하여) 정지하고 있는 실제 온도 탐침의 평형 온도를 나타낸다. 일반적으로 r는 유동 속도의 함수, 더 정확히 말하면 유동의 마하수와 레이놀즈수, 탐침의 형상과 방향의 함수이다. 둥근 선으로 만들어진 열전대 접점에 대하여 Moffat(참고문헌 17)는 다음과 같은 r값을 보고하였다.

$$r = 0.68 \pm 0.07 (95\%) \quad \text{유동에 직각인 선}$$

$$r = 0.86 \pm 0.09 (95\%) \quad \text{유동에 평행인 선}$$

이 회복 계숫값은 온도의 오차가 심각한 속도, 대체로 마하수가 0.1보다 큰 유속에 대하여 일정한 경향이 있다. 용접 접점을 가진 열전대는 선의 지름에 비해 상당히 큰 구형 용접 비드를 가지므로 회복 계숫값은 선이 유동에 직각이거나 평행인 경우 모두 0.75 정도이다. 회복 계수가 알려진 온도 탐침의 경우 온도와 속도의 관계는

$$T_p = T_\infty + \frac{rU^2}{2c_p} \tag{8.38}$$

이며, 회복 오차 e_U로 표현하면 다음과 같다.

$$e_U = T_p - T_\infty = \frac{rU^2}{2c_p} \tag{8.39}$$

탐침 온도는 정체 온도와 다음과 같은 관계가 있다.

$$T_p = T_t - \frac{(1-r)U^2}{2c_p} \tag{8.40}$$

기본적으로 액체에서 정온도와 정체 온도는 같으며, 액체 유동의 회복 오차는 대개 0으로 한다. 여하튼 액체의 고속 유동은 흔치 않다.

보통 회복 오차로 인한 불확도를 $u = e_U$로 평가한다. 불확도 구간은 대칭이 아닌 경우가 많다.

예제 8.16

회복 계수 0.86을 가진 온도 탐침을 사용하여 압력이 1기압이고, 정온도가 30°C이며, 유속이 음속까지 이르는 공기의 유동을 측정하려 한다. 공기의 유속이 0에서 음속까지 증가할 때, 식 (8.39)를 이용하여 온도 측정에서 회복 오차를 계산하라.

알려진 값 $r = 0.86; \quad p_\infty = 1 \text{ atm abs} = 101 \text{ kPa abs}$
$M \le 1; \quad T_\infty = 30°C = 303 \text{ K}$

구할 값   회복 오차를 유속의 함수로

가정   공기는 이상기체이다.

풀이

공기를 이상기체라 할 때, 음속은 다음과 같다.

$$a = \sqrt{kRT} \tag{8.41}$$

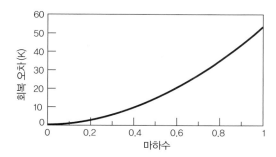

그림 8.45 마하수의 함수로서의 회복 오차의 거동

$R = 0.287\ \mathrm{kJ/kg\text{-}K}$인 공기의 압력 101 kPa, 온도 303 K에서 소리의 속도는 약 349 m/s이다.

그림 8.45에는 이 온도 탐침의 온도 측정 오차가 마하수의 함수로 작도되어 있다. 마하수(Mach number)는 유속의 음속에 대한 비이다.

참고사항 일반적으로 흐르는 유체의 정온도와 전온도는 측정된 탐침 온도로부터 결정된다. 이 경우 독립적이고 부가적인 속도 측정이 필요하다.

요약

과학과 공학 분야에서 온도는 개념과 실용적 측면 모두에서 근본적이고 중요한 양이다. 그러므로 온도는 가장 보편적으로 측정되는 공학 변수 중의 하나이고, 다양한 제어 장치 및 안전 장치의 근본을 구성한다. 이 장은 온도 센서의 선택과 설치에 필요한 기초를 제공한다.

실용적인 목적으로 온도는 Kelvin 체계와 같이 고정 기준점과 표준 보간법을 포함하는 온도 체계를 구성하여 정의한다. 1990년의 국제 온도 체계는 온도 측정의 보편적인 방법을 구성하는 표준으로 받아들여진다.

가장 널리 사용되는 두 가지 온도 측정 방법은 열전대와 저항 온도 감지기를 이용하는 것이다. 이 온도 측정 장치의 제작과 설치에 관한 표준이 구축되어 있으며, 상용 센서와 측정 장치의 선택과 설치의 기본이 된다.

온도 측정에 대한 설치의 영향은 복사, 대류 및 전도에 의한 열전달이 온도 센서의 평형 온도에 미치는 영향의 직접적인 결과이다. 측정 환경에 온도 탐침을 설치하는 것은 측정된 온도의 불확도가 최소가 되는 방법을 택하여 수행할 수 있다.

참고문헌

[1] Patterson, E. C., Eponyms: Why Celsius? *American Scientist* 77(4): 413, 1989.

[2] Klein, H. A., *The Science of Measurement: A Historical Survey*, Dover, Mineola, NY, 1988.

[3] Committee Report, the International Temperature Scale of 1990,[4] *Metrologia* 27(1): 3–10, 1990. (An Erratum

---

4 1968년 먼저 발표된 "International Practical Temperature Scale"은 본문이 "National Bureau of Standards monograph 124"의 부록으로 수록되었다. 1975년 수정본이 채택되고 1976년 영문으로 *Metrologia* 12: 7-17에 발표되었다.

appears in *Metrologia* 27(2): 107, 1990.)

[4] *Temperature Measurement*, Supplement to American Society of Mechanical Engineers PTC 19.3, 1974.

[5] Diehl, W., Thin-film PRTD, *Measurements and Control*, 155 – 159, December 1982.

[6] Thermistor Definitions and Test Methods, Electronic Industries Association Standard RS-275-A (ANSI Standard C83. 68 – 1972), June 1971.

[7] Thermometrics, Inc., Vol. 1. NTC Thermistors, 1993.

[8] Brown, D. R., N. Fernandez, J. A. Dirks, and T. B. Stout, The Prospects of Alternatives to Vapor Compression Technology for Space Cooling and Food Refrigeration Applications, Pacific Northwest National Laboratory (PNL), U.S. Department of Energy, March 2010.

[9] Burns, G. W., M. G. Scroger, and G. F. Strouse, Temperature-Electromotive Force Reference Functions and Tables for the Letter-Designated Thermocouple Types Based on the ITS-90, *NIST Monograph* 175, April 1993 (supersedes NBS Monograph 125).

[10] Dewitt, D. P., and G. D. Nutter, *Theory and Practice of Radiation Thermometry*, Wiley-Interscience, New York, 1988.

[11] Dils, R. R., High-temperature Optical Fiber Thermometer, *Journal of Applied Physics*, 54(3): 1198 – 1201, 1983.

[12] Optical Fiber Thermometer, *Measurements and Control*, April 1987.

[13] Dalta, R. U., M. C. Croarkin, and A. C. Parr, Cryogenic Blackbody Calibrations at the NIST Low Background Infrared Calibration Facility, *Journal of Research of NIST*, 99(1): 1994.

[14] Lahiri, B. B., S. Bagavathiappan, T. Jayakumar, and J. Philip, Medical Applications of Infrared Thermometry: A Review, *Infrared Physics and Technology*, 55: 221 – 235, 2012.

[15] Bower, S. M., and J. R. Saylor, The Effects of Surfactant Monolayers on Free Surface Natural Convection, *International Journal of Heat and Mass Transfer*, 54: 5348 – 5358, 2011.

[16] Sparrow, E. M., Error estimates in temperature measurement. In E. R. G. Eckert and R. J. Goldstein (Eds.), *Measurements in Heat Transfer*, 2nd ed., Hemisphere, Washington, DC, 1976.

[17] Moffat, R. J., Gas temperature measurements. In *Temperature—Its Measurement and Control in Science and Industry*, Vol. 3, Part 2, Reinhold, New York, 1962.

추천도서

Benedict, R. P., *Fundamentals of Temperature, Pressure, and Flow Measurements*, 3rd ed., Wiley, New York, 1984.

기호

a	음속(lt^{-1})	h	대류 열전달 계수($mt^{-3}/°$), 엔탈피(l^2t^{-2})
$b_{\bar{x}}$	변수 x의 계통 표준 불확도	k	열전도도($mlt^{-3}/°$)
c	진공에서 빛의 속도(lt^{-1})	k	비열비
c_P	비열($l^2t^{-2}/°$)	l	길이(l)
d	바이메탈 띠의 두께(l)	m	$\sqrt{hP/kA}$ [식 (8.23)](l^{-2})
e_c	전도 온도 오차($°$)	q	열유속(mt^3) 또는 열전달(ml^2/t^2)
e_U	회복 온도 오차($°$)	r	회복 인자

r_c	곡률 반지름(l)	R_T	서미스터 저항(Ω)
$s_{\bar{x}}$	변수 x의 부작위 표준 불확도	T	온도($°$)
u	불확도	T_0	기준 온도($°$)
u_d	설계 단계 불확도	T_p	탐침 온도($°$)
A_c	단면적(l^2)	T_w	벽 또는 경계 조건($°$)
A_s	표면적(l^2)	T_∞	유체 온도($°$)
B	계통 불확도	U	유체 속도(lt^{-1})
C_α	열팽창 계수($ll^{-1}/°$)	V	전압(V)
D	지름(l)	α	전도도의 온도 계수($\Omega/°$)
E_b	흑체 방사율(mt^{-3})	α_{AB}	제베크 계수
$E_{b\lambda}$	파장별 방사 에너지(mt^{-3})	β	서미스터 저항의 물질 상수($°$),
E_i	입력 전압(V)		다항식 전개의 상수
E_1	R_1에 대한 전압 강하(V)	π_{AB}	펠티에 계수($ml^2t^{-3}A^{-1}$)
E_o	출력 전압(V)	σ	톰슨 계수($ml^2t^{-3}A^{-1}$),
F	복사 형상 계수		복사 슈테판-볼츠만 상수($mt^{-3}/(°)^4$)
I	전류(A)	θ	무차원 온도
L	온도 탐침의 길이(l)	θ_x	변수 x의 감도 지수(불확도 분석)
P	주변 길이(l)	ρ_e	저항도(Ω, l)
R	저항(Ω), 기체 상수($l^2t^{-2}/°$)	δ	서미스터 소산 상수($ml^2t^{-3}/°$)
R_0	기준 저항(Ω)	ε	방사율

연습문제

8.1 온도 및 온도 측정에 적용되는 다음 용어를 정의하고 중요성을 논하라.

    a. 온도 체계

    b. 표준 온도

    c. 고정점

    d. 보간법

8.2 국제온도체계의 고정 온도점은 다양한 순수 물질의 상평형 상태이다. 실험 장치 내에서 이 고정 온도점을 정확히 재현하기 위한 조건을 논하라. 고도, 날씨, 재료의 순도 등이 어떻게 고정점의 불확도에 영향을 미치는가?

8.3 다음 질문의 답은 1990년 제정된 국제온도체계[5]에서 찾을 수 있다.

    a. ITS-90에 규정된 온도의 최솟값과 최댓값은 무엇인가?

    b. 0.65 K와 5.0 K 범위의 온도는 어떻게 정의되는가?

    c. 24.5561 K, 505.078 K, 1,234.93 K를 정의하는 고정점은 무엇인가?

    d. 13.8033 K와 961.78 K의 온도 범위에서 보간 기기는 무엇인가? 400 K에서 이 기기의 출력값은?

    e. 961.78°C 이상의 온도에서 보간법의 표준은 무엇인가?

8.4 길이가 3 m이고 지름이 0.12 cm인 백금선의 저항을 계산하라. 백금의 저항도는 25°C에서 $9.83 \times 10^{-6}\,\Omega\,cm$이다. 백금선을 이용하여 저항 온도계를 제작할 때 이 결과가 내포하는 의미는 무엇인가?

8.5 길이가 5 m인 백금선의 저항을 지름 0.1 mm와 2 mm 범위에 대해 선 지름의 함수로 작도하라. 0.1 mm 선의 허용 장력을 추정하라. (힌트 : 백금의 인장 강도는 120 MPa이다.

8.6 그림 P8.6에 나타난 바와 같이 RTD가 휘트스톤 브리지의 일부를 구성하고 있다. RTD는 브리지가 평형에 이른 상태에서 시간에 따라 변하지 않는 온도를 측정하기 위하여 사용된다. 0°C에서 RTD의 저항은 120 Ω이고, 저항의 온도 계수는 $\alpha = 0.003925°C^{-1}$이다. RTD 온도가 80°C인 경우 브리지 회로의 평형을 위하여 가변 저항 R_1은 얼마로 해야 하는가?

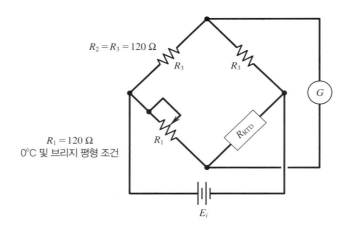

그림 P8.6 문제 8.6의 휘트스톤 브리지 회로

8.7 그림 8.8에 나타난 바와 같이 RTD가 휘트스톤 브리지의 일부(R_4)를 구성하고 있다. RTD는 브리지가 편향 모드에서 시간에 따라 변하지 않는 온도를 측정하기 위하여 사용된다. 0°C에서 RTD의 저항은 20 Ω이고, 저항의 온도 계수는 $\alpha = 0.0045°C^{-1}$이다. RTD의 온도가 120°C이고 브리지의 출력 전압이 0.66 V라면 입력 전압은?

---

5 ITS-90 문건은 인터넷에서 검색하여 받을 수 있다.

8.8 RTD 센서를 사용하여 온도를 측정하는 최신 전자 장비의 현황을 조사하여 기술하라. 설계 단계에서 불확도 분석에 사용할 수 있는 전형적인 사양을 열거하라.

8.9 2선법과 4선법을 사용하여 RTD의 저항을 측정하는 최신 전자 장비의 현황을 조사하여 기술하라. 2선법은 단순히 RTD의 리드선을 직접 저항계에 연결한다. 2선법의 장점과 단점은 무엇인가?

8.10 백금 RTD가 불확도 $\pm 0.005°C$를 갖는 온도 측정 교정을 위한 지역 표준으로 이용되기 위하여 RTD의 저항 측정에서 요구되는 불확도의 수준을 추정하라. $R(0°C) = 100\,\Omega$으로 가정한다.

8.11 서미스터가 100°C 환경에 놓여 있고 그 저항은 25,000 Ω으로 측정되었다. 이 서미스터의 재료 상수 β는 3,650°C이다. 이 서미스터가 다른 온도를 측정하는 데 사용되고 그때의 저항이 750 Ω이라면 서미스터 온도는?

8.12 스프레드시트 또는 유사한 소프트웨어를 사용하여 그림 8.13의 자료를 생성하라.

8.13 열전대 회로에 관계되는 다음 용어들을 정의하고 논하라.
  a. 열전대 접점
  b. 열전대의 법칙
  c. 기준 접점
  d. 펠티에 효과
  e. 제베크 계수

8.14 그림 P8.14의 열전대 회로에는 기준 접점의 온도가 $T_2 = 0°C$인 J형의 열전대가 나타나 있다. 출력 전압이 14.942 mV이라면 측정 접점의 온도(T_1)는?

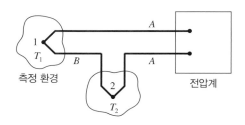

그림 P8.14 문제 8.14~8.16의 열전대 회로 : 1. 측정 접점, 2. 기준 접점

8.15 그림 P8.14의 열전대 회로에는 J형의 열전대가 나타나 있다. 회로의 출력 전압이 14.23 mV이고, $T_1 = 550°C$라면 T_2는?

8.16 그림 P8.14의 열전대 회로에 나타낸 열전대가 구리와 콘스탄탄으로 구성되어 있다. $T_1 = 200°C$이고 $T_2 = 100°C$인 경우 출력 전압은?

8.17 a. 그림 P8.17(a)의 열전대의 출력 전압이 8.676 mV이다. 측정 접점의 온도는?
  b. 기준 접점의 온도가 20°C로 변하였다. 측정 접점이 위 (a)와 같은 온도로 유지된다면 전압계에는 몇 볼

트의 전압이 측정되겠는가?

c. 구리 연장 리드선이 그림 P8.17(b)처럼 설치되었다. 출력 전압 8.676 mV, 기준 접점의 온도 0°C에 대하여 측정 접점의 온도는 몇 도인가?

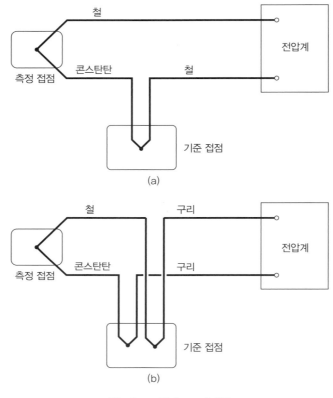

그림 P8.17 문제 8.17의 개략도

8.18 J형 열전대의 기준 접점 온도가 25°C이고, 출력 전압이 3.125 mV이다. 측정 접점의 온도는?

8.19 J형 열전대의 기준 접점 온도가 0°C이고, 출력 전압이 5.16 mV이다. 측정 접점의 온도는?

8.20 어떤 온도 측정에서 200°C 부근의 불확도가 ±2°C(5%)로 요구된다. 표준 T형 열전대와 전자 빙점 기준 접점 온도 교정이 제공되고 표시 불확도 0.5°C(95%), 분해능이 0.1°C인 측정 장치를 사용한다. 설계 단계에서 불확도에 대한 제한 조건이 충족되는가?

8.21 그림 8.25와 같이 구성된 3쌍의 측정 접점을 가진 서모파일을 이용하여 온도차 3.0°C를 측정한다.

a. 만일 모든 접점쌍이 3.0°C를 감지한다면 J형 열전대의 경우 이 서모파일의 출력을 결정하라. 접점의 평균 온도는 80°C이다.

b. 만일 최대 기전력의 변동이 NIST 표준으로부터 ±0.8%(95%) 차이가 나는 선을 사용하여 서모 파일을

제작하였고, 장치의 전압 측정 성능의 불확도가 ±0.0005 V(95%)라 할 때 측정된 온도차의 불확도를 추정하기 위한 설계 단계 불확도 분석을 수행하라.

8.22 J형 열전대에 대하여 다음의 표를 완성하라.

온도(°C)		emf
측정	기준	(mV)
100	0	
	0	−0.5
100	50	
	50	2.5

8.23 T형 열전대에 대하여 적절한 컴퓨터 소프트웨어 혹은 프로그램 입력이 가능한 계산기를 사용하여 다음의 표를 완성하라.

온도(°C)		emf
측정	기준	(mV)
100	0	
	0	0.6
100	50	
	50	3

8.24 J형 서모파일이 단일 온도를 측정하기 위하여 그림 8.24와 같이 제작되어 있을 때, 기준 접점의 온도가 0°C이고 4개의 접점을 가진 서모파일이면 155°C에서 전압은 얼마인가? 만일 전체 불확도 ±0.0002 V(95%)의 전압 측정 장치가 사용된다면 ±0.1°C(95%)의 불확도로 온도를 측정하기 위해 필요한 서미스터의 접점의 개수는?

8.25 당신이 난방, 환기, 공기 조화 기사로 고용되었다. 당신의 직무는 주택 내부에 온도 조절기를 설치할 장소와 벽에 어떤 방법으로 고정시킬 것인가를 결정하는 것이다. 온도 조절기는 난방 및 공기 조화 장치의 제어 회로용 감지기로 바이메탈 온도 측정 장치를 내장하고 있다. 난방이 필요한 계절이다. 센서의 온도가 조절기의 희망 온도보다 1°C 이하로 떨어지면 난방이 작동되고 온도가 희망 온도보다 1°C 이상 상승하면 꺼진다. 조절기를 설치할 위치, 온도 조절기의 온도와 공기 온도와의 차이를 유발하는 요인, 주택 거주자의 불쾌감을 조장하는 요인에 대하여 논하라. 온도 센서의 열용량이 온도 조절기의 작동에 어떻게 영향을 미치는가? 왜 냉방을 실시하는 절기에는 조절기의 온도를 5°C 정도 높게 맞추어 놓는가?

8.26 0~100°C 온도에서 사용할 J형 열전대를 고측계(hypsometer)라는 장치를 사용하여 비등점에서 교정하였

다. 고측계는 주어진 기압에서 물의 포화 온도에 해당하는 일정 온도 환경을 유지한다. 비등점은 기압에 의하여 현저한 영향을 받는다. 교정 당일의 기압이 30.1 in. Hg이었다. 비등 온도를 기압의 함수로 다음과 같이 표시할 수 있고

$$T_{st} = 212 + 50.422 \left(\frac{p}{p_0} - 1 \right) - 20.95 \left(\frac{p}{p_0} - 1 \right)^2 [°F]$$

여기서 $p_0 = 29.921$ in. Hg이다. 기준 접점의 온도가 0°C일 때, 비등점에서 열전대의 출력 전압이 5.310 mV이다. 열전대 기준표의 값과 측정값의 차($V_{ref} - V_{meas}$)를 온도에 따라 작도하여 이 열전대의 보정 곡선을 구하라. 0°C에서 이 차이는 얼마인가? 0~100°C 구간에서 이 교정을 이용하여 온도를 측정하는 방법을 제안하고, 전체 불확도에 기여하는 영향을 추정하라.

8.27 0~200°C 구간에서 RTD 표준에 대하여 ±0.01°C(95%)로 J형 열전대를 교정한다. 전압계에 의해 측정된 출력 전압의 분해능은 0.001 mV이고, 계통 불확도는 0.015 mV(95%)보다 작다. 기준 접점의 온도가 0°C일 때, 교정 과정에서 다음의 결과를 얻었다.

T_{RTD} (°C)	0.00	20.50	40.00	60.43	80.25	100.65
emf (mV)	0.010	1.038	2.096	3.207	4.231	5.336

a. 온도와 열전대 전압의 관계를 기술하는 다항식을 결정하라.

b. 열전대와 전압계를 사용하여 측정한 온도의 불확도를 추정하라.

c. 열전대가 분해능이 0.1°C이고, 계통 불확도가 0.3°C(95%)인 디지털 온도 표시기에 연결되어 있다. 표시 온도의 불확도를 추정하라.

8.28 비드형 열전대가 기체가 속도 70 m/s로 흐르는 덕트 내에 설치되어 있다. 열전대는 800 K의 온도를 표시한다.

a. 속도 오차를 추정하여 유체의 정온도를 구하라. 유체의 비열은 2.51 kJ/kg K이고, 회복 계수는 0.22의 값을 갖는다.

b. 덕트 벽의 온도가 700 K일 때 열전대의 표시 온도가 가질 수 있는 복사에 의한 오차(불확도)를 추정하라. 탐침에 대한 덕트 벽의 형상 계수가 1이고, 대류 열전달 계수 h가 130 W/m²-K이며 온도 탐침의 방사율은 1이다.

8.29 융접 접점을 갖는 열전대가 유속 130 m/s인 공기 중에 설치되었다. 열전대의 표시 온도는 650°C이다. 회복 계수를 0.45로 가정하고 회복 오차를 수정하여 공기가 갖는 정온도의 참값을 결정하라.

8.30 145 m/s의 속도로 6,700 m 상공을 날고 있는 비행기에서 외부 공기의 정온도를 측정하려 한다. 회복 계수 r이 0.75인 온도 탐침을 사용한다. 정지 공기의 온도가 229 K이고, 비열이 1 kJ/kg K일 때 탐침의 표시 온도는 몇 도인가? 6,700 m 상공의 기압은 약 46.87 kPa이고, 이에 따른 공기의 밀도는 0.7083 kg/m³이다. 정온도 측정의 정확도에 영향을 줄 다른 인자에 대하여 논하라.

8.31 160 m/s의 속도로 8,000 m 상공을 날고 있는 비행기에서 외부 공기의 정온도를 측정하려 한다. 회복 계수 r이 0.4인 온도 탐침을 사용한다. 공기의 정온도가 248 K이고, 비열이 1,100 J/kg-K일 때 탐침의 표시 온도는 몇 도인가? 7,000 m 상공의 기압은 약 45 kPa이고 이에 따른 공기의 밀도는 0.66 kg/m³이다. 정온도 측정의 정확도에 영향을 줄 다른 인자에 대하여 논하라.

8.32 피복 열전대의 전형적인 구조가 그림 P8.32에 작도되어 있다. 이 형상에 대한 온도 측정의 전도 오차를 구체적으로 계산하기는 어렵다. 이 탐침을 주어진 길이만큼 대류 환경에 담갔을 때, 열전도에 의한 오차의 상한을 계산하는 실제적인 방법을 제안하라.

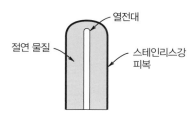

그림 P8.32 피복 열전대의 전형적인 구조

8.33 피복 열전대의 종류에는 접지형과 비접지형이 있다. 이들 용어의 의미와 두 형태 중 선택의 기준이 무엇인지 연구하라.

8.34 그림 P8.34와 같이 덕트 내를 흐르는 공기의 유동 중에 철-콘스탄탄 열전대가 설치되어 있다. 공기의 속도는 75 m/s이다. 열전대의 방사율은 0.5이고, 회복 계수는 0.6이다. 열전대의 기준 접점은 373 K이고, 벽의 온도 T_w는 600 K이다. 열전대의 출력 기전력은 15 mV이다.

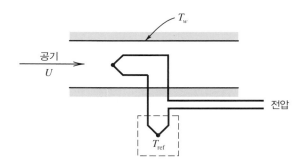

그림 P8.34 문제 8.34, 35의 개략도

a. 열전대의 접점 온도를 구하라.

b. 회복 및 복사 오차를 고려할 때, 표시 온도의 총 오차를 추정하라. 이 측정 오차의 추정값이 보수적인지 여부와 그 이유를 논하라. 열전달 계수는 100 W/m²-K를 사용해도 좋다.

8.35 그림 P8.34와 같이 덕트 내를 흐르는 공기의 유동 중에 철-콘스탄탄 열전대가 설치되어 있다. 공기의 속도는 60 m/s이다. 열전대의 방사율은 0.7이고, 회복 계수는 0.7이다. 열전대의 기준 접점은 273 K이고, 벽의 온도 T_w는 550 K이다. 열전대의 출력 기전력은 22 mV이다.

   a. 열전대의 접점 온도를 구하라.

   b. 회복 및 복사 오차를 고려할 때, 표시 온도의 총 오차를 추정하라. 이 측정 오차의 추정값이 보수적인지 여부와 그 이유를 논하라. 열전달 계수는 $c_p = 1,005$ J/kg-K이고, 비열은 226 W/m²-K를 사용해도 좋다.

8.36 예제 8.5에서 R_T의 불확도는 125°C에서 $B_{R_T} = 247$ Ω(95%)으로 결정되었다. R_T에 대한 불확도 분석을 수행하여 이 값이 정확한지를 보여라. 추가로 150°C와 100°C에서 B_{R_T}를 결정하라. 125°C에서의 B_{R_T}값을 사용하면 β의 불확도 분석에 어떤 오차가 도입되는가?

8.37 그림 P8.37의 열전대 회로로 온도 T_1을 측정한다. 전위차계의 오차 한계는 다음과 같다.

   오차 한계 : 25°C에서 표시값 +12 μV의 ±0.05%(95%)

   분해능 : 6 μV

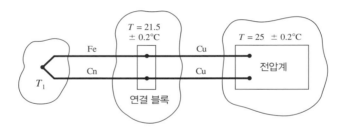

그림 P8.37 문제 8.37의 열전대 회로

출력 전압이 8 mV인 경우 T_1의 최적 추정값을 구하라.

8.38 백금 RTD($\alpha = 0.00392$°C⁻¹)를 고정 온도점에서 교정하려 한다. 탐침은 그림 P8.38에 보인 휘트스톤 브리지의 평형 상태에서 사용된다. 브리지의 저항이 갖는 불확도는 ±0.001 Ω(95%)으로 알려졌다. 0°C에서는 $R_c = 110.000$ Ω에서 평형을 이루고, 100°C에서는 $R_c = 149.200$ Ω에서 평형을 이룬다.

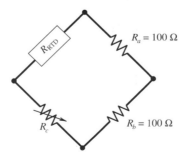

그림 P8.38 문제 8.38의 브리지 회로

a. 0℃와 100℃에 해당하는 RTD의 저항값과 각각의 불확도를 구하라.

b. $R_c = 340\,\Omega$으로부터 결정된 측정 온도에 대하여 이 RTD-브리지 장치를 사용하여 측정한 온도의 불확도를 계산하라. $u_\alpha = \pm 1 \times 10^{-5}/℃(95\%)$로 가정하라.

8.39 박막 열유속 센서가 온도차를 측정하기 위해 K형 서모파일을 사용한다. 서모파일의 민감도는 $5\,\frac{\mu V}{W/m^2}$이다. 이 열유속 센서를 각각 다음의 응용 사례에 적용하는 경우 출력 전압을 결정하고 결과의 의미를 논하라.

a. 두께가 8 mm이고, 열전도도 $k = 1.5$ W/m-K인 홑장 유리가 내외부 온도차 30℃의 조건에 있다.

b. 두께가 8 cm이고, 열전도도 $k = 0.7$ W/m-K인 벽돌 벽이 내외부 온도차 20℃의 조건에 있다.

c. 두께가 5.2 cm이고, 열전도도 $k = 0.05$ W/m-K인 폴리스타이렌 아이스박스 벽의 내외부 온도차 30℃의 조건에 있다.

8.40 민감도 $\theta_q = 5\,\frac{\mu V}{W/m^2}$를 갖는 박막 열유속 센서를 사용하여 열유속을 측정하니 공칭 출력 전압이 $40\,\mu V$이다. 출력 전압은 표시값의 0.003%에 해당하는 불확도를 갖는 나노 전압계를 사용하여 측정하였다. 열유속 센서의 민감도는 (별도의 교정을 거치지 않은 경우로) ±10%이다. 이상의 주어진 값을 사용하여 측정된 열유속이 갖는 불확도를 결정하라.

8.41 에너지 절약 프로그램의 일환으로 주택의 천장 단열재 전후의 온도차를 측정하기 위하여 T형 서모파일을 사용한다. 단열재 전후의 온도차는 다음 식에 의하여 에너지 손실을 계산하는 데 사용된다.

$$Q = kA_c(\Delta T/L)$$

여기서

A_c = 천장 면적 = 15 m^2

k = 단열재의 열전도도 = −0.4 W/m-℃

L = 단열재의 두께 = 0.25 m

ΔT = 온도차 = 5℃

Q = 열손실(W)

온도차는 5℃로 예상되고 열전대의 기전력은 불확도 ±0.04 mV로 측정된다. ΔT를 제외한 다른 변수의 불확도는 무시해도 좋다고 가정하고, Q의 불확도가 ±5%(95%)가 되도록 서모파일의 접점의 개수를 결정하라.

8.42 기준 온도가 0℃인 T형 열전대를 이용하여 끓는 물의 온도를 측정한다. 이 회로의 100℃에서 출력 전압은?

8.43 기준 온도가 0℃인 T형 열전대의 출력 전압은 1.2 mV이다. 이 열전대에 의하여 감지된 온도는?

8.44 디지털 전압계와 T형 열전대로 이루어진 온도 측정장치가 있다. 열전대 리드선이 25℃로 냉방된 곳에서 직접 전압계에 연결되어 있다. 열전대로부터 출력 전압이 10 mV일 때 측정 접점의 온도는 무엇인가?

8.45 연소로의 온도를 일정한 조건하에서 60회 이상 측정한 결과 $\bar{T} = 624.7°C$와 $s_T = 24°C$를 얻었다. 엔지니어는 복사에 의한 계통 오차가 있을 것으로 생각한다. 노벽의 온도가 400°C이므로 실제 연소로의 온도는 측정된 평균값 624.7°C보다 높으면 높았지 낮지는 않다는 것이다. 즉, 오차의 하한값은 0°C이다. 열전달에 관한 계숫값을 적절히 설정하고 복사 오차를 추정하라. 계통 오차가 이렇게 결정된 복사 오차를 상한값으로 0°C를 하한값으로 경계를 삼고 측정 평균값을 기준으로 직사각형 분포를 갖는다고 가정하고, 온도의 참값과 신뢰 구간을 기술하는 논의를 전개하라.

8.46 바이메탈의 열탄성(flexivity) k를 알고 있다면 다음의 식으로 곡률 반지름 r_c를 계산한다.

$$r_c = \frac{d}{2k(T_2 - T_1)}$$

여기서 T_2는 주변의 온도이고, T_1은 바이메탈 띠의 조립 온도이다. 조립 온도에서 r_c는 무한히 크다. 3 cm 띠가 25°C에서 조립되었고, k의 값이 $7.3 \times 10^{-5} \, \text{K}^{-1}$인 경우, 온도 50°C, 75°C 및 100°C에서 띠의 형상을 그려라.

제 **9** 장

압력과 속도의 측정

9.1 서론

이 장에서는 유체에서 압력과 속도를 측정하는 방법을 소개한다. 압력은 정지 혹은 동적인 음향 및 유체 시스템에서 측정된다. 교정을 통해 주어진 압력의 값을 측정하는 계기와 그 절차, 압력 측정을 위한 여러 종류의 변환기를 설명할 것이다. 움직이는 유체의 국부 및 전체 속도를 측정하는 교과서적인 방법이 논의될 것이고, 최종적으로 압력과 속도 측정에서의 공통적인 오차 원인을 포함한 현실적으로 고려되어야 할 사항들을 확인할 것이다. 압력에 대한 실제적인 여러 가지 시험 표준이 존재하지만, 그중 많은 표준이 특정 용도나 특정 측정 기구를 위한 것이다. American Society of Mechanical Engineers' Performance Test Code(ASME PTC) 19.2는 기본적인 압력 측정 방법과 측정 기구에 대한 전반적인 사항을 제공하며, 널리 수용되고 있는 표준이다(참고문헌 1).

이 장의 학습을 통해, 독자들은 다음의 능력을 갖출 수 있을 것이다.

- 절대 압력과 계기 압력의 개념과 압력을 직접 측정하기 위한 작업 표준
- 기계적인 압력 측정과 압력 측정을 위한 여러 종류의 변환기의 물리적 동작 원리
- 정적인 시스템과 움직이는 유체에 대한 압력의 개념
- 송수관 효과에 의한 시스템 압력의 동적 거동 해석
- 음향신호를 측정하고 리포트 하기 위한 기초지식
- 여러 가지 속도 측정 방법과 그 실제 적용 방식의 물리적 동작 원리

9.2 압력의 개념

압력은 접촉한 단위 면적에 가해진 힘이다. 압력은 유체와 접촉하고 있는 면에 대해 안쪽으로(압축) 그리고 수직으로 작용한다. 어떤 분자도 함유하지 않은 순수한 진공은 절대 영 압력(absolute zero pressure)의 근본적인 표준이 된다. 그림 9.1에서 볼 수 있듯이 절대 압력의 크기는 이 절대 영 압력을 기준으로 하여 결정된다. 15°C에서 표준 대기압하의 압력을 절대 압력 1.01325×10^5 Pa로 정의하며(1 Pa $= 1$ N/m^2)(참고문헌 2), 이는 다음 값들과 동일하다.

101.325 kPa absolute

1 atm absolute

14.696 lb/in.^{2} absolute(psia로 표시)

1.013 bar absolute(1 bar $= 100$ kPa)

여기서 '절대(absolute)' 표시는 'a'나 'abs.'로 표시할 수 있다.

그림 9.1에는 계기 압력 크기가 표시되어 있다. 계기 압력 크기는 측정이 편리하도록 고른 어떤 절대 기준 압력을 기준으로 측정된다. 절대 압력 p_{abs}와 이에 대응되는 계기 압력 p_{gauge}의 관계는 다음과 같다.

$$p_{gauge} = p_{abs} - p_0 \tag{9.1}$$

여기서 p_0는 기준 압력이다. 일반적으로 사용되는 기준 압력은 측정 장소가 속한 그 지역의 절대 대기 압력이다. 절대 압력은 양수이며, 계기 압력(gauge pressure)은 기준 압력으로부터 상대적으로 측정한 압력의 값에 따라 양수 또는 음수로 된다. 차압(differential pressure)은 $p_1 - p_2$ 같은 상대적인 압력 측정값이다.

압력은 또한 그림 9.2에 제시된 것같이 유체 기둥의 깊이 h 위치에서 받는 압력으로 나타낼 수 있다. 유체 정

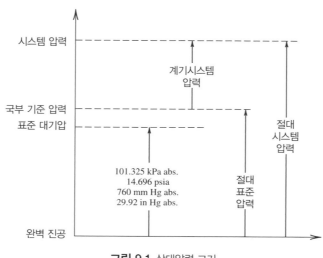

그림 9.1 상대압력 크기

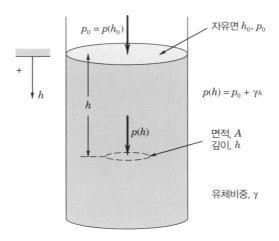

그림 9.2 압력 수두와 압력

역학에서 비중이 γ인 유체 속의 임의의 깊이 h에서의 압력은 다음과 같이 표시된다.

$$p_{abs}(h) = p(h_0) + \gamma h = p_0 + \gamma h \tag{9.2}$$

여기서 p_0는 임의의 기준선 h_0에서 압력이고, h는 h_0으로부터 측정된다. 유체의 비중은 γ = ρg이며, 이때 ρ는 밀도이다. 식 (9.2)를 다시 정리해 보면 대응하는 유체의 수두(水頭) h는 다음과 같다.

$$h = [p_{abs}(h) - p(h)]/\gamma = (p_{abs} - p_0)/\gamma \tag{9.3}$$

표준 대기압(standard atmosphere, $p_0 = 0$ absolute)에 대응하는 압력 수두(pressure head)는 다음과 같다.

$$760 \text{ mm Hg abs} = 760 \text{ torr abs} = 1 \text{atm abs}$$
$$= 10,350.8 \text{ mm H}_2\text{O abs} = 29.92 \text{ in Hg abs}$$
$$= 407.513 \text{ in H}_2\text{O abs}$$

이 표준값은 $0.0135951 \text{ kg/cm}^3$의 밀도를 가지는 0°C의 수은(Hg)과 $0.000998207 \text{ kg/cm}^3$의 밀도를 가지는 20°C의 물에 기반한다(참고문헌 2).

예제 9.1

25°C인 저수지에서 그 수면(자유면)을 기준으로 20 m 깊이의 절대 압력, 계기 압력과 이에 대응하는 압력 수두를 계산하라.

알려진 값 $h = 20$ m, 자유면에서 $h_0 = 0$이라 한다.

$$T = 25°C$$

25°C에서 물의 비중 = 997.07 kg/m³

수은의 비중 S_{Hg} = 13.57

가정 $p(h_0) = 1.0132 \times 10^5$ Pa abs

구할 값 p_{abs}, p_{gauge}, h

풀이

절대 압력은 식 (9.2)로부터 직접 구할 수 있다. 자유면의 압력을 기준 압력으로 하고 기준선을 h_0에 두면, 절대 압력은 다음과 같다.

$$p_{abs}(h) = 1.0132 \times 10^5 \text{ N/m}^2 + \frac{(997.07 \text{ kg/m}^3)(9.8 \text{ m/s}^2)(20 \text{ m})}{1 \text{ kg-m/N-s}^2}$$
$$= 2.969 \times 10^5 \text{ N/m}^2 \text{ abs}$$

이 값은 296.9 kPa abs, 혹은 2.930 atm abs이다.

이 압력은 대기압을 기준함으로써 계기압력으로 표시할 수 있다. 이는 식 (9.1)로부터 구할 수 있다.

$$p(h) = p_{abs} - p_0 = \gamma h$$
$$= 19.56 \times 10^4 \text{ N/m}^2$$

이 값은 195.6 kPa 또는 1.95 atm이다.

이 압력은 동등한 수두 높이로 다음과 같이 나타낼 수 있다.

$$h = \frac{p_{abs} - p_0}{\rho g} = \frac{(2.969 \times 10^5) - (1.0132 \times 10^5) \text{ N/m}^2}{(997.07 \text{ kg/m}^3)(9.8 \text{ m/s}^2)(1 \text{ N-s}^2/\text{kg-m})}$$
$$= 19.99 \text{ m of H}_2\text{O}$$

9.3 압력 기준 계기

압력의 단위는 질량, 길이, 시간의 기본 단위를 사용하여 정의될 수 있다. 일반적으로 압력 변환기는 정확한 기준 기기와의 비교를 통해 교정한다. 이 절에서는 작업 표준으로 혹은 실험실에서 사용할 수 있는 몇 개의 기본적인 표준 기기를 소개한다.

매클라우드 게이지

1874년 Herbert McLeod에 의해 고안된 매클라우드 게이지(McLeod gauge)(참고문헌 3)는 압력 측정 계기로서

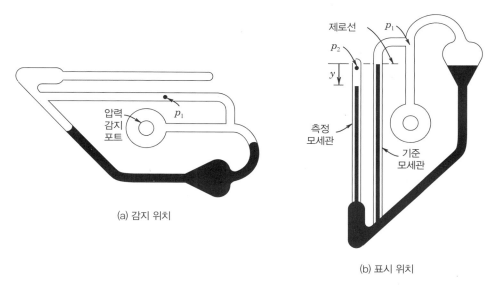

(a) 감지 위치

(b) 표시 위치

그림 9.3 매클라우드 게이지

일반적으로 1 mm Hg abs에서 0.1 mm Hg abs까지의 저대기압 범위 내에서 기체 압력을 측정하는 실험실 기준 계기이다. 대기압 이하의 압력은 진공압(vacuum pressure)이라고도 부른다. 그림 9.3(a)에 제시되어 있는 게이지는 직접 저압의 압력원과 연결되어 있다. 유리 배관이 측정 대상인 미지의 저압 가스를 그림 9.3(a)의 감지 위치에서 그림 9.3(b)의 표시 위치로 게이지를 역전시켜 가둘 수 있는 구조를 가지고 있다. 이때 모세관 안에 밀폐된 기체는 수은 기둥이 올라감에 따라 등온 압축된다. 보일(Boyle)의 법칙을 이용하여 수은 양쪽의 압력과 모세관에서 수은이 이동한 거리 사이의 관계를 알 수 있다. 수은은 높은 밀도와 매우 낮은 증기 압력 때문에 작동 유체로 선호된다.

평형 위치와 측정 위치에서 모세관 압력 p_2는 측정해야 할 미지의 기체 압력 p_1과 $p_2 = p_1 (\forall_1/\forall_2)$의 관계를 가진다. 이때 위에서 $\forall_1$은 그림 9.3(a)에서 제시하는 게이지의 기체 체적이고(게이지가 임의의 압력에 있어도 $\forall_1$은 일정하다), $\forall_2$는 그림 9.3(b)에서 제시하는 모세관의 체적이다. $\forall_2 = Ay$, 여기서 A는 모세관의 횡단 면적이고, y는 기체가 차 있는 모세관의 수직 거리이다. 수은의 비중을 γ라고 하면 차압은 $p_2 - p_1 = \gamma y$를 통해 측정해야 할 기체 압력과 y만의 함수로 다음과 같이 표시될 수 있다.

$$p_1 = \gamma A y^2/(\forall_1 - Ay) \tag{9.4}$$

실사용에서 상용 매클라우드 게이지는 직접 압력 p_1 또는 그에 동등한 수두 p_1/γ을 나타내는 눈금이 새겨진 모세관을 가지고 있다. 매클라우드 게이지의 눈금은 일반적으로 수정을 필요로 하지 않는다. 기준 모세관은 측정 모세관에 작용하는 모세관 힘을 상쇄시킨다. 계기의 계통 불확도(systematic uncertainty)는 1 mm Hg abs에서는 약 0.5%(95% 신뢰도) 정도이고, 0.1 mm Hg abs에서는 3%(95% 신뢰도) 정도까지 증가한다.

열전대 게이지

저압 기준 측정계기의 작동원리는 열전도율이 각 기체에 따라 다르면서 압력에 비선형적으로 변하는 기체 특성치에 기초한다. 기체특성치에 기초한 게이지는 통상 진공관 기체와 같이 사용되며, 저 진공압 범위에서 정확하다. 기체의 운동에너지 이론에 의하면 기체의 열전도율과 압력은 선형관계가 있다. 기체의 열전도율 측정은 낮은 압력 측정에 매우 효과적인 방법이다.

열전대 게이지(thermocouple gauge)는 기체의 열전도 능력이 압력강하에 따라서 감소하는 것에 기초한다. 열전대 게이지는 단자 사이에 있는 얇은 금속띠와 표준 기준점 간의 온도를 측정하는 열전대 소자를 이용한다. 가열소자의 얇은 금속띠는 전류가 흐르는 회로에 연결되어 있다. 회로를 흐르는 전류를 조절함으로써 가열 정도를 조절한다. 금속띠의 온도는 측정하려는 진공에 노출된 밀폐관(closed container) 압력의 함수이다. 이 온도는 가열소자가 주변 기체로 열을 잃는 속도, 즉 열전도율에 영향을 받는다. 열전대 접점은 금속띠에 연결되어 있고, 또 하나의 기준 열전대 접점은 통상 상온으로 유지된 외부 유리기체관이다. 열전대에 유도된 기전력을 측정하면, 시스템 경계 내의 저압력에 선형적으로 비례한다. 열전대 게이지는 1.33×10^{-2} Pa부터 133.32 Pa 범위의 진공압력 측정에 사용된다. 열전대 게이지의 기능을 설명하는 그림이 그림 9.4에 있다.

이와 같은 형식의 게이지 문제는 전도열에 추가해서 복사열이 존재한다는 점이다. 이 경우 열의 전도는 기체의 성분과 압력에 따라서 변화한다. 만일 기체성분이 열의 대류를 가속하면, 금속띠에서 측정된 압력은 올바른 기체 압력을 반영하지 못하기에, 계기의 민감도에 영향을 주게 된다. 현실적으로 복사열에 의한 열전도를 최소화하려는 시도들이 있어 왔다. 금속띠에 공급되는 전류를 일정하게 유지하면서, 열전대 기준접점도 일정한 온도로 유지하는 것이다. 매체로서 공기나 아르곤을 사용하면 주어진 진공압력 범위에서 매우 선형적인 열전대 접점 출력을 낼수 있다.

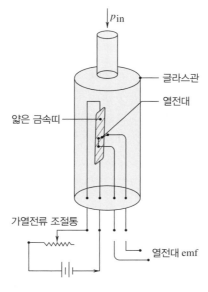

그림 9.4 열전대 게이지

저항 열전대 게이지(피라니 게이지)

피라니 게이지(Pirani Gauge)라 불리는 저항 열전대 게이지는 가열요소로서 텅스텐 코일을 사용한다. 코일을 둘러싼 기체압력의 변화가 코일저항을 변화시킨다. 저항의 변화는 통상 휘트스톤 브리지(Wheatstone Bridge) 회로에 의해서 정확하게 측정된다. 텅스텐 코일은 대피유리관 안에 밀폐되어 있다. 감도향상을 위해서 다중 코일, 통상적으로는 4중 코일이 병렬적으로 사용된다. 4중 코일은 유리관 안에서 적절하게 고정되고 지지되어 있다. 밀폐된 관은 브리지 회로의 1개의 팔(arm) 역할을 한다. 브리지 회로의 또 하나의 팔은 첫 번째 팔과 동일한 코일로 연결되어 있고, 이 관은 측정하려는 저압 시스템에 연결되어 있다. 밀폐된 관은 모사요소(dummy element)로서, 교란에 대한 보상과 측정 시스템의 입력 수정의 역할을 수행한다. 저항 열전대 게이지의 기능 설명이 그림 9.5에 있다.

2개의 팔에 있는 코일의 저항은 초기에는 동일하며, 측정 체임버에 있는 기체압력이 밀폐관의 압력과 동일하도록 브리지 회로의 균형이 맞추어져 있다. 측정관이 진공측정을 위한 저압시스템과 연결되면, 텅스텐 코일에 온도변화가 생긴다. 코일저항은 온도변화에 비례해서 변하며, 브리지 회로에 불균형을 만든다. 브리지 회로는 영점모드(null mode) 또는 편차모드(deflection mode)로 사용할 수 있다. 영점모드는 느리고 동적 압력변화 측정이 불가능하며, 편차모드가 압력변화 교정에 선호된다. 또 하나의 문제는 저압시스템의 표준 기준매체에 대한 게이지 교정이다. 대피관과 측정관이 동일한 진공이 되도록 계기의 영점 조절이 보장되어야 한다는 점이다. 측정하려는 시스템 압력은 일반적으로 이 영점 조절압력 범위 밖에 있게 된다.

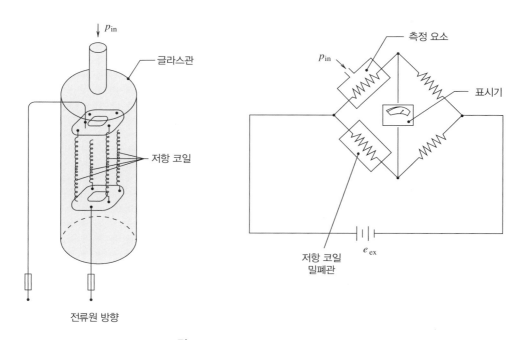

그림 9.5 저항 열전대 게이지(피라니 게이지)

기압계

기압계(barometer)는 거꾸로 된 유리관으로 구성되었고 대기압을 측정하는 데 사용된다. 기압계를 만들 때는 한쪽이 밀폐된 유리관의 내부를 절대 영 압력이 되도록 비워야 한다. 유리관은 열린 쪽이 밑으로 가도록 해서 액체가 담긴 그릇에 잠겨지게 되는데, 이는 그림 9.6의 포르탱(Fortin) 기압계의 예에 보는 바와 같다. 그릇은 대기에 개방되어 있고, 대기압은 액체가 유리관 안에서 올라가게끔 작용한다.

식 (9.2)와 (9.3)에서 그릇의 자유 표면으로부터 측정된 유체 기둥의 높이는 동등한 수두의 절대 대기압과 같다(식 9.3). 1644년 갈릴레오의 동료였던 토리첼리(Evangelista Torricelli, 1608~1647)는 기압계의 작동 원리를 개발하고 해석하였다.

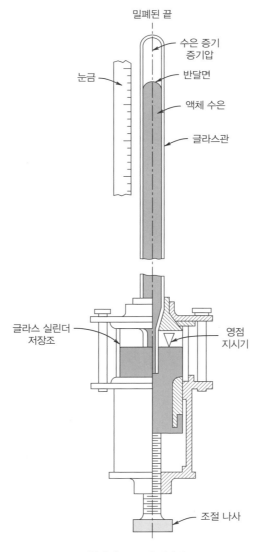

그림 9.6 포르탱 기압계

그림 9.6에서 보듯, 유리관의 밀폐된 쪽의 압력은 상온에서의 기압계 내 액체의 증기압과 같다. 따라서 계기에 표시된 압력은 대기압에서 액체의 증기압을 뺀 값이다. 수은은 매우 낮은 증기압을 가지고 있어 가장 보편적으로 사용되고 있으며 실제 응용에서는 표시된 압력값을 그 지역의 절대 대기압으로 여길 수 있다. 그러나 매우 정확한 측정이 필요한 경우 증기압에 영향을 미치는 온도 효과, 수은 비중에 영향을 미치는 온도와 해발 효과, 그리고 표준 중력 가속도(9.80665 m/s²)에 대한 차이를 고려하여 교정되어야 한다. 교정 곡선은 계기 제조회사에서 제공한다.

기압계는 각 지역의 절대 대기압을 측정하는 표준으로 사용된다. 온도와 중력 가속도의 표준조건에서 수은은 저장조의 자유 표면에서 760 mm까지 올라간다. 미국 국립 기상 서비스는 늘 해수면에 대해 수정된 대기압을 발표한다.

압력계

압력계(manometer)는 압력과 유체 정지 상태의 수두 사이의 관계를 이용해 차압을 측정하는 계기이다. 몇 가지 종류의 압력계가 실제 사용되고 있는데, 일반적으로 0.005 mm 액체압력에서부터 수 미터 범위까지의 압력을 측정할 수 있다.

그림 9.7의 U자관 압력계는 비중이 γ_m인 액체가 들어 있는 투명한 관으로 구성되어 있다. 압력계 내 액체는 두 면의 자유 표면을 형성한다. p_1과 p_2 간의 차압은 두 자유 표면의 편차 H와 같다. 그림 9.7의 압력계로 측정되는 기체 혹은 액체의 비중이 γ인 경우, 유체 정역학의 원리는 다음과 같이 적용될 수 있다.

$$p_1 = p_2 + \gamma x + \gamma_m H - \gamma(H + x)$$

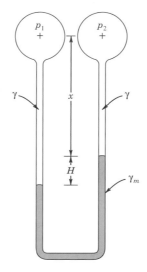

그림 9.7 U자관 압력계

여기서 압력계의 편차와 가해진 차압 사이의 관계를 유도할 수 있다.

$$p_1 - p_2 = (\gamma_m - \gamma)H \tag{9.5}$$

식 (9.5)로부터 U자관 압력계의 정적 감도는 $K = 1/(\gamma_m - \gamma)$임을 알 수 있다. 압력계의 감도를 높이기 위해서는 가능한 $(\gamma_m - \gamma)$ 값을 작게 해야 한다. 압력계는 측정 가능한 편차를 제공할 수 있는 유체를 선택해야 하나 편차가 너무 커서 관찰하기 어려운 경우는 피해야 한다. 실용적 관점에서, 기압계의 유체는 측정 유체와 같이 용해되어서는 안 된다.

그림 9.8은 U자관 압력계의 한 종류인 미압계(micromanometer)로, 특수한 목적으로 만들어진 이 계기는 0.005 mm H_2O까지 내려갈 수 있는 극히 작은 차압값을 측정하는 데 쓰인다. 이 압력계를 영점 조정하기 위해서는 저장조(reservoir)가 위 혹은 아래로 움직여서 저장조 안의 압력계 유체 높이와 확대경이 달린 측정 눈금의 기준점이 일치하도록 조정한다. 압력의 변화는 유체를 움직이고 그 결과 저장조 안의 유체가 만드는 반달면 (meniscus)이 기준점과 계속 일치하기 위해서는 저장조를 위 혹은 아래로 움직여야 한다. 이 위치 변화량은 대응하는 압력 수두의 변화와 같다. 마이크로미터 또는 다른 교정된 변위 측정장치로 저장조의 위치를 조절해야 한다.

경사관 압력계는 작은 압력 변화를 측정하는 데 쓰인다. 본질적으로 이는 한쪽 다리가 수평에 대해 10°에서 30° 정도의 각도 θ로 기울어진 U자관 압력계이다. 그림 9.9에서 제시하듯이 U자관의 편차 H는 경사진 다리에서 $L = H/\sin\theta$만큼의 위치 변화를 일으킨다. 즉, 경사관은 기존 U자관보다 $1/\sin\theta$ 비율로 더 큰 감도를 가진다.

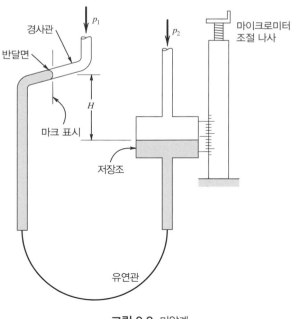

그림 9.8 미압계

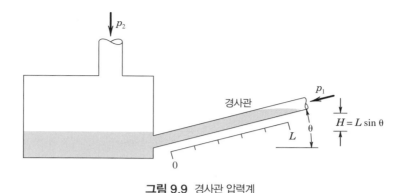

그림 9.9 경사관 압력계

모든 종류의 압력계의 계기 불확도에 공통적으로 영향을 끼치는 몇 가지 기본 오차들이 있다. 눈금오차, 정렬 오차, 영점(null) 오차, 온도 오차, 중력 오차, 모세관과 반달면 오차 등이 그것이다. 압력계 유체의 비중은 온도의 영향을 받지만 이는 교정될 수 있다. 예를 들면, 수은 비중의 온도에 대한 영향은 다음과 같이 근사될 수 있다.

$$\gamma_{Hg} = \frac{133.084}{1 + 0.00006T} [N/m^3]$$

여기서 T는 섭씨(℃)이다. 고도 z와 위도 ϕ를 사용하여 수정된 중력값을 무차원 수정을 사용하여 적용함으로써 중력 가속도의 오차 영향을 수정할 수 있다.

$$e_1 = 2.637 \times 10^{-3} \cos 2\phi + 2.9 \times 10^{-8} z + 5 \times 10^{-5} \tag{9.6}$$

여기서 ϕ의 단위는 도(°)이고 z의 단위는 미터(m)이다. 압력계와 측정 유체 사이에서 유발된 모세관 힘은 반달면을 유발시킨다. 이런 영향은 안지름이 6 mm보다 큰 관을 사용함으로써 최소화할 수 있다. 일반적으로 압력 측정에서 계기의 불확도는 표시된 값의 0.02~0.2% 수준이다.

예제 9.2 | U자관 압력계

고품질 U자관 압력계는 만들기는 어렵지 않으며, 투명한 U자관과 압력계 유체 그리고 편차를 측정할 수 있는 눈금자 정도를 필요로 한다. U자관으로는 안지름이 6 mm 이상 되는 유리관이 좋지만, 철물점에서 구할 수 있는 투명하고 두꺼운 6 mm 안지름의 적당한 길이의 튜브를 U자로 구부리는 것만으로도 여러 용도에 쓸 수 있다. 물, 알코올, 광유 등 손쉽게 구할 수 있고 독성이 없으며 물리적 특성이 잘 알려진 액체는 모두 압력계 유체로 사용 가능하다. 모눈종이나 막대자는 반달면의 편차값을 재는 데 충분하다. 차압을 측정하는 데 한계가 있을 경우에는, 발판을 사용해서 그 측정 범위를 늘릴 수 있고, 이들 부품을 판에 고정시키는 것만으로도 사용하는 눈금의 절반 수준의 정확도를 가지는 압력계를 만들 수 있다. 또한 한 관의 다리부분을 경사지게 하면 경사 압력계와 같은 높은 감도를 얻을 수 있다.

U자관 압력계는 대기압 근처에서 다른 원리에 기반한 압력 변환기를 교정할 때 실용적으로 사용 가능하며, 한 예로 위에 언급한 즉석 U자관은 생리학적으로 사용하는 압력 범위에서 수술용 압력 변환기를 교정하는 데 충분히 사용할 수 있다.

예제 9.3

다리의 경사도가 30°인 경사관 압력계로 20℃에서 공칭값 100 N/m²인 공기 압력을 측정한다. 'unity' 오일 ($S = 1$)을 압력계 유체로 사용되는데, 이 오일의 비중은 20℃에서 9,770 ± 0.5% N/m²(95%)이다. 기포관 수준기를 사용하여 설치 경사각은 1도 이내로 맞추었다. 압력계의 분해능은 1 mm이고 압력계의 영점 오차는 보간 오차(interpolation error)와 같다. 압력계에 표시되는 설계 단계의 차압값 불확도를 평가하라.

알려진 값 $p = 100 \, \text{N/m}^2$(공칭값)

압력계

분해능 : 1 mm

영점 오차 : 0.5 mm(분해능의 1/2, 95%)

$\theta = 30 \pm 1°$(95% 신뢰도 가정)

$\gamma_m = 9,770 \pm 0.5\% \, \text{N/m}^3$(95%)

가정 압력계에서 온도와 모세관 영향은 무시할 수 있으며, 언급된 불확도의 자유도는 크다(5장 참조).

구할 값 설계 단계의 불확도 u_d

풀이

압력과 압력계 편차 사이의 관계식은 식 (9.5)와 $H = L \sin \theta$에 의해 주어진다.

$$\Delta p = p_1 - p_2 = L(\gamma_m - \gamma) \sin \theta$$

여기서 p_2는 주위 압력이며, Δp는 주위 압력에 대한 공칭 압력이다. 이 공칭 압력 $\Delta p = 100 \, \text{N/m}^2$일 때, 압력계의 공칭 상승 길이 L은 다음과 같다.

$$L = \frac{\Delta p}{(\gamma_m - \gamma) \sin \theta} \approx \frac{\Delta p}{\gamma_m \sin \theta} = 21 \, \text{mm}$$

여기서 $\gamma_m \gg \gamma$이므로 γ값과 그 불확도는 무시되었다. 설계 단계 분석에서 $p = f(\gamma_m, L, \theta)$이므로 압력 Δp의 불확도는 다음과 같이 평가될 수 있다.

$$(u_d)_p = \pm \sqrt{\left[\frac{\partial \Delta p}{\partial \gamma_m}(u_d)_{\gamma_m}\right]^2 + \left[\frac{\partial \Delta p}{\partial L}(u_d)_L\right]^2 + \left[\frac{\partial \Delta p}{\partial \theta}(u_d)_\theta\right]^2}$$

95% 신뢰도를 가정할 때, 압력계 비중의 불확도와 각도의 불확도는 다음과 같이 추정된다.

$$(u_d)_{\gamma_m} = (9770 \text{ N/m}^2)(0.005) \approx 49 \text{ N/m}^3$$

$$(u_d)_\theta = 1 \text{ degree} = 0.0175 \text{ rad}$$

표시된 편차로부터 압력을 계산할 때의 불확도는 압력계의 분해능 불확도(u_o)와 영점 오차 옵셋, 즉 계기 오차로 간주할 수 있는 불확도(u_c)로부터 얻어진다. 이들 오차에 대한 불확도를 적용하면 다음과 같다.

$$(u_d)_L = \sqrt{u_o^2 + u_c^2} = \sqrt{(0.5 \text{ mm})^2 + (0.5 \text{ mm})^2} = 0.7 \text{ mm}$$

미분값을 구하고 식에 대입함으로써 측정될 Δp에 대한 설계 단계 불확도를 결정한다.

$$(u_d)_{\Delta p} = \sqrt{(0.26)^2 + (3.42)^2 + (3.10)^2} = \pm 4.6 \text{ N/m}^2 (95\%)$$

참고사항　경사각 30°와 주어진 압력에서, 압력의 불확도는 계기 경사각 불확도와 편차 불확도에 각각 같은 수준의 영향을 받는다. 압력계 경사가 수직 방향으로 세워질 때, 계기는 U자관 불확도로 되며 경사각으로 인한 불확도는 그리 중요하지 않으며 90° 근처에서는 무시할 수 있다. 그러나 U자관 압력계에서는 편차는 11 mm보다 작게 되고 압력계 감도가 50%로 줄어들어 설계 단계의 불확도는 6.8 N/m²(95%)로 증가한다.

정하중 시험 장치

정하중 시험 장치(deadweight tester)는 단위 면적당 작용하는 힘, 즉 압력의 기본 정의에 따라 밀폐된 상자(체임버, chamber) 안의 압력을 측정하는 장치이다. 압력 측정 계기의 교정을 위해 실험실에서 널리 사용되는 표준 압력 측정 계기로서 측정 범위는 70에서 7×10^7 N/m²이다. 그림 9.10의 예와 같은 정하중 시험 장치는 기름이 차 있는 내부 체임버, 밀폐된 피스톤과 실린더 그리고 교정된 무게추로 구성되어 있다. 체임버의 압력은 잘 가공되어 있는 피스톤의 한쪽 면에 작용한다. 피스톤을 통해 등가 면적 A_e를 통해 액체에 작용한 외부 힘이 실내 압력과 정적 평형을 유지한다. 피스톤의 무게에 무게추의 무게를 더한 것이 외부 힘 F이다. 정적 평형 상태에서 피스톤은 떠 있으며 체임버 압력은 다음과 같이 추정될 수 있다.

$$p = \frac{F}{A_e} + \sum \text{오차수정} \tag{9.7}$$

압력 변환기가 장치의 기준 입구에 연결되며 체임버 압력과의 비교를 통해 눈금을 교정할 수 있다. 매우 엄격한

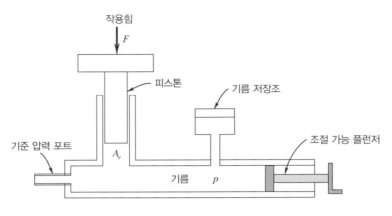

그림 9.10 정하중 시험 장치

교정이 필요한 경우를 제외하고는, 오차의 수정은 무시할 수 있다.

오차수정을 적용하면, 정하중 장치를 이용한 체임버 압력의 계기 불확도는 표시값의 0.005~0.01%이다. 식 (9.7)에 영향을 미치는 요소 오차는 공기의 부력 효과, 국부 지역에서 중력의 변화, 주어진 피스톤의 질량과 추가 질량의 불확도, 전단력의 영향, 피스톤 면적의 열팽창, 피스톤의 탄성 변형 등을 들 수 있다(참고문헌 1).

표시된 압력 p_i는 식 (9.6)의 중력 영향 e_1과 공기 부력 영향 e_2에 대해 다음 식과 같이 수정된다.

$$p = p_i(1 + e_1 + e_2) \tag{9.8}$$

여기서

$$e_2 = -\gamma_{air}/\gamma_{masses} \tag{9.9}$$

장치 내의 오일이 피스톤을 윤활하게 하므로, 피스톤은 실린더와 피스톤 사이 오일의 전단력에 의해 부분적으로 지탱된다. 이때 오차는 오일의 점성에 반비례하므로 높은 점성 계수를 가진 오일을 택하는 것이 바람직하다. 일반적인 시험 장치에서 이러한 오차는 표시값의 0.01%보다 작다. 높은 압력에서 피스톤의 탄성 변형은 피스톤의 유효 면적을 변화시킨다. 위에서 설명한 이유 때문에 유효 면적은 피스톤과 실린더의 평균 지름에 근거하여 결정한다.

예제 9.4

미국 사우스캐롤라이나 주 클렘슨 시(위도 $\Phi = 34°$, 고도 $z = 250 \, \text{m}$)에 있는 정하중 시험 장치가 22°C에서 압력 $10 \times 10^5 \, \text{Pa}$을 표시하고 있다. 유효 면적에 관한 제조회사의 명세서에는 온도가 24°C이므로 열팽창 효과에 대해서는 무시할 수 있다. $\gamma_{air} = 1.2174 \, \text{kg/m}^3$, $\gamma_{mass} = 7945.16 \, \text{kg/m}^3$이라고 가정한다. 위에서 주어진 오차 요인을 고려하여 표시값을 수정하라.

알려진 값 $p_i = 10 \times 10^5$ Pa; $z = 250$ m; $\Phi = 34°$

가정   주어진 고도와 위도에 대한 계통 오차 수정이 필요

구할 값 p

풀이

수정된 압력은 식 (9.8)을 사용해서 구할 수 있다. 식 (9.9)에서 부력의 영향에 대한 수정값은 다음과 같이 구할 수 있다.

$$e_2 = -\gamma_{air}/\gamma_{masses} = -1.2174/7945.16 = -0.000154$$

중력의 영향에 대한 수정값은 식 (9.6)을 사용하여 구할 수 있다.

$$e_1 = -(2.637 \times 10^{-3} \cos 2\phi + 2.9 \times 10^{-8}z + 5 \times 10^{-5})$$
$$= -(0.0010 + 0.725 \times 10^{-5} + 5 \times 10^{-5}) = -0.001057$$

식 (9.8)로부터 수정된 압력은 다음과 같다.

$$p = 10 \times 10^5 \times (1 - 0.000154 - 0.001057) \text{ Pa} = 998.8 \text{ kPa}$$

참고사항   이는 주어진 계통 오차를 이용해 측정값을 수정한 결과이며, 수정량은 약 0.127%이다.

9.4 탄성 압력 변환기

압력 변환기는 측정한 압력을 기계적 또는 전기적 신호로 변환시킨다. 1차적인 압력 센서는 기준 압력에 대한 측정 압력에서 변형되거나 휘는 탄성체이다. 부르동관, 벨로우즈, 다이어프램을 비롯한 몇 가지 대표적인 탄성체를 그림 9.11에 나타내었다. 압력 변환기는 탄성체의 변화를 전압이나 시침의 기계적인 회전 등 쉽게 측정될 수 있는 신호로 전환한다. 여기서는 여러 종류의 변환기 중 몇 가지 대표적인 것을 살펴보기로 한다.

압력 변환기는 일반적으로 절대, 게이지, 진공, 차동 등으로 분류된다. 이러한 분류는 각 적용 분야와 사용되는 기준 압력에 따른다. 절대 변환기는 밀폐된 절대 영압력의 기준 공동(cavity)이 달려 있어 절대 압력 기준의 측정이 가능하다. 게이지 변환기는 대기압에 열려 있는 기준 공동을 가지고 있어서 이를 기준으로 한 압력 측정이 가능하다. 차동 변환기는 2개의 가해진 압력 간의 차이를 표시한다. 진공 변환기는 저압력 측정에 특화된 절대 변환기의 한 종류이다.

이들 압력 변환기는 분해능, 영점 오차, 선형 오차, 감도 오차, 이력 현상, 잡음, 주변 온도 변화에 의한 흐름(drift) 등의 기본적인 오차에 의해 부분적 또는 전반적으로 영향을 받는다. 전기 변환기도 변환기의 출력과 그

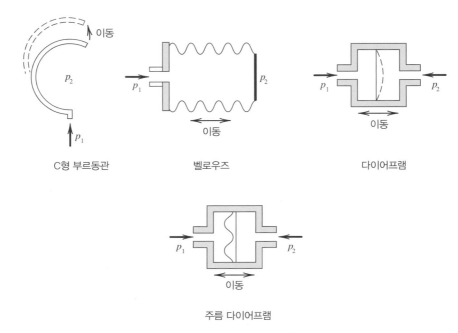

C형 부르동관   벨로우즈   다이어프램

주름 다이어프램

그림 9.11 압력센서로 사용하는 탄성 요소

측정값을 표시하는 장치 사이에 있는 전기적 부하 오차의 영향을 받는다(6장 참조). 이 오차가 문제가 될 수준인 경우 전압 팔로워(voltage follower, 6장 참조)는 변환기의 출력에 삽입되어 변환기의 부하를 절연시킬 수 있다.

부르동관

부르동관(Bourdon Tube)은 압력에 의해 기계적으로 변형되는 타원형의 단면을 가진 구부러진 금속관이다. 실제 사용 시에는 관의 한쪽 끝이 고정된 상태에서 측정될 압력이 관 내부에 가해진다. 부르동관의 외부와 내부의 압력 차이는 부르동관의 변형과 관의 자유단의 처짐을 유발시킨다. 압력의 작용하에서 부르동관은 김빠진 풍선이 서서히 부풀어 오르는 것처럼 움직인다. 튜브 끝 단의 처짐의 크기는 차압의 크기에 비례한다. 부르동관에는 C형 관(그림 9.11), 나선형 관, 비틀어진 관과 같은 여러 가지 종류가 있다. 관의 외부는 일반적으로 대기에 개방되어 있지만(즉, '게이지' 압력이라는 용어의 기원은 대기압을 기준으로 한 압력에서 유래되었다), 절대 및 차동 측정을 감안한 형태의 일부 부르동관은 밀폐된 틀 안에 설치되어 있고 그 관의 외부는 다른 기준 압력의 환경에 개방되어 있다.

기계적인 다이얼 게이지 부르동관은 가장 보편적으로 쓰이는 압력 변환기이다. 전형적인 구조는 그림 9.12에 제시되어 있는데, 부르동관의 변형은 기계적인 연동 장치를 통해 시침의 회전으로 전환된다. 진공을 포함한 저압 또는 고압 모델 등 넓은 선택의 폭이 존재한다. 아주 잘 만들어진 부르동관 게이지는 게이지 최대 편차의 0.1% 정도의 작은 불확도를 가지고 있으나, 일반적인 모델은 0.5~2% 수준의 불확도를 가진다. 이 기기의 장점은 간단한 구조로 휴대가 쉬우며 튼튼해서 오랫동안 사용 가능하다는 점이다.

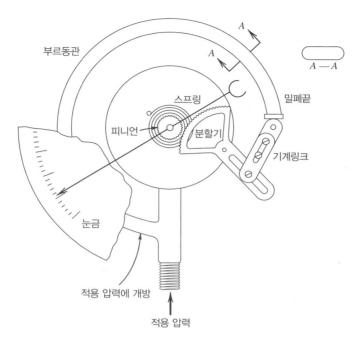

부르동관

스프링

피니언

분할기

눈금

밀폐끝

기계링크

A

A

$A — A$

적용 압력에 개방

적용 압력

그림 9.12 부르동관 압력 게이지

벨로우즈와 캡슐

벨로우즈(bellows) 센서는 얇은 두께를 가진 판재로 만들어져 유연성을 지닌 금속관으로 깊은 굴곡을 가진 벽체와 밀폐된 한쪽 끝을 가지고 있다(그림 9.11). 한쪽 끝이 고정된 상태로 관 내부가 측정 압력과 연결되면, 내부와 외부의 압력 차이는 벨로우즈의 길이 변화를 일으킨다. 절대 압력 측정을 위해 벨로우즈에 밀폐된 상자를 씌우고 그 상자 안을 진공이 되도록 배기시킬 수 있다. 여기에 기준 압력을 위한 측정 구멍을 뚫어 차동 압력을 측정하거나, 대기로 개방하여 게이지 압력 측정을 수행할 수도 있다. 캡슐(capsule) 센서는 얇은 막으로 된 유연성을 지닌 금속관으로 벨로우즈와 비슷하나 지름이 좀 작고 길이가 긴 형태를 취한다.

　기계적인 링크 장치가 벨로우즈 또는 캡슐 센서의 병진 변위를 관측 가능하게 전환하는 데 응용된다. 많이 사용되는 변환기는 그림 9.13의 전위차 압력 변환기(potentiometric pressure transducer)에서 사용되는 미끄럼 전위차계(sliding arm potentiometer)이다(전압 분배기, 6장 참조). 다른 한 종류는 벨로우즈나 캡슐의 변위를 측정하는 선형 가변 차동 변환기(linear variable displacement transducer, LVDT, 12장 참조)로 쓰인다. LVDT의 디자인은 높은 감도를 가지고 있으며 저압과 작은 압력 범위(0에서 수백 mm Hg)에서 사용되는 절대, 게이지, 차동 압력 변환기에 공통적으로 사용된다.

다이어프램

다이어프램(diaphragm)은 둘레가 지지된 탄성 원형판 형태로, 기본적이면서도 효과가 좋은 압력 측정 장치이

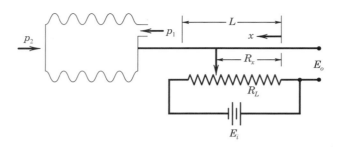

그림 9.13 전위차 압력 변환기

다(그림 9.11). 측정 기기에서 다이어프램은 트램펄린(trampoline)과 유사한 움직임을 나타낸다. 다이어프램 상하의 압력 차이는 그 판을 변형되게 만들며, 그 변형량은 압력차에 비례한다. 막 형태와 골판 형태 디자인 둘 다 사용되고 있다. 막은 금속 혹은 플라스틱이나 네오프렌(neoprene) 같은 비금속 재질로 만들어진다. 막의 재질은 예측되는 압력의 범위와 막이 접촉하게 되는 유체의 종류에 따라 결정된다. 주름판 형태(corrugated)의 구조는 많은 주름이 잡혀 있어 다이어프램의 강성과 막의 유효 표면적을 증가시킨다.

다이어프램 구조를 사용한 압력 변환기는 사용 영역에서 좋은 선형성과 분해능을 나타낸다. 장점 중 하나인 막의 낮은 무게와 상대적으로 높은 강성은 그 구조의 매우 높은 고유 진동수를 가지게 하며, 낮은 감쇠비와 더불어 과도 응답 혹은 동적인 측정에 있어 정확도를 가지게 한다. 결과적으로 이들 변환기는 매우 넓은 주파수 응답 범위와 매우 짧은 상승 및 정착 시간을 가지게 된다. 원형 다이어프램의 고유 진동수는 다음 식에서 얻을 수 있다(참고문헌 4).

$$\omega_n(\text{rad/s}) = 10.21 \sqrt{\frac{E_m t^2}{12(1 - v_p^2)\rho r^4}} \tag{9.10}$$

여기서 E_m은 체적 탄성률(bulk modulus, N/m²)이고, t는 두께(m), r은 반지름(m), ρ는 재료의 밀도(kg/m³), v_p는 다이어프램의 푸아송 비다. 균일한 하중하에서 그 둘레가 지지된 원형 다이어프램의 최대 탄성 변형은 그 중심에서 생기며 그 값은 다음 식에서 구할 수 있다.

$$y_{\max} = \frac{3(p_1 - p_2)(1 - v_p^2)r^4}{16 E_m t^3} \tag{9.11}$$

위의 식은 변형이 다이어프램 두께의 1/3을 초과하지 않을 경우 적용 가능하다. 여러 종류의 2차적 변환기가 이 다이어프램의 변형을 측정 가능한 신호로 바꾸는 데 사용된다. 이 중 몇 가지를 살펴보자.

스트레인 게이지 요소

다이어프램 변위를 측정 가능한 신호로 전환하는 가장 보편적인 방법은 다이어프램이 변위를 가질 때 진동판 표면에서 유발된 변형률을 감지하는 것이다. 스트레인 게이지(strain gauge)가 측정한 저항은 감지한 변형률에 비례하며(11장 참조), 다이어프램과 함께 변형되면서 그 변형률을 감지하기 위하여 직접 다이어프램 표면이나 다이어프램에 붙어 있는 보에 부착된다. 스트레인 게이지의 저항은 넓은 변형률 범위 내에서 상당히 선형적이고, 다이어프램이 감지하는 압력과 직접적인 관계를 가지고 있다(참고문헌 5). 그림 9.14는 스트레인 게이지가 적용된 다이어프램 변환기의 구조를 설명하고 있다.

압력 변환기 제조에서 반도체 기술의 응용은 정적 및 동적 측정에서 매우 빠르고 작으면서도 감도가 높은 여러 종류의 다이어프램 변환기 개발을 가능케 하였다. 실리콘 기반 압전 저항식 스트레인 게이지는 다이어프램을 구성하는 실리콘 웨이퍼의 단결정 속에 들어갈 수 있다. 반도체 스트레인 게이지는 일반적으로 금속 스트레인 게이지보다 50배나 큰 정적 감도를 가지고 있다. 압전 저항식 게이지는 다이어프램에 내장될 수 있기 때문에 널리 사용되는 금속 스트레인 게이지 다이어프램 구조보다 상대적으로 열변형률의 영향을 적게 받는다. 게다가 실리콘 다이어프램은 금속 게이지 같은 시간에 따른 크리프 현상이 없으므로 시간에 따른 수정값 흐름이 최소화된다. 그러나 방수 처리되지 않은 실리콘은 액체 측정에 사용될 수 없다.

전기 용량 요소

다이어프램의 움직임을 측정 가능한 신호로 바꾸는 또 다른 흔한 방법은 전기 용량 센서이다. 하나의 예로 얇은 금속 다이어프램을 축전기의 한쪽 판으로 쓰고 고정된 하나의 판을 또 다른 축전기 판으로 써서 축전기 구조를 만드는 방법이 있다. 이 다이어프램의 한쪽에는 측정 압력, 다른 쪽에는 기준 압력 혹은 차동 압력을 가하게 된다. 압력이 변화는 다이어프램을 변형시키고 축전기 판 사이의 거리가 변함으로써 전기 용량이 변하게 된다.

그림 9.15는 이 구조의 한 예이다. 평균 거리 t만큼 떨어진 두 평행판 사이에서 생성된 전기 용량 C는 다음과 같다.

$$C = c\varepsilon A/t \tag{9.12}$$

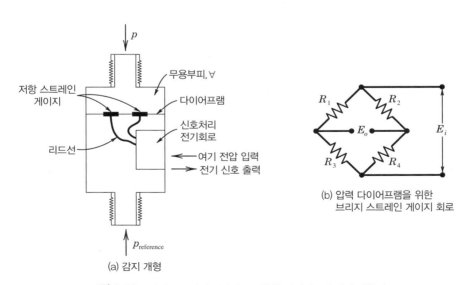

(a) 감지 개형

(b) 압력 다이어프램을 위한
브리지 스트레인 게이지 회로

그림 9.14 4개의 스트레인 게이지를 적용한 다이어프램 압력 변환기

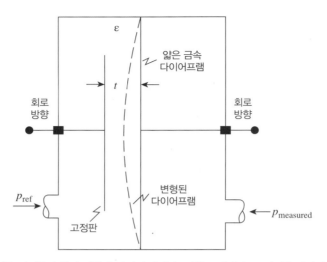

그림 9.15 전기용량 압력 변환기. 여기서 다이어프램은 도체이며, 그 처짐은 과장되게 표시됨

위에서 곱 $c\varepsilon$는 진공에 대한 두 판 사이에 있는 재료의 유전율($\varepsilon = 8.85 \times 10^{-12}$ F/m, c = 유전 상수)이고, A는 두 판이 중첩되는 면적이다. 유전 상수는 두 판 사이의 물질에 따라 달라지는데, 공기인 경우 $c = 1$이지만 물인 경우는 $c = 80$이 된다. 이 전기 용량은 시간에 따른 압력 변화에 의한 판 사이 간격(면적에 대해 평균한)의 순간적인 변화에 반응한다. 그러나 그 변화량의 크기는 전체 전기 용량의 절대값에 비하면 상대적으로 작으므로, 발진기(Oscillator)와 브리지 회로를 사용하여 회로를 구동하고 작은 크기의 전기 용량 변화를 전압 E_0로 출력하는 것이 일반적이다.

예제 9.5

그림 9.15와 같은 형태의 센서의 판의 면적이 16 mm²이고 판 사이 간격의 순간값이 1 mm일 때 이론적인 전기 용량을 구하라. 센서의 감도는 얼마인가? 판 사이에 공기가 차 있다고 가정한다.

풀이

$A = 16$ mm², $t = 1$ mm, $\varepsilon = 8.85 \times 10^{-15}$ F/mm, $c = 1$의 조건에서

$$C = c\varepsilon A/t = 1(8.85 \times 10^{-15} \text{ F/mm})(16 \text{ mm}^2)/(1 \text{ mm}) = 141.6 \times 10^{-15} \text{ F}$$

혹은 $C = 141.6 \times 10^{-3}$ pF(picofarads)로 쓸 수 있다. 작은 압력 변화에서 다이어프램의 곡률은 판 사이의 거리의 면적 평균값에 거의 영향을 미치지 않으므로, 압력은 판 사이의 거리값과 선형적인 관계를 가진다고 할 수 있다.

센서 감도는 $K_s = \partial C/\partial t = -8.85 \times 10^{-15} \times (cA/t^2)$ F/mm $= -141.6 \times 10^{-3}$ pF/mm. pF

이 전기 용량 압력 변환기는 작은 크기, 넓은 동작 범위, 정적 및 동적 측정에 적합한 점 등 다른 다이어프램 변환기가 가진 매력적인 장점들을 역시 가지고 있다. 이 기술이 음향 압력 측정을 위해 사용된 것이 바로 콘덴서 마이크로폰이다. 많은 저가형 압력 변환기가 이 측정원리를 사용하며, 내장형 타이어 압력 측정기 등을 포함해서 많은 공학 측정수요에 적절하게 사용되고 있다. 하지만 이 구조는 온도 변화에 민감하고 출력 임피던스가 상대적으로 높은 편으로, 이 점에 주의한다면 정확하면서도 안정적인 변환기 제작이 가능할 것이다.

압전 결정 소자 요소

압전 결정 소자 혹은 압전 소자(piezoelectric crystal)는 동적인 압력 측정에 효과적으로 쓸 수 있는 2차적인 변환기로, 음향 압력이나 면 접촉을 통한 동적 접촉 압력 측정 등의 사용 용도를 가진다. 압전 소자는 정적인 측정에는 적합하지 않다.

압축, 인장 또는 전단력의 작용하에서 압전 소자는 변형되면서 그 작용력에 비례하는 표면 전하 q를 생성한다. 압전식 압력 변환기는 예압이 걸린(preloaded) 압전 소자 결정 혹은 다층의 결정(스택)이 다이어프램 센서에 그림 9.16과 같은 방법으로 고정되어 구성된다. 압력은 압전 소자의 중심축에 수직으로 작용하며 압전 소자의 두께 t를 Δt만큼 변화시킨다. 이는 $q = K_q p A$만큼의 전하를 발생시키며, 이때 p는 전극 면적 A에 작용하는 압력이고, K_q는 재료의 성질로서 압전 결정의 전하 감도이다. 전하 증폭기(6장 참조)를 사용하여 전하를 전압으로 바꾸게 되는데, 이때 두 전극 사이에서 걸린 전압은 다음과 같다.

$$E_o = q/C \tag{9.13}$$

여기서 C는 압전 소자와 전극으로 구성된 부분의 정전 용량이다. 식 (9.12)로부터 구한 C를 대입하면 다음의 식을 얻을 수 있다.

$$E_o = K_q t p / c\varepsilon = Kp \tag{9.14}$$

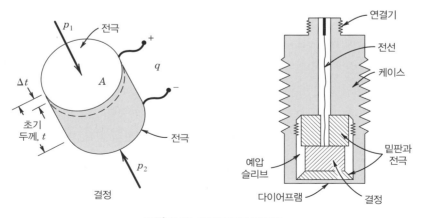

그림 9.16 압전식 압력 변환기

여기서 K는 변환기의 전체 이득이다. 가장 일반적으로 사용되는 수정의 전하 감도는 $K_q = 2.2 \times 10^{-9}$ coulombs/N이다.

9.5 압력 변환기의 교정

정적 교정

압력 변환기의 정적 교정은 9.3절에서 다뤘던 표준 압력 변환기와의 직접적인 비교 혹은 인증된 실험실 표준 변환기를 통해 이루어진다. 저압 범위에서의 매클라우드 게이지나 압력계는 실험실 표준 기압계와 마찬가지로 편리하게 작업 표준 계기로 사용되고 있다. 상자 안에 압력을 가하고(혹은 압력을 빼고) 기준값으로 사용될 기준 계기와 교정할 변환기를 같은 압력에 노출시켜 서로 비교해 가며 값을 교정한다. 고압 범위에서는 정하중 시험 장치가 일반적인 압력 표준으로 사용되고 있다.

동적 교정

압력 변환기의 오름 시간과 주파수 응답은 동적 교정에서 구해지며, 이를 위한 몇 가지 잘 고안된 방법이 마련되어 있다(참고문헌 6). 3장에서 논의했듯이 입력에서 계기의 오름 시간은 계단 함수 입력을 통해 구할 수 있다. 저감쇠 시스템에서는 고유 진동수와 감쇠비를 스텝 혹은 임펄스 실험을 통해 잔류 진동 형태로부터 구할 수 있다(3장 참조). 주파수 응답은 정해진 진폭을 가진 주기적 신호 혹은 주기가 변하는 입력 신호를 가함으로써 직접적으로 구할 수 있다. 매립형 변환기가 측정 위치에 바로 접촉할 수 있도록 설치될 수도 있지만, 압력 단자나 압력 단자와 변환기 사이에 연결 튜브를 통해 설치할 수도 있다. 전달 라인이라 불리는 이 부분의 길이는 전체 응답 특성에 영향을 미칠 수 있으며, 동적 교정 시 함께 고려되어야 한다.

전기 스위치로 제어하는 밸브나 플로 밸브는 압력의 스텝 변화를 만드는 데 사용될 수 있다. 그러나 밸브의 기계적인 지체로 인하여 밸브는 50 ms 혹은 그 이상의 오름 시간을 가지게 된다. 더 빠른 속도가 필요한 분야에서는 충격관(shock tube) 교정 방식이나 그 비슷한 다이어프램 파열 테스트가 사용된다.

그림 9.17에서 보여 주듯이 충격관은 긴 파이프가 얇은 다이어프램에 의해 2개의 구획으로 나누어진 구조이다. 압력 변환기는 확장 구획이라 불리는 압력이 p_1인 한쪽 구획의 벽에 설치되었다. 구동 구획이라 불리는 다른 한쪽의 압력은 p_1보다 높은 p_2로 설정된다. 기계적으로 제어되는 바늘 같은 기계 구조가 다이어프램을 파열시키는 데 사용된다. 다이어프램이 파열된 후, 차압은 압력 충격파(shock wave)를 일으키며 유체를 저압인 구획으로 이동시킨다. 충격파는 1 μm 정도의 두께를 가지고 있고 음속 a로 이동한다. 그러므로 충격이 압력 변환기를 지날 때, 압력 변환기는 압력이 $t = d/a$라는 시간 내에 p_1에서 p_3로 변하게 된다. 여기서 d는 변환기 압력 입구의 지름이고, 압력 p_3는 다음의 식에 의해 구할 수 있다.

$$p_3 = p_1[1 + (2k/k + 1)(M_1^2 - 1)] \tag{9.15}$$

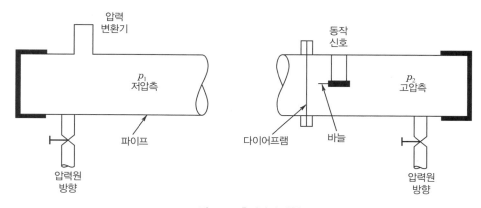

그림 9.17 충격관의 개형

위 식에서 k는 기체의 비열비이며, M_1은 충격파에 대한 표와 절대 압력 p_1를 가지고 구할 수 있는 마하수(Mach number)이다. 충격파의 속도는 충격관에 벽에 설치된 고속 응답 압력 센서 측정 결과로부터도 구할 수 있다. t는 일반적으로 $1 \sim 10\,\mu s$ 수준으로 이는 스위칭 밸브를 사용하는 경우보다 최소 10,000배는 빠르다. 압력 변환기의 출력 기록으로부터 상승 시간을 계산할 수 있다.

액체나 기체를 사용하는 보통 수준의 응답 속도를 가지는 시스템의 응답에 대한 일반적인 확인 방법은 팝 테스트(pop test)이다. 이 테스트는 주사기나 수동 펌프를 통하여 변환기와 연결 튜브에 일정한 압력을 가하다가 한 번에 대기압에 노출한다. 기록된 압력 변환기의 응답은 시스템의 상승 시간과 떨림 형태를 나타낸다.

또 다른 실험 방법은 스피커나 음향적으로 공진을 일으키는 상자를 주파수 가진 장치로 사용하여, 피스톤이나 실린더를 정현파 형태의 압력을 생성하도록 만들거나, 유량 제어 밸브를 주기적으로 여닫아서 시간에 대한 시스템 압력의 변화를 생성하는 방식이 있다(참고문헌 6).

예제 9.6 | 팝 테스트

수술용 압력 변환기는 딱딱한 벽을 가진 카테터에 부착되어 있고, 작은 풍선이 그 반대쪽에 부착되어 있다. 주사기를 사용하여 카테터에 식염수를 주입하여 60 mm Hg로 가압하였다. $t = 0\,s$에서 풍선을 터트려 $0 \sim 60\,mm\,Hg$의 계단 변화를 발생시켰다. 시간에 따른 압력 변화 신호는 그림 9.18과 같이 기록되었다. 이 데이터로부터 측정된 진동의 주기는 두 번째 봉우리에서의 진폭이 50.5 ms이고 그때 크기는 $y(0.0505) = 6.152\,mV$이다. 이 변환기가 10 Hz까지의 생리적 압력 변화를 측정하는 데 사용될 수 있는지 판단하라. 정적 감도 $K = 2\,mV/mm\,Hg$이다.

알려진 값 $A = 60\,mm\,Hg$, $K = 2\,mV/mm\,Hg$

$y(0) = KA = 120\,mV$; $y(0.0505) = 6.152\,mV$

$T_d = 0.0505\,s$

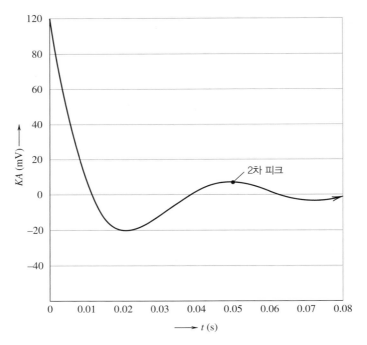

그림 9.18 예제 9.6의 팝 테스트에서 기록된 출력 신호

구할 값 $M(f = 10\,\text{Hz})$

풀이

3장에서 설명한 방법을 사용하면, 계단 함수에 대한 응답은 다음과 같은 형태를 가짐을 알 수 있다.

$$y(t) = Ce^{-\omega_n \zeta t} \cos\left(\omega_n \sqrt{1 - \zeta^2} + \phi\right)$$

주어진 조건에서 $y(0) = 120\,\text{mV}$이므로 $C = 120\,\text{mV}$이고, 이는 기록된 신호와 일치한다. 정상 상태의 값은 $y(\infty) = 0$이다. 첫 번째 봉우리에서 진폭은 $t = 0$에서 $y_1 = y(0) = 120\,\text{mV}$이고, 두 번째 봉우리에서 진폭은 $y_2 = y(0.0505) = 6.152\,\text{mV}$이다. 로그 감쇠를 사용하면 다음과 같이 정리될 수 있다.

$$\zeta = \frac{1}{\sqrt{1 + \left(2\pi/\ln\left(y_1/y_2\right)\right)^2}} = \frac{1}{\sqrt{1 + \left(2\pi/\ln(120/6.152)\right)^2}} = 0.4274$$

$$f_n = 1/T_d \sqrt{1 - \zeta^2} = 22.122\,\text{Hz} \qquad \left(\text{i.e.,} \omega_n = 138.99\,\text{rad/s}\right)$$

여기서 M을 구하면 다음과 같다.

$$M(f = 10) = \frac{1}{\sqrt{\left[1 - (f/f_n)^2\right]^2 + \left(2\zeta f/f_n\right)^2}} = 1.13$$

동적 오차 $[\delta(f) = M(f) - 1]$는 13% 수준이므로, 이 시스템은 목적한 측정 용도에 사용할 수 없다.

9.6 움직이는 유체(유동 유체)의 압력 측정

유동 유체에서의 압력 측정은 특별한 주의를 필요로 한다. 그림 9.19에서 보듯 유체가 뭉툭한 물체를 따라 흐른다고 생각하자. 상류의 유체는 무시할 만한 손실을 가지는 균일 유동과 정상 유동으로 가정한다. 점 1에 있는 상류의 유체는 속도 U_1으로 유선(streamline) A를 따라 이동한다. 유체가 점 2에 가까워짐에 따라 속도는 천천히 떨어지며 결국 물체의 앞쪽 끝에서 정지하게 된다. 유선 A 상부에서, 유체는 물체의 위를 흐르며, 유선 A 하부에서도 물체의 아래를 흐르게 된다. 점 2는 정체점(stagnation point)이 되고, 유선 A는 정체 유선(stagnation streamline)이 된다. 유선 B 위의 점 3에서 유체는 속도 U_3으로 흐르며, 상류의 유동이 균일하고 정상적인 유동이기에 $U_1 = U_3$이다. 유체가 유선 B를 따라 물체에 닿을 때 물체를 돌아 흐른다. 질량 보존 법칙에 의해 $U_4 > U_3$ 임을 알 수 있다. 1과 2, 3과 4 사이에서 에너지 보존 법칙을 이용하면 다음과 같은 결과를 얻는다,

$$p_1 + \rho U_1^2/2 = p_2 + \rho U_2^2$$
$$p_3 + \rho U_3^2/2 = p_4 + \rho U_4^2 \tag{9.16}$$

그러나 점 2는 정체점이므로 $U_2 = 0$이며, 따라서 다음과 같이 정리된다.

$$p_2 = p_t = p_1 + \rho U_1^2/2 \tag{9.17}$$

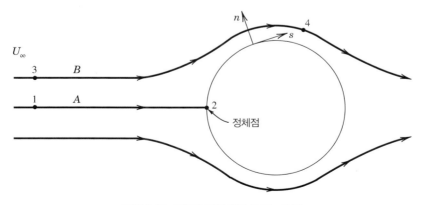

그림 9.19 뭉툭한 물체 위를 흐르는 유선

따라서 $p_2 > p_1$이며, $p_v = \rho U_1^2/2$만큼 p_1보다 크고, 이 크기 차이를 동적 압력(dynamic pressure)이라 부른다. 이는 해당 유선을 따라 이동할 때 가지는 유체의 단위 질량당 운동 에너지와 같다. 만약 열전달[1]과 같은 비가역적 과정에서 에너지 손실이 없다면 이 운동 에너지는 완전히 p_2로 변환된다. p_2의 값은 **정체 압력** 또는 **총압력**이 알려져 있으며 p_t로 쓴다. 총압력은 엔트로피를 일정하게 유지한 채 유체를 한 점에서 멈추게 함으로써 측정할 수 있다.

1, 3, 4에서 압력은 유체의 정압으로 알려져 있다.[2] 정압은 국부 유동 속도와 같은 속도로 유동할 때 유체 입자가 감지한 압력이다. 점 1과 3에서 정압과 속도는 자유 유동 압력(freestream pressure)과 자유 유동 속도(freestream velocity)라는 특별한 명칭을 가지고 있다. $U_4 > U_3$이므로 식 (9.16)으로부터 $p_4 < p_3$임을 알 수 있다. 식 (9.17)로부터 전체 압력은 유동 안 어느 점에서나 정압(static pressure)과 동압(dynamic pressure)의 합임을 알 수 있다.

전체 압력 측정

일반적으로 그림 9.20에 묘사된 임팩트 프로브(impact probe)를 이용하여 총압력을 측정한다. 임팩트 프로브의 작은 구멍은 유동 방향에 맞춰져 있어 구멍에서는 유동이 정지하게 된다. 감지된 압력은 임팩트 프로브를 통하여 압력 변환기 또는 압력계와 같은 압력 감지 장치에 전달된다. 프로브를 유선 방향에 평행하도록 조절한다는 것은 다소 까다로운 일이지만, 그림 9.20(a)(b)에서 보여 주듯이, 프로브는 ±7° 범위 내 평행 오차에 대해 상대적으로 최대 1%의 지시값 오차이며 따라서 민감하지 않다(참고문헌 1). 그림 9.20(c)의 킬 프로브(Kiel probe)라고 하는 독특한 임팩트 프로브는 임팩트 구멍 주위에 보호판이 설치되어 있다. 보호판의 효과는 국부적인 흐름을 보호판의 중심선과 일직선이 되게 조절함으로써 직접 임팩트 구멍에 충격을 주는 것이다. 이 구조는 ±40°까지의 평행 오차에 의한 총압력 감도 문제를 효과적으로 제거한다(참고문헌 1). 열전대 온도 센서가 임팩트 구

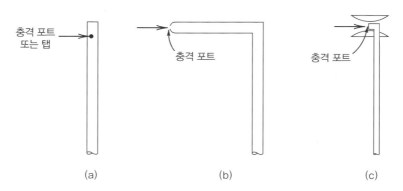

그림 9.20 전체 압력 측정 장치. (a) 임팩트 프로브, (b) 피토관, (c) 킬 프로브

---

1 이는 아음속 유동의 현실적인 가정이다. 초음속 유동에서는, 이 가정은 충격파 전후에서 유효하지 않다.

2 정압(static pressure)이란 표현은 통상적인 표현이며, '유선압력(stream pressure)'이라는 표현도 또한 사용된다.

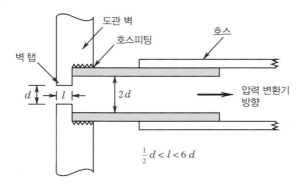

그림 9.21 정압 벽탭의 내부 구조

멍 근처에 내장되기도 하는데 이는 정체된 유체의 온도를 압력과 동시에 측정하기 위함이다.

정압 측정

흐르는 유체의 특정 위치에서의 정압값은 유선 방향에 수직인 방향으로 측정된다. 배관 안에 갇힌 흐름의 경우 정압은 벽에 뚫린 구멍(탭)에서 측정할 수 있는데, 이 탭은 작고, 버(burr)가 없는 구멍으로, 유체의 흐름과 수직인 벽에 만들어져야 한다. 압력 게이지나 변환기에 연결된 호스나 튜브가 이 꼭지에 체결된다. 이러한 벽 탭에 대한 바람직한 예가 그림 9.21에 나타나 있다. 탭 구멍의 지름 d는 보통 파이프 지름의 1~10% 수준이어야 하고 가능한 작은 쪽이 선호된다(참고문헌 7). 탭은 버(burr)가 없도록 드릴 작업되어야 하며, 벽과 수직을 유지하여야 한다(참고문헌 8).

또 다른 방법으로, 정압 측정 프로브를 유체 흐름 내부에 설치하여 국부적인 압력을 측정할 수 있다. 정압 측정을 위해 유체 속에 삽입된 압력 프로브는 흐름의 방해를 최소화할 수 있게끔 유선형으로 설계해야 한다. 측정 위치 부근에서 속도의 증가를 무시할 수 있도록 프로브의 부피가 작아야 한다. 일반적으로 프로브가 가리는 면적이 파이프 유동 면적의 5% 이하가 되도록 선택된다. 정압 감지 구멍은 프로브 앞부분을 기준으로 하류에 세심하게 설치하여 유선이 프로브와 평행이 되도록 재정렬해야 한다. 이러한 프로브 설계의 한 예가 그림 9.22(a)의 개량된 프란틀관(Prandtl tube)에 적용되어 있는 것을 볼 수 있다.

프란틀관 프로브는 그 둘레를 따라 배열된 8개의 구멍으로 구성되었는데, 그 구멍의 위치는 프로브 앞부분 끝에서 하류 방향으로 프로브관 지름 D의 8~16배 거리, 프로브 지지부에서 상류 방향으로 D의 16배 거리에 위치한다. 압력 변환기나 압력계는 프로브 지지부에 연결되어 압력을 감지한다. 이런 내용이 그림 9.22(b)에 설명되어 있으며, 상대적인 정적 오차 $p_e/p_v = (p_i - p)/\left(\frac{1}{2}\rho U^2\right)$는 탭의 위치에 대한 함수로서 함께 그려져 있다. 프로브 주위의 점성 영향은 실제 정압과 표시된 정압 사이에 미소한 차이를 가져온다. 이 오차를 계산하기 위하여 표시된(측정된) 압력 p_i에 대해 수정 계수 C_0를 $p = C_0 p_i$ 형태로 적용한다. 이때 $0.99 < C_0 < 0.995$ 수준이다.

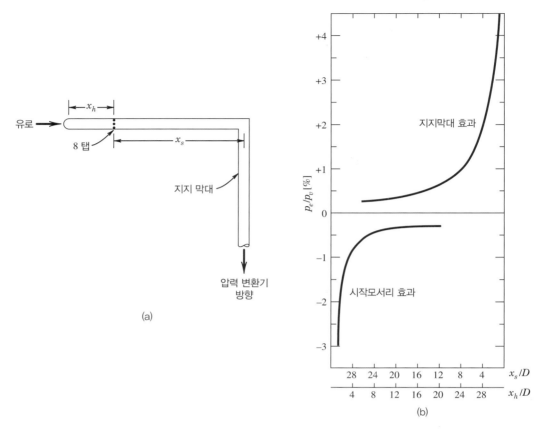

그림 9.22 개량된 프란틀 관. (a) 설계, (b) 관 길이에 따른 상대 정압. D는 프로브 관지름

9.7 압력-유체 시스템의 모델링

유체 시스템은 이상적인 집중 파라미터 요소 형태로 모델링 할 수 있다. 이건 전기 회로에서 저항-유도기-축전기나 기계 시스템에서 질량-제진기-용수철 구조가 사용되는 것과 비슷한 개념으로, 유체 시스템에서는 관성, 저항, 컴플라이언스가 된다.

관성(inertance)은 운동 중인 질량의 관성에 대한 성질을 나타낸다. 이는 어떤 용기에 담긴 채 움직이는 유체의 질량 같은 것을 의미한다. 밀도 ρ인 유체가 단면적 A이고, 길이 l인 용기에 담겨 있으면, 관성은 다음과 같이 쓸 수 있다.

$$L_f = \rho l / A \tag{9.18}$$

층류에서의 관성력을 모델링할 때 이 값은 $\frac{4}{3}$ 비율로 증가되어야 한다. 관성은 전기 회로에서 인덕턴스와 직접적인 유사체이다.

유체 저항(resistance)은 움직임을 방해하는 저항을 나타낸다. 이는 단위 시간당 특정 부피 Q의 유체를 움직이도록 하는 데 필요한 압력 변화를 의미하며 다음과 같이 적을 수 있다.

$$R = \Delta p^n / Q = \Delta E / I \tag{9.19}$$

층류에서 $n = 1$이며, 난류에서는 $n = 0.5$를 가진다. 그러므로 $Q = \frac{1}{R}\Delta p^n$으로 나타낼 수 있다.

원형 단면을 가진 파이프의 뉴턴 유체의 층류에서 저항은 $R = \frac{128\mu l}{\pi d^4}$이며, 이때 μ는 유체 점성이다. 이 유체 저항은 전기 회로에서 가해진 전압으로 인한 전류의 흐름을 방해하는 전기 저항과 유사성을 가진다.

컴플라이언스(compliance)는 압력 변화에 따르는 부피 변화를 의미한다.

$$C_{vp} = \Delta\forall / \Delta p \tag{9.20}$$

이는 어떤 구조나 부품 혹은 물질의 유연성을 재는 개념으로 시스템 강성(stiffness)의 역수이다. 이는 전기 회로에서 축전기의 전기용량에 대한 직접적인 유사체이다.

9.8 설계와 설치 : 전달 효과

그림 9.23과 같은 구성에서 길이가 l, 지름이 d, 부피가 $\forall_t$인 튜브가 압력 탭과 내부 부피가 $\forall$인 압력 변환기(그림 9.14 참조) 사이를 연결한다고 생각해 보자. 정적 조건에서 압력 변환기는 탭의 정압을 표시한다. 그러나 만약 압력 탭이 시간에 따라 변화되는 압력 $p_a(t)$에 노출되면, 배관의 응답 특성이 시간에 따른 변환기 출력 $p(t)$에 영향을 미친다.

연결 도관 안의 유체의 어느 집중 질량에 대한 일차원적인 압력이 가하는 힘과 균형을 이루는 관성, 컴플라이언스 그리고 외력 함수에 대한 저항을 고려하여, 우리는 압력 시스템 반응에 대한 모델을 만들 수 있다. 그림 9.24(a)의 회로도 모델은 탭에 가해진 압력 $p_a(t)$와 변환기 센서에서 측정한 압력 $p_m(t)$의 2개의 압력 사이에서 작동하는 회로를 나타내고 있다. 전술한 전기 회로와의 유사성을 이용하여, 관성은 유도기(코일), 유체 저항은 전기 저항, 그리고 컴플라이언스는 축전기로 모델링되었다(그림 9.24(b) 참조). 이 두 회로 루프에 대한 회로 분석에서 다음과 같은 식을 얻을 수 있다.

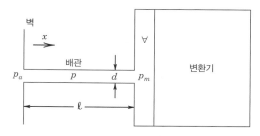

그림 9.23 벽탭과 압력 변환기 연결 : 압력전달선

$$L\ddot{I} + R\dot{I} + \frac{1}{C} \int I dt = E_a \quad \text{그리고} \quad \frac{1}{C} \int I dt = E_m \tag{9.21}$$

두 번째 루프를 미분해서 $\dot{E}_m$과 $\ddot{E}_m$을 $\dot{I}$과 $\ddot{I}$에 대해 구한 후, 이를 다시 식 (9.21)에 $E_a = p_a$, $E_m = p_m$, $L = L_f$, $C = C_{vp}$와 함께 대입하면 다음 식을 얻을 수 있다.

$$L_f C_{vp} \ddot{p}_m + R C_{vp} \dot{p}_m + p_m = p_a(t) \tag{9.22}$$

식 (9.18)에서 식 (9.20)을 식 (9.22)에 대입하면, 가해진 압력과 측정된 압력에 대한 실제적인 시스템 응답을 얻을 수 있다.

$$\frac{16\ell\rho C_{vp}}{3\pi d^2} \ddot{p}_m + \frac{128\mu\ell C_{vp}}{\pi d^4} \dot{p}_m + p_m = p_a(t) \tag{9.23}$$

여기서 유체 관성력은 $\frac{4}{3}$ 비율로 늘려서 대입되어 있다(참고문헌 9).

이 간단한 모델에서, 시스템 컴플라이언스는 유체의 컴플라이언스, 관 벽의 컴플라이언스, 그리고 변환기의 컴플라이언스를 하나의 값 C_{vp}로 묶은 것이다. 각각의 컴플라이언스는 병렬 연결된 축전기로 모델링될 수 있기 때문에 전체 용량은 단순한 합이 된다. 만약 어떤 한 컴플라이언스가 특별히 크다면, 다른 값은 무시한다. 더 나아가 관과 변환기의 컴플라이언스와 유체 저항도 각각 하나의 값으로 묶을 수 있다. 분산된 혹은 집중된 (lumped) 변수를 사용하는 개선된 모델이 참고문헌 10과 같이 생리적인 혈관계를 모델링하는 데 사용되곤 한다. 배관부를 모델링하기 위한 오래된 기법(참고문헌 11)은 각 유체 요소에 가해지는 힘을 고려하는 것이다. 이

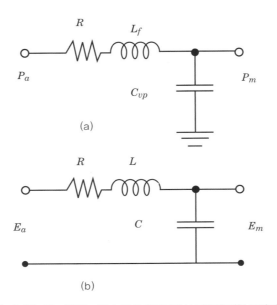

그림 9.24 유사 전기회로를 이용한 그림 9.23의 압력전달선 모델에 대한 등가집중변수 네트워크

런 방법에서는 각 요소에 가해지는 작은 압력 변화가 그 요소를 앞뒤로 관 안에서 거리 x만큼 움직이게 한다. 이들 힘을 합해서 p_m식에 대입하면 다시금 식 (9.23)의 결론에 도달할 수 있다(참고문헌 12).[3]

우리는 식 (9.23)에서 ω_n과 ζ 값을 뽑아 냄으로써 시스템의 과도 응답과 주파수 응답을 알아볼 수 있다.

$$\omega_n = \frac{d}{4}\sqrt{3\pi/\rho\ell C_{vp}} \tag{9.24}$$

$$\zeta = \frac{16\mu}{d^3}\sqrt{3\ell C_{vp}/\pi\rho} \tag{9.25}$$

전체 순응도를 알아내기 위해서는 압력 탭을 막고, 주사기 등으로 배관 안의 유체를 미리 측정한 작은 값만큼 증가시키고, 그에 상당하는 압력값 변화를 측정한 후, 그 결과를 식 (9.20)에 적용하면 된다.

액체

액체는 상대적으로 비압축성이다. 그러므로 연결 배관에서 압축을 회복하려는 힘은 기본적으로 변환기의 컴플라이언스에 기인하며, 이 컴플라이언스는 변환기의 제원이며 식 (9.24)와 (9.25)에서 사용된다. 연결 배관은 전술한 집중 변수 분석의 가정에 따라 일반적으로 강체로 간주된다. 두껍고 유연한 배관이 주로 사용되는데 이는 강체로 간주될 수 있고 그 컴플라이언스는 무시할 수 있다. 만약 꼭 해야 한다면 컴플라이언스를 측정할 수도 있다.

기체

기체를 측정할 때는 기체의 압축성에 비해 전체 시스템의 강성이 높다고 가정하고 모델링을 간략화할 수 있다. 그러면 컴플라이언스는 유체의 단열 체적 탄성률 $E_m = \forall/C_{vp}$로 나타낼 수 있는데, 이는 다음 결과를 낳는다.

$$\omega_n = \frac{d}{4}\sqrt{3\pi E_m/\rho\ell\forall} \tag{9.26}$$

$$\zeta = \frac{16\mu}{d^3}\sqrt{3\ell\forall/\pi\rho E_m} \tag{9.27}$$

식 (9.26)과 (9.27)은 또한 해당 기체의 음속 a를 사용해 정리할 수도 있는데, T가 기체의 절대 온도일 때 이는 압축도와의 관계 $a = \sqrt{E_m/\rho}$, 이상기체에 대해 $a = \sqrt{kRT}$를 사용하여 다음과 같이 적을 수 있다.

$$\omega_n = \frac{ad}{4}\sqrt{3\pi/\ell\forall} \tag{9.28}$$

---

3 이 모델들은 단순화된 가정에 기반했음을 기억하고 주의해야 한다. 이들 모델은 시스템 설계의 가이드로만 사용되어야 하고 실제 보정을 대신해서는 안 된다.

$$\zeta = \frac{16\mu}{a\rho d^3} \sqrt{3\ell\forall/\pi} \tag{9.29}$$

만약 관의 체적이 $\forall_t \gg \forall$일 때, 일련의 압력 정상파가 발생하고, 우리는 $\omega \sim O(a/\ell)$를 기대할 수 있다. 하우겐(Hougel) 등은 다음과 같은 향상된 예측 식을 제시하였다(참고문헌 13).

$$\omega_n = \frac{a}{\ell\sqrt{0.5 + \forall/\forall_t}} \tag{9.30}$$

$$\zeta = \frac{16\mu\ell}{\rho a d^2} \sqrt{0.5 + \forall/\forall_t} \tag{9.31}$$

이 모든 경우에서, 지름이 크고 길이가 짧을수록 관의 응답 특성이 향상됨을 기억해야 한다.

예제 9.7

물을 채운 파이프의 압력이 시간에 따라 변하고 있다. 파이프 벽에 뚫린 탭에서 연질의 플라스틱관을 통해 압력 변환기가 연결되어 있다. 이 압력 시스템의 컴플라이언스를 판단하기 위해, 관을 탭에서 떼어내서 안에 남은 공기가 없도록 물로 채웠다. 이 상태에서의 변환기 출력값은 기록되었다. 주사기를 사용하여 이 시스템에 5 mL의 물을 추가했을 때 측정된 압력의 증가분은 200 mm Hg였다. 컴플라이언스 값을 구하라.

풀이

식 (9.20)을 사용하면, 변환기-관 시스템의 컴플라이언스는 다음과 같다.

$$C_{vp} = \Delta\forall/\Delta p = 5 \text{ mL}/200 \text{ mm Hg} = 0.025 \text{ mL/mm Hg}$$

예제 9.8

지름 15 mm, 두께 1.75 mm인 철제 다이어프램 변환기가 변하는 압력환경에 노출되어 있다. 시스템의 감쇠계수는 0.025이다. 시스템의 운전속도가 3500에서 6500 rpm일 때, 주파수 및 위상응답을 고려해서 이 압력 변환기의 적합성에 대해서 2차 시스템(second order system)을 가정하여 설명하라. 그리고 이 변환기 고유진동 주파수에서의 증폭비를 구하라. 강성과 질량은 각각 125 MN/m, 4.1 g이다.

알려진 값 감쇠계수, $\zeta = 0.025$, 다이어프램 지름 = 15 mm, 두께 = 1.75 mm

계기속도 = 3500 ~ 5500 rpm, 강성 $k = 125$ MN/m, 질량 = 4.1 g

구할 값 증폭비

풀이

측정 시스템의 고유진동수는

$$\omega_n = \sqrt{\frac{k}{m}} = \sqrt{\frac{125 \times 10^6}{4.1 \times 10^{-3}}} = 174.6 \times 10^3 \text{ rad/s}$$

이고, 주파수

$$f = \frac{\omega_n}{2\pi} = 27.76 \text{ kHz}$$

6500 rpm에서 측정 시스템의 최대 주파수,

$$\omega = \frac{6500 \text{ rpm} \times 2\pi \text{ rad/rev}}{60 \text{ s/min}} = 680.67 \text{ rad/s} = 99.94 \text{ Hz}$$

최대 주파수에서의 주파수 비는

$$r = \frac{\omega}{\omega_n} = \frac{680.67}{174.6 \times 10^3} = 0.003894$$

변환기 고유 진동 주파수 근처에서의 증폭비는, 즉, $r = 1$인 경우이고,

$$a = \frac{1}{\sqrt{(1 - r^2) + (2\zeta\gamma)^2}} = \frac{1}{\sqrt{0 + (2 \times 0.025 \times 1)^2}} = 20$$

따라서 이 계기를 6500 rpm 속도의 고주파에서 사용하는 것은 적절하지 않다.

고감쇠 시스템

시스템에서 감쇠비가 1.5보다 크면 주파수 응답 모델은 좀 더 단순화될 수 있다. 압력 측정 시스템의 성질은 1차 시스템에 아주 근접하다. 앞선 경우들과 같이 일반적인 압력 변환기는 컴플라이언스 C_{vp}를 가지고 있으며, 이는 가해진 압력 변화와 관계되는 압력 변환기와 연결관 체적 변화에 대한 척도이다. 1차 시스템의 응답은 시간 상수에 의해 표시되며 이는 식 (9.23)에서 2차항을 제거함으로써 구할 수 있다(참고문헌 12).

$$\tau = \frac{128\mu\ell C_{vp}}{\pi d^4} \tag{9.32}$$

식 (9.32)는 시간 상수가 ℓ/d^4에 비례한다는 점을 보여 준다. 즉, 길이가 길고, 지름이 작은 연결 도관은 압력 변화에 대한 시스템 응답이 더 완만해지도록 만든다.

9.9 음향 측정

음향 측정은 소리의 압력(음압) 측정을 포함한다. 음압의 측정이 필요한 분야는 많은데, 여기에는 음성이나 음악의 증폭이나 녹음, 넓은 공간이나 극장에서 적절한 음향 재생을 위한 세부 조정 작업 등을 포함한다(참고문헌 14). 응용 분야의 한 예로 회전하는 장비의 증가하는 소음 크기나 주파수 특성의 변화를 감지하여 베어링, 로터 혹은 기어의 파손을 파악하는 기법이 있다(참고문헌 15). 공학적인 많은 응용 분야에서 장비, 기계 혹은 사무실 기기의 소음을 측정할 필요가 있는데, 이는 소음에 대한 국가 기준을 준수하기 위할 뿐만 아니라 주민과 근로자의 편안함과 안전을 위해 소음 크기를 줄이려는 노력과 연관된다.

소리는 주변 압력과의 동적인 압력 차이를 의미하는 소리의 압력(1 Pa = 1 μbar)으로 정량화된다. 이는 각 주파수에 대한 신호 크기를 나타내는 스펙트럼으로 나타낼 수 있다(그림 2.21과 2.22에 음향 주파수 스펙트럼 예가 나타나 있다). 음향 압력은 주로 시간에 따라 적분되고 사람이 1,000 Hz에서 들을 수 있는 소리 크기의 문턱 값과 비교해서 산출된다. 이 값은 $p_0 = 2 \times 10^{-5}$ Pa = 0.0002 μbar이다. 소리 일률은 음원에서 단위 시간당 방출하는 에너지이며, 소리 세기는 $I_0 = 10^{-16}$ W/cm^{2}를 기준값으로 하는 단위 면적당 일률이다. 소리 압력과 세기의 크기는 보통 데시벨로 표현된다.

$$압력\ 크기(dB) = 20\ \log(p/p_0) \tag{9.33a}$$

$$세기\ 크기(dB) = 10\ \log(I/I_0) \tag{9.33b}$$

그러므로 소리 압력과 세기를 2배가 되게 되면 각각 6 dB과 3 dB의 차이를 가져온다. 표 9.1은 사람의 귀로 감지 가능한 일반적인 소리 압력에 대한 것으로, 그 범위는 1:10,000,000에 이른다.

표 9.1 음압 레벨 기준

0 dB = 0.00002 Pa	들을 수 있는 문턱값	100 dB = 2 Pa	잭햄머
60 dB = 0.02 Pa	대화	120 dB = 20 Pa	비행기 이륙
94 dB = 1 Pa	대형 화물차 통과	140 dB = 200 Pa	아픔 문턱값

신호 가중치

어떤 응용 분야에서는 서로 다른 주파수에서 측정한 소리 크기를 정확히 측정된 값대로 기술해야 하며, 예를 들면 변환기의 주파수 응답을 측정하거나 벽이나 경계에서 소리 압력으로 인한 힘을 측정하는 경우이다. 변환기의 주파수 범위는 개별 설계에 따라 다르며, 어떤 변환기는 1 GHz까지 측정 가능하다. 또 다른 응용 분야에서는 사람의 귀가 인지하는 방식을 더 잘 설명할 수 있는 방식으로 소리 크기를 나타내야 하는 경우가 있다. 이는 소음 차폐, 소음 감쇠 혹은 음향 재생 등을 포함한다. 일반적인 사람의 청력은 20~20,000 Hz 주파수 범위를 들을 수 있다. 하지만 사람의 귀는 이 주파수 범위의 모든 소리에서 동등하게 반응하지 않는다. 귀는 1 kHz와 5 kHz 사이에서 가장 예민하고, 그 이상과 이하의 모든 주파수에 대해서는 약하게 느낀다. 신호 가중 지정은 이 주파수 응답을 모사하기 위하여 개발되었다. A-가중 척도(A-weighting scale)는 일반적인 소리 압력 크기에서 사람 귀의 주파수 응답을 흉내 내도록 음향 측정 결과를 교정한다. A-가중 척도는 오디오 및 음악 재생뿐만 아니라 산업 및 환경 소음 측정 평가에도 사용된다. 100 dB 이상의 높은 소리에서 사람의 청력은 좀 더 편평한 주파수 응답을 보이며, C-가중 척도가 사용된다.

그림 9.25에 두 척도가 표 9.2의 옥타브 밴드 중심 주파수와 함께 스펙트럼 형태로 나타나 있다. 옥타브는 단순히 두 번째 점의 주파수가 첫 번째 점의 주파수의 2배가 되는 두 점 간의 간격을 의미한다. A-가중 척도와 C-가중 척도는 모두 1 kHz에서 0 dB 값을 가진다. A-가중 척도나 C-가중 척도를 사용한 측정 결과는 각각 dB(A), dB(C)로 표시한다. 정확한 측정값은 이들 가중 척도를 통해서 축척된다. 한 예로, A-가중 척도를 특정 주파수 혹은 옥타브 밴드 중심 주파수의 음압값에 적용하려면, 다음 식을 사용한다.

$$\text{보고값 dB(A)} = \text{측정값 dB} + \text{A-가중척도 dB} \tag{9.34}$$

이러한 방식으로 가중 척도를 사용하여 측정된 값을 사람 귀가 들을 때의 크기로 조정한다. 만약 소리 압력이

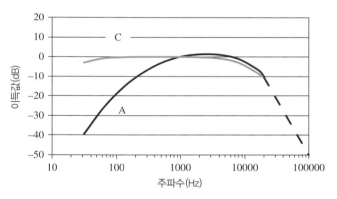

그림 9.25 주파수 가중 : A-가중과 C-가중

표 9.2 A-가중과 C-가중 척도

상대 응답(dB)	옥타브 밴드 중심 주파수 f (Hz)									
	31.25	62.5	125	250	500	1,000	2,000	4,000	8,000	16,000
dB(A)	−39.4	−26.2	−16.1	−8.6	−3.2	0	+1.2	+1.0	−1.1	−6.6
dB(C)	−3.0	−0.8	−0.2	0	0	0	−0.2	−0.8	−3.0	−8.5

몇 개의 다른 옥타브로 측정된 경우, 전체 소리 압력은 로그 기반 합으로 계산된다. SPL(dB)로 불리는 전체 소리 압력은 각 옥타브에 해당하는 소리 압력으로부터 다음과 같이 계산된다.

$$\overline{SPL} = 10 \log_{10}\left(\sum_i 10^{(SPL_i/10)} \right) \tag{9.35}$$

마이크로폰

음향 소리 압력은 압력의 크기와 주파수를 측정할 수 있는 마이크로폰을 사용해 측정된다. 시중에서 구할 수 있는 마이크로폰 구조는 다이내믹, 축전기, 압전 소자 등 여러 종류가 있다.

다이내믹 마이크로폰은 스피커와 같은 전자기적인 원리에 의해 작동하는 수동 소자이며(6장 참조), 다이어프램이 보이스 코일에 장착되어 센서로 작동한다. 전선이 말려 있는 보이스 코일은 영구 자석으로 둘러싸여 있다. 다이어프램에 작용하는 동적인 소리 압력은 코일을 움직이게 해 AC 전압 신호를 발생시키고, 이 출력 신호는 측정되는 소리 압력의 주파수와 진폭을 따르게 된다.

축전기 마이크로폰은 그림 9.26에서 서로 떨어진 금속 다이어프램 센서와 금속 뒤판이 축전기(콘덴서)를 형성하고 있는데, 이 구조는 정전용량 압력 변환기(9.4절 참조)와 같다. 소리 압력파는 다이어프램을 움직이고 이는 뒤판과의 거리를 변화시켜 축전기 정전용량이 변하게 하여 출력 신호값에 영향을 준다. 이 출력 신호는 소리 압력의 주파수와 진폭을 따른다. DC 여기 전압이 이 축전기 구조의 뒤판에 공급된다. 일렉트렛(electret) 축전기 마이크로폰은 영구적으로 대전된 일렉트렛 물질을 다이어프램이나 뒤판 혹은 그 둘 사이 간격에 놓음으로써 다이어프램 움직임에 의한 분극 전압을 발생시켜 별도의 여기 전압(excitation voltage)이 필요 없도록 한다. 이 낮은 크기의 신호는 증폭기를 필요로 한다.

압전 소자 마이크로폰에는 다이어프램 센서와 결합된 수정이나 세라믹 결정체가 들어 있다. 압전 소자 압력

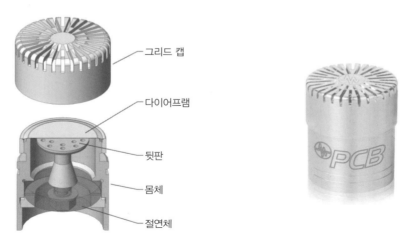

그림 9.26 축전기 마이크로폰의 구조설계와 자유장 축전기 마이크로폰 (PCB Piezoelectronics.Inc 허락을 받아 사용)

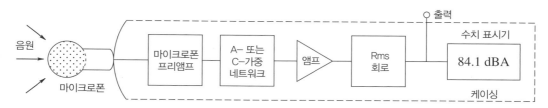

그림 9.27 소리 크기 계측기의 내부 블록선도

변환기에서 설명한 바와 같이(그림 9.16), 압력으로 인한 힘은 예비 하중이 걸린 결정체를 변형시켜, 소리 압력에 비례하는 표면 전하 q를 발생시킨다. 이 전하는 전하 증폭기를 사용하여 전압으로 전환된다. 낮은 감도에도 불구하고 이들 센서는 매우 내구성이 좋고, 1 GHz에 달하는 넓은 주파수 대역폭을 가지고 있으며, 매우 높은 소리 크기까지 측정할 수 있다. 이들 마이크로폰은 기계식 베어링 파손이나 구조적인 크랙 등의 음향 방출 시험에 사용된다.

마이크로폰은 보통 94 dB의 일정한 압력 신호를 고정된 주파수로 내보내는 기준 소음원에 의해 교정된다. 마이크로폰은 다른 각도에서 들어오는 소리에 대해 다른 감도를 가질 수 있고, 다른 음장(sound field)에서 작동하도록 만들어질 수 있다. 단일 방향성 마이크로폰은 지정된 한 방향에 대해 감도가 집중되어 있다. 양쪽 방향성 마이크로폰은 앞과 뒤에서 오는 소리에 모두 방향성을 가지고, 균일 방향성 마이크로폰은 모든 방향에 대해 거의 같은 감도를 가진다. 마이크로폰은 특정 용도에 맞게 제작되는데, 자유장 마이크로폰은 하나의 음원이나 방향에서 방출되는 소리 압력 크기를 측정할 수 있도록 설계되었다. 이들 마이크로폰은 가정용 기기나 기계로부터 발생하는 소리를 측정하는 데 사용할 수 있으며, 열린 공간이나 무반향실에서 가장 잘 작동한다. 압력장 마이크로폰은 어떤 위치나 벽 경계에서의 소리 압력을 측정하기 위해 설계되었다. 압력장 마이크로폰은 종종 다이어프램이 드러난 상태로 벽면과 같은 높이로 설치된다. 이 마이크로폰은 벽이나 비행기 날개나 하우징 혹은 공동 같은 구조물에 가해지는 압력을 측정하는 데 적합하다. 랜덤 입사 마이크로폰은 균일 방향성으로 여러 방향과 여러 음원 그리고 여러 번 반사된 상태에서 오는 소리를 측정하는 데 사용된다. 이는 자동차 안이나 음악당 안의 소리를 측정하는 경우를 포함한다.

소리 크기 계측기(sound level meter, SLM)는 휴대 가능하고 단독으로 작동하는 장비로, 산업적인 소리 압력 측정에 사용된다. SLM은 마이크로폰, 가중치 알고리즘과 RMS(root-mean-square) 회로를 포함하는 신호 컨디셔닝, 그리고 수치 표시기로 이루어져 있다(그림 9.27). IEC 61672-1 표준은 소리 크기 계측기의 성능을 정의하고 있다(참고문헌 16).

예제 9.9

A-가중 척도를 다음 옥타브 밴드 측정 결과에 적용하라. 전체 평균 음압을 구하라.

	옥타브 밴드 중심 주파수 f (Hz)								
상대 응답(dB)	31.25	62.5	125	250	500	1,000	2,000	4,000	8,000
측정 SPL(dB)	94	95	92	95	97	97	102	97	92
A 가중치(dB)	−39.4	−26.2	−16.1	−8.6	−3.2	0	+1.2	+1.0	−1.1
수정값 dB(A)	55	69	76	86	94	97	103	98	91

전체 평균 소리 압력 크기는 다음과 같다.

$$\overline{SPL} = 10 \log_{10}(10^{SPL_i/10})$$
$$= 10 \log(10^{5.5} + 10^{6.9} + 10^{7.6} + 10^{8.6} + 10^{9.4} + 10^{9.7} + 10^{10.3} + 10^{9.8} + 10^{9.1}) = 105 \text{ dB(A)}$$

예제 9.10 | **사례 연구 : 능동 소음 감쇠 헤드셋**

전통적인 수동(passive) 헤드셋은 외부에서 오는 고주파 소음(>1 kHz)에 대한 감쇠 성능이 좋고, 효과적으로 이 배경 소음을 사용자에게서 차단하나, 저주파 소음에 대한 배경 소음 감쇠는 좋지 못하다. 능동 소음 감쇠(active noise reduction, ANR)는 헤드셋의 저주파에 대한 배경소음 감쇠 성능을 향상하는 방법으로, 사용자에게 피로감을 줄 수 있는 가청 주파수 이하의 저주파까지 감쇠시킬 수 있다. 이 방법은 특히 환풍기나 기계 소음 같이 일정한 배경 소음을 줄이는 데 효과적이다. 1950년대 개발되어 1990년대에 지속적으로 윙윙거리는 비행기 소음을 겪는 파일럿에게 인기가 있었던 이 기술은, 이제 이러한 원하지 않는 소음을 차단하기 원하는 일반 대중들에게도 인기를 얻고 있다.

실제품에서는 마이크로폰이 외부의 저주파 소음을 사용자 헤드셋 안이나 바로 밖 위치에서 측정한다. 이 측정된 소음은 신호 처리 회로를 거쳐 헤드셋에서 정확히 180도 위상이 뒤집혀 재생된다. 이 측정된 소음과 재생된 소음은 서로 더해져 0의 값을 가지면서 소멸된다. 그러나 반복되지 않는 소리나 주파수가 다른 소리는 소멸

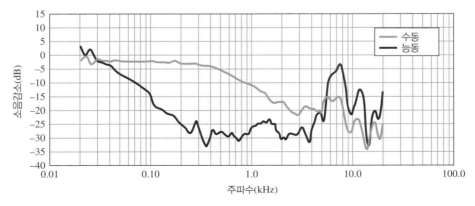

그림 9.28 수동 소음감쇠와 능동 소음감쇠 설계를 채용한 헤드셋의 사용자가 경험하는 전형적인 소음 감소

되지 않고, 이들은 헤드셋을 통과해 전달된다. 최종적인 효과는 특정 주파수 대역의 배경 소음이 감쇠되는 것으로 나타난다. 그림 9.28에 나타난 스펙트럼 예는 수동 헤드셋과 ANR의 소음 감쇠 효과를 비교한 것이다. 식 (9.35)로 구할 수 있는 ANR의 전체 평균 소음 감쇠 효과는 품질 좋은 수동 헤드셋 대비 $-10\,dB(A)$ 수준이다. 실제 사용자가 들어야 할 대역의 소리는 향상된 SNR(signal-to-noise ratio) 덕분에 더 깨끗하게 들린다. 헤드셋은 음향적으로 다루기 쉽고 크기가 작으므로, 매우 작은 출력으로도 ANR 기법을 적용시킬 수 있다. 향후 ANR에 있어 도전은 더 큰 공간, 즉 자동차 내부, 가전제품, 업무 환경에서 사용되는 시끄러운 기기들에 적용하는 일이 될 것이다.

9.10 유체의 속도 측정 시스템

속도 측정 시스템은 유동 유체에서 지정된 위치의 속도 정보를 알아야 할 때 사용된다. 평균 속도와 동적 속도의 모든 성분에 대한 측정이 포함되는데, 동적 성분은 파동이나 진동이 있는 유체 또는 난류에서 그 대상이 된다. 대부분 공학 응용 분야에서는 유체 평균 속도에 대한 정보로 충분하나, 비행기 날개가 느끼는 복잡하고 주기적인 파형, 즉 난류에 대한 비행기 날개의 반응을 연구하는 경우 등의 응용 또는 기초 유체역학 연구개발 과정에서 요구된다. 일반적으로 순간 속도는 다음과 같이 쓸 수 있다.

$$U(t) = \overline{U} + u \tag{9.36}$$

위에서 $\overline{U}$는 평균 속도이고, u는 시간에 의존하는 동적(변동하는) 속도 성분이다. 이 순간 속도는 푸리에 급수로 표현될 수 있다.

$$U(t) = \overline{U} + \sum_i C_i \sin(\omega_i t + \phi_i') \tag{9.37}$$

즉, 평균 속도와 동적 속도 성분의 진폭, 주파수 정보는 시간에 따른 속도 신호값을 푸리에 분석하여 얻을 수 있다.

피토 정압 프로브

정상 상태의 비압축성 등엔트로피 유동에서, 유동장 안의 임의의 x점에서 식 (9.16)은 다음과 같이 쓸 수 있다.

$$p_t = p_x + \frac{1}{2}\rho U_x^2 \tag{9.38}$$

이는 다음과 같이 다시 쓸 수 있다.

$$p_v = p_t - p_x = \frac{1}{2}\rho U_x^2 \tag{9.39}$$

앞부분에서 언급했던 바와 같이 여기서 임의의 점의 전체 압력과 정압 간의 편차 p_v를 **동압**(dynamic pressure) 이라 한다. 그러므로 임의의 점에서 움직이는 유체의 동압을 재는 것은 국부적 속도를 추정하는 한 방법이 된다.

$$U_x = \sqrt{\frac{2p_v}{\rho}} = \sqrt{\frac{2(p_t - p_x)}{\rho}} \tag{9.40}$$

실제로 식 (9.40)은 **피토 정압관**(pitot-static pressure probe)이라는 기구의 작동식이다. 프로브 선단 끝의 충격 구멍에 부착한 내압관을 가지고 있는 피토 정압관(그림 9.29에서 제시)을 제외한 계기는 개량된 프란틀 정압 프로브[그림 9.22(a)]와 비슷한 외형을 가지고 있다. 피토 정압관에는 2개의 내부 동축 기공이 있는데 하나는 전체 압력에, 다른 하나는 정압에 노출되어 있다. 두 압력은 차동 압력 변환기에 의해 측정되므로 직접 p_v를 표시할 수 있다.

피토 정압관 ±15도의 요각도(yaw angle) 범위(참고문헌 1) 내에서 편차에 상대적으로 민감하지 않은 편이다. 가능하다면, 신호가 최댓값을 나타낼 때까지 프로브를 회전시킴으로써 평균 유동 방향과의 프로브를 정렬할 수 있다. 그러나 압력 구멍의 입구 지역에서 나타나는 강한 점성 효과에 의해 프로브는 더 낮은 속도 한계를 가지게 된다. 일반적으로 프로브 반지름에 기반해 계산한 레이놀즈수($\mathrm{Re}_r = \bar{U}r/v$이고, v는 유체의 동점성 계수)가 500 이상이면 점성 효과는 염려할 필요가 없다. $10 < \mathrm{Re}_r < 500$일 때, 동압은 $p_v = C_v p_i$에 의해 수정되어야 한다. 여기서 C_v는 다음과 같다.

$$C_v = 1 + (4/\mathrm{Re}_r) \tag{9.41}$$

그리고 p_i는 프로브에 표시된 동압값이다. 비록 동압을 수정했더라도 측정한 동압에서 불확도는 $\mathrm{Re}_r \approx 10$에서 40% 수준이며, $\mathrm{Re}_r \geq 500$에서는 1%까지 감소된다.

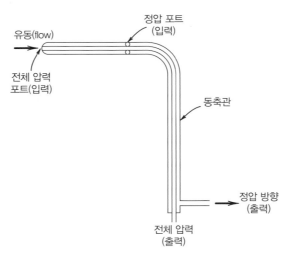

그림 9.29 피토 정압관

고속 기체 유동에서 피토 정압 프로브의 선단 끝 부근에서 압축성의 영향은 지배 방정식의 정밀한 검토를 필요로 한다. 이상기체에서 어떤 점 x와 정체점 간의 유선을 따라서 에너지 균형은 다음과 같이 쓸 수 있다.

$$\frac{U^2}{2} = c_p(T_t - T_\infty) \tag{8.36}$$

등엔트로피 프로세스에서 온도와 압력의 관계식은 다음과 같다.

$$\frac{T_t}{T_x} = \left(\frac{pt}{px}\right)^{\frac{k-1}{k}} = \left(\frac{\rho_t}{\rho_x}\right)^{k-1} = \left(1 + \frac{k-1}{2}M^2\right) \tag{9.42}$$

위에서 k는 기체의 비열비이며, $k = c_p/c_v$이다. 유동 유체의 마하수는 그 지역에서 유동속도와 음속의 비이다.

$$M = U/a \tag{9.43}$$

음파 속도(acoustic wave speed)라고도 불리는 이상기체에서의 음속은 $a = \sqrt{kRT_x}$이며, 여기서 T_x는 그 점에서 기체의 절대 온도이다. 이들 식을 연립하고 이항식으로 전개하면 압축성 유동 유체에서 임의의 점 x의 전체 압력과 정압의 관계식을 얻을 수 있다.

$$p_v = p_t - p_x = \frac{1}{2}\rho U_x^2\left[1 + M^2/4 + (2-k)M^4/24 + \cdots\right] \tag{9.44}$$

$M \ll 1$일 때, 식 (9.44)는 식 (9.39)로 간략화된다. 그림 9.30에서 보듯 동압의 참값에 대한 두 식 간의 차이는 $M > 0.3$일 때 현저해진다. 그러므로 $M \sim 0.3$을 이상기체 흐름에 대한 비압축 한계로 여긴다.

$M > 1$일 때, 국부 속도는 레일리(Rayleigh) 관계에 기반한 반복 계산으로 구해진다.

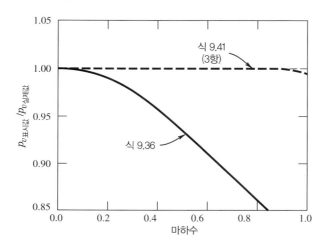

그림 9.30 유동 속도가 증가할 때 압축성 식과 비압축성 식을 이용하는 경우 동압의 상대적 오차

$$p_t/p = \left(\frac{(k+1)^2 M^2}{4kM^2 - 2(k-1)} \right)^{k/k-1} \left(\frac{1 - k + 2kM^2}{k+1} \right) \tag{9.45}$$

여기서 p_t는 충돌 포트에서 측정된 값이고, p는 프로브 상류의 압력이다.

열풍속 측정기

온도가 T_s인 뜨거운 물체와 온도가 T_f인 차가운 유동 유체 사이에서 전달되는 열전달률 $\dot{Q}$는 두 물체 사이의 온도 차이와 열전달 경로의 열전도도 hA에 비례한다. 이 열전도도는 유동 유체 속도와 함께 증가하며 임의의 주어진 온도 편차에서 열전달률을 증가시킨다. 이 열전달률과 유동 유체 속도 간의 상호 관계는 열풍속 측정기(Thermal Anemometry)의 작동 원리가 된다.

열풍속 측정기는 금속으로 된 저항 온도 감지기(resistance temperature detector, RTD)라는 센서를 이용하며, RTD는 그림 9.31에 표시한 것처럼 휘트스톤 브리지 회로의 한 능동 다리를 구성한다. 8장에 잘 설명되어 있듯이 이런 센서에서 저항과 온도 간에는 다음과 같은 관계가 성립한다.

$$R_s = R_0[1 + \alpha(T_s - T_0)] \tag{9.46}$$

따라서 센서 온도 T_s는 저항 측정을 통해 구할 수 있다. 전류는 센서를 흐르면서 유체 온도보다 높은 온도가 되게끔 열을 발생한다. 센서에서 열전달률과 차가운 유체 속도 사이의 관계는 다음과 같이 킹의 법칙(King's law)에 의해 주어진다(참고문헌 17).

$$\dot{Q} = I^2 R = A + BU^n \tag{9.47}$$

여기서 A와 B는 유체와 센서의 물리적 성질과 작동 온도에 의존하는 상수이며, n은 센서의 치수(참고문헌 18)에 의존하는 상수이다. 일반적으로 $0.45 \le n \le 0.52$(참고문헌 19)이고 A, B, n 값은 교정을 거쳐 결정된다.

구체적으로는 열선 센서와 열막 센서, 이 두 가지 센서가 주로 사용된다. 열선 센서(hot-wire sensor)는 그림 9.32에서 보듯 1~4 mm 길이에 1.5~15 μm 지름의 텅스텐 또는 백금선으로 구성되었다. 이 열선은 두 바늘에 의해 지탱되고 이 바늘은 세라믹관에 고정되어 리드선에 연결된다. 열막 센서(hot-film sensor)는 일반적으로 유리 기판에 증착된 얇은(2 μm) 백금 또는 금으로 된 막으로 구성되었고 높은 열전도성을 가진 코팅으로 덮여 있

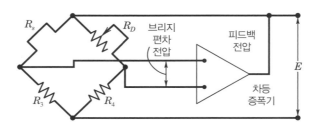

그림 9.31 고정 저항 모드의 열풍속 측정기 회로

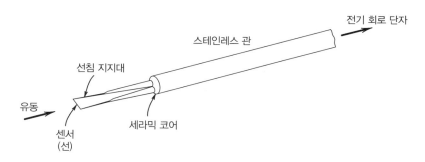

그림 9.32 열선 센서 구조

다. 코팅은 막에 대해 전기적 절연과 기계적 보호 작용을 한다. 열선 센서는 일반적으로 비전도성 유체에서 사용되지만 열막 센서는 전도성 유체나 또는 좀 더 튼튼한 센서를 필요로 하는 곳에 사용될 수 있다.

풍속 계측기가 포함된 브리지 회로는 (1) 고정전류형 풍속계, (2) 고정저항형 풍속계 두 가지 작동 모드가 사용 가능하다. 정전류를 이용하는 경우, 센서를 흐르는 일정한 크기의 전류가 센서를 가열하게 되며, 이때 센서 저항과 센서 온도는 식 (9.46)의 관계에 따르며, 그 값은 센서와 주위 환경 사이의 열전달률에 따라 변하므로, 브리지의 전압 변화로 냉각 속도를 측정할 수 있다. 일반적으로는 고정저항 풍속계가 더 자주 쓰이는 속도 측정 작동 모드이다. 일정한 저항을 이용한 작동 모드에서 센서 저항은 차동 피드백 증폭기 회로가 브리지 회로의 균형 상태를 조절하여 맞춤으로써 일정하게 유지된다. 즉, 다시 말하면, 회로는 브리지 센서를 오차 신호처럼 이용하는 폐회로 컨트롤러처럼 사용된다. 피드백 증폭기는 브리지 전압을 신속히 조정하는 것을 통해 센서 전류를 조정하며 센서로 하여금 저항 목표치와 그에 대응하는 온도를 유지하게 한다. 정온을 유지하기 위한 순간 파워($I^2 R_s$)는 센서에서 발열되는 순간 열전달률($\dot{Q}$)과 동등하고 이는 냉각 속도에 따라 바뀐다. 이때 순간 브리지 전압과 속도 간의 관계는 다음 식과 같다.

$$E^2 = C + DU^n \tag{9.48}$$

위에서 상수 C, D, n은 일정한 센서 온도와 유체 온도하에서 교정을 거쳐 결정된다. 다음 변환과 같은 전자 또는 디지털 선형화 방법이 얻어진 신호의 처리에 적용된다.

$$E_1 = K \left(\frac{E^2 - C}{D} \right)^{1/n} \tag{9.49}$$

선형화 처리된 출력 E_1은 속도와 다음 관계를 가진다.

$$E_1 = KU \tag{9.50}$$

여기서 K는 정적 교정을 거쳐 결정된다.

평균 속도 측정에서 열풍속 측정기는 적용하기 간단한 장치이다. 여러 개의 속도 성분은 다중 센서를 사용해 측정할 수 있는데 개별 센서는 각각의 방향별로 평균 유체 방향과 맞추어져 있으며, 각자 독립적인 풍속 계측 회로(참고문헌 18, 20)로 작동한다. 이 측정기는 높은 주파수 응답을 가지고 있으므로, 움직이는(동적인) 속도를 잴 수가 있다. 제곱 평균 제곱근(rms) 요동이 $\sqrt{\overline{u^2}} \geq 0.1\overline{U}$ 수준인 강한 난류 유동에서의 신호 해석은 복잡하지만 이미 잘 연구되어 있다(참고문헌 20). 저주파 영역의 유체 온도의 변동은 유체에 노출된 저항 R_3를 센서 부근에 직접 장착시킴으로써 보상할 수 있다. 열풍속 측정 이론과 신호 해석 저술에 대한 목록은 다른 여러 곳에서도 찾을 수 있다(참고문헌 21).

고정 저항 모드에서 열선 시스템은 100,000 Hz까지 고른 주파수 응답을 얻을 수 있는데, 이런 특징 때문에 유체 역학 분야의 난류 연구에서 특히 잘 사용되고 있다. 또한 상대적으로 저렴하면서도 튼튼하게 만들어진 모델들은 빠른 동적 응답을 필요로 하는 산업용 모니터링에서 많이 적용되고 있다. 지름이 d인 실린더형 센서의 주파수 상한은 센서 하류에 발생되는 고유 진동에 의해 순간적으로 결정된다. 스트로할 주파수(Strouhal frequency)라고 하는 이 진동 주파수는 대략 다음과 같다(10.6절에 더 자세히 설명되어 있음).

$$f \approx 0.22[\overline{U}/d] \quad (10^2 < \text{Re}_d < 10^7) \tag{9.51}$$

가열된 센서는 그 부근에 있는 유체에 열을 전달한다. 유체가 흐르고 있는 경우, 이는 다음 조건이 만족하는 한 측정 가능한 오차를 유발하지 않는다.

$$\text{Re}_d \geq Gr^{1/3} \tag{9.52}$$

위에서 $\text{Re}_d = \overline{U}d/v$, $Gr = d^3 g\beta(T_s - T_{\text{fluid}})/v^2$이고 β는 유체의 열팽창 계수이다. 식 (9.52)는 유동유체의 관성력이 가열된 센서에 의해 생긴 부력보다 지배적인 역할을 할 수 있도록 보증해 준다. 열선 센서를 공기 중에서 사용할 경우 이 식으로부터 0.6 m/s 수준의 낮은 속도 한계를 가짐을 알 수 있다.

도플러 풍속 측정법

도플러 효과(Doppler effect)는 관찰자 입장에서 겪는 현상에 대한 것으로, 관찰자에게 접근하거나 멀어져 가는 물체에서 방사되어 나오는 광파 또는 음파의 주파수가 원래 값에 대해 그 속도에 비례한 차이를 가지게 되는 효과를 의미한다. 대부분의 독자는 열차가 관찰자에게 접근하거나 멀어져 갈 때 관찰자에게 들리는 열차 소음의 음높이가 변하는 현상에 익숙할 것이다. 광파나 음파 같은 모든 에너지 형식의 복사파도 도플러 효과를 가진다. 도플러 효과는 Johann Doppler(1803~1853)가 발견하고 연구한 것이다. 관찰된 주파수 변화를 도플러 이동(Doppler shift)이라고 하며, 이는 관찰자에 대한 방사체의 상대 속도와 직접적인 관계를 가지고 있다.

도플러 풍속 측정법은 유동 유체에서 도플러 효과를 이용하여 국부 속도를 측정하는 기술이다. 이때 방사원은 위상 관계가 일정하고(가간섭성) 폭이 좁은 입사파를 방출한다. 일반적으로 음파나 광파가 방사원으로 사용되며, 유동 유체에 떠 있으면서 유체를 따라 움직이는 미소 입자들이 이 입사파를 산란시킴으로써 도플러 효과를 발생시킨다. 여기서 우리는 점 혹은 전 영역 속도 측정 방법에 대해 논의할 것이다. 10장에서는 도플러(초음파)
원리를 사용한 유량 측정 장치에 대해 논의할 것이다.

레이저 도플러 풍속 측정기(laser Doppler anemometer, LDA)는 레이저를 방사원으로 사용하면서 유체의 한
점에서의 시간에 대한 속도를 측정하는 장치이다(참고문헌 22-25). 유체에 떠있는 유동 입자에 레이저 빔을 통
과시킬 때, 모든 방향으로 빛을 산란시킨다. 입자와 빔 사이의 충돌을 지켜보는 관찰자는 주파수 f_s로 산란되는
빛을 느끼게 된다.

$$f_s = f_i \pm f_D \tag{9.53}$$

위에서 f_i는 입사한 레이저 빔의 주파수이고, f_D는 도플러 이동 주파수이다. 가시광선을 이용하면 입사한 레이
저 빔의 주파수는 10^{14} Hz이다. 대부분의 공학 응용에서 도플러 이동 f_D는 $10^3 \sim 10^7$ Hz이다. 그림 9.33은 이 도
플러 주파수를 확실히 골라내고 작은 유동부피에 집중할 수 있는 작동 모드를 보여 주고 있다. 이 이중 빔 모드
(dual-beam mode)에서 단일 레이저 빔은 광학 빔 분할기에 의해 가간섭성인 2개의 빔으로 분리된다. 이 2개의
빔은 같은 렌즈를 통해 유체의 어느 한 점에 집중되고, 이 초점은 효과적인 측정 부피(센서)를 형성한다. 유체에
떠있어서 유체를 따라 움직이는 입자는 투과하는 빛을 산란시킨다. 측정 부피 안에서 두 빔이 교차되고 두 빔의
입사 정보는 혼합되는데 이 과정을 광학 헤테로다인(optical heterodyne)이라고 한다. 이 혼합 과정은 결과적으
로 도플러 이동으로부터 입사 빔의 주파수를 분리해 내게 되므로 이 2개의 분리된 신호성분을 관찰할 수 있게
한다.

위상 도플러 풍속 측정법(참고문헌 26)에 연관되어 속도와 동시에 입자의 크기를 재는 방법이 사용된다. 전술
한 내용과 비슷한 장치 구성에 2개 혹은 더 많은 광 검출기를 적용하는데, 검출된 신호 간의 위상 차이는 빛을
산란시키는 입자의 크기에 비례한다. 이 장치는 배기 가스 및 연소 장치 감시, 공압을 이용한 수송 장치 등의 공
업 기술에 적용된다.

그림 9.33에 나타난 장치에서, 속도는 다음 식과 같이 도플러 이동과 직접 관련되어 있다.

$$U = \frac{\lambda}{2 \sin(\theta/2)} f_D = d_f f_D \tag{9.54}$$

위에서 측정된 속도 성분은 교차된 빔이 이루는 평면 위에 있고 교차되는 빔을 2등분하는 방향의 것이다(참고문

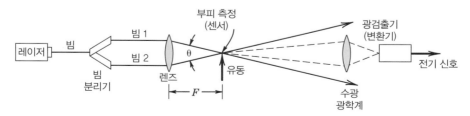

그림 9.33 이중빔 모드로 작동하는 레이저 도플러 풍속 측정기

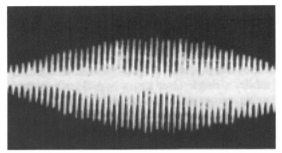

Richard Figliola

그림 9.34 측정 부피를 통과하는 단일 파티클에서 나오는 도플러 주파수를 나타내는 광검출 다이오드 출력을 오실로스코프로 본 파형

헌 24). 다른 색깔의 빔이나 편광을 사용하면 동시에 다른 속도 성분을 측정할 수 있다. 광다이오드 변환기에서 나오는 출력은 그 크기가 산란된 빛의 진폭의 제곱이며, 주파수는 f_D와 동일하다. 이 효과는 도플러 '버스트'로 그림 9.34의 궤적에서 볼 수 있다. 시간에 따라 변화하는 유동장의 경우 연이은 산란에 의한 도플러 이동은 시간에 따라 변할 것이다. 이 시간에 따른 주파수 변화를 재는 가장 흔한 방법은 고속 푸리에 변환이나 자기 상관 방법을 사용하는 버스트 분석기를 사용하는 것이다. 매우 낮은 빛의 세기에서 광자 상관 기법이 효과적이다(참고문헌 23, 24). 이는 점 측정 방법의 하나로, 측정부피가 유동장 영역 내에서 배치되는 것이 필요하다.

예제 9.11

He-Ne 레이저($\lambda = 632.8$ nm)를 사용하는 도플러 풍속 측정기가 한 점에서 물의 흐름 속도를 측정하는 데 사용된다. $\theta = 11.0$도이고, 200 mm인 렌즈를 사용하여 이중 빔 모드에서 LDA를 구성하였다. 평균 도플러 주파수가 1.6 MHz로 측정되었을 때, 물의 속도를 계산하라.

알려진 값 $\overline{f_D} = 1.6$ MHz

$\lambda = 632.8$ nm; $\theta = 11.0$도

가정 산란 입자는 물과 같은 속도로 움직인다.

구할 값 $\overline{U}$

풀이

식 (9.54)를 이용하면 다음과 같은 결과를 얻는다.

$$\overline{U} = \frac{\lambda}{2\sin(\theta/2)}\overline{f_D} = \left(\frac{632.8 \times 10^{-9}\text{ m}}{2\sin(11°/2)}\right)(1.6 \times 10^6\text{ Hz}) = 5.278\text{ m/s}$$

입자 영상 유속계

입자 영상 유속계(particle image velocimetry, PIV)는 유동에서 횡단면 전체 영역의 순간 유속을 측정한다. 이 기술은 유동 속에 있는 입자들의 시간에 따른 이동을 추적하며 가간섭성 광원(레이저 빔)과 광학계, CCD 카메라, 신호 호출 전용 소프트웨어를 사용한다.

 개략적으로 보면, 유동 속에 떠있는 입자 이미지는 레이저 빔으로 매우 짧은 시간 간격으로 반복적으로 조명되어 촬영해야 한다. 이렇게 연속적으로 촬영된 이미지를 비교한다. 레이저 플래시가 터지는 주기 동안에 이동하는 임의의 입자의 이동 거리가 측정 속도가 된다. 반복적으로 촬영된 입자로부터 입자의 위치를 추적할 수 있으며 공간과 시간에 대한 속도 함수를 얻을 수 있다.

 그림 9.35에서는 전형적인 레이아웃을 제시하고 있다. 원통형 렌즈를 통과한 레이저 빔은 2차원 평면판 형태로 바뀌며, 이 레이저판은 유동에서 적당한 크기의 횡단면적을 조명하게 된다. 카메라는 조명된 영역을 촬영하도록 초점을 맞추어 설치된다. 촬영 이미지 간의 시간 간격은 카메라 셔터와 동기된 펄스형 레이저 광원을 사용하거나 또는 연속 레이저 광원과 고속카메라를 사용하여 조절 가능하다. 획득한 디지털 이미지는 저장되고 소프트웨어를 통해 전체 영역의 순간 속도 장을 구할 수 있다.

 입자의 이동 거리와 시간에 기초한 작동 원리는 다음과 같다.

$$\vec{U} = \Delta\vec{x}/\Delta t \tag{9.55}$$

여기서 $\vec{U}$는 공간 위치 $\vec{x}(x, y, z, t)$에 따르는 입자의 순간 속도 벡터이다. 카메라는 입자의 위치를 촬영하여 이미지 프레임에 기록한다. 속도 데이터를 신속하게 얻으려면 각 이미지를 호출 영역(interrogation area)이라고 하는 작은 영역으로 분할해야 한다. 이미지 I_1과 I_2에 대응하는 호출 영역은 픽셀 대 픽셀로 상호 비교한다. 특정한 입자의 위치 $\vec{x}_1$에서 $\vec{x}_2$로의 이동은 상관관계 $R_{12}(\Delta\vec{x})$에서 신호 피크값으로 나타난다.

$$R_{12}(\Delta\vec{x}) = \int_A \int I_1(\Delta\vec{x})I_2(\vec{x} + \Delta\vec{x})d\vec{x} \tag{9.56}$$

위 식으로 같은 입자인지를 판단하고 그 입자의 이동 변위 $\Delta\vec{x}$를 추산할 수 있다. 각 호출 영역에 대해 이미지

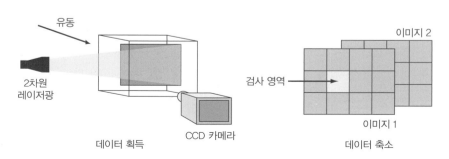

그림 9.35 입자 영상 유속계의 기본 레이아웃

의 상호 상관 작업을 반복하여 전체 영역의 속도 벡터 맵을 구할 수 있다. 전술한 측정 방법에 대해 몇 가지 변형적인 방법이 고안되었지만 기본 개념은 변함없다.

이 기술은 기체나 액체에서 모두 사용될 수 있다. 3차원 정보는 2대의 카메라를 이용하여 얻을 수 있다. 입자가 유동과 함께 움직일 수 있도록 입자의 크기와 성질은 유체와 예상 유동 속도에 근거하여 선택해야 하나, 카메라 픽셀 크기보다 충분히 큰 입자 크기를 선택해 피크 로킹(peak-locking) 문제(참고문헌 27)가 발생하지 않도록 해야 한다. 측정 가능한 최대 유속은 호출 영역의 크기에 의해 제한된다. 분해능은 레이저 플래시 넓이와 간격, 유동 속도, 카메라 기록 시간, 이미지 확대 배율에 의해 결정된다. 높은 배율의 광학계를 사용하는 현미경 PIV의 경우 매우 짧은 길이에 대한 측정이 가능하다. 래플(Raffel) 등은 이 기술과 변형된 응용, 그리고 오차 예측에 대해 다뤘다(참고문헌 27).

속도 측정 방법에 대한 선택

구체적인 사용처에 가장 적합한 속도 측정 시스템을 선택할 때, 엔지니어는 다음 요소들에 적절한 가중치를 두어 결정하여야 한다.

1. 필요한 공간 분해능
2. 필요한 속도 범위
3. 속도 변화에 대한 감도
4. 동적 속도에 대한 정량화 필요성
5. 유동에 대한 프로브 방해 정도
6. 가혹 환경에 대한 적용 가능성
7. 교정 필요성
8. 경제성과 사용 편리성

적절한 조건에서 사용될 때, 위에서 언급한 임의의 측정 방법에서 속도 측정치의 불확도는 측정된 속도의 1% 수준으로 낮을 것이다(참고문헌 26).

피토 정압 방법

압력 프로브를 이용한 방법은 일정한 밀도를 가지고 있는 유체에서 평균 속도를 결정하는 데 가장 적합하다. 다른 방법과 비교해 볼 때, 이 방법은 임의의 점에서 속도를 측정하는 데 가장 간단하고 경제적이다. 유동에 대한 프로브의 방해는 지름이 큰 도관이나 관 벽에서 멀리 떨어져 있을 때 문제가 되지 않는다. 이들은 평균 유동과의 정렬 오차에 영향을 받는다. 교정을 필요로 하지 않으며, 현장과 실험실에서 많이 사용되고 있다.

열풍속 측정기

열풍속 측정기는 일정한 온도와 밀도를 가지는 매우 깨끗한 유체에서 사용하는 데 가장 적합하다. 이들은 높은 공간 분해능을 제공하고 동적 속도를 측정하는 데 적합하다. 그러나 아주 강한 동적 흐름에서 신호 해석은 복잡해질수 있다(참고문헌 20, 28). 열막 센서는 열선 센서보다 좀 더 튼튼하고 오염에 덜 민감하다. 유동에 대한 프로브의 방해는 지름이 큰 도관이나 관 벽에서 멀리 떨어진 곳에서는 문제되지 않는다. 원통형 센서는 180도 방향에서 모호하다는 것이며(즉, 유동 방향이 왼쪽이든 오른쪽이든 같은 출력 신호를 얻는다), 이는 역류구역을 포함한 유동 측정의 경우에 중요한 인자가 된다. 산업용 시스템은 더 경제적으로 만들 수 있다. 열풍속 측정기는 일반적으로 압력 프로브에 의해 교정된다.

도플러 풍속 측정기

레이저 도플러 풍속 측정기(LDA)는 가혹하고, 연소성이거나 동적인(불안정하거나 박동이 있거나 매우 난류가 심한) 상황에 적합한, 상대적으로 비싼 점속도 측정 방법이다. 이 기술은 바람직한 주파수 응답과 높은 시공간 분해능을 제공하고, 유동에 대한 프로브의 방해가 없으며, 신호 분석이 편리하다. 그러나 광학적인 접근과 산란 미립자를 필요로 한다(참고문헌 29, 30).

입자 영상 유속계

입자 영상 유속계(particle image velocimetry, PIV)는 상대적으로 비싸고, 기술적으로 발전된 전체 장에 대한 속도 측정 기법으로 가혹하거나 연소성인 것으로 포함한 대부분의 유동에 적용될 수 있다. 유동을 막는 일은 없으나 산란 미립자와 광학적인 접근이 필요하다. 이 방법은 순간적인 유동의 스냅샷을 제공하며, 유동 구조에 대한 뛰어난 시야를 제공한다. 동적 유동 등에 대한 시간에 따른 정량화가 가능하나 주파수 폭은 카메라의 프레임률과 공간 분해능에 의해 제한된다. 카메라 픽셀 크기에 맞는 미립자 크기와 유체 속도에 맞는 미립자 속도를 확보하기 위한 세심한 미립자 선정이 필요하다.

요약

압력 변환기의 교정을 위한 작업 표준이 되는 몇 개의 기준 압력 변환 기기들을 살펴보았다. 압력 변환기는 감지한 압력을 쉽게 정량화할 수 있는 출력 형태로 전환시킨다. 여러 유형의 압력 변환기가 있지만, 작동 원리는 정압 원리나 팽창 기술 또는 힘-변위 방법에 기반하는 공통점이 있다.

유동 유체에서 전체 압력과 정압을 결정하는 압력 측정은 특별한 주의가 필요하다. 전체 압력과 정압을 나눠 측정하는 방법 또는 동압을 측정하는 데 쉽게 사용할 수 있는 방법들에 대해서 또한 잘 정리되어 있다. 부적절한 측정방법은 오차를 만들며, 전체 압력을 낮게 하거나 또는 정압을 증가시킨다.

유동 유체에서 국부 속도를 측정하는 방법은 여러 가지가 있다. 목적에 적합한 방법을 선택하는 데는 평균속도 또는 유동속도, 점 측정 혹은 전 영역 측정, 광학적 접근, 불명확한 경계, 유체 등에 대한 검토가 필요하다. 특별히 동압, 열풍속 측정법, 도플러 풍속 측정법, 입자 유속계가 본문에 설명되었다. 각각의 방법은 다른 방법에 비해 장점을 가지고 있으며, 구체적인 응용에서 가장 좋은 기술을 선택하기 위해서는 요구되는 것과 제한 조건들을 신중히 고려해야 한다.

참고문헌

[1] American Society of Mechanical Engineers (ASME), *PTC 19.2–1987: Pressure Measurement*, ASME International, New York, 1987.

[2] Brombacher, W. G., D. P. Johnson, and J. L. Cross, Mercury Barometers and Manometers, *National Bureau Standards Monograph 8*, 1960.

[3] McLeod, H. G., Vacuum Gauge, *Philosophical Magazine*, 48, 110, 1874. Reprinted in *History of Vacuum Science and Technology*, eds. T. E. Madey and W. C. Brown, American Vacuum Society, New York, pp. 102 – 105, 1984.

[4] Hetenyi, M. ed., *Handbook of Experimental Stress Analysis*, Wiley, New York, 1950.

[5] Way, S., Bending of Circular Plates with Large Deflection, *Transactions of the ASME* 56, 1934.

[6] Instrument Society of America (ISA), *A Guide for the Dynamic Calibration of Pressure Transducers*, ISA-37.16.01-2002, Instrument Society of America, 2002.

[7] Franklin, R. E., and J. M. Wallace, Absolute Measurements of Static-Hole Error Using Flush Transducers, *Journal of Fluid Mechanics* 42, 1970.

[8] Rayle, R. E., Influence of Orifice Geometry on Static Pressure Measurements, ASME Paper No. 59-A-234, 1959.

[9] Munson, B., D. Young, T. Okishi, *Fundamentals of Fluid Mechanics*, 6th ed., Wiley, New York, 2009.

[10] Migliavacca, F. et al., Multiscale Modelling in Biofluidynamics: Application to Reconstructive Paediatric Cardiac Surgery, *Journal of Biomechanics*, 39(6), 2006.

[11] Delio, G., G. Schwent, and R. Cesaro, Transient Behavior of Lumped-Constant Systems for Sensing Gas Pressures, National Advisory Council on Aeronautics (NACA) TN-1988, 1949.

[12] Doebelin, E. O., *Measurement Systems: Application and Design*, 5th ed., McGraw-Hill Science/Engineering/Math, New York, 2003.

[13] Hougen, J., O. Martin, and R. Walsh, Dynamics of Pneumatic Transmission Lines, *Control Engineering*, September 1963.

[14] Acoustics—Measurement of Room Acoustic Parameters, ISO 3382, International Standards Organization, Geneva, Switzerland, 2012.

[15] Mechanical Vibration—Evaluation of Machine Vibration by Measurements on Non-Rotating Parts, ISO 10816, International Organization for Standardization, Geneva, Switzerland, 2016.

[16] Electroacoustics—Sound Level Meters—Part 1: Specifications, IEC61672, International Electrotechnical Commission (IEC), Geneva, Switzerland, September 2013.

[17] King, L. V., On the Convection from Small Cylinders in a Stream of Fluid: Determination of the Convection Constants of Small Platinum Wires with Application to Hot-Wire Anemometry, *Proceedings of the Royal Society, London* 90, 1914.

[18] Hinze, J. O., *Turbulence*, McGraw-Hill, New York, 1959.

[19] Collis, D. C., and M. J. Williams, Two-Dimensional Convection from Heated Wires at Low Reynolds Numbers, *Journal of Fluid Mechanics* 6, 1959.

[20] Rodi, W., A New Method for Analyzing Hot-Wire Signals in a Highly Turbulent Flow and its Evaluation in a Round Jet, *DISA Information*, Dantek Electronics, Denmark, 1975. See also Bruun, H. H., Interpretation of X-Wire Signals, *DISA Information*, Dantek Electronics, Denmark, 1975.

[21] Freymuth, P., A Bibliography of Thermal Anemometry, *TSI Quarterly*, 4, 1978.

[22] Yeh, Y., and H. Cummins, Localized Fluid Flow Measurement with a He – Ne Laser Spectrometer, *Applied Physics Letters*, 4, 1964.

[23] Cummins H. Z., and E. R. Pike, eds., Photon Correlation and Light Beating Spectroscopy, *Proceedings of the NATO ASI*, Plenum, New York, 1973.

[24] Durst, F., A. Melling, and J. H. Whitelaw, *Principles and Practice of Laser Doppler Anemometry*, Academic Press, New York, 1976.

[25] Goldstein, R. J., ed., *Fluid Mechanics Measurements*, 2nd ed., CRC Press, New York, 1996.

[26] Goldstein, R. J., and D. K. Kried, Measurement of Laminar Flow Development in a Square Duct Using a Laser Doppler Flowmeter, *Journal of Applied Mechanics*, 34, 1967.

[27] Raffel, M., C. E. Willert, S. T. Wereiey, and J. Kompenhans, *Particle Image Velocimetry*, 2nd ed., Springer, Heidelberg, 2007.

[28] Yavuzkurt, S., A Guide to Uncertainty Analysis of Hot-Wire Data, *Transactions of the ASME, Journal of Fluids Engineering*, 106, 1984.

[29] Maxwell, B. R., and R. G. Seaholtz, Velocity Lag of Solid Particles in Oscillating Gases and in Gases Passing through Normal Shock Waves, National Aeronautics and Space Administration TN-D-7490, 1974.

[30] Dring, R. P., and M. Suo, Particle Trajectories in Swirling Flows, *Transactions of the ASME, Journal of Fluids Engineering*, 104, 1982.

기호

d	지름(l)	p_e	상대 정압 오차$(m^{-1}\,lt^{-2})$
e	요소 오차	p_i	지시 압력$(m^{-1}\,lt^{-2})$
d_f	프린지(fringe) 간격(l)	p_m	측정 압력$(m^{-1}\,lt^{-2})$
f_D	도플러 주파수(Hz)	p_t	전체 또는 정지 압력$(m^{-1}\,lt^{-2})$
h	깊이(l)	p_v	동압$(m^{-1}\,lt^{-2})$
h_0	기준 깊이(l)	q	전하(C)
k	비열비	r	반지름(l)
p	압력$(m^{-1}\,lt^{-2})$	t	두께(l)
p_a	적용 압력$(m^{-1}\,lt^{-2})$	y	변위(l)
z	고도(l)	ρ	밀도(ml^{-3})
C	전기 용량(F), 컴플라이언스[4]$(l^4 t^2 m^{-1})$	ι	시정수(t)
E	전압(V)	ϕ	위도
E_m	체적 탄성률$(m^{-1}\,lt^{-2})$	ω	진동수(t^{-1})
Gr	그라쇼프 수	ω_n	고유 진동수(t^{-1})
H	압력계의 편차(l)	L	유도용량(인덕턴스)(H), 관성도[4](ml^{-4})
K	정적 감도	M	마하수
K_q	전하 감도$(m^{-1}\,lt^{-2})$	R	저항(Ω)
K_E	전압 감도$(Vm^{-1}\,t^{-2})$	R	유체 저항[4]
p_{abs}	절대 압력$(m^{-1}\,lt^{-2})$	Re$_d$	레이놀즈수(Re $= Vd/v$)

---

4 정의와 단위에 대해서는 9.7절을 보라.

S	비중	ε	유전상수
U	속도(lt^{-1})	λ	파장(l)
$\forall$	부피(l^3)	μ	절대 점도(점성률)$(mt^{-1}l^{-1})$
γ	비중$(ml^{-2}t^{-2})$	v	동적 점도(l^2/t)
ζ	감쇠비	v_p	푸아송 비

연습문제

9.1 다음의 압력을 N/m²으로 환산하라.

    a. 550 mm Hg abs

    b. 735 torr

    c. 1.1 bar

9.2 다음을 표준 대기압을 기준으로 하는 파스칼 단위의 절대 압력으로 환산하라.

    a. −1.0132 kPa

    b. 760 mm Hg

    c. 29.92 in Hg absolute

9.3 물을 사용하는 압력계로 공기가 차 있는 탱크의 압력을 측정하려 한다. 압력계의 한쪽은 대기에 개방되어 있다. 측정한 압력계의 위치 편차가 물을 작동 유체로 270 cm일 때 탱크의 정압을 구하라. 기압은 101.3 kPa abs이다.

9.4 정하중 시험기는 압력 변환기의 교정에서 기준 압력을 제공한다. 무게가 27.5 kgf이고, 지름이 7.5 cm인 스테인리스강 원판은 내압에 대응해 시험기 피스톤을 평형시키는 역할을 한다. 피스톤의 유효 면적이 7.068 cm²이고, 무게가 5.21 kgf일 때, 기준 압력을 N/m² abs와 Pa abs으로 구하라. 기압은 770 mm Hg abs이며, 고도는 20 m, 위도는 42도이다.

9.5 수은으로 채워진 U자관 압력계로 공기의 압력을 측정한 수치가 0.960 m일 때, kPa단위로 압력차를 구하라. 단, 공기의 밀도는 무시하며, 수은의 밀도는 13.6이다.

9.6 450 kPa의 압력을 등가의 물높이로 표현하라.

9.7 경사관 압력계의 정적 감도가 U자관 압력계에 비해 $1/\sin\theta$ 배 더 높다는 것을 증명하라.

9.8 예제 9.3에서 θ가 90도로 세워짐에 따라, 경사관 압력계의 계기(계통) 불확도가 6.8 N/m²으로 증가됨을 보여라.

9.9 압력계의 감도를 올리기 위해 U자관 압력계보다는 경사관 압력계를 사용하고자 한다. 관이 수평으로부터 13.5도 경사져 있고, 적용된 공기압력은 15 cm H₂O일 때, 경사관 압력계에서 필요한 관의 길이를 결정하

라. 단, 공기밀도는 무시한다.

9.10 기름($S = 0.85$)으로 채워진 경사관 압력계($\theta = 35°$)를 사용하여 흐르는 공기에 대해서 관길이 양끝에서의 압력 차이를 측정하고자 한다. 경사관 압력계의 분해능이 $0.5\,\text{mm}$일 때, 압력값의 분해능(Pa)을 구하라. 공기밀도는 무시한다.

9.11 스트레인 게이지로 쓰이는 다이어프램 압력 변환기(정확도는 기록 수치의 0.1%보다 작다)는 $10\,\text{kPa}$ 차압에 노출되어 있다. 만약 분해능이 $10\,\text{mV}$이고, 정확도가 기록 수치의 0.1%보다 좋은 전압계를 사용하여 출력을 측정하려고 할 때, 설계 단계에서 압력의 불확도를 구하라. $100\,\text{kPa}$와 $1{,}000\,\text{kPa}$의 차압에서 불확도가 어떻게 변할지 기술하라.

9.12 불활성 기체($\gamma = 10.4\,\text{N/m}^3$)의 압력을 $69\,\text{kPa}$까지 측정하려 할 때, 압력계 실제 유체로 적당한 액체를 물($\gamma = 9{,}800\,\text{N/m}^3$), 기름($S = 0.82$), 수은($S = 13.57$) 중에 선택하고 선택한 이유를 설명하라.

9.13 수은($S = 13.57$)을 U자관 압력계를 이용하여 $200 \sim 400\,\text{N/m}^2$ 범위의 공기 압력(기준 압력은 대기압)을 측정한다. 압력계의 분해능은 $1\,\text{mm}$이고, 0점 오차 불확도는 $0.5\,\text{mm}$이다. $20°\text{C}$에서 압력계가 가리키는 게이지 압력의 설계 단계 불확도를 구하라. 각도 30도의 경사관 압력계로 각도 0.5도 이내의 정확도로 설치 가능할 때, 더 좋은 선택일지 판단하라.

9.14 공기가 흐르는 밸브에서 발생하는 압력 저하가 $12\,\text{kPa}$로 예측되고 있다. 만약 이 차압이 수은이 채워진 U자관 압력계에 가해진다면 얼마나 편차가 생길 것인지 추정하라. 만약 45도로 기울어진 전압계가 사용되었다면 편차값은 얼마인가? $S_{\text{Hg}} = 13.6$이다.

9.15 그림 9.13과 같은 형태의 전기 용량 변환기의 감도(pF/mm)를 계산하라. 물이 유전체로 사용되었고, 변환기 판의 겹치는 면적은 $8.1 \pm 0.01\,\text{mm}^2$이며, 평균 간격은 $1\,\text{mm}$이다.

9.16 고온 환경에서 사용하기 위해 수냉 센서가 장착된 다이어프램 압력 변환기가 있다. 제조회사의 자료에 의하면 이 압력 변환기에서 오름 시간이 $10\,\text{ms}$이고, 공명 주파수가 $200\,\text{Hz}$이며, 감쇠비가 0.8이다. 이 변환기가 일반적인 4기통 엔진의 자동차에서 압력 변화를 측정하여 바람직한 주파수 응답을 얻을 수 있는가? 그 이유를 설명하라.

9.17 $1.5\,\text{mm}$ 두께에 $8\,\text{mm}$ 지름을 가진 철제 다이어프램이 대기압 근처의 고주파 압력 측정에 사용될 때 그 고유 진동수를 구하라. 작동 가능한 최대 차압은 얼마인가? 같은 용도로 좀 더 지름이 큰 강판을 사용한다면 어떤 영향을 주겠는가?

9.18 $20°\text{C}$와 약 1기압 환경에서, 공기로 차 있는 파이프 안의 압력 변동을 정적벽탭(wall tap), 단단한 연결 배관, 다이어프램 압력 변환기로 측정하려 한다. 변환기의 고유 진동수는 $100{,}000\,\text{Hz}$이다. 탭과 배관의 지름이 $3.5\,\text{mm}$이고, 배관 길이는 $0.25\,\text{m}$이며, 변환기의 불용 체적(dead volume)은 $1{,}600\,\text{mm}^3$이다. 이 시스템의 공진 주파수를 구하라. 이 시스템으로 10% 이하의 동적 오차를 가지고 측정할 수 있는 최대 주파수는 얼마인가? 이 시스템의 주파수 응답, $M(\omega)$를 그려라.

9.19 다이어프램 압력 변환기가 관벽탭과 견고한 배관에 연결되어 있다. 관은 견고하며, 길이가 60 mm, 안지름이 3 mm이고, 변환기의 내부 캐비티 부피는 4×10^{-7} m³이다. 공기의 온도는 표준기압에서 25°C일 때, 압력 측정 시스템의 고유진동수와 감쇠계수를 구하라.

9.20 벽탭과 배관으로 연결된 다이어프램 압력계로 압력을 측정하고자 한다. 이 시스템의 고유진동수는 800 Hz, 감쇠계수는 0.4로 평가된다. 이 시스템으로 200 Hz까지로 예상되는 압력진동을 측정할 때, 예상되는 동적오차를 구하라.

9.21 ± 100 mm Hg의 측정 범위를 가지는 압력 변환기가 있다. 감도는 50 μV/mm Hg/V(여기)이고 허용되는 여기(excitation) 전압은 5~10 VDC이다. 기록되는 신호값을 최대로 하기 위해 필요한 증폭이득값을 구하라.

9.22 일체형 다이어프램 압력 변환기로 공기배관 내의 압력진동을 측정하고자 한다.

변환기의 고유진동수가 1.2 kHz, 감쇠계수가 0.2이며, 공기배관 안지름은 60mm이다. 1% 이하의 동적오차를 고려해서 측정 가능한 압력진동의 최대주파수를 계산하라.

9.23 피토 정압 프로브가 표준 대기압 조건에서 움직이는 실험용 자동차 위의 유선 내에 설치되었다. 측정된 차압이 22.5 cm H$_2$O일 때, 자동차의 속도는 얼마인가?

9.24 피토 정압 프로브가 대기 공기의 유선과 정렬되도록 설치되었다. 등가 압력 편차 지시값이 7 cm H$_2$O일 때, 공기의 속도를 구하라.

9.25 대형 피토 정압관이 시험용차량 지붕 위 1.5 m에 설치되어 자유유선 속도를 계측하고자 한다. (a) 자동차가 325 kph의 속도로 길고 직선인 도로 주행을 할 때, 정압, 동압, 정지압력을 구하라. (b) 개방형 풍동속에서 정지해 있는 자동차 위로 325 kph의 속도로 공기가 흐를 때, 정압, 동압, 정지압력을 구하라.

9.26 항공기가 표준 해발에서 $M = 0.9$의 속도로 날고 있고, 피토 정압관을 이용해서 공기의 속도를 측정하고자 한다. 피토정압시스템으로 측정할 때 전체 압력과 정압과의 실제 차이를 계산하라. 실제 압력 차이와 비압축성 흐름을 고려하여 계산된 비행기의 속도와 실제 마하수(Mach number)를 알고 있는 경우에 계산된 속도를 비교하라. $k = 1.4$이다.

9.27 식 (9.23)의 압력전달선 응답은 연결관 안의 유체 요소에 가해지는 힘으로부터도 계산될 수 있다(참고문헌 12). 가해진 압력에 의한 힘, 전단 저항력, 뉴턴의 모멘텀(제2법칙)에 의한 힘에 따른 복구 순응도를 고려하여 시스템이 측정한 압력 응답에 대한 모델을 도출하라. 그림 P9.27의 자유물체도를 참조하라.

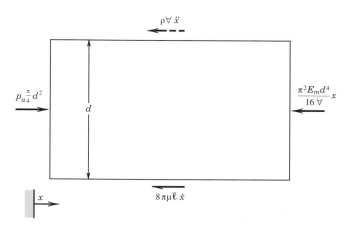

그림 P9.27 압력전달선 내 유체 요소(x-방향)에 작용하는 힘의 자유 물체도

9.28 킬(Kiel) 프로브와 정압 튜브로 도관 내 한 점의 공기 압력을 측정한다. 측정된 정체 압력은 1.1×10^5 Pa 이고 정압은 1.04×10^5 Pa이다. 공기 흐름의 정체 온도는 45°C로 측정되었다. 도관 내 공기 속도를 구하라.

9.29 피토 정압관이 공기 흐름의 속도를 측정하는 데 사용된다. 공기 속도는 0~100 m/s까지 변할 것으로 예상된다. 피토 정압관은 자체 감도가 25 mV/mm Hg인 차동 압전 변환기에 연결되어 있다. 이 신호가 0~10 V, 16 bit 데이터 획득 장치로 기록된다면, 이 획득 장치의 입력 범위를 가장 잘 활용할 수 있는 증폭 이득값을 구하라.

9.30 길이 0.3 m 관과 길이 1 m 관의 내부에 있는 물의 관성도를 비교하라. 30 mm 지름과 15 mm 지름의 경우를 각각 비교하라.

9.31 건강한 성인이 쉬고 있는 상태에서 심장의 출력 유량은 5 L/min이다. 우리는 신체 순환 평균 압력을 95 mm Hg로 생각할 수 있고, 평균 심방 압력을 4 mm Hg로 생각할 수 있다. 평균 폐 압력은 15 mm Hg이고 이때의 평균 심방 압력은 2 mm Hg이다. 좌순환(신체 순환)에서의 혈관 저항과 우순환(폐순환)에서의 혈관 저항을 비교하라. 흐름은 층류라고 가정한다.

9.32 건강한 남성의 좌심실은 대동맥으로 매 심박마다 80 mL의 피를 내보낸다. 이 좌순환의 압력은 매 심박마다 120 mm Hg에서 80 mm Hg 사이, 즉 40 mm Hg의 변화값을 가지며, 이를 혈압이라고 부른다. 이때 좌순환의 평균 순응도를 구하라.

9.33 225 Pa의 압력 저하가 혈관 카테터 중인 혈관 내 2개 지점에서 측정되었다. 유량은 17.1 cm³/s로 측정되었다. 집중 계수 방법을 사용하여, 유체 저항값을 Woods 단위(1 WU = 1 mm Hg/Lpm)로 구하라. Woods 단위(Woods unit)는 심혈관 측정에서 자주 사용되는 단위이다.

9.34 벽 압력 탭(그림 9.21과 9.23 참조)은 표면 압력을 측정하는 데 자주 사용되며, 연결관을 통해 변환기와 연결되어 있다. 두 명의 자동차 경주팀 엔지니어가 트랙을 돌 때 차 표면의 압력 변화를 측정하기 위한

최적의 튜브 지름을 결정하려 한다. 이때 튜브는 최대 2 m 길이를 가질 수 있다. 엔지니어 A는 매우 작은 지름 2 mm 튜브를 사용해 공기 부피를 줄이고 응답 시간을 빠르게 하자는 제안을 했다. 엔지니어 B는 5 mm 튜브를 사용해 공기 저항과 응답 속도 사이의 균형을 잡자고 했다. 이에 대한 당신의 의견을 제안하고 이유를 설명하라(힌트 : 길이-지름 효과를 고려하라).

9.35 시스템 관성도, 유체 저항, 순응도에 대해 식 (9.23)이 식 (9.22)의 기본적인 형태로 간략화될 수 있음을 보여라.

9.36 식 (9.21)에서 식 (9.23)까지를 얻기 위한 단계를 보여 주는 그림 9.24의 RLC 유사 모델에 회로 해석을 수행하라. E_a, E_m와 p_a, p_m 각각에 대한 직접적인 유사성을 사용하라.

9.37 풍동(wind tunnel)에 긴 원기둥이 놓여 있고 불어오는 자유 기류에 대해 수직이 되도록 정렬되어 있다. 정적 벽 압력 탭이 원기둥을 중심으로 둘레를 따라 45도 간격으로 배치되어 있고, 0도 위치는 충돌(정체) 위치에 맞춰져 있다. 각 탭은 대기압을 기준으로 하는 압력계에 개별적으로 연결되어 있다. 피토 정압관은 상류의 동압이 20.3 cm H_2O를 나타내고 있으며, 이는 자유 기류의 속도를 측정하는 데 사용된다. 다음과 같은 정압값이 측정되었다.

탭(각도, °)	p (cm H_2O)	탭(각도, °)	p (cm H_2O)
0	0.0	135	5.0
30	20.3	180	5.2
90	81.3		

이 흐름의 전체 압력이 일정하게 유지될 때, 원기둥 주변의 국부 속도를 계산하라. $p_{atm} = 101.3\ kPa\ abs$, $T_{atm} = 16°C$이다.

9.38 헤비메탈 밴드가 실내에서 한 곡을 공연하는 동안 옥타브 밴드 중심 주파수 음압 측정이 실시되었고, 그 결과는 다음과 같다. C-가중 척도를 적용한 평균 음압을 구하라.

옥타브(Hz)	31.25	62.5	125	250	500	1,000	2,000	4,000	8,000	16,000
SPL(dB)	102	103	100	103	105	105	110	105	100	92

9.39 한 열펌프 제조사가 ARI 표준 270에 따른 2톤 주거용 실외 응축기의 음압을 보고하고 있다. 다음에 보고된 자료를 이용하여 이 장치의 평균 음향 일률 수준(average sound power level)을 구하라. 이 장치는 다른 응축기와 비교하여 특히 조용하다고 평가할 수 있는지 설명하라. (다른 응축기 자료는 직접 찾아서 사용할 것)

[Hz]	62.5	125	250	500	1,000	2,000	4,000	8,000
dB(A)	45.3	58.8	70.5	70.5	75.4	75.3	66.8	61.3

9.40 4톤의 2단 주거용 실외 공기조절용 응축기의 스펙이 ARI 표준 270.95에 기초한 높은 단으로 하여 다음과 같이 보고되었다. 이 장치에 대한 평균 음향 일률 수준(average sound power level)을 구하라.

[Hz]	62.5	125	250	500	1,000	2,000	4,000	8,000
dB(A)	51.3	55.8	68.2	68.5	69.5	72	58	50.9

9.41 80 Hz 옥타브 밴드에서 90 dB(A)로 측정된 소리의 음압을 파스칼로 나타내라.

9.42 마이크로폰 감도는 1 kHz에서 volt/pascal 또는 dB = 20 log(V/Pa)으로 평가되어, 1 V/Pa = 0 dB가 된다. −34 dB의 감도를 가지고 있는 마이크로폰이 1 kHz의 소리를 120 dB라고 측정할 때 출력값을 구하라.

9.43 8 mm 지름의 피토 정압관이 열선을 사용하는 열풍속 측정기를 20℃ 환경에서 교정하기 위해 사용된다. 만약 물을 작동 유체로 하는 미압계(micromanometer)로 동압을 측정한다면, 피토 정압관이 정확하다고 판단할 수 있는 압력계의 편차값을 구하라. 점성에 대한 보정은 고려하지 않는다.

9.44 그림 9.32과 9.33의 열풍속 측정기 구조에서, 백금 센서를 사용하며, 이 센서의 주위 온도 상태에서 저항이 140 Ω이고, $R_3 = 560\ \Omega$, $R_4 = 560\ \Omega$, $\alpha = 0.00395℃^{-1}$인 조건에서, 주위 온도보다 40℃가 높게 센서를 세팅하기 위한 십진 저항기(decade resistance)의 세팅(저항)값을 구하라.

9.45 임의의 한 점에서 이중 빔 LDA를 이용하여 5,000개의 측정 데이터를 얻었다. 그 결과는 다음과 같다.

$$\bar{U} = 21.37\ \text{m/s},\ s_U = 0.43\ \text{m/s}$$

$\theta = 6°$, $\lambda = 623.8$ nm일 때, 측정된 평균 도플러 주파수는 얼마인가?

9.46 비행기의 속력이 피토관(임팩트)과 정적 포트를 이용해 측정되고 있다. 각각은 날개 외측이나 기체에 설치되어 있고 속도계를 통과하는 튜브로 연결되어 있다. 이 속도계는 차압 변환기로 속도를 직접 읽을 수 있도록 교정되어 있다. 이 구조에서 비행 중 비가 피토관 입구 쪽으로 내리더라도 속도계에 물이 찰 염려가 없는 이유를 설명하라.

제 10장

유동 측정

10.1 서론

유량은 도관을 따라 움직이는 유체의 속도를 의미한다. 이 장에서는 유량을 측정하기 위해 가장 보편적이고 인정받는 방법에 대해서 논의하게 된다. 유량은 단위 시간당 흘러 지나는 체적, 즉 체적 유량(volume flow rate) 또는 단위 시간당 흘러 지나는 질량, 즉 질량 유량(mass flow rate)으로 표시할 수 있다. 유량 관련 공정에서 유량계는 정량화, 총량 산출 혹은 모니터링에 사용된다. 유량계 선택에 있어 종류, 정확도, 크기, 압력 강하, 압력 손실, 투자 비용 및 운용 비용 그리고 해당 유체에 대한 적용 가능성이 공학적 설계 관점에서 중요하다. 모든 측정 방법은 각각 장점과 단점이 있으며 특정 용도에서 최선의 방법을 찾기 위한 절충 작업이 필요하다. 이러한 작업을 위한 많은 논의가 이 장에서 다뤄질 것이다. 밀도, 점성, 비열 등 유체 특성에 대한 내재적인 불확실성은 유량 측정의 정확도에 영향을 줄 수 있다. 그러나 코리올리 질량 유량계에 사용되는 것 같은 몇몇 기술은 정확한 유체의 특성 정보 없이도 매우 높은 수준의 질량 유량 측정이 가능하도록 한다. 이 장의 목적은 최선의 계기를 선택하기 위한 측정 기술의 기초를 소개하는 것이며, 공정시스템과 유체에 대한 측정 시스템의 구축에서 중요한 비중을 차지하는 설계 문제를 함께 다룬다.

이 장의 학습을 통해, 학생들은 다음의 능력을 갖출 수 있을 것이다.

- 도관 안의 유량과 속도 분포 간의 관계
- 공업 시험 표준을 사용하여 일반 차단 유량계를 사용하기 위한 크기, 설치 요소 등을 선택하는 법
- 체적 유량과 질량 유량 간의 차이에 대한 이해와 각각을 측정하는 방법

- 상용으로 구할 수 있는 다양한 유량계의 물리적 이론과 공통적인 공학적 요소
- 유량계의 교정 방법

10.2 역사적 배경

공학적 시스템에서 유량 측정 계기의 중요성은 유량 측정 방법에 대한 풍부한 역사 자료에서도 찾을 수 있다. 유량 측정에 관한 설명은 Hero Alexandria(기원전 150년)에 의해 최초로 기록되었다. Hero Alexandria는 사이펀 파이프를 일정한 높이 수조에 설치하여 물의 유동을 조절하는 방안을 시도하였다. 일찍이 로마 사람들은 정교한 수도시스템을 개발하여 대중 욕실과 주택에 물을 공급하였고, 로마의 수력 감독관 Sextus Frontinius(기원후 40~103)는 배수 방법 설계에 대한 논문을 남겼다. 여러 기록들은 로마 사람들이 체적 유량과 파이프 유동 면적 사이에 상호 관계가 존재한다는 것을 알고 있었다는 것을 암시한다. 둑은 수로를 흐르는 유량을 조절하는 데 사용되었고, 교차된 토관의 단면적은 주택에 제공되는 유량을 조절하는 데 사용되었다.

올리브유와 물을 다스리면서 얻은 경험에 의하여 Leonardo da Vinci(1452~1519)는 처음으로 연속 법칙(즉, 수로 면적, 유체 속도가 유량과 직접적인 관계를 가지고 있다는 원리)을 제안하였다. 그러나 대부분 그의 문헌은 몇 세기가 지나는 동안 분실되었으며, Galileo의 제자 Benedetto Castelli(1577~1644)가 정상 상태 비압축성 연속체에 관한 몇 권의 저서를 편집하였다. Isaac Newton(1642~1727), Daniel Bernoulli(1700~1782)와 Leonhard Euler(1707~1783)는 현대적 유량계가 발전할 수 있는 수학적 물리적 기초를 확립하였다. 19세기까지 연속체, 에너지, 운동량의 개념이 실제적인 응용에서 충분이 이해되었다. 유량과 압력 손실 사이의 상호 관계가 발견되었는데, 여기서 현대적 유량측정기의 정량적 공학적 설계에 필요한 수압 계수표(hydraulic coefficient)가 만들어졌다.

10.3 유량에 대한 개념

파이프라인, 덕트, 채널 등의 도관을 통해 흐르는 유량은 유체의 밀도, 평균 유체 속도, 도관 단면적에 따라 결정된다. 반지름 r_1인 원형 파이프와 축을 통하는 파이프 단면에서의 속도 프로파일이 $u(r, \theta)$인 유체 흐름을 고려하자. 이때 질량 유량은 단면적을 통해 흐르는 평균 질량 선속 $\rho u(r, \theta)$에 의해 결정된다. 이는 다음 식으로 나타낼 수 있다.

$$\dot{m} = \int\int_A A\rho u(r, \theta)dA = \overline{\rho U}A \tag{10.1}$$

여기서 글자 위의 바는 면적평균량을 의미하며, 파이프의 단면적은 $A = \pi r_1^2$이다. 직접적으로 질량 유량을 측정하기 위하여 측정기는 반드시 단면적 평균 질량 유량 선속, $\overline{\rho U_m}$, 즉 단위 시간당 통과하는 유체 질량에 민감해야 한다. 질량 유량은 단위 시간당 질량의 단위를 가진다(kg/s).

체적 유량은 다음 식으로 나타낼 수 있는 유체의 단면적 평균 속도에만 관계된다.

$$Q = \int\int_A u \, dA = \overline{U}A \tag{10.2}$$

그러므로 직접적으로 체적 유량을 재기 위해서는 유체의 평균 속도 $\overline{U}$나 단위 시간당 측정기를 통과하는 유체 부피를 잴 수 있는 장치를 필요로 한다. 체적 유량은 단위 시간당 부피의 단위를 가진다(m^3/s).

식 (10.1)과 식 (10.2) 간의 차이는 상당히 크므로, 각 식에 기반한 측정에서도 서로 다른 접근이 필요하다. 전자의 방법은 밀도와 속도의 곱, 즉 질량 유량에 민감하며, 후자는 단지 평균 속도나 체적 유량에 민감하다. 가장 단순한 경우는 밀도가 일정한 경우인데, 질량 유량은 단지 측정된 체적 유량과 밀도를 곱하는 것만으로 판단할 수 있다. 하지만 많은 종류의 유체 측정에서 이 가정은 필요한 정확도를 얻는 데 충분치 않다. 이는 측정 시 밀도 변화 때문일 수도 있고 폴리머나 석유화학 제품의 경우와 같이 원인이 잘 파악되지 않을 수도 있는데, 예를 들어 하루에 수백만 세제곱미터(m^3)를 처리한다고 할 때 이는 일정한 것으로 가정한 밀도값의 오차가 누적되어 큰 오차를 만들기 때문이다.

흐름의 특성도 유량계의 정확도에 영향을 줄 수 있다. 파이프나 관로를 통하는 흐름은 층류(laminar flow) 혹은 난류(turbulence) 혹은 둘 사이의 이행(transition)이 될 수 있다. 흐름의 특성은 다음과 같이 정의되는 레이놀즈수(Reynolds number)로 알려진 공학 변수로 결정된다.

$$\mathrm{Re}_{d_1} = \frac{\overline{U}d_1}{v} = \frac{4Q}{\pi d_1 v} \tag{10.3}$$

여기서 v는 유체 운동 점성이고 d_1은 원형 파이프의 지름이다. 파이프에서 $\mathrm{Re}_{d_1} < 2000$일 때 층류이며, 더 높은 레이놀즈수에서는 난류이다. 레이놀즈수는 앞으로 언급될 대부분의 유량계에서 유량을 판단할 때 필수적인 수이다. 원형이 아닌 도관에서 레이놀즈수를 추정할 때는 수압 지름 $d_H = 4r_H$가 d_1 대신 사용되는데, 여기서 r_H는 유체와 만나는 도관 면적을 그 유체와 만나는 둘레로 나눈 것이다.

10.4 속도 측정에 의한 부피 유량

체적유량은 식 (10.2)에 있는 속도 프로파일(velocity profile)의 지식으로부터 직접적으로 얻어질 수 있다. 이것은 속도 프로파일을 추정할 수 있도록 도관 수직 단면 내 여러 지점에서의 속도를 측정하는 것을 필요로 하며, 즉 면적 평균 속도를 측정하는 방법이다. 도관 수직단면 내 여러 지점에서 높은 정밀도를 가지고 측정하려면, 유동의 비대칭성을 고려해서 도관 둘레 위에 있는 여러 개의 점을 따라서 측정이 이루어져야 한다. 한 지점에서의 속도를 측정하기 위해서는 9장에서 언급한 방법들을 포함한다. 이는 복잡한 절차이므로, 유량 측정 시스템의 1회성 검증과 교정에서 대부분 사용된다. 예를 들면, 이 절차는 통풍시스템 설치와 문제 진단에 쓰이는데 이 시스템에서는 지속적인 모니터링을 필요로 하지 않기에 인라인(inline) 유량계를 설치하지 않는다. 즉, 이 방법은

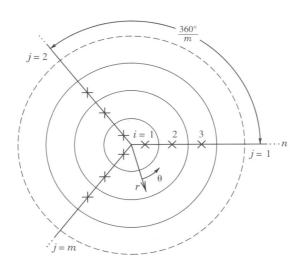

그림 10.1 파이프 내 m개의 반지름선상에 있는 n개의 측정 위치

유량측정기의 교정을 검증하는 데 사용할 수 있다.

원형 파이프에서 이러한 기술을 응용할 때, 유동단면을 $360/m$ 각도의 단면으로 나누고 단면을 따라 측정할 n개의 점을 선택한다(그림 10.1). 각 단면을 따라 속도 프로브를 이동시키며 각 측정점의 수치를 기록한다. 다른 형상을 가지는 도관에 대해서 측정점을 선택하는 데는 몇 가지 옵션이 있는데, 구체적인 내용은 공업 실험 표준에 설명되어 있다(참고문헌 1-4). 가장 간단한 방법은 유동 면적을 좀 더 작은 동일한 면적으로 나누고, 나누어진 동일한 면적의 중심(centroid)에서 측정하며, 측정된 속도를 그 면적에 연계하는 것이다. 선택된 옵션에 관계없이 식 (10.2)를 이용하여 모든 단면적을 가로질러 이동하면서 평균 유량을 추적하며, m개 단면적에서의 유량 평균이 가장 바람직한 도관의 유량이다. 예제 10.1은 체적 유량을 구하는 방법을 설명해 주고 있다.

예제 10.1

정상 유동을 하는 20°C의 공기가 안지름이 25.4 cm인 원형 파이프를 지나간다. 속도 측정 프로브는 파이프를 가로지르는 세 단면선에서($j = 1, 2, 3$) 측정을 수행하며, 매 측정은 반지름 방향으로 네 군데 위치($i = 1, 2, 3, 4$)에서 이루어졌다. 즉, $m = 3$이고, $n = 4$이다. 각 측정의 위치는 다음 표와 같이 등분된 영역의 중심에서 공업 표준에 의해서 수행되었다(참고문헌 1, 5). 이 파이프의 체적 유량을 구하라.

알려진 값 $i = 1, 2, 3, 4, j = 1, 2, 3$ 위치에서의 U_{ij} (r/r_1)

$d_1 = 25.4\text{ cm}(A = \pi d_1^2/4 = 0.05067\text{ m}^2)$

가정   모든 측정 과정에서 비압축성 정상 상태의 유동이며 일정 유량을 유지한다고 가정한다.

구할 값   체적 유량 Q

반지름 위치, i	r/r_1	U_{ij} (m/s)		
		선 1($j=1$)	선 2($j=2$)	선 3($j=3$)
1	0.3536	8.71	8.62	8.78
2	0.6124	6.26	6.31	6.20
3	0.7906	3.69	3.74	3.79
4	0.9354	1.24	1.20	1.28

풀이

유량은 도관을 가로지르는 개개의 단면선을 따라 측정한 속도를 적분하고 세 속도값을 평균하여 구할 수 있다. 각각의 속도 데이터로부터 식 (10.2)는 각 단면선 $j = 1, 2, 3 \cdots m$을 따라 다음과 같이 쓸 수 있다.

$$Q_j = 2\pi \int_0^{r_1} Urdr \approx 2\pi \sum_{i=1}^{4} U_{ij}r\Delta r$$

여기서 Δr은 각 측정점 간의 반지름 방향 간격이다. 이는 각 속도가 동일한 크기의 영역의 중심에서 측정되었으므로 좀 더 간략화될 수 있다.

$$Q_j = \frac{A}{4} \sum_{i=1}^{4} U_{ij}$$

그때 각각의 가로지른 선을 따라 구한 평균 유량은

$$Q_1 = 0.252 \text{ m}^3/\text{s}; \quad Q_2 = 0.252 \text{ m}^3/\text{s}; \quad Q_3 = 0.254 \text{ m}^3/\text{s}$$

평균 파이프 유량 $\overline{Q}$는 각각의 유량을 통합한 것$\langle \overline{Q} \rangle$과 같다.

$$\overline{Q} = \langle \overline{Q} \rangle = \frac{1}{3} \sum_{j=1}^{3} Q_j = 0.253 \text{ m}^3/\text{s}$$

예제 10.2

예제 10.1에서 측정의 공간상 편차에 의한 평균 유량의 계통 표준 불확도값을 구하라.

알려진 값 3개의 가로지르는($m = 3$) 구획에 걸친 측정값

풀이

공간상 편차에 의한 오차로 인한 평균 유량값의 계통 표준 불확도는 다음 식으로 얻을 수 있다.

$$b_{\overline{Q}} = \frac{s_{\langle Q \rangle}}{\sqrt{m}} = \frac{\sqrt{\sum_{j=1}^{3}(Q_j - \langle \overline{Q} \rangle)^2 / 2}}{\sqrt{3}} = \frac{0.0012}{\sqrt{3}} = 0.000693 \text{ m}^3/\text{s}, \quad v = 2$$

참고사항 여기서 계통 불확도를 구하기 위하여 통계적인 정보를 사용하였다. 이 결과는 $\overline{Q}$ 값에 약 평균 유량의 0.3% 수준의 편차가 있을 수 있음을 나타내고 있다.

10.5 차압 유량계

차압 유량계(pressure differential meter)의 동작은 체적 유량과 유로상의 두 곳의 지정된 위치에서의 압력 강하 $\Delta p = p_1 - p_2$ 간의 상호 관계에 의존한다.

$$Q \propto (p_1 - p_2)^n \tag{10.4}$$

측정 위치 사이의 흐름이 층류일 때 $n = 1$이며, 완전히 난류일 때 $n = 1/2$이다. 정상 상태에서 위치 1과 2 사이의 의도적인 유량 면적(단면적)의 감소는 유체가 흐르는 경로상에 측정 가능한 압력 강하를 유발한다. 감소된 유량 면적은 속도의 국부적인 증가를 초래한다. 때문에 압력 강하는 부분적으로 국부 속도와 압력의 역관계를 의미하는 베르누이 효과의 결과이지만, 유동 에너지 손실 또한 압력 강하의 원인이 된다. 이러한 단면적 감소에 바탕을 둔 차압 유량계를 보통 차단 유량계(obstruction meter)라고 한다.

차단 유량계

많이 사용되는 차단 유량계 종류로 오리피스판(orifice plate), 벤투리관(venturi), 노즐(flow nozzle) 세 가지가 있다. 각각의 유량 면적 프로파일은 그림 10.2에 제시되어 있으며 상세한 구조와 치수는 시험 표준에서 찾아볼 수 있다(참고문헌 1, 3, 5). 이런 측정기는 일반적으로 파이프 플랜지 연결부처럼 파이프에 직렬로 삽입한다. 차단 유량계는 체적 유량과 압력 강하의 물리적 상호 관계를 이용한다. 그림 10.3을 보면서 임의의 검사 체적을 통과하는 비압축성 유체에서 두 검사 표면 사이에 세워진 에너지 방정식을 생각해 보자. 비압축적이고 일정하며 1차원인 흐름에서 외부와의 에너지 교환이 없다면, 에너지 식은 다음과 같이 쓸 수 있다.

$$\frac{p_1}{\gamma} + \frac{\overline{U}_1^2}{2g} = \frac{p_2}{\gamma} + \frac{\overline{U}_2^2}{2g} + h_{L_{1-2}} \tag{10.5}$$

여기서 $h_{L_{1-2}}$는 두 검사 표면 1과 2 사이에 발생한 수두 손실(head loss)이다.

　비압축 유체에서 단면 1과 2 사이의 질량 보존의 법칙에 의해 다음 식을 얻을 수 있다.

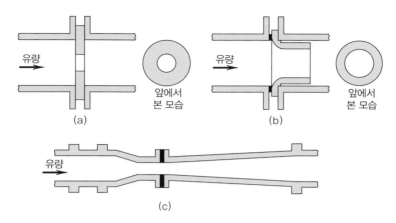

그림 10.2 많이 쓰는 차단 유량계에서 유동면적 프로파일. (a) 사각 모서리 오리피스 판 유량계, (b) 미국기계학회(ASME) 긴 반지름 노즐, (c) ASME 허쉘(Herschel) 벤투리 유량계

$$\overline{U}_1 = \overline{U}_2 \frac{A_2}{A_1} \tag{10.6}$$

식 (10.6)을 식 (10.5)에 대입하고 정리하면 다음과 같은 비압축적인 체적 유량을 얻을 수 있다.

$$Q_I = \overline{U}_2 A_2 = \frac{A_2}{\sqrt{1 - (A_2/A_1)^2}} \sqrt{\frac{2(p_1 - p_2)}{\rho} + 2gh_{L_{1-2}}} \tag{10.7}$$

여기서 아래 첨자 I는 식 (10.7)이 비압축성인 유량을 도출한다는 것을 알려준다.

이후에는 이 첨자 없이 식을 사용할 것이다. 유량계에 의해 흐르던 유체의 단면적이 갑자기 변할 때, 유체의 유효 단면적은 파이프의 단면적과 반드시 같지는 않다. 그림 10.3에 나타나 있는 이 현상은 Jean Borda(1733년

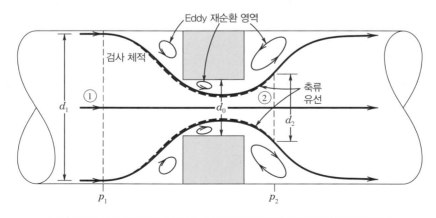

그림 10.3 차단 유량계를 통과하는 유로의 2개 유선에 적용된 검사 체적의 개념

~1799년)에 의해 처음으로 발견되었는데, 이때 중심 부분 흐름을 축류(vena contracta)라 하며, 이 흐름은 느리게 움직이는 순환하는 소용돌이에 둘러싸여 갇힌 형태가 된다. 결과적으로 파이프 벽에 있는 탭에서 측정한 압력은 미지의 유동 지역 A_2를 가지는 축류 지역에서 높은 유동 속도에 대응하는 값으로 나타나게 된다. 이를 반영하기 위해 축류 계수(contraction coefficient) C_c가 도입된다. $C_c = A_2/A_0$이며, 여기서 A_0는 목지름(throat diameter)으로 이들을 식 (10.7)에 대입하면 다음과 같다.

$$Q_I = \frac{C_c A_0}{\sqrt{1 - (C_c A_0/A_1)^2}} \sqrt{\frac{2(p_1 - p_2)}{\rho} + 2gh_{L_{1-2}}} \tag{10.8}$$

이 마찰 수두 손실은 마찰 계수 C_f로 통합될 수 있다. 식 (10.8)은 다음과 같이 정리된다.

$$Q_I = \frac{C_f C_c A_0}{\sqrt{1 - (C_c A_0/A_1)^2}} \sqrt{\frac{2(p_1 - p_2)}{\rho}} \tag{10.9}$$

간편하게 쓰기 위해 식 (10.9)의 계수를 인수 분해하여 단일한 배출 계수(discharge coefficient) C로 대체할 수 있다. 배출 계수는 측정된 압력 강하에 대한 이상적인 유량값과 유량계를 통과한 실제 유량과의 비 $C = Q_{I_{actual}}/Q_{I_{ideal}}$로 정의된다. 식 (10.9)를 다시 쓰면, 차단 유량계에 적용될 비압축적인 형태의 작용 방정식은 다음과 같다.

$$Q_I = CEA_0 \sqrt{\frac{2\Delta p}{\rho}} = K_0 A_0 \sqrt{\frac{2\Delta p}{\rho}} \tag{10.10}$$

E는 속도 접근 계수(velocity of approach factor)라고 하며 다음과 같이 주어진다.

$$E = \frac{1}{\sqrt{1 - (A_0/A_1)^2}} = \frac{1}{\sqrt{1 - \beta^4}} \tag{10.11}$$

여기서 베타율(beta ratio)은 $\beta = d_0/d_1$로 정의되며, $K_0 = CE$는 유량 계수(flow coefficient)로 불린다.

배출 계수와 유량 계수는 시험 표준에 표로 나와 있다(참고문헌 1, 3, 5). 유출 계수와 유량 계수는 모두 레이놀즈수, 각각의 차단 유량계의 설계에 따른 베타율과 압력 탭 위치의 함수이다. 즉, $C = f(\text{Re}_{d_1}, \beta)$이고, $K_0 = f(\text{Re}_{d_1}, \beta)$이다. p_1, p_2을 위한 구체적인 압력탭의 위치는 시험표준에 정의되어 있다.

압축성 효과

압축성 기체 유동에서 차단 유량계의 압축성 효과는 압축성 단열 팽창 계수 Y를 통해 설명된다. Y는 실제 압축성 체적 유량 Q와 추정되는 비압축성 유량 Q_I의 비로 정의되며, 이를 식 (10.10)에 대입하면 다음과 같은 결과를 얻는다.

$$Q = YQ_I = CEA_0Y\sqrt{2\Delta p/\rho_1} \qquad (10.12)$$

여기서 ρ_1은 상류의 유체 밀도이다. $Y = 1$일 때 유체는 비압축성 유체이며, 식 (10.12)는 식 (10.10) 형태로 간략화된다. 식 (10.12)는 차단 유량계를 사용할 때 체적 유량을 알아내기 위해 사용되는 가장 일반적인 형태의 작용 방정식이다.

팽창 계수 Y의 값은 베타율 β, 기체의 비열 k 그리고 유량계를 통과할 때 상대적인 압력 저하치 $(p_1 - p_2)/p_1$ 등에 의해 결정된다. 즉 $Y = f[\beta, k, (p_1 - p_2)/p_1]$이다. 일반적으로 $(p_1 - p_2)/p_1 \geq 0.1$일 때, 압축성 효과는 반드시 고려되어야 한다.

차단 유량계를 위한 표준

가장 일반적인 종류의 차단 유량계, 이를테면 오리피스판, 벤투리, 유로노즐에서의 흐름 양상은 심도 있게 연구되어 왔으며, 교정은 필요 없지만 검사기준에는 엄격하게 맞는 넓은 범위에서 사용되고 있다. 이런 일반적인 차단 유량계의 유량 계수와 팽창 계수의 값이 표에 제시되어 있으며, 미국 및 국제 표준 유체 핸드북에서 표준화된 구조, 설치 및 시행 기술에 따라 찾아볼 수 있다(참고문헌 1, 3, 5, 6). 식 (10.10)과 (10.12)는 압력 탭 위치에 매우 민감하다. 증기나 가스의 경우 압력 탭은 파이프 위나 옆 방향으로, 유체의 경우는 옆 방향으로 설치되어야 한다. 우리는 각 유량계에 대해 추천할 수 있는 표준 탭 위치를 논의한다(참고문헌 1, 3). 표준 계기가 아닌 것으로 설치할 때에는 현장 교정(in situ calibration)을 필요로 한다.

오리피스 유량계

오리피스 유량계(orifice meter)는 가운데 구멍(오리피스)이 있는 원판으로 구성되며, 이 판은 파이프에 삽입되어 유로면적 변화를 가져온다. 오리피스 구멍은 파이프의 지름보다 작으며, 파이프의 안지름과 중심이 같도록 파이프에 삽입한다. 사각 모서리 오리피스가 그림 10.4에 제시되었으며, 오리피스판을 두 파이프 플랜지 사이에 위치함으로써 간단하게 설치할 수 있다. 이 기법에서 오리피스판은 다른 β값을 가지고 있는 오리피스판과 서로 교환될 수 있다. 이러한 설계와 설치의 간단함은 적절한 비용으로 β값의 범위를 편리하게 유지하도록 허용한다.

오리피스 유량계에서 판의 크기와 용도는 공업 표준에 명시되어 있다(참고문헌 1, 3). 오리피스판에서 식 (10.12)는 오리피스 안지름 d_0에 의해 결정되는 A_0와 β값을 이용하여 사용한다. 판의 두께는 $0.005\,d_1$와 $0.02\,d_1$ 안에 있어야 한다. 그렇지 않으면 테이퍼가 하류 쪽에 추가되어야 한다(참고문헌 1, 3). 표준에 제시된 계수의 값을 이용할 때, 압력 탭의 정확한 위치는 매우 중요하다. 표준 압력 탭의 위치는 다음을 포함한다. (1) 압력 탭 중심이 인접한 오리피스 면으로부터 상류 쪽으로 25.4 mm(1 in.), 하류 쪽으로 25.4 mm(1 in.) 떨어져 있는 위치에 설치된 플랜지 탭, (2) 상부 오리피스 면으로부터 상류 쪽으로 파이프 지름만큼, 하류 쪽으로 파이프 지름의 절반만큼 떨어진 위치에 설치된 d와 $d/2$ 탭, (3) 축류 현상(vena contracta) 탭. 비표준적인 탭의 위치는 현장

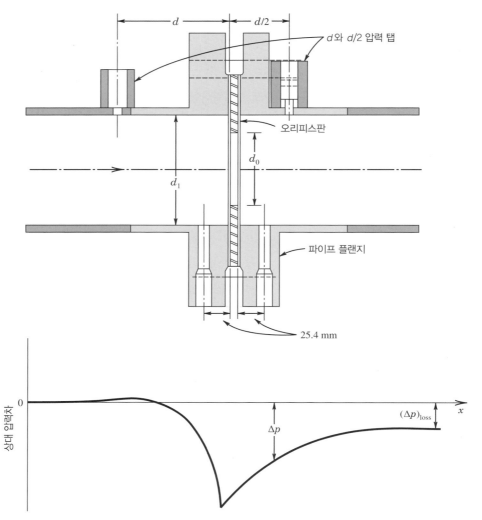

그림 10.4 d와 $d/2$ 플랜지 압력 탭을 가지도록 배관에 설치된 사각 모서리 오리피스 유량계, 파이프 축을 따라 상대 압력차를 보임

에서 계기 교정을 필요로 한다.

사각 모서리 오리피스판(square-edged orifice)에서 플랜지 탭을 사용하는 경우 유량 계수 $K_0 = (\mathrm{Re}_{d_1}, \beta)$의 수 치와 확장 계수, $Y = f[\beta, k, (p_1 - p_2)/p_1]$의 수치가 그림 10.5와 10.6에 제시되어 있다. 유출 계수의 상대계기계 통 오차는 $0.2 \leq \beta \leq 0.6$일 때 C의 ~0.6%이고 $\beta > 0.6$일 때 C의 β%이다. 확장 계수의 상대 계기 계통 불확도 는 Y의 약 $[4(p_1 - p_2)/p_1]$%이다. 오리피스 유량계로 표준 테이블을 사용하여 유량 Q를 구하는 데 있어, 현실적 으로 기대할 수 있는 전체 시스템의 계통 불확도는 높은 레이놀즈수에서 1%(β가 높을 경우)에서 3%(β가 낮을 경우) 정도이다.[1] 오리피스판이 상대적으로 쉽게 압력 강하를 측정하는 경제적인 유량계를 대표하지만, 또한 꽤

---

[1] 이러한 불확실성은 유량계를 적절하게 설치하는 것을 전제로 한다. 예를 들면, 평면에서 벗어난 엘보로부터 충분히 멀리 떨어진 유로에 설치하는 것을 포함한다.

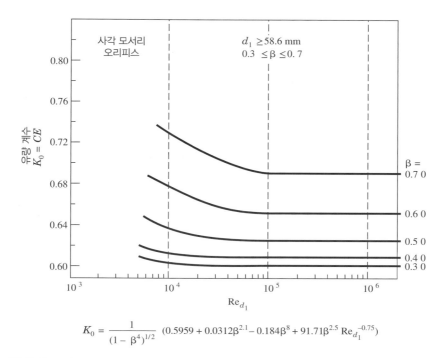

$$K_0 = \frac{1}{(1 - \beta^4)^{1/2}} \ (0.5959 + 0.0312\beta^{2.1} - 0.184\beta^8 + 91.71\beta^{2.5} \, \mathrm{Re}_{d_1}^{-0.75})$$

그림 10.5 플랜지 압력 탭을 가지는 사각 모서리 오리피스판 유량계의 유량 계수 (참고문헌 1에서 가져옴)

큰 영구 압력 손실 $(\Delta p)_{\mathrm{loss}} = \rho g h_L$도 가져오게 된다. 더 큰 압력 손실은 반드시 시스템 원동기(예를 들면 펌프, 블로워, 압축기 등)에 의해서 극복될 수 있어야 한다. 그림 10.4는 압력 강하와 함께 그림 10.7에서 추산된 압력 손실을 설명하고 있다.

초기 형태의 오리피스 유량계는 몇 세기 전부터 존재했었다. Torricelli와 Newton은 오리피스를 사용하여 압력 수두와 탱크의 유출량 사이의 관계를 연구하였으나 정확한 배출 계수를 얻지는 못했다(참고문헌 7).

벤투리 유량계

그림 10.8에서 보여 주듯이 벤투리 유량계는 매끄럽게 줄어드는 (21도 ± 1도) 원뿔 모양 부분과 좁은 목 부분, 거기서 이어지는 원뿔 모양 확대 부분으로 구성되었다. 공업 표준 벤투리 유량계의 확대각은 15도 또는 7도를 가지고 있다(참고문헌 1, 3). 이런 목적에서 벤투리 유량계는 두 플랜지 사이에 설치된다. 압력 탭은 상류가 축소되기 바로 직전 위치에 있는 한 점과 목 부분에 있는 다른 한 점에서 측정되며 식 (10.12)는 목지름 d_0에 기반하는 A와 β값을 이용한다.

벤투리 유량계의 품질은 주조제품에서 정밀가공제품까지 다양하다. 지름이 7.6 cm보다 큰 파이프에서 배출 계수는 거의 변하지 않는다. $2 \times 10^5 \leq \mathrm{Re}_{d_1} \leq 2 \times 10^6$, $0.4 \leq \beta \leq 0.75$일 때, 주조제품은 배출 계수 $C = 0.984$와 계통 불확도 0.7%(신뢰도 95%)를 가지고 가공제품은 배출 계수 $C = 0.995$와 계통 불확도 1%(신뢰도 95%)를 가진다(참고문헌 1, 3, 5). 확장 계수의 값은 그림 10.6에 주어져 있으며 계기 계통 오차는 Y의 $[(4 + 100\beta^2)$

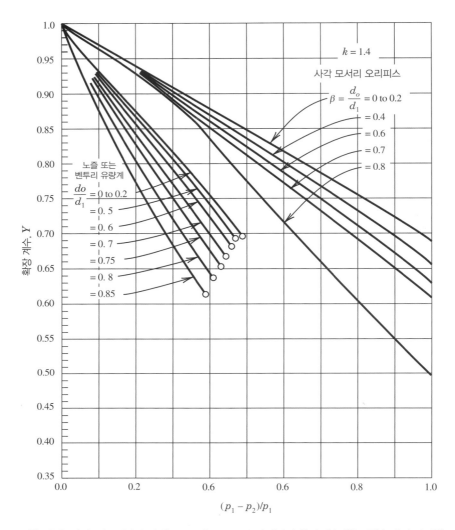

그림 10.6 많이 쓰는 차단 유량계($K = C_p/C_v = 1.4$를 가지는)의 확장 계수 (참고문헌 1에서 가져옴)

$(p_1 - p_2)/p_1$]%이다(참고문헌 5). 벤투리 유량계의 초기 원가는 오리피스판보다 많이 높고 긴 파이프 설치 부위를 필요로 하지만, 그림 10.7에서 보듯 주어진 설치 조건에서 오리피스판보다 훨씬 작은 영구 압력 손실이 발생함을 알 수 있으며, 이는 펌프나 블로워처럼 유동을 만드는 장치의 원가 면에서 유리한 점으로 작용한다.

현대적인 벤투리 유량계는 Clemens Herschel(1842~1930)이 처음 제안한 것이며, Herschel의 설계는 여러 학자들, 특히 Daniel Bernoulli가 발견한 원리에 대한 이해에서 출발하였다. 하지만 그는 Giovanni Venturi(1746~1822)와 James Francis(1815~1892)가 발견한 수축/확대 각에 관한 자료와 그에 따른 저항 손실을 인용했으며, 실제적인 벤투리관 유량계를 설계할 때 이를 중요한 수단으로 삼았다.

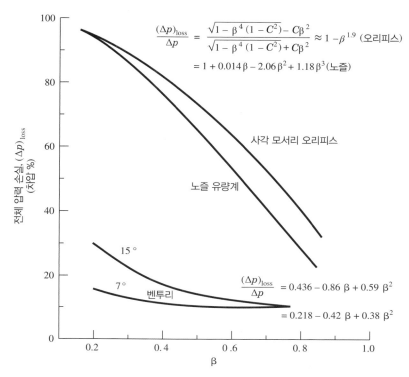

$$\frac{(\Delta p)_{\text{loss}}}{\Delta p} = \frac{\sqrt{1-\beta^4(1-C^2)} - C\beta^2}{\sqrt{1-\beta^4(1-C^2)} + C\beta^2} \approx 1 - \beta^{1.9} \text{ (오리피스)}$$

$$= 1 + 0.014\beta - 2.06\beta^2 + 1.18\beta^3 \text{ (노즐)}$$

사각 모서리 오리피스

노즐 유량계

15°

7° 벤투리

$$\frac{(\Delta p)_{\text{loss}}}{\Delta p} = 0.436 - 0.86\beta + 0.59\beta^2$$

$$= 0.218 - 0.42\beta + 0.38\beta^2$$

그림 10.7 많이 쓰는 차단 유량계를 통과하는 유량계와 관련한 영구 압력 손실 (참고문헌 1에서 가져옴)

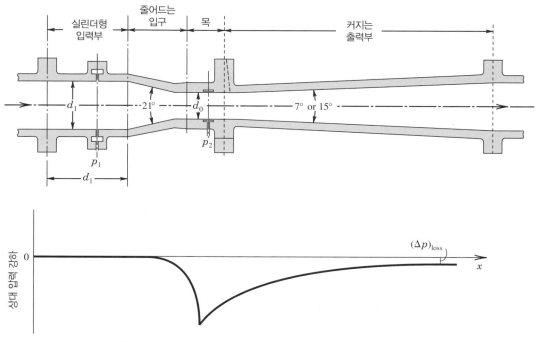

그림 10.8 축을 따라 연관된 압력 강하를 보이는 Hershel 벤투리 유량계

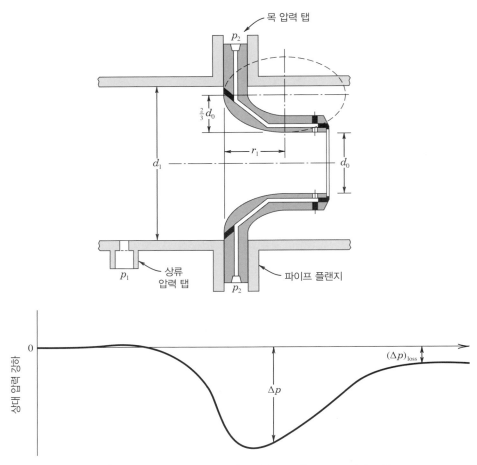

그림 10.9 축을 따라서 연관된 압력 강하를 보이는 ASME 장경 노즐

노즐 유량계

노즐 유량계(flow nozzle)는 관의 안지름에서 시작해서 점차적으로 줄어드는 좁은 목 부분으로 구성되었다. 노즐 유량계는 벤투리 유량계보다 더 작은 설치 공간을 차지하며 벤투리관 원가의 80% 수준이다. 노즐의 표준적 형태는 ISO 1932 노즐과 ASME에서 제시한 장경(長徑) 노즐이다(참고문헌 1, 3). 장경 노즐의 줄어드는 부분의 곡선은 그림 10.9에 제시된 것처럼 타원의 1/4 부분 형상과 같고 그 타원의 주축은 유량의 축과 일치한다. 노즐 유량계는 보통 파이프 내에 설치되지만 탱크나 저수조의 입구와 출구에도 설치할 수 있다. 압력 탭은 보통 (1) 노즐 입구에서 상류 쪽으로 지름만큼 떨어진 위치와 노즐(벽이나 목 부분 탭을 사용하여)에 설치되거나, (2) d와 $d/2$ 벽 탭을 상류 측 노즐 면을 기준으로 상류 쪽으로는 지름만큼, 하류 쪽으로는 지름의 절반만큼 떨어진 곳에 설치한다. 유량은 목 부분의 지름에 대응하는 A_0와 β를 가지고 식 (10.12)를 사용하여 결정된다. 배출 계수와 팽창 계수의 대표적인 값은 그림 10.10과 10.6에 주어져 있다. 배출 계수의 상대계기 계통 불확도는 95% 신뢰 구간에서 C의 약 2% 수준이며, 팽창 계수는 Y의 $[2(p_1 - p_2)/p_1]$%이다(참고문헌 5). 비교할수 있는 벤

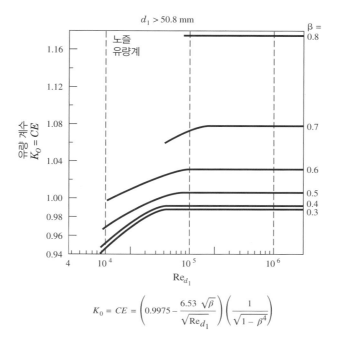

$$K_0 = CE = \left(0.9975 - \frac{6.53\sqrt{\beta}}{\sqrt{\mathrm{Re}_{d_1}}}\right)\left(\frac{1}{\sqrt{1-\beta^4}}\right)$$

그림 10.10 목 압력 탭을 가지는 ASME 장경 노즐의 유량 계수 (참고문헌 1에서 가져옴)

투리 유량계에 비해서 유로노즐은 영구적인 압력 손실은 크나 같은 압력 강하를 가지는 오리피스 유량계(그림 10.7)보다는 현저하게 작다.

　유량계로 노즐을 사용하는 아이디어는 공장 화재 보험회사에서 엔지니어 겸 감독으로 일한 John Ripley Freeman(1855~1932)이 1891년에 처음으로 제안하였다. 그의 일은 파이프나 호스, 피팅에서 압력 손실을 측정하는 것이었고, 그 지난한 테스트를 통해 높은 유량에서 압력 강하와 유량의 명확한 관계에 주목하였다.

예제 10.3

그림 10.11의 압력계 유체(비중이 S_m)가 차 있는 U자관 압력계가 차단 유량계의 양쪽에서 압력 강하를 측정하는 데 사용되었다. 비중이 S인 유체가 차단 유량계를 흘러 지나간다. 유량과 측정된 압력계 편차 H 사이의 관계를 구하라.

알려진 값　유체의 비중 S와 비중량 γ

　　　　　　압력계 유체의 비중 S_m과 비중량 γ_m

구할 값　$Q = f(H)$

풀이

식 (10.12)는 유량과 압력 강하 사이의 관계를 제시한 것이다. 그림 10.11과 정압 원리(9장 참조)로부터 압력계

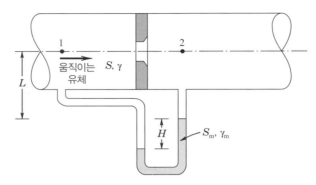

그림 10.11 예제 10.3의 압력계와 유량계. 판두께가 0.02d_1을 초과하면 오리피스 구멍의 하류측에 테이퍼가 추가되어야 함 (참고문헌 1)

에 의해 측정된 압력 강하는 다음과 같다.

$$\Delta p = p_1 - p_2 = \gamma_m H - \gamma H = (\gamma_m - \gamma)H = \gamma H[(S_m/S) - 1]$$

위의 식을 식 (10.12)에 대입하면 압력 수두(pressure head)에 기반한 다음 작용 방정식을 얻을 수 있다.

$$Q = CEA_0 Y\sqrt{2gH[(S_m/S) - 1]} \tag{10.13}$$

예제 10.4

지름이 15 cm인 사각 모서리 오리피스판이 16°C의 물이 정상 상태로 흐르는 지름 25 cm 파이프에서 유량계로 사용된다. 플랜지 탭을 설치하였으며 측정된 압력 강하는 60 cm Hg이다. 파이프의 유량을 구하라. 수은의 비중은 13.5이다.

알려진 값 $d_1 = 25$ cm, $H = 60$ cm Hg, $d_0 = 15$ cm

물의 물리적 성질(부록 A 참조)

$\mu = 1.08 \times 10^{-3}$ N-s/m², $\rho = 999$ kg/m³

가정   비압축성 정상 상태의 유동이라고 가정한다($Y = 1$).

구할 값   체적 유량 Q

풀이

오리피스판을 사용할 때, C와 E의 곱을 필요로 하는 식 (10.12)가 사용된다. 베타율은 $\beta = d_0/d_1 = 0.6$이므로 속도접근 계수는 식 (10.11)을 써서 구할 수 있다.

$$E = \frac{1}{\sqrt{1 - \beta^4}} = \frac{1}{\sqrt{1 - 0.6^4}} = 1.0718$$

우리는 $C = f(\text{Re}_{d_1}, \beta)$임을 알고 있다. 레이놀즈수는 식 (10.3)에 $v = \mu/\rho$를 써서 다음과 같이 나타낼 수 있다.

$$\text{Re}_{d_1} = \frac{4Q}{\pi d_1 v} = \frac{4\rho Q}{\pi d_1 \mu}$$

여기서 우리는 Q에 대한 정보 없이는 레이놀즈수를 결정할 수 없으므로 C 값 역시 명확하게 구할 수가 없다.

대신, 반복적인 시행착오(trial-and-error)법을 통해 Q를 구하게 된다. 이는 K_0(혹은 C)의 초깃값을 추측하고, 반복하여 수렴하는 값을 찾는 것이다. 이때 높은 Re_{d_1}에 기반한 값에서 시작하는 것이 좋다. 여기서는 그림 10.5의 곡선($\beta = 0.6$)의 평평한 부분에서 $K_0 = CE = 0.65$를 선택해 시작한다.

압력계의 편차와 식 (10.13)(예제 10.2 참조)에 근거하여 다음과 같이 구할 수 있다.

$$\begin{aligned} Q &= CEA_0 Y \sqrt{2gH[(S_m/S) - 1]} = K_0 A_0 Y \sqrt{2gH[(S_m/S) - 1]} \\ &= (0.65)(\pi/4)(0.15\ \text{m})^2 (1) \sqrt{2(9.8\ \text{m/s}^2)(0.6\ \text{m})[(13.5/1) - 1]} \\ &= 0.139\ \text{m}^3/\text{s} \end{aligned}$$

K_0에 대한 추측이 들어가 있으므로, 구한 값이 정확한지 확인하여야 한다. 위의 Q값에서 다음과 같이 레이놀즈수를 구할 수 있다.

$$\text{Re}_{d_1} = \frac{4\rho Q}{\pi d_1 \mu} = \frac{4(999\ \text{kg/m}^3)(0.139\ \text{m}^3/\text{s})}{\pi(0.25\ \text{m}(1.08 \times 10^{-3}\ \text{N-s/m}^2))} = 6.55 \times 10^5$$

그림 10.5에서 이 레이놀즈수 값에 해당하는 $K_0 \approx 0.65$이므로, 해는 수렴했다고 볼 수 있고, $Q = 0.139\ \text{m}^3/\text{s}$로 결론 내릴 수 있다.

예제 10.5

20℃의 공기가 지름이 8 cm인 파이프를 흐른다. $\beta = 0.5$인 사각 모서리 오리피스판을 이용하여 유량을 측정한다. 플랜지 탭에서 측정한 압력 강하는 300 cm H₂O이고, 상류 쪽의 압력은 95 kPa abs이다. 유량을 구하라.

알려진 값 $d_1 = 8\ \text{cm}$ $p_1 = 95\ \text{kPa abs}$

$\beta = 0.5$ $T_1 = 20\text{°C} = 293\ \text{K}$

$H = 300\ \text{cm H}_2\text{O}$

물리적 성질(부록 A 참조):

공기: $v = 1.0 \times 10^{-5}\ \text{m}^2/\text{s}$

물: $\rho_{\text{H}_2\text{O}} = 999\ \text{kg/m}^3$

가정 공기는 이상기체($p = \rho RT$)처럼 거동한다고 가정한다.

구할 값 체적 유량 Q

풀이

오리피스 유량은 식 (10.12)를 통해 구할 수 있으며, 여기에는 E, C, Y에 대한 정보를 필요로 한다. 주어진 값에 의해 오리피스의 면적은 $A_{d_0} = 1.25 \times 10^{-3}$ m²이고, 식 (10.11)에서 속도 접근 계수는 $E = 1.032$임을 구할 수 있다. 공기의 밀도는 다음 이상기체 상태 방정식에 의해 구할 수 있다.

$$\rho_1 = \frac{p_1}{RT_1} = \frac{95{,}000 \text{ N/m}^2}{(287 \text{ N-m/kg} \cdot \text{K})(293 \text{ K})} = 1.129 \text{ kg/m}^3$$

또는 특성 표에서 값을 찾아볼 수도 있다. 압력 강하값은 $p_1 - p_2 = \rho_{\text{H}_2\text{O}} g H = 29{,}400$ N/m²이다.

이 기체 유동에서 압력비는 $(p_1 - p_2)/p_1 = 0.31$이며, 압력비가 0.1 이상이면 공기의 압축은 반드시 고려되어야 한다. 그림 10.6을 사용하면 $k = 1.4$(공기), 압력비 0.31인 조건에서 $Y = 0.9$이다.

앞의 예제처럼 $C = f(\text{Re}_{d_1}, \beta)$이기에 유량을 모르는 한 배출 계수를 정확히 구할 수 없으므로 시행착오법을 이용해 반복해서 수렴값을 찾게 된다. 그림 10.5에서 $K_0 = CE \approx 0.61$(혹은 $C = 0.60$)이라고 추측하여 초깃값을 설정한다. 그러면 유량은 다음과 같다.

$$\begin{aligned}Q &= CEYA_0\sqrt{\frac{2\Delta p}{\rho_1}} = (0.60)(1.032)(0.9)(1.25 \times 10^{-3} \text{ m}^2)\sqrt{\frac{(2)(29{,}400 \text{ N/m}^2)}{1.129 \text{ kg/m}^3}} \\ &= 0.158 \text{ m}^3/\text{s}\end{aligned}$$

확인 이 유량값에서, $\text{Re}_{d_1} = 4Q/\pi d_1 v = 2.51 \times 10^5$이고 그림 10.5로부터 $K_0 \approx 0.61$이므로 가정했던 초깃값과 같음을 알 수 있다. 이때 오리피스를 통과하는 유량은 0.158 m³/s이다.

예제 10.6

관내 유동에서 펌프가 압력의 진동을 발생시키는 경우가 종종 있다. 이는 압력 측정 장치에도 검출된다. 그림 10.12는 오리피스 유량계 상류에서 측정한 압력 p_1과 하류에서 측정한 p_2 그리고 $\Delta p = p_1 - p_2$를 나타내고 있다. 진동의 관 내부 압력에 대한 계통적인 영향은 p_1과 p_2 간의 상관관계가 $r_{p_1 p_2} = 0.998$ 수준임에서 알 수 있다. 이 때 압력의 차동(differential)값을 구하는 데 발생하는 임의 표준 불확도값이 측정 데이터가 산포된 정도에 의해 얼마나 영향을 받을지 판단하라. 다음과 같은 정보는 알려져 있다.

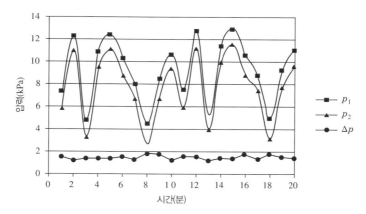

그림 10.12 예제 10.6에서 오리피스 유량계 양단의 상류 압력, 하류 압력, 차압

$$\bar{p}_1 = 9.25 \text{ kPa}; \quad s_{p_1} = 2.813 \text{ kPa}; \quad N = 20$$
$$\bar{p}_2 = 7.80 \text{ kPa}; \quad s_{p_2} = 2.870 \text{ kPa}; \quad N = 20$$
$$\overline{\Delta p} = 1.45 \text{ kPa}; \quad s_{\Delta p} = 0.188 \text{ kPa}; \quad N = 20$$

풀이

그림 10.12에서 보듯, 펌프로 인한 진동은 개별적인 압력 계측에 어떤 경향성을 끼치고 있다. 이는 p_1과 p_2 사이의 높은 상관 계수값(4장 참조)으로 확인될 수 있다. 특기할 점은 차동값(Δp)은 이 주기성에 영향을 받지 않는다는 점인데 이는 파이프 내 압력이 오르락내리락하더라도 오리피스판 전후의 압력은 그다지 영향을 받지 않는다는 걸 보여 주고 있다. 그러므로 개별 압력값을 이 계통적 영향에 대한 고려 없이 분석하면 무작위적인 불확도에 의한 영향을 과대 평가하게 된다. 여기서는 이를 어떻게 제거하고 다룰 것인지에 대해 다뤄본다.

측정된 압력의 차동값은 $\overline{\Delta p} = 1.45$ kPa 혹은 개별 압력값으로부터 계산해서 $\bar{p}_1 - \bar{p}_2 = 1.45$ kPa이다. 즉, 이는 우리가 어떤 식으로 측정하든 독립적임을 알 수 있다.

압력 차동값의 임의 표준 불확도는 Δp의 측정값에서 직접 구할 수 있다.

$$s_{\overline{\Delta p}} = \frac{s_{\Delta p}}{\sqrt{20}} = 0.042 \text{ kPa} \quad \nu = 19$$

또 다른 방법으로 우리는 개별 압력값을 계산해서 $\overline{\Delta p}$의 불확도를 추론할 수도 있다. $\Delta p = p_1 - p_2$에서 민감도는 다음과 같다.

$$\frac{\partial \Delta p}{\partial p_1} = 1; \quad \frac{\partial \Delta p}{\partial p_2} = -1$$

각 요소의 임의 표준 불확도값은 다음과 같다.

$$s_{\bar{p}_1} = \frac{s_{p_1}}{\sqrt{20}} = 0.629 \text{ kPa}; \quad s_{\bar{p}_2} = \frac{s_{p_2}}{\sqrt{20}} = 0.642 \text{ kPa}$$

이 요소들이 가지는 상관 오차의 영향도를 다음과 같이 평가할 수 있다.

$$s_{\overline{\Delta p}} = \left[\left(\frac{\partial \Delta p}{\partial p_1} s_{\bar{p}_1} \right)^2 + \left(\frac{\partial \Delta p}{\partial p_2} s_{\bar{p}_2} \right)^2 + 2 \frac{\partial \Delta p}{\partial p_1} \frac{\partial \Delta p}{\partial p_2} r_{p_1 p_2} s_{\bar{p}_1} s_{\bar{p}_2} \right]^{1/2} = 0.042 \text{ kPa} \quad (10.14)$$

그리고 $v = 19$이다. 여기서 마지막 항은 p_1과 p_2 간의 상관에 의한 오차를 수정한다.

양쪽 방식 모두 같은 $\overline{\Delta p}$와 $s_{\overline{\Delta p}}$ 값을 얻을 수 있음을 알 수 있으나, 원하는 측정값 Δp를 직접적으로 도출할 수 있고, 그 임의 불확도가 계통효과에 의해 영향받지 않는 첫 번째 방법이 더 선호된다.

만약 펌프 진동에 의한 상관 효과를 빠트렸다면, 다음과 같이 계산하는 실수를 범하기 쉽다.

$$s_{\overline{\Delta p}} = \left[\left(\frac{\partial \Delta p}{\partial p_1} s_{\bar{p}_1} \right)^2 + \left(\frac{\partial \Delta p}{\partial p_2} s_{\bar{p}_2} \right)^2 \right]^{1/2} = 0.899 \text{ kPa}$$

이는 임의 표준 불확도의 영향을 크게 받고 있는 잘못된 결과이다.

참고사항   식 (10.14)는 5장에서 논의되었던 상류관에 의한 오차가 함께 들어 있는 결과를 수정하는 방법을 상기하게 한다. 이 예는 측정 결과를 분석하고 거기 나타나 있는 경향성으로부터 시험 결과에 영향을 줄 수 있는 부분을 밝혀내는 일의 중요성을 잘 보여 주고 있다.

음파 노즐

음파 노즐(sonic nozzles)은 압축성 기체의 유량을 제어하고 측정하는 데 사용한다(참고문헌 8). 음파 노즐은 노즐이나 벤투리 유량계 방식을 취할 수 있다. 음속 조건이란 흐르는 유량계의 목 부분에서 유체가 음파의 속도에 도달한 것을 의미한다. 유량계의 음속 조건에서 유량은 상류의 압력과 온도에만 영향을 받는다. 음파 노즐은 0.5% 정도의 낮은 불확실성을 가진 전달 표준으로 종종 사용된다. 이 기법을 사용할 때는 큰 압력 저하와 시스템 압력 손실을 반드시 감수해야 한다(참고문헌 1).

이런 유량계의 이론적인 기초는 Bernoulli, Venturi와 St. Venant(1797~1886)에 의해 연구되었다. 1866년 Julius Weisbach(1806~1871)는 압력 강하와 최대 질량 유량 사이의 직접적인 관계를 발견하였다. 차단 유량계 전후로 압력 저하가 충분히 클 경우, 유체가 가속함으로써 음속 조건은 유량계 목 부분에서 발생하게 된다. 이 상황에서 목 부분은 초크되었다고 여겨지며, 유량계를 통하는 질량 유량은 주어진 주입구 조건에서 최대가 된다. 하류 쪽 압력을 낮춘다고 해도 질량 유량은 증가되지 않을 것이다.

등엔트로피 과정에 처한 이상기체에서 목 부분(최소 면적)의 초크 유동에 대응하는 압력 강하는 임계 압축비 (critical pressure ratio)에 의해 주어진다.

$$\left(\frac{p_{th}}{p_t}\right)_{critical} = \left(\frac{2}{k+1}\right)^{k/(k-1)} \tag{10.15}$$

p_{th}는 목의 압력이며 첨자 't'는 정체 상태임을 나타낸다. 만약 $(p_{th}/p_t) \leq (p_{th}/p_t)_{critical}$면 목 부분에서 초크된 것이다. 이것이 최대 질량 유량으로 목 상류에 존재하는 상태에 따른 것이다. 질량 유동값은 다음 식에서 구할 수 있다.

$$\dot{m} = CA_{th}\frac{p_t}{\sqrt{RT_t}}\sqrt{\frac{2k}{k+1}\left(\frac{2}{k+1}\right)^{2/(k-1)}} = CC^*A_{th}\frac{p_t}{\sqrt{RT_t}} \tag{10.16}$$

이는 다음과 함께 쓰인다.

$$C^* = \sqrt{\frac{2k}{k+1}\left(\frac{2}{k+1}\right)^{2/(k-1)}} \tag{10.17}$$

여기서 k는 가스의 비열비, C^*는 임계비, C는 배출 계수이다(참고문헌 1, 5). 대기나 다른 이원자 기체의 경우, $k = 1.4$이므로 $C^* = 0.6847$이다. 상용품은 배출 계수값이 함께 주어진다. 그렇지 않은 경우 $C = 0.98 \pm 2\%(95\%)$가 사용된다(참고문헌 1). $A_{th} \ll A_1$일 때 수정 계수[예 : 식 (9.42~45)]가 측정된 상류 쪽 정적 특성에 적용될 수 있다.

차단 유량계의 선택

차단 유량계의 선택은 공학적인 절충을 필요로 하는 많은 요소에 의존한다. 일차적으로 고려해야 하는 것은 유량계 배치, 전체 압력 손실, 전체 비용(투자비와 운영비), 정확도, 그리고 사용 가능 범위(turndown) 등이다.

유량계 배치

유량계 양쪽에서 제대로 된 흐름이 생기기 위하여 관로에 충분한 길이의 상류와 하류를 제공하는 것은 중요하다. 경계층의 발달은 와류를 소산시키고 대칭적인 속도 분포를 형성하며 유량계의 하류에서 적당한 압력을 회복시킴으로써 계통 오차를 줄인다. 표준에서 모범적인 설치 위치에 대한 상세한 추천을 찾아볼 수 있다(참고문헌 1, 3, 5). 권장되는 파이프의 길이에서도 하류 회전의 와류 효과로 인하여 유량 계수에 0.5%의 불확도를 추가해야 한다(참고문헌 5). 비표준적인 설치는 유량계의 교정을 통해 유동 계수를 결정하거나 특별한 교정 절차를 사용해야 한다(참고문헌 3, 5, 9). 큰 지름을 가진 파이프 내 흐름에서 벤투리와 노즐 유량계는 상당한 설치 길이가 필요하기 때문에 유량계의 물리적 치수는 중요한 고려 요소가 된다.

압력 손실

유량계와 관계되는 회복 불가능한 전체 압력 손실 Δp_{loss}는 β와 유량에 의존한다(그림 10.7). 다른 모든 파이프 시스템 손실을 포함하여 이들 압력 손실은 시스템의 원동기(펌프, 팬, 혹은 모터에 의해 구동되는 압축기 등)에 의해 극복되어야 한다. 설치된 시스템에서 원동기가 시스템의 목표로 하는 유량을 조절하고 유지할 수 있을 때의 압력 손실에 근거하여 유량계를 선택한다. 유량 Q인 시스템의 임의의 압력 손실을 극복할 수 있는 원동기의 출력 $\dot{W}$는 다음과 같이 표시된다.

$$\dot{W} = Q\frac{\Delta p_{loss}}{\eta} \tag{10.18}$$

여기서 η는 원동기의 전체 효율이다.

비용

모든 유량계의 실제 원가는 유량계의 초기 원가, 유량계의 설치 원가(시스템의 고장 시간을 포함), 교정 원가, 유량계의 압력 손실과 관련된 추가 투자 원가와 운영 원가에 의존한다. 유량계의 유량 불확도로 인한 생산 손실이 간접 원가로 고려될 수 있다.

정확도

차단 유량계로 파이프에 흐르는 유체의 체적 유량을 정확하게 측정하는 작업은 유량을 계산하는 방법과 유량계에 고유한 요소에 영향을 받는다. 표준에 제시된 유량계 계수의 표준값을 사용할 때 측정 오차에 기여하는 요소는 다음과 같다. (1) 실제 β의 정밀도와 파이프의 편심 정도, (2) 압력과 탭의 위치 오차, (3) 구성 요소들의 상대적인 열팽창을 유도하는 온도 효과, (4) 실제 상류 유동 프로파일 등이다. 이런 오차들은 유량계의 계수에 고유한 오차와 상류 유체의 밀도와 관련된 오차에 더해져서 나오는 오차이다(참고문헌 1). 유량계 설치 시 직접적인 현장 교정은 전체의 불확도에 주는 영향과 기여를 분석할수 있게 한다. 예를 들면 실제 β값, 압력 탭의 위치와 기타 설치 효과들은 시스템의 오차 교정에 포함되며, 계산된 유동계수에 반영된다.

사용 가능 범위

한 유량계가 사용될 수 있는 상대적인 범위 $(Q_{max} - Q_{min})/Q_{min}$를 유량계 사용 가능범위 또는 턴다운(meter turndown)이라 부른다. 유량계를 선택할 때 설치될 시스템이 하나 이상의 유량 범위에서 사용될 수 있는지를 고려해야 한다. 그럴 경우에 전체적으로 예상되는 유량 범위에 따른 시스템에 대한 유량계의 성능에 대한 고려가 포함되어야 한다.

예제 10.7

β값이 0.4, 압력 강하가 60 cm Hg인 예제 10.3의 오리피스 유량계에서 펌프가 회복해야 할 유량계 양쪽의 영구 압력 손실을 구하라.

알려진 값 $H = 60\ \text{cm Hg}$

$\beta = 0.4$

가정 정상 유동

구할 값 Δp_{loss}

풀이

적절히 설계되고 설치된 오리피스 유량계에서 그림 10.7은 영구 압력 손실이 압력 강하의 82% 정도임을 알려 주고 있다. 따라서

$$\Delta p_{\text{loss}} = 0.82 \times \gamma_{\text{Hg}} H = 65.59\ \text{kPa}\quad (\text{or } H_{\text{loss}} = 49\ \text{cm Hg})$$

참고사항 $\beta = 0.4$, $Q = 0.053\ \text{m}^3/\text{s}$인 전형적인 벤투리 유량계(예를들어 토출구 쪽이 15도)는 19.6 cm Hg의 압력 강하와 3.5 cm Hg밖에 안 되는 영구 압력 손실을 제공한다. 펌프는 유량을 유지하고 유량계의 영구 압력 손실을 만회하기 위하여 충분한 일률을 유체에 추가 공급해야 하므로, 벤투리 유량계를 사용할 때 더 작은 펌프를 사용할 수 있다.

예제 10.8

예제 10.7의 오리피스 유량계에서 영구 압력 손실을 극복하는 데 필요한 원가를 구하라. 전력 비용은 $0.08/kW-h, 펌프는 1년에 7,000시간 작동하며, 펌프 모터의 효율은 65%이다.

알려진 값 물의 온도는 16°C $Q = 0.053\ \text{m}^3/\text{s}$

$\Delta p_{\text{loss}} = 65.59\ \text{kPa}$ $\eta = 0.65$

가정 유량계는 표준(참고문헌 1)에 따라 설치하였다고 가정한다.

구할 값 Δp_{loss}로 인하여 1년간 드는 비용

풀이

오리피스 유량계를 사용하는 시스템에서 영구 압력 손실을 극복하는 데 필요한 펌프의 출력을 식 (10.18)에 의해 구할 수 있다.

$$\dot{W} = Q\frac{\Delta p_{\text{loss}}}{\eta}$$

$$= \frac{(0.053\ \text{m}^3/\text{s})(65{,}590\ \text{Pa})(1\ \text{N/m}^2/\text{Pa})(1\ \text{W/N-m/s})}{0.65} = 5340\ \text{W} = 5.34\ \text{kW}$$

이를 위해 추가적으로 소요되는 연간 펌프 작동 비용은 다음과 같다.

$$비용 = (5.34 \text{ kW})(7000 \text{ h/year})(\$0.08/\text{kW-h}) = \$2990/\text{year}.$$

참고사항 예제 10.7의 참고에서 언급한 벤투리관 유량계는 매년 약 215달러의 비용이 소요될 것이다. 만일 설치 공간이 허용된다면 벤투리관이 보다 저렴한 장기적인 해법이 될 수 있다.

층류 요소

층류 유량계는 층류 파이프 유동($\text{Re}_d < 2000$)에서 체적 유량이 압력 강하와 선형적인 관계를 가지고 있다는 장점을 가진다. 지름 d, 길이가 L인 파이프에서 압력 강하가 있을 때 지배운동방정식은 다음과 같다.

$$Q = \frac{\pi d^4}{128\mu} \frac{p_1 - p_2}{L} \quad \text{여기서 } \text{Re}_d < 2000 \tag{10.19}$$

이 관계는 신중한 실험을 통해 모세관 유동의 저항을 분석한 Jean Poiseulle(1799~1869)에 의해 처음으로 설명되었다.

가장 간단한 종류의 층류 유량계는 일정한 관 길이로 떨어져 있는 두 압력 탭으로 구성되었다.[2] 원리상 레이놀즈수가 반드시 낮게 유지되어야 하므로, 측정 가능한 유량의 범위는 한정되어 있다. 실제 응용에서 많은 다발의 작은 관이나 통로를 평행되게 배치되어 있는 층류요소로 불리는 상업적 유닛을 사용하여 위의 한계를 극복한다(그림 10.13). 층류 요소의 전략은 작은 관의 다발을 통해 유동을 분배시킴으로써 각각의 작은 관에 흐르는 유량을 감소시키고, 따라서 관 내부의 레이놀즈수를 2000보다 작게 유지한다. 전체 유량은 다발로 묶여 있는 모든 작은 관을 통해 흐르는 유량의 합이 된다. 압력 강하는 층류 요소의 입구와 출구에서 측정되며, 다음과 같이

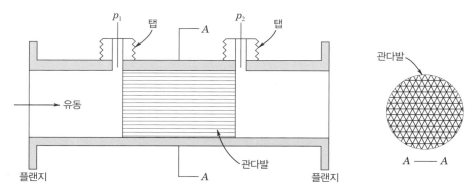

그림 10.13 파이프 플랜지로 설치된 층류 요소 유량계 개념. 원형 파이프가 아닌 경우 레이놀즈수는 $d = 4r_H$에 기초한다.

---

2 한편, 유량이 측정 가능하거나 알려진 때에는, 식 (10.19)는 모세관 점도측정계의 원리로 사용된다. 이 방법도 선형저항과 유량과의 관계를 설명한다.

유량 계수가 비효율성을 고려하기 위해 다음과 같이 적용된다.

$$Q = K_1 \Delta p \tag{10.20}$$

여기서 계수 K_1은 유량계 정적 감도이며, K-인자라고 부른다. 상용 유량계는 목표 계측 영역에 대해 일정한 K_1을 가지도록 교정되어 있다.

층류 유동의 한계로 인하여 층류 요소는 사용 가능한 유량 상한선(즉, 층류한계)을 가지고 있다. 여러 가지 유량계 크기와 디자인이 사용자의 수요에 따라 가능하며 유량계 턴다운은 100:1 정도까지 가능하다.

층류 요소는 다른 종류의 차압 유량계와 구분되는 다음과 같은 특별한 장점을 가지고 있다. (1) 낮은 유량에서도 높은 민감도를 가진다. (2) 양쪽 방향의 유량을 모두 측정할 수 있다. (3) 측정할 수 있는 유량의 범위가 넓다. (4) 맥동 유동에서 평균 유량을 제시할 수 있다. 층류 요소로 유량 측정을 할 때, 계기 계통 불확도(uncertainty)는 0.25%(95%) 수준으로 작다. 그러나 층류 요소는 파이프의 막힘에 민감하므로 깨끗한 유체에서만 사용될 수 있으며 측정된 압력 강하는 시스템의 압력 손실로 남는다.

10.6 삽입 체적 유량계

여러 가지 원리에 기초한 많은 종류의 체적 유량계가 제안되고 발전되었으며 상업적으로 판매되고 있다. 대부분 유량계는 주어진 면적의 검사 표면에서의 평균 속도를 측정하도록 만들어졌으며, 이는 $Q = f(\overline{U}, A) = \overline{U}A$로 나타낼 수 있다. 여기서는 이 중 몇 가지 유량계의 설계에 대해 다룬다. 한편 이와는 구별되면서 흔하게 볼 수 있는 용적식 유량계(positive displacement meter)가 존재하는데, 이는 시간당 체적 유량 $Q = f(\forall, t) = \forall/t$을 측정한다.

전자기 유량계

전자기 유량계(electromagnetic flow meter)는 길이가 **L**인 도체가 속도 **U**로 자장 **B**를 통과할 때, 전위의 기전력 E가 유발된다는 원리하에 작동된다(참고문헌 10). 간단히 말해 전기적으로 전도성을 가진 액체가 자기장을 통과할 때, 그 액체에는 자기장에 직각으로 전압이 발생한다. 이 전압은 금속 전극 센서에 의해 검출되며 전압 크기와 극성은 직접적으로 체적 유량과 흐름 방향에 각각 비례한다. 이런 물리적 성질은 Michael Faraday(1791~1867)에 의해 처음으로 확인하였다. 이 원리는 다음과 같이 쓸 수 있다.

$$E = \mathbf{U} \times \mathbf{B} \cdot \mathbf{L} \tag{10.21}$$

여기서 **U**, **B**, **L**은 벡터값이다.

이 원리를 실제 적용하는 예가 그림 10.14에 나타나 있다. 식 (10.21)에서 E의 크기는 평균 속도 $\overline{U}$의 영향을 받는다.

$$E = \overline{U}BL \sin\alpha = f(\overline{U})$$

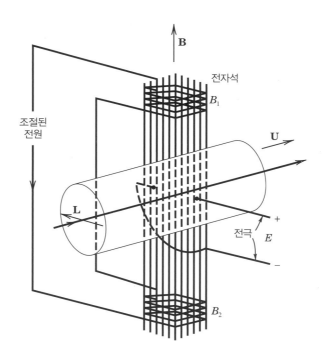

그림 10.14 작동 유량계에 응용되는 전자기 원리

여기서 α는 평균 속도 벡터와 자기력 선속 벡터 사이의 각이며 일반적으로 90도이다. 보통 주어진 자장에 수직한 지름평면 위에 오도록 파이프 벽체 안이나 그 위에 전극을 설치한다. 유체가 자장 속을 흘러 지날 때, 유발된 전위는 L만큼 떨어져 있는 전극에 의해 검출되거나 측정된다. 파이프를 가로지르는 평균 속도의 크기 $\overline{U}$는 측정된 기전력을 통해 계산한다. 유량은 다음 식에 의해 구할 수 있다.

$$Q = \overline{U}\frac{\pi d_1^2}{4} = \frac{E}{BL}\frac{\pi d_1^2}{4} = K_1 E \tag{10.22}$$

L의 값은 파이프 지름과 같은 자릿수이며 정확한 값은 유량계의 구조와 자기력 선속에 의해 결정된다. 정적 감도(혹은 유량계 K-인자) K_1은 교정을 통해 주어진 유량계의 상수이며 제조업체에서 제공한다. 유량과 측정된 전위는 선형적인 관계를 가진다.

　전자기 유량계는 바로 가져다 쓸 수 있는 형태로 상용화되어 있어서, 도관에 인라인으로 삽입하여 설치하고 그 신호 출력 단자를 유량을 읽을 전자 장치에 직접 연결하면 된다. 특별한 설계 예로 비자성체 파이프에 부착할 수 있는 독립형 유량 센서나 수술 중 주 동맥에 삽입되어 혈량을 측정하기 위한 센서 등이 있다. 이때 센서는 전선으로 제어기에 연결되어 있다. 순간적인 유량 변화와 양방향 모두 측정이 가능한 형태의 통합 구조 외장 센서 역시 시중에서 구할 수 있다(그림 10.15).

　전자기 유량계는 열려 있는 관과 흐름을 방해하지 않는 설계 덕분에 압력 손실이 아주 작으므로, 압력 손실에

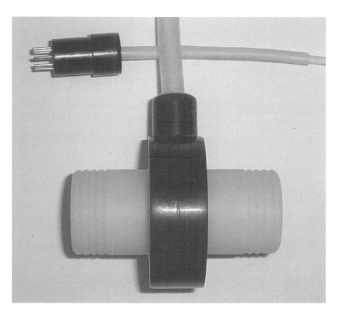

그림 10.15 인라인 전자기 유량계 프로브의 예. 검은색 하우징은 전자석과 2개의 전극을 포함한다. 연결 플러그에는 외부제어상자와 연결되는 전원과 전극신호를 위한 선이 있다. (Carolina Medical Electronics, Inc 허락을 받아 사용)

민감한 설비에 적합하다. 정상 유동 측정과 비정상 유동 측정에 사용할 수 있으며, 시간적으로 평균된 데이터뿐만 아니라 비정상 유동에는 순간적인 데이터도 제공한다. 도관 내부에 부품이 설치되지 않는 이러한 장치는 부식성 유체나 더러운 유체에서 측정하는 데 매우 효과적이다. 전자기 유량계의 작동 원리는 유체의 밀도나 점성과 관계 없고 오로지 평균 속도에만 관련되어 있으며, 속도 프로파일이 합리적인 대칭을 이룬다면, 층류에서든 난류에서든 측정에 어려움이 없다. 전자기 유량계의 불확도는 일반적인 공업용 세팅에서 1~5%의 수준이지만, 0.25% 수준까지 낮출 수 있다. 전자기 유량계를 사용하기 위해서 유체는 반드시 도체이어야 하며, 이때 필요한 최소 전기 전도율값은 개개의 유량계의 설계에 의존한다. 0.1 microsieman(μsieman)/cm 수준의 낮은 전도율을 가지고 있는 유체도 측정된 바 있으며, 가능하다면 유체에 소금을 첨가해서 전도율을 증가시킬 수도 있다. 이런 이유에서 부유(stray) 전기 잡음은 이런 형태의 유량계를 적용하는 데 있어 가장 큰 어려움인데, 전극에 가까운 지점을 접지하거나 유체 전도율을 높이면 잡음을 줄이는 데 도움이 된다.

와류 유량계

바람 부는 날에 흔들리는 거리의 간판이나 송전선의 울림은 뭉툭한 동체에 의한 와류 발산의 대표적인 예이다. 이는 변화하는 와류가 동체의 뒤편으로 발산하면서 생기는 자연 현상이다. 동체의 맞은편에서 형성된 와류는 와류를 형성하는 동체의 후류 영역에서 하류 쪽으로 미치며, 모든 와류는 회전 방향이 반대인 와류가 발생한다. 이런 성질은 항공기 날개의 단면의 하류 영역에서 형성된 와류를 포착한 그림 10.16에서 볼 수 있다. Leonardo

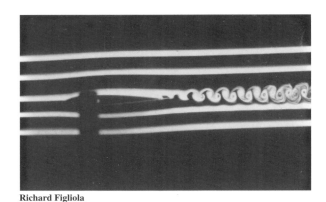

Richard Figliola

그림 10.16 사진의 담배연기선은 움직이는 유로 안에 있는 유선형 날개모양 물체 뒤에 나타나는 와류를 보인다.

da Vinci가 처음으로 와류 현상을 정확하게 기록했지만 이론적으로 추론한 학자는 공기 역학자 Theodore von Karman(1881~1963)이다(참고문헌 11).

와류 유량계(vortex flow meter)는 와류 형성 주파수가 동체를 지나는 유동의 평균속도와 물체의 형상에 의존하는 원리에 근거한다. 동체의 형상이 주어졌을 때, 와류 주파수 $f[Hz] = \omega/2\pi$와 평균 속도 $\overline{U}$ 사이의 기본 관계는 다음 스트로할수(Strouhal number)에 의해 결정된다.

$$\mathrm{St} = \frac{fd}{\overline{U}} \tag{10.23}$$

여기서 d는 동체의 특성 길이이다.

대표적인 설계 예가 그림 10.17에 제시되어 있다. 동체는 파이프에 걸쳐 있으므로 그 길이는 파이프 지름과 비슷하며($l \approx d_1$). 강하고 안정적인 와류 강도를 위해 동체의 폭과 길이의 비는 0.3 수준이다($d/l \approx 0.3$). 일반적으로 스트로할수는 레이놀즈수의 함수이지만 다양한 기하학적 형상을 지닌 동체는 넓은 레이놀즈수($\mathrm{Re}_d > 10^4$) 범위 내에서 일정한 스트로할수를 가지는 안정적인 와류 유동을 일으킨다. 일반적인 원형 실린더 동체의 후부 설계를 조절하고, 정체점을 만들기 위해 상류 쪽을 약간 오목한 표면으로 조절함으로써, 와류의 안정성, 품질, 강도를 개선할 수 있다. 동체의 형상 예가 표 10.1에 제시되어 있다.

고정된 동체와 일정한 스트로할수를 가지는 경우, 안지름이 d_1인 파이프의 유량은 다음과 같다.

$$Q = \overline{U}A = c\frac{\pi d_1^2}{4St}fd = K_1 f \tag{10.24}$$

여기서 상수 c는 평균 유속을 증가시키는 동체의 방해 효과를 고려한 것이다. K-인자로 불리는 K_1은 유량계의 정적 감도이며 유량계의 계수이다. K_1은 일정한 레이놀즈수 범위 내에서($10^4 < \mathrm{Re}_d < 10^7$) 기본적으로 상수이다. 와류 주파수는 여러 가지 방법으로 측정할 수 있다. 동체의 지주(strut)는 지주에 장착된 스트레인 게이지나

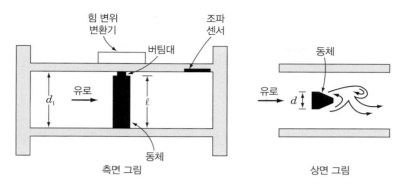

그림 10.17 외류 유량계. 다양한 동체 형상이 가능함

표 10.1 동체 형상과 스트로할수

단면	스트로할수[a]
◇	0.16
△	0.19
D	0.16
◁	0.15
□	0.12

[a] 레이놀즈수 $Re_d \geq 10^4$인 경우 스트로할수는 $St = fd/\bar{u}$로 계산됨

전기 용량 센서(capacitance sensor)를 이용하여 힘의 변동을 검출한다. 또한 벽에 부착된 압전 소자 센서는 유동에서 압력 변동을 검출하는 데 사용된다.

와류 유량계에서 유량의 최저 한계는 레이놀즈수가 10,000에 가까울 때 (Re는 그림 10.17의 d에 기반함) 나타난다. 레이놀즈수가 10,000보다 작을 때, 스트로할수는 유량과 비선형적인 관계를 나타내며 와류는 불안정하게 된다. 이런 현상은 점성이 큰 파이프 유동($\mu > 20$ centipoise)에서 문제가 된다. 최대 흐름은 액체에서 공동이 발생하기 시작하는 상황이나, 기체에서 마하수가 0.2를 넘어갈 때 나타나는 압축 효과에 의한 제한을 받는다. 물리적 성질의 변화는 간접적으로 유량계의 성능에 영향을 미친다. 밀도의 변화는 와류의 세기에 영향을 주고 밀도는 와류 검출 장치의 감도에 의존하는 유체 밀도에서 낮은 범위에 있다. 점성은 레이놀즈수에 영향을 미친다. 한편 경계면에서 와류 유량계는 다른 성질의 변화에 민감하지 않다.

와류 유량계는 이동하는 부분을 가지고 있지 않으며 다른 차단 유량계에 비해 상대적으로 작은 압력 손실을 유발한다. 한 대의 와류 유량계로도 최소 유량 이상의 조건에서 20:1의 유량 범위에 걸쳐 0.5% 수준의 선형성을 보이는 K_1 값을 가질 수 있다. 식 (10.24)에서 d가 d_1의 상수배로 대체될 수 있기 때문에, 이 식은 와류 주파수가 파이프 지름의 세제곱에 반비례함을 제시하고 있다. 이는 와류 유량계의 분해능이 파이프 지름의 크기에 따라 급격히 낮아짐을 나타내며 이 사실은 유량계 크기에 상한선을 긋게 된다.

로터미터

로터미터(rotameter)는 눈금에 의해 유량을 나타내는 삽입식 유량계로 널리 사용되고 있다. 그림 10.18에 제시되어 있듯이 로터미터는 수직한 관 속에 있는 부유체(float)로 구성되어 있으며 관은 출구에서 횡단면적이 점점 증가한다. 입구를 통해 들어온 유체가 자유롭게 이동할 수 있는 부유체와 관 사이 틈을 흘러 지난다. 평형을 이룬 부유체의 높이가 유량을 결정한다.

이 장치의 기본 원리는 유동 유체에서 부유체에 작용하는 항력 F_D, 중력 W, 부력 F_B 사이의 평형 관계를 기초로 한다. 부유체에 작용하는 항력은 부유체를 지나는 평균 속도에 따라 변한다.

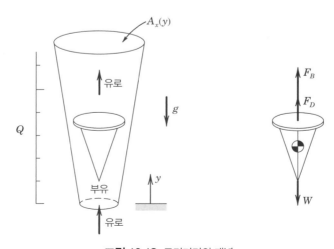

그림 10.18 로터미터의 개념

수직 방향 y에서 힘의 평형을 식으로 정리하면

$$\sum F_y = 0 = +F_D - W + F_B$$

여기서 $F_D = \frac{1}{2} C_D \rho \overline{U^2} A_x$, $W = \rho_b g \forall_b$ 그리고 $F_B = \rho g \forall_b$이다. 관 속의 부유체의 높이에서 평균 속도를 알 수 있는데, 이는 식으로 나타내면 다음과 같다.

$$\overline{U} = \overline{U}(y) = \sqrt{2(\rho_b - \rho)g\forall_b / C_D \rho A_x} \tag{10.25}$$

여기서,

ρ_b = 부유체의 밀도

ρ = 유체의 밀도

C_D = 부유체의 항력 계수

A_x = 관의 횡단면적

$\overline{U}$ = 부유체를 통과하는 평균 속도

$\forall_b$ = 부유체의 체적

작동 시 부유체는 힘이 평형을 이루는 위치까지 떠오른다. 이 위치의 높이는 유동 속도에 따라 증가하므로 곧 유량에 따라 증가하는 것이 된다. 유량은 다음 식에 의해 구할 수 있다.

$$Q = \overline{U} A_a(y) = K_1 A_a(y) \tag{10.26}$$

여기서 $A_a(y)$는 부유체와 관 사이의 고리 모양 면적이며, K_1은 유량계에 따른 상수이다. 평균 속도와 고리 모양 면적 둘 다 튜브 안의 부유체의 높이에 관계한다. 그러므로 부유체의 수직 위치로부터 직접 유량을 측정할 수 있고, 유량은 새겨진 눈금에서 읽을 수 있으며, 유리관에서는 광학 소자를 이용하여 전기적으로 감지할 수 있고 자기적으로도 검출할 수 있다. 날카로운 모서리를 가진 부유체는 온도에 따라 변하는 유체의 점성에 덜 민감하다. 10:1의 사용 유량을 유지할 때, 계기 계통 불확도는 일반적으로 유량의 ~2%(95%)이다.

터빈 유량계

터빈 유량계(turbine meter)는 각운동량 원리를 이용하여 유량을 측정하는 계기이다. 그림 10.19에 제시된 대표적인 터빈 유량계에서 로터(rotor)는 관로에 파여 있는 구멍(bore)에 설치되어 있으며 이를 통해 흘러 지나는 유체를 측정한다. 하우징에는 파이프라인에 직접 삽입하기 위한 플랜지와 나사가 있다. 유동 유체와 회전자 사이의 운동량 교환은 유량에 비례하는 회전 속도로 로터를 회전시킨다. 로터의 회전은 여러 가지 방법으로 측정할 수 있다. 예를 들어 자기 저항 픽업 코일로 회전 속도와 직접적인 관계를 가진 TTL 펄스 신호를 발생시킴으로써 회전자의 날이 통과하는 것을 감지하거나 아날로그 전압으로 바꿔 검출할 수 있다.

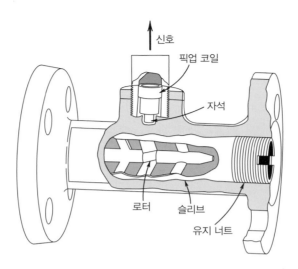

신호

픽업 코일

자석

로터   슬리브

유지 너트

그림 10.19 터빈 유량계 절단 그림

로터의 각속도 ω는 평균 유속 $\overline{U}$와 유체의 동점도 v, 유량계의 구멍 지름 d_1에 의존한다. 파라미터(참고문헌 12)에 대한 무차원 해석을 하면 다음 관계식을 구할 수 있다.

$$Q = K_1 \omega \tag{10.27}$$

여기서 K_1은 유량계의 K-인자이나 그 관계는 레이놀즈수의 함수로 나타난다. 실제 유량계의 작동 구간은 로터의 각속도가 유량에 따라 선형적으로 변화하는 영역이 된다.

터빈 유량계는 낮은 압력 강하와 매우 좋은 정밀도를 제공한다. 보통 유량계는 20:1의 유량 범위에서 ~0.25%(95%) 계기 계통 불확도를 보인다. 터빈 유량계는 매우 좋은 반복도를 가지고 있기에 국부적 표준 유량계로 사용될 수 있지만, 회전 부품이 더러워지기에 깨끗한 유체에서만 사용되어야 한다. 온도의 변화는 유체의 점성에 영향을 주어 터빈 유량계의 회전 속도를 민감하게 한다. 점성 변화는 출력 신호에 대해 전기적으로 교정될 수 있다(참고문헌 13). 터빈 유량계는 파이프 흐름의 소용돌이에 의해 유발된 설치 오차에 상당히 민감하므로(참고문헌 9), 설치 위치는 신중하게 선택되어야 한다.

전송 시간과 도플러(초음파) 유량계

초음파 유량계는 음파를 이용하여 유량을 결정한다. 전송 시간 유량계(transit time flow meter)는 초음파의 이동 시간을 이용하여 평균 유량을 측정한다. 그림 10.20에 보듯 1쌍의 변환기가 일정한 거리를 두고 파이프의 벽 바깥쪽에 설치되어 있다. S/N 비(signal-to-noise ratio)를 향상하기 위해 반사경(reflector)은 변환기의 반대편 벽 바깥쪽에 설치되었다. 변환기는 초음파의 발신기(transmitter)와 수신기(receiver)로 구성되었다. 발신기에서 방출된 초음파는 유체를 통과한 후 파이프 벽에 반사되어 수신기로 수신된다. 초음파가 변환기 1에서 변환기 2로 이동할 때 걸리는 시간과 변환기 2에서 변환기 1로 이동할 때 걸리는 시간 간의 차이점은 파이프 내의 유체 평

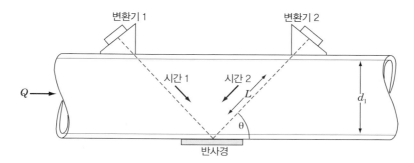

그림 10.20 전송시간(초음파) 유량계의 원리

균 속도와 관련되어 있다. 음속이 a이고, 유량 Q에 대응하는 유체의 평균 속도가 $\overline{U}$이며, 빔과 파이프 중심축이 이루는 각이 θ일 때, 다음과 같은 관계식이 성립된다.

$$t_1 = \frac{2L}{a + \overline{U}\cos\theta} \quad t_2 = \frac{2L}{a - \overline{U}\cos\theta}$$

이때, $L = d_1/\sin\theta$이다. $\overline{U} \ll a$일 때, $\overline{U} = (a^2/4d_1\cot\theta)(t_2 - t_1)$이다. 혹은 a를 소거하여 $\overline{U} = (L/\cos\theta)(t_2 - t_1)/t_2 t_1$를 얻는다. 이때 유량은 다음 식과 같다.

$$Q = \overline{U}A = K_1 A(t_2 - t_1) \tag{10.28}$$

여기서 K_1은 상수이며 유량계 K-인자라 불린다. 이 방법은 t_1과 t_2의 정확한 측정을 필요로 한다.

전송 시간 유량계는 삽입형이 아니기에 압력 강하가 일어나지 않는다. 휴대용 모델은 파이프에 부착하여 측정하므로 현장에서 사용하기 편리하며 시간에 따라 변하는 속도와 유동 방향을 측정하기에 적합하다. 유량계의 상대 계통 불확도의 범위는 유량의 1~5%(95%)이다.

도플러 유량계는 9장에 언급된 바와 같이 도플러 효과를 이용하여 유체에 떠돌아다니는 미립자(오염 물질, 미립자, 작은 거품)의 평균 속도를 측정하는 데 사용된다. 체적 유량계의 한 방식으로 하나의 초음파 변환기 1개가 파이프의 외벽에 설치되며, 100 kHz에서 1 MHz 사이의 주파수 f를 가지는 초음파를 방출시킨다. 방출된 음파는 유체에 있는 미립자에 의해 튀어나오는데 이 산란된 음파는 변환기에 의해 감지된다. 산란된 음파는 약간 변화된 주파수로 이동하는데 그 차이가 도플러 주파수 f_D이다. 이때 유량은 다음과 같다.

$$Q = \overline{U}A = \frac{\pi d_1^2 a f_D}{8f\cos\theta} = K_1 f_D \tag{10.29}$$

이런 유량계는 시간에 따른 유량을 측정한다. K_1 값은 파이프 벽 재질과 두께와 유체의 특성에 민감하다. 계기 계통 불확도는 유량의 ~2%(95%)이다.

용적식 유량계

용적식 유량계(positive displacement meters)는 주어진 체적을 규정하는 기계적인 요소를 포함하고 있다. 자유롭게 움직일 수 있는 이 기계 요소는 유동 유체의 작용에 의해 이동하거나 회전한다. 기어 카운트 메커니즘은 기계 요소의 이동 횟수를 카운트함으로써 유량계를 지나가는 유체의 체적 ∀를 직접 측정한다. 이런 측정 방법은 물, 기름, 기체 측정에서 흔히 볼 수 있다.

체적 유량계로 사용하자면 단위 시간당 체적 유량은 타이머와 결합되어야 한다. 시간을 알 때 유량은 다음과 같다.

$$Q = \forall / t \tag{10.30}$$

이는 가정용 수도나 가스 측정 등 내구성과 정확도를 함께 필요로 하는 정상류 측정에 사용된다.

다이어프램 유량계(diaphragm meter)는 1쌍의 마주 보는 벨로우즈를 가지고 있으며 벨로우즈는 링크 장치를 통해 유량계를 지나는 유체를 옮길 수 있는 배기 밸브와 연결된다. 연결 장치를 통해 유체가 한쪽의 벨로우즈에 유입되면 다른 한쪽의 벨로우즈가 움직이게 되어 있다. 기체가 유입되면 밸브가 닫힌 구획에서 벨로우즈는 팽창하며 다른 쪽 벨로우즈에 있는 기체는 열린 밸브를 통해 배출된다. 이 사이클 운동을 카운트(외부 표시됨)하여 유량을 측정한다. 이러한 '건조 기체' 유량계는 천연가스나 프로판(propane) 라인에서 유량을 측정할 수 있다. Thomas Glover가 최초로 1843년에 다이어프램 유량계를 발명하였으며 지금의 유량계는 대부분 그의 설계를 따르고 있다.

워블 유량계(wobble meter)는 상자 안에 원판(disc)이 설치된 용적 유량계이다. 유체가 상자 안을 흐르면서 원판을 진동시키면 일정 체적의 유체가 원판의 진동에 따라 흘러나온다. 원판은 진동수를 기록하는 카운터와 연결되어 있다. 워블 유량계는 가정용 수도 계량기 중 실제 유량 대비 1% 이하의 불확도를 가져야 하는 곳에 사용된다.

오일 트럭이나 가솔린 펌프에서 늘 볼 수 있는 회전자 유량계(rotating vane meter)는 금속통이나 날개(vane)를 회전시키며 매 회전에 의해 유출되는 체적 유량을 측정한다. 이들 유량계는 실제 유량의 ~0.2%(95%) 수준으로 불확도를 낮출 수 있다. 용적 유량계는 정밀도가 좋기에 다른 체적 유량계를 교정하는 로컬 표준 계기로 사용된다.

예제 10.9   와류 유량계 중요사항

현대의 와류 유량계는 액체, 기체 그리고 증기 측정에 사용되고 있다. 대부분의 유량계는 고유한 형태의 동체가 압전 센서나 정전 센서 위에 설치된 버팀목에 달려 있어, 버팀목의 와류로 인한 진동을 측정하는 구조이다. 센서 신호는 전하 증폭기로 들어가고 저역 필터를 거쳐 mV에서 V 범위의 신호로 키울 수 있는 증폭기에 입력된다.

그림 10.21(b)는 센서에서 받아 후처리된 강한 와류 발산 신호의 예이다. 높은 쪽과 낮은 쪽에 각각 설정된 트

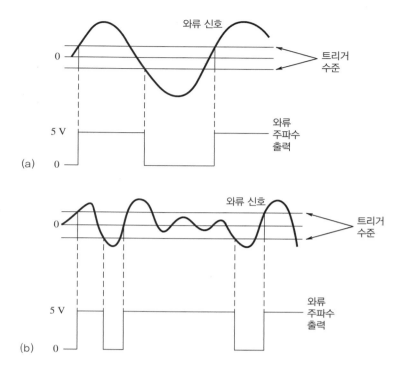

그림 10.21 와류 신호의 트리거링은 TTL 펄스 시퀀스를 생성한다. (a) 좋은 신호, (b) 부적절한 유량계 신호

리거가 신호가 문턱값을 넘는지 검출한다. 신호가 문턱값을 넘게 되면 TTL 신호가 그 시간 동안 발생한다. 일반적인 와류 발산 상황에서 단위 시간당 TTL 신호의 펄스는 와류 발산 주파수와 같다. 유량계는 미리 입력되어 있는 K-인자값을 그 주파수에 적용한다. 그 최종 출력값(예 : LCD 표시, 4~20 mA 전류, 전압 혹은 펄스)은 측정된 유량이 될 것이다.

만약 유량계의 사용 가능한 범위를 넘게 된다면, 와류 신호는 매우 높은 주파수에 불규칙하고 잡음이 많아지거나 센서로 검출할 수 없을 정도로 크기가 작아지게 된다. 그림 10.21(a)는 너무 낮은 유량에 의해 TTL 신호가 불규칙해진 경우를 보여 주고 있다. 그런 문제가 될 만한 상황을 피하기 위해서, 제조사는 유량계의 액체와 기체에 대한 유량 범위, 유량계에 맞는 파이프 크기, 유량계의 영구 압력 손실을 표기하고 있다.

10.7 질량 유량계

질량 유량(mass flow rate)이 측정 목표가 되는 상황은 적지 않다. 질량 유량은 $\dot{m} = \overline{\rho U} A$ 형태로 구하며, 이를 위해 질량 선속 $\overline{\rho U}$를 측정할 필요가 있다.

정확한 측정 조건에서 측정할 유체의 밀도를 알면 체적 유량으로부터 직접 질량 유량을 얻을 수 있다. 그러나 모든 유체가 쉽게 방정식을 통해 주어진 밀도값을 계산할 수 있는 것은 아니다. 예를 들면 석유 제품, 폴리머, 코코아 버터 등은 온도와 전단율에 매우 민감한 밀도를 가지며, 많은 프로세스에서 밀도의 큰 변화가 수반된다. 직접 질량 유량을 측정하는 방법이 밀도를 정확하게 측정하거나 계산하는 데 관련된 불확도를 제거하기 때문에 보다 바람직한 방법이라고 할 수 있다.

체적 유량 Q을 측정하는 유량계와 질량 유량 $\dot{m}$에 대응하는 유량계 간의 차이는 작지 않다. 질량 유량계에 대한 기초적인 원리와 그 적용 방법은 몇십 년을 거쳐 이론적으로 발전해 왔지만 1970년대 초까지만 해도 체적 유량 교정을 하여 충분한 정밀도를 얻을 수 있는 믿을 만한 상용 질량 유량계는 나오지 못했다. 1940년대 미국의 특허에서 열전달, 코리올리 힘, 운동량 방법을 이용하여 질량 유량을 직접 추론하는 아이디어를 살펴볼 수 있다.

열 유량계

두 검사 표면 사이에서 유동 유체의 온도 차이를 증가시키기 위한 열에너지의 전달률 $\dot{E}$는 질량 유량과 직접적인 관계를 가지고 있다.

$$\dot{E} = \dot{m}c_p\Delta T \qquad (10.31)$$

여기서 c_p는 유체의 비열이다. 이런 방법을 이용하여 직접 질량 유량을 측정하는 방법은 유량계 내의 유체에 에너지를 입력하는 직렬 계기를 사용한다. 흐름 속에 필라멘트(가열기)를 놓고 유체를 통과시키면서 가열기의 상류 쪽과 하류 쪽의 유체 온도를 측정하는 것이 일반적인 방법이다. 이런 종류의 유량계는 아주 이용하기 쉬우며 신뢰할 만하다. 사실 1980년대에 이 기술은 단기간의 고도, 기압, 계절성 환경 온도의 변화에도 불구하고 엔진 실린더에 정확한 공기-연료 혼합물을 공급하기 위해 자동차 연료 분사 장치에 적용되었다.

이 유량계의 사용에서 c_p가 주어졌다는 가정과 유량계의 길이가 일정함을 유지한다는 것을 중요한 전제로 한다. 일반적인 기체(예 : 공기)에 있어서 이런 가정은 적당한 온도와 압력에서 상당히 효과적이다. 이런 열 유량계(thermal flow meter)는 미소한 압력 강하만으로 100:1의 유량 범위에 대해 0.5%(95%)의 불확도를 가질 수 있다. 그러나 액체나 기체의 c_p가 온도의 영향을 많이 받거나 명확히 결정되지 않았을 때, 위 가정은 제약을 받는다.

열 유량계의 다른 한 종류는 속도 감지 계기와 열 센서가 함께 직접 삽입 장치에 정확히 설치되어 있는 것이다. 이 유량계는 주어진 지름의 도관을 흐르는 유체의 속도를 감지하는 열막 풍속 측정법과 온도를 측정하는 저항 온도 감지기(Resistance Temperature Detector, RTD) 센서를 사용한다. 질량 유량은 센서 온도 T_s와 유체 온도 T_f와 다음과 같은 관계를 가지고 있다.

$$\dot{E} = \left[C + B(\rho\overline{U})^{1/n} \right] (T_s - T_f) \qquad (10.32)$$

여기서 C, B와 n은 상수로서 유체의 성질(참고문헌 14)에 근거하며 교정을 거쳐 결정한다. 유체 성질에 대한 유량계의 민감도를 감소시키는 과정에서 RTD는 풍속계 휘트스톤 브리지 회로의 한 저항으로 쓰이며 넓은 유체 온도 범위와 뛰어난 반복도(0.25%)에서 온도 교정을 거친 속도를 출력한다. 가스의 경우 미소한 압력 강하에서 61 m/s의 기체 유동 속도와 50:1의 유량 범위 내에서 2%의 유량 불확도를 가지는 측정이 가능하다.

코리올리 유량계

코리올리 유량계는 유동 유체에서 유발된 코리올리 가속도와 이에 따라 생성된 힘을 측정하여 질량 유량을 구하는 삽입식 유량계의 일종이다(참고문헌 15). 생성된 힘은 유체의 성질에 의존함이 없이 질량 유량과 직접 관계된다. 코리올리 효과는 Gaspard de Coriolis(1792~1843)가 회전 시스템에서 가속도를 연구하면서 처음 발견하였다. 1947년에 이 코리올리 효과를 이용한 유량계가 미국에서 처음 특허 등록된 이후 같은 효과를 이용하는 수많은 방법이 제안되었고 1980년대 중반부터 상용 시장이 꾸준한 발전을 보이고 있다.

상용으로 구할 수 있는 제품에서 가장 흔히 볼 수 있는 구조는 그림 10.22의 예와 같이 도관을 흐르던 유체를 2개의 구부러지고 평행하며 인접한 동일한 지름의 도관으로 밀어 넣는 것이다. 예로 든 장치는 이 책의 1 저자가 개발에 직접 참여한 장치이기도 하다.[3] 두 도관은 전자기적 드라이버에 의해 기계적으로 구동되며 상대적으로 지연된 위상의 사인파형 진동을 한다. 일반적으로 유량계 도관 진동으로 인해 고정된 파이프에 대해 회전하며 유량계의 도관을 흘러 지나는 유체 입자는 임의의 점 S에서 가속도를 가진다. 점 S에서 전체 가속도 $\ddot{\mathbf{r}}$는 몇 개의 벡터 성분으로 구성되었다(그림 10.23).

$$\ddot{\mathbf{r}} = \ddot{\mathbf{R}}_{O'} + \dot{\boldsymbol{\omega}} \times \mathbf{r}_{S/O'} + \boldsymbol{\omega} \times \boldsymbol{\omega} \times \mathbf{r}_{S/O'} + \ddot{\mathbf{r}}_{S/O'} + 2\boldsymbol{\omega} \times \dot{\mathbf{r}}_{S/O'} \tag{10.33}$$

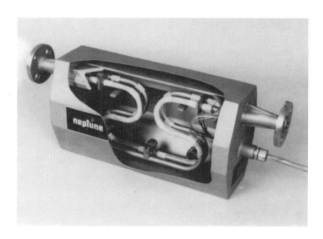

그림 10.22 코리올리 질량 유량계의 절단 그림 (Red Seal Measurement, Greenwood, SC 허락을 받아 사용)

---

3 초기 베타실험에서, 코코아 버터의 질량 유량을 측정하기 위해 그림 10.22와 같은 장치가 초콜렛 공장에 설치되었다.

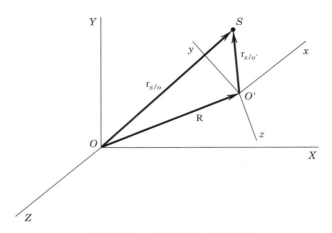

그림 10.23 고정 및 회전 기준 좌표계

여기서 굵은 글씨로 쓴 것은 벡터임을 나타낸다.

$\ddot{\mathbf{R}}_{O'}$ = 고정된 원점 O에 대해 회전하는 원점 O'의 병진 가속도

$\boldsymbol{\omega} \times \boldsymbol{\omega} \times \mathbf{r}_{S/O'}$ = O'에 대한 S의 구심 가속도

$\dot{\boldsymbol{\omega}} \times \mathbf{r}_{S/O'}$ = O'에 대한 S의 접선 가속도

$\ddot{\mathbf{r}}_{S/O'}$ = O'에 대한 S의 병진 가속도

$2\dot{\boldsymbol{\omega}} \times \dot{\mathbf{r}}_{S/O'}$ = O'에 대한 S의 코리올리 가속도

여기서 ω는 O'에 대한 S의 각속도이다. 코리올리 가속도 유량계에서 도관은 병진 운동을 하지 않고 회전 운동만 하기에 병진 가속도는 0이다. 유체 입자는 유량계의 관벽에서 크기가 같고 방향이 반대인 반작용력을 야기시키는 잔류 가속도로 인하여 힘을 받게 된다. 코리올리 가속도는 도관의 중심축에 수직되는 평면에 작용하며 도관 평면에 대해 비틀림 운동이나 진동회전 운동을 일으키는 힘의 구배를 유발한다.

코리올리 힘이 어떻게 나타나는가는 유량계의 형상에 의존하지만, 기초적인 원리는 그림 10.24로 설명할 수 있다. 도관은 파이프 축을 중심으로 360도 회전한다기보다는 주파수 ω와 진폭 변위 z로 파이프 축을 중심으로 연속적으로 진동하게 됨으로써 회전으로 인해 유체가 새는 문제를 방지할 수 있다. 구동 주파수는 공진 진동수로 선택되며 구동 중인 도관으로 하여금 연속적인 단일 주파수의 진동을 하게 한다. 유량계는 이 주파수에서 생기는 어떤 교란에도 최소의 에너지 유입만으로 응답하기 때문에 본질적으로 자립적인 소리굽쇠 역할을 한다. 이 관을 위아래로 움직이면 질량 유량은 관이 떨게 만드는데, 이 떠는 진폭은 직접적으로 질량 유량과 관련되어 있다.

유체의 요소 질량 dm이 유량계의 단면적을 흘러 지날 때, z 방향으로 작용하는 코리올리 가속도 $2\dot{\boldsymbol{\omega}} \times \dot{\mathbf{r}}_{S/O'}$와 코리올리 관성력이 발생한다. 코리올리 관성력은 다음과 같다.

$$d\mathbf{F} = (2\boldsymbol{\omega} \times \dot{\mathbf{r}}_{S/O'})dm \tag{10.34}$$

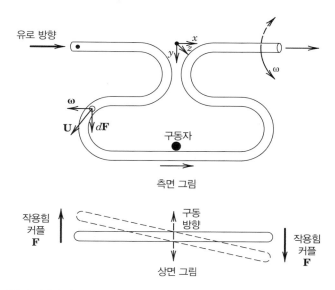

그림 10.24 코리올리 질량 유량계의 작동원리 개념. **ω**, **U**, $d\mathbf{F}$ 벡터를 연결하기 위해 오른손 법칙을 사용한다.

그림 10.22와 그림 10.24에 제시되어 있는 유량계의 설계에서 유체 입자가 유량계를 따라 흐를 때 속도의 방향이 변한다. 오른손의 법칙을 이용하면 이는 왼편과 오른편에서의 관성력 $d\mathbf{F}$의 방향의 변화를 유발한다. 도관이 받는 이 관성력은 입자가 받는 힘과 크기가 같고 부호가 반대이다. 주파수 $\boldsymbol{\omega}_c$에서 모든 도관의 부분(segment)이 y축에 대해 회전함에 대응하는 다음과 같은 차동 토크 $d\mathbf{T}$가 발생한다.

$$d\mathbf{T} = x' \times d\mathbf{F} = x' \times (2\boldsymbol{\omega} \times \dot{\mathbf{r}}_{S/O'})dm \tag{10.35}$$

여기서 x'은 요소 질량과 y축 사이의 거리 x를 가리키며, $\mathbf{x}' = \mathbf{x}'\widehat{e}_x$이다. 매개 도관이 받는 전체 토크는 도관의 전체 길이 L를 따라 적분하여 구할 수 있다.

$$\mathrm{T} = \int_0^L d\mathrm{T} \tag{10.36}$$

요소 질량의 단면적이 A이고 미분 길이가 dl이며 유체 밀도가 ρ일 때, $dm = \rho A dl$이다. 이 요소 질량이 평균 속도 $\overline{U}$로 운동할 때, 미분 질량은 다음과 같이 쓸 수 있다.

$$dm = \rho A dl = \dot{m}(dl/\overline{U}) \tag{10.37}$$

이때 코리올리 외적은 다음과 같이 쓸 수 있다.

$$2\boldsymbol{\omega} \times \dot{\mathbf{r}}_{S/O'} = (2\boldsymbol{\omega} \times \dot{\mathbf{r}}_{S/O'}\sin\theta)\widehat{e}_z = (2\omega_c\overline{U}\sin\theta)\widehat{e}_z \tag{10.38}$$

θ는 코리올리 회전 벡터와 속도 벡터 사이의 각도이다. 여기서 다음을 도출할 수 있다.

$$\dot{m} = \frac{T}{2\displaystyle\int_0^L (\rho x' \omega_c \sin\theta)dl}\widehat{e}_y \tag{10.39}$$

속도의 방향이 180도 변하기 때문에 발생된 코리올리 토크는 도관 양측에서 서로 반대되는 방향으로 작용한다.[4] 유량계의 도관은 도관의 y축을 중심으로 각도 δ로 비틀어진다(즉, 떨린다). 회전각이 작을 때, 비틀림각은 토크와 다음과 같은 관계를 가진다.

$$\delta = k_s T = \text{상수} \tag{10.40}$$

위에서 k_s는 도관의 강성과 관계된다. 측정 목표는 비틀림각이 되며 이는 여러 방법으로 측정될 수 있다. 예를 들면 길이 2 m 튜브를 180도 지연된 위상으로 구동함으로써 임의의 시간에서 두 튜브 간의 상대 위상은 질량 유량과 직접적인 관계를 가지게 된다. 넓은 유량 범위 내에서 정확한 선형 관계를 가지며 유체의 교정을 통해 결정된다(참고문헌 16).

접선 가속도와 구심 가속도로 인한 영향은 도관의 가속도 방향 강성이 크기 때문에 상대적으로 작은 편이다. 그러나 큰 질량 유량에서 이들은 드라이빙 모드 ω와 응답 모드 ω_c 외에도 진동 모드를 일으킴으로써 유량계의 선형도와 0점 오차에 영향을 주며, 질량 유량의 정밀도와 유량계의 유량 범위에 영향을 준다. 본질적으로 이런 바람직하지 않은 효과는 특정의 유량계 형상에서 고유한 것이며, 필요하다면 보강관을 이용하여 제어할 수도 있다.

도관의 질량이 도관 안의 유체의 질량에 접근하는 작은 유량계에서는 다른 재미있는 문제들이 발생한다. 층류 영역에서 난류 영역 사이에 있는 천이 유동에 대응하는 유량에서 구동 주파수는 천이 유동으로 인하여 유체의 불안정을 유발한다. 유체와 도관은 위상을 지연시킴으로써 응답 진폭과 대응하는 토크를 감소시킨다. 이는 유량계의 교정의 선형성에 영향을 미치나 바람직한 디자인은 유량계 기록 수치의 0.5%로 이 영향을 억제할 수 있다.

유량계의 원리는 유체의 성질 변화에 영향을 받지 않으나 온도의 변화는 전체 유량계의 강성에 영향을 주며, 이는 전기적으로 보상될 수 있다. 코리올리 유량계의 매우 바람직한 특성은 설치 위치에 상당히 둔감하다는 것이다. 상용화된 코리올리 유량계는 20:1의 유량 범위 내에서 액체는 0.10%(95%), 기체는 0.5%(95%)의 계기 계통 불확도로 질량 유량을 측정할 수 있다. 또한 코리올리 유량계는 분해능 0.0005 g/cm^{3}의 효과적인 농도계(densitometer)로도 사용될 수 있다.

---

4 우리는 유체의 흐름을 따라 속도가 반대가 되는 것이 아닌 ω가 반대가 되는 구조도 상상해 볼 수 있다.

예제 10.10   **자동차의 공기 질량 유량 센서**

공기 질량 유량 센서(mass air flow sensor, MAF)는 현대의 자동차 엔진 작동 시 실린더에 들어가는 공기의 질량 유량(grams/s)을 측정한다. 이 센서는 엔진의 ECU(electronic control unit)에 측정값을 보내 연소 시 적절한 공기-연료 비율이 스로틀(출력 요구값)에 맞도록 조절되도록 한다.

  일반적인 MAF의 구조가 그림 10.25에 나와 있다. 이 장치에는 달궈지는 뜨거운 부품이 들어 있는데, 이 부품은 금속 필름 프로브(9장 참조)나 백금 열선과 서미스터 같은 공기 온도 센서로 이루어져 있다. 이는 저항 브리지 구조의 두 능동 부분을 사용하여 들어오는 공기 온도(incoming air temperature, IAT)에 대비한 센서 온도를 측정하기 위함이다. 엔진이 작동하면서 이 부품은 대기 온도 이상의 설정 온도로 달궈지고, 공기가 흡입구로 들어오면서 달궈진 센서를 식히게 된다. 전도체의 저항값은 온도에 거의 선형적으로 비례하므로(8장 참조) 센서의 저항값은 식으면서 변화하게 된다. 결과적으로 브리지의 저항값은 불균형을 이루게 되고 브리지 회로는 부품에 흐르는 전류(결과적으로 저항을)를 증가시킴으로써 다시 온도를 설정값까지 올리려 한다. 결과적으로 브리지에 발생하는 전압은 질량 유량에 비례하게 되는데, ECU는 이를 받아 필요한 동작을 취하게 된다.

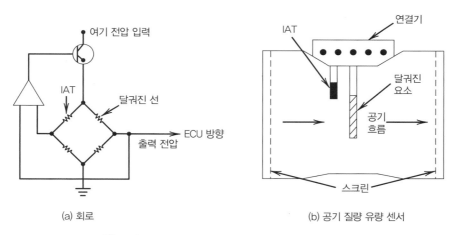

(a) 회로   (b) 공기 질량 유량 센서

그림 10.25 자동차 공기 질량 유량 센서의 구조와 브리지 회로

10.8 유량계의 교정과 표준 계기

유량 측정에서 근본적인 표준 계기는 그 자체로는 존재하지 않는 대신, 사용 가능한 많은 교정 방법과 절차가 존재하며, 정부와 사설 기관에서 이들 교정을 수행해 주고 있다. 일반적인 인라인 유량계의 교정은 루프를 이루는 교정을 위한 정상 상태의 유체 흐름을 필요로 하며, 정확하게 결정된 시간 동안 이 흐름의 체적 혹은 질량을 재는 과정을 포함한다. 이 유체 루프 교정 시스템은 프로버(provers)로 알려져 있다. 종종 이 교정은 알려진 정확도의 유량계와의 비교를 통해 이루어진다. 이 중 몇 가지 방법을 알아보자.

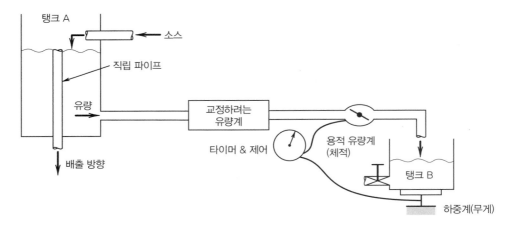

그림 10.26 유체 유량 측정 프로버의 흐름도

액체에서는 여러 종류의 '캐치 검량(catch-and-weigh)' 기술이 유체용 프로버에서 사용되고 있다. 그중 한 종류로, 그림 10.26에서 제시된 방법은 캐치 탱크를 사용하는 교정 루프로 구성되었다. 탱크 A는 교정 루프에 정상류를 제공하는 일정한 수두의 수조(reservoir)에 유체를 공급한다. 탱크 B는 캐치 검량 탱크로서 흘러 들어 오는 액체는 정확한 주기 시간에 전환된다. 직접 용적 유량계나 다른 계기를 이용하거나 시간을 걸쳐 추론된 액체의 무게와 유량을 간접적으로 이용하여 액체의 체적을 측정한다. 처음과 마지막 순간의 액체의 체적을 측정하는 것과 그 정확도가 이 기술의 불확도에 있어서 근본적인 한계로 작용한다. 설치 효과를 무시하면 $u_{meter} \sim 0.02\%$, $u_{\forall} \sim 0.02\%$, $u_t \sim 0.01\%$일 때 액체 유량의 최종 불확도 한계는 약 0.03%이다.

음속의 70%를 초과하지 않는 기체와 액체에서 속도 프로파일의 결정을 통한 유량계의 교정은 특히 효과적이다. 파이프 하류에서 지름의 20~40배만큼 떨어진 위치에서 측정된 단면적의 속도 프로파일이 적합하다.

교정 루프에 표준 유량계를 삽입하여 비교적인 교정을 하는 것은 시스템을 지나는 유량을 확정하는 다른 한 가지 방법이다. 다른 유량계는 표준 계기와 직렬로 설치되었고 직접 표준 계기에 의해 교정될 수 있다. 이런 방법은 액체나 기체에서 사용할 수 있는 장점이 있다. 터빈 유량계와 와류 유량계 그리고 코리올리 가속도 유량계는 일관적으로 매우 정밀한 교정을 할 수 있으며 국부 표준 계기로 사용된다. 다른 프로버는 정밀한 용적 유량계를 이용하여 전체 시간에서 체적 유량을 결정한다. 물론 이런 표준 계기들은 반드시 정기적으로 재교정되어야 한다. 이런 목적에서 미국의 NIST는 유량계 교정 설비를 유지하고 있다. 하지만 NIST의 교정에서는 최종 사용자 설비에서 설치로 인한 영향은 고려되지 않는다. 유량계의 교정에서 이 마지막 부분이 불확도의 상당한 비중을 차지한다.

위에서 설명한 모든 교정 방법에서 교정 불확도는 사용하는 표준 계기, 설치 효과, 사용 용도의 차이 그리고 교정된 유량계의 고유한 한계의 제한을 받는다.

10.9 표준 유량 평가

유동 과정에서 압력과 온도의 범위가 변하면 측정한 '실제' 유량은 표준 온도와 압력의 비교를 통해 조정해야 한다. 조정된 유량을 표준 유량(standard flow rate)이라고 한다. 표준 유량은 SCMM(standard cubic meters per minute : 분당 표준 입방 미터)이나 SCFM(standard cubic feet per minute : 분당 표준 입방 피트)로 기록된다. 측정점의 실제 조건과 ACMM(분당 실제 입방 미터)이나 ACFM(분당 실제 입방 피트)과 같은 단위로 기록된 실제 유량을 변환시켜 표준 유량을 구할 수 있다[약자에서 A는 실제(actual)를 나타낸다]. 질량 유량은 조건과 상관없이 변함없으므로 첨자 s로 표준 조건(standard condition)을 표시하고, 첨자 a로 실제 측정 조건(actual measured condition)을 표기한다. $\dot{m}_s = \dot{m}_a$이므로 다음과 같이 쓸 수 있다.

$$Q_s = Q_a \frac{\rho_a}{\rho_s} \tag{10.41}$$

예를 들어 일반 기체의 실제 유량은 760 mm Hg 절대 기압과 20°C에서 '표준화'된다. 이상기체라 가정하면 $\rho = p/RT$에서 식 (10.41)의 표준 유량은 다음과 같이 쓸 수 있다.

$$Q_s = Q_a \frac{T_s}{T_a} \frac{p_a}{p_s} = Q_a \left(\frac{293}{273 + T_a} \right) \left(\frac{760 + p_a}{760} \right) \tag{10.42}$$

기준 표준 조건값에 대해서는 인용된 코드나 제조사 스펙을 확인하라. 예를 들면, 많은 제조사들이 20°C(종종 정상 온도라고 부른다)를 사용한다. 그러나 공기나 천연가스는 대기표준온도로 15°C가 종종 사용된다. (그러나 미국에서는 습관적으로 60°F(15.6°C)를 표준온도 또는 종종 기준 표준값으로 사용한다.) 표준 압력은 거의 항상 101.325 kPa abs 또는 760 mm Hg abs를 사용한다.

요약

유량의 정량화는 지난 2000년 동안 공학에서 중요한 과제였다. 이 장에서는 유체의 체적 유량과 질량 유량을 결정하는 방법을 소개하였다. 특정한 유량계의 선택을 포함한 공학적인 결정은 여러 가지 구속 요소에 근거하여 할 수 있다. 가장 바람직한 현재 기술로 실제 유량의 0.25% 불확도 내에서 유량을 측정할 수 있다. 그러나 산업 현장에 설치된 계기의 실제 불확도는 차단 유량계에서 약 3~6%, 삽입형 유량계에서 1~3% 수준이다. 그러나 만일 방법의 불확도와 설치에 의한 영향을 포함하는 교정 표준들이 개발될 수 있다면, 새롭게 도입되는 방법들이 이 하한선을 좀 더 내릴 수 있을 것이다.

참고문헌

[1] American Society of Mechanical Engineers, *PTC 19.5—Flow Measurements*, ASME International, New York, 2004 (Rev. 2013).

[2] American Society of Heating, Refrigeration and Air Conditioning Engineers (ASHRAE), *ASHRAE Fundamentals*, rev. ed., ASHRAE, Atlanta, 2009.

[3] International Organization for Standardization (ISO), *Measurement of Fluid Flow by Means of Pressure Differential Devices Inserted in Circular Cross-Section Conduits: Parts 1 through 4*, ISO 5167, ISO, Geneva, 2003.

[4] Jorgensen, R. (ed.), *Fan Engineering*, 9th ed., Buffalo Forge Co., Buffalo, New York, 1999.

[5] American Society of Mechanical Engineers, *Measurement of Fluid Flow in Pipes Using Orifice, Nozzle and Venturi*, ASME Standard MFC-3M-2004, ASME International, New York, 2004.

[6] Crane Company, *Flow of Fluids through Valves and Fittings*, Technical Paper No. 410, Spiral Edition, Crane Co., Chicago, IL, 2009.

[7] Rouse, H., and S. Ince, *History of Hydraulics*, Dover, New York, 1957.

[8] Amberg, B. T., A Review of Critical Flowmeters for Gas Flow Measurements, *Transactions of the ASME*, 84: 447–460, 1962.

[9] Mattingly, G., *Fluid Measurements: Standards, Calibrations and Traceabilities*, Proceedings of the ASME/AIChE National Heat Transfer Conference, Philadelphia, PA, 1989.

[10] Shercliff, J. A., *Theory of Electromagnetic Flow Measurement*, Cambridge University Press, New York, 1962.

[11] da Vinci, L., *Del Moto e Misura Dell'Aqua* (English translation), E. Carusi and A. Favaro, eds., Zanichelli, Bologna, 1923.

[12] Hochreiter, H. M., Dimensionless Correlation of Coefficients of Turbine-Type Flow-Meters, *Transactions of the ASME*, 80:1363–1368, 1958.

[13] Lee, W. F., and H. Karlby, A Study of Viscosity Effects and Its Compensation On Turbine Flow Meters, *Journal of Basic Engineering*, 82: 717–728, 1960.

[14] Hinze, J. O., *Turbulence*, McGraw-Hill, New York, 1953.

[15] American Society of Mechanical Engineers, *Measurement of Fluid Flow by Means of Coriolis Mass Flow Meters*, MFC-11M, ASME International, 2003.

[16] Corwon, M., and R. Oliver, Omega-shaped Coriolis-type Mass Flow Meter System, U.S. Patent 4,852,410, 1989.

기호

c_p, c_v	비열(l^2/t^2-°)	k	비열비 c_p/c_v
d	지름(l)	C	배출 계수
d_0	유량계 목 혹은 최소 지름(l)	C_D	항력 계수
d_1	파이프 지름(l)	E	접근 속도 인자, 전압(V)
d_2	축류 지름(그림 10.3 참조)(l)	Gr	그라쇼프 수
f	순환 주파수($\omega/2\pi$)(t^{-1})	H	압력계의 편차(l)
g	중력 가속도 상수(lt^{-2})	K_0	유량 계수($= CE$)
$h_{L_{1\text{-}2}}$	점 1과 점 2 사이의 수두 손실(l)	K_1	유량계 상수, K-인자, 정적 감도

L	길이(l)	A_2	축류 면적(l^2)
Q	체적 유량($l^3\,t^{-1}$)	$\boldsymbol{B}$	자기력 선속 벡터
R	기체상수	S	비중
Re_{d_1}	레이놀즈수(d_1값에 기반한)	T	온도(°), 토크($ml^2\,t^{-2}$)
$\dot{m}$	질량 유량(mt^{-1})	U	속도(lt^{-1})
p	압력($ml^{-1}\,t^{-2}$)	$\forall$	체적(l^3)
$p_1-p_2,\ \Delta p$	차압($ml^{-1}\,t^{-2}$)	Y	팽창 계수
Δp_{loss}	영구 압력 손실($ml^{-1}\,t^{-2}$)	β	지름 비
r	반지름 방향 좌표(l)	ρ	밀도(ml^{-3})
r_1	파이프 반지름(l)	δ	비틀림 각도
r_H	수력 반지름(l)	ω	주파수(t^{-1}), 각속도(t^{-1})
A	면적(l^2)	μ	절대 점도(점성률)($ml^{-1}\,l^{-1}$)
A_0	d_0에 기반한 면적(l^2)	ν	동적 점도($=\mu/\rho$)($l^2\,t^{-1}$)
A_1	파이프 지름 d_1에 기반한 면적(l^2)		

연습문제

10.1 안지름이 5 cm인 파이프에 5°C, 100 kPa abs의 공기가 흐르고 있고, 속도 프로파일은 대칭적이며 $U(r) = 25[1-(r/r_1)^2]$ cm/s로 나타난다. 이때 평균 질량 유량을 구하라.

10.2 10°C의 공기가 흐르는, 안지름이 10 cm인 파이프에서 3개의 반지름선(중심에서 퍼져 나가는)을 따라 이동하며 각 반지름선마다 등거리로 분포된 5개의 측정점을 선택하여 유속을 측정하였다. 다음 결과를 보고 파이프의 평균 유량을 구하라.

반지름 방향		$U(r)$ (cm/s)		
위치	r (cm)	선 1	선 2	선 3
1	1.0	25.31	24.75	25.10
2	3.0	22.48	22.20	22.68
3	5.0	21.66	21.53	21.79
4	7.0	15.24	13.20	14.28
5	9.0	5.12	6.72	5.35

10.3 목의 지름이 3 cm인 ASME 유량 노즐이 설치된 지름이 6 cm인 파이프에 38°C의 공기가 흐른다. 압력 강하가 75 cm H_2O이고, 상류 쪽의 압력이 94.4 kPa abs일 때 유량을 구하라.

10.4 공기가 안지름 15 cm의 파이프를 흐른다. 7.5 cm의 구멍을 가진 사각 모서리 오리피스로 유량을 측정하고자 한다. 파이프 상류 압력이 100 kPa, 차압이 10 kPa일 때 팽창계수를 구하라.

10.5 전기 용량 압력 변환기가 지름 50.8 cm인 파이프에 설치된 오리피스 유량계의 상하류 간의 차압을 측정한다. 32°C의 공기 흐름에서 차압이 100 kPa로 나타났다면, 압력 수두값을 cm H_2O 단위로 구하라.

10.6 20°C의 물이 안지름이 15 cm인 파이프를 흐를 때, 유량이 얼마이면 사각 모서리 오리피스판($\beta = 0.3$)의 유량 계수가 레이놀즈수에 의존하지 않게 되겠는가?

10.7 플랜지 탭을 사용하는 사각모서리 오리피스로 안지름 50 mm인 PVC 파이프에 흐르는 물(17°C)의 유량을 측정하고자 한다. 최대 유량이 0.2 m^3/min일 때, 차압이 100 mm Hg보다 크지 않도록 적절한 β 값을 정하라. 상용 오리피스 유량계의 β 값은 $0.4 \leq \beta \leq 0.75$이며 0.05씩 증가한다.

10.8 안지름 20 cm인 파이프에 17°C의 물이 흐른다. 목지름이 12 cm이고 플랜지 탭을 가진 사각 모서리 오리피스를 사용할 때, 적절한 배출계수를 구하라.

10.9 25°C의 물이 0.06 m^3/s의 유량으로 사각 모서리 오리피스판($\beta = 0.5$)이 설치된 안지름이 14 cm인 파이프를 흐른다. 플랜지 탭을 가정할 때, 오리피스판에 의한 영구 압력 손실을 극복하기 위한 출력을 계산하라.

10.10 오리피스판이 지름 0.25 m인 파이프의 공기 흐름을 측정하기 위해 설치되었다. 유량은 최대 1 m^3/s까지 예상된다. 변환기는 최대 300 mm H_2O까지의 압력 저하 측정이 가능하다. 신호를 최대로 하려 할 때 오리피스판 지름을 얼마까지 늘릴 수 있을지 구하라. 유체는 비압축성으로 가정하라($Y = 1$).

10.11 15도 기울어진 출구와 $\beta = 0.6$을 가지는 벤투리 유량계를 사용할 때 기대되는 차압에 상대적인 영구 압력손실을 구하라.

10.12 사각모서리 오리피스($\beta = 0.5$)로 0.05 m 파이프를 통과하는 온도 289°K의 질소 유량을 측정하고자 한다. 상류압력이 25 kPa, 하류압력이 20 kPa일 때 파이프를 통과하는 유량을 구하라. 플랜지 탭을 사용하며, $R_{N_2} = 296.8$ N-m/kg-°K이다.

10.13 46 cm의 파이프를 정상상태로 흐르는 온도 20°C의 물의 유량을 측정하기 위한 작잘한 오리피스판의 크기를 결정하라. 통상적으로 250 kg/s의 질량유량에 압력강하는 20 cm Hg를 넘지 않도록 한다.

10.14 지름 60 mm인 파이프라인을 흐르는 에틸알코올($\mu = 1.19 \times 10^{-3}$ N-s/m^2, $\rho = 789$ kg/m^3)의 유량을 측정하기 위해 인라인으로 노즐이 설치되어 있다. 엔지니어는 0.180 m^3/min의 유량 조건에서 압력 탭을 사용할 때 4,000 Pa 수준의 압력 강하를 만족하는 노즐 지름을 선정하려 한다. 노즐 지름을 구하라.

10.15 벤투리 유량계로 지름이 120 mm인 파이프를 흐르는 17°C의 물을 측정한다. 120 mm 안지름을 가지는 벤투리 유량계가 인라인으로 삽입되고, 90 mm의 목을 가진다. 벤투리 유량계 양단 압력차가 275 mm Hg일 때, 물의 유량을 구하라.

10.16 지름이 0.2 m인 파이프에 0.06 m^3/s의 물(온도 289°K)이 흐르고, 측정으로 인한 압력 강하가 0.6 m Hg

를 넘지 않고자 한다. 오리피스, 벤투리, 유량 노즐 유량계 각각에 대해 해당 유량계를 적용할 경우 적합한 유량계 크기를 구하라. 또한 각 경우의 영구 압력 손실을 구하라. 전력 원가가 \$0.10/kW-h이고, 효율이 60%인 펌프 모터를 사용하며, 유량계의 사용 시간이 6,000시간/1년일 때, 각 유량계의 연간 원가를 비교하라.

10.17 ASME 장경 노즐($\beta = 0.6$) 유량계로 안지름이 0.2 m인 파이프를 흐르는 27°C의 물의 유량을 측정한다. 노즐에서 발생하는 압력 강하가 0.3 m Hg일 때 유량을 구하라.

10.18 0.6 m 지름의 오리피스판이 0.9 m 지름 파이프 내에 설치되어 있으며, 플랜지 탭을 사용하고 있다. 엔지니어는 파이프 안을 흐르는 물의 유량을 알고 싶어한다. 엔지니어는 유량을 95 m³/hr으로 예상하고, 압력 변환기를 선택해야 한다. 예상되는 압력 저하를 bar 단위로 구하라.

10.19 냉난방을 위한 2 m × 2 m 단면을 가진 덕트의 유량을 재기 위해, 어떤 엔지니어가 피토 정압관으로 동적 수두를 측정했다. 이 덕트는 9개의 동등한 직사각형 영역으로 나눠졌고, 각 영역 중심에서 압력이 측정되었다. 다음 측정 결과를 바탕으로 15°C 1기압하에서 공기의 유량을 추정하라. 유량은 평균 속도와 면적의 곱이다.

위치	1	2	3	4	5	6	7	8	9
H(mm H₂O)	5.0	6.0	6.5	6.0	5.0	6.5	7.5	7.0	5.0

10.20 유량 노즐이 안지름 8 cm 파이프를 1.5 kg/s로 통과하는 공기의 막힌 상태를 조절하기 위하여 설치되었다. 상류의 정체 상태에서 750 kPa abs과 20°C를 나타내고 있다. 이 조건에서 사용할 수 있는 노즐의 최대 β 비를 구하라. $R_{N_2} = 297$ N-m/kg-K이고, C = 1을 사용하라.

10.21 주조 벤투리 유량계로 10 cm 파이프를 흐르는 15°C 물의 유량을 측정한다. 최대차압이 76 cm H₂O이고 공칭 유량은 0.5 m³/min일 때, 적절한 목의 크기를 구하라.

10.22 22°C의 물이 안지름 38 cm의 PVC 파이프를 흐른다. 예상유량은 0.4 m³/s이고 최대허용압력강하는 25 kPa이다. 주조 벤투리 유량계로 유량을 측정할 때, 38 cm 벤투리 유량계에 적절한 β 비를 제안하라. 가용한 상업용 제품은 $0.50 \le \beta \le 0.75$이며, 0.05 간격이다.

10.23 압력계로 유량계 양쪽에서 길이가 5.1 cm인 물 흐름의 압력 강하를 측정한다. 압력계의 유체는 수은(S = 13.57)이다. 압력계의 편차가 10.16 cm Hg일 때, 압력 강하값(N/m²)을 구하라.

10.24 공기 밀도에 대한 상대 습도의 영향이 유량의 불확도에 미치는 오차 요인을 추정하라. 오리피스판을 사용하여 10~80%까지 상대습도가 변하는 294 °K의 공기 유량을 측정해야 하나, 상대 습도 45%의 공기 밀도값으로 고정하고 유량을 계산한다.

10.25 기본적인 층류 요소를 만들기 위해서, 파이프의 한 부분에 파이프와 같은 길이와 지름을 가지는 빨대들을 묶어서 벌집구조 관다발을 만들고자 한다. 엔지니어는 안지름이 128 mm인 파이프 안에 안지름이

1.5 mm이고 길이가 300 mm인 5,000개의 빨대를 엮어서 관다발을 만들고자 한다. 층류 요소 양단의 압력강하가 1 kPa일 때, 표준조건에서 공기의 유량을 구하라.

10.26 목 안지름이 5 mm인 음파노즐로 공기유량을 측정한다. 공기는 정체조건에서 7 atm(gauge)과 20°C를 가지는 큰 체임버에서 나온다. 목 압력이 4 atm abs일 때 유량을 구하라. 공기의 비열비는 1.4이고, $R = 287$ J/kg-K이다.

10.27 목 안지름이 8 mm인 음파노즐로 공기유량을 측정한다. 공기의 정체압력과 온도는 각각 500 kPa abs, 273°K이다. 목 압력이 200 kPa abs일 때, 질량유량을 구하라. 공기의 비열비는 1.4이고, $R = 287$ J/kg-K이다.

10.28 정체압력이 105 kPa abs, 온도가 43°C인 건조한 공기가 안지름 76 mm의 파이프를 흐른다. 목지름이 11.3 mm인 음파노즐로 유량을 측정고자 한다. $C = 0.98$, $k = 1.4$, $R = 287$ Nm/kg-K일 때 유량을 구하라.

10.29 음파 노즐은 임계 압력비가 유지되는 한 유량을 제어하는 데 사용될 수 있다. 상류 상태는 하류 조건에 관계없이 주어진 유량 막힘 조건(choked flow condition)에 맞춰 스스로 바뀐다. 다행히도 질량 유량은 측정된 정체 특성치로부터 계산될 수 있다. 101.3 ± 7 kPa abs와 10° ± 5°C의 범위에서, 임계 압력비 상태일 때, 이들 변화로 인한 질량 유량 제어 시 불확도를 구하라.

10.30 10 cm 사각모서리 오리피스를 안지름 20 cm이며 길이가 2 m인 파이프를 따라서 적절하게 위치시켜라. 오리피스는 하류에서 ASME 코드에 따라 90도 엘보 평면에 있어야 한다.

10.31 우리는 공기 중에 막대기를 휘두를 때, 우쉬(woosh) 소리가 나는 것에 익숙하다. 공기(20°C)에서 길이 1 m, 25 mm 지름의 원통형 막대를 가정하자. 막대가 10 m/s 속도로 움직일 때 외류현상에 의해서 발생하는 소리의 주파수를 계산하라. 원통형 막대는 $Re_d > 10^4$에서 St = 0.21이다.

10.32 동체를 사용하는 와류 유량계의 스트로할수는 0.20이다. 와류 주파수가 77 Hz이고, 동체의 특성 길이(characteristic length)가 1.27 cm일 때, 평균 속도를 구하라.

10.33 열 질량 유량계가 2 cm의 안지름을 가지는 파이프에 흐르는 30°C의 공기유량을 측정한다. 유량계 양단 온도차를 1°C로 유지하는 데 25 W 일률이 필요하다면, 유량계를 통해 흐르는 질량 유량을 구하라. 이 문제를 푸는 데 필요한 가정에 대해서도 명확하게 설명하라. $c_p = 1.006$ kJ/kg-K

10.34 열질량 유량계로 공기의 유량을 측정한다. 15°C, 117.0 kPa에서 100 SLM(분당 표준리터) 또는 0.100 SCMM(분당 표준 세제곱미터)을 표시한다. 측정 조건하에서 실제 유량을 구하라. 제조사는 유량계를 20°C와 101.325 kPa을 기준 표준 온도와 압력으로 언급하고 있다.

10.35 대형 선박에서 연료로 쓰이는 기름을 벙커유라고 부른다. 일반적인 화물선은 24 노트로 움직이고 매일 225 미터톤(metric ton)의 벙커유를 사용한다. 2014년 기준 벙커유는 톤당 약 600달러였다. 사용량이 많다 보니, '장사의 비결'로 연료량 측정 오차나 변환기 조작이 숨겨지곤 한다. 연료는 2% 불확도를 가진

부피 유량계와 밀도 교정을 위한 1%의 불확도를 가진 온도계를 사용하여 주입된다. 온도 측정이 필요 없는 0.5% 불확도를 가진 자동적인 코리올리(Coriolis) 질량 유량계로 바꿀 경우, 대양 횡단 항해 한 번당 절약할 수 있는 금액을 산출하라.

10.36 예제 10.5에서 31번 반복측정으로 치수오차가 0.025 mm 이내, 압력의 계통 불확도가 0.25 cm H_2O, 압력강하의 표준편차가 0.5 cm H_2O로 주어졌다. 유량의 불확도를 평가하라. 상류 압력은 일정하고, 모든 가정은 타당해야 한다.

10.37 와류 유량계가 $Re_d > 10^4$에서 0.19의 스트로할수를 가지는 전용동체를 사용한다. 이 동체가 특성지름 $d = 20$ mm를 가지고 물에 적용했을 때 동체 주파수가 100 Hz라면, 물의 속도는 얼마인가? 32°C의 물을 가정한다.

10.38 와류 유량계는 특성 길이가 10 mm인 전방주시형 정삼각형(표 10.1 참조)의 동체를 사용한다. 유량계 안지름이 10 cm인 파이프에서, 20°C 공기 유속이 30 m/s일 때 동체의 주파수를 구하라. 유량계의 상수와 측정된 유량을 구하라.

10.39 한 엔지니어가 DN100, Schedule 40 파이프를 사용하여 20°C의 물을 흘리는 구조를 개발한다. Rosemount사의 8800D 플랜지 와류 유량계를 가지고 있으며, 이는 액체 6.86 m³/hr에서 225 m³/hr까지 사용할 수 있다. 전용의 동체 형태(St = 0.19)와 특성 동체 지름 d가 26 mm일 때 기대되는 동체 주파수 범위를 구하라.

10.40 15 cm 파이프 내에 5 cm 지름의 사각모서리 오리피스 판을 통해서 흐르는 유체의 레이놀즈수가 250,000이다. 플랜지 탭에 대한 배출계수를 구하라.

10.41 체적유량을 측정하는 단순한 한 방법은 유체의 체적을 단위시간에서 잡는 것으로, 즉 $Q = \forall/t$이다. 방법 1은 알고 있는 고정된 체적을 잡는 시간을 측정하는 것이고, 방법 2는 고정된 시간에 잡힌 체적을 측정하는 것이다. 방법 1에서는, 2 m³를 사용하고, 방법 2에서는 5초를 사용한다. 두 가지 방법에서 잡힌 체적과 필요한 시간을 각각 구하라. 유량은 0.5, 5, 50 m³/s를 사용한다.

제 11 장

변형률 측정

11.1 서론

기계와 구조물의 하중-적재 요소 설계에는 특수한 요소의 하중 분포와 관련된 정보를 필요로 한다. 축, 압력 용기 및 다양한 지지 구조물과 같은 하중-적재 장치의 적절한 설계에는 하중-적재 용량과 허용 가능한 변형을 고려해야 한다. 재료역학은 기계 설계에 필요한 이러한 특성을 예견할 수 있는 근거와 하중-적재 부분의 거동에 관한 기본적인 지식을 제공하고 있다. 그러나 복합적인 기하학적 형상물이나 하중의 경우에는 이론적인 해석만으로는 부족하며 최종적인 설계를 위해서는 실험적인 계측이 요구된다.

설계 기준(design criteria)은 요소 내의 응력 수준에 근거한다. 대개의 경우 응력은 직접 측정할 수 없다. 그러나 그림 11.1에서 하중이 가해지면 봉의 길이는 변할 것이며, 재료의 형상이나 길이의 변화를 측정할 수 있다. 응력은 이러한 변형(deflection)을 측정하여 계산할 수 있다. 이 장에서는 공학적 요소의 물리적 변위의 계측에 관하여 논한다.

이 장의 학습을 통해, 학생들은 다음의 능력을 갖출 수 있을 것이다.

- 변형률에 대한 정의와 응력 측정의 어려움을 기술
- 기계적 스트레인 게이지 근본적인 물리적 원리에 대하여 기술
- 스트레인 게이지 브리지 회로의 분석
- 광 변형률 계측 원리의 기술

11.2 응력과 변형률

먼저 이러한 계측 기법에 대해 논하기 전에 변형과 응력(stress)과의 관계를 간략히 복습하기로 한다. 응력의 실험적인 해석은 하중을 받고 있는 부분의 변형을 측정하고 측정한 변형으로부터 존재하는 응력 상태를 추정하는 것에 의한다. 그림 11.1의 봉을 고려해 보자. 봉의 단면적은 A_c이고, 하중이 축방향으로만 작용한다면, 수직 응력은

$$\sigma_a = F_N / A_c \tag{11.1}$$

로 정의된다. 여기서, A_c는 단면적이고, F_N은 면적 A_c에 수직하게 봉에 작용하는 인장 하중이다.

하중의 적용으로 봉의 본래 길이에 대한 길이의 변화비를 축 **변형률**(axial strain)이라 하며

$$\varepsilon_a = \delta L / L \tag{11.2}$$

로 정의된다. ε_a는 길이 L에 대한 평균 변형률, δL은 길이의 변형량, L은 하중을 받기 전의 본래 길이이다. 대부분의 공업 재료에서 변형률의 양은 10^{-6} m/m 단위의 작은 양으로 표시되며, 무차원 단위인 마이크로스트레인(microstrain, $\mu\varepsilon$)을 사용한다.

응력-변형률 선도는 하중을 받고 있는 재료의 거동을 이해하는 데 매우 중요하다. 그림 11.2는 연강(연성 재료)의 응력-변형률 관계를 나타내고 있다. 재료의 영구 변형에 필요한 하중보다 작은 경우, 대부분의 공업 재료는 선형적인 응력-변형률 관계를 나타낸다. 이러한 선형적 관계를 갖는 응력의 범위를 탄성 영역(elastic region)이라 한다. 이 탄성 거동에 대한 일축 응력과 변형률과의 관계는

$$\sigma_a = E_m \varepsilon_a \tag{11.3}$$

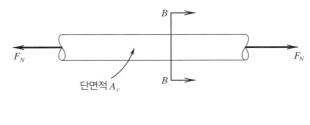

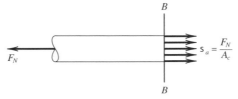

그림 11.1 일축 인장을 받는 봉의 내부 응력을 나타내는 자유 물체도

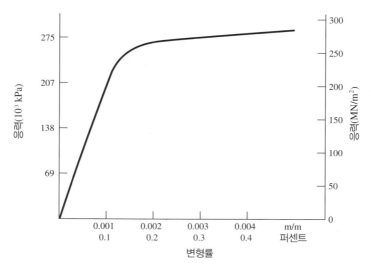

그림 11.2 연강의 대표적인 응력-변형률 선도

으로 표현된다. 여기서, E_m은 탄성 계수 또는 영계수(Young's modulus), 그리고 이 관계를 훅의 법칙(Hooke's law)이라 부른다. 훅의 법칙은 응력과 변형률의 관계가 선형적인 범위에만 적용한다. 선형적인 범위를 넘는 하중이 적용되는 경우는 재료가 연성 또는 취성이냐에 크게 의존하게 된다. 거의 대부분의 공업 재료에서 응력 수준은 재료의 탄성 한계 이내가 유지되게 설계된다. 따라서 응력과 변형률은 1차 선형 관계를 가지며, 이러한 가정하에서 훅의 법칙은 변형률 측정에서 실험적 응력 해석의 기초가 된다.

가로 변형률

그림 11.1과 같이 하중 F_N에 의한 봉의 신장을 고려한다. 봉이 축방향으로 늘어나면 총질량(또는 일정 밀도의 경우는 체적)은 보존되기 때문에 단면적은 감소한다. 같은 방법으로 봉이 축방향으로 압축을 받으면 단면적은 증가한다. 이 단면적의 변화는 보통 가로 변형률(lateral strain)이라 표현한다. 원형 봉의 경우 가로 변형률의 정의는 지름의 변화량을 본래의 지름으로 나눈 값을 말한다. 탄성 범위 내에서는 축 변형률이 증가함에 따라 가로 변형률의 변화도 일정하게 된다. 탄성 계수는 재료가 가지고 있는 특성이고, 축 변형률에 대한 가로 변형률의 비 역시 재료의 특성이다. 이 특성을 푸아송비(Poisson's ratio)라 부르고, 다음과 같이 정의된다.

$$v_P = -\frac{\text{가로 변형률}}{\text{축 변형률}} = -\frac{\varepsilon_L}{\varepsilon_a} \tag{11.4}$$

축방향의 인장이 가해지는 경우 대부분의 금속에서 가로 변형률은 음숫값을 가지며, 푸아송비는 양숫값을 갖는다. 그리고 그림 11.1에서와 같이 일축 인장을 받는 경우 봉의 부피는 변화하게 된다. 체적 팽창률(dilatation) e는 다음과 같이 정의된다.

$$e = \frac{\Delta V}{V_0} = \varepsilon_L(1 - 2\upsilon_p) \tag{11.5}$$

이때, 전체 부피는 $\upsilon_p = 0.5$인 경우에만 유지된다.

공업 재료는 1차원 단축 하중을 받는 경우는 거의 없다. 응력과 변형률의 관계는 일반적으로 다차원적으로 다루어져야 한다. 그림 11.3은 x, y 양방향으로 인장 하중이 작용할 때 2차원 평면에 생기는 수직 응력을 σ_x, σ_y라 한다. 이 경우 2축 응력 상태의 응력과 변형률은 다음의 관계를 갖는다.

$$\varepsilon_y = \frac{\sigma_y}{E_m} - \upsilon_p\frac{\sigma_x}{E_m} \qquad \varepsilon_x = \frac{\sigma_x}{E_m} - \upsilon_p\frac{\sigma_y}{E_m}$$

$$\sigma_x = \frac{E_m(\varepsilon_x + \upsilon_p\varepsilon_y)}{1 - \upsilon_p^2} \qquad \sigma_y = \frac{E_m(\varepsilon_y + \upsilon_p\varepsilon_x)}{1 - \upsilon_p^2} \tag{11.6}$$

$$\tau_{xy} = G\gamma_{xy}$$

이 경우 모든 응력과 변형률의 요소는 동일한 평면 내에 있다. 재료의 탄성 조건에서의 응력 상태는 완전한 3차원 상태의 변형률과 유사한 관계를 갖는다(참고문헌 1, 2). 이러한 응력과 변형률의 관계로부터 사용 조건하에서의 응력은 변형률의 측정으로 알 수 있다. 그러나 변형률은 공업 재료의 표면에서 측정되기 때문에 표면에서의 응력 상태에 대한 정보를 제공한다. 측정한 변형률의 해석은 표면에서 응력과 변형률 관계의 적용을 요구한다. 이러한 변형률 데이터의 해석은 참고문헌 3에서 기술하고 있으며, 이에 대한 예를 이 장에서 제공한다.

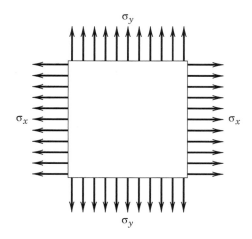

그림 11.3 2축 응력 상태

11.3 저항 스트레인 게이지

변형률(strain)은 기계적 하중을 받는 대상물이나 재료에 발생하는 작은 변위의 측정에 의한다. 변형률은 외부 하중에 의해 변화된 두 선 사이의 거리 변화나 홀로그래피(holography)와 같은 첨단적인 방법으로 측정할 수 있다. 어느 경우든 변형률 측정을 위한 이상적인 센서는 (1) 공간 분해능이 좋아야 하고, (2) 환경의 영향을 적게 받아야 하며, (3) 동적 변형률 측정을 위해서는 높은 주파수 응답 특성을 가져야 한다. 이러한 거의 이상적인 특성을 갖는 센서는 접착식 저항 스트레인 게이지(bonded resistance strain gauge)이다.

접착식 저항 스트레인 게이지는 실제 적용 시 시험 대상의 표면에 접착제로 고정되고, 따라서 시험 대상의 변형에 의해 게이지가 변형된다. 스트레인 게이지의 저항은 게이지의 변형에 따라 변화하며 이는 국부적인 변형률과 연결된다. 금속이나 반도체 재료는 변형률이 생기면 전기적인 저항의 변화를 나타낸다. 저항의 변화량은 게이지의 변형 조건, 게이지의 재료 그리고 게이지의 설계에 따른다. 따라서 게이지는 높은 분해능을 갖도록 작게 만들거나, 동적 변형률 측정을 위해 낮은 질량을 갖도록 만들 수 있다.

1856년 영국의 Lord Kelvin(William Thomson)(참고문헌 4)은 「Philosophical Transactions of the Royal Society」지에서 금속이 하중을 받을 때 전기적 저항의 변화를 이해하는 데 필요한 기초를 제공하였다. 1930년대부터 현대 변형률 측정의 발전은 캘리포니아 공대의 Edward Simmons과 MIT의 Arthur Ruge에 의해 시작되었다. 이들 접착식 금속 와이어 스트레인 게이지는 곧이어 상업적인 스트레인 게이지의 발달로 이어졌다. 저항 스트레인 게이지는 응력을 측정하기 위해 변형률을 직접 측정하는 것뿐만 아니라 로드셀, 압력 변환기, 토크 미터와 같은 다양한 변환기에 기본적으로 사용되고 있다.

금속 게이지

금속 게이지(Metallic Gauges)의 작동 원리의 이해를 위해 고유 저항 ρ_e를 갖는 재료로 만든 균일 단면적 A_c, 길이 L인 도체를 생각해 보자. 이 전기 도체의 전기 저항 R은

$$R = \rho_e L / A_c \tag{11.7}$$

로 주어진다. 전도체가 와이어의 축방향으로 수직 응력을 받으면 단면적과 길이는 변하고, 결국 전체 전기 저항 R도 변하게 된다. R의 총 변화량은 다음의 전미분에서 알 수 있듯이 여러 요인에 영향을 받는다.

$$dR = \frac{A_c(\rho_e dL + L d\rho_e) - \rho_e L dA_c}{A_c^2} \tag{11.8}$$

위 식을 푸아송비의 항으로 나타내면

$$\frac{dR}{R} = \frac{dL}{L}(1 + 2\upsilon_p) + \frac{d\rho_e}{\rho_e} \tag{11.9}$$

저항의 변화는 기본적으로 두 가지 요인에 기인한다. 길이나 단면적과 같은 기하학적 형상의 변화와 고유 저항 ρ_e의 변화이다. 기계적 변형률의 고유 저항 의존성을 피에조 저항(piezoresistance)이라 하고, 다음과 같이 정의되는 피에조 저항 계수(piezoresistance coefficient) π_1으로 나타낸다.

$$\pi_1 = \frac{1}{E_m}\frac{d\rho_e/\rho_e}{dL/L} \tag{11.10}$$

위의 정의에서 저항의 변화는 다음과 같이 표현된다.

$$dR/R = dL/L(1 + 2\upsilon_p + \pi_1 E_m) \tag{11.11}$$

예제 11.1

지름 2 mm, 길이 6 cm인 구리선의 전체 저항을 계산하라. 구리의 고유 저항은 1.7×10^{-8} Ω-m이다.

알려진 값 $D = 2\,\text{mm}$

$L = 6\,\text{cm}$

$\rho_e = 1.7 \times 10^{-8}\,\Omega\text{-m}$

구할 값 전체 전기저항

풀이

식 (11.7)로부터 저항을 계산한다.

$$R = \rho_e L / A_c$$

여기서,

$$A_c = \frac{\pi}{4}D^2 = \frac{\pi}{4}(2 \times 10^{-3})^2 = 3.14 \times 10^{-6}\,\text{m}^2$$

저항은 다음과 같이 계산된다.

$$R = \frac{(1.7 \times 10^{-8}\,\Omega\text{m})(6 \times 10^{-2}\,\text{m})}{3.14 \times 10^{-6}\,\text{m}^2} = 3.24 \times 10^{-4}\,\Omega$$

참고사항 만일 재료를 구리 대신 지름과 길이가 같은 니켈선을 쓴다면 저항은 어떻게 되는가? 니켈의 고유 저항은 $\rho_e = 7.8 \times 10^{-8}$ Ω-m이고, 저항은 1.49×10^{-3} Ω이 된다.

예제 11.2

일반적으로 스트레인 게이지에 사용되는 재료는 콘스탄탄 합금(구리 55%, 니켈 45%)이고, 49×10^{-8} Ω-m의 고유 저항을 갖는다. 대표적 스트레인 게이지는 160 Ω의 저항을 갖는다. 지름 0.03 mm의 콘스탄탄 와이어가 저항이 160 Ω이 될 때의 길이는 얼마인가?

알려진 값 콘스탄탄의 고유 저항은 49×10^{-8} Ω-m

구할 값 전체 저항이 160 Ω이 되기 위해 필요한 콘스탄탄 와이어의 길이

풀이

식 (11.7)로부터 다음과 같이 길이를 구할 수 있다.

$$L = \frac{RA_c}{\rho_e} = \frac{(160\ \Omega)(7.06 \times 10^{-10}\ \text{m}^2)}{49 \times 10^{-8}\ \Omega\text{-m}} = 0.23\ \text{m}$$

저항이 160 Ω이 될 때 선의 길이는 23 cm가 된다.

참고사항 예제에서와 같이 단일 직선의 도체는 일반적으로 국부적인 변형률을 충분한 분해능으로 측정하는 데 사용할 수 없다. 이를 해결하기 위해서 도체 와이어에 굽힘이 쉽게 발생할 수 있도록 스트레인 게이지는 일반적으로 그림 11.4와 같이 여러 길이의 와이어가 스트레인 게이지의 축방향으로 구성되어 있다.

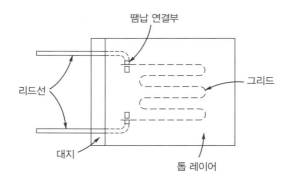

그림 11.4 기본적인 스트레인 게이지의 구조 (Courtesy of Micro-Measurements, Raleigh, NC, USA)

스트레인 게이지 구조와 접착

그림 11.5는 전형적인 금속박(metallic-foil) 접착식 스트레인 게이지의 구조를 나타내고 있다. 이런 스트레인 게이지는 인쇄기판(printed circuit)을 생산할 때와 유사한 공정으로 만든 금속박 패턴으로 구성한다. 포토에칭된 금속박 패턴은 플라스틱 대지(臺紙) 재료(backing material)에 마운팅한다. 그림 11.5와 같이 게이지 길이는 특수한 목적에 적용할 경우 적절한 스트레인 게이지 선택의 중요한 요소이다. 변형률은 항상 응력이 최대이고

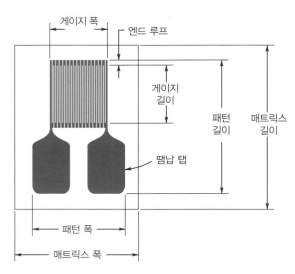

그림 11.5 전형적인 금속박(foil) 스트레인 게이지의 구조 (Courtesy of Micro-Measurements, Raleigh, NC, USA)

응력 구배가 가장 큰 공업재료의 위치에서 측정한다. 관심은 최대 변형률의 양에 있으며, 오차는 부적절한 게이지 길이의 선택에 기인할 수 있기 때문에 스트레인 게이지는 게이지 길이에 대해 측정한 변형률을 평균한다(참고문헌 5).

특별한 경우에 적용하고자 할 경우에는 대지 재료의 설계 변화나 그리드 형상, 접착 기술 그리고 전체 게이지 전기 저항을 포함하는 특별한 구조와 마운팅 기술 등의 다양한 조건을 요구한다. 그림 11.6은 다양한 스트레인 게이지의 배열 형태를 보여 준다. 접착 과정에 사용되는 접착제나 특수한 게이지를 위한 마운팅 기술은 특수한 응용에 따라 달라진다. 그러나 모든 접착식 저항 게이지에 공통적으로 쓰는 기본적인 형상도 있다.

스트레인 게이지의 대지는 여러 중요한 기능을 한다. 그것은 금속 게이지를 시험체와 전기적으로 절연하고, 적용된 변형률을 센서에 보낸다. 접착식 저항 스트레인 게이지는 측정하고자 하는 시험체에 적절히 접착시킨다. 대지는 적절한 접착제로 접착하는 데 사용되는 표면을 제공한다. 대지 재료는 $-270\sim290°C$ 온도 범위에 사용할 수 있다.

접착제는 금속 게이지와 시험체 사이에 기계적이며 열적인 결합의 역할을 한다. 접착제의 강도는 시험체로부터 받은 변형률을 정확히 보낼 수 있을 정도여야 하며 적용 시 적절히 요구되는 열전도와 팽창 특성을 가져야 한다. 만약 접착제가 경화 시 줄어들거나 팽창된다면, 명확한 초기 변형률이 게이지에 내재될 수 있다. 다양한 종류의 접착제가 시험체와 스트레인 게이지를 접착하는 데 적용될 수 있다. 다양한 접착제 중 에폭시, 나이트로 셀루로스 시멘트, 세라믹 피복 시멘트 등이 주로 사용된다.

게이지율

스트레인 게이지 저항의 변화는 일반적으로 게이지율(Gauge Factor, GF)이라 불리는 경험적인 파라미터의 항으로 나타낸다. 특수한 스트레인 게이지의 경우에 게이지율은 제조업체에서 주어지며, 게이지율은 다음과 같이

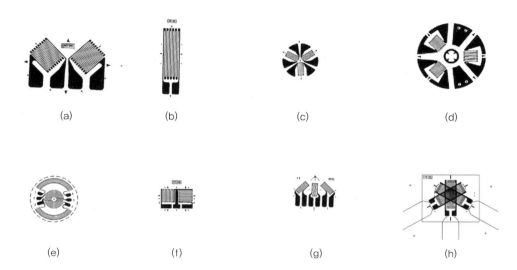

그림 11.6 스트레인 게이지의 형상. (a) 회전 로제트, (b) 선형 패턴, (c) 델타 로제트, (d) 잔류 응력 패턴, (e) 조리개 패턴, (f) 사각형 로제트, (g) 티(tee) 패턴, (h) 스택 로제트(Courtesy of Micro-Measurements, Raleigh, NC, USA)

표현할 수 있다.

$$\mathrm{GF} \equiv \frac{\delta R/R}{\delta L/L} = \frac{\delta R/R}{\varepsilon_a} \tag{11.12}$$

식 (11.11)의 정의에 관련하여 게이지율은 게이지 재료의 푸아송비와 피에조 저항률(piezoresistivity)에 의존한다는 것을 알 수 있다. 금속 스트레인 게이지의 경우 푸아송비는 대략 0.3 정도이고, 게이지율은 약 2이다.

게이지율은 교정 하중 조건하에서 스트레인 게이지 저항의 전체 변화를 나타낸다. 교정 하중 조건은 일반적으로 2축 변형장을 만들고, 게이지의 가로 방향 감도는 결과에 영향을 미친다. 엄격히 말하면 게이지에 사용되는 재료의 변형률 감도와 게이지율은 같지 않다. 일반적으로 게이지율은 0.285의 푸아송비의 값을 갖는 빔의 변형으로 생기는 2축 변형장에서 측정된다. 어떤 다른 변형장의 경우도 스트레인 게이지의 가로 방향 감도에 기인하여 변형률 지시에는 오차가 생긴다. 다음 식은 변형장(strain field)에서 임의 방향, 임의의 재료에 마운팅한 스트레인 게이지의 가로 방향 감도에 기인한 오차율은 다음과 같다.

$$e_L = \frac{K_t(\varepsilon_L/\varepsilon_a + \upsilon_{\mathrm{po}})}{1 - \upsilon_{\mathrm{po}}K_t} \tag{11.13}$$

여기서,

ε_a, ε_L = 축 방향, 가로 방향 변형률

υ_{po} = 제조업체에서 측정한 GF(강은 일반적으로 0.285)인 재료의 푸아송비

e_L = 축 변형률의 오차율

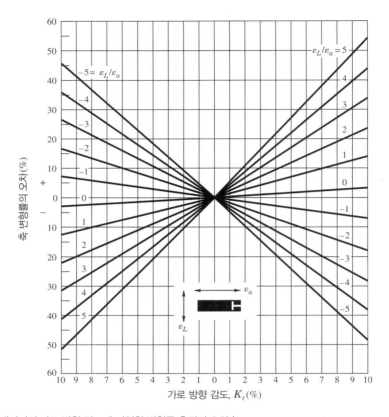

그림 11.7 스트레인 게이지의 가로 방향 감도에 기인한 변형률 측정의 오차(Courtesy of Micro-Measurements, Raleigh, NC, USA)

K_t = 스트레인 게이지의 가로 방향 감도

보정되지 않은 추정 불확도로 사용될 수 있다.

상업적인 스트레인 게이지의 가로 방향 감도의 대표적인 값은 −0.19에서 0.05의 범위를 갖는다. 그림 11.7 은 가로 방향 감도와 가로 방향 하중에 대한 축하중의 비의 함수로 스트레인 게이지의 오차율을 플롯한 것이다. 이러한 오차는 가로 방향 감도 효과를 이용하여 교정할 수 있다(참고문헌 6).

반도체 스트레인 게이지

반도체 재료는 하중을 받으면 저항이 변하기 때문에 변형률의 측정에 이용할 수 있다. 실리콘 크리스털은 반도 체 스트레인 게이지(semiconductor strain gauges)의 기본 재료이다. 스트레인 게이지는 크리스털을 매우 얇게 절단하여 만든다. 압력 변환기와 같은 변환기나 시험체에 이러한 게이지를 마운팅할 때, 금속 게이지에 사용하 는 것과 유사한 기지와 접착 기술이 필요하다. 피에조 저항률이 높기 때문에 반도체 게이지는 매우 높은 게이지 율을 가지며, 어떤 게이지의 경우는 200 이상을 나타내기도 한다. 이들 게이지는 금속 게이지보다 어떤 조건하 에서 더 높은 저항, 더 긴 피로 수명, 더 낮은 이력 현상을 나타낸다. 그러나 반도체 스트레인 게이지의 출력은 변형률에 비선형적이고, 변형률 감도 또는 게이지율은 온도에 현저한 의존성을 갖는다.

스트레인 게이지 응용에 사용되는 반도체 재료는 10^{-6}에서 $10^{-2}\,\Omega$-m의 저항률 범위를 갖는다. 반도체 스트레인 게이지는 상대적으로 높거나 낮은 전하 매개체를 갖기도 한다(참고문헌 3, 7). 상대적으로 높은 전하 매개체(~1,020 carriers/cm^3)의 밀도를 갖는 재료로 만든 반도체 스트레인 게이지는 온도나 변형률에 의해서 게이지율은 전혀 변하지 않는다. 반면, 적은 수의 전하 매개체(<1,017 carriers/cm^3 이하)를 갖는 크리스털의 경우 게이지율은 근사적으로 다음과 같다.

$$\mathrm{GF} = \frac{T_0}{T}\mathrm{GF}_0 + C_1\left(\frac{T_0}{T}\right)^2 \varepsilon \tag{11.14}$$

여기서, GF_0는 제로 변형률 조건하에서 기준 온도 T_0의 게이지율이며(참고문헌 8), C_1은 특수한 게이지인 경우의 상수이다. 그림 11.8은 높은 저항률 거동을 하는 P-형 반도체를 나타내고 있다.

반도체 스트레인 게이지는 게이지 길이를 짧게 생산할 수 있고, 실리콘 반도체 스트레인 게이지는 매우 작은 변환기 구조를 가질 수 있어 로드셀(load cell)이나 압력 변환기와 같은 변환기의 구조에 제일 먼저 응용되었다. 예를 들면, 8 mm보다 작은 지름의 압력 변환기는 뛰어난 주파수 응답 특성으로 최고 104×10^3 kPa까지 압력 측정을 할 수 있다. 그러나 실리콘 다이어프램 압력 변환기는 액체 환경에서 측정하기 위한 특수한 절차가 필요하다. 그리고 반도체 스트레인 게이지는 측정할 수 있는 변형률이 인장의 경우 대략 5,000 $\mu\varepsilon$ 정도로 제한되며, 압축에서는 그 이상 측정할 수 있다. 또한, 온도에 대한 감도가 높기 때문에 적용 시 적절한 온도 보상과 교정에 대한 세심한 고려가 필요하게 된다. 특정의 경우, 온도에 의한 영향으로 측정하는 동안 영점 이동(zero drift)을 유발할 수 있다.

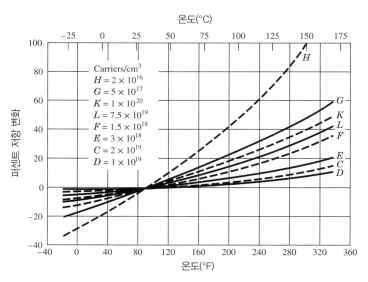

그림 11.8 P-형 반도체의 여러 불순물 농도에 의한 저항에서 온도의 영향(27.2°C에서 기준 저항) (Courtesy of Kulite Semiconductor Products, Inc.)

11.4 스트레인 게이지 전기 회로

브리지 회로는 일반적으로 스트레인 게이지 측정 회로의 출력에 해당하는 저항의 미소 변화를 검출하는 데 사용된다. 금속 시험편에 적용하는 대표적인 변형률 측정 장치는 $10^{-6}\ \Omega/(kPa)$의 감도를 가지고 있다. 스트레인 게이지에서 저항의 변화를 측정하기 위해서는 휘트스톤 브리지와 같은 고감도 장치가 바람직하다. 이러한 브리지 회로의 해석을 위한 기본적인 관계는 6장에서 논의하였다. 스트레인 게이지의 응용에 대해서는 이 장에서 논의할 것이다. 현재 상품화되어 사용할 수 있는 장치는 $0.0005\ \Omega(0.000001\ \mu\varepsilon)$보다 더 적은 게이지 저항의 변화도 측정할 수 있다.

그림 11.9는 간단한 스트레인 게이지 휘트스톤 브리지 회로를 나타내고 있다. 이러한 조건하에서의 브리지 출력은 식 (6.12)와 같다.

$$E_o + \delta E_o = E_i \frac{(R_1 + \delta R)R_4 - R_3 R_2}{(R_1 + \delta R + R_2)(R_3 + R_4)} \tag{6.12}$$

E_o는 초기 조건에서 브리지 출력이고, δE_o는 브리지 편차 그리고 δR은 스트레인 게이지 저항 변화이다. 모든 고정(fixed) 저항체와 스트레인 게이지 저항은 초깃값이 같고 브리지가 평형인 $E_o = 0$인 경우를 고려한다. 만약 스트레인 게이지가 변형 상태가 되면 출력 전압 δE_o이 변화하게 되고 식 (6.12)는 다음과 같이 간략화할 수 있다.

$$\frac{\delta E_o}{E_i} = \frac{\delta R/R}{4 + 2(\delta R/R)} \approx \frac{\delta R/R}{4} \tag{11.15}$$

여기서 $\delta R/R \ll 1$로 가정하면, 식 (6.12)로부터 근사된 이 식은 다음과 같이 간략화할 수 있다. 식 (11.12)의 $\delta R/R = GF\varepsilon$의 관계를 이용하면

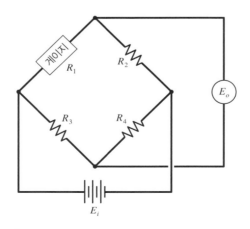

그림 11.9 기본적인 스트레인 게이지 휘트스톤 브리지 회로

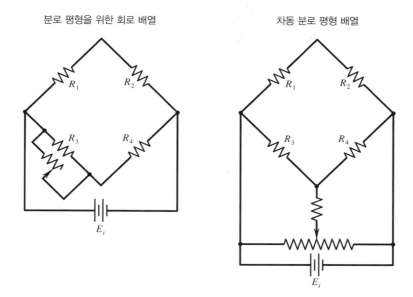

그림 11.10 브리지 회로의 평형 방법

$$\frac{\delta E_o}{E_i} = \frac{\text{GF}\varepsilon}{4 + 2\text{GF}\varepsilon} \approx \frac{\text{GF}\varepsilon}{4} \tag{11.16}$$

식 (11.15)와 (11.16)은 휘트스톤 브리지의 단일 게이지를 이용한 스트레인 게이지 계측에 사용되는 실제적인 두 가지 방정식이다.

휘트스톤 브리지는 전기 저항 스트레인 게이지와 함께 사용하면 몇 가지 명백한 이점이 있다. 브리지는 브리지의 한쪽 암(Arm)의 저항 변화에 의해 평형이 될 수 있다. 그러므로 일단 제로 하중 조건하에서 시험체에 게이지를 붙이면, 브리지로부터의 출력은 0이 된다. 그림 11.10은 평형 회로를 만들기 위한 두 가지 방법을 나타내고 있다. 분로(分路) 평형(shunt balancing)은 스트레인 게이지에서 저항의 변화가 매우 적기 때문에 스트레인 게이지의 응용에 가장 잘 이용된다. 그리고 휘트스톤 브리지에서 멀티 게이지를 적절히 배치하면 브리지 출력을 높일 수 있는 동시에 다음 절에서 논의되는 원하지 않는 변형률 구성 요소나 주위의 영향을 제거할 수 있다.

예제 11.3

그림 11.11과 같이 사각 강봉($E_m = 200 \times 10^6 \text{ kN/m}^2$)에 게이지율이 2인 스트레인 게이지를 접착하였다. 봉은 폭 4 cm, 높이 2 cm이고, 40 kN의 인장력을 받고 있다. 만일 축하중이 작용하지 않았을 때 게이지의 저항이 160 Ω이라면 스트레인 게이지의 저항 변화를 계산하라.

알려진 값 GF = 2, $E_m = 200 \times 10^6 \text{ kN/m}^2$, $F_N = 40 \text{ kN}$, $R = 160 \text{ }\Omega$, $A_c = 0.04 \times 0.02 \text{ m}$

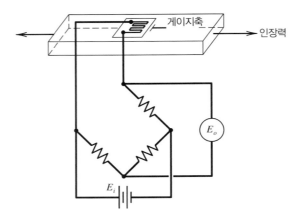

그림 11.11 단축 인장을 받는 스트레인 게이지 회로

구할 값 40 kN의 인장력이 작용할 때 스트레인 게이지의 저항 변화

풀이

이러한 하중 조건하의 강봉에서의 응력은

$$\sigma_a = \frac{F_N}{A_c} = \frac{40 \text{ kN}}{0.04 \text{ m} \times 0.02 \text{ m}} = 5 \times 10^4 \text{ kN/m}^2$$

그리고 변형률은

$$\varepsilon_a = \frac{\sigma_a}{E_m} = \frac{5 \times 10^4 \text{ kN/m}^2}{200 \times 10^6 \text{ kN/m}^2} = 2.5 \times 10^{-4} \text{ m/m}$$

스트레인 게이지의 축방향 변형률에 대한 저항 변화는 식 (11.12)로부터

$$\frac{\delta R}{R} = \varepsilon \text{GF}$$

또는

$$\delta R = R\varepsilon \text{GF} = 160 \times 2.5 \times 10^{-4} \times 2 = 0.08 \ \Omega$$

이다.

예제 11.4

예제 11.3에서 기술한 스트레인 게이지가 ±0.008 Ω(95%)의 정확도를 가지고 저항의 변화를 측정할 수 있는 측정 장치와 연결되어 있다고 가정하자. 이 정확도는 160 Ω의 분해능을 갖는다. 이 저항 측정 장치를 사용하면 응력의 불확도는 얼마인가?

알려진 값　응력은 제로 하중에서 저항이 160 Ω이고, 게이지율이 2인 스트레인 게이지를 사용한 변형률 측정으로 추정한다. 저항 측정은 ±0.008 Ω(95%)의 정확도를 갖는다.

구할 값　응력의 설계 단계의 불확도

풀이

응력 $(u_d)_\sigma$의 설계 단계 불확도는

$$(u_d)_\sigma = \frac{\partial \sigma}{\partial (\delta R)} (u_d)_{\delta R}$$

응력은 다음과 같이 표현할 수 있다.

$$\sigma = \varepsilon E_m = \frac{\delta R/R}{\text{GF}} E_m$$

이때, $(u_d)_{\delta R} = 0.008\ \Omega$과 다음 식

$$\frac{\partial \sigma}{\partial (\delta R)} = \frac{E_m}{R(\text{GF})}$$

으로부터 불확도는 다음과 같이 표현할 수 있다.

$$(u_d)_\sigma = \frac{E_m}{R(\text{GF})} (u_d)_{\delta R} = \frac{200 \times 10^6\ \text{kN/m}^2}{160\ \Omega \times 2} (0.008\ \Omega)$$

따라서, 응력의 설계 단계의 불확도는 $(u_d)_\sigma = \pm 5 \times 10^3\ \text{kN/m}^2(95\%)$ 또는 예상 응력의 약 2.4%이다.

11.5 변형률 측정 시 고려해야 할 사항

이 장에서는 변형률 측정 시 스트레인 게이지 실제 응용에 대한 여러 특징에 대해 기술한다.

다중 게이지 브리지

브리지 회로로부터의 출력은 1개 이상의 스트레인 게이지의 적절한 사용으로 높일 수 있다. 이 출력의 증가는

다음에 기술하는 브리지 상수에 관련된다. 더 나아가서, 다중 게이지는 온도나 특정한 변형률 요소 등과 같은 우리가 원하지 않는 영향을 보상하는 데 사용될 수 있다. 그림 11.9의 브리지 회로에서 4개 저항 모두가 스트레인 게이지인 경우를 고려해 본다. 일반적으로 브리지의 출력은 다음과 같이 주어진다.

$$E_o = E_i \left[\frac{R_1}{R_1 + R_2} - \frac{R_3}{R_3 + R_4} \right] \tag{11.17}$$

스트레인 게이지 R_1, R_2, R_3, R_4는 변형률의 초깃값이 제로인 상태를 가정한다. 이 게이지들이 변형률을 받아 저항이 dR_i(여기서 i는 1, 2, 3, 4)만큼 변한다면 브리지에서 출력 전압의 변화는 다음 식으로 표현할 수 있다.

$$dE_o = \sum_{i=1}^{4} \frac{\partial E_o}{\partial R_i} dR_i \tag{11.18}$$

식 (11.17)로부터 적당한 편미분을 적용하면

$$dE_o = E_i \left[\frac{R_2 dR_1 - R_1 dR_2}{(R_1 + R_2)^2} + \frac{R_3 dR_4 - R_4 dR_3}{(R_3 + R_4)^2} \right] \tag{11.19}$$

이때 식 (11.2)와 식 (11.12)로부터 $dR_i = R_i \varepsilon_i GF_i$와 dE_o의 값을 계산할 수 있다. $dR_i \ll R_i$로 가정하면 출력 전압의 변화 δE_o는 다음의 식으로 표현할 수 있다.

$$\delta E_o = E_i \left[\frac{R_1 R_2}{(R_1 + R_2)^2} (\varepsilon_1 GF_1 - \varepsilon_2 GF_2) + \frac{R_3 R_4}{(R_3 + R_4)^2} (\varepsilon_4 GF_4 - \varepsilon_3 GF_3) \right] \tag{11.20}$$

만일 $R_1 = R_2 = R_3 = R_4$라면

$$\frac{\delta E_o}{E_i} = \frac{1}{4} (\varepsilon_1 GF_1 - \varepsilon_2 GF_2 + \varepsilon_4 GF_4 - \varepsilon_3 GF_3) \tag{11.21}$$

위 식에서 $GF_1 = GF_2 = GF_3 = GF_4$이면

$$\frac{\delta E_o}{E_i} = \frac{GF}{4} (\varepsilon_1 - \varepsilon_2 + \varepsilon_4 - \varepsilon_3) \tag{11.22}$$

식 (11.22)는 스트레인 게이지 브리지 회로에 다중 게이지를 사용하기 위한 기본적인 방정식을 나타내는 중요한 식이다[식 (11.16)과 비교할 것].

식 (11.22)는 2개 또는 4개의 스트레인 게이지를 포함하는 브리지에 대해 브리지의 반대쪽 암의 변형률은 더하고 반면에 브리지의 인접한 암의 변형률은 빼는 것을 보여 주고 있다. 이러한 특성은 브리지 회로의 출력을

높이거나, 온도 보상을 하며 또한 원하지 않는 변형률 요소를 제거하는 데 이용될 수 있다. 브리지 상수의 개념에 대한 추가 연구는 이러한 유용한 특성의 도출을 위한 실용적인 조사 수단이 될 수 있다.

브리지 상수

보통 사용되고 있는 스트레인 게이지 브리지 배열은 브리지 상수(bridge constant) κ에 특징지어진다. 브리지 상수는 실제 브리지 출력과 단일 게이지에 검출되는 최대 변형률 ε_{max}의 출력과의 비로 정의한다. 최대 변형률을 받고 있는 단일 게이지의 출력은 다음과 같이 표현된다.

$$\frac{\delta R}{R} = \varepsilon_{max}\text{GF} \tag{11.23}$$

여기서 단일 게이지의 경우에 대해서는

$$\frac{\delta E_o}{E_i} \cong \frac{\varepsilon_{max}\text{GF}}{4} \tag{11.24}$$

브리지 상수 κ는 식 (11.22)로부터의 실제 브리지 출력에 대한 식 (11.24)의 단일 게이지에 해당하는 출력의 비로부터 구한다. 하나 이상의 게이지가 브리지 회로에 사용될 때 식 (11.16)은 다음과 같다.

$$\frac{\delta E_o}{E_i} = \frac{\kappa \delta R/R}{4 + 2\delta R/R} = \frac{\kappa \text{GF}\varepsilon}{4 + 2\text{GF}\varepsilon} \approx \frac{\kappa \text{GF}\varepsilon}{4} \tag{11.25}$$

브리지 상수에 대한 개념은 예제 11.5에 잘 설명하고 있다.

예제 11.5

그림 11.12와 같이 일축 인장을 받는 부재에 접착된 두 스트레인 게이지의 브리지 상수를 계산하라. 이 부재는 일축 인장을 받으며 축 변형률 ε_a와 가로 변형률 $\varepsilon_L = -\upsilon_p\varepsilon_a$이 생긴다. 그림 11.12의 모든 저항의 초깃값은 같고, 브리지는 평형 상태라 가정한다. $\text{GF}_1 = \text{GF}_2$로 한다.

알려진 값 그림 11.12와 같이 스트레인 게이지를 구성

구할 값 스트레인 게이지를 구성하기 위한 브리지 상수

풀이

게이지 1은 부재의 표면에 축인장 방향, 게이지 2는 횡방향으로 접합되어 있다. 이때 게이지의 저항 변화는 다음과 같이 표현된다.

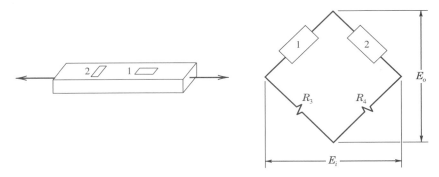

그림 11.12 2개의 액티브 암을 갖는 브리지 회로. 감도를 높이기 위한 스트레인 게이지의 설치

$$\frac{\delta R_1}{R_1} = \varepsilon_a (\text{GF})_1 \tag{11.26}$$

그리고

$$\frac{\delta R_2}{R_2} = -\upsilon_p \varepsilon_a (\text{GF})_2 = -\upsilon_p \frac{\delta R_1}{R_1} \tag{11.27}$$

1개의 게이지가 동작할 경우는 식 (11.15)를 응용하여 다음과 같이 표현할 수 있다.

$$\frac{\delta E_o}{E_i} = \frac{\delta R_1 / R_1}{4 + 2(\delta R_1 / R_1)} \approx \frac{\delta R_1 / R_1}{4} \tag{11.15}$$

그러나 그림 11.12에서와 같이 2개의 게이지를 부착하고 동작하면 브리지의 출력은 브리지 응답의 해석으로 다음과 같이 계산할 수 있다.

$$\frac{\delta E_o}{E_i} = \frac{(\delta R_1 / R_1)(1 + \upsilon_p)}{4 + 2(\delta R_1 / R_1)(1 + \upsilon_p)}$$

실제 응용에서는 대부분의 경우가 저항의 변화는 다음의 식 $\delta R/R \ll 1$과 같이 저항값에 비해 매우 적다. 따라서

$$\frac{\delta E_o}{E_i} = \frac{(\delta R_1 / R_1)(1 + \upsilon_p)}{4} \tag{11.28}$$

그리고 브리지 상수는 식 (11.28)과 식 (11.15)의 비로 다음과 같이 표현된다.

$$\frac{(\delta R_1 / R_1)(1 + \upsilon_p)/4}{(\delta R_1 / R_1)/4} \tag{11.29}$$

브리지 상수는 다음과 같다.

$$\kappa = 1 + \upsilon_p$$

식 (11.28)을 식 (11.15)와 비교해 보면 서로 방향을 달리 접착한 2개의 게이지를 사용하면 단일 게이지를 사용한 것에 비해 $1 + \upsilon_p$ 인자에 의한 브리지의 출력이 증가한다.

11.6 겉보기 변형률과 온도 보상

겉보기 변형률(apparent strain)은 측정하고자 하는 변형률 요소에 의한 것이 아닌 게이지 저항의 변화로 나타낸다. 온도 보상이나 변형률 요소의 제거 그리고 브리지 상숫값을 증가시키기 위한 기법은 식 (11.22)를 좀 더 면밀히 조사하면 가능하다. 브리지 상수는 (1) 시험체 위의 스트레인 게이지의 위치, (2) 브리지 회로에서 게이지의 접속 위치 등에 의해 영향을 받는다.

측정한 신호로부터 변형률 요소를 제거(보상)할 수 있는 방법을 살펴보자. 그림 11.13과 같이 빔이 축하중 F_N 과 굽힘 모멘트 M의 하중을 받는 사각 단면 빔을 고려한다. 단면에서의 응력 분포는 다음과 같이 주어진다.

$$\sigma_x = \frac{-12My}{bh^3} + \frac{F_N}{bh} \tag{11.30}$$

굽힘 변형률의 영향을 제거하기 위해 그림 11.13과 같이 빔의 위와 아래 면에 동등한 스트레인 게이지를 접착하고 브리지 1, 4(반대 측 브리지 암)에 연결하였다. 게이지는 같은 값을 갖게 되지만 굽힘 변형률은 반대가 된다[식 (11.30) 참조]. 그리고 두 스트레인 게이지 모두 F_N에 의해 같은 축방향 변형률을 받는다. 이러한 조건하에서의 브리지 출력은

$$\frac{\delta E_o}{E_i} = \frac{\mathrm{GF}}{4}(\varepsilon_1 + \varepsilon_4) \tag{11.31}$$

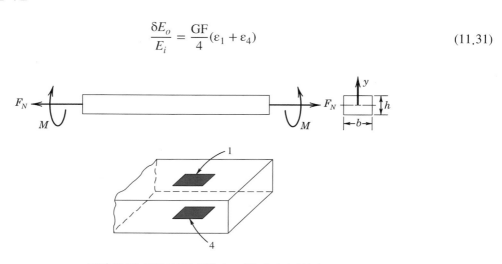

그림 11.13 굽힘 보상을 위한 스트레인 게이지의 설치

여기서 $\varepsilon_1 = \varepsilon_{a1} + \varepsilon_{b1}$와 $\varepsilon_4 = \varepsilon_{a4} - \varepsilon_{b4}$, 아래 첨자 a, b는 각각 축 변형률과 굽힘 변형률을 의미한다. 이때 $|\varepsilon_{a1}| = |\varepsilon_{a4}|$와 $|\varepsilon_{b1}| = |\varepsilon_{b4}|$의 관계로 굽힘 변형률은 무시되고, 축방향 변형률은 더하게 되어 다음과 같이 된다.

$$\frac{\delta E_o}{E_i} = \frac{GF}{2} \varepsilon_a \tag{11.32}$$

　단일 게이지가 최대 변형률을 받는 경우는

$$\frac{\delta E_o}{E_i} = \frac{GF}{4} \varepsilon_a \tag{11.33}$$

식 (11.32)의 결과는 식 (11.33)의 결과에 2배의 값을 가진다. 이는 스트레인 게이지의 배치에 따른 브리지 상수 ($\kappa = 2$) 때문이다. 즉, 식 (11.32)를 통해 굽힘 변형률은 무시되고 이러한 배치를 통해 굽힘 변형률을 보상할 수 있게 된다.

　표 11.1은 몇 가지 실제적인 브리지-게이지 형상 등을 보여 주고 있다.

온도 보상

게이지와 시험체 사이의 열팽창의 차는 스트레인 게이지에서 겉보기 변형률을 발생시킨다. 따라서 스트레인 게이지의 온도 감도는 게이지 자체의 온도 변화에 기인한 저항의 변화와 게이지와 재료 사이의 열팽창의 차이로 게이지가 받은 변형률의 결과에 의존한다. 시험편과 같은 합금 성분의 게이지를 사용하면 후자의 영향을 최소화할 수 있다. 그러나 시험편의 온도를 일정하게 유지한다 해도 게이지 열팽창을 충분히 제거하기가 어려울지 모른다. 측정 장치로부터 전류의 흐름에 의해 스트레인 게이지에 생기는 열은 게이지 역시 온도에 매우 민감한 요소이기 때문에 심각한 오차원이 될 수 있다. 스트레인 게이지의 온도 감도는 정확한 기계적 변형률 측정에 큰 장애가 되고 있다. 다행히, 이 문제를 해결하는 데 좋은 방법이 있다.

　그림 11.14는 변형률 측정 시 온도 보상을 위한 회로 구성의 두 가지 예를 나타내고 있다. 시험편 위에 접착되어 있는 스트레인 게이지는 적용된 변형률과 온도 변화에 의해 저항이 변화한다. 반면에 보상 게이지는 단지 온도 변화에 의해서만 저항이 변화한다. 그림 11.14에서와 같이 보상 게이지가 측정 게이지로서 동등한 열적 환경을 감지하는 한 이 회로로부터 온도 영향은 제거할 수 있다. 그림 11.14는 변형률 측정 시 온도 보상을 위한 두 가지의 회로 구성 예를 보여 주고 있다. 이를 보여 주기 위해서 모든 브리지 저항의 초깃값이 같고 브리지는 평형인 경우를 고려한다. 스트레인 게이지의 온도가 변화하면 겉보기 열적 변형률이 생기고 열팽창에 의해 저항도 변할 것이다. 축하중이 작용된 상태에서 브리지의 출력은 식 (11.22)로부터 계산할 수 있다.

$$\delta E_o = E_i \frac{GF(\varepsilon_1 - \varepsilon_2)}{4} = E_i \frac{GF\varepsilon_a}{4} \tag{11.34}$$

$\varepsilon_1 = \varepsilon_a + \varepsilon_T$, $\varepsilon_2 = \varepsilon_T$. 여기서 ε_T는 겉보기 열적 변형률에 해당한다. 이러한 조건하에서 출력값은 열적 영향을 받

표 11.1 일반적인 게이지 접착법

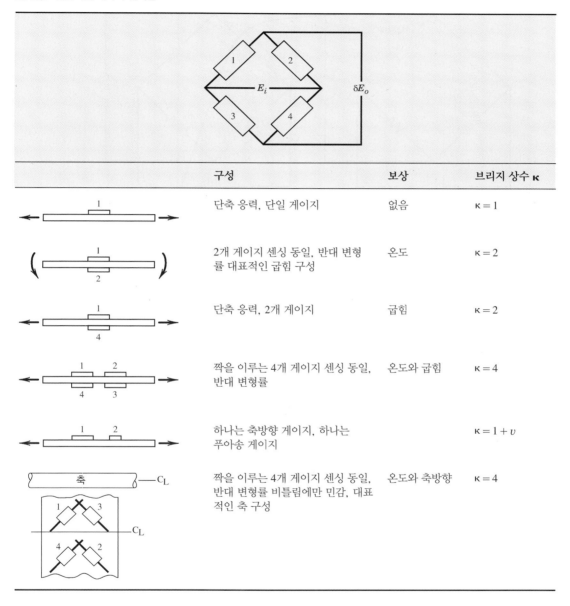

	구성	보상	브리지 상수 κ
	단축 응력, 단일 게이지	없음	$\kappa = 1$
	2개 게이지 센싱 동일, 반대 변형률 대표적인 굽힘 구성	온도	$\kappa = 2$
	단축 응력, 2개 게이지	굽힘	$\kappa = 2$
	짝을 이루는 4개 게이지 센싱 동일, 반대 변형률	온도와 굽힘	$\kappa = 4$
	하나는 축방향 게이지, 하나는 푸아송 게이지		$\kappa = 1 + \upsilon$
	짝을 이루는 4개 게이지 센싱 동일, 반대 변형률 비틀림에만 민감, 대표적인 축 구성	온도와 축방향	$\kappa = 4$

지 않을 것이다. 그림 11.14(b)와 같이 암 3 대신에 보상 게이지를 설치하면 결과는 같아질 것이다. 더 나아가서 인접한 브리지 암에 설치한 2개의 액티브 게이지는 온도를 보상할 수 있다.

돌이켜 보면 그림 11.13과 같은 구성에서 게이지 1과 4를 반대 측 브리지 암에 설치하면 온도 보상을 제공하지 못한다. 그러나 온도 보상은 온도가 같은 2개의 부가적인 스트레인 게이지의 구성으로 가능해진다.

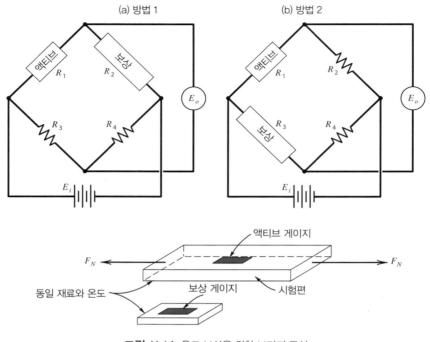

그림 11.14 온도 보상을 위한 브리지 구성

브리지 정적 감도

그림 11.14(a)(방법 1)의 브리지 구성의 감도는

$$K_B = \frac{E_o}{\varepsilon} = E_i \frac{R_1 R_2}{(R_1 + R_2)^2} \text{GF} \tag{11.35}$$

그리고 $E_i = (2R_g)I_g$, $R_g = R_1 = R_2$이고, 정적 감도 I_g는 게이지에 흐르는 전류의 항으로 나타낼 수 있다.

$$K_B = \frac{1}{2} \text{GF} \sqrt{(I_g^2 R_1)R_1} \tag{11.36}$$

$I_g^2 R_g$는 브리지 전류로 인해 스트레인 게이지에서 소비된 전력이다. 게이지에서의 과도한 전력 손실은 온도 변화를 유발하고, 변형률 측정에서 불확도를 초래하게 된다. 이러한 영향을 스트레인 게이지와 접착해 있는 물체 사이의 효율적인 열에너지 방출에 의한 열적 커플링으로 최소화할 수 있다.

그림 11.14(b)와 같이 브리지를 구성하였을 때의 정적 감도를 고려해 보자. 위치 R_1과 R_3 등가의 두 게이지는 저항 변화가 같고 브리지 출력의 변화는 일어나지 않는다. 그러나 이 회로 구성의 정적 감도는 방법 1과는 다르며, 다음과 같이 주어진다.

$$K_B = \frac{R_1/R_2}{1 + R_1/R_2} \text{GF} \sqrt{(I_g^2 R_1)R_1} \tag{11.37}$$

여기서 감도는 온도 보상이 없는 단일 액티브 게이지를 갖는 브리지의 경우와 같다. 그러나 감도는 고정 저항 R_2의 선택에 달려 있다. 만일 $R_1 = R_2$이면 결과적으로 감도는 방법 1과 같게 될 것이다. 그러나 허용 브리지 전류나 측정 능력의 한계 내에서 저항 R_2는 회로에서 원하는 감도를 얻는 데 선택될 수 있다.

고려 사항

게이지율의 정의로부터 특수한 게이지에서의 저항 변화는 적용된 변형률에 선형적이다. 그러나 실제 측정 환경에서 설치된 게이지는 약간 비선형적으로 나타나기도 한다. 이것은 반복 하중이 진행되면서 약간의 히스테리시스와 제로 변형률 상태가 되기 위한 저항의 시프트(shift)가 있게 된다. 그림 11.15는 하중을 가할 때와 제거했을 때의 대표적인 사이클을 나타내고 있다. 스트레인 게이지는 기본적으로 무부하인 경우가 하중이 증가하여 측정한 경우보다 낮은 변형률값을 나타낸다. 이러한 거동의 범위는 스트레인 게이지의 특성에 의해서뿐만 아니라 접착제 특성이나 게이지가 받은 이전의 변형률에 의해 정해진다. 적절히 설치된 게이지의 경우 직선성의 편차는 0.1% 정도가 된다(참고문헌 3). 반면에, 첫 번째 사이클 히스테리시스와 제로 시프트는 예측하기 어렵다. 첫 번째 사이클의 히스테리시스와 제로 시프트의 효과는 측정 수행 전, 제로 변형률과 측정 가능한 최대 변형률을 게이지로 반복(cycling) 측정하여 최소화할 수 있다.

동적인 변형률 측정에서, 스트레인 게이지 자체의 동적 응답은 일반적으로 제한적인 요소는 아니다. 접착되어 있는 저항 스트레인 게이지의 상승 시간(90%)은 근사적으로 다음과 같다(참고문헌 9).

$$t_{90} \approx 0.8(L/a) + 0.5 \, \mu s \tag{11.38}$$

여기서 L은 게이지 길이이며, a는 게이지가 접착해 있는 재료의 음속이다. 강 시험체 위에 접착해 있는 게이지의 대표적인 응답 시간은 1 μs 정도이다.

스트레인 게이지 데이터의 분석

시험체 표면에 접착해 있는 스트레인 게이지는 시험체 표면의 변형률에 국한하여 반응한다. 마찬가지로 스트레인 게이지의 측정 결과는 스트레인 게이지 위치에서의 응력 상태를 해석하는 데 이용된다. 특정한 시험체 표면의 한 점에서 응력은 일반적으로 한 점에서 3개의 변형률을 측정하는 것을 요구한다. 이러한 측정 결과는 주(principal) 변형률을 얻게 되며, 최대 응력을 결정할 수 있다(참고문헌 3).

한 점에서 하나 이상의 변형률을 측정하는 데 사용되는 복합 구성(multiple-element) 스트레인 게이지를 로제트(rosette) 스트레인 게이지라 부른다. 그림 11.16은 2개로 구성된 로제트의 예를 나타내고 있다. 통상적인 응력과 변형률의 측정에서 상업적으로 이용되는 변형률 로제트는 특수한 성질을 갖는 복합 방향(multiple-direction) 게이지의 패턴을 갖는 것을 선택한다(참고문헌 5). 만약 응력 상태에 관한 더 많은 정보를 이용할 수

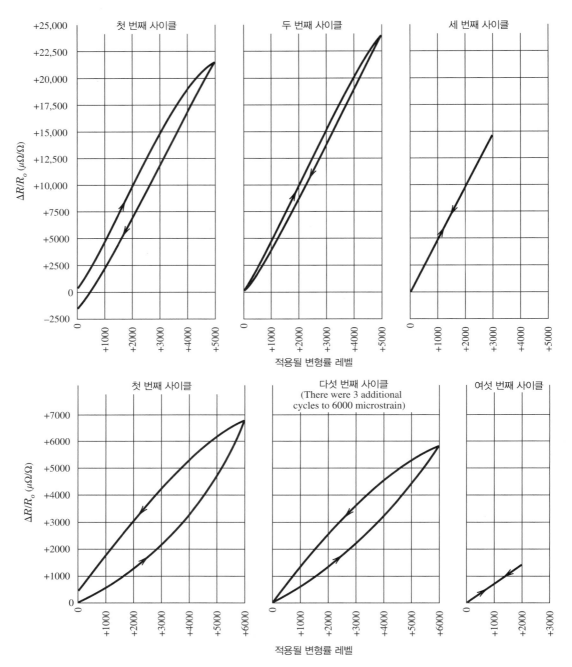

그림 11.15 2개의 스트레인 게이지 재료의 최초의 하중 사이클에서 히스테리시스 (Courtesy of Micro-Measurements, Raleigh, NC, USA)

있으면, 3개의 스트레인 게이지보다 적게 사용해도 된다. 주축의 방향을 미리 알면 측정점에서 최대 응력을 계산하는 데는 단지 2개의 변형률만 측정하면 된다. 실제로 단축 스트레인 게이지의 유용성은 극도로 제한되어 있

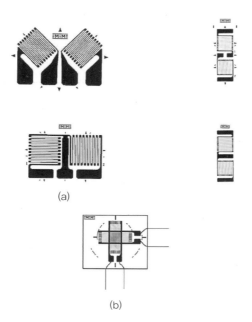

그림 11.16 2축 로제트 스트레인 게이지. (a) 단일 면형, (b) 스택형 (Courtesy of Micro-Measurements, Raleigh, NC, USA)

고, 부적절한 사용은 응력 측정에서 오히려 큰 오차를 유발할 수도 있다.

로제트 스트레인 게이지는 통상적으로 각 게이지가 0°, 45°, 90°와 60°, 60°, 60°의 각도로 배치되는 형태와 같이 다양한 배열을 가지고 적용된다. 각 게이지가 0°, 45°, 90°로 배치되는 직사각형의 로제트 게이지는 그림 11.17에서 보여 주고 있다. 앞서 강조한 것과 같이 표면의 변형률 측정을 통해 주응력(principal stress)을 계산할 수 있다. 그림 11.17(b)의 스택형 로제트 게이지로 측정되는 변형률은 각각 ε_1(0° 게이지, x축 방향), ε_2(45° 게이지), ε_3(90° 게이지, y축 방향)으로 가정할 수 있다. 측정되는 변형률로부터 최대 주응력 σ_{max}, 최소 주응력 σ_{min} 그리고 최대 전단 응력 τ_{max}를 다음과 같이 구할 수 있다.

$$\sigma_{max} = \frac{E_m}{2}\left[\frac{\varepsilon_1 + \varepsilon_3}{1 - \upsilon_p} + \frac{1}{1 + \upsilon_p}\sqrt{(\varepsilon_1 - \varepsilon_3)^2 + [2\varepsilon_2 - (\varepsilon_1 + \varepsilon_3)]^2}\right]$$

$$\sigma_{min} = \frac{E_m}{2}\left[\frac{\varepsilon_1 + \varepsilon_3}{1 - \upsilon_p} - \frac{1}{1 + \upsilon_p}\sqrt{(\varepsilon_1 - \varepsilon_3)^2 + [2\varepsilon_2 - (\varepsilon_1 + \varepsilon_3)]^2}\right] \tag{11.39}$$

$$\tau_{max} = \frac{E_m}{2(1 + \upsilon_p)}\sqrt{(\varepsilon_1 - \varepsilon_3)^2 + [2\varepsilon_2 - (\varepsilon_1 + \varepsilon_3)]^2}$$

x축과 최대 주응력 사이의 각은 다음과 같다.

$$\phi = \frac{1}{2}\tan^{-1}\frac{2\varepsilon_2 - (\varepsilon_1 + \varepsilon_3)}{\varepsilon_1 - \varepsilon_3} \tag{11.40}$$

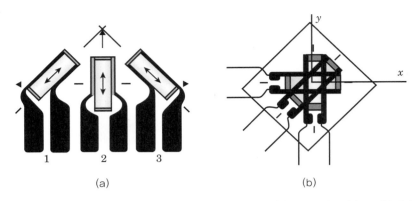

그림 11.17 직사각형(0°, 45°, 90°) 로제트 스트레인 게이지. (a) 평면형 배열, (b) 스택형 배열

예제 11.6

직사각형 로제트 스트레인 게이지가 그림 11.17(b)와 같이 각 게이지의 상대 각도 0°, 45°, 90°로 구성되어 있다. 이 로제트 게이지가 알루미늄 구조물($E_m = 69\,\text{MPa}$, $v_p = 0.334$)의 변형률의 측정에 사용되었다. 측정된 변형률 값은 다음과 같다.

$$\varepsilon_1 = 30{,}000\,\mu\varepsilon$$
$$\varepsilon_2 = 15{,}000\,\mu\varepsilon$$
$$\varepsilon_3 = 25{,}000\,\mu\varepsilon$$

주응력을 계산하고 x축과 주응력 사이의 각도를 구하라.

알려진 값 $\varepsilon_1 = 30{,}000\,\mu\varepsilon$
$\varepsilon_2 = 15{,}000\,\mu\varepsilon$
$\varepsilon_3 = 25{,}000\,\mu\varepsilon$

가정   스트레인 게이지 1은 x축 방향이다. 재료는 균질한 등방성 특성을 가지며, 하중이 탄성 범위 내에서 가해진다.

구할 값   주응력의 값과 방향

풀이

응력의 값을 식 (11.39)를 통해 직접 계산할 수 있다. 최대 주응력은 다음과 같다.

$$\sigma_{\max} = \frac{E_m}{2}\left[\frac{\varepsilon_1 + \varepsilon_3}{1 - v_p} + \frac{1}{1 + v_p}\sqrt{(\varepsilon_1 - \varepsilon_3)^2 + \left[2\varepsilon_2 - (\varepsilon_1 + \varepsilon_3)\right]^2}\right]$$

$$\sigma_{\max} = \frac{69\,\text{MPa}}{2}\left[\frac{(0.03 + 0.025)}{1 - 0.334} + \frac{1}{1 + 0.334}\sqrt{(0.03 - 0.025)^2 + [2 \times 0.015 - (0.03 + 0.025)]^2}\right]$$

$$= 3.50\,\text{MPa}$$

나머지 다른 값은 식 (11.39)와 (11.40)을 통해 계산할 수 있다.

$$\sigma_{\min} = -2.185 \text{ MPa}$$
$$\tau_{\max} = 0.659 \text{ MPa}$$
$$\phi = -39.34°$$

참고사항 로제트 스트레인 게이지의 다른 방향은 각 방향의 측정 변형률과 응력 관계식으로 결과를 도출할 수 있다.

신호 처리

스트레인 게이지 브리지 회로에서 가장 일반적인 신호 처리는 저잡음 증폭기로 신호를 증폭하는 것이다. 증폭기의 게인 **GA**의 증폭을 위해서는 식 (11.25)는 다음과 같이 된다.

$$\frac{\delta E_o}{E_i} = \frac{G_A \kappa (\delta R/R)}{4 + 2(\delta R/R)} = \frac{G_A \kappa \text{GF} \varepsilon}{4 + 2(\delta R/R)} \approx \frac{G_A \kappa \text{GF} \varepsilon}{4} \tag{11.41}$$

스트레인 게이지 브리지 회로 신호를 기록하는 일반적인 수단은 자동화된 데이터 획득 시스템이다. 그림 11.18은 그 모식도를 보여 주고 있다.

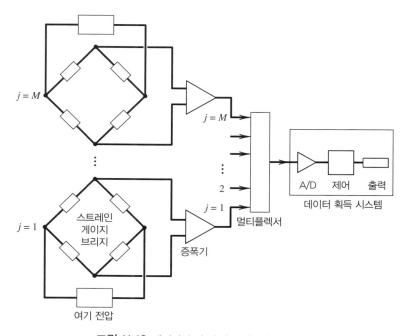

그림 11.18 데이터 수집 및 감소 시스템의 개략도

예제 11.7

큰 시험체에 M개의 다른 위치에 그림 11.18과 유사한 장치를 사용하여 각 점에서 변형률을 측정하였다. 각 위치에 스트레인 게이지를 적절히 접착시키고 외부 전원의 공급에 의해 작동되는 휘트스톤 브리지에 연결하였다. 브리지 편위(deflection) 전압은 증폭 측정된다. 유사한 장치가 모든 M 위치에 사용되며, 각 증폭기로부터의 출력 M-채널 멀티플렉서를 거쳐 데이터 획득 시스템에 입력된다. 만일 시험체가 균일한 제로 변형률 상태를 유지하는 동안에 각각의 M 장치가 $N(30)$이면 어떠한 정보를 얻을 수 있는가?

알려진 값   그림 11.18의 변형률 장치

$M(j = 1, 2, \cdots, M)$ 측정 장치

$N(i = 1, 2, \cdots, N)$ 각 장치의 측정값

가정   모든 장치는 유사한 방법으로 작동되어야 한다.

풀이

각 계측 장치는 같은 변형률이 가해질 때 같은 변형률로 표시할 수 있어야 한다. 각 M번째 장치의 평균 변형률을 계산할 수 있다. 측정된 평균 변형률과 실제 인가된 변형률이 측정 장치에서 어떤 오차가 있다면 해당 채널의 오프셋(offset) 오차가 있는 것이다. 이 정보는 각 채널에 0의 변형이 가해질 때 0의 값을 지시할 수 있도록 보정에 이용될 수 있다. 보정 시 불확도는 평균 오프셋 편차의 표준편차로 추정할 수 있다(예제 5.13 참조). 각 M번째 장치에서 측정 변형률의 변화는 잡음의 척도이다.

참고사항   실험 데이터는 부하 중 측정량의 일시적 변화나 절차상의 변화는 포함하지 않는다. 기기 교정 오차, 시험체에 부하 시험의 작용에 의해 유기된 온도 차의 영향이나 전기적 잡음, 크리프나 피로의 차 또는 곡선 맞춤(curve fit) 오차 등을 포함하는 게이지의 동적 효과 등은 포함하지 않는다.

예제 11.8   사례연구—나노 단위의 변형률 측정 : 탄소 나노튜브

탄소 나노튜브는 벽면에 탄소 원자가 규칙적으로 배열되는 속이 빈 실린더 형태이다. 단일 벽면 탄소 나노튜브(Single-walled carbon nanotubes, SWNT)는 일반적으로 1 nm의 지름을 가진다. 튜브의 벽면은 풀러렌(fullerene) 구조로 구성된다. 탄소 나노튜브는 특별한 기계적, 전기적 특성을 갖는다. 탄소-탄소의 화학접 결합은 자연계에서 가장 강한 결합을 하며, 탄소 나노튜브는 발견된 모든 재료 중 가장 강한 재료로 SWNT의 탄성계수는 5 TPa 이상이다. 탄소 나노튜브의 변형률 측정은 재료의 강성을 결정하고 전기적 특성 변화를 정량화하기 위해 요구된다. 나노 스케일의 변형률을 측정하기 위해서는 특별한 접근이 필요하다. 굽힘 변형률의 직접적인 측정은 1장에 소개된 원자힘 현미경(atomic force microscope)을 양끝이 고정된 튜브의 중심을 변위시켜 굽힘응력을 적용하여 측정이 가능하다. 그러나 이 경우 나노 스케일의 작업에서 'SWNT의 양끝을 어떻게 고정시킬 수 있을까?'의 문제를 제기할 수 있다.

이와 관련한 방법이 참고문헌 10에 설명되어 있다. 이 방법에서 긴 길이의 탄소 나노튜브는 실리콘 웨이퍼(silicone wafer)에 H 모양의 슬릿(H-shaped slit) 위에서 화학적 증기의 퇴적물을 이용하여 생장시킬 수 있다. 슬릿의 폭은 약 100 μm이다. 이 공정을 통해 다수의 SWNT를 생산할 수 있고, 하나의 순수한 섬유(fiber)를 생산할 수도 있다. 그리고 탄소 섬유를 실리콘 웨이퍼에 고정하기 위해 박막의 금을 SWNT의 끝에 융착시킨다. 이 조합은 강박판(steel substrate)에 접합하고 열팽창과 변형률을 가하기 위해 강을 가열한다.

참고사항   나노 스케일의 재료나 기구는 미래에 스포츠용품이나 혈액 내에서 약물 이송 등 다양한 분야에 적용될 것이다. 이러한 미소 스케일의 새로운 재료의 특성을 측정하기 위한 시도와 이를 위한 새로운 측정 기법이 반드시 필요하다.

11.7 광 변형률 계측 기법

실험적인 응력 해석을 위한 광학적인 방법은 설계 하중 조건하에서 응력의 크기와 방향에 관한 기본적인 정보를 제공해 준다. 광학 기술은 적절한 광학적 특성을 갖는 재료로 모델을 만들거나 실제 시험체 표면에 코팅 기법을 기반으로 응력과 변형률의 계측 기법의 발전을 거듭해 왔다. 광탄성(photoelasticity)은 재료가 변형률을 받을 때 발생하는 재료의 광학적 특성의 변화를 이용한다. 두 번째 응력 해석의 광학적 방법은 2개의 층으로 겹쳐진 그리드 패턴(grid pattern)에 통과와 반사에 의해 생기는 광학적 효과인 무아레(moire) 패턴의 발달에 기초를 두고 있다. 3개 그리드 패턴의 상대적인 변위에 의해 생기는 프린지(fringe)는 변형률을 측정하는 데 사용될 수 있다. 각 프린지는 동일한 변위를 갖는 점들의 궤적에 상응한다.

최근 변형률 측정에는 복잡한 형상물의 전체 영역 변위를 매우 정밀한 계산을 위한 레이저(laser)나 홀로그래피(holography)의 적용 기법이 발전되고 있다.

광의 기본 특성

광학적 변형률 측정 기법을 활용하기 위해서는 먼저 광이 가지고 있는 몇 가지 기본적인 특성을 시험해야 한다. 전자기적 방사는 빛과 같이 정현파적으로 진동하는 전·자기장 벡터를 갖는 횡파로 간주할 수 있다. 일반적으로, 광원은 그림 11.19에 나타낸 것과 같이 모든 수직면에서 진동하는 일련의 파를 방사한다. 빛은 전자장의 횡방향 진동이 파의 전파 방향을 따라 모든 점에서 서로 평행일 때 평면 편광(plane-polarized light)이라 부른다.

그림 11.19는 입사 광파의 편광 필터(polarizing filter)의 영향을 나타내고 있다. 방사된 광은 알려진 편광의 방향으로 평면 편광이 된다. 광 빔의 완전한 소멸은 첫 번째 필터에 90도 편광 축을 갖는 두 번째 편광 필터(그림 11.19의 분석기)의 도입으로 가능하다. 광의 이러한 현상은 광탄성 재료에서 변형률의 방향과 크기를 측정하는 데 적용된다.

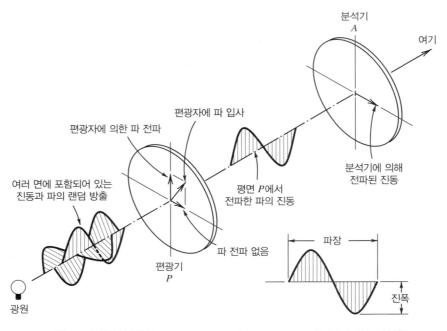

그림 11.19 빛의 편광 (Courtesy of Micro-Measurements, Raleigh, NC, USA)

광탄성 측정

광탄성 방법에 의한 응력 해석은 하중을 받고 있는 플라스틱과 같은 재료의 이방성 광학적 특성을 이용한다. 응력 해석은 광학적 특성을 위해 선택한 재료로부터 해석할 수 있는 모델을 구성하거나 광탄성 코팅 피막에 의한다. 만약 적당한 플라스틱 구조로 이루어진 모델이라면 모델에 요구되는 하중은 실제로 걸리는 하중보다 훨씬 적고 시험 시에 노력과 경비를 상당히 줄일 수 있다.

　광탄성 재료에서 일어나는 이방성은 복굴절 빔과 하나의 반사 빔을 일으키고 단일 입사 편광 빔을 만든다. 복굴절 빔은 굴절률에서 이방성 때문에 재료 내를 서로 다른 속도로 전파한다. 적절히 설계된 광탄성(2차원) 모델에서, 입사광의 복굴절 요소는 같은 방향으로 진행하고, 편광기(polariscope)로 시험할 수 있다. 2개의 광파가 위상이 달라지는 정도는 광응력 법칙에 의해 응력에 관계한다.

$$\delta \propto n_x - n_y \tag{11.42}$$

여기서

　δ = 두 광 빔 사이의 상대 지연

　n_x, n_y = 주변형률 방향에서의 굴절률

굴절률은 다음 식과 같이 재료가 받는 변형률의 양에 직접 비례하여 변화한다.

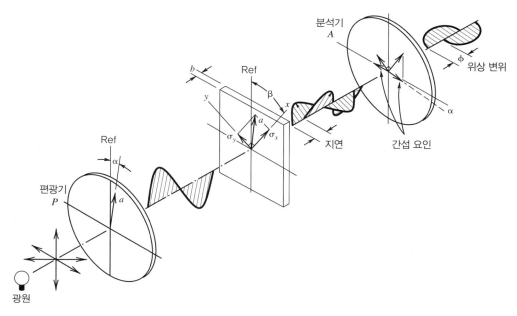

그림 11.20 평면 편광기의 구성 (Courtesy of Micro-Measurements, Raleigh, NC, USA)

$$n_x - n_y = K(\varepsilon_x - \varepsilon_y) \tag{11.43}$$

　변형률 광학계수 K는 일반적으로 입사광의 파장에 독립적인 재료의 특성으로 가정한다. 그림 11.20은 광탄성 모델에서 변형률을 시험하기 위한 평면 편광기를 나타내고 있다. 평면 편광은 시험체에 들어가 주변형률 축을 따라 두 면의 편광이 나타난다. 이 광의 빔은 분석기라 불리는 편광 필터를 거쳐 편광면에 평행한 광파의 각 요소에 전파한다. 전파한 파는 간섭하며, 위상이 달라지며, 광의 강도는 분석기와 주변형률 방향 사이의 각도와 빔 사이의 위상 변위의 함수가 된다. 시험체에서 변형률의 변화는 광학의 관계식으로부터 변형률에 관련되는 프린지의 패턴을 만들게 된다. 그러나 만약 광탄성 재료가 탄성 한계를 넘는 변형률을 받으면 이 상수는 광탄성 분산(photoelastic dispersion)이라 알려진 파장에 의존하는 현상이 된다.

　광탄성 모델을 평면 편광기로 관찰하면 일련의 프린지가 관찰된다. 빛의 완전한 소멸은 주변형률 방향이 분석기의 축과 일치하거나 변형률이 0 또는 $\varepsilon_x - \varepsilon_y = 0$인 위치에서 일어난다. 이러한 프린지를 등경선(isoclinics)이라 부르고 광탄성 모델의 모든 점에서 주변형률 방향을 계산하는 데 사용된다. 그림 11.21은 압축 하중을 받는 링에서의 등경선을 나타내고 있다. 기준 방향은 0°인 수평 압축 하중을 선택하였다. 각 측정 각도에 대해 등경선 위의 한 점에서 주변형률의 하나는 특정 각도에 평행하고 다른 하나는 수직이다. 0° 등경선의 경우는 주변형률은 0°와 90°의 방향을 갖는다.

　주축의 방향은 자유면이며 전단 응력은 자유면에서 0인 사실을 이용하면 계면에서 응력의 크기를 계산할 수 있다. 특히 역사적인 면에서 광탄성의 최초 응용은 요각의 코너나 구멍 주위의 응력 집중에 관한 연구였다. 이

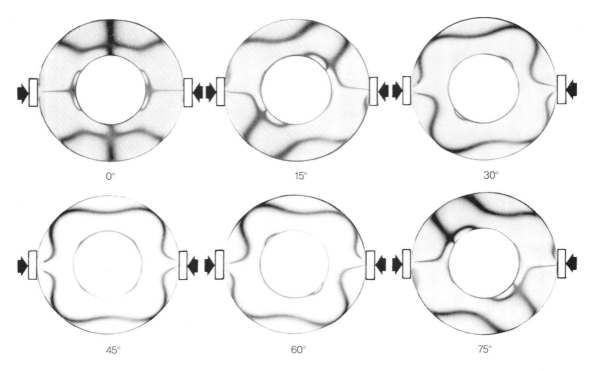

그림 11.21 압축 하중을 받는 링에서의 등경선 프린지 (Courtesy of Micro-Measurements, Raleigh, NC, USA)

러한 경우에 최대 응력은 경계면에서 발생하며, 주응력 중 하나와 일치한다. 전단 응력은 경계면에서 0이기 때문에 이 최대 응력은 광학적인 방법으로 직접 얻을 수 있다.

무아레 방법

무아레 패턴(moiré pattern)은 2개의 격자를 중첩하면 각각의 격자 간격의 차나 상호 회전에 의해 본래 모양과 다른 간섭무늬 모양이 생긴다. 예를 들면, 이러한 광학적 효과를 관찰할 수 있는 것은 점의 패턴이 화상을 형성하여 컬러 출력으로 나타난다. 흔한 예로서 텔레비전에서 색다른 패턴의 옷에서 볼 수 있는 미광 효과이다. 이러한 효과는 직물에서 패턴의 크기가 텔레비전 이미지의 분해능과 같을 때에 나타나는 결과이다.

실험 역학에서 무아레 패턴은 이러한 목적을 위해 표면의 변위를 측정하는 데 사용된다. 이 기법은 2개의 격자(grating)나 같은 간격으로 놓여 있는 평행선의 패턴을 사용한다. 그림 11.22는 2개의 선격자(line grating)를 나타내고 있다. 무아레 기법에서 선격자는 중요한 두 가지 특성이 있다. 피치의 정의는 격자에서 인접한 두 선 중심 사이의 거리를 말한다. 보통 격자의 경우는 1~40 line/mm 정도의 값을 갖는다. 격자의 두 번째 특성은 그림 11.22에서 나타낸 바와 같이 전체 영역에 대한 격자 영역의 비 또는 격자선의 경우, 중심-중심 거리와 인접한 선 사이의 거리에 대한 비이다. 단위 폭당 더 높은 선의 밀도는 변형률 측정에서 더 높은 감도(sensitivity)를 얻는다. 그러나 선의 밀도가 증가함에 따라 실제적인 측정을 위해 간섭성 빛이 요구된다.

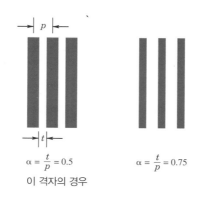

$$\alpha = \frac{t}{p} = 0.5 \qquad\qquad \alpha = \frac{t}{p} = 0.75$$

이 격자의 경우

그림 11.22 무아레 격자

무아레 기법을 이용한 변형률 측정 시 격자는 직접 표면에 고정한다. 이것은 표면에 격자의 필름을 현상하든 가 또는 간섭계 기법으로 수행한다. 기준 격자(master grating) 또는 참고 격자는 하중을 받고 있는 조건하에서 상대 변위를 결정하기 위한 참고로 사용하든가 표면의 다음 간격에 놓이게 된다. 일련의 프린지는 격자가 서로 상대적으로 놓일 때 생긴다. 밝은 프린지는 표면에 투영한 변위가 피치의 정수배인 점들의 궤적이다. 이 기법은 2차원이며 기준 격자의 평면 내에서 변위의 투영에 관한 정보를 제공한다. 일단 프린지 패턴이 기록되면 데이터 정리 기법이 응력과 변형장을 결정하는 데 사용된다. 그래픽 기법은 2축 방향에서 변형률 요소를 결정하는 데 사용된다. 더 나아가 무아레 기법에 관한 정보나 추가적인 참고는 Sciammarella(참고문헌 11)의 리뷰 기사에서 찾아볼 수 있다.

최근에 무아레-프린지 증배와 같은 기법에서는 무아레 기법의 감도가 1,200 line/mm의 격자 주파수가 가능할 정도로 발전되었다. 무아레 간섭계는 0.5 mm/fringe(참고문헌 12) 정도의 감도를 가지며 간섭성의 빛을 이용하는 무아레-프린지 기법의 확장이다. 반사 격자는 하중을 받아 변형되는 시험편에 응용된다. 이 기법은 현재 사용 중인 4개 빔 광학적 배열을 갖는 평면 변형률의 전체 분야에 활용되고 있다(참고문헌 13).

광섬유 브래그 변형률 측정

광섬유 기술은 최근 센서 분야에서 광섬유 브래그 격자(Fiber Bragg Grating)를 기반으로 발전하고 있다. 그림 11.23은 광섬유 브래그 격자의 모식도이다.

브래그 격자는 광섬유 코어 재료의 굴절률이 주기적으로 변화되는 격자 영역이다. 그림 11.23에서와 같이 광대역 파장의 빛이 브래그 격자로 입사된다. 입사된 일부의 빛은 격자를 통과하고 일부는 브래그 격자에서 반사된다. 여기서 반사된 빛의 지배적인 파장을 브래그 파장(Bragg wavelength)이라 한다. 브래그 반사 조건[참고문헌 14]과 브래그 격자 길이에 따라, 최대 반사 주파수는 다음과 같이 구할 수 있다.

$$\lambda_B = 2n_{eff}L$$

$$(11.44)$$

그림 11.23 광섬유 브래그 격자

여기서,

λ_B = 브래그 파장

n_{eff} = 브래그 격자의 유효 굴절률

L = 브래그 격자에서 굴절률이 변화되는 각 격자의 간격

일반적으로 브래그 격자의 유효 굴절률 n_{eff}는 1.45의 값을 갖는다(참고문헌 15). 그리고 광섬유 브래그 격자 센서는 격자 간격 L의 열팽창에 의한 변화로 온도에 민감하다.

예제 11.9

브래그 파장의 피크가 1,545 nm가 되도록 할 때, 광섬유 브래그 격자의 각 격자의 간격을 결정하라.

유효 굴절률을 일반적인 1.45(참고문헌 15)로 가정하면, 결과는 다음과 같다.

$$L = \frac{\lambda_B}{2n_{eff}} = \frac{1545 \text{ nm}}{2(1.45)} = 533 \text{ nm}$$

참고사항 광섬유 브래그 격자의 주기적인 격자의 굴절률 변화는 자외선의 간섭으로 만들어진다. 격자의 간격은 수백 나노미터 단위로 충분히 감소시킬 수 있다.

예제 11.10

강교 구조물은 지속적인 유지와 주기적인 검사가 필요하다. 그러나 다리나 고층 건물과 같은 구조물은 구조물의 상태를 확인할 수 있는 다수의 센서를 이용하여 상시 감시가 이루어지고 있다. 변형률의 측정은 필수적으로 적용되는 구조물의 상태 감시(Structural Health Monitoring)의 중요한 방법이다. 강교의 경우 부식, 교통량의 증가, 차량의 무게 증가와 같이 구조물의 안전에 나쁜 영향을 미치는 다양한 문제를 가지게 된다.

다리 구조물의 건전성 감시의 방법으로는 가속도계(accelerometer)를 이용하여 다리의 진동 특성을 측정하고 건전한 상태의 모드 주파수(modal frequency), 감쇠비(damping ratio)와 비교하여 상태를 감시하는 방법이 있다. 또 정적 변위와 변형률의 계산 결과는 다리 구조물의 감시에 적용될 수 있다. 다수의 지점에서 일반적인 스트레인 게이지를 이용하여 변형률을 측정하면 구조물의 상태에 대한 정보를 얻을 수 있다. 그러나 센서가 부착되지 않은 부분에서 결함이 존재한다면, 이는 감지하기 어렵다.

센서가 매운 큰 측정 길이(gauge length)를 가지고 변형률을 측정할 수 있다면, 점 단위 측정(point measurement)의 한계를 극복할 수 있다. 광섬유 브래그 격자 센서는 수 미터의 측정 길이를 가지도록 제작할 수 있다(참고문헌 16). 다수의 센서를 사용하고 지속적인 하중을 받는 구조물의 두 지점 이상의 위치에서 변형률을 측정하여 이에 대한 비를 확인하면 구조물의 상태 감시 방법으로 사용될 수 있다(참고문헌 16). 그리고 브래그 격자 센서와 적용 방법은 일본의 실제 다리 감시에서 성공적으로 적용되었다.

요약

실험적인 응력 해석은 전기 저항, 광탄성 그리고 무아레 변형률 측정 기법과 같은 몇몇 실용적인 기술을 활용할 수 있다. 이러한 각각의 방법은 시험체 표면의 변형률에 관한 정보를 알려 준다. 적절한 변형률 측정 시스템의 설계와 선택은 측정 기법의 선택으로부터 시작된다.

광학적 방법은 복잡한 형상물의 응력장의 최초 결정과 모델 연구에서 전체 영역 정보의 결정에 유용하다. 그러한 전체 영역 방법은 설계의 기초 자료와 상세한 국부 변형률 측정에 필요한 정보를 제공한다.

접착식 전기 저항 스트레인 게이지는 시험체의 특정 위치에서 변형률을 측정하는 다양한 수단을 제공한다. 스트레인 게이지의 선택 시는 게이지의 전체 전기 저항뿐만 아니라 스트레인 게이지 재료의 특수성과 기지 또는 매개체 재료와 스트레인 게이지와 시험체를 접착시키는 접착제 등을 고려해야 한다. 또 다른 고려 대상으로는 스트레인 게이지 로제트의 패턴과 방향성, 온도의 제한 범위와 최대 허용 신장 등을 포함한다. 전기 저항 스트레인 게이지의 경우 브리지 회로에서 게이지의 적절한 배열은 온도 보상과 변형률의 특정 요소를 제거할 수 있다.

이 장에서 기술한 변형률 측정 기법은 시험체의 표면에서 변형률 측정의 기초를 다루고 있다. 여기서의 초점은 계측 기법에 있으며 스트레인 게이지의 적절한 구성과 측정 결과의 해석은 향후 연구 과제이다. 하중-적재 용량과 특별한 구성 요소를 위한 안전성의 평가는 종합적인 실험 계획의 결과물이다.

참고문헌

[1] Hibbeler, R. C., *Mechanics of Materials*, 9th ed., Prentice-Hall, Upper Saddle River, NJ, 2013.

[2] Timoshenko, S. P., and J. M. Goodier, *Theory of Elasticity*, 3rd ed., Engineering Society Monographs, McGraw-Hill, New York, 1970.

[3] Dally, J. W., and W. F. Riley, *Experimental Stress Analysis*, 3rd ed., McGraw-Hill, New York, 1991.

[4] Thomson, W. (Lord Kelvin), On the electrodynamic qualities of metals, *Philosophical Transactions of the Royal Society* (London) 146: 649−751, 1856.

[5] Micro-Measurements Division, Measurements Group, Inc., Strain Gauge Selection: Criteria, Procedures, Recommendations, Technical Note 505-1, Raleigh, NC, 1989.

[6] Micro-Measurements Division, Measurements Group, Inc., Strain Gauge Technical Data, Catalog 500, Part B, and TN-509: Errors Due to Transverse Sensitivity in Strain Gauges, Raleigh, NC, 2011.

[7] Kulite Semiconductor Products, Inc, Bulletin KSG-5E: *Semiconductor Strain Gauges*, Leonia, NJ.

[8] Weymouth, L. J., J. E. Starr, and J. Dorsey, Bonded resistance strain gauges, *Experimental Mechanics* 6(4): 19A, 1966.

[9] Oi, K., Transient response of bonded strain gauges, *Experimental Mechanics* 6(9): 463, 1966.

[10] Huang, M., Wu, Y, Chandra, B, Yan, H., Shan, Y., Heinz, T, and J. Hone, Direct measurement of strain-induced changes in the band structure of carbon nanotubes, *Physical Review Letters* 100, 136803, April 2008.

[11] Sciammarella, C. A., The moiré method—a review, *Experimental Mechanics* 22(11): 418, 1982.

[12] Post, D., Moiré interferometry at VPI & SU, *Experimental Mechanics* 23(2): 203, 1983.

[13] Post, D., Moiré interferometry for deformation and strain studies, *Optical Engineering* 24(4): 663, 1985.

[14] Yao, J., A tutorial on microwave photonics, *IEEE Photonics Society News*, 26, 4 2012.

[15] Julich, F. and J. Roths, Determination of the effective refractive index of various single mode fibres for fibre Bragg grating sensor applications, Sensor & Test Conference 2009, OPTO2009 Proceedings.

[16] Serker, K. and Z. Wu, Structural health monitoring using distributed macro-strain response, *Journal of Applied Sciences* 9(7): 1276−1284, 2009.

기호

b	폭(l)		감도 오차(%)
c	음속(lt^{-1})	F_N	A_c에 대한 수직 영향의 힘(mlt^{-2})
h	높이(l)	G	전단 탄성 계수(mt^{-2})
n_i	i방향 주변형률의 굴절률	G_A	증폭기 게인
$(u_d)_x$	변수 x의 설계 단계의 불확도	GF	게이지율
A_c	단면적(l^2)	K	변형률 광학 계수
D	지름(l)	K_B	브리지 감도(V)
E_m	탄성 계수($ml^{-1}t^{-2}$)	K_l	스트레인 게이지 가로 방향 감도
E_i	입력 전압(V)	L	길이(l)
E_o	출력 전압(V)	δE_o	전압 변화(V)
e_i	스트레인 게이지 축방향 변형률 대비 가로 방향	δL	길이 변화(l)

δR	저항 변화(Ω)	ε_l	가로 변형률
M	굽힘 모멘트($ml^2\,t^{-2}$)	ε_t	온도로 인한 겉보기 변형
R	전기 저항(Ω)	κ	브리지 상수
T	온도($\degree$)	υ_p	푸아송비
T_o	기준 온도($\degree$)	υ_{po}	보정 시편의 게이지율을 위한 푸아송비
α	무아레 격자 폭	π_1	피에조 저항 계수($t^2 l m^{-1}$)
γ_{xy}	xy 평면에서의 전단 변형률($ml^{-1}\,t^{-2}$)	ρ_e	전기 저항률(Ωl)
δ	광탄성 재료에서 2 광 빔 사이의 상태 지연	σ	응력($ml^{-1}\,t^{-2}$)
ε_a	축 변형률	σ_a	축방향 응력($ml^{-1}\,t^{-2}$)
ε_b	굽힘 변형률	τ_{xy}	xy 평면에서의 전단 응력($ml^{-1}\,t^{-2}$)
ε_i	i방향의 변형률		

연습문제

11.1 길이 0.3 m, 지름 5 mm의 강봉($E_m = 20 \times 10^{10}$ Pa)의 길이 변화를 계산하라. 이 봉은 단축 인장 상태의 표준 중력장에서 60 kg의 질량을 지지하고 있다. (알루미늄 $E_m = 70$ GPa)

11.2 길이 250 mm, 지름 6 mm의 원형 단면을 갖는 강봉($E_m = 20 \times 10^{10}$ Pa)의 길이 변화를 계산하라. 이 봉은 단축 인장 상태의 22 kg 무게를 지지하고 있다.

11.3 문제 11.2의 강봉의 $\upsilon_p = 0.3$일 때, 가로 변형률과 변형량을 구하라.

11.4 길이 0.4 m, 지름 8 mm의 강봉($E_m = 20 \times 10^{10}$ Pa)의 길이 변화를 계산하라. 이 봉은 단축 인장 상태의 표준 중력장에서 80 kg의 질량을 지지하고 있다. (알루미늄 $E_m = 70$ GPa).

11.5 문제 11.2의 강봉 ($\upsilon_p = 0.3$) 및 알루미늄($\upsilon_p = 0.334$)일 때, 가로 변형률과 변형량을 구하라.

11.6 코어에 구리선이 감겨 있는 전기 코일이 있다. 평균 반지름이 75 mm인 12게이지 와이어(지름 2 mm)가 25,000회 감겨 있을 때 저항은 얼마인가?

11.7 길이 6m인 사각단면(6×3 mm)을 갖는 니켈($\rho_e = 6.8 \times 10^{-8}$ Ωm)로 만든 도체가 있다. 이 도체의 전체 저항은 얼마인가? 전체 저항이 같고 길이 6 m의 원형 단면을 갖는 구리선의 지름은 얼마인가?

11.8 휘트스톤 브리지 회로의 모든 저항이 100 Ω으로 동일하다. 브리지의 감도가 0.05 V/Ω일 때, 인가되는 전압은 얼마인가? 이때 각 저항에 흐르는 전류는 얼마인가? 그리고 각 저항이 회로의 총 전류를 소멸시킬 수 있는 전압은 얼마인가?

11.9 저항 $R = 160$ Ω, 게이지율 2인 저항 스트레인 게이지가 모든 저항이 160 Ω인 휘트스톤 브리지에 연결되어 있다. 최대 게이지 전류가 0.06 A이면, 최대 허용 브리지 여기 전압은 얼마인가?

11.10 공칭 저항 350 Ω, 게이지율 1.8인 스트레인 게이지가 변형률 조건이 제로로 평형되어 있는 암 브리지에 연결되어 있다. 게이지는 $E_m = 70\,\text{GPa}$를 받고 있는 알루미늄봉(1 cm²)에 접착되어 있다. 이 게이지는 축 변형률을 받는다. 브리지에 5 V가 입력될 때 브리지 출력은 1 mV이다. 봉이 단축 인장을 받을 때 걸리는 하중은 얼마인가?

11.11 문제 11.10에서 브리지가 평형 모드(balanced mode)일 때, 저항값이 어떻게 변화되어야 하는가? 이때 조건이 같을 때 하중 조건은 동일하다.

11.12 단일 스트레인 게이지가 그림 11.11과 같이 부착되어 있다. 게이지가 변형률 $3 \times 10^{-4}\,\text{m/m}$을 나타낼 때, 다음의 재질에 따른 축응력은 얼마인가?
a. 알루미늄(aluminum)
b. 백금(platinum)

11.13 단일 스트레인 게이지가 그림 11.11과 같이 구조물에 부착되어 있다. 구조물의 재질이 티타늄이고, 축응력은 $2.8 \times 10^6\,\text{kPa}$이다. 축 변형률은 얼마인가?

11.14 스트레인 게이지가 사각 단면을 갖는 강의 외팔보에 접착되어 있다. 최초 이 게이지는 $R_{\text{gauge}} = R_2 = R_3 = R_4 = 120\,\Omega$인 휘트스톤 브리지에 연결되어 있다. 그림 11.14와 같은 게이지의 방향과 하중 조건에서 0.1 Ω의 게이지 저항 변화가 측정되었다. 게이지율이 2.05 ± 1%(95%)이면 변형률은 얼마인가? 브리지 저항과 게이지율의 불확도에 기인한 측정 변형률의 불확도를 추정하라. 브리지는 널 모드(null mode)로 작동한다고 가정하며 검류계로 검출한다. 여기서 필요한 불확도 및 입력 전압, 검류계 감도는 모두 적절한 값으로 가정한다.

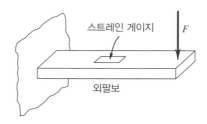

그림 P11.14 연습문제 11.14의 하중

11.15 그림 11.13과 같이 축방향 응력과 굽힘 응력을 동시에 받고 있는 구조물에 2개의 스트레인 게이지가 부재에 접착되고 브리지의 출력은 축 변형률 요소만을 지시하는 휘트스톤 브리지에 연결되어 있다. 그림 11.13에서 게이지의 설치는 굽힘에 민감하지 않다는 것을 설명하라.

11.16 단순 축인장 하중을 받고 있는 강빔 부재($v_p = 0.3$)가 있다. 축하중을 받고 있는 1개의 스트레인 게이지가 빔의 윗면 중심에 부착해 있다. 두 번째 게이지도 유사하게 빔의 저면에 접착해 있다. 만약 게이지가 휘트스톤 브리지의 암 1과 4에 연결되어 있으면, 브리지 상수는 얼마인가? 이 계측시스템은 온도 보상

을 해야 하는가?(그 이유를 설명하라.) 만약 $\delta E_o = 10\,\mu V$ 및 $E_i = 10\,V$이면 축방향과 가로 방향 변형률은 얼마인가? 각 게이지율은 2이고, 최초 저항은 모두 $120\,\Omega$이다.

11.17 지름 2 mm, $\pi \times 10^5\,m^3$의 체적을 갖는 알루미늄선이 지름 1 mm의 동일한 체적의 알루미늄선으로 변화했을 때 고유 저항을 비교하라(알루미늄의 고유 저항은 $2.66 \times 10^{-8}\,\Omega\,m$).

11.18 단순 축인장 하중을 받고 있는 강빔 부재($v_p = 0.3$)가 있다. 축하중을 받고 있는 1개의 스트레인 게이지가 빔의 윗면 중심에 부착해 있다. 두 번째 게이지도 유사하게 빔의 저면에 접착해 있다. 만약 게이지가 휘트스톤 브리지의 암 1과 4에 연결되어 있으면, 브리지 상수는 얼마인가? 이 계측시스템은 온도 보상을 해야 하는가?(그 이유를 설명하라.) 만약 $\delta E_o = 10\,\mu V$ 및 $E_i = 10\,V$이면 축방향과 가로 방향 변형률은 얼마인가? 각 게이지율은 2이고, 최초 저항은 모두 $120\,\Omega$이다.

11.19 단면적이 $25\,cm^2$ 정사각형 구조물이 단축 방향으로 15 kN의 인장력을 받는다. 축 변형률이 $100\,\mu\varepsilon$이고, 가로 변형률이 $-21\,\mu\varepsilon$일 때, 이 재료의 탄성 계수와 푸아송의 비를 구하라. 여기서, 푸아송의 비가 가능한 값인지 판단하고 어떤 재료인지 확인하라.

11.20 축 변형률 스트레인 게이지와 가로 방향 스트레인 게이지가 $15.3 \times 10^3\,kPa$의 단축 응력을 받고 있는 강 빔의 위 표면에 접착되어 있다. 만약 게이지가 휘트스톤 브리지(그림 11.12)의 암 1과 2에 연결되어 있다. 축하중이 작용하는 경우 이 계측시스템의 브리지 상수는 얼마인가? 만약 $\delta E_o = 250\,\mu V$이고 $E_i = 10\,V$이면 스트레인 게이지의 평균 게이지율은 얼마인가? 이 재료의 푸아송비는 0.3, 탄성 계수는 $200 \times 10^6\,kPa$이다.

11.21 단축 인장을 받고 있는 강 부재에 2개의 스트레인 게이지가 접착되어 축 변형률이 발생한다. $120\,\Omega$의 게이지는 휘트스톤 브리지에 2개 단락이 있고 반대측 암에 접착되어 있다. 하중하에서 브리지 여기 전압이 4 V이고, 브리지 출력 전압이 $120\,\mu V$일 때 부재에서 발생하는 변형률은 얼마인가? 각 게이지가 받는 저항 변화는 얼마인가? 강의 $E_m = 200 \times 10^6\,kPa$인 경우 각 스트레인 게이지의 게이지율은 2이다.

11.22 단면적이 $5\,cm^2$인 환봉이 15 kN의 축하중을 받고 있다. 2개의 스트레인 게이지가 부재에 부착되어 있다. 하나는 $600\,\mu\varepsilon(m/m)$의 축 변형률이 측정되었고, 다른 하나는 $-163\,\mu\varepsilon$의 가로 변형률이 측정되었다. 이 재료의 탄성 계수와 푸아송비를 계산하라.

11.23 단일 액티브 게이지에 굽힘용이 아닌 온도 보상을 위한 더미 게이지의 사용법을 나타내라. 액티브 게이지는 최소의 굽힘을 갖는 축하중을 받고 2개의 게이지는 같은 온도인 경우를 고려한다.

11.24 4개의 스트레인 게이지가 축에 접착되어 2개의 게이지 쌍이 각각 동일한 축방향으로 축의 대칭점에서 변형률을 측정하면 비틀림을 측정하는 데 사용될 수 있음을 나타내라(표 11.1 참조). 이 방법이 축변형률, 굽힘 변형률 및 온도에 대하여 보상하는지를 나타내라.

브리지 구성	내용
(a) 1 : 액티브 게이지 2~4 : 고정 저항	단축 응력 단일 게이지
(b) 1 : 액티브 게이지 2 : 푸아송 게이지 3, 4 : 고정 저항	단일 응력장의 2개의 액티브 게이지 게이지 1은 최대 축응력 방향 게이지 2는 가로 방향
(c) 1, 3 : 액티브 게이지 2, 4 : 고정 저항	액티브 게이지에는 동일한 크기의 반대 방향 변형률 작용 (굽힘 보상)

11.25 다음과 같은 브리지 구성에서 브리지 상수를 계산하라. 모든 액티브 게이지와 고정 저항은 같다고 가정한다. 이 브리지에서 게이지 위치는 그림 P11.25와 같다.

브리지 구성	내용
(a) 1~4 : 액티브 게이지	게이지 1과 4는 단축 방향 응력 게이지 2와 3은 가로 방향
(b) 1~4 : 액티브 게이지	게이지 1과 2는 동일한 크기이며 반대 방향 변형률 게이지 3과 4는 동일한 크기이거나 반대 방향 변형률

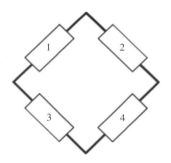

그림 P11.25 문제 11.25의 브리지 배열

11.26 단일 스트레인 게이지가 지름 1 m의 얇은 벽을 갖는 압력 용기의 표면에 접착되어 있다. 스트레인 게이지가 원주 방향으로 접착되어 있을 때 압력과 용기 벽 두께의 함수인 가로 방향 감도에 기인한 원주 방향 변형률 측정에서 오차율을 계산하라. 가로 방향 감도는 0.03이다.

11.27 욕실의 체중계는 하중을 계산하기 위한 수단으로 칸막이판의 변위를 측정하는 데 4개의 스트레인 게이지를 사용한다. 4개의 액티브 게이지가 브리지 회로에 사용된다. 게이지율은 2.0이고 각 게이지의 게이지 저항은 120 Ω이다. 만약 칸막이판에 작용한 하중으로 인해 게이지 R_2과 R_3는 20 με의 인장 변형률을 받는 반면, R_1과 R_4가 20 με의 압축 변형률이 발생했다면 브리지 편위 전압을 추정하라. 공급 전압은

9 V이다. 게이지 위치는 그림 P11.25를 참고할 것.

11.28 강 외팔보가 한쪽은 자유단이고 다른 쪽은 고정되어 있다. 하중 $F = 735$ N이 자유단에 작용하였다. 하중이 작용하는 지점에서 L만큼 떨어진 빔에 축방향으로 4개의 스트레인 게이지(GF = 2)가 윗면에 2개(R_1과 R_4)와 아랫면에 2개(R_2과 R_3)가 접착되어 있다. 브리지 편위 출력은 증폭기(게인 $G_A = 1000$)를 통해 측정된다. 외팔보의 경우 가해진 하중과 변형률 사이의 관계는

$$F = \frac{2E_m I\varepsilon}{Lt}$$

여기서 $I(=bt^3/12)$는 빔의 관성 모멘트, t는 빔 두께, 그리고 b는 빔 폭이다. 만약 $L = 0.1$ m, $b = 0.03$ m, $t = 0.01$ m 그리고 브리지 여기 전압이 5 V이면 작용 하중에 대해 계측되는 출력을 추정하라. $E_m = 200$ GPa이다.

11.29 외팔보는 저울로 사용될 수 있다. 빔은 길이 21 cm, 두께 0.4 cm, 넓이 2 cm인 알루미늄 2024-T4이다. 0에서 200 g 사이의 저울 무게가 고정단에서 20 cm 떨어진 빔 중심의 한 점에 집중되어 있다. 스트레인 게이지는 빔의 처짐을 측정하는 데 사용되며, 하중과 비례 관계가 있는 전기적 신호를 갖는 휘트스톤 브리지에 접착되어 있다. 1/4, 1/2 또는 풀(full)-브리지 게이지로 구성할 수 있다. 빔에서 센서의 배치와 위치를 설계하라. 브리지를 여기하고 ±5 V, 12-bit A/D 변환기를 이용한 데이터 획득 시스템으로부터 그 출력을 측정할 수 있는 적절한 신호 처리를 설명하라. 시스템은 설계 단계에서 4%의 불확도를 얻는가? 95% 신뢰 수준에서 시스템의 사양은 다음과 같다.

센서 : 1, 2 또는 4축방향 게이지 120 Ω ± 0.2%(선택 가능)

게이지율 2.0 ± 1%

브리지 여기 : 1, 3, 5 V ± 0.5%(선택 가능)

브리지 널(null) : 5 mV 이내

신호 처리 :

　증폭기 게인 : 1X, 10X, 100X, 1,000X ± 1%(선택 가능)

　저역 필터 : 0.5, 5, 50, 500 Hz에서 f_c @ −12 dB/octave(선택 가능)

데이터 획득 시스템 :

　변환 오차 : <0.1% 읽음

　신호추출 : 1, 10, 100, 1,000 Hz(선택 가능)

11.30 문제 11.29에서 2개의 게이지 R_2과 R_4의 리드선이 갑자기 잘못 연결되어 게이지 R_4와 R_3는 각각 20 με의 인장 변형률을 받고, R_1과 R_2는 20 με의 압축 변형률이 센싱되었다고 가정한다. 실제로 이게 문제가 되는가? 브리지 편위 전압을 추정하라. 게이지 위치는 그림 P11.25를 참고할 것.

11.31 사각형 로제트 스트레인 게이지가 그림 11.17(b)와 같이 상대 각도 0°, 45°, 90°로 구성되어 있다. 이 게

이지가 $E_m = 200\,\text{GPa}$, $\upsilon_p = 0.3$인 강 구조물이 부착되어 변형률을 측정하였다. 측정된 변형률값은 다음과 같다.

$$\varepsilon_1 = 10{,}000\ \mu\varepsilon$$
$$\varepsilon_2 = 5000\ \mu\varepsilon$$
$$\varepsilon_3 = 50{,}000\ \mu\varepsilon$$

이때 주응력을 구하고 최대 주응력과 0° 게이지 사이의 각도를 구하라.

11.32 문제 11.31에서 구조물의 재질이 티타늄으로 변경되고 다른 조건이 동일하다. 티타늄에 대하여 문제 11.31와 동일한 계산을 수행하라. 그리고 그 결과에 대하여 논하라.

11.33 식 (11.39)의 결과를 상대 각도 60°, 60°, 60°의 로제트 변형률일 경우에 대하여 도출하라.

11.34 두 게이지의 상대 각도가 90°인 로제트 스트레인 게이지를 이용한다면 주응력의 방향을 결정할 수 있다. 주응력은 다음과 같이 정의된다.

$$\sigma_{\max} = \left(\frac{E_m}{1 - \upsilon_p^2}\right)(\varepsilon_1 + \upsilon_p \varepsilon_2)$$
$$\sigma_{\min} = \left(\frac{E_m}{1 - \upsilon_p^2}\right)(\varepsilon_2 + \upsilon_p \varepsilon_1)$$

여기서, $\varepsilon_1 > \varepsilon_2$이다. 재료의 물성치가 $E_m = 180\,\text{GPa}$, $\upsilon = 0.3$이고, 변형률이 $\varepsilon_1 = 9000\ \mu\varepsilon$, $\varepsilon_2 = -5000\ \mu\varepsilon$일 경우 주응력을 구하라.

제 **12** 장

메카트로닉스[1] : 센서, 액추에이터, 제어

12.1 서론

마이크로프로세서의 빠른 진보는 전자적으로 제어되는 장치와 시스템의 급격한 증가로 이어졌으며 많은 장치가 서로 연결되어 있다(사물 인터넷과 같이). 이러한 모든 시스템은 전기적인 인터페이스가 가능한 센서와 액추에이터를 필요로 한다. 센서의 작동 원리와 한계를 이해하기 위해서는 선형 운동, 회전 운동, 토크, 힘과 같은 변수에 대해서 인터페이스가 가능한 센서를 선택하는 것이 필수적이다. 액추에이터는 자동차 전동 시트의 작동이나 플라이 바이 와이어(fly-by-wire)의 스로틀(throttle) 또는 정밀한 레이저 용접기를 작동할 수 있게 해 준다. 여기서는 센서와 액추에이터를 다루고 선형 제어 이론에 대해 소개한다.

이 장의 학습을 통해, 학생들은 다음의 능력을 갖출 수 있을 것이다.

- 변위 측정 방법에 대한 분석과 기술
- 속도와 가속도 측정의 물리적 원리에 대한 기술
- 다양한 로드셀과 적용 방법에 대한 기술
- 다양한 액추에이터와 기계 시스템에서 역할에 대한 기술
- 메카트로닉스의 일부분으로 비례-적분-파생(Propositional Integral Derivative, PID) 제어 적용 및 체계에 대한 분석

---

1 메카트로닉스(mechatronics)'라는 용어는 '기계적인(mechanical)'과 '전자적인(electronic)'이라는 말에서 비롯되었으며, 기계적이면서 전자적인 장치의 조합을 의미한다.

12.2 센서

이전 장에서 측정 센서의 다양한 종류와 원리에 대하여 기술하였으며 열전대, 스트레인 게이지, 유량계, 압력 센서는 각각 온도, 변형률, 유량, 압력의 중요한 변수를 측정한다. 이 장에서는 선형 변위, 회전 변위, 가속도, 진동, 속도, 힘 또는 하중, 토크 그리고 기계적인 힘의 측정에 관한 방법과 센서를 소개한다.

변위 센서

위치 또는 변위 측정 방법은 메카트로닉스 시스템의 중요한 요소이며 전위차계 또는 선형 가변 차동 변환기(linear variable differential transformers, LVDT)가 사용된다.

전위차계

전위차계는 선형 또는 회전 변위를 측정하는 데 사용되는 장치이며, 작동 원리는 변위에 의한 전기 저항의 증가에 의존한다.

그림 12.1은 와이어 운드 전위차계(wire wound potentiometer)[2] 또는 가변 전기 저항 변환기를 나타내고 있다. 변환기는 미끄럼 접촉부와 권선부로 구성되어 있다. 이 장치로부터의 출력은 그림 12.1과 같이 실제로 이

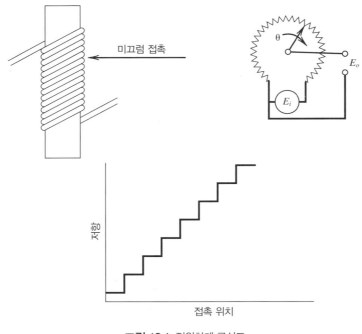

그림 12.1 전위차계 구성도

---

2 전위차계 변위기는 전위차계 기기와 혼동되어서는 안 된다. 비록 이 두 가지는 다 전압 분배기 원리에 근거하고 있지만, 후자는 6장에서 기술한 대로 저전압($10^{-6} \sim 10^{-3}$ V)을 측정한다.

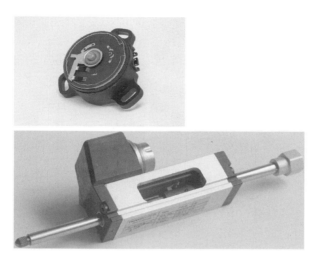

그림 12.2 전도성 플라스틱 전위차계 (Courtesy of Novotechnic U.S., Inc.)

산적이다. 분해능은 단위 거리당 감김 수에 의해 제한된다. 6장에서 기술한 전압 분배 회로에 관련된 부하 오차 (loading error)는 출력 전압 측정 장치의 선택이 중요하다.

와이어 운드 전위차계는 와이퍼(wiper)가 연속적인 변화를 하는 와이어 와인딩(wire winding)과 접촉하기 때문에 계단식 출력을 나타낸다. 전도성 플라스틱 전위차계는 계산식 출력을 제거하기 위해 개발되었고, 현재 메카트로닉스 시스템에 널리 쓰이고 있다. 2개의 전위차계는 그림 12.2에서 보여 주고 있으며 구성 요소는 구조적 지지와 기계적인 인터페이스, 전도성 플라스틱 저항기, 그리고 전기 접촉이 발생하는 와이퍼이다. 변위의 선형 출력은 센서를 설계하기 위한 목적이며 대표적인 선형성 오차는 0.2~0.02%의 불확도를 가지고 있다.

선형 가변 차동 변환기

그림 12.3과 같은 선형 가변 차동 변환기(linear variable differential transformers, LVDT)는 움직일 수 있는 철심(core)의 변위(displacement)에 비례하여 교류(AC) 출력 진폭이 변화한다. LVDT의 출력 파형은 사인파 (sinusoidal)이며, 사인파의 진폭은 한정된 영역 내를 움직이는 철심의 미소 변위에 비례한다. 철심의 움직임은 1차 코일에 인가된 AC 전압에 의해 2차 코일에 상호 유도 현상이 생긴다.

1831년 영국의 물리학자 Michael Faraday(1791~1867)는 자기장의 변화에 의해 전도체에 전류가 유도된다는 것을 증명하였다. 변환기의 발달에 대한 흥미 있는 내용은 참고문헌 1에서 확인할 수 있다. 매우 가깝게 인접해 있는 2개의 코일 중 한 코일에서 전류의 변화는 Faraday의 법칙에 의해 2차 코일에 기전력이 인가된다. 이 인덕턴스(inductance) 원리를 적용하여 LVDT의 1차 코일에 AC 전압을 인가하여 거리를 측정한다. 2개의 2차 코일은 직렬 회로로 구성되어 있고 철심이 그림 12.3에서와 같이 2개의 2차 코일 중심에 위치할 때 출력 전압 진폭은 0이 된다. 자성 철심의 미소 이동은 코일의 상호 유도(mutual inductance)를 변화시키며 2개 2차 코일에 각기 다른 기전력이 인가된다. 1940년(참고문헌 2) G. B. Hoadley의 U.S. 특허에서 제일 먼저 제시한 것처럼

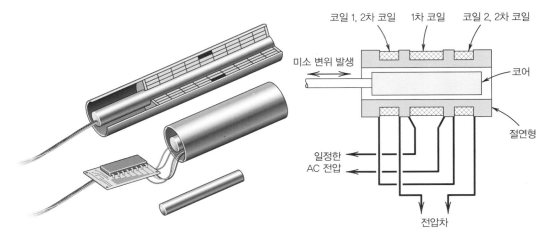

코일 1, 2차 코일 1차 코일 코일 2, 2차 코일

미소 변위 발생

코어

절연형

일정한
AC 전압

전압차

그림 12.3 LVDT의 구조

조작 범위 내에서 철심의 변위와 출력 진폭은 선형적 관계를 갖는다. 그림 12.4는 차동 변환기의 출력을 나타내고 있다. 철심의 움직임은 특정한 범위에서는 반드시 선형적이다. 이 선형 범위를 벗어나면 출력 진폭은 비선형적으로 최댓값까지 상승하며 최종적으로는 0이 된다. 0 변위 위치의 한쪽은 출력 전압이 180°의 위상을 갖는다. 철심의 1 또는 2 변위는 적절한 회로 구성으로 가능하다. 그러나 공급 전압의 조화적인 찌그러짐이나 2개 2차 코일이 상이하면 코일의 출력 전압이 0이 되지 않고 최솟값이 될 수 있기 때문에 주의해야 한다. LVDT의 분해능은 계측시스템의 분해능에 크게 의존하고 분해능은 나노미터 범위까지 낮출 수 있다.

동적 응답

2차 코일의 출력 전압은 1차 코일에 의해 유기된 자기장의 변화에 의하기 때문에 LVDT의 동적 응답은 인가된 AC 전압의 주파수와 직접 관련이 있다. 이러한 이유로 여기 전압(excitation voltage)은 적어도 10배의 최대 주파수를 가져야 한다. LVDT는 60 Hz에서 25 kHz의 입력 주파수 범위에서 작동하도록 설계되어 있다(특수한 응용 분야에서는 MHz 범위의 주파수도 사용 가능).

LVDT에 허용될 수 있는 최대 인가 전압은 보통 1~10 V 범위에서 1차 코일의 전류 이동 능력에 의해 정해진

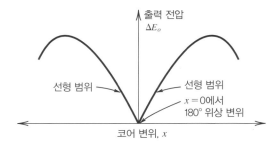

출력 전압
ΔE_o

선형 범위

선형 범위
$x = 0$에서
180° 위상 변위

코어 변위, x

그림 12.4 철심 위치를 함수로 하였을 때 LVDT의 출력

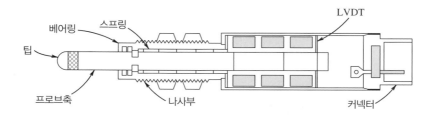

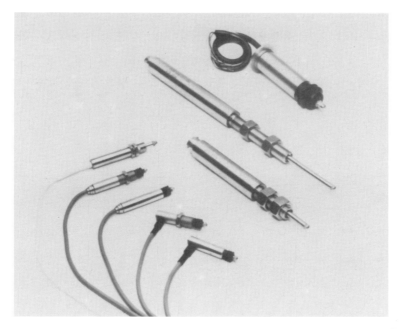

그림 12.5 LVDT 게이지 헤드. 상부 그림 : 일반적인 LVDT 게이지 헤드의 단면도 (Courtesy of Measurement Specialties, Inc.; 참고문헌 2)

다. LVDT에서는 온도 효과를 제한하기 위해 일정한 전류원이 더 유리하다. 사인파 입력 전압 이외의 경우에는 입력 신호의 조화성이 철심의 제로 위치에서 출력 전압이 증가할 것이다. LVDT로 출력 신호를 측정하고 기록하는 수단과 1차 코일에 적용된 AC 주파수는 LVDT에 나타나는 입력 신호가 가지고 있는 최대 주파수에 근거하여 선택하여야 한다. 예를 들면, 정적인 계측과 1차 코일의 여기 주파수보다 훨씬 낮은 주파수를 갖는 신호의 경우 출력 신호의 측정에는 AC 전압계를 사용한다. 이 경우 계측시스템의 주파수 응답은 AC 전압계의 평균화 효과에 의해 제한을 받는다. 높은 주파수 신호의 경우 특별한 전기회로를 이용하여 신호의 변화와 증폭을 거쳐 LVDT에 인가된 동적 변위를 DC 전압으로 출력할 수 있다. 이 경우, 출력 신호를 충분히 주파수로 샘플링할 수 있는 데이터 획득 장치를 사용하여 다양한 목적으로 신호 처리를 할 수 있다.

　LVDT를 사용한 거리 측정은 LVDT 게이지 헤드라 칭하는 조립품을 적용하여 측정한다. 이러한 장치는 다양한 형태의 게이지 장비와 공구로 널리 사용되고 있다. 그림 12.5는 게이지 헤드의 기본적인 구성을 보여 준다.

게이지 헤드는 0.0001 mm의 재현성과 0.05%보다 낮은 기기 오차를 유지할 수 있다.

각변위는 회전 가변 차동 변환기(rotary variable differential transformer, RVDT)를 적용하는 인덕턴스 기술을 사용하면 각변위 역시 측정할 수 있다. RVDT의 출력 곡선과 대표적인 구조는 그림 12.6과 같으며, 선형 출력 범위는 대략 ±40°이다.

가변 정전 용량 변환기

변위 측정 변환기(Displacement Measuring Transducer)에서 가변 정전 용량(Variable Capacitance) 원리는 다양한 방식으로 사용된다. 그림 12.7은 유전체로 채워진 전극이 있는 가변 정전 용량 변환기의 기본적인 구성을 보여 준다.

도체의 유효 면적, 도체 사이의 거리 및 재료의 절연 강도는 모두 정전 용량에 기여하며 다음과 같이 표현된다.

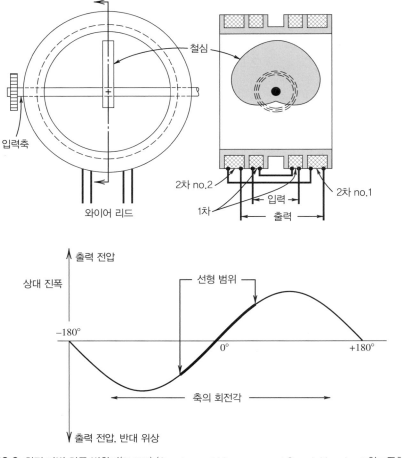

그림 12.6 회전 가변 차동 변환기(RVDT) (Courtesy of Measurement Specialties, Inc.; 참고문헌 6)

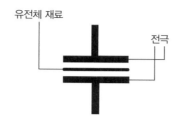

유전체 재료

전극

그림 12.7 유전체 재료로 채워진 전극이 있는 가변

$$C = \frac{\varepsilon A}{d}$$

여기서 d는 2개의 평행한 전극 사이의 거리, ε은 유전 매질의 유전율로 알려진 유전 상수, A는 전극의 면적이다. 두 전극 중 하나는 고정되어 있고 다른 전극은 변위 측정을 위하여 이동시킬 수 있다.

변환기의 정전 용량은 다음 세 가지 방법으로 변경할 수 있다.

1. 면적
2. 전극판 사이의 거리
3. 전극 사이의 재료

위 세 가지 모두 유전율 변화를 초래한다.

가변 유도 용량 변환기

가변 유도 용량 변환기(Variable Inductance Transducers)는 변위, 속도 또는 가속과 같은 측정값에 대한 전기 회로의 자기 특성 변화에 기초한다. 코일이 직접 감긴 영구 자석 코어로 구성됩니다. 자속장은 철판 또는 기타 강자성 물질이 자석에 대해 움직일 때 확장되거나 붕괴되어 코일에 전압이 유도된다. 이러한 유형의 변환기에 있는 코일은 자기장 내에서 이동한다. 코일의 회전은 교차하는 힘선에 수직이다. 코일이 움직이면 주어진 시간에 코일의 속도에 비례하는 전압이 생성된다. 이 장치는 각속도를 표시하는 데 사용된다. 픽업이 마름모꼴의 톱니 근처에 위치하면 속도 측정이 매우 정밀하게 수행될 수 있다. 그림 12.8은 가변 유도 용량 변환기의 개략도를 나타낸다.

근접 센서

근접 센서(Proximity Sensor)는 물리적으로 접촉하여 물체를 인식하는 센서와는 다르게 물리적으로 접촉하지 않는 비접촉으로 물체를 인식하여 모니터링을 실시는 하는 모든 센서를 말한다. 근접 센서는 동작하는 물체 또는 고정되어 있는 물체에서 반사되는 데이터를 수집하여 전기신호로 변환된다. 이 변환을 수행하기 위해 세 가지 유형의 측정 시스템이 사용된다.

1. 전자파를 사용하여 금속 물체에 와전류를 생성하는 시스템

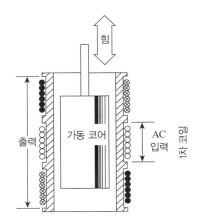

그림 12.8 가변 인덕턴스 변환기의 개략도

2. 고정 또는 동작하는 물체에 도달할 때의 전기 용량의 변화를 측정하는 시스템
3. 고정 또는 동작하는 물체가 접근할 때의 전기 용량의 변화를 측정하는 시스템

그림 12.9와 같이 근접 센서는 전도성 표면의 전자석에 의해 획득된 와전류로 인해 발생하는 자기 손실을 측정할 수 있다. 검출 코일에 교류 자기장이 생성되고, 자성 물질에 형성된 와전류에 의해 유발된 임피던스의 변화가 측정된다.

정전 용량 근접 센서는 측정 물체와 센서 사이의 정전 용량의 변화를 검출할 수 있다. 정전 용량의 총 개수는 측정하는 물체의 크기 및 높이에 따라 달라진다. 2개의 평행판의 능력은 전형적인 정전 용량 근접 센서 내부에서 관찰되고, 이는 또한 2개의 평행판을 갖는 정전 용량과 유사하게 나타난다.

가속도와 진동 측정

가속도의 측정은 기계 설계에서부터 유도(guidance) 장치에 이르기까지 다양한 용도로 활용되고 있다. 가속도와 진동 측정의 광범위한 응용으로 다양한 변환기와 측정 기술이 개발되었다. 변위, 속도, 가속도의 측정은 가속도를 유발하는 하중 함수의 파형에 의존하는 충격(shock) 또는 진동 측정에 관련한다. 일반적으로 주기성을 갖는 하중 함수는 결국 진동으로 해석되는 가속도가 된다. 반면에 짧은 시간 동안 힘의 입력과 큰 진폭은 충격 하중으로 분류된다.

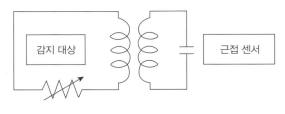

그림 12.9 근접 센서

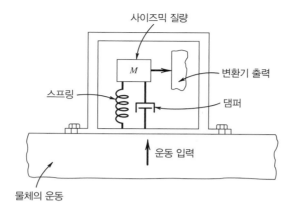

그림 12.10 사이즈믹 변환기

가속도, 속도 및 변위 측정의 기본적인 양상은 가속도 및 속도를 측정하는 가장 기본적인 장치의 시험과 사이즈믹 변환기(seismic transducer)를 통해 알아볼 수 있다.

사이즈믹 변환기

사이즈믹 변환기는 그림 12.10에서와 같이 스프링-질량-댐퍼 시스템, 보호용 하우징, 그리고 적절한 출력 변환기 등 세 가지 기본 요소로 구성되어 있다. 스프링-질량-댐퍼 시스템 특성의 적절한 설계를 통해 출력은 변위 혹은 가속도로 직접 표시된다. 특수한 측정을 위해서 기본적인 사이즈믹 변환기는 측정하고자하는 물체에 견고하게 부착된다.

변환기 출력은 사이즈믹 질량의 위치를 감지하는 경우를 고려한다. 어떤 조건하에서 사이즈믹 질량의 변위는 부착된 대상물과 하우징 가속도의 직접 측정에 의한다. 사이즈믹 질량의 상대 변위와 가속도의 관계를 설명하기 위해 사이즈믹 계기에 일정한 가속도가 입력되는 경우를 고려한다. 그림 12.11은 계기의 응답을 나타내고 있다. 가속도가 일정한 정상 상태의 조건에서 질량은 하우징에 대해서 무시해도 된다. 스프링은 사이즈믹 질량을

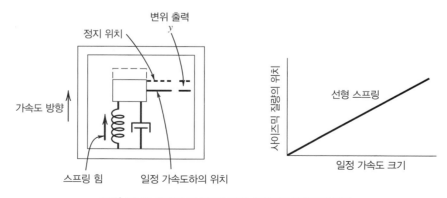

그림 12.11 일정한 가속도를 가진 사이즈믹 변환기의 응답

가속하는 데 요구되는 힘에 비례하는 양만큼 변형한다. 그리고 질량을 알면 뉴턴의 제2법칙으로부터 그에 상응하는 가속도를 알 수 있다. 일정한 가속도와 사이즈믹 질량의 변위의 관계는 선형 스프링의 경우에는 선형적이다($F = kx$).

우리는 일정한 가속도뿐만 아니라 복잡한 가속도 파형의 측정도 원한다. 앞서 2장에서 복합 파형은 사인(sine)또는 코사인(cosine) 함수로 표시될 수 있었다. 그리고 주기적인 파형의 입력으로 계측시스템을 해석하는 것에 의해 주파수 입력의 허용 범위를 알 수 있다. 사이즈믹 계기에 하우징의 변위가 사인파형 $y_{hs} = A \sin \omega t$를 입력한 경우를 고려한다. 그 결과 하우징 가속도의 절댓값은 $A\omega^2 \sin \omega t$이다. 만약 사이즈믹 질량의 자유 물체도를 고려하면 스프링 힘과 댐퍼 힘은 질량에 대한 관성적인 힘과 평형이 되어야 한다. (이를테면 계기가 항공기에 설치되면 중력의 영향이 계기의 해석에 중요한 역할을 하게 될 것임을 유의해야 한다.) 스프링 힘과 댐퍼 힘은 하우징과 질량 사이에 상대 변위와 속도에 비례적이다. 반면 관성력은 단지 사이즈믹 질량의 절대 가속도에 의존한다. 상대 변위 y_r은 사이즈믹 질량의 변위 y_m과 하우징의 변위 y_{hs}의 차로 다음과 같이 정의된다.

$$y_r = y_m - y_{hs} \tag{12.1}$$

뉴턴의 제2법칙으로 표현하면

$$m\frac{d^2 y_m}{dt^2} + c\frac{dy_r}{dt} + ky_r = 0 \tag{12.2}$$

식 (12.1)을 식 (12.2)에 대입하면

$$m\left(\frac{d^2 y_{hs}}{dt^2} + \frac{d^2 y_r}{dt^2}\right) + c\frac{dy_r}{dt} + ky_r = 0 \tag{12.3}$$

그러나 $y_{hs} = A \sin \omega t$를 알고 있으므로

$$\frac{d^2 y_{hs}}{dt^2} = -A\omega^2 \sin \omega t \tag{12.4}$$

그러므로

$$m\frac{d^2 y_r}{dt^2} + c\frac{dy_r}{dt} + ky_r = mA\omega^2 \sin \omega t \tag{12.5}$$

이 방정식은 식 (3.12)와 동일하다. 2차계 시스템 응답을 발달로 지배 방정식의 일반해를 고찰해 보자. 변환기는 사이즈믹 질량과 하우징 계기의 상대 운동을 감지한다. 따라서 계기가 효과적이기 위해서는 y_r의 값은 원하는 출력의 지시값이 되어야 한다.

입력 함수 $y_{hs} = A \sin \omega t$의 경우, 일반해 y_r은

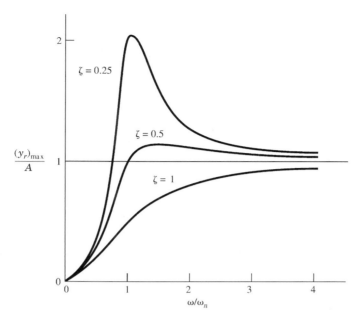

그림 12.12 사이즈믹 변환기의 입력 주파수에 대한 정상 상태에서의 변위 진폭

$$(y_r)_{\text{steady}} = \frac{(\omega/\omega_n)^2 A \cos(\omega t - \varphi)}{\left\{\left[1 - (\omega/\omega_n)^2\right]^2 + \left[2\zeta(\omega/\omega_n)\right]^2\right\}^{1/2}} \tag{12.6}$$

여기서

$$\omega_n = \sqrt{\frac{k}{m}}; \, \zeta = \frac{c}{2\sqrt{km}}; \, \varphi = \tan^{-1}\left(\frac{2\zeta(\omega/\omega_n)}{1 - (\omega/\omega_n)^2}\right) \tag{12.7}$$

사이즈믹 계기의 특성은 방정식 (12.6)과 (12.7)의 고찰로 알 수 있다. 특수한 설계에서는 고유 진동수와 감쇠가 정해진다. 우리는 사이즈믹 질량의 움직임과 입력 주파수에 대한 출력 결과를 원한다.

진동의 측정에서는 진동에 관련된 변위의 진폭 측정을 필요로 한다. 사이즈믹 계기의 거동은 y_{hs}가 직접 표시되는 출력이어야 한다. 이러한 작동이 일어나는 조건을 결정하기 위해서는 정상 상태의 진폭을 실험할 필요가 있다. 이 동작이 발생할 조건을 결정하기 위해 정상 상태에서 y_r의 진폭을 조사할 수 있다. 출력의 최대 진폭과 그에 상응하는 정적인 출력의 비는 $(y_r)_{\text{max}}/A$와 같다. 진동 측정에 있어 이 비율은 1의 값을 갖는다. 그림 12.12 는 고유 주파수에 대한 입력 주파수의 비율로 $(y_r)_{\text{max}}/A$을 나타내고 있다. 입력 주파수가 증가함에 따라 출력 증폭 y_r은 입력 진폭 A에 접근한다. 따라서 진동계에 사용되고 있는 사이즈믹 계기는 예상하는 입력 주파수보다 작은 고유 진동수를 가져야 한다. 이러한 계기의 감쇠비는 보통의 경우 0.7이다. 이러한 응용을 위해 설계된 사이즈믹 계기를 **진동계**(vibrometer)라 한다.

예제 12.1

그림 12.10에 나타낸 것과 같이 사이즈믹 계기는 1.27 mm 진폭과 20 Hz 주파수를 가진 주기적인 진동을 측정하는 데 사용되고 있다.

1. 동적 오차를 5% 이하가 되도록 고유 진동수와 감쇠비의 적절한 조합을 열거하라.
2. 스프링 상수 및 감쇠 계수로부터 고유 진동수와 감쇠비의 값은 얼마인가?
3. 출력 신호의 위상 지연(phase lag)을 계산하라. 입력 주파수가 변화하면 위상 지연도 변하는가?

알려진 값   입력 함수 $y_{hs} = 0.05 \sin 40\pi t$

구할 값 ω_n, ζ, k, m, c의 측정값은 5% 이하의 동적 오차를 갖는다. 시스템의 위상 응답을 고찰하라.

풀이

질량, 스프링 상수, 감쇠 계수는 설계 단계에서 다양하게 조합하여 이용한다. $m = 22.7$ g, $\zeta = 0.7$이라 하자. 스프링-질량-댐퍼 시스템에서

$$\omega = \sqrt{\frac{k}{m}} \qquad c_c = 2\sqrt{km}$$

여기서 c_c는 임계 감쇠 계수, $\zeta = c/c_c = 0.7$이고, 감쇠 계수 c는

$$c = 2(0.7)\sqrt{km}$$

이다. $\zeta = 0.7$일 때 $(y_r)_{max}/A$의 값을 계산하면 그 결과는 다음과 같다.

$$(y_r)_{max}/A = \frac{(\omega/\omega_n)^2}{\left\{ \left[1 - (\omega/\omega_n)^2\right]^2 + \left[2\zeta(\omega/\omega_n)\right]^2 \right\}^{1/2}}$$

식 (12.6)으로부터 $\cos(\omega t - \varphi) = 1$일 때 $(y_r)_{max}/A$의 값이 가장 크다. 이때 φ는 위상각이고 식 (12.7)로부터 계산된 결과는 다음과 같다.

$\dfrac{\omega}{\omega_n}$	$\dfrac{(y_r)_{max}}{A}$	φ(degrees)
10	1.000	172
8	1.000	169.9
6	1.000	166.5
4	0.999	159.5
3	0.996	152.3
2	0.975	137.0
1.7	0.951	128.5

동적 오차 식 $\left|\dfrac{(y_r)_{\text{max}}}{A} - 1\right|$ 을 이용하면, $\zeta = 0.7$일 때 $\omega/\omega_n \geq 1.7$의 값을 얻게 되고, 고유 진동수의 최댓값은

$$\omega_n = \omega/1.7 = 40\pi/1.7 = 73.9 \text{ rad/s}$$

여기서

$$\omega_n = \sqrt{k/m}$$

의 관계를 가지므로 $m = 22.7 \text{ g}$일 때 k는 123.86 N/m의 값이다. 감쇠 계수의 값은

$$c = 2(0.7)\sqrt{km} = 2.35 \text{ N-s/m}$$

참고사항 계기의 설계에서는 크기, 비용 그리고 사용 환경과 같은 제한 사항을 고려해야 한다. 이러한 설계 파라미터의 조합에서 위상 주파수 변조 거동은 복합적인 입력 파형의 찌그러짐 현상이 생길 수 있다. 이러한 현상이 중요할 경우, 다른 파라미터의 조합이 효과적일 수 있다. 이러한 현상과 또 다른 문제는 *seismic_transducer.vi* 프로그램 파일을 이용하여 탐구할 수 있다.

사이즈믹 계기를 이용한 가속도 측정

만약 가속도의 측정을 원하면 사이즈믹 질량의 거동은 예제 12.1과 매우 달라야 한다. 입력 가속도 신호의 진폭은 $A\omega^2$이다. 가속도를 나타내는 출력값 y_r을 얻기 위해서는 $y_r/A(\omega/\omega_n)^2$의 값은 입력 주파수의 설계 범위 내에서 일정해야 한다는 것이 식 (12.6)으로부터 명확해진다. 만약 이것이 사실이면 출력은 가속도에 비례할 것이다. $y_r/A(\omega/\omega_n)^2$의 진폭은 다음과 같이 표현할 수 있다.

$$\frac{(y_r)_{\text{steady}}}{A(\omega/\omega_n)^2} = \frac{\cos(\omega t - \varphi)}{\left\{\left[1 - (\omega/\omega_n)^2\right]^2 + \left[2\zeta(\omega/\omega_n)\right]^2\right\}^{1/2}} \tag{12.8}$$

그리고

$$M(\omega) = \frac{1}{\left\{\left[1 - (\omega/\omega_n)^2\right]^2 + \left[2\zeta(\omega/\omega_n)\right]^2\right\}^{1/2}} \tag{12.9}$$

여기서, $M(\omega)$는 3장의 식 (3.22)에서 정의한 진폭비(magnitude ratio)이다. 진폭비는 그림 3.19에서 입력 주파수와 감쇠비의 함수로 나타내고 있다.

그림 3.19로부터 일정한 진폭 응답은 입력 주파수비는 $0 \leq \omega/\omega_n \leq 0.4$ 범위에서 얻을 수 있다. 일반적으로, 가속도계에서 파형의 변형이 최소화될 수 있도록 주파수 위상의 변조가 선형적으로 발생할 수 있는 감쇠비가

0.7 적용된다.

요약하면 사이즈믹 계기는 출력이 입력 변위나 입력 가속도 모두 해석할 수 있는 설계가 가능하다. 가속도의 측정은 속도 정보를 얻기 위해 적분한다. 속도 혹은 가속도를 정하기 위한 변위 데이터의 미분은 적분 과정보다 훨씬 더 어렵다.

충격 및 진동 측정 변환기

일반적으로 가속도는 진동 및 충격력 측정에 가장 많이 이용된다. 다양한 가속도계가 이용되기도 하나, 스트레인 게이지와 압전 변환기도 충격이나 진동 측정에 널리 적용되고 있다.

압전 가속도계는 사이즈믹 변환기의 원리를 적용한다. 그림 12.13은 압전 가속도계의 기본적인 구조를 나타내고 있다. 질량과 압전 요소를 지탱하고 있는 너트를 조금 조여서 압전 요소에 약간의 예부하(preload)가 걸리게 한다. 하우징의 상하 동작은 압전 요소의 압축력을 변하게 하고, 결국 출력 신호가 나오게 된다. 이 계기에서 이용할 수 있는 주파수 응답의 범위는 0.03~10,000 Hz이다. 변환기 구조에 사용되는 압전 재료에 따라 정적인 감도는 1~100 mV/g의 범위를 갖는다. 정적인 가속도는 이러한 압전 변환기로는 효과적으로 측정할 수 없다.

스트레인 게이지 가속도계는 일반적으로 질량 가속도로부터 생기는 변형을 스트레인 게이지로 감지하는 질량체 구조로 되어 있다. 주파수 응답과 이런 계기의 가속도 범위는 관련을 가지며, 더 높은 가속도를 얻기 위해 설계된 계기는 넓은 대역폭을 가지는 반면 정적 감도는 낮아진다. 표 12.1은 2개의 압전 저항을 적용한 압전 저항 가속도계의 대표적인 특성을 나타내고 있다.

대부분의 가속도계의 설계에는 전위차계나 고출력을 제공하기 위한 폐쇄 회로 서보 시스템을 사용하는 가속도계를 포함한다. 압전 변환기는 가장 높은 주파수 응답과 가속도 범위를 가지며, 상대적으로 낮은 감도를 갖는다. 증폭은 이러한 결점을 어느 정도 극복할 수 있다. 반도체 스트레인 게이지 변환기는 압전의 경우보다 저주파수 응답 한계를 가지고 있으나, 안정된 가속도 측정에 사용될 수 있다. 기타 변환기는 압전과 스트레인 게이지 장치에 비해 비교적 더 낮은 주파수 응답 특성을 갖는다.

레이저 진동계

레이저 진동계(Laser Vibrometer)는 9장에서 설명한 레이저 도플러 풍속 측정기와 동일한 원리가 적용된다. 간

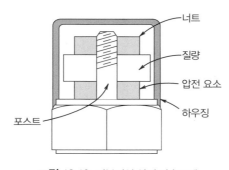

그림 12.13 기본적인 압전 가속도계

표 12.1 압전 저항 가속도계의 대표적인 성능 특성[a]

특성	25 g 범위	2,500 g 범위
감도(mV/g)	50	0.1
공진 주파수(Hz)	2,700	30,000
감쇠비	0.4~0.7	0.03
저항(Ω)	1,500	500

[a] 참고문헌 7 참조

섭계를 사용하면 나노미터 단위로 진동 측정이 가능하다. 레이저 진동계는 비접촉 방식으로 측정되기 때문에 적용범위가 방대하다. 살아있는 생물 및 움직이는 생물에 대한 생물학적 측정도 가능하다. 자동차 및 항공 우주 응용 프로그램에서의 테스트는 실시간으로 수행 가능하다.

속도 측정

선속도(line velocity)와 각속도(angular velocity)의 측정은 속도 측정을 위한 레이더(radar)나 레이저(laser) 시스템에 이르기까지 다양하게 이용되고 있다. 많은 응용 분야에서 센서는 스칼라의 속력을 제공한다. 그러나 속도와 방향 모두를 나타낼 수 있는 센서와 방법이 실제적으로 존재한다. 여기서는 선속도와 각속도의 측정을 위한 기법에 대해 다룬다.

　변위, 속도 그리고 가속도 측정은 기준 좌표계에 관계한다. 움직이고 있는 열차 위에서 당구 게임을 하는 경우를 생각한다. 땅 위에서와 열차 내에서 관찰자는 시합 중 서로 다른 속도 벡터를 관찰하게 된다. 속도 벡터는 두 관찰자의 상대 속도에 의해 다르게 된다. 그러나 속도 벡터 방정식을 단순히 미분하면 공의 가속도는 일정한 상대 속도로 서로 상대적으로 움직이고 있는 모든 기준 좌표계에서는 같다. 관성 좌표계는 힘과 가속도를 뉴턴의 제2법칙과 관련 있게 해 준다.

선속도 측정

이미 기술한 바와 같이 속도 측정은 기준 좌표계를 필요로 한다. 예를 들면, 컨베이어 벨트의 속도는 빌딩의 바닥과 상대적으로 측정된다. 반면에, 만약 로봇 팔의 속도가 움직이고 있는 컨베이어와 상대적으로 측정할 수 있으면 제어시스템에서 이점을 얻을 수 있다. 여기서 속도는 땅에 대하여 상대적으로 측정한다고 가정한다.

　고정 좌표계의 상대적인 속도 측정을 고려한다. 선속도를 측정하면 이에 상응하는 각속도 측정이 가능하다. 예를 들면, 자동차에서 속도계는 자동차의 연속적인 속도 기록을 알려 준다. 그러나 출력은 구동축과 변속기의 회전 속도를 측정하는 것으로부터 유도된다.

변위로부터의 속도 또는 가속도

일반적으로 속도는 단지 매우 짧은 시간과 미소 변위를 기계적인 수단으로 측정할 수 있다. 그러나 강체(rigid body)의 변위를 일정한 시간 간격으로 측정하면 속도는 거리에 대한 시간의 미분으로 계산할 수 있다. 그리고 만약 가속도를 측정하면 속도는 가속도 신호의 적분으로 계산할 수 있다. 다음의 예는 가속도나 변위로부터 계산한 속도의 불확도에 근거한 미적분의 결과를 증명하고 있다.

예제 12.2

우리의 목표는 가속도 신호의 적분과 변위 신호의 미분을 비교하는 것으로 속도 측정의 장점을 평가한다. 다음 조건의 적용을 가정한다.

$y(t)$와 $y''(t)$을 구하기 위해 데이터 획득 장치와 변환기의 특성을 표 12.2에 기술하였다. 불확도는 A/D 분해능 오차와 정확도로부터 직접 유도될 수 있다. 가속도와 변위 신호 모두 샘플링 주파수가 10 Hz라 가정하며, 결과 신호의 미분과 적분에 수치적 기법이 이용된다.

풀이

변위 신호의 미분으로 속도를 먼저 계산한다. 변위는 데이터 획득 시스템에 의해 δt 시간 간격의 디지털값으로 측정된다. 임의 시간 $n\delta t$에서 속도는 대략 다음과 같다.

$$v(t) = y'(t) = \frac{y_{n+1} - y_n}{\delta t} \tag{12.10}$$

여기서,

$y_{n+1} = (n+1)$시간에서 변위의 $(n+1)\delta t$번째 측정

표 12.2 변위와 가속도의 불확실도 해석

측정 변수	함수	풀-스케일 출력 범위
변위(cm)	$y(t) = 20 \sin 2t$	$0 \sim 10$ V
가속도(cm/s²)	$y''(t) = -80 \sin 2t$	$-5 \sim 5$ V

변위와 가속도의 불확도값	
측정 변수	불확도
변위	정확도 : 1% 풀스케일 = 2 mm
	A/D 8 bit(0.04 V) = 0.8 mm
	전체 불확도 = ± 2.2 mm
가속도	정확도 : 1% 풀스케일 = 0.5 mm/s²
	A/D 8 bit(0.04 V) = 0.4 mm/s²
	전체 불확도 = ± 0.64 mm/s²

$y_n = n\delta t$ 시간에서 변위의 n번째 측정

$v(t) =$ 시간 t에서 속도

신호를 10 Hz로 샘플링하면 δt는 0.1 s이다. 여기서 시간의 불확도는 무시하며, v, u_v에서의 불확도는 다음과 같이 표현된다.

$$u_v = \left\{ \left[\frac{\partial v}{\partial y_{n+1}} u_{y_{n+1}} \right]^2 + \left[\frac{\partial v}{\partial y_n} u_{y_n} \right]^2 \right\}^{1/2} \tag{12.11}$$

측정한 변위 y_n, y_{n+1}에서 불확도는 같게 되며 표 12.2에 요약되어 있다. 이러한 값을 식 (12.11)의 불확도로 나타내면 속도 측정에서 ±3 cm/sec가 된다. 이 불확실성의 크기는 시간이나 측정한 속도의 함수가 아님을 주의해야 한다. 이는 속도 측정에서 최소 30%의 불확실성에 해당한다.

가속도로부터 속도를 계산하기 위해서는 측정한 가속도의 값을 적분해야 한다. 우리는 디지털의 신호를 가지고 있기 때문에 적분은 다음과 같이 수치적으로 할 수 있다.

$$v(t) = y'(t) = \sum_i y_i'' \delta t \tag{12.12}$$

시간의 불확도를 무시하면 임의의 시간 t에서 속도의 불확도는

$$u_v = u_y'' t \tag{12.13}$$

분명히, 적분 과정은 그림 12.14에서와 같이 속도의 계산은 시간이 지남에 따라 오차가 누적되는 경향이 있다.

참고사항 이 예제는 데이터 해석의 유용한 원리를 설명하는 데 사용될 수 있다. 측정 데이터에는 잡음이나 무

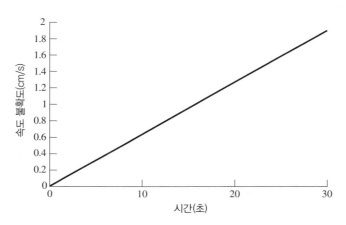

그림 12.14 시간의 함수로서 속도의 불확도

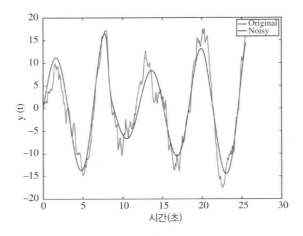

그림 12.15 잡음이 포함된 신호

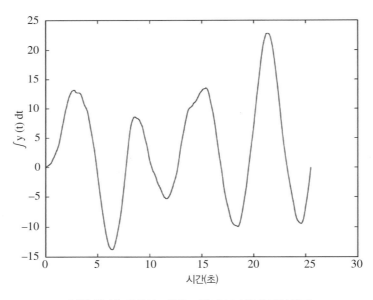

그림 12.16 잡음이 포함된 그림 12.15 신호의 적분 결과

작위 오차가 포함될 수 있음을 고려해야 하며, 이러한 신호는 그림 12.15에서 보여 주고 있다. 일반적으로 이러한 오차는 미분에 의해 증폭되고 적분 과정을 통해 최소화되는 경향이 있다. 그림 12.16은 잡음이 포함된 그림 12.15의 데이터를 적분한 결과를 보여 주며 잡음이 감소한 효과를 볼 수 있다. 그러나 오차의 누적을 고려하면 적분을 통한 방법은 오차 누적을 고려한 적분 구간을 반드시 맞춰야 한다. 미분은 저진폭, 고주파수 잡음에 매우 감도가 높은 경향이 있으며, 미분 시 특히 높은 샘플링 주파수에서 매우 큰 오차를 유발할 수 있다. 이러한 현상은 그림 12.17의 신호를 수치적 미분을 수행한 그림 12.15에서 확실히 보여 준다. 적절한 필터링과 평활화

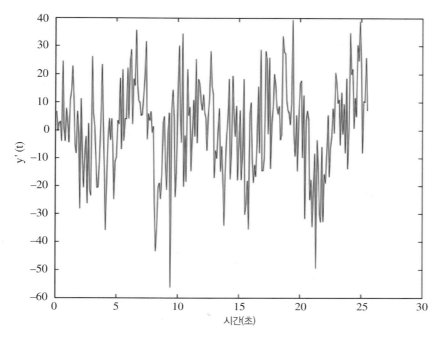

그림 12.17 잡음이 포함된 그림 12.15 신호의 수치 미분 결과

(smoothing) 기법은 잡음이 낮은 진폭을 갖는 경우 미분에서 잡음과 관련된 오차를 줄이는 데 일반적으로 유효하다.

가동 코일 변환기

가동 코일 변환기(Moving Coil Transducers)는 자장에서 전도체가 변위를 일으킬 때 발생된 전압을 이용한다. 이것은 발전기로 전력을 생산하는 원리와 같은 현상이다. 그림 12.18은 가동 코일 속도의 유도를 나타내고 있다. 전류가 흐르고 있는 전도체는 자기장에서 힘을 받으며, 그리고 자기장에서 전도체를 움직이려면 힘이 필요하게 된다. 후자의 경우 전도체에 전압이 유도되고, 유도된 기전력은 다음과 같다.

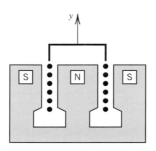

그림 12.18 가동 코일 변환기

$$E = \pi B D_c l N \frac{dy}{dt} \qquad (12.14)$$

여기서,

B = 자기장 강도

D_c = 코일 지름

E = 유도 전압

N = 코일의 감김 수

dy/dt = 코일의 선형 운동 속도

l = 코일 길이

가동 코일 변환기는 미소 진폭 운동을 측정하는 진동의 응용에 적절하다. 출력 전압은 코일 속도에 비례하며, 출력 극성은 속도 방향을 나타낸다. 정적 감도는 2 V-s/m 정도이다. 가동 코일 변환기는 진동뿐 아니라 사이즈믹 측정의 응용에서도 볼 수 있다.

각속도 측정

각속도의 측정(Angular Velocity Measurements)은 자동차에서 속도계(speedometers)와 같이 주위에서 흔히 볼 수 있으며, 매우 넓은 응용 범위를 갖는다. 다양한 응용 분야와 계측 기법에 대해 생각해 본다.

기계적 측정 기법

각속도나 회전 속도를 측정하는 기계적인 수단은 엔진이나 증기 터빈의 궤환 제어를 제공하기 위해 개발되었다. 기계적인 속도 조절기(governor)와 원심 회전 속도계(tacometer)(참고문헌 4)는 그림 12.19의 원리로 작동한다. 여기서 플라이볼(flyball) 질량의 원심 가속도는 정상 상태의 스프링 변위를 가진다. 스프링힘은 각속도의

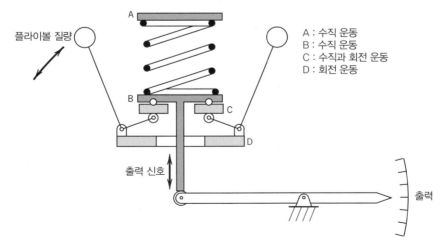

그림 12.19 기계적인 각속도 센서

그림 12.20 스트로보스코프 (Courtesy of Nidec-Simpo America Corp.)

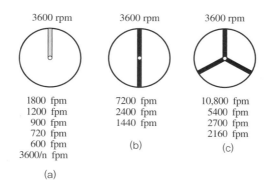

그림 12.21 스트로보스코프로 3,600rpm 회전 각속도의 하모닉과 서브하모닉 섬광률 기반 측정 결과(fpm: *flashes per minute*.)

제곱에 비례한다.

스트로보스코프 각속도 측정

스트로보스코프 광원(light source)은 정밀한 주파수를 발생시킬 수 있는 고강도의 섬광을 제공한다. 그림 12.20 은 스트로보스코프(stroboscope)를 나타내고 있다. 스트로보스코프는 정적 또는 간헐적인 움직임의 주기적인 운동의 관찰을 가능하게 한다. 그림 12.21은 회전 속도를 측정하기 위한 스트로브(strobe)의 사용을 나타내고 있다. 회전 물체 위의 타이밍 마크는 스트로브로 비치고, 스트로브 주파수는 그림 12.21(a)에서와 같이 마크가 움직이지 않는 것처럼 보이도록 조정한다. 따라서 최고 동기(synchronous) 속도가 실제 회전 속도가 된다. 이 속도에서 출력값이 0.1% 이하의 정확도로 스트로보스코프 램프 섬광 주파수의 교정(calibration)에 이용할 수 있다. 분명히, 인간의 눈으로 관찰할 수 있는 것보다 더 높은 회전 속도에서, 그림 12.21에 나타낸 바와 같이 실제 회전 속도의 정수배와 약수배의 경우 마크는 움직이지 않는 것처럼 나타난다.

실제 속도 이상의 섬광률에서 상(image)의 동기화(synchronization)는 정확한 속도 측정을 위해 실제적인 접근을 필요로 하고 있다. 대칭적인 사물에서는 의사(spurious) 상이 쉽게 얻어지며, 스트로보스코프 데이터의 잘

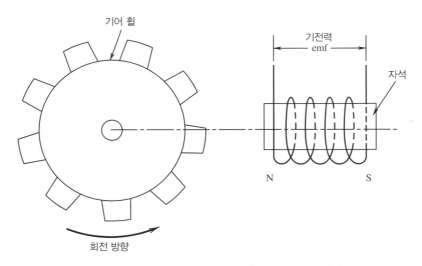

그림 12.22 기어 휠과 마그네틱 픽업을 이용한 각속도 측정

못 해석을 방지하기 위해서는 대칭적인 마킹이 필요하게 된다. 약수배로부터 실제 속도를 판별하기 위해서, 다른 단일 동기성 상이 나타날 때까지 섬광률을 낮춰야 한다. 이 섬광률이 본래 값의 절반에 상당하면, 본래의 섬광률이 실제 속도가 된다.

스트로브 섬광률의 상부 한계는 회전 속도를 측정하기 위한 스트로보스코프의 능력을 제한하지는 않는다. 고속의 경우, 최대 동기화 속도 ω_1, 그리고 ω_2, ω_3, $\cdots$는 조금씩 낮은 동기화 속도를 가지며 N배의 동기화를 얻을 수 있다. 측정 회전 속도는 다음과 같이 계산한다.

$$\omega = \frac{\omega_1 \omega_N (N-1)}{\omega_1 - \omega_N} \tag{12.15}$$

부속 소프트웨어 *stroboscope.vi* 파일에서 기본적인 작동과 흥미로운 스트로보스코브 효과를 확인할 수 있다.

전자기 기법

회전 속도 측정하기 위한 여러 기법에는 각속도를 지시하는 전기적인 신호 발생 변환기를 이용한다. 그림 12.22에 가장 기본적인 한 예를 나타내고 있다. 이 변환기는 기어 휠(toothed wheel)과 마그네트와 코일로 구성되는 마그네틱 픽업(pickup)으로 되어 있다. 휠이 회전함에 따라 자기장은 변화하고 코일에는 기전력이 유도된다. 자성 기어가 픽업을 지날 때, 자기 회로는 시간이 경과함에 따라 변하게 되며 코일에는 다음의 전압이 생긴다.

$$E = C_B N_t \omega \sin N_t \omega t \tag{12.16}$$

여기서

　E = 출력 전압

C_B = 비례 상수

N_t = 기어 톱니 수

ω = 휠의 각속도

각속도는 출력 신호의 진폭이나 주파수로 알 수 있다. 신호의 전압 진폭은 잡음이나 부하 오차의 영향을 받기 쉽다. 따라서 각속도 측정에 주파수를 사용하면 오차를 좀 더 줄일 수 있다. 보통 전자적으로 펄스를 세는 수단이 적용되고 있다. 이 주파수 정보는 기록을 위해 디지털로 전송되며, 그것은 전압 신호에 관련된 잡음과 부하 오차 문제를 제거한다.

디지털 회전속도계

디지털 회전속도계(Digital Tachometer)는 그림 12.23과 같이 회전하는 물체의 회전자 속도를 감지하여 나타내는 디지털 장치이다. 회전하는 물체는 오토바이 타이어, 자동차 타이어, 천장 팬 또는 모든 유형의 모터일 수 있다. 전자 회전속도계 회로는 임베디드 컨트롤러와 LCD 또는 LED 디스플레이 스크린을 포함한다.

속도를 의미하는 *Tachos*와 측정을 의미하는 *metron*은 회전속도계(tachometer)라는 단어를 구성하는 2개의 그리스어 단어이다. 전자기, 광자 또는 적외선 원리에 작용하는 경향이 있다. 적산(積算)회전계(Revolution Conunter)라고도 한다. 회전속도계와 회전축이 직접 접촉하는 것을 접촉형 회전속도계라고 한다. 일반적으로 회전속도계는 기계 또는 전기 모터에 부착되며 회전 속도는 광학 엔코더 또는 자기 센서를 사용하여 회전 속도를 평가하여 나타낼 수 있다. 디지털 회전속도계에는 방사형 측정 기술을 위한 메모리를 포함하고 있으며, 0.5 rpm의 저속에서 10,000 rpm의 고속에 이르는 전송 속도를 측정할 수 있다. 회전축과 물리적 접촉이 필요 없는 디지털 회전속도계를 비접촉식 디지털 회전속도계라고 한다. 비접촉식 디지털 회전속도계는 회전축에 광학 디스크 또는 레이저가 부착되어 있으며, 이러한 유형의 회전속도계는 대상으로 하는 전자기파 또는 빔으로 회전을 측정할 수 있다. 비접촉식 디지털 회전속도계는 1 ~ 99,999 rpm까지의 속도를 측정할 수 있으며, 약 120°의 측정각도를 가지고 있다. 시간 기반 디지털 회전속도계는 속도를 측정하기 위하여 들어오는 펄스 사이의 시간을 측정하여 속도를 나타낸다. 펄스의 주파수는 주파수 기반 디지털 회전속도계에 의해 평가되며, 또한 속도를 계산합니다. 이 형태의 회전속도계는 빨간색 LED와 회전축을 사용하여 회전 속도를 평가하므로 빠른 속도를 평가하는 데 높은 신뢰도를 가진다. 주파수 기반 디지털 회전속도계는 10 kHz에서 12 kHz 범위의 주파수를 가지고 낮은 비용과 높은 효율성을 가진다.

그림 12.23 디지털 회전속도계

아날로그 회전속도계

아날로그 회전 속도계는 사용자 설정을 구성한 바늘과 다이얼로 이루어져 있다. 속도의 판독 값을 저장하고 평균 및 편차와 같은 정보를 계산할 수 있는 필수적인 하드웨어가 부족하여 오차가 날 수 있다. 속도는 기존의 주파수 대 전압 변환기를 사용하여 전압으로 변환되고, 아날로그 멀티미터에 전압으로 표시되어 나타낸다. 기계식 회전속도계(mechanical tachometer)는 기계식 속도계(mechanical speedometer)와 유사한 방식으로 작동한다. 엔진이나 변속기의 움직이는 부분은 내부에 회전축과 바늘의 위치를 제어하는 게이지에 연결되어 엔진속도를 나타낸다.

전자 회전속도계는 회전하는 엔진 부품 근처에 위치한 자기 픽업을 사용하여 엔진 속도에 비례하는 주파수의 전기 펄스를 생성한다. 펄스 주파수는 아날로그 바늘 또는 디지털 판독을 사용하여 엔진 RPM의 디스플레이를 위해 미터의 회로에 의해 변환된다.

교류 회전속도계 발생기   교류 회전속도계 발생기(AC Tachometer Generator) 설계는 정류자 및 브러시 사용과 같은 것을 사용하는 직류 회전속도계 발생기 설계와 관련된 단점을 해결한다. 회전자기장과 유도 기전력을 발생시키는 코일을 가진 회전하는 부분이 교류 회전속도계 발생기로 구성되어 있고, 여기에는 직류 전류로 바꾸는 장치 또는 브러시가 존재하지 않는다. 회전 자기장은 고정자의 고정 코일에서 EMF를 자극한다. 샤프트의 회전 속도에 따라 유도된 EMF의 진폭 및 주파수가 결정된다. 결과적으로, 진폭 또는 주파수는 각속도를 결정하는 데 사용된다. 로터 속도는 유도 전압 진폭을 고려한 그림 12.24 회로를 사용하여 결정한다. 브리지 정류기를 통과하기 전에 정류된 전압의 리플을 매핑하여 유도 전압을 정류합니다.

와전류 회전속도계   그림 12.25는 드래그 컵이 있는 교류 회전속도계를 나타낸다. 발전기의 정류자는 기준 권선과 직교 권선의 두 가지 권선으로 구성되어 있다. 이 두 가지 권선은 서로 90° 각도로 장착되어야 한다. 회전속도계의 로터는 뒷바퀴뿐만 아니라 양쪽 필드 구조 사이에 유지되는 2개의 얇은 컵으로 구성된다. 로터는 관성이 낮은 유도성이 높은 물질로 제조된다. 입력은 기준 권선에 의해 수신되고, 출력은 직교 권선에 의해 생성된다. 자기장에서 회전자의 회전은 감지 권선에서 전압을 생성한다. 그림 12.25는 유도 전압이 회전 속도와 거의

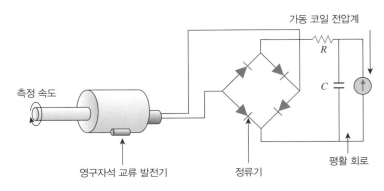

그림 12.24 교류 회전속도계 발생기

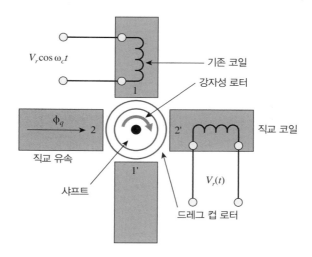

그림 12.25 드레그 컵이 있는 교류 회전속도계

같다는 것을 보여준다.

직류 회전속도계 발생기 직류 회전속도계 발생기(DC tachometer generator)의 회전자는 관성이 낮고 유도성이 높은 물질로 구성되어 있다. 기준 권선은 입력을 수신하고 직교 권선은 출력을 생성한다. 감지 권선의 전압은 자기장 사이에서 회전하는 회전자에 의해 유도된다. 그림 12.26은 인덕터에 의해 생성된 전압이 회전 속도에 비례한다는 것을 보여 준다. 자기장 내에서 이동할 때마다 닫힌 도체에서 EMF가 생성되며, 이것이 직류 회전속도계가 작동하는 방식이다. 유도된 EMF의 강도는 도체와 연결된 플럭스 및 샤프트의 회전 속도에 의해 평가된다. 직류 발생기의 전기자는 영구 자석의 연속 장 사이에서 회전하는 경향이 있다. 회전은 코일의 EMF를 유도한다. 기전력의 강도는 축 속도에 의해 결정된다. 고정자는 브러시의 도움으로 전기자 코일의 스위칭 전류를 직류로 변환한다. 이동 코일 전압계는 기전력을 평가하는 데 사용된다.

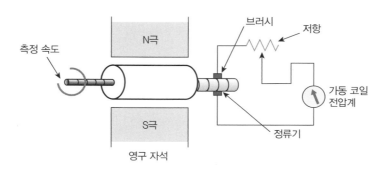

그림 12.26 직류 회전속도계 발생기

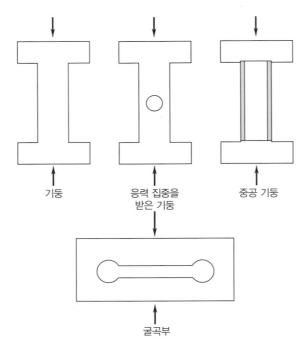

그림 12.27 탄성 로드셀 설계

힘의 측정

힘의 측정은 미소량의 의약품 무게에서부터 고속도로를 달리는 트럭의 무게 측정에 이르기까지 널리 활용되고 있다. 힘은 질량, 길이, 시간의 기본적 차원에서 유도되는 양이다. 이러한 양과 단위에 대해서는 1장에서 이미 정의하였다. 이 장에서는 힘을 측정하는 데 있어서 가장 일반적인 기법에 대해 기술한다.

로드셀

'로드셀(load cells, 하중계)'은 특정한 방향으로 힘이 작용할 때 전압 신호를 발생하는 변환기를 말한다. 하중 변환기는 가끔 탄성 부재와 변형 센서로 구성되어 있으며, 그러한 장치에 대한 기술적 개요는 참고문헌 5에 기술되어 있다. 이러한 변형 센서는 변형을 감지하기 위해 용량이나 저항의 변화 또는 압전 효과를 이용한다. 먼저, 스트레인 게이지가 설치된 선형 탄성 부재를 이용하여 설계된 로드셀을 고려한다.

스트레인 게이지 로드셀   스트레인 게이지 로드셀은 보통 금속으로 구성되며, 힘의 측정 범위는 조작 범위 내에서 출력을 발생하는 형상을 가지고 있다. 선형 탄성 부재의 형상은 다음과 같은 조건을 충족하도록 설계한다.

  1. 필요한 정확도를 갖는 적정한 범위의 측정 능력을 제공해야 한다.
  2. 특정한 방향의 힘에 대해서 높은 감도를 가진다.
  3. 기타 방향으로 작용하는 힘에 대해서는 감도가 낮아야 한다.

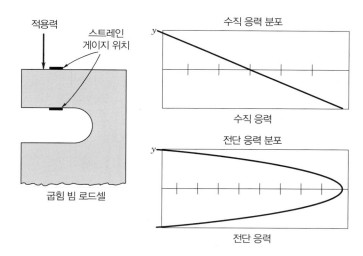

그림 12.28 굽힘 빔 로드셀과 응력 분포

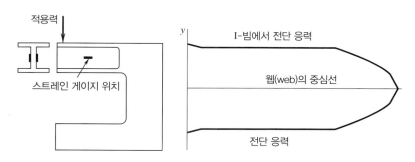

그림 12.29 전단빔 로드셀과 전단 응력 분포

　그림 12.27에 선형 탄성 로드셀의 다양한 디자인을 나타내었다. 일반적으로 로드셀은 빔 형(beam type)의 로드셀, 프로빙 링(proving ring) 또는 원주형 디자인으로 되어 있다. 빔 형 로드셀은 굽힘이나 전단 빔 로드셀의 특징을 갖는다.

　굽힘 빔 로드셀은 그림 12.28에서와 같이 로드셀 기능의 감지 요소로 외팔보를 사용한다. 수직 또는 굽힘 응력을 측정하기 위하여 빔의 윗면과 아랫면에 스트레인 게이지를 부착한다. 그림 12.28은 외팔보에서 전단과 수직 응력 분포를 정량적으로 나타내고 있다. 로드셀의 선형적인 탄성 범위 내에서는 굽힘 응력은 적용된 힘과 선형적 관계를 갖는다.

　전단 빔 로드셀에서 빔의 단면은 I-빔의 형이다. 웹(web)에서 전단 응력은 거의 일정하다. 그림 12.29에서는 전단 응력 분포를 도식적으로 나타내고 있다. 일반적으로 굽힘 빔 로드셀은 제작상의 이유로 가격이 낮다. 그러나 전단 빔 로드셀은 더 낮은 크리프와 신속한 반응 시간을 포함한 몇 가지 장점을 가지고 있다.

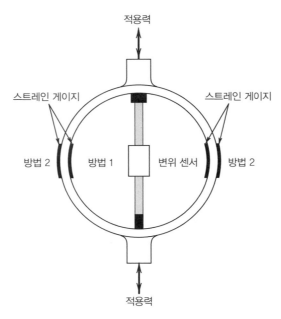

그림 12.30 링형 로드셀 또는 프로빙 링

프로빙 링   링형의 로드셀은 국부적인 힘 표준으로 사용될 수 있다. 그림 12.30과 같이 링형의 로드셀은 변환기와 센서의 적절한 배열로 높은 정밀도와 정확도를 얻을 수 있기 때문에 재료 시험기의 교정에 흔히 사용된다. 만약 센서가 원형 실린더에 가까우면 적용된 힘과 변형 사이의 관계는 다음과 같다.

$$\delta y = \left(\frac{\pi}{2} - \frac{4}{\pi} \right) \frac{F_n D^3}{16EI} \tag{12.17}$$

여기서

δy = 가해진 힘에 의한 변형

F_n = 가해진 힘

D = 지름

E = 탄성 계수

I = 관성 모멘트

프로빙 링(proving ring)의 적용은 힘이 작용하는 방향으로 프로빙 링의 변형을 측정하는 것이다. 이러한 변위 측정 방법은 모든 변위를 측정하는 변위 변환기와 스트레인 게이지를 포함한다. 이러한 방법을 그림 12.30에 나타내었다.

압전 로드셀   압전 재료는 기계적 변형률을 받을 때 전하를 발생하는 성질을 가지고 있다. 가장 보편적인 압전

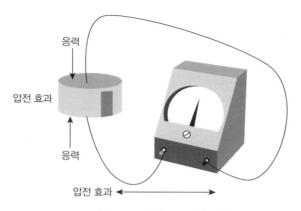

그림 12.31 압전 변환기의 개략도

재료는 단결정-수정(single-crystal quartz)이다. 압전 요소에서 발생하는 변환의 기본 원리는 발전기나 콘덴서를 생각하는 것이 가장 편하다. 주파수 응답은 수정 결정의 재료 특성과 크기에 의해 주로 결정되기 때문에 압전형 변환기의 주파수 응답은 매우 높다. 전압은 적용된 압축력으로 계산된다. 압전 변환기에 의해 생성된 전압은 전압 측정 장비를 사용하여 결정할 수 있다. 이 전압 판독값은 적용된 힘 또는 압력의 함수이므로 힘 또는 압력 판독값을 유추할 수 있다. 그림 12.31은 압전 재료에 축 방향으로 응력이 가해진 압전 변환기를 보여 준다.

수정의 탄성 계수는 대략 85 GPa이며 0.05~10 mV/N의 정적 감도와 15,000 Hz의 주파수 응답을 갖는 로드셀을 만든다. 대표적인 압전 로드셀의 구성을 그림 12.32에 나타내고 있다.

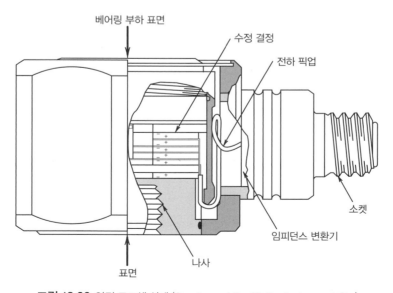

그림 12.32 압전 로드셀 설계 (Courtesy of the Kistler Instrument Co.)

작동 원리 압전 압력 센서는 스트레인 게이지 하중 셀과 동일한 변형 개념을 사용한다. 그러나 기본 압전 센서는 로드셀의 변형과 거의 같은 출력 전압을 생성한다. 그것은 동적이고 예측 가능한 힘을 측정하는 데 사용될 수 있다. 압전 기반 스트레인 게이지는 동적 부하에 자주 사용되었으며 스트레인 게이지 셀은 동적 순환 부하로 인해 효력을 잃을 수 있다. 게이지의 전력만이 임펄스 함수라는 맥락에서, 이는 압전 효과가 동적이라는 것을 의미한다. 정적 값을 평가할 때 출력 전압은 변형이 변할 때마다 효과적이다.

토크 측정

토크와 기계적인 동력 측정은 가끔씩 산업계에 기계적 · 전기적 동력을 제공하는 에너지 변환 과정과 관련이 있다. 그러한 에너지 변환 과정은 주요 내연기관과 같은 원동기(prime mover)로 생산된 기계적 동력 전달에 해당된다. 자동차에서 터빈-발전기에 이르기까지 기계적인 동력 전달은 회전축에 걸리는 토크에 의해 발생된다.

토크 측정은 하중 적재 축의 크기를 포함한 다양한 응용 분야에서 중요하다. 이 측정은 엔진 동력계(engine dynamometer)와 같이 축동력 측정에서 중요하다. 스트레인 게이지식 토크 셀은 로드셀과 유사한 방법으로 구성되어 있고, 탄성 부재에서의 비틀림 변형은 탄성 부재 위에 적절하게 접착한 스트레인 게이지로 감지한다. 그림 12.33는 토크를 측정할 목적으로 스트레인 게이지가 설치된 원형축과 상업적으로 이용되고 있는 토크 센서를 나타내고 있다.

토크 T에 의해 축의 반지름 R_0에서 발생하는 응력을 생각해 보자. 원형축에서 최대 전단 응력은 표면에서 발생하고 비틀림 공식에 의해 다음과 같이 계산한다.[3]

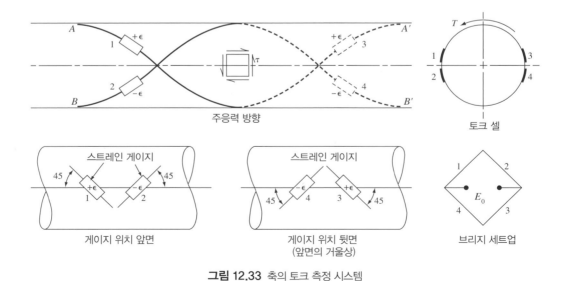

그림 12.33 축의 토크 측정 시스템

---

3 쿨롱(Coulomb)은 1775년 전기 장치와 관련된 비틀림 공식을 개발하였다.

$$\tau_{max} = TR_0/J \tag{12.18}$$

여기서

    τ_{max} = 최대 전단 응력

    T = 토크

    J = 극관성 모멘트(원형 실축의 경우 $\pi R_0^2/2$)

순수 비틀림을 받는 축의 경우는 수직 응력 σ_x, σ_y, σ_z는 존재하지 않는다. 그림 12.33에서 주응력은 축방향을 중심으로 45° 각도에서 발생하며, τ_{max}에 해당하는 값을 가진다. A-A'로 표시된 곡선을 따라 발생하는 변형률 B-B'를 따라 발생하는 신호와 반대이다. 이 위치에 휘트스톤 브리지로 4 액티브 스트레인 게이지를 구성하고 브리지 출력 전압에 의해 직접 토크를 측정한다.

기계식 동력 측정

내부 연소(IC) 엔진이나 가스 터빈과 같은 거의 대부분의 원동기는 연료가 가지고 있는 화학적 에너지를 축에 전달되는 열동력으로 바꾸는 것이다. 자동차 분야의 응용에서, 피스톤은 크랭크축 상에서 토크를 생성시키며, 궁극적으로 구동 휠에 전달한다. 동력은 기계식 커플링으로 전달한다. 이 장에서는 그러한 기계식 동력 전달의 측정에 관한 것을 다룬다.

회전 속도, 토크, 축동력

회전 속도와 토크와 관련을 갖는 축동력 사이에 다음의 관계가 있다.

$$\vec{P}_s = \vec{\omega} \times \vec{T} \tag{12.19}$$

여기서 $\vec{P}_s$는 축동력, $\vec{\omega}$는 각속도 벡터, $\vec{T}$는 토크 벡터이다. 일반적으로 토크와 각속도 벡터의 방향은 다음과 같은 스칼라 형태로 표기된다.

$$P_s = \omega T \tag{12.20}$$

표 12.3은 기계 계측에 사용되고 있는 축동력, 토크, 속도에 관련된 식을 요약한 것이다. 예로부터 프로니(Prony) 브레이크라고 부르는 장치가 축동력을 측정하는 데 사용되었다. 대표적인 프로니 브레이크 장치를 그림 12.34에 나타내었다. 내부 연소 엔진의 출력 동력을 측정하기 위하여 프로니 브레이크 사용을 고려한다. 프로니 브레이크는 브레이크 재료에서 열에너지로 소모된 엔진의 동력 출력을 갖는 엔진에 정교한 하중을 제공한다. 동력은 토크 암 위에 작용하는 토크와 엔진의 회전 속도를 기록함으로써 측정한다. 분명히 이 장치는 속도와 동력의 제한을 받지만 동력 측정에 대한 원리를 보여 주며, 역사적으로 동력을 측정하는 최초의 기술로서의 의미를 가지고 있다.

표 12.3 축동력, 토크 그리고 속도 관계

	SI 단위계	U.S. 단위계
축동력, P	$P = \omega T$	$P = \dfrac{2\pi n T}{550}$
동력	$P(\mathrm{W})$	$P(\mathrm{hp})$
회전 속도	$\omega\,(\mathrm{rad/s})$	$n\,(\mathrm{rev/s})$
토크	$T\,(\mathrm{N\,m})$	$T\,(\mathrm{ft\,lb})$

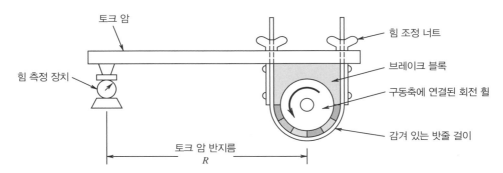

그림 12.34 프로니 브레이크 (Courtesy of the American Society of Mechanical Engineering, New York, NY. Reprinted from PTC 19.7-1980.6)

크래들형 동력계

프로니 브레이크는 흡수식 동력계의 한 예이다. 동력계란 용어는 원동기의 출력 동력을 흡수하고 측정하는 장치를 말한다. 원동기는 가솔린이나 디젤 엔진 혹은 가스 터빈과 같은 큰 기계적 동력 생산 장치이다. 에너지 소산(energy dissipation) 방법은 다양한 동력 범위에서 이용되고, 동력 측정의 기초 원리로 사용된다. 따라서 우선 동력 측정에 대해 알아보고 동력계에서 큰 에너지 소산에 대해 논의해 본다.

크래들형 동력계(cradled dynamometer)는 동력과 원동기의 정지 부분을 움직이지 않게 하는 데 필요한 반동 토크를 전달하는 축의 회전 속도를 측정하여 기계적 동력을 측정한다. 이 반동 토크는 모터 사이클 탑승자가 소위 'Wheelies'라 불리는 것으로 잘 설명하고 있다. 크래들형 동력계는 트러니언(trunnion) 베어링이라 불리는 베어링이 지지하고 있고, 반력 토크는 토크로 전달되거나 힘-측정 장비로 전달된다.

원리적으로 동력계는 반동 토크에 의해 발생된 하중 F_r을 정상 상태에서의 측정과 축 속도의 측정을 포함한다. 전달 축동력은 식 (12.19)로부터 직접 계산할 수 있다.

ASME 성능 시험 코드 PTC 19.7(참고문헌 6)은 축동력을 측정하기 위한 지침이다. 이 성능 시험 코드에 따르면 크래들형 동력계에 의한 축동력 측정에 있어서 전체 불확도는 다음의 요인에 의한다.

1. 트러니언 베어링 마찰

2. 힘 측정 불확실도(F_r)

3. 모멘트 팔 길이 불확실도(L_r)

4. 동력계 오차 불확실도의 정적 불균형

5. 회전 속도 측정에서의 불확도

조절할 수 있는 하중을 원동기에 공급하고 동력계에서 흡수된 에너지를 방사시키는 수단은 동력계의 설계에 있어 필수적인 부분이다. 적절한 하중을 공급하기 위한 여러 기법을 기술한다.

와류형 동력계(eddy current dynanometer) 직류장 코일과 로터는 축동력을 고정자 감김에서 와전류에 의해 발산되게 한다. 와전류의 줄열에 의한 열에너지로의 변환은 결국 냉각수의 사용을 필요로 한다.

교류와 직류 발전기(AC and DC generator) 크래들형 직류와 교류기는 동력계 내에서 동력 흡수 요소에 적용된다. AC 응용에는 광범위한 동력과 속도를 측정할 수 있는 가변 주파수 성능을 필요로 한다. 그러한 동력계에서 발생된 동력은 저항 하중을 사용하여 열에너지로 소모된다.

물 브레이크 동력계(waterbreak dynamdmeters) 물 브레이크 동력계는 에너지 소모의 수단으로 유체 마찰과 운동량 변화를 이용한다. 그림 12.35는 두 가지 대표적인 설계를 보여 주고 있다. 점성 전단형 브레이크는 고속 회전에 유용하고 교반기는 다양한 속도와 하중에 걸쳐서 사용된다. 물 브레이크는 10,000 HP(7,450 kW)까지 적용할 수 있다. 물 브레이크에 의해 흡수된 하중은 브레이크 내부의 물 수위와 유량을 조절하는 데 사용된다. 그림 12.36은 최신 물 브레이크 엔진 동력계를 나타낸다. 그림 12.36(a)는 엔진이 설치되지 않은 동력계이고 그림 12.36(b)는 검사 엔진이 설치된 동력계를 나타낸다.

12.3 액추에이터

선형 액추에이터

선형 액추에이터(liner actuator)는 직선 운동을 만들어 낸다. 선형 운동을 얻기 위해 다음 세 가지 방법에 대해 논의해 보자.

1. 회전 운동에서 선형 운동으로서의 변환. 이것은 실린더-크랭크 메커니즘과 같은 연동기를 사용하거나 회전 운동원과 결합된 나사를 사용하여 만들 수 있다.

2. 실리더 내의 피스톤 작동을 위한 유압의 사용. 공기나 다른 가스가 작동 유체로 사용될 때 이 시스템을 공압 시스템이라고 하고, 오일과 같은 액체가 작동 유체로 사용되면 이 시스템을 수압식(hydraulic)이라 정의한다.

3. 움직일 수 있는 구성 요소에 적용되는 전자기력.

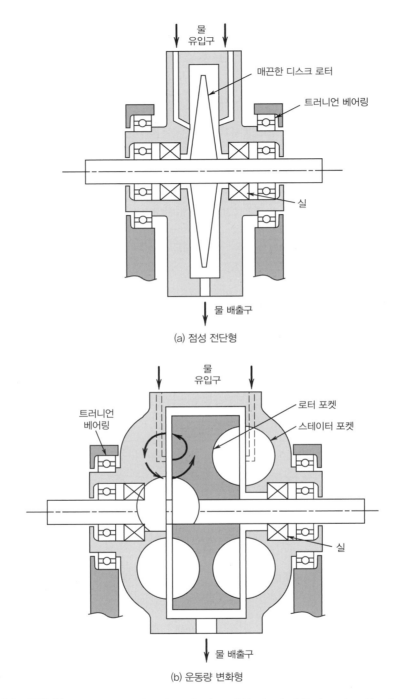

(a) 점성 전단형

(b) 운동량 변화형

그림 12.35 물 브레이크 동력계 (Courtesy of the American Society of Mechanical Engineering, New York, NY. Reprinted from PTC 19.7-1980.6)

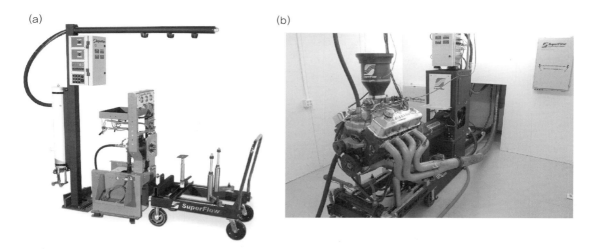

그림 12.36 물 브레이크 엔진 동력계. (a) 측정 엔진 없이 설치된 동력계, (b) 측정 엔진이 설치된 동력계 (Photo credit Super Flow Dynamometer & Flowbenches.)

슬라이더-크랭크 메커니즘

그림 12.37에서와 같이 왕복 선형 운동을 발생시키거나 선형 운동을 회전 운동으로 변환하는 일반적인 방법은 슬라이더-크랭크 메커니즘은 내연 기관의 피스톤 왕복 운동의 변화에 기초하고 있다. 이런 연동장치는 픽 앤드 플레이스(pick and place) 작동과 다양한 자동화 분야에 응용될 수 있다.

스크루-드라이브 선형 운동

회전 운동을 선형 운동으로 변환하는 데 보통 사용되는 것이 리드 스크루(led screw)이다. 리드 스크루는 정확한 위치 정보를 얻을 수 있도록 백래시(backlash)가 최소로 설계된 헬리컬 나사를 갖는다. 기본적인 원리를 그림 12.38에 나타내었다. 리드 스크루의 회전 운동은 너트의 선형 운동으로 전달된다. 이때 토크가 리드 스크루를 직접적으로 움직일 수 있도록 하는 직접적인 연결이 필요하다.

일반적으로 밀링의 작업대와 같이 리드 스크루가 적용되는 다양한 정밀 이송 테이블은 그림 12.39에서 볼 수 있다.

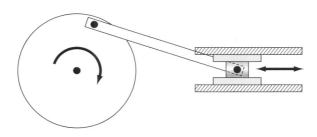

그림 12.37 슬라이더-크랭크 메커니즘

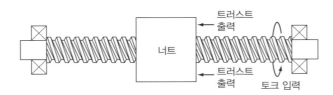

그림 12.38 리드 스크루를 사용한 선형 액추에이터

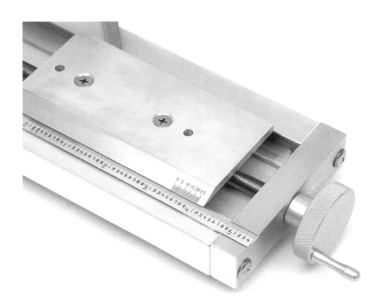

그림 12.39 정밀 이송 테이블 (UniSlide® from Velmex, Inc.)

공압과 수압 액추에이터

'공압(pneumatic)'이란 용어는 에너지원으로 압축 공기를 사용하는 요소나 시스템을 의미한다. 반면 수압 시스템은 작동 유체로 비압축 오일을 사용한다. 공압 시스템의 예로 자동차의 파워 스티어링(power steering)을 들수 있다. 이 시스템은 그림 12.40에 나타내었다. 공압 유체는 파워 스티어링 펌프를 통해 고압으로 공급된다. 스티어링은 공급 전력이 구동체에서 만들어질 때, 로터리 밸브는 높은 압력이 피스톤과 회전하는 휠의 보조부에서 적절하게 유입되도록 되어 있다. 스티어링부와 랙(rack) 그리고 피스톤 사이의 연결을 유지함으로써 수압 시스템이 고장 났을 때에도 자동차를 조정하는 것이 가능하다.

공압식 액추에이터

에너지원으로 압축된 공기가 사용되면 공압 실린더는 선형 운동을 한다. 일반적으로 공압식 실린더는 2개의 고정된 위치에서 선형 운동을 한다. 그림 12.41은 공압식 실린더와 실린더의 형태를 나타낸다. 높은 압력의 압축

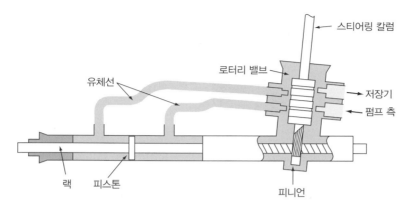

그림 12.40 파워 스티어링 시스템의 개략도

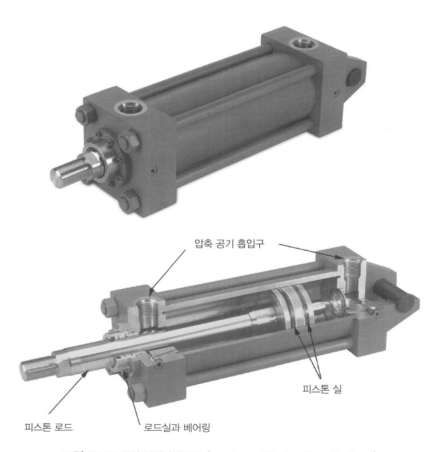

그림 12.41 공압 실린더의 구조 (Courtesy of Parker Hannifin Crop.)

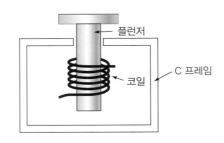

그림 12.42 선형 솔레노이드 액추에이터의 구조

공기를 피스톤의 한쪽에 주입하면 선형 액추에이터는 쉽게 만들 수 있다.

솔레노이드

솔레노이드(solenoid)는 그림 12.42에서와 같이 플런저(plunger)의 선형 운동을 만들기 위하여 사용되는 전자기의 설명으로 정의할 수 있다. 솔레노이드의 초기 힘은 다음 식으로 정의된다.

$$F = \frac{1}{2}(NI)^2 \frac{\mu A}{\delta^2} \tag{12.21}$$

여기서,

F = 플런저의 힘

N = 전자기 와이어의 감은 수

I = 전류

μ = 공기의 투자율($4\pi \times 10^{-7}$ H/m)

δ = 공극의 크기

A = 플런저의 단면적

전자석이 작용하면 자기력이 플런저를 C-프레임 안으로 끌어당긴다. 전자석이 작동하면 공극이 최대가 되기 때문에 최소 작동힘이 발생되고 공극이 증가함에 따라 힘이 증가한다.

로터리 액추에이터

스테퍼 모터

전력을 공급하는 것이 1차 목적인 전기 모터류가 있다. 예를 들면 엘리베이터, 에스컬레이터, 원심 송풍기에 사용되는 전기 모터이다. 전기 모터의 이러한 응용은 회전 속도나 토크, 힘에 대한 명확한 요건을 가지는 중요한 발동기로 사용된다. 로터리의 사용은 상당히 공학적으로 도전이 따르지만 그것은 어디에서나 존재하기 때문에 다양한 설계 방법이 제시되어 왔다. 한 가지 설계 전략은 원동력을 제공하는 회전형 직류 모터(free-rotating DC motor)를 사용하는 것이고, 기어 장치와 제어 방식을 이용하여 작동의 결과를 정확하게 제어할 수 있다. 궤환

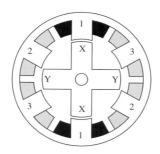

그림 12.43 가변 자기 저항 스테퍼 모터의 설계

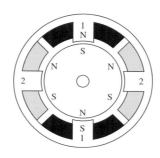

그림 12.44 6개의 막대와 2개의 와인딩을 가진 가변 자기 저항 스테퍼 모터

제어를 받는 DC 모터는 일반적으로 서보 모터로 설명할 수 있다. 이것은 응용 분야가 적지만, 스테퍼 모터는 정밀 회전 모터의 제어에 광범위하게 적용되고 있다.

용어에서도 알 수 있듯이 스테퍼 혹은 스테핑 모터는 높은 정밀도로 미소 회전을 가능하게 한다. 이것은 코일에 의해 발생된 자장에 의한 로터(rotor)의 설계에 의해 이루어진다. 범위는 90°에서 최소 0.5°까지이다. 스테퍼 모터의 일반적인 두 가지 형태는 가변성의 자기 저항과 단극(unipolar)의 설계이다. 가변성 자기 저항 스테퍼 모터의 설계는 그림 12.43에 나타내었다. 이 모터의 작동을 고려해 보자. 그림 1, 2, 3이라고 표시된 세 세트의 와인딩(windings)이고, 로터에 X와 Y라고 표시된 두 세트의 톱니(tooth)가 있다. 이 작동은 와인딩에 의해 발생된 자장의 결과이다. 와인딩 1에 전압이 가해지지 않고 와인딩 2에 전압이 가해졌다고 가정하자. 로터가 Y라고 표시된 톱니까지 회전하게 되고 와인딩 2로 정렬된다. 이 부분이 30° 스텝이다.

스테퍼 모터는 토크를 유지할 수 있다는 장점을 가지고 있다. 와인딩 중의 하나에 전압이 가해지면 회전 날개는 와인딩 회전 날개의 상호작용이 없어져 토크를 생성할 때까지 운동을 방해한다.

그림 12.44에 나타난 모터는 가변 자기 저항의 설계이다. 단극 모터는 로터로 영구 자석을 사용한다. 그림 12.44는 6개의 자석 막대와 2개의 와인딩을 가지는 로터를 나타낸다. 모터는 와인딩에 교대로 전압을 가하면서 30°씩 이동한다.

유동 제어 밸브

밸브는 파이프나 배관 등을 통해 유체의 흐름을 제어하거나 측정하기 위한 기계 장치이다. 유동 제어 밸브는 전자적 작용으로 유체의 흐름이나 압력을 제어한다. 일반적으로 유동 제어 밸브가 열려 있을 때는 유체가 흐르게 되고 닫혀 있을 때는 흐름이 제어된다. 그리고 이러한 장치가 설치되어 있는 임의의 위치 사이에서 고려된 유량이나 압력을 위치와 함께 측정하며 이를 비례 제어라 한다. 이러한 밸브는 솔레노이드와 같은 액추에이터에 의해 작동되는 위치 조정 장치를 포함한다. 다양한 형태의 모든 밸브는 제어될 수 있다. 일반적으로 제어 밸브의 설계는 포핏 밸브 시트(poppet valve seat)를 가지는 싱글 체임버 보디(single chamber body)와 다중 포핏을 가진 슬라이딩 스풀(sliding spool)을 포함한 다중 체임버를 가지고 있다. 유동 제어 밸브는 가스, 액체, 유압류를 이송하는 데 사용된다. 적용 분야는 다음과 같다. (1) 보통의 액체나 가스를 작동하기 위한 일반적인 서비스, (2) 액화 산소와 같은 유체의 사용을 위한 극저온 서비스, (3) 낮은 압력 유체의 적용을 위한 진공 서비스, (4) 오염이 없는 산소 이송을 위한 산소 서비스 등이다.

제어 밸브는 프로세스 가변 변환기로부터의 신호에 응답할 수 있고, 이 신호는 솔레노이드의 작용 위치를 결정한다. 제어 밸브의 특성은 전압을 가하지 않은 작동 상태에서 열려 있는지 닫혀 있는지를 확인하는 것이다. 이것을 'fail position'이라 일컫는다. 제어 밸브의 fail position은 전압을 가하지 않은 솔레노이드 플런저의 위치에 의해 결정된다. 이 위치는 프로세스 안전을 위한 중요한 고려 사항이다.

이러한 밸브는 포트(port)의 수를 반영한 다양한 형태로 사용된다. 2방향 밸브는 2개의 포트를 가진다. 2방향 위치 제어는 2개의 밸브 중 1개를 열거나 닫아서 사용한다. 2방향 밸브는 흡기 포트(P)와 서비스 포트(A) 2개의 포트를 가진다. 대부분의 일반적인 가정용 밸브는 이런 형태로 되어 있다. 3방향 밸브는 흡기 포트(P)와 배기 포트(T), 서비스 포트(A)의 3개의 포트를 가진다. 서비스 포트는 흡기와 배기를 전환해 준다. 4방향 밸브는 흡기(P), 배기(T) 그리고 2개의 서비스 포트(A)를 포함하여 4개의 포트를 가진다. 밸브는 P와 A를 연결하고 B와 T를 연결할 뿐 아니라 P와 B 그리고 A와 T를 연결한다. 일반적으로 N 방향 밸브는 N개의 포트를 가지고 사용 가능한 유동 방향의 수가 N개이다. 3개의 포트를 예로 들면, 슬라이딩 스풀(sliding spool) 제어 밸브는 그림 12.45와 같이 나타난다. 솔레노이드가 2개의 밸브 시트를 가지는 스풀을 작동시킨다. 완전히 활성화된 위치에

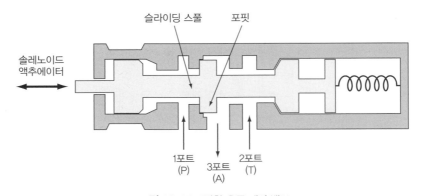

그림 12.45 3방향 유동 제어 밸브

서 포트 P는 서비스 포트 A를 열게 한다. 솔레노이드가 비활성화되면 포트 T는 서비스 포트 A를 열게 만든다. 한 가지 적용 예로 이 밸브는 일정한 시간 동안 시스템의 압력을 일정하게 유지하고 다른 밸브로 시스템의 압력을 조정한다.

모든 밸브 포트는 유동에 대한 약간의 저항을 가지고 있는데, 이것은 유량 계수 C_v를 통해 확인할 수 있다. 유동 저항은 밸브 체임버(valve chamber)의 내부 치수의 설계를 변화함으로써 조절할 수 있고, 체임버 내의 장치 위치를 변화시킴으로써 조절 가능하다. 유동 계수는 10장에 자세하게 기술되어 있고, 다음 식에서도 알 수 있다.

$$Q = C_v \sqrt{\Delta p} \tag{12.22}$$

여기서 Q는 밸브의 정상 상태의 유량, Δp는 이에 상응하는 압력의 변화를 나타낸다. 이 변화는 포트에 대한 평균 속도에 근거한 K-계수라 표현하기도 한다.

$$\Delta p = K \rho \overline{U}^2 / 2 \tag{12.23}$$

유동 제어 밸브는 제어 방식, 밸브 하우징의 포트 수, 밸브의 특수한 기능, 밸브의 구조에 사용되는 밸브 요소의 형태 등 여러 가지 방법으로 분류한다. 방향 제어 밸브는 지정된 포트를 통해 유체를 흐르게 하거나 막을 수 있다. 유동은 어느 방향으로든 흐를 수 있다. 체크 밸브(check valve)는 오직 한 방향으로만 흐르도록 만들어진 방향 제어 밸브이다. 비례 밸브는 유량과 압력, 유체의 흐름 방향을 제어하기 위해 아주 적절하며, 실제 유량에 비례하여 밸브를 연다. 입력 신호에 관련하여 출력 유동이 정확히 선형이 아니기 때문에 이 밸브를 비례적이란 용어로 표현한다. 이들 밸브는 높은 응답률로 유동 또는 압력을 제어하는 방법을 제공한다.

가장 단순한 적용 예로서, 밸브의 작동을 제어하는 데 솔레노이드가 사용된다. 그보다 더 많이 요구되는 예로는 솔레노이드가 밸브를 개폐하기 위하여 빠르게 작동하는 것을 들 수 있다. 밸브의 시간 응답은 여러 방법으로 정의될 수 있지만, 모든 방법은 3장에서 사용된 방법으로 한다. 90% 응답 시간(t_{90})은 계단 함수 응답을 갖는 밸브 포트를 통해 타깃 디바이스 체임버의 흡기 및 배기 시간에 요구되는 시간이다. 다음 식으로 흡기와 배기에 대한 응답 시간을 분리할 수 있다.

$$t_{90} = m + F \forall \tag{12.24}$$

여기서 m은 정상 유동이 지정된 포트에 생성될 때까지의 래그타임(lag-time)이고, F는 포트를 통한 평균 유량비의 역수이며, $\forall$는 타깃 디바이스 체임버의 체적이다. 예를 들면, F가 $0.54\,\mathrm{ms/cc}$이고 래그타임이 $20\,\mathrm{ms}$이면 $250\,\mathrm{cc}$의 체임버를 채우기 위해서 t_{90}은 $155\,\mathrm{ms}$가 된다. 밸브의 주파수 응답은 주기적인 사인파의 전기 신호를 갖는 밸브를 작동시키고 그 밸브를 통한 유량을 측정하여 얻을 수 있다. 밸브의 주파수 대역은 $-3\,\mathrm{dB}$ 점에서 설정된다.

12.4 제어

공정과 시스템의 제어는 다양한 방법이 있을 수 있다. 적절하게 물을 주어 건강한 잔디를 키우는 것이 목표라고 가정하자. 매일 기상 정보를 모니터링하여 예상 강우량을 계산할 수 있고, 오랫동안 물을 주어야 하는지 아닌지를 결정할 수 있다. 또한, 열이나 수분 부족을 막기 위해 잔디 전체 또는 부분적으로 물을 줄 수 있다. 만약 물을 주는 것을 선택했다면 스프링클러를 설치하고 수도꼭지를 틀어 준다(단, 적절한 시간에 꺼야 한다).

잔디를 보호하기 위해 위에서 사용된 모든 방법은 사람이 해야 하고, 이것들은 지능형 제어 장치의 기능을 나타낸다. 좀 더 자동화된 과정을 소개해 보자.

가장 단순한 단계는 그림 12.46에 나타난 타이머를 기반으로 한 시스템이다. 이 시스템의 기능은 미리 정해진 시간에 수도꼭지를 열고 닫는 것이다. 미리 정해진 24시간에 한 번 잔디에 물을 주는 기계적인 타이머이다. 이런 형태의 제어를 개회로 제어(open-loop control)라고 한다. 이 제어시스템에는 잔디에 뿌려지는 물의 양을 모니터하는 센서가 없고, 모든 제어시스템이 수행하는 것은 수도꼭지를 여는 것이다.

더 발전된 자동 제어시스템은 폐회로 제어(closed-loop control)이다. 예를 들면, 잔디에 379 L의 물을 주고자 한다면 발생된 물의 총량을 감지한 유량 측정 장치는 물의 총량이 379 L가 되면 수도꼭지가 닫히도록 하는 제어시스템에 궤환을 만든다. 이런 유량 측정 장치는 흔히 볼 수 있으며 수량 측정기로 사용된다. 폐회로 또는 궤환 제어란 용어는 단순히 제어 변수가 측정된다는 것을 의미하고, 몇 가지 방법에 있어 제어시스템이 제어하기 위해 이러한 방법을 사용한다.

그림 12.47은 잔디에 379 L의 물을 주기 위한 제어시스템을 나타내고 있다. 제어기에는 시간과 유량계의 2개 입력이 있다. 적절한 시간에 제어기는 밸브를 연다. 유량 측정기의 총출력값은 379 L에 도달한 후 밸브가 닫히도록 하기 위하여 사용된다. 이런 형태의 제어 구성은 온오프(on-off) 제어라 정의한다. 유량을 제어하는 밸브는 완전히 열리고 완전히 닫힌다.

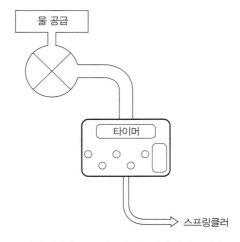

그림 12.46 스프링클러 시스템의 개회로 제어

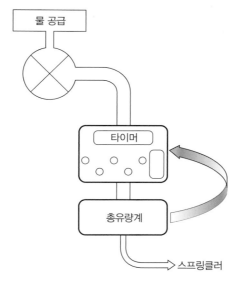

그림 12.47 스프링클러 궤환 제어

온오프 제어시스템의 가장 유사한 형태는 가정용 난로나 에어컨에 사용되는 서모스탯(thermostat)이다. 그림 12.48은 겨울 동안 가정용 난로의 상태와 실내 온도와의 관계를 나타내고 있다. 이 제어시스템의 개략도는 그림 12.49에 나타나 있다. 여기에서 중요한 요소는 내부 온도의 변화율에 영향을 주는 방해 요소가 있을 수 있다는 것이다. 배달이 와서 어느 시간 동안 문이 열려 있다고 가정해 보자. 서모스탯은 이런 상황에 대응해야 하고 정해 놓은 실내 온도를 유지해야 한다.

본질적으로 온오프 제어시스템은 제어 동작 내에서 히스테리시스 곡선(hysteresis loop)을 만드는 불감대 (dead-band)에서 작동한다. 그림 12.50은 이것을 나타내고 있다. 불감대는 제로 오차(zero error)의 중심에 위치하고, 제어기의 작동은 오차의 크기에 의존한다. 이 오차는 다음과 같이 정의된다.

$$e = T_{\text{setpoint}} - T_{\text{room}}$$

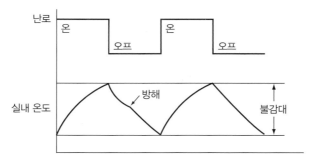

그림 12.48 불감대를 가진 온오프 제어기의 작동

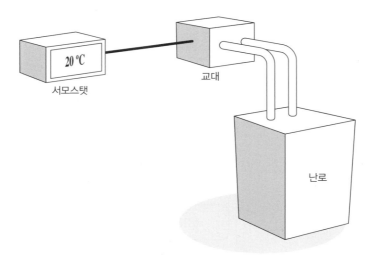

그림 12.49 가정용 난로의 자동 온도 제어의 구성

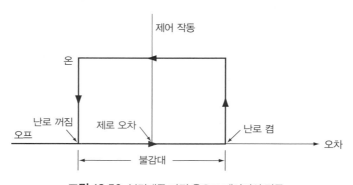

그림 12.50 불감대를 가진 온오프 제어기의 작동

겨울철에 있는 난로의 서모스탯을 고려해 보자. 방의 온도가 설정값 이하로 떨어지면 오차는 더 큰 양의 수가 된다. 그림 12.50에서 오차가 '난로 켬'에 근접하면 난로는 적절한 공간에 열을 가한다. 방의 온도가 상승하기 시작하고 오차가 0(zero) 쪽으로 이동한다. 난로는 미리 설정된 값에 도달할 때까지 계속 동작한다. 여기서 오차는 음수이다. 이 온도에서 난로는 꺼지고 방의 온도는 내려가기 시작한다. 제어기의 불감대 때문에 오차의 크기가 '난로 켬'에 도달할 때까지는 추가적인 제어 동작이 발생하지 않는다.

많은 제어시스템이 불감대 없이 지정된 설정값을 유지하도록 설계되었다. 변화하는 물의 압력 때문에 잔디에 불균일하게 물을 주었다고 가정해 보자. 우리는 잔디에 뿌려지는 물의 총량과 유동비를 제어할 수 있다. 그림 12.51은 이것을 수행하기 위한 개략도이다. 제어시스템의 가장 중요한 요소는 유동 측정기와 게이트 밸브의 위치를 제어할 수 있는 액추에이터이다. 여기에는 7.57 L/min의 유동비가 요구된다. 제어기는 설정된 유동비를 유지하기 위하여 게이트 밸브의 위치를 변화시키는 역할을 한다.

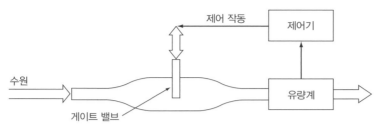

그림 12.51 유량 제어시스템

동적 응답

다른 예로 자동차의 정속 주행시스템(cruise control system)을 고려해 보자. 일단 요구되는 속도가 설정되면 시스템의 설정값이 유지되도록 스로틀(throttle)의 위치를 변화시킨다. 제어시스템의 설계와 분석의 중요한 쟁점은 물리적 과정에 제어기, 액추에이터의 동적 응답에 있다. 이것은 폐회로의 또 다른 예이다. 그러나 온도 센서가 온도의 변화에 응답할 시간이 필요한 것과 같이 자동차도 스로틀의 위치 변화에 즉각적으로 반응하지 못한다. 그리고 스테퍼 모터도 밸브의 위치 변화에 대한 반응 시간이 필요하다. 특히 방해물이 있을 때, 물리적 반응과 제어시스템을 부합시키는 것이 복잡하기 때문에 이 장에서 다시 한 번 생각해 봐야 할 문제이다.

라플라스 변환

3장에서 간단한 시스템의 응답을 만들기 위하여 라플라스 변환을 사용하였다. 3장에 이어 시스템 제어에 대한 라플라스 변환에 대해 논의해 보자. 시스템 제어에 대한 라플라스 변환의 기본적인 원리는 수학적으로 정답이 없는 초깃값 문제를 해결하는 것이다.

독립 변수로 시간을 가지는 미분 방정식의 초깃값 문제를 고려해 보자. 라플라스 변환을 미분 방정식에 적용한다고 가정하면 이것을 대수 방정식으로 변환한다. 시간에 대한 편미분 방정식과 하나의 공간 변수(spatial variable)에 대하여 라플라스 변환은 편미분 방정식을 공간 변수에 대한 상미분 방정식으로 변환시킨다. 부록 B에서 라플라스 변환의 적용과 라플라스 변환표를 확인할 수 있다. 1차와 2차 시스템에 라플라스 변환을 적용하고 설명한다.

예제 12.3

단위 계단 입력에 대한 1차 시스템의 응답을 고려해 보자. 식 (3.4)에서 이 시스템의 응답을 얻을 수 있다. 이때 지배 방정식은 다음과 같다.

$$\tau \dot{y} + y = U_s(t) \tag{12.25}$$

표 B.1을 이용하여 라플라스 변환을 적용한다.

$$\tau s Y(s) - y(0) + Y(s) = \frac{1}{s} \tag{12.26}$$

여기서 다음의 라플라스 변환 특성을 이용한다.

$$\mathcal{L}\left[\tau \frac{dy(t)}{dt}\right] = \tau \mathcal{L}\left[\frac{dy(t)}{dt}\right]$$

미분 방정식을 푸는 과정은 다음과 같다.

1. 식 (12.25)의 지배 미분 방정식에 대한 라플라스 변환의 적용
2. 식 (12.26)의 $Y(s)$에 대한 결과식의 풀이
3. $y(t)$를 결정하기 위해 표 B.1의 라플라스 변환표를 이용

$y(0) = 0$이라고 가정하자. 식 (12.26)에 대한 $Y(s)$의 값은 다음과 같다.

$$Y(s) = \frac{1}{s(\tau s + 1)} \tag{12.27}$$

라플라스 역변환을 풀기 위한 중요한 방법은 부분 분수를 사용하는 것이다. 식 (12.27)의 역을 구하기 위해 다음과 같이 가정한다.

$$\frac{1}{s(\tau s + 1)} = \frac{A}{s} + \frac{B}{(\tau s + 1)} \tag{12.28}$$

식 (12.28)의 우변을 통분하면 다음과 같다.

$$\frac{1}{s(\tau s + 1)} = \frac{A(\tau s + 1)}{s(\tau s + 1)} + \frac{Bs}{s(\tau s + 1)}$$

분모가 같으므로 다음과 같이 표현할 수 있다.

$$1 = A(\tau s + 1) + Bs$$

s항에 관하여 정리하여 풀면 다음과 같다.

$$1 = A$$
$$0 = A\tau + B \Rightarrow B = -\tau$$

$Y(s)$는 다음과 같이 표현할 수 있다.

$$Y(s) = \frac{1}{s} + \frac{-\tau}{(\tau s + 1)} = \frac{1}{s} + \frac{-1}{\left(s + \frac{1}{\tau}\right)} \tag{12.29}$$

라플라스 변환 표 B.1의 1과 5로부터 다음과 같이 얻을 수 있다.

$$y(t) = 1 - e^{-t/\tau} \tag{12.30}$$

이 식은 식 (3.6)과 같다.

$$\Gamma(t) = \frac{y(t) - y_\infty}{y_0 - y_\infty} = e^{-t/\tau}$$

여기서 τ는 1차 시스템의 상수이고, $\Gamma(t)$는 오차의 일부이다.

예제 12.4

라플라스 변환을 사용하여 2차 선형 미분 방정식의 해를 구하라.

$$y'' - 5y' + 6y = 0 \tag{12.31}$$

초깃값은 다음과 같다.

$$y(0) = 2$$
$$y'(0) = 2$$

풀이

다음 식을 이용하여

$$\mathcal{L}[y^{(n)}] = s^n \mathcal{L}[y] - s^{n-1}y(0) - s^{n-2}y'(0) - \ldots - y^{(n-1)}(0)$$

이 식을 식 (12.31)에 적용하면 라플라스 변환은 다음과 같다.

$$s^2 Y(s) - 2s - 2 - 5[sY(s) - 2] + 6Y(s) = 0$$

초깃값을 대입하면 다음과 같다.

$$(s^2 - 5s + 6)Y(s) - 2s - 2 + 10 = 0$$

$Y(s)$에 대한 해는 다음과 같다.

$$Y(s) = \frac{2s - 8}{s^2 - 5s + 6} \tag{12.32}$$

이 식의 라플라스 역변환을 결정하기 위해 분모를 인수분해하면

$$Y(s) = \frac{2s - 8}{(s - 2)(s - 3)} \tag{12.33}$$

식 (12.33)을 부분 분수로 표현하면 다음과 같다.

$$\frac{2s - 8}{(s - 2)(s - 3)} = \frac{4}{s - 2} + \frac{-2}{s - 3} \tag{12.34}$$

표 B.1을 사용하여 라플라스 역변환을 하면 식 (12.31)의 해를 구할 수 있다.

$$y(t) = 4e^{2t} - 2e^{3t} \tag{12.35}$$

블록 다이어그램

블록 다이어그램을 사용하면 궤환 제어시스템을 표현하는 데 유용하다. 먼저 블록 다이어그램의 기본 요소를 설명하고자 한다.

작동 블록

작동 블록은 신호에 따라 규정된 작동을 수행한다. 마이크로폰과 증폭기 그리고 스피커로 구성된 확성 장치를 생각해 보자. 그림 12.52는 증폭기를 나타내는 단일 입력과 단일 출력을 나타낸다. 이상적인 증폭기는 마이크로폰으로부터의 입력 신호와 상숫값에 의해 변화되는 전압 신호의 파형을 정확하게 받아들인다. 이 상숫값은 증폭기의 게인이다.

그림 12.53의 게인 블록은 어떤 온도 설정점에 근거한 전압 신호를 제공하는 것을 나타내고 있다. 실제 예로 신호는 전압과 전류로 제어시스템에 보내진다. 그림 12.53에 나타난 게인은 volts/°C의 단위를 가진다. 여기서 이론적인 선형 게인은 0차 시스템의 정적 감도에 상응한다는 것을 주목해야 한다.

제어시스템의 블록 다이어그램을 구성하기 위하여 블록의 중요한 형태를 도입할 필요가 있다. 그림 12.54는 비교 측정기의 작동을 설명하고 있다. 2개의 전압 신호는 비교기에 의해 더하기도 하고 빼기도 한다. 그림 12.54에서 신호는 전압으로 설정 온도와 측정 온도로 나타낸다. 이 두 값의 차이는 온도값의 오차를 나타낸다.

그림 12.49와 12.50과 같이 가정용 난로에 사용된 서모스탯의 블록 다이어그램을 구성할 수 있다. 그림 12.55는 제어기와 난로, 집의 블록 다이어그램을 나타낸다. 난로와 집은 일반적으로 공정이나 설계로 나타낼

그림 12.52 단일 입력, 단일 출력 증폭기 블록

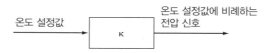

그림 12.53 온도 입력, 전압 출력 증폭기 블록

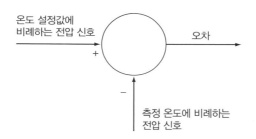

그림 12.54 비교 측정기

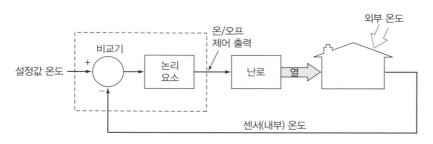

그림 12.55 서모스탯 보일러 블록 다이어그램

수 있다.

제어시스템의 상세한 설계에서 제어기와 공정 모두는 시간 의존적 거동으로 생각해야 한다. 이러한 공정을 위한 공정 지배 방정식의 도출을 제안한다. 그리고 시스템의 설정값의 스텝 변화에 따라 동적 반응을 나타내는 제어기를 적용한다. 이러한 모델의 중요한 점은 고정된 동작 설정값을 사용하는 것이다.

LTI 시스템의 안정성

모든 LTI 시스템의 정의 특성은 선형성과 시간 불변성이다. 선형성은 선형 미분 방정식, 즉 선형 연산자만 있

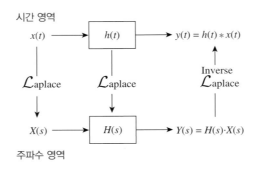

그림 12.56 시간 영역과 주파수 영역 사이

는 미분 방정식이 입력과 출력의 관계를 좌우한다는 사실을 의미한다. 입력 $x(t)$를 출력 $y(t)$에 매핑하는 선형 시스템은 또한 스케일링된 입력 $ax(t)$을 동일한 인자 a에 의해 스케일링된 출력 $a_y(t)$에 매핑한다. 선형 시스템이 입력 $x_1(t)$ 및 $x_2(t)$를 맵핑하여 $y_1(t)$ 및 $y_2(t)$를 출력할 때, $x_3(t) = x_1(t) + x_2(t)$를 $y_3(t)$에 맵핑하고, 여기서 $y_3(t) = y_1(t) + y_2(t)$를 맵핑한다.

그림 12.56에 표시된 T-초 시간 지연을 제외하고 시간 불변성은 지금 또는 T-초 후에 입력을 추가하면 출력이 동일하다는 것을 보장한다. 즉, 입력 디스플레이 스타일 $x(t)x(t)$가 디스플레이 스타일 $y(t)y(t)$를 생성하면, 입력 디스플레이 스타일 $x(t-T)x(t-T)$는 디스플레이 스타일 $y(t-T)y(t)(t-T)$를 생성한다.

개회로와 폐회로 시스템

개회로 시스템

개회로 제어 시스템은 작동이 시간에 따라 달라지는 시스템이다. 그림 12.57에서 볼 수 있듯이 개회로 시스템 방법에는 피드백이 없다. 개회로 제어 시스템에서 성능은 시스템의 제어 동작에 영향을 미치지 않는다.

개회로 시스템은 간단하고 유지 보수가 적으며 사용하기 쉽고 비용 효율적이다. 그러나 시스템의 정밀도와 신뢰성은 낮다.

폐회로 시스템

폐회로 제어 시스템은 출력이 입력에 의존하는 시스템이다. 그림 12.58과 같이 시스템의 출력과 입력 사이에 하나 이상의 피드백 루프가 있다. 폐회로 시스템은 입력을 원하는 출력과 비교하여 원하는 출력을 자동으로 제공하도록 설계되어 있다. 폐회로 메커니즘은 입력과 출력의 차이인 오류 신호를 생성한다.

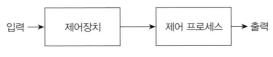

그림 12.57 개회로 시스템에 대한 설명

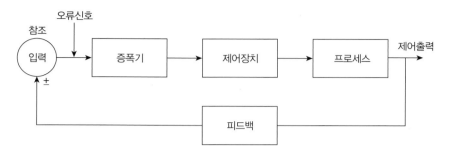

그림 12.58 폐회로 시스템에 대한 설명

폐회로 시스템은 개회로 시스템에 비해 더 정확하고 효율적이지만 비용이 많이 들고 높은 유지보수가 필요하다.

오븐 제어 모델

플랜트 모델

제어를 원하는 시스템은 그림 12.59에 나타나 있다. 오븐은 전기 히터로 입력 전원 P를 사용하여 주위 온도 이상으로 온도를 유지한다. 제어기는 설정된 온도로 오븐의 온도를 유지한다.

정상 상태에서의 오븐 분석 1법칙은 다음과 같다.

$$\dot{P} = \dot{Q}_{\text{loss}}$$

오븐의 에너지 손실 $\dot{Q}_{\text{loss}}$은 오븐 온도(T), 주위 온도(T_∞), 표면적(A_s), 종합적 에너지 계수(U)로 다음과 같이 표현된다.

$$\dot{Q}_{\text{loss}} = UA_s(T - T_\infty) \tag{12.36}$$

아래 첨자 'o'라 표시된 정상 작동 상태의 오븐을 고려하자. 히터에 공급되는 정상 상태의 전원은 주위에서 잃은

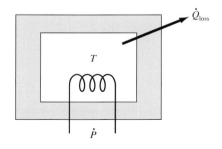

그림 12.59 오븐 에너지 유동

에너지를 정확하게 평형으로 만든다.

$$\dot{P}_o = UA_s(T_o - T_\infty) \tag{12.37}$$

수학적 해석을 돕기 위해 다음과 같은 새로운 온도 변수를 정의하면

$$\theta = T - T_\infty \tag{12.38}$$

식 (12.37)은 다음과 같이 표현된다.

$$\dot{P}_o = UA_s\theta_o \tag{12.39}$$

입력 전압이 변화하는 순간적 상태에서 오븐의 분석 1법칙은 다음과 같다.

$$\dot{P} - UA_s\theta = mc\frac{d\theta}{dt} \tag{12.40}$$

여기서 m은 오븐의 질량이고, c는 평균 비열이다. 이 결과는 오븐의 총열량을 나타낸다. 식 (12.40)은 이 설비에 대한 지배 방정식을 나타낸다.

제어기 모델

이제 제어기의 작동에 대하여 알아보자. 첫 번째 제어기는 비례 제어기라 정의하고 그림 12.60에 나타내었다. 설정 온도와 오븐의 실제 온도 사이의 오차는 히터의 입력 전압을 결정하기 위해 상수를 곱한다. 제어기와 플랜트가 결합된 블록 다이어그램 시스템은 그림 12.61에서 볼 수 있다. 이 그림에서 2개의 비례적 게인은 오차 신호가 가장 적절한 전압이라는 것을 강조하고 있다.

오븐의 온도에 대한 지배 방정식은 다음과 같이 표현된다.

$$\frac{mc}{[UA_s + \kappa_p\kappa_m]}\frac{d\theta}{dt} + \theta = \frac{\kappa_p\kappa_m}{[UA_s + \kappa_p\kappa_m]}\theta_{set} \tag{12.41}$$

식 (3.4)와 비교하면 다음과 같고

$$\tau\dot{y} + y = KF(t)$$

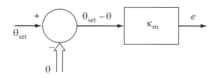

그림 12.60 비례 제어

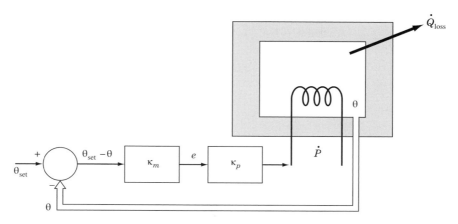

그림 12.61 오븐 비례 제어

이것은 다음의 시간 상수를 가지는 1차 시스템의 응답을 표현한다.

$$\tau = \frac{mc}{[UA_s + \kappa_p \kappa_m]} \tag{12.42}$$

이 계단적 변화에 대한 분석은 라플라스 변환을 통해 이루어진다.

라플라스 변환 분석

식 (12.41)에 라플라스 변환을 취하면 다음과 같다.

$$\frac{mc}{[UA_s + \kappa_p \kappa_m]} s\Theta(s) + \Theta(s) = \frac{\kappa_p \kappa_m \Theta_{set}(s)}{[UA_s + \kappa_p \kappa_m]} \tag{12.43}$$

이 식은 다음과 같은 형태이다.

$$(\tau s + 1)\Theta(s) = KF(s)$$

이 비 $\Theta(s)/\Theta_{set}(s)$에 대하여 식 (12.43)을 풀면 다음과 같다.

$$\frac{\Theta(s)}{\Theta_{set}(s)} = \frac{\dfrac{k_p k_m}{[UA_s + k_p k_m]}}{\left[\dfrac{mc}{UA_s + k_p k_m} s + 1\right]} = KG(s) \tag{12.44}$$

편의상 C_1과 C_2를 다음과 같이 정의한다.

$$C_1 = \frac{mc}{UA_s + \kappa_p \kappa_m}$$

$$C_2 = \frac{\kappa_p \kappa_m}{UA_s + \kappa_p \kappa_m}$$

(12.45)

이 정의를 통해 식 (12.44)는 다음과 같다.

$$\frac{\Theta(s)}{\Theta_{set}(s)} = \frac{C_2}{[C_1 s + 1]} = G(s)$$

(12.46)

식 (12.46)의 $G(s)$는 오븐과 비례-적분(PI) 제어기로 구성된 시스템의 전달 함수(transfer function)를 나타낸다. 오븐과 제어기로 구성된 선형 시스템에 대하여, 전달 함수는 초깃값을 0이라고 가정한 입력값에 대한 출력값을 라플라스 변환비로 나타낸 것이다.

스텝 응답

주위 온도와 초기 온도가 같거나 θ가 0인 난로의 작동을 고려해 보자. 이 상태에서 주위 온도(θ_1)보다 더 큰 θ_{set}의 값을 부과한다. 이것은 다음과 같은 라플라스 변환으로서 표현되는 계단식 입력 변화를 나타낸다.

$$\theta_{set}(s) = \frac{\theta_1}{s}$$

(12.47)

지배 미분 방정식의 변환은 다음과 같다.

$$\Theta(s) = \frac{\theta_1 C_2}{s[C_1 s + 1]}$$

(12.48)

부분 분수를 사용하면 다음과 같다.

$$\Theta(s) = \theta_1 C_2 \left[\frac{1}{s} - \frac{1}{s + 1/C_1} \right]$$

(12.49)

표 B.1을 사용하면 다음과 같은 라플라스 변환에 상응하는 시간 영역 해를 결정할 수 있다.

$$\theta(t) = \theta_1 C_2 \left[1 - e^{-t/C_1} \right]$$

(12.50)

$\theta(0)$가 0이라 가정해 보자. $t \to \infty$를 취하면 다음과 같다.

$$\theta(t) = \theta_1 C_2 = \frac{\kappa_p \kappa_m \theta_1}{UA_s + \kappa_p \kappa_m}$$

계단식 입력 변화에 대하여 $\frac{\kappa_p \kappa_m}{UA_s + \kappa_p \kappa_m} = 1$이 아니면 $\theta(t) \neq \theta_1$라는 것을 알 수 있다. 이것은 일반적인 경우는 아니다. 따라서 비례적 제어가 0이 아닌 정상 상태의 오차로 나타나는 것을 알 수 있다.

예제 12.5

평균 비열이 800 J/kg-K이며, 총질량이 20 kg인 오븐의 비례 제어를 고려해 보자. 오븐은 초기에 방 온도와 같다. 제어기에 주위 온도보다 높은 설정 온도를 100°C까지 계단식 입력을 가한다. 시간의 함수로 오븐에 공급되는 전력과 오븐의 온도를 그래프로 표현하고, 시스템의 게인값이 $\kappa_m = 20$이고, $\kappa_p = 12$일 때의 정상 상태 오차를 결정하라.

풀이

설정 온도가 계단식으로 변화할 경우 시간 함수에 대한 오븐 온도는 식 (12.50)으로부터 구할 수 있다. 그림 12.61에서 제어기는

$$\kappa_p \kappa_m (\theta_1 - \theta)$$

로 주어진 오븐에 전력을 공급한다. 온도 응답과 공급된 전력은 그림 12.62에 나타나 있다.

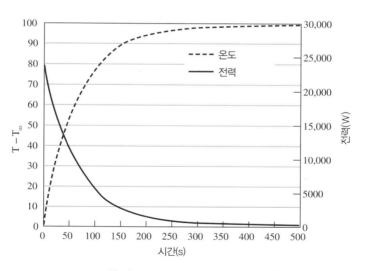

그림 12.62 오븐 제어기 시스템 응답

참고사항 문제에서 게인값은 오븐에 요구되는 전력과 직접적으로 관련이 있다. 물리적 장치와 요구되는 전기적 서비스는 이러한 개념 설계의 실질적 수행에 있어 상당한 도움이 된다. 제어 게인과 시스템 파라미터의 효과는 *First Order PID.vi* 예제 파일에서 더 확인할 수 있다.

예제 12.6 사례연구 : 탱크 내 수위조절 모델

수위 제어 모델은 퍼지 로직 컨트롤러 블록을 사용하여 탱크 내부 물의 양을 조절한다(참고문헌 7). 이 장치에서 탱크로의 물의 흐름은 퍼지 추론 방식을 사용하는 밸브에 의해 조절된다. 일정하게 유지되는 출력 파이프의 직경과 탱크의 물의 양에 따라 달라지는 탱크의 압력이 유출 속도를 결정한다. 결과적으로 시스템의 속성은 비선형으로 나타낼 수 있다. 유출 배관의 직경으로 인해 이 장치의 물탱크는 채우는 것보다 더 느리게 비워진다. 이러한 차이를 보완하기 위해 폐쇄 저속 밸브와 개방 저속 밸브의 멤버십 기능은 대칭적이지 않다. 비례-적분-미분(PID) 제어기는 이러한 비대칭을 지원할 수 없다.

퍼지 시스템에는 다섯 가지 규칙이 있다. 처음 세 가지 규칙은 수위 오차만을 기준으로 밸브를 조정한다.

1. 수위가 괜찮으면 밸브를 바꾸지 않는다.
2. 수위가 낮으면 즉시 밸브를 연다.
3. 수위가 높으면 밸브를 빨리 닫는다.

다른 두 규칙은 수위가 설정값 근처에 있을 때 수위의 변화율을 기준으로 밸브를 조절한다.

1. 수위가 정상이고 높아지면 밸브를 천천히 닫는다.
2. 수위가 정상이고 낮아지면 밸브를 천천히 연다.

비례-적분(PI) 제어

비례 제어기에 존재하는 정상 상태 오차는 많은 적용 분야를 충족시키지 못할 수도 있다. 오차의 시간 적분에 비례하는 추가적인 제어 신호를 가하여 비례 제어기의 성능을 향상시킨다. 첫 번째로 순수 적분-제어기에 대하여 검토한다.

적분 제어

그림 12.63은 오븐의 온도를 제어하는 데 사용되는 적분 제어기에 대한 라플라스 변환 영역의 블록 다이어그램을 나타낸다. 시간 영역 내에서 이 결과는 다음과 같다.

$$\dot{P}(t) = \kappa_I \int_0^t e(t)dt + \dot{P}(0) \tag{12.51}$$

그림 12.63 적분 제어기의 블록 다이어그램

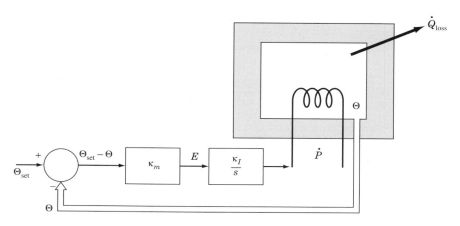

그림 12.64 오븐의 PI 제어에 대한 블록 다이어그램

오차가 유한하고 양수이면 전력은 지속적으로 증가한다는 것을 알 수 있다. 이론적인 적분 제어기는 매우 제한적인 적용을 갖는다.

비례-적분 제어

그림 12.64에 나타난 것과 같이 비례 제어기와 적분 제어기의 기능이 조합되어 있다고 가정해 보자. 라플라스 변환은 다음과 같이 표현할 수 있다.

$$P(s) = \kappa_p \kappa_m E(s) + \frac{\kappa_I \kappa_m}{s} E(s) = \left[\kappa_p \kappa_m + \frac{\kappa_I \kappa_m}{s} \right] E(s) \tag{12.52}$$

설정값의 식으로 표현하면 폐회로의 전달 함수는 다음과 같다.

$$\frac{\Theta(s)}{\Theta_{\text{set}}(s)} = \frac{\kappa_m \left(\kappa_p + \frac{\kappa_I}{s} \right) \left(\frac{C_2}{C_1 s + 1} \right)}{1 + \kappa_m \left(\kappa_p + \frac{\kappa_I}{s} \right) \left(\frac{C_2}{C_1 s + 1} \right)} \tag{12.53}$$

분모를 소거하여 역변환을 구할 수 있는 전달 함수의 형태를 구하면 다음과 같다.

$$\frac{\Theta(s)}{\Theta_{\text{set}}(s)} = \frac{\kappa_m (\kappa_p s + \kappa_I) C_2}{C_1 s^2 + s(1 + C_2 \kappa_m \kappa_p) + C_2 \kappa_m \kappa_I} \tag{12.54}$$

$\Theta_{\text{set}}(s) = \frac{\theta_1}{s}$과 설정 온도에 계단식 변화를 주면 다음과 같다.

$$\Theta(s) = \frac{\theta_1 [\kappa_m (\kappa_p s + \kappa_I) C_2]}{s[C_1 s^2 + s(1 + C_2 \kappa_m \kappa_p) + C_2 \kappa_m \kappa_I]} \tag{12.55}$$

여기에 최종값의 정리(final value theorem)를 적용하고 식에 s를 곱하여 $s \to 0$으로 극한을 취하면 다음과 같이 된다.

$$\lim_{s \to 0} \Theta(s) = \lim_{s \to 0} \frac{s[\kappa_m(\kappa_p s + \kappa_I)C_2]\theta_1}{s[C_1 s^2 + s(1 + C_2\kappa_m\kappa_p) + C_2\kappa_m\kappa_I]} = \frac{C_2\kappa_m\kappa_I}{C_2\kappa_m\kappa_I}\theta_1 = \theta_1 \tag{12.56}$$

PI 제어기의 이런 적용에 대한 정상 상태 오차는 0이다. 이것이 PI 제어의 일반적인 결과이다.

시간 응답

계단식 입력 변위에 대한 시스템의 시간 응답은 식 (12.56)의 라플라스 역변환의 결과로부터 구할 수 있다.

$$\frac{\Theta(s)}{\Theta_{\text{set}}(s)} = \frac{\kappa_m(\kappa_p s + \kappa_I)C_2}{C_1 s^2 + s(1 + C_2\kappa_m\kappa_p) + C_2\kappa_m\kappa_I} \tag{12.57}$$

그러나 식 (3.13)에 나타낸 것과 같이 2차 시스템에 대한 지배 미분 방정식의 라플라스 변환과 비교하여 Palm (참고문헌 8)은 다음과 같이 나타내고 있다.

$$\varsigma = \frac{1 + C_2\kappa_m\kappa_p}{2\sqrt{C_1 C_2\kappa_m\kappa_I}} \tag{12.58}$$

그리고 $\varsigma < 1$에 상응하는 시간 상수는 다음과 같다.

$$\tau = \frac{2C_1}{1 + C_2\kappa_m\kappa_P} \tag{12.59}$$

오븐 제어기 시스템의 거동은 *First Order PID.vi* 예제 파일에서 더 탐구할 수 있다.

2차 시스템의 비례-적분-미분(PID) 제어

그림 3.3에 나타나 있는 것과 같은 스프링-질량-감쇠 시스템을 고려해 보자. 주어진 힘의 함수 $f(t)$에 대한 함수로 질량의 위치를 기술한 지배 방정식은 다음과 같다.

$$\frac{1}{\omega_n^2}\frac{d^2 y}{dt^2} + \frac{2\zeta}{\omega_n}\frac{dy}{dt} + y = f(t) \tag{12.60}$$

이 시스템과 지배 방정식은 2차 시스템에 적용될 때 PID 제어의 특성을 입증하기 위한 모델로 사용된다.

최종 목적은 시스템에 계단식 입력 변화를 적용시키고 질량을 새로운 평형 위치로 이동시키는 것이다. 다시 말해서 시스템의 이상적인 응답은 계단식 변화이다. 우선적으로 제어기가 없는 2차 시스템의 응답을 확인해 보자. 시스템의 거동을 다음 두 예제에서 살펴본다.

예제 12.7

스프링-질량-감쇠 시스템은 2.5 kg의 질량과 10,000 N/m의 스프링 상수, 220 kg/s의 감쇠비를 가진다. 힘의 계단식 입력 변화에 대한 이 시스템의 개회로 시간 응답을 작도하라.

가정 속도에 대한 초기 상태의 조건 $\dfrac{dy}{dt}$와 위치 y는 0이다.

풀이

이 예제에 대한 풀이는 3장의 결과로 해결할 수 있지만 여기서는 라플라스 변환을 사용한다. 식 (12.60)에 라플라스 변환을 취하면 다음과 같다.

$$\frac{1}{\omega_n^2}s^2 Y(s) + \frac{2\zeta}{\omega_n}sY(s) + Y(s) = KF(s) \tag{12.61}$$

이 문제에서 주어진 질량과 스프링, 감쇠비를 통하여 고유 진동수와 감쇠비를 다음과 같이 계산할 수 있다.

$$\omega_n = \sqrt{\frac{k}{m}} = \sqrt{\frac{10,000}{2.5}} = 63.24 \text{ rad/s} \quad \text{and} \quad \zeta = \frac{c}{2\sqrt{km}} = \frac{220}{2\sqrt{10000 \times 2.5}} = 0.7$$

개회로의 전달 함수는 시스템의 동적 응답을 나타내고 다음 식으로 정의된다.

$$\frac{Y(s)}{KF(s)} = \left[\frac{1}{\frac{1}{\omega_n^2}s^2 + \frac{2\zeta}{\omega_n}s + 1} \right] = \left[\frac{1}{\frac{1}{4000}s^2 + 0.02213s + 1} \right] \tag{12.62}$$

이러한 경우 K는 1이다. 이 시스템의 개방 루프의 응답을 계산하고 작도하기 위한 많은 선택 사항이 있다. 프로

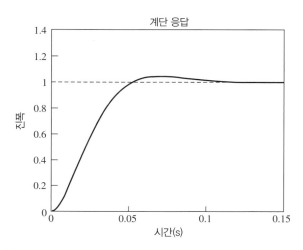

그림 12.65 감쇠비가 0.7인 계단식 입력 변화에 대한 2차 시스템의 응답(다른 파라미터는 예제 12.7 참조)

그램 예제 파일인 *Second order PID.vi*을 이용하여 그릴 수 있다. 그림 12.65는 계단식 입력에 대한 시스템의 응답을 나타낸다. 진폭에 의해 표현되는 변위를 0부터 1로 출력값을 정규화하였다.

예제 12.8

예제 12.7에 기술된 2차 시스템을 고려해 보자. 감쇠비가 0.3과 1.3이다. 계단식 입력 변화에 대한 시스템의 개회로의 응답을 나타내라.

풀이

그림 12.66와 12.67은 감쇠비가 각각 0.3과 1.3인 계단식 입력에 대한 시스템 응답을 나타낸다. 그림 12.65와 12.67을 비교해 보면 2차 시스템의 중요한 특성을 알 수 있다. 최종 목표가 입력에 대한 빠른 시스템 응답을 가지는 것이라 가정하자. 하지만 진동이 없고, 과도하게 평형값을 초과하지 않아야 한다. 감쇠비가 1.3인 시스템의 응답을 생각해 보자. 시스템은 평형값 1에 도달하는 데 0.2초가 걸린다. 감쇠비가 0.3인 시스템은 0.05초 이전에 1에 도달한다. 그러나 이 시스템에 대한 응답은 진동을 하고 오버슈트(overshoot)가 발생한다. 감쇠비가 0.7인 시스템은 진동도 없고 오버슈트도 없다. $\zeta = 0.3$인 시스템은 $\zeta = 0.7$인 시스템보다 상승 시간을 짧지만 안정화(settling) 시간은 길다.

이전 예제에서 감쇠비가 0.7인 시스템의 응답이 가장 적합한 것으로 나타났다. 그렇다면 제어기를 작동시키면 이런 상황을 향상시킬 수 있을까?

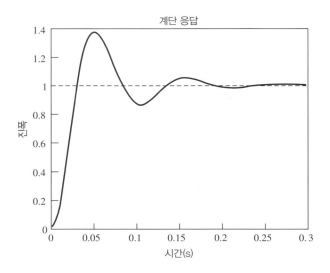

그림 12.66 감쇠비가 0.3인 계단식 입력 변화에 대한 2차 시스템의 응답(다른 파라미터는 예제 12.8 참조)

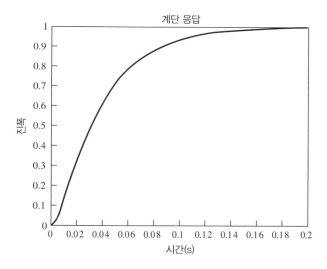

그림 12.67 감쇠비가 1.3인 계단식 입력 변화에 대한 2차 시스템의 응답(다른 파라미터는 예제 12.8 참조)

비례 제어

예제 12.8에서 감쇠비가 0.3인 경우와 2차 시스템에 대한 비례 제어기의 적용을 고려해 보자. 제어시스템에 대한 블록 다이어그램은 그림 12.68과 같다.

감쇠비가 0.3일 때 이 시스템에 대한 전달 함수는 다음과 같다.

$$\frac{Y(s)}{KF(s)} = \left[\frac{\kappa_p}{\frac{1}{\omega_n^2}s^2 + \frac{2\zeta}{\omega_n}s + 1} \right] = \left[\frac{\kappa_p}{\frac{1}{4000}s^2 + 0.02213s + 1} \right] \tag{12.63}$$

비례 게인이 10인 비례 제어기를 작동시키고 시스템의 계단식 응답을 살펴보자. 그림 12.69는 시스템 응답 결과를 나타낸다. 이 시스템의 진동과 오버슈트(overshoot)를 확인할 수 있다. 이에 반해, 감쇠비가 1.3인 시스템과 같은 제어기를 작동시키면 그림 12.70과 같은 응답이 나타난다. 이 비례 제어기는 시스템의 작동에 유용하다. 좀 더 정교한 제어 설계를 통해 감쇠비가 0.3인 시스템의 응답을 조정하는 것이 가능하다.

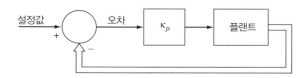

그림 12.68 2차 플랜트의 비례 제어에 대한 블록 다이어그램

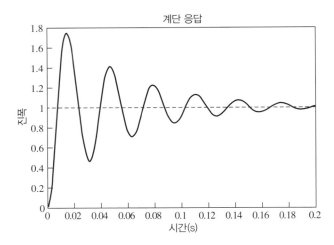

그림 12.69 게인이 10인 비례 제어기를 가진 2차 시스템의 응답(감쇠비는 0.3, 다른 파라미터는 예제 12.7 참조)

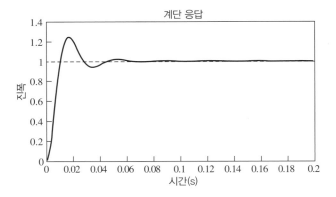

그림 12.70 게인이 10, 감쇠비 1.3인 비례 제어기를 가진 2차 시스템의 응답

비례-적분-미분 제어(PID)

그림 12.71은 스프링-질량-감쇠 시스템에 대한 비례-적분-미분(proportional Integral- Derivative, PID) 제어를 나타내는 블록 다이어그램이다. 이 시스템의 전달 함수는 다음과 같다.

$$\frac{Y(s)}{KF(s)} = \left[\frac{\kappa_D s^2 + \kappa_p s + \kappa_I}{\frac{1}{\omega_n^2} s^3 + \left(\frac{2\zeta}{\omega_n} + \kappa_D \right) s^2 + \kappa_p s + \kappa_I} \right] \tag{12.64}$$

라플라스 변환에서 도함수는 s를 곱하는 것이고 적분은 s를 나누는 것이다. 제어 동작에 대한 게인을 선택(κ_p, κ_I, κ_D)하는 것이 쉽지 않기 때문에 이에 대한 많은 이론이 제시되어 왔다(참고문헌 8). 그러나 여기에서는 단지 시스템 성능의 향상 가능성만을 검증하고자 한다.

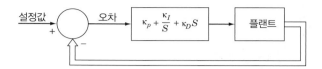

그림 12.71 2차 시스템의 PID 제어에 대한 블록 다이어그램

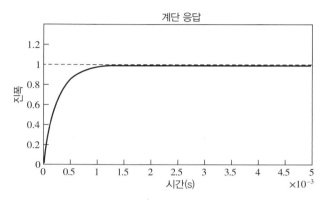

그림 12.72 PID 제어를 이용한 2차 시스템의 응답(감쇠비 0.3)

표 12.4 PID 제어기의 상승 시간, 오버슈트 그리고 정상 상태 오차에 대한 게인 상승 효과

제어 동작	상승 시간	오버슈트	정상 상태 오차
비례	⇓	⇑	⇓
적분	⇓	⇑	제거
미분		⇑	

단일한 제어기를 위하여 게인을 선택하고 작동만을 검사한다. 감쇠비가 0.3인 2차 시스템의 결과는 그림 12.72와 같다. 이것을 그림 12.65, 12.67과 비교하면 제어 설계가 시스템의 성능을 향상시켰는지 확인할 수 있다. 다양한 파라미터와 제어 게인을 가진 시스템의 작동은 부속 예제 파일인 *Second order PID.vi* 프로그램을 사용하여 검사할 수 있다. PID 제어기에서 제어, 적분, 미분의 작동이 서로 상호작용을 해도 게인 상승을 갖는 기본적인 경향은 표 12.4와 같다.

요약

진보된 전자공학과 함께 전기적이면서 기계적인 시스템의 조합은 항공기와 같은 복잡한 시스템의 설계에서뿐만 아니라 매일 아침 정해진 시간에 커피를 만들거나 콩을 가는 커피 메이커와 같이 단순한 시스템의 설계에도 꾸준히 요구되고 있다. 메카트로닉스 시스템은 센서, 액추에이터 그리고 통합 시스템으로서의 기능을 다할 수 있는 기능을 가진 제어시스템을 필요로 한다. 이 장에서는 메카트로닉스 시스템에서 선형과 회전 변위에서 흔히 사용되는 센서의 설계와 작동 원리를 기술하였다. '액추에이터'는 장치를 작동시키기 위해 설계된 기계적, 전기적, 공압적 장치의 광범위한 분야를 나타내는 용어이다.

이 장에서는 라플라스 변환에 기초한 동적 시스템의 블록 다이어그램에 대하여 소개하였다. 또한 상미분 방정식과 선형 미분 방정식의 일반적인 해를 구하기 위해 라플라스 변환 적용을 검토하였다. 개회로와 폐회로의 제어 방법에 대한 검토를 통해 비례 제어와 비례-적분 제어 그리고 비례-적분-미분 제어의 예를 살펴보았다.

참고문헌

[1] Coltman, J. W., The Transformer, *Scientific American*, 86, January 1988.
[2] Herceg, E. E., *Schaevitz Handbook of Measurement and Control*, Schaevitz Engineering, Pennsauken, NJ, 1976.
[3] Bredin, H., Measuring Shock and Vibration, *Mechanical Engineering*, 30, February 1983.
[4] Measurement of Rotary Speed, ASME Performance Test Codes, ANSI/ASME PTC 19.13-1961, American Society of Mechanical Engineers, New York, 1961.
[5] Gindy, S. S., Force and Torque Measurement, A Technology Overview, *Experimental Techniques*, 9: 28, 1985.
[6] *Measurement of Shaft Power*, ASME Performance Test Codes, ASME PTC 19.7-1980, (Reaffirmed Date: 1988), American Society of Mechanical Engineers, New York, 1980.
[7] https://in.mathworks.com/help/fuzzy/water-level-control-in-a-tank.html#d123e17147.
[8] Nise, N., *Control Systems Engineering*, 6th ed., John Wiley and Sons, New York, 2011.

기호

a	가속도(lt^{-2})	y_{hs}	하우징, 사이즈믹 기기의 변위(l)
c	감쇠 계수($m\,t^{-1}$)	y_m	사이즈믹 질량의 변위(l)
c_c	임계 감쇠 계수(mt^{-1})	y_r	사이즈믹 기기에서 사이즈믹 질량과 하우징 사이의 상대 변위(l)
g	중력 가속도(lt^{-2})		
k	스프링 상수($m\,t^{-2}$)	δy	처짐(l)
m	질량(m)	A	진폭
p	압력($m\,l^{-1}\,t^{-2}$)	B	자기장 강도($m\,C^{-1}t^{-1}$)
$\mathbf{r}$	반지름, 벡터(l)	C_v	유량계수
t	시간(t)	D_c	마그네틱 픽업의 코일 지름(l)
δt	데이터 샘플링 시간 간격(t)	E_i	입력 전압(V)
u	불확도	E_o	출력 전압(V)
v	선속도($l\,t^{-1}$)	F	힘, 벡터($m\,lt^{-2}$)
y	변위(l)	J	극관성 모멘트(l^4)

L	길이(l)		$\forall$	체적(l^3)
M	진폭비		ζ	감쇠비
M	모멘트, 벡터($m\,l^2\,t^{-2}$)		τ	시간 상수(t)
P	동력($ml^2\,t$)Q		τ_{max}	최대 전단 응력($mt^2\,l^{-1}$)
	체적 유량($l^3\,t^{-1}$)		φ	위상각
R_O	바깥 반지름(l)		κ	제어기 게인
T	온도(°)		ω	회전 속도(t^{-1})
T	토크($m\,l^2\,t^{-2}$)		ω_n	고유 진동수(t^{-1})

연습문제

12.1 그림 12.1과 같은 선형 전위차계를 고려한다. 전위차계는 전체 저항이 $1\,k\Omega$이 되도록 $0.1\,mm$ 구리선 ($\rho_e = 1.7 \times 10^{-8}\,\Omega\text{-m}$)이 철심(core)에 감겨 있다. 미끄럼 접촉 표면적은 매우 작다.

a. 철심이 $1.5\,cm$인 전위차계로 측정할 수 있는 변위의 범위를 추정하라.

b. 그림 P12.1의 회로는 위치를 기록하는 데 사용된다. 단 1회의 플롯에서 (a)에서 구한 범위에서 1, 10, $100\,k\Omega$의 미터 저항값(R_m)이 변위의 함수로 나타난 변위의 부하 오차는 얼마인가? 실제 미터 계기에서 부하 오차는 어떤 중요한 의미를 갖는가?

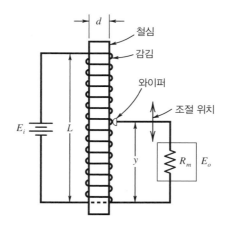

그림 P12.1 문제 12.1의 회로도

12.2 선형 변위 센서에 관한 메카트로닉스 적용 분야는 수없이 많다. 특정한 적용 분야를 선택하고 선형 변위 센서에 대해 설명하라. 가능한 적용 범위로서 자동차 서스펜션, 의료 산업 및 현금 자동 입출금기를 포함한다.

12.3   항공우주에서 ADT의 사용을 연구하고 설명하라. 정확도 요구 사항에 대한 논의를 포함하여 설명하라.

12.4   전위차계와 LVDT의 작동 원리 및 정확성을 비교하라.

12.5   위치 측정을 위한 LVDT와 저항 기반 전위차계의 사용을 장점과 단점을 비교하라.

12.6   사이즈믹 기기는 다음과 같이 주어진 움직임을 측정하는 데 사용된다.

$$y(t) = 0.5 \cos 15t + 0.8 \cos 30t$$

여기서,

y = 변위(cm)

t = 시간(s)

사이즈믹 기기는 0.7의 감쇠비를 갖는다.

a. 입력 신호를 측정하는 데 있어서 진폭 오차가 6% 이하가 되도록 사이즈믹 질량, 스프링 상수와 감쇠 계수의 조합을 선택하라. 어떤 조건에서 출력 신호는 심한 찌그러짐이 생기는가?

b. 그림이나 표의 형태로 시스템의 위상 응답을 설명하라.

12.7   사이즈믹 기기는 25 Hz의 고유 진동수와 0.67의 감쇠비를 갖는다. 지시한 변위의 진폭 오차가 6% 이하가 되도록 하기 위한 최대 입력 진동수를 결정하라.

12.8   사이즈믹 기기는 하우징과 진동체로 구성되어 있다. 진동을 측정하기 위해서 진동체 질량(seismic mass)의 측정 기준이 되는 완전한 구조 안에서 정지한 상태로 있어야 하고 가속도를 측정하기 위해서는 진폭비는 단일성이 있어야 한다. 이러한 요구를 만족시키는 질량, 스프링 상수, 감쇠비에 대한 필요조건을 상세히 설명하라.

12.9   사이즈믹 기기는 하우징과 진동체로 구성되어 있다. 진동을 측정하기 위해서 진동체 질량(seismic mass)은 측정 기준이 되는 완전한 구조 안에서 정지한 상태로 있어야 하고 가속도를 측정하기 위해서는 진폭비는 단일성이 있어야 한다. LabView를 사용하여 진동과 가속도 측정을 위한 사이즈믹 기기의 모델을 만들어라.

12.10   가속도 및 진동 측정의 중요성에 대해 논의하라.

12.11   압전 변환기의 특성을 다른 가속도계와 비교하라.

12.12   예제 12.2에서 적분이 잡음 신호의 영향을 감소시키는 방법이라는 것을 확인하였다. 가속도 신호의 적분에 의한 속도 측정에서 잡음의 영향을 감소시키는 데 변동 평균(moving average)이 어떻게 사용되는지를 설명하라. 평균 시간이 잡음이 제거에 미치는 영향에 대해 설명하라. 잡음은 매우 큰 진폭을 갖지만 측정된 속도보다 더 높은 진동수를 갖는다고 가정한다.

12.13   코일 지름 D_c가 0.8 cm이고, 코일 길이 2 cm인 가동 코일 변환기로 측정되는 공칭 속도 범위는 1~10 cm/sec이다. 그 결과로 생기는 기전력은 8-bit A/D 변환기와 −1~1 V 범위를 갖는 PC에 기초한 데

이터 획득 시스템에 의해 측정된다. 정확도는 0.1% 풀스케일이다. 속도 측정에서 1%의 정확도를 제공하기 위한 자기장 강도의 함수인 감김 수를 그려라.

12.14 초음파 변환기는 의료 산업에서 사용된다. 이 응용 프로그램에서 압전 센서의 사용을 서술하라.

12.15 스트로보스코프로 회전 속도를 측정한다. 회전 속도는 스트로보스코프의 섬광률보다 더 높다. 스트로보스코프는 초당 12,000, 20,000, 24,000 섬광으로 동기 관찰되었다. 회전 속도를 구하라.

12.16 스트로보스코프로 회전 속도 측정을 위한 교육용 안내(instructional guide)를 작성하라. 회전 속도가 스트로보스코프의 섬광률의 최대 한계 근처 또는 그 이하일 때 적용에 대한 내용을 포함하라.

12.17 로드셀에 대해 설명하라. 가능한 가장 작은 힘을 측정하도록 설계된 로드셀에 대하여 최첨단 사양을 확인하라. 작은 힘의 정확한 측정을 위해 어떤 응용 프로그램이 존재하는지 설명하라.

12.18 상업용 및 군사용으로 항공 우주 분야에서 로드셀의 사용에 대하여 설명하라.

12.19 250~1,000 N 범위의 실험실용 교정 표준으로 사용하는 데 적합한 프로빙 링 로드셀을 설계하라. 프로빙 링 재료는 강철이다.

12.20 자동차의 구동축을 통하여 전달된 동력은 37.28 kW의 동력 전달과 2,000 rpm의 회전 속도가 생기게 된다. 구동축이 지탱해야 할 토크를 결정하라.

12.21 자동차 배기 검사에서 동력계의 중요성에 대해 논하라.

12.22 토크 및 기계적 동력 측정의 필요성과 다양한 용도에 대해 논하라.

12.23 선형 액추에이터에 대해 조사하고 각각의 응용 분야에 적절한 선형 액추에이터를 제안하라. 여러 응용 분야에서 사용된 선형 액추에이터는 선형 운동을 회전 운동으로 변환시킨다. 이 선형 액추에이터가 각각의 응용 분야에 사용되고 있는지 확인하라.

12.24 공압식 액추에이터는 매우 큰 힘과 크기를 측정한다. 상업적으로 이용 가능한 공압식 실린더의 범위를 조사하라.

12.25 포트의 지름이 6 mm인 3포트 제어기(three-port control) 밸브에서 F가 0.92 ms/cc이고 포트 P와 A를 가압하기 위하여 8 ms의 래그타임(lag time)을 가진다. 포트 T에서 A까지의 배기 경로에서 F는 0.79 ms/cc이고, 래그타임은 8 ms이다. 이 밸브는 600 mL의 용기와 연결되어 있다. 흡기 압력은 100 kPa이고, 배기 압력은 0 kPa이다. 이 용기를 90 kPa까지 압력을 가하기 위한 시간을 계산하라. 또 이 용기의 압력을 10 kPa까지 만들기 위한 시간을 계산하라.

12.26 유량 조절 밸브의 설계에 관하여 서술하라.

12.27 부속 소프트웨어에는 스트로보스코프의 거동을 설계하는 *stroboscope.vi* 프로그램이 포함되어 있다.
  a. 40 rps로 회전 주파수를 만들고, 스트로브 주파수를 20 Hz와 40 Hz로 설정하고 그 결과를 설명하라.
  b. 회전 주파수를 100 rps로 설정하라. 스트로보스코프의 최대 주파수보다 큰 회전 주파수를 측정할 수 있다는 것을 증명하기 위해 $f_1 = 50$ Hz, $f_N = 10$ Hz를 식 (12.15)에 적용하여 동기 주파수 N을 구하라.

12.28 주택에 적용되는 서모스탯의 작동 원리와 온도를 측정하기 위한 바이메탈 센서의 설계에 대해 설명하라.

12.29 정상 상태 오차를 가진 비례 제어기에 대해 설명하고, 제어기와 1차 시스템에 대한 정상 상태 오차를 정량화할 수 있는 방법에 대해 기술하라.

12.30 예제 12.5에 기술된 PI 제어기를 가진 오븐을 부속 소프트웨어 *First order PID.vi*를 이용하여 만들어라. 1차 시스템에 비례 게인과 적분 게인을 사용한 결과를 설명하라.

12.31 그림 P12.31의 자동차의 속도 제어시스템의 블록 다이어그램을 고려한다.

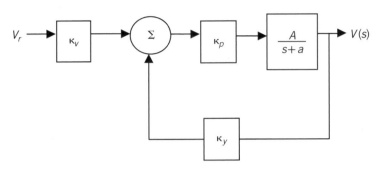

그림 P12.31 자동차의 속도 제어시스템의 블록 다이어그램

a. 목표 속도가 V_r이고, 실제 속도가 V일 때, $V_r(s)$가 $V(s)$가 되도록 하는 전달 함수를 규명하라.

b. 목표 속도가 상수일 때, 라플라스 변환 시 v_o/s로 가정할 수 있다. 다음 조건에서 게인값을 결정하라.

$$\lim_{t \to \infty}(t) = v_o$$

12.32 상업용 건물의 자동 제어시스템을 조사하라. 환기, 난방, 냉각과 팬의 변수가 사람이 편안하도록 제어될 수 있도록 연관 함수를 표기하라.

12.33 그림 12.19의 플라이볼 조속기(fly ball governor)는 다음과 같이 정리할 수 있다.

$$k(x - x_o) = \frac{b}{a} 2MR\omega^2$$

여기서,

$k =$ 스프링 상수

$x =$ 스프링의 초기 길이에서의 변위

$x_o =$ 스프링의 초기 길이

$M =$ 플라이볼의 질량

그리고 그림 12.19에서 확인된 다른 변수를 확인하라.

물성 데이터와 전환 계수

표 A.1 순수 금속과 비금속의 물성치

	질량 (kg/m³)	탄성 계수 (GPa)	열팽창 계수 (10^{-6} m/mK)	열전도도 (W/mK)	전기 저항도 (10^{-6} Ωcm)
순수 금속					
Aluminum	2 698.9	62	23.6	247	2.655
Beryllium	1 848	275	11.6	190	4.0
Chromium	7 190	248	6.2	67	13.0
Copper	8 930	125	16.5	398	1.673
Gold	19 302	78	14.2	317.9	2.01
Iron	7 870	208.2	15.0	80	9.7
Lead	11 350	12.4	26.5	33.6	20.6
Magnesium	1 738	40	25.2	418	4.45
Molybdenum	10 220	312	5.0	142	8.0
Nickel	8 902	207	13.3	82.9	6.84
Palladium	12 020	—	11.76	70	10.8
Platinum	21 450	130.2	9.1	71.1	10.6
Rhodium	12 410	293	8.3	150.0	4.51
Silicon	2 330	112.7	5.0	83.68	1×10^5
Silver	10 490	71	19.0	428	1.47
Tin	5 765	41.6	20.0	60	11.0
Titanium	4 507	99.2	8.41	11.4	42.0
Zinc	7 133	74.4	15.0	113	5.9
합금					
Aluminum (2024, T6)	2 770	72.4	22.9	151	4.5
Brass (C36000)	8 500	97	20.5	115	6.6
Brass (C86500)	8 300	105	21.6	87	8.3
Bronze (C90700)	8 770	105	18	71	1.5
Constantan annealed (55% Cu 45% Ni)	8 920	—	—	19	44.1
Steel (AISI 1010)	7 832	200	12.6	60.2	20
Stainless Steel (Type 316)	8 238	190	—	14.7	—

출처 : *Metals Handbook*, 9th ed., American Society for Metals, Metals Park, OH, 1978, and from other sources.

표 A.2 금속의 열역학적 물성치

성분	융점 (K)	300 K에서의 성질				다양한 온도에서의 성질							
		ρ (kg/m³)	c_p (J/kg·K)	k (W/m·K)	$\alpha \times 10^4$ (m²/s)	k (W/m·K) 100	200	400	600	c_p (J/kg·K) 100	200	400	600
Aluminum													
Pure	933	2702	903	237	97.1	302	237	240	231	482	796	949	1033
Alloy 2024-T6 (4.5% Cu, 1.5% Mg, 0.6% Mn)	775	2770	875	177	73.0	65	163	186	186	473	787	925	1042
Alloy 195, cast (4.5% Cu)	—	2790	883	168	68.2	—	—	174	185	—	—	—	—
Chromium	2118	7160	449	93.7	29.1	159	111	90.9	80.7	192	384	484	542
Copper													
Pure	1358	8933	385	401	117	482	413	393	379	252	356	397	417
Commercial bronze (90% Cu, 10% Al)	1293	8800	420	52	14	—	42	52	59	—	785	460	545
Phosphor gear bronze (89% Cu, 11% Sn)	1104	8780	355	54	17	—	41	65	74	—	—	—	—
Cartridge brass (70% Cu, 30% Zn)	1188	8530	380	110	33.9	75	95	137	149	—	360	395	425
Constantan (55% Cu, 45% Ni)	1493	8920	384	23	6.71	17	19	—	—	237	362	—	—
Iron													
Pure	1810	7870	447	80.2	23.1	134	94.0	69.5	54.7	216	384	490	574
Armco (99.75%)	—	7870	447	72.7	20.7	95.6	80.6	65.7	53.1	215	384	490	574
Carbon steels													
Plain carbon (Mn ≤ 1%, Si ≤ 0.1%)	—	7854	434	60.5	17.7	—	—	56.7	48.0	—	—	487	559
AISI 1010	—	7832	434	63.9	18.8	—	—	58.7	48.8	—	—	487	559
Carbon-silicon (Mn ≤ 1%, 0.1% < Si ≤ 0.6%)	—	7817	446	51.9	14.9	—	—	49.8	44.0	—	—	501	582

Composition	Melting Point (K)	ρ (kg/m³)	c_p (J/kg·K)	k (W/m·K)	$\alpha \cdot 10^6$ (m²/s)	100 K (k/c_p)	200 K (k/c_p)	400 K (k/c_p)	600 K (k/c_p)
Carbon–manganese–silicon (1% < Mn ≤ 1.65%, 0.1% < Si ≤ 0.6%)	—	8131	434	41.0	11.6	—/—	—/—	42.2/487	39.7/559
Chromium (low) steels 1/2 Cr-1/4 Mo-Si (0.18% C, 0.65% Cr, 0.23% Mo, 0.6% Si)	—	7822	444	37.7	10.9	—/—	—/—	38.2/492	36.7/575
1 Cr-1/2 Mo (0.16% C, 1% Cr, 0.54% Mo, 0.39% Si)	—	7858	442	42.3	12.2	—/—	—/—	42.0/492	39.1/575
1 Cr-V (0.2% C, 1.02% Cr, 0.15% V)	—	7836	443	48.9	14.1	—/—	—/—	46.8/492	42.1/575
Stainless steels									
AISI 302	—	8055	480	15.1	3.91	—/—	—/—	17.3/512	20.0/559
AISI 304	1670	7900	477	14.9	3.95	9.2/272	12.6/402	16.6/515	19.8/559
AISI 316	—	8238	468	13.4	3.48	—/—	—/—	15.2/504	18.3/550
AISI 347	—	7979	480	14.2	3.71	—/—	—/—	15.8/513	18.9/559
Lead	601	11 340	129	35.3	24.1	39.7/118	36.7/125	34.0/132	31.4/142
Magnesium	923	1740	1024	156	87.6	169/649	159/934	153/1074	149/1170
Molybdenum	2894	10 240	251	138	53.7	179/141	143/224	134/261	126/275
Nickel									
Pure	1728	8900	444	90.7	23.0	164/232	107/383	80.2/485	65.6/592
Nichrome (80% Ni, 20% Cr)	1672	8400	420	12	3.4	—/—	—/—	14/480	16/525
Inconel X–750 (73% Ni, 15% Cr, 6.7% Fe)	1665	8510	439	11.7	3.1	8.7/—	10.3/372	13.5/473	17.0/510

표 A.3 포화된 물(액체)의 열역학적 물성치

T (K)	ρ (kg/m^3)	c_p (kJ/kg·K)	$\mu \times 10^6$ (N·s/m^2)	k (W/m·K)	Pr	$\beta \times 10^6$ (K^{-1})
273.15	1000	4.217	1750	0.569	12.97	−68.05
275.0	1000	4.211	1652	0.574	12.12	−32.74
280	1000	4.198	1422	0.582	10.26	46.04
285	1000	4.189	1225	0.590	8.70	114.1
290	999	4.184	1080	0.598	7.56	174.0
295	998	4.181	959	0.606	6.62	227.5
300	997	4.179	855	0.613	5.83	276.1
305	995	4.178	769	0.620	5.18	320.6
310	993	4.178	695	0.628	4.62	361.9
315	991	4.179	631	0.634	4.16	400.4
320	989	4.180	577	0.640	3.77	436.7
325	987	4.182	528	0.645	3.42	471.2
330	984	4.184	489	0.650	3.15	504.0
335	982	4.186	453	0.656	2.89	535.5
340	979	4.188	420	0.660	2.66	566.0
345	977	4.191	389	0.664	2.46	595.4
350	974	4.195	365	0.668	2.29	624.2
355	971	4.199	343	0.671	2.15	652.3
360	967	4.203	324	0.674	2.02	679.9
365	963	4.209	306	0.677	1.90	707.1
370	961	4.214	289	0.679	1.79	728.7
373.15	958	4.217	279	0.680	1.73	750.1
400	937	4.256	217	0.688	1.34	896
450	890	4.40	152	0.678	0.99	
500	831	4.66	118	0.642	0.86	
550	756	5.24	97	0.580	0.88	
600	649	7.00	81	0.497	1.14	
647.3	315	0	45	0.238	∞	

보간을 위한 공식(T = 절대온도)

$$f(T) = A + BT + CT^2 + DT^3$$

$f(T)$	A	B	C	D	표준편차, σ
			273.15 < T < 373.15 K		
ρ	766.17	1.80396	-3.4589×10^{-3}		0.5868
c_p	5.6158	-9.0277×10^{-3}	14.177×10^{-6}		4.142×10^{-3}
k	−0.4806	5.84704×10^{-3}	-0.733188×10^{-5}		0.481×10^{-3}
			273.15 < T < 320 K		
$\mu \times 10^6$	0.239179×10^6	-2.23748×10^3	7.03318	-7.40993×10^{-3}	4.0534×10^{-6}
$\beta \times 10^6$	-57.2544×10^3	530.421	−1.64882	1.73329×10^{-3}	1.1498×10^{-6}
			320 < T < 373.15 K		
$\mu \times 10^6$	35.6602×10^3	−272.757	0.707777	-0.618833×10^{-3}	1.0194×10^{-6}
$\beta \times 10^6$	-11.1377×10^3	84.0903	−0.208544	0.183714×10^{-3}	1.2651×10^{-6}

출처 : Incropera, F. P., and D. P. DeWitt, Fundamentals of Heat and Mass Transfer, New York.

표 A.4 공기의 열역학적 물성치

T [K]	ρ [kg/m³]	c_p [kJ/kg·K]	$\mu \times 10^7$ [N·s/m²]	$\nu \times 10^6$ [m²/s]	$k \times 10^3$ [W/m·K]	$\alpha \times 10^5$ [m²/s]	Pr
200	1.7458	1.007	132.5	7.590	18.1	10.3	0.737
250	1.3947	1.006	159.6	11.44	22.3	15.9	0.720
300	1.1614	1.007	184.6	15.89	26.3	22.5	0.707
350	0.9950	1.009	208.2	20.92	30.0	29.9	0.700
400	0.8711	1.014	230.1	26.41	33.8	38.3	0.690
450	0.7740	1.021	250.7	32.39	37.3	47.2	0.686
500	0.6964	1.030	270.1	38.79	40.7	56.7	0.684
550	0.6329	1.040	288.4	45.57	43.9	66.7	0.683
600	0.5804	1.051	305.8	52.69	46.9	76.9	0.685
650	0.5356	1.063	322.5	60.21	49.7	87.3	0.690
700	0.4975	1.075	338.8	68.10	52.4	98.0	0.695
750	0.4643	1.087	354.6	76.37	54.9	109.	0.702
800	0.4354	1.099	369.8	84.93	57.3	120.	0.709
850	0.4097	1.110	384.3	93.80	59.6	131.	0.716
900	0.3868	1.121	398.1	102.9	62.0	143.	0.720
950	0.3666	1.131	411.3	112.2	64.3	155.	0.723
1000	0.3482	1.141	424.4	121.9	66.7	168.	0.726

보간을 위한 공식(T = 절대온도)

$$\rho = \frac{348.59}{T} \quad (\sigma = 4 \times 10^{-4})$$
$$f(T) = A + BT + CT^2 + DT^3$$

$f(T)$	A	B	C	D	표준편차, σ
c_p	1.0507	-3.645×10^{-4}	8.388×10^{-7}	-3.848×10^{-10}	4×10^{-4}
$\mu \times 10^7$	13.554	0.6738	-3.808×10^{-4}	1.183×10^{-7}	0.4192×10^{-7}
$k \times 10^3$	-2.450	0.1130	-6.287×10^{-5}	1.891×10^{-8}	0.1198×10^{-3}
$\alpha \times 10^8$	-11.064	7.04×10^{-2}	1.528×10^{-4}	-4.476×10^{-8}	0.4417×10^{-8}
Pr	0.8650	-8.488×10^{-4}	1.234×10^{-6}	-5.232×10^{-10}	1.623×10^{-3}

출처 : Incropera, F. P., and D. P. DeWitt, *Fundamentals of Heat and Mass Transfer*, New York, 1985.

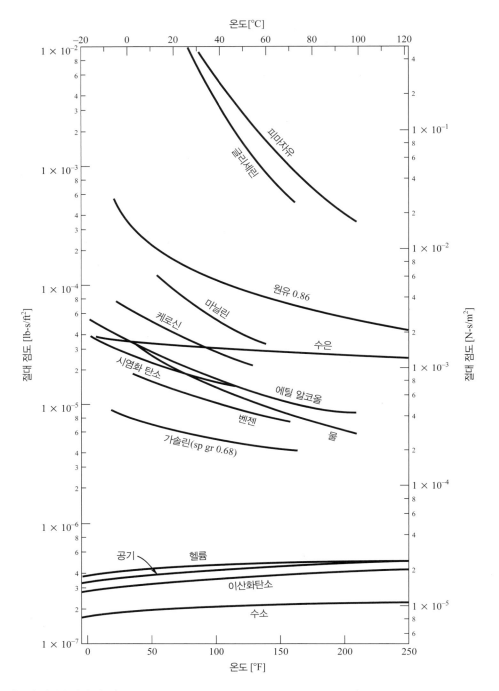

그림 A.1 가스와 액체의 절대 점도 (Compiled from Pritchard, P.J., *Fox and McDonald's Introduction to Fluid Mechanics*, 8th ed.,Wiley, New York, 2011 and other sources.)

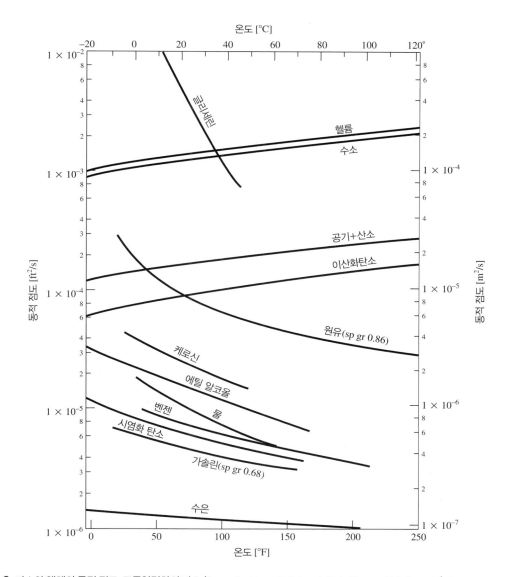

그림 A.2 가스와 액체의 동적 점도. 표준압력하의 가스 (Compiled from Pritchard, P.J., *Fox and McDonald's Introduction to Fluid Mechanics*, 8th ed.,Wiley, New York, 2011, and other sources.)

라플라스 변환의 기초

이 책에서 필요로 하는 내용의 복습을 위해 라플라스 변환의 다음과 같은 기초 지식을 제공한다. 라플라스 변환에 대한 더 많은 정보는 참고문헌 1을 이용하라. 함수 $y(t)$의 라플라스 변환은 다음과 같이 정의된다.

$$Y(s) = \mathscr{L}[Y(t)] = \int_0^\infty y(t)e^{-st}dt \tag{B.1}$$

라플라스 변환에 대한 해석적 형태를 갖는 선형 시스템을 모델링하는 데 많은 유용한 함수가 있다. 다음과 같이 정의되는 단위 계단 함수를 고려해 보자.

$$U(t) = \begin{Bmatrix} 0 & t < 0 \\ 1 & t > 0 \end{Bmatrix} \tag{B.2}$$

라플라스 변환의 정의를 적용하면 다음이 유도된다.

$$\mathscr{L}[U(t)] = \int_0^\infty e^{-st}dt = \frac{1}{s} \tag{B.3}$$

단위 계단 함수와 그것의 라플라스 변환은 하나의 라플라스 변환쌍을 형성한다. 표 B.1에 일반적인 라플라스 변환쌍을 나열하였다.

라플라스 변환의 가장 중요한 특성 중의 하나는 라플라스 변환의 응용으로부터 도함수로 나타내는 것이다.

$$\mathscr{L}\left[\frac{dy(t)}{dt}\right] = sY(s) - y(0) \tag{B.4}$$

시간 영역에서의 미분은 라플라스 변환 영역에서 곱과 같다. 이러한 관계는 라플라스 변환의 정의에 의해 적분하여 유도된다. 다음과 같이 일반화할 수 있다.

$$\mathscr{L}\left[\frac{d^n y(t)}{dt^n}\right] = s^n Y(s) - s^{n-1}y(0) - s^{n-2}\frac{dy(0)}{dt} - \cdots - \frac{d^{n-1}y(0)}{dt^{n-1}} \tag{B.5}$$

B.1 최종값 정리

라플라스 변환의 유용한 특성은 단지 함수의 라플라스 변환을 아는 것으로 함수 $y(t)$의 값을 결정할 수 있다는 것이다. 최종값 정리는 다음과 같다.

$$\lim_{t \to \infty} y(t) = \lim_{s \to \infty} [sY(s)]$$ (B.6)

이것을 단위 계단 함수를 적용하면 다음과 같이 된다.

$$\lim_{s \to 0} sY(s) = \lim_{s \to 0} s\frac{1}{s} = 1$$ (B.7)

단위계단함수는 1이 극한값이다. 그리고 이 값은 분명히 정확한 한계치임을 알 수 있다.

B.2 라플라스 변환쌍

표 B.1은 다양하고 중요한 공학 함수들에 대한 라플라스 변환쌍을 제공한다. 복잡한 변환에 대한 좀 더 확장된 목록과 방법은 가장 최신의 공업수학 책을 참고하라.

표 B.1 라플라스 변환쌍

	$f(t)$	$\mathscr{L}(f)$
1	1	$\dfrac{1}{s}$
2	t	$\dfrac{1}{s^2}$
3	t^2	$\dfrac{2!}{s^3}$
4	t^n (n은 상수)	$\dfrac{n!}{s^{n+1}}$
5	e^{-at}	$\dfrac{1}{s+a}$
6	te^{-at}	$\dfrac{1}{(s+a)^2}$
6	$\dfrac{e^{-at} - e^{-bt}}{b-a}$	$\dfrac{1}{(s+a)(s+b)}$
7	$\sin at$	$\dfrac{a}{s^2 + a^2}$
8	$\cos at$	$\dfrac{s}{s^2 + a^2}$

참고문헌

[1]　Schiff, Joel L., *The Laplace Transform: Theory and Applications*, Springer, New York, 1999.

표준 정규 누적 확률

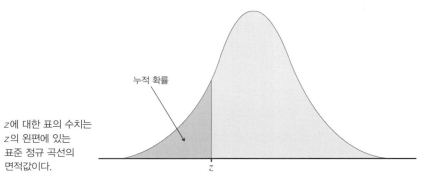

누적 확률

z에 대한 표의 수치는
z의 왼편에 있는
표준 정규 곡선의
면적값이다.

z

표 C 표준 정규 누적 확률

z	0	0.01	0.02	0.03	0.04	0.05	0.06	0.07	0.08	0.09
−3.4	0.0003	0.0003	0.0003	0.0003	0.0003	0.0003	0.0003	0.0003	0.0003	0.0002
−3.3	0.0005	0.0005	0.0005	0.0004	0.0004	0.0004	0.0004	0.0004	0.0004	0.0003
−3.2	0.0007	0.0007	0.0006	0.0006	0.0006	0.0006	0.0006	0.0005	0.0005	0.0005
−3.1	0.0010	0.0009	0.0009	0.0009	0.0008	0.0008	0.0008	0.0008	0.0007	0.0007
−3.0	0.0013	0.0013	0.0013	0.0012	0.0012	0.0011	0.0011	0.0011	0.0010	0.0010
−2.9	0.0019	0.0018	0.0018	0.0017	0.0016	0.0016	0.0015	0.0015	0.0014	0.0014
−2.8	0.0026	0.0025	0.0024	0.0023	0.0023	0.0022	0.0021	0.0021	0.0020	0.0019
−2.7	0.0035	0.0034	0.0033	0.0032	0.0031	0.0030	0.0029	0.0028	0.0027	0.0026
−2.6	0.0047	0.0045	0.0044	0.0043	0.0041	0.0040	0.0039	0.0038	0.0037	0.0036
−2.5	0.0062	0.0060	0.0059	0.0057	0.0055	0.0054	0.0052	0.0051	0.0049	0.0048
−2.4	0.0082	0.0080	0.0078	0.0075	0.0073	0.0071	0.0069	0.0068	0.0066	0.0064
−2.3	0.0107	0.0104	0.0102	0.0099	0.0096	0.0094	0.0091	0.0089	0.0087	0.0084
−2.2	0.0139	0.0136	0.0132	0.0129	0.0125	0.0122	0.0119	0.0116	0.0113	0.0110
−2.1	0.0179	0.0174	0.0170	0.0166	0.0162	0.0158	0.0154	0.0150	0.0146	0.0143
−2.0	0.0228	0.0222	0.0217	0.0212	0.0207	0.0202	0.0197	0.0192	0.0188	0.0183

표 C 표준 정규 누적 확률(계속)

z	0	0.01	0.02	0.03	0.04	0.05	0.06	0.07	0.08	0.09
−1.9	0.0287	0.0281	0.0274	0.0268	0.0262	0.0256	0.0250	0.0244	0.0239	0.0233
−1.8	0.0359	0.0351	0.0344	0.0336	0.0329	0.0322	0.0314	0.0307	0.0301	0.0294
−1.7	0.0446	0.0436	0.0427	0.0418	0.0409	0.0401	0.0392	0.0384	0.0375	0.0367
−1.6	0.0548	0.0537	0.0526	0.0516	0.0505	0.0495	0.0485	0.0475	0.0465	0.0455
−1.5	0.0668	0.0655	0.0643	0.0630	0.0618	0.0606	0.0594	0.0582	0.0571	0.0559
−1.4	0.0808	0.0793	0.0778	0.0764	0.0749	0.0735	0.0721	0.0708	0.0694	0.0681
−1.3	0.0968	0.0951	0.0934	0.0918	0.0901	0.0885	0.0869	0.0853	0.0838	0.0823
−1.2	0.1151	0.1131	0.1112	0.1093	0.1075	0.1056	0.1038	0.1020	0.1003	0.0985
−1.1	0.1357	0.1335	0.1314	0.1292	0.1271	0.1251	0.1230	0.1210	0.1190	0.1170
−1.0	0.1587	0.1562	0.1539	0.1515	0.1492	0.1469	0.1446	0.1423	0.1401	0.1379
−0.9	0.1841	0.1814	0.1788	0.1762	0.1736	0.1711	0.1685	0.1660	0.1635	0.1611
−0.8	0.2119	0.2090	0.2061	0.2033	0.2005	0.1977	0.1949	0.1922	0.1894	0.1867
−0.7	0.2420	0.2389	0.2358	0.2327	0.2296	0.2266	0.2236	0.2206	0.2177	0.2148
−0.6	0.2743	0.2709	0.2676	0.2643	0.2611	0.2578	0.2546	0.2514	0.2483	0.2451
−0.5	0.3085	0.3050	0.3015	0.2981	0.2946	0.2912	0.2877	0.2843	0.2810	0.2776
−0.4	0.3446	0.3409	0.3372	0.3336	0.3300	0.3264	0.3228	0.3192	0.3156	0.3121
−0.3	0.3821	0.3783	0.3745	0.3707	0.3669	0.3632	0.3594	0.3557	0.3520	0.3483
−0.2	0.4207	0.4168	0.4129	0.4090	0.4052	0.4013	0.3974	0.3936	0.3897	0.3859
−0.1	0.4602	0.4562	0.4522	0.4483	0.4443	0.4404	0.4364	0.4325	0.4286	0.4247
0.0	0.5000	0.4960	0.4920	0.4880	0.4840	0.4801	0.4761	0.4721	0.4681	0.4641

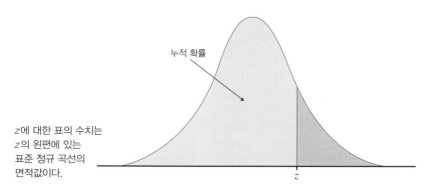

누적 확률

z에 대한 표의 수치는
z의 왼편에 있는
표준 정규 곡선의
면적값이다.

z

표 C 표준 정규 누적 확률(계속)

z	0	0.01	0.02	0.03	0.04	0.05	0.06	0.07	0.08	0.09
0.0	0.5000	0.5040	0.5080	0.5120	0.5160	0.5199	0.5239	0.5279	0.5319	0.5359
0.1	0.5398	0.5438	0.5478	0.5517	0.5557	0.5596	0.5636	0.5675	0.5714	0.5753
0.2	0.5793	0.5832	0.5871	0.5910	0.5948	0.5987	0.6026	0.6064	0.6103	0.6141
0.3	0.6179	0.6217	0.6255	0.6293	0.6331	0.6368	0.6406	0.6443	0.6480	0.6517
0.4	0.6554	0.6591	0.6628	0.6664	0.6700	0.6736	0.6772	0.6808	0.6844	0.6879

표 C 표준 정규 누적 확률(계속)

z	0	0.01	0.02	0.03	0.04	0.05	0.06	0.07	0.08	0.09
0.5	0.6915	0.6950	0.6985	0.7019	0.7054	0.7088	0.7123	0.7157	0.7190	0.7224
0.6	0.7257	0.7291	0.7324	0.7357	0.7389	0.7422	0.7454	0.7486	0.7517	0.7549
0.7	0.7580	0.7611	0.7642	0.7673	0.7704	0.7734	0.7764	0.7794	0.7823	0.7852
0.8	0.7881	0.7910	0.7939	0.7967	0.7995	0.8023	0.8051	0.8078	0.8106	0.8133
0.9	0.8159	0.8186	0.8212	0.8238	0.8264	0.8289	0.8315	0.8340	0.8365	0.8389
1.0	0.8413	0.8438	0.8461	0.8485	0.8508	0.8531	0.8554	0.8577	0.8599	0.8621
1.1	0.8643	0.8665	0.8686	0.8708	0.8729	0.8749	0.8770	0.8790	0.8810	0.8830
1.2	0.8849	0.8869	0.8888	0.8907	0.8925	0.8944	0.8962	0.8980	0.8997	0.9015
1.3	0.9032	0.9049	0.9066	0.9082	0.9099	0.9115	0.9131	0.9147	0.9162	0.9177
1.4	0.9192	0.9207	0.9222	0.9236	0.9251	0.9265	0.9279	0.9292	0.9306	0.9319
1.5	0.9332	0.9345	0.9357	0.9370	0.9382	0.9394	0.9406	0.9418	0.9429	0.9441
1.6	0.9452	0.9463	0.9474	0.9484	0.9495	0.9505	0.9515	0.9525	0.9535	0.9545
1.7	0.9554	0.9564	0.9573	0.9582	0.9591	0.9599	0.9608	0.9616	0.9625	0.9633
1.8	0.9641	0.9649	0.9656	0.9664	0.9671	0.9678	0.9686	0.9693	0.9699	0.9706
1.9	0.9713	0.9719	0.9726	0.9732	0.9738	0.9744	0.9750	0.9756	0.9761	0.9767
2.0	0.9772	0.9778	0.9783	0.9788	0.9793	0.9798	0.9803	0.9808	0.9812	0.9817
2.1	0.9821	0.9826	0.9830	0.9834	0.9838	0.9842	0.9846	0.9850	0.9854	0.9857
2.2	0.9861	0.9864	0.9868	0.9871	0.9875	0.9878	0.9881	0.9884	0.9887	0.9890
2.3	0.9893	0.9896	0.9898	0.9901	0.9904	0.9906	0.9909	0.9911	0.9913	0.9916
2.4	0.9918	0.9920	0.9922	0.9925	0.9927	0.9929	0.9931	0.9932	0.9934	0.9936
2.5	0.9938	0.9940	0.9941	0.9943	0.9945	0.9946	0.9948	0.9949	0.9951	0.9952
2.6	0.9953	0.9955	0.9956	0.9957	0.9959	0.9960	0.9961	0.9962	0.9963	0.9964
2.7	0.9965	0.9966	0.9967	0.9968	0.9969	0.9970	0.9971	0.9972	0.9973	0.9974
2.8	0.9974	0.9975	0.9976	0.9977	0.9977	0.9978	0.9979	0.9979	0.9980	0.9981
2.9	0.9981	0.9982	0.9982	0.9983	0.9984	0.9984	0.9985	0.9985	0.9986	0.9986
3.0	0.9987	0.9987	0.9987	0.9988	0.9988	0.9989	0.9989	0.9989	0.9990	0.9990
3.1	0.9990	0.9991	0.9991	0.9991	0.9992	0.9992	0.9992	0.9992	0.9993	0.9993
3.2	0.9993	0.9993	0.9994	0.9994	0.9994	0.9994	0.9994	0.9995	0.9995	0.9995
3.3	0.9995	0.9995	0.9995	0.9996	0.9996	0.9996	0.9996	0.9996	0.9996	0.9997
3.4	0.9997	0.9997	0.9997	0.9997	0.9997	0.9997	0.9997	0.9997	0.9997	0.9998

용어해설

0차 불확도(zero-order uncertainty) 계측의 최고 증분 또는 계측 시스템의 분해능 오차에만 기인하여 추정된 무작위 불확도

0차 시스템(zero-order system) 저장이나 관성의 시간 의존 특징에 독립적인 거동을 하는 시스템

1차 시스템(first-order system) 시간에 종속하는 저장과 방출 능력을 갖지만 관성이 없는 특징을 갖는 시스템

2차 시스템(second-order system) 시간-종속 관성을 포함하는 거동을 갖는 시스템

A/D 변환기(A/D converter) 아날로그 전압을 디지털 수로 변환하는 장치

A형 불확도(type A uncertainty) 변수의 통계로부터 추정된 불확도 값

B형 불확도(type B uncertainty) 통계적 방법 이외의 방법으로 추정된 불확도 값

d'Arsonval 운동(d'Arsonval movement) 전류 전달 루프에서 토크를 통한 전류의 흐름을 감지하는 장비. 대부분의 아날로그 전기 측정기의 기본

D/A 변환기(D/A converter) 디지털 수를 아날로그 전압으로 변환하는 장치

rms 값(rms value) Root-mean-square 값, 제곱 평균 제곱근

RTD 저항 온도계 전도체의 전기적 저항의 변화로부터 온도를 감지

USB(universal serial bus) 4와이어 케이블을 사용하여 컴퓨터와 주변 장치 간에 데이터를 전송하는 직렬 방식

VOM(volt-omh meter) 전압저항(volt-omh meter)의 약어

가동 코일 변환기(moving coil transducer) 코일 속도를 측정하기 위해 자장에서 전도체의 변위를 사용하는 센서

가설 검정(hypothesis test) 2개의 측정 인자가 같거나 하나가 다른 하나보다 크거나 작다는 통계적 가설을 지지하거나 기각하기 위한 추론 통계에 근거한 통계적 검정

가속도계(accelerometer) 가속도를 측정하는 기기

간섭(interference) 측정 신호에 확정적인 경향을 부과하는 외부 효과

간섭계(interferometer) 광원의 간섭 패턴을 사용하는 길이 측정 장치, 매우 높은 분해능을 제공

갈반노미터(galvanometer) 전류 루프에 토크가 작용할 때 전류 흐름에 민감하게 반응하는 장치로 0 전류 흐름을 위한 평형 조건을 감지하기 위해 사용

감도(sensitivity) 변수 x의 변화에 대한 변수 y의 변화율, 예를 들면 dy/dx

감쇠비(damping ratio)   에너지를 흡수하거나 방출하는 시스템의 능력 측정-시스템 감쇠 측정

감쇠 주파수(ringing frequency)   감쇠 시스템의 자유 진동 주파수로 고유 진동수와 감쇠비의 함수

개회로 제어(open-loop control)   조명 스위치의 타이머로 빛을 조절하는 것과 같이 제어 변수를 측정하지 않는 제어의 형태

검증(validation)   테스트 모델 데이터가 모델이 모사하는 실제적 프로세스와 동일하게 거동하는지를 평가하는 과정 또는 테스트. 모델의 불확도를 구하기 위해 사용된다.

겉보기 변형률(apparent strain)   온도와 같은 외부 변수의 입력에 의한 스트레인 게이지의 거짓 출력

게이지 길이(gauge length)   변형률의 평균값을 넘어선 스트레인 게이지의 유효 길이

게이지 블록(gauge block)   가공 및 교정을 위한 작업 길이 표준

게이지율(gauge factor)   전기 저항의 변화에 관련하는 스트레인 게이지의 특성

게인(gain)   증폭 또는 신호 크기의 일부 승수의 결과; 전달 함수 블록의 상수 승수를 가리키는 데 사용되기도 함

격자(lattice)   결정을 형성하는 입자의 배열을 설명하는 점들의 순서 배열

결과(result)   계측으로 결정된 마지막 값

계측(measurement)   측정 변수에 특정한 수치를 부여하는 것

계측학(metrology)   물리량 측정에 관한 과학

계통 오차(systematic error)   동일 변수를 반복 측정할 때 일정하게 유지되는 오차. 지시값과 측정된 실젯값 사이의 일정한 치우침

계통 표준 불확도(systematic standard uncertainty)   정규 분포에서 68% 확률 수준 또는 단일 표준편차에서 추정된 계통 불확도이며 이 값은 종종 추정된 계통 불확도의 절반이 된다.

결합 시스템(coupled system)   측정 시스템을 형성하는 데 사용되는 상호 연결된 계측기의 결합 효과

고역통과 필터(high-pass filter)   낮은 주파수의 정보가 감쇠되는 동안 차단 주파수보다 높은 주파수의 신호 정보를 변경하지 않고 통과할 수 있는 장치

고유 진동수(natural frequency)   비감쇠 시스템의 자유 진동 주파수로 시스템 특성

고정점 온도(fixed point temperature)   용해점이나 비등점과 같이 재현 가능한 물리적 거동의 특징을 갖는 온도

공압학(pneumatics)   가스 또는 가압 공기를 사용하는 공학 분야

공진 주파수(resonance frequency)   진폭비가 최댓값을 갖는 주파수

과대 오차(gross error)   측정 부주의로 인해 발생한 오차

과도 응답(transient response)   시간에 따라 0으로 감소하는 시간 종속 시스템 응답의 부분

광고온계(optical pyrometer)   광학적인 비교에 의한 비해체 온도 계측 장치

광탄성(photoelastic)   변형률에 의한 광학적 특성의 변화

교정(calibration)   시스템 출력을 관찰할 목적으로 알고 있는 값을 계측시스템에 입력시키는 것

교정 곡선(calibration curve)   교정에서 구한 입력값과 출력값의 곡선

궤환-제어 단계(feedback-control stage)   계측된 신호를 해석하고 프로세스를 제어하는 계측시스템의 단계

근접 센서(proximity sensor)   물리적 접촉 없이 주변 물체의 존재를 감지하는 센서

기본 주파수(fundamental frequency)   신호의 가장 낮은 주파수 성분

기본 표준(primary standard) 단위를 정의하는 값

기준 접점(reference junction) 열전쌍을 참조하여 온도가 알려진 접점

나이퀴스트 주파수(nyquist frequency) 샘플링 속도 또는 샘플링 주파수의 절반

노치 필터(notch filter) 노치와 같은 용어로서 폭이 좁은 주파수의 신호 진폭을 제거하거나 감소시키는 필터

능동 필터(active filter) 구동 증폭기(Opamp)와 같은 하나 또는 여러 개의 능동 전기 요소

다이아프램 계량기(diaphragm meter) 두 챔버 사이에 분리되었지만 알려진 가스 부피를 교대로 통과시켜 가스 부피 유량을 측정하는 양의 변위 유량계의 한 유형

단계(stage) 특별한 목적을 갖는 계측 신호 흐름의 일반적인 구성 요소

단부 표준(end standard) 길이 표준으로 막대의 두 평평한 정사각형 단부 사이의 거리

단안정(monostable) 단일 전압 명령에서 켜거나 끄는 원샷 장치

단위 응답(step response) 입력 값의 단계 변화에 대한 시스템 시간 응답

단일 표본 불확도 분석(single-sample uncertainty analysis) 매우 작은 반복 측정이 형성될 때 불확도를 평가하기 위해 사용되는 불확도 분석의 방법

단일 종단 연결(single-ended connection) 접지 상대 신호를 측정하는 2개의 와이어 연결 방식

대역통과 필터(band-pass filter) 특정 범위의 신호 주파수를 변경하지 않고 통과시키며 범위 외 높거나 낮은 주파수는 모두 감쇠하는 장치

도플러 측위법(Doppler anemometry) 도플러 시프트를 사용하여 속도를 측정하는 다양한 기술을

도플러 유량계(Doppler flowmeter) 유체의 흐름을 통과하는 초음파 주파수의 도플러 시프트를 이용하여 부피 유량을 나타내는 유량계

독립 변수(independent variable) 값을 직접 변화하여 종속 변숫값을 변화시키는 변수

동력계(dynamometer) 축동력을 측정하는 장치

동상전압(common-mode voltage) 서로 다른 접지 사이의 전압 차이, 그라운드 루프(ground loop) 참고

동압력(dynamic pressure) 임의의 지점에서 총 압력과 정적 압력 사이의 차이

동적 교정(dynamic calibration) 입력 변수가 시간에 따라 변화하는 교정

동적 오류(dynamic error) 출력이 측정된 과도 응답을 정확하게 따르지 않을 때 발생하는 오류

동적 응답(dynamic response) 명확한 사인파 입력에 대한 시스템의 응답

동적 특성(dynamic characteristics) 측정된 양이 값을 변경하는 시간과 계측기가 일정한 응답을 얻는 시간 사이의 계측기 동작에 대한 설명

드리프트(drift) 환경 변화로 인한 기기 오류 발생

드리프트 계수(drfit coefficient) 도당 온도 변화로 인한 측정 오류

디지털 신호(digital signal) 진폭과 시간으로 정량화된 아날로그 신호의 표현

디지털 신호 처리기(digital signal processor) 디지털 데이터 정보의 전송을 관리하고 규정된 수학적 조작을 수행하는 데 사용되는 마이크로프로세서

로드셀(load cell) 힘이나 하중을 측정하는 센서. 다양한 원리의 적용이 가능

로제트 스트레인 게이지(strain gauge resette)   서로 다른 변형률 성분을 측정하기 위해 특정한 각도와 위치에 배열된 2개 이상의 스트레인 게이지

롤오프 기울기(roll-off slope)   필터링된 정지 밴드의 붕괴 속도

마하수(mach number)   매체에서 음속에 대한 로컬 속도의 비율

멀티플렉서(multiplexer)   여러 개의 입력선을 1개의 공동 출력선에 연결해 주는 스위치

메카트로닉스(mechatronics)   장치의 전기 요소와 기계 요소의 상호작용과 그러한 장치의 제어에 초점을 둔 과목

모아레 패턴(Moire patterns)   2개의 격자를 서로 중첩했을 때 발생하는 광학적 효과

모집단(population)   변수에 대해 가능한 모든 값을 나타내는 집합

무작위 방법(randomization methods)   외부 변수 영향을 무작위함으로써 외부 변수에 의한 간섭 효과를 분해하는 데 사용되는 테스트 방법

무작위 불확도(random uncertainty)   무작위 오류에 할당된 불확도; 무작위 오류로 인한 결합 불확실성에 대한 기여

무작위 오차(random error)   동일 변수를 반복 측정할 때 무작위하게 변하는 오차

무작위 테스트(random test)   독립 변수의 변화를 무작위로 설정하는 계측 전략

무작위 표준 불확도(random standard uncertainty)   정규분포에서 68%의 확률 또는 단일 표준편차 수준에서 추정된 무작위 불확도

민감도 지수(sensitivity index)   불확도 전파에서 각각의 불확도에서 사용되고 어떤 작동 점에서 평가하는 2개의 변수 사이의 민감도

바이메탈 온도계(bimetallic thermometer)   두 금속의 열팽창 차이를 이용하는 온도 계측 장치

바이트(byte)   8비트로 구성되는 비트 집단

반복(repetition)   동일 테스트에서의 반복 측정

반복성(repeatability)   특정 실험실과 단일 실험 장치에서 수행된 다수의 테스트를 기초로 하여 예측되는 무작위 오차를 평가하는 계측기 규격

발전 단계의 불확도(advanced-stage uncertainty)   계측 시스템, 계측 절차, 측정량 편차에 따른 불확도를 포함하는 설계 단계를 넘어서 추정된 불확도

버니어 눈금(vernier scale)   길이 눈금을 읽을 때 해상도를 높일 수 있는 기법

버니어 캘리퍼스(vernier calipers)   내부 및 외부 치수를 측정하는 도구

버스(bus)   정보를 전송하는 주(main) 컴퓨터 선

버터워스 필터(Butterworth filter)   통과 대역에서 최대의 평탄한 진폭비를 갖는 필터

버퍼(buffer)   데이터를 임시로 저장하는 것과 같은 특정 입출력 장치에 의해 액세스되도록 설정된 메모리

범위(range)   계측기나 테스트의 최솟값부터 최댓값까지의 한계

베셀 필터(Bessel filter)   주통과 대역에 대해 최대 선형 위상 응답을 갖는 필터

벤투리계(venturi meter)   내경이 파이프 지름에서 더 작은 지름의 목구멍으로 좁혀졌다가 다시 파이프 지름으로 확장되어 유량에 비례하는 압력 강하가 발생하는 인라인 유량 미터

변종 주파수(alias frequency)   원신호에는 없고 이산 데이터에 나타나는 오류 주파수

변형률(strain) 힘을 받고 있는 부재에서 단위 길이당 늘어난 양

변환기(transducer) 감지한 정보를 다른 형으로 바꾸는 계측시스템의 부분. 계측시스템에서 센서, 변환기 그리고 신호 조절 단계를 갖는 장치

변환 시간(conversion time) 아날로그값을 디지털 수로 변환하는 데 걸리는 시간

변환 오차(conversion error) 아날로그값을 디지털 수로 변환하는 데 관련된 오차

병렬 통신(parallel communication) 정보를 비트 그룹으로 동시에 전송하는 기술

복사계(radiometer) 열 파일 감지기를 사용하여 방사선 선원 온도를 측정하는 장치

복사 오차(radiation error) 온도 센서와 동일한 온도를 갖지 않는 주변과 온도 센서 사이의 복사 열전달로 인하여 발생하는 온도 측정의 심기 오차

복사 차폐(radiation shield) 복사에 의한 심기 오차를 줄이기 위해 온도 센서로의 복사 열전달을 줄이는 장치

복제(replication) 유사한 기기를 사용하는 유사한 동작 조건하에서 실험을 복제하는 것

부수적 방법(concomitant method) 변숫값을 평가하기 위한 다른 방법

부하 오차(loading error) 측정된 값을 변화시키기 위한 측정 행위에 의한 오차

분해능(resolution) 계측시스템에 의해 표시되는 측정값의 검출 가능한 최소 변화

불확도(uncertainty) 가능한 오차 범위의 추정이나 오차

불확도 구간(uncertainty interval) 참값이 포함될 것으로 기대되는 변수 또는 결과의 구간

불확도 분석(uncertainty analysis) 주어진 결과의 값에 미치는 영향을 정량화하고 측정하는 데 있어 오차를 확인하는 과정

브래그 격자(Bragg grating) 굴절률이 주기적으로 변화되는 광섬유 장치

브리지 상수(bridge constant) 실제 브리지 출력과 단일 게이지로 검출한 최대 변형률에서의 출력 비

블록 선도(block diagram) 주요 부품 또는 기능이 블록으로 표현되고 블록 간의 관계를 보여주는 선을 통해 연결된 시스템의 다이어그램

비안정 멀티 바이브레이터(astable multivibrator) 인가된 전압 명령에 따라 연속적으로 켜지거나 꺼지는 스위칭 회로

비트(bit) 2진수 표시의 최소 단위

비트 부호(bit number) 디지털 장치에서 단어를 나타내는 데 사용되는 비트 수

사이즈믹 변환기(seismic transduer) 스프링-질량-댐퍼 시스템에 근거한, 시간, 속도, 가속도로 변위를 측정하는 장치

산포(dispersion) 변숫값의 평균값 주변에서의 흩어짐

삼각 급수(trigonometric series) 삼각함수의 무한급수. 복잡한 파형을 주파수 성분으로 나타낼 때 응용됨

삽입 오차(insertion error) 설치된 주변 환경과 센서 간의 상호작용에 의하여 발생한 오차

상대 불확도(relative uncertainty) 측정값의 백분율 또는 백분율로 표현되는 불확도의 값

상승 시간(rise time) 1차 시스템의 신호가 단계 변화의 90% 응답하는 데까지 요구되는 시간

서모파일(thermopile) 특정한 온도, 평균 온도 혹은 온도차를 측정하기 위해 고안된 다접점 열전대 회로

서미스터(thermistor) 온도에 민감한 반도체 저항

선 표준(line standard) 견고한 재료 위에 두 표점을 새겨서 만든 길이 표준

선형 가변 차동 변압기(linear variable differential transformer) 코어 길이의 함수로 전압 출력을 제공하는 센서 또는 변환기

선형성(linearity)　교정 곡선의 직선화 정도

설계 단계 불확도(design-state uncertainty)　기기 오차나 기기 분해능에 기인한 불확도

센서(sensor)　측정하는 프로세스 변수를 감지하거나 직접 반응하는 계측시스템의 일부분

소리 크기 계측기(sound pressure level meter, SPL)　마이크로폰과 디지털 신호 처리장치가 내장되어, 계측기 단독으로 음압의 크기를 측정하고 표시할 수 있는 장치

솔레노이드(solenoids)　플런저의 선형 운동을 생성하는 데 사용되는 전자기 장치

소용돌이 유량계(vortex flow meter)　유량 내에 위치한 물체에서 와류 방출의 빈도를 측정하여 유량을 측정하는 장치

수동 필터(passive filter)　저항기, 인덕터, 커패시터와 같은 수동 전기 소자만 사용하는 필터 회로

스테퍼 모터(stepper motor)　단계를 수행하여 회전하는 전기 모터, 즉 고정된 도만큼 이동하는 전기 모터

실제유량도(actual flow rate)　계측시 실제 온도와 압력 조건하에서 정의된 유량도, 표준유량도 참조

스튜던트 t 분포(Student's t-distribution)　작은 크기의 표본으로부터 모집단의 평균을 추정하는 경우 발생하는 표본추출 분포

스트레인 게이지(strain gauge)　하중을 받을 때 시험체 표면의 변형률을 측정하기 위한 장치

스트로보스코프(stroboscope)　회전 주파수를 측정하는 데 사용되는 고강도의 광원

스팬(span)　기기 동작 범위의 최댓값과 최솟값 사이의 차

시간 상수(time constant)　1차 시스템에서 계단 함수 입력의 63.2%까지 응답하는 데 요하는 시간을 정의하는 시스템 특성

시간 지연(time delay)　입력 신호와 출력 신호와의 시간 지연

시간 응답(time response)　입력 신호에 대한 완전한 시간 종속 시스템 응답

신회 구간(confidence interval)　참값이 속할 것으로 예상되는 평균 값에 대한 한계를 정의하는 구간

신뢰 수준(confidence level)　언급한 구간 내에서 참값의 발생 확률

신호(signal)　계측시스템을 통과하는 정보. 종종 전기적, 광학적, 기계적 형태로 존재한다.

신호대 잡음 비(signal-to-noise ratio)　신호의 세기를 잡음의 세기로서 나눈 값

신호 조절기(signal conditioner)　한 유형의 전자 신호를 다른 유형의 신호로 변환하는 장치

신호 조정 단계(signal conditioning stage)　원하는 진폭 또는 형태에 관한 신호로 수정하는 계측 시스템의 단계

신호 흐름 그래프(signal flow graph)　대수 방정식의 그래픽 표현

심기 오차(immersion errors)　센서가 설치된 인근 주변과 센서의 상호 작용에 기인한 오차

쌍안정 멀티바이브레이터(bistable multivibrator)　플립플롯(flip-flop) 참조

안정성(stability)　출력이 제어되는 경우 시스템이 안정적이라 하고 그렇지 않으면 불안정하다고 함

압전 변환기(piezoelectric transducers)　압전 센서로도 알려져 있으며 한 가지 형태의 에너지를 전하로 변환하고 압전 효과를 사용하여 가속도, 압력, 변형률, 온도 또는 힘의 변화를 측정함

압전 저항 계수(piezoresistance coefficient)　변형률 적용 시 전기 저항의 변화를 설명하는 상수

액추에이터(actuator)　직선 또는 회전 운동을 만드는 전기적, 기계적, 유압적, 공압적 구동 장치

양자화(quantization)　아날로그값을 디지털 수로 변환하는 과정

양자화 오차(quantization error)　A/D 변환기의 분해능에 의해 발생하는 오차

열유속 센서(heat flux sensor) 물리적 현상을 사용하여 국소 열유속을 표시하는 장치

열전(thermoelectric) 열적으로 유도된 기전력을 지시하는 장치

열전대(thermocouple) 온도 측정에 사용되며 최소한 2개의 서로 다른 전도체의 접점으로 구성되는 전선 센서

영위방식(null mode) 측정값을 결정하기 위해 알고 있는 양을 미지의 양과 비교하는 측정법

영점 드리프트(zero drift) 0 입력값 조건에서 0 출력으로부터의 어긋남

오리피스 유량계(orifice meter) 구멍이 뚫려 있는 판으로 구성된 유량계로 파이프 플랜지 사이에 삽입되어 유량에 비례하는 압력 저하를 발생시킴으로써 유량을 측정한다. 오리피스판(orifice plate)으로도 알려져 있다.

오실로스코프(oscilloscope) 시간에 따른 전압 신호를 측정하고 트레이스를 표시하기 위한 기기. 매우 높은 주파수 신호를 검사할 수 있음

오차(error) 측정값과 참값의 차이. 불확실성 분석에서는 측정된 값과 실제 값 사이에 차이, 제어에서는 센서값과 설정값의 차이

오차율(error fraction) 1차 시스템의 시간 응답에서 시간 의존 오차의 측정

온도 체계(temperature scale) 온도에 정량적인 값을 설정하는 일반적인 수단

왜곡(distortion) 신호 조정 혹은 계측하는 동안 일어나는 파형 형태의 바람직하지 않는 변화

외란(disturbance) 제어 시스템의 작동 조건을 설정 지점에서 벗어나 변경하는 효과, 설정 지점을 유지하거나 재설정하려면 컨트롤러 작업 필요

외부 변수(extraneous variable) 계측 중에 제어되지 않거나 제어할 수 없지만 측정값에 영향을 미치는 변수

우연적 불확도(aleatory uncertainty) 측정 변수의 고유 변화로 인한 불확도

워드(word) 수를 나타내는 데 사용되는 비트의 집합

워블 미터(wobble meter) 디스크 진동으로 생성된 알려진 볼륨 내에서 교체된 유체의 비율에 따라 유체 부피 유량을 측정하는 양의 변위 유량계의 일종

원 주파수(circular frequency) rad/s로 표시되는 주파수. 각 주파수

위상각 변위(phase shift) 입력 신호의 위상각과 이에 상응한 측정 신호 사이의 위상각 변화

위상 스펙트럼(phase spectrum) 신호의 주파수 성분을 위상각 변위와 함께 나타낸 그래프

유량 계수(flow coefficient) 유출 계수(discharge coefficient)와 어프로치 계수(approach factor)의 곱으로 유량계 설계 계산에 사용

유량 노즐(flow nozzle) 큰 지름에서 작은 목 부분으로 줄어드는 구조를 가진 유량계. 관로에 삽입되어 유량에 비례하는 압력 저하를 발생시킴으로써 유량을 측정

유출 계수(discharge coefficient) 손실 또는 유량 분리가 발생하지 않은 경우 유량계 전체의 실제 유량과 이상적인 유량의 비율을 나타내는 계수

응답 시간(response time) 센서 출력이 최종 값에 도달하는 데 걸리는 시간으로 센서가 환경 변화에 얼마나 빨리 반응하는지를 나타내는 척도. 일반적으로 이 매개 변수는 센서 속도의 측정값이며 프로세스 속도와 비교해야 함

응력(stress) 단위 면적당의 내력. 이러한 내력은 작용한 외력에 평형을 위지

이미지 처리(image processing) 이미지를 디지털 형태로 변환하고 이미지에서 중요한 정보를 검색하기 위해 이미지에서 일부 작업을 수행하는 절차

이산 무작위 변수(discrete random variable) 값이 연속적이지 않은 무작위 변수

이산 시간 신호(discrete time signal) 변수 크기에 대한 정보가 시간에 대해 이산적으로 구해지는 신호

인지 불확도(epistemic uncertainty) 알려지지 않은 측정 변수, 과정, 모델로부터 발생된 불확도

인시투(in situ) 측정 시, 사용 목적에 맞게 시스템에 설치됨

인터럽트(interrupt) 다른 절차를 시작하는 신호, 손을 드는 것과 유사함

임계값(threshold) 장치의 측정 출력을 변경하기 위해 초과해야 하는 측정 장치의 특정 값

임계 압력비(critical pressure ratio) 유체를 음속과 같은 속도로 가속 시키는 데 필요한 압력비

임피던스 매칭(impedance matching) 신호 로드 오류를 허용 가능한 수준으로 유지하는 방식으로 입력 임피던스 또는 출력 임피던스를 설정하는 프로세스

입력값(input value) 계측시스템에 의해 감지되는 프로세스 정보

입력 임피던스(input impedance) 입력 단자에 전압 신호를 인가하고 입력 전압 및 입력 전류를 측정하여 측정

입자 영상 유속계(particle image velocimetry) 유체 속에 있는 입자들이 단위 시간 동안 움직이는 거리를 광학적으로 관찰하여 유속을 측정하는 장치

자기 공명 영상(magnetic resonance imaging) 신체의 해부학적 과정과 생리학적 과정의 그림을 형성하기 위해 방사선학에서 사용되는 의료 영상 기법

자료 손실(data loss) 하드 드라이브 고장, 헤드 충돌 또는 잘못된 취급 또는 부주의한 저장과 같은 부주의로 인해 데이터 정보가 파괴되는 정보 시스템의 오류 또는 상태

자료 획득 모듈(data acquisition module) 자료 수집에 필요한 최소 구성 요소를 포함하는 장치로 컴퓨터에 링크 되어 있거나, 유무선으로 연결되어 있음

자료 획득 시스템(data acquisition system) 자료를 정량화하고 저장하는 시스템

작동 조건(operating conditions) 모든 장비의 세팅, 센서 위치, 환경 조건 등을 포함하는 테스트 조건

잠입 오차(immesion error) 측정 환경이 측정하려는 온도와 센서 온도의 차이를 야기하여 발생하는 온도 측정 오차

잡음(noise) 측정 신호에 무작위 변화를 유발하는 외부 효과

재현성(reproducibility) 단일 실험 장치로 다른 실험실에서 수행된 다수의 테스트를 기초로 한 무작위 오차의 추정

저역통과 필터(low-pass filter) 높은 주파수가 감쇠되는 동안 어떤 차단 주파수 이하의 변화되지 않는 신호만을 통과시키는 장치

저항계(ohmmeter) 저항 측정기

저항률(resistivity) 재료의 전기적 저항을 나타내는 재료 특성

전도 오류(conduction error) 센서로 온도를 측정할 때 열의 확산으로 인하여 발생 되는 오류로 열을 측정하는 환경이 가까워지거나 멀어질 때 발생

접근 계수 속도(velocity of approach factor) 관 지름에 대한 유량계 후두경 비율에 따라 달라지는 장애물 유량계 계산에 사용되는 계수

접지(ground) 접지로의 신호 회송로

접지 루프(ground loop) 서로 다른 전압 전위를 갖는 접지 지점과 하나 이상의 지점에서 신호를 접지하여 형성된 신호 회로

전압 분압 회로(voltage divider circuit) 가변 저항를 사용하여 입력에서 출력 전압에 비례하는 전기적인 회로

전위차계(potentiometer) 낮은 전압을 높은 정밀도로 측정할 수 있는 장치 또는 가변 저항을 나타내는 용어

전위차계 변환기(potentiometer transducer) 길이 또는 회전 각도 측정을 위한 가변 전기 저항 변환기

전압력(total pressure) 흐름이 손실 없이 정지하는 지점에서 감지된 압력, 정적 및 동적 압력의 합계, 정체 압력의 엔트로피 값

전자 유량계(electromagnetic flow meter) 유체 유량을 해당 자기장을 통과하는 유체의 속도에 의해 발생하는 자기장에서 유도되는 전류의 크기를 기준으로 하는 장치

전자 필터(electronic filter) 전기 회로 형태의 신호 처리 필터의 일종

전 출력 범위(full-scale output, FSO) 출력 변수의 단위로 표시된 교정의 끝점(범위) 사이의 산술적 차이

전하 증폭기(charge amplifier) 높은 임피던스 전하를 전압으로 변환하는 데 사용되는 증폭기

절대 온도 체계(absolute temperature scale) 열역학적 온도에 상당하는 절대 온도 0°의 기준을 갖는 온도 체계

접점(junction) 열전대에서 이종 금속 간의 전기적인 접속

접지(earth ground) 전압 0볼트의 그라운드 연결로

접착식 저항 스트레인 게이지(bonded resistance strain gauge) 변형률의 정확한 측정을 위해 시험 대상 표면에 부착하여 변형에 따른 전기 저항의 변화를 나타낸 변형률 센서

정밀 구간(precision interval) 통계 값의 가능한 범위를 정의하고 체계적인 오류의 영향을 무시하는 데이터 산란에서 평가된 구간

정밀도(precision) 반복 계측에서 예상되는 산포의 크기. 무작위 오차를 나타내기 위해 사용되었던 용어

정밀도(계측기 규격)[precision(instrument specification)] 다수의 실험실, 다수의 실험 장치에서 수행된 다수의 테스트에 근거한 계측기 반복성에 대한 성능 규격

정밀 오차(precision error) 계측에서 더 이상 사용되지 않는 용어. 무작위 오차 참조

정밀도 지표(precision indicator) 보고된 값에서 산포를 정량화하는 통계 측정

정상 응답(steady response) 시간의 변화와 함께 그 파형의 반복이나 일정한 값을 유지하는 시간 의존 시스템 응답

정상 편차(steady-state error) 시간이 무한대로 이동함에 따라 시스템 출력의 실제 값과 원하는 값 사이의 차이

정압(static pressure) 유체가 흐를 때 유체 입자에 의해 감지되는 압력

정적 감도(static sensitivity) 정적 입력 신호의 변화에 대한 출력 신호의 변화율. 정적 교정 곡선 한 점에서의 기울기. 또한 정적 이득이라고도 함. 감도 참조

정적 강성(static stiffness) 물체를 로드하고 언로드하는 동안 얻은 편향의 양

정적 교정(static calibration) 입력값이 일정하게 유지되면서 출력값이 측정되는 교정 방법

정체압(stagnation pressure) 흐름이 정지하기 위해 매입되는 지점의 압력. 전압력 참고

정지 대역(stopband) 신호 진폭이 3 dB 이하로 줄어드는 주파수의 범위. 통과 대역(passband) 참조

정착 시간(settling time) 2차 시스템에서 단계 변화의 최종값이 입력값의 10% 내에 설정되는 요하는 시간

정확도(accuracy) 측정값과 참값과의 차로 계측시스템이 참값을 얼마나 정확히 나타낼 수 있는가의 정도

제곱합 제곱근값(root-sum-square value, RSS) 일련의 제곱값의 합의 제곱근으로 얻어지는 값

제베크 효과(Seebeck effect) 열전대 회로에서 개회로 출력 전압의 기원

제어(control) 시험 중에 어떤 값을 유지하고 설정하기 위한 수단

제어기(controller) 시스템의 실제 값과의 차이를 최소화하려는 메커니즘

제어 파라미터(control parameter) 시험 중에 값이 설정되고 측정값에 직접 영향을 미치는 파라미터

조사계(pyranometer) 평면의 조사량을 측정하기 위해 사용되는 광학적 기기

조화 성분(harmonics) 기본 주파수의 정수배가 되는 신호의 주파수

종속 변수(dependent variable) 하나 또는 그 이상의 변숫값에 의존하는 변수

주파수(frequency) 시간에 따른 신호의 변화율을 나타내는 값

주파수 대역폭(frequency bandwidth) 진폭비가 23 dB보다 크게 떨어지지 않는 주파수 범위

주파수 분포(frequency distribution) 측정 오차의 그래픽 표현

주파수 스펙트럼(frequency spectrum) 신호의 주파수 성분을 진폭과 위상각으로 나타낸 그래프

주파수 응답(frequency response) 계측시스템에서 출력 신호 진폭에 대한 입력 주파수의 관계 특성 작동 조건에서의 테스트의 복제

증폭기(amplifier) 신호(시간에 따라 변하는 전압 또는 전류)의 크기를 증가시킬 수 있는 전기 장치

지시값(indicated value) 계측시스템에 표시되고 지시되는 값

직접 메모리 접근(direct memory access) 장치와 컴퓨터 메모리 간에 직접 전송 경로를 허용하는 전송 프로토콜

직렬 통신(serial communication) 정보를 한 번에 1비트씩 전송하는 기술

진폭(magnitude) 신호의 특성 또는 시간에 따라 크기가 변화하는 신호의 주파수 성분

진폭비(magnitude ratio) 동적 신호의 입력 진폭에 대한 출력 진폭의 비

진폭 (amplitude) 시간에 따라 변하는 크기를 나타내는 신호의 특성 또는 주요 주파수성분

진폭 스펙트럼(amplitude spectrum) 신호의 주파수 성분을 진폭과 함께 나타낸 그래프

질량 유동(mass flow rate) 단위 시간당 질량 유량

집중 경향성(central tendency) 중앙값(평균 또는 최대 기댓값)을 중심으로 그룹화하는 데이터 분포 경향성

차단 주파수(cutoff frequency) 필터의 3 dB 주파수 설계점

차동 종단 연결(differential-ended connection) 접지에 관계없이 두 신호 간의 차이를 측정하는 이중 와이어 연결 방식

차폐(shield) 잡음과 간섭 효과를 제거하기 위해서 원하지 않는 외부 전기장을 가로막는 신호 전달 선 주위에 둘러싸인 금속 호일 또는 선 다발

차폐 트위스티드 페어(shielded twisted pair) 전기 배선이 도체를 서로 비틀어 도체 간의 상호 유도를 감소시키고 차폐를 통해 소음과 간섭을 감소시키는 것

참값(true value) 측정 변수의 실제 또는 정확한 값

체적 유량(volume flow rate) 단위 시간당 유량

체적 팽창률(dilatation) 원 체적에 대한 체적 변화의 비

척도 가독성(scale readability) 측정 장치로 측정할 수 있는 두 값 사이의 최소 변화

총오차(overall error) 모든 알고 있는 계측기 오차의 제곱합의 제곱근에 근거한 계측기 불확도 추정값

총 표본 기간(total sample period) 데이터 세트로 표시된 측정 신호의 기간

최소 제곱법(least squares regression) 원곡선 적합의 예측 값과 원곡선 적합의 기반이 되는 데이터 집합 사이의 편차의 제곱합을 최소화하는 원곡선 적합 방정식을 생성하는 데 사용되는 분석 도구

출력값(output value) 계측 시스템에 의하여 표시된 값

출력 단계(output stage) 측정값을 표시하거나 기록하는 계측시스템의 단계

측정값(measured value) 측정된 변수에 할당된 숫자

측정 변수(measured variable) 값이 측정되는 변수. 'measurand'로도 알려짐

층흐름 요소(laminar flow element) 층흐름 조건에서 관로를 통과하는 유체의 압력 저하와 유량 간의 선형적인 관계를 이용하는 유량 측정 장치

컴퓨터 단층 촬영(computed tomography) 진단 목적으로 비침습적으로 신체에 대한 상세한 이미지를 얻기 위해 방사선학에서 사용되는 의료 영상 기술

캐스케이딩 필터(cascading filter) 직렬로 나열된 다단 필터

탄성 영역(elastic region) 응력-변형률 선도에서 응력이 제거되었을 때 원래 길이로 돌아오는 지점

턴다운(turndown) 특정 유량계가 사양 내에서 측정할 수 있는 가장 높은 유량과 가장 낮은 유량의 비율

톰슨 효과(Thomson effect) 균질한 전도체에서 온도차에 의한 기전력의 발생

통과 대역(passband) 신호의 진폭이 3 dB 이하로 줄어드는 주파수 범위. 정지 대역(stopband) 참조

통과 시간 유량계(transit time flowmeter) 초음파가 잘 정의된 경로를 따라 이동 흐름을 통과하는 데 걸리는 시간을 측정하여 유량을 결정하는 장치

트루 RMS(true rms) 비사노이드 신호에 대해 RMS 값을 올바르게 제공할 수 있는 데이터 감소 기술. 신호를 통합하는 신호 조절 방법

특이점(outlier) 합리적 개연성의 범위 밖의 값을 갖는 측정 자료점

티티엘(TTL[true-trasistor-logic]) 높은 상태(예 : 5 V)와 낮은 상태(예 : 0 V) 사이에서 토글되는 스위치 신호

파라미터(parameter) 과정의 거동을 설정하는 고정된 값

파이어와이어(firewire) 얇은 케이블을 사용하여 컴퓨터와 주변 장치 간에 데이터를 전송하는 직렬 방식이며 IEEE 1394 표준을 기반으로 함

파워 스펙트럼(power spectrum) 신호의 주파수 성분을 파워 크기와 함께 나타낸 그래프

파형(waveform) 시간 또는 공간에 대해 그려지는 신호의 모양과 형태

팽창 계수(expansion factor) 장애물 유량계에서 압축성 효과를 설명하는 데 사용되는 계수

펠티에 효과(Peltier effect) 서로 다른 재료의 접점에 전류가 흐를 때 전기적 에너지로부터 열역학적 에너지로의 가역적 변환을 기술함

편차 그림(deviation plot) 기준 값과 기댓값 사이의 차이를 그래픽으로 나타냄

편향(bias) 치우친 값

편향 모드(deflection mode) 신호 에너지를 사용하여 출력 표시기의 편향을 일으키는 측정 방법. 부하 오차(loading error) 참조

편향 오차(bias error) 계통 오차 참조. 계측에서 더 이상 사용되지 않는 용어

폐회로 제어(closed-loop control) 목표치(set-point)에 대한 센서의 출력값을 기반으로 하는 제어 작용의 형태

포화 오류(saturation error) 입력 값이 장치 최댓값을 초과하여 발생한 오류

표면 거칠기(surface roughness) 거칠기, 물결, 형태 등 세 가지 요소로 구성된 표면 질감의 미세 간격의 미세 간격 측정

표본(sample) 자료점 또는 모집단 중 하나의 값, 데이터 집합

표본률(sample rate) 데이터 점이 획득되는 속도 또는 빈도, 표본 시간 증분의 역수

표본 시간 증분(sample time increment) 연속된 두 데이터 측정 사이의 시간 간격. 표본율의 역수

표본 통계(sample statistics) 집합의 크기가 변수의 전체 모집단보다 작은 자료점의 집합으로부터 획득한 변수의 통계

표본화(sampling) 더 큰 모집단에서 미리 결정된 수의 관측치를 추출하는 통계 분석에 사용되는 공정

표준(standard) 교정의 기본으로 사용되는 알고 있는 또는 기준이 되는 값. 또한 출력이나 계측기 성능을 정량화하기 위해서 국제적 규약으로 설정된 테스트 방법

표준 불확도(standard uncertainty) 하나의 표준편차 신뢰 수준에서 명시된 불확도

푸리에 변환(Fourier transform) 복잡한 신호를 주파수 성분으로 분해하는 수학적인 함수. 신호를 주파수의 함수인 진폭으로 표현하는 방법

푸리에 해석(Fourier analysis) 신호를 사인과 코사인 함수의 급수로 표현하는 방법

푸아송비(poisson's ratio) 축 변형률에 대한 가로 변형률의 비

프로니 브레이크(Prony brake) 동력을 측정하고 동력을 소비하기 위해 기계적인 마찰을 이용하는 역사적인 최초의 동력계 설계

프루버(prover) 단위 시간 당 통과하는 유체의 양을 정확하게 측정하는 후보 유량계와 직렬로 배치된 방법을 사용하는 유량계 교정 장치

플립플롭(flip-flop) 명령을 켜거나 끄는 전환 회로, 쌍안정 멀티 바이브레터(bistable multivibrator)라고도 한다.

피측정값(measurand) 측정된 변수

피토 정압관(pitot-static pressure probe) 동압을 재기 위한 기구

필터(filter) 신호로부터 원하지 않는 주파수의 진폭(또는 영향)를 제거하거나 감소하기 위하여 사용하는 회로 또는 알고리즘

합동값(pooled value) 중복 등을 통해 구성되고 차후에 그룹화된 별도의 자료 집합으로부터 결정된 통곗값

합성(resultant) 다른 변수의 값에서 계산된 변수

핸드셰이크(handshakes) 시작 및 중지 신호를 포함하는 서로 다른 장치 간의 데이터 흐름을 제어하는 인터페이스 절차

홀 효과(Hall effect) 자기장 내에 위치한 전류 전달 도체에 걸쳐 유도되는 전압. 자기장은 하전된 전자를 도체의 한쪽으로 밀어내는 횡력을 발휘함

화소(pixel) 모든 포인트의 주소 지정 가능한 디스플레이 장치에서 가장 작은 주소 지정 가능 요소

확인(verification) 계측시스템이 전체나 부분적으로 올바르게 기능하는지를 확신하고자 하는 테스트. 계측시스템의 특성에 불확도 수치를 부여하기 위해 사용된다.

확장 불확도(expanded uncertainty) 하나의 표준편차가 아닌 명시된 신뢰 수준(일반적으로 95%)에서 무작위 및 체계적 불확실성의 복합 효과를 포함하는 불확실성 구간. 표준 불확도(standard uncertainty) 참고

확정적 신호(deterministic signal)   사인파나 ramp 함수와 같이 시간과 공간상에서 예측할 수 있는 신호

회복 오차(recovery errors)   고속의 가스 유동에서 운동에너지의 소산이 센서의 온도 상승을 야기하여 발생하는 온도 계측 오차

회전 속도계(tachometer)   모터 또는 다른 기계에서처럼 축 또는 디스크의 회전 속도를 측정하는 장치

회전 첨두계(rotating cusp meter)   교대 회전 첨두 내에서 유체가 변위되는 속도에 따라 용적 유량을 측정하는 양의 변위 유량계의 일종

훅의 법칙(Hooke's law)   응력과 변형률 사이의 기본적인 선형적인 관계. 비례 상수는 탄성 계수

휘트스톤 브리지(Wheatstone bridge)   고정도 저항 측정을 위한 전기 회로로 정·동적인 신호를 측정하는 데 사용

히스테리시스(hysteresis)   특정 입력에 대해서 증가하는 방향으로 접근될 때와 감소하는 방향으로 접근될 때의 지시값의 차이

찾아보기

옮긴이

강보선
서울대학교 기계공학과 졸업
서울대학교 기계공학과 졸업(석사)
미국 University of Illinois, Chicago 기계공학과 졸업(박사)
현재 전남대학교 기계공학부 교수

곽문규
서울대학교 조선공학과 졸업
서울대학교 조선공학과 졸업(석사)
미국 Virginia Tech 졸업(박사)
현재 동국대학교 기계로봇에너지공학과 교수

김태욱
서울대학교 기계설계학과 졸업
서울대학교 기계항공공학부 졸업(석사)
서울대학교 기계항공공학부 졸업(박사)
현재 대림대학교 로봇자동화공학과 조교수

박익근
한양대학교 기계공학과 졸업
한양대학교 정밀기계공학과 졸업(석사)
한양대학교 정밀기계공학과 졸업(박사)
현재 서울과학기술대학교 기계 · 자동차공학과 교수

박희재
서울대학교 기계설계학과 졸업
서울대학교 기계설계학과 졸업(석사)
영국 맨체스터 공대 기계공학과 졸업(원사, 박사)
현재 서울대학교 기계공학부 석학교수

송명호
서울대학교 기계공학과 졸업
서울대학교 기계공학과 졸업(석사)
미국 Purdue University 기계공학과 졸업(박사)
현재 동국대학교 기계로봇에너지공학과 교수